천문학 및 천체물리학

Cengage

Introductory Astronomy and Astrophysics, **Fourth Edition**

Stephen A. Gregory, Michael Zeilik

ISBN-13: 978-89-6218-217-0

Cengage Learning Korea Ltd.
14F YTN Newsquare 76 Sangamsan-ro
Mapo-gu Seoul 03926 Korea

Cengage is a leading provider of customized learning solutions with employees residing in nearly 40 different countries and sales in more than 125 countries around the world. Find your local representative at: **www.cengage.com**

To learn more about Cengage Solutions, visit **www.cengageasia.com**

Printed in Korea
Print Number: 07 Print Year: 2024

INTRODUCTORY

ASTRONOMY & ASTROPHYSICS

천문학 및 천체물리학

제4판

Michael Zeilik, Stephen A. Gregory 지음

강혜성, 윤홍식, 이상각, 최승언, 현정준, 홍승수 옮김

Cengage

Australia • Brazil • Canada • Mexico • Singapore • United Kingdom • United States

천문학 및 천체물리학 -제4판-

Introductory Astronomy and Astrophysics, Fourth Edition

제4판 1쇄 발행 | 2010년 3월 5일
제4판 7쇄 발행 | 2024년 4월 1일

지은이 | Michael Zeilik, Stephen A. Gregory
옮긴이 | 강혜성, 윤홍식, 이상각, 최승언, 현정준, 홍승수
발행인 | 송성헌
발행처 | 센게이지러닝코리아㈜
등록번호 | 제313-2007-000074호(2007.3.19.)
이메일 | asia.infokorea@cengage.com
홈페이지 | www.cengage.co.kr

ISBN-13: 978-89-6218-217-0

공급처 | ㈜도서출판 북스힐
주 소 | 서울시 강북구 한천로 153길 17
도서안내 및 주문 | TEL 02) 994-0071 FAX 02) 994-0073
이메일 | bookshill@bookshill.com

정 가 | 42,000원

PREFACE

역자 서문 제4판

『천문학 및 천체물리학』은 지난 30여 년간 우리나라 천문학 교육에서 핵심적인 역할을 해 왔다. 특히 천문우주과학 전공자를 위한 입문서로서, 지구과학교육 전공자를 위한 천문학 표준 교재로서, 또한 천문학에 관심이 많은 중·고등학생과 아마추어를 위한 참고서로서 널리 사용되었다. 1997년 원저의 제4판이 출간된 이래 여태껏 개정작업이 이루어지지 않은 것이 아쉽지만, 이 책은 천문학 개념과 천체물리학의 기본 원리를 심층적으로 다루고 있으며, 그 내용의 깊이와 폭이 현재 대학수준의 기본 천문학 교재로서 가장 적절하다고 평가되고 있다.

천문학은 빠르게 진화하는 학문이다. 특히 1990년대 이후 대형 지상광학망원경과 허블우주망원경을 비롯한 다양한 파장 영역의 위성 망원경, 그리고 태양과 행성에 보낸 각종 탐사선을 통하여 천문학은 타 학문이 추종하기 힘들 정도로 눈부신 발전을 거듭해 왔다. 예를 들어 허블우주망원경으로 수십억 광년 떨어진 외부은하에서 폭발한 초신성을 관측하여 우주의 팽창이 가속되고 있다는 사실을 발견한 게 1990년대 말 이었으며, 2003년에는 WMAP 위성으로 우주배경복사의 비등방도를 관측함으로써 정밀우주론(precision cosmology) 시대를 열었다. 또한 서로 다른 분광학적 특성을 지닌 초신성들이 처음 지녔던 질량에 따라 어떤 양상의 폭발을 하는지 이해하게 되었고, 1990년대 초반까지 우주의 수수께끼로 남아있었던 감마선폭발체가 먼 외부은하에서 폭발하는 강력한 초신성이거나 중성자별로 된 쌍성의 궤도 붕괴에서 비롯되는 것임을 추정하게 되었다.

최근 각종 우주 탐사선을 통해 새로운 천문학적 사실들이 밝혀짐에 따라 제3판의 번역서에 담긴 내용 일부가 최신의 학문적 발전과 일치하지 않게 되었다. 따라서 천문학의 최첨단 상황을 '제대로' 교육할 수 있는 교재의 필요성을 절감한 우리는 제4판을 번역하기로 하였다. 이번 번역서는 가능한 한 각주를 많이 달아서 지난 10여 년간 새로 발견된 사실과 진전된 이론들을 충실하게 담아내어 『천문학 및 천체물리학』을 세상에 내놓는 바이다.

천문우주과학은 21세기를 대표하는 과학 분야이다. 전 세계적으로 현재 건설 중이거나 추진 중인 대형 관측기기들은 막대한 경비와 인력이 필요하므로 국제협력이 더욱 중요해졌다. 우리나라 천문학계도 GMT(Giant Magellan Telescope)와 같은 초대형 광학망원경과 SKA(Square Kilometer Array)와 같은 초거대 전파간섭망원경 등의 대규모 국제협력 프로젝트에 참여하고 있다. 또한 세계 각국은 국제우주정거장(International Space Station)을 거점으로 한 엄청난 규모의 우주 탐사 프로젝트를 진행시키고 있다. 우리나라도 이미 다수의 다목적 실용위성과 과학위성들을 궤도에 진입시켰고, 2009년에는 나로우주센터를 준공하고 나로호를 발사하면서 본격적으로 우주과학 시대를 이끌어갈 준비를 하고 있다. 그러므로 우리나라의 천문우주과학을 발전시킬 우수한 인재를 교육하는 일이 그 어느 때보다 중요하게 되었다. 이 책을 통하여 좀 더 많은 과학도들이 우주의 신비를 탐구하고자 하는 순수한 꿈을 키워서 천문학자의 길을 택하기 바란다.

천문학과 같이 고도로 전문화된 학문 분야에서는 전문 학술 용어를 우리말로 통일하기가 쉽지 않다. 다행히 2003년 한국천문학회에서 발간한 '천문학 용어집'을 참고할 수 있어서 이번 번역에 큰 도움이 되었다. 일부 용어는 가독성을 위하여 영문표기를 그대로 사용하였는데, 예를 들면 OB 성협, H II 영역과 같은 용어들이다. 한편, 과학사의 흐름을 파악할 수 있도록 학자의 이름 뒤에 생몰연도를 표시하였다.

제4판 번역서의 발간에 큰 관심과 기대를 가지고 격려와 도움을 준 동료 천문학자들께 감사한다.

2010년 2월

역자 일동

PREFACE

역자 서문 제3판

이 『Introductory Astronomy and Astrophysics』의 초판이 나온 것은 20년 전인 1973년이었고, 그 저자는 Elske v. P. Smith와 Kenneth C. Jacob였다. 당시의 미국 내 이공계용 교과서로는 이 책이 여러 가지 면에서 가장 잘되어 있는 것으로 보아, 역자 일동은 이것을 택하여 번역하고 『天文學 및 天體物理學序論』이란 이름으로 1979년에 출판했었다. 그 후 이 번역서는 주로 국내의 천문학을 전공하는 학생들의 일반 천문학 교과서로 사용되었다.

이 원본의 제2판이 나온 것은 1987년이었는데, 저자가 바뀌어서 Michael Zeilik와 Elske v. P. Smith가 공저자가 되고, 내용도 상당히 바뀌고 새롭게 보충되어 나왔다. 그리하여 역자 일동은 이 제2판을 번역하기로 하고 일을 추진했다. 그러나 당시에 지적 소유권이란 출판물에 대한 국제 문제가 일어나서 자연히 번역이 지연되었다. 마침내 1992년 초에 제2판의 번역이 완성되어서 출판사에 보내기 직전까지 일이 진척되었는데, 이때 우리는 미국에서 원본의 제3판이 새로 나왔다는 소식을 듣고, 이어서 그 책을 다시 손에 들게 되었다. 이번에는 저자로서 Stephen A. Gregory가 추가되었고, 제2판 때보다도 대폭적인 개정이 이루어졌음을 보았다. 그 사이에 천문학 자체가 그만큼 빠르게 발전했기 때문이다.

우리는 이 제3판의 출간으로 인해 그때 막 완성한 제2판의 번역 원고를 폐기하고, 새로이 이 제3판의 번역에 착수할 수밖에 없었다. 이제 1994년 초에 이르러 그 번역이 완성되고, 번역판을 출간함에 따라 우리들의 감회는 클 수밖에 없다. 제3판의 번역판이 나오게 되기까지, 말하자면 우리는 꼭 두 번의 번역을 한 셈이기 때문이다. 그러나 이 책은 그만큼 고생해서도 출판해야 할 좋은 책이라고 우리는 믿는다.

영어로 쓰인 대학용 천문학 교과서는 많다. 미국에서 출판된 것만 해도 수십 종에 달한다. 그러나 그 대부분은 문과용이고 이공계 학생을 위한 것은 불과 5, 6종밖에 없다. 적은 수이지만 우리나라 학생들을 위하여 어떤 것을 번역할 것이냐 하는 것은 쉽지 않은 문제였다. 이 책의 초판이 나온 후 7년 후에 번역판이 나왔던 이유의 하나도 그러한 문제가 있었기 때문이다. 제2판이 나왔을 무렵에 월간지 『Sky and Telescope』에 미국 내 대학용 천문학 교과서에 대한 서평이 실린 일이 있었다. 평가야 어떤 책이 1등, 2등이란 식으로 매기는 것은 물론 어려운 일이겠지만, 그중에 Zeilik와 Smith의 저서, 즉 이 책의 평가가 가장 좋았다. 그래서 우리는 먼저부터 이 『Introductory Astronomy and Astrophysics』를 제대로 선택했다는 것에 기뻐했다.

이제 그 제3판을 보니 내용이 제2판보다도 훨씬 좋아진 것을 알 수 있었다. 우리는 이 제3판을 번역하여 우리나라 학생들에게 보내는 것을 매우 보람있게 생각한다. 다만, 이 책의 내용이 그저 취미 위주로 쓰인 것이 아님은 원저자의 서문으로도 알 수 있다. 독자에게 바라는 것은 그 원저 서문을 읽고 대학 초년생이 배우는 수학과 물리학을 병행 또는 복습하면서 철저하게 공부하기를 바랄 뿐이다.

제3판의 번역본을 내면서 번역자 일동이 바쁜 시간을 쪼개서 번역하느라고 부드럽지 못한 문장이 어려 군데에 있을 것이라고 생각한다. 독자 여러분이 잘못된 곳을 발견하고 지적해 주신다면 다음의 중세본에는 그것을 수정할 것을 약속한다.

끝으로, 전번의 번역본에 이어 이 책의 출판을 추진해 주신 대한 교과서 주식회사의 이승구 사장께 감사드리고, 편집, 기타의 성의 어린 노력을 해 주신 도서 개발부 편집진 여러분께도 깊은 사의를 표한다.

1996년 1월

유경로, 현정준, 윤홍식, 이시우, 홍승수, 이상각, 최승언

PREFACE

역자 서문 제1판

우리나라가 광복된 지도 벌써 35년이나 되었다. 그동안 여러 대학에서는 천문학 강의를 해 왔으며, 고등학교에서도 지구과학의 일부로 천문학의 지식이 전수되어 왔다. 서울대학교와 연세대학교에서는 천문학과가 창설되어 전문가를 양성하고 있으며, 국립 천문대가 중앙 관상대로부터 분리, 독립하여 이미 천문 관측과 연구에 들어갔다. 한국천문학회는 1965년에 창설되어 1968년부터는 천문학회지를 발간한 지도 10여 년이 넘었다. 한편, 아마추어 천문가 협회도 결성된 지도 오래이며, 그 활동도 매우 활발하다. 이제는 천문학에 관심을 가진 사람의 수가 그만큼 늘어났다고 하겠다.

그동안 발간된 천문학 서적으로는 1963년체 출판된 이은성(李殷晟) 씨가 지은 『천문학 개론(天文學 槪論)』이 표준 교과서였고, 학원사(學園社)의 『원색 과학 대사전(原色科學大辭典)』 제1권의 「우주편(宇宙篇)」은 천문학 회원의 여러분이 고동 집필했던 일반 참고용 천문학서였다. 그 밖에 조그마한 문고본(文庫本)의 번역 또는 원작의 비교적 가벼운 교양서들이 있을 뿐이다. 그뿐 아니라, 천문학의 발전 속도가 너무 빨라서 옛날의 책은 수정할 사이도 없이 낡은 것이 되어 갔다.

대학생은 영문판의 책과 씨름을 하느라고 편할 날이 없고, 고등학교 교사는 영문판 원서를 펼쳐 볼 시간의 여유가 없고, 일반인은 한 권으로 정리된 최신 내용의 천문학서가 없어서 아쉬워하고 있다.

이러한 시점에서 우리는 용기를 내어 문교부 번역 도서로서 천문학 교과서를 번역하기로 합의하였다. 그러나 시간도 넉넉하지 못한 데다가, 원래 재주가 없어서 이 번역은 쉽게 진행되지 못하였다. 햇수로는 3년에 걸쳐서 겨우 번역과 교정이 끝나서, 이제서야 인쇄로 돌리게 되었다.

우리가 Smith와 Jacob의 교과서를 채택하여 번역하기로 된 것은 이유가 있었다. 미국에서 대학의 천문학 교과서로는 1920년대 이래 몇 권의 명저(名著)가 있어서 차례로 계승해 온 것이 있다. 그것은 바로 Fath, Russel · Ducan Steward, Baker, Struve의 책들이다. 그러나 Struve 이후에는 천문학 교과서가 쏟아져 나와서 어떤 책이 좋은 것인지 그 우열을 가리기도 어려워졌다. 그중에서도 McLaughlin, Abell, Motz의 것이 한동안 쓰이기도 하였다. 이들도 좋은 책이었다.

그러나 우리는 보다 새로운 이과 학생용 교과서를 번역해야 했다. 일반인보다는 현재 대학에서 천문학 강의를 듣고 있는 이과 학생을 위한 교과서가 더 시급하다고 판단했기 때문이다. 이렇게 태도를 정하고 보니 Motz의 것과 Smith-Jacobs의 것 이외에는 없었고, 그중에서 보다 새로운 후자를 택할 수밖에 없었다.

이 번역판을 내면서 역자의 마음에 걸리는 것이 꼭 세 가지가 있다. 첫째는 번역하는 동안에 시간이 흘러서 더 새로운 지식이 쏟아져 나와 이 책에도 약간의 수정을 가하게 된 것이고, 둘째는 천문학 용어가 확정되지 못한 것이 많다는 것이고, 셋째는 저자의 문장도 명문은 아닌 데다가 역자의 문장 또한 그 정도도 못 되어 완전한 우리말이 되지 못했다는 것이다.

첫째의 문제는 재판 때나 보충하려고 생각하고 있으니, 독자는 그동안에 새로운 지식이 발표될 때마다 그것을 섭취해서 이 책의 미흡한 점을 수정하면서 읽어 주기 바란다. 둘째 문제는 물론 『문교부 편수 자료』와 과학 기술 단체 총 연합회가 발간한 『과학 기술 용어』를 참고하였지만, 그 속에는 개정되어야 할 것도 많고 새로 보충해야 할 것도 많다. 그러므로 독자는 이 책에 들어 있는 용어가 최종적인 것이라고 생각하지 말고, 보다 나은 용어를 개발하는 데 협조해 주기 바란다. 셋째 문제는 본시 역자의 실력 부족의 소산이므로 어찌할 수 없겠으나, 독자 여러분이 잘못된 곳을 지적해 준다면 언제나 이를 감사히 받아들여서 개정할 것임을 약속한다.

이 천문학 교과서의 번역판이 조금이라도 우리나라 천문학 교육과 보급에 이바지할 수 있다면 그 이상의 역자의 기쁨이 없겠다. 독자 여러분의 예리한 비판과 관대한 우정을 아울러 빌며, 역자의 글을 마친다.

1979년 11월 15일
유경로, 현정준, 윤홍식

PREFACE

저자 서문 제4판

이 책의 제3판이 출간된 이후 3개의 환상적인 혜성이 다녀갔다. 헤일-밥 혜성은 가장 밝았던 최고의 혜성이라 하겠는데, 이 서문을 쓰고 있는 순간에도 뉴멕시코의 저녁 하늘을 아름답게 해 주고 있다. 다시 한번 천문학은 일반인뿐만 아니라 천문학자를 놀랍게 해 주며 또한 즐겁게 해 준다. 우주가 우리를 매혹시키지 않았더라면, 우리는 전문적인 천문학자가 되지 않았을 것이다!

우리는 진지한 과학 분야의 학생들에게 현대의 천문학과 천체물리학의 내용 및 전망을 전해 주기 위해 이 책을 썼다. 여기서 진지한 학생이란, 비록 천문학에 대한 정규적인 지식이 없더라도, 기초적인 수학적 기능(삼각법, 대수학, 해석학-미적분학)을 확고한 물리학적 지식에 결부시켜 보려는 학부 학생을 말하는 것이다(물리학의 지식으로는 해석학을 사용하는 수준의 역학과 전자기학을 전제했다). 우리가 바라는 학생이란 이러한 지적 도구들을 가지고 우주의 구성체와 구조에 대한 이해를 넓히고자 하는 사람이다. 이러한 관점에서 천문학적인 실체와 상황에 관련된 물리적 개념들을 자주 그리고 지속해서 사용해야만 한다. 이 개정판에서는 물리학적 직관과 추리를 천체물리학에 적용하여 통합시키려고 시도했다.

이러한 '천체물리학의 물리학'을 과감하게 강조하기 위하여 '물리학 서론(Physics Prelude)'이라는 새로운 단원을 추가하였다. 서론에서는 본문에 들어가기 전에 물리의 핵심 개념들을 둘러본다. 서론을 도입한 목적은 가능한 한 명료하고 간결하게 통합적인 물리 개념들을 다루기 위해서이다. 서론을 간결하게 쓰고자 했으므로 용어, 응용, 실례 등에 관한 보다 완벽한 논의는 본문을 참조하도록 하였다. 본문에서는 현대의 천문학과 천체물리학에 알려진 우주를 살펴봄으로써 서론에 포함된 개념들을 씨실과 날실처럼 얽히게 해 준다. 그러므로 서론은 여러분이 '우주여행'을 떠나기 전에 챙겨야 할 물리학 개념들의 준비물이 될 것이다.

본문은 전통적인 방식에 따라 지구에서 시작하여 밖으로 나가는 순서를 따랐다. 이 방식은 익숙한 현상에서 시작하여 환상적인 현상으로 옮겨 간다는 이점을 가진다. 이 책에서는 내용을 4개 부로 나누었다. 즉 제1부 태양계, 제2부 별, 제3부 은하, 제4부 우주이다. 제1부에서는 많은 기본적 물리학 개념, 그 중에서도 특히 역학 개념을 소개하고 적용하였다. 그리고 태양계가 태어난 후 진화해 온 '장소'로서의 행성들을 검토하였다. 제2부에서는 빛에 대한 본질적인 개념과 천문학자에 의한 원격 검출법을 다룬다. 또한 별들을 대표하는 모형으로서 특별한 별인 태양에서 오는 빛을 알아본다. 제3부에서는 국부적인 별들의 집단인 은하를 탐사하였다. 우리은하의 구조와 진화는 전적으로 그것을 구성하는 별들에 달려 있는 것이다. 우리은하는 다른 외부은하들을 이해하는 데 필요한 모형이 된다. 제4부에서는 눈을 먼 우주로 돌려서 가장 큰 척도에서 그 구성원과 진화를 살펴보았다.

모든 자료는 최신의 것으로 바꾸는 동시에 이 책을 학습 도구로 쓸 수 있도록 그 유용도를 높이는 데 힘썼다. 각 장에는 '개념 적용'을 추가하여, 물리학이나 천문학의 개념을 특정한 사례를 들어서 설명하였다. 또한 대부분 장의 끝부분에 핵심 수식과 개념의 목록을 마련하였다. '문제'란에는 새로운 문제를 추가하였고, 일부 기존 문제들은 좀 더 명확하게 하였다.

제1부에서는 행성의 진화를 연구하는 방법으로 비교 행성학이라는 개념을 강조하였다. 많은 소천체들(small bodies)에 대한 정보는 태양계가 어떻게 형성되었는가에 대하여 결정적인 단서를 제공해 주는데, 이 정보와 태양계의 기원에 관한 자료를 통합하였다. 제2부에서는 망원경과 기타 검출기에 대한 최신 자료를 반영하였다. 물론 허블우주망원경이 주된 역할을 하였다. 이러한 관측 기술만을 강조하는 데 그치지 않고, 관측의 목적도 강조하였다. 제3부에서는 별의 진화와 죽음 이전에 별의 탄생과 성간물질에 관한 내용을 먼저 다루도록 재구성하였다. 제4부는 외부은하 천문학과 우주론의 빠른 성장을 반영하기 위하여 상당히 많은 부분을 개정하였다.

각 장 끝 부분에 주어진 문제들은 배움의 기회를 제공할 것이다. 이 문제들은 학생을 자극해서 각 장의 내용을 더 깊게 이해하게 해 줄 것으로 기대한다. 이들 문제들의 일부는 보스턴 대학교의 Alan P. Marscher가 마련했고, 다른 일부는 콜게이트 대학교의 Tom Baloneck이 마련해 주었다.

단위에 대하여 언급하자면, 이 책에서는 천문학에서 전통적으로 쓰이는 cgs 단위보다는 일반적으로 SI 단위를 쓰고 있다. 그 이유는 첫째, SI 단위는 국제적인 표준단위이다. 우리는 교사로서 이것을 따라야 한다고 생각한다. 둘째, 많은 학생이 물리학 과정을 이수할 것으로 생각되는데, 거기서는 SI 단위가 표준이다. 따라서 같은 단위를 따르는 것이 혼란을 덜 일으킬 것이다. 셋째, 국제천문연맹(International Astronomical Union)에서 천문학에서도 SI 단위를 쓰도록 권고해 왔다. 하지만 어떤 경우에서는 SI 단위보다는 더 편리한 단위를 쓰기도 했다. 예를 들어, 기압의 단위로 기압을 썼다는 식이다. 또한 천문학적 거리의 단위로서 파섹을 피할 수가 없다.

이 책은 1년(두 학기) 과정에서 사용될 것이다. 어쩌면 약간의 추가적 내용을 포함해야 할 것이다. 한 학기 과정에서 사용된다면 교수가 내용을 선택하는 것이 제일 좋을 것이다. 그러나 우리는 물리학 서론은 반드시 포함시키기를 권유한다. 거기에는 기초적인 물리 개념이 많이 들어 있기 때문이다.

우리는 이 책의 이전 판과 제4판을 집필하는 데 동료들의 특별한 도움을 받았다. 즉 뉴멕시코 주립대학의 Jack Burns, 콜게이트 대학의 Tom Baloneck, 미시간 대학의 Richard Teske, 포모나 대학의 Alma Zook, 보스턴 대학의 Alan Marscher, 이스턴 몬태나 대학의 Alan Bently, 버지니아 대학의 Roger Chevalier, 애리조나 대학의 Robert E. Eplee, Jr.와 Bill Tifft, U.S. Military Academy의 John G. Campbell, 텍사스 주립대학(오스틴)의 Paul Bradley, 루이빌 대학의 David Bruning, 메릴랜드 대학과 캘리포니아 주립대학(어빈)의 Virginia Trimble, 휴스턴 대학의 Lawrence Pinsky, 그리고 W. Osborn 등이다. 그리고 이 판에 대하여 의견을 보낸 오클라호마 대학의 John Cowan, 텍사스 주립대학(오스틴)의 James N. Douglas, U.S. Naval Academy의 Irene Engle, 보스턴 대학의 James Jakson, 듀크 대학의 John Kolena, 아이오와 주립대학의 Curtis Struck, 애리조나 주립대학의 Peter A. Wehinger 등에게 특별히 감사드린다.

마지막으로, 우리가 제4판을 집필하는 데 기초를 마련해 준 것에 대하여 이전 판의 저자 중 한 사람이었던 Elske v. P. Smith에게 감사드린다.

독자가 발견하는 모든 오류에 대해서는 우리 저자들에게 책임이 있으니 어떤 것이든 Michael Zeilik에게 보내 주시기 바란다. 간단한 교정은 앞으로 이 판을 다시 인쇄할 때에 할 수 있을 것이다.

Michael Zeilik and Stephen A. Gregory
Department of Physics and Astronomy
The University of New Mexico
Albuquerque, New Mexico 87131
Internet: zeilik@chicoma.la.unm.edu

요약 차례

BRIEF CONTENTS

서론 물리학 서론

제1부 태양계

제2부 별

제3부 은하수

제4부 우주

차례

CONTENTS

서론 물리학 서론

제1부 태양계

부록

개요

INTRODUCTION

천문학, 천체물리학, 물리학

천문학을 폭넓게 가르치는 대학이나 대학교의 교과과정을 보면 으레 '천체물리학'이란 이름의 교과목이 들어 있다. 이 과목의 이름만 놓고 보면 그 뜻하는 바가 무엇인지 궁금하다. 대학마다 이 이름으로 전달하는 교육의 내용과 주제가 서로 얼마나 일치하는가, 그리고 천체물리학은 물리학과 어떤 관계에 있는가? 누구나 묻게 되는 의문 사항일 것이다.

우리 저자들은 이 책을 천체물리학이란 교과목이 마땅히 다루어야 할 내용에 맞추기로 했다. 이 책에서 우리는 중력이나 전자기와 같이 잘 알려진 물리학의 기본 원리들이 망원경이나 우주선으로 우주를 탐사를 할 때 만나는 각종 천체와 다양한 현상들을 연구하는 데 어떻게 쓰이고 있는지 설명할 계획이다. 또한 천문 관측에서 얻어지는 '새로운 물리학'도 얘기하겠다.

이 책에서 논의할 물리학의 응용은, 천체물리학계의 최신 관심거리를 반영하는 것이다. 그러므로 그 내용을 가능한 한 현대 천문학의 '표준(standard)'에 맞추도록 노력했다. 그러나 이 책에서 다루거나 다루지 않은 몇몇 주제들에 대하여 동료 학자들이 우리와 견해를 달리하는 경우도 틀림없이 있을 것이다. 그래서 이 책의 주제를 우선 자연과학의 큰 틀 안에서 생각해 볼 필요가 있다.

천문학과 천체물리학

천문학(astronomy)과 **천체물리학**(astrophysics)의 구별이 때때로 논쟁의 대상이 된다. 둘 다 각종 천체들과 그들에서 일어나는 다양한 물리적 과정을 같이 연구한다. 물론 개개의 천체를 포함한 전 우주가 천문학과 천체물리학의 연구 대상일 것이다. 그러나 둘을 구별하려는 사람들은, 천문학이 겉으로 드러난 현상을 관측하는 활동이라고 믿는 경향이 있다. 천문 현상 자체가 우리에게 매우 극적인 인상을 남기더라도 단순한 관측 활동만으로는 새로운 과학을 도출하기 어렵다. 예를 들면, 일반인들은 월식에 지대한 관심을 갖는다. 월식이 진행될 때 달이 붉은 오렌지색을 띠면서 잊을 수 없을 만큼 아름답게 보인다. 그러나 월식 현상 그 자체는 우리의 과학 지식에 별로 새로운 것을 보태 주지 않는다. 또 다른 예를 변광성의 육안 관측에서 찾아볼 수 있다. 전 세계적으로 아마추어 변광성 관측가의 조직망이 있다. 하지만 전문 천체물리학자들에게는 이러한 조직망의 존재가 별로 알려지지도 않았다. 이들의 독지가들은 잘 알려진 변광성들의 밝기 변화를 열성적으로 모니터링 하면서 최소와 최대 밝기의 시기를 결정하는 데 즐거움을 찾곤 한다.

몇 가지 이유에서 우리는 천문학과 천체물리학의 두 단어를 구분하지 않기로 한다. 이 책에서는 천문학과 천체물리학이 거의 같은 의미를 갖는다. 무엇보다 모든 천문학적 관측이 가치가 있기 때문이다. 상황이 긴박하게 돌아가는 천체의 변광 현상의 경우, 아마추어 관측가들의 전 세계적 관측망이 매우 가치 있는 일들을 해낸다. 이 책이 천문 현상만을 다루는 교과서는 아니지만, 전문가들은 우선 천문 현상과 그 배후에 숨어 있는 물리적 원리의 이해하는 것이 필요하다. 예를 들면, 천체물리학을 배우는 학생이라면 왜 식이 일어나고, 1년에 식이 몇 번이나 일어나며, 또 식이 일어나려면 달이 자기 궤도의 교점에서 얼마의 거리 안에 있어야 하는가 등등을 잘 알고 있어야 할 것이다. 우리가 이 책을 저술하는 목적은 과학의 진전에 있다. 그러나 동시에 천체물리학을 공부하는 학생들이 현상적인 천문학 역시 존중하고 즐기기를 바란다.

천체물리학과 물리학

그렇다면 천문학이나 천체물리학은 물리학(physics)과 어떤 관계에 있는가? 흔히들 천문학이 인류사에서 가장 일찍이 발달한 과학이라고 한다. 1세기 또는 2세기 전까지만 하더라도 자연철학(natural philosophy)이란 이름 하나에 모든 것을 아우를 수 있다고 믿었다. 하지만 현대로 들어오면서 물리학이 자연과학에서 가장 광범위한 주제를 다루는 학문으로 각광을 받기 시작했다. 천문학, 화학, 공학, 지질학 등 거의 모든 분야의 연구에서 힘, 에너지, 원자, 핵과 같은 개념에 대한 깊은 이해가 필수적이다. 우리의 교육체계에서 이러한 개념들을 포괄적으로 가르치는 기초 교과목이 바로 물리학인 것이다.

물리학과가 제공하는 교과목 목록을 살펴보면, 물리학이란 이름의 큰 틀이 몇 가지 분야로 나뉘어 있음을 알 수 있다. 물리학의 교과과정에 다음과 같은 주제와 개념의 교과목들이 주로 포함된다.

고전역학 : 운동과 힘
전기와 자기 : 개별적 또는 집단적 대전입자의 정적 성질과 동적 운동
광학 : 렌즈, 거울 등 거시계의 기하광학, 양자계 또는 간섭성 파동의 물리광학
고체 물리학 : 응집 물질
통계역학과 열역학 : 입자 집단의 상호작용
플라스마 물리학 : 대부분의 입자가 이온화된 물질의 상태
상대론 : 특수론(고속 운동)과 일반론(뉴턴 중력의 대체 이론)
양자 역학 : 원자, 핵, 소립자 등의 미시 세계

이 목록은 물리학이 제공하는 교과목들의 일부만 담고 있지만, 이를 통하여 물리학이란 학문의 영역을 알아볼 수 있다. 물리학의 가장 매력적인 면은, 이렇게 다양한 분야가 모두 자연의 네 가지 힘에서 비롯한다는 사실이다. 힘은 제P4장에서 자세히 논의하겠지만, 네 가지 힘이란 강한 핵력(strong nuclear), 전자기력(electromagnetic force), 약한 핵력(weak nuclear force), 중력(gravitational force)을 의미한다. 위에 힘을 나열한 순서는 10^{-15}m의 거리에서의 상대적인 세기를 따른 것이다. 이 거리에서 강력의 세기가 중력보다 10^{40}배나 강하다.

이보다 더 재미있는 점은 일상에서 우리는 전자기력과 중력 두 가지만 경험하게 된다는 사실일 것이다. 물론 강한 핵력과 약한 핵력이 원자의 구조, 그러니까 우리가 살아가고 있는 이 세상에 결정적으로 중요한 역할을 한다. 하지만 이 두 가지 핵력이 우세하게 작용하는 현상을 직접 경험할 수는 없다. 따라서 물리 교과목의 대부분에서 실제로 다루게 되는 예가 전자기력과 중력에 관계되는 현상에 집중될 수밖에 없다. 학생들은 핵물리학 과목에서만 핵력의 자세한 내용을 배우게 된다. 물리학을 전공하지 않는 대부분의 학부 학생들은 핵력과 만날 기회가 거의 없다.

천체물리학의 연구에는 앞에서 얘기한 물리학의 모든 분야가 관계한다. 어떤 천문학자는 성단을 구성하는 별들의 운동이나 또는 태양풍과 지구의 자기권과의 플라스마 상호작용과 같은 문제를 연구한다. 또 어떤 이들은 망원경을 설계하고 중성자별의 껍질에 대한 이론을 세운다. 그런가 하면 또 어떤 이들은 우주 자체의 열역학을 고민하기도 한다. 천체물리학이 다루는 연구 주제는 놀랄 만큼 다양하다. 천체물리학이란, 지구에서 알게 된 물리법칙을 써서 우주를 연구하고 우주가 물리학에 더 첨가할 것이 또 무엇인가를 검토하는 학문이다. 그리고 일상의 경험이 단 두 가지 힘에서 오듯이, 많은 천체물리학도들도 전자기력과 중력에 관련된 현상을 주로 공부하게 된다.

천문학은 본질적으로 수동적인 학문이다. 우리가 연구하는 천체들은 너무 멀어서 대개의 경우 실험실에서 할 수 있는 실험의 대상이 될 수 없기 때문이다. 그 대신 그들로부터 받게 되는 정보에 의존할 수밖에 없다. 이 정보의 거의 전부를 광자가 날라다 준다. 예를 들면, 전파나 가시광선이 또는 적외선이나 엑스선이 정보의 전달자 구실을 한다. 앞으로 이 책의 여러 장에서 다루게 되겠지만, 광자는 전자기적 상호작용에 의해서 생성·소멸된다. 사실 광자는 전자기력을 전달하는 입자이다. 이 힘이 일상에서 가장 유용한 상호작용들을 주재한다. 예를 들면, 물질의 고체, 액체, 기체, 플라스마 상태의 차이는 전기적 결합의 성질의 차이에서 오는 것이다. 천체물리학의 교과 과정을 밟아가면서 여러 천문학적 상황에서 물질의 상태가 어떻게 변하며, 또 다양한 상태의 물질이 어떻게 상호작용하는가를 배우게 될 것이다.

천체물리학에서 두 번째로 중요한 힘이 중력이다. 중력은 네 가지 힘 중에서 가장 약한 힘이다. 그렇지만 거의 모든 거시 계의 동력학을 지배하는 힘은 중력이다. 대부분의 큰 천체들이 전하의 합이 0인 중성의 상태에 있기 때문이다. 그리고 핵력은 원자 핵 크기 정도의 지극히 짧은 거리 내에서만 유효하기 때문이다. 달, 행성, 별, 은하 등의 궤도 운동이 거의 전적으로 중력의 작용에서 비롯하는 것이다. 가장 거시적인 존재로 알려진 은하단은 물론 우주 전체까지도 중력의 지배를

받는다.

천문학 연구에는 이 두 가지 힘이 주로 사용되지만, 몇 가지 주요한 과정이나 현상에서는 핵력이 전면에 나타나기도 한다. 이 중에서 가장 흔히 접하게 되는 것이 별에서의 에너지의 생성 과정이다. 가벼운 핵이 무거운 핵으로 변환되는 핵융합 과정에서 에너지가 방출된다. 핵융합은 강한 핵력에 의한 현상이지만 약한 핵력도 자기의 몫을 한다. 어떤 부류의 초신성이 격렬하게 폭발할 때 방출되는 에너지의 상당 부분은 중성미자의 형태로 방출된다. 중성미자는 주로 약한 핵력의 작용에 의한 것이다.

천체물리학과 새 물리학

어떻게 보면 천체물리학이 물리학의 한 하위 분야인 것처럼 들린다. 만일 우리가 전통적인 물리학의 원리를 천문 현상을 이해하는 데 응용만 한다면 정말로 그렇다고 해야 할 것이다. 그러나 과학의 역사와 오늘날 연구의 최전선에서 돌아볼 때 천체물리학이 물리학의 길을 인도하기도 하고 또 새로운 개념(idea)을 물리학에 도입 했음을 알 수 있다. 잘 알려진 예가 중력의 발견이다. 뉴턴은, 중력이 달의 지구 주위 운동을 주재하며 물체의 낙하 운동도 같은 중력에서 비롯하는 것으로 인식했다. 널리 알려지지 않았지만 또 하나의 예를 우리는 에딩턴(Arthur Stanley Eddington, 1882~1944)에서 찾아볼 수 있다. 화학 반응에서 나오는 에너지만으로는 태양의 광도를 지질학적 시간 동안 충당할 수 없음을 최초로 밝힌 이가 바로 에딩턴 경이었다. 그러므로 수억 년 이전에 형성된 화석의 존재를 설명하려면 화학 반응 이외의 뭔가 특별한 과정이 필요하다. 비록 미지의 에너지 생성 과정에 대한 세세한 성질을 구체적으로 제시하지는 않았지만, 에딩턴은 핵물리학이 크게 발달하기 기십 년 전에 이미 뭔가 새로운 물리 과정이 필요하다는 것을 알아차렸던 것이다.

현대로 오면서 흥미진지하게 전개되는 소립자 물리학의 세계에서 물리학과 천체물리학의 긴밀한 관계를 확인하게 된다. 원자와 핵의 구조를 연구한다든가 더 나아가 한 입자가 어떤 소립자들로 구성되어 있는지를 밝히는 과정에서, 우리는 물리학의 깊은 비밀을 하나씩 이해하고 있는 중이다. 이러한 연구의 배경에는 강한 대칭성의 원리에 근거한 이론과 거대한 고에너지 가속기를 이용하는 실험이 자리하고 있다. 전자기력과 약한 핵력의 통합에 대한 예언과 잇따른 증명이 최근에 거둔 성공이다. 즉 특정 조건 아래서는 보다 근원적인 힘으로 약전기력(electroweak force)이 존재한다는 것이다. 이 통합을 넘어서는 논리적 단계라면, 우선 대통일 이론(GUT)이 있다. 물론 최종적으로는 만물의 이론(theory of everything, TOE)이 저 너머에 있을 것이다. 아직은 성공적인 GUT를 가지고 있지 않지만, 이 이론이 결국 강한 핵력과 약한 핵력을 통합할 것이다. 시간과 더불어 상당한 진척이 서서히 축적되는 중이다. 그러나 GUT에 중력을 통합해야 하는 TOE를 향한 진척은 훨씬 더디다.

이런 논의에서 천체물리학이 해야 할 특별한 몫이 있다. GUTs와 TOEs를 향한 물리학의 여정에서 이론적 진척의 중요성은 물론이고 실험을 통해서 그 이론을 검증할 수 있어야 한다. 실험 검증에는, 기존 가속기가 도달한 수준보다 더 높은 에너지로의 가속이 가능한 더 큰 규모의 그래서 경비가 훨씬 더 많이 소요되는 거대 가속기 시설이 필요하다. 가속기를 만드는 데 들어가는 예산은 목표 에너지와 시설의 물리적 규모에 민감하다. 그러므로 지상 실험에서 거둘 수 있는 물리학에는 한계가 따르기 마련이다. 그런데 천체물리학의 연구 대상에는 '자연 가속기'가 작동하고 있는 곳이 많이 있다. 중성자별이나 검은 구멍(블랙홀), 또는 활동은하핵들이 그런 곳이다. 활동은하핵에는 질량이 태양의 100만 배에 이르는 초대질량의 블랙홀이 자리한다. 다른 곳에서는 도저히 찾아볼 수 없는 수준의 온도와 밀도와 에너지의 상황을 이러한 극단의 천체들이 마련해 준다. 그뿐이 아니다. 우주 자체가, 기묘한 천체 목록의 한 자리를 차지하는 블랙홀조차 감히 넘볼 수 없는 고온과 고밀의 상태로부터 팽창한 것이라는 사실이다. 우주 시계가 최초의 째깍 소리를 내던 바로 그 순간에 태어나서 여태껏 다른 물질과 상호작용을 하지 않은 입자들이 있다. 만일 이러한 입자의 존재를 우주에서 직접 확인할 수 있다면, 궁극의 입자 가속기로 실험을 하게 되는 셈이다. 미래의 모든 물리학적 사고에 있어서 천체물리학이 가장 주도적인 역할을 할 것으로 기대된다.

PART P 물리학 서론
Physics Prelude

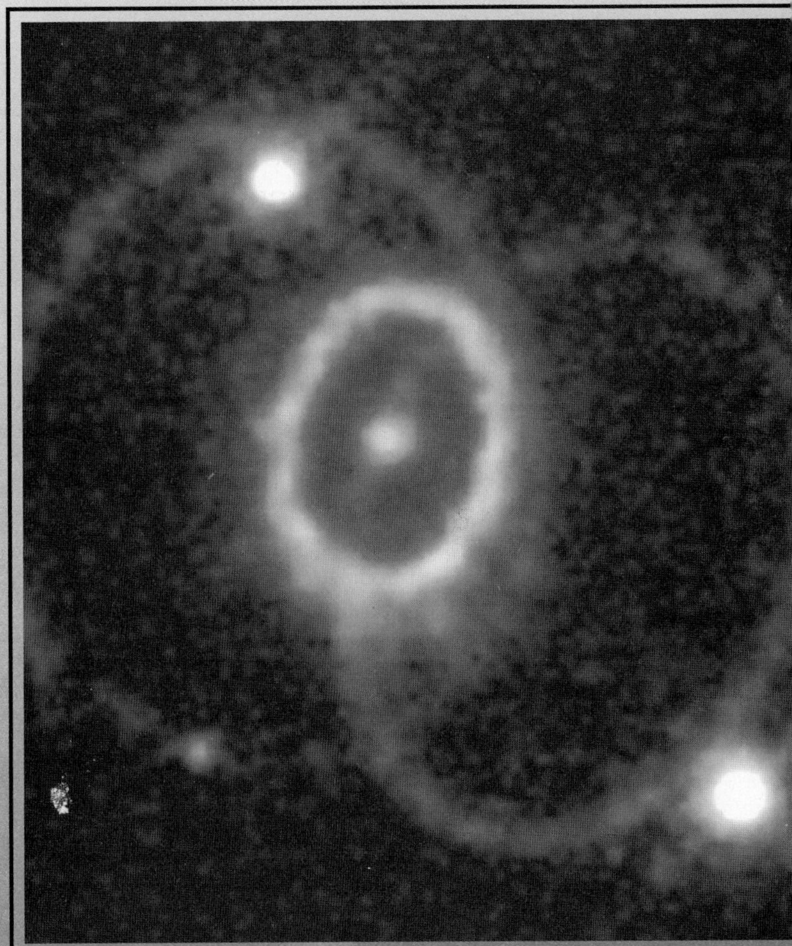

▲ 초신성 1987A를 둘러싸고 있는 발광 기체로 된 3개의 고리들. 이 영상은 1994년 2월 허블우주망원경의 WFPC2 카메라로 가시광선($H\alpha$ 방출선)에서 찍은 것이다.

(Dr. Christopher Burrows, ESA/STSCI and NASA)

CHAPTER P1

태양계의 궤도

이 장에서는 우선 케플러(Johannes Kepler, 1571~1630)와 뉴턴(Isaac Newton, 1643~1727) 법칙의 기본 개념들을 검토하고, 벡터연산과 운동법칙의 기본 요소들을 검토하고자 한다. 다음으로 뉴턴 법칙으로부터 케플러 법칙이 유도될 수 있음을 보일 것이다. 그 목적은 일차적 원리(즉 이론)로부터 관측되는 복잡한 운동을 자연스럽게 이해할 수 있다는 것을 보여 주는 것이다.

2체 문제로 알려진 궤도 운동은 천문학의 중심 문제 중에 하나이다. 여기서 다루는 궤도에 관한 결과들은 지구의 인공위성으로부터 행성의 자연 위성(달), 성단, 은하의 중심을 돌고 있는 별들, 은하단의 은하들에까지 다양한 크기에 적용될 것이다. 우주의 가장 큰 척도에서는 중대한 의외의 사실들을 발견하게 될 것인데, 여러분은 현대 천체물리학이 직면한 가장 심각한 문제 — 암흑물질 — 와 만나게 될 것이다 .

P1.1 케플러 법칙

16세기에 코페르니쿠스(Nicolas Copernicus, 1473~1543)는 태양계의 기본 모형에 대한 사고의 혁명을 가져왔다(1.1절). 이후 몇몇 주목할 경우(예를 들어, 타이코 브라헤)를 제외하면, 과학계는 태양중심모형을 채택하였다. 그러나 코페르니쿠스의 모형은 지구 또는 태양이 우주의 중심에 있느냐에 관한 철학적 질문에 대한 기본적 변화를 넘어서 그 이상의 중대한 변혁을 포함하지는 않았다. 케플러가 세 가지 법칙을 이끌어내기 이전에는 과학은 행성 궤도를 상세히 이해하지 못하고 있었던 것이다. 케플러 법칙은 다음과 같다(1.2절).

제1법칙 : 행성 궤도는 타원이고, 그 초점의 하나에 태양이 있다. 타원의 방정식은

$$r = \frac{a(1 - e^2)}{1 + e\cos\theta}$$

로 주어진다.

제2법칙 : 행성의 동경벡터(태양과 천체를 잇는 가상의 직선)는 같은 시간 동안 같은 면적을 휩쓴다. 이것은 동경벡터가 일정한 기간 동안 움직인 궤도평면의 파이(쪽) 형태의 면적은 같은 기간 동안에 궤도상의 임의의 점에서 동경벡터가 쓸고 간 면적과 같다는 것을 말해 준다. 특히, 이것은 행성이 태양에서 가장 가까운 근일점에서 가장 빨리 움직이고, 가장 먼 원일점에서 가장 느리게 움직인다는 것을 의미한다.

제3법칙(일명 조화의 법칙) : 행성 궤도의 주기는 궤도의 크기와 정밀한 관계를 갖는다. 구체적으로, 주기 p를 지구에서 사용하는 항성년의 단위로 표시하고, 궤도의 평균 거리 a를 천문단위 AU(지구와 태양의 평균 거리를 1.0AU로 정의한다)로 표시하였을 때, $p^2 = a^3$의 관계를 가진다.

이 세 가지 법칙들은 행성의 운동에 관한 이전의 개념들과는 사뭇 다르다. 이전 모형들에서는 균일한 원 운동이 대세를 이루고 있었다. 케플러 법칙들로부터 우리는 마침내 행성이 어떻게 움직이는지 알게 되고, 이 법칙들은 대체적으로 여전히 유효하다. 태양계 안에서는 주변의 다른 행성들이 가하는 섭동이나 일반상대론에 의한 작은 보정에 의하여 타원 궤도에서 벗어나는 정도는 작다.

P1.2 뉴턴 법칙

17세기 말에 이르러서야 지구의 물체 운동이나 태양계의 천체 운동 등을 잘 이해하게 되었다. 주요한 진전들을 이끈 학자는 뉴턴으로, 갈릴레이(Galileo Galilei, 1564~1642)가 이전에 발견한 사실에 엄밀한 형식을 부여하였고, 반작용의 법칙과 중력법칙을 추가하였으며, 벡터 미적분학을 라이프니츠와 함께 발전시켰다.

뉴턴 법칙은 다음과 같다(1.3절과 1.4절).

관성의 법칙 : 알짜의 외부 힘이 작용하지 않는다면, 물체는 등속운동을 한다.

제2법칙 : $F = ma$, 여기서 F, m, a는 각각 모든 종류의 힘, 이 법칙에 의하여 정의되는 관성질량, 가속도를 말한다.

작용의 법칙 : 모든 힘에 대하여 같은 크기의 반대 방향의 힘이 존재한다.

만유인력(중력)의 법칙 :

$$F_g = G\frac{m_1m_2}{r^2} \tag{P1-1}$$

여기서 F_g는 항상 인력으로 작용하는 중력이다. G는 **중력상수**이고, m_1과 m_2는 두 물체의 질량이다. 그리고 r은 두 물체의 중심 간 거리이다. 중력 질량과 관성 질량이 같다는 것이 이 법칙으로 성립되는 것은 아니지만, 그것은 실험에 의하여 매우 정밀하게 증명되었다.

뉴턴 법칙을 사용하여 왜 행성들이 케플러가 기술한 방식으로 운동하는지 이해할 수 있다. 이 장에서는 그러한 개념들의 발달을 주로 다루게 된다.

P1.3 벡터

이 책의 내용을 이용하기 위해서는 벡터 연산에 관한 어느 정도의 지식이 필요하다. 여기서는 벡터의 기본에 관하여 검토하겠지만, 이 주제를 완벽하게 소개하려는 것은 아니다. 벡터에 사용되는 다음과 같은 표준 기호를 사용할 것이다.

벡터는 진한 글꼴로 표시한다.

스칼라는 표준 글꼴로 나타낸다.

단위 벡터는 기호 위에 모자(hat)를 씌운 진한 글꼴로 표시한다.

시간에 대한 미분은 dt를 사용하여 표시하거나 기호 위에 점(dot)을 사용하여 표시한다.

시간에 대한 2차 미분은 2개의 점을 가진다.

벡터를 나타내기 위하여 두 가지 방법을 사용할 수 있는데, 예를 들어 $\mathbf{v} = (v_x, v_y, v_z)$는 각 성분을 강조하기 위하여 사용되고, $\mathbf{v} = v_x\,\hat{\mathbf{x}} + v_y\,\hat{\mathbf{y}} + v_z\,\hat{\mathbf{z}}$는 좌표를 강조하기 위하여 사용되지만, 이것들은 동일한 것이다.

벡터에 스칼라를 곱하는 것은 연합(associative)할 수 있고, 두 벡터를 더하는 것은 교환(communitive)될 수 있고, 또한 연합할 수 있다. 그러므로 다음과 같은 벡터 연산이 가능하다.

$$\begin{gathered}(ab)\mathbf{v} = a(b\mathbf{v})\\ \mathbf{v}a = a\mathbf{v}\\ \mathbf{v} + \mathbf{u} = \mathbf{u} + \mathbf{v}\\ (\mathbf{v} + \mathbf{u}) + \mathbf{w} = \mathbf{v} + (\mathbf{u} + \mathbf{w})\\ a(\mathbf{v} + \mathbf{u}) = a\mathbf{v} + a\mathbf{u}\\ (a + b)\mathbf{v} = a\mathbf{v} + b\mathbf{v}\end{gathered} \tag{P1-2}$$

벡터를 곱하는 방식은 두 가지가 있다. 첫 번째로 **내적**(內積, dot product)은 $\mathbf{v}\cdot\mathbf{u}$로 쓰는데, 기하학적 정의는 $\mathbf{v}\cdot\mathbf{u} = vu\cos\theta$이다. 이를 성분으로 표시하면 $\mathbf{v}\cdot\mathbf{u} = v_xu_x + v_yu_y + u_zv_z$이다. 이러한 2 벡터 내적의 결과는 스칼라이다. 물리적인 예를 든다면, 힘의 벡터가 거리의 벡터에 작용하여 일을 계산하는 방정식, $W = \mathbf{f}\cdot\mathbf{d}$이 있다.

두 번째 방식은 두 벡터를 곱하여 제3의 벡터를 만드는 것이다. 이것은 벡터의 **외적**(外積, cross product)이다. 기하학적 정의는 $\mathbf{v} \times \mathbf{u} = uv\sin\theta$이고 방향은 오른손법칙을 따른다. 성분별로 표시하면

$$\begin{aligned}\mathbf{v} \times \mathbf{u} &= [(v_yu_z - v_zu_y)\hat{\mathbf{x}}\\ &= (v_zu_x - v_xu_z)\hat{\mathbf{y}} + (v_xu_y - v_yu_x)\hat{\mathbf{z}}]\end{aligned} \tag{P1-3}$$

외적은 다음과 같은 성질을 가진다.

$$\begin{gathered}\mathbf{v} \times \mathbf{u} = -\mathbf{u} \times \mathbf{v}\\ (c\mathbf{v}) \times \mathbf{u} = \mathbf{v} \times (c\mathbf{u}) = c(\mathbf{v} \times \mathbf{u})\\ \mathbf{v} \times (\mathbf{u} + \mathbf{w}) = (\mathbf{v} \times \mathbf{u}) + (\mathbf{v} \times \mathbf{w})\\ \mathbf{v} \times \mathbf{v} = 0\end{gathered} \tag{P1-4}$$

벡터 외적의 중요한 예로는 자기장에서 움직이는 하전입자가 받는 힘, $\mathbf{F} = q\mathbf{v} \times \mathbf{B}$이다. 이 힘의 방정식에 의하여 기술되는 운동은 회전 운동이다. 예를 들어, 자기장에 수직한 방향으로 움직이는 전자는 원 운동을 한다. 전자가 자기장 방향에 평행한 성분 속도를 가지고 있다면, 나선 운동을 한다. 뒤에서 보게 되듯이, 이런 종류의 운동은 전파 천체물리 분야에서 매우 중요하다.

일반적으로 문제의 성격에 따라 적합한 좌표계를 자유롭게 선택할 수 있다. 즉 문제에 관련된 물리 법칙이 좌표계에 좌우되지 않는다. 중심력이 작용하는 경우나 2체 문제와 같은 경

우, 직각 좌표계보다는 극 좌표계가 훨씬 더 편리한데, 두 좌표계 사이에는 다음과 같은 관계가 있다.

$$r = \sqrt{x^2 + y^2}$$

$$\theta = \tan^{-1}\left(\frac{y}{x}\right)$$

$$x = r\cos\theta,\ y = r\sin\theta \tag{P1-5}$$

극좌표계의 단위 벡터에 관한 다음과 같은 관계가 매우 유용하다.

$$\hat{\mathbf{r}} = \cos\theta\hat{\mathbf{x}} + \sin\theta\hat{\mathbf{y}}$$

$$\hat{\theta} = -\sin\theta\hat{\mathbf{x}} + \cos\theta\hat{\mathbf{y}}$$

$$\frac{d\hat{\mathbf{r}}}{d\theta} = \hat{\theta}$$

$$\frac{d\hat{\theta}}{d\theta} = -\hat{\mathbf{r}} \tag{P1-6}$$

이러한 기호를 사용하면

$$\mathbf{r} = r\hat{\mathbf{r}}(\theta) \tag{P1-7}$$

와 같이 나타낼 수 있다.

P1.4 시간 미분

직각 좌표계에서 입자의 운동을 고려할 때, x와 y 좌표를 연속적으로 변화는 매개변수의 함수들로 보는 것이 특히 유용한 방식이다. 예를 들면, 위치 벡터 $\mathbf{r}$을 단위 벡터와 시간의 함수로 생각할 수 있다.

$$\mathbf{r} = x(t)\hat{\mathbf{x}} + y(t)\hat{\mathbf{y}}$$

물리학에서 입자의 운동을 표현하는 자연스러운 방법은 미분과 도함수를 이용하는 것이다. **속도**를 표현하는 다양한 방식은 다음과 같다.

$$\mathbf{v} = \frac{d\mathbf{r}}{dt} = \dot{\mathbf{r}} = \frac{dx}{dt}\hat{\mathbf{x}} + \frac{dy}{dt}\hat{\mathbf{y}} \tag{P1-8}$$

속도의 다른 성분을 각각 표시하고자 한다면, 직각 좌표계에서는

$$v_x = \frac{dx}{dt} \quad \text{그리고} \quad v_y = \frac{dy}{dt}$$

로 나타낸다.

위치 좌표의 1차 도함수인 속도와 더불어 2차 도함수인 **가속도**가 사용된다.

$$\mathbf{a} = \frac{d\mathbf{v}}{dt} = \ddot{\mathbf{r}} = \frac{d^2x}{dt^2}\hat{\mathbf{x}} + \frac{d^2y}{dt^2}\hat{\mathbf{y}} \tag{P1-9}$$

미분의 chain 법칙을 사용하면, 속도를 극 좌표계의 단위 벡터에 대하여 표시할 수 있다.

$$\mathbf{v} = \frac{d}{dt}[r\hat{\mathbf{r}}(\theta)]$$

$$= \frac{dr}{dt}\hat{\mathbf{r}}(\theta) + r\frac{d\hat{\mathbf{r}}(\theta)}{d\theta}\frac{d\theta}{dt}$$

$$\mathbf{v} = \dot{r}\hat{\mathbf{r}}(\theta) + r\dot{\theta}\hat{\theta} \tag{P1-10}$$

시간에 관하여 2차 도함수를 구하면

$$\mathbf{a} = \frac{d\mathbf{v}}{dt}$$

$$= \ddot{r}\hat{\mathbf{r}} + \dot{r}\frac{d\hat{\mathbf{r}}}{d\theta}\frac{d\theta}{dt} + \dot{r}\dot{\theta}\hat{\theta}$$

$$+ r\ddot{\theta}\hat{\theta} + r\dot{\theta}\frac{d\hat{\theta}}{d\theta}\frac{d\theta}{dt} \tag{P1-11}$$

인데, 항들을 결합하면

$$\mathbf{a} = (\ddot{r} - r\dot{\theta}^2)\hat{\mathbf{r}} + (r\ddot{\theta} + 2\dot{r}\dot{\theta})\hat{\theta} \tag{P1-12}$$

이 된다. 단위 벡터 $\hat{\mathbf{r}}$에 곱해진 항을 자세히 보면, r 방향의 가속도의 첫 번째 항은 시간에 대한 2차 도함수의 정의로부터 확실히 알 수 있다. 두 번째 항은 그다지 명확하지 않겠지만, **구심가속도**(centripetal acceleration)를 의미한다. 가속도의 r 방향 성분이 θ 방향의 속도에 의존하는 것이다!

마찬가지로, θ 방향의 가속도의 첫 부분은 θ의 시간에 대한 2차 도함수를 포함하므로 명확하다. 두 번째 부분은 r과 θ의 1차 도함수에 의존하는데, 이것은 코리올리스 가속도에 해당한다.

여기서 $\dot{r}$와 $\ddot{r}$를 0으로 두면

$$a_r = \frac{(r\dot{\theta})^2}{r} = -\frac{v_\theta^2}{r} \qquad \text{(P1-13)}$$

가 된다는 것을 알 수 있는데, 이는 친숙한 원 운동의 가속도이다.

P1.5 공간 미분

스칼라 함수 $f(x, y, z)$의 **경사도**(gradient)는 다음과 같이 얻는다.

$$\mathbf{grad}\, f = \left(\frac{\partial f}{\partial x}, \frac{\partial f}{\partial y}, \frac{\partial f}{\partial z}\right)$$

$$= \hat{\mathbf{x}}\frac{\partial f}{\partial x} + \hat{\mathbf{y}}\frac{\partial f}{\partial y} + \hat{\mathbf{z}}\frac{\partial f}{\partial z} \qquad \text{(P1-14)}$$

grad f의 방향은 $f(x, y, z)$가 가장 급격하게 변하는 방향이 되고, 그 크기는 **f의 방향 도함수**(directional derivative)—즉 **grad** f 방향으로 단위 거리에서 f의 증가율이다. f의 도함수는

$$df = \frac{\partial f}{\partial x}dx + \frac{\partial f}{\partial y}dy + \frac{\partial f}{\partial z}dz \qquad \text{(P1-15)}$$

이다.

다음과 같이 연산자(operator), 델(del)이라고 부르는 ∇을 정의할 수 있다.

$$\nabla = \hat{\mathbf{x}}\frac{\partial}{\partial x} + \hat{\mathbf{y}}\frac{\partial}{\partial y} + \hat{\mathbf{z}}\frac{\partial}{\partial Z} \qquad \text{(P1-16)}$$

∇의 사용법은 *grad* $f = \nabla f$인데, ∇은 벡터의 대수학적 성질을 많이 가지고 있으나 벡터는 아니다. 예를 들어, f와 g는 함수이고 a는 상수라고 할 때, $\nabla(f+g) = \nabla(f) + \nabla(g)$이고 $\nabla af(x, y, z) = a\nabla f(x, y, z)$이다. 그러나 $\nabla(fg) = g\nabla f(x, y, z) + f\nabla g(x, y, z)$이 되는데, 이러한 방식은 벡터와는 다른 것이다.

연산자 ∇를 함수에 적용하여 다양한 벡터와 중요한 스칼라 하나를 만들어 낼 수 있다. 앞에서 **grad** f와 같은 벡터의 예를 보았듯이, 임의의 벡터 v에 작용하여 스칼라 $\nabla\cdot\mathbf{v}$를 만든다(여기서 보통의 벡터 내적과의 유사점에 주의하자). 이는 **발산**(divergence) 또는 div라고 부르는데, 직각 좌표계에서는 다음과 같이 정의된다.

$$\text{div}\,\mathbf{v} = \nabla\cdot\mathbf{v}$$

$$= \frac{\partial v_x}{\partial x} + \frac{\partial v_y}{\partial y} + \frac{\partial v_z}{\partial z} \qquad \text{(P1-17)}$$

div **v**의 물리적 의미는 유체에서 공급원(source)과 흡수체(sink)로 설명될 수 있는데, 가우스 법칙이 좋은 예가 된다. 이 문제의 완벽한 고찰을 위해서는 표준 물리학 교재를 참조할 것을 추천한다.

델을 이용하여 만들 수 있는 두 번째로 중요한 벡터는 회전 **연산자**(curl)이다.

$$\text{curl}\,\mathbf{v} = \nabla\times\mathbf{v}$$

$$= \left(\frac{\partial v_z}{\partial y} - \frac{\partial v_y}{\partial z}\right)\hat{\mathbf{x}}$$

$$+ \left(\frac{\partial v_x}{\partial z} - \frac{\partial v_z}{\partial x}\right)\hat{\mathbf{y}}$$

$$+ \left(\frac{\partial v_y}{\partial x} - \frac{\partial v_x}{\partial y}\right)\hat{\mathbf{z}} \qquad \text{(P1-18)}$$

여기서 벡터 외적과의 유사점에 주목하자. 회전연산자의 물리적 의미는 스토크스(Stokes) 정리에서 잘 설명될 수 있는데, 벡터가 한 점의 주변에서 회전하는 정도를 나타낸다. 전선 주변을 돌며 감싸는 자기장 벡터가 좋은 예가 된다.

구면 좌표계에서 ∇는 다음과 같이 주어진다.

$$\nabla = \hat{\mathbf{r}}\frac{\partial}{\partial r} + \hat{\boldsymbol{\theta}}\frac{1}{r}\frac{\partial}{\partial\theta} + \hat{\boldsymbol{\phi}}\frac{1}{r\sin\theta}\frac{\partial}{\partial\phi} \qquad \text{(P1-19)}$$

P1.6 운동량과 에너지

벡터에 관한 결과들을 이용하여 다음과 같이 뉴턴 제2법칙을 쓸 수 있다.

$$\mathbf{F} = m\frac{d^2\mathbf{r}}{dt^2} \qquad \text{(P1-20)}$$

선운동량(linear momentum)의 기본 정의는

$$\mathbf{p} = m\mathbf{v} \qquad \text{(P1-21)}$$

이므로, 식 (P1−20)을 다시 쓰면

$$\mathbf{F} = m\dot{\mathbf{v}} = \dot{\mathbf{p}}$$

가 된다.

양변을 속도 벡터 **v**와 내적을 취하면

$$\mathbf{F}\cdot\mathbf{v} = m\mathbf{v}\cdot\frac{d\mathbf{v}}{dt} = \frac{1}{2}m\frac{d(v^2)}{dt}$$

$$= \frac{d}{dt}\left(\frac{1}{2}mv^2\right) \tag{P1−22}$$

가 된다. 입자의 **운동에너지**는 역학의 기본적 정의이다.

$$K = \frac{1}{2}mv^2 \tag{P1−23}$$

식 (P1−22)의 맨 오른쪽 항은 K의 시간에 대한 미분이므로, 양변을 dt에 대하여 적분하면 다음과 같다.

$$K_2 - K_1 = \frac{1}{2}mv_2^2 - \frac{1}{2}mv_1^2$$

$$= \int_{t_1}^{t_2}\mathbf{F}\cdot\mathbf{v}\,dt = \int_{r_1}^{r_2}\mathbf{F}\cdot d\mathbf{r} \tag{P1−24}$$

식 (P−24)의 마지막 항은 알짜 힘(net force)이 입자에 대하여 한 **일**(work)이며, 이는 입자의 운동에너지의 증가분과 같다.

만약 가해진 힘이 속도에 무관하게 위치와 시간만의 함수라면

$$F_x(\mathbf{r}, t) = -\frac{\partial V(\mathbf{r}, t)}{\partial x} \tag{P1−25}$$

와 같이 쓸 수 있다. 식 (P1−25)에서 함수 $V(\mathbf{r}, t)$를 입자의 **퍼텐셜에너지**라 한다. 2체 문제에서 퍼텐셜에너지는 일반적으로 시간의 함수가 아니며, 다음과 같이 주어진다.

$$V = -\frac{Gm_1m_2}{|\mathbf{r}_1 - \mathbf{r}_2|} \tag{P1−26}$$

단지 퍼텐셜에너지의 차이가 중요하므로, 2체 문제에서는 일반적으로 두 입자가 무한히 멀리 떨어져 있을 때에 $V = 0$으로 정의한다. 그러나 이것은 반드시 요구되는 사항은 아니다.

입자의 **총 에너지**는

$$E_{\text{tot}} = K + V \tag{P1−27}$$

로 정의된다. 가해지는 힘이 시간에 의존하지 않으면, 이를 **보존력**(conservative force)라고 하는데, 이 경우 E_{tot}는 시간에 대하여 상수이다.

P1.7 각운동량

각운동량(angular momentum)은 각운동량을 정의하는 기준점에서 입자까지의 거리와 위치 벡터에 수직한 방향의 선운동량을 곱한 것으로 정의한다.

$$L = rmv_\theta = mr^2\dot{\theta} \tag{P1−28}$$

벡터 형식으로 나타내면

$$\mathbf{L} = \mathbf{r}\times\mathbf{p} \tag{P1−29}$$

가 된다. 식 (P1−28)에서 각운동량의 크기의 시간에 대한 변화율은

$$\frac{dL}{dt} = 2mr\dot{r}\dot{\theta} + mr^2\ddot{\theta} \tag{P1−30}$$

임을 알 수 있다. 극 좌표계에서 힘은 $\mathbf{F} = F_r\hat{\mathbf{r}} + F_\theta\hat{\boldsymbol{\theta}}$와 같이 주어지므로, 뉴턴 제2법칙과 식 (P1−12)으로부터

$$ma_r = m\ddot{r} - mr\dot{\theta}^2 = F_r$$
$$ma_\theta = mr\ddot{\theta} + 2m\dot{r}\dot{\theta} = F_\theta \tag{P1−31}$$

이 된다. 식 (P1−30)과 (P1−31)을 비교하면

$$\frac{dL}{dt} = \frac{d}{dt}(mr^2\dot{\theta}) = rF_\theta = N \tag{P1−32}$$

임을 알 수 있다. 여기서 $rF_\theta = N$은 원점에 대하여 힘이 가하는 **회전력**(forque)의 크기이다.

P1.8 2체 문제

이제 2체 문제, 즉 중력의 작용으로 궤도 운동을 하는 두 물체에 대한 문제를 설정하고 풀 준비가 되었다.

첫째, 뉴턴의 중력 법칙은 **중심력**에 관한 것임에 주목하자

(중심력의 개념은 여기서 고려하는 중력의 경우보다 더 일반적인 것이므로, 좀 더 일반적인 문제에서 사용될 수 있는 요소들에 주의하자).

$$\mathbf{F} = F(r)\hat{\mathbf{r}} \tag{P1-33}$$

P1-7절에서 본 바와 같이, 중심력의 경우 회전력은

$$\mathbf{N} = (\mathbf{r} \times \hat{\mathbf{r}})F(r) = 0 \tag{P1-34}$$

와 같이 주어진다. 그러므로 식 (P1-32)에 의하여

$$\frac{d\mathbf{L}}{dt} = 0 \tag{P1-35}$$

임을 알 수 있다. 이 결과로부터 각운동량이 보존된다는 것을 알게 된다. 즉 각운동량은 운동 상수(constant of the motion)이다. 이 결과는 특히 각운동량 벡터 $\mathbf{L} = m(\mathbf{r} \times \mathbf{v})$가 상수임을 의미한다. 그러므로 **r**과 **v**는 항상 **L**에 수직한 고정된 평면상에 놓여 있게 된다. 그래서 2체 문제는 구면 좌표계가 아닌 극 좌표계에서 기술할 수 있다.

중력은 중력 퍼텐셜에너지의 경사도에 해당한다는 사실에서 두 번째 운동 상수를 찾을 수 있다.

$$\mathbf{F}_{12} = -\nabla_{r_1} V \tag{P1-36}$$

그리고 뉴턴 제2법칙을 사용하여 힘 $\mathbf{F}_{12}$와 $\mathbf{F}_{21}$을 명시적으로 쓰면

$$\begin{aligned} \mathbf{F}_{12} &= m_1 \ddot{\mathbf{r}}_1 = -\nabla_{r_1} V \\ \mathbf{F}_{21} &= m_2 \ddot{\mathbf{r}}_2 = -\nabla_{r_2} V \end{aligned} \tag{P1-37}$$

이 된다. 두 식을 각각 $\dot{\mathbf{r}}_1$와 $\dot{\mathbf{r}}_2$와 내적을 시키고, 두 식을 합하여 주면

$$\begin{aligned} m_1 \ddot{\mathbf{r}}_1 \cdot \dot{\mathbf{r}}_1 + m_2 \ddot{\mathbf{r}}_2 \cdot \dot{\mathbf{r}}_2 + \dot{\mathbf{r}}_1 \cdot \nabla_{r_1} V \\ + \dot{\mathbf{r}}_2 \cdot \nabla_{r_2} V = 0 \end{aligned} \tag{P1-38}$$

가 된다. 이것을 다시 전개하면

$$\frac{d}{dt}\left(\frac{1}{2} m_1 \ddot{\mathbf{r}}_1^{\,2}\right) + \frac{d}{dt}\left(\frac{1}{2} m_2 \ddot{\mathbf{r}}_2^{\,2}\right) + \frac{dV_1}{dt} + \frac{dV_2}{dt} = 0 \tag{P1-39}$$

가 된다. 그래서 마침내 다음 관계를 얻는다.

$$\frac{d}{dt}(K + V) = \frac{dE_{\text{tot}}}{dt} = 0 \tag{P1-40}$$

기대했던 것처럼, 총 에너지는 보존된다(1.5.4항 참조).

앞에서 질점의 운동이 궤도 평면에 제한된다는 것을 보였기 때문에 뉴턴 제2법칙과 중력 법칙을 $\hat{\mathbf{r}}$과 $\hat{\boldsymbol{\theta}}$의 방향에 각각 적용할 수 있다. 여기에, 식 (P1-12)을 이용하면 $\hat{\mathbf{r}}$의 방향에 대하여

$$\ddot{r} - r\dot{\theta}^2 = -\frac{1}{m}\frac{\partial V}{\partial r} \tag{P1-41}$$

그리고 $\hat{\boldsymbol{\theta}}$의 방향에 대하여

$$r\ddot{\theta} - 2\dot{r}\dot{\theta} = -\frac{1}{mr}\frac{\partial V}{\partial \theta} = 0 \tag{P1-42}$$

와 같이 나타낼 수 있다.[1)]

여기서 식 (P1-41) 또는 (P1-42)를 사용할 수 있지만, 후자를 사용하는 것이 조금 더 쉽다. 또한 $u = 1/r$을 이용하여 좌표를 변환하면

$$\dot{r} = -\frac{1}{u^2}\frac{du}{d\theta}\dot{\theta} = -r^2\dot{\theta}\frac{du}{d\theta} = -\frac{L}{m}\frac{du}{d\theta} \tag{P1-43}$$

이고

$$\ddot{r} = -\frac{L}{m}\frac{d^2u}{d\theta^2}\dot{\theta} = -\frac{L^2u^2}{m^2}\frac{d^2u}{d\theta^2} \tag{P1-44}$$

이 되므로, 결국

$$\frac{d^2u}{d\theta^2} = -u - \frac{mK}{L^2} \tag{P1-45}$$

이 된다. 여기서 $K = -Gm_1m_2$이다.

이제 이 미분방정식을 풀면 된다. 이 식은 $L = 0$이라면 문제가 생기는데, 식 (P1-28)에서 보는 것처럼, 이 경우는 원점

1) 여기서 m은 m_1과 m_2의 환산질량으로서 $m = m_1m_2/(m_1 + m_2)$로 주어진다. (역주)

을 지나는 직선 궤도의 운동에 해당한다.

식 (P1−45)의 해는

$$u = \frac{1}{r} = -\frac{mK}{L^2} + C\cos(\theta - \theta_0) \qquad \text{(P1−46)}$$

이며, 여기서 $C = \sqrt{m^2K^2/L^2 + 2mE/L^2}$이다. 이를 r에 대하여 나타내면

$$r = \left[-\frac{mK}{L^2} + C\cos(\theta - \theta_0)\right]^{-1} \qquad \text{(P1−47)}$$

이 되는데, 이는 **원뿔곡선**(conic section)의 방정식이다. 타원을 나타내는 좀 더 전형적인 형식은

$$r = \frac{a(1-e^2)}{1 + e\cos\theta} \qquad \text{(P1−48)}$$

인데, 여기서 a는 **긴 반지름**(semimajor axis)이고 e는 **이심률**(eccentricity)이다. 포물선 궤도($e = 1$)는 보통

$$r = \frac{2p}{1 + \cos\theta} \qquad \text{(P1−49)}$$

으로 주어진다. 그리고 쌍곡선 궤도는

$$r = \frac{a(e^2-1)}{1 + e\cos\theta} \qquad \text{(P1−50)}$$

이 된다. 여기서 찾은 해는 케플러 제1법칙의 타원 궤도보다 더 일반적이다. 궤도는 이와 같은 세 가지 종류의 원뿔곡선 중 하나가 된다. 물론, 쌍곡선과 포물선 궤도의 천체는 태양계를 떠나게 되므로, 케플러는 이러한 사실을 관측으로 찾아내지는 않았다.

이제 케플러 제2법칙을 검토해 보자. 직접적인 기하학적 분석을 통하여 상대궤도에서 동경이 쓸고 간 면적의 시간의 변화율은

$$\frac{dA}{dt} = \frac{1}{2}r^2\frac{d\theta}{dt} \qquad \text{(P1−51)}$$

임을 알 수 있다. 이것은 단지

$$\frac{dA}{dt} = \frac{2L}{m} \qquad \text{(P1−52)}$$

가 되는데, 각운동량은 2체 문제에서 상수이므로 dA/dt 역시 상수가 된다. 이것은 케플러의 제2법칙을 좀 더 현대적으로 표현한 것이다.

조화의 법칙을 검토하기 위하여 2체의 질량중심을 고려하자. 질량중심에서 r_1만큼 떨어진 질점 m_1과 r_2만큼 떨어진 m_2를 생각하자. 천체 1에 작용하는 구심력은 다음과 같다.

$$F_1 = \frac{m_1 v_1^2}{r_1} = \frac{4\pi^2 m_1 r_1}{p^2} \qquad \text{(P1−53)}$$

여기서 p는 궤도의 주기이고, 물론 두 천체의 궤도주기는 같다. 뉴턴 제3법칙에 의하여 $F_1 = F_2$이므로

$$\frac{r_1}{r_2} = \frac{m_2}{m_1} \qquad \text{(P1−54)}$$

이 된다. 여기서 $a = r_1 + r_2$라고 하면

$$r_1 = \frac{m_2 a}{m_1 + m_2} \qquad \text{(P1−55)}$$

가 된다. 그러므로

$$F_{\text{grav}} = \frac{Gm_1m_2}{a_2} = \frac{4\pi^2 m_2 r_2}{p^2} \qquad \text{(P1−56)}$$

이 되고

$$p^2 = \frac{4\pi^2 a^2}{Gm_2}\,\frac{m_2 a}{m_1 + m_2} \qquad \text{(P1−57)}$$

이 된다. 마침내 케플러의 제3법칙에 도달하였다(1.5.2항, 2.3.1항, 6.5절, 12.2.1항 참조).

$$p^2 = \frac{4\pi^2 a^3}{G(m_1 + m_2)} \qquad \text{(P1−58)}$$

이제 2체 문제에서 에너지와 힘에 대하여 더 살펴보자. 중력에 대한 퍼텐셜에너지는 다음과 같이 주어진다.

$$V(r) = -\frac{Gm_1m_2}{r} \qquad \text{(P1−59)}$$

이것은, 두 물체가 무한히 떨어져 있을 때 $V(\infty) \equiv 0$이라고 정의한다면, 두 물체를 무한대에서 끌어모으는 데 필요한 에너지를 나타낸다. 음수의 부호는 가해진 힘이 인력이라는 것을 나타내며, 물체가 가까워지면 에너지가 0보다 작아진다는 것을 의미한다.

이제 뉴턴 제2법칙을 2체 문제에 적용해 보자. 방위각 방향의 힘 $F_\theta = 0$이라는 것을 기억하여, $F = ma$를 식 (P1−12)에 적용하고 각운동량을 정의한 식 (P1−28)을 적용하면

$$ma = m(\ddot{r} - r\dot{\theta}^2)$$
$$= m\ddot{r} - \frac{L^2}{mr^3} = F(r) \qquad \text{(P1−60)}$$

가 된다. 여기서 상수인 L을 이용하여 식에서 θ을 제거했다는 것에 주목하자. L을 포함한 항을 등호의 오른쪽으로 이동시키면

$$m\ddot{r} = F(r) + \frac{L^2}{mr^3} \qquad \text{(P1−61)}$$

가 된다.

이것은 1차원에서 운동방정식처럼 보인다. 중력에 더하여 추가적인 힘을 받고 있는 물체를 기술하는 식이다. 그러나 두 번째 항은 실제 힘이 아니라, 가속되고 있는 계에서 질량과 가속도의 곱을 표시하고 있다. 이것은 **겉보기힘**(fictitious force)의 한 예로서, **원심력**(centrifugal force)이라고 부른다. 그러나 예를 들어, 궤도 운동에서 물체를 잡아주도록 안쪽으로 가해지는 힘이나 끈에 매달려 회전하는 공에 가해지는 끈의 장력과 같은 **구심력**(centripetal force)은 진짜 힘이다.

식 (P1−61)에 주어진 유효 퍼텐셜에너지를 살펴보면

$$V_{\text{eff}} = -\int \mathrm{F}(r)dr - \int \frac{L^2}{mr^3}dr$$
$$= V(r) + \frac{L^2}{2mr^2} \qquad \text{(P1−62)}$$

에 도달하게 된다. 여기서 $V(r)$은 음수이므로 유효 퍼텐셜에너지는 먼 거리에서는 음수이고, 가까운 거리에서는 양수가 된다. 물체의 운동에너지가 유효 퍼텐셜에너지의 최소값의 절대값보다 작다면, 총 에너지는 음수가 되고 물체는 구속되었다(bound)고 한다. 허용되는 r의 범위는 유효 퍼텐셜에너지와 총 에너지를 r의 함수로 그려봄으로써 찾을 수 있다. 케플러 제1법칙의 타원 궤도 운동에 해당하는데, $r_{\min}$과 $r_{\max}$은 각각 근일점과 원일점이라 한다.[2)]

총 에너지가 $E_{\text{tot}} = 0$이라면 질점의 운동은 구속되지 않게 되고, 그의 궤적은 앞서 기술한 포물선이 된다. 한편 $E_{\text{tot}} > 0$이라면, 질점의 궤적은 쌍곡선이 된다. 이처럼 구속되지 않은 천체는 근일점을 지난 후 태양계를 떠나므로, 그다지 흔하게 발견되지 않는다. 몇몇 혜성의 경우가 그러한 궤도를 가지는데, 오오트 구름에 있는 혜성들은 $a \approx 10{,}000$AU를 가지고 있고 태양의 중력에 간신히 구속되어 있다. 간혹, 혜성들이 목성에 근접하여 지나갈 때 에너지를 일부 얻어 총 에너지가 양수가 되어, 타원 궤도에서 포물선이나 쌍곡선 궤도로 변하기도 한다.

P1.9 실제의 궤도

비록 2체의 궤도 문제를 2차원에서 풀 수 있더라도, 이것은 본래 3차원 문제이다. 궤도 평면을 임의로 선택할 수 없으므로, 3차원 공간에서 1개의 2차 미분방정식을 적분한 해는 6개의 상수를 포함한다. 실제 궤도를 완벽하게 지정하기 위해서는 이 6개의 상수를 결정하는 것이 필요한데, 태양계의 천체들의 궤도를 기술하기 위하여 다음과 상수들을 사용한다.

a = 긴 반지름
e = 이심률
τ = 근일점 통과 시각
i = 궤도경사각(황도면에 대하여 기울어진)
θ = 승교점 경도
ω = 근일점 경도

P1.10 상대론적 수정과 실제 궤도

실제의 태양계 안에서 행성의 궤도는 정확한 타원은 아니다. 다른 행성들과의 중력 상호작용들이 태양과 행성의 2체 문제에 작은 섭동을 만들게 된다. 가장 현저한 효과는 타원 궤도가 세차 운동을 하는 것인데, 궤도가 완전히 닫히지 않고 근일점 경도가 천천히 움직이게 된다. 더군다나 뉴턴 법칙보다는 일반상대론(General Relativity, GR)이 중력 상호작용을 더 잘

2) 즉 $m\dot{r}/2 = E_{\text{tot}} - V_{\text{eff}} \geq 0$이어야 한다. 근일점과 원일점에서는 $\dot{r} = 0$이므로, $V_{\text{eff}}(r) = E_{\text{tot}}$을 만족하는 점을 그래프에서 찾으면 $r_{\min}$과 $r_{\max}$이 된다. (역주)

기술한다는 것을 알고 있다. 기본 미분 방정식 (P1-45)에 일반상대론적 수정을 가하면 다음과 같다.

$$\frac{d^2u}{d\theta^2} = -u - \frac{mK}{L^2} - \frac{3mK}{c^2}u^2 \qquad \text{(P1-63)}$$

수정 항은 분모에 c^2이 들어 있으므로, 그 크기가 매우 작아야만 한다. 사실, 일반상대론적 효과에 의하여 수성의 궤도가 세차하는 것은 아인슈타인(Albert Einstein, 1879~1955)이 일반상대론을 검증하기 위하여 제안한 첫 번째 증거였다. 아인슈타인의 제안 이전에도 천문학자들은 수성이 5000″/세기의 비율로 세차한다는 것을 알고 있었다. 그러나 아인슈타인은 당시 이 사실을 모르고 있었다. 행성 간의 상호작용을 고려한 후에도 대략 40″/세기 정도의 세차 운동이 설명되지 않고 남아 있었다. 아인슈타인은 일반상대론적 수정이 43″/세기를 설명한다고 예측하였다.

P2 CHAPTER 태양계 밖에서의 궤도

이 장에서는 케플러와 뉴턴에게는 알려지지 않았던 태양계 밖의 역학계에서의 궤도에 대하여 알아보고자 한다. 물론 여기서 사용될 기본적인 수학적 도구들은 역시 뉴턴에 의하여 발전되었던 것들이다.

P2.1 구형 대칭의 중력계

뉴턴의 중력법칙은 주어진 물체의 바깥 지역에서 중력 효과를 기술한다. 그렇다면 구각이나 구의 안쪽에 있는 시험입자는 중력적으로 어떤 영향을 받을까?

중력 퍼텐셜

전기 퍼텐셜에너지와 마찬가지로 **중력 퍼텐셜**을 다음과 같이 정의한다.

$$\Phi(r) = -G\int \rho(r')\frac{d^3r'}{|r' - r|} \qquad \text{(P2-1)}$$

여기서 Φ을 도입하는 중요한 이유 중 하나는 단위 질량에 가해지는 중력은 퍼텐셜의 경사도와 같기 때문이다. 퍼텐셜은 스칼라이므로 결정하기 쉽다. 다른 방법보다는 퍼텐셜의 경사도로부터 힘을 결정하는 것이 가장 좋은 경우가 많다. 단위 질량당 퍼텐셜에너지가 퍼텐셜이라는 것에 주의하자. 또한, 중력이 퍼텐셜에너지의 경사도인 것처럼, 단위 질량당 중력은 퍼텐셜의 경사도이다.

$$\frac{\mathbf{F}}{m} = \nabla\Phi \qquad \text{(P2-2)}$$

이 식의 양변에 발산을 취하면 다음과 같은 포아송 방정식을 얻게 된다(상세한 증명은 생략).

$$\nabla^2\Phi = 4\pi G\rho \qquad \text{(P2-3)}$$

이것은 대부분의 경우 Φ를 찾아서 힘 F를 구하는 가장 손쉬운 방법이다. 특히 $\rho = 0$인 경우에 라플라스 방정식이 된다.

$$\nabla^2\Phi = 0 \qquad \text{(P2-4)}$$

뉴턴의 제1정리

물질의 구각 안에 위치한 물체가 구각으로부터 받는 중력의 알짜 힘은 없다.

증명 : 얇은 구각과 중심에 위치하지 않는 입자 m를 고려하자. m에서 교차하고 입체각 $\delta\Omega$를 가지는 2개의 원뿔을 그려보자. 이때 m에서 원뿔과 구각의 교차된 부분까지의 거리를 각각 r_1과 r_2라 하고, 그 질량을 각각 δm_1, δm_2라고 하자. 그러면

$$\frac{\delta m_1}{\delta m_2} = \left(\frac{r_1}{r_2}\right)^2$$

이 된다. 그러므로

$$\frac{\delta m_1}{r_1^2} = \frac{\delta m_2}{r_2^2}$$

이제 두 구각이 입자 m에 가하는 힘은 각각

$$F_{\text{grav}} = \frac{Gm\delta m_i}{r_i^2}$$

이 된다. 두 번째 관계식으로부터 이 힘의 크기는 같고 방향은 반대이므로, 알짜 힘은 0이 된다.

뉴턴의 제2정리

닫혀 있는 구각의 바깥에 위치한 물체에 가해지는 중력은 구각의 모든 질량이 중심점에 집중되어 있는 경우와 같다.

여기서 이 정리에 대한 증명을 다루지 않기로 한다. 그러나 대학생을 위한 상급 역학 교재를 참조하기 바란다.

P2.2 원 궤도 속도와 이탈속도

천체물리학 문제에서는 원 궤도 속도와 이탈속도가 중요하다. 예를 들어, 태양에 대하여 100kms^{-1}의 속도로 움직이는 새로운 별이 발견되었다면, 이 별은 은하에 구속되어 있을까, 아니면 탈출하고 있을까? 만약 속도가 1,000kms^{-1}라면 어떨까? 태양계는 근사적으로 은하의 중심을 주변으로 원 궤도를 따라 움직이고 있다. 이 궤도 운동의 속력은 얼마인가? 지구의 주변을 돌기 위하여 인공위성은 얼마나 빨리 움직여야 할까? 인공위성이 달에 도착하기 위해서는 얼마나 빨리 가야 할까? 여기서 용어 사용이 적절하지 않다는 것에 주목하자. 특정한 방향을 지정하는 것이 아니므로, 원 궤도 속도가 아니라 원 궤도 속력이라고 해야 맞을 것이다.[1)]

원 궤도 속도를 구하기 위하여 중력과 구심력을 같다고 놓는다.

$$F_{\text{cent}} = F_{\text{grav}}$$

$$\frac{mv_c^2}{r} = \frac{GMm}{r^2}$$

$$v_c = \sqrt{\frac{GM}{r}} \qquad \text{(P2–5)}$$

초기에 무한대의 거리에 떨어져 있던 물질을 모아서 주어진 계를 만드는 데 필요한 에너지 변화가 퍼텐셜에너지이므로(탈출과 정반대의 문제), 이탈속도를 구하려면 운동에너지와 퍼텐셜에너지를 같다고 놓으면 된다.

$$\frac{1}{2}mv_e^2 = \frac{GMm}{r}$$

$$v_e = \sqrt{\frac{2GM}{r}} \qquad \text{(P2–6)}$$

식 (P2–5)와 (P2–6)는 질량 M의 바깥에 있는 질량 m을 가지는 시험입자(test particle)로 이루어진 계의 2체 문제, 즉 케플러운동에서만 적용된다는 것에 주의하자. 뒤에서 질량 분포를 가진 계에서 원 궤도 속도 v_c를 계의 중심으로부터의 거리 r의 함수로 고려하게 될 것이다. 케플러운동에서는

$$v_c \propto r^{-1/2} \qquad \text{(P2–7)}$$

가 된다는 것에 주의하자.

만약 케플러운동이 아닌 경우라면, 즉 중심에 질량이 집중되어 있지 않다면, 원 궤도 속도는 다음과 같이 주어진다.

$$v_c = \sqrt{\Sigma \mathbf{r}\cdot\mathbf{F}} = \sqrt{\frac{GM(r)}{r}} \qquad \text{(P2–8)}$$

예를 들어, 균일한 구의 경우(밀도가 상수인 경우) r 안에 들어 있는 질량은 $M(r) = (4/3)\pi r^3\rho$이다. 이것을 식 (P2–8)에 대입하면,

$$v_c \propto r \qquad \text{(P2–9)}$$

가 된다.

이 절의 처음에서 던졌던 질문으로 돌아가 보자. 태양계는 대략 250kms^{-1}의 속도로 은하의 중심에 대하여 원 궤도 운동을 하고 있다. 그러므로 태양에 대하여 100kms^{-1}으로 움직이는 별은 은하의 중심에 대하여 150~350kms^{-1}의 속력으로 움직이고 있는 것에 해당한다. 속력 범위의 하한값은 가장 늙은 별들에서 종종 관측되는 값이다. 그러나 상한값은 쌍곡선 궤도의 천체를 나타내거나, 또는 흔하지는 않지만 역행하는 천체일 수 있다. 태양에 대하여 1,000kms^{-1}으로 움직이는 천체는 명백히 은하에 대한 이탈속도를 넘는 속도로 운동하고 있다. 지구의 표면에서 원 궤도 속도는 $v_{\text{circ}} \approx 7.9$kms^{-1}이고, 이탈속도는 $v_{\text{esc}} \approx 11.2$kms^{-1}이다.

P2.3 나선은하의 첫 번째 모형

나선은하(21.1.1항)는 4개의 주요 역학계를 가지고 있다 — 중앙 팽대부, 지수함수적 원반, 나선팔, 헤일로(20.2.2항). 잠시 마지막 2 성분은 접어두고, 은하의 핵으로부터의 거리에 따라 원 궤도 속도 v_c가 어떻게 변화하는지 알아보자. 이러한 함수를 은하의 회전곡선(rotation curve)이라 한다. 우리는 다음과 같이 예측할 수 있다 — 은하의 핵과 팽대부의 가장자리 사이의 지역에서 회전속도는 균일한 밀도의 구의 경우처럼 $v_c \propto$

1) 이 책을 포함한 많은 교재와 연구논문에서조차 학자들은 속도와 속력을 엄격하게 구별하지 않고, 대부분의 경우 속력 대신 속도라는 용어를 사용하고 있다. (역주)

r의 관계를 가진다. 은하의 영상에서 보면 핵의 바깥 지역에서 원반부를 제외하고 밝기가 가파르게 떨어진다. 그러나 원반은 중앙 팽대부에 비교하면 매우 납작하다. 그러므로 은하의 바깥지역으로 갈수록 은하의 질량 분포는 케플러운동을 선호할 것으로 기대한다. 그러므로 은하의 바깥 지역에서는 $v_c \propto r^{-1/2}$의 꼴로 변할 것이다.

관측에서 회전곡선을 구하려면 분광슬릿을 측면으로 보이는(edge-on) 나선은하의 장축에 나란하게 맞추어 놓고, 슬릿을 따라서 다양한 점에서 도플러이동을 측정하면 된다. 그림 21-9의 나선은하의 회전곡선을 살펴보자. 중심 부근에서는 단순한 모형(균일한 구)에서 예측한 것과 같다. 그러나 바깥쪽에서는 거리에 따라 감소하는 케플러운동의 회전곡선과는 확연히 다르게 편평하게 유지된다는 것을 알 수 있다. 이것은 은하는 케플러 계가 아니라는 것을 암시한다. 대부분의 질량이 은하의 핵이나 팽대부에 집중되어 있지 않다. 광학 영상에는 나타나지 않지만, 매우 넓게 퍼져 있는 질량이 있다는 것이 명백하다.

질량의 분포에 대한 여러 가능성에 대하여 살펴보자. 보이지 않은 질량이 멱함수 분포를 한다면

$$\rho(r) = \rho_0\left(\frac{r_0}{r}\right)^{\alpha}$$

$$M(r) = \frac{4\pi\rho_0 r_0^{\alpha}}{3-\alpha} r^{(3-\alpha)} \qquad \alpha < 3$$

이 되므로

$$v_c \propto r^{(2-\alpha)} \tag{P2-10}$$

가 된다. 그렇다면 α의 값에 가장 적당한 것을 얼마일까?

나선은하의 회전곡선은 **암흑물질**(dark matter)의 존재에 관한 최초의 징조이다(15.4.3항과 21.4.3항). 우리는 궤도의 역학을 조사하여 나선은하들의 질량을 측정했던 것이다. 모든 것이 명백하게 설명되는 것처럼 보이지만, 사실 이 결과는 매우 당혹스러운 것이다. 나선은하들이 광학영역에서 보이지 않는 무거운 성분을 가지고 있어야만 관측되는 회전곡선이 설명되기 때문이다. 그래서 이를 암흑물질이라고 이름 짓게 되었다.

앞에서 우리는 은하의 헤일로 성분을 무시했었는데, 그것은 잘못이었다는 것을 이제 알 수 있다. 헤일로는 은하의 광도에는 별로 기여하지 않지만, 질량에는 중요한 기여를 한다.

은하에서 별의 실제 궤도는 매우 복잡할 수 있다. 예를 들어 중앙 팽대부의 안쪽 부분을 균일한 구로 근사한다면, 별들의 궤도는 장미꽃(rosette) 모양을 가진다(그림 P2-1 참조). 자세한 설명은 생략하겠지만, 별들이 원은하중심점에서 시작하여 근은하중심점으로 갔다가 다시 원은하중심점으로 되돌아오는 진동을 하는 데 걸리는 시간이 은하중심을 한 바퀴 도는 시간보다 짧기 때문에 궤도가 닫히지 않게 된다.

은하의 사진을 보면 구형 대칭의 분포를 가지는 은하들은 거의 없다. 대신 회전축에 대하여 대칭인 분포를 가지는 영상을 더 자주 보게 된다. 그러므로 운동의 기본 방정식을 원통좌표계에서 해석하는 것이 더 자연스러울 것이다. 회전축 대칭의 퍼텐셜에서는 별의 운동을 두 가지 성분으로 나누어 볼 수 있다. 궤도 운동의 가장 흥미로운 성분은 대칭축에 대하여 별과 함께 회전하고 있는 평면인 자오면(meridional plane)에서 일어난다. 그림 P2-2에는 자오면에서 2개의 별의 궤적을 보여 준다. 이 별들은 같은 에너지와 각운동량을 가지고 있으나, 초기 조건이 달랐으므로 매우 다른 모습의 궤도를 그린다.

P2.4 공명

파동의 연구는 현대 물리학에서 가장 핵심적인 역할을 하였고, 천체물리학에서도 매우 중요하다. 한 가지 예로 궤도의 공명 현상을 들 수 있다. 용수철, 드럼, 다리, 건물 등이 특정한 진동수에서 공명을 일으키듯이, 입자의 궤도에서도 공명이 일어난다. 가장 흔하면서 흥미로운 천체물리학의 공명 현상은 2체 문제에 세 번째 물체가 도입되거나 또는 중력 퍼텐셜에 비대칭 성분이 있을 때 일어난다. 전자의 예로 토성 주변의 고리 입자들을 들 수 있다. 큰 위성인 타이탄이 공명의 원인을 제공한다. 마찬가지로 소행성대에서는 목성이 태양 주변을 공전하는 소천체들의 궤도에 공명을 일으킨다(7.1.3항과 7.2절).

입자(고리 입자와 소행성)가 궤도의 중심인 주천체(토성 또는 태양) 그리고 섭동체(타이탄 또는 목성)와 일렬로 늘어 설 때(즉 3체가 일직선으로 연결될 때) 타이탄과 목성에 의한 공명이 일어난다. 모든 입자들은 가끔씩 그러한 상황에 놓이게 되는데, 이때 섭동체와 가장 가까운 거리에 있게 되고, 섭동체로부터 작은 충격을 받게 된다. 입자들이 일정한 시간 간격으로, 즉 궤도상에서 같은 위상에서, 이러한 충격을 받게 되는

경우에만 공명이 일어나게 된다. 입자들은 섭동체보다는 주천체에 더 가깝게 있으므로, 궤도를 한 바퀴 돌 때마다가 아니라, 두 번째나 세 번째, 또는 네 번째… 마다 일직선상에 놓이

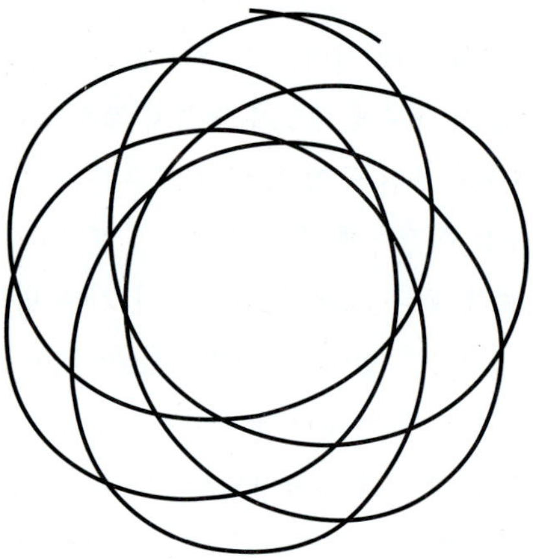

그림 P2-1 균일한 구의 퍼텐셜에 놓여 있는 별들의 장미꽃 모양의 궤도 [J. Binney and S. Tremaine, "Galactic Dynamics", Princeton University Press, 1987에서 발췌]

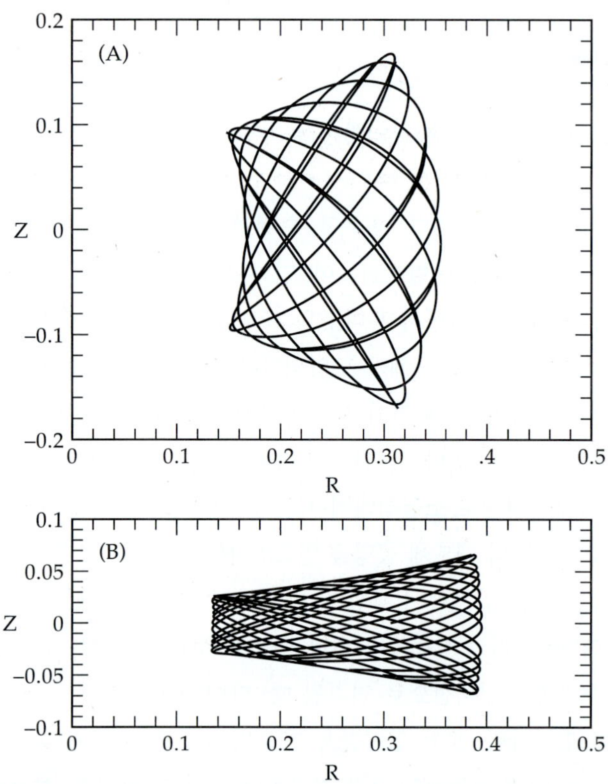

그림 P2-2 축대칭 퍼텐셜에 놓여 있는 별들의 자오면 상의 상자 궤도 [J. Binney and S. Tremaine, "Galactic Dynamics", Princeton University Press, 1987에서 발췌]

게 된다. 수없이 반복되는 작은 충격의 결과로 입자는 자신이 있던 궤도에서 빠져나오게 된다. 그러므로 타이탄의 안쪽에 있는 궤도에 있는 입자들 중에서 공전주기가 타이탄 주기의 작은 정수비율을 가지는 입자들은 궤도에서 제거된다. 이러한 과정에 의하여, 카시니(Giovanni Cassini, 1625~1712)가 최초로 발견한 토성 고리의 간극이 만들어진다. 소행성대의 경우 커크우드(Danial Kirkwood, 1814~1895)가 간극(틈새)을 처음으로 연구하였다.

P2.5 비리얼정리

비리얼정리(21.5.2항)는 현대 천체물리학에서 가장 중요한 개념 중 하나이다. 비리얼이라는 명칭은 엔트로피라는 용어를 만들기도 했던 클라우지우스(Rudolf Clausius, 1822~1888)가 지은 것이다. 여기서 필요한 기본 가정은 중력적으로 상호작용하는 입자들로 이루어진 계가 수축하거나 팽창하지 않고 역학적으로 안정되어 있다는 것이다. 우선 입자의 운동의 x 성분만을 고려해 보자.

i번째 입자에 가해지는 힘은

$$F_i = \dot{p}_i = m_i \ddot{x}_i$$

이고, 운동에너지는

$$\begin{aligned} K_i = \frac{p_i^2}{2m_i} &= \frac{1}{2} m_i \dot{x}_i^2 \\ &= \frac{1}{2} m \frac{d}{dt}(x\dot{x}) - \frac{1}{2} m\ddot{x}x \\ &= \frac{1}{2} \frac{d}{dt}(xp) - \frac{1}{2} x\dot{p} \\ &= \frac{1}{2} \frac{d}{dt}(x_i p_i) - \frac{1}{2} x_i F \end{aligned}$$

이다. 여기에 y와 z 방향의 성분을 포함하여 모든 입자에 대하여 더하여 주면, 총 운동에너지는

$$K_{\text{tot}} = \frac{1}{2} \sum \mathbf{r} \cdot \mathbf{F} + \frac{1}{2} \sum \frac{d}{dt}(\mathbf{r} \cdot \mathbf{p})$$

이 된다. 오른쪽 변의 두 번째 항은 다음과 같은 시간에 대한

평균이다.

$$\frac{1}{\tau}\int_0^\tau d(\mathbf{r}\cdot\mathbf{p}) = \frac{1}{\tau}(\mathbf{r}\cdot\mathbf{p})$$

계가 안정되어 있다는 가정을 수식적으로 적용하면, $\tau \to \infty$일 때 이것은 0이 된다. 나머지 항도 시간에 대하여 평균하면[바(bar)로 표시한 것처럼]

$$\overline{K_{tot}} = -\frac{1}{2}\sum\overline{(\mathbf{r}\cdot\mathbf{F})}$$

이다. 오른쪽 변을 클라우지우스는 비리얼이라 불렀는데, 이는 퍼텐셜에너지의 시간에 대한 평균값의 절반이라는 것을 알 수 있다.

$$2\overline{K_{tot}} = -\overline{V_{tot}} \qquad \text{(P2–11)}$$

비리얼정리의 중요성을 보이기 위하여, 성단의 형성 과정을 고려해 보자. 초기에 모든 입자들은 멀리 떨어져 있으며 멈추어 있다고 가정하자. 그러므로 $K = 0$, $V = 0$, $E = K + V = 0$이다. 중력이 입자들을 서로 끌어당겨 가속시키게 되어, K는 증가하고 V는 감소한다. 이 계가 평형에 도달하고 나면, 다음과 같은 비리얼정리를 만족한다.

$$E_{tot} = K + V = K - 2K = \frac{1}{2}V$$

다시 말하면, 계는 퍼텐셜에너지의 절반을 복사로 방출해서 내보내고, 중력적으로 결합된 다음과 같은 음의 에너지를 갖는 평형상태로 진화하였다.

$$E_{tot} = -\mathrm{K} = \frac{1}{2}V \qquad \text{(P2–12)}$$

P2.6 이완 시간

많은 수의 입자들이 중력 상호작용을 하는 계를 생각하자. 이 계에 투입된 시험입자가 상호작용에 의하여 초기의 운동을 잊어버리는 데 얼마나 오랜 시간이 걸리는지 알아보고자 한다. 이를 **이완시간**(relaxation time)이라 한다. 천체물리학에서 다루는 많은 계들은 밀도가 중심에서 바깥으로 가면서 감소하는 매우 매끄러운 분포를 가지고 있어서, 이완되어 있는 것처럼 보인다. 구상성단(13.3.3항), 타원은하(21.1절), 나선은하 팽대부의 사진을 참조하자. 비록 은하는 성단보다 10^6배나 많은 별을 가지고 있지만, 이 천체들은 대부분의 관점에서 매우 비슷하게 보인다.

그림 P2–3에서 오른쪽으로 움직이고 있는 별에 대하여 수직한 방향으로 가해지는 힘을 찾아보자.

$$F_\perp = \frac{Gm^2}{b^2 + x^2}\cos\theta$$

그러므로

$$m\dot{\mathbf{v}}_\perp = \mathbf{F}_\perp$$

가 된다. 매번의 만남은 별의 속도에 $\delta\mathbf{v}_\perp$의 섭동을 가하게 되지만, 무작위 방향으로 가해지므로, $\delta\mathbf{v}_\perp$의 평균은 0이 된다. 그러나 $\delta\mathbf{v}_\perp$의 제곱의 합은 0이 아니다. (상세한 유도는 생략하고) 결과를 나타내면

$$n_{relax} = \frac{v^2}{\Delta v_\perp^2} \approx \frac{0.1N}{\ln N} \qquad \text{(P2–13)}$$

인데, N은 계에 포함된 입자(별, 은하 등등)의 개수이다. 여기서 $\Delta v_\perp^2 = \int \delta v_\perp^2$은 입자가 계를 한 번 가로지를 때 얻는 변화량의 합이고, n_{relax}는 $\Delta v_\perp^2 \approx v^2$이 될 때까지 입자가 계를 가로지른 횟수이다. 여기에 한 번 지나가는 데 걸리는 시간(crossing time)을 곱하면 이완 시간을 찾을 수 있다.

$$t_{relax} = n_{relax} \times t_{cross} \qquad \text{(P2–14)}$$

이러한 결과들을 비교하기 위하여, 이 식들을 두 가지의 실제 항성계에 적용해 보자. 구상성단의 경우, $N \approx 10^5$이다. 그러므로 $n_{relax} \approx 900$, $t_{cross} \approx 10^5$년, 이완 시간은 $t_{relax} \approx 10^8$

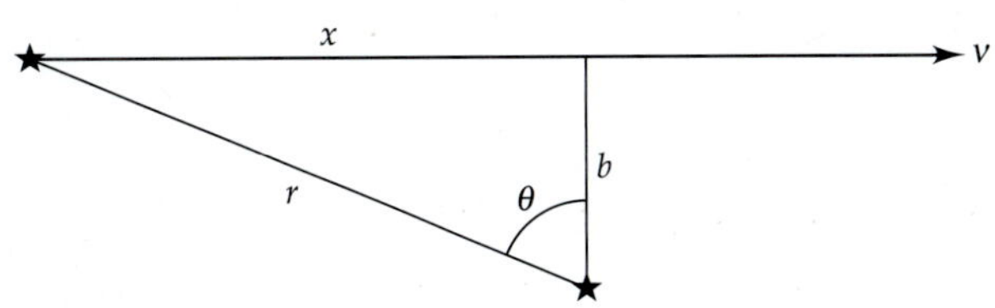

그림 P2–3 이완 시간 문제와 관련된 기하

년이다. 타원은하의 경우, $N \approx 10^{11}$, $n_{\text{relax}} \approx 4 \times 10^8$, $t_{\text{cross}} \approx 2 \times 10^8$년, $t_{\text{relax}} \approx 8 \times 10^{16}$년이다. 우주의 나이는 대략 $t_{\text{univ}} \approx 1.37 \times 10^{10}$년이므로, 은하들의 경우 별들이 이완될 만큼 충분한 시간이 없었다. 그러나 타원은하들의 사진을 보면, 은하가 이완되어 있는 것처럼 보인다. 어떻게 된 일일까? 혹시 항성계가 이완될 수 있는 다른 방법이 있을까?

P2.7 격렬한 이완

격렬한 이완에 관한 이론은 린든-벨(Lynden-Bell)에 의해 개발되었다. 고정된 퍼텐셜에 놓여 있는 입자는 $E = mv^2/2 + V =$ 상수의 조건을 만족하면서 움직인다. 지금까지 우리는 퍼텐셜에너지가 시간에 따라 변하지 않고 위치에 따라 변하는 계만을 고려해 왔다. 그렇다면 퍼텐셜이 시간에 따라 많이 변한다면 어떻게 될까? 막 성단이 되려는 항성계의 중심에 위치한 입자를 생각하자. 비리얼정리에서 이미 논의한 것처럼, 초기 에너지는 $E_0 = K + V = 0$이다. 이 입자가 움직이지 않더라도(즉 $K = 0$), 입자는 퍼텐셜에너지의 중심에 놓여 있으므로 $E_{\text{final}} = 0 + V < 0$이 된다. 입자는 스스로 아무런 작용을 하지 않았음에도 불구하고 총 에너지가 변하였고, 계에 구속되었다. 그래서 입자는 초기 에너지에 대한 '기억을 잊어버리게' 되었는데, 이 과정은 P2-6절에서 이야기했던 보통의 이완 과정에서 일어난 것과 비슷하다. 차이점은 이 과정은 더 급격하고 격렬하게 일어난다는 것이고, 별의 질량과 무관하게 단위 질량당 에너지를 바꾼다는 것이다.

별과 별 사이의 충돌이나 조우가 타원은하가 이완된 모습을 가지게 된 원인은 아닌 것으로 보인다. 아마도 **격렬한 이완**(violent relaxation)에 의한 것으로 추정된다. 이 과정은 타원은하뿐만 아니라 나선은하의 팽대부에도 적용된다.

P3 CHAPTER 특수상대론

운동학으로서 특수상대론은 물체가 어떻게 움직이는지를 기술할 뿐이며, 힘과 가속도에 관하여 다루지는 않는다. 그것은 일반상대론에서 다루게 된다. 특수상대론의 결과들은 인간 직관의 한계를 넘어서는 것처럼 보이지만, 고에너지 입자물리 실험에서는 일상적으로 진실임이 확인되고 있다.

P3.1 마이컬슨-몰리 실험

빛을 제외한 모든 파동에는 그 파동이 전파해 갈 수 있는 매질이 필요하다고 알려져 있다. 맥스웰 방정식을 사용하여 빛을 전파하는 파동으로서 기술할 수 있다는 것을 알게 되면서, 빛 파동에 필요한 매질로 추정되는 것을 **에테르**(ether)라 이름 지었다. 1887년 마이컬슨(Albert Michelson, 1852~1931)과 몰리(Edward Morley, 1838~1923)는 태양 주위를 공전하는 지구의 운동에 의하여 지구가 느끼게 되는 에테르의 흐름을 측정하는 실험을 하였다. 빔 분할기를 사용하여 빛의 경로에 수직한 방향으로 빛을 나눈 후, 수직한 방향과 평행한 방향으로 진행한 빛을 거울에 반사시켜 간섭계에 결합하였다. 이 실험 장치는 회전할 수 있도록 고안되어 있어서, 추정한 에테르 흐름의 방향과 맞추거나 어긋나게 할 수 있었다. 연중 시기와 실험 장치의 방향에 무관하게, 두 방향으로 진행하는 빛의 속력이 같다는 결과를 얻었다. 이것은 빛을 전달하는 에테르가 존재하지 않으며, 선호되는 좌표계가 있지 않다는 것을 의미한다. 즉 모든 관측자가 측정한 빛의 속력은 관측자의 운동에 무관하게 같다는 것이다.

P3.2 갈릴레이 변환과 로렌츠 변환

기준 좌표계는 관성계라고 가정한다. 즉 가속을 받지 않고 균일한 속도로 움직이는 계를 말한다. 두 좌표계 f와 f'를 가정하고(그림 P3−1), 두 계의 유일한 운동은 x 방향성분만 있다고 하자. 고전적인 갈릴레이 물리에 의하면

$$\Delta x' = \Delta x - v\Delta t$$
$$\Delta y' = \Delta y, \quad \Delta z' = \Delta z, \quad \Delta t' = \Delta t$$

이다. 이러한 위치 변환은 우리의 직관과 일치하지만, 빛의 속력에 대하여

$$c' = c - v$$

이라고 예측하게 되어, 마이컬슨−몰리 실험의 결과에 직접적으로 위배되는 것이다.

실제 좌표 변환을 올바르게 하는 방법은 로렌츠 변환이다. 여기서 다음과 같이 로렌츠 지수를 도입하자.

$$\gamma = \frac{2}{\sqrt{1-(v/c)^2}} \tag{P3−1}$$

이것은 항상 1보다 크다. 이를 사용하면

$$dx' = \gamma(dx - vdt) \tag{P3−2}$$

$$dt' = \gamma\left(dt - \frac{v}{c^2}dx\right) \tag{P3−3}$$

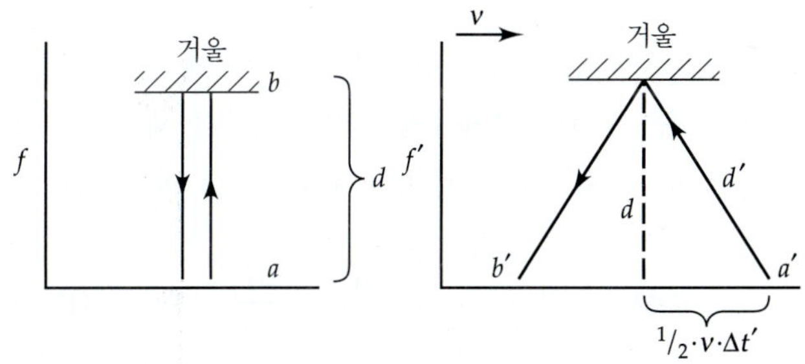

그림 P3−1 시간지연 효과를 보여 주는 예
거울에 대하여 정지한 좌표계 f와 상대 속도 v를 가지고 x방향으로 운동하는 좌표계 f'을 나타낸다.

$$dy' = dy \tag{P3–4}$$

$$dz' = dz \tag{P3–5}$$

가 된다.

여기서 몇 가지 주목할 사실들이 있다. 첫째, 시간 좌표가 두 좌표계에서 같지 않다는 것이다. 시간 좌표는 두 좌표계의 상대 운동에 의존한다. 이것이 **시공간**(spacetime)을 이야기하는 이유이다. 시간과 세 공간 좌표는 서로 무관한 것이 아니라, 좀 더 근본적인 4차원 실체의 부분인 것이다. 둘째, 운동 방향에 수직한 두 방향의 위치는 영향을 받지 않는다는 것이다. 그러나 시간 좌표와 운동하는 방향의 공간 좌표는 우리의 직관과는 다른 방식으로 변환된다.

P3.3 길이 수축과 시간지연

그림 P3–1은 시간지연을 유도하는 기본 개념을 보여 준다. 왼쪽 그림에서 정지 좌표계 f에서는 a 지점에서 방출된 빛의 펄스가 거울의 b 지점에서 반사되어 Δt 동안 거리 $2d$를 지나간다. 오른쪽 그림에서는 거울에 대하여 속도 v로 움직이는 좌표계에서 펄스가 a'에서 방출되어 거울에서 반사되어 b' 지점에 도착하는데, 이때 좌표계 전체가 오른쪽으로 움직였으므로 빛은 $2d'$ 거리를 움직인다.

정지 좌표계 f에서 빛의 펄스가 움직인 총 시간은

$$\Delta t = \frac{2d}{c}$$

움직이는 좌표계 f'에서 총 시간은

$$\Delta t' = \frac{2d'}{c} = \frac{2}{c}\sqrt{d^2 + \left(\frac{v\Delta t'}{2}\right)^2}$$

이다. 근호 안에 있는 항은 피타고라스 정리에 따른 것이고, 수직 거리 d는 두 좌표계에서 동일하다. 양변을 제곱하고, $\Delta t'$의 항들을 모은 후, 앞의 정지 좌표계의 결과를 대입하면

$$\Delta t = \Delta t'\sqrt{1 - \left(\frac{v}{c}\right)^2} = \frac{\Delta t'}{\gamma} \tag{P3–6}$$

이 된다. 그러므로 움직이는 시계는 정지한 시계보다 천천히 간다는 것을 알 수 있다. 이를 **시간지연**(time dilation)이라 한다. 정지 좌표계에서의 시간은 **고유시간**(proper time)이라 하며, 움직이는 좌표계에서의 시간보다 더 빨리간다.

비슷한 방식을 적용하면 움직이는 좌표계에서 운동 방향으로의 길이가 정지 좌표계에서 측정한 길이에 비하여 짧다는 것을 보일 수 있는데, 이를 **길이 수축**(length contraction)이라 한다. 여기서는 움직이는 좌표계를 f로 두고, 정지 좌표계를 f'로 두자. 정지 좌표계 f'에서 막대의 길이가 $\Delta x'$이라면, 좌표계 f에서의 길이는 $\Delta t = 0$을 대입하여 찾을 수 있다. 왜냐하면 막대의 양 끝 점은 움직이는 좌표계에서 반드시 동시에 측정되기 때문이다. 정지 좌표계에서는 동시가 아니다. 그러므로 식 (P3–2)에서 $\Delta x' = \gamma\Delta x$이 된다. 여기서 변환이 선형적이므로, 미분 대신에 유한차분을 도입하였다. 그러므로 이 예에서 움직이는 좌표계 f에서 측정된 길이 Δx는 정지 좌표계 f'에서 측정된 길이 $\Delta x'$보다 짧다. 정지 좌표계에서의 길이를 **고유길이**(proper length)라 한다.

P3.4 시공간 간격의 스칼라 불변성

피타고라스 정리에 의하면 공간의 두 점 사이의 거리의 제곱은 각 좌표축 방향의 거리의 제곱을 합한 것이다. 자연스러운 연장선상에서 특수상대론에서는 두 사건 사이의 공간의 거리가 아니라 **시공간의 간격**(interval)을 다음과 같이 정의한다.[1)]

$$ds^2 = dx^2 + dy^2 + dz^2 - c^2dt^2$$

여기서 시간과 공간의 좌표가 단순하게 대응되지 않는다는 것에 주의하자. 둘 사이의 부호의 차이는 두 좌표가 정확히 같은 방식으로 다루어질 수 없다는 것을 말해 준다.

두 사건 사이의 시공간 간격은 관측자의 운동에 무관하다. 다시 말하면

$$\begin{aligned} ds^2 &= dx^2 + dy^2 + dz^2 - c^2dt^2 \\ &= dx'^2 + dy'^2 + dz'^2 - c^2dt'^2 \end{aligned}$$

그러므로 ds^2은 스칼라 불변이다. $ds^2 < 0$이면, 시간꼴(time-

1) 제25장에서는 간격을 식 (25–1)에서 $dl^2 = c^2dt^2 - (dx^2 + dy^2 + dz^2)$으로 정의하였음에 유의하자. 식 (25–1)의 정의가 일반적으로 사용된다. (역주)

like) 간격이라고 하고, $ds^2 > 0$이면, 공간꼴(space-like) 간격이라고 한다. $ds^2 = 0$이면 영(null) 간격이라 한다.

P3.5 속도의 덧셈

위치 좌표가 갈릴레이 변환과는 다르게 변환되듯이, 속도(정확히 말하자면 속력) 역시 직관에 거스르는 방식으로 더해진다.

$$v_{x'} = \frac{U_x + v}{1 + U_x v/c^2} \qquad \text{(P3–7)}$$

여기서 U_x는 두 좌표계 사이의 상대 속력이고, v는 움직이는 좌표계에서 측정한 물체의 속력이고, $v_{x'}$은 정지 좌표계에서 측정된 물체의 속력이다. 이 식은 왜 물체가 빛의 속력보다 빠르게 움직일 수 없는지 보여 준다. U_x와 v에 $0.9c$를 대입해 보면, 그 결과는 c보다 작게 된다.

P3.6 상대론적 도플러이동

여기서 증명을 하지 않겠지만, 움직이는 좌표계와 정지 좌표계에서 측정한 빛의 파장의 비율은 다음과 같다.

$$\frac{\lambda'}{\lambda} = \frac{1 + v_x/c}{\sqrt{1 - (U^2/c^2)}} \qquad \text{(P3–8)}$$

고전적 도플러이동과 중요한 차이가 있다는 것에 주의하자. 가로지르는 방향의 운동만 있는 경우($v_x = 0$, $U_y \neq 0$)라 하더라도, 시간지연 효과 때문에 파장의 이동이 생기게 된다. 빛의 파동의 꼭대기가 연속하여 지나가는 시간을 정지 좌표계에서 측정한 것은 움직이는 좌표에서의 시간보다 길어진다. 그러므로 진동수가 작아지고, 파장이 길어진다.

P3.7 질량, 에너지, 운동량

과학에서 가장 잘 알려진 방정식이라 할 수 있는 $E = mc^2$은 여러 가지 관점에서 볼 수 있다. 첫째, 정지 질량이 m인 입자는 그만큼의 에너지와 관련된다는 것이다. 예를 들어, 핵반응을 통하여 입자의 질량의 전부 또는 일부가 에너지로 변환될 수 있다는 것이 밝혀졌다. 또한 그 반대 방향으로도 작동할 수도 있다. 즉 에너지가 질량으로 변환되어, 충분히 집중된 에너지로부터 입자의 쌍이 만들어질 수도 있다.

선운동량과 운동에너지의 개념을 상대론적으로 확장시키면 다음과 같이 정의할 수 있다.

$$E_{\text{tot}} = \gamma mc^2 \qquad \text{(P3–9)}$$

$$p_{\text{rel}} = \gamma mv \qquad \text{(P3–10)}$$

로렌츠 지수 γ에 매우 복잡한 사실이 숨겨져 있다. 즉 고전적 경우에는 선운동량이 속력에 선형적으로 증가하지만, 상대론적 속력을 가지는 경우에는 급격하게 변화한다.

정지 좌표계에서는 총 에너지는 정지 질량에 c의 제곱을 곱한 것과 같아진다. 움직이는 입자의 경우 정지 질량과 총 에너지의 차이는 운동에너지가 된다(퍼텐셜에너지는 순수한 운동학적 기술에 포함되지 않는다).

$$K_{\text{rel}} = (\gamma - 1)mc^2 \qquad \text{(P3–11)}$$

이제 에너지, 운동량, 정지 질량에 관한 관계식을 E로부터 찾아보자.

$$\begin{aligned} E_{\text{tot}}{}^2 - E_{\text{rest}}{}^2 = E_{\text{tot}}{}^2 - (mc^2)^2 &= (\gamma^2 - 1)m^2c^4 \\ &= \gamma^2 m^2 v^2 c^2 = p^2c^2 \end{aligned} \qquad \text{(P3–12)}$$

그러므로

$$E_{\text{tot}} = \sqrt{m^2c^4 + p^2c^2} \qquad \text{(P3–13)}$$

이며

$$p = \sqrt{\frac{E_{\text{tot}}{}^2}{c^2} - m^2c^2} \qquad \text{(P3–14)}$$

이고

$$mc^2 = \sqrt{E_{\text{tot}}{}^2 - p^2c^2} \qquad \text{(P3–15)}$$

이다. 식 (P3–14)로부터 질량이 0인 입자의 경우(예를 들어 광자)에도 에너지와 운동량의 관계를 찾을 수 있다는 것에 주목하자.

$$E_{\text{phot}} = pc \qquad \text{(P3–16)}$$

그리고 광자의 에너지는 $E_{\text{phot}} = hc/\lambda$이므로, 광자의 운동량은

$$p_{\text{phot}} = \frac{h}{\lambda} \tag{P3–17}$$

가 된다.

P4 CHAPTER 입자와 힘

P4.1 서론

19세기에는 세 가지 힘인 중력, 전기력, 자기력이 알려져 있었다. 세 힘은 각기 다르게 작용한다. 그러나 19세기 말에는 맥스웰 방정식으로부터 전기력과 자기력은 전자기력(electro-magnetism)이라는 좀 더 근본적인 힘이 다르게 인지된 양상이라고 보는 것이 더 올바르다는 것을 깨닫게 되었다. 현대적인 용어로 표현하면, 전기력과 자기력이 통일되었다.

표 P4−1은 현재까지 알려진 자연의 네 가지 힘, 그 힘들의 작용범위, 전달하는(중개하는) 입자, 작용하는 입자들을 보여준다.

1960년대에는 실험과 이론을 통하여 전자기력이 약핵력과 통일되어 **전자기−약작용**(electro-weak) 힘이 된다는 것이 확인되었다. 그러나 천체물리학적 문제들의 조건 아래서는 두 힘이 충분히 다르기 때문에 보통은 분리하여 다루게 된다.

P4.2 보존과 페르미온

입자들을 분류하는 다양한 방법이 있다. 가장 근본적인 것 중에 하나는 입자의 스핀 각운동량을 사용하는 것이다. 입자들의 경우 각운동량의 제곱, 즉 $S^2 = \mathbf{S} \cdot \mathbf{S} = s(s+1)\hbar^2$을 측정할 수 있다. **보존**(boson)은 정수($s = 0, 1, 2, \cdots$)의 스핀을 가지고 있고, **페르미온**(fermion)은 반정수($s = 1/2, 3/2, \cdots$)의 스핀을 가지고 있다.

두 종류의 입자들은 매우 다른 성질을 가진다. 예를 들어, 페르미온은 **파울리의 배타원리**에 따르므로, 2개의 입자가 같은 양자 준위에 들어갈 수 없다. 이 법칙의 결과에 따라 원자의 껍질 구조와 전자의 겹침(degeneracy, 백색왜성을 이루는 고밀도의 축퇴된 물질의 상태) 등이 결정된다. 그러나 보존은 파울리의 배타원리에 지배되지 않고, 힘의 전달자가 될 수 있다. 그러나 모든 보존이 힘을 전달하지는 않는다.

P4.3 렙톤

다른 분류 방법으로 **렙톤**, **쿼크**, **중간자**로 나눌 수 있다. 렙톤은 페르미온이며 약핵력, 전자기력, 중력 상호작용을 하지만, 강핵력에는 참여하지 않는다(표 P4−2). 렙톤은 진정한 의미에서 기본 입자들이며, 전자, 뮤온, 타우의 세 가지 종류가 있고, 각각 대응하는 중성미자를 가지고 있다.

P4.4 쿼크

우리에게 친숙한 양성자와 중성자는 기본 입자가 아니고, 더 작은 입자인 쿼크의 조합으로 이루어졌다. 쿼크는 페르미온 입자이고 단독으로 발견되지 않는다. 쿼크는 네 가지 힘에 모

표 P4−1 자연의 네 가지 힘

힘	결합세기	작용 범위	힘의 전달자	작용 입자의 종류
강핵력	1	10^{-15}m	글루온(3개의 색에 총 8개)	쿼크
전자기력	1/137	무한대	광자	전하를 띤 입자
약핵력	1×10^{-5}	10^{-18}m	W^+, W^-, Z^0	쿼크와 렙톤
중력	10^{-40}	무한대	중력자(미검출)	질량을 가진 입자

표 P4-2 삼 세대의 렙톤

렙톤		반렙톤	
기호	이름	기호	이름
e^-	전자	e^+	양전자
ν_e	전자중성미자	$\bar{\nu}_e$	전자반중성미자
μ^-	뮤온	μ^+	반뮤온
ν_μ	뮤온중성미자	$\bar{\nu}_\mu$	뮤온반중성미자
τ^-	타우	τ^+	반타우
ν_τ	타우중성미자	$\bar{\nu}_\tau$	타우반중성미자

표 P4-3 쿼크

이름	쿼크		반쿼크	
	기호	전하	기호	전하
위(up)	u	+2/3	$\bar{u}$	−2/3
아래(down)	d	−1/3	$\bar{d}$	+1/3
맵시(charmed)	c	+2/3	$\bar{c}$	−2/3
야릇한(strange)	s	−1/3	$\bar{s}$	+1/3
꼭대기(top)	t	+2/3	$\bar{t}$	−2/3
바닥(bottom)	b	−1/3	$\bar{b}$	+1/3

두 참여하며, 세 가지 세대(generation)에 각각 두 가지 맛깔(flavor)이 있어서 총 여섯 가지 종의 입자와 반입자가 있다(표 P4-3).

쿼크는 왜 결합된 상태로만 발견되며, 개개의 입자로는 볼 수 없을까? 쿼크에는 색(color)이라는 또 하나의 성질이 있는데, 물론 실제의 보는 색깔과는 관련이 없다. '색'이라는 용어는 단지 새로운 물리적 성질을 나타내기 위한 비유적인 명칭이다. 색에는 청색(b), 녹색(g), 적색(r)이 있다. 청색 쿼크는 1단위의 b를 가지나, 0단위의 g와 r를 가진다. 이처럼 색이라는 용어를 사용하는 것이 유용한 이유는 "자연에 존재하는 모든 입자는 무색이다."라는 법칙 때문이다. 이 법칙은 쿼크가 왜 개개의 입자로는 존재하지 않는지 설명해 준다. 자연은 다음과 같은 결합만을 허용한다—(1) b, g, r, (2) $\bar{b}$, $\bar{g}$, $\bar{r}$, (3) c, $\bar{c}$[임의의 색의 입자와 반색(anticolor) 입자의 쌍].

P4.5 중간자와 힘

앞서 어떤 보존은 힘을 전달 또는 중개한다고 언급하였다. 과연 어떻게 한다는 것일까? 다음과 같은 비유를 들어 보자. 두 사람이 얼음 위에 마찰이 없는 스케이트를 타고 서로를 향하여 접근하고 있다. 이들은 눈덩이를 가지고 서로를 향하여 던지고 있다. 어떤 속도로 질량을 던짐으로 운동량을 전달하게 되고, 결국 다가오는 것을 멈추고 뒤로 물러나게 된다. 즉 이들은 입자를 교환하면서 서로를 물러나게 만든 것이다. 이것은 단지 비유일 뿐이고, 실제의 교환은 조금 다르다. 예를 들어, 두 사람이 교환을 통하여 다시 접근할 수 있을까? 물론 반대 방향으로 눈덩이를 던지면 다가가게 될 것이지만, 이것은 교환은 아니다. 실제, 전달자는 인력과 척력을 모두 전달한다.

전자기력의 전달자는 광자이다. 수소원자에서 전자와 양성자가 결합된 상태에 있을 때, 두 입자는 지속적으로 광자를 교환한다. 두 전자가 산란될 때, 1개의 광자를 교환한다. 약핵력에는 W^+, W^-, Z^0 등 세 가지 전달자가 있다. 이들은 각각 양성자 질량의 100배 정도의 질량을 가지고 있으며, 실험에서 검출되었다. 강핵력은 **글루온**(gluon)에 의하여 전달되는데, 글루온 입자도 색을 가지고 있어서 개개의 입자로는 검출되지 않는다. 그러나 적절한 색의 조합을 가진다면, '무색의 법칙'은 구속된 상태의 글루온의 결합을 허용할 수도 있다. 이러한 입자를 **글루볼**(gluball)이라 하는데, (논쟁의 여지는 있지만) 실험에서 관측되었다고 한다.

언젠가는 중력이 양자의 세계로 들어올 것이라 믿는다. 그렇게 된다면, 중력의 전달자는 중력자(graviton)라는 입자가 될 것이다.

P4.6 하드론

쿼크는 두 가지 종류의 입자를 만드는데, **바리온**(baryon)은 b, g, r 3개의 쿼크로 구성되어 있고, **중간자**(meson)는 c, $\bar{c}$의 2개의 쿼크로 구성되어 있다. 반바리온은 반색의 쿼크를 가진다. 양성자와 중성자는 페르미온이며 가장 친숙한 바리온이다. 양성자는 (u, u, d), 중성자는 (u, d, d)의 구조를 가진다. 중간자는 보존이며, 가장 친숙한 입자는 파이 중간자이다.

천체물리학이 당면한 가장 중요한 문제 중에 하나는 제P2장에서 처음 논의했었던 암흑물질의 정체이다. 주기율표에 포함된 110개의 원소의 성질은 (양성자와 중성자로 구성된) 핵에 의하여 결정되므로 바리온 물질이라고 부르는데, 우주의 주된 성분은 바리온 물질이 아니라 암흑물질이라는 많은 증거가 있다. 이 문제는 제26장에서 다루게 될 것이다.

CHAPTER P5 별

P5.1 서론

별을 이해하는 것은 현대 천체물리학의 열쇠이다. 행성과 혜성과 같은 작은 천체에 관심이 있든지 또는 은하와 같은 커다란 천체에 관심이 있든지, 별들은 행성계의 중심으로서 또는 은하를 구성하는 주요 성분으로 중심 역할을 한다. 별의 진화가 이러한 계들의 물리적 상태의 많은 부분을 결정한다.

P5.2 정유체평형

별처럼 기체와 플라스마로 이루어진 공이 어떻게 중력 수축을 하거나 자유 팽창을 하지 않고 안정된 상태를 유지하는지 궁금할 것이다. 더군다나, 별들이나 목성과 같은 원시 행성들이 같은 원소함량비(대략 수소 75%, 헬륨 24%, 나머지 1%)를 가지고 있음에도, 그처럼 다르게 보이는지 궁금할 것이다. 이러한 문제들을 이해하고자 한다면 제6장과 제10장을 검토해 보기를 권유한다.

이 장에서는 **정유체평형**(hydrostatic equilibrium)에 대하여 알아보고자 한다. 질량이 M이고 반지름이 R인 구를 가정하자. 중력과 압력에 의한 힘만이 작용한다. 압력은 단위 면적당 가해지는 힘이다. 만약, 별을 이루는 인접한 물질의 구각에서 압력이 다르면, 구각은 힘을 받게 된다. 그림 P5-1을 참조하자.

여기서 구각에 가해지는 압력의 힘을 구하면

$$F_p = [P_{\text{outer}} - P_{\text{inner}}]\Delta A \qquad \text{(P5-1)}$$

또는

$$F_p = \left[P(r) + \frac{dP}{dr}\Delta r - P(r)\right]\Delta A = \frac{dP}{dr}\Delta r \Delta A$$

이 된다. 중심으로부터 반지름 거리 r의 안쪽에 포함된 질량은 다음과 같이 주어진다.

$$m(r) = \int_0^r \rho(r')4\pi r'^2 dr' \qquad \text{(P5-2)}$$

그리고 이 질량이 다음과 같이 중심을 향하는 가속도를 만든다.

$$g(r) = \frac{Gm(r)}{r^2} \qquad \text{(P5-3)}$$

그러면 구각에 가해지는 알짜 힘은

$$F_{\text{net}} = F_{\text{grav}} - F_p$$

이 된다.

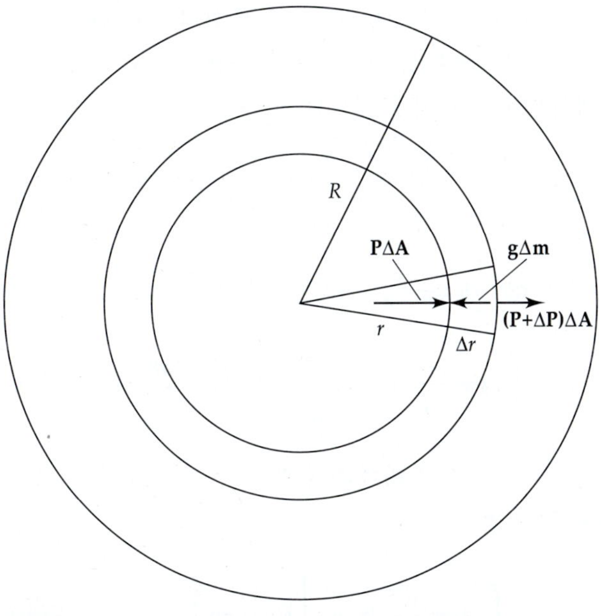

그림 P5-1 질량이 M, 반지름이 R인 구의 내부에 있는 구각은 안쪽과 바깥쪽 사이의 압력 차이가 0이 아니라면 중력과 반대 방향의 힘을 받게 된다.

양변을 $-\Delta m = -\rho(r)\Delta r\Delta A$으로 나누면, 구각의 운동 방정식이 된다.

$$-\frac{d^2r}{dt^2} = g(r) + \frac{1}{\rho(r)}\frac{dP}{dr} \qquad \text{(P5–4)}$$

물리적으로 실제 별에서는 중심으로 갈수록 밀도와 압력이 증가해야만 한다.

식 (P5–4)는 별(또는 행성, 기체구름 등)의 안정성에 대한 조건을 명확히 말해 준다(4.3.1항, 13.1.1항, 16.1.1항). 압력에 의한 힘이 중력과 균형을 이룰 때 구각의 가속도는 0이 된다. 뒤에서 항성 모형을 배우게 될 것이고(제16장과 제17장), 여기서는 그러한 균형이 얼마나 민감한가를 검토해 보자. 관측적으로 대부분의 별들은 매우 안정하다. 예를 들어, 지구의 화석에 의하면 태양의 광도는 적어도 수억 년 동안 일정하였다. 이것은 다음과 같이 정성적으로 이해할 수 있다. 만약, 별의 중심핵이 냉각되어 바깥쪽으로 향하는 압력의 힘이 약간 감소하면, 중력에 의하여 별은 수축하게 된다. 비리얼정리에 의하면, 퍼텐셜에너지의 절대값의 크기가 커지고(물론 퍼텐셜에너지는 음수이므로 작아진다), 운동에너지는 증가한다. 기체의 온도는 운동에너지의 척도이므로, 기체는 가열되고 압력이 증가한다. 만약 중심핵이 가열된다면 그와 반대의 현상이 일어나게 된다. 이러한 과정은 자기 지배적이므로, 어떤 급격한 변화가 생겨서 균형을 심각하게 깨지 않는 한(예를 들어 특정한 핵 연료가 소진되는 것), 별은 안정된 상태를 유지한다.

이제 식 (P5–4)로 되돌아가서 비리얼정리의 역할을 좀 더 자세히 알아보자. 가속도를 0으로 놓으면

$$\frac{dP}{dr} = -\frac{Gm(r)}{r^2}\rho(r) \qquad \text{(P5–5)}$$

이 된다. 여기에 $4\pi r^3$을 곱하고 적분하면

$$\int_0^R 4\pi r^3\frac{dP}{dr}dr = \int_0^R Gm(r)\frac{\rho(r)4\pi r^2}{r}dr \qquad \text{(P5–6)}$$

을 얻는다. 이 식의 좌변과 우변을 나누어 살펴보자. 좌변을 부분적분하면

$$\int_0^R 4\pi r^3\frac{dP}{dr}dr = \Big[P(r)4\pi r^3\Big]_0^R - 3\int_0^R P(r)4\pi r^2 dr \qquad \text{(P5–7)}$$

이 된다. 중심에서 $r = 0$이고 표면에서는 $P(r) = 0$이므로, 우변의 첫째 항은 0이 된다. 여기서 압력을 평균과 같다고 가정하여 적분 밖으로 꺼내면, 우변을 상당히 단순하게 만들 수 있다(그럼에도 여전히 유용한 점이 있다).

$$\int_0^R 4\pi r^3\frac{dP}{dr}dr = -3\langle P\rangle V \qquad \text{(P5–8)}$$

여기서 $\langle P\rangle$는 평균 압력이고 V는 별의 부피이다. 다시 식 (P5–6)의 우변으로 되돌아가면, 이것은 중력 퍼텐셜에너지와 같다.

$$U = \int_0^R Gm(r)\frac{\rho(r)4\pi r^2}{r}dr = \int_{m=0}^{m=M}\frac{Gm(r)}{r}dm \qquad \text{(P5–9)}$$

여기선 U는 퍼텐셜에너지이고(앞에서는 V를 사용했었지만, 여기서는 부피와 혼동될 수 있으므로), M은 별의 총 질량이다. 식 (P5–8)과 식 (P5–9)을 결합하면 다음과 같다.

$$\langle P\rangle = -\frac{U}{3V} \qquad \text{(P5–10)}$$

이것은 또 다른 형태의 비리얼정리이다. 여기서 평균 압력은 퍼텐셜에너지 밀도의 1/3이라는 것을 알 수 있다.

P5.3 상대론적 별과 비상대론적 별

대부분의 별들은 비상대론적이다. 즉 별을 이루는 대부분의 입자들이 c보다 훨씬 느린 속력으로 움직이고 있다. 그러나 가장 무겁고 밝은 별들의 경우 주된 입자는 광자이고, 광자들은 물론 상대론적이다. 또한 찬드라세카 한계(잠시 뒤에서 그리고 제17장에서 설명할 것임)에 도달한 백색왜성의 경우에는 전자가 축퇴되어 있어서, 대부분의 입자들이 상대론적 속력으로 움직이고 있다.

이러한 두 종류의 별들에서의 압력을 유체역학에 관련시켜 보고자 한다. 속도는 $\mathbf{v} = (v_x, v_y, v_z)$, 운동량은 $\mathbf{p} = (p_x, p_y,$

p_z)인 기체 입자를 고려하자. 한 변의 크기가 L인 상자에 N개의 입자들이 들어 있다면,

$$P_x = \frac{N}{L^3}\langle p_x v_x \rangle \qquad \text{(P5–11)}$$

여기서 ⟨ ⟩ 괄호는 모든 입자에 대하여 평균을 취한다는 것을 의미한다. 만약 입자의 운동이 등방하다면

$$\langle p_x v_x \rangle = \frac{\langle \mathbf{p} \cdot \mathbf{v} \rangle}{3} \qquad \text{(P5–12)}$$

이 된다. 상자의 각 변은 다음과 같은 압력을 받게 된다.

$$P = \frac{1}{3} n \langle \mathbf{p} \cdot \mathbf{v} \rangle \qquad \text{(P5–13)}$$

여기서 $n = N/V$는 입자의 평균 밀도이다.

비상대론적인 경우

이 경우에는

$$\mathbf{p} \cdot \mathbf{v} = mv^2 \qquad \text{(P5–14)}$$

이므로

$$P = \frac{2}{3} n \left\langle \frac{1}{2} mv^2 \right\rangle$$

$$= \frac{2}{3} \text{운동에너지 } K\text{의 밀도} = \frac{2K}{3V}$$

식 (P5–10)으로부터

$$P = \frac{2K}{3V} = -\frac{U}{3V}$$

그러므로

$$K = -\frac{U}{2}$$

가 되고

$$E = -K \qquad \text{(P5–15)}$$

이므로 비리얼정리가 성립한다.

상대론적인 경우

이 경우에는

$$\mathbf{p} \cdot \mathbf{v} = pc \qquad \text{(P5–16)}$$

이므로

$$P = \frac{1}{3} n \langle pc \rangle$$

$$= \frac{1}{3} \text{운동에너지 } K\text{의 밀도} = \frac{K}{3V}$$

식 (P5–10)으로부터

$$P = \frac{K}{3V} = -\frac{U}{3V}$$

이 된다.

$$K = -U$$

이고

$$E = 0 \qquad \text{(P5–17)}$$

이므로 비리얼정리가 성립하지 않는다.

비상대론적 별은 총 에너지가 음수이므로 중력적으로 구속되어 있다는 점에 주의하자. 그러나 상대론적 별은 총 에너지가 0이어서 간신히 구속되어 있다고 할 수 있다. 이런 별들은 매우 불안해서 약간의 에너지가 추가되면 더 이상 구속되지 못한다.

P5.4 자유낙하

정유체평형을 이루지 못한 기체의 구각이 중력 수축하는 데 걸리는 시간을 추정해 보자. 식 (P5–3)을 이용하고 $\Delta K = \Delta U$라고 가정하면(이 구각은 안정되지 못하여 비리얼정리가 적용되지 않는다는 것에 주의하자), 다음 식을 얻는다.

$$\frac{1}{2}\left(\frac{dr}{dt}\right)^2 = \frac{Gm_0}{r} - \frac{Gm_0}{r_0} \qquad \text{(P5–18)}$$

이 식을 뒤집어 시간 t에 대하여 해를 구하면

$$t_{ff} = \int_{r_0}^{0} \frac{dt}{dr} dr = -\int_{r_0}^{0} \left[\frac{Gm_0}{r} - \frac{Gm_0}{r_0} \right]^{-1/2} dr$$

이 된다. 변수 $x = r/r_0$라고 치환하면

$$t_{ff} = \left[\frac{r_0^3}{2Gm_0} \right]^{1/2} \int_0^1 \left[\frac{x}{(1-x)} \right]^{1/2} dx$$

이 된다. 변수 $x = \sin^2\theta$로 치환하면 적분값은 $\pi/2$가 된다. 그러므로

$$t_{ff} = \sqrt{\frac{3\pi}{32G\rho}} \qquad \text{(P5–19)}$$

가 된다. 이를 자유낙하 시간이라고 하는데, 밀도 ρ만의 함수라는 것에 주의하자.

실제 상황에서는 자유낙하가 일반적으로 끝까지 일어나지는 않는다. 어떤 단계에 도달하면 중력 수축을 막아 주는 다른 과정이 생기게 된다. 그러나 자유낙하는 매우 광범위한 거리 척도에 적용될 수 있다. 잠시 후에 보게 되듯이 자유낙하 시간은 다양한 천체들의 형성 과정 시간을 추정하는 데 매우 유용하다.

P5.5 별의 기원 : 중력 수축

질량이 M, 반지름이 R, 입자의 총 개수가 N, 입자의 평균 질량이 $\overline{m}$, 온도가 T인 구름이 있다고 가정하자. 이 구름의 중력 퍼텐셜에너지는

$$U = -\text{상수} \times \frac{GMN\overline{m}}{R}$$

이다. 여기서 상수의 값은 대략 1이며, 구름 안에 기체의 분포에 의존하는 값이다. 구름이 가지는 총 운동에너지는

$$K = \frac{3}{2}NkT \qquad \text{(P5–20)}$$

이다. 구름이 수축할 것인가를 결정하는 경계 조건은 $|U| > K$이다. 이 조건을 만족하는 최소의 질량을 **진스질량**(Jeans Mass)이라 정의하는데, 이것은 구름이 중력 수축하기 위하여 반지름 R 안에 있어야 하는 최소 질량을 나타낸다.

$$M_J \approx \left(\frac{kT}{G\overline{m}} \right) R \qquad \text{(P5–21)}$$

이 조건을 좀 더 물리적으로 표현하는 방법은 다음과 같은 진스밀도이다.

$$\rho_J \approx \frac{1}{\pi M^2} \left(\frac{kT}{G\overline{m}} \right)^3 \qquad \text{(P5–22)}$$

예를 들면, 구름의 질량이 $M_{\text{cloud}} \approx 2 \times 10^{34}$kg ($10{,}000M_\odot$), 온도가 $T \approx 30$K이라고 하면, 진스밀도는 $\rho_J \approx 10^{-23}\text{kgm}^{-3}$이 되는데, 이를 개수밀도로 환산하면 10^4분자m^{-3}이 된다. 만약 $M_{\text{cloud}} \approx 1M_\odot$이라면, 중력 수축을 하기 위하여 필요한 밀도가 10^8배 더 높아진다는 것에 주목하자. 이로부터 별들은 성단에서 태어난다는 것을 추정할 수 있는데, 관측은 그러한 사실을 뒷받침하고 있다. 그러므로 거대한 구름이 중력 수축을 하여 더 높은 밀도에 도달하게 되고, 다수의 원시성으로 쪼개지는 다단계의 과정이 필요하다(19.3절). 태양질량 정도를 가진 구름의 경우 임계 반지름은 10^{15}m이며, 이는 태양 반지름의 100만 배에 해당한다. 식 (P5–19)로부터 반지름이 10^{11}m로 수축하는 데 대략 20,000년이 걸린다는 것을 알 수 있다. 이후에는 원시성이 뜨거워져 압력을 가하므로 더 이상 자유낙하를 할 수 없게 된다.

P5.6 별의 내부 상태에 대한 추정

케플러 제3법칙을 뉴턴이 일반화시킨 식으로부터 태양의 질량을 쉽게 계산할 수 있다.

$$M_\odot \approx 1.99 \times 10^{30}\text{kg}$$

태양까지의 거리와 각크기로부터 반지름 $R_\odot \approx 6.96 \times 10^8$m를 구할 수 있다. 그러므로 태양의 평균 밀도는

$$\langle \rho \rangle \approx 1.4 \times 10^3\text{kgm}^{-3} \qquad \text{(P5–23)}$$

이다. 이것을 식 (P5–19)에 넣으면 자유낙하 시간은

$$t_{ff} \approx \frac{1}{2}\text{시간} \qquad \text{(P5–24)}$$

이 된다.

식 (P5−10)의 비리얼정리를 사용하면, 평균 압력은

$$\langle P\rangle = -\frac{1}{3}\frac{U}{V} \approx 10^{14}\text{Pa} \qquad \text{(P5−25)}$$

이 된다. 이와 비교하면 지구 대기의 압력은 1.01×10^5Pa에 불과하다.

마침내 이상기체 방정식 $P = nkT$를 사용하여 태양 내부의 온도를 추정할 수 있다.

$$\langle P\rangle = \frac{\langle\rho\rangle}{\overline{m}} k\langle T\rangle$$

만약 태양이 순수하게 수소로만 이루어졌다면, 거의 모든 원자가 이온화되어 있으므로 $\overline{m}$는 0.5amu가 될 것이다.[1] 그러나 이온화된 헬륨이 있으므로, $\overline{m} = 0.6$amu가 된다. 그래서

$$k\langle T\rangle \approx \frac{GM_\odot \overline{m}}{3R_\odot} \approx 0.5\text{keV}$$

$$\langle \text{T}\rangle \approx 6 \times 10^6\text{K} \qquad \text{(P5−26)}$$

이 된다.

P5.7 핵반응

중력 수축하는 원시성에서 내부 온도가 점점 증가하므로, 어떤 단계에서 마침내 밀도와 온도가 핵융합 반응들이 일어날 수 있는 정도로 충분히 높아질 것이다. 그러한 핵융합 반응들이 별의 주된 에너지 생성 과정이다(16.1절).

핵분열은 매우 크고 불안정한 핵이 작은 딸핵으로 쪼개지는 과정이다. 그러한 중원소의 함량비가 매우 작으므로, 천체물리학에서 핵분열은 관심의 대상은 아니다. 핵융합은 작은 핵들이 융합하여 큰 핵을 만드는 과정이다. 수소와 헬륨은 우주에서 가장 흔한 원소이므로 이 원소들의 핵융합은 매우 중요하다. 또한 수소와 헬륨은 별 내부의 핵 연소의 가장 흔한 연료가 된다.

핵융합은 어떻게 일어날까? 표 P4−1에 의하면 핵의 크기(10^{-15}~10^{-14}m)보다 큰 척도에서는 전자기력이 우세하다. 제2장에서 논의한 2체 문제를 위한 유효 퍼텐셜에너지라는 관점에서 보면, 2개의 양성자가 접근하여 겪게 되는 퍼텐셜은 우물이 아니고 장벽이 된다. 그러므로 양자역학과 강핵력이 아니었다면, 두 양성자는 결코 접촉할 수 없었을 뿐더러 서로 밀어냈을 것이다. 양자역학적 계에서 실제 입자들은 퍼텐셜 장벽을 뚫고(tunneling) 지나갈 수 있는 일정한 확률을 가진다. 그렇게 되면 양성자는 약핵력 또는 강핵력이 작동하도록 충분히 가까워질 수 있다. 그러면 입자들은 상호작용하여 새로운 입자를 만들거나 결합하여 더 큰 핵이 된다.

여기서는 장벽을 통과할 확률을 유도하지는 않겠지만, 그 결과가 좀 놀라운 것이라 검토해 볼 만한 가치가 있다. 통과 확률은

$$p \approx \exp\left[-\left(\frac{E_G}{E_p}\right)^{1/2}\right] \qquad \text{(P5−27)}$$

인데, E_G는 다음과 같이 정의된 가모프 에너지이고

$$E_G = \frac{1}{137}(\pi Z_A Z_B)^2 mc^2$$

Z_A와 Z_B는 충돌하는 두 핵의 원자 번호이고, E_p는 두 핵의 상대적 에너지이다. 두 양성자에 대한 가모프 에너지는 $E_G = 493$keV이다. 태양의 중심핵 온도에서는 입자의 평균적인 운동에너지는 $E_p = kT \approx 1$keV이다. 그러므로 장벽을 통과할 확률은

$$p \approx \exp[-22]$$

이 된다. 통과 확률이 이처럼 작다는 사실로부터 우리는 태양이라는 '보일러'는 매우 천천히 작동할 것이라는 것을 짐작할 수 있다.

다음에서 첫 번째 예로서 보게 될 양성자−양성자 연쇄반응은 대부분의 별에서 주된 에너지 생성반응이다.

양성자−양성자 연쇄반응

1 단계 :

$$p + p \to d + e^+ + \nu_e \qquad \text{(P5−28)}$$

이 반응은 2개의 양성자가 융합하는 것을 나타낸다. 여기서

1) 수소핵의 질량은 1amu이고, 전자의 질량은 무시한다. 1개의 수소가 이온화되어 전자를 내보내면 2개의 입자가 된다. 그러므로 입자당 평균 질량은 $\overline{m} \approx$ (1/2)amu가 된다. 개수밀도로 약 10%의 헬륨이 있고, 헬륨은 2개의 전자를 내보내므로, $\overline{m} \approx$ (1.4/2.3)amu가 된다. (역주)

d는 중수소(deuterium)의 핵인 **중양자**(deuteron)로 양성자 1개와 중성자 1개로 이루어진 수소의 무거운 동위원소이다. 우변의 다른 두 입자는 양전자와 전자중성미자이다.

2 단계 :

$$p + d \rightarrow {}^{3}\mathrm{He} + \gamma \qquad \text{(P5–29)}$$

여기서 ^{3}He는 2개의 양성자와 1개의 중성자로 이루어진 헬륨의 동위원소이다. 우변의 다른 입자는 광자(감마선)이다.

3단계 :

$$ {}^{3}\mathrm{He} + {}^{3}\mathrm{He} \rightarrow {}^{4}\mathrm{He} + p + p \qquad \text{(P5–30)}$$

여기서 ^{4}He는 2개의 양성자와 2개의 중성자로 이루어졌으며, 가장 흔한 헬륨의 동위원소이다.

1단계에서는 약핵력이 작용하므로, 반응 단면적(cross section)이 매우 작다. 양성자가 이 반응을 겪는 데 평균적으로 5×10^9년이 걸린다. 2단계는 전자기 상호작용이 포함되므로 대략 1초가 걸린다. 3단계는 강핵력이 작동해야 하므로, 대략 3×10^5년이 걸린다. 그러므로 1단계가 우주의 현실에 결정적인 역할을 한다. 이 단계가 나머지 다른 반응들이 시작되기 위한 관문이며, 수소 연료가 처리되는 속도를 지배하게 된다. 이 단계가 이처럼 천천히 진행되지 않았더라면, 별들이 매우 긴 시간 동안 에너지를 생산하지 못했을 것이다.

이러한 반응들은 양자 수의 보전 법칙을 충실히 따른다. 여기서 모든 가능한 반응들을 완벽하게 다 설명하지는 않겠지만, 예를 들어 전자에 렙톤 수 +1을 부여하고, 양전자에는 렙톤 수 −1을 부여하고, 잘 알고 있듯이 음전하와 양전하를 각각 부여하자. 위의 3단계를 각각 조사하면, 좌변과 우변에서 렙톤 수의 합과 전하 수의 합이 같다는 것을 알 수 있다.

P5.8 에너지 생성률에 대하여 고려할 점

제P4장에서 식 $E = mc^2$가 질량이 에너지로 변화되는 것을 기술한다는 것을 보았다. 태양에서 양성자–양성자 반응과 질량 변환을 어떻게 연결시켜야 할까? 위에서 설명한 세 단계들에서 좌변과 우변에서 질량의 합을 구할 수 있다. 각 단계에서 우변에서 질량이 합이 약간 작은데, 이러한 질량의 손실이 에너지로 바뀐 것이다. ^{4}He 핵이 하나 만들어질 때마다 26MeV ($26 \times 1.6 \times 10^{-13}$J)의 에너지가 방출된다. 에너지 방출은 여러 가지 형태로 일어난다. 우변에서 정지 질량이 0이 아닌 입자들의 운동에너지가 증가할 수 있고, 광자와 중성미자도 에너지를 가지고 간다(P5.10절과 P5.11절을 참조). 양전자는 곧 전자와 함께 쌍소멸하게 된다.

평균적으로 태양의 물질 1kg이 2×10^{-4}W의 에너지 생성률을 만들어 낸다. 우리는 엄청나게 많은 에너지가 관여되어 있다는 것을 직관적으로 이해할 수 있다. 하지만 이러한 에너지는 거대한 크기의 태양에서 만들어지는 것이다. 예를 들어, 평균적인 인간은 단위 질량당 태양보다 10,000배 많은 에너지를 신진대사 과정을 통하여 만들어 낸다. 태양 총 질량의 극히 일부만이 에너지 생성에 참여하고, 중심핵에서만 일어난다. 하지만 초당 4×10^{38}개의 양성자가 소비되고, 그 수의 절반에 해당하는 중성미자가 매 초 만들어진다.

P5.9 탄소 순환 반응(CNO cycle)

별이 수소를 태워서 헬륨으로 만드는 방법에는 양성자–양성자 연쇄반응만 있는 것이 아니다. 이 반응의 단위 질량당 에너지 방출은 $E_{\mathrm{nuc}} \propto T_c^4$인데, 여기서 E_{nuc}는 단위 질량당 방출되는 에너지이고, T_c는 별의 핵의 온도이다. 이와 같은 비교적 약한 온도 의존도를 가지고는 밝은 주계열성(가장 무겁고, 젊고, 푸른 초거성들)의 엄청난 광도를 설명할 수 없다.

수소를 태우는 또 다른 방법은 탄소, 질소, 산소를 촉매로 사용한다. 즉 이들 중원소들은 핵융합 과정을 도와줄 뿐이고 스스로 연소되지는 않는다.

$$p + {}^{12}\mathrm{C} \rightarrow {}^{13}\mathrm{N} + \gamma$$

질소 핵은 다음과 같이 붕괴한다.

$$ {}^{13}\mathrm{N} \rightarrow {}^{13}\mathrm{C} + e^+ + \nu_e$$
$$p + {}^{13}\mathrm{C} \rightarrow {}^{14}\mathrm{N} + \gamma$$
$$p + {}^{14}\mathrm{N} \rightarrow {}^{15}\mathrm{O} + \gamma$$

산소 핵은 다음과 같이 붕괴한다.

$$ {}^{15}\mathrm{O} \rightarrow {}^{15}\mathrm{N} + e^+ + \nu_e$$

$$p + {}^{15}\text{N} \rightarrow {}^{12}\text{C} + {}^{4}\text{He}$$

이 과정은 온도에 훨씬 더 민감해서, $E_{\text{nuc}} \propto T_c^{18}$이 된다.

P5.10 복사의 확산 과정

태양의 중심부에서 생성된 광자들이 어떻게 표면에 도달할까? 광자들은 전자들과 핵들에 의하여 산란되므로, 중심핵으로부터 표면까지 빛의 속력으로 직접적으로 이동하지 않는다. 이러한 산란은 등방하므로 광자는 앞으로 산란될 뿐만 아니라 뒤로도 산란된다. 복사의 확산 과정은 물리학의 여러 문제에서 응용되는데, 간혹 술꾼의 걸음걸이(drunkard's walk)라고 부른다. 원점을 출발한 입자가 무작위(random) 방식으로 이동하여 얼마나 멀리 갈 수 있는지 알아보자.

벡터 형태로 표현하면,

$$\mathbf{D} = \mathbf{l}_1 + \mathbf{l}_2 + \mathbf{l}_3 + \cdots$$

이다.

무작위 걸음의 길이가 태양 전반에 걸쳐서 평균적으로 일정하다고 가정하면

$$|D^2| = N|l^2|$$

이거나 또는

$$D = \sqrt{N}\, l$$

이다. 지나간 거리가 횟수 N에 비례하는 대신에 $\sqrt{N}$에 비례하는 것은 무작위 방향에 의한 상쇄효과 때문이다.

실제 광자들은 몇 걸음을 딛는 것이 필요할까? 앞에서 이미 보았듯이

$$N = \frac{R_\odot^2}{l^2} \qquad \text{(P5–31)}$$

이 필요하고, 이때 걸리는 시간은

$$t = \frac{R_\odot^2}{cl} \qquad \text{(P5–32)}$$

이다. 태양의 경우 $l \approx 10^{-3}$m이고(매우 불투명함), 그래서 $N \approx 10^{22}$, $t \approx 50{,}000$년이 걸린다.

광자들은 태양의 중심부에서는 감마선과 엑스선이지만, 중심에서 멀어지면 지속적으로 온도가 낮은 층에서의 열 복사의 특징을 가지게 된다. 제8장과 제P6장에서 열 복사의 성질에 대하여 논의하게 될 것이다. 광자들이 표면에 도달했을 때는 순한 가시광선으로 변하게 된다.

P5.11 태양 중성미자

광자와 달리 중성미자는 태양의 중심핵에서 직접적으로 빠져나온다. 중성미자는 반응 단면적이 가장 작은 약상호작용에만 참여하기 때문에 다른 입자들과 상호작용하는 경우는 매우 드물다. 보통의 중성미자가 납에 흡수되려면, 납 안에서 1광년의 거리를 지나가야 한다.

앞에서 태양은 초당 2×10^{38}개의 중성미자를 생성한다고 하였다. 그 결과 지구의 표면에서 $F_\nu = 6.6 \times 10^{14}\text{m}^{-2}\text{s}^{-1}$플럭스의 중성미자가 도달한다. 데이비스(Davis) 실험은 태양으로부터 오는 중성미자 플럭스의 측정을 시도한 최초의 실험이었다. 이 실험에서는 오래된 광산의 깊은 지하에 100,000갤런의 깨끗한 액체를 설치하였는데, 다음과 같은 반응에서 나오는 아르곤(Ar) 원소를 찾고자 했다.

$$\nu_e + {}^{37}\text{Cl} \rightarrow {}^{37}\text{Ar} + e^+$$

그러나 불행하게도, 이 반응은 태양의 p-p 연쇄반응에서 방출되는 중성미자에 민감하지 않았다. 중성미자의 에너지가 충분하지 않기 때문이다. 이론적으로 예측했던 검출률은 7.9 ± 2.6 SNU(Solar Neutrino Unit = 10^{36} 표적 핵에 대한 포획률)이었다. 관측된 검출률은 2.1 ± 0.3SNU로, 예상값보다 매우 작았다. 이러한 차이는 현대 천체물리학의 가장 심각한 문제 중에 하나이다. 무엇이 잘못된 것일까?

P5.12 적색거성

별의 중심핵에서 수소 연료가 다 연소된 후에 무슨 일이 일어날까? 중심핵에는 분명히 많은 헬륨이 있지만, 헬륨은 수소가 연소되는 비교적 낮은 온도와 압력에서는 융합하지 않는다. 그러므로 밖으로 밀어내는 압력의 힘이 줄어들고 중심핵은 수

축한다. 비리얼정리에 의하면 수축의 결과로 늘어나는 중력에너지의 50%는 계에서 도망가지만, 50%는 운동에너지를 증가시켜서 온도를 증가시킨다. 중심핵 주변의 구각에서 수소의 연소가 시작되고, 중심핵의 온도가 2×10^8K에 도달하면 헬륨이 융합되기 시작한다. 이 과정은 더 많은 에너지를 생성하여 별의 외피부를 밖으로 밀어낸다. 그러한 별들은 매우 크고 차갑게 보여서 적색거성이라 한다.

헬륨이 융합되는 과정은 다음과 같다.

$$^4\text{He} + {}^4\text{He} \rightleftharpoons {}^8\text{Be}$$

베릴륨(Be) 핵이 매우 불안정하므로 위 과정은 거의 100% 역반응이 가능하다. Be 핵은 He 핵 2개보다 질량이 더 크므로, Be 핵은 10^{-16}초 만에 붕괴해 버린다. 그러나 Be 핵은 간혹 He 핵과 융합하여 여기된 상태의 ^{12}C를 생성한다. 아래에서 여기된 상태를 별표(*)로 나타내었다.

$$^4\text{He} + {}^8\text{Be} \rightleftharpoons {}^{12}\text{C}^*$$

마찬가지로 여기서 생성된 탄소는 대부분 사용된 두 핵으로 다시 붕괴한다. 그러나 0.2%의 붕괴는 다음과 같은 반응을 통하여 안정된 탄소의 핵이 된다.

$$^{12}\text{C}^* \rightarrow {}^{12}\text{C} + e^+ + e^-$$

이 단계에서 융합 과정들은 중대한 새로운 활동 단계에 도달하게 되었다. ^{8}Be 장벽, 즉 알파입자(^{4}He 핵) 2개가 융합하는 단계가 지나가고, 3중 알파 과정으로 탄소를 생성하였다. 이후 알파입자를 흡수하여 다른 핵으로 융합하는 다음의 일련의 과정들은 비교적 빠르게 진행된다.

$$^4\text{He} + {}^{12}\text{C} \rightarrow {}^{16}\text{O} + \gamma$$
$$^4\text{He} + {}^{16}\text{O} \rightarrow {}^{20}\text{Ne} + \gamma$$

또한 다음과 같은 탄소의 연소가 가능하다.

$$^{12}\text{C} + {}^{12}\text{C} \rightarrow {}^{20}\text{Ne} + {}^4\text{He}$$
$$^{12}\text{C} + {}^{12}\text{C} \rightarrow {}^{23}\text{Na} + p$$

또는

$$^{12}\text{C} + {}^{12}\text{C} \rightarrow {}^{23}\text{Mg} + n$$

네온(Ne)의 연소는 다음 과정을 통하여 마그네슘(Mg)을 생성한다.

$$^4\text{He} + {}^{20}\text{Ne} \rightarrow {}^{24}\text{Mg} + \gamma$$

산소의 연소는 실리콘(Si)을 생성한다.

$$^{16}\text{O} + {}^{16}\text{O} \rightarrow {}^{28}\text{Si} + {}^4\text{He}$$

이처럼 진화가 많이 진행된 별들은 다양한 원소 성분을 가지는 동심 구각으로 이루어진 양파껍질 구조를 가진다.

P5.13 항성 내부의 전자 상태

여기서 두 가지 질문을 해 보자. 첫째, 별 내부의 전자들은 상대론적인가 또는 비상대론적인가? 완전기체의 경우 입자의 운동에너지는 $K = (3/2)kT$로 주어진다. 태양의 경우 입자의 평균 에너지는 $\overline{K} \approx 10^{-3}mc^2$이다. 즉 입자의 운동에너지는 정지 질량 에너지보다 매우 작다. 그러므로 태양을 구성하는 기체는 비상대론적이다. 둘째, 별 내부의 전자들의 경우 고전역학이 중요한가? 또는 양자역학이 더 중요한가? 이 장의 앞에서 태양의 평균 질량밀도를 계산하였다. 태양 기체의 화학 조성비를 알고 있으므로, 이것으로부터 전자의 개수밀도를 계산하면, $n_e \approx 6 \times 10^{29}\text{m}^{-3}$이다. 상세한 유도는 생략하겠지만, 양자 효과가 중요해지는 개수밀도는 다음과 같다.

$$n_q = \left(\frac{2\pi mkT}{h^2}\right)^{3/2} \approx 3 \times 10^{31}\text{m}^{-3} \qquad \text{(P5-33)}$$

여기서 m은 전자의 질량, h는 플랑크상수이다.

태양 내부의 전자는 상대론이나 양자역학에 지배되지 않지만, 중심핵에서는 상대론적이거나 양자역학적인 상태에서 그다지 멀지 않다는 것을 알 수 있다. 예를 들어, 태양의 중심핵이 수축을 하여 전자밀도 n_e가 식 (P5-33)의 n_q보다 빨리 증가한다면, 중심핵은 축퇴될 것이다. 축퇴전자가스에서는 파울리의 배타원리에 의하여 전자들이 이미 채워진 낮은 에너지 준위의 양자 상태에 놓이는 것이 금지된다. 그러므로 에너지가 높은 전자들이 빽빽하게 모여 있는 상태가 된다.

P5.14 상태방정식

완전기체의 상태방정식은 다음과 같다.

$$P = nKT \tag{P5-34}$$

여기서 $n = n_{\text{ion}} + n_e$은 이온과 전자를 합한 입자의 총 개수 밀도이다.

비상대론적 전자 축퇴가스의 상태방정식은

$$P = K_{nr} n_e^{5/3}$$

이며, 여기서

$$K_{nr} = \frac{h^2}{5m}\left(\frac{3}{8\pi}\right)^{2/3} \tag{P5-35}$$

이고, n_e는 전자밀도이다. 상대론적 축퇴가스의 상태 방정식은

$$P = K_{ur} n_e^{4/3}$$

이며, 여기서

$$K_{ur} = \frac{hc}{4}\left(\frac{3}{8\pi}\right)^{1/3} \tag{P5-36}$$

이다. 축퇴된 기체의 상태방정식은 더 이상 온도의 함수가 아님에 유의하라.[2)]

2) 완전 축퇴된 기체는 여기에 주어진 식처럼 밀도에만 의존한다. 그러나 부분 축퇴된 기체의 상태방정식은 일반적으로 밀도와 온도에 모두 의존한다. (역주)

P6 CHAPTER 복사 과정

앞의 다섯 장에 걸쳐서, 천체물리학에서 중요한 여러 물리적 개념을 정리하는 다른 방법들에 대하여 논의하였다. 간혹 본문에서 나오지 않는 내용들도 소개하였는데, 본문은 주로 천문학에 관련된 것을 중심으로 다루기 때문이다. 그러나 본문의 일부 장들은 물리적인 주제에 따라서 정리되어 있다. 제8장이 그러한 경우이다. 천체물리학의 전반적인 소개를 원하는 독자는 이 장과 더불어 제8장을 읽어야 한다. 이 장에서는 흑체복사를 유도하는 과정과 싱크로트론복사를 유도하는 과정과 같은 추가적인 내용을 다루게 된다.

P6.1 서론

대부분의 과학 분야와 달리, 천문학에서는 연구하고자 하는 대상을 가지고 실험을 수행할 수 없다. 그러므로 우리는 우주가 보내 주는 어떠한 정보든지 다 사용하도록 기지를 발휘해야만 한다. 이러한 정보의 대부분은 전자기파의 형태로 전해져 온다. 여기서는 2개의 가장 중요한 연속복사를 소개하고자 한다. 그것은 플랑크의 흑체복사와 싱크로드론복사이다.

천체물리에서 열적 또는 비열적이라는 용어를 많이 사용한다. 열적 과정에는 **흡수**, **방출**, **산란**이 포함된다. 이 과정들은 전자, 이온, 원자 등의 물질 성분과 광자와의 상호작용을 기술한다. 산란 과정에서는 상호작용에 의하여 광자의 방향이 변하지만 에너지는 근사적으로 변하지 않는다. 전자들은 **톰슨**(Thomson) **산란** 또는 **컴프턴**(Compton) 산란 과정을 통해 광자를 산란시킬 수 있다. 광자의 에너지가 전자의 열적 에너지보다 작은 경우($h\nu \ll kT$)에 톰슨 산란이 일어나는데, 이때 전자들은 광자의 전자기장에 의하여 진동하게 된다고 볼 수 있다. 반면, 컴프턴 산란은 높은 에너지를 가진 광자가 전자와 '딱딱한(hard)' 충돌을 하는 것으로 기술하는 것이 더 적절하다. **레일리**(Rayleigh) 산란은 광자가 흡수되어 원자가 들뜬 상태로 올라갔다가 다시 원래 상태로 되돌아가면서 같은 파장의 광자를 방출하는 것인데, 이때 방출 방향은 달라진다.

열적 흡수 과정은 광자의 방향뿐만 아니라 에너지를 재분배한다는 점에서 산란과 다르다. 예를 들면

1. **광전리**(photoionization) 또는 **속박–자유 흡수**(bound-free absorption) : 흡수되는 광자의 에너지가 결합되어 있는 전자를 이온화시키기에 충분하다.
2. **광들뜸**(photoexcitation) 또는 **속박–속박 흡수**(bound-bound absorption) : 광자가 흡수되어 전자를 높은 에너지 준위로 올려 보내면서 원자의 내부 에너지가 증가한다.
3. **자유–자유 흡수**(free-free absorption) : 주변의 양이온의 전자기장에 놓여 있는 전자가 광자를 흡수하는 3체 문제에 해당한다. 에너지를 얻은 전자는 이온 주변을 돌아가던 쌍곡선 경로에 변화를 겪는다. 반면, 전자의 산란 과정은 2체 상호작용이다.

이러한 흡수 과정은 각각 그 역과정을 갖는다. (1)의 역과정은 **재결합**(recombination), (2)의 역과정은 **복사–되가라앉음**(radiative de-excitation), (3)의 역과정은 **제동복사**(bremsstrahlung)이다. 앞의 두 과정과 그 역과정에서 광자가 방출된 이후에 도달하는 준위는 일반적으로 흡수되기 이전의 초기 준위와 다르게 된다.

광자의 산란과 흡수/방출의 구분은 본질적으로 약간 모호한 점이 있다. 또한 이러한 열적 과정은 분광선(line)을 만드는 (bound-bound) 과정과 연속(bound-free, free-bound, free-free) 과정을 모두 포함한다.

천체물리학적으로 중요한 비열적 복사 과정들을 정의하기보다는 열거하는 것이 쉽다. 첫 번째는 메이저(masers)인데, 레이저와 유사한 과정이지만, 가시광선이 아니라 마이크로파(microwave) 영역에서 작동한다. 우리은하 안의 분자운 복합체에서 다수의 자연적 메이저가 검출되었고, 최근에는 가까운 외부은하에서도 여럿 발견되었다. 메이저 고유의 비열적 성질

은 광자의 **유도방출**에 기인한 것이다. 반면, 열적 복사는 **충돌방출** 또는 **자발방출** 복사 과정에 의한 것이다. 여기서는 메이저를 자세히 다루지 않을 것이다.

비열적 복사원의 두 번째 종류는 **싱크로트론복사**이다. 이 과정과 열적 과정의 본질적 차이는 전자들이 거의 빛의 속력으로 움직이며 상대론적 특성을 가지고 있다는 사실이다. 이 장의 뒤에서 싱크로트론복사를 다루게 될 것이다.

P6.2 세기

세기(intensity)는 유용한 용어이다. 세기는 주어진 면적 dA를 주어진 입체각 $d\Omega$를 통하여, 단위 시간에 지나가는, 단위 진동수 구간의 복사에너지로 정의된다. 다음 식과 같이 세기 I를 정의한다(그림 8-7 참조).

$$dE = I_\nu(\mathbf{k}, x, t)\hat{\mathbf{k}} \cdot \hat{\mathbf{n}}\, dA\, d\Omega\, d\nu\, dt \qquad \text{(P6-1)}$$

세기의 단위는 joules $m^{-2}s^{-1}Hz^{-1}steradian^{-1}$이다. 여기서 **파수벡터**(wave vector), $\mathbf{k} = (\omega/c)\mathbf{n} = (\nu/2\pi c)\mathbf{n}$의 크기를 파수(wave number)라고 한다. 파수벡터는 주로 $\mathbf{k} \cdot \mathbf{r}$로 파동의 위상을 나타내는 데 쓰인다.

세기의 중요한 특징은 복사원이나 흡수원이 없을 때 광원과 관측자 사이의 거리에 의존하지 않는다는 것이다. 그러나 주어진 면적에 해당하는 입체각은 거리에 따라 r^{-2}으로 감소하므로, 입사하는 복사의 양은 r^{-2}로 감소한다.

P6.3 플랑크복사

플랑크의 흑체복사 스펙트럼은 천체물리학의 가장 기본적인 개념 중에 하나로서, 열적 복사원이 연속복사를 방출하는 과정을 기술한다. 열적 복사의 주된 요소는 모든 구성 성분들(특히, 광자와 기체 입자들) 사이에 충분한 상호작용이 있어서, 그것들의 에너지가 통계적 방식에 따라 분포한다는 것이다(8.6절).

시간 t에 **위상공간**(phase space) 상의 부피($d^3x d^3p$) 안에 포함된 스핀상태가 α인(광자의 스핀상태는 2개이다) 광자의 개수가 $F_\alpha(\mathbf{x}, \mathbf{p}, t)d^3xd^3p$가 되도록 **분포함수**(distribution function) F_α를 정의한다.

위상공간 부피 안에 있는 광자의 개수에 에너지 $h\nu$를 곱하여 합하면 에너지를 얻는다.

$$dE = \sum_{\alpha=1}^{2} h\nu F_\alpha(\mathbf{x}, \mathbf{p}, t)(d^3x\, d^3p) \qquad \text{(P6-2)}$$

공간 부피는 다음과 같이 주어진다.

$$d^3x = (cdt)(\hat{\mathbf{k}} \cdot \hat{n})dA \qquad \text{(P6-3)}$$

관계식 $\mathbf{p} = \hbar\mathbf{k} = (h\nu/c)\hat{\mathbf{k}}$을 이용하면

$$d^3p = p^2dp = \left(\frac{h^3\nu^2}{c^3}\right)d\nu \qquad \text{(P6-4)}$$

여기서 $\hbar = h/2\pi$, h는 플랑크상수이다.

식 (P6-1)에서 (P6-4)를 비교하면 다음을 구할 수 있다.

$$I_\nu = \sum_{\alpha=1}^{2}\left(\frac{h^4\nu^3}{c^2}\right)F_\alpha(x, p, t) \qquad \text{(P6-5)}$$

양자역학에서 h^3는 위상공간 부피의 기본적인 단위이다. 여기서 광자의 점유수(occupation number, 공간 부피 안에 들어있는 광자의 수)를 다음과 같이 정의할 수 있다.

$$\mathfrak{N}_\alpha = h^3F_\alpha \qquad \text{(P6-6)}$$

그러므로 식 (P6-5)을 다음과 같이 고쳐 쓸 수 있다.

$$I_\nu = \sum_{\alpha=1}^{2}\left[\frac{h\nu^3}{c^2}\right]\mathfrak{N}_\alpha(x, p, t) \qquad \text{(P6-7)}$$

입자의 통계적 성질

보존과 페르미온은 다른 점유수를 가지며, 각각 페르미-디랙(Fermi-Dirac) 통계와 보제-아인슈타인(Bose-Einstein) 통계를 따른다.

페르미-디랙 통계 :

$$\mathfrak{N}_\alpha = \frac{1}{e^{h\nu/kT} + 1} \qquad \text{(P6-8)}$$

보제-아인슈타인 통계 :

$$\mathfrak{N}_\alpha = \frac{1}{e^{h\nu/kT} - 1} \qquad \text{(P6-9)}$$

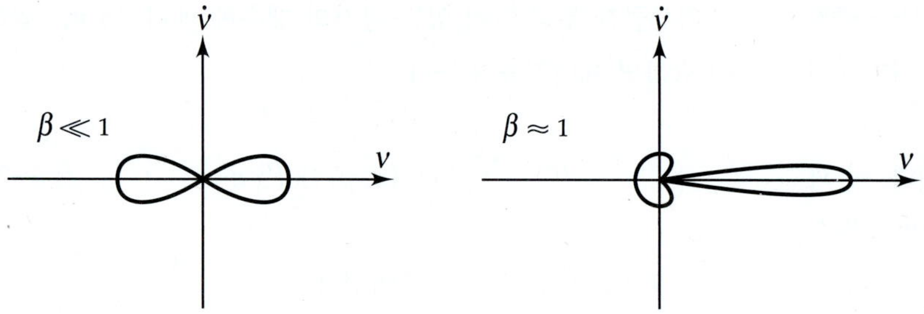

그림 P6-1 상대론적 빔효과
상대론적인 속력으로 움직이는 광원이 방출하는 복사는 운동 방향의 작은 입체각으로 더 많은 에너지가 방출되는 빔(beam) 현상이 일어난다.

식 (P6-9)를 식 (P6-7)에 대입하면 흑체복사의 최종 식을 얻게 된다(그림 8-14A 참조).

$$B_\nu = I_\nu = \frac{2h\nu^3}{c^2}\frac{1}{e^{h\nu/kT}-1} \qquad \text{(P6-10)}$$

위의 스펙트럼(즉 진동수의 함수로 나타낸 세기)은 오직 계의 온도에 의하여 기술된다는 것에 주의하자. 그러므로 같은 온도를 가진 물체들이 방출하는 연속스펙트럼으로부터 물체를 이루는 다른 종류의 물질들을 구분할 수는 없다. 화학적 분석을 하기 위해서는 분광선에 관한 논의를 해야 한다.

P6.4 사이클로트론 복사

싱크로트론복사를 이해하기 위하여, 우선 자기장에 놓여 있는 비상대론적 전자들에 의하여 발생하는 복사, 즉 **사이클로트론 복사**(Cyclotron radiation)를 고려할 필요가 있다. 하전입자에 가해지는 힘은

$$\mathbf{F} = q(\mathbf{E} + \mathbf{v} \times \mathbf{B}) \qquad \text{(P6-11)}$$

로 주어진다. 전기장이 없다고 가정한다면, 로렌츠(Lorentz) 힘을 받게 된다.

$$\mathbf{F} = q\mathbf{v} \times \mathbf{B} \qquad \text{(P6-12)}$$

여기서 속도 $\mathbf{v}$의 두 성분(즉 자기장 $\mathbf{B}$에 대하여 평행한 성분 $v_\parallel$과 수직인 성분 $v_\perp$)을 따로 고려하자.

평행 성분

$\mathbf{v}_\parallel \times \mathbf{B} = 0$: 힘이 없으므로 입자의 운동은 균일하다.

수직 성분

$\mathbf{v}_\perp \times \mathbf{B} = v_\perp B \neq 0$: 자기력이 구심력으로 작용하여 입자는 원 궤도 운동을 한다.

결과적으로 입자는 나선운동을 한다. 단위를 cgs 단위계로 변경하면 위의 식에 빛의 속력 c가 포함되는데, 로렌츠 힘과 구심력을 같게 두면 다음 관계식을 얻는다.

$$\frac{q}{c}v_\perp B = \frac{m{v_\perp}^2}{r}, \qquad \omega = \frac{v_\perp}{r}$$

그러므로

$$q\omega r B = m\omega^2 r$$

이 된다. 마침내 **사이클로트론 진동수**를 얻는다.

$$\omega_c = 2\pi\nu_c = \frac{qB}{mc} \qquad \text{(P6-13)}$$

관측자가 전자의 경로를 따라 $v_\parallel$의 속력으로 움직이는 좌표계에서 자기장에 놓여 있는 전자를 관찰한다면, 전자는 식 (P6-13)에 주어진 진동수를 가지고 원 궤도 운동을 하는 것으로 보일 것이다. 관측자가 궤도면에 있으면서 원 궤도 밖에서 전자를 관찰하면, 전자는 같은 진동수를 가지고 조화 진동자 운동을 하는 것으로 보일 것이다. 고전적 전자기 이론에 따르면 가속하는 하전입자는 운동의 진동수에 해당하는 복사를 방출하므로, 원 궤도 운동을 하는 전자는 사이클로트론 복사를 방출한다. 관측 방향에 따라 사이클로트론 복사는 선형, 타원형, 또는 원형으로 편광된다.

P6.5 싱크로트론복사

사이클로트론 복사와 **싱크로트론복사**가 다른 점은 후자의 경우 전자가 상대론적 속력으로 움직인다는 것이다. 싱크로트론복사를 유도하는 과정은 여기서 목표로 하는 수준을 넘어서는

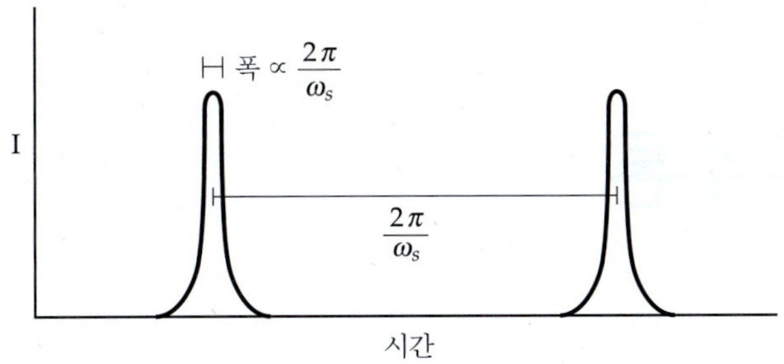

그림 P6-2 자기장에서 상대론적 속력으로 원 궤도 운동을 하는 단일 전자가 방출하는 펄스의 폭과 간격

것이다. 그러나 우리는 중요한 논점을 이해하기 위한 많은 기본적 사실들을 이미 알고 있다.

상대론적인 자이로진동수

상대론적 자이로진동수(relativistic gyrofrequency)는 사이클로트론 진동수를 로렌츠 지수 γ로 나눈 것이다.

$$\omega_s = \frac{\omega_c}{\gamma} = \frac{qB}{\gamma mc}$$

빔효과

또 하나의 중요한 상대론적 효과는 **빔효과**(beaming)이다. 그림 P6-1은 비상대론적인($\beta = v/c \ll 1$) 또는 상대론적인($\beta \approx 1$) 운동을 하는 하전입자가 방출하는 복사의 분포를 보여 준다. 여기서 전자는 $\mathbf{v}$ 방향으로 움직이면서 $\dot{\mathbf{v}}$ 방향으로 가속되고 있다. 같은 에너지에서 양성자는 너무 무거워 상대론적 속력을 갖지 않는다. 상대론적인 경우에는 전자가 움직이는 방향으로 작은 입체각($\Delta\Omega \approx (\Delta\theta)^2 \approx 1/\gamma^2$)으로 더 많은 에너지를 집중 방출하므로, 그 방향의 세기가 훨씬 커진다. 이들 두고 빔효과라 한다.

궤도면에 있는 관측자를 고려하자. 빔효과 때문에 $2\pi/\omega_s$의 시간 간격으로 연속적인 펄스를 보게 될 것이며, 각각의 펄스는 한 주기의 $\Delta\theta/2\pi \approx (1/2)\pi\gamma$ 비율에 해당하는 시간 동안 지속될 것이다. 상대론적 시간지연 효과 때문에 다시 $1/\gamma^2$ 인자가 곱해진다. 언뜻 시간지연 효과는 γ의 1차로 주어질 것이라고 추측할 수도 있지만, 각 주기마다 펄스의 시작과 마지막이 도착하는 시간의 상대론적인 간격과 비상대론적 간격의 비율로 코사인 항을 전개하면 다음과 같다.

$$\cos x = 1 - \frac{x^2}{2!} + \frac{x^4}{4!} + \cdots$$

그러므로

$$\frac{dt}{d\tau} = 1 - \beta\cos\Delta\theta$$

$$\approx 1 - \beta + \frac{1}{2}\beta\Delta\theta^2 \propto \gamma^{-2} \qquad \text{(P6–14)}$$

이 된다. 수신된 펄스의 모양은 그림 P6–2에 보여 준 것과 같다.

이러한 펄스에 대하여 푸리에 분석을 해 보면, $\omega_s = \omega_c/\gamma$에서 $\gamma^3\omega_s$에 걸친 진동수에서 주로 파워를 갖는다. 보통의 전파은하에서 관측되는 것처럼 자기장의 세기가 $B = 10^{-5}$가우스인 경우에는, 사이클로트론 복사의 진동수는 대략 30Hz가 된다. 그러나 전파은하들이 방출하는 싱크로트론복사는 전파영역에서는 기가헤르츠(GHz) 진동수에서, 광학영역에서는 $\nu \approx 10^{14} - 10^{15}$Hz의 진동수에서 관측된다. 그러므로 전자의 로렌츠 지수가 $\gamma \approx 10^3 - 10^5$이라고 추산할 수 있다.

단일 전자의 경우에 방출되는 복사의 진동수 분포는 연속적이지 않고, 모든 조화 진동수에서의 푸리에 시리즈가 될 것이다. 그러나 실제 상황에서는 전자는 에너지 분포를 가지고 있다. 에너지가 γmc^2에서 $(\gamma + d\gamma)mc^2$인 전자의 개수밀도가 $n(\gamma)d\gamma$이라면, 방출되는 원천 함수(source function)는 다음과 같다.

$$j_\nu = \int_1^\infty \langle P_\nu(\gamma)\rangle\, n(\gamma)\, d\gamma \qquad \text{(P6–15)}$$

여기서 $\langle P_\nu(\gamma)\rangle$는 로렌츠 인자 γ를 가지는 단일전자가 방출하는 복사스펙트럼이다.

주로 우주선(cosmic rays)의 형태로 관측되는 고에너지 입자들의 경우, 모든 싱크로트론복사체는 다음과 같은 멱함수의 개수분포를 가진다.

$$n(\gamma)\, d\gamma = n_0\gamma^{-p}\, d\gamma \qquad \text{(P6–16)}$$

여기서 지수는 보통 $p \approx 2.5$의 값을 가진다. 이처럼 전자의 에너지 스펙트럼이 멱함수로 주어진다고 가정하면 싱크로트론복사 역시 멱함수가 되며, 복사체의 광도는 다음과 같은 멱함수 꼴을 가지게 된다.

$$L_\nu = \int_{\text{Volume}} j_\nu\, dV \propto \nu^{-(p-1)/2} \qquad \text{(P6–17)}$$

CHAPTER P7 우주론

우주에 관한 전반적인 연구로서의 현대적 우주론은 1915년 아인슈타인의 **일반상대론**(GR)과 함께 시작되었다. 일반상대론의 완벽한 수학적 전개는 이 책의 범위를 넘어선 것이다. 여기서 우리의 목표는 GR에 대한 물리적 직관을 얻는 것인데, GR의 중요한 정성적인 양상은 비교적 쉽게 이해할 수 있다. 다음에서는 GR이 어떻게 가능한 우주론 모형을 기술하는지 알아보고자 한다.

P7.1 일반상대론

제P3장에서 다룬 특수상대론(SR)은 관성계에 한해서 적용된다. 아인슈타인이 특수상대론을 비관성계를 포함시키는 일반상대론으로 확장하는 데 10년이 걸렸다. SR와 마찬가지로, GR은 4차원의 시공간에서 전개된다. 하지만 GR의 시공간은 일반적으로 굽어져 있다.

등가의 원리

뉴턴역학에서는 지표면 위에서 자유낙하하는 좌표계는 지구의 중력에 의하여 당겨지고 있다고 기술한다. 아인슈타인은 자유낙하하는 좌표계 안이나 근처에서 자유낙하하는 물체는 다른 비중력적 힘이 작용하지 않는다면, 가속되지 않는 것처럼 보인다는 것을 깨달았다. 그러므로 가속의 효과와 중력의 효과가 구별되지 않게 된다. 이를 **등가의 원리**(Equivalence Principle)라고 한다. 이것은 국부적으로만 옳다는 것에 주의하자. 예를 들어, 지구를 향하여 떨어지는 두 물체의 경우, 경로의 방향이 지구의 중심에서 만나야 하므로 서로 가까이 접근하게 될 것이다.

등가의 원리에 포함된 질량에 관한 미묘하지만 중요한 사실이 있다. 뉴턴 제2법칙은 관성질량을 포함하지만, 뉴턴의 중력 법칙은 중력질량을 포함하고 있다. 뉴턴의 이론에서는 이 두 가지 종류의 질량이 같을 것을 요구하지 않지만, 일반상대론에서는 두 질량이 같게 된다. 그것은 실험을 통하여 10^{12} 분의 1의 오차로 검증되었다.

등가의 원리에 대하여 좀 더 포괄적으로 기술한다면 다음과 같다. 물리학의 법칙은 중력장에서 자유낙하하는 좌표계에서나 중력이 없는 관성계에서 동일하게 관측된다.

일반상대론에서는 4차원의 좌표계를 사용한다. 좌표는 x^i로 나타내는데, x^0는 시간의 좌표를, x^1, x^2, x^3는 공간의 좌표에 해당한다. 등가의 원리는 물리학의 법칙은 어떤 좌표계를 사용하던지 같은 방정식으로 표시되어야 한다는 것을 말해 준다. 이러한 종류의 방정식을 공변(covariant)한다고 한다. 그러므로 등가의 원리는 **공변의 원리**이기도 하다. 특수상대론의 방정식은 일반적으로 공변하지 않고, 관성계에서만 적용할 수 있다.

텐서

지금까지는 스칼라와 벡터를 다루어 왔으나, 이제는 **텐서**라는 훨씬 복잡한 수학적 구조를 사용하는 것이 필요하다. 스칼라는 계수(rank)가 0인 텐서이고 수학적으로는 숫자만으로 나타낸다. 벡터는 계수가 1인 텐서이고 1차원의 배열로 나타낸다. 여기서 우리는 계수가 2인 텐서에 관심이 있는데, 이를 행렬로 나타낸다.

공변의 근본적인 개념은 어느 좌표계에서든지 좌표의 함수로 텐서를 정의할 수 있다는 것이다. 그러면 다른 좌표계에서는 좌표계 사이의 변환을 이용하여 새로운 함수를 계산한다. 텐서에 대하여, 그 성분들의 변화에 관한 방정식이 선형적이며 동차(homogeneous)이다. 그래서 주어진 좌표계에서 모든 성분이 사라진다면, 새로운 좌표계에서도 모두 사라진다. 즉 텐서의 모든 성분이 사라지는 물리 법칙이 있다면, 그 법칙은 일반적으로 공변하게 된다.

공변과 반변 4 벡터와 텐서

공변 4 벡터는 다음과 같이 변환될 수 있는 것으로 정의된다.

$$dx'_\mu = \sum_\nu \frac{\partial x'_\nu}{\partial x_\mu} dx_\nu \qquad \text{(P7-1)}$$

비슷하게, 반변(contravariant) 4 벡터는 다음과 같이 변환될 수 있는 것으로 정의된다.

$$dx'^\mu = \sum_\nu \frac{\partial x'_\mu}{\partial x_\nu} dx^\nu \qquad \text{(P7-2)}$$

일반상대론에서 이러한 방정식을 간단하게 표기하는 방법이 있다. 합의 규칙에 의하여 같은 지수(index)가 두 번 나오면 (Σ 기호가 없어도) 합을 의미한다. 이러한 방식을 따르면 식 (P7-1)은 다음과 같이 적을 수 있다.

$$dx'_\mu = \frac{\partial x'_\nu}{\partial x_\mu} dx_\nu \qquad \text{(P7-3)}$$

이러한 4 벡터의 표기 방법을 계수가 2차인 4차원 텐서(4 × 4)에 적용하면 공변텐서는 다음과 같이 변환되고,

$$A'_{\mu\nu} = \frac{\partial x'_\sigma}{\partial x_\mu} \frac{\partial x'_\tau}{\partial x_\nu} A_{\sigma\tau} \qquad \text{(P7-4)}$$

반변텐서는 다음과 같이 변환된다.

$$A'^{\mu\nu} = \frac{\partial x'_\mu}{\partial x_\sigma} \frac{\partial x'_\nu}{\partial x_\tau} A^{\sigma\tau} \qquad \text{(P7-5)}$$

공변과 반변의 지수들이 혼합된 텐서도 만들 수 있다.

직각 좌표계에서는 공변과 반변의 벡터와 텐서 사이의 실질적인 차이는 없다. 그러므로 학생들은 그것들을 구별할 수 있는 직관적인 경험을 거의 가지지 못한다. 공변의 원리라는 이름은 반변텐서가 그 원리를 위반한다는 것을 의미하지 않는다.

간격과 계량텐서의 불변성

앞의 제P3장에서 간격 ds^2이 로렌츠 변화에 대하여 불변하다는 것을 보았다. 일반상대론에서도 간격이 비슷하게 정의되는데,

$$ds^2 = g_{\mu\nu}\, dx_\mu\, dx_\nu \qquad \text{(P7-6)}$$

여기서 dx_μ와 dx_ν는 반변벡터로서 좌표계를 정의하기 위하여 임의로 선택될 수 있다. 이것이 **계량텐서** $g_{\mu\nu}$를 정의하는데, 식(P7-6)에서 다음과 같은 조건을 사용하여 특수상대론의 계량텐서를 얻을 수 있다.

$$g_{\mu\nu} = \begin{pmatrix} g_{00} & g_{01} & g_{02} & g_{03} \\ g_{10} & g_{11} & g_{12} & g_{13} \\ g_{20} & g_{21} & g_{22} & g_{23} \\ g_{30} & g_{31} & g_{32} & g_{33} \end{pmatrix} = \begin{pmatrix} -1 & 0 & 0 & 0 \\ 0 & 1 & 0 & 0 \\ 0 & 0 & 1 & 0 \\ 0 & 0 & 0 & 1 \end{pmatrix} \qquad \text{(P7-7)}$$

여기서 좌표계에 대한 조금 새로운 정의를 사용하였다. 특수상대론의 좌표가 편평하다는 것을 강조하기 위하여 빛의 속력이 $c = 1$이라고 두었으므로, 행렬의 대각선 항들이 1이 되었다.

일반적으로 $g_{\mu\nu}$는 식 (P7-7)과 다를 수 있으므로, 식 (P7-6)에 주어진 GR의 계량텐서는 SR보다 좀 더 일반적인 공간을 다루게 된다. 계량텐서에는 16개 성분이 있지만, 텐서가 대칭이므로(즉 $g_{\mu\nu} = g_{\nu\mu}$) 실제 10개의 성분만이 독립되어 있다. 계량텐서는 시공간의 곡률을 기술하며, 곡률은 뉴턴의 중력장의 개념을 대신하는 것이라는 것을 뒤에서 기술할 것이다. 다양한 물리계에서 계량텐서 성분의 크기를 짐작하는 것은 어렵다. 매우 강한 중력장을 가지고 있는 중성자별의 표면에서조차 계량텐서는 편평한 특수상대론의 민코프스키 시공간과 비교하여 10% 정도만 차이가 난다.

그림 P7–1은 SR의 직각 좌표계와 보다 일반적인 GR의 좌표계를 비교하고 있다. 등가의 원리에 의하면 어떤 점에서든지 국부적으로는 특수상대론적(즉 중력장이 없는) 계량텐서로 기술될 수 있는 좌표계를 선택할 수 있다. 그러나 일반적으로 편평한 계량텐서는 유한한 시공간을 기술하지는 못한다. 다시 말하면, 관성계는 질량에 의하여 곡률이 있는 시공간 전체를 제대로 기술할 수는 없다.

특수상대론에서 시간꼴 간격($ds^2 < 0$), 공간꼴 간격($ds^2 > 0$), 영 간격($ds^2 = 0$)을 정의한 것처럼, 일반상대론에서도 간격 ds^2가 유사하게 기술된다. SR의 계량텐서와 같이 GR에서도 대각선 성분[시간–시간(00) 성분과 공간–공간(11, 22, 또는 33) 성분]이 다른 부호를 가지므로, 간격은 양, 음, 영의 값을 가진다(비록 공간 항들이 영이 아니어도). 성분의 부호가 다르면 계량텐서는 부정부호(indefinite)이다. 계량텐서의 부호

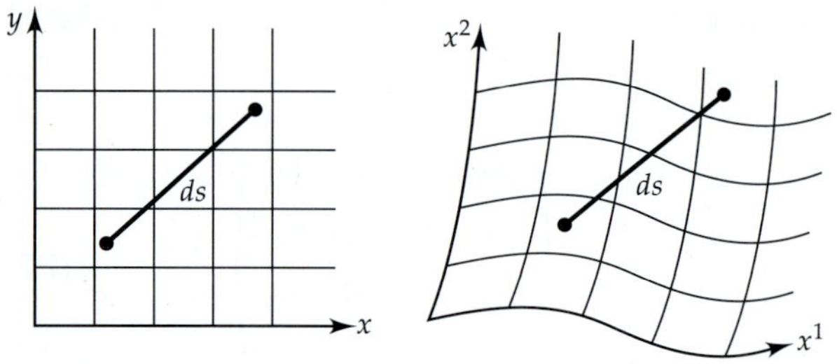

그림 P7-1 직각 좌표계과 일반적인 비직각 좌표계
두 사건의 간격 ds는 좌표계와 무관하다는 것에 주의하자.

수(signature)는 대각선 항들이 양인 것과 음인 것의 개수의 차이로 정의된다. 반면 3차원 직각 좌표계는 같은 부호를 가지며 공간은 정부호(definite)이다. 이러한 성질은 변하지 않으며, 어떠한 좌표계에서도 적용된다.

측지선

시공간 상에 입자들은 어떻게 움직일까? 입자들은 **측지선**(geodesics)이라는 극한 경로를 따른다는 것이 답이다. 극한이라는 용어는 미적분학에서 기울기가 0이 되는 점에서 함수의 최소값 또는 최대값을 찾는 데서 유래한 것이다(그러나 2차 미분을 계산하지 않고서는 둘 중 어느 극한값을 찾았는지는 알 수 없다). 마찬가지로, 편평한 공간에서 두 점 사이의 모든 경로 중에서 직선은 가장 짧은 (극한의) 거리를 가진다. 그러므로 중력장이 없는 특수상대론에서 입자들은 직선인 측지선을 따라 움직인다. 아인슈타인의 천재성은 GR 입자들은 시간꼴 간격을 가지는 측지선을 따라 움직이고, 광자들은 영의 측지선을 따라 움직인다는 것을 깨달은 것이다. 3차원 공간에서 직선은 최소 간격이지만, 일반상대론에서 시간꼴 측지선은 최대 간격이라는 것을 깨닫는 것은 처음에는 쉽지 않은 일이다. 측지선에서 중요한 점은 극한 경로라는 것이지, 어떤 종류인가가 아니다. GR의 측지선을 이해하는 한 가지 방법은 세계선의 고유시간과 관련되어 있다는 것이다. 모든 다른 관측자에게 시간지연 때문에 시간이 더 천천히 가게 되므로, 고유시간은 최대값을 가진다.

SR 입자와 GR 입자의 운동의 차이는 관성계에 속한 관측자는 GR 측지선이 굽은 선으로 보인다는 것이다. 입자들은 계량텐서를 따라서 '자연스러운' 경로를 따라 움직이고 있지만 가속되고 있는 것처럼 보인다. 중력에 의한 가속(또는 힘)은 시공간이 굽어진 결과로 나타나는 것이다. 또한 간격은 좌표 변화에 대하여 불변하므로, 측지선은 공변하도록 정의되었고, '공변의 원리'에 따라 실제적인 물리를 기술하는 데 사용될 수 있다.

3차원 공간의 경로와 시공간의 경로에는 근본적이 차이가 있다. 공간의 두 점 사이에는 무한히 많은 가능한 경로가 있다. 예를 들면 탄도체의 운동에서, 우리는 발사체를 여러 속력과 궤도각을 조합하여 멀리 있는 지점으로 보낼 수 있다. 그러나 시공간에서는 시간 요소도 역시 중요하므로, 두 점 사이의 가능한 시간꼴 측지선은 한 가지뿐이다. 시공간에서는 두 점 사이의 경로가 아니고 두 사건을 연결하는 **세계선**(world lines)을 따라 움직인다.

장 방정식

아인슈타인은 질량의 존재와 공간의 곡률을 어떻게 연결시켰을까? (질량이 없었을 때의) 라플라스 방정식 $\nabla^2\Phi = 0$과 (질량이 있을 때의) 푸아송 방정식 $\nabla^2\Phi = 4\pi\rho$과의 관계와 유사한 관계를 찾는 것이 필요했다. 계량텐서는 시공간을 기술한다. 질량이 없을 때는 그 성분들이 상수여야 한다. 그렇게 되기 위한 필요충분 조건은 계량텐서로부터 만들어지는 리만–크리스토펠(Riemann-Christoffel) 텐서가 사라져야 한다. 즉 라플라스 방정식에 해당하는 것은 리만–크리스토펠 방정식이 사라지는(즉 $R_{\mu\nu} = 0$) 형식이다. 다른 텐서는 그러한 성질을 갖지 않는다.

다음으로 성분이 사라지면서, 푸아송 방정식의 오른쪽에 있는 밀도와 같은 역할을 하는 텐서를 찾아야 했다. 이것은 스트레스–에너지–운동량 텐서 또는 간단히 **에너지–운동량** 텐서라고 알려져 있는데, 이상기체의 경우 다음과 같다.

$$T_{\mu\nu} = \begin{pmatrix} \rho & 0 & 0 & 0 \\ 0 & P & 0 & 0 \\ 0 & 0 & P & 0 \\ 0 & 0 & 0 & P \end{pmatrix} \qquad \text{(P7–8)}$$

시간–시간 성분은 등가 고유질량밀도로서, 정지 질량밀도와 전자기장을 포함하는 모든 에너지에 해당하는 질량밀도의 합이다. 공간–공간 성분들은 물리적으로 측정 가능한 압력이다. 이 텐서에 다른 종류의 물리량이 들어 있다는 것에 대하여 너무 염려하지는 말자. 물론 모든 성분은 같은 단위를 가져야 한다. 앞서 SR 계량의 시간–시간 성분이 실제 -1이 아니고 $-c^2$이었다는 것을 기억하자. 단지 편의를 위하여 $-c^2 = -1$로 두었던 것이다. ρc^2과 P는 같은 단위를 가졌고, 서로 독립되지 않은 물리량이다. 전기장과 자기장의 관계와 비슷한 방식으로 압력과 밀도는 다른 관측자에게 다르게 보이지만, 그것들을 나타내는 텐서로 기술되는 좀 더 근본적인 물리량에 속한다.

여기서 다루고자 하는 범위를 넘어선 기술적인 이유에 의하여, 아인슈타인은 단지 $R_{\mu\nu} = T_{\mu\nu}$으로 놓을 수 없었다. 대신 그의 장 방정식들은

$$R_{\mu\nu} - \frac{g_{\mu\nu}R}{2} = -\kappa T_{\mu\nu} + 2\Lambda \qquad \text{(P7-9)}$$

로 주어졌다. 여기서 R은 텐서 $R_{\mu\nu}$로부터 얻어진 스칼라이고, Λ는 적분상수의 역할을 하는 것으로 **우주론 상수**(cosmological constant)라고 부른다. 형식적으로는 16개의 성분이 있지만, 대칭에 의하여 상당수의 성분이 중복된다. 장 방정식의 해에는 4개의 임의의 함수가 있다.

P7.2 로버트슨-워커 계량과 해

복잡한 우주를 단순하게 기술할 수 있는 방법을 찾는 것은 어려운 일처럼 보일 수 있다. 그러나 **균일성**과 **등방성**이라는 아주 타당한 가정을 한다면, 문제는 다룰 수 있게 된다. 우주가 균일하다는 것은 아직 정확히 지정되지 않은 어떤 거리척도 이상에서 주어진 부피는 우주의 다른 부피들과 평균적으로 거의 다르지 않다는 것을 의미한다. 등방성은 균일성의 특별한 경우로서, 모든 방향에서 우주는 동일하게 보인다는 것을 말한다.

이러한 두 가정은 식 (P7–6)을 완전하게 기술할 수 있는 로버트슨–워커 계량을 사용하기 위한 필요충분 조건이다. 이 계량을 사용하면 간격은 다음과 같이 주어진다.

$$ds^2 = c^2dt^2 - R^2(t) \times \left[\frac{dr^2}{(1-kr^2)} + r^2(d\theta^2 + \sin^2\theta\, d\phi^2) \right] \qquad \text{(P7-10)}$$

여기서 r, θ, ϕ는 **동행좌표계**(comoving coordinates)이다. 팽창하는 우주에 있는 시험입자는 같은 동행좌표를 유지하게 될 것이다. 우주의 전반적인 팽창 또는 수축은 **척도인자**(scale factor)라고 정의된 함수 $R(t)$에 의하여 기술된다. 상수 k는 시공간 곡률의 위상을 다음과 같이 정의한다.

$$k = \begin{cases} +1 & \text{닫힌 공간(구면)} \\ 0 & \text{임계 공간(편평한)} \\ -1 & \text{열린 공간(말안장)} \end{cases} \qquad \text{(P7-11)}$$

제25장과 이 장의 뒤에서 곡률에 대하여 논의하게 될 것이다.

이제 로버트슨–워커의 계량과 이상기체의 에너지–운동량 텐서를 식 (P7–9)에 넣어서 아인슈타인의 장 방정식을 결정할 수 있다. 그렇게 하여 시간–시간 방정식을 구하면

$$T_{00} \Rightarrow \frac{8\pi G\rho(t)}{c^2} = \frac{3k}{R_0^2}\left(\frac{R_0}{R}\right)^2 + \frac{3}{c^2}\left(\frac{\dot{R}}{R}\right)^2 - \Lambda \qquad \text{(P7-12)}$$

이 된다. 공간–공간 성분들은

$$T_{ii} \Rightarrow \frac{8\pi G}{c^4}P(t) = -\frac{k}{R_0^2}\frac{R_0}{R} - \frac{2}{c^2}\frac{\ddot{R}}{R} - \frac{1}{c^2}\left(\frac{\dot{R}}{R}\right)^2 + \Lambda \qquad \text{(P7-13)}$$

이 된다. 이 방정식들의 해는 다음과 같다.

$$\frac{d}{dt}(\rho c^2 R^3) = -P\frac{d}{dt}(R^3) \qquad \text{(P7-14)}$$

이것은 열역학 제1법칙을 의미한다.

$$\frac{\ddot{R}}{R} = -\frac{4\pi G}{c^2}\left(P + \frac{\rho c^2}{3}\right) + \frac{\Lambda c^2}{3} \qquad \text{(P7-15)}$$

은 운동 방정식이다.

아인슈타인은 방정식 (P7–15)가 팽창하거나 수축하는 동역학적 우주를 예측한다는 것을 발견하고 염려가 되었다. 당시는 허블이 우리은하계를 넘어서 다른 은하들이 존재한다는 것(1924년)과 우주가 팽창한다는 것(1929년)을 발견하기 이전이었으므로, 아인슈타인은 정적인(static) 우주가 아닌 다른 어떤 것을 믿을 수 없었다. 이것은 그가 식 (P7–9), (P7–11), (P7–12)에 우주론 상수를 도입했던 진짜 이유였다. 우주론 상수를 적당히 조절하여 우주가 정적으로 남아 있도록 하고자 했던 것이다.

만약 $\Lambda = 0$, $P = 0$으로 놓으면(적어도 현재는 $P \ll \rho c^2$이

다), 식 (P7−14)와 (P7−15)는

$$\frac{d}{dt}(\rho R^3) = 0 \tag{P7-16}$$

이 되는데, 이것은 질량 보존을 나타낸다. 한편

$$\frac{\ddot{R}}{R} = -\frac{4\pi G\rho}{3c^2} \tag{P7-17}$$

은 뉴턴 제2법칙을 나타낸다.

관측의 기본적 사실들

적색이동은 전자기 복사의 방출된 파장과 관측된 파장의 함수로 다음과 같이 정의된다.

$$z = \frac{\lambda_{\text{obs}} - \lambda_{\text{em}}}{\lambda_{\text{em}}} \tag{P7-18}$$

두 파동의 마루가 시간적으로 떨어져 있다면, 뒤에 오는 파동은 우주의 팽창에 의하여 $R(t_0)/R(t_1)$만큼 파장이 길어질 것이다. 그러므로 다음과 같이 르메트르(Lemaitre) 방정식을 쓸 수 있다.

$$1 + z = \frac{R_o}{R_e} \tag{P7-19}$$

여기서 R_o/R_e는 빛이 관측되는 시간과 방출된 시간에서 $R(t)$ 값의 비율이다. 만약, $R(t)$가 시간에 따라 증가하는 함수라면, 빛은 적색이동이 일어난다는 것을 알 수 있다. 이것은 우주의 팽창에 의한 것이지 속도에 의한 보통의 도플러 효과에 의한 것이 아니다. 그럼에도 불구하고 여전히 가까운 은하들의 적색이동을 나타낼 때 상징적으로 속도의 단위($v = zc$)가 사용되기도 한다. 예를 들면, 머리털자리 은하단은 약 7,000kms^{-1}의 적색이동에 위치한다고 표현한다. 먼 천체들에 대해서는 단위가 없는 z를 사용한다. 지금까지 발견된 가장 먼 퀘이사는 $z > 6$를 가진다.

허블 인자와 감속 인자

허블 인자(간혹 상수라고 부르지만 오랜 시간을 기다리면 변화한다)는 다음과 같이 정의되고

$$H \equiv \frac{\dot{R}}{R} \tag{P7-20}$$

감속 인자는 다음과 같이 주어진다.

$$q \equiv -\frac{\ddot{R}}{RH^2} \tag{P7-21}$$

이 두 인자의 현재 값들은 보통 아래첨자 '0'을 사용하여 나타낸다. 우주에 포함된 모든 입자들의 상호 중력 때문에 우주의 팽창은 시간이 지나감에 따라 느려질 것이라고 믿는 것이 타당할 것이다. 그러므로 $\ddot{R} < 0$이고 q_0은 양수여야 한다.[1] 식 (P7−20)과 (P7−21)을 식 (P7−17)에 대입하면

$$\rho_0 = \frac{3H_0^2 q_0}{4\pi G} \tag{P7-22}$$

이 된다. $H_0 = 75\text{kms}^{-1}\text{Mpc}^{-1}$을 적용하면 임계밀도는

$$\rho_0 \approx 2 \times 10^{-29} q_0\ \text{gcm}^{-3} \tag{P7-23}$$

이 된다.

허블법칙

직전의 논의에서 **허블법칙**을 유도할 수 있다(22.2절 참조). 로버트슨−워커 계량에 $dt = d\theta = d\phi = 0$으로 놓으면

$$ds = \frac{R(t)}{\sqrt{1 - kr^2}} dr \tag{P7-24}$$

이 된다. $r \ll R$인 경우에 분모는 1에 접근하고,[2] 그래서

$$ds = R(t)dr \tag{P7-25}$$

이고

1) 먼 외부은하에서 발견된 초신성 Ia형의 겉보기등급−적색이동 관계에 의하면 감속 인자는 음수라고 해석되며($q_0 = -0.58$), 그러므로 우주의 팽창은 가속되고 있다고 추정한다. 최신 표준 우주 모형에서는 암흑에너지에 의하여 우주의 팽창이 가속된다고 알려져 있다. (역주)

2) 정확히 표현하면 $r \ll 1/\sqrt{k}$인 경우, 즉 우주의 곡률 반경보다 훨씬 작은 거리에 있는 가까운 천체의 경우에 분모는 1에 접근한다. 동행좌표 r과 척도인자 R은 다른 물리적 단위를 가지고 있으므로 (부등호의 관계로) 비교할 수 없다. (역주)

$$s = R(t)r \quad \text{(P7-26)}$$

이 된다. 속도 $= \dot{s} = r\dot{R}$이므로

$$r\dot{R} = \frac{\dot{R}}{R}s = Hs \quad \text{(P7-27)}$$

이 된다. 마침내

$$v = Hs \quad \text{(P7-28)}$$

이 된다. 이 유도 과정에 사용한 유일한 가정은 로버트슨-워커 계량이 유효하다는 것이다. 우주가 균일하고 등방하다는 가정에 따르면 허블법칙은 당연히 성립된다는 것을 알 수 있다.

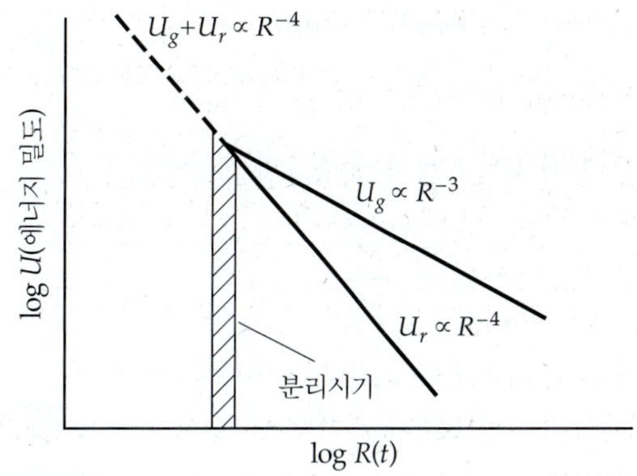

그림 P7-2 우주의 열적 역사
오늘날 우주에서 물질의 에너지 밀도는 우주배경복사의 에너지 밀도보다 크다. 분리시기 이전에는 반대로 복사에너지가 더 우세하였다.[3)]

P7.3 우주의 열적 역사

우주를 구성하는 두 주요 성분의 에너지 밀도의 역사를 알아보자. 물질의 에너지 밀도는 대략 정지질량 에너지를 부피로 나눈 것으로 $U_g(t)$으로 나타내자. 정지질량과 비교하면 내부에너지와 퍼텐셜에너지와 같은 다른 형태의 에너지는 적다. 우주의 일반적인 팽창에 의하며 부피가 증가하므로, $U_g(t) \propto 1/R^3(t)$이 된다.

또 다른 주요 성분은 우주배경복사(CBR)의 에너지이다. 복사에너지의 밀도는 시간에 따라 어떻게 변화할까? 광자의 개수밀도는 $1/R^3$로 줄어들고, 개개 광자의 에너지는 적색이동에 의하여 $1/R$로 줄어든다. 그러므로 복사에너지의 밀도는 $U_r(t) \propto 1/R^4(t)$로 줄어든다. 지금은 $U_r \ll U_g$이지만, U_r과 U_g의 시간에 대한 의존도를 고려하면 과거에 $U_r \gg U_g$인 시기를 찾을 수 있다. 이 시기를 **복사시대**라고 한다. 그림 P7-2를 참조하자. 그때는 에너지 밀도가 충분히 높았으므로 당시에 있었던 거의 유일한 원소인 수소와 헬륨이 완전히 이온화되어 있었다. 다수의 고에너지 광자들은 전자와의 톰슨산란과 컴프턴 산란을 통하여 기체와 결합되어 있었다. 이러한 상호작용으로 기체의 열적 역사는 복사의 열적 성질에 의하여 결정되었다. 이와 같은 물질과 복사의 결합은 온도가 내려가서 전자들이 이온들과 결합하여 중성원자가 형성될 때까지 지속되었다. 이 과정은 급격하게 일어났는데, 그 시기를 **분리시기**(decoupling epoch)라고 부른다.

분리시기의 시간을 추산하기 위하여 현재 우주의 온도(3K)와 분리시기의 온도(3,000K)를 비교해 보자. 복사의 온도는 $T \propto 1/R$로 감소하므로,

$$\frac{R_0}{R_{\text{decoupling}}} \approx 1000 \approx 1 + z_{\text{decoupling}} \quad \text{(P7-29)}$$

이 된다. 가장 멀리 있는 퀘이사($z \approx 6$)와 분리시대의 적색이동($z_{\text{decoupling}}$) 사이에는 엄청난 간격이 있지만, 시간 간격은 그다지 크지 않다. 우주의 나이가 대략 140억 년이라고 하면, 은하와 그 구성성분인 별과 성단들은 우주의 나이의 2/3 정도를 거슬러 올라간 시기에 형성되었다. 이와 비교하면, 분리시기는 대폭발 이후 겨우 40만 년이 지난 시기에 일어났다.

관측에 의하면 우주배경복사는 오늘날 흑체복사 스펙트럼을 가지고 있다. 그렇다면 복사스펙트럼은 어떻게 진화해 왔을까? 우주배경복사는 흑체복사스펙트럼을 유지한다는 것이 답이다. 이에 대한 증명은 동행좌표계에서 광자의 개수밀도가 일정하다는 가정에 근거한다. 이 가정에서 벗어나는 경우는 광자가 기체에서 흡수되거나 방출되는 것인데, 광자의 개수가 바리온의 개수에 비하여 대략 10^9배 만큼 많으므로, 기체가 광자의 개수를 실질적으로 바꿀 수는 없다. 공간의 주어진 부피 안에 들어 있는 광자의 개수는

3) 실제 복사와 물질의 에너지 밀도가 같아지는 시기(time of equality, t_{EQ})는 대폭발 이후 대략 5.5×10^4년($z \approx 3{,}300$)으로 분리시기(약 40만 년, $z \approx 1{,}100$)보다 앞선다. (역주)

$$dN = \frac{8\pi\nu^2}{c^3}\frac{Vd\nu}{e^{h\nu/kT}-1} \qquad \text{(P7–30)}$$

로 주어진다. 시간 t_a와 t_b에서 광자들의 진동수는

$$\nu_b = \frac{R_a}{R_b}\nu_a$$

$$d\nu_b = \frac{R_a}{R_b}d\nu_a \qquad \text{(P7–31)}$$

의 관계를 가진다. 그러므로 시간 t_b에서 광자의 개수는

$$dN_b = \frac{8\pi\nu_a^2}{c^3}\left(\frac{R_a}{R_b}\right)^2 V_a\left(\frac{R_b}{R_a}\right)^3 \frac{d\nu_a\left(\frac{R_a}{R_b}\right)}{\exp\left[\frac{h\nu_a}{kT_a}\frac{R_a}{R_b}\right]-1} \qquad \text{(P7–32)}$$

로 주어진다. 광자의 수는 보존되므로 $dN_b = dN_a$이어야 한다. 그러므로 시간 t_b에서 온도는

$$T_b = \left(\frac{R_a}{R_b}\right)T_a \qquad \text{(P7–33)}$$

이 되고, 식 (P7–32)는 흑체복사 스펙트럼의 형태를 가진다.

P7.4 우주 공간의 곡률

일반상대론과 우주론에서 가장 흥미로운 개념 중에 하나는 우주의 공간이 휘어질 수 있다는 것이다. 곡률을 알아보는 한 가지 방법은 편평한 공간에서 원과 구의 형태를 기술하는 스칼라 곡률 $1/r^2$에서 유추하는 것이다. 구의 반지름이 클수록 곡률이 작아지고 반지름이 작은 구와 비교하여 편평한 것에 더 가깝다. 우주론에서는 이와 비슷하게

$$\frac{kc^2}{R^2} = H_0^2(2q_0-1) \equiv H_0^2(\Omega_0-1) \qquad \text{(P7–34)}$$

와 같이 곡률을 정의한다. 여기서 밀도계수 Ω를 도입하였는데, $\Omega = 2q$이다($\Lambda = 0$인 경우). 만약, 현재의 밀도계수가 임계밀도에 해당한다면, 즉 $\Omega_0 = 1$, R이 무한대가 되고 곡률이 영이 되므로, 우주는 편평하다.

부피–적색이동 관계

우주론에서 부피에 대하여 알아보자. 만약 부피가 거리의 세제곱에 비례하여 증가하지 않는다는 것을 보여 줄 수 있다면, 공간이 굽을 수 없다는 사실이 입증될 것이다. 로버트슨–워커 계량에서 $dt = 0$이라고 놓으면

$$dl^2 = R^2(t)\left[\frac{dr^2}{(1-kr^2)} + r^2(d\theta^2 + \sin^2\theta d\phi^2)\right] \qquad \text{(P7–35)}$$

가 된다. 그러면 구의 부피는

$$V = 2\pi R^3\int_0^r \frac{r^2dr}{\sqrt{1-kr^2}}\int_0^{\pi/2}\sin\theta\, d\theta \qquad \text{(P7–36)}$$

가 된다.

$k = 1$인 경우에 부피는

$$V_{+1} = \frac{4\pi}{3}(Rr)^3\left(\frac{3}{2}\frac{1}{r^3}\sin^{-1}r - \frac{3}{2}\frac{\sqrt{1-r^2}}{r^2}\right) \qquad \text{(P7–37)}$$

가 된다.

$k = 0$인 경우에 부피는

$$V_0 = \frac{4\pi}{3}(Rr)^3 \qquad \text{(P7–38)}$$

$k = -1$의 경우에는

$$V_{-1} = \frac{4\pi}{3}(Rr)^3\left(\frac{3}{2}\frac{\sqrt{1+r^2}}{r^2} - \frac{3}{2}\frac{1}{r^3}\sin h^{-1}r\right) \qquad \text{(P7–39)}$$

가 된다.

여기서 r은 좌표계의 원점에서 (r, θ, ϕ) 지점까지의 거리가 아니다. 거리 l은 식 (25–7)에 의하여 주어진다. r의 관계를 식 (P–37)에서 (P–39)에 대입하고, (l/R)에 대하여 전개하면

$$V(l) = \frac{4\pi l^3}{3}\left[1 - \frac{k}{5}\left(\frac{l}{R}\right)^2 + O\left(\frac{l}{R}\right)^4\right] \qquad \text{(P7–40)}$$

이 되는데, 마지막 항은 고차 전개 항으로서 $l \ll R$이면 무시

될 수 있다.

어떻게 부피를 명시적으로 풀 수 있을까? 거리척도 R의 시간에 따른 변화는 $\Lambda = 0$인 경우 프리드만 방정식 (25−11)로 주어진다. q_0의 모든 값에 대한 식 (25−11)의 해는

$$r = \frac{(2q_0 - 1)^{1/2}}{q_0^2(1+z)}[q_0 z + (q_0 - 1)(\sqrt{1 + 2q_0 z} - 1)] \quad \text{(P7–41)}$$

이고

$$R_0 r = \frac{c}{H_0 q_0^2(1+z)}[q_0 z + (q_0 - 1)(\sqrt{1 + 2q_0 z} - 1)] \quad \text{(P7–42)}$$

이다. 이러한 정확한 해를 사용하여 r과 Rr를 $V(r)$에 관한 식 (P7−37)에서 (P7−39)에 대입하여 $V(z)$를 얻는다. 그림 7−3은 q_0의 세 가지 값에 대하여 이러한 관계를 보여 준다. 밀도가 0이 아닌 경우에 부피는 거리의 세제곱에 비례하여 증가하지 않는다는 것에 주목하자.

등급−적색이동 관계

부피−적색이동 관계와 마찬가지로, 은하들의 관측 등급이 적색이동에 따라 어떻게 변하는지 찾을 수 있다. 적색이동 때문에 관측하는 파장이 변하게 되므로 겉보기등급을 m_λ로 표시한다. 예를 들면, 가시광선으로 관측되는 가장 먼 퀘이사는 실제는 자외선에서 그 복사를 방출했던 것이다. 그러므로 스펙트럼 밴드의 이동에 의한 'K−수정'을 고려해야 한다. 또한 큰 적색이동에서는 우주와 그 안에 포함된 은하들이 상당히 젊었으므로, 진화효과를 고려해야만 한다. 이 두 가지 수정 항을 포함하여, 겉보기등급, 절대등급, 감속 인자, z 등의 인자들에 대한 관계를 다음과 같이 찾을 수 있다.

$$\begin{aligned} m_\lambda = {} & M_\lambda - K_\lambda(z) - E_\lambda(t) + 5\log q_0^{-2} \\ & \times [q_0 z + (q_0 - 1)(\sqrt{1 + 2q_0 z} - 1)] \end{aligned} \quad \text{(P7–43)}$$

이론적으로 부피−적색이동 관계 또는 등급−적색이동 관계(또는 같은 종류의 다른 관계)를 사용하여 우주론 모형을 조사할 수 있다. 이것들은 시공간의 곡률을 결정하는 직접적인 방법들이다. 이러한 직접적인 방법들의 문제점은 매우 먼 거리까지를 관측해야 한다는 것이다. 그러므로 먼 과거의 은하를 관측해야 하는데, 이 경우에 진화의 효과가 중요해 진다. 안타

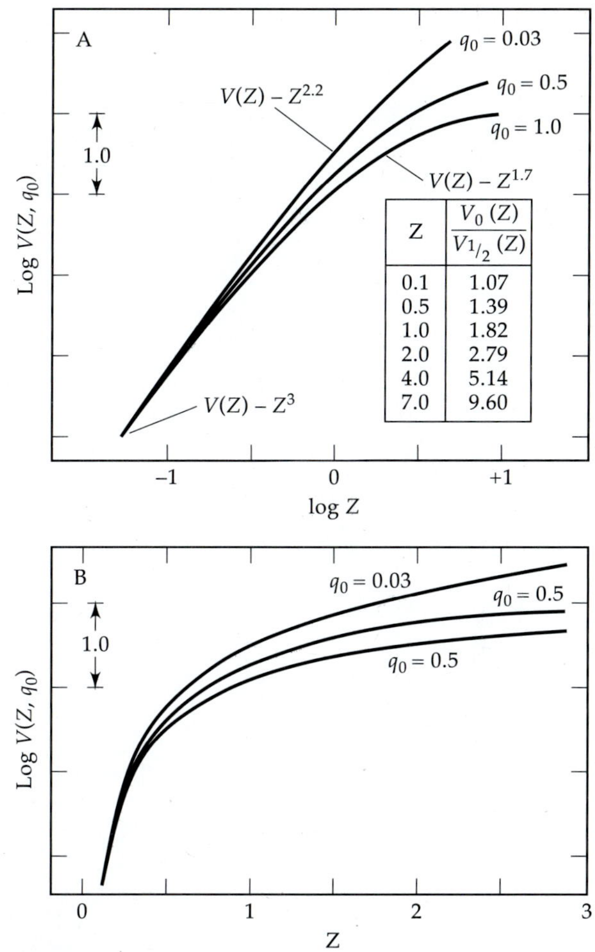

그림 P7−3 감속 인자q_0의 값이 다른 우주 모형들에서 부피−적색이동 관계
굽어진 우주 공간에서 부피는 거리의 세제곱에 비례하지 않는다는 것을 보여 준다. [A. Sandage, Annual Reviews of Astronomy and Astrophysics, 26:575, 1988에서 발췌]

깝게도 이러한 효과들에 대한 충분한 지식이 없으므로 관측을 잘 이해하지 못한다. 이 방법에서는 곡률을 측정하여 공간의 밀도를 결정한다. 이것과 반대의 방법을 사용할 수도 있다. 이론적으로는 측정된 밀도를 이용하여 곡률을 결정할 수 있다. 후자의 경우에는 암흑물질이라는 문제가 있다. 암흑물질이 실제 존재하는가? 암흑물질이 위의 관계식들에 어떠한 영향을 미치는가? 우주론의 현 상황은 약간 불확실하다.

PART 1 태양계

The Solar System

▲ 클레멘타인 우주선에서 본 달이 태양을 가리는 광경
(Lunar and Planetary Institute)

Chapter 1

천체 역학과 태양계

지구에서 보면 태양은 '연주 운동'에서 황도 12궁의 별들에 대해 동쪽으로 움직이고 있고, 방황하는 행성들은 황도 12궁 안에서 주기적인 선회 운동을 한다(**황도 12궁**은 지구에서 보아 태양이 별들에 대해 연주 운동을 하는 동안에 누비고 가는 12개의 별자리를 포함한다. 그림 1-1A). 일반적으로 행성들은 배경 별들에 대하여 동쪽으로 움직인다. 하지만 행성은 관측된 운동에 따라 두 그룹으로 나뉜다. 첫째 그룹, 수성과 금성은 해질 무렵 서쪽 하늘에서 태양으로부터 동쪽으로 움직여, **초저녁 별**로 차차 높아진다. 동방최대이각일 때 행성은 태양으로부터 동쪽으로 각거리가 최대값을 이룬다. 그 후 태양을 향해 움직이면서 해질 무렵에 서쪽 지평선으로 가까워진다. 태양의 서쪽으로 움직이면서(역행운동), 동 트기 전에 **새벽별**로 동쪽 하늘에 솟아오른다. 초저녁 별에서 새벽별로 바뀌는 동안에는 수성과 금성이 배경 별들에 대하여 서쪽으로 움직인다. 평소에는 동진하기에, 이때 이들의 천구 상 이동을 역행운동이라 부른다.

맨눈에 보이는 둘째 그룹은 화성, 목성, 토성 등이다. 이들은 배경 별들에 대해 꾸준히 하늘 동쪽으로 움직이다가, 태양으로부터 180° 떨어진 충(衝)의 자리에 가까워진다. 그 후 움직임이 느려져서 유(留)에서 멈추었다가 서쪽으로 역행 선회하여, 또 다른 유에서 멈춘 뒤 동쪽으로 되돌아간다(그림 1-1B).

이런 행성 현상은 고대 천문학자들의 관심을 끌었고, 또 이런 현상이 왜 일어났는지 알지 못하여 당혹하게 했던 것이다. 이 장에서는 이러한 행성 운동을 설명하기 위한 노력의 역사를 간단히 살펴보기로 하자. 이러한 노력의 결과로 물리학과 천체물리학이 탄생했고, 17세기에 뉴턴이 **천체 역학**을 정립함으로써 그 결정에 이르게 되었다.

1.1 태양계 모형의 역사적 배경

1.1.1 코페르니쿠스의 태양중심 모형

16세기에 폴란드 천문학자 코페르니쿠스는 그때까지의 **지구중심 모형**에 만족할 수 없어서 **태양중심 모형**을 도입했다. 그리하여 이 모형은 우리가 오늘날 사용하고 있는 모형의 근간이 되었다. 코페르니쿠스는 태양을 태양계의 중심에 놓고, 행성(지구 포함)이 그 둘레를 원 운동을 한다고 하였다. 이 태양중심 모형은 그 예언이 지구중심 모형보다 나은 점이 없어서 처음에는 잘 받아들여지지 않다가, 후에 주로 그 단순성과 조화의 심미적 이유로 인기를 끌게 되었다.

코페르니쿠스의 모형이 설명하고자 하는 목적을 알려면 태양, 달, 행성의 지구중심적인 겉보기 운동의 특성을 조금 알아둘 필요가 있다. 하늘은 매일 지평선에 대해 서쪽으로 돌고 있다. 태양은 별들에 대해서 동쪽으로 움직이는 듯 보이고, 1년

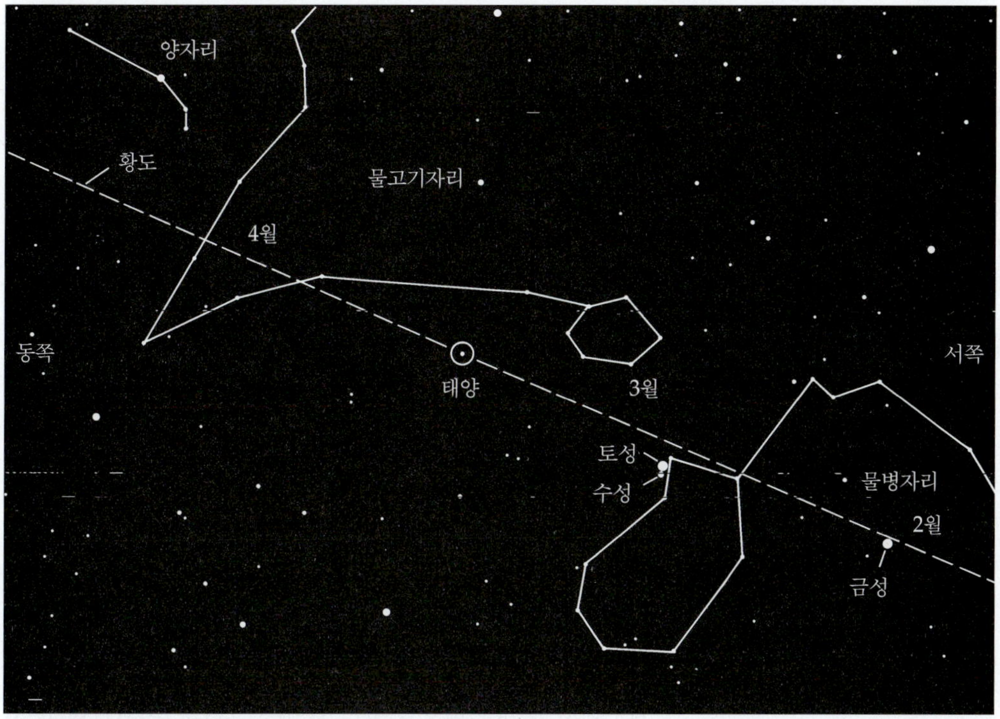

(A)

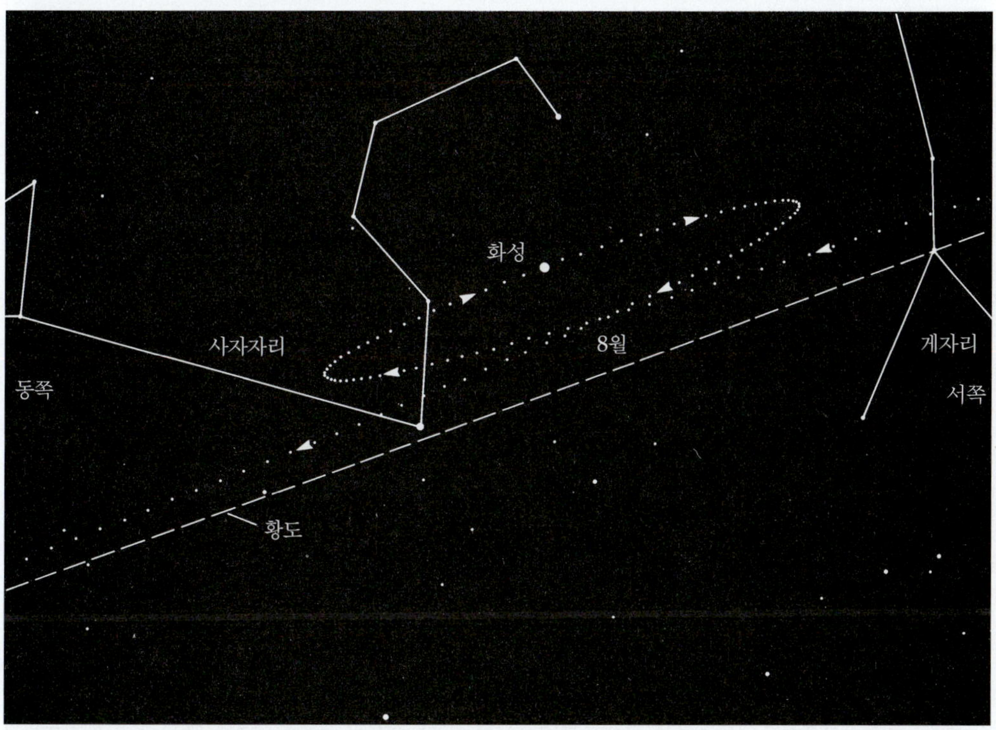

(B)

그림 1-1

(A) 황도 위의 태양과 배경의 황도 12궁. 수성, 토성, 금성이 황도 가까이에 자리하는 데 유의하라(그러나 이 상황은 낮을 나타내므로 볼 수 없다). 시야는 57°×83°로 약 3개월에 걸친 황도에 해당한다. (보이저 II가 작성한 영상) (B) 화성의 역행 운동(1994~1995). 화성의 경로는 사자자리의 별들에 대해 표시되었다. 이 시야는 28°×39°로 화성이 1995년 2월 역행 선회의 중간에서 가장 밝은 상황을 나타내고 있다. 역행 선회는 1994년 12월 첫 번째 유에서 시작되어, 1995년 3월 두 번째 유에서 끝난다. (보이저가 작성한 영상)

동안 하늘을 한 바퀴 돌게 된다. 태양이 움직이는 가상적인 자취를 황도라고 한다. 그 뒤에는 황도 12궁의 특별한 별자리들이 보인다. 행성들과 태양, 달은 12궁의 띠 — 황도대(Zodiac) — 안의 별들에 대해 움직이고 있다.

태양중심 모형에서는 태양으로부터의 거리에 따라 수성(가장 가까움), 금성, 지구, 화성, 목성, 토성, 천왕성, 해왕성, 명왕성의 순으로 된다.[1)] 태양에 지구보다도 가까운 행성을 **내행성**이라고 하는데, 이것은 수성과 금성이다. 지구보다 태양에서 더 멀리 도는 행성을 **외행성**이라고 하는데, 이는 화성에서 해왕성에 이르는 행성들이다. 밤하늘에 보이는 내행성의 운동은 외행성의 운동과 두드러지게 다르다.

지구에서 보아 태양의 중심 방향과 행성의 방향 사이의 각도를 **이각**(그림 1–2)이라고 정의한다. 행성이 태양의 동쪽 또는 서쪽에 보이는 데 따라 **동방** 또는 **서방이각**이라고 한다. 지구에서 보아 특히 중요한 이각은 특별한 이름으로 부른다. 이각이 0°일 때를 합(행성이 지구, 태양 사이에 올 때를 **내합**, 행성이 지구에서 태양의 반대쪽에 올 때를 **외합**)이라고 하고, 이각이 180°일 때를 **충**, 90°일 때를 **구**(矩)라 한다. 그리고 내행성이 최대의 이각을 이룰 때 **최대이각**이라고 한다. 내행성만이 내합이나 최대이각(수성 28°, 금성 48°)에 있을 수 있다. 그러나 이들은 구나 충에 있을 수 없다. 외행성에서는 내합이 일어날 수 없고, 또 최대이각은 180°(충에 있을 때)이다. 달은 지구를 도는 위성이기 때문에 내합, 구, 충(최대이각)을 두루 거친다.

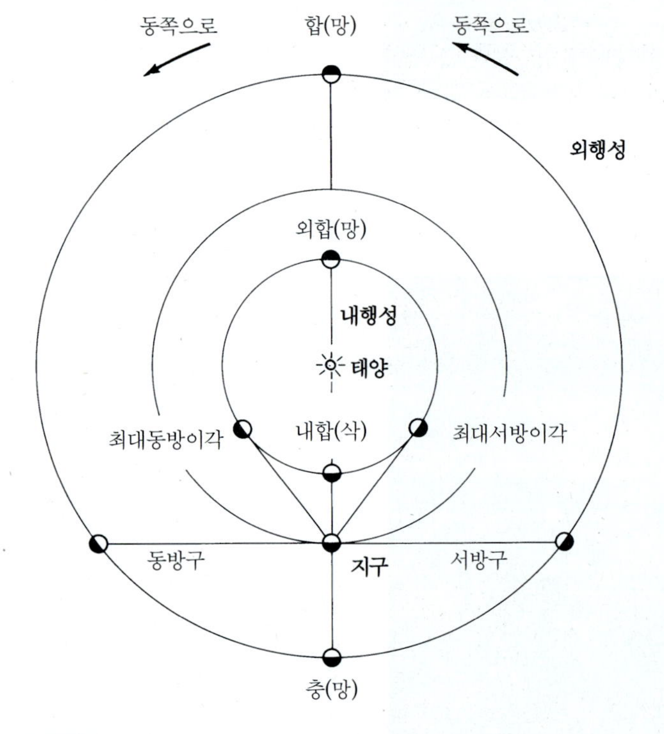

그림 1–2 태양중심 모형에서의 행성의 배치

화살은 지구의 공전과 자전의 방향을 가리킨다. 행성이 햇빛에 쪼이는 위상도 나타냈다. 망과 삭은 달의 보름달과 초하룻달(안 보임)의 형상을 비유해서 썼다.

코페르니쿠스는 행성이 태양으로부터 멀수록 그 궤도를 더 느리게 돈다고 올바르게 말했다. 지구와 다른 행성이 태양의 같은 쪽에서 서로 지나쳐 갈 때, 상대 운동 때문에 외행성이 지구에서 보아 역행으로 고리 모양을 그리게 된다(그림 1–3). 즉 움직이는 지구에서 행성을 보면 우리의 시선이 움직이는 방향으로 두 번 바뀌고, 두 천체의 궤도면이 다르기 때문에 3차원의 고리 형태로 나타난다. 이 통과 상황은 내행성이나 외행성이나 마찬가지이다.

이것은 상대 운동의 문제로 쉽게 알아볼 수 있다. 지구에서 보면 화성이 역행 운동을 할 때 우리가 화성에서 지구를 본다고 가정한다면, 지구는 마치 지구에서 본 수성이나 금성처럼 역행 운동을 보일 것이다. 이 경우 지구는 화성에서 볼 때 내행성인 셈이다.

코페르니쿠스는 태양중심 모형에서 행성의 회합주기와 항성주기 사이의 관계를 얻었다. **회합주기** S는 행성이 지구에서 볼 때 (움직이는) 태양에 대해서 하늘의 같은 위치로 돌아오는 데 걸리는 시간이다. 내행성인 수성, 금성의 경우는 내합에서 다음 내합이 일어날 때까지 걸리는 시간이며, 외행성의 경우에는 충에서 다음 충이 일어날 때까지 걸리는 시간이다. **항성주기** P는 (고정된) 별에 대해서, 행성이 하늘을 한 바퀴 도는

1) 2006년 국제천문연맹(International Astronomical Union, IAU)은 태양계의 천체들을 다음과 같이 세 가지 부류로 정의하였다. (1) 행성은 (a) 태양을 중심으로 공전하며, (b) 자체 중력이 강체력을 극복함으로써 정유체평형 상태의 구에 가까운 형태를 가질 정도로 충분한 질량을 가지며, c) 그 공전 궤도 주변의 물질을 깨끗이 청소한 천체이다. (2) 왜소행성(矮行星) 또는 부행성(副行星, planetoid)은 (a) 태양을 중심으로 공전하며, (b) 자체 중력이 강체력을 극복함으로써 정유체평형 상태의 구에 가까운 형태를 가질 정도로 충분한 질량을 가지며, (c) 그 공전 궤도 주변의 물질을 깨끗이 청소하지 않았고, (d) 위성이 아닌 천체이다. (3) 태양 주위를 공전하며 위성이 아닌 모든 물체는 통틀어 태양계 소천체(Small Solar-System Bodies)라 하는데, 소행성, 해왕성 통과 천체, 혜성, 그리고 그 밖의 작은 천체들을 포함한다. 이러한 정의에 따르면 태양계에는 8개의 행성이 있으며, 명왕성은 왜소행성으로 분류된다. (역주)

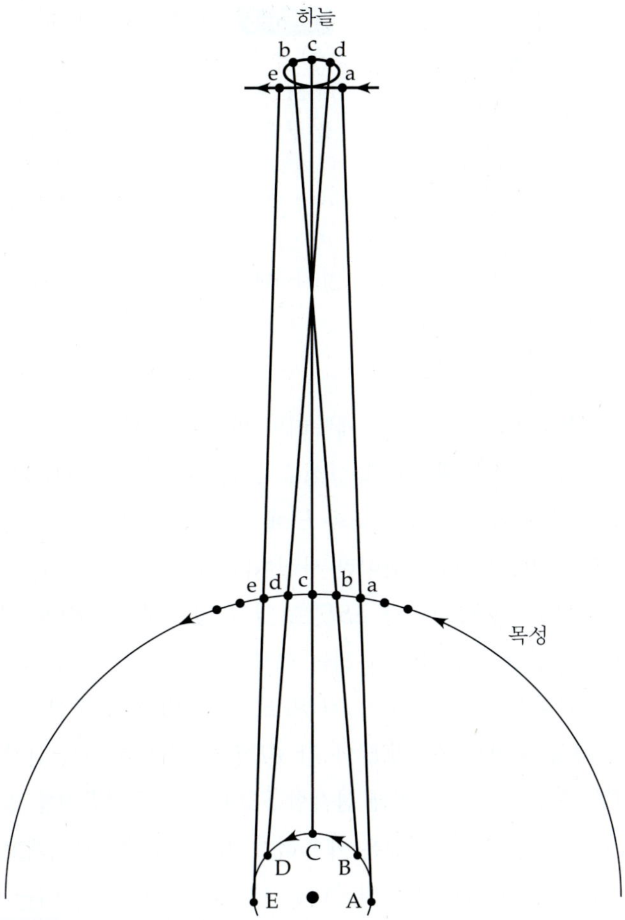

그림 1-3 태양중심 모형에서의 역행 운동
지구가 외행성을 앞지를 때 그 행성은 별들에 대해 동쪽으로 움직이는 정상적 운동과 거꾸로 가는 것처럼 보인다. 그림에서 지구는 Cc에서 목성을 앞지르는데, 이 점은 역행의 중간점이 된다.

데 걸리는 시간이다(그림 1-4). 지구의 항성주기 E는 365.26일이고, 하루에 $360°/E$씩 궤도를 도는데, 행성은 하루에 $360°/P$씩 돈다. 외행성의 경우, 지구는 궤도를 한 바퀴 돈 후에 외행성을 충에서 따라잡기 위해($S - E$)일 동안에 각도 $S \times (360°/P)$ 만큼을 더 돌아야 한다. 따라서

$$(S - E)\left(\frac{360°}{E}\right) = S\left(\frac{360°}{P}\right)$$

또는

$$\frac{1}{S} = \frac{1}{E} - \frac{1}{P} \qquad \text{(외행성)}$$

의 관계가 성립한다.

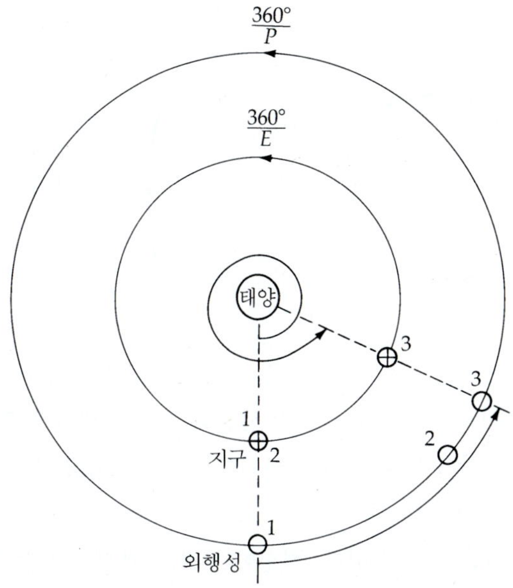

그림 1-4 태양중심 모형에서 회합주기와 항성주기
지구가 태양 둘레를 매일 $360°/E$로 돌 때 외행성은 $360°/P$로 돈다(태양에서 볼 때). 지구는 한 바퀴 후 1에서 2까지 오지만, 다음 충(위치 3)까지 오는 데 ($S - E$)일 걸린다. 그동안에 외행성은 1에서 3까지 온다.

내행성의 경우는 지구가 외행성이 되므로, E와 P를 바꿔서

$$\frac{1}{S} = \frac{1}{P} - \frac{1}{E} \qquad \text{(내행성)}$$

로 바뀐다.

예로서, 내행성인 금성의 관측된 회합주기는 $S = 583.92$일이므로, 위의 관계식은

$$\frac{1}{583.92} = \frac{1}{P} - \frac{1}{365.26}$$

$$\frac{1}{P} = 0.00171 + 0.00274 = 0.00445$$

$$P = 224.7\text{일}$$

이다.

1610년에 갈릴레오가 그의 '항성 통보(Siderius Nuncius)'에서 보고한 망원경 관측 결과는, 태양계의 태양중심 모형을 강력하게 뒷받침하였다. 그가 그린 주름살진 달 표면과 태양 흑점의 운동은 천체의 완전무결성에 대한 과거의 믿음을 약하게 만들었다. 갈릴레오는 또, 목성의 가장 큰 4개의 달을 발견하였고, 이들이 지구가 아니라 목성의 둘레를 돈다는 사실을

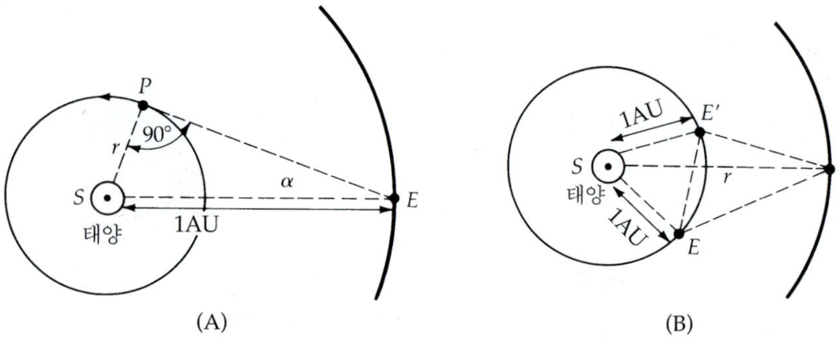

그림 1-5 태양중심 모형의 거리 결정 (A) 내행성이 최대이각을 이룰 때(P) 각 SEP를 알고, 각 SEP는 90°이므로 r을 구할 수 있다. (B) 외행성이 1 항성주기의 처음과 끝에 P에 있고, 지구는 이때 각각 E, E'에 있다. 각 PES와 각 $PE'S$를 관측한다. 이는 행성과 태양의 이각이다.

밝혔다. 이렇게 해서 지구중심 사상의 성벽에 생긴 금은, 갈릴레오가 금성의 위상 변화를 발견함으로써 회복할 수 없는 흠자국으로 되어버렸다.

그 까닭은 다음과 같다. 행성이나 달은 햇빛을 반사해서 빛난다. 행성은 언제나 반면에 해가 쪼이고 다른 반면은 어둡다. 그러나 지구에서 보면 행성의 햇빛을 받는 반구의 부분은 위치에 따라 달라진다. 그래서 어두운 반구만 보일 때(달, 수성, 금성의 내합) **삭**(朔, new)이라는 위상(位相, phase)이 나타나고, 햇빛을 받는 반구가 온통 우리를 향할 때 **망**(望, full)의 위상이 나타난다. 외행성은 결코 **초승달**(crescent, 반구면보다 햇빛을 적게 받는 경우)의 위상이 일어날 수 없고, 거의 대부분 반달보다 **큰**(gibbous) 위상에 머문다. 갈릴레오는 금성이 모든 위상을 보이므로 태양의 궤도를 돌고 있음에 틀림없다고 생각했다. 이 관측이 코페르니쿠스의 모형을 확증한 셈이다.

1.1.2 케플러의 방법

케플러는 코페르니쿠스의 태양중심 모형과 브라헤(Tycho Brahe, 1546~1601)가 20년 이상 힘들게 모았던 화성의 위치 관측 자료를 이용해서, 행성의 궤도가 타원임을 알아냈다(1.2절 참조). 그는 1609년과 1619년에 행성 운동에 관한 세 가지 경험법칙을 발표했는데, 이것은 뉴턴의 중력이론의 기반이 되었다.

케플러는 어떻게 행성의 거리를 알아냈을까? 거리의 단위로 태양-지구의 평균 거리 — **천문단위**(AU) — 를 택하기로 하자.

태양–행성의 거리 r(AU의 단위)는 내행성이 최대이각을 이룰 때 얻을 수 있다(그림 1–5A). 각 SEP(α로 함)가 관측되고, 각 EPS는 90°이므로 삼각법에 의해 $r = \sin\alpha$이다(이 방법은 코페르니쿠스가 처음 사용하였다).

외행성의 거리를 얻는 케플러의 방법은 이보다 더 복잡하다(그림 1–5B). 행성은 1 항성주기의 처음과 끝에서 P에 있고, 지구는 이 두 시기에 E와 E'에 있다. 유념할 것은 P가 궤도 위에 있는 임의의 점이란 사실이다. 우리는 행성의 항성주기를 알고 있으므로 각 ESE'도 알고 있는데, 각 PES와 각 $PE'S$는 관측해야 한다. 우리는 코사인 법칙과 삼각법(부록 9)으로 삼각형 ESE'를 풀어, 각 PEE'와 각 $PE'E$를 구할 수 있다. 차를 취하면 각 PEE'와 각 $PE'E$가 구해지므로, 삼각형 EPE'를 풀 수 있다. 이제 삼각형 SEP나 삼각형 $SE'P$를 써서 r을 구할 수 있다. 이것은 케플러가 처음으로 화성의 궤도를 그려, 그것이 타원임을 알아내는 데 썼던 방법이다. 이는 원궤도에 치우친 천문학의 전통을 깨뜨린 획기적인 사건이었다.

1.2 행성의 궤도

1.2.1 케플러의 3개 경험법칙

케플러는 궤도 형태에 많은 모형 — 달걀 모양까지 — 을 시도했다가 모두 포기해 버렸다. 그는 결국 행성의 궤도면이 태양을 지나가고, 궤도의 형태는 **타원**임을 알아냈다(1.2.2절 참조). 이 발견은 1609년에 케플러 제1법칙 — 타원의 법칙(the law of ellipses) — 으로 발표되었는데, 즉 각 행성의 궤도는 태양을 초점으로 하는 타원이다(그림 1–6A).

케플러는 또한 행성의 공전속도를 조사하여, 행성이 태양에 가까울수록 빨리 움직임을 알아냈다. 태양과 행성을 잇는 직선 — **동경벡터** — 을 그으면, 케플러 제2법칙 — 면적의 법칙(the law of areas) — 으로 이 사실을 나타낼 수 있음을 알아냈다. 즉 행성의 동경벡터는 같은 시간 동안에 같은 넓이를 휩쓸며 지난다(그림 1–6B).

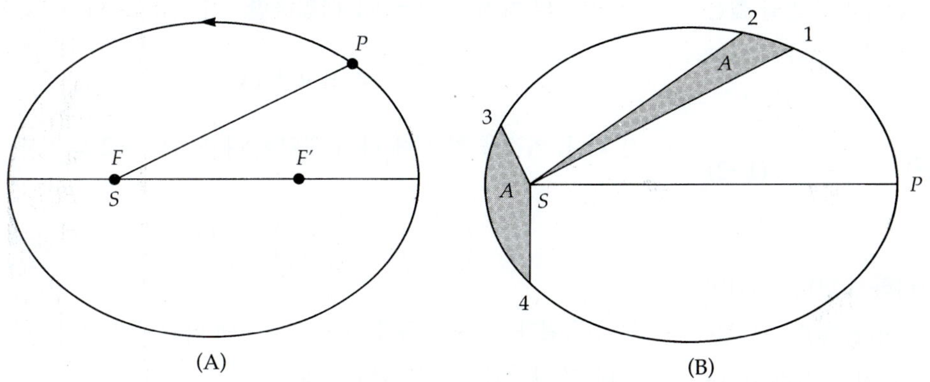

그림 1-6 케플러의 행성 운동의 법칙 (A) 각 행성(P)은 태양(S) 둘레의 타원 궤도를 그리고, 태양은 그 한 초점(F)에 있다. (B) 같은 2개의 시간 간격 1~2와 3~4를 생각하면 행성까지의 동경벡터(SP)는 동일한 넓이(A)를 각각 휩쓴다. (C) 모든 행성에 대해서 긴 반지름(a)과 항성주기(P)의 log-log 그래프는 기울기 3/2인 직선에 극히 가깝고, 케플러의 제3법칙을 뒷받침한다.

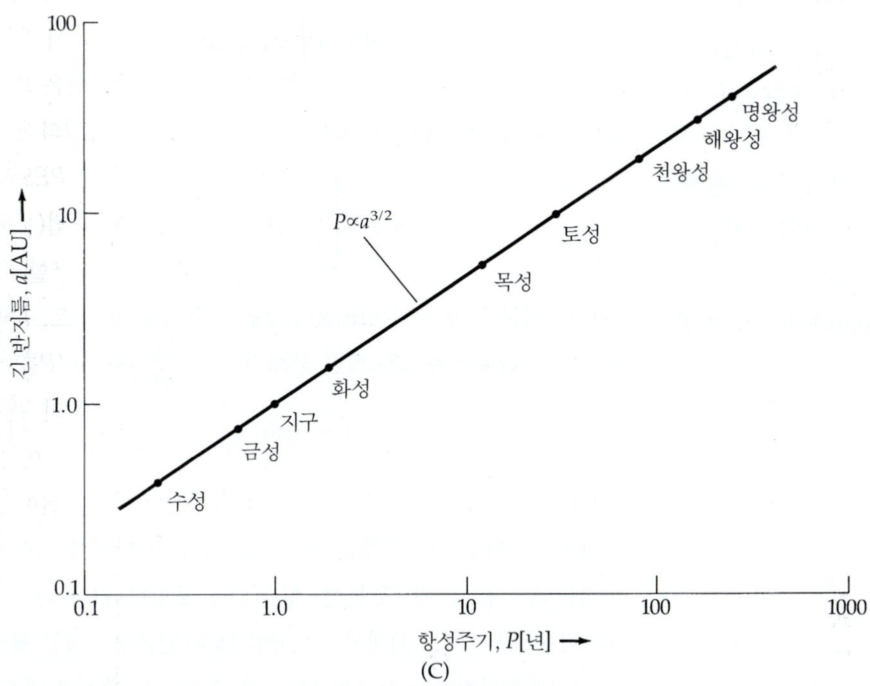

행성 운동의 보다 깊은 조화성을 꾸준히 추구하여 10년을 더 소비한 끝에, 1619년에 케플러 제3법칙 — 조화의 법칙(the harmonic law) — 을 발표하였다. 즉 행성의 항성주기의 제곱은 그 궤도 긴 반지름(평균 반지름)의 세제곱에 비례한다(그림 1-6C).

제3법칙은 수식으로

$$P^2 = ka^3$$

이다. 여기서 P는 행성의 항성주기이며, a는 그 행성의 태양에서의 평균 거리(타원 궤도의 긴 반지름), 상수 k는 태양을 도는 모든 천체에 동일한 값을 가진다. 1621년까지에 케플러는 갈릴레오가 발견한 목성의 4개의 달도 케플러 제3법칙에 따른다는 사실(다른 k값으로)을 발견하여 이 법칙이 널리 적용되는 것을 확인하였다.

P1-1절에서는 이 법칙들을 보완하는 형식으로 나타내었다.

1.2.2 타원 궤도의 기하학적 성질

타원은 수학적으로 두 초점으로부터 거리의 합이 일정한 점들의 자취이다(그림 1-7). 따라서

$$r + r' = 2a = \text{일정} \tag{1-1}$$

이다. 두 초첨 F, F'를 잇는 선은 타원과 두 점 A, A'에서 만난다. a는 AA'의 절반임에 유의하라. a를 타원의 **긴 반지름**이라고 한다. 타원의 형태는 **이심률** e로 정해지는데, 타원 중심에서 각 초점까지의 거리를 ae로 하는 값이다. $e = 0$이면 원

이 된다. 장축 AA'를 수직으로 2등분하는 단축의 절반을 **짧은 반지름** b라고 한다. 그림 1–7에서 점선 $r = r' = a$와 피타고라스 정리를 쓰면

$$b^2 = a^2 - a^2e^2 = a^2(1 - e^2) \qquad (1\text{–}2)$$

임을 알 수 있다.

케플러 제1법칙은 태양을 한 초점에 자리하게 한다. 그러면 A는 궤도의 **근일점**(태양에 가장 가까운 점)이라 하고, A'점을 **원일점**(태양에서 가장 먼 점)으로 부른다. 근일점 거리 AF는 $a(1 - e)$, 원일점 거리 $A'F$는 $a(1 + e)$이다. 타원 궤도에 있는 행성의 태양으로부터의 평균 거리는 바로 a이다. 이 사실은 F에서 거리 r인 대칭점 P'가 있으므로 두 거리의 평균은 $(r + r')/2 = a$인 데서 증명된다.

우리는 초점에서 타원 위의 한 점까지의 거리(태양–행성, 행성–위성 거리)를 그 점 위치의 함수로 알고 싶다. 극좌표계 (r, θ)의 원점을 F에 두고, 선 FA가 $\theta = 0$이 되게 한다. 그러면 r는 거리 FP이고, **진근점 이각**(true anomaly) θ는 각 AFP를 반시계 방향으로 잰 값이다.

$$\cos(\pi - \theta) = -\cos\theta$$

와 코사인 법칙

$$r'^2 = r^2 + (2ae)^2 + 2r(2ae)\cos\theta$$

에 식 (1–1)에서의

$$r' = 2a - r$$

관계를 쓰면

$$r = \frac{a(1 - e^2)}{1 + e\cos\theta} \qquad (1\text{–}3)$$

의 결과를 얻는다. 이 식은 $0 \le e < 1$의 경우, 극좌표로 나타낸 타원의 방정식이 된다.

타원의 넓이를 구하기 위해 타원중심을 원점으로 한 직각좌표 (x, y)를 써서 식 (1–3)을 나타낸다. 그림 1–7과 피타고라스의 정리에서

$$r'^2 = (x + ae)^2 + y^2$$
$$r^2 = (x - ae)^2 + y^2$$

이 두 식의 차에 식 (1–1)을 대입하면

$$r' = a + ex$$

가 된다. 이것을 첫 식에 다시 대입한 다음, 식 (1–2)를 쓰면

$$\left(\frac{x}{a}\right)^2 + \left(\frac{y}{b}\right)^2 = 1 \qquad (1\text{–}4)$$

이 성립된다. 이것이 직각 좌표로 나타낸 타원의 방정식이다.

한편, 타원의 넓이는 이중 적분

$$A = 4\int_a^b dy \int_0^x dx$$

로 구해지는데, 식 (1–4)에서

$$x = a\left[1 - \left(\frac{y}{b}\right)^2\right]^{1/2}$$

이다. 적분은 $y = b\sin z$(즉 $dy = b\cos z\,dz$)로 고치고, $\sin^2 z + \cos^2 z = 1$을 쓰면 구해진다. 그 결과는

$$A = \pi ab \qquad (1\text{–}5)$$

이다.

타원은 **원뿔곡선**(원뿔을 평면으로 자를 때 단면에 얻어지는 곡선으로, 원, 타원, 포물선, 쌍곡선을 포함한다)의 하나이다(그림 1–8). 식 (1–3)에서 $e = 0$일 때 타원은 $r = a$인 **원**으로 되는 데 유의하라. $e = 1$일 때 초점 중 하나는 무한원에 있고,

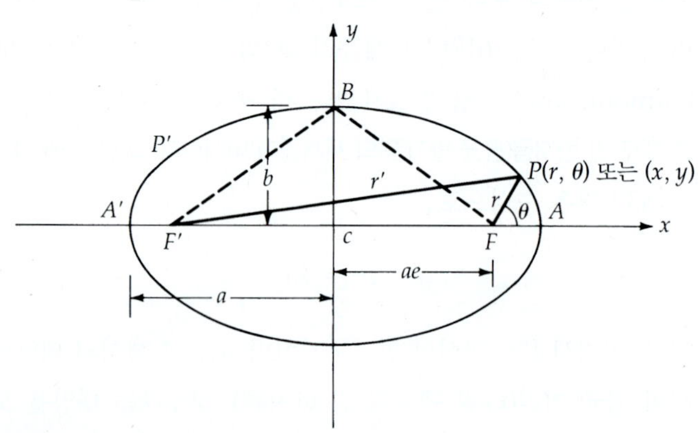

그림 1–7 타원
여기 중요한 특성은 근일점 거리 AF, 원일점 거리 $A'F$, 긴 반지름 a, 짧은 반지름 b, 중심 c 등이다.

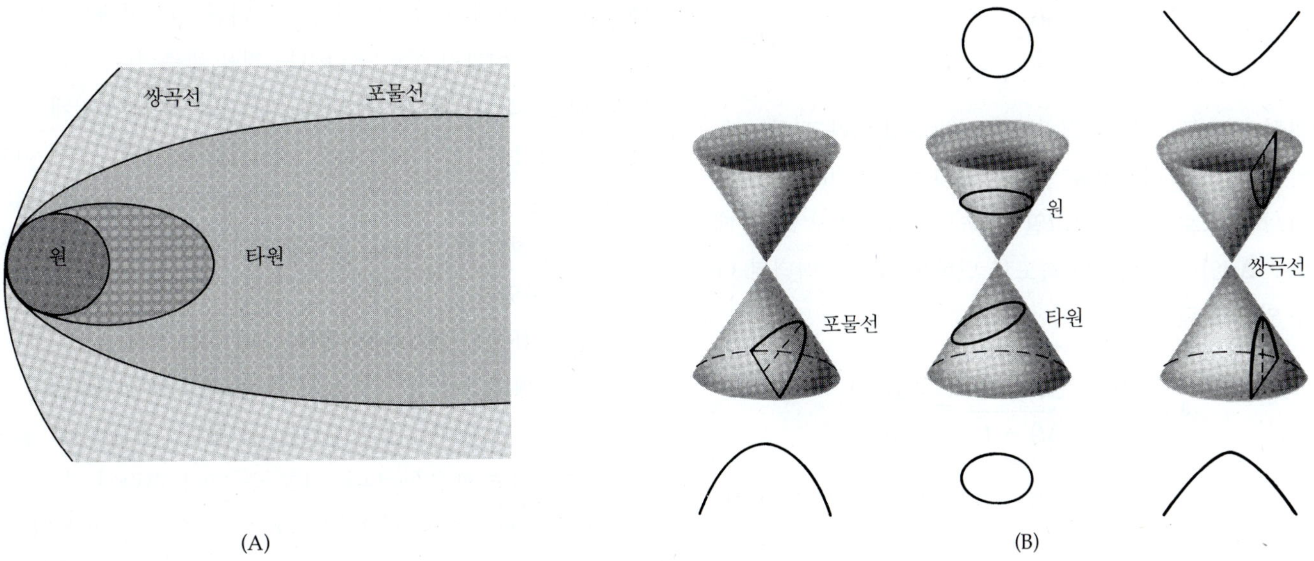

그림 1-8 원뿔곡선
(A) 원뿔 단면의 곡선들은 원($e = 0$), 타원($e < 1$), 포물선($e = 1$), 쌍곡선($e > 1$)을 포함한다. (B) 원뿔 단면은 원뿔을 평면으로 자를 때 나타난다. 평면이 원뿔의 축에 수직일 때에 원, 한 변에 평행일 때에는 포물선, 그 사이의 각도에서는 타원이 나타난다. 쌍곡선은 평면이 원뿔의 한 변과 이루는 각이 원뿔의 벌어진 각보다 클 때 나타난다.

곡선은

$$r = \frac{2p}{1 + \cos\theta} \qquad (1\text{–}6)$$

로 표시되는 **포물선**을 얻는다. 여기 p는 남아 있는 초점에서의 최근접 거리($\theta = 0$)이다. $e > 1$일 때는 열린 **쌍곡선**

$$r = \frac{a(e^2 - 1)}{1 + e\cos\theta} \qquad (1\text{–}7)$$

이 된다. 한쪽 초점에 최근접 거리는 $a(e - 1)$이다.

한 물체가 다른 물체의 중력의 영향으로 움직일 때 운동 물체의 상대궤도는 반드시 원뿔곡선이 된다(상대궤도는 보다 무거운 물체를 탄 관측자가 보는 궤도이다). 행성, 위성, 소행성은 타원 궤도를 그리지만, 많은 혜성은 이심률이 1에 극히 가까운 타원으로 거의 포물선인 궤도를 그린다. 소수의 혜성은 쌍곡선 궤도를 그린다. 이런 혜성은 한 번 근일점을 지난 후 태양계에서 영원히 떠나버린다. 외계 탐사 로켓은 지구에 대해 쌍곡선을 그리는 궤도로 발사되지만, 거의 언제나 태양 둘레의 타원 궤도로 붙잡히고 만다. 파이어니어 10호는 목성 인력으로 영향을 받아 태양계를 탈출한 최초의 인공 천체가 되었다.

1.3 뉴턴 역학

행성운동에 대한 케플러의 경험적 법칙을 써서 뉴턴은 그의 역학과 중력을 통일하는 이론을 만들어, 1687년에 저서 『프린키피아(Principia)』에 발표했다. 뉴턴의 번뜩이는 통찰력과 아름다운 형식은, 우리가 오늘날 알고 있는 뉴턴 물리학의 기반을 마련하였다. 이 절에서 그의 통일 이론의 전반 — 역학 — 을 소개한다. 뉴턴은 운동이 일어나는 무대를 3차원의 유클리드 공간으로 가정하였다. 이 운동은 시간 속에서 일어나지만, 시간은 우주의 어떤 현상에도 영향을 받지 않고 고르게 흐른다고 가정하였다. 이 이론에서 근본적 존재는 질량을 가진 크기가 없는 입자인 질점이다(그림 1-9A). 시간 t일 때 질점의 위치는 어떤 원점에 대해 벡터 $x(t)$로 표시되었다. 이 벡터의 길이는 미터(m)와 같은 단위로 잰다. 시간이 조금 지난 $t + \Delta t$에서 질점은 $\mathbf{x} + \Delta\mathbf{x}$에 있고, 속도는 대략

$$\mathbf{v} \approx \frac{(\mathbf{x} + \Delta\mathbf{x}) - \mathbf{x}}{(t + \Delta t) - t} = \frac{\Delta\mathbf{x}}{\Delta t}$$

이다. $\Delta t \to 0$으로 하면 속도 벡터는 점 $\mathbf{x}$에서의 경로의 접선이 되고 도함수

$$\mathbf{v} = \frac{d\mathbf{x}}{dt} \quad (1-8)$$

로 정의된다. 속도 벡터의 크기는 **속력**(speed)이라고 하는데, 그 단위는 매초 몇 미터(ms^{-1})나 매초 몇 킬로미터(kms^{-1})처럼 거리/시간으로 나타낸다. t일 때 속도 $\mathbf{v}$이고, $t + \Delta t$일 때 속도 $\mathbf{v} + \Delta\mathbf{v}$임에 유의하면 속도의 변화를 가속도 벡터로 나타낼 수 있다(그림 1–9B).

$$\mathbf{a} \approx \frac{(\mathbf{v} + \Delta\mathbf{v}) - \mathbf{v}}{(t + \Delta t) - t} = \frac{\Delta\mathbf{v}}{\Delta t}$$

$$\mathbf{a} = \frac{d\mathbf{v}}{dt} \quad (t \to 0\text{일 때}) \quad (1-9)$$

가속도의 단위는 속력/시간, 즉 거리/(시간)^{2}으로, ms^{-2} 또는 kms^{-2}처럼 나타낸다. 뉴턴은 또 **선 운동량** 벡터(단위는 질량 × 속력, 예컨대 $kg \cdot ms^{-1}$) $\mathbf{p}$를 질량 m과 속도 $\mathbf{v}$의 곱

$$\mathbf{p} = m\mathbf{v} \quad (1-10)$$

로 생각했다. 이런 운동의 기본량을 써서 뉴턴의 운동법칙을 알아보기로 하자(P1–2절에서 P1–5절까지 참조).

1.3.1 관성의 법칙

아리스토텔레스는 그의 저서 『물리학(Physics)』에서 물체의 자연스러운 상태는 정지 상태라는 것을 증명하려고 했다. 우리 일상생활의 경험에 따르면, 모든 운동물체가 느려져서 마침내 멈추고 만다는 그의 주장이 옳은 것 같다. 사실 아리스토텔레스는 화살의 운동을 설명하는데, 그 꼬리로 몰려드는 공기의 흐름이 화살을 앞으로 '떠민다'고 말했다.

그런데 갈릴레오는 아주 다른 결론에 도달했다. 그는 공을 매끈한 경사면에 굴릴 때, 이어지는 다른 경사면에서 처음과 거의 같은 높이까지 굴러 올라가는 것을 관측했다. 그는 경사면을 더 매끄럽게 하고, 두 번째 경사면을 덜 경사지게 했을 때 공은 더 멀리 굴러가는 것을 알게 되었다. 갈릴레오는 이때 공의 속도가 느려지는 것이 마찰 때문이라고 생각하여, 매끈한 공은 수평면 위에서 일정한 속력으로 영원히 굴러갈 것이라고 추측하였다.

데카르트(René Descartes, 1596~1650)는 후에 뉴턴이 채택한 그의 첫째 운동법칙—관성의 법칙(the law of inertia)—의 형식으로 이 원리를 표현하였다. 즉 물체의 속도는 힘이 물체에 작용하지 않는 한 일정(크기와 방향 모두)하다. 따라서 자유롭게 움직이는 물체에 대해 제1법칙은 $\mathbf{v}$ = 일정으로 표현된다. 이 일정한 값이 0일 경우, 처음에 정지하던 물체는 힘이 작용하지 않는 한 계속 정지 상태에 머문다.

뉴턴 제1법칙의 오늘날 형식은 **선형운동량 보존의 법칙**으로 알려지고 있다. 질량 m인 물체에 대해 $\mathbf{p} = m\mathbf{v}$는 일정, 즉

$$\frac{d\mathbf{p}}{dt} = 0 \quad (\text{힘이 없을 때}) \quad (1-11)$$

와 마찬가지이다. 이 식은 로켓의 경우처럼 물체의 질량이 변할 때도 성립된다. 질량이 일정할 때에는

$$m\frac{d\mathbf{v}}{dt} = 0$$

이다. 즉

$$m\mathbf{a} = 0 \quad (\text{힘이 없고, 질량이 일정할 때})$$

이다.

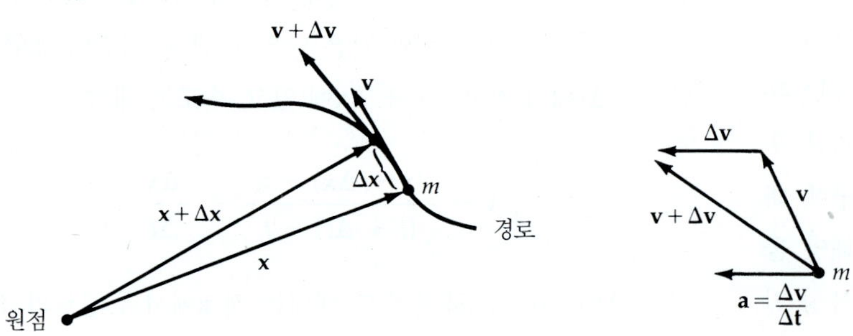

(A) (B)

그림 1-9 질점의 운동
(A) 질량 m이 시간 t일 때 경로 위치 $\mathbf{x}$에 있다. $t + \Delta t$일 때 위치 $\mathbf{x} + \Delta\mathbf{x}$에 있다. $\mathbf{x} + \Delta\mathbf{x}$에서의 순간 속도는 $\mathbf{v} + \Delta\mathbf{v}$다. (B) t와 $t + \Delta t$ 사이의 속도 변화는 $\Delta\mathbf{v}$인데, 여기서 순간 가속도 $\mathbf{a}$가 정의된다.

1.3.2 힘의 정의

뉴턴 제2법칙은, 이미 제1법칙의 '힘이 물체에 작용하지 않는 한'이란 조건 속에서 암시되어 있다. 왜냐하면, 힘이 속도 변화를 일으키기 때문이다. 이 속도 변화(속력이나 방향 또는 그 모두)는 가속도 벡터로 표현된다[식 (1–9)]. 가속 운동의 중요한 실례는 원 운동인데, 여기서는 속력은 일정하지만 운동의 방향이 변하고 있다.

힘의 개념은 뉴턴의 운동 제2법칙 — 힘의 법칙(law of force) — 에서 정의된다. 즉 물체에 주어진 가속도는 작용한 힘의 방향을 가지고 그 크기에 비례하고, 물체의 질량에 반비례한다. 그래서 우리는 $\mathbf{a} = \mathbf{F}/m$ 또는 흔히

$$\mathbf{F} = m\mathbf{a} \qquad (1\text{–}12)$$

로 쓴다. 유의할 것은 힘이 벡터이고, 단위는 질량 × 가속도(예 : $\mathrm{kg \cdot ms^{-2}}$)와 같다. 여러 힘이 한 물체에 작용하여 나타나는 가속도는 여러 힘의 벡터합이 되는 힘을 써서 식 (1–12)로 정해지는데, 이는 중첩의 원리에 해당된다. 두 힘 $\mathbf{F}_1$와 $\mathbf{F}_2$는 합쳐져서 합력 $\mathbf{F}$로 된다(그림 1–10). 우리는 이것을 거꾸로 힘 $\mathbf{F}$를 2개 또는 그 이상의 성분으로 분해할 수 있다. 그림에 두 성분으로 F_x와 F_y를 나타냈다.

식 (1–12)에서 물체의 질량 m은 불변해야 한다. 이 제한은 제2법칙의 현대적 표현에서 없어지는데, 이는 물체의 선형운동량을 써서

$$\mathbf{F} = \frac{d\mathbf{p}}{dt} \qquad (1\text{–}13)$$

로 표현된다. 질량 m이 불변할 때는 식 (1–9), (1–10), (1–13)을 써서 제2법칙의 뉴턴식 표현을 다시 찾을 수 있다. 유념할 점은, 운동의 제1법칙 식 (1–11)이 이제 제2법칙에서 나온다는 것이다.

그런데 여기서, 질량이란 무엇을 뜻하는가? 역학에서 질량은 물체의 **관성**, 즉 운동 상태의 변화에 대한 물체의 저항을 나타낸다. 같은 힘을 두 물체에 작용시킬 때, 보다 무거운 쪽이 보다 가벼운 쪽보다 속도의 변화율이 작다. 일상적으로 쓰는 말로는 질량이란 물체를 이루는 물질의 양이다. **질량**은 물체를 특징짓는 스칼라(scalar)량이고, 물체의 위치나 운동 상태와는 무관하다(1.4.2항 참조).

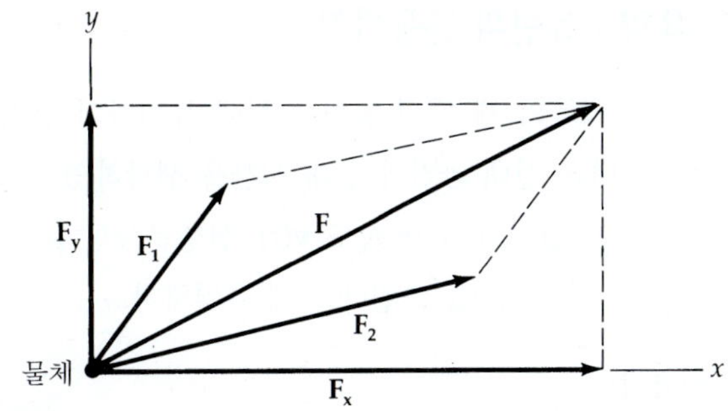

그림 1-10 힘의 합성
두 힘 $\mathbf{F}_1$과 $\mathbf{F}_2$가 한 물체에 작용한다. 결과되는 운동은 $\mathbf{F}_1$과 $\mathbf{F}_2$의 합인 $\mathbf{F}$에 의존한다. 직각 성분 $\mathbf{F}_x$, $\mathbf{F}_y$도 그 합이 $\mathbf{F}$와 같으므로 같은 운동을 일으킨다.

1.3.3 작용과 반작용

그의 역학 이론을 완성하기 위해서 뉴턴은 운동의 제3법칙 — 작용–반작용의 법칙(the law of action-reaction) — 을 만들었다. 즉 한 물체(닫힌 계 속에 있는)에 작용하는 힘에 대해서, 언제나 그 물체는 같은 크기의 반대 방향의 힘을 작용한다. 간단한 예로서, 책상 위 책의 무게(힘)는 책상이 책에 미치는 힘으로 정확하게 균형되어야 한다. 그렇지 않으면 제2법칙에 따라 책은 책상 위로 또는 아래로 가속될 것이다. 제3법칙은 균형된 힘의 정적 상태를 나타낸다.

제3법칙의 현대적 표현은 선형운동량 보존의 법칙이다. 여러 개의 물체를 다룰 때라도 고립된 2개만을 생각하면, 선형운동량의 총합은 $\mathbf{P} = \mathbf{p}_1 + \mathbf{p}_2 =$ 일정이다(제1, 2법칙). 두 시기 t, t'를 생각하면

$$\mathbf{p}_1 + \mathbf{p}_2 = \mathbf{p}_1' + \mathbf{p}_2'$$

이다. 만일 두 시기의 간격을 Δt, $\Delta\mathbf{p}_1 = \mathbf{p}_1' - \mathbf{p}_1$과 $\Delta\mathbf{p}_2 = \mathbf{p}_2' - \mathbf{p}_2$라 하면, 위의 식을 고쳐서 Δt로 나누면

$$\frac{\Delta\mathbf{p}_1}{\Delta t} = -\frac{\Delta\mathbf{p}_2}{\Delta t}$$

이다. 따라서 Δt를 아주 작게 하면 $\Delta t \to dt$가 되어, 식 (1–13)을 써서 제3법칙

$$\mathbf{F}_1 = -\mathbf{F}_2$$

를 얻는다.

1.3.4 요약 : 뉴턴의 운동법칙

여기에 뉴턴 역학의 세 가지 법칙을 현대 물리학의 관점에서 소개한다. 뉴턴은 절대 공간과 절대 시간을 생각하였고, 그 속에서 질량 m의 질점이 순간 속도 $\mathbf{v}(t)$, 선형운동량 $\mathbf{p} = m\mathbf{v}$, 가속도 $\mathbf{a}(t)$로 경로 $\mathbf{x}(t)$를 그린다는 데 유념하자.

제1법칙(관성)

힘이 작용하지 않는 한 물체의 속도(질량이 일정하면)와 선형운동량은 일정(크기와 방향 모두)하다.

$$\mathbf{v}\text{와 } \mathbf{p} = \text{일정}$$

제2법칙(힘)

물체(또는 여러 물체의 계)의 선형운동량의 시간적 변화율은 물체(또는 계)에 작용하는 힘과 같다.

$$\mathbf{F} = \frac{d\mathbf{p}}{dt}$$

제3법칙(작용–반작용)

닫힌 계에서 한 물체가 작용하는 힘($\mathbf{F}_A$)은, 받는 힘($\mathbf{F}_R$)과 크기가 같으나 방향은 반대이다. 또는, 닫힌 계의 총 선형운동량은 시간적으로 불변하다.

$$\mathbf{F}_A = -\mathbf{F}_R$$
$$\mathbf{p} = \text{일정}$$

1.4 뉴턴의 만유인력 법칙

뉴턴에 앞서, 케플러는 태양 둘레에 행성의 궤도 운동을 지속시키려면, 어떤 힘의 작용이 있어야 하지 않을까 하는 의심을 품었다. 즉 그는 행성이 타원 궤도를 그리는 원인이 자기(磁氣)적 인력으로 짐작한 것이다. 그러나 뉴턴은 다음과 비슷하게 단순한 유도과정을 거쳐서 만유인력의 법칙을 알아냈다. 이것을 달의 운동에서 검증해 본 다음, 마침내 그는 행성의 운동을 해명하기에 이르렀다(P1.8절 참조).

1.4.1 구심력과 중력

힘의 중심 둘레에 반지름 r인 원 궤도를 도는 물체를 생각해 보자(그림 1–11A). 이 경우, 대칭성에서 물체의 속력 v는 일정해야 한다. 그러나 속도의 방향은 꾸준히 변한다. 이러한 속도의 변화는 원 궤도를 유지하게 하는 가속도 — **구심가속도** — 를 뜻한다. 그림의 기하학으로부터 가속도를 계산해 보자. 물체가 시각 t에 점 A에 있고 무한소 시간 Δt 후에는 각도 $\Delta\theta$를 돌아서 B에 오고 속도가 $\mathbf{v}'$로 되었다. 그림 1–11B에서 속도의 변화 $\Delta\mathbf{v} = \mathbf{v}' - \mathbf{v}$는 두 속도 벡터의 끝을 이어서 얻어진다. 여기서, $\mathbf{v}$와 $\mathbf{v}'$ 사이의 각은 $\Delta\theta$이다. $\mathbf{v}$와 $\mathbf{v}'$의 크기가 속력 v임을 유념하고, 삼각법을 쓰면 작은 $\Delta\theta$의 경우(그림 1–11A)

$$\Delta\theta = \frac{s}{r} = \frac{v\Delta t}{r}$$

이고, 또(그림 1–11B)

$$\Delta\theta_1 = \frac{\Delta v}{v}$$

이다. 여기서 호의 길이 s와 현 AB는 거의 같다. 그래서 구심가속도 a의 크기는

$$a = \frac{\Delta v}{\Delta t} = \frac{v^2}{r}$$

이고, $\Delta t \to 0$일 때 그 방향은 원의 중심을 향한다. 원 운동을 하는 물체의 질량이 m이면, 뉴턴 제2법칙으로 구심력의 크기는

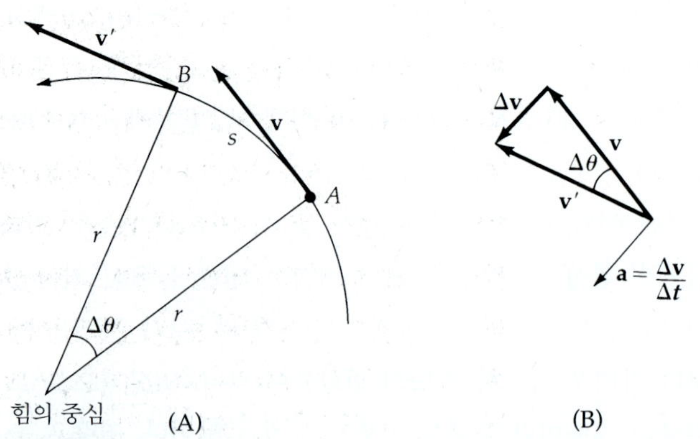

그림 1–11 구심가속도

(A) 물체가 Δt 동안에 속력 v로, 반지름 r인 원 운동으로 작은 호 s를 그린다. (B) 구심가속도 a는 Δt 사이의 속도의 방향 변화에 기인한다.

$$F_{cent} = ma = \frac{mv^2}{r} \qquad (1-14)$$

이다.

물체의 궤도 운동 주기를 p라 하면, 속력은

$$v = \frac{2\pi r}{p}$$

이다. 그런데 케플러 제3법칙에 의하면, p와 r 사이에 다음의 식이 성립한다.

$$p^2 = kr^3$$

여기서 k는 비례상수이다. 위의 두 식을 식 (1-14)에 대입하면

$$F = \frac{4\pi^2 m}{kr^2}$$

이다. 즉 궤도를 유지시키는 힘은 반지름의 제곱에 반비례한다. 뉴턴 제3법칙에 의하면, 궤도 중심에 있는 물체(질량 M)는 같은 크기, 반대 방향의 힘을 받는다. 중심의 물체가 미치는 구심력은 M에 비례하기 때문에 상호 간의 중력 F_G는 두 질량의 곱에 비례한다. 비례상수를 G로 고치면

$$F_{grav} = \frac{GMm}{r^2} \qquad (1-15)$$

이 뉴턴의 만유인력 법칙을 나타낸다. 중력의 방향은 두 물체를 잇는 직선 방향이다(운동의 제3법칙에서). 중력상수 G의 측정값은 $6.67 \times 10^{-11}\ m^3kg^{-1} \cdot s^{-2}$(SI 단위)이다.

식 (1-15)는 두 질점 사이의 서로 끄는 중력을 나타낸다. 크기를 가진 물체의 중력을 구하려면 우리는 그 물체를 이루는 작은 조각들로부터의 힘의 벡터 합을 계산해야 한다. 일반적으로 이 계산은 어렵지만, 구 대칭 물체가 질점에 미치는 중력은, 대칭성만 고려해도, 두 물체의 중심을 잇는 직선에 따라 작용하며, 각 부분의 효과를 적분하면 중력은 마치 그 총 질량이 그 중심에 집중되어 있는 것처럼 나타남을 알 수 있다. 이 중요한 결과는 앞으로 여러 번 이 책에서 이용될 것이다.

1.4.2 무게와 중력 가속도

지구 표면 가까운 곳에서는 물체가 일정한 크기의 아래로 향하는 중력 가속도[식 (1-15)에서]

$$g = \frac{GM_\oplus}{R_\oplus^2} \approx 9.8 ms^{-2}$$

를 가진다. 여기서, $M_\oplus$은 지구의 질량이고, $R_\oplus$는 반지름이다. 지구는 구형이 아니라 조금 편평한 타원체이고 빨리 자전하기 때문에, g의 측정값은 적도에서는 $9.781 ms^{-2}$이고, 극에서는 $9.832 ms^{-2}$로 변한다.

물체의 **무게**는 중력장 안에서 작용하는 힘이다. 지표에서 우리는 저울로 물체를 재는데, 물체의 질량이 m이면

$$무게 = mg$$

이다. 질량과는 달리, 물체의 무게는 그 **위치**에 따라 다르다. 달 표면의 우주 비행사 무게는 보통 지구 표면에서의 무게의 약 1/6이다. 인공위성 궤도에서는 중력장 안에서 자유낙하하고 있으므로, 그의 무게는 0일 것이다. 이 두 경우 모두 그 질량은 동일하다. 무게와 힘은 같은 단위를 가지는데, 통상 쓰이는 SI 단위는 **뉴턴**(부록 6 참조)으로

$$1뉴턴 = 1kg \cdot m \cdot s^{-2}$$

이다. 무게가 힘인 것을 명심하자.

1.4.3 G와 $M_\oplus$의 결정

1798년, 캐번디시(Henry Cavendish, 1731~1810)가 중력상수 G를 측정하고, 이어서 1881년에 욜리(Philipp von Jolly, 1809~1884)가 지구의 질량 $M_\oplus$을 측정한 방법을 알아보자. 이 두 가지 방법은 중요한 상수를 결정하는 초기의 방법이다.

G를 구하기 위해서 캐번디시는 비틀림 저울대에 같은 질량 m의 작은 공 2개를 달고, 또 질량 M의 큰 공 2개를 저울과 같은 축 둘레에 따로 매달았다(그림 1-12A). 이웃하는 $M-m$쌍은 처음 각각 거리 D로 놓였다가 $M-m$ 사이의 중력으로 저울대를 비틀어서 거리 d로 변해 정지(균형)한다. 저울을 움직이는 중력은 대칭성에서 F이다. 캐번디시는 F, M, m, d를 재어서 G를 구했다.

욜리의 실험 장치(그림 1-12B)는 두 질량 m을 얹어서 수평으로 평형을 이룬 저울이다. 한쪽 질량 아래에 큰 질량 M을

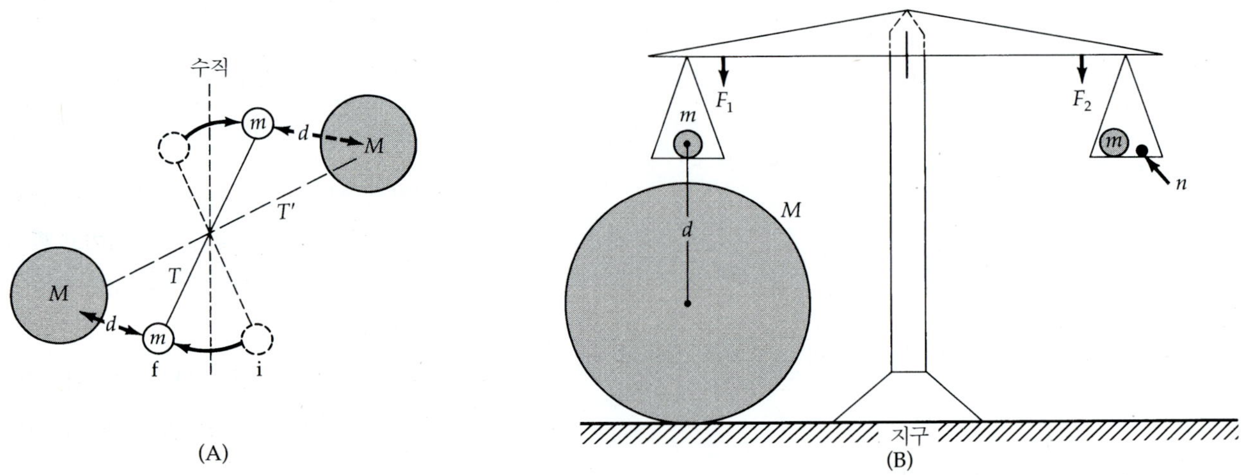

그림 1-12 뉴턴의 중력상수 G의 측정
(A) 캐번디시 실험은 수직축 둘레에 자유롭게 돌 수 있는 2개의 비틀림 저울 T와 T'를 이용한다. 이웃한 M, m 사이의 중력이 저울대를 균형 위치로 돌린 후(위치 i에서 위치 f로) M과 m 사이의 거리는 d이다. (B) 욜리의 실험에서는 질량 M과 n이 없을 때 수평 저울이 수평으로 균형이 잡힌다. 왼쪽 질량 m 아래 M을 놓을 때 오른쪽 질량 m에 질량 n을 더해서 균형을 회복한다.

놓으면 저울이 기울게 되는데, 이때 처음과 같이 평형 상태가 유지되도록 하려면 다른 쪽 질량의 접시에 작은 질량 n을 놓아야 한다. 평형 상태에서 $M-m$ 사이의 거리가 d이면, 저울 양쪽에 작용한 힘은 각각 다음과 같다.

$$F_1 = \frac{GMm}{d^2} + \frac{GM_{\oplus}m}{R_{\oplus}^2}$$

$$F_2 = \frac{GM_{\oplus}n}{R_{\oplus}^2} + \frac{GM_{\oplus}m}{R_{\oplus}^2}$$

저울은 $F_1 = F_2$일 때 수평을 되찾으므로

$$M_{\oplus} = \frac{Mm}{n}\left(\frac{R_{\oplus}}{d}\right)^2 = 5.976 \times 10^{24}\text{kg}$$

이다.

1.5 케플러 법칙의 물리적 해석

뉴턴은 케플러의 세 가지 경험법칙을 모두 유도하기 위해 그의 운동법칙과 중력법칙을 결합하였다. 우리는 타원 궤도의 방정식 (1-3)을 식 (1-13)과 (1-15)를 써서 유도할 수 있지만, 여기에는 벡터 미분방정식의 지식이 필요하므로 그렇게 하지 않을 것이다. 뉴턴은 케플러 법칙을, 궤도가 계(系)의 질량중심이 한 초점에 있는 원뿔곡선이 되는 방식으로 나타냈다(그림 1-8). 우리는 케플러 제1법칙을 받아들이기로 하고, 케플러 제2, 3법칙을 이끌어 내는 데 뉴턴의 발자취를 따르기로 한다.

1.5.1 면적의 법칙과 각운동량

케플러의 면적법칙을 타원 궤도의 경우에 대해 설명해 보자(그림 1-13). 어떤 물체가 초점 F 주위를 거리 r되는 곳에서 $\mathbf{v}$의 속도로 궤도 운동하고 있다고 하자. 무한소의 시간 Δt 동안에 물체는 P에서 Q로 움직이고, 동경벡터는 각 $\Delta\theta$를 쓸고 간다. 이 작은 각은 $\Delta\theta \approx v_t \Delta t/r$로 주어진다. 여기서, v_t는 r에 수직인 $\mathbf{v}$의 성분이다. 이 동안에 동경벡터가 쓸고 지나간 ΔFPQ의 넓이는 $\Delta A \approx rv_t \Delta t/2$이다. 그래서 $t \to 0$일 때

$$\frac{dA}{dt} = \frac{1}{2}rv_t = \frac{1}{2}r^2\frac{d\theta}{dt} = \frac{1}{2}H \qquad (1\text{–}16)$$

여기서, 상수 H(단위 질량당 각운동량)가 나타나는 까닭은 케플러의 제2법칙이 면적의 시간적 변화율이 일정함을 말하기 때문이다.

여기서 $A/P = H/2$이고, $A = \pi ab$는 타원의 면적, P는 궤도 운동의 주기이므로 식 (1-16)에 대입하고, v_t가 근일점이나 원일점에서의 총 속력인 데 유의하면, 태양을 도는 행성의

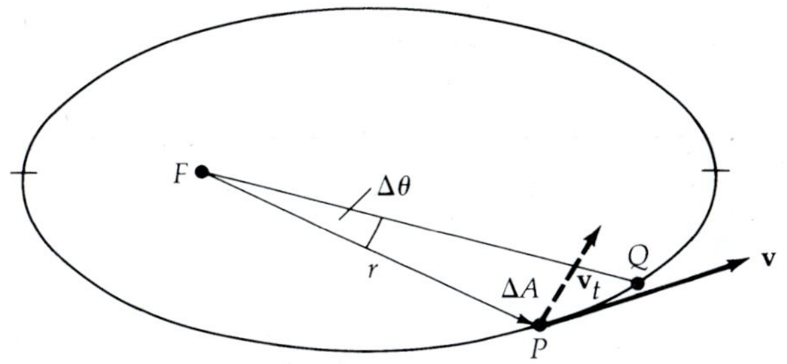

그림 1-13 타원 궤도에 대한 면적법칙

r에 있는 물체가 속도 $\mathbf{v}$로 초점 F 둘레에 타원 궤도를 그리며, Δt 시간에 P에서 Q로 움직인다. r에 수직인 $\mathbf{v}$의 성분은 $\mathbf{v}_t$이다.

근일점 및 원일점의 통과 속력을 알 수 있다. 예로서, 근일점에서는

$$v = \frac{H}{r} = \frac{2A}{Pr} = \frac{2\pi ab}{Pa(1-e)}$$

이다. 여기서 $\theta = 0$일 때 식 (1−3)을 마지막 등식에서 썼다. 원일점의 경우를 계산하고 식 (1−2)를 쓰면, 결국

$$v_{\text{per}} = \frac{2\pi a}{P}\left(\frac{1+e}{1-e}\right)^{1/2} \text{(근일점)} \tag{1-17a}$$

$$v_{\text{ap}} = \frac{2\pi a}{P}\left(\frac{1-e}{1+e}\right)^{1/2} \text{(원일점)} \tag{1-17b}$$

을 얻는다.

지구의 경우, a는 1AU(1.496×10^8km), P는 1년(3.156×10^7초), 궤도의 이심률은 $e = 0.0167$이다. 따라서 궤도 운동의 속력은 30.3kms^{-1}(근일점)에서 29.3kms^{-1}(원일점) 사이를 변한다.

케플러 제2법칙을 뉴턴의 현대 물리학적 방법으로 유도하려면 궤도 운동을 하는 물체에 관한 각운동량

$$\mathbf{L} = \mathbf{r} \times \mathbf{p} = m(\mathbf{r} \times \mathbf{v}) \tag{1-18}$$

의 개념이 필요하다. 여기서, m은 물체의 질량, $\mathbf{r}$은 위치 벡터, $\mathbf{p}$는 그 선형운동량[식 (1−10)]이다. 식 (1−18)의 벡터곱(×로 표시)은 한 벡터의 크기와 또 하나의 벡터에 수직인 성분의 크기를 곱하는 값이다(부록 9 : 수학적 계산법). 따라서 $\mathbf{r}$과 $\mathbf{p}$가 평행이면 $\mathbf{r} \times \mathbf{p} = 0$이다. 각운동량 $\mathbf{L}$은 벡터인데, $\text{kg}\cdot\text{ms}^{-1}$의 단위를 가진다. 식 (1−18)을 미분하여

$$\frac{d\mathbf{L}}{dt} = \mathbf{v} \times \mathbf{p} + \mathbf{r} \times \left(\frac{d\mathbf{p}}{dt}\right) = \mathbf{r} \times \mathbf{F} \tag{1-19}$$

를 얻는데, $\mathbf{v} /\!/ \mathbf{p}$이고 $d\mathbf{p}/dt$는 힘 $\mathbf{F}$를 나타내기 때문이다. $d\mathbf{L}/dt$를 **회전력**(torque)이라 하는데, 단위는 $\text{kg}\cdot\text{m}^2\text{s}^{-2}$을 쓴다. $\mathbf{F}$가 $\mathbf{r}$과 같은 직선 위에 있을 때 — 중력처럼 중심력일 때 — 회전력은 0이다. 그러므로 중심력이 작용할 경우, 언제나 $\mathbf{L}$은 시간적으로 불변하고 각운동량은 보존된다.

식 (1−18)을 그림 1−13의 경우에 적용하면

$$\frac{\mathbf{L}}{m} = \mathbf{r} \times \mathbf{v}_t = \mathbf{H} = \text{상수}$$

을 얻는데, 이것이 케플러 제2법칙인 셈이다. 여기서 H는 단위 질량당 각운동량이라는 것을 알 수 있다(P1−7 참조).

개념 적용 **각운동량과 궤도**

긴 반지름 a, 이심률 e 인 타원 궤도를 도는 물체의 각운동량은

$$\sqrt{a(1-e^2)}$$

에 비례하고, 따라서 그 값은 e가 클수록(같은 a값에서) 작아짐을 알아보자.

원일점에서 식 (1−28), 활력 방정식을 쓰면

$$v_{ap} = \left[GM\left(\frac{2}{r_{ap}} - \frac{1}{a}\right)\right]^{1/2}$$

여기서 $M = m_1 + m_2$, $r_{\text{ap}} = a(1-e)$이므로

$$v_{ap} = \left[GM\left(\frac{2}{a(1+e)} - \frac{1}{a}\right)\right]^{1/2} = \left[GM\frac{1-e}{a(1+e)}\right]^{1/2}$$

질량 m인 물체의 각운동량은

$$L = m_1 v_{\text{ap}} r_{\text{ap}} = m_1 v_{\text{ap}} a(1+e)$$

위 식을 쓰면

$$L = m_1 a(1+e)\left[GM\frac{1-e}{a(1+e)}\right]^{1/2}$$
$$= m_1[GMa(1-e^2)]^{1/2}$$

이 값은 근일점에 대해서 얻은 값과 같아지는데, 그 까닭은 각운동량 보존법칙에 유래한다.

1.5.2 케플러 제3법칙의 뉴턴 형식

태양계 외부에서 태양계에 미치는 힘은 거의 무시할 수 있다. 그래서 태양계의 총 선형운동량은 일정하다. 지금 고립된 두 물체가 서로의 중력에 끌려 원운동을 하는 경우에 이 생각을 응용해 보자. 얻어진 결과인 케플러 제3법칙의 뉴턴 형식은 물론 타원 궤도에서도 적용된다.

두 물체 m_1과 m_2가 정상 상태(정지 또는 등속도 운동)에 있는 질량중심의 둘레를 각각 r_1, r_2 거리에서 돌고 있다고 하자(그림 1–14). 중력은 두 물체의 중심을 잇는 직선상에서만 작용하므로, 두 물체는 같은 주기 P로 한 바퀴 돌아야 한다(다른 속력 v_1, v_2로 돌지만). 궤도의 구심력은 각각 다음과 같다.

$$F_1 = \frac{m_1 v_1^2}{r_1} = \frac{4\pi^2 m_1 r_1}{P^2} \qquad (1\text{–}20a)$$

$$F_2 = \frac{m_2 v_2^2}{r_2} = \frac{4\pi^2 m_2 r_2}{P^2} \qquad (1\text{–}20b)$$

뉴턴 제3법칙은 $F_1 = F_2$를 요구하므로

$$\frac{r_1}{r_2} = \frac{m_2}{m_1} \qquad (1\text{–}21)$$

을 얻는다. 보다 무거운 물체는 가벼운 물체보다 질량중심에서 더 가깝게 돈다. 식 (1–21)이 질량중심의 위치를 정해 준다.

두 물체 사이의 간격 $a = r_1 + r_2$는 그들의 상대적 궤도의 반지름이기도 하다. 식 (1–21)은 이제

$$r_1 = \frac{m_2}{m_1 + m_2}a \qquad (1\text{–}22)$$

로 쓸 수 있다. 그러나 서로의 중력 $F_{grav} = F_1 = F_2$는

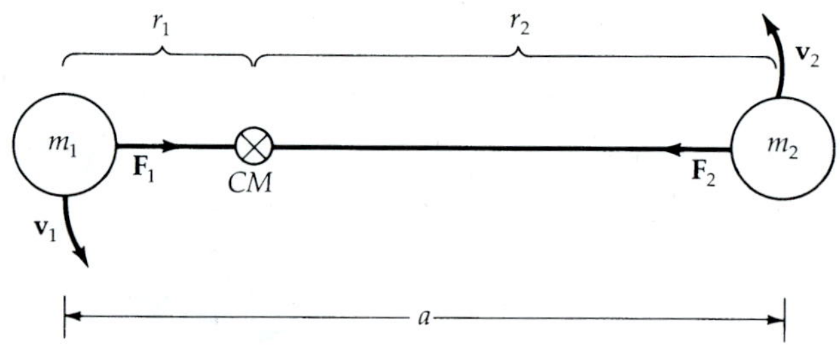

그림 1–14 질량중심
질량이 m_1, m_2인 두 물체가 서로 a만큼 떨어져서 공통의 질량중심 CM 주위를 돈다.

$$F_{grav} = \frac{Gm_1 m_2}{a^2} \qquad (1\text{–}23)$$

이므로, 식 (1–20a), (1–22), (1–23)을 합치면 **케플러 제3법칙의 뉴턴 형식**인

$$P^2 = \frac{4\pi^2 a^3}{G(m_1+m_2)}$$

$$F_{grav} = \frac{Gm_1 m_2}{a^2} \qquad (1\text{–}24)$$

를 얻는다. 만일, m_1이 태양의 질량, m_2가 임의의 행성의 질량이라면 $m_1 \gg m_2$이므로,

$$k = \frac{4\pi^2}{GM_\odot}$$

은 케플러 제3법칙의 비례상수 k의 좋은 근사값이 된다. 여기서 제3법칙이 중력의 본질을 논하지 않은 채 중력의 효과를 설명한 데 유의하자.

1.5.3 궤도속도

타원 궤도를 더 잘 이해하기 위해 궤도속도 **v**를 살펴보자. 우리는 이 속도를 두 수직 성분, 동경 성분 v_r(그림 1–15)와 θ방향 성분 v_θ로 분해할 수 있다. 지금 식 (1–16)과 뒤따른 설명에서

$$\frac{d\theta}{dt} = \frac{2\pi}{P}\left(\frac{a}{r}\right)^2(1-e^2)^{1/2} \qquad (1\text{–}25)$$

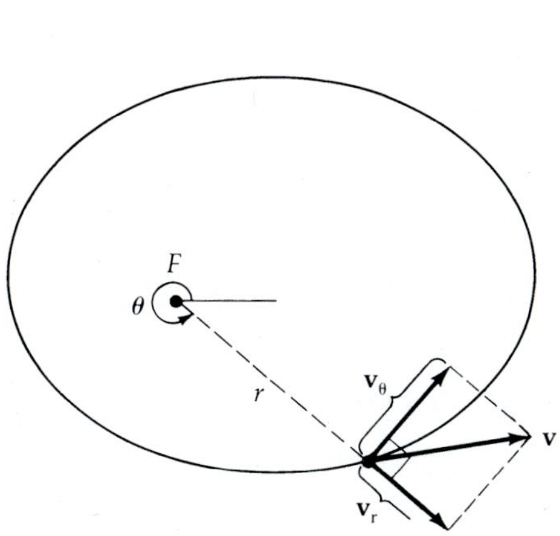

그림 1-15 궤도속도의 성분
타원 궤도의 임의의 한 점 (r, θ)에서의 궤도속도 $\mathbf{v}$는 동경벡터에 평행한 시선속도($\mathbf{v}_r$)와 이에 수직인 각도 성분 속도($\mathbf{v}_\theta$)로 분해된다.

을 얻는다. 타원의 극방정식인 식 (1-3)과 (1-25)를 써서 다음의 식을 얻을 수 있다.

$$v_r \equiv \frac{dr}{dt}$$

$$= \left(\frac{2\pi a}{P}\right)\frac{e\sin\theta}{(1-e^2)^{1/2}} \qquad (1\text{–}26a)$$

$$v_\theta \equiv r\left(\frac{d\theta}{dt}\right)$$

$$= \left(\frac{2\pi a}{P}\right)\frac{1+e\cos\theta}{(1-e^2)^{1/2}} \qquad (1\text{–}26b)$$

유념할 것은, 식 (1-26b)가 근일점과 원일점에서 식 (1-17)이 된다는 점이다. 전체의 궤도속력은 식 (1-26)으로부터

$$v^2 = v_r^2 + v_\theta^2$$

$$= \left(\frac{2\pi a}{P}\right)^2 \frac{1+2e\cos\theta+e^2}{1-e^2} \qquad (1\text{–}27)$$

이다. 타원의 극방정식을 고쳐 쓰면

$$e\cos\theta = \frac{a(1-e^2)-r}{r}$$

이고, 이를 식 (1-27)에 대입하면 결국 [식 (1-24)를 써서]

$$v^2 = G(m_1+m_2)\left(\frac{2}{r}-\frac{1}{a}\right) \qquad (1\text{–}28)$$

를 얻는다. 그러므로 물체의 질량이 주어지면, **궤도속력은 거리 r와 궤도 긴 반지름 a에만 의존한다**. 이 유용한 결과를 흔히 **활력 방정식**(活力方程式, vis viva equation)이라 부른다.

1.5.4 총 에너지의 보존법칙

에너지의 개념은 힘과 궤도에 관한 문제의 뉴턴 역학을 달리 이해하는 새로운 방도를 마련해 준다. 총 에너지가 보존되기 때문에, 궤도 문제를 이해하는 데 있어서 에너지가 더욱 강력한 수단이 되어 준다.

에너지는 한 물체가 다른 물체의 상태를 변화시킬 수 있는 능력을 나타내는 양이다. **열**은 에너지의 한 형태이다. 왜냐하면, 뜨거운 물체가 찬 물체와 접촉하면 그것을 덥게 만들기 때문이다. **운동에너지**(kinetic energy, KE)는 물체가 운동하는 에너지이지만, 관측자가 이 물체와 함께 움직인다면, 상대적으로 운동이 없어서 이 관측자의 좌표계에서는 운동에너지가 없다. **퍼텐셜에너지**(potential energy, PE)는 물체의 위치에 유래한다. 물체가 자유롭게 운동할 수 있다면, 이 에너지는 운동 에너지로 변환될 수 있다. 천체 역학에서는 운동에너지와 위치 에너지의 합으로 **총 에너지**(total energy, TE), $TE = KE + PE$를 얻는다.

중심력 $\mathbf{F}$의 작용으로 질량 m의 물체가 궤도 $\mathbf{x}(t)$를 움직인다고 하자. 무한소 시간 dt 사이에 물체가 벡터 거리 $d\mathbf{x}$만큼 움직인다면, 위치 A에서 위치 B로 움직이는 동안 힘 F가 물체에게 한 일 W(SI 단위 $= \text{kg}\cdot\text{m}^2\text{s}^{-2} = \text{J}$, 부록 6 참조)는

$$W = \int_A^B \mathbf{F}\cdot d\mathbf{x} \qquad (1\text{–}29)$$

로 정의된다. 이 식의 점(·)으로 표시된 스칼라곱은 $\mathbf{F}$의 변위 $d\mathbf{x}$에 평행인 성분 크기와 $d\mathbf{x}$의 크기의 곱을 나타낸다(부록 9 : 수학적 계산법). $\mathbf{F}$와 $d\mathbf{x}$가 서로 수직이면 이 스칼라곱은 0이다. 식 (1-29)를 계산하려면,

$$\mathbf{F}\cdot d\mathbf{x} = m\left(\frac{d\mathbf{v}}{dt}\right)\cdot\mathbf{v}\,dt = m(\mathbf{v}\cdot d\mathbf{v}) = d\left(\frac{mv^2}{2}\right)$$

임에 유념하자. 여기서, 우리는 뉴턴 제2법칙과 속도와 속력

의 정의를 썼다. 식 (1−29)를 직접 적분하면

$$W = \left(\frac{mv^2}{2}\right)_B - \left(\frac{mv^2}{2}\right)_A = KE_B - KE_A \quad (1-30)$$

여기서, 운동에너지는 $KE = mv^2/2$으로 나타냈다. 따라서 물체에 작용한 힘이 하는 일은 물체의 운동에너지를 변화시킨 것이다. 그러므로 두 물체 m_1과 m_2로 이루어진 계에서 운동에너지는 $KE = m_1v_1^2/2 + m_2v_2^2/2$이다. 만일, 힘이 두 물체 사이의 중력이라면

$$\mathbf{F} \cdot d\mathbf{x} = -\left(\frac{Gm_1m_2}{r^2}\right)dr = d\left(\frac{Gm_1m_2}{r}\right)$$

이다. 여기서, r는 두 물체 사이의 동경 방향의 간격이다. 이 경우 역시 식 (1−29)가 적분된다.

$$W = \left(\frac{Gm_1m_2}{r}\right)_B - \left(\frac{Gm_1m_2}{r}\right)_A$$

$$= PE_A - PE_B \quad (1-31)$$

여기서, 우리는 상호 간의 중력 퍼텐셜에너지 $PE = -Gm_1m_2/r$의 정의를 사용했다. 따라서 퍼텐셜에너지는 m_2를 고정하고, m_1이 $r = \infty$에서 $r = r$까지 움직일 때 중력이 하는 일의 (−)를 붙인 것과 같다. 상호 간의 중력 퍼텐셜에너지는 두 물체가 무한히 멀리 떨어져 있을 때 0이 됨을 유념하라.

운동에너지(KE)와 퍼텐셜에너지(PE)는 모두 일과 같은 단위(J)을 가지므로, 식 (1−30)과 (1−31)을 결합하여

$$(KE + PE)_B = (KE + PE)_A$$

즉 두 물체의 계의 총 에너지를 써서

$$TE_B = TE_A = \text{일정}$$

임을 알 수 있다. 그러므로 서로 중력을 미치는 계의 총 에너지는 보존되는 것이다.

$$TE = \left(\frac{m_1v_1^2}{2}\right) + \left(\frac{m_2v_2^2}{2}\right) - \left(\frac{Gm_1m_2}{r}\right)$$

$$= \text{일정} \quad (1-32)$$

여기서, 물체가 움직이면 운동에너지와 퍼텐셜에너지는 서로 교환되지만, 계의 총 에너지는 불변하다.

다음에는 타원 궤도의 경우 식 (1−32)의 TE를 구해 보자. 1.3.3항을 참고하여 고립된 계의 총 선형운동량이 일정함을 상기하자. 우리는 그 일정량을 0으로 택하면 $m_1v_1 = -m_2v_2$, 그리고 속력의 절대값만 생각하면

$$m_1v_1 = m_2v_2$$

의 관계가 성립한다. $v = v_1 + v_2$는 서로 상대 쪽에 대한 속력이므로, 속력 v_1, v_2는 각각

$$v_1 = \frac{vm_2}{m_1 + m_2}$$

$$v_2 = \frac{vm_1}{m_1 + m_2}$$

로 주어진다. 이것을 식 (1−32)에 대입하면

$$TE = m_1m_2\left[\frac{v^2}{2(m_1 + m_2)} - \frac{G}{r}\right] \quad (1-33)$$

식 (1−24)를 써서 식 (1−33)을 궤도의 근일점 $r = a(1 - e)$에서 계산하면, v는 식 (1−17)의 v_{per}이므로

$$TE = -G\frac{m_1m_2}{2a}$$

로 되어 총 에너지가 음(−), 즉 궤도가 속박되어 있음을 나타낸다. 그러므로 식 (1−33)은 결국

$$v^2 = G(m_1 + m_2)\left(\frac{2}{r} - \frac{1}{a}\right) \quad (1-34)$$

로 되어, 정확히 식 (1−28)과 일치한다. 이 고전적 활력 방정식은 총 에너지의 보존을 의미하고 있다(P1.6절 참조).

핵심 수식과 개념

- 케플러 제 3법칙

$$P^2 = ka^3$$

- 케플러 제3법칙의 뉴턴 형식

$$P^2 = \frac{4\pi^2}{G(m_1 + m_2)} a^3$$

- 뉴턴 제1법칙

$$\mathbf{v}\text{와 } \mathbf{p} = \text{일정}$$

- 뉴턴 제2법칙

$$\mathbf{F} = \frac{d\mathbf{p}}{dt}$$

- 뉴턴 제3법칙

$$\mathbf{F}_A = -\mathbf{F}_R$$
$$\mathbf{p} = \text{일정}$$

- 뉴턴의 중력법칙

$$F_{\text{grav}} = \frac{GMm}{r^2}$$

- 에너지 보존법칙(속박 궤도)

$$v^2 = G(m_1 + m_2)\left(\frac{2}{r} - \frac{1}{a}\right)$$

문제

1. 외행성의 궤도가 황도면에 10° 기울어지고, 충에서 외행성이 황도면을 남쪽에서 북쪽으로 가로지른다고 하자. 이 외행성의 역행 운동을 나타내는 그림 1-1B와 비슷한 그림을 그리시오.

2. 목성에서 지구를 관측하였다고 가정하자. 이들이 본 지구의 회합주기는 얼마인가? (힌트 : 부록 3 참조)

3. (가) 식 (1-4)를 모든 단계에 따라 유도하시오.

(나) 그래프 용지에 다음의 극방정식을 이용하여 각각을 그려 보시오.

① 타원의 식 (1-3)

② 포물선의 식 (1-6)

③ 쌍곡선의 식 (1-7)

4. 지표의 중력 가속도 g를 써서 다음의 표면 중력 가속도를 나타내시오.

(가) 달($M_m = 0.0123M_\oplus$, $R_m = 1{,}738$km)

(나) 태양($M_\odot = 2 \times 10^{30}$kg, $R_\odot = 7 \times 10^8$m)

(다) 목성($M_J = 318M_\oplus$, $R_J = 11.2R_\oplus$)

5. 수성의 근일점 및 원일점의 속력을 구하고, 그 근일점 및 원일점의 거리를 구하시오. 또, 이 두 점에서 (속력 × 거리)를 계산하고, 결과를 물리적으로 해석하시오.

6. 다음의 질량중심의 상대적 위치를 구하시오.

(가) 태양-목성계

(나) 지구-달계

7. 텔레비전 중계 위성이 정확히 24시간의 항성주기로 원 궤도를 그리면서 지구 둘레를 돌고 있다. 지표로부터 이 위성까지의 거리는 얼마인가? (힌트 : 케플러 법칙을 이용하라.) 지표의 관측자에게 이 위성이 정지한 것처럼 보인다면 그 궤도면의 기울기는 얼마인가?

8. 타이탄(Titan)의 궤도 자료(부록 3)를 써서 토성의 질량을 구하시오.

9. 달 궤도에서 돌을 정지 상태로부터 지구로 떨어뜨렸다면, 지구중심에서 거리 192,000km인 위치에 이르렀을 때 돌의 속도는 얼마인가?

10. 지구에서 관측한 어떤 천체의 회합주기가 1.5년이었다. 이 천체의 궤도 긴 반지름의 가능한 두 값은 얼마인가?

11. 부록 3에 있는 지구의 궤도 자료를 이용하여 태양의 질량을 대략 구하시오. 지구의 질량이 이 계산에서 중요한지 논의하시오.

12. 당신과 다음 물체 사이의 상호 중력을 비교하시오.

(가) 1m 떨어진 질량 100kg의 사람

(나) 충일 때의 화성

그 결과에 대해서 논의하시오.

13. (가) 금성의 최대이각은 47°이다. 이때 태양에서의 거리가 얼마인지 AU 단위로 계산하시오.

(나) 화성의 회합주기는 779.9일, 항성주기는 686.98일이다. 1990년 2월 11일, 화성은 서쪽으로 이각 43°였다. 687일 후인 1991년 12월 30일, 그 이각은 서쪽으로 15°였다. 태양에서 화성까지의 거리가 얼마인지 계산하시오.

14. 길이를 AU, 시간을 년, 질량을 태양질량, 케플러 제3법칙의 비례상수 k를 1.0으로 하면, 뉴턴의 중력상수 G 값이 어떻게 될지 설명하시오.

2

Chapter

태양계의 개관

지구는 **태양계**(Solar System), 즉 태양이 거느린 가족의 한 구성원이다. 행성 9개,[1] 행성에 딸린 자연 위성인 달이 수십여 개, 수많은 소행성, 총수가 얼마나 되는지조차 모르는 혜성, 그리고 헤아릴 수 없을 정도로 많은 유성체들이 모두 태양 주위를 맴돌고 있다. 태양계 구성원들은 부류마다 그 부류 공통의 특성을 지닌다(제2장). 또 구성 천체 하나하나는 각자의 고유한 특징도 갖고 있다(제3장~제6장). 관측에 드러난 공통성과 구성원의 개별적 특성은 태양계의 형성이라는 관점에서 설명되어야 할 사안이다(제7장). 이 장에서는 우선 태양계 전반의 물리적 성질만 개관하고, 천체 개개의 특성은 다음 장들에서 다루기로 한다. 그러고 천체 역학을 태양계를 개관하는 물리학적 기초로 삼겠다.

태양의 중력에 묶여 태양 주위를 궤도 운동하는 천체들을 모두 합쳐서 우리는 태양계라고 부른다. 질량에 따라 계급을 부여한다면, 태양이 최고 자리의 왕관을 쓰고 있는 셈이며, 그 다음 자리는 행성, 달, 고리(環) 등이 차례로 차지한다. 더 아래로 내려가면 행성들 사이의 공간을 떠도는 조각에 불과한 혜성, 소행성, 유성체들이 있다. 아주 말단에는 행성 간 기체와 행성 간 티끌이 자리 잡고 있다. 부록 3에 태양계 구성원의 계층적 특성을 정리해 두었다.

2.1 행성

오늘날 우리는 태양을 으레 **행성**(行星, planet)들의 궤도 한가운데에 놓을 줄 안다. 행성들을 태양으로부터 평균 거리가 멀어지는 순으로 나열하면, 수성, 금성, 지구, 화성, 목성, 토성, 천왕성, 해왕성과 같다. 그리고 맨 끝에 왜소행성인 명왕성이 온다(그림 2-1). 명왕성은 자신의 위성인 카론과 함께 쌍 왜행성계를 이룬다. 물리적 특성을 근거로 우리는 행성을 크게 두 부류로 나눌 수 있다. **지구형 행성**(terrestrial planet)에 수성, 금성, 지구, 화성이 포함되고, **목성형 행성**(Jovian planet)에는 목성, 토성, 천왕성, 해왕성이 들어간다. 행성과 왜소행성의 질량을 모두 합쳐도 $0.0014M_{\odot}$에 불과하다. 이들은 스스로 빛을 내는 것이 아니라 태양에서 오는 빛을 받아서 다시 반사할 뿐이다.

2.1.1 운동

행성들은 케플러와 뉴턴 법칙에 따라 태양 둘레를 타원을 그

1) 명왕성은 사실상 카이퍼대의 천체이다. 현재까지 알려진 카이퍼대 천체들 중에서 가장 큰 존재로서 명왕성은 왜소행성으로 분류된다. 그러므로 '행성 8개에 왜소행성 하나'로 수정되어야 할 것이다. (역주)

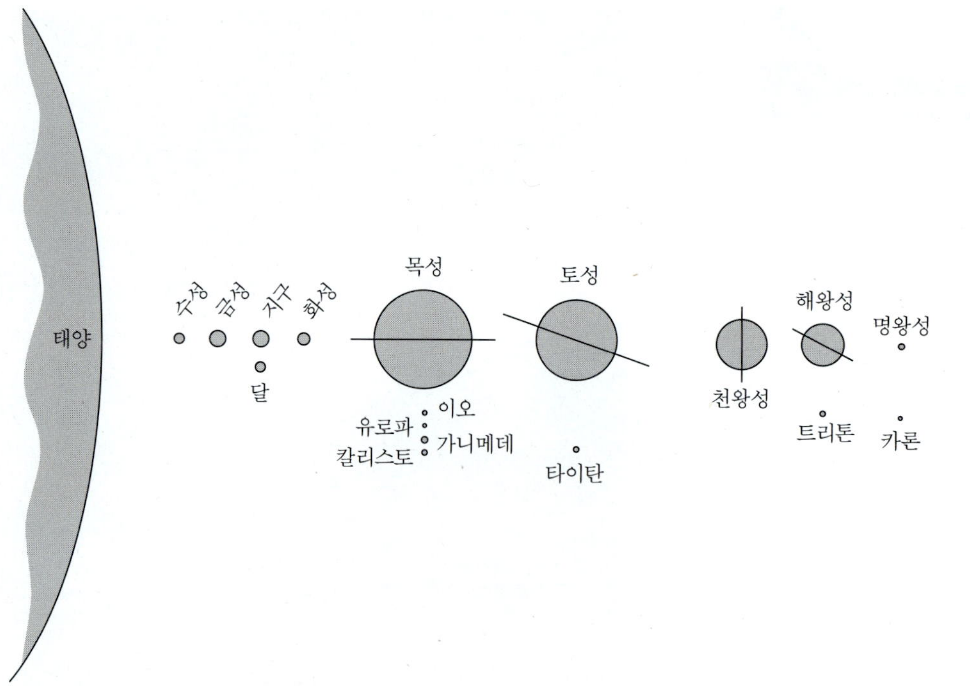

그림 2-1 행성들의 크기 비교
이 그림에 쓰인 척도로는 태양의 일부만 보일 수 있다. 가장 큰 8개의 위성들도 비교에 포함시켰다.

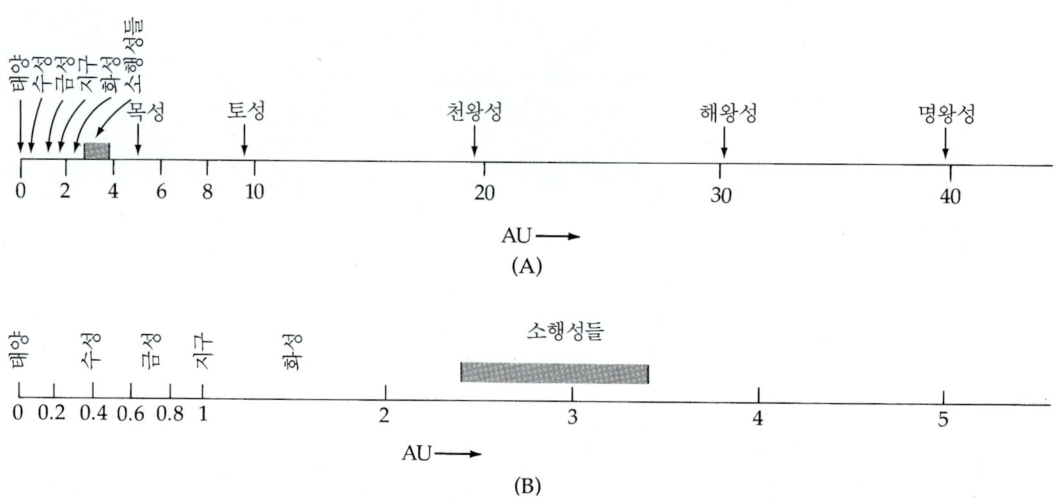

그림 2-2 행성들의 궤도 비교
(A) 태양에서 명왕성에 이르는 거리를 AU 단위로 표시했다. (B) 내행성계만 확대해 보였다.

리면서 공전한다. 행성 운동에 관한 자료를 살펴보면(부록 3 참조), 다음과 같은 세 가지 뚜렷한 특징을 발견할 수 있다. 첫째, 지구 궤도면 위에서 내려다볼 때, 모든 행성들이 태양 주위를 반시계 방향으로 돌고 있다. 이러한 공전 운동을 **순행**(順行, prograde motion)이라고 한다. 둘째, 행성들의 공전 궤도면이 **황도면**(黃道面, ecliptic plane), 즉 지구 궤도면과 거의 평행하다. 모든 행성들이 항상 16°의 폭을 갖는 **황도대** 내에서 관측된다. 왜소행성인 명왕성의 황도 경사각은 17°이다. 셋째, 태양에 가장 가까운 수성과 가장 먼 명왕성을 제외한 모든 행성들의 공전 궤도는 이심률이 0.1보다 작은 원에 가깝다. 명왕성의 궤도 이심률이 크기 때문에(e = 0.249), 근일점 거리(29.68AU)와 원일점 거리(49.36AU)에 큰 차이가 난다. 명왕성이 해왕성보다 태양에 더 가까이 접근할 때가 있다(그림 2–3).

행성의 **항성 자전주기**(sidereal rotation period)는 별을 기준으로 한 자전주기를 의미한다. 여러 가지 방법으로 구한 행

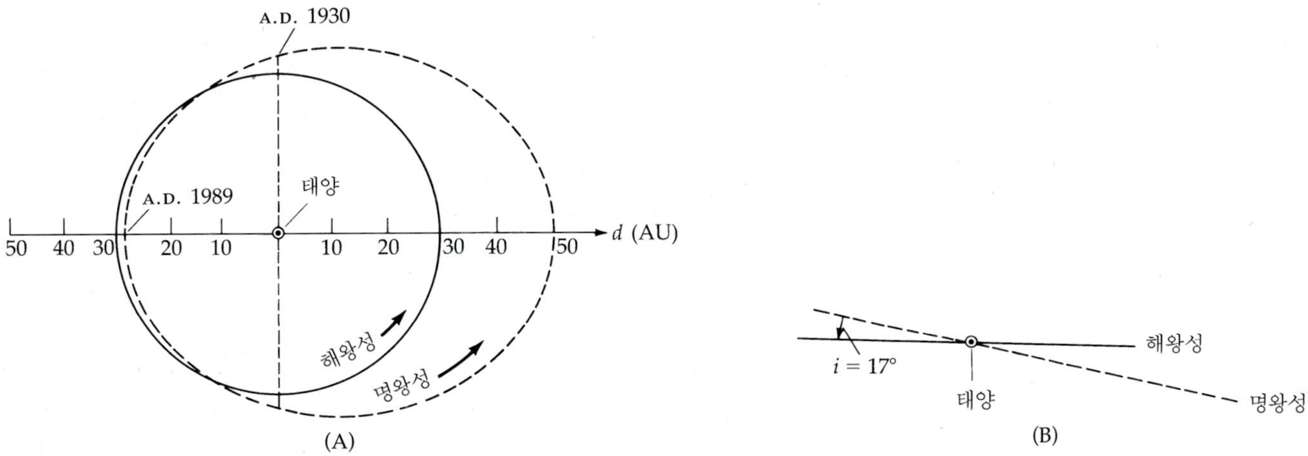

그림 2-3 해왕성과 명왕성의 궤도
(A) 두 천체의 궤도면을 위에서 내려다본 정면도이다. 거리의 단위로 AU를 택했다. 명왕성이 1989년에 통과한 근일점이 해왕성의 궤도 안으로 들어와 있다. (B) 두 천체의 궤도면을 옆에서 본 상황이다. 두 궤도의 상대 경사를 알아볼 수 있다.

성의 항성 자전주기를 부록 3에 정리해 놓았다. 도플러 효과를 이용한 방법이 그중에서 가장 실질적인 것이다. 도플러 효과는 8.1.1항에 자세히 설명하겠지만, 골자만을 얘기하면 다음과 같다. 빛이 한 물체에서 방출되거나 어떤 물체에 반사될 때, 관측자에 대한 그 물체의 시선속도에 따라 스펙트럼선이 나타나는 파장 또는 주파수가 변한다. 물체가 멀어지는 중이면 스펙트럼선이 정지하고 있을 때 나타나야 할 파장보다 긴 파장으로 옮겨 가는 적색이동을 일으킨다. 접근 중이면 청색이동을 한다. 이때 파장의 변위량 $\Delta\lambda$는

$$\frac{\Delta\lambda}{\lambda} = \frac{v_r}{c}$$

로 계산된다. 여기서 λ는 정지한 경우의 파장이고, c는 광속이며, v_r은 물체의 시선속도이다. 위의 식은 시선속도가 광속에 비하여 무척 작은 비상대론적인 경우에 유효하다.

우리는 1960년대 중반까지만 해도 수성과 금성이 **동주기자전**(同週期回傳, synchronous rotation)을 한다고 생각했었다. 동주기자전이란 항성 자전주기와 항성 공전주기가 같은 운동을 의미한다. 그러나 레이더 도플러 효과의 방법으로 수성과 금성의 자전주기를 구체적으로 측정할 수 있었다. 그 결과 수성과 금성 모두, 저들의 자전과 공전주기가 다르다는 사실이 밝혀졌다. 달이나 화성의 경우에는 표면에 뚜렷한 무늬가 있으므로, 그 무늬를 계속해서 관측하면 자전 속도를 산출할 수 있다. 거대 행성(巨大行星, giant planet)인 목성, 토성, 천왕성, 해왕성의 경우는 두꺼운 대기층에 싸여 있으므로, 대기 상층부에 나타나는 반점의 이동이나 행성 가장자리에서 나오는 빛의 도플러이동을 측정함으로써 자전주기를 구할 수 있다. 그러나 이들 행성의 대기는 적도 지방이 극지방보다 상당히 빨리 자전하므로, 자전주기를 하나의 값으로 고정할 수 없고 평균값을 제시할 뿐이다. 목성형 행성의 경우에는 자기장의 회전주기가 알려져 있다. 자기장은 행성 내부 깊은 곳에서부터 나오는 것이라고 생각되기 때문에, 자기장의 회전주기가 이들 행성의 자전과 관련된 가장 기본적인 주기일 것이다. 명왕성의 경우 표면의 반사도가 일정하지 않기 때문에, 명왕성이 반사하는 태양빛의 양이 자전에 따라 변하게 마련이다. 그래서 명왕성은 밝기의 변화를 자세히 관측하여 자전주기를 알아낸다.

행성의 **편평도**(扁平度, oblateness) ϵ은

$$\epsilon = \frac{(r_e - r_p)}{r_e}$$

와 같이 정의되는 양이다. 여기서 r_e는 행성의 적도 반지름, r_p는 극 반지름이다. 완전한 구의 경우 편평도는 물론 0으로 된다. 만일 행성이 항상 평형 유체의 모양을 취한다고 생각하면, 회전이 빠를수록 ϵ의 값이 커질 것이다. 그리고 이러한 예상은 실제와 들어맞는다(부록 3). 지구의 편평도는 1/298.3이다. 그 밖의 행성들의 편평도는 직접 눈에 보이는 행성의 원반을 측정하거나 분석하여 구할 수 있다. 거대 액체 행성들은 매우

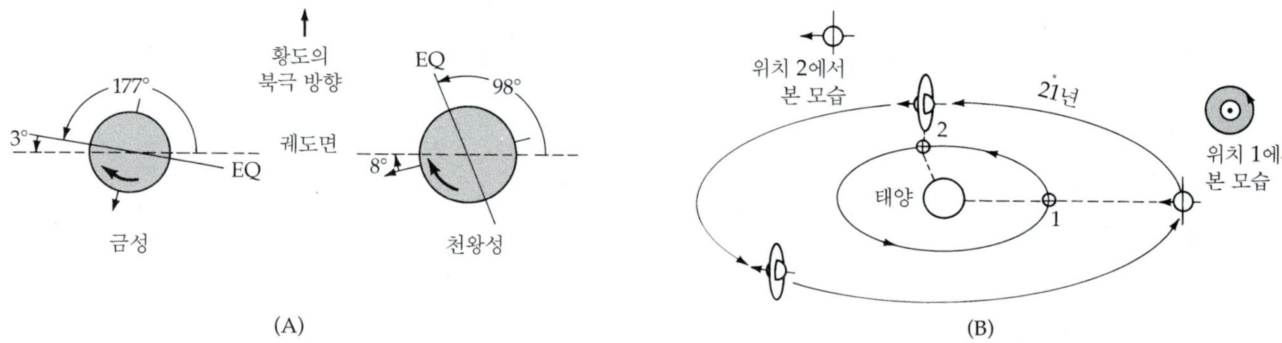

그림 2-4 적도면의 궤도면에 대한 경사각

(A) 금성과 천왕성은 역행 자전하는 것으로 관측된다. 이들의 적도면(EQ)이 공전 궤도면에 대하여 90° 이상 기울어져 있기 때문이다. (B) 천왕성의 자전축은 궤도면과 거의 일치한다. 그래서 1의 위치에 있는 지구에서 천왕성의 자전축, 적도, 고리면이 정면으로 보일 것이다. 21년이 지난 2의 위치에서는 천왕성은 자신의 적도면과 고리의 측면을 지구인에게 칼날 같은 모습으로 내보일 것이다.

찌그러진 모습을 하고 있다. 목성이나 토성의 경우, 망원경을 통해 보면 이들의 모양이 타원임을 실감할 수 있을 정도로 찌그러져 있다.

행성의 적도면이 자신의 공전 궤도면에 대하여 기울어진 정도는 행성마다 다르다. 수성, 우리의 달, 그리고 목성의 경우 자전축이 공전축과 거의 평행하다. 이들에 비하여 지구, 화성, 토성, 해왕성의 자전축은 약 25° 기울어져 있다. 그렇더라도 **적도 경사각**(赤道傾斜角, equatorial inclination)은 90°보다 작으므로, 이들은 모두 서쪽에서 동쪽으로, 즉 행성의 공전 방향과 같은 방향으로 **순행 자전**(順行自轉, direct rotation)을 한다. 그림 2-4A에서 알 수 있듯이 금성과 천왕성은 동쪽에서 서쪽으로 도는 **역행 자전**(逆行自轉, retrograde rotation)을 한다. 천왕성의 자전축은 실질적으로 공전 궤도면상에 놓여 있는 셈이다. 그러므로 천왕성의 극이 현재 우리 쪽을 향하고 있다면 21년 후에는 천왕성의 적도면이 우리의 시선 방향에 놓이게 된다(그림 2-4B).

수성과 금성의 자전 속도가 매우 느리다는 사실은 **자전-공전 결합**(spin-orbit coupling)과 **자전-공전 공명**(spin-orbit resonance)의 결과로 설명된다. 금성 자전의 회합주기, 즉 지구에서 본 금성의 자전주기가 146일인데, 이는 금성의 공전 회합주기의 꼭 1/4에 해당되는 기간이다. 수성은 항성 자전주기가 항성 공전주기의 정확히 2/3배이다(부록 A 참조). 따라서 금성은 지구와 약 4 : 1의 회합 공명에 놓여 있고, 수성은 태양에 대하여 3 : 2 항성 공명에 묶여 있다. 수성, 금성 양쪽 모두 약간 길쭉한 회전 타원체의 모습을 하고 있다. 태양에 의한 조석력이 길쭉하게 튀어나온 부분에 작용하여 이 행성들의 자전 속도를 점진적으로 늦추어서 현재와 같은 공명 상태로 몰아넣었을 것이다. 수성은 궤도 이심률이 특히 커서 태양-수성의 공명 상태에 이르게 되었다(그림 2-5). 다시 얘기해서 수성은 두 번 공전하는 동안에 세 번 자전하면서 근일점을 통과할 때마다 긴 축의 양 끝이 교대로 태양 쪽을 향하게 된다.

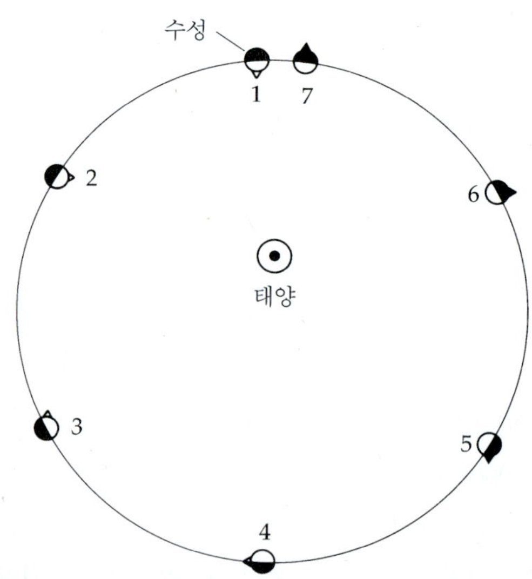

그림 2-5 수성의 공전과 자전

수성의 항성 자전주기는 항성 공전주기의 2/3배이다. 그러므로 수성은 두 번 공전하는 동안 세 번 자전한다. 수성이 위치 1에서 7로 가는 동안에, 수성 표면에 삼각형으로 표시된 한 지점은 대낮 상황에서 한밤중으로 바뀐다. 한 차례 더 공전하면 다시 대낮으로 바뀔 것이다.

2.1.2 내부구조

행성은 자연스럽게 두 부류로 나뉜다(부록 3 참조). (1) 질량이 지구의 질량보다 크지 않은 고체로 된 **지구형 행성**(수성, 금성, 지구, 화성)과 (2) 질량이 약 $15M_{\oplus}$에서 $318M_{\oplus}$의 범위에 분포하는 액체로 된 **목성형 행성**(목성, 토성, 천왕성, 해왕성)으로 대별된다. 지구형과 목성형은 구성 성분도 뚜렷이 구별된다.

행성의 질량은, (1) 케플러 제3법칙을 그 행성에 딸린 위성들의 궤도에 적용시켜서 알아내거나, (2) 위성이 없는 행성의 경우, 그 행성이 다른 행성이나 소행성, 혜성, 심지어 우주 탐사선의 궤도에 미치는 중력의 섭동 효과를 측정하여 구할 수 있다. 행성의 반지름은, (1) 눈에 보이는 행성 원반의 크기를 직접 측정하거나, (2) 주어진 행성이 별, 자신의 위성, 또는 우주 탐사선을 **엄폐**(掩蔽, occultation)[2)]하는 데 걸리는 시간 간격을 정확하게 재거나, (3) 아니면 지구에서 비교적 가까운 행성일 경우에는, 지구에서 발사한 레이더 펄스가 행성 표면 각 점에 반사되어 돌아오는 데 걸리는 시간을 측정하여 구할 수 있다.

행성의 **평균 밀도** $\langle \rho \rangle$(밀도의 SI 단위 kgm^{-3})는 행성의 질량 M을 부피 $4\pi R^3/3$으로 나눈 값이다.

$$\langle \rho \rangle = \frac{3M}{4\pi R^3} \tag{2-1}$$

순수 물의 밀도는 $1{,}000kgm^{-3}$이다. 지구형 행성은 $3{,}400\sim5{,}500kgm^{-3}$의 높은 밀도를 가지는데, 이들이 철, 규소, 마그네슘 등 무거운 비휘발성 원소로 되어 있다는 증거이다. 한편 목성형 행성은 밀도가 대단히 낮다. 토성의 경우 물에 '뜰'수 있을 정도! 목성형 행성의 밀도가 낮다는 사실에서 우리는 이들의 화학조성이 수소와 헬륨을 주성분으로 하는 태양과 비슷할 것으로 추측한다.

행성의 내부구조는 화학조성, 밀도, 온도, 압력의 분포로 기술된다. 행성중심에서의 압력이 그 위에 쌓인 물질의 무게를 지탱해야 하므로, 중심으로 갈수록 밀도와 압력은 증가하게 마련이다. 온도 역시, 증가된 압력과 방사성 원소의 붕괴로 방출되는 열 때문에 중심으로 갈수록 상승한다. 그런데 물질은 종류에 따라 각각 다른 조건에서 안정된 상태를 유지할 수 있으므로, 화학 성분을 달리하는 층들이 중심에서 서로 다른 위치에 각각 자리 잡게 된다. 즉 중심에서 밖으로 나가면서 성분이 다른 층들이 차례로 나타난다. 이런 경우를 두고 우리는 내부 물질이 **층화**(層化) 또는 **분화**(分化, differentiation)되었다고 한다. 지구중심부에는 금속 성분의 핵이 있고, 그 위에 가벼운 규산염 성분의 물질이 자리한다. 금성의 내부도 지구와 비슷할 것으로 추측된다. 목성형 행성의 내부에는 주로 수소와 헬륨으로 된 두꺼운 층이 있으며, 아주 중심부에 암석 성분의 핵이 있을 것으로 추정된다.

우리는 행성의 평균 밀도, 화학조성, 편평도 등의 관측 자료를 제안된 모형의 판단 기준으로 삼는다. 모형의 당위성이 입증되려면 모형이 이들 관측 조건을 만족해야 한다. 하지만 여러 가지 서로 다른 모형들이 우리의 관측자료를 모두 그럴듯하게 맞추어 줄 수 있다. 모형이 관측자료에 근거하여 만들어진 것이기 때문에, 더 좋은 이론과 더 자세한 관측에 의해서만 실제와 부합하는 모형을 유일하게 선택할 수 있을 것이다.

2.1.3 표면

목성형 행성들과 금성은 두꺼운 대기층의 상층부만을 우리에게 내보인다. 금성을 제외한 지구형 행성들과 큰 위성들의 경우에는 지표면의 모습도 들여다볼 수 있다. 행성 표면에 관하여 얻을 수 있는 가장 중요한 정보가 색깔, 반사도(反射度, albedo), 그리고 온도이다.

행성의 **색깔**에서 표면과 대기의 화학 성분에 관한 정보를 얻어낸다. 지구의 바다와 육지는 지구의 모습을 녹색, 갈색, 주황색으로 얼룩진 푸른색의 구로 보이게 한다. 지구에서 구름이나 눈으로 덮인 지역은 하얗게 보인다. 현무암의 달 표면은 청갈색이 섞인 회색으로 나타나고, 화성의 사막 지대가 이 행성을 적갈색으로 보이게 하는 원인이 된다. 목성의 위성 중에서 가장 큰 이오의 표면이 노란색을 띠는 것은 화산 폭발에서 분출되는 유황 때문이다.

천체의 **반사도** A는 입사된 빛이 얼마나 반사되는지를 나타내는 양으로

2) 한 천체가 다른 천체의 전면을 통과하면서 우리 시선 방향에서 그 천체를 가리는 현상을 엄폐라 한다. (역주)

$$A = \frac{\text{반사량}}{\text{입사량}}$$

와 같이 정의된다. 달을 포함하여 수성과 화성처럼 대기가 없거나 희박한 행성들은 반사도가 매우 낮다. 이들의 표면이 반사도가 낮은 암석 물질로 되어 있기 때문이다. 토성의 위성들에서와 같이 얼음으로 덮여진 표면은 반사도가 매우 높다. 구름이 빛을 잘 반사시키기 때문에 목성형 행성이나 금성도 반사도가 매우 높게 마련이다. 지구의 반사도는 눈과 구름에 덮여진 정도에 따라, 다시 말해서 계절에 따라 수시로 변하지만 그 평균값은 0.35이다. 반사도가 파장의 함수임에 유의할 필요가 있다. 우리는 암석의 반사도가 가시광선과 적외선에서 서로 다르다는 사실을 경험으로 알고 있다.

행성 표면에 관한 또 하나의 주요한 특성은 **표면온도**이다. 관측으로부터 표면온도를 어떻게 구하는지 알아보기로 하자. **완전 흑체복사체**(blackbody radiator)의 성질을 이용하여 관측자료를 분석함으로써 표면온도를 추정할 수 있다. 흑체복사는 제8장에서 자세히 설명하겠지만, 여기서는 이 가상의 복사체에 대한 기본 성질만 소개하겠다. 완전 흑체를 복사의 흡수와 방출의 두 가지 관점에서 생각할 수 있다. 흑체라는 이름이 의미하듯, 완전 흑체는 전자기파의 형태로 입사되는 복사를 모두 흡수한다. 반사시키는 양이 전혀 없으므로, 완전 흑체의 반사도는 0이다. 흑체가 어느 수준의 온도를 유지하게 되면 그 온도에 대응하는 빛을 방출한다. 방출된 빛의 파장에 따른 에너지 스펙트럼은 그 물체의 고유한 특성이다. 하지만 흑체의 경우 방출된 빛의 세기가 파장에 따라 변하는 모습(그림 2-6)이 온도에 의해 결정되는 특정 함수의 꼴을 따른다. 우리는 그 함수의 모양을 **플랑크곡선**(Planck curve)이라고 부른다. 이 곡선은 극대값을 하나 갖는다. 복사의 세기가 극대로 되는 파장 λ_{max}은

$$\lambda_{max} = \frac{0.002898\text{m}}{T} = \frac{2898\mu\text{m}}{T} \qquad (2\text{-}2)$$

로 계산된다. 여기서 T는 캘빈(K)으로 나타낸 흑체의 절대온도를 의미한다. 완전 흑체는 대부분의 복사를 이 파장 부근에서 내놓는다. 위의 식에서 1μm가 10^{-6}m에 대응함에 유의하라. 흑체복사의 극대 파장 λ_{max}와 온도 T의 관계를 **빈의 법칙**(Wien's law)이라 한다. 태양이 파장 0.5μm 부근에서 최대 밝기를 보이는 것으로 미루어, 이 법칙으로부터 태양의 표면온도가 6,000K에 가까울 것이라는 예상이 가능하다. 일반적으로 실내 온도가 290K 정도이므로, 지구 복사의 최대 세기는 0.5μm보다 훨씬 더 긴 적외선 파장, 즉 λ_{max} = 10μm 부근에 나타날 것이다(그림 2-6). 그러므로 적외선 영역에서 그 행성이 내놓는 복사를 측정하면 행성의 표면온도를 결정할 수 있다.

다른 파장의 복사는 행성의 표면이나 대기층의 각각 다른 부분에서 방출되는 것이다. 예를 들면, 파장이 ~cm인 전파 복사는 금성의 단단한 고체 표면으로부터, mm파는 금성 대기의 하층부에서, 그리고 μm 파장 대역의 적외선복사는 상층 대기로부터 오는 것이다. 그래서 행성의 복사량을 각기 다른 파장에서 측정함으로써, 행성 표면과 대기의 각 층이 어떤 온도이며, 또 어떤 화학 성분인지 탐사할 수 있다. 달에는 대기가 없기 때문에 적외선복사가 월면(月面) 수 mm의 깊이에서부터 곧바로 지구로 온다. 그보다 더 긴 파장의 복사는 달 표면에서 수 cm되는 깊이에서 방출된다. 이러한 열복사방출을 이용하면 달의 지하 상태를 미루어 짐작할 수 있다.

어떤 행성이 단위 시간에 내놓는 복사량이 태양으로부터 단위 시간 동안 받는 복사량보다 많다면, 이 행성은 내부에 열원(熱源)을 가지고 있음에 틀림이 없다. 지구의 표면을 통하여 방출되는 에너지를 정밀하게 조사해 보면, 지구의 내부에서도

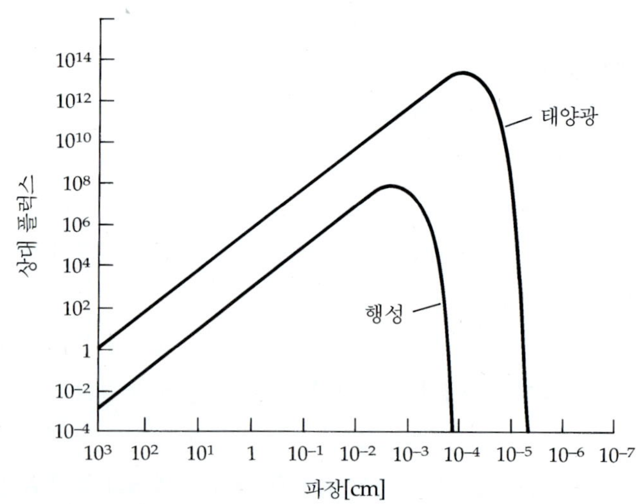

그림 2-6 태양과 행성이 방출하는 연속복사의 파장에 따른 세기 변화
태양빛은 파장이 0.5μm 부근에서 최대 강도를 보이는데, 온도가 290K인 가상의 행성은 10μm 대역의 복사를 가장 많이 방출한다.

열이 밖으로 흘러나오고 있다는 사실을 알 수 있다. 달의 경우도 마찬가지이다. 또 목성, 토성, 해왕성 등이 내놓은 적외선 방출량이 태양빛의 입사량보다 많은 것으로 밝혀졌다.

그러면 부록 3에 수록된 흑체 온도는 어떻게 계산된 것인지 알아보자. 이 온도를 구하는 데 있어서 가장 기본이 되는 생각은, 조그마한 흑체(행성)가 태양으로부터 받은 에너지를 재방출하여 에너지 수급의 평형을 유지할 수 있는 온도를 찾는 것이다. 여기서 우리는 흑체복사의 **스테판 법칙**(Stefan's law)을 이용하게 되는데, 이 법칙의 자세한 내용은 제8장에서 다룰 것이다. 이 법칙이 흑체 표면의 단위 면적에서 단위 시간에 방출되는 에너지의 총량, 즉 **에너지 플럭스** F와 흑체의 온도 T 사이의 관계를

$$F = \sigma T^4 \tag{2-3}$$

와 같이 맺어준다. 여기서 비례상수 σ의 크기는 $5.67 \times 10^{-8}\mathrm{W \cdot m^{-2} \cdot K^{-4}}$이다. 반지름이 R인 구의 표면적이 $4\pi R^2$이므로, 표면온도가 $T_\odot = 5{,}800\mathrm{K}$인 태양은 매초

$$4\pi R^2_\odot F_\odot = 4\pi R^2_\odot \sigma T^4_\odot = 3.8 \times 10^{26}\mathrm{W}$$

의 복사에너지를 전 표면적을 통해 밖으로 방출한다. 이것이 바로 태양의 광도($L_\odot$)이다. 그런데 이 에너지는 태양에서 r_p만큼 떨어진 곳에서는 구면 $4\pi r_p^2$을 지나게 되므로, 그곳의 단위 면적이 받는 태양빛의 플럭스는 다음과 같다.

$$F_p = \frac{4\pi R_\odot^2 F_\odot}{4\pi r^2_p} = \left(\frac{R_\odot}{r_p}\right)^2 F_\odot$$

만일 $1\mathrm{m}^2$의 흑체가 이 에너지를 정면으로 받는다면, 이 흑체의 **태양 직하점 온도**(subsolar temperature) T_{ss}는, $F_p = \sigma T_{ss}^4$의 관계로부터

$$T_{ss} = \left(\frac{R_\odot}{r_p}\right)^{1/2} T_\odot \approx 394\mathrm{K}\left(\frac{AU}{r_p}\right)^{1/2} \tag{2-4}$$

와 같이 된다.[3] 태양 직하점 온도란 한 마디로 대낮의 평형 온도이다.

태양 직하점 온도는 수성, 명왕성, 달과 같이 매우 느리게 자전하는 천체의 표면 지점이 대낮에 갖게 되는 온도이다. 그러나 대기를 가지고 있거나 매우 빠르게 자전하는 행성의 평형 온도로서는 직하점 온도가 적합하지 않다. 이러한 경우 태양으로부터 에너지를 받는 면적은 πR_p^2인데, 방출은 전 표면적 $4\pi R_p^2$을 통해 이루어지기 때문이다. 여기서 R_p는 행성의 반지름을 의미한다. 그런데 받은 에너지를 모두 흡수하는 것이 아니라 반사도 A에 해당되는 양은 우주 공간으로 내보내지므로 이 행성이 매초 흡수하는 에너지는

$$4(1-A)\pi R_p^2 F_p = (1-A)\pi R_p^2 \left(\frac{R_\odot}{r_p}\right)^2 \sigma T_\odot{}^4$$

가 된다. 이 행성의 표면이 온도 T_p를 유지한다면, 매초 $4\pi R_p^2 \sigma T_p^4$만큼의 에너지를 복사의 형태로 방출할 것이다. 에너지 흡수율과 방출률이 같을 때 복사 평형을 이루게 되므로

$$T_p = (1-A)^{1/4}\left(\frac{R_\odot}{2r_p}\right)^{1/2} T_\odot$$

$$\approx 279\mathrm{K}(1-A)^{1/4}\left(\frac{\mathrm{AU}}{r_p}\right)^{1/2} \tag{2-5a}$$

에서 평형 온도의 구체적 값을 추정할 수 있다. 만일 행성의 온도가 이보다 뜨겁다면, 냉각률이 가열률보다 커서 자연히 온도가 낮아질 것이다. 평형 온도보다 차갑다면, 반대로 냉각률이 가열률보다 낮아서 온도는 높아질 것이다. 부록 3에 실린 복사평형의 흑체온도는 A를 0으로 놓고 산출한 값이다. 반사도를 고려하면 태양 직하점 온도가

$$T_{ss} \approx 394\mathrm{K}(1-A)^{1/4}\left(\frac{\mathrm{AU}}{r_p}\right)^{1/2} \tag{2-5b}$$

로 된다. 이처럼 반사효과가 포함된 식에서 얻는 온도가 행성의 실제 온도에 더 가깝다. 그러나 위에서 유도한 식들에는 행성 대기의 순환이나 대류의 영향, 대기의 열전도율, 반사도의 파장에 따른 변화, 내부 열원의 존재 여부, 그리고 행성마다 각기 다른 온실효과 등과 같이 중요하고도 복잡한 요소들이 무시되었다는 점을 유의해야 한다.

---

3) 평형온도가 흑체의 크기에 무관함에 유의할 필요가 있다. (역주)

2.1.4 대기

지구형 행성 중에서 수성, 그리고 지구의 달에는 대기가 없다. 그러나 금성과 화성은 이산화탄소(CO_2)의 대기를 가지고 있다. 지구의 대기는 질소(N_2)와 산소(O_2)가 주성분인데, 목성형 행성들의 대기는 주로 수소(H_2)와 헬륨(He)으로 되어 있다. 일반적으로 행성 대기의 밀도는 표면으로 가까이 갈수록 증가하며 고도가 높아질수록 감소한다. 대기에는 분자량이 큰 무거운 기체가 가장 아래층에, 그리고 분자량이 작은 가벼운 기체가 상층부에 자리하는 층상 구조를 유지하게 된다. 하지만 바람이나 와류(渦流)에 의해 층과 층이 섞이기 때문에 화학조성이 균일한 층도 생긴다. 태양에서 나오는 자외선이나 엑스선 복사는 행성 표면에서 멀리 떨어진 상층 대기의 중성 원자를 전리시키거나 분자를 해리시켜서 몇 개의 **이온층**을 형성한다(제4장).

행성 대기를 이해하기 위한 첫걸음으로 대기의 수명을 가늠해 보자. 우리는 아주 간단한 모형을 써서 대기가 얼마나 오랫동안 행성에 묶여 있을 수 있는지를 계산할 수 있다. 행성의 대기를 **완전기체**(perfect gas)라고 가정하겠다. 대기를 탄성 충돌하는 입자들의 희박한 집합으로 간주하겠다는 말이다. 탄성 충돌의 결과로 평형상태에 이른 완전기체의 압력 P, 밀도 n, 온도 T 사이에는

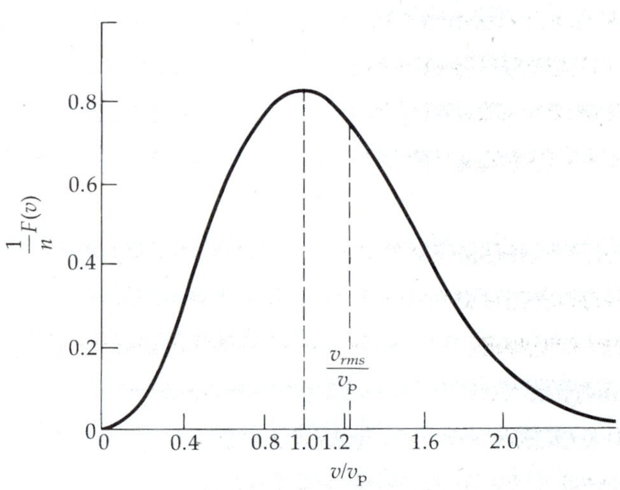

그림 2-7 기체 분자의 맥스웰 분포

분자들의 속도가 최빈속도 v_p를 중심으로 그 상하에 연속적으로 분포한다. 세로축의 눈금은 입자들의 개수밀도를 총 개수 n으로 정규한 값이다. 가로축의 눈금은 속도를 최빈속도로 정규화해서 표현한 값이다.

$$P = nkT$$

의 관계가 성립한다. 여기서 압력은, 충돌 때문에 입자들이 겪게 되는 운동량의 변화율로서, 단위 면적에 작용하는 힘의 세기 Nm^{-2}를 단위로 계량된다. 밀도는 단위부피당 입자들의 개수/m^3을 단위로 하며, 온도는 절대온도의 단위(K)로 주어진다. 볼츠만 상수 k의 크기는 $1.38 \times 10^{-23} JK^{-1}$이다. 계속되는 충돌의 결과로 기체 입자들의 속도 분포는 **맥스웰 분포**(Maxwell distribution)라고 불리는 다음의 관계식을 따른다(그림 2-7).

$$F(v)dv \propto \exp\left(-\frac{mv^2}{2kT}\right)v^2dv$$

이 분포의 지수함수적 성격 때문에, 적은 양이지만 고속의 입자들이 존재하게 마련이다. 맥스웰 분포 함수가 **고속도의 긴 꼬리**라 불리는 부분을 가지는 것은, 적은 수이기는 하겠지만 충돌의 결과로 매우 빠르게 움직이게 된 입자들이 생겨나기 때문이다. 이 분포의 극대점에 대응하는 속도를 **최빈속도**(最頻速度, most probable speed)라 부른다. 기체입자의 질량이 m인 경우, 최빈속도는

$$v_p = \left(\frac{2kT}{m}\right)^{1/2}$$

로 계산된다. 기체를 이루는 원자 또는 분자의 속도는 넓은 범위에 걸쳐 분포하며 충돌할 때마다 큰 폭으로 변한다. 그러나 입자 하나하나의 평균 운동에너지는

$$\langle KE\rangle = \frac{m}{2}\langle v^2\rangle = \frac{3}{2}kT \qquad (2\text{-}6)$$

와 같다. 여기서, T는 기체의 절대온도를 의미한다. 식 (2-6)에서부터 **제곱평균제곱근속도**(root mean square speed), 또는 rms 속도의 크기를

$$v_{rms} = \langle v^2\rangle^{1/2} = \left(\frac{3kT}{m}\right)^{1/2} \qquad (2\text{-}7)$$

와 같이 계산할 수 있다. 입자들의 평균 속력은 온도가 높을수록 그리고 질량이 작을수록 빠르다. 밀도가 매우 희박한 대기의 상층부에서 속도가 이탈속도 v_e보다 빠르게 밖으로 향하는

입자는 그 행성의 대기를 완전히 탈출할 수 있다. 질량이 M이고 반지름이 R인 행성 표면에서의 이탈속도는

$$v_e = \left(\frac{2GM}{R} \right)^{1/2} \qquad (2-8)$$

와 같이 나타낼 수 있다. 어떤 대기입자의 *rms* 속도가 이탈속도와 같다면, 그 입자는 며칠 이내로 대기를 탈출할 것이다. 행성이 대기를 수십억 년(대략 태양계의 나이 정도) 동안 계속 보유하기 위해서는, 그 행성에서의 이탈속도가 *rms* 속도의 10배는 넘어야 한다. 즉 $v_e \geq 10v_{\rm rms}$의 관계가 만족될 때 대기를 유지할 수 있다는 것이다. 맥스웰 분포의 긴 꼬리에 들어오는 입자들을 고려해서 10이라는 배수가 쓰인 것이다. 분자가 대기에 무한히 오랫동안 묶여 있으려면 식 (2–7)과 (2–8)로부터 다음의 조건이 만족되어야 한다.

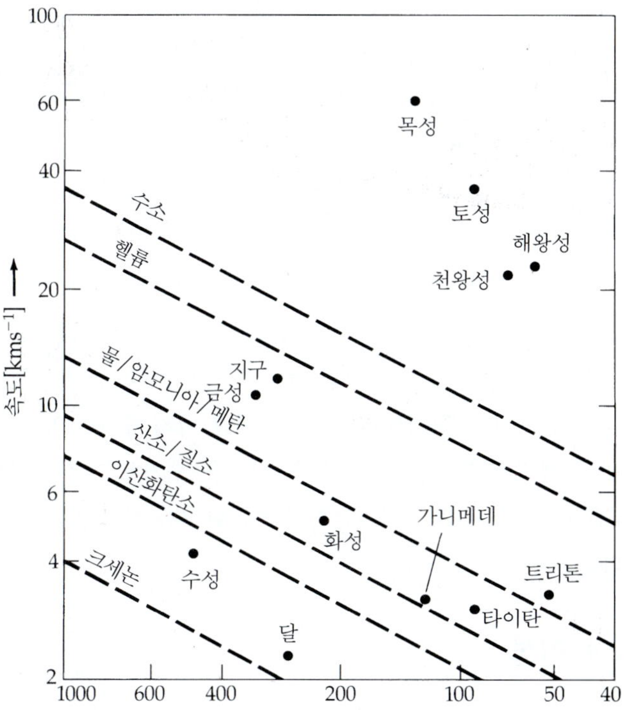

그림 2–8 대기 보유 조건

각종 분자의 이름과 함께 점선으로 그려진 직선은 해당 분자의 평균 속도의 10배를 온도의 함수로 나타낸 것이다($10v_{\rm rms}$). 각종 태양계 천체의 이름과 함께 표시된 검정 점의 세로축 눈금이, 해당 천체에서의 이탈속도를 나타낸다(v_e). 이 점의 가로축 눈금은 그 천체의 표면온도를 의미한다. 주어진 분자에 대한 점선이 천체를 나타내는 점보다 아래에 그려진다면, 이 천체는 그 분자를 대기의 성분으로 가질 수 있다.

$$T \leq \frac{GMm}{150kR} \qquad (2-9)$$

그림 2–8은 행성과 비교적 큰 위성들의 흑체 평형 온도(부록 3)와 그들의 이탈속도를 나타낸 것이다. 점선은 각 분자들이 $10v_{\rm rms}$의 값을 가지는 선을 나타낸다. 각 천체를 나타내는 점 하부에 점선으로 표시된 가스는 그 행성에 속박되어 있으며, 상부에 있으면 이탈한다. 간단한 이론임에도 불구하고 그 예측이 여러 가지 관측 사실과 비교적 잘 부합한다. (1) 목성형 행성에는 모든 종류의 가스가 존재한다. (2) 수소와 헬륨은 지구, 금성, 화성의 대기로부터 이미 이탈하고 없지만, 질소와 이산화탄소는 아직 남아 있다. (3) 수성과 달에는 대기가 없다. (4) 가장 큰 위성들은 대기를 약간 가지고 있다. 타이탄은 사실상 주로 질소로 구성된 고밀의 대기를 가지고 있으나, 메탄과 또 다른 화합물들의 광화학 반응 때문에 짙은 안개에 싸인 것처럼 관측된다.

2.2 위성, 고리 그리고 파편

태양계에는 행성 주위를 돌고 있는 자연 위성, 즉 달들이 상당수 존재하지만, 이들의 질량을 모두 합해도 $0.1M_{\oplus}$ 미만이다. 8개가량이 지구의 달 정도의 크기이며, 그 나머지는 달보다 무척 작고, 모습은 소행성 중에서 큰 축에 드는 것들과 비슷하다. 지구의 달, 화성의 위성 2개, 목성의 내부 궤도 위성(inner satellite) 5개, 토성의 내부 궤도 위성 8개, 그리고 천왕성의 위성 5개는 모두 원에 가까운 궤도를 그리며 자신들의 모행성 주위를 각각 공전한다. 이들의 공전 궤도면이 각 모행성의 적도면과 거의 일치한다. 그리고 이 21개의 위성들이 모행성에 의한 기조력 때문에 모두 동주기 자전을 하고 있다. 지구의 달도 물론 그렇다.

2.2.1 위성

오직 3개의 위성들만이 지구형 행성에 속해 있다. 그런데 목성형 행성들은 위성을 적어도 54개 이상이나 거느린다. 목성형 행성들은 소행성대에 가까이 위치한다는 거리상의 이점 때문에 소행성들을 중력적으로 쉽게 포획할 수 있었다. 목성의 달들 중에서 질량이 작고 이심률과 경사각이 매우 큰 궤도에

서 역행하는 것들은 아마 모두 목성에 포획된 소행성들이라고 생각된다. 화성의 위성들도 마찬가지일 것이다.

2.2.2 고리

목성형 행성 4개가 모두 고리를 가지고 있는 것으로 알려졌다. 그렇지만 토성의 고리가 가장 멋진 장관을 이룬다. 각 행성의 고리계는 해당 행성의 로시 한계(3.4.4 참조) 안에 자리한다. 그리고 고리 하나는, 각각이 궤도 운동을 하는 수많은 입자들로 구성되어 있다. 어떤 고리는 자신의 경계 내외에 자리 잡고 있는 2개의 작은 위성들에 의해 잘 묶여 있는 듯하다.

2.2.3 소행성

1801년 피아치(Giuseppe Piazzi, 1746~1826)가 소행성 세레스(Ceres)를 발견한 이래 1980년까지 무려 300개 이상의 **소행성**(asteroid)들이 발견되었다. 이들의 궤도 긴 반지름은 2.3~3.3AU 사이에 분포한다. 이 지역을 **소행성대**(小行星帶, asteroid belt)라 부른다. 오늘날 우리는 100,000개 이상의 소행성들의 궤도가 알고 있다. 소행성은 궤도가 밝혀지는 순서대로 소행성 1000 Piazzi와 같이 이름을 붙인다.

일반적으로 소행성은 작기 때문에 대기를 가질 수 없다. 소행성의 크기는, 가장 큰 축에 드는 것들이 세레스 1,020km, 팔라스 538km, 베스타 549km 등이다. 그리고 이보다 작은 것들은 그 수가 많다. 극히 작은 것은 1μm에까지 이른다. 수많은 작은 바위 덩어리들이 소행성대에 무리를 지어 다니고 있음이 확실하다. 이들의 질량은 모두 합쳐야 달의 질량의 몇 퍼센트에 불과하다. 그런데 한 가지 재미있는 점은 큰 소행성들은 태양에서 멀리 떨어져 있으며, 작은 소행성일수록 태양에 가까이 있다는 사실이다. 소행성들은 순행한다. 소행성 궤도의 이심률이 큰 것은 0.83에 이르나 대부분은 0.1에서 0.3 사이의 값을 갖는다. 궤도 경사각이 큰 것은 68°까지 높지만 대부분은 30° 미만이다.

소행성대 안에서 소행성이 존재하지 않는 영역을 **커크우드 틈새**(Kirkwood gap)라고 한다. 소행성들이 이 지역에서 궤도 운동을 한다면, 공전주기가 목성 공전주기의 1/2, 1/3, 1/4, 2/5, 3/7 등과 같이 간단한 분수로 표시될 수 있다. 이러한 틈새가 생기는 원인은, 소행성들이 목성의 중력 섭동을 주기적으로 받아 이 지역에서 제거되었기 때문일 것이다. 이와는 대조적으로 공전주기의 비가 2/3와 1/1이 되는 영역은 소행성들이 오히려 몰려드는 곳이다. 이곳에 있는 소행성들을 **소행성군**(小行星群, asteroid group) 또는 **소행성족**(小行星族, asteroid family)이라 한다. 그중 가장 재미있는 것은 15개의 소행성으로 된 트로이군(Trojan group)이다. 트로이군이 태양, 목성과 더불어 정삼각형의 꼭지점에 위치한다. 목성의 궤도상에 위치하고 있는 트로이 소행성군이 이곳에 묶이게 된 이유가 있을 것이다. 이 지역이 여기서 약간 밀려나더라도 다시 돌아오게 되는 평형점이기 때문이다. 아폴로군에는 다이달로스(Daedalus), 이카루스(Icarus), 지오그라포스(Geographos) 등 우리에게 이름이 잘 알려진 소행성들이 속해 있다. 그것도 다 그럴 만한 이유가 있다. 아폴로군의 근일점이 지구의 공전 궤도 안에 있는 관계로 군의 구성원들이 때때로 지구 근처를 지나게 되기 때문이다. 1968년 6월 15일에 이카루스 소행성이 지구에서 불과 6.4 × 10^6km밖에 떨어지지 않은 곳을 지나갔다. 당시에 이 소행성이 지구와 충돌하리라고 겁을 잔뜩 먹었던 사람들이 있었다. 또 어떤 이들은 지구의 멸망을 예언했다. 물론 그런 일은 일어나지 않았고 지구는 오늘날까지 건재한다.

소행성의 자전주기는 밝기 변화를 근거로 결정한다. 왜소행성인 명왕성의 자전주기도 이런 식으로 측정한다. 관측된 소행성의 광도곡선은 매 주기마다 2개의 최대값과 최소값을 가지는데, 이것은 긴 타원체의 모양을 한 천체가 3~20시간의 주기로 회전하고 있기 때문인 것으로 풀이된다. 소행성들이 평균 자전주기는 7시간이다. 소행성이란 크기 수 km의 불규칙하게 생긴 바위 덩어리로서 수 시간을 주기로 자전하면서 100만 년에 한 차례씩 자기들끼리 충돌할 가능성이 있는 천체이다.

2.2.4 혜성

혜성은 태양계의 외곽 지대에서 가끔 안동네로 찾아드는 침입자이다(그림 2–9). 밝은 혜성은 하늘에 꼬리가 90°까지 뻗치는 장관을 이룬다. 혜성은 발견자 또는 공동 발견자의 이름을 따거나 그해 근일점 통과 순서에 따라 명명한다. 'Oterma 혜성'이나 'Ikeya-Seki 혜성'이 발견자의 공을 기린 경우이다. 후자의 예인 '혜성 1971a'에서 우리는 이 혜성이 1971년에 제일 처음 발견된 혜성임을 알 수 있다. 같은 해에 두 번째 발견

그림 2-9 1974년 1월 당시 코후텍 혜성의 머리와 꼬리 모습 (팔로마 천문대, 캘리포니아 공과 대학)

된 혜성은 물론 '혜성 1971b'가 된다. 발견 이후에 궤도가 결정되면 근일점 통과 시간을 알 수 있다. 그래서 발견 순서보다 근일점 통과 순서를 로마자로 명기해서 이름을 다시 붙인다. 예를 들면, 1975년에 근일점을 통과하는 혜성들 중에서 세 번째 통과한 녀석이 '혜성 1975 III'이 되는 것이다. 1997년 헤일–밥 혜성의 출현으로 과거 200년 동안 나타난 혜성 대부분의 이름을 업데이트할 필요가 생겼다(Hale-Bopp Update).

혜성은 타원 궤도를 순행하는 태양계의 구성원이다(일부는 역행한다). 우리는 혜성을 장주기 혜성과 단주기 혜성으로 나눈다. (1) **장주기 혜성**(long-period comet)이 혜성의 거의 대부분을 차지하며, 이심률이 1에 가까운 거의 포물선 모양의 궤도를 갖는다. (2) **단주기 혜성**(short-period comet)은 장주기보다 그 수가 훨씬 적지만 주기적으로 태양 근처로 돌아온다. 관측된 혜성들 대부분이 태양으로부터 1~2AU 근처에 근일점을 두고 있으며, 궤도 경사각은 가능한 모든 값을 다 갖는다. 그러므로 혜성은 태양을 중심으로 하는 구형의 공간 속을 움직인다. 이 점이 행성과 다른 특성이다. 잘 알려져 있듯이 행성들은 황도면 가까이에서 궤도 운동을 한다. 이렇게 혜성과 행성은 궤도의 분포에서 뚜렷한 대조를 이룬다. 장주기 혜성의 원일점은 50,000AU에까지 이르며 주기는 수백만 년 또는 그 이상이다. 혜성들은 그들이 근일점을 지나는 동안에만 관측된다. 어떤 경우에는 행성의 섭동을 받아 쌍곡선 궤도($e > 1$)를 그리면서 태양계를 벗어나기도 한다. 또 어떤 경우에는 궤도가 변하여 작은 타원을 그리게 되는 수도 있다. 이런 식으로 약 45개가 목성에 붙잡혀서 하나의 혜성족을 이룬다. 현재 목성 궤도 근처에 원일점을 두고 태양 둘레를 공전하고 있다. 단주기 혜성은 모두 행성계 내부에서 돌고 있다. 엔케혜성의 주기가 3.3년으로 가장 짧다($a \approx 2.2$AU). 가장 유명한 단주기 혜성은 물론 76년마다 한 번씩 근일점을 찾아오는 **핼리혜성**(Halley's comet)이다.

근일점을 통과할 때마다 혜성은 태양으로부터 강한 빛을 받아 높은 온도로 가열되고, 또 태양 기조력에 의한 강한 섭동을 받아 자신의 질량을 잃게 된다. 그러다가 결국 완전히 소멸된다. 핼리혜성의 경우 근일점을 한 번 통과할 때마다 자신의 질량의 1/1000을 궤도면에 흩뿌려 놓는다고 한다. 단주기 혜성 중에는 몇 개의 조각으로 갈라져버렸든가 아주 붕괴된 것들도 있다.

세월이 지남에 따라 혜성은 소멸되게 마련이므로, 현재와 같은 율로 혜성을 관측할 수 있으려면 외부로부터 혜성이 계속 공급되어야 할 것이다. 약 50억 년 전 태양계가 형성될 때 혜성의 핵도 같이 만들어졌을 것이다. 오오트(Jan Hendrik Oort, 1900~1992)는 태양으로부터 50,000AU되는 거리에 태양을 중심으로 하는 거대한 구형의 **혜성 구름**(彗星雲, comet cloud)이 존재하고, 그 안에 혜성의 핵들이 약 10^{11}개 들어 있다는 가설을 발표했다. 총 질량이 지구 정도인 이 혜성 구름의 외곽부에서는 그곳을 가까이 지나는 별의 섭동을 받아 혜성의 핵들이 구름에서 빠져나간다. 또 내부 지역에서는 행성들의 섭동을 받아 혜성의 핵이 태양 쪽으로 오게 된다. 그 후에 계속되는 섭동에 의하여 이들은 태양으로부터 이탈하거나 아니면 주기 궤도를 돌게 된다. 후자에 속하는 주기 혜성들은 서서히 붕괴될 것이다. 최근 연구에 의하면, 10^{14}개의 혜성 핵들이 오오트 구름에 존재하는데, 그중 상당수가 10,000~20,000AU에 이르는 영역에서 거의 영구히 돌고 있다고 예상된다.

2.2.5 유성체

태양계 내를 임의의 궤도 경사각을 갖고 배회하는 바위 덩어리들이 **유성체**(meteoroid)이다. 유성체의 크기는, 조그마한 소행성 규모인 10km에서부터 **미소 유성체**(微小流星體, micrometeoroid)에 해당하는 mm 크기의 모래알, 그리고 μm에서 mm 범위에 들어오는 **행성 간 티끌**(interplanetary dust)에 이르기까지 매우 넓은 범위에 걸쳐 분포한다. 소행성의 충돌 파편이 행성 간 공간을 떠돌아다니는 비교적 큰 돌덩이들의 기원일 것이다. 이보다 더 작은 입자들은 해체되는 혜성에서 비롯했을 것이다. 유성체가 지구 대기층에 들어올 때 공기 분자와의 마찰에 의해 높은 온도로 가열되면서 빛을 내게 된다. 일반적으로 약 120km의 고도에서부터 이러한 빛이 우리 눈에 보이기 시작한다. 우리는 이것을 **유성**(流星, meteor) 또는 **비성**(飛星)이라 부른다. 유성의 밝기에서 유성체의 밀도를 추정할 수 있다. 유성체의 평균 밀도는 200~1,000kgm^{-3}로서 혜성 핵의 물질과 비슷하다. 유성체는 지구 대기를 통과하는 과정에서 증발, 용해, 분열 등의 요인에 의해 자신의 질량을 잃게 마련이다.[4] 유성체가 대기로 진입할 때 그 통과 경로에 있는 공기 분자를 전리시킨다. 어떤 유성은 그림자를 만들 정도로 갑자기 밝아지기도 한다. 이러한 유성은 **화구**(火球, fireball)라는 이름으로 따로 부른다. 유성체들의 전형적인 크기는 모래알 정도이고, 화구라고 해도 그 크기는 자갈 정도일 것이다.

대기 중에서 완전히 소멸되지 않은 유성체가 지면에 떨어진 것을 **운석**(meteorite)이라 부른다. 큰 운석은 달에서 볼 수 있는 구덩이들과 폭이 km 정도나 되는 애리조나의 베링거 운석 구덩이(Berringer Meteor Crater) 같은 것들을 남긴다(그림 2-10). 크기는 작더라도 지면에까지 떨어지는 운석의 수효는 꽤나 많다. **미소 운석**(微小隕石, micrometeorite)이라 불리는 크기 0.5~200mm의 미세한 입자들이 지구 대기 속을 떠

그림 2-10 베링거 운석 구덩이

미국 애리조나 주 플래그스태프 근처에 있다. 지금으로부터 약 40,000년 전에 있었던 운석 충돌의 결과이다. (U.S. Air Force)

그림 2-11 유성우

별들의 일주호가 긴 것으로 보아, 1966년에 있었던 사자자리 유성우를 잡기 위하여 장시간의 노출이 필요했던 것 같다. 유성의 흔적들을 뒤로 연장하면 사자자리 근처에 모인다. 즉 이 유성우의 발사점이 사자자리에 있다. (D. Milon)

돌아다니기도 한다. 이들을 전부 합하면 지구에 하루 평균 10^6kg 상당의 질량이 유입하는 것으로 계산된다.

지구가 때로는 유성체군 속을 통과할 때가 있다. 유성체군이란 어떤 특정 혜성이 자신의 궤도상에 흘려 놓은 고체 입자들을 일컫는다. 지구가 유성체군을 통과할 때 지구에서는 수많은 유성을 볼 수 있다. 이때 우리는 유성의 비가 내린다고 한다. **유성우**(流星雨, meteor shower)가 나타날 때에는 하늘의 동일한 지점에서 유성들이 쏟아져 나오듯이 보이는데(그림 2-11), 이 점을 유성의 **발사점**(發射點, radiant)이라 부른다. 유성우는 발사점이 있는 별자리의 이름을 따서 명명된다. 예를 들어, 8월에 나타나는 페르세우스(Perseus) 유성우는 페르세우스자리에서 쏟아지는 것처럼 보인다 해서 붙여진 이름이다. 하나의 유성우와 관련된 유성체들은 모두 동일한 혜성에서 비롯한 것이다. 페르세우스 유성우는 혜성 1862 III과 관련이 있다.

2.2.6 행성 간 티끌

끝으로 혜성의 티끌 꼬리에서 떨어져 나왔으리라고 짐작되는 행성 간 미세 입자들에 대하여 살펴보자.[5] 이 티끌들의 크기

4) 유성체의 표면이 녹아서 떨어져 나가는 현상을 특별히 용삭(融削, ablation)이라 부른다. (역주)

5) 행성 간 티끌은 혜성뿐 아니라 소행성대에서도 공급된다. 소행성들의 충돌에서 생기는 작은 입자들이 황도면 가까이에서 궤도 운동을 하게 된다. 이 중에서 μm 규모의 것들은 포인팅-로버트슨 효과의 때문에 태양계 안쪽으로 빨려 들어온다. (역주)

그림 2-12 황도광
하와이의 할레아칼라 산 정상에서 촬영한 황도광의 모습이다. 별들의 일주 운동 흔적의 길이가 짧은 것으로 보아 노출 시간이 비교적 짧았음을 알 수 있다. 할레아칼라에서는 이 만한 노출로도 황도광을 검출할 수 있었다. (A. Peterson and L. Kieffaber)

는 대략 1~100μm 정도이다. 매리너 우주 탐사선이 지구와 화성 둘레에서 티끌의 구름을 발견한 적이 있다. 이 티끌들은 아마도 행성의 중력에 의해서 포획된 것으로 생각된다. 새벽녘에 동쪽 하늘에서 잘 보이는 삼각형 모양의 희미한 **황도광**(黃道光, zodiacal light)은 황도면 상에 집중적으로 분포하는 행성 간 티끌들이 태양빛을 산란시켜 우리 눈에 들어오게 되는 태양의 산란광이다. 황도 산란광의 세기는 태양으로부터 멀어질수록 감소한다(그림 2-12).

2.3 태양계 역학

태양계의 전반적 모습을 살펴보았으니 이제 1.5절에 소개한 역학의 기본 개념들을 태양계의 역학적 현상들에 구체적으로 적용시켜 보겠다.

2.3.1 케플러 제3법칙의 응용

우리는 조화의 법칙을 이미 식 (1-24)에서

$$P^2 = \frac{4\pi^2 a^3}{G(m_1 + m_2)} \qquad (2\text{-}10)$$

와 같은 형식으로 기술한 적이 있다. 이 식을 태양($m_1 = M_\odot$)과 행성($m_2 = m_p$)에 적용시키는 데 있어서 행성들의 항성주기 P를 지구의 1년 단위로, 궤도 긴 반지름은 1AU 단위로 하여 다시 표현하면, 조화의 법칙이

$$\frac{a^3}{P^2} = 1 + \frac{m_p}{M_\odot}$$

와 같이 아주 간단한 꼴로 변한다. 태양-지구계에서 볼 수 있는 연과 천문단위를 거리와 시간의 척도로 사용한 덕에 이와 같은 변형이 가능했던 것이다. 식을 간단하게 하려면 적합한 척도를 표준 단위로 삼으면 된다. 예를 몇 가지 들어 보겠다. 질량이 m_1'과 m_2', 주기가 P', 긴 반지름이 a'인 쌍성계를 표준계로 택했다고 하자. 이 계에 대해서도 식 (2-10)이 성립할 것이므로

$$\left(\frac{m_1 + m_2}{m_1' + m_2'}\right)\left(\frac{P}{P'}\right)^2 = \left(\frac{a}{a'}\right)^3$$

의 비례 관계를 구성할 수 있다. 태양계 천체들이나 제12장에 소개될 쌍성계에 있어서 태양-지구계가 아주 훌륭한 표준 단위를 제공한다. 주기 P와 긴 반지름 a를, 지구의 1년과 1AU를 단위로 계량하고, 질량 단위는 태양의 질량으로 하면, 케플러 제3법칙이 $P^3 = a^3$와 같이 아주 간단한 식으로 된다. 따라서 이러한 단위계에서 케플러 제3법칙의 비례상수 $4\pi^2/G$가 1이다. 즉 이러한 단위계에서는 $G = 4\pi^2$이 된다. 행성-위성계에는 지구-달계를 단위의 표준계로 택하면 편리하다. $P' =$ 27.3일, $a' = 3.84 \times 10^5$km, $m_1' + m_2' = M_\oplus$(=5.976 × 10^{24}kg)를 단위로 사용하면, P는 일로, a는 km로, m은 지구질량 단위로 각각 표현할 수 있다. 물론, 이러한 단위계는 행성-인공위성계에도 그대로 적용된다.

<예 1> : 태양 주위를 7년 주기로 타원 운동하는 혜성의 궤도 긴 반지름을 구해 보자. 혜성의 질량이 태양의 질량에 비하여 워낙 작으므로 $M_\odot + m_{comet} \approx M_\odot$이다. 따라서 식 (2-10) 밑에 적혀 있는 식에서 ($a = 7^{2/3}$, 즉 a = 3.7AU임을 쉽게 알 수 있다.

<예 2> : 천왕성의 질량이 지구의 몇 배인지 조사해 보자. 위성 미란다가 평균 거리 128,000km에서 1.4일을 주기로 천왕성 주위를 공전한다. 지구-달계를 표준계로 하여 케플러 제3

법칙을 천왕성–미란다계에 적용하면,

$$\left(\frac{M_u + m_m}{M_\oplus + M_m}\right)\left(\frac{P_m}{P}\right)^2 \approx \frac{M_u}{M_\oplus}\left(\frac{P_m}{P}\right)^2 = \left(\frac{a_m}{a}\right)^3$$

이 성립한다. 여기서 미란다의 질량(m_m)이 모행성인 천왕성(M_u)에 비해 무시될 정도로 작다고 가정했다. 달의 질량(M_m)도 지구 질량($M_\oplus$)에 비해 무시했다. 이제 구체적 수치를 위의 식에 넣으면,

$$M_u \approx \left(\frac{27.3}{1.4}\right)^2\left(\frac{128{,}000}{384{,}000}\right)^3 M_\oplus \approx 14M_\oplus$$

의 결과를 얻는다.

2.3.2 로켓의 궤도 진입

지표에서 쏘아올린 탄환을 생각하자. 대기 마찰에 의한 감속을 무시하면, 총 에너지의 보존으로부터 탄환이 도달할 수 있는 최고 높이 h를 계산할 수 있다.

질량이 m인 이 탄환에 미치는 지구 중력의 세기는 지표 근처에서 $F = mg$로 쓸 수 있다. 고도 h에서 탄환의 퍼텐셜에너지는 $PE = mgh$가 된다. 한편 지표를 떠날 때 탄환의 속도를 v라 한다면, 지표에서 운동에너지는 $KE = mv^2/2$가 된다. 총 에너지가 보존되어야 하므로, 지표에서의 총 에너지 $TE = (KE + PE)_{\text{지표}} = mv^2/2$는 높이 h인 곳에서의 총 에너지 $TE = (KE + PE)_h = mgh$와 같아야 한다. 즉

$$h = \frac{1}{2}\frac{v^2}{g} \qquad (2\text{–}11)$$

의 관계가 성립한다. 돌멩이를 지표에서 14ms^{-1}의 속력으로 수직하게 던졌다면 중력 가속도가 $g = 9.8\text{ms}^{-2}$인 상황에서는 높이 10m까지 올라갔다가 다시 떨어질 것이다.

높이 h가 지구의 반지름 $R_\oplus$에 비하여 결코 무시할 수 없을 정도의 크기라면($h \geq R_\oplus$), 앞에서 사용한 근사식은 유효하지 않으므로 식 (1–32)의 관계를 이용해야 한다. 이 식에 지표 $r = R_\oplus$와 최고 높이 $r = R_\oplus + h$를 대입하면,

$$\frac{mv^2}{2} - \frac{GM_\oplus m}{R_\oplus} = -\frac{GM_\oplus m}{R_\oplus + h}$$

또는

$$h = R_\oplus\left(\frac{v^2R_\oplus}{2GM_\oplus}\right)\left[1 - \frac{v^2R_\oplus}{2GM_\oplus}\right]^{-1}$$

$$= \left(\frac{v^2}{2g}\right)\frac{R_\oplus}{R_\oplus - v^2/2g} \qquad (2\text{–}12)$$

가 성립한다. $v^2/2g \ll R_\oplus$, 다시 말해서 $h \ll R_\oplus$인 경우에는 식 (2–12)와 식 (2–11)이 서로 일치한다. 식 (2–12)에 $v^2/2g = R_\oplus$, 즉 $(2gR_\oplus)^{1/2} = 11.2\text{kms}^{-1}$를 속도 v에 대입하면 h가 ∞로 발산함을 알 수 있다. 지표에서 11.2kms^{-1}의 속도로 던져 올린 물체는 $h = \infty$까지 달아날 수 있다는 얘기이다. 이러한 임계 속도를 **이탈속도**(escape velocity)라고 부른다.

2.3.3 인공위성과 우주 탐사선의 궤도

대부분의 우주 탐사선은 일단 지구 궤도에 올린 다음 달이나 행성으로 가속되는 것이 통례이다. 다단 로켓이 우주선을 지구의 대기 밖으로 밀어올리다가 마지막 단계에 가서 탑재체를 원하는 궤도에 집어넣는다. 지구의 자전 속도가 적도면에서 0.46kms^{-1}이므로, 로켓을 동쪽으로 쏘면 이만큼의 이득이 있다. 지구중심에서 r만큼 떨어진 곳에서 원 궤도를 그리며 운동하는 경우($r = R_\oplus + h$, h는 궤도의 지표로부터 높이), 중력과 원심력의 크기를 같게 놓음으로써 원 궤도 속도 v_c를 결정할 수 있다.

$$v_c = \left(\frac{GM_\oplus}{r}\right)^{1/2} = v_0\left(1 + \frac{h}{R_\oplus}\right)^{-1/2} \qquad (2\text{–}13)$$

여기서 $v_0 = (GM_\oplus/R_\oplus)^{1/2} = 7.86\text{kms}^{-1}$는 지표($h = 0$)에서의 원 궤도속도이다. 이는 물론 지구 대기가 주는 마찰의 효과를 무시했을 때의 얘기이다. 식 (2–12)를 다시 정리하면,

$$v = \sqrt{2}v_0\left(\frac{R_\oplus + h}{h}\right)^{-1/2}$$

의 관계가 성립한다. 따라서 $h \to \infty$일 때 $v = \sqrt{2}v_0$가 되는데, 이 값이 바로 이탈속도 v_{esc}이다. 인공위성의 궤도에서가 아니라 지표에서의 속도가 이만한 정도이면 지구 중력에서 벗어날 수 있다는 얘기이다.

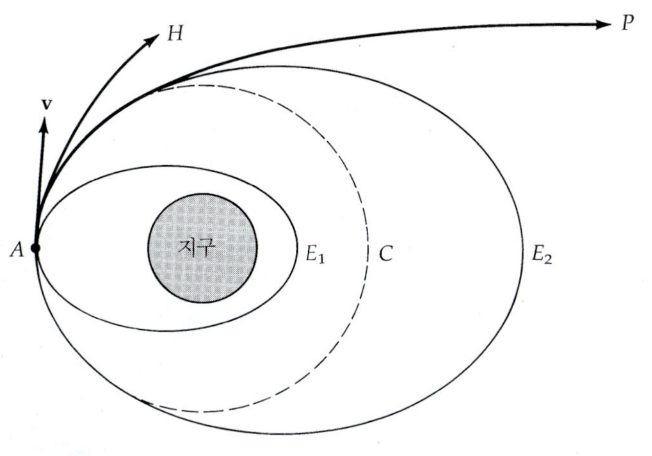

그림 2-13 우주 탐사선들의 지구 주위 궤도
위치 A에서 궤도 진입 속도 $\mathbf{v}$가 탐사선의 궤도를 결정한다. 궤도 진입 속도가 그 지점에서 지구를 중심으로 하는 원을 그리며 돌 수 있는 특정 값 v_c와 같으면 탐사선은 물론 원 궤도 C에 진입할 것이다. $v = \sqrt{2}v_c$이면, 탐사선은 포물선 궤도 P에 진입한다. 만약 $v > \sqrt{2}v_c$이면, 쌍곡선 궤도 H에 들어간다. $v_c < v < \sqrt{2}v_c$이면, A를 근지점으로 하는 타원 궤도 E_2를 그리게 된다. 진입 속도가 $0 < v < v_c$의 범위에 들어오면, A를 원지점으로 하는 타원 궤도 E_1에 진입할 것이다.

우주선 궤도의 특성은 연소 종료 시점에서의 속도, 즉 **궤도 진입 속도**(burn-out velocity)의 크기에 따라 결정된다. 간단한 예로서, 그림 2-13의 A점에서 지표면에 평행하게 날아가는 물체를 생각하자. 이때 궤도 진입 속도 v의 크기를 안다면, 에너지 방정식 (1-28)로부터 궤도 긴 반지름 a를 구할 수 있다.

$$a = \frac{r}{[2 - (v/v_c)^2]} \qquad (2\text{-}14\text{a})$$

여기서 r은 지구중심에서 A까지 잰 거리이다. 또는 식 (2-14a)를 거꾸로 해서 긴 반지름이 a가 되는 데 필요한 **사출 속도**(射出速度, injection velocity)를 구할 수도 있다.

$$v = v_c\left(2 - \frac{r}{a}\right)^{1/2} \qquad (2\text{-}14\text{b})$$

그러므로 $v = v_c$인 경우에는 반지름 $r = a$인 원 궤도를 그리게 된다. $v = \sqrt{2}v_c$인 경우에는 긴 반지름이 무한대가 되어 물체는 포물선을 따라 지구를 이탈한다. 이 속도는 위치 r에서의 이탈속도와 같다. $v > \sqrt{2}v_c$인 경우에는 쌍곡선 궤도를 그린다. 한편, $v < \sqrt{2}v_c$에서는 타원 궤도를 그리게 되는데, 이때 점 A가 궤도의 근지점(近地點, perigee)이나 원지점(遠地點, apogee)이 될 수 있다. A점에서의 속도의 방향은 동경 벡터와 수직이다. $v_c < v < \sqrt{2}v_c$인 경우, 식 (2-14a)에 나타낸 바와 같이, A 점에서는 $a > r$이다. 따라서 A점은 근지점이 되며, 궤도는 A보다 지구에 더 가까이 접근할 수 없다(그림 2-13에서 E_2궤도). $0 < v < v_c$인 경우에는 $a < r$이므로, A점은 원지점이 된다(그림 2-13에서 E_1궤도). 이 경우 우주 탐사선의 근지점 거리가 $R_\oplus$보다 작으면 지구와 충돌할 것이다.

2.3.4 행성 간 여행

태양계의 구석구석을 탐사할 목적으로 우주에 진수되는 탐사선들은 행성과 마찬가지로 태양을 중심으로 하는 궤도 운동을 하게 된다. 복잡한 실험 기구를 장착한 탐사선을 원하는 행성에까지 보내려면 엄청난 양의 연료가 필요하다. 그러므로 연료 소비를 최소로 줄일 수 있는 최소 에너지 궤도에 큰 관심을 갖지 않을 수 없다. 우리는 제1장에서 긴 반지름이 a인 궤도에 묶여 있는 2체 계의 총 에너지가 $-1/a$에 비례한다는 사실을 알았다. 그러므로 a가 작을수록 에너지의 절대값은 커지지만, 최소 a의 궤도가 최소 에너지 궤도이다.

수성을 향한 우주 탐사선을 하나 생각해 보자(그림 2-14). 지구에서의 발사가 이 탐사선의 원일점을 결정한다. 수성에의 도착이 근일점을 결정한다. 다시 말해서 탐사선의 궤도가 외부 행성의 궤도와 접하는 곳이 원일점이며, 내부 행성에의 접점이 근일점이다. 문제를 쉽게 하기 위하여 행성들의 궤도가 원이라고 가정하겠다. 지구 궤도는 이 가정에 부합하지만 수성 궤도는 그렇지 않다. 하지만 수성 궤도의 이심률은 이 문제에서 무시하기로 한다. 그렇다면 탐사선 궤도의 긴 지름은 원일점 거리와 근일점 거리의 합으로 주어진다. 즉 $2a = r_{\text{per}} + r_{\text{ap}} = (0.387 + 1.00)\text{AU} = 1.387\text{AU}$, 따라서 긴 반지름은 $a = 0.695\text{AU} = 1.04 \times 10^{11}\text{m}$이다. 그렇다면 최소 에너지 궤도에 진입할 수 있는 발사 속도는 얼마인가?

활력 방정식 (1-34)

$$v = \left[GM_\odot\left(\frac{2}{r} - \frac{1}{a}\right)\right]^{1/2}$$

을 이용하면 원일점 속도가

$$v_{\text{ap}} = [(6.67 \times 10^{-11}) \times (1.989 \times 10^{30})]^{1/2}$$

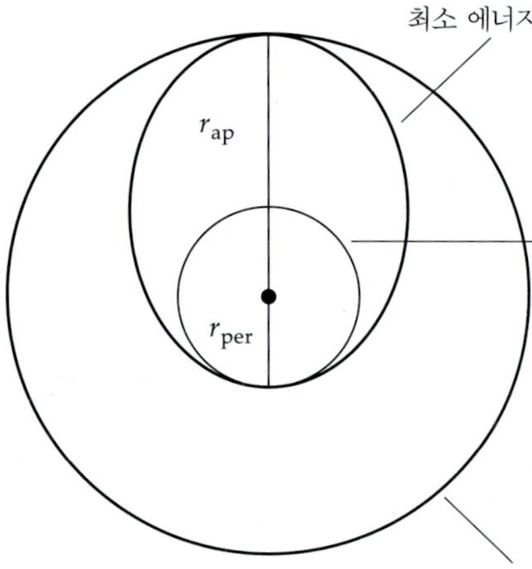

그림 2-14 수성까지 가는 최소 에너지 궤도

$$\times \left[\left(\frac{2}{1.5} \times 10^{-11} \right) - \left(\frac{1}{1.04} \times 10^{-11} \right) \right]^{1/2} \mathrm{ms^{-1}}$$
$$= 2.22 \times 10^4 \mathrm{ms^{-1}} = 22 \mathrm{kms^{-1}}$$

로 계산된다. 지구의 태양 주위 공전 속도가 $30\mathrm{kms^{-1}}$이므로 이 탐사선을 지구의 궤도 운동의 반대 방향으로 $8\mathrm{kms^{-1}}$의 속력으로 발사하면 수성에 보낼 수 있을 것이다.

개념 적용 최소 에너지 궤도

목성 탐사선이 최소 에너지 궤도에 진입했다면 목성까지 가는 데 시간이 얼마나 걸릴지 조사해 보자.

이 궤도의 긴 반지름은 $a = (1.00 + 5.20)\mathrm{AU}/2 = 3.1\mathrm{AU}$이다. 케플러 제3법칙 $[P/\text{년}]^2 = [a/\mathrm{AU}]^3$에 위의 긴 반지름 값을 대입하면, 주기가

$$\left[\frac{P}{\text{년}} \right] = \left[\frac{a}{\mathrm{AU}} \right]^{3/2} = (3.1)^{3/2} = 5.5$$

즉, 5.5년으로 계산된다. 도착까지 걸리는 시간은 주기의 절반이므로, 발사 후 약 2.8년이면 목성에 도착할 것이다.

핵심 수식과 개념

- 구형 천체의 평균 밀도

$$\langle \rho \rangle = \frac{3}{4\pi} \frac{M}{R^3}$$

- 이상기체의 상태방정식

$$P = nkT$$

- 이상기체 입자의 평균 운동에너지

$$\langle KE \rangle = \frac{3}{2} kT$$

- 기체 분자의 제곱평균제곱근 속도

$$v_{\mathrm{rms}} = \left(\frac{3kT}{m} \right)^{1/2}$$

- 이탈속도

$$v_e = \left(\frac{2GM}{R} \right)^{1/2}$$

- 천천히 자전하는 행성의 태양 직하점 온도

$$T_{ss} \approx 394\mathrm{K}(1 - A)^{1/4} \left(\frac{\mathrm{AU}}{r_p} \right)^{1/2}$$

문제

1. (가) 수성의 적도 지방에 사는 가상의 관측자에게, 태양의 하루 동안 천구 상에서의 이동 경로가 어떻게 보일지 설명하시오.

(나) 천왕성의 계절 변화를 설명하고 각 계절의 길이를 얘기하시오.

2. 천왕성, 해왕성, 명왕성의 공전주기들의 비가, 예를 들어 3/2처럼 거의 분수비(commensurable)를 가진다는 것을 보이시오.

3. 화성의 위성인 포보스와 데이모스가 케플러 제3법칙을 만족하는지 조사해 보이시오. 그러고 이 위성들의 궤도 정보로부터 화성의 질량을 구하시오.
4. (가) 질량이 10^3kg인 우주 탐사선의 무게를 적도와 극에서 비교하시오. (힌트 : 원심력을 고려해야 함.)
   (나) 목성의 자전 속도가 매우 빠르다는 사실을 염두에 두고, 목성 표면의 적도와 극에서 이 우주 탐사선의 무게를 비교하시오.
5. 지구에 대한 금성의 회합 자전주기를 구하는 식을 유도하시오. 평균 태양일 단위로 회합주기를 계산해서 이 책에 인용된 값과 비교하시오.
6. 17세기에 뢰머(O. Roemer)는 목성의 위성인 이오를 관측하여 빛의 속도가 유한하다는 결론을 내렸다. 그는 목성이 외합일 때보다 충일 때 목성에 의한 이오의 엄폐가 약 16.7분 더 빠르게 일어난다는 사실에 주목했다. 여기에 주어진 정보를 이용하여 광속의 근사값을 찾아보시오. 자신의 논지를 그림을 그려 뒷받침하시오. 뢰머 자신은 광속도의 크기를 계산하지는 않았다.
7. 다음 별에서 직하점 온도가 지구의 직하점온도와 비슷한 값을 가지려면, 그 별에서 얼마나 멀리 떨어져 있어야 하는지 계산해 보이시오. 이 경우 거리의 단위는 AU가 편리하다.
   (가) 리겔 : 표면온도 $T = 12{,}000$K, 반지름 $R = 35R_{\odot}$
   (나) 바너드의 별 : 표면온도 $T = 3{,}000$K, 반지름 $R = 0.5R_{\odot}$
8. 성간에서도 포름알데히드(H_2CO) 분자가 발견되었다.
   (가) 온도 $T = 280$K일 때 이 분자의 평균 속도를 구하시오. 지구의 달에 이 분자가 수십억 년 동안 붙잡혀 있을 수 있는지 설명하시오.
   (나) 토성의 위성 타이탄이 포름알데히드를 대기 중에 보유할 수 있는지 가늠하시오. 타이탄은 질량이 10^{23}kg이고 반지름이 2,600km이다.
9. 원일점이 5×10^4AU, 이심률이 $e = 0.995$인 혜성이 있다.
   (가) 근일점 거리와 공전주기를 구하시오.
   (나) 근일점과 원일점에서 이 혜성의 궤도속도는 각각 얼마인가?
   (다) 원일점에서 이 혜성이 태양계를 이탈할 수 있는 속도는 얼마인가? 이 계산의 결과로부터 내릴 수 있는 결론은 무엇인가?
10. 어떤 유성우는 매년 일정하게 보이고, 어떤 것들은 때로는 장관을 이루나 때로는 아주 희미하게 보이는데, 그 이유가 무엇인지 그림을 그려 설명하시오.
11. 금성은 대기 때문에 반사도가 0.77로 크다. 그렇다면 대낮에 온도가 얼마나 될지 추산하시오. 관측값은 750K이다.
12. (가) 수성의 온도는 대낮에 700K인 데 비해, 한밤중에는 125K로 된다. 낮과 밤에 최대 복사를 내는 파장을 각각 구하시오.
    (나) 수성 표면의 단위 면적에서 단위 시간에 방출되는 에너지의 양이 밤과 낮에 각각 얼마인지 계산하시오.
13. 지구, 금성, 화성은 모두 대기에 이산화탄소를 갖고 있다. 각 행성의 이산화탄소 분자의 제곱평균제곱근속도를 계산하여 그 행성에서의 이탈속도와 비교하시오. 이 비교를 통하여 지구, 금성, 화성의 이산화탄소 함량의 차이를 설명하시오.
14. 오오트의 구름에 있는 혜성 핵들의 궤도주기를 추산하시오.
15. 반지름이 100km, 반사도가 0.5이며, 자전 속도가 매우 빠른 소행성의 평형 흑체 온도를 계산하시오. 궤도 반지름이 2.8AU로서 화성과 목성 궤도 사이에 있는 소행성이다.
16. 질량 M, 반지름 R인 행성의 적도 표면에서의 자전 속도가 V라면, 이 행성의 자전 각운동량의 크기는 대강 MVR로 추정할 수 있다. 목성의 자전 각운동량과 공전 각운동량을 계산하고 이를 태양의 자전 각운동량의 크기와 비교하시오.
17. (가) 지구에서 발사한 금성행 우주 탐사선의 궤도 중에서 에너지가 최소인 타원 궤도의 긴 반지름을 계산하시오.
    (나) 지구 공전 궤도에서 지구에 대한 이 탐사선의 상대 속도를 구하시오.
    (다) 이 우주 탐사선이 금성에 이르렀을 때 금성에 대한 상대 속도가 얼마가 될지 추정하시오.
18. 어떤 물체가 지구중심으로부터 거리 r만큼($r > R_{\odot}$) 떨어진 위치에서 $\sqrt{2}v$의 궤도 진입 속도로 발사되었다고 하자. 이때 속도벡터가 지표면에 평행한 방향에 대하여 45° 위쪽 방향을 향하고 있다고 한다. 여기서 v는 $v_c/\sqrt{2} < v < v_c$ 범위 안에 든다고 한다. 이 물체가 그리는 궤도의 긴 반

지름(a), 공전주기(P), 그리고 이심률(e)을 r와 v와 기초 물리 상수 등을 써서 표현하시오. 발사점에서 근지점에 이르는 각 θ을 구할 수 있겠는지 논의하시오. (힌트 : 2.3.3항 참조)

19. 지표면에서 지구로부터의 이탈속도와 태양에서 1AU 떨어진 곳에서 태양으로부터의 이탈속도의 크기를 서로 비교하시오.

20. 내행성(지구형 행성)들은 대기의 수소함량이 적다. 그런데 외행성(목성형 행성)들은 주로 수소로 이루어져 있다. 지구와 목성을 내행성과 외행성의 기준으로 삼아, 수소의 *rms* 속도의 이탈속도에 대한 비를 지구와 목성에 대해서 각각 구하시오. 이 비의 차이로부터 지구형 행성과 목성형 행성의 대기가 갖는 성분의 차이를 설명하시오.

21. 이 장에 주어진 정보를 기초로 하여 핼리혜성의 수명을 추산하시오. 질량 손실률은 일정하다고 가정해도 좋다. 추산된 수명을 근거로, 당신은 오오트 혜성운의 존재에 관하여 어떤 얘기를 할 수 있는가?

22. 핼리혜성의 주기는 76년, 궤도 이심률은 0.967이다.

(가) 이 혜성의 근일점 거리와 원일점 거리가 얼마인지 계산해 보이시오.

(나) 핼리가 근일점과 원일점에 있을 때, 이 혜성의 태양 직하점 온도를 각각 계산해 보이시오.

(다) 핼리의 반사도는 3%이다. 근일점과 원일점에서 이 혜성의 흑체 평형 온도를 각각 계산해 보이시오.

23. 화성 탐사선의 최소 에너지 발사 속도를 계산해 보이시오. 최소 에너지 궤도를 따라 지구에서 화성까지 가는 데 걸리는 시간을 추산하시오.

3

Chapter

지구의 운동

태양계에 관하여 자세히 알아보기 전에, 이 장에서는 지구의 운동에 관하여 살펴보자. 제4장에서는 지구와 달의 물리적 성질을 다루게 되는데, 우리는 다른 어떤 행성보다 지구에 관해서 잘 알고 있으므로, 지구의 운동과 물리적 성질은 다른 행성을 연구하는 데 기초가 된다.

3.1 시간과 계절

우리는 초, 분, 시, 일, 주, 달, 년이라는 단어들을 잘 알고 있다. 하지만 이들은 엄밀하게 무엇을 의미하는가? 시간을 측정하는 방법은 인위적이고 관례적인 것이다. 천문학자들은 오래 전부터 초, 분, 시, 일은 지구의 자전 운동에서, 주(week), 달(month)은 달(moon)의 공전 운동에서, 년(year)은 태양에 대한 지구의 공전 운동에서 정의했다(먼저 부록 10 참조).

오늘날, 초는 국제단위체계(International System of Unit, ISU)(부록 6)에서 시간의 기본 단위이다. 원자시계는 1초를 다음과 같이 정의한다. 세슘(원자 번호 133) 원자에서 두 에너지 준위 사이의 천이에 의해 방출되는 빛의 9,192,631,770번의 주기로 정의한다. 이와 같은 시각은 협정세계시(Coordinated Universal Time, UTC)의 기본이 되고 있다. 때때로 천문학자들이 지방 표준 시간에 사용하는 수소 메이저 시각은 3,000만 년에 1초까지 정확하게 시각을 유지한다.

3.1.1 지구의 시간계

하루란 역사적으로 천구의 한 기준점이 자오선을 남중한 다음 다시 남중할 때까지 걸리는 시간으로 정의된다. **남중**이란 천구의 한 점이나 천체가 서쪽 방향으로 자오선을 통과하는 것을 말하며, **천구의 자오선**은 수평면에 북점에서 천정을 지나 수평면에 남점까지 잇는 가상적인 선이다. 천구에서 **춘분**점은 **항성시**(sidereal time)의 기준점이 되며, 1항성일(sidereal day)은 등간격의 24항성시간(sidereal hour)으로 인위적으로 나뉘고, 1항성시간은 60항성분(sidereal minute), 1항성분은 60항성초(sidereal second)로 나뉜다. 따라서 1시간이 항성에 대한 지구 자전 15°에 해당되므로, 춘분점이 천구 자오선 상에 있을 때 **지방 항성시**(local sidereal time)는 0시 0분 0초이며, 춘분점이 천구 자오선의 서쪽 30°(2시)에 있을 때 지방 항성시가 2시가 된다. **지방 항성시**는 춘분점의 시간각으로 정의된다(그림 3–1). **시간각**은 천체가 자오선에서 서쪽(양) 또는 동쪽

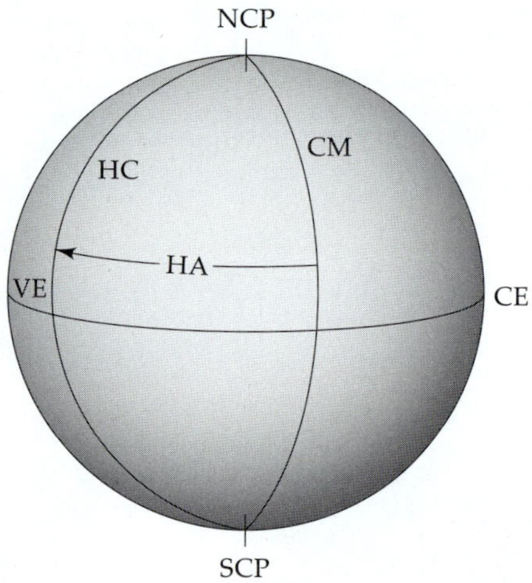

그림 3-1 천구의 기준선
천구에 관측자의 천구 자오선(CM), 천구적도(CE), 천구의 북극과 남극(NCP와 SCP), 시간권(HC)을 따라 춘분점(VE)의 시간각(HA)이 표시되어 있다.

(음)으로 떨어진 크기를 나타낸다. 춘분점은 매년 약 50″(각도로 50초)씩 천구적도를 따라 서쪽으로 이동한다(3.4.3항 참조). 따라서 실제로 지구의 자전주기(항성에 기준을 두고 측정된)는 1항성일로 정의된 것보다 0.008초가 더 긴 셈이다.[1)]

지구에서 일상에 사용되는 시간은 하늘에 태양의 위치를 기준으로 한 복잡한 것이다. **겉보기태양시**(apparent solar time)는 진짜 태양의 시간각에 12시간을 더한 것이므로, 지방 겉보기 정오(local apparent noon)는 12시에 생기며, 겉보기 태양일(apparent solar day)의 시작을 표시한다. 그러나 겉보기태양일의 길이는 동일 지점의 관측자에게도 1년 동안 일정하지 않다. 이러한 변화는 지구 궤도의 이심률과 지구적도면과 황도면, 즉 지구적도면과 궤도면과의 경사 때문에 일어난다(그림 3-2). 케플러 제2법칙에 의하면, 지구의 공전 속도는 근일점(1월 2일경)에서 최대가 되며, 원일점(7월 3일경)에서 최소의 값을 가진다. 태양에 이러한 운동 변화가 반영되어, 태양은 황도상에서 원일점보다 근일점에서 더 빨리 동쪽으로 움직인다. 이때 태양이 다시 정오의 위치에 나타나려면 지구는 그만큼 더 큰 각을 돌아야 하므로, 겉보기태양일은 원일점에서보다 근일점에서 더 길어진다.

또 다른 요인은 태양이 황도 위를 움직이고 있는 반면, 겉보기태양시는 천구적도를 따라 측정되므로, 천구적도에 평행한 태양의 동행(東行) 운동 성분만이 실제로 겉보기태양시에 영향을 끼친다는 점이다. 이와 같이 변화하는 겉보기태양시의 불편을 없애기 위하여, 우리는 **천구적도**를 따라 진 태양의 평균 각속도를 가지고 동쪽으로 움직이는 가상적인 점[즉 **평균태양**(mean Sun)]의 시간각으로 **평균태양시**(mean solar time)를 정의한다.

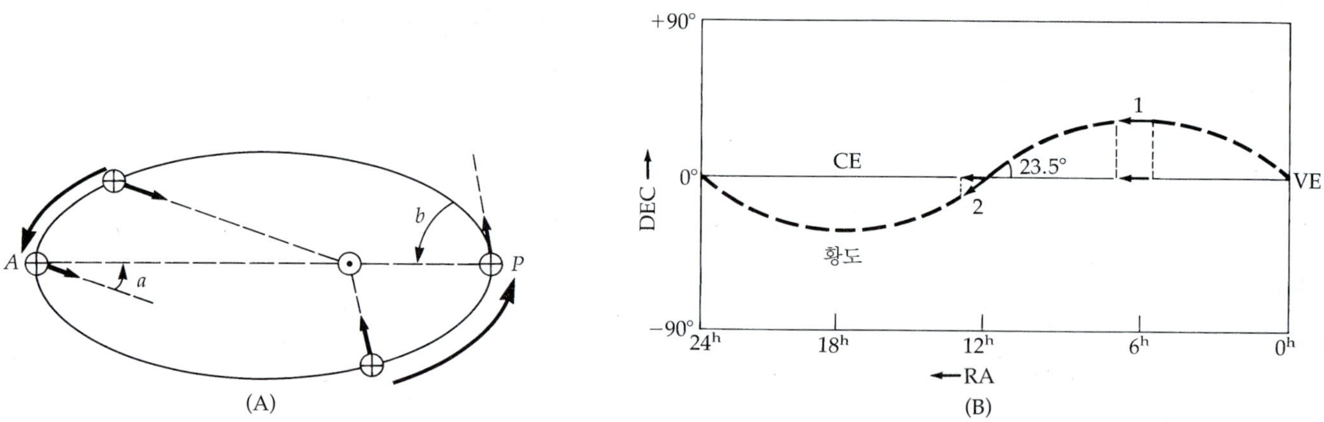

그림 3-2 겉보기태양시의 변화
(A) 하루에 지구가 공전 궤도를 따라 이동하는 운동을 나타내는 모식도. 지구가 원일점에 있을 때(A), 1겉보기태양일을 마치려면 (360° + a)만큼 자전해야 하는 반면, 근일점에 있을 때 (P)에는 (360° + b)의 각도만큼 자전해야 된다. 그런데 $b > a$이므로, 겉보기태양일의 길이는 원일점보다 근일점에서 더 길다. (B) 황도면이 적도면(CE)에 대하여 23.5°의 경사로 이루고 있음을 나타내 주는 직사각형의 천구도. 두 지점(1과 2)에서 태양이 매일 동쪽으로 황도상을 움직이는 모습이 나타나 있다. 이 운동 중에서 천구적도에 평행한 성분만이 겉보기태양시를 변화하게 한다.

1) 1항성일은 춘분점을 기준으로 하는데, 춘분점은 적도를 따라 매일 46″/365.25 ≈ 0.127″씩 서쪽으로 이동한다. 이것을 시간으로 환산하면 0.008초가 되므로, 1항성일은 지구의 항성자전주기보다 0.008초 짧다. (역주)

평균태양일(mean solar day)은 자정(평균태양에 대한)으로부터 시작되며, 그 길이는 항성년의 1/365.2564이다. 겉보기태양시와 평균태양시 사이의 차를 **균시차**(equation of time)라 한다. 평균태양은 실제 태양보다 앞서거나 뒤서거나 하여 최고 약 16분까지 차이가 생긴다.

이제는 항성시와 평균태양시를 비교해 보도록 하자(그림 3–3). 지구가 공전 궤도를 따라 거리 *A*만큼 이동하는 동안 지구의 자전으로 춘분점이 다시 남중 자오선에 온다. 즉 1항성일이 경과된다. 그러나 지구가 공전 궤도를 따라 대략 $360/365 \approx 1°$를 움직였으므로, 태양이 지방 자오선에 돌아오기까지는 이 각도만큼 더 자전해야 하며, 그때야 비로소 1 평균태양일 (*B*)이 경과된 것이 된다. 1°는 항성시로는 4분에 해당하므로, 1평균태양일은 1항성일보다 약 4분이 더 길다. 1항성일의 길이는 평균태양시의 단위로 23시간 56분 4.09초이다. 따라서 별들은 평균태양시를 기준으로 매일 밤 약 4분씩 일찍 떠오른다. 오늘 저녁 자정에 남중하는 별은 지금부터 한 달 뒤(30 × 4분 = 2시간)에는 오후 10시에 자오선을 지나게 된다.

가상적인 태양의 시간각이 관측자의 위치에 따라 달라지기 때문에, 평균태양시는 지표상의 경도에 따라서도 달라진다. 이러한 시간 체제(timekeeping system)를 실용적으로 사용할 때에 어려움을 피하기 위하여, 전 세계에 24개의 **시간대**(time zone)를 설정하였다. 즉 대략 15°(즉 1시간) 정도의 넓이에 해당되는 경도대(longitude zone) 내에서는 모든 지역이 동일한 **표준시**(standard time)를 사용하도록 하며, 각 시간대의 경계선에 있는 지역은 최대한의 편의에 따라 조정된다(예를 들면, 도시는 일반적으로 전체가 하나의 시간대에 속하도록 한다). 기준 시간대(reference time zone)는 경도가 0°인 영국의 그리니치에 두고 있다. 그리니치의 표준시를 **그리니치 평균시**(Greenwich mean time, GMT) 또는 상응되는 **협정세계시**(coordinated universal time, UTC)라고 하지만, GMT와 UTC는 거의 같으나 똑같지는 않다. 뉴욕 시는 동부표준대(eastern standard time, EST)에 속하며, 그리니치 시간대에서 5시간 서쪽에 위치한다. 따라서 세계시에서 5시간을 빼 주면 뉴욕 지방시가 된다. 여름에 특별히 낮 시간을 더 이용하기 위하여(3.1.2항), 세계 도처에서는 봄 중반부터 가을 중반까지 지방 표준시에 1시간을 더한다. 따라서 샌프란시스코에서의 **태평양 일광 절약 시간**(Pacific daylight savings time, PDT)으로 밤 11시는 '태평양표준시(Paific standard time, PST)' 로 밤 10시에 해당된다. 그리고 샌프란시스코는 그리니치에서 서쪽으로 여덟째 번의 시간대에 속하고 있으므로, 세계시를 알려면 태평양표준시(PST)에 8시를 더하면 된다(따라서 세계시는 태평양 일광 절약 시간에 7시간을 더하면 된다).

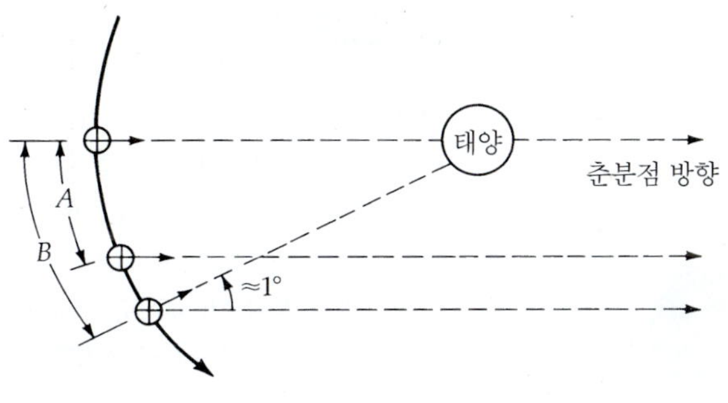

그림 3–3 항성일과 태양일

지구가 춘분점을 기준으로 하여 하루에 한 번 자전할 때, 지구는 공전 궤도상에 *A*의 거리를 이동하게 된다. 한편, 1평균태양일을 마치려면, 지구는 약 1° 더 자전하여 태양을 관측자의 자오선에 놓아야 된다. 그러므로 지구는 좀 더 긴 거리 *B*까지 이동해야 된다.

지구의 자전 속도는 적은 양이지만, 특히 원자시계와 비교할 때 예측하기 어려운 변화를 하고 있다(3.4절 참조). 태양계에 있는 천체의 위치를 정확히 예측하려면 일정한 속도의 시간 기준이 필요하다. 따라서 천체 역학에서는 세계시 대신 **역표시**(ephemeris time, ET)를 사용한다. 서기 1900년이 시작되는 순간부터 **역표초**(ephemeris second)는 회귀년으로 1900년의 길이의 1/31,556,925.97474인 값으로 정의되었고, 그 당시 세계시(UT)와 역표시(ET)를 일치시켰다. 오늘날 이 두 시간은 약 60초 정도 차이가 난다.

월(month)의 기원은 대단히 오래되었으며, 이는 달의 회합 공전주기인 29.53일에서 얻어진 것이다. 한 달의 길이는 계절에 따른 1년에 적절히 맞추기 위하여, 서양력에서 한 달은 28일, 30일, 31일의 인습적인 길이로 채택되었다. 7일(각각은 점성술의 전통에 따라 행성의 이름을 따서 붙였음)로 된 일주일의 길이는 달의 1/4위상($29.53/4 = 7.38$일 $\approx$ 7일)에 기초를 두고 있는 것 같으나 정확한 기원은 분명치 않다. 가장 토착적인 아메리카 전통에 따르면 달이 처음 보이기 시작하는 초생에서부터 마지막으로 보이는 그믐까지를 한 달 날짜로 세어, 평균 한 달이 대략 28일이 된다(달이 보이지 않는 날짜는 계산되지 않았다).

1년은 지구가 태양의 둘레를 한 바퀴 도는 데 걸리는 시간이지만, 정의하기에 따라 세 가지 형태의 1년이 생긴다. 항성을 기준으로 하면 지구의 공전은 365.2564의 평균태양일(365일 6시간 9분 10초)인 1**항성년**(sidereal year)이 걸린다. 반면, 365.2422의 평균태양일(365일 5시간 48분 46초)인 1**회귀년**(tropical year : 계절의 1년)은 매년 황도 위를 약 50″씩 서쪽으로 이동하는 춘분점에 대한 지구의 공전주기이다. 끝으로, 행성의 섭동으로 지구의 근일점이 공전 방향으로 이동하기 때문에, 연속해서 근일점을 통과하는 시간 간격을 1**근점년**(anomalistic year)이라 하며, 또 그 길이는 365.2596의 평균태양일(365일 6시간 13분 53초)이 된다.

계절의 변화와 대략 일치시킨 **그레고리력**(Gregorian calendar)은 365일의 평년과 4로 나누어지는 햇수인 366일의 윤년(leap year)으로 되어 있다. 2만 년 동안에 1일 이내의 오차를 정확히 맞추기 위해서는 400으로 나누어지는 해(서기 2000)는 윤년으로 하고, 4,000으로 나누어지는 해(서기 8,000)는 평년으로 한다.

3.1.2 계절

지구의 계절 — 봄, 여름, 가을, 겨울 — 은 지구의 적도면이 황도면에 대하여 23.5° 기울어져 있기 때문에 생긴다(그림 3-4). 지구 궤도의 이심률은 매우 작으므로(e = 0.017), 계절에는 별다른 영향을 주지 못한다. 북반구의 겨울(1월 2일)에 근일점을 지난다는 것을 기억하자. 일조 시간과 정오에 태양의 고도가 계절의 온도를 결정하게 되는데, 이 두 양은 관측자의 위도와 황도상에서의 태양의 위치에 따라 달라진다. 이 두 가지 요인에 대하여 각각 따로따로 생각해 보자.

태양이 황도상에 **춘분점**(vernal equinox, 대략 3월 21일경) 또는 **추분점**(autumnal equinox, 대략 9월 23일경)에 있을 때 태양의 적위는 0°이며, 이때 지표상의 어느 곳에서나 낮의 길이가 12시간, 밤의 길이도 12시간이 된다. 또, 태양의 정오 고도는 적도에서 90°(천정)이며, 양극에서는 0°가 된다. **하지점**(summer solstice, 대략 6월 22일경)일 때 태양은 23.5°인 최대의 적위를 가지며, 북위 23.5° — 북회귀선[Tropic of Cancer, 약 3,000년 전에 하지점일 때 태양은 게자리(Cancer)에 있었다] — 에 있는 모든 관측자에게는, 정오에 태양은 머리 위를 지나가게 된다. 이날 북반구에서는 낮이 가장 길고 여름이 시작되며, 같은 날 남반구에서는 겨울이 시작되고 낮이 가장 짧다.

태양의 적위가 −23.5° 일 때인 **동지점**(winter solstice, 대략 12월 22일경)에서는 위의 경우와 반대가 된다. 따라서 남위 23.5° — 남회귀선(Tropic of Capricorn, 3,000년 전 동지점은 염소자리에 있었다) — 에서 태양은 정오에 모든 관측자의 머리 위를 지나간다. 이때 북반구에는 겨울, 남반구에는 여름이 시작된다.

북위 66.5°를 북극권(Arctic Circle)이라 한다. 봄부터 여름이 되는 하지 때까지 낮의 길이가 차차 길어져서, 하지 때에는 24시간 동안 태양이 지지 않게 되며, 가을에서 겨울로 가면서

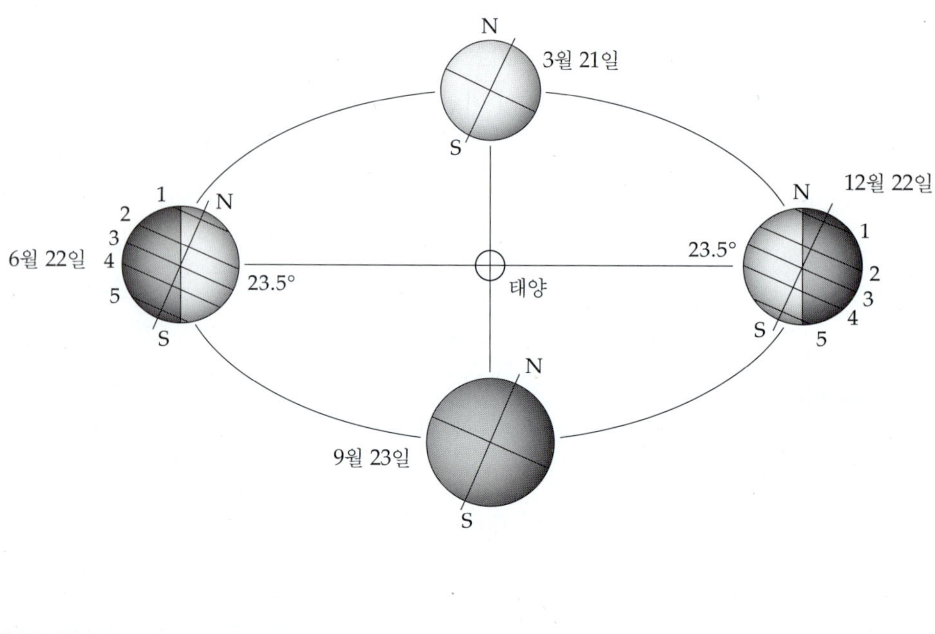

그림 3-4 지구 적도의 경사와 계절
지구의 적도면은 지구 공전면인 황도에 대하여 23.5° 기울어져 있다. 그림은 춘분(3월 21일), 하지(6월 22일), 추분(9월 23일), 동지(12월 22일) 때에 낮과 밤을 나타낸 것이다. 위도 표시 1, 2, 3, 4, 5는 각각 북극권(66.5°N), 북회귀선(23.5°N), 적도(0°), 남회귀선(23.5°S), 남극권(66.5°S)이다.

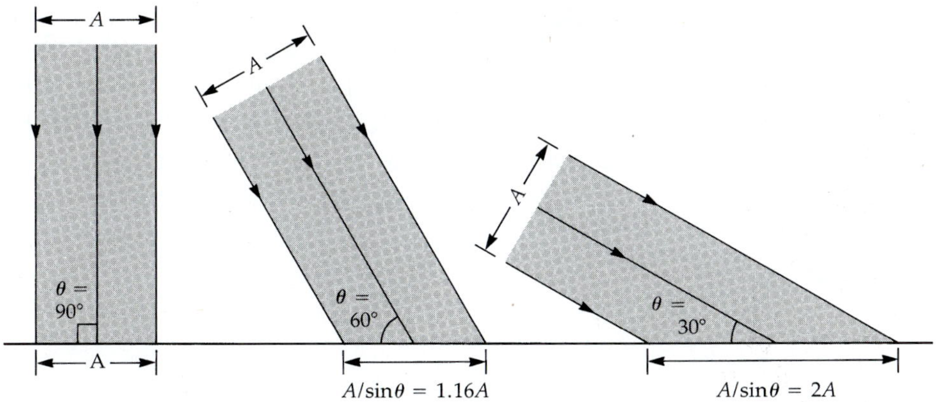

그림 3-5 태양의 일사량
태양이 천정에 있을 때, 단위 태양 에너지가 면적 A를 쪼인다. 그러나 태양이 고도 θ에 있을 때에는 동일한 에너지가 더 넓은 면적 $A/\sin\theta$를 쪼이게 된다.

낮의 길이가 짧아져 동지 때에는 24시간 동안 밤이 된다. 북극권보다 이북에서는 여름에 여러 날 동안 해가 지지 않으며[한밤의 태양(midnight Sun)], 반면에 겨울에는 여러 날 동안 해가 뜨지 않는다. 북극에서는 6개월 동안이나 계속되는 긴 낮이 춘분부터 시작되며, 6개월 동안의 긴 밤이 추분부터 시작된다. 남극권(Antarctic Circle, 남위 66.5°)보다 이남 지역에서는 북극권 이북에서 일어난 똑같은 현상이 6개월 후에 일어난다.

지구가 받는 태양 에너지의 총량은 태양까지의 거리에 따라 1년 동안에 변화한다. 매일매일 에너지 가열 효과—**태양 일사**(solar insolation)—는 위도와 시간에 따라 다르다. 태양의 고도에 따라 주어진 태양의 복사량이 비춰지는 넓이가 결정된다(그림 3-5). 태양이 천정에 있을 때, 단위 에너지가 면적 A에 쬔다고 하자. 태양의 고도가 θ가 되면, 같은 에너지는 면적 $A/\sin\theta$를 쬐게 된다. 따라서 가열 효과는 θ가 감소할수록 줄어든다. 여름에는 겨울보다 태양이 더 높게, 더 오랫동안 떠 있기 때문에, 이 투사 효과로 여름은 겨울보다 따뜻하다. 지구의 적도 지방에서는 정오 때의 태양이 천정으로부터 그다지 멀리 벗어나는 일이 없으므로 항상 덥다. 반면에, 양극 지방에서는 수개월 동안이나 태양이 지평선 아래에 있으며, 또 태양이 뜬다 하더라도 항상 고도가 낮은 위치에 있으므로, 얼음극관(polar icecap)이 나타난다.

지표(특히, 물의 높은 열용량 때문에 대양)와 지구 대기는 좋은 열저장고이므로, 태양의 가열 효과에 대한 반응이 느리다. 그 결과, 태양의 일사량 극대 시간과 온도 극대 시간 사이에 차이가 생기는 시간지연(time lag) 현상이 하루와 계절의 온도 변화에 보인다. 예를 들면, 비록 태양의 일사량이 정오 때 최대가 되지만, 일반적으로 이른 오후가 하루 중에서 가장 더운 때가 된다. 2월이 북반구의 겨울에 가장 추운 달이지만, 12월에 일사량이 가장 적다.

3.2 지구 자전의 증거

지구가 자전하고 있다는 사실을 어떻게 증명할 수 있는가? 천구가 서쪽으로 회전하는 것을 지구가 매일 동쪽으로 자전하기 때문에 생기는 반사 현상으로 볼 수 있으나, 이는 지구가 중심에 정지해 있고 천구가 그 둘레를 돌고 있을 경우에도 생기는 현상이므로 지구 자전의 증명은 되지 못한다. 그러므로 우리는 오직 입증이 잘되어 있는 뉴턴의 역학법칙에 바탕을 두고 지구 자전을 증명해야 할 것이다.

3.2.1 코리올리 효과

지구가 자전을 해야만 로켓과 지구 인공위성의 겉보기 궤도를 이해할 수 있다. 북극에서 발사되어 적도에 안착되는 포사 물체를 생각해 보자(그림 3-6). 자전하지 않는 지구 위에서 발사된 물체는 분명히 비행이 끝날 때까지 한 경도 자오선을 따라가게 될 것이다. 그러나 자전하고 있는 지구 위에서는 적도상에 있는 표적이 $0.46 kms^{-1}$의 속도로 동쪽으로 움직이고 있으므로, 발사체는 표적의 서쪽으로 떨어지게 된다. 발사체의 운동은 남쪽으로 향했지만, 그 물체를 지표에서 보면 오른쪽으로 편향되어 날아간다. 이 효과—**코리올리 효과**(Coriolis effect)—를 일으키게 하는 가상적인 가속도는, 1835년에 코리올리(Gaspard Gustave de Coriolis, 1792~1843)가 유도

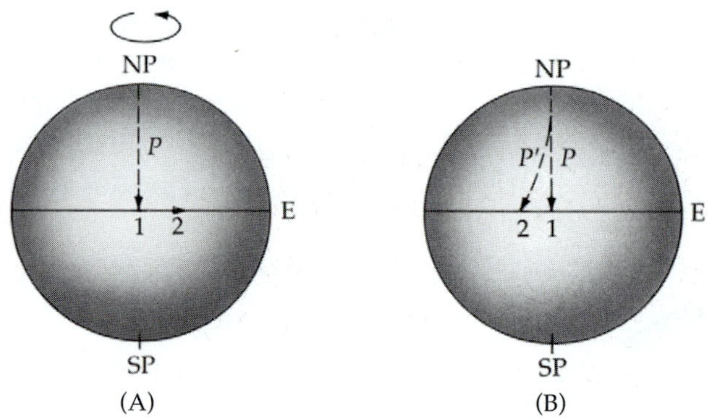

그림 3-6 지상에서의 발사체 궤도
(A) 자전하고 있는 지구에서, 북극으로부터 점 1에 위치한 목표물을 향하여 로켓이 발사되었다. 로켓이 나는 동안 지구(와 목표물)는 점 1에서 2로 이동한다. (B) 지표에 있는 관측자가 볼 때 지구가 자전하지 않는다면, 로켓의 궤도는 P가 되겠지만, 지구는 자전하고 있으므로 실제는 P'가 된다. 북극에 관측자가 볼 때 궤도가 오른쪽으로 휜다는 것을 기억하라.

해 낸 것이다.

운동이 시작된 기점에서 볼 때, 북반구에서는 운동하고 있는 물체가 항상 오른쪽, 남반구에서는 왼쪽으로 편향되어 나타난다. 발사체의 속도를 $\mathbf{v}$, 지구의 각속도 벡터를 ω[이것의 방향은 천구의 북극을 향하며, 크기는 지구 자전 속도를 라디안/초(radians/s)의 단위를 나타낸 것이다]라 하면, 이러한 편향은 코리올리 가속도

$$\mathbf{a}_{\text{코리올리}} = 2(\mathbf{v} \times \omega) \qquad (3\text{–}1)$$

로 요약된다. $\mathbf{v}$와 ω의 외적(cross product)은 이들 벡터의 수직 성분의 곱으로 나타내며, $\mathbf{a}_{\text{코리올리}}$의 방향은 오른손 네 손가락들을 $\mathbf{v}$의 방향으로 놓고, 이들을 ω의 방향으로 약간 돌릴 때 엄지손가락이 가리키는 방향이다(오른손 법칙).

식 (3–1)을 유도해 보자. 각속도 ω(그림 3–7)로 돌고 있는 회전판(turntable rotating) 위를 어떤 물체가 일정한 동경 방향 속도 $\mathbf{v}$로 움직이고 있다. 물체가 시각 t에서 원점 A를 출발하여 아주 작은 시간 dt 동안에 점 B까지 거리 dr를 움직였다. 그 동안 점 B는 B'까지 각거리

$$d\theta = \omega\, dt$$

만큼 회전한다. 그림에서

$$dr = v\, dt, \qquad ds = dr\, d\theta$$

이므로

$$ds = (v\, dt)(\omega\, dt) = v\omega(dt)^2$$

이다. 그러나 뉴턴 제2법칙에 의하면, 어떤 물체가 일정한 가속도 a로 dt 시간 동안 움직여 간 거리는

$$ds = a\frac{(dt)^2}{2}$$

이므로, 물체가 받는 가상적인 가속도를 벡터 형태로 나타내면

$$\mathbf{a}_{\text{코리올리}} = 2(\mathbf{v} \times \omega)$$

가 된다. 더욱이 편향된 방향은 식 (3–1)에서처럼 오른쪽이 된다.

코리올리 효과는 지구 대기에 대규모의 바람(대양 해류는 물론) 형태의 성질을 결정하는 데 중요한 역할을 한다. 온대성 저기압(사이클론)은, 북반구에서는 저기압의 중심을 향하여

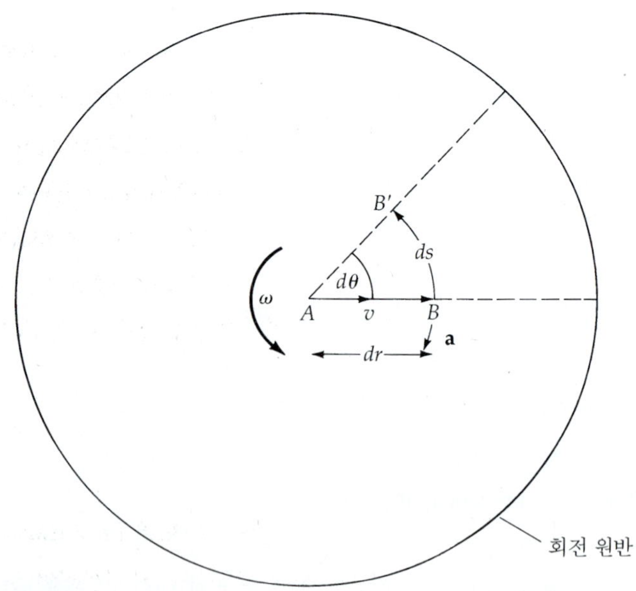

그림 3-7 코리올리 효과
물체가 dt 시간 동안, A에서 B(거리 dr)로 이동하는 사이에 회전 원반은 각 $d\theta$만큼 돌았다. 동시에 B는 거리 ds만큼 회전하여 B'에 이르게 된다. 그 결과, 물체는 회전 원반에 대하여 오른쪽으로 편향된 것처럼 보인다.

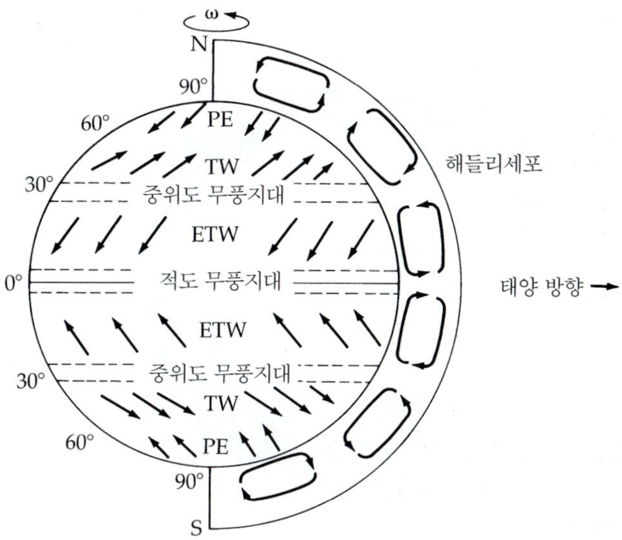

그림 3-8 대기의 대순환
대기가 태양열을 받으면, 대류에 의해 수직적 대류 세포의 기류가 생기며, 이러한 기류는 코리올리 효과에 의하여 오른쪽(북반구), 또는 왼쪽(남반구)으로 편향되는 효과를 받아, 동향의 무역풍(ETW), 편서풍(TW), 극동풍(PE)이 된다. 이러한 패턴은 남·북반구에 각각 3개의 해들리세포를 가진다.

불어 들어가는 공기가 오른쪽으로 향한 코리올리 편향에 의하여 반시계 방향(남반구에서는 시계 방향)으로 움직이는 공기의 국지적인 순환 현상이며, 온대성 고기압(안티사이클론)은 고기압 중심으로부터 밖으로 흘러나오는 공기가 북반구에서는 시계 방향(남반구에서는 반시계 방향)으로 편향되어 생긴 국지적 순환 현상이다. 태양 가열에 의해서 지면에 수직 운동 성분을 가진 대규모의 바람 **해들리세포**(Hadley cells)가 생긴다(그림 3-8). 이는 각 반구에 3개의 구조로 나타난다. 코리올리 효과는 바람을 지표면에서 동쪽으로 불게 하는 편동 무역풍(easterly trade winds, 북위와 남위 5~30°), 온대 편서풍(temperate westerlies, 북위와 남위 35~50°), 극 동풍(polar easterlies, 북위와 남위 60~90°)을 일으킨다. 저위도 지역에서는 대기의 운동이 비교적 조용한 적도 무풍대(doldrums, 북위와 남위 0~5°)와 중위도 무풍대(horse latitudes, 북위와 남위 30~35°)가 나타난다.

코리올리 효과는 **대류**(convection) 현상과 합성되어 대기 흐름의 전반적인 형태를 만드는 것에 유의하자. 대류란 유체의 뜨거운 부분이 차가운 지역으로 흘러들어가서 한 지역에서 다른 지역으로 열에너지를 전달하는 방법이다(이 밖에 에너지를 전달하는 방법에는 복사와 전도가 있다). 태양의 복사열이 지표와 그 인접 공기를 가열하면 지구 대기에서는 대류가 발생한다. 가열된 공기는 팽창하며, 그 밀도는 감소된다. 따라서 더운 공기는 위로 올라가고, 차고 밀도가 높은 공기가 내려온다. 내려온 공기는 지표와 접촉, 가열되어 결국은 위로 올라가게 된다. 이처럼 상승-하강하는 공기의 순환으로 지표에 열이 대기로 전달되고, 상승-하강의 기체 흐름이 생긴다.

3.2.2 푸코진자

1851년 푸코(Bernard Léon Foucault, 1819~1868)는 파리의 판테온(Pantheon) 사원 천정에 진자(pendulum, 길이 60m 정도 되는 철사 줄 끝에 단 무거운 추)를 매달고, 진자의 진동면이 하루 동안에 회전하는 사실에서 지구의 자전을 증명하였다. 지구가 자전하지 않는다면, 추에 작용하고 있는 모든 힘(지구의 중력과 줄의 장력)은 진동면에만 있기 때문에 이러한 진동면의 회전은 일어날 수가 없다.

지구에서 떨어져서, 지구가 자전하고 있는 상태에서 흔들리는 진자를 관찰해 보자. 북극에서는 진자가 일정한 평면 내에서 진동하고, 그 아래 지구는 24항성시간을 주기로 자전하므로, 진자는 $P = 24$시간의 주기로 서쪽으로 회전하는 것처럼 보이게 된다. 한편, 지구적도에 적도면에서 진동하는 진자는 이 진동면에 수직인 방향의 힘을 받지 않으므로, 진동면은 전혀 회전하지 않는다($P = \infty$). 또, 중위도 ϕ(그림 3-9)인 지방에서 지구의 회전 각속도 ω의 수직 성분은 $\omega \sin \phi$이다. 그런데 회전 각속도는 자전주기에 반비례($\omega = 2\pi/P$)하므로, 진자의 진동면은 $P = 24$시간$/\sin \phi$의 주기로 서쪽으로 회전하는 것으로 보인다. 푸코진자의 주기를 정확히 측정함으로써 위의 관계를 일일이 확인할 수 있으며, 또 지구의 자전주기를 순수하게 역학적으로 결정할 수 있다(이것은 또 지구 질량을

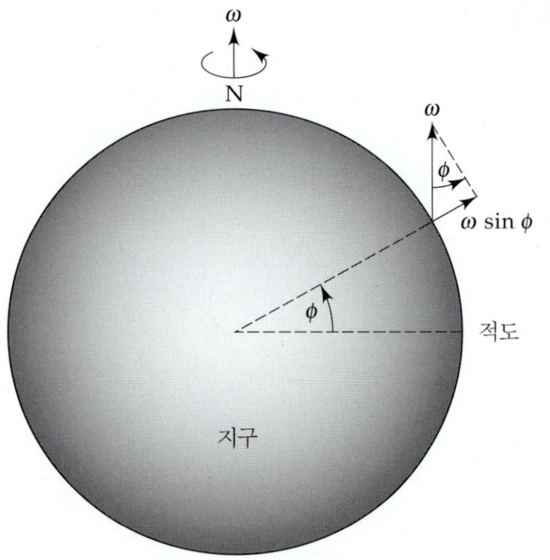

그림 3-9 푸코진자

위도 ϕ에서 지구의 자전 각속도의 수직 성분은 $\omega \sin \phi$이므로, 지구는 진자 아래서 $1/\sin \phi$에 비례하는 주기로 회전한다.

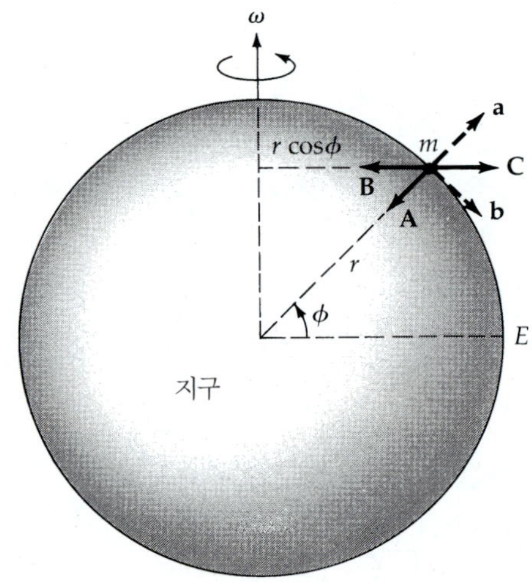

그림 3-10 지구의 타원체 형태

위도 ϕ에서 질량 m은 중력 가속도 **A**와 구심가속도 **B**(지축에 대한 자전으로부터)를 받는다. 구심가속도 **B**의 반작용 원심가속도 **C**의 수직 성분 **a**는 물체의 무게를 감소시키며, 수평 성분 **b**는 물질을 지구의 적도(E) 쪽으로 밀어 준다.

측정하는 방법도 제공한다).

3.2.3 타원체형의 지구

지구의 표면은 **편평한 회전 타원체**(oblate spheroid)의 모양을 하고 있다. 극 반지름(r_p = 6356.8km)은 적도 반지름(r_e = 6378.2km)보다 21.4km가 짧아서, 지구의 **편평도**(oblateness)는 $\varepsilon = (r_e - r_p)/r_e = 21.4/5378.2 = 1/298.3$이 된다. 이러한 타원체형은 지구가 자전하고 있음을 암시한다. 만일 지구가 유체로 된 것이라면, 그 모양을 보고 지구가 자전한다는 사실을 입증할 수 있다. 왜냐하면, 유체는 모든 외력에 의하여 모양이 결정되기 때문이다. 회전하지 않는 유체는 언제나 구형을 이룬다.

오늘날, 우리는 지구가 거의 강철에 가까운 강도를 가진 물질로 구성되어 있다는 것을 알고 있다. 그러나 이러한 물질들은 조형성이 있으므로 회전 유체의 평형 형태를 유지한다. 구형의 지구가 회전(그림 3-10)할 때 위도 ϕ에 위치한 질량 m은 다음과 같은 두 가지의 가속도(1.4.1항 참조)를 받는다.

(1) 지구 중심을 향하는 중력 가속도 $GM_{\oplus}/r^2$
(2) 반지름 $r \cos \phi$의 원 궤도에 작용하는 구심가속도 $\omega^2 r \cos \phi$

만일, 물체가 자유롭게 움직일 수 있다면(유체), 구심가속도의 반작용인 원심가속도가 이 질량에 영향을 준다. 이 원심가속도의 수직 성분 $a = \omega^2 r \cos^2 \phi$는 물체의 무게를 감소시키며, 수평 성분 $b = \omega^2 r \sin \phi \cos \phi$는 물체를 지구의 적도 방향으로 밀어낸다. 만일, 여러 개의 이와 같은 유체 물질(실제로 지구 전체)를 생각한다면, 적도 쪽이 볼록해져서 이 지구 적도의 '언덕'에 더 이상 유체가 쌓일 수 없을 때까지 적도가 불룩해진 평행상태의 타원체를 이루게 된다.

3.3 지구 공전의 증거

지구 자전의 경우와 마찬가지로, 태양 주위를 지구가 공전하고 있다는 것을 증명하려면 세심한 주의가 필요하다. 다음의 세 가지 증거는 코페르니쿠스나 케플러 시대에는 사용할 수 없었으므로, 이 두 과학자의 생각이 의심을 받았으며, 나중에야 서서히 받아들여졌다. 오늘날 이러한 증거들은 태양중심 태양계에 대한 논란의 여지가 없는 증거들로 인정을 받고 있다.

3.3.1 별빛의 광행차

1729년, 영국의 천문학자 브래들리(James Bradley, 1693~1762)는 **별빛의 광행차**(aberration of starlight)를 발견하였고, 유한한 광속(지금은 $c \approx 3 \times 10^5 \mathrm{kms}^{-1}$로 알려졌지만, 브래들리는 광속이 유한하다는 것은 알았으나 그 크기는 몰랐었다)을 사용하여, 이 현상이 지구의 궤도 운동 때문에 생긴다는 것을 설명하였다.

어떤 사람이 머리 위에 우산을 쓰고 수직으로 내리는 빗속을 걷고 있다고 가정하자. 그가 빨리 걸으면 걸을수록 비를 피하기 위해서는 우산을 더 앞쪽으로 기울이지 않으면 안 된다. 별빛이 망원경을 통해 들어올 때에도 이와 같은 현상이 일어난다(그림 3-11). 만일 지구가 정지하고 있다면, 우리는 천정에 위치한 별을 보기 위하여 망원경을 천정 쪽으로 향하면 된다. 그러나 지구가 v의 속도로 공전하고 있다면, 망원경 꼭대기로 들어오는 빛을 망원경의 밑바닥에서 보기 위해 지구가 움직이는 방향으로 망원경을

$$\theta \approx \tan\theta = \frac{v}{c} \tag{3-2}$$

만큼 기울여야 한다. 각도 θ는 작은 값이며, 라디안 단위이다.

브래들리는 극히 미소한 이 경사각, $\theta = 20.49''$를 관측했다. 식 (3-2)를 이용하면, 지구 공전 속도는 $v = \theta \times c = (9.934 \times 10^{-5}\text{rad})(3.0 \times 10^{5}\text{kms}^{-1}) = 29.80\text{kms}^{-1}$로 추산된다.

망원경을 기울여야 할 방향은 지구가 태양 둘레를 공전함

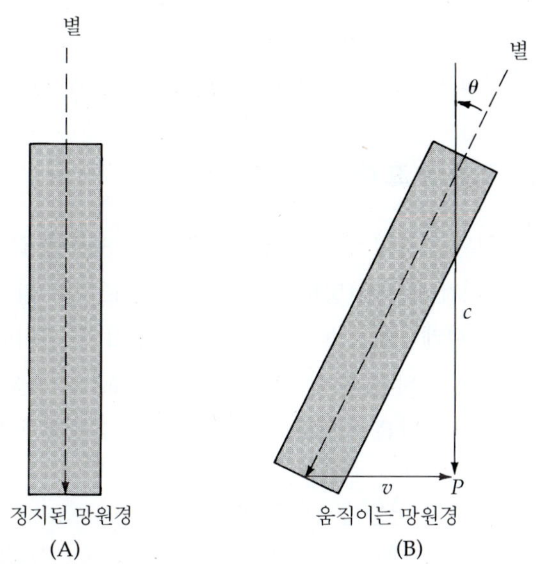

그림 3-11 별빛의 광행차

(A) 망원경이 정지해 있으면, 별빛을 관측하기 위해 망원경을 수직 방향으로 세워야 한다. (B) 망원경이 v의 속도(지구 공전의 결과)로 움직인다면, 별빛이 망원경의 밑바닥과 동시에 P점에 도달할 수 있도록, 망원경을 θ만큼 기울여야 한다.

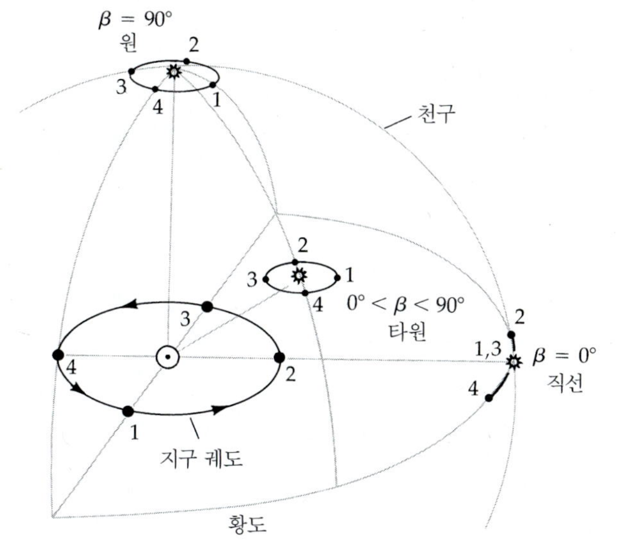

그림 3-12 광행차에 의한 겉보기 항성 궤도

지구가 태양 둘레를 공정하므로, 궤도상에 4점(1~4)에서 광행차 방향이 달라지고 별의 겉보기 위치가 달라진다. 별이 황도면에 바로 수직인 방향(황극), 황도, 중간의 황위에 각각 있을 때, 광행차에 의한 별의 겉보기 경로를 나타낸 것이다. 겉보기 궤도의 크기는 별의 거리에 무관하다.

에 따라 계속 변한다. 그런데 지구의 공전 궤도는 거의 원에 가까우므로, 별은 천구 상에 연주 광행차 궤도(annual aberration orbits)를 그린다(그림 3-12). 황극에 있는 별은 1년에 한 번씩 각반지름이 20.49″인 원을 그리며 움직이는 것처럼 보인다. 반면, 황도 상에 있는 별은 20.49″의 각반거리(angular half-length) 선상을 왔다갔다 하는 것으로 나타난다. 그 중간의 황위 β에 있는 별의 광행차 궤도는 긴 반지름 20.49″, 짧은 반지름 $20.49'' \sin\beta$인 타원이 된다. 지구가 태양 둘레를 공전한다는 것이, 이러한 관측에 나타나는 광행차 궤도를 설명해 주고 있다.

3.3.2 항성 시차

우리가 차를 타고 고속도로를 달릴 때, 우리에게 가까이 있는 물체는 먼 거리에 있는 물체에 대하여 차가 진행하는 방향과 반대 방향으로 움직이는 것처럼 보인다(그림 3-13A). 우리 시선의 이러한 원근 효과를 **시차**(parallax)라 한다.

태양중심의 태양계에 의하면, 지구는 태양 둘레(그림 3-13B)를 공전하고 있으므로, 지구에 가까운 별은 천구 상에서 시차 효과가 나타나야 할 것이다. 만일, 별의 시차각(parallax angle)을 π''(초)라 하면, 그림 3-13B로부터 거리는

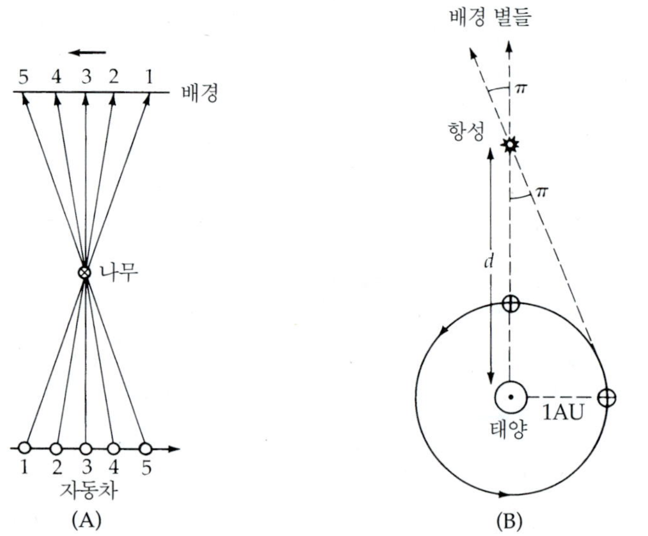

그림 3-13 시차
(A) 1에서 5의 위치로 이동할 때, 가까운 물체는 배경의 물체에 대하여 우리와는 반대 방향으로 운동하는 것처럼 나타난다. (B) 항성의 시차(각 π)는 태양에 대한 지구의 공전 운동의 결과로 발생한다. 1년 동안에 기선에서의 위치 변화, 즉 지구 궤도의 한쪽에서 다른 한쪽으로의 위치 변화 때문에, 배경 별들에 대한 가까운 별의 겉보기 위치가 변한다.

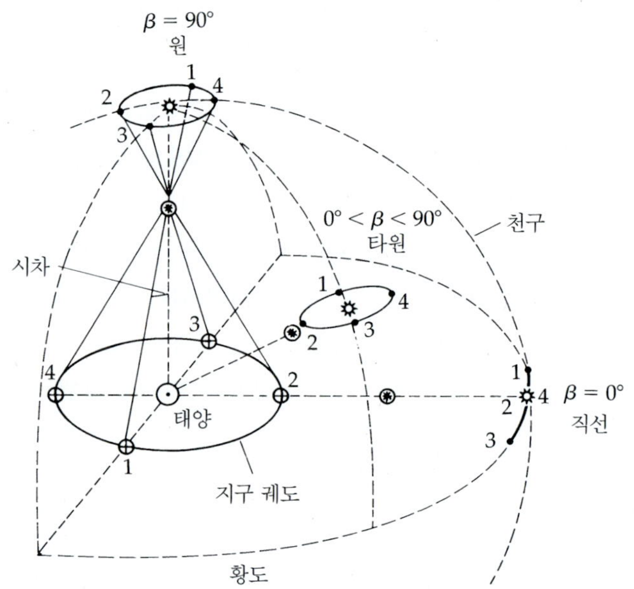

그림 3-14 시차에 의한 궤도
지구의 공전 궤도상에서의 위치 변화는 항성의 겉보기 위치를 주기적으로 변화하게 한다. 이 겉보기 궤도는 광행차에 의한 궤도에 대하여 90°의 위상차가 있으며(그림 3-12), 궤도의 각 크기는 항성의 거리에 의존한다. 또, 궤도의 모양은 황위 β에 따라 달라진다.

$$d = \frac{206{,}265}{\pi''}\,\mathrm{AU} \tag{3-3}$$

가 된다. 여기서 206,265는 1라디안(rad)을 초(″)로 나타낸 값이다(항성의 시차와 거리에 대한 완벽한 논의는 제11장 참조).

코페르니쿠스의 태양중심설은 항성의 시차가 19세기 초에 처음으로 관측될 때까지는 확고한 기반을 얻지 못하였다. 1838년, 베셀(Friedrich Wilhelm Bessel, 1784~1846)은 자신이 최초로 관측한 항성 시차, 즉 백조자리 61번 별의 시차가 0.294″임을 발표하였다. 이와 거의 동시에 스트루베(F.G.W. Struve, 1793~1846)는 직녀성(Vega, 거문고자리 α별)의 시차를, 헨더슨(T. Henderson, 1792~1844)은 센타우루스자리 α별의 시차를 알아냈다. 오늘날, 우리는 가장 가까운 별이 센타우루스자리의 프록시마(Proxima)로 시차는 0.764″이고, 거리는 270,000AU(약 4×10^{13}km 또는 약 4광년)로 알고 있다. 그러므로 모든 별의 시차는 1초보다 작다.

지구가 태양의 둘레를 궤도에 따라 공전하기 때문에, 각 별은 천구 상에 시차 궤도(parallactic orbit)를 그리다(그림 3-14). 황극에 위치한 별은 태양으로부터의 거리에 따라 각각 반지름이 다른 원을 그리는 반면, 황도상에 있는 별은 직선거리로 왕복한다. 일반적인 시차 타원 궤도의 경우, 긴 반지름에 대한 짧은 반지름의 비는 광행차 궤도의 경우와 같이 그 별의 황위가 β일 때 $\sin\beta$가 된다. 다만, 광행차 궤도는 주어진 β방향에 대하여 항상 같지만, 시차 궤도는 별의 거리에 따라 달라진다. 또, 광행차 궤도는 시차 궤도와 90°의 위상차를 가진다.

3.3.3 도플러 효과

지구 공전의 마지막 증거는 도플러 효과를 이용한 것이다. 제8장에서 전자파 복사(빛)의 파장은 관측되는 천체의 상대 시선 속도에 비례하여 이동된다는 사실을 알게 될 것이다. 만일, 파장 λ_0로 방출된 별의 선스펙트럼이 파장 λ로 관측되었다면, 광속보다 훨씬 작은 속도로 움직이는 경우, 도플러 공식은

$$\frac{\Delta\lambda}{\lambda_0} = \frac{\lambda - \lambda_0}{\lambda_0} = \frac{v_r}{c} \tag{3-4}$$

이며, 여기서 v_r는 관측자와 천체 사이의 상대 시선속도(후퇴할 경우는 양, 접근할 경우는 음의 값)이며, c는 광속이다.

황극에 있는 별에서는 도플러 이동이 일어나지 않는다. 왜냐하면, 지구 공전 속도는 이 방향 성분이 없기 때문이다. 중

간 황위 β에서는 도플러 이동량이 1년을 주기로 하여 sin 함수로 나타나며, 진폭 $\Delta\lambda$는 cos β에 비례하여 변한다. 따라서 황도 위에 있는 별은 도플러 이동의 최대 진폭을 나타낸다. 여기서는 지구 공전 속도의 크기 전체가 도플러 효과를 발휘하므로, 지구 공전 속도를 구하는 기본 방법은 이러한 도플러 이동의 극대량을 측정하여, 식 (3-4)를 이용해서 $v_{\oplus}$ = 29.80kms^{-1}를 구하는 것이다. 태양에 대한 별의 공간운동에, 지구의 공전에 따라 생기는 1년 주기로 변하는 도플러 이동이 겹쳐지게 되지만 이 두 가지 효과는 쉽게 분리할 수 있다. 지구의 자전 운동도 $\cos\phi\cos\delta$에 비례하는 진폭을 가지고, 하루를 주기로 일주(diurnal) 도플러 이동을 일으킨다. 여기서, ϕ는 관측자의 지상 위도, δ는 관측되는 천체의 적위이다.[2)]

3.4 차등 중력

두 구형 물체 사이에 만유인력은 마치 2개의 점 질량 사이의 인력처럼 작용한다. 그러나 만일 물체가 탄성체나 비구형일 경우, 또는 여러 개의 물체가 한꺼번에 있을 경우에는 차등 중력이 중요한 역할을 한다. 이 차등 중력 효과는 중력이 두 물체 사이의 거리에 의존하므로, 체적을 가지는 물체(또는 계)의 서로 다른 부분은 서로 다른 중력 가속도를 받게 되기 때문에 발생된다.

3.4.1 조석 현상

해변가에서 한동안 시간을 보낸 사람이라면 누구나 해면이 **조석**에 따라 매일 두 번씩 높아졌다 낮아졌다 하는 현상을 볼 수 있고, 또 이 조석 현상이 매일 약 1시간씩 늦게 일어난다는 사실도 알 수 있을 것이다(어떤 지역에서 매일 두 번의 조석 현상이 일어나게 되는 것은 지역 여건에 의해 결정된다). 달은 조석 현상을 일으키는 중요한 원인이다. 이는 달이 매일 53분씩 늦게 — 밀물이 늦어지는 시간과 같게 — 남중하기 때문이다. 물보다 훨씬 더 큰 응집력을 가지고 있는 고체인 지구도 달의 조석력(tidal force)에 대하여 상당히 빠른 반응을 나타낸다. 지구의 강도는 거의 강철의 강도를 가지기 때문에, 달의 조석력에 의하여 지구 표면이 수 cm의 높이로 올라가게 되는 지구 표면 조석 현상이 생긴다.

조석 현상을 일반적인 방법으로 설명하기 위하여 뉴턴 법칙을 이용해 보자. 지구가 본질적으로는 구형체라고 가정하자. 그리고 그 둘레에 일정한 두께의 해수가 균일하게 분포되어 있다고 가정한 다음, 달의 중력이 해수에 미치는 영향을 알아보도록 하자(그림 3-15A). 지표면 각 지점에서의 중력 가속도 벡터에서 지구중심(C)에서의 중력 가속도 벡터를 빼 주면 차등 조석 가속도(differential tidal accelerations)를 얻는다(그림 3-15B). 이러한 조석력은 지구와 달의 중심을 연결하는 선상에 있는 지구에 두 점 A와 B점의 해수를 약 1m 정도 높이로 오르게 하며, 지구는 매일 한 번씩 이와 같은 배치 상태에서 자전한다. 그러나 실제 조석은 지구의 대양 분지에 가중된 진동에 의하여 발생하므로, 조석의 높이와 조석 시각은 이론적인 것들과 현저히 달라질 수 있다. 어떤 항만과 하구에서는 조석의 높이가 10m 이상 되기도 한다.

이제, 보다 정량적으로 조석력을 유도해 보자. 우선 제1근사로서, 지구와 달이 그들의 질량중심 주위를 1항성월(27.32일)을 주기로 돌기 때문에 지구 표면에 생기는 작은 구심 가속

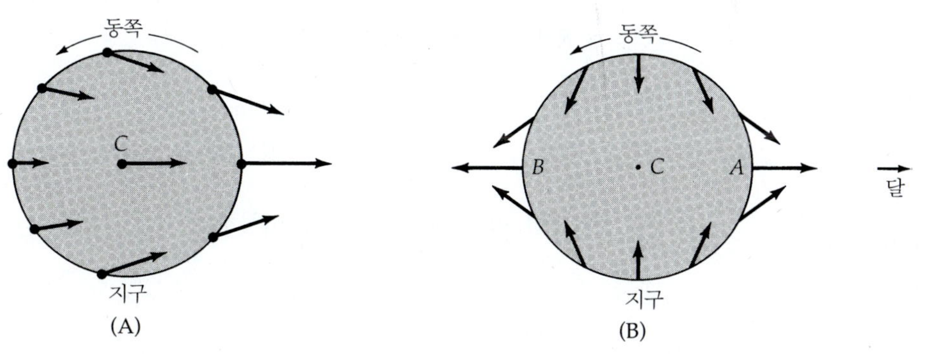

그림 3-15 지상에서의 조석력
(A) 힘의 벡터로 표시된, 지표상에 작용하는 달에 의한 인력. (B) 지표에 작용하고 있는 중력 가속도 벡터에서 지구중심(C)에 작용하는 중력 가속도 벡터를 빼 주면, 각 점의 조석 차등 중력 가속도가 남는다.

2) 지구의 공전속도에 의한 도플러 효과의 진폭은 $\frac{|\Delta\lambda|_{max}}{\lambda_0} = \left(\frac{v_{\oplus}}{c}\right)\cos\beta$이고, 자전속도에 의한 도플러 효과의 진폭은 $\frac{|\Delta\lambda|_{max}}{\lambda_0} = \left(\frac{\omega \cdot R_{\oplus}}{c}\right)\cos\phi\,\cos\delta$이다. (역주)

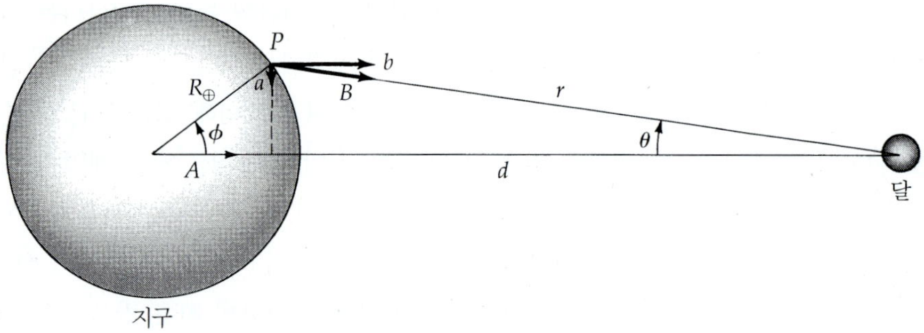

그림 3-16 지구 표면 P점에서의 달에 의한 조석력

도는 무시하자.[3)] 그림 3-16과 같이, 지구와 달의 중심이 거리 d만큼 떨어져 있고, 두 중심을 연결한 선과 ϕ의 각을 이루는 지표의 한 점 P에 놓여 있는 조그만 입자를 생각하자. 달에 의한 지구중심에서의 중력 가속도의 크기는 $A = GM/d^2$이며, 또 이 입자가 받고 있는 가속도의 크기는 $B = GM/r^2$이다. 여기서 M은 달의 질량이다. B와 A의 벡터차를 구해 보면, 두 중심을 잇는 선에 대하여 B의 수직 성분은 이 벡터차와 무관하며, 그 크기는 다음과 같다.

$$a = B\sin\theta = \frac{GMR_\oplus \sin\phi}{r^3} \tag{3-5}$$

두 중심선을 잇는 선에 평행인 B의 성분은 다음과 같다.

$$b = B\cos\theta = \frac{GM(d - R_\oplus \cos\phi)}{r^3}$$

여기서, A를 뺀 나머지에 해당하는 차등가속도는 다음과 같이 된다.

$$b' = \frac{GM}{r^3}\left[d - R_\oplus \cos\phi - \left(\frac{r^3}{d^2}\right)\right] \tag{3-6}$$

코사인 법칙과 $R_\oplus/d \ll 1$인 사실을 이용하면 다음과 같이 된다.

$$r^3 = d^3\left[1 - 2\left(\frac{R_\oplus}{d}\right)\cos\phi + \frac{R_\oplus^2}{d^2}\right]^{3/2}$$

$$\approx d^3\left[1 - 3\left(\frac{R_\oplus}{d}\right)\cos\phi\right]$$

따라서 식 (3-5)는 (최저 차원의 근사에서) 다음과 같이 된다.

$$a \approx \frac{GMR_\oplus \sin\phi}{d^3} \tag{3-7a}$$

또한, 식 (3-6)은 다음과 같이 나타낼 수 있다.

$$b' \approx \left(\frac{GM}{d^2}\right)\left[1 - \left(\frac{R_\oplus}{d}\right)\cos\phi - \left(\frac{r}{d}\right)^3\right]$$

여기서, 이항 정리(부록 9)를 이용하여 이 식을 r^3에 대하여 전개하면 다음과 같이 된다.

$$b' \approx \frac{GM}{d^2}\left[1 - \left(\frac{R_\oplus}{d}\right)\cos\phi - 1 + 3\frac{R_\oplus}{d}\cos\phi\right]$$

$$b' \approx \frac{2GMR_\oplus \cos\phi}{d^3} \tag{3-7b}$$

식 (3-7)은 정성적인 개념(그림 3-15B)을 입증했으며, 조석력은 MR/d^3에 비례하고 있음을 나타낸 것이다. 여기서 R은 조석의 영향을 받는 천체의 반지름이며, M은 조석력을 일으키는 천체의 질량, d는 두 천체 사이의 거리이다.

조석력에 대한 이 관계식은, 일반적으로 뉴턴의 만유인력 법칙을 R에 대하여 미분하여

$$\frac{dF}{dR} = -\frac{2GMm}{R^3}$$

이 얻어지면, dR을 식의 우변으로 이항하여

3) 사실 지구-달계의 궤도 운동에 의하여 지구에 가해지는 구심가속도는 달이 지구중심에 가하는 중력가속도와 같으므로, 본문에서 말한 것처럼 구심가속도가 작지는 않다. 본문에서, 지구중심에서의 중력가속도를 뺀다는 것은 결국 각 지점의 구심가속도를 뺀다는 것과 마찬가지다. 이때 구심가속도는 지구상의 어느 지점에서나 다 같다. (역주)

$$dF = -\left(\frac{2GMm}{R^3}\right)dR \quad (3-8)$$

로도 얻어진다. 여기서 dF는 R방향에 따라 작용되는 차등 중력이며, dR은 한 물체의 반지름이 되고 R은 조석력이 작용되고 있는 인접된 두 물체 간의 거리가 된다.

태양 또한 지구에 조석력을 작용한다. 차등 중력이 MR/d^3에 비례하고, 두 경우 모두 $R = R_{\oplus}$이므로, 태양과 달이 지구에 미치는 조석력 크기의 비는 다음과 같이 된다.

$$\left(\frac{M_{\odot}}{M_m}\right)\left(\frac{d_m}{d_{\odot}}\right)^3 = \frac{1.99 \times 10^{30}\text{kg}}{7.36 \times 10^{22}\text{kg}} \times \frac{(3.84 \times 10^5\text{km})^3}{(1.50 \times 10^8\text{km})^3} \approx \frac{5}{11}$$

달과 태양의 총 기조력은 벡터의 합으로 결합되므로, 그 결과는 달의 이각(elongation)과 관련된다. 즉 달이 합이나 충에 있을 때 두 기조력이 합쳐져 조차(潮差)가 높은 사리(spring tide)를 일으키고, 구(quadrature)에 있을 때에는 두 기조력의 일부가 서로 상쇄되어 조차가 적은 조금(neap tide)을 일으킨다.

3.4.2 조석 마찰의 결과

지면과 대양이 조수를 일으키는 힘을 받을 때, 에너지는 마찰에 의하여(열의 형태로) 소실된다. 이 에너지의 대부분은 대양 조수가 대륙으로 덮치는 얕은 바다와 해안선에서 소멸된다. 이 **조석 마찰**(tidal friction)은 지구 자전의 에너지를 감소시킨다. 따라서 하루의 길이는 현재 1세기에 약 0.002초의 비율로 증가한다(이 비율은 시간에 따라 변화한다). 이 조석 마찰은 지구−달계에서 일어난 두 가지 놀라운 현상의 원인이다. 즉 달의 **동주기 자전**(synchronous rotation)과 **조석에 의한 진화**(tidal evolution)는 조석 마찰에 의한 결과이다.

지구가 달에 미치는 조석력(body tide)은 달이 지구에 미치는 조석력(Earth's body tide)보다 $M_{\oplus}R_m/M_mR_{\oplus} \approx 20$배가 크다. 그러므로 달에서는 많은 조석 에너지의 소실로 달의 자전 속도가 느려져서 마침내는 달의 항성 자전주기가 지구에 대한 달의 항성 공전주기와 똑같은 동주기 자전을 하게 되었다.

외부로부터 지구−달계에 작용하는 회전 능률(torques)은 무시할 수 있을 정도로 작으므로, 이 계의 총 각운동량(1.5.1항 참조)은 일정하게 보존된다. 따라서 조석 마찰이 지구의 자전 속도를 감소시킴에 따라 지구의 각운동량은 그만큼 감소되므로, 이 계는 달과 지구와의 거리를 증가시킴으로써 감소된 만큼의 각운동량을 증가시키게 된다. 그 결과, 케플러 제3법칙에 의하여 '한 달'의 길이는 차츰 길어진다. 먼 장래에는 하루의 길이와 한 달의 길이가 같아져 그 길이는 현재 하루 길이의 50배가 될 것이다. 조석을 일으키는 힘은 해수를 가속하지만, 대양은 달의 조석력에 대하여 즉각적인 반응을 보이지는 않는다(그림 3−17). 따라서 달 바로 아래 지구에서는 자전에 따라 조석의 융기부가 지구와 달의 중심을 잇는 선에서 약간 동쪽으로 쏠리게 된다. 그런데 융기부 A는 융기부 B보다 달에 더 가깝게 때문에 달에 더 큰 힘을 미친다. 그 결과로 생긴 비중심력(noncentral force)은 달을 가속시켜, 지구로부터 나선을 그리며 멀어져 가게 한다. 이와 동시에, 지구 융기부에 작용하는 달의 기조력은 지구의 자전 속도를 감소시킨다(뉴턴의 제3법칙). 그러므로 과거에는 지구가 현재보다 빠른 속도로 자전했을 것이며, 한 달의 길이도 현재보다 훨씬 짧았을 것이다. 실제로 약 10^8년 전에 있었던 산호초의 화석에 대한 고생물학적 연구에 의하면, 그 당시 1년은 400일이었으며, 해면의 조석 현상은 현재보다도 훨씬 강력했었다. 즉 지구는 더 빨리 자전하였으며, 달도 더 가까이 있었다.

좀 더 확실하게 달의 궤도 각운동량이 증가되려면, 궤도 반지름이 커져야 하는 것을 보기로 하자. 케플러 법칙에 의하면 궤도가 클수록 그 주기가 길어진다. 그렇다면 더 큰 궤도 위로 움직일 때, 그 각운동량(질량 × 궤도 반지름 × 궤도속도)은 증가되겠는가? 감소되겠는가? 각운동량은 거리의 제곱근에

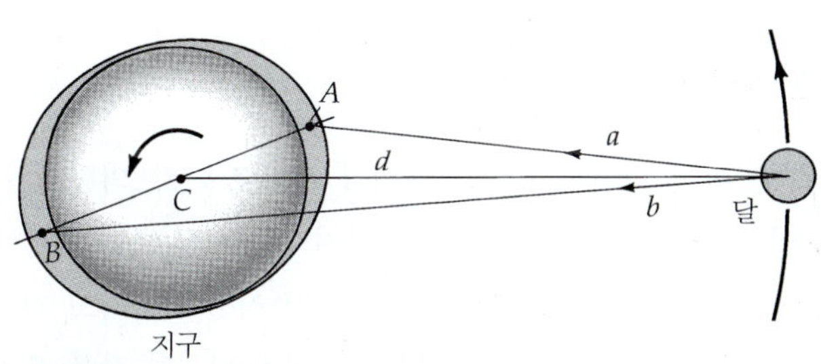

그림 3−17 조석에 의한 진화
조석으로 융기된 부분(A와 B)은 지구 자전과 마찰로 달의 궤도상 위치보다 앞쪽에서 생긴다. 이 때문에 지구의 자전은 느려지고, 공전 궤도상의 달은 가속된다.

비례하여 증가된다.

이제, 그 결과를 얻기 위하여 반지름 R인 원의 궤도를 가정하자. 그러면

$$L \propto RV$$

이며, 여기서

$$V = \frac{2\pi R}{P}$$

이므로

$$V^2 = \frac{4\pi^2 R^2}{P^2}$$

이다. 그런데 케플러 제3법칙에 의하면

$$P^2 \propto R^3$$

이므로

$$\frac{1}{V^2} \propto R$$

또는

$$V \propto \frac{1}{R^{1/2}}$$

이다.

다시 $L \propto RV$에 V를 적용하면

$$L \propto \frac{R}{R^{1/2}} \propto R^{1/2}$$

로, 위의 결과를 얻게 된다.

3.4.3 세차와 장동

여러분은 아마 회전하고 있는 팽이나 자이로스코프의 운동에 대해 잘 알고 있을 것이다. 팽이의 회전축이 지면에 수직 방향과 일치하지 않을 때, 팽이가 옆으로 곧 쓰러질 것이라고 기대하지만, 실제로 회전축은 수직 방향에 대해 일정한 각을 유지하면서 그 둘레를 천천히 돈다. 이러한 팽이의 **세차 운동**(precession)은 뉴턴의 운동법칙에 의해서 설명된다.

팽이에 작용하는 지구의 인력 **F**는 '수평 회전 능률(horizontal torque)' $\mathbf{N} = \mathbf{r} \times \mathbf{F}$를 일으킨다(1.5.1항 참조). 그런데 이 회전 능률은 팽이의 각운동량 벡터 **L**의 시간적 변화율($\mathbf{N} = d\mathbf{L}/dt$)이므로, 팽이를 넘어지게 하는 수직 성분은 존재하지 않는다. 따라서 팽이는 연직축 둘레를 회전하는, 세차 운동을 할 뿐이다. 타원체인 지구(자전하는)의 적도 융기부에 작용하는 차등 중력도 위와 같은 현상, 즉 지구의 세차 운동을 일으키는 회전 능률을 발생시킨다 .

달과 태양은 달의 영향이 지배적인 지구의 태음-태양 세차(lunisolar precession)를 발생시킨다. 달의 공전 궤도면은 황도에 대하여 약 5° 기울어져 있으나, 달의 평균적인 힘은 황도 위에 집중되어 있다. A와 B의 융기부를 가진 지구의 적도면은 황도면과 23.5°의 각도를 이루고 있다(그림 3-18). 융기부 A가 B보다 더 강하게 달에 끌리므로, 이 사이에는 중력의 차가 생기게 된다. 그 결과로 생긴 회전 능률은 지면(page) 쪽을 향하므로, 지구의 각운동량 벡터 **L**은 서쪽으로 세차 운동을 하게 된다. 태양도 이와 같은 영향을 주지만 크기가 약간 적을 뿐이다. 다른 행성들에 의하여 생기는 섭동 회전 능률도 전체 세차의 약 2%에 달하는 행성 세차(planetary precession)를 일으킨다. 이러한 회전 능률의 결과, 천구의 극은 황극에 대하여 23.5°의 경사를 유지하면서 약 26,000년을 주기로 황극을 중심으로 원 궤도를 그리며 돈다. 현재 비교적 밝은 북극성(Polaris, 작은곰자리α별)이 거의 천구 북극에 위치하고 있지만, 서기 14,000년경에는 직녀성(Vega, 거문고자리α별)이 북극에 위치하는 북극성이 될 것이다.

천구의 극이 세차 운동을 함에 따라, 천구적도가 황도와 만

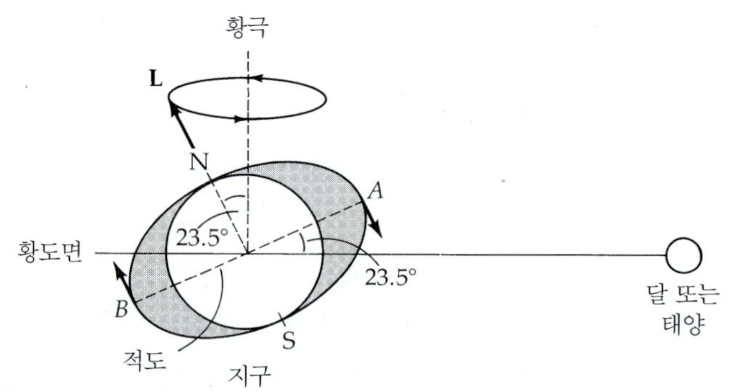

그림 3-18 지축의 세차 운동
지구 적도 상의 융기부(A와 B)에 달과 태양이 가하는 차등 중력은 회전 능률 N(종이 안으로 들어가는 방향)을 만들어, 지구의 각운동량 벡터(**L**)가 황극에 대하여 서쪽으로 세차 운동하게 한다.

나는 점(춘·추분점)은 황도 위를 360°/26,000년 ≈ 50″/년(천구적도 위를 약 50″ cos 23.5° ≈ 46″/년)의 속도로 서쪽으로 이동한다. 이 **분점 세차**(precession of the equinoxes)는 여러 가지 중요한 결과를 초래한다. 이것은 1일과 1년을 정의하는 지구상의 시간법에 영향을 끼치고, 또 한 관측자에게 주극성으로 보였던 별들이 바뀌며, 모든 천체의 좌표(부록 10)에도 지대한 영향을 준다. 이 세차 효과는 쉽게 관측되므로, 천구적도 좌표계(부록 10)에 천체의 위치를 항상 현재의 시간 기점에 맞도록 갱신해야 한다.

달과 태양은 지구적도면의 위아래를 움직이기 때문에, 지구적도의 융기부분에 작용하는 회전 능률은 주기적인 변화를 일으킨다. 이 변화는 지구의 자전축이 흔들리는 현상, 즉 **장동**(nutation) 현상을 가져온다. 장동 현상에 작게 기여하는 성분들은 달이나 년을 주기로 하는 것들이 있으나, 가장 중요한 것(광행차의 발견으로 알려진 브래들리가 발견)은 달의 궤도면과 황도면 교점의 후퇴(제4장)로 인하여 발생되는 것으로, 진폭이 9″, 주기가 18.6년인 장동 현상이다.

3.4.4 로시 한계와 불안정 한계

우리는 중력이 서로 미치고 있는 두 강체구의 상대궤도에 대해서 배웠고, 케플러 법칙을 유도하였다. 여기서는 비강체나 또는 2개 이상의 천체계에 작용하는 차등 중력의 효과를 생각해 보기로 하자. 일반적으로, 위성이 모행성에 가까이 가거나 멀어지면 무서운 역학적인 종말이 생기므로 위성은 모행성에 지나치게 접근할 수 없으며[**로시 한계**(Roche limit)], 또 너무 멀리 떨어져 있을 수 도 없다[**불안정 한계**(instability limit)].

질량 m, 반지름 r, 구형의 위성이 질량 $M(M \gg m)$, 반지름 R인 아주 무거운 모행성으로부터 d의 거리에서 돌고 있다고 생각하자(그림 3-19A). 만일, 이 위성이 충분히 크다면($r \geq 500$km) 자체의 중력은 다른 모든 응집력보다 커서, 결국 모양과 강도가 자체 중력에 의하여 결정된다. 1850년, 로시(Edouard Roche, 1820~1883)는 위성이 모행성으로부터

$$d = 2.44\left(\frac{\rho_M}{\rho_m}\right)^{1/3} R \qquad (3\text{-}9)$$

보다 더 가까이 접근한 경우, 조석력 때문에 산산조각이 난다는 것을 증명하였다. 여기서 ρ_M은 모행성의 평균 밀도(SI 단위 = kgm^{-3}), ρ_m은 위성의 평균 밀도이다. 이 거리를 로시 한계라 한다. 달의 경우를 예로 들면, 달이 지구의 중심으로부터 $d = 2.44(5.5/3.3)^{1/3} \approx 2.9R_{\oplus} \approx 18{,}500$km보다 더 가까이 접근한다면, 달은 작은 조각들로 부서지게 된다.

식 (3-9)는 회전 타원체(prolate spheroid, 럭비공 또는 미식축구공 모양) 모양을 한 유체로 된 위성이 모행성의 조석력을 받는 경우에 유도된 식이다. 이제, 이 결과를 근사적으로 유도하기 위하여 구형의 단단한 위성을 고려하기로 하자(그림 3-19A). 위성의 궤도 구심가속도 $\omega^2 d$는 모행성과 위성 사이의 중력 GM/d^2에 의하여 생기므로, 질량이 큰 모행성의 둘레를 도는 위성의 각속도(케플러 제3법칙)는 다음과 같다.

$$\omega = \left(\frac{GM}{d^3}\right)^{1/2}$$

모행성에 의한 위성의 중심(점 1)과 가장자리(점 2) 사이의 중력 가속도 차이는 다음과 같다.

$$A = \frac{GM}{d^2} - \frac{GM}{(d+r)^2} \approx \frac{2GMr}{d^3}$$

한편, 두 점 사이의 구심가속도 차는

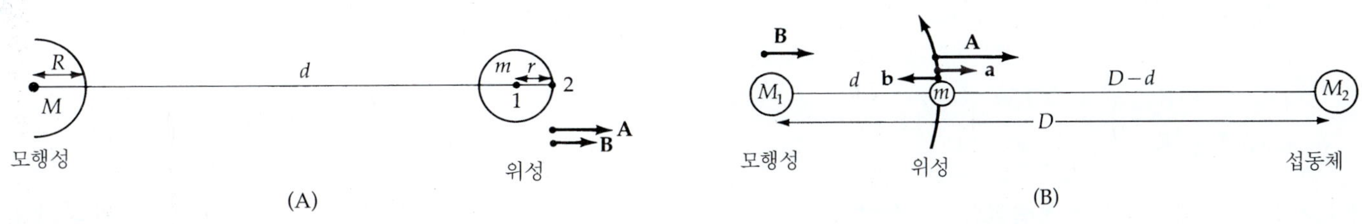

그림 3-19 로시 한계와 불안정 한계
(A) 로시 한계. 점 1과 2 사이의 차등 중력 **A**와 차등 구심가속도 **B**가 위성 자신의 중력보다 클 때, 모행성의 조석력 때문에 위성은 붕괴된다. (B) 불안정 한계. d가 불안정 한계를 넘을 때, 질량 M_2인 섭동체에 의한 차등 섭동력 **a** = (**A** − **B**)가 모행성에 의한 중력 **b**보다 커지므로, 위성 m은 모행성 M_1으로부터 이탈된다.

$$B = \omega^2(d + r) - \omega^2 d = \omega^2 r = \frac{GMr}{d^3}$$

인데, 이때 위성이 붕괴되지 않으려면 합력 $A + B = 3GMr/d^3$가 적어도 위성 자체의 중력 가속도 GM/r^2과 평형을 이루어야 하므로, 위성의 붕괴는 다음과 같을 때 일어난다.

$$d = r\left(\frac{3M}{m}\right)^{1/3} \tag{3-10}$$

평균 밀도는 전 질량을 체적으로 나눈 것이므로, $\rho_M = 3M/4\pi R^3$과 $\rho_m = 3m/4\pi r^3$을 식 (3-10)에 대입하면 다음과 같이 된다.

$$d = R\left(\frac{3\rho_M}{\rho_m}\right)^{1/3} \approx 1.44\left(\frac{\rho_M}{\rho_m}\right)^{1/3} R \tag{3-11}$$

식 (3-9)와 식 (3-11) 사이에 수치의 차가 생기는 것은 위성을 완전 강체(비유체)로 가정하였기 때문이다.

개념 적용 **조석력**

헬리혜성이 원일점(35AU)과 근일점(0.59AU)에 있을 때 태양에 의한 조석력의 비는 얼마인가? 또 헬리혜성은 로시 한계보다 태양에 근접한 것인가? 즉 조석력으로 헬리혜성은 부서질까?

차등 조석력은 다음 식과 같다.

$$dF = \left(\frac{2GMm}{R^3}\right)dR$$

여기서 dR은 혜성의 지름이고, M은 태양질량, m은 혜성질량, R은 태양과 혜성 간의 거리이다. 거리의 비를 제외한 계수들이 서로 상쇄되므로 근일점과 원일점에서의 조석력 비는

$$\frac{dF_{ap}}{dF_{per}} = \left(\frac{R_{per}}{R_{ap}}\right)^3 = \left(\frac{0.59}{35}\right)^3 = 4.8 \times 10^{-6}$$

이 된다. 또한 혜성의 핵은 본질적으로 얼음이고, 그 평균 밀도는 대략 태양의 밀도와 같으므로 로시 한계는 $d \approx 2.4(1)^{1/3}R \approx 2.4$배의 태양 반지름(solar radius)이 된다. 이것은 17×10^5km이므로 0.59AU보다 훨씬 작다. 일부 태양을 빗겨가는 혜성(sungrazing comets)이라고 불리는 혜성들은 로시 한계보다 태양에 가깝게 접근하여 부서지기도 한다.

우리는 조석력의 미분 형태[식 (3-8)]로부터 위의 결과를 더 근사하게 얻어 낼 수 있다. 크기가 같고 질량이 같은 두 입자가 접해 있을 때, 그 입자들 사이의 인력은 다음과 같이 표시된다.

$$F = \frac{Gmm}{(\Delta r)^2}$$

질량 M의 로시 한계 d는, 이 입자들 간의 인력과 질량 M에 의한 조석력이 같을 때 얻을 수 있다.

$$\frac{Gmm}{(\Delta r)^2} = \frac{2GMm\,dr}{d^3}$$

따라서 로시 한계 d는 다음과 같다.

$$d = \left(\frac{2M}{m}\right)^{1/3} \Delta r$$

또, 균일한 밀도를 가진 물체의 경우는 다음과 같이 표시된다.

$$d \cong 2.5\left(\frac{\rho_M}{\rho_m}\right)^{1/3} R \tag{3-12}$$

이 결과로, 여러 가지 경우에 비례상수만 달라지는 것이 입증되었으며, 이 비례상수에 일부는 내부 밀도 분포에 따라, 또 물질의 응집력에 따라 달라진다. 지름이 40km보다 큰 돌이나 얼음으로 된 물체의 경우는 이 계수가 1.38이 되며, 모행성을 향하여 곧바로 떨어지는 물체의 경우 계수가 1.19가 된다. 어느 경우에도 함수 관계는

$$d \propto \left(\frac{\rho_M}{\rho_m}\right)^{1/3} R$$

가 된다. 태양계 내의 거대한 자연 위성들은 모행성의 로시 한계보다 바깥에서 그 둘레로 돌고 있지만, 토성의 일부 작은 소위성은 실제로 토성의 로시 한계 안에서 돌고 있다. 토성의 아름다운 고리는 토성의 중심으로부터 약 80,000~136,000km

에 있으므로, 이들은 완전히 토성의 로시 한계인 약 150,000km 거리 안에 들어 있다. 목성, 천왕성과 해왕성의 고리들도 그들의 로시 한계 내에 있다. 이 한계 안에서는 지름이 약 40km보다 큰 돌이나 얼음으로 이루어진 위성은 존재할 수 없으며, 또 형성될 수도 없었다. 고리들이 수많은 고체 입자들의 합성체로 되어 있다는 사실은 이들의 응집력이 기조력에 의한 분쇄력보다 더 크다는 것을 의미한다. 인공위성은 분명히 지구의 로시 한계 내에서 돌고 있다. 그러나 이들은 몸체를 이루고 있는 물질의 장력 강도(tensile strength) 때문에 깨지지 않고 있다. 지름이 1m인 강철구는 $1M_\oplus$인 질점에서 100m 이내로 근접해야만 비로소 조석력이 내부 장력을 능가하게 된다.

어떤 천체가 모행성으로부터 아주 먼 거리에서 그 주위를 돌고 있다면, 제3천체에 의한 **차등 섭동**(differential perturbation)이 중요해진다(그림 3-19B). 즉 **불안정 한계**를 넘어서면, 위성은 모행성으로부터 이탈된다. 질량 M_2인 섭동체가 위성과 모행성에 미치는 차등 가속도($d \ll D$인 경우)는 다음과 같다.

$$a = A - B = \frac{GM_2}{(D-d)^2} - \frac{GM_2}{D^2} \approx \frac{2GM_2 d}{D^3}$$

이 가속도가 모행성으로부터의 중력 가속도 $b = GM_1/d^2$과 같아질 때, 궤도를 돌고 있는 천체는 다음과 불안정 한계에 놓이게 된다.

$$d = \left(\frac{M_1}{2M_2}\right)^{1/3} D \qquad (3\text{–}13)$$

여기서, 식 (3–13)은 $M_1 \ll M_2$일 경우에만 성립되며, $M_1 \geq M_2$일 때에는 더 정확한 다음과 같은 관계식을 써서 d를 D의 함수로 구해야 한다.

$$d^3(2D - d) = \left(\frac{M_1}{M_2}\right) D^2(D-d)^2 \qquad (3\text{–}14)$$

식 (3–13)을 이용하여, 달의 불안정 한계 — 태양이 섭동체가 될 경우 — 는 1.7×10^6km인데, 이 거리는 현재 지구–달 거리의 4배에 해당된다. 따라서 달은 이탈할 수 없는 안정된 곳에 있다. 혜성들은 약 10^5AU 이상인[식 (3–14)에서 $d \approx D/2$이며, $D \approx 2 \times 10^5$AU가 된다] 그들의 원일점에 있을 때, 다른 별($M_1 \approx M_2$)로부터의 섭동을 받아 태양계로부터 완전히 이탈될 수 있다.

핵심 수식과 개념

• 코리올리 가속

$$\mathbf{a}_{\text{코리올리}} = 2(\mathbf{v} \times \omega)$$

• 차등 조석력

$$dF = -\left(\frac{2GMm}{R^3}\right) dR$$

• 로시 한계

$$d = 2.44\left(\frac{\rho_M}{\rho_m}\right)^{1/3} R$$

문제

1. (가) 5평균태양 시간 동안에 항성 시계는 평균태양 시계보다 얼마나 앞서는가?(또는 뒤지는가?)

(나) 다음 날짜에서 겉보기태양시의 정오는 항성시로 대략 얼마나 되는가?

① 춘분 ② 하지 ③ 4월 21일 ④ 1월 2일

2. 각 계절마다 다음 위치에서, 하늘에 그리는 태양의 하루 경로를 방위각과 고도(부록 10)를 사용하여 표시하시오.

(가) 적도

(나) 북위 35°

(다) 북극

정오의 고도, 일출시의 방위각, 일몰시의 방위각, 태양의 경로가 수평선과 만나는 각을 쓰라.

3. 케이프커내버럴(Cape Canaveral)은 서경 80°23′, 북위 28°30′에 위치한다. 이곳에서 남쪽으로 로켓이 발사되어 10분 후 적도에 도착하였다. 도착된 지점의 경도는 얼마인가?

4. 코리올리 효과를 설명하는 데서, 일정한 가속도 a를 받는 물체가 시간 t 동안에 거리 $s = at^2/2$만큼 이동하였다고 했다. 이 물체의 속도는 t에 비례하며, 가속도는 실제로 a가 됨을 증명하시오.

5. 지구 자전도 역시 별빛의 광행차를 일으킨다.

(가) 이 일주 광행차의 최대값은 얼마인가?

(나) 지구상의 어느 지점에서 이것이 최대가 되는가?

(다) 어떤 별(천구 상에 위치)에 대하여 이것이 최대가 되는가?

6. (가) 지구 자전으로 인한 구심가속도는 적도에서 $\omega^2 R_\oplus$, $\omega = 2\pi/P$, $P = 1$일이라 하자. 어떤 사람이 북극에서 적도로 걸어올 때, 그 사람의 몸무게는 몇 퍼센트가 줄겠는가? 단, 지구의 편평도는 무시한다.

(나) 지구의 자전을 무시한다면, 타원체인 지구에서 어떤 사람이 적도에서 극까지 걸어갈 때 몸무게는 몇 퍼센트나 증가하겠는가?

(다) (가)와 (나)에서 얻는 결과를 비교하고, 이 효과들을 합쳐 유효 중력 가속도 g가 지구의 극에서 적도까지 어떻게 변화하는가?

7. 지구의 공전 속도는 약 30kms^{-1}이다. 한 별이 파장 $\lambda_e = 517.3$nm(1nm $= 10^{-9}$m)인 스펙트럼선을 방출한다. 이 별의 황도(황위 $\beta = 0°$)에 위치한다면, 지구가 태양의 둘레를 공전함에 따라 이 파장은 어느 정도의 진폭으로 진동할 것인가?

8. 3.4.1항에서 지면에 작용하는 달의 조석력을 구할 때, 지구–달계가 그 질량중심의 둘레를 항성월 주기로 도는 운동을 무시하였다. 질량중심에 원점을 두고 각속도 ω(이 항성월 운동에 의한)로 동쪽으로 회전하는 좌표계를 써서, 이 항성월 운동에 의한 지표상에서의 구심가속도를 고려하여, 지표면상에서의 총 기조력의 정확한 관계식을 구하시오. 단, 지구의 자전은 무시한다. (힌트 : 지구–달의 질량중심은 지구 내부에 있다.)

9. 큰 그래프 용지 위에 ① 지구, ② 화성, ③ 목성, ④ 토성, ⑤ 천왕성의 로시 한계와 각 행성의 가장 인접한 위성과 고리의 궤도를 적절한 척도로 그려 보시오. 모든 경우 $\rho_M = \rho_m$을 가정하고, 얻어진 결과를 간략히 요약하여 설명하시오.

10. 근지점에 있는 달, 근일점에서의 태양, 지구에 가장 가까운 거리에 있을 때의 금성에 의해 지구가 받는 기조력들을 비교하시오.

11. 지구와 달이 각각 구체이고, 달이 지구 주위를 원 운동하고 있다고 가정하자. 그러면 지구와 달의 회전 각운동량을 각각 구하고, 달의 궤도 각운동량과 비교하시오. 균일한 밀도의 구형 물체는 $(2/5)MVR$의 회전 각운동량을 가진다. 여기서, V는 적도에 회전 속도이며, R는 반지름이다. 지구–달계의 총 각운동량은 일정해야 한다(외부에서 작용하는 회전 능률을 무시하는 경우). 그러므로 조석 마찰에 의해 소멸되는 지구의 회전 각운동량의 비율에서 달이 지구로부터 멀어져 가는 비율을 구하시오.

12. 달이 지구로부터 차츰 멀어지게 되면, 더 이상 조석력에 의한 지구의 돌출부보다 달의 위치가 처지지 않으며, 각운동량의 전달도 멈춰지게 된다. 컴퓨터 계산에 의하면 이러한 것이 지구–달 거리가 6.45×10^5km일 때 발생한다고 한다. 그때 달의 공전주기를 구하시오.

13. 뉴멕시코의 앨버커키(Albuquerque, 북위 35°)에서 동지와 하지 때 정오의 일사량을 비교하시오.

14. 노스캘로라이나의 컬러위(Cullowhee, 북위 35°, 서경 83°)에 사는 천문학자가 뉴욕 주 해밀턴(북위 43°, 서경 75.5°)에 있는 동료를 방문하려 한다. 비행기를 타고 이륙하자 날씨가 나빠져 지상의 표지를 기준으로 비행할 수가 없었다. 또, 나침반이 고장이 나서 구름 위로 비행하여 북극성 방향으로 비행할 수밖에 없었다. 그는 북쪽을 향하여 비행하면서 동서 방향의 움직임은 코리올리 효과에 의존하였다.

(가) 코리올리 효과는 올바른 방향으로 작용할 것인가?

(나) 그렇다면 해밀턴이 위치한 위도에 도달하게 될 때 해밀턴이 위치한 경도에 도달하기 위하여 그가 비행해야 할 평균 비행 속도는 얼마나 되겠는가?

15. (가) 지구 궤도의 이심률 때문에 지구 공전 운동에 의한

광행차의 크기는 일정하지 않다. 근일점과 원일점에서 광행차를 구하시오.

(나) 화성에 있는 관측자가 근일점과 원일점에서 보게 되는 별빛의 광행차를 구하시오.

16. 1980년 초 태양에서 행성을 바라볼 때, 모든 행성이 최대 각거리 90° 이내로 태양의 한쪽 편에 위치했었다. 이것은 비교적 엉성한 일렬의 배열이었지만, 보이저 우주선이 웅대한 항행을 가능하게 하기에 충분했었다. 어떤 사람들은 이 행성의 일렬로 모든 행성의 합성된 조석력이 지구에 작용하여 파괴적인 지진이 일어날 것이라고 주장했지만, 이 예측을 진지하게 받아들인 과학자는 거의 없었다. 그 이유를 이해하려면, 목성(가장 질량이 큰 행성)과 금성(가장 가까운 행성)이 지구에 작용하는 최대 조석력을 계산해 보면 된다. 그리고 매월 달에 의해 발생되는 조석력과 비교해 보이시오.

17. 문제 10에서 우리는 지구에 작용되는 태양과 달의 조석력 크기를 비교하였다. 조석 간만의 차가 평균 밀물(average high tides)보다 높아지거나 평균 썰물(average low tiedes)보다 낮아지는 특별한 태양, 달, 지구의 배열이 있는가? 그러한 배열을 설명하시오.

18. 지구 자전축의 세차 주기는 대략 26,000년이다. 지구에 작용되는 평균 회전 능률을 구하시오. (힌트 : 문제 11에서처럼 지구의 자전 각운동량 계산이 필요하다.)

4

Chapter

지구와 달

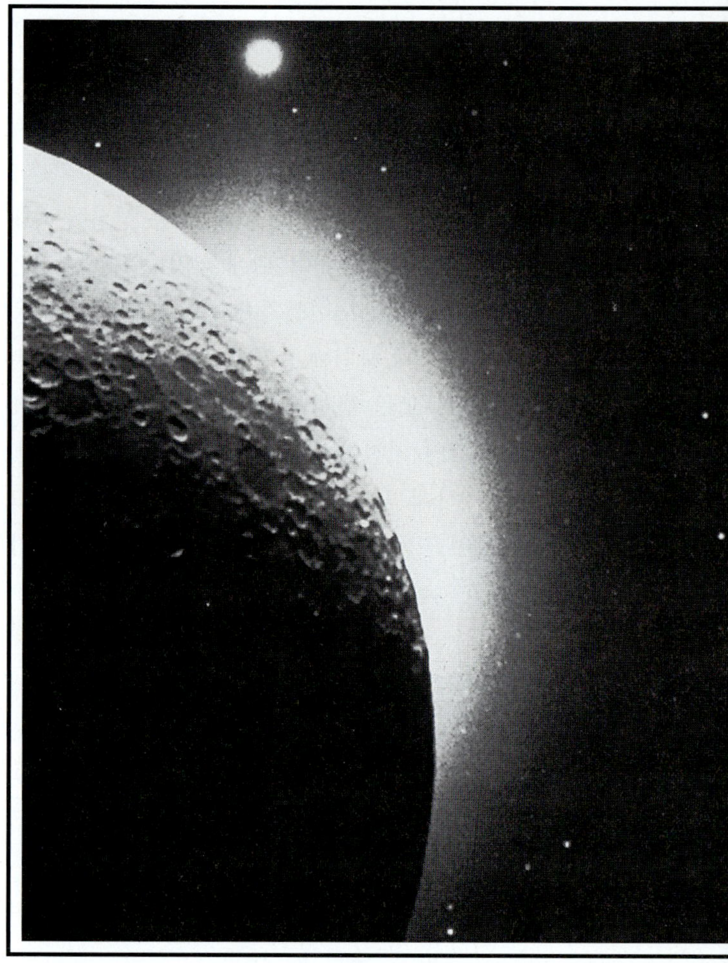

태양계를 세밀하게 관찰하는 것은 우리가 살고 있는 지구와 그 위성인 달로부터 시작된다. 수 세기에 걸친 탐사로는 지구를 더 많이 이해하게 됐으며, 달에 대한 연구는 1957년 유인 혹은 무인 착륙(landings)을 통한 우주시대에 접어들면서 급격히 진전되었다. 이 장에서는 가장 진화된 행성으로서의 지구와 화석 세계로서의 달을 알아보기 위해 지구의 이웃에 대한 우리의 지식을 간략히 살펴보고자 한다.

4.1 크기

지구의 크기는 고대 그리스의 천문학자 에라토스테네스(Eratosthenes, 기원전 276~195)에 의해 처음으로 결정되었다. 그는 하짓날 정오에 태양의 고도가 시에네와 알렉산드리아 사이에서 7°12′의 차이가 있다는 것을 발견하였다(그림 4–1). 지구가 구형이라고 가정하고 알렉산드리아가 시에네의 정북으로 약 5000스타디아(Stadia, 1stadium ≈ 0.16km)에 있음을 고려하면, 지구의 둘레는 (360°/7.2°) × 5000 = 250,000스타디아(약 40,000km)라는 것을 알아냈다. 이 값은 지구의 적도 반지름 $R_\oplus$ = 6378.2km의 1% 이내의 정확도를 가지는 값이다. 그러나 실제로 우리는 스타디움의 정확한 값을 모르므로 현대적 수치에 대한 일치는 우연일 수도 있다. 에라토스테네스는 원주에 대한 거리의 정확한 비를 얻었기 때문에, 틀림없이 이러한 방법에 대한 올바른 생각을 가지고 있었던 것으로 보인다. 현대적인 측정에서는 위성 측지학과 레이더와 같은 기술을 사용한다.

지구는 지구–달 체계에 있어서 중요한 동반체이다. 모행성과 비교할 때 달은 태양계 내에서 가장 크고 거대한 위성 중에 하나이다(그림 4–2). 명왕성의 위성인 카론은 반지름이 명왕성의 약 0.5배이고 질량이 1/7배로서, 모행성과 비교해 볼 때 가장 큰 위성이다(제6장). 달의 반지름은 1,738km(0.272$R_\oplus$)이고, 질량은 7.35 × 10^{22}kg이다(행성 자료에 관한 부록 3 참조). 지구와 달 사이의 평균 거리는 384,405km이고, 이는 약 60.3$R_\oplus$이다(그림 4–3A). 지구–달계의 **질량중심**(barycenter)은 지구의 중심으로부터 $M_m a_m/(M_\oplus + M_m)$ = (0.0123) × (384,400)/(1.0123) = 4,671km인 거리에 위치한다. 즉 지구와 달은 지표면에서 1,707km 아래에 있는 지점을 중심으로 매달 한 번씩 회전하고 있다(그림 4–3B).

인공위성이 지구의 질량에 비해 작다는 데 주목하고, 케플러의 제3법칙인 $M_\oplus + m_s \approx M_\oplus = 4\pi^2 a_s^3/GP_s^2$을 적용한다면, 인공위성 궤도로부터 지구의 질량을 측정할 수 있다. 달의

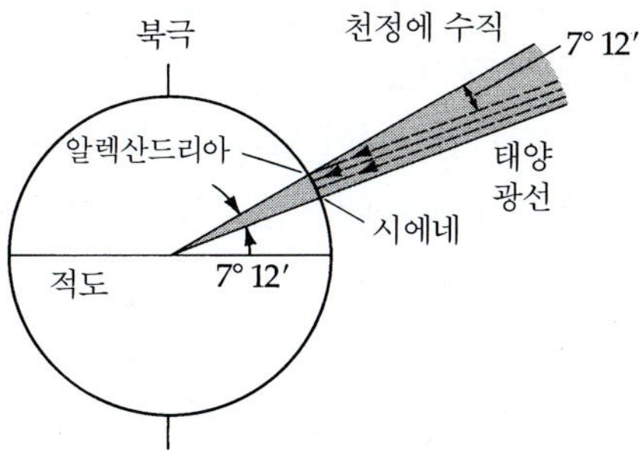

그림 4-1 지구의 크기를 결정하는 에라토스테네스 방법의 기하학
태양 광선은 서로 나란하게 들어옴에 유의하자.

질량은 지구-달계의 질량중심에 대한 지구의 운동을 관측함으로써 결정된다. 지구의 질량과 질량중심의 위치를 이용하여 달의 질량 $M_m = (d_\oplus / d_m)M_\oplus = 7.35 \times 10^{22}$kg $=$ $(1/81.3)M_\oplus$을 계산할 수 있다. 여기서 $d_\oplus$(= 4,671km)은 질량중심으로부터 지구중심까지의 거리이고, d_m은 질량중심으로부터 달중심까지의 거리이다.

지구와 달의 거리는 달 표면으로부터 반사되어 나오는 레이더 펄스를 이용하거나(수 m까지의 정확도), 아폴로 우주인이 달 표면에 설치한 레이저광 펄스를 이용하여(수 cm까지의 정확도) 구할 수 있다. 달의 각지름 31′(약 1/2°)와 달까지의 거리를 이용하여 계산한 달의 지름은 3,476km이다. 달의 거리는 궤도 이심률(e = 0.055) 때문에 근지점 거리에서 363,263km로부터 원지점 거리 405,547km까지의 범위를 가진다. 이에 따라 달의 각지름은 32.9′에서 29.5′까지 변화한다.

4.2 역학

4.2.1 운동

달은 별을 기준으로 할 때에는 질량중심 둘레를 1**항성월**(27.322일)의 주기로, 태양에 기준을 두었을 때에는 1**삭망월**(위상월, 29.531일)의 주기로 돈다. 달의 궤도 교선을 기준으로 할 때 궤도의 주기는 1**교점월**(27.212일)이고(아래 논의 참조), 근지점을 기준으로 할 때 주기는 1**근점월**(27.555일)이다. 달의 **동주기** 자전주기는 1항성월이다. 따라서 우리는 달의 한쪽 반구만 보게 된다. 달의 뒷면은 1959년 10월 구소련의 우주선 루나(Luna) 3호에 의해 최초로 촬영되었다.

개념 적용 삭망주기와 항성주기

달의 삭망주기는 태양에 대한 한 이각(예를 들어 보름-위상의 이각은 180°)에서 같은 이각으로 다시 되돌아오는 데 걸리는 시간이다. 반대로 달의 항성주기는 별들에 대한 상대적인 위치가 한 바퀴 바뀌어 되돌아오는 데 걸리는 시간이다. 지구가 태양 둘레를 돌면 태양은 별들을 기준으로 동쪽으로 매일 1°씩 움직이기 때문에 두 주기가 달라진다.

지구가 태양을 공전하는 주기를 T라 두고, 달의 항성주기를 P라 두자. 달은 태양에 대하여 매일($360°/P$ − $360°/T$)만큼 앞서가서, 삭망주기 S 동안에 360°를 가야 한다. 그래서

$$\frac{360°}{S} = \frac{360°}{P} - \frac{360°}{T}$$

또는

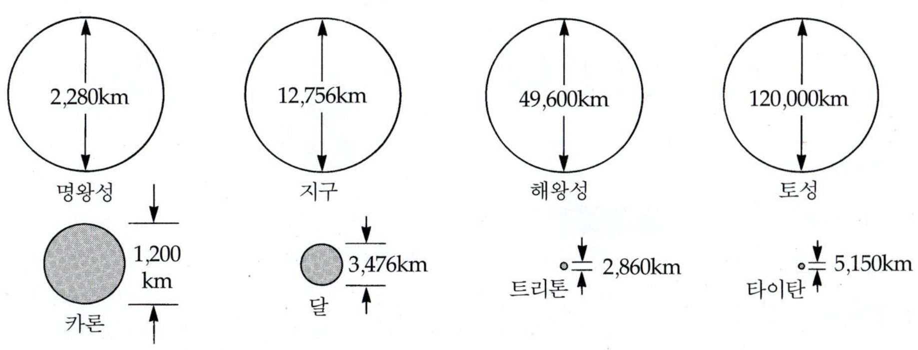

그림 4-2 각 모행성에서 가장 큰 위성의 크기
위성의 크기는 모행성에 대한 상대적 크기로 표시했다. 명왕성에 대한 상대적 크기가 큰 카론에 유의하자.

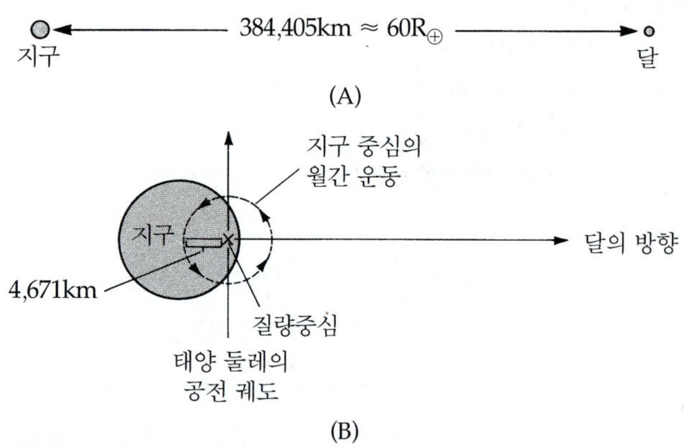

그림 4-3
(A) 실제 척도에 맞게 그린 지구-달계 (B) 지구-달계의 질량중심 위치. 이것은 지구의 맨틀 내에 위치한다.

$$\frac{1}{S} = \frac{1}{P} - \frac{1}{T}$$

이다. $P = 27.3$일, $T = 365.25$일이므로,

$$\frac{1}{S} = \frac{1}{27.3} - \frac{1}{365.25} = 0.0339$$

$$S = 29.5\text{일}$$

지구-달계에 작용하는 태양의 차등중력(differential force)은 다음과 같은 세 가지의 중요한 영향을 끼친다.

(1) 차등중력은 달의 공전 궤도를 지구-태양 쪽으로 늘어나게 한다.

(2) 차등중력은 달 궤도의 근지점을 8.85년 주기로 동쪽(순행 방향)으로 이동시킨다.

(3) 차등중력은 경사진 궤도면에 회전 능률을 작용시켜 **교선**(달의 궤도면과 황도면이 만나서 이루는 선)을 18.6년의 주기로 황도를 따라 서쪽으로 돌게 한다.

4.2.2 위상

태양은 달의 한쪽 반구만을 비추고 있지만, 지구에서 볼 때 달의 이각에 따라 햇빛을 받는 부분의 크기가 달라진다. 달의 '지심 위상'은 1삭망월을 주기로 반복된다(그림 4-4). 즉, 위상은 다음과 같은 순서로 나타난다. **삭(내합)**, **초승달**, **상현**, **열하룻달(상현-망 간 위상)**, **망(충)**, **열이렛달(망-하현 간 위상)**, **하현**, **그믐달**에서 다시 삭으로 되풀이 된다. 하늘에 떠 있는 달의 위치도 위상과 관련되어 있다. 상현달은 정오에 동쪽에서 뜨고, 일몰 때 그 지방의 자오선을 통과하며, 자정에 서쪽으로 진다. 달에서 볼 때 지구는 반대의 주기로 유사한 위상을 나타낼 것이며(달의 삭은 지구가 망일 때 일어난다.), 달의 지평선에 대하여 지구는 하늘에서 대략 같은 위치에 남아 있다.

4.2.3 식

일반적으로 **식**(eclipse) 현상은 한 천체의 그림자가 다른 천체에 놓일 때 나타난다. 일식 때 달이 태양과 지구 사이를 지나고 월식 때는 달이 지구의 그림자 속을 지나기 위하여 달이 황도면에 가까이 있어야 하므로, 지구-달계에서 식은 달의 위상과 경사진 궤도면의 교선방향에 의해 결정된다(그림 4-5).

일식

태양의 각지름은 32′이므로 달의 각지름과 거의 같다. 달 궤도의 교선은 1년에 두 번씩 태양을 가리키므로, 달이 태양을 가

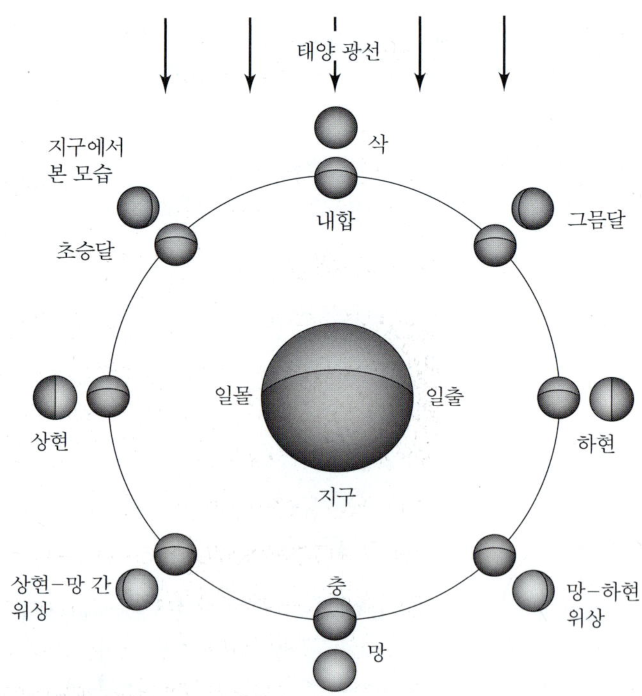

그림 4-4 달의 위상
지구 주위를 도는 달의 회합 위상의 여덟 곳에서 달의 모습을 보였다. 검은 부분은 빛을 받지 않아 어두운 달의 반쪽이다. 궤도를 따라 궤도 바깥쪽에 표시한 달의 위상은 지구에서 보이는 달의 모습들이다.

릴 정도로 황도면에 가까워지는 삭이 생길 수 있는데, 이때 **일식**(solar eclipse)이 일어난다. 달이 태양의 중심을 비켜 지나갈 때에는 **부분일식**(partial solar eclipse)이 일어난다. 만일 달이 궤도의 근지점 가까이 있지 않을 때에는 각지름이 태양의 각지름보다 약간 작기 때문에 태양면의 가장자리에 고리 모양만이 보이는 **금환일식**이 일어난다. 근지점 가까이에서 달의 중심이 태양의 중심을 가로지를 때, 일대 장관인 **개기일식**을 볼 수 있다.

월식

달 궤도의 거리에서 지구의 그림자(태양이 완전히 가려진)는 지름이 9,212km이고, 이는 달에서 보았을 때 1°22.4′의 각지름과 같은 것이다. 달 궤도의 교선이 그림자 쪽을 향하고 있을 때 망에서 **월식**(lunar eclipse)이 일어난다(그림 4-5). 월식의 경우에도 **부분월식**과 **개기월식**이 모두 일어날 수 있다. 지구 그림자의 중심을 통과하는 개기월식 때에는 달이 어둠 속에서 1시간 40분까지 머물러 있게 된다.

고대 그리스의 천문학자 메톤(Meton, 기원전 400년)은 18.6년의 주기로 특정한 달의 같은 날에 동일한 위상을 나타낸다는 것(예 : 4월 13일 망)을 알아냈는데, 이를 **메톤주기**라고 한다. 그리고 달 궤도의 교점이 역행하기 때문에 이와 비슷한 현상이 나타나게 되는데, 이를 **사로스주기**(Saros cycle)라고 한다. 비슷한 일식과 월식이 223삭망월(18년 10일)의 주기로 되풀이 된다. 정확한 사로스 주기는 6585.32일이므로, 지구상의 같은 장소에서 식이 되풀이되는 것을 보려면 세 번의 사로스 주기를 기다려야 한다. 사로스 주기는 223삭망월, 242교점월, 239근점월이 거의 같기 때문에 생긴다.

4.3 내부 구조

4.3.1 지구

지구의 평균 밀도는 다음과 같이 나타낼 수 있다(순수한 물의 밀도는 1,000kgm^{-3}).

$$\langle \rho \rangle = \frac{3M_\oplus}{4\pi R_\oplus^3} = 5{,}520\text{kgm}^{-3}$$

지구 표면에 있는 암석의 밀도는 약 2,800kgm^{-3}이므로, 지구 내부의 밀도는 매우 클 것으로 추정된다. 지구 내부는 층상 구조를 나타낸다. 즉 밀도가 3,300kgm^{-3}, 평균 두께가 35km인 표면층(**지각**), 2,900km의 깊이까지 밀도 3,400~5,500kgm^{-3}를 가진 감람석[$(Mg, Fe)_2SiO_4$]과 같은 규산염류로 된 고체의 **맨틀**, 밀도가 9,900~12,000kgm^{-3}이고 두께가 2,200km 액체의 **외핵**, 그리고 밀도가 대략 13,000kgm^{-3}를 가지며 반지름이 1,300km인 고체의 **내핵**으로 되어 있는 층상 구조를 가

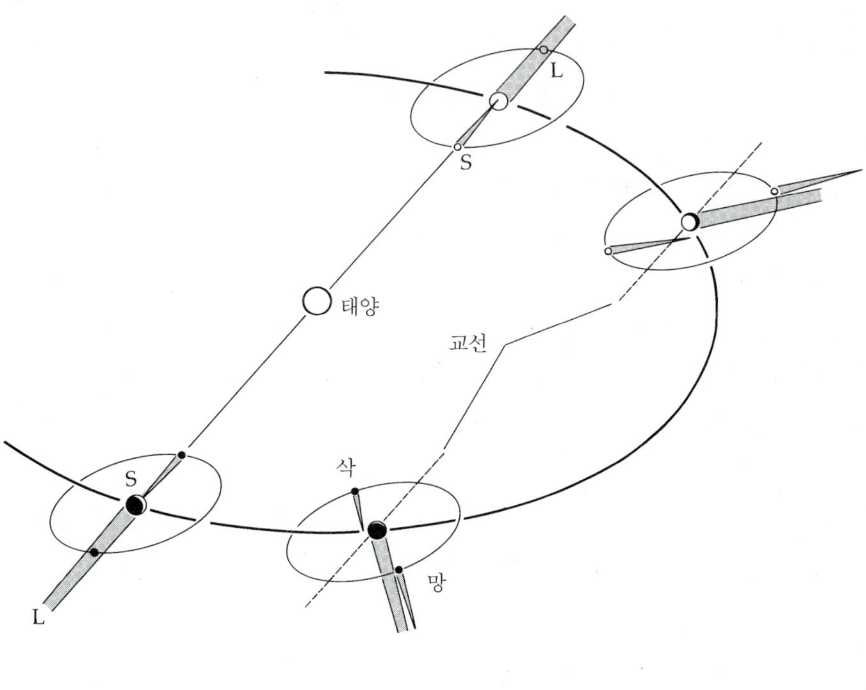

그림 4-5 달의 교점과 식
1년 동안 태양, 지구, 달의 배열을 표시했다. 지구와 달에 의해 드리워진 그림자는 어둡게 표시하였다. 식이 일어나려면 교선(점선)은 반드시 태양 쪽을 향해야 한다. 월식(L)과 일식(S)을 표시하였다.

그림 4-6 개기월식의 후기 단계에서 보인 시간 계열
달이 지구 그림자로부터 빠져나오는 모습을 같은 필름 상에 왼쪽에서 오른쪽으로 차례로 노출시킨 것이다. 여기서 달은 지구의 그림자를 오른편에 남기면서 왼쪽으로 움직이고 있다. 연속적인 영상을 오른편으로 포개놓은 것이다. (B. Walski)

진다(그림 4-7).

이러한 지구의 내부 구조는 지진파의 전파에 대한 연구(**지진학**)에서 밝혀졌다. 지진은 **압축적인 종파(P파)**와 **비틀어지는 횡파(S파)**를 발생시키는데, 이 두 파가 진행하는 방향은 지구 내부를 구성하고 있는 물질의 밀도와 구성 성분에 의하여 결정된다(그림 4-8). 두 파는 밀도가 변하는 곳에서 굴절되며, 밀도의 불연속이 생기는 곳에서 반사된다. 그러나 오직 P파만이 액체로 된 영역을 통과할 수 있다. 그러므로 우리는 지진파의 압축적인(P) 성질이나 상하 운동(S)의 성질, 그리고 지진파가 진앙으로부터 전파되는 데 걸리는 시간 등을 조사함으로써 지구의 내부를 통과하는 지진파의 경로를 추정할 수 있다. S파는 핵에서는 관측되지 않는다(액체인 외핵에서 흡수된다). P파는 맨틀과 외핵의 경계면에서 굴절을 하고, 약한 P파는 고체 내핵에 의하여 반사된다.

지구의 핵 일부는 액체로 되어 있다고 알려져 왔으나, 그 구성 성분에 대해서는 정확히 알려져 있지 않다. 대부분의 지구 물리학자들은 맨틀과 외핵의 경계면에서 밀도가 급격하게 변화하는 이유는 맨틀의 주성분인 규산염류가 핵을 이루는 니켈-철 혹은 철합금으로 변하기 때문이라고 한다. 정확한 구성 성분이 무엇이든 간에 암석이 많은 맨틀에 비해 핵은 금속 성분으로 되어 있다. 그러므로 지구의 내부는 다른 밀도를 가지는 여러 층으로 이루어져 있다.

1995년 글래츠마이어(Gary Glatzmaier)와 로버츠(Paul Roberts)는 고체 내핵이 나머지 바깥보다 더 빨리 자전한다는 지구 내부에 대한 새로운 모형을 발전시켰다. 이 예측은 1996년 지진파의 속도를 측정하여 검증되었다. 분석에 의하면 내핵은 하루에 2/3초 더 빨리 자전하거나 또는 1년에 약 1° 더 자전한다. 한 세기에 걸쳐서 내핵이 바깥부분보다 더 자전한 각도는 대략 90°가 된다.

우리는 다음과 같은 사실들로부터 지구 내부의 몇 가지 특

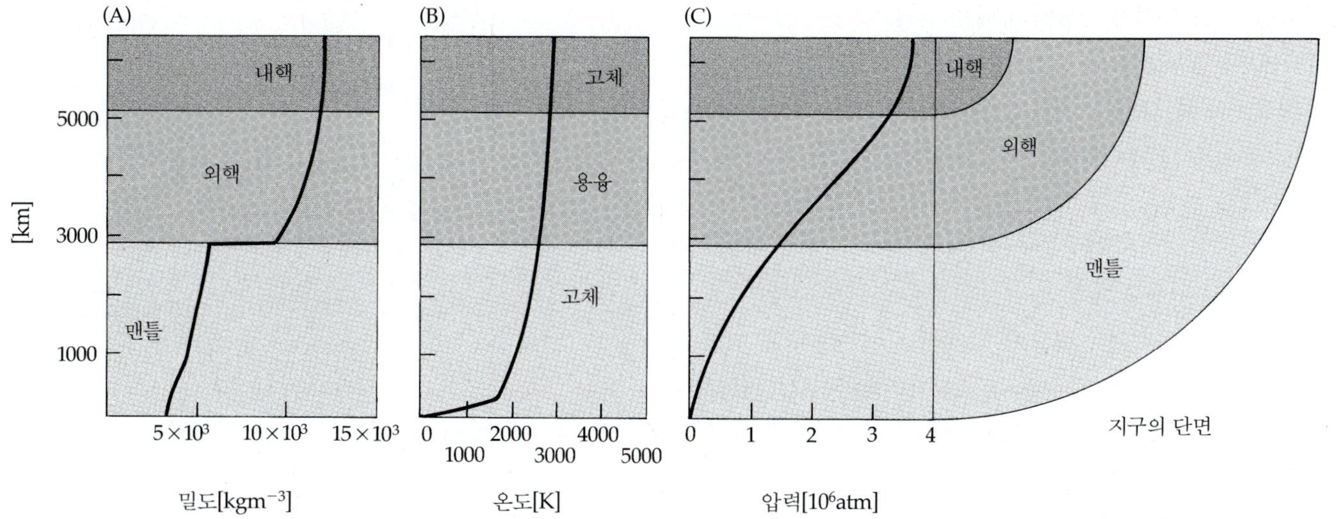

그림 4-7 지진 관측에서 유추한 지구의 내부

(A) 표면에서 중심으로 밀도가 변화는 양상. 맨틀과 핵의 경계에서 밀도가 불연속적으로 변하는 것에 유의하자. (B) 온도는 지표 가까이에서 급히 증가한 후에 일정해진다. (C) 압력은 핵의 중심부에서 가장 높다.

성을 추론할 수 있다. 지구는 팽창하지도 수축하지도 않는다. 내부의 각층에서 아래로 미치는 중력의 힘은 물질이 위로 미치는 압력과 평형을 이룬다 — **정역학적 평형**(hydrostatic equilibrium)이라 불리는 조건을 만족한다. Δr두께와 A라는 면적을 가진 내부의 작은 조각을 생각해 보자. 조각을 아래로 잡아당기는 중력의 힘은 다음과 같다.

$$F_g = ma = \rho(r) A\, \Delta r\, \frac{GM}{r^2}$$

$\rho(r)$는 조각의 밀도이고, 이 조각의 질량은 밀도와 조각의 부피인 $A\,\Delta r$을 곱해서 구할 수 있다. 조각의 꼭대기와 바닥 사이의 압력의 차이가 ΔP일 때, 조각에 대해 위로 향하는 총 압력은 $A\,\Delta P$이다. 평형 상태에서 이 힘은 다음과 같이 평형을 이룬다.

$$A\,\Delta P = -\rho(r) A\, \Delta r\, \frac{GM}{r^2}$$

그리고

$$\frac{\Delta P}{\Delta r} = -\rho(r)\frac{GM}{r^2}$$

Δr이 0으로 가까이 가면

$$\frac{dP}{dr} = -\rho(r)\frac{GM}{r^2} \qquad (4\text{–}1)$$

이다. 이것이 **정역학적 평형의 방정식**이다. 이것은 압력–중력 균형의 모든 경우에 적용된다. 이러한 조건 때문에 안정한 행성에서 내부로 깊이 들어갈수록 내부 압력은 더욱 증가한다

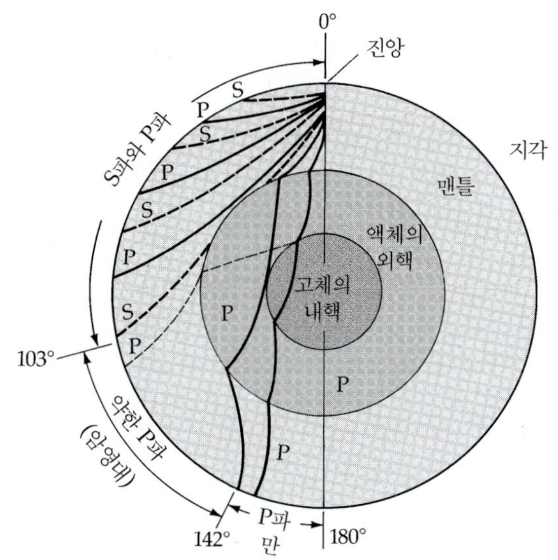

그림 4-8 지구 내부의 지진파

S(점선)와 P(실선)파를 보였다. S파는 액체인 외핵에서 흡수되고, P파는 내핵에 의해 반사된다(가는 점선).

(왜냐하면 더 큰 무게가 작용하기 때문이다).

이제 이 정역학적 평형 방정식을 이용하여 행성의 중심 압력을 대략 추론해 보자. 반지름이 r 안에 들어 있는 질량이 M이라면

$$M = \frac{4\pi}{3} r^3 \langle\rho\rangle$$

이다. $\langle\rho\rangle$는 r 안쪽의 평균 밀도이다. 계산을 간단히 하기 위해 밀도는 행성 전체적으로 일정하고 평균 밀도 $\langle\rho\rangle$와 같으며, 표면 압력은 중심 압력과 비교해 볼 때 0에 가까우므로, $P_S \approx 0$이라고 가정하자. 그러면

$$dP = -\langle\rho\rangle G \frac{4\pi}{3} \langle\rho\rangle r\, dr$$

이다. 중심으로부터 표면까지 적분하면

$$\int_{P_c}^{0} dP = -\langle\rho\rangle^2 \frac{4\pi}{3} G \int_0^R r\, dr$$

으로 주어진다. 그래서 압력은 SI단위(파스칼, Pascals)로

$$P_c = \frac{2\pi}{3} G\langle\rho\rangle^2 R^2 = (1.4 \times 10^{-10})\langle\rho\rangle^2 R^2$$

이다. 그러면 지구의 경우, 약 6,400km의 반지름과 대략 5,500kgm^{-3}의 평균 밀도를 가지고 있으므로 압력은 다음과 같이 주어진다.

$$\begin{aligned} P_c &\approx (1.4 \times 10^{-10})(5{,}500\text{kgm}^{-3})^2(6.4 \times 10^6\text{m})^2 \\ &= (1.4 \times 10^{-10})(3.0 \times 10^7)(4.1 \times 10^{13}) \\ &= 1.7 \times 10^{11}\ \text{Pa} = 1.7 \times 10^6\text{atm} \end{aligned}$$

상세한 모형에 따르면 중심 압력은 3.7×10^6 대기압이다. 그러므로 정역학적 평형 관계로부터 얻은 값은 타당한 것으로 보인다.

4.3.2 달

달의 질량과 반지름으로부터 달의 평균 밀도는 3,370kgm^{-3}가 되어, 지구의 지각 밀도와 비슷하다는 것을 알 수 있다. 아폴로 달 탐사선은 달 표면으로부터 밀도가 3,000kgm^{-3} 정도의 시료를 채취하여 왔다. 이 시료의 성분은 현무암질 규산염

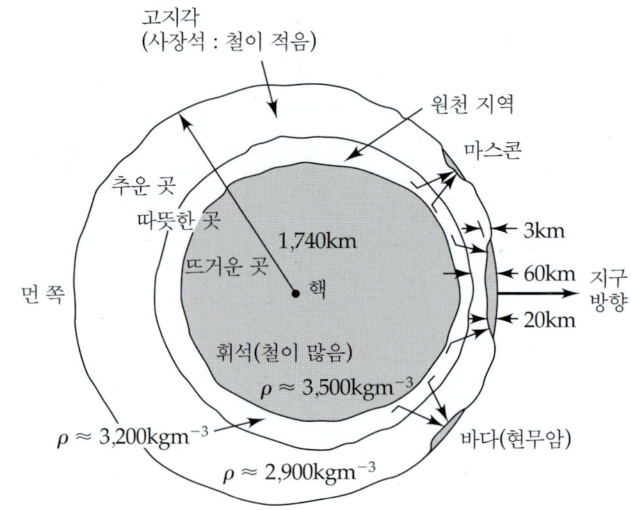

그림 4-9 달 내부의 모형
이 모형은 아폴로 우주선의 지진파 측정과 열류에 기초한 것이다. 각 지역에서 크기와 밀도에 대한 특징적인 값을 표시했다. '원천 지역'은 달 지진의 위치를 표시한다. 지구 쪽 방향으로 내부의 비대칭성에 유의하자.

류와 같은 종류로, 달의 전반적인 밀도가 표면 밀도보다 높지 않기 때문에, 달 내부로 들어간다 하더라도 밀도는 크게 증가하지 않을 것으로 생각된다.

아폴로 우주인이 설치한 지진 관측소는 달이 지진학적으로 매우 조용하다는 사실을 밝혀 주었다. 지구의 대형 지진은 리히터(Richter) 규모로 7~8에 이르지만, 달의 지진은 2보다 작다.

달에서의 지진학적 연구를 기초로 한 최신 모형에 의하면, 달은 고체인 비활동성의 중심핵과 과거 일부가 용융되었던(그러나 현재 액체가 아닌) 맨틀, 그리고 위치에 따라 적어도 60~70km의 두께를 가진 지각으로 되어 있다(그림 4-9). 달에서 지진이 발생하는 지역은 맨틀과 핵 사이의 따뜻한 층인 것처럼 보인다. 따라서 달 내부의 상층은 층상으로 되어 있고, 또 분화되어 있는 것으로 생각된다. 낮은 밀도로 미루어 볼 때 중심핵은 금속 물질로 이루어지지 않은 것으로 생각된다.

4.4 표면 모습

지구와 달의 표면은 서로 전혀 다르다. 지구의 표면은 뜨거운 내부와 짙은 대기의 침식으로 인해 매우 빠르고 광범위한 진화를 겪고 있다. 그러나 달은 그 내부가 차갑고 대기가 없기

때문에 표면이 처음 생성될 당시 모습을 보존하고 있다. 그러면 먼저 지구 표면의 성질을 간단히 살펴본 다음, 달의 표면에 대하여 논의해 보기로 하자.

4.4.1 지구 표면과 나이

지구 표면은 낮은 밀도의 **지각**과 **대기** 사이의 경계면이다. 지각은 다음 두 가지 영역으로 구성되어 있다. (1) 고체의 **암석권**(lithosphere)은 밀도가 3,300kgm^{-3}이며, 깊이가 35km에 이르는 가벼운 화강암질 대륙 지괴와 두께가 5km에 불과한 밀도가 큰 현무암질의 대양저로 이루어졌고, (2) 물–액체인 **수권**(hydrosphere)은 지구 표면적의 약 70%를 덮고 있으며 평균 두께가 3.5km이다(그림 4–10A). 지각은 부양–평형 상태로 맨틀 위에 떠 있다. 상층 맨틀의 완만한 운동(수명이 긴 동위원소의 방사선 붕괴로 방출되는 열에 기인된)으로 인하여 대륙의 이동이나 조산 운동 및 지진이 일어난다. 지구 표면은 여러 개로 분리된 대륙판과 해양판으로 이루어져 있다. 해양판에서는 해령을 따라 하층의 지각으로부터 용암이 분출하여 판들을 서로 갈라놓으면서 대륙을 이동시킨다(그림 4–10B). 이러한 지각 형성의 진화 과정을 **판구조**(plate tectonics)라고 부른다.

판구조는 천문학적으로 볼 때 짧은 시간에 걸쳐서 지구의 모습을 근본적으로 변화시킨다. 예를 들어, 현재의 대륙은 2억 년 전 거대한 하나의 대륙에서 분열된 이래 계속 움직여 왔다. 지질학적 증거들에 의하면 대륙 이동의 비율은 매년 수 cm에 불과한 것으로 추정된다. 이것은 매우 긴 기선을 가진 간섭 측정(제9장)에 의해 확인되었으며, 오늘날에는 매년 1~2cm의 이동이 탐지된다. 판구조론은 대양 분지가 지각 중에서 가장 최근에 생긴 부분이란 것을 뒷받침해 준다. 왜냐하면 바다 밑바닥에서 맨틀로부터 새 용암이 분출되고 있기 때문이다.

지구의 나이는 얼마나 될까? 대륙 덩어리의 핵심부는 지각의 가장 오래된 부분이다. **방사성 붕괴**를 이용하여 암석의 나이를 추정할 수 있고, 그로부터 지구의 나이를 추정할 수 있다. **방사성 연대 측정법**은 방사성 원소 핵의 근본적인 불안정성에 의한 것이다. 이러한 핵들이 붕괴할 때, 좀 더 작은 핵으로 분열한다. 원래의 동위원소는 모원소라고 부르고, 분열된 산물을 딸원소라 한다. 수많은 방사성 원자들로부터 전체적인 붕괴율을 결정할 수 있다. 원자량이 238인 우라늄(^{238}U)의 절반은 45억 년 내에 납(^{206}Pb)으로 붕괴되고, 그 절반은 45억 년 만에 다시 반으로 줄어들면서 우라늄의 양은 감소되는데,

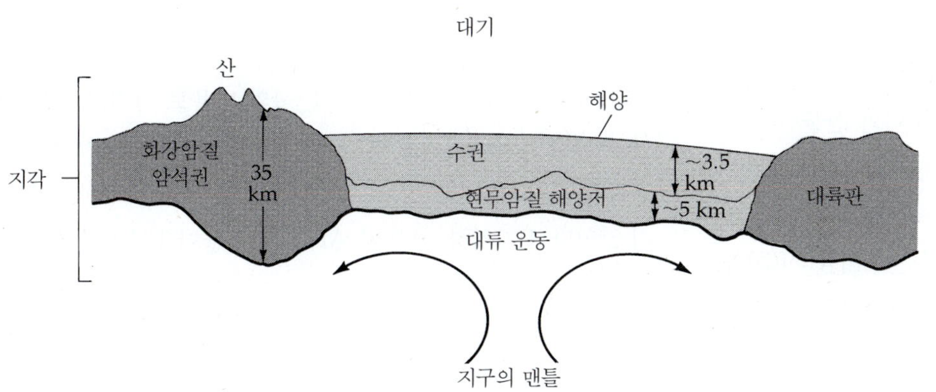

(A)

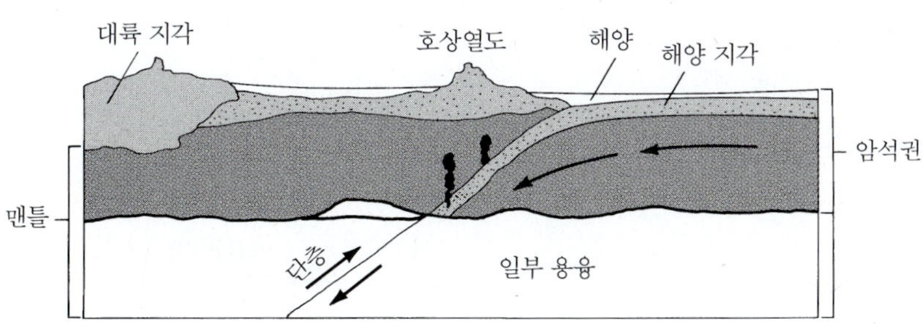

(B)

그림 4–10 지구의 지각과 판구조
(A) 상부 맨틀, 지각(암석권과 수권), 판, 그리고 판을 움직이는 대류 운동 등을 나타내었다. (B) 지각판과 해양판의 충돌로 표면 구조가 진화한다.

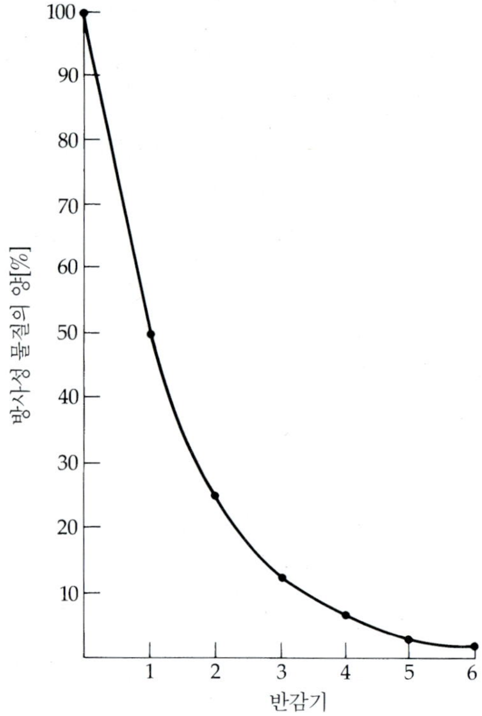

그림 4-11 방사선 붕괴
반감기 시간이 지날 때마다 모동위원소의 절반이 붕괴된다. 동위원소의 함량을 나타내는 곡선은 지수함수적으로 감소한다.

이 과정은 계속 반복된다(그림 4-11). 어떤 우라늄 원자 1개의 붕괴 시간이 규명되지 않았더라도, 남겨진 우라늄의 양을 계산할 수 있다. 그와 반대로, ^{238}U과 ^{206}Pb을 포함하는 암석 시료가 있으면, 우라늄의 반감기를 알고 있으므로 시료의 나이를 계산할 수 있다. 이 방법은 방사성 붕괴의 산물이 자연 상태에서는 희귀한 동위원소들이기 때문에 가능하다.

우라늄 외에 방사성 시계로 쓰이는 것에는 470억 년의 반감기을 가지고 스트론튬(^{87}Sr)으로 붕괴되는 루비듐(^{87}Rb)과, 13억 년의 반감기를 가지고 불활성 아르곤 가스(^{40}Ar)로 붕괴되는 포타슘(^{40}K)이 있다. 얻어진 시간은 그 암석이 마지막으로 굳어져 그 속에 모원자와 딸원자가 갇힌 채로 지나온 시간이다. 암석이 처음 생성된 후 다시 녹았다가 굳어진다면, 그때부터 방사성 연대 측정법의 시계가 시작된다.

방사성 붕괴의 함수형을 검토해 보자. 많은 수의 방사성 원소의 개수 n이 주어졌을 때, dt 동안 붕괴되는 평균 개수는 dn이며, 이것은 t 시간에 남아 있는 수에 비례한다. 그래서

$$-dn = \lambda n\, dt$$

$$\frac{dn}{n} = -\lambda\, dt$$

이고, 여기서 λ는 **붕괴상수**이다. 이 식을 적분하면

$$\ln n = -\lambda t + 상수$$

이다. $t = 0$일 때 $n = n_0$이라고 한다면,

$$\ln n = -\lambda t + \ln n_0$$
$$\ln n - \ln n_0 = -\lambda t$$
$$\ln\left(\frac{n}{n_0}\right) = -\lambda t$$

이며, 마지막으로

$$\frac{n}{n_0} = \exp(-\lambda t) \qquad (4\text{-}2)$$

이다. **반감기**는 $n = n_0/2$일 때의 시간 τ이며, 이 시간은

$$\tau = \frac{\ln 2}{\lambda} = \frac{0.693}{\lambda}$$

으로 주어진다. 그러면

$$\frac{n}{n_0} = \exp\left(\frac{-0.693t}{\tau}\right) \qquad (4\text{-}3)$$

이다. 예를 들어 ^{40}Ar과 ^{40}K를 1 : 4의 비율로 가지고 있는 암석이 있다고 하자. 그것의 나이는 얼마인가? (^{40}Ar의 최초의 양은 무시할 수 있는 정도이고, 아르곤은 전혀 밖으로 유출되지 않았다고 가정하면) 만약 Ar/K의 비율이 1/4이면,

$$K_{초기} = K_{현재} + K_{붕괴} = K_{현재} + \frac{1}{4}K_{현재} = \frac{5}{4}K_{현재}$$

따라서

$$\frac{n(K_{현재})}{n(K_{초기})} = \frac{4}{5}$$

이다. 그러면

$$\frac{4}{5} = \exp\left(\frac{-0.693t}{\tau}\right)$$

$$\ln 0.80 = -0.693\frac{t}{\tau}$$

$$-0.223 = -0.693\frac{t}{\tau}$$

$$0.322 = \frac{t}{\tau}$$

$$t = 0.322\tau = (0.322)(1.3 \times 10^9\text{년})$$
$$= 4.2 \times 10^8\text{년}$$

4.4.2 월면

원격 조정과 월면 착륙을 통해 월면과 수 미터 깊이의 달의 토양은 세밀하게 연구되었다. 달의 표면은 평균 반사율(A = 0.07)이 매우 낮은 회색과 황갈색의 현무암질로 구성되어 있다. 달의 **명암 분계선**(달의 햇빛을 받는 밝은 부분과 받지 못하는 어두운 부분과의 경계선)이 달의 적도를 따라서 시속 15.4km로 이동함에 따라 표면 온도는 최고 380K에서 최저 110K까지 갑자기 떨어진다. 태양 직하점(정오) 온도는 반사율 인자를 포함한 식 (2-5b)에 의해 계산된다.

$$T = 394\left(\frac{1 - A}{D^2}\right)^{1/4}$$

여기서 A는 달의 평균 반사율이고, D는 태양에서부터의 거리(1AU)이다. 그래서

$$T = 394\left(\frac{1 - 0.07}{1^2}\right)^{1/4} = 387\text{K}$$

이며, 이 값은 관찰되는 것보다 조금 더 높다(여기, 태양의 직

그림 4-12 하현달
햇빛을 받는 지역과 어두운 지역 간의 경계는 달의 서쪽(낮)과 동쪽(밤)을 분리시킨다. 중심에 긴 방사 모양을 가진 구덩이는 코페르니쿠스 구덩이다.

사광선을 받는 흑체의 평형 상태를 가정했다).

겉보기 구조

1609년 갈릴레오는 그의 원시적인 망원경을 통하여 달의 어두운 부분, 즉 바다[maria, 이 이름은 1651년 리치올리(G. Riccioli, 1598~1671)가 라틴어로 명명한 것이다]와 수많은 **구덩이**를 가진 고지대, 그리고 산들을 구별하였다(그림 4-12). 유인 우주선과 무인 우주선은 달 표면에 관해 많은 것을 밝혀냈다.

구덩이(craters) : 달의 전 표면은 수많은 구덩이들로 얼룩져 있다. 구덩이는 주변의 월면보다 높은 가장자리로 둘러싸여진 움푹한 분지로 되어 있으며, 가끔 그 중심에 봉우리를 가지기도 한다. 구덩이의 크기는 작은 미시적인 구멍으로부터 지름 295km의 베일리(Bailly) 구덩이에 이르기까지 그 크기가 다양하다. 큰 구덩이 코페르니쿠스는 태풍의 바다에 우뚝 솟아 있다. 나이가 어린 구덩이는 나이가 많은 구덩이 위에 겹쳐져 있게 되므로, 나열되어 있는 다양한 지형들을 이용하여 이들 사이의 상대적 나이를 추정할 수 있다. 달의 바다에는 고지대보다 구덩이의 수가 훨씬 적으므로, 바다는 고지대보다 나이가 어리다고 생각된다. 많은 구덩이들, 특히 튀코와 코페르니쿠스 구덩이 둘레에는 방사형의 무늬가 나타나 있는데, 이 무늬에는 분출물로 불리는 폭파된 파편에서 생긴 수많은 2차적인 구덩이가 포함되어 있다.

구덩이의 기원에 대하여 인정을 받고 있는 이론은 **운석 충돌설**인데, 그중 큰 구덩이들은 작은 소행성이 달에 충돌하여 만들어졌다는 것이다. 알폰수스(Alphonsus)와 같은 구덩이를 포함하여 몇몇 지형들은 용암류와 화산 기원의 흔적을 드러내기도 하지만, 충돌 구덩이가 아닌 구덩이의 수는 극히 적다.

충돌 구덩이는 운석이 달 표면에 부딪쳐 운동에너지의 대부분이 폭발적인 열에너지로 전환될 때 생긴 것이다. 나머지 운동에너지는 표면 물질을 부수고 지진파를 일으키는 데 소모된다. 충돌할 때 운석은 증발해 버린다. 달의 물질은 화학폭발(TNT)이나 핵폭발을 했을 때와 비슷하게 사방으로 흩어진다. 운석이 표면을 때릴 때 충격파가 발생되고, 이것은 표면 암석을 압축하여 일부가 가루가 되어 액체처럼 된다. 이 암석 물질이 폭발적으로 분출되면서, 구멍을 파헤쳐서 구덩이를 만들고, 또 그 둘레에 쌓여 높은 가장자리를 형성한다. 파편의 일부는 가장자리 밖으로 흩어져서 **분출물 덮개**(ejecta blanket)

그림 4-13 튀코 구덩이
중앙에 위치한 산들과 가장자리 밖으로 울퉁불퉁한 지형에 주목하자. 가장자리가 가라앉고 무너져 내려 구덩이의 벽에 턱(ledge)이 여럿 형성되었다. (클레멘타인 탐사선, DSPSE)

가 된다. 큰 속도의 입자들은 물보라처럼 멀리 나아가 2차적인 구덩이를 만들고, 처음에 받은 충격의 반동에 의하여 중심에 봉우리를 형성한다(어떤 물체가 액체에 떨어질 때 나타나는 반동과 흡사하게). 이러한 과정에서 운석은 파괴된다.

반지름이 10km인 소행성은 대략 2×10^{15}kg의 암석을 가지는데, 이것이 45kms^{-1}의 속도로 달과 부딪치면 $mv^2/2 \approx 10^{24}$J의 운동에너지로 암석을 증발시켜서 코페르니쿠스 구덩이만한 크기의 구덩이를 만든다(45kms^{-1}은 태양에서 1AU 떨어진 지점에서의 이탈속도와 달 표면에서의 이탈속도의 합이다. 이 속도의 합은 무한대로부터 떨어지는 물체가 달의 표면을 때리는 최소한의 속도이다). 그런데 튀코, 클라비우스, 동방의 바다와 같은 큰 구덩이가 생기려면 $10^{21} \sim 10^{26}$J의 에너지가 필요하다.

구덩이 가장자리의 물질은 벽을 따라 미끄러져 내리고, 벽 자체가 무너짐에 따라 구덩이는 천천히 변하면서 사라져 버린다(그림 4-13). 운석 충돌로 새로운 운석 구덩이들이 생기고, 그것들은 오래된 구덩이를 메우고 뭉개어 버리며 소멸시킨다. 침식되어 없어지기까지의 시간은 1cm의 지름을 가진 구덩이의 경우 수백만 년의 기간이 걸릴 것으로 생각된다. 큰 구덩이(지름이 수만 km인)의 경우에는 달의 나이보다 더 오래 걸릴 것으로 보인다. 비록 큰 구덩이는 없어지지 않는다 하더라도 구덩이의 벽은 차차 무너지고, 운석의 충돌, 온도의 변화, 달의 지진에 의한 영향으로 구덩이의 가장자리와 방사무늬는 차차 침식된다.

고지대(highlands) : 달 표면의 대부분은 밝은 색을 띠며 수많은 구덩이로 덮인 고지대로 이루어져 있는데, 특히 달의 뒷면은 대부분이 고지대이다(그림 4-14). 고지대의 나이는 방사성 연대 측정법을 이용하여 4.0×10^9년으로 추정되었는데, 이것은 현존하는 달 표면의 가장 오래된 나이를 나타낸다. 일반적으로 달의 고지대는 바다보다 평균 3km 정도 더 높다.

저지대, 바다(lowlands, maria) : 달 표면에 보이는 커다란 검은 지역은 실제로 검은 현무암질 용암의 평원이지만, 우리는 이를 바다(maria, 복수는 mare)라고 한다. 알려진 30개의 바다 중에서 4개만이 달의 뒷면에 자리하고 있다. 몇몇은 거의 원형을 이루고 있으며, 반지름은 약 300~1,000km 정도이다. 이 원형의 **바다 분지**들은 운석의 충돌 뒤에 용융된 용암이 채워져서 생긴 것이다. 용암에 범람된 오래된 구덩이를 보면, 이들 구덩이는 달의 바다 분지의 형성과 용암의 유출 사이의 중간 시기에 생긴 것임을 짐작할 수 있다. 바다 분지가 충돌에 의해 형성되었다고 주장하는 이론은 바다의 경계선을 따라 솟아오른 산맥[예를 들면, 아펜니노 산맥(Apennines)]의 호상으로 휜 형태와 인접한 고지대의 분출물의 형태로 보면 쉽게 알 수 있다. 아펜니노 산맥은 운석의 충돌에 의해서 비의 바다(Mare Imbrium)가 형성될 당시에 지각이 융기되어 이루어

그림 4-14 달 표면
달의 뒤쪽 면 사진에서는 구덩이가 많은 고지대 지역이 보인다. 동쪽(오른쪽)에서 검은 바닥을 가진 구덩이는 치올코프스키 구덩이다. (NASA)

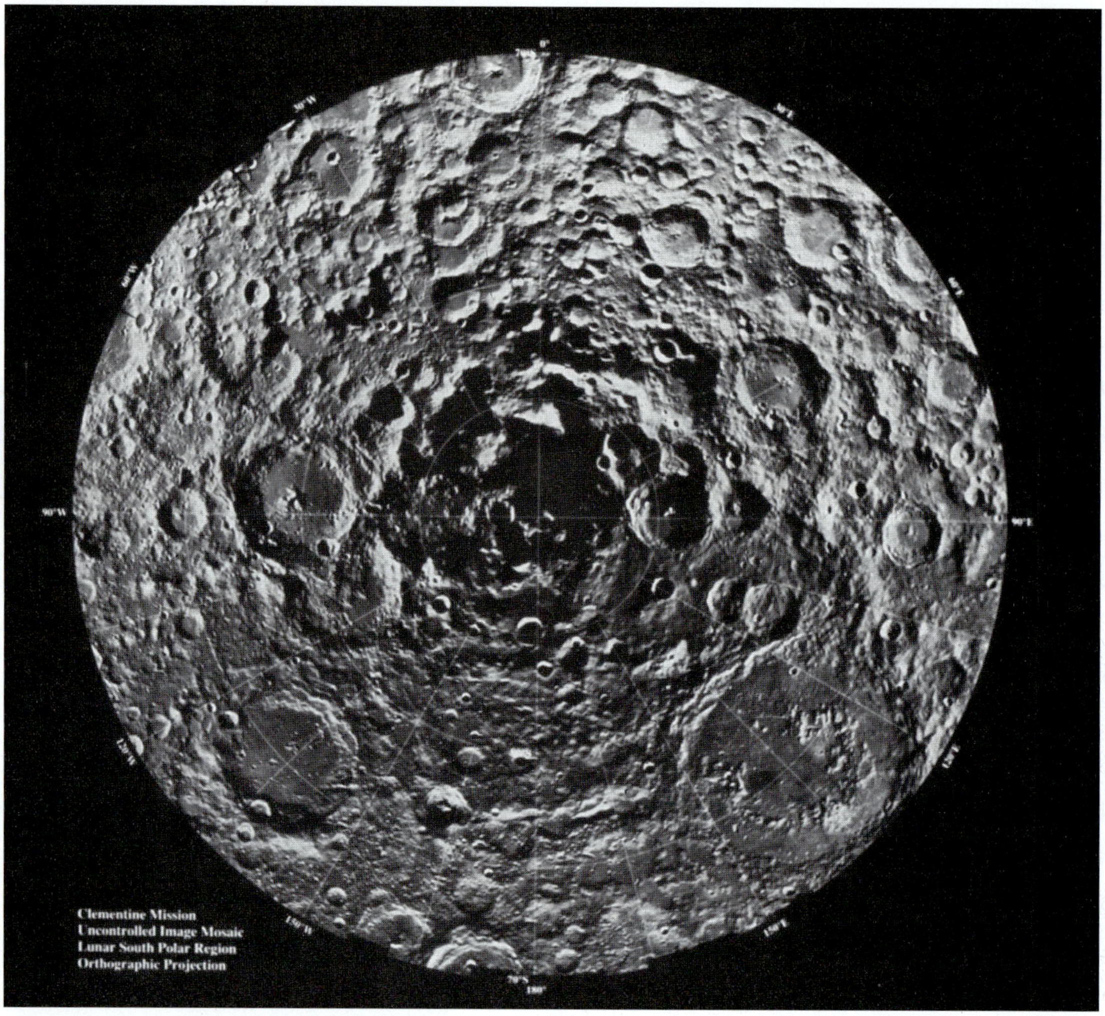

그림 4-15 달의 남극 지역
클레멘타인 탐사선이 촬영한 1,500장의 사진으로 만든 모자이크 영상이다. 중앙에 위치한 남극 지역에 오래된 분지가 있다. 4시 방향의 위치한 슈뢰딩거 충돌 분지는 32km의 지름을 가지는 두겹고리(double-ring) 분지이다. (Lunar and Planetary Institute)

진 것이라고 추측된다.

바다에는 달의 고지대에 비하여 구덩이의 수가 적다. 이처럼 구덩이의 개수밀도가 낮다는 것은 고지대의 나이가 어리다는 것을 의미한다. 이것은 방사성 연대 측정법에 의하여 달 암석 시료의 나이가 약 3.2×10^9년인 것으로 밝혀지면서 확인되었다. 코페르니쿠스 구덩이처럼 나이가 어린 구덩이들(나이 $\approx 10^8$년)이 바다에 얽혀 있다.

1994년에 클레멘타인(Clementine) 탐사선은 달 암석의 종류를 조사하고 레이저 고도계를 이용하여 고도를 측정하기 위하여 달의 전 표면의 지도를 만들었다. 거대 충돌 분지들이 특별히 잘 나타났고 남쪽 지역에서는 남극-에이트컨(Aitken) 분지가 드러났는데(그림 4-15), 이것은 깊이가 약 12km이고 지름이 2,250km인 태양계에서 가장 큰 분지이다. 클레멘타인 탐사선은 전반적으로 달 표면이 이전에 생각했던 것보다 더 큰 고도 차이를 보이며 더 거칠다는 것을 발견하였다. 또한 클레멘타인 탐사선은 매우 인상적인 지구와 달의 영상을 수집하였다(그림 4-16).

달 표면 물질의 구성

미국과 소련의 착륙선들은 달 표면을 탐사하고 분석하였다. 유인 아폴로 탐사에서는 수백 kg의 달의 토양과 암석을 가져왔다. 달 표면의 기반암은 잘 다져지지 않은 토양과 암석이 혼합된 얇은 층, 즉 **표토**(regolith)로 덮여 있다. 이 표토는 오랜 세월을 지나는 동안 운석의 충돌로 기반암이 부서지고 흩어져

그림 4-16 클레멘타인 탐사선이 달의 북극에서 바라본 지구와 달의 모습
전면에 보이는 중심 봉우리를 가진 거대한 구덩이는 지름이 110km인 플라스켓(Plaskett) 구덩이다. (USGS)

가루가 되어 생긴 것이다. 이 토양은 바다에서 2~10m의 깊이이고, 고지대에서는 광범위한 운석 구덩이 형성으로 인해 10m의 깊이로 덮여 있다. 큰 기반암 덩어리는 흔히 깊은 충돌 구덩이의 바닥이나 그 근처에서 커다란 표석으로 나타나 있다. 달의 토양은 점착력이 있는 모래와 같은 조직과 강도를 가지며, 색깔은 황갈색을 띤 짙은 회색이다. 표토층은 운석 충돌에 의하여 휘저어져 5,000만 년 동안에 완전히 섞이게 된다.

달에서 채취해 온 물질(그림 4-17)에는 다음과 같은 것이 있다. (1) 작은 유리(50μm)나 흑요석의 구를 포함한 평균 10μm정도의 입자로 이루어진 점착력이 있는 세립질 **토양**, (2) 바다에서 채취한 것으로 용융과 재결정, 충격에 의한 파쇄의 흔적이 있는 작은 **화성암**, (3) 여러 가지 물질이 압축된 역암과 비슷한 조립질의 혼성 **각력암** 덩어리, (4) 고지대로부터 채취한 **사장암**이라 불리는 밝은 색의 화성암 등이다. 고지대와 저지대의 암석은 모두 화성암으로, 용암이 굳어질 때 형성된 것이다. 그러나 이 둘은 구성 성분에 있어서 완전히 다르다. 사장석은 소량의 알루미늄과 칼슘, 규산염을 함유한다. 반면, 바다 현무암은 높은 함량의 마그네슘과 철 규산염을 가진다. 사장석은 커다란 결정을 보이는데, 이는 이것들이 바다 현무암보다 더 천천히 굳어졌음을 의미하는 것이다. 화성암은 구덩이가 생길 때 부서진 기반암의 조각들이 표면에까지 튀어나온 것으로 보이며, 각력암은 운석 충돌로 인하여 표토가 집괴암으로 압축될 때 생긴 것으로 생각된다. 바다에서 채취해 온 시료들은 32억 년의 나이를 나타내는 반면, 고지대에서 채취해 온 조각들은 나이가 46억 년이나 된다. 일반적으로, 고지대 암석은 38억 년에서 40억 년의 나이를 가진다.

이러한 나이로부터 얻어진 하나의 중요한 결론은 달 표면의 대체적인 진화는 달이 생긴 후 처음 10억 년 내의 아주 짧은 기간 내에 발생했었다는 것이다. 바다 분지는 고지대가 생긴 후 형성되었으며, 용암에 의한 범람은 그 후에 일어났다.

달 표면 물질의 화학 성분은 주로 **현무암**이며, 다음과 같은 주요 특성을 가진다.

(1) 바다는 화성암(녹은) 기원의 용암으로 되어 있다.
(2) 유리된 철의 함량은 적으며, 바다는 고지대보다 Fe, Co, Ni을 더 많이 함유하고 있다.
(3) 대부분의 휘발성 원소는 평균치보다 적으며, 화학적 분화 작용이 있었던 것으로 보인다.

(A)

(B)

(C)

그림 4-17 달의 표면 암석 시료

(A) 용암 내의 기체 방울로 생긴 구멍을 가진 바다 현무암. 가운데 들어간 부분은 작은 운석 충돌로 생긴 것이다. (B) 사장석(흰 부분)을 포함한 고지대 암석. 아폴로 15호에서 채취한 이 시료는 기원암으로 알려진 것이다. (C) 각력암. 충돌로 용융된 검은 물질 속에 다른 암석들의 커다란 조각들이 묻혀 있다. (NASA)

(4) 달의 용암에는 지구의 현무암보다 광물에 포함된 Fe이나 Ti의 함량이 더 많다.

(5) 달의 물질은 물이나 수증기가 있는 곳에서 형성되지 않은 무수 물질(anhydrous)로 되어 있다.

지역별로 시료를 분석해 본 결과, 바다는 화학적으로 균질하며, 알루미늄 함량이 상당히 적다는 점에서 고지대와 차이가 있다.

4.5 대기

4.5.1 달

달에서는 아주 소량의 대기가 측정되었다. 사실 달 내부에서 어떤 대규모의 가열 작용이 일어나 가스물질을 대기로 뿜어내기에는 달이 너무 작다. 더욱이 태양풍은 달 표면에서 내부에서 나온 미소량의 가스를 매우 효율적으로 휩쓸어 버린다. 심지어 아폴로 착륙선에서 나온 배기가스조차 오래 머무르지 못했고, 단지 착륙선의 착륙과 이륙 때 잠깐 존재했을 뿐이다. 대기의 주요 성분은 암석의 가스 분출 물질에 의한 것으로, 40%의 Ne, 40%의 Ar, 20%의 He으로 구성되었고, 표면 압력은 단지 약 10^{-14}대기압이다.

다음의 예가 이 점을 보여 준다. 아폴로 우주 비행사가 달 표면에 물을 버렸다고 하자. 달의 정오에($T \approx 400$K) 물 분자의 제곱평균제곱근속도[식 (2-7)]는 다음과 같다.

$$v_{\rm rms} = \left(\frac{3kT}{m}\right)^{1/2}$$
$$= \left[\frac{3(1.4 \times 10^{-23}) \cdot 400}{18 \times (1.7 \times 10^{-27})}\right]^{1/2}$$
$$\approx 740\,{\rm ms}^{-1}$$

그래서 $v_{\rm esc}/v_{\rm rms} \approx 3$이다. 이것은 물 분자가 맥스웰 속도분포의 고속도 꼬리에 해당하는 큰 속도를 가지고 이탈하기 때문에 대기에 머무는 기간이 단지 몇 년밖에 안 됨을 의미한다(제2장에서 사용했던 $v_{\rm esc}/v_{\rm rms} \geq 10$이라는 기준을 기억하라).

4.5.2 지구

지구는 태양계가 형성될 당시에 가지고 있던 최초의 원시 대

표 4-1 지구의 지표면 근처 대기 화학 성분

가스	체적 백분율
질소(N_2)	78.08
산소(O_2)	20.95
아르곤(Ar)	0.934
이산화탄소(CO_2)	0.033
네온(Ne)	0.0018
헬륨(He)	0.00052
메탄(CH_4)	0.00015
크립톤(Kr)	0.00011
수증기(H_2O)	가변(0~4)

기(H, He, 수소 화합물)는 상실하였으나, 화산 작용과 가스 분출로 인하여 2차 대기가 형성되었다. 분출된 가스의 주성분은 H_2O, CO_2, N_2, Ar이다. 지구의 큰 질량과 중력은 이 대기가 유지되게 했고, 이것은 대부분 지상의 생명체의 진화에 의해 현재 우리가 숨 쉬는 대기로 바뀌었다(표 4-1).

대기 구조

지구의 대기는 몇 개의 층으로 되어 있다(그림 4-18). 지표 가장 가까이에는 밀도가 크고 잘 혼합된 **대류권**(troposphere)이 있으며, 대부분의 기상 현상은 이곳에서 일어난다. 대류권에서의 온도는 고도 15km의 **대류권계면**(tropopause)에 도달할 때까지 고도에 따라 차차 감소된다. 다음에는 희박하고 안정한 **성층권**(stratosphere)인데, 여기서 온도는 올라간다. 성층권은 두께가 40km이며, 다음은 **중간권**(mesophere)이다. 제2의 최저 온도(약 190K)는 고도 90km 근처에서 생기며, 다음의 **열권**(thermosphere, 90~250km)을 지나면서 온도는 차차 증가하여 **외권**(exosphere)의 밑바닥에서부터는 1,500~2,000K의 일정한 온도를 가진다. 외권은 대기가 우주 공간으로 이탈할 수 있는 지역이다.

대기의 밀도는 대류권에서 급격히 감소하고 고도가 높아짐에 따라 점진적으로 감소하는데, 이는 전형적인 지수함수의 감소 형태이다. 지구의 대기는 평형 상태에 있으므로 정역학적 평형 관계인 식 (2-4)를 따른다. 대기를 이상 기체로 가정하면 다음의 상태 방정식을 갖는다.

$$P = nkT$$

여기서, $n = \rho/m$은 개수밀도(#/m^3), ρ는 질량밀도(kgm^{-3}), 그리고 m은 대기가스의 **평균분자량**(SI 단위로 표시한 질소의 질량)이다. 그러면

$$P = \frac{\rho kT}{m}$$

$$\rho = \frac{mP}{kT}$$

이다. 이 질량밀도를 식 (4-1)에 대입하면,

$$\frac{dP}{dr} = -P\frac{m}{kT}\frac{GM}{r^2}$$

또는

$$\frac{dP}{P} = -\frac{m}{kT}\frac{GM}{r^2}dr$$

이 된다. 다음 식을 기억해 보자.

$$g(r) = \frac{GM}{r^2}$$

여기서 $g(r)$는 지구중심으로부터 r 거리에서 중력 가속도이고, M은 r의 반지름을 가진 지구의 질량이다. 그러면

$$\frac{dP}{P} = -g(r)\frac{m}{kT}dr$$

이고, 이 방정식을 r_0에서 r까지 적분하면

$$\frac{P(r)}{P(r_0)} = \exp\left[-\frac{mg}{kT}(r - r_0)\right]$$

이다. 여기서 g, T, m은 $r - r_0$의 범위에 걸쳐 거의 상수라고 가정했다. 만일 표면(r_0) 위의 높이를 $r - r_0 = h$로 두고, 또 **높이척도**를

$$H = \frac{kT}{gm} \approx \text{상수}$$

으로 두면,

$$P(h) = P(h_0)\exp\left(\frac{-h}{H}\right)$$

이다. 여기서 h는 기준면 h_0 위의 어떤 높이이다. 이 관계를 **기압 방정식**(barometric equation)이라 한다. 이는 온도와 평균 분자량이 급격히 변하지 않는 행성 대기의 영역에 적용된다.

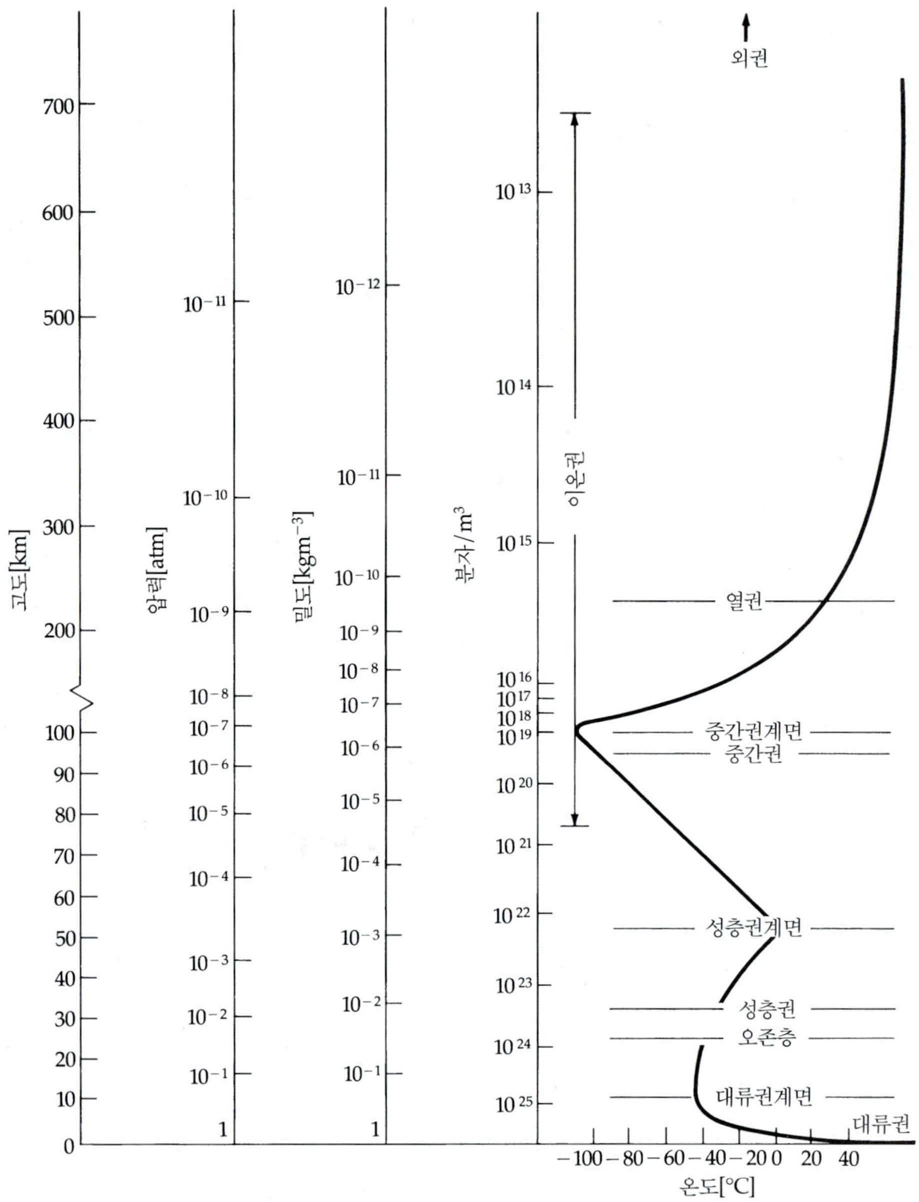

그림 4-18 지구 대기의 각 층에서 압력, 밀도, 온도의 고도에 따른 변화
100km와 200km 사이에서 길이의 척도를 변화시킨 점에 유의하자.

높이척도인 H는 길이의 단위를 가진다. 이는 표면 대기압이 $1/e$만큼 감소하는 곳의 높이에 해당한다. 지구 표면에는 $H \approx$ 8km이다. 그래서 8km 높이에서 기압(그리고 밀도)은 표면 대기압의 거의 $1/e$배, 즉 2.7배 정도 더 낮다. 지구 표면에서의 기압은 1대기압이고 1.01×10^5Pa와 같다.

대기의 밀도가 높이에 따라 고르게 감소하는 반면, 온도의 변화는 태양 빛의 흡수로 인해 3개의 최고점을 나타낸다. 태양으로부터 오는 자외선과 엑스선 복사는 화학적으로 층이 나누어진 대기와 상호작용하여 산소와 질소 분자를 해리시키고, 또 몇몇 원자를 이온화시켜 밀도가 다른 자유 전자의 층, 즉 **이온층**(ionosphere, 약 50~300km)을 만든다. 그런데 자유 전자와 이온의 수가 많아질수록 이들의 재결합이 더 빨라지기 때문에 이온층의 이온화는 스스로 조절되어 균형이 유지되게 된다. 따라서 여기서는 언제나 정상 상태의 평형이 이루어진다. 또, 이온층 내에서도 원자 상태의 산소(O), 원자 상태의 질소(N), 오존(O_3), 산화질소(NO, NO^+) 등이 각각 농집되어 있는 층이 발견된다. 이와 같이 대기층 전체는 생명체에 해가 되는 태양 복사의 대부분을 흡수하는 차폐 작용을 한다.

관측된 대기 효과

전자기파는 지구 대기에 의해 흡수되고 산란되며 굴절된다.

이러한 현상은 입사되는 복사의 파장에 좌우된다. 대기는 대부분의 파장에 대하여 불투명하고, 오직 (1) 파장이 1mm~20m까지의 범위에 있는 전파(전파망원경으로 검출된다), (2) 290nm(근자외선)에서 약 $1\mu m$(근적외선)까지의 가시광선만을 통과시킨다. 즉 이것이 우리의 눈과 망원경으로 우주를 볼 수 있는 창문이다. 파장이 짧은 복사(290nm 이하)는 지구 대기를 해리시키고 이온화시키며, 그 과정에서 흡수된다. 예를 들면, 오존층(10~40km)은 300nm에서 210nm까지의 복사를 흡수한다. 적외선 영역(약 1μm~1mm)에서는 N_2, O_2, CO_2, 그리고 특히 H_2O와 같은 분자에 흡수되어 이들을 들뜨게 한다. 약 20m 이상의 긴 파장의 복사에 대해서 이온층은 마치 전도 차폐와 같은 작용을 하여 입사되는 복사를 흡수하고 반사한다.

보라색(410nm)에서 붉은색(650nm)에 이르는 가시광선에 대기가 미치는 효과는 우리의 우주관에 직접적인 영향을 끼친다. 가장 중요한 효과는 산란, 소광, 굴절(그리고 시상), 분산 등이다. 빛은 입자와 상호작용을 할 때 산란되며, 산란의 특성은 빛의 파장 λ와 산란 입자의 크기 L에 따라 달라진다. 빛이 대기 분자($L \ll \lambda$)에 의하여 산란될 때, 산란된 복사의 세기는 **레일리**(Rayleigh)**의 산란법칙**을 따른다.

$$I_{\text{scat}} \propto \frac{1}{\lambda^4}$$

따라서 입사되는 태양 빛 중에서 푸른빛이 붉은빛보다 더 많이 산란되므로 하늘이 푸르게 보인다. 이러한 선택적인 산란은 일몰 때와 같이 상당히 두꺼운 대기를 통하여 태양(또는 별)을 보면 태양이 붉게 보이게 한다. 산란은 시선 방향에 푸른빛을 없애 버린다. 어떤 빛은 붉은색에 이르기까지 모든 파장에서 산란된다. 그래서 별의 밝기는 대기에 의해 어두워지는데, 이러한 현상을 빛의 **소광**(extinction) 현상이라 한다. 그러므로 천체 관측에서는 별빛의 적색화와 소광이 보정되어야 한다. 한편 1μm 크기의 티끌의 입자가 붉은색 빛을 산란시킬 때와 같이 $L \approx \lambda$일 때에는 산란 법칙이 다음과 같다.

$$I_{\text{scat}} \propto \frac{1}{\lambda}$$

끝으로 구름 속의 물방울의 경우와 같이 $L \gg \lambda$일 때는 산란은 파장에 무관하다. 구름은 햇빛을 이러한 방식으로 산란시키기 때문에 희게 보인다.

빛이 한 매질에서 다른 매질로 들어갈 때, 빛은 굴절된다(굽어진다). 매질의 특성은 빛의 **굴절률**로 표시되는데, 공기의 굴절률은 밀도가 증가함에 따라 커진다. 따라서 고도 θ에 있는 별에서 오는 빛은 지면을 향해서 아래쪽으로 굴절되므로, 별빛은 마치 $\theta' > \theta$인 고도로부터 지표에 도달하는 것처럼 보인다(그림 4-19). 이러한 효과는 천정에 있는 별에서는 나타나지 않지만, 지평선으로 접근할수록 점차 중요하게 된다. 지평선에 있는 천체는 실제의 위치보다 약 35′만큼 떠올라 보인다. 그러므로 태양의 아래 끝이 지평선에 걸려 있을 때는 실제로 태양이 지평선 아래에 있는 것이다.

대기의 밀도는 균일하지 못하므로 입사되는 빛의 굴절 또한 일정하지 않고 천구 상에서 춤을 추는 것처럼(반짝 또는 깜박거림) 보인다. 이러한 효과는 망원경의 **각분해능**(angular resolution)을 약 1″(특수한 경우는 0.25″)까지로 제한시킨다. 이것을 천문학적 **시상**(seeing)이라 한다. 대기가 안정되어 깜박거림이 적을 때는 시상이 좋다고 한다. 시상의 한계보다 큰 각지름을 가지는 행성이나 위성은 가장자리만이 깜박거릴 뿐

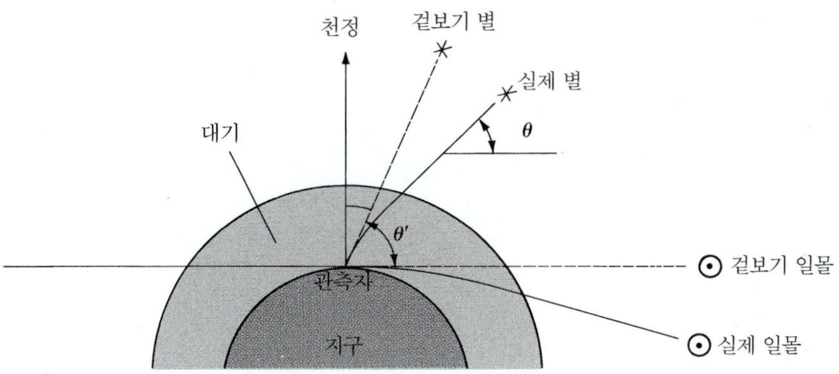

그림 4-19 대기 굴절
태양이나 별과 같은 천체로부터 오는 광선은 대기에 의해 경로가 굽어진다. 그래서 천체의 고도는 실제보다 더 높게 보인다. 지평면에 가까울수록 광선의 행로가 길어지므로 이 효과는 더 커진다.

이고 전체적으로는 안정되게 빛난다.

우주 공간에서 들어오는 빛과 간섭을 일으키는 이러한 효과(특히 지구 대기는 대부분의 복사 파장에 대하여 불투명하다)를 감안할 때, 천문학자들이 산꼭대기에 관측기구를 설치하거나 지구 둘레를 도는 인공위성으로부터 우주를 관측하고자 하는 것은 당연하다. 그러므로 이상적인 관측소는 빛을 차단하거나 교란시키는 지구 대기 밖에 있는 달과 같은 곳이어야 한다. 달에서는 대기가 없으므로 시상의 문제가 없고, 굴절이나 소광이 일어나지 않으며, 바람과 기상이 존재하지 않는다. 즉 태양계 안쪽에서 가장 우수한 원거리(remote) 관측 장소이다.

4.6 자기장

4.6.1 달의 자기장

지표에서 약 4×10^{-5}T의 세기를 가지는 지구의 자기장은 수백 년 전부터 연구되어 왔으나, 달의 자기장은 우주 탐사선이 달 표면에 착륙함으로써 비로소 조사될 수 있었다. 아폴로 우주인들이 달 표면에 설치한 자기계의 기록에 의하면 달의 고유 자기장 세기는 10^{-9}T이지만, 국지적인 자기장의 세기는 10^{-8}T 내외의 값을 가진다. 아무튼 달의 자기장의 전반적인 세기는 무시할 정도로 작다. 만약 행성의 자기장 기원에 대한 다이너모 모형(4.6.2항 참조)이 맞는다면, 달의 핵은 용해되었거나 철이나 니켈로 구성될 수 없다(또한 달이 금속성 핵을 갖기에는 밀도가 너무 낮다). 한편, 어떤 표면 암석 표본은 달의 약한 자기장에서 기대되는 이상의 세기로 자화(磁化)되었다. 화성암의 철광물은 용암이 굳는 시기에 있던 자기장을 보존시킨다. 따라서 과거에 달의 자기장은 지금보다 더 강했다고 볼 수 있다. 그러나 이것은 아직 수수께끼로 남아 있다.

4.6.2 지구의 자기권

지구는 자기 북극에서 나와 자기 남극으로 들어가는 자기력선을 가지며, 지구의 자전축에 대하여 12° 기울어져 있는 **쌍극** 자기장을 가진다. 지구의 자전은 자기장의 생성을 돕는다. 금속(전도체) 외핵은 전향력 효과에 의해 안정된 대류 영역으로 만들어지며, 외핵 내에서 일어나는 유체운동이 어떤 형태의 **다이너모**(dynamo, 움직이는 전하는 자기장을 발생시킨다)를 통해서 지구의 자기장을 만든다고 알려져 있다. 고자기(paleomagnetic) 연구에 의하면, 지구의 자기장은 약 10^4~10^5년의 평균 주기를 가지고 무작위로 방향을 바꾼다는 사실이 밝혀졌다. 그리고 오늘날 지구 자기장의 세기가 천천히 감소하고 있음이 관측되고 있다.

쌍극 자기장의 세기는 지구에서 떨어진 거리 r에 따라 대체로 $1/r^3$의 비율로 감소되는 반면, 대기의 밀도는 지수 함수적으로 감소되기 때문에, 자기장은 지구 대기로부터 훨씬 떨어진 외부에서 중요한 역할을 하게 된다. 지구 자기장의 영향이 미치는 영역을 **자기권**(magnetosphere)이라 하며, 이것은 자기장이 태양풍과 만나서 상호작용하는 **자기권계면**(magnetopause)에서 끝난다(그림 4-20). 태양풍이 지구의 자기장을 태양으로부터 멀리 밀어냄으로써 자기권은 혜성과 같은 구조

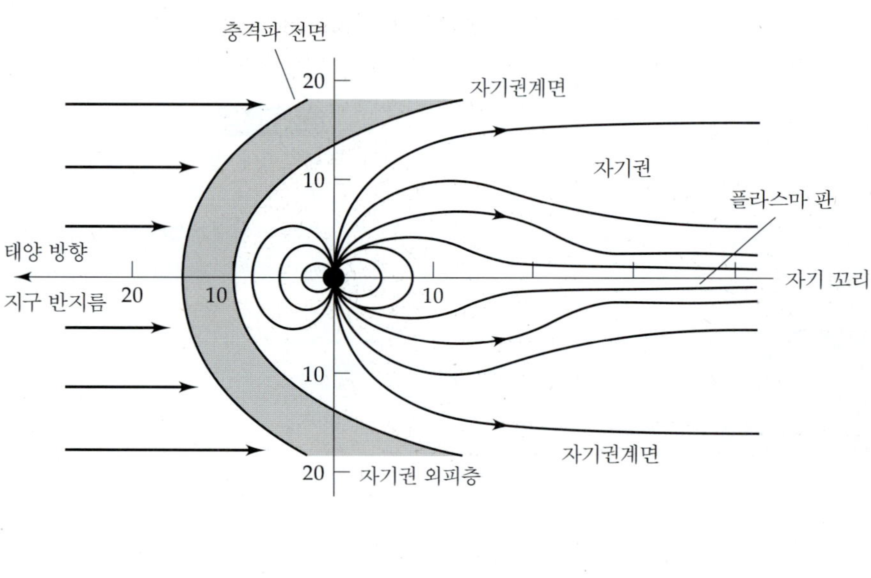

그림 4-20 지구 자기권
태양풍은 지구의 쌍극 자기장과 충돌하여 충격파를 만들어 내고, 그 뒤에 자기권이 놓인다. 태양풍은 긴 꼬리를 형성하며, 꼬리 내에는 플라스마 판이 놓인다. 여기서 거리의 단위는 지구 반지름이다.

를 가지게 된다. 지구의 $10R_{\oplus}$내에서는 쌍극 자기장의 모습이 명백히 눈에 띄지만, 이 거리를 벗어나면 태양을 향한 쪽에서 급격한 충격파 및 전이 영역이 생기고, 그 반대쪽에는 $1{,}000R_{\oplus}$ 이상의 긴 자기꼬리(magnetotail)가 태양으로부터 멀어져 가는 방향으로 뻗치고 있다.

지구의 자기권에서는 플라스마와 전자기장과 관련된 여러 가지 복잡한 물리적 과정이 일어난다. 다행히도 이 자기권은 우리에게 가장 가까워서 우주 탐사가 시작된 이래 세밀하게 연구되어 왔다. 지구의 자기권은 태양계 내의 다른 행성 주위나 혜성에서 발견되는 자기권에 대한 모형으로 쓰인다. 중요한 점은 이것이다. 즉 태양풍과 자기장의 상호작용이 행성 전자기적 발전기의 역할을 하여, 태양풍의 운동에너지를 약 10^6 메가와트 정도의 전기로 전환시킨다는 것이다!

4.6.3 반앨런복사대

자기권계면은 태양풍을 지구로부터 비끼게 하지만, 그래도 많은 양성자와 전자들이 자기권 안으로 새어 들어온다. 이 입자들은 지구의 쌍극 자기장에 의하여 지구 자기축에 대하여 대칭을 이루는 환상형 복사대(toroidal radiation belt) 속으로 잡혀들게 된다(그림 4-21). **반앨런복사대**(Van Allen radiation belt)의 존재는 1958년 반앨런(James A. Van Allen, 1914~2006)이 주축이 된 연구진에 의하여 인공위성 관측으로부터 발견되었다.

양성자와 전자는 자기권 내 전체에서 발견되고 있지만, 특이하게 밀집된 다음과 같은 두 가지 벨트가 있다. (1) 지구중심으로부터 $1\sim2R_{\oplus}$ 사이에 있는 작은 내대(inner belt)가 있는데, 여기에는 50MeV의 에너지를 가지고 있는 양성자와 30MeV보다 큰 에너지를 가지고 있는 전자가 존재하며, 그 밖에는 뚜렷한 간극이 있다. (2) 거의 $3\sim4R_{\oplus}$ 사이에 큰 외대(outer belt)가 있다. 여기서는 내대보다 에너지가 작은 양성자와 전자가 모여 있다(1**전자볼트**, eV는 원자와 입자 물리학에서 유용한 에너지 단위이다. $1\text{eV} = 1.6021 \times 10^{-19}\text{J}$, $1\text{keV} = 10^3\text{eV}$, $1\text{MeV} = 10^6\text{eV}$, 이는 1V의 전위차에 의하여 가속된 전자가 얻는 에너지이다). 내대는 비교적 안정적 지역인 반면, 외대에서는 그 속에 있는 입자의 수가 100배까지 늘었다 줄었다 한다. 이들 복사대에 붙잡힌 입자는 대부분 태양풍으로부터 온 것이다.

복사대에 붙잡힌 하전입자는 자기력선을 따라 나선 운동을 하며, 남북 양쪽의 거울점(mirror point, 그림 4-22) 사이를 왕복한다(0.1~3초 주기). 내대에 있는 입자들은 이 거울점 부근에서 희박한 상층 대기와 상호작용하여 오로라를 일으킨다(4.6.4항 참조). 이러한 입자는 벨트로부터 빠져나간다. 입자가 남북 사이를 나선을 그리며 왕복 운동을 하는 것 외에도, 지구로부터 멀리 떨어질수록 지구의 자기장과 중력장의 세기는 감소되기 때문에 이들 입자는 (동서 방향으로) 경도의 표류 현상을 나타낸다. 고에너지 양성자는 약 0.1초 동안에 지구의 둘레를 한 바퀴씩 서쪽으로 표류하며, 이와 반대로 낮은 에너지의 전자는 약 1~10시간 동안 동쪽으로 표류하여 1회전한다. 이

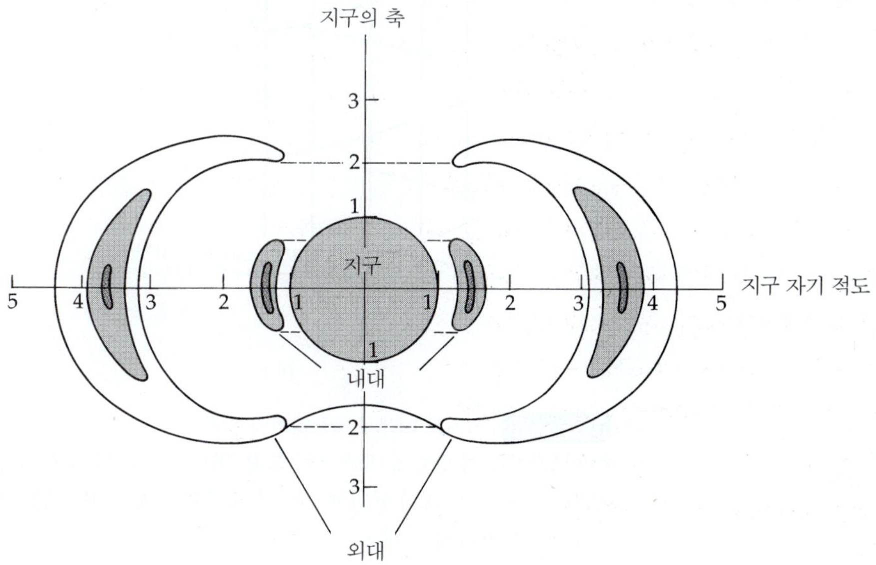

그림 4-21 반앨런복사대
검은 지역들은 하전 입자의 상대적 밀도를 나타낸다. 크기는 지구 반지름 단위로 표시하였다.

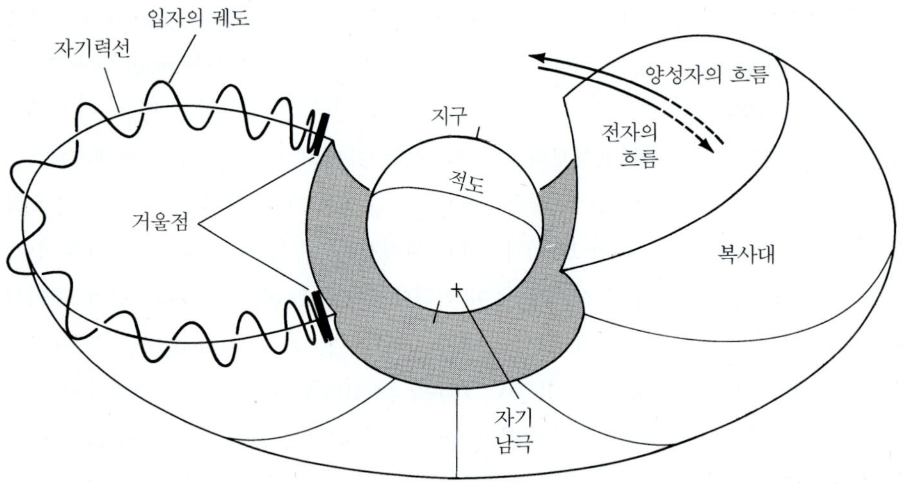

그림 4-22 반앨런복사대 내의 입자 운동
태양에서 온 하전입자는 자력선을 따라 나선 운동을 하다가 남-북의 거울점에서 튕겨 되돌아 나온다. 양성자와 전자는 반대 전하를 가지기 때문에 서로 반대 방향(서쪽–동쪽)으로 흘러간다.

와 같은 표류 때문에 복사대의 입자 밀도는 모든 경도에 대하여 고르게 분포된다.

그러면 이러한 하전입자의 운동을 정량적으로 살펴보기로 하자. **로렌츠**(Lorentz) **힘의 법칙**은 전하 q[쿨롬(coulomb) 단위이며, 전자의 전하는 1.6×10^{-19}C임]인 입자가 세기 **B**(tesla 단위)인 자기장 속을 속도 **v**(ms^{-1}단위로)로 움직일 때 받는 힘 **F**(뉴턴 단위)를 나타낸다.

$$\mathbf{F} = q(\mathbf{v} \times \mathbf{B}) \qquad (4\text{–}4)$$

F는 오른손 법칙에 따라 **v**와 **B**에 수직이다(그림 4–23A). 양성자의 질량(1.673×10^{-27}kg)은 전자의 질량(9.109×10^{-31}kg)보다 훨씬 크나, 양성자의 전하는 전자의 전하와 같고 부호가 서로 반대이다. 그런데 $\mathbf{F} \cdot d\mathbf{r} = (\mathbf{F} \cdot \mathbf{v})dt = 0$(**F**는 **v**에 수직이므로)이기 때문에, 자기장은 하전입자에 대하여 어떤 일도 할 수 없다. 따라서 입자의 운동에너지는 자기장에 의하여 변하지 않는다(총 속력 v는 일정하다). 하전입자는 균일한 자기장 속에서는 원 궤도를 따라 움직인다(그림 4–23B). 로렌츠 힘[식 (4–4)]은 반지름 r인 원 궤도에서 구심력을 준다. 따라서

$$\frac{mv^2}{r} = qvB$$

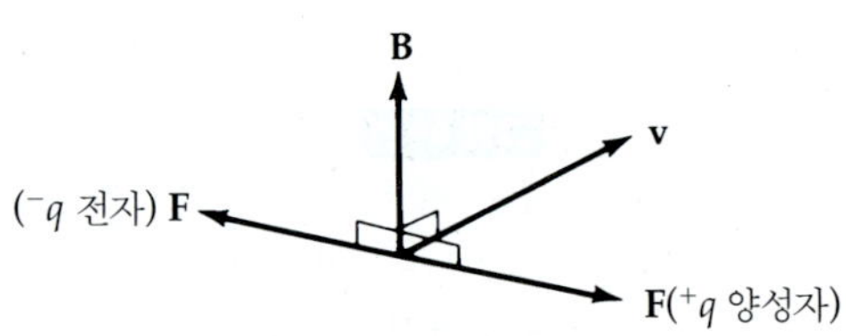

(A)

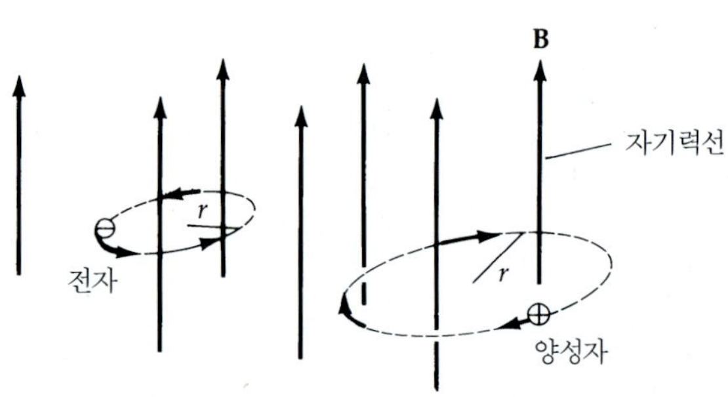

(B)

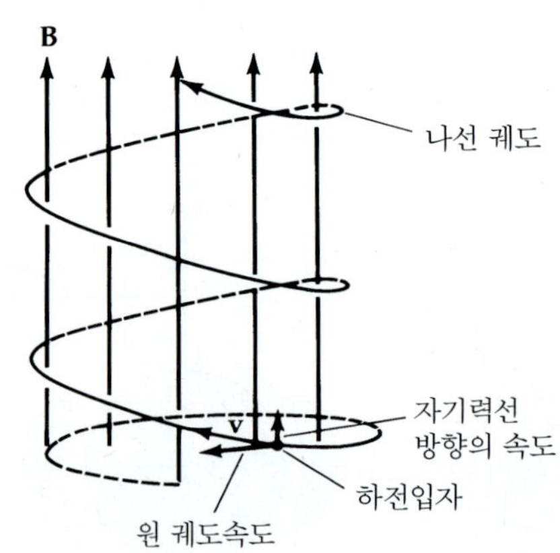

(C)

그림 4-23 자기장 내에서 하전입자의 운동
(A) 로렌츠 힘의 방향에 대한 벡터 그림. (B) 균일 자기장 내에서 전자와 양성자의 원 궤도. (C) 균일한 자력선 방향으로 움직이는 속도 성분을 가진 하전입자의 나선 궤도.

$$r = \frac{mv}{qB} \tag{4-5}$$

예를 들면, $B = 10^{-4}$T일 때, 속도 $v = 10^8\text{ms}^{-1}$을 가지는 양성자는 자력선 주위로 반지름 $r = 10$km인 원을 그린다. 이러한 반지름을 **자이로반지름**(gyroradius)이라고 부른다.

만일 하전입자가 자기력선을 따라 운동하는 속력을 가진다면, 이 입자는 나선 궤도를 그리며 움직인다(그림 4-23C). 하전입자가 자기장의 세기가 큰 영역(B 증가)으로 진입한다면, 원 궤도는 오그라들고 대신 원 운동의 속력이 증가한다. 그런데 이때 입자의 총 운동에너지는 변할 수 없으므로 자기력선에 평행한 입자의 속도 성분은 감소하게 된다. 만약 한 입자가 다른 입자와 충돌한다면, 결국 입자의 전진 운동은 역전된다. 그러므로 자기력선들이 조밀해지는 곳으로 들어오는 입자는 매우 높은 속도로 가속된다. 이러한 과정은 오로라의 경우처럼 여러 천체 물리학적 상황에서 거울점에서 일어난다.

4.6.4 오로라

내복사대(inner radiation belt)는 지구 상층 대기와 작용하여 색채가 화려한 **오로라**를 일으킨다. 북반구의 고위도 지방에서 나타나는 오로라를 북극광(aurora borealis) 또는 '북광'이라 하며, 남반구의 고위도 지방에서 나타나는 오로라를 남극광(aurora australis)이라 한다. 자기극으로부터 15°에서 30° 사이의 북쪽 지방에서는 예로부터 하늘에 널리 펴져 나타나는 희미하게 빛나는 형태들이 관측되어 왔다. 오로라는 흔들리는 줄무늬, 빛나는 커튼 또는 안정된 레이스로 된 장막의 형태로 나타나는데, 이들은 시간에 따라 세기와 색깔(희미한 분홍색, 푸른색, 녹색 등)이 변한다(그림 4-24). 오로라의 높이를 삼각측량법으로 구해 보면, 대부분 80~160km 사이에서 일어나며, 가끔 1,000km나 되는 높은 것도 있다.

오로라의 빛은 고에너지 전자가 내대에서 빠져나와 대기가스와 충돌하여 이를 들뜨게 하거나 이온화시켜서 방출하게 된다. 주로 산소와 질소인 이들 가스는 들뜬 상태에서 다시 안정한 상태로 되돌아 갈 때 특유한 색을 가지는 빛을 방출한다. 태양풍은 고에너지 전자를 공급하거나, 또는 자기권을 교란시켜서 복사대에 붙잡힌 입자를 거울점 부근의 대기 속으로 빠져들어가게 하는 중요한 역할을 한다. 태양 활동이 오로라를 야기한다는 것은 오로라가 태양 활동과 긴밀하게 연관되었다

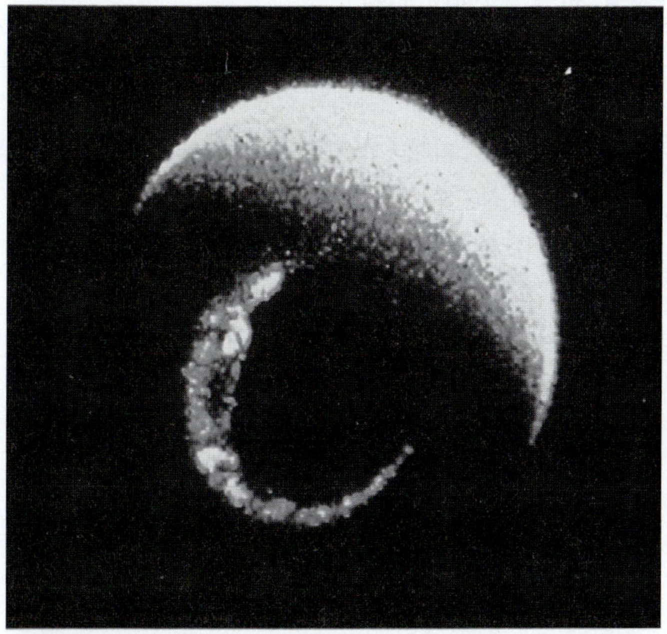

그림 4-24 우주에서 본 북극광의 모습
자기 북극을 중심으로 한 고리 모양의 방출 영역에 유의하자. 130.4nm와 135.6nm의 원자선이 대부분의 방출을 일으킨다. (L. Frank, 아이오와 대학교)

는 사실에서 알 수 있다.

최근 모형에 따르면 오로라는 **자기재결합**(magnetic reconnection)이라는 불리는 과정에 의해 자기 꼬리로부터 나오는 에너지 방출의 결과로 설명된다. 이 과정은 반대 극성의 자기력선을 가진 플라스마가 모여서, 자기력선이 깨어지고 새로운 조합으로 다시 연결될 수 있을 때 일어난다. 이러한 재결합이 일어나는 장소의 예가 자기 꼬리에 있는 플라스마 판(plasma sheet)이다. 재결합 지점은 대체로 지구로부터 약 $100R_\oplus$아래쪽(태양풍이 불어가는 방향)에 놓여 있다. 이 지점에서 알짜 자기장은 0이다. 때때로 태양풍은 자기권에 충분한 자기에너지를 추가해 줌으로써 자기력선들이 과도하게 늘어나 지구로부터 $15R_\oplus$에서 새로운 재결합이 일어나기도 한다. 지구 쪽의 자기장은 전자를 대기 쪽으로 주입하면서 붕괴되어 오로라를 방출한다. 한편 고리 형태의 자기력선을 가진 플라스마의 방울(blob)은 지구로부터의 자기적 속박에서 벗어나 아래로 움직인다. 그러면 평형 자기권이 다시 형성된다. 플라스마에서 자기재결합 과정은 혜성의 환경이나 다른 천체물리적 상황에도 적용된다(7.3절).

4.7 지구-달계의 진화

이제 우리는 지구-달계의 물리적 성질—특히 암석의 방사성 연대 측정법—을 이해하고 있으므로, 이 계의 진화 과정에 대하여 생각해 보기로 하자. 이러한 비교는 가장 진화된, 그리고 여전히 진화하고 있는 지구형 행성으로서의 지구를 비추어 줄 것이다. 한편, 화석 세계로서 달은 지구형 행성의 초기 진화 단계에 대한 증거를 보존하고 있다(지구와 달의 기원에 관한 소개는 7.6.6항 참조).

4.7.1 달의 역사

달은 약 46억 년 전 물질 덩어리들의 응축에 의해 형성되었을 것이다. 달의 질량이 대부분 모이고 난 이후에도 이러한 작은 조각들은 달로 계속 떨어졌다. 달이 형성된 후 처음 2억 년 동안 우주로부터 이러한 덩어리들이 달 표면에 충돌하고, 또한 짧은 수명을 가진 동위원소(^{26}A1과 같은)의 방사성 붕괴가 달을 가열하여 녹였다. 밀도가 적은 물질들은 녹은 구각의 표면 상에서 떠다니고 휘발성 물질은 우주 밖으로 달아났다. 지각은 약 45억 년 전에 용융된 구각에서부터 굳어지기 시작했다. 과거 45억 년에서 41억 년 전 사이에 지각은 서서히 냉각되었다. 우주로부터의 충격은 계속되지만 차차 줄어들었고, 떨어지는 파편들은 현재 고지대에서 보이는 많은 구덩이를 형성시켰다.

표면 바로 밑의 물질들은 녹은 채로 남아 있었다. 과거 약 41억 년에서 39억 년 사이에 몇 개의 커다란 덩어리가 지각에 충돌하여 분지를 만들었고, 이것은 바다가 되었다. 예를 들면 동양의 바다 분지는 40억 년 전에 지름이 약 25km인 물체가 달에 부딪쳤을 때 형성되었다. 이후 분지는 용암으로 채워졌다. 비록 지각이 초기의 응집열을 잃어버렸지만, 짧은 수명의 방사성 원소들의 급격한 붕괴로 지각의 일부는 다시 가열되었다. 39억 년과 30억 년 사이에 방사성 붕괴에 의한 재가열에 의해 형성된 용암은 분지 아래쪽의 얇은 지각을 뚫고 흘러나와 바다를 이루었다.

지난 30억 년 동안 지각은 비활동적이었다. 그러나 지각이 굳어진 이래로 우주로부터 작은 입자들이 끊임없이 표면으로 떨어들었다. 이 모래알 크기의 작은 알갱이들은 표면을 문지르고 평탄하게 하며 가루로 만들었다. 커다란 물체들이 지속적으로 충돌하여 부서진 표면을 크게 휘저었고, 충격에 의하여 토양이 녹았다가 신속히 식으면서 각력암과 유리구를 형성하였다.

이러한 진화의 역사에서(표 4-2) 고지대는 달 지각의 가장 오래된 부분을, 저지대(바다)는 가장 젊은 부분을 구성한다. 일단 바다가 형성된 후 달의 내부와 지각의 진화는 중지되었다. 왜냐하면 내부는 10억 년 내에 많은 초기열을 잃어버렸기 때문이다. 초기의 응집과 방사성 붕괴로부터 나오는 내부 열은 지구형 행성의 진화를 이끌어 간다.

일반적으로 열 손실률은 행성의 표면적에 비례한다. 한편 열의 저장량은 질량 또는 $\langle\rho\rangle R^3$에 비례한다. 따라서 지구형 행성의 진화의 수명은 대체로 총 가용 에너지량을 (열)손실률로 나눈 것, 즉 $t \propto$ 질량/표면적 $\propto R^3/R^2 \propto R$에 비례한다(같은 밀도를 갖는다면). 그러므로 큰 지구형 행성일수록 내부 열에 의해 이루어지는 과정이 더 오랜 시간 지속되고, 이에 따라 진화도 더욱 많이 이루어졌어야 한다. 또한 질량이 큰 행성일수록 대기를 더 오랫동안 보유하게 되어, 바람과 비로 인한 지표의 침식이 일어날 것이다. 이러한 점을 염두에 두고 지구를 알아보자.

4.7.2 지구의 역사

내부 열에 의해 진행된 지구의 진화 과정은 6단계를 거쳤다. 그 첫 단계는 46억 년 전에 시작되었는데, 수백만 년에 걸쳐 작은 암석 덩어리들이 뭉쳐서 지구가 형성되었다. 뭉쳐진 덩어리들이 원래 거의 같은 구성물질로 만들어졌기 때문에, 대체로 균일한 조성의 움푹움푹 패인 행성을 남겼다. 이 응집 시

표 4-2 달의 진화

사건	시간[10^9년]	과정
형성	4.6	작은 물질 덩어리의 응축
용융 구각	4.6~4.5	물체의 낙하나 방사성 붕괴에 의한 열로 외층의 용융, 휘발성 원소의 상실
운석 구덩이를 가진 고지대	4.5~4.1	지각의 고체화, 작은 물체의 낙하 충돌로 구덩이의 형성이 계속됨
큰 분지	4.1~3.9	낙하 물체 감소, 소수의 큰 물체 충돌로 분지 형성, 고체지각 아래쪽의 용암으로부터 현무암의 방출
바다의 범람	3.9~3.0	방사성 붕괴로 생성된 용암으로 분지의 범람
조용한 지각	3.0~현재	작은 입자의 충돌로 표면의 분쇄와 부식

기에 대기에는 수소와 불활성 가스가 풍부했다. 응집과 방사성 붕괴는 내부 열을 빠르게 발생시켰다(응집 과정에서 중력 퍼텐셜에너지가 운동에너지와 열에너지로 전화됨에 따라, 물질의 응집은 물체를 가열한다). 한편, 가벼운 가스는 우주 공간으로 달아났다.

약 45억 년 전에 시작된 두 번째 단계에서 방사성 가열(그리고 중력 수축)은 내부를 녹였다. 이 작용으로 무거운 물질로 이루어진 중심부와 가벼운 물질로 이루어진 지각으로 분화되었다. 3단계와 4단계에서는 내부 열에 의한 화산 활동으로 안쪽에서 나온 물, 메탄, 암모니아, 이산화황, 이산화탄소 등이 함유된 두 번째 대기(2차 대기)를 만들어 냈다. 큰 물체가 계속 떨어지면서 지각 균열이 일어났다. 해양분지가 형성되고, 지표면이 충분히 냉각되면서 비가 내리고, 그 빗물이 바다 밑바닥을 채웠다.

약 37억 년 전의 5단계에서는 처음으로 대류이 나타나고 판구조가 시작되었다. 산은 높아지면서 바람과 비에 의해 풍화작용을 받는다. 대기는 부분적으로 생명의 출현에 영향을 받으며 서서히 진화했다. 약 22억 년 전 지각은 냉각하며 충분히 두꺼워져서 현재와 같은 판의 활동이 일어날 수 있게 되었다. 6억 년 전쯤에 지구는 진화의 여섯 번째 단계에 접어들었다. 5단계에서 시작된 과정들은 지구가 오늘날과 매우 유사하게 보일 때까지 천천히 계속되었다.

지구형 행성의 진화는 내부, 표면, 대기의 변화를 모두 포함한다. 이러한 변화는 대부분 행성 내부의 열에 의해 이루어진다. 질량이 큰 행성일수록 내부의 열을 더 많이 발생시키고(방사성 붕괴로부터), 그 열을 더 오랫동안 보유함으로써 진화는 더 많이 이루어진다.

표면은 여러 가지 과정들에 의하여 변화되는데, 즉 행성 간 잔재물들의 충돌, 내부 열의 유출, 화산, 바람과 물에 의한 침식, 그리고 지각 운동(만약 맨틀이 뜨겁다면) 등이다. 한편, 대기는 태양열과의 상호작용, 외계로의 이탈, 고온의 내부로부터의 유출, 그리고 생명체(만약 존재한다면) 등에 의하여 변화하였다. 특히, 지구상의 생명체는 두 번째 대기(내부에서 유출된)를 지금 우리가 호흡하는 산소가 풍부한 대기로 변화시켰다.

4.7.3 행성의 진화 모형

지구로부터 우주 공간으로 방출되는 열의 흐름이 행성의 진화를 유도한다. 지구의 각 주요 부분 — 내부, 지각, 대기, 해양 — 은 다른 온도를 가지고 있다. 그러므로 각 성분 사이에 열이 흐르고(뜨거운 쪽에서 차가운 쪽으로) 변화를 일으킨다. 내부 에너지는 천천히 표면으로 흘러나온다. 태양광에 의하여 에너지가 대기, 지표, 대양에 더해진다. 마침내 이 에너지는 지표면에서 지구보다 훨씬 차가운 우주 공간으로 복사 방출된다.

오늘날, 지표면에서 방출되는 총 에너지 흐름의 평균값은 겨우 $0.06 Wm^{-2}$이다. 이 에너지를 1제곱미터 면적에 대하여 전부 모아서 물 한 잔을 100°C로 데우려면 2주일이 걸릴 것이다. 하지만 지구 전체에서 단위시간당 흘러나가는 에너지는 엄청난 양이다(대략 $10^{13} Js^{-1}$). 지구는 진화를 지속하기 위해서 방대한 양의 열에너지(대부분은 초기 열에너지)를 저장하고 있다.

행성들의 물리적 특성과 수십억 년에 걸친 진화를 이해하고 예측하기 위하여 우선 행성의 모형을 만들어야 한다. 그렇게 함으로 행성에 대하여 직접적으로 관측할 수 있는 것보다 더 많은 것을 알 수 있다.

어떻게 행성의 모형을 만들 것인가? 우선, 행성들을 지상에서 관측하고, 근접탐사선(flyby), 궤도선(orbiter), 착륙선(lander)을 보내서 관측해야 한다. 다음으로 질량과 반지름 같은 주요 물리량을 알아내고, 그로부터 전반적인 밀도를 결정한다. 이를 통하여 일반적인 성분(얼음, 암석, 여러 조합의 금속)을 추론한다. 그리고 행성들은 구의 형태를 가지고 있다고 가정한다. 뉴턴의 중력 법칙에 의하면 충분한 질량을 가진 물체는 자체 중력에 의하여 구형 대칭을 이룬다(물체가 너무 빠르게 회전하지 않는다고 한다면).

다음으로 가장 불확실한 단계가 온다. 우리는 행성을 구성하는 특정한 물질들의 성질을 이해해야만 한다. 다양한 고체(얼음, 암석, 금속), 액체, 기체가 다른 온도, 밀도, 압력에서 어떻게 반응하는지, 즉 물질의 상태 방정식을 알아야만 한다. 기체와 액체는 상대적으로 단순한 상태 방정식을 가지고 있지만 고체는 좀 다르다. 우리는 이러한 물질들을 실험실에서 재현할 수 없는 상황에서 다루게 된다. 대부분의 경우, 제한된 정보에 근거한 상태 방정식을 쓰게 된다.

이러한 모형들의 목표는 행성의 현재 상태와 과거와 미래에서 표면 지형들과 상황들을 설명하는 것이다. 또한 모형들은 행성의 내부 구조를 예측하고자 한다. 일반적으로 행성의 내부는 분화되어 있어서, 밀도가 가장 높은 물질들이 중심에 자리 잡고 있고, 밀도가 가장 낮은 물질은 상층 대기의 표면에 분포하게 된다.

행성이 얼마나 빨리 내부 열을 잃어버리는가가 **진화의 수명**을 결정한다. 수명은 저장된 에너지와 우주 공간으로 에너지를 잃어버리는 손실률에 의해 결정된다. 반지름과 질량이 크면 클수록, 진화가 더 활발하고 수명이 더 길어진다. 이 결과는 부피와 표면적의 비율에 대한 비례 관계에서 유도된다.

핵심 수식과 개념

- 정유체평형

$$\frac{dP}{dr} = -\rho(r)\frac{GM}{r^2}$$

- 방사능 붕괴

$$\frac{n}{n_0} = \exp\left(\frac{-0.693t}{\tau}\right)$$

- 기압 방정식

$$P(h) = P(h_0)\exp\left(\frac{-h}{H}\right)$$

- 높이척도

$$H = \left(\frac{kT}{gm}\right) \approx \text{상수}$$

- 로렌츠 힘

$$\mathbf{F} = q(\mathbf{v} \times \mathbf{B})$$

문제

1. (가) 아폴로 유인 우주선이 달을 향하고 있다. 이 우주선이 달과 지구 사이의 어떤 지점에서 무중력 상태에 있게 되겠는가?

(나) 이 우주선이 월면으로부터 50km 상공에서 원 궤도를 그리며 달의 둘레를 한 바퀴 돌려면 얼마나 긴 시간이 걸리는가?

2. 항성월(27.322일), 지구의 공전주기(365.26일), 교점의 후행주기(18.6년), 그리고 달의 근지점의 세차주기(8.85년)을 이용하여 다음 항의 길이를 계산하시오.

(가) 삭망월

(나) 교점월

(다) 근점월

3. 달이 원 궤도를 그리며, 황도면에 놓여 있다고 가정하자. 충과 내합에서 달에 미치는 태양의 인력의 차이를 구하시오. 이 인력의 차이와 지구가 달에 미치는 인력을 비교하시오. 이제 달의 궤도가 간단한 타원이 아닌 이유를 알 수 있는가?

4. (가) 만약 달이 반지름이 $R_m/10$인 핵을 가지고 있고, 나머지 내부는 균일한 밀도 $\rho = 3{,}000\text{kgm}^{-3}$을 가지고 있다면, 이 핵의 균일한 밀도는 얼마인가?

(나) 달 궤도의 근지점과 원지점에서 지구가 달에 가하는 조석력을 비교하고 논의하시오.

5. 온도 T인 기체에서 분자 하나의 평균 운동에너지는 $mv^2/2 = 3kT/2$이고, $k = 1.380 \times 10^{-23}\text{JK}^{-1}$이다. 지표에서 수직 속도가 v인 입자는 높이 $h = 3v/2g$만큼 올라간 후 땅에 떨어진다.

(가) 온도가 T일 때 질량 m인 분자의 특성 높이는 $h = 3kT/2mg$임을 보이시오.

(나) 온도가 $T = 250\text{K}$일 때 질소(N_2), 산소(O_2), 이산화탄소(CO_2), 수소(H)의 특성 높이를 계산하시오. 이 결과는 지구 대기의 조성 구조(compositional structure)에 대해 어떤 것을 알려 주는가?

(다) 이 계산은 본문에서 다룬 높이척도의 값과 어떤 차이가 있는가?

6. (가) 만약 한 별이 모든 가시광선 파장에서 동일한 복사 강도로 빛을 방출한다면, 이 별의 겉보기 색깔이 지

표에서는 어떻게 보일까?

(나) 일몰 때 태양의 모습이 약간 타원형 모양으로 납작해 보이는 이유를 설명하시오.

7. 균일한 자기장 B 내에서 하전입자의 원 궤도의 주기 P(초 단위)는 궤도 반지름에 무관함을 보이시오. 10^{-4}T의 자기장에서 $v = 10^7$ms^{-1}으로 움직이는 양성자의 궤도주기를 계산하시오.

8. 지구의 자기장의 강도는 거리가 멀수록 감소하므로 복사대 내에 있는 전자는 동쪽으로 이동한다. 이를 그림으로 보이고, 또 로렌츠 힘의 법칙을 써서 그 이유를 설명하시오.

9. 지구핵의 밀도가 10,000kgm^{-3}이고, 맨틀 밀도와 평균 밀도가 각각 4,500kgm^{-3}과 5,500kgm^{-3}일 경우 지구의 반지름에 대한 핵의 반지름의 상대적 크기를 구하시오.

10. 지구의 외권에서 온도는 2,000K에 이른다. 수증기의 평균 속도를 지구의 이탈속도와 비교해 보고, 수증기가 대기에 남아 있을 수 있는 기간을 추정해 보시오.

11. 정역학적 평형 관계를 이용하여 달의 중심 압력을 추정하고, 이를 지구의 중심 압력과 비교하시오.

12. (가) 지표의 자기장 강도를 이용하여 반앨런복사대의 자기장 강도를 추정하시오.

(나) 위의 결과를 이용하여 반앨런복사대 내에서 50MeV의 에너지를 가진 양성자 궤도의 곡률 반지름을 계산하시오.

13. $1/r^3$에 따라 감소하는 쌍극 자기장은 지수함수적으로 감소하는 대기의 밀도를 능가한다는 것을 보이시오.

14. 암석 시료에 ^{40}Ar과 ^{40}K이 ^{40}Ar/^{40}K = 3의 비율로 함유되었다고 하자. 이 암석은 얼마나 오래된 것인가? 나이를 알려면 어떤 가정을 해야 하는가?

15. 태양이 오전 6시에 떠서 정오에 남중하고 오후 6시에 진다고 가정할 때, 달이 떠서 남중하고 지는 평균 시간들을 다음의 각 위상에 대해 구하시오 — 삭, 초승달, 상현, 상현–망 간 위상, 망, 망–하현 간 위상, 하현, 그믐달. 각 위상 사이에 이각의 차이는 45°로 가정하고 복잡한 요인들을 무시하시오.

16. 당신과 친구가 지구의 반지름을 결정하고자 한다. 먼저 여러분의 시계를 맞춘 다음, 친구는 위도 40°에서 차를 몰고 정서쪽으로 50km 간다. 태양이 정남에 올 때 여러분 각자의 시간을 잰다. 당신이 남중 때 태양을 바라본 140초 후에 당신 친구는 자신의 자오선 상에서 태양을 보게 된다. 그렇다면 지구의 반지름은 얼마로 추정되는가?

17. 하와이에 있는 마우나케아 정상(해발 4,200m)은 세계에서 가장 좋은 관측 장소 중에 하나이다. 이러한 높은 고도에서는 대기 중에 수증기나 이산화탄소의 함량이 낮기 때문에, 특히 적외선 관측 장소로서는 최적이다(수증기와 이산화탄소는 많은 적외선 흡수대를 가지고 있다). 그러나 이런 고도에서 일한다는 것은 산소가 적은 곳에 잘 적응되지 못한 천문학자들에게는 매우 힘든 것이다.

(가) 위의 두 효과를 이해하기 위해 지구 대기에서 H_2O, CO_2, O_2의 높이척도를 계산하시오.

(나) 대기에서 이들 각 기체는 4,200m 이하에서 몇 퍼센트나 되는가? (각 기체의 함량은 균일하게 감소한다고 가정하시오.)

18. 지구–달계의 질량중심이 지구의 표면에 위치하게 하려면 달의 질량(지구의 질량에 대한 상대적인 비율)은 얼마여야 하는가? 어떤 의미에서 지구–달계는 '쌍행성(double planet)'은 아니라고 하겠는가?

19. 달 대기의 주된 성분은 네온(Ne)이다. 달의 정오에 표면에서 네온 기체의 수명은 얼마나 길겠는가? (힌트 : 2.1.4항을 참조하시오. 만약 v_{esc}/v_{rms} = 1이라면, 수명은 수년 정도이다. 이 비율이 4라면, 수천 년이 되고, 5라면 수억 년이 되고, 10 이상이라면 수십억 년이 된다.)

Chapter 5

지구형 행성 : 수성, 금성, 화성

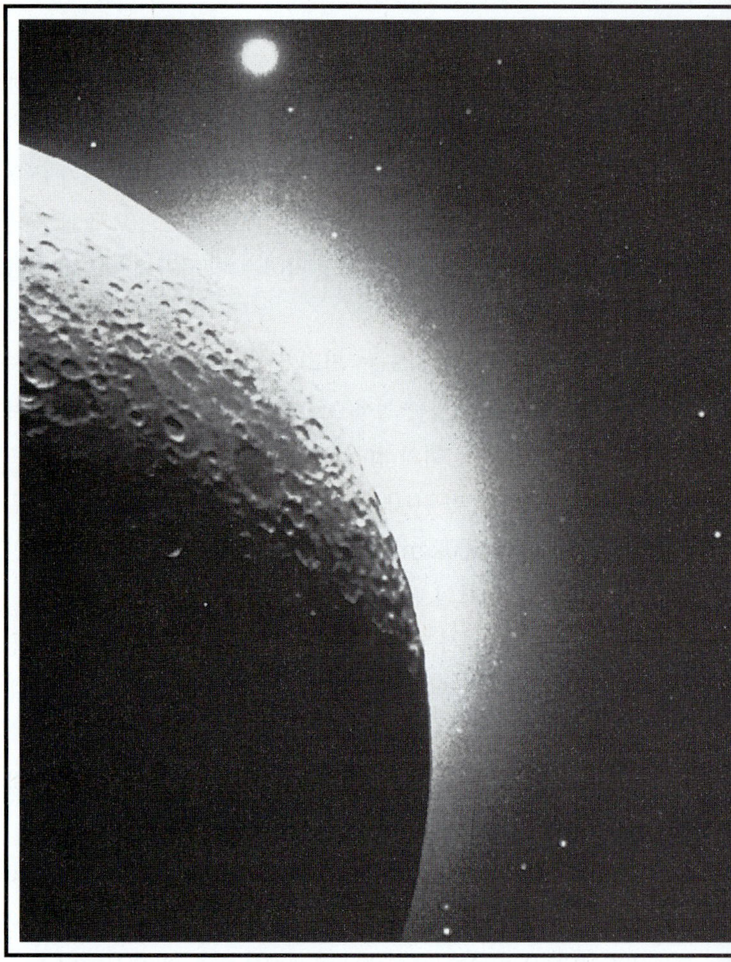

우리는 지금까지 태양계의 일반적 특성(제1장과 제2장)과 특별한 행성-위성계로서의 지구와 달(제3장과 제4장)에 관하여 알아보았다. 우리는 지구와 달을 수성, 금성, 화성과 같은 지구형 행성들에 대한 **비교행성학**의 기초 자료로서 이용할 것이다. 지구와 달과의 유사성을 이끌어 냄으로써 이들 천체의 진화 역사를 추론해 보기로 하겠다.

우리의 육안으로는 각거리가 1분 이하인 물체는 식별할 수 없으므로, 행성에 대한 연구가 본격적으로 발전하기 시작한 것은 17세기에 망원경이 발명된 이후부터라 하겠다. 1610년에 갈릴레오 갈릴레이는 목성의 4개의 큰 위성(갈릴레이 위성), 금성의 위상, 분화구로 덮인 달의 표면, 태양의 흑점, 토성의 구형이 아닌 이상한 모양(고리) 등을 망원경으로 관측하여 기록하였다. 지구 대기의 시상(seeing) 때문에 망원경의 분해능은 약 1″보다 좋아질 수는 없다. 그러므로 실제 각크기가 이보다 큰 천체의 표면 무늬와 대기에 대해서만 자세한 연구가 가능하다. 지구에서 관측되는 수성의 최대 각지름은 12″이다. 이것에는 원반을 가로질러 10개 정도의 분해능 요소가 들어가므로 광학적으로 겨우 볼 수 있는 정도이다.

오늘날에는 직접 달과 행성 등에 우주 탐사선을 보내어, 이들에 대한 지식을 현저하게 개선하였다. 여기서 가장 중요한 점은, 행성 주위를 스쳐 지나가는 근접 비행선이 분해능을 엄청나게 증가시켰다는 것이다. 토성과 목성에 보낸 보이저 호의 경우를 예로 들면 10^4배나 된다.

5.1 수성

수성은 태양에서 가장 가까운 행성이며, 알려진 모든 행성 중에서 가장 작다. 수성은 매년 3번 정도는 해가 지는 지평선 근처에서 밝은 저녁별로, 또는 먼동이 트기 전에 새벽별로 나타난다. 수성은 천구 상을 매우 빨리 움직이고 있으므로, 신화에 나오는 비행의 신의 이름을 따서 명명되었다.

5.1.1 운동

수성은 이심률(e = 0.2056)이 크고, 황도면에 대하여 7°만큼 기울어진, 긴 반지름이 0.3871AU인 타원 궤도를 그리며 87.96일의 주기로 태양의 둘레를 공전한다. 따라서 지구에서 본 수성의 최대이각은 18°(근일점)에서 28°(원일점) 사이의 각을 가지며, 그 평균은 23°이다.

1960년대 초에 수성의 표면으로부터 반사되어 되돌아오는 레이더 펄스를 포착하는 데 성공하였고, 1965년에 페텐길(Gordon H. Pettengill, 1926~)과 다이스(Rolf Dyce)는 도플러 레이더 분석방법을 이용하여 수성이 약 59일 주기로 자전하고 있음을 알아냈다. 이후 가시영역 자료의 재분석으로 레이더로 얻은 자전주기가 입증되었고, 수성의 적도면과 궤도면은 거의 일치하며 자전주기는 58.65 ± 0.01일임을 알아냈다. 수성은 자전－공전의 궤도공명 현상 하에 있다(2.1.1항과 그림 2-5 참조). 수성의 항성 자전주기는 58.64일인데, 이는 항성 공전주기의 2/3에 해당한다.

레이더 천문학에서는 행성 표면에서 반사되는 레이더 펄스(파장 = 1~10cm)를 분석함으로써 행성의 거리, 크기, 자전주기와 거대 규모의 표면 모양들을 추정할 수 있다. 지구형 행성에 보내진 레이더 펄스에 의한 각크기는 행성 자체보다 크기 때문에, 반사되어 되돌아오는 펄스를 시간지연 성분과 도플러이동 성분으로 분해하여 분석해야 한다(그림 5-1A). 가장 짧은 시간지연은 행성의 지구 직하점에서 일어나며, 이것으로부터 우리는 지구－행성 간의 거리를 알 수 있다. 지구 직하점을 중심으로 한 동심원에서 반사되는 펄스의 시간지연은 직하점에서 멀어질수록 길어진다. 최대의 시간지연은 행성의 **가장자리**(모서리)에서 생기므로, 행성의 반지름 값을 알 수 있다. 한편, 행성은 자전하므로, 행성 표면으로부터 반사되는 레이더의 진동수는 도플러이동을 받는다(그림 5-1B). 이때 진동수가 원래의 진동수보다 증가되는 경우는 접근하는 가장자리로부터 오는 것이며, 감소되는 경우는 멀어져 가는 가장자리로부터 오는 것이다. 이와 같은 도플러이동량은 곧 행성의 자전 속도를 알려 준다. 도플러이동은 가장자리에서 최대이고, 양극과 지구 직하점을 지나가는 경선 상에서 0이 된다.

우리는 도플러이동과 자전주기의 관계를 다음과 같이 보일 수 있다. 파장에서의 이동, 즉 보낸 파장과 받은 파장 사이의 차이는

$$\frac{\Delta\lambda}{\lambda_0} = \frac{v}{c}$$

이다. 여기서, λ_0는 보낸 파장, v는 시선 방향의 속도, c는 빛의 속도이다. 구형 행성의 경우에는 적도에서 최대 선형 자전속도를 가진다.

$$v_{\mathrm{eq}} = \frac{2\pi R}{P}$$

양쪽 가장자리에서의 이동량이 합쳐져서 전체 이동량으로 나타나므로

$$\frac{\Delta\lambda}{\lambda_0} = \frac{2v_{\mathrm{eq}}}{c} = \frac{4\pi R}{Pc}$$

측정된 이동량과 행성 반지름으로부터 자전주기를 구할 수 있다. 여기서 행성의 적도를 똑바로 바라보고 있다고(그곳이 지구 직하점이다) 가정한 것에 주의하라.

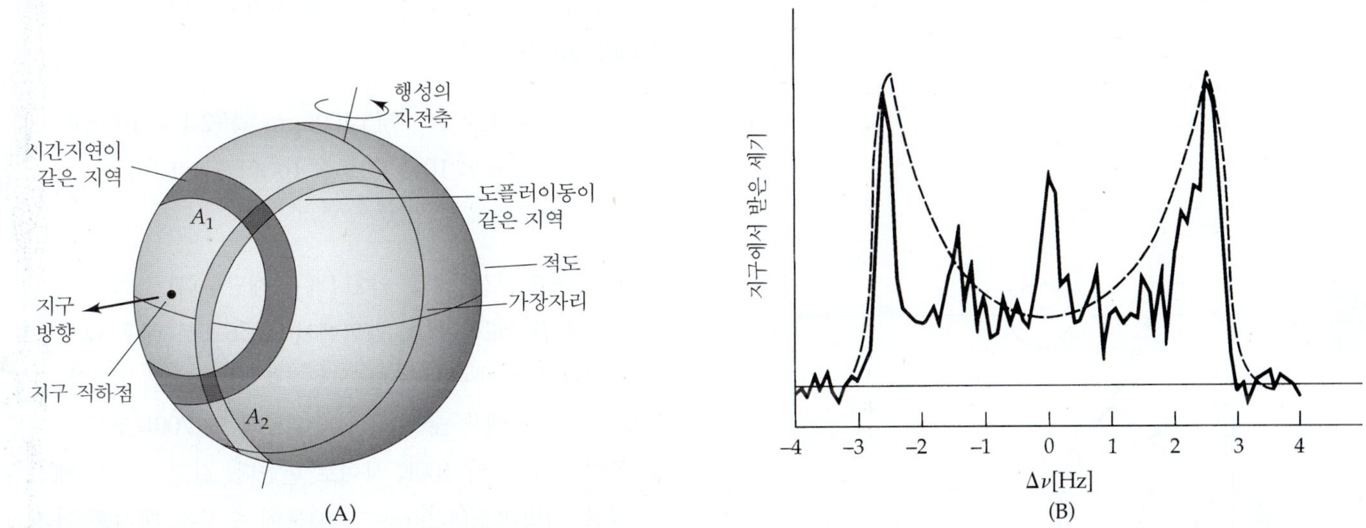

그림 5-1 (A) 레이더에 의한 행성 도해 (B) 금성에서 반사되어 온 레이더 신호
(A) 레이더 펄스는 지구를 향한 행성의 반구를 비추고 반사되어 되돌아온다. 시간지연에 따라 동심원들이 그려진다. 시간지연이 일정한 동심원의 고리는 도플러이동이 일정한 선과 두 지점 A_1과 A_2에서 만난다. 따라서 어떤 신호의 위치가 A_1인지 A_2인지 불확실하다. (B) 굵은 선은 정지 주파수에 대하여 실제 받은 세기를 나타내며, 파선은 균질하게 울퉁불퉁한 표면에서 받아질 것으로 기대되는 세기를 나타낸다. (G.H. Pettengill and I.I. Shapiro)

수성에서 태양일은 얼마일까? 항성일과 태양일 사이의 관계를 행성의 회합주기와 공전주기 사이의 관계나 달의 항성주기와 삭망주기의 관계를 유도한 것과 같은 방법으로 유도할 수 있다(4.2.1항). 수성에서 태양이 바로 머리 위에 있다고 생각해 보자(그림 5–2). 그리고 T를 수성의 태양에 대한 공전주기(88일)라고 하자. P는 항성에 대한 자전주기(58.7일), S는 자전의 회합주기(수성에서 태양일)이다. 지구의 하루가 지난 후 수성은 항성에 대해 $360°/P$(각 A)만큼 자전했고, 태양에 대해 $360°/S$(각 B)만큼 자전했을 것이다. 이 두 각 사이의 차이(각 C)는 수성이 공전 궤도를 움직인 각거리 [$360°/T$(각 D)]와 같다. 그러므로

$$\frac{360°}{P} - \frac{360°}{S} = \frac{360°}{T}$$

또는

$$\frac{1}{S} = \frac{1}{P} - \frac{1}{T}$$

이다. 실제로 수치를 대입해 보면

$$\frac{1}{S} = \frac{1}{58.7} - \frac{1}{88.0} = 0.00567$$
$$S = 176\text{일}$$

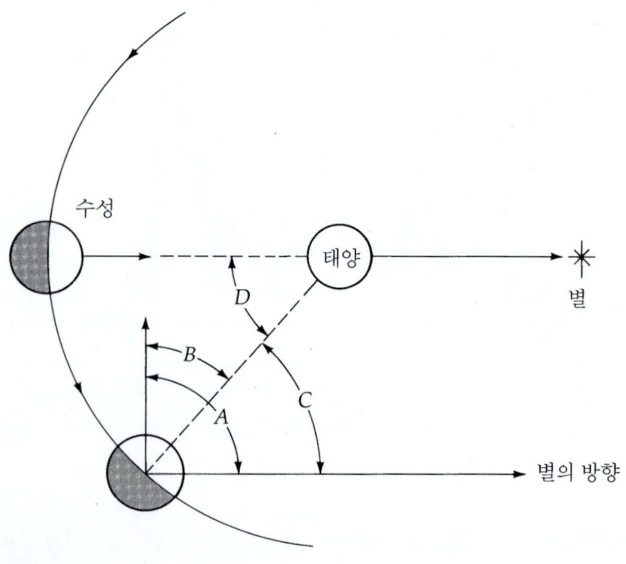

그림 5–2 수성에서의 태양일에 대한 기하학적 모형

이다. 따라서 수성의 태양일은 수성의 항성년의 2배의 길이가 된다. 그런데 왜 수성에서 이러한 자전–공전의 궤도공명이 나타나게 될까? 수성의 궤도가 이심률이 커서 수성에 미치는 태양의 기조력은 근일점에서 아주 커진다는 것을 상기해 보자. 수성의 자전은 이러한 강한 기조력에 의해 2 : 3의 비율로 고정된 것이다.

5.1.2 물리적 특성

수성의 반지름은 2,440km이다. 수성의 질량은 $0.055M_{\oplus}$(3.3×10^{23}kg)이다. 수성은 위성이 없으므로, 우주선에 대한 중력섭동으로부터 질량을 유추해 낼 수 있다. 평균 밀도는 5,420kgm^{-3}으로 전형적인 지구형 행성의 값이며, 수성의 크기를 고려해 볼 때 높은 편이다. 수성의 전반적 중력이 지구의 중력보다 작지만(덜 압축됨) 밀도는 거의 같으므로, 금속의 함유량이 더 많아야만 한다. 수성의 내부는 암석질의 맨틀과 반지름의 거의 75%를 차지하는 금속(아마 니켈과 철) 핵으로 되어 있을 것으로 추정한다(그림 5–3).

정유체역학적 평형을 이용하여 수성의 중심압력을 추정할 수 있는데, 이는

$$P_c = \frac{2}{3}\pi G\langle\rho\rangle^2 R^2 = (1.4 \times 10^{-10})\langle\rho\rangle^2 R^2$$

파스칼이다. 반지름이 약 2,400km이고, 평균 밀도가 대략 5,400kgm^{-3}인 경우

$$\begin{aligned} P_c &\approx (1.4 \times 10^{-10})(5{,}400\text{kgm}^{-3})^2(2.4 \times 10^6\text{m})^2 \\ &= (1.4 \times 10^{-10})(2.9 \times 10^7)(5.8 \times 10^{12}) \\ &= 2.3 \times 10^{10}\text{Pa} \end{aligned}$$

이며, 지구의 중심압력의 약 0.1배에 해당한다.

표면의 반사도는 가시 영역에서 0.056으로 매우 낮으므로, 달 표면보다 훨씬 어두운 암석 물질로 되어 있을 것이다. 표면 온도는 근일점에서 태양 직하점 온도인 약 700K로부터 어두운 쪽의 온도인 약 100K 사이로 변한다. 길고 뜨거운 태양일과 낮은 이탈속도(4.2kms^{-1}) 때문에 수성은 대기를 가지기 어렵다. 기체 분자나 이보다 무거운 것이라도 쉽게 이탈속도에 이르기 때문에 어떤 대기도 오랫동안 지속될 수 없다. 매리너 10호 우주선은 헬륨과 수소의 아주 얇은 대기를 감지했으

나, 표면 대기압은 매우 낮은 10^{-12}기압 정도였다. 여기서, 대기의 탈출을 계산해 보자. 헬륨의 경우, 정오에

$$V_{rms} = \left(\frac{3kT}{m}\right)^{1/2} = \left[\frac{3(1.4 \times 10^{-23})700}{4(1.7 \times 10^{-27})}\right]^{1/2} = 2.1\text{kms}^{-1}$$

그래서

$$\frac{V_{esc}}{V_{rms}} = \frac{4.2}{2.1} = 2$$

이고, 수명은 겨우 수 일 정도이다.

지상의 분광 관측에서 나트륨과 칼륨이 낮 부분 반구의 대기에 존재한다는 것이 밝혀졌다. 이 기체들은 표면 암석들이 태양 자외선을 흡수할 때 발생되는 듯하다. 나트륨 기체는 낮 동안의 대기 중에 가장 풍부하다.

대기가 없으므로 우주공간으로부터 단열이 되지 않는다. 이 때문에 정오와 한밤중 사이의 수성의 온도 차이는 매우 극심하다. 달의 경우와 비교해 보자. 달과 수성의 밤은 그 길이가 다르지만 이들의 느린 자전 때문에 적외선복사는 긴 밤 시간 동안에 공간으로 곧바로 방출된다. 따라서 이 두 천체는 한밤중에 거의 같은 표면온도를 가진다. 즉 약 100K이다. 정오의 표면온도는 표면 반사도와 태양으로부터의 거리에 의존한다. 달과 수성은 같은 반사도를 가지지만, 수성이 평균적으로 달보다 태양에 2.5배 더 가까이 있다. 태양의 플럭스가 수성에서 6.25배 더 크기 때문에 정오에는 수성이 더 뜨겁다. 만일 반사도가 같다면, 식 (2-5b)에서

$$T_{ss}(\text{수성}) \approx 1.6T_{ss}(\text{달}) \approx 630\text{K}$$

이다.

이처럼 낮이 뜨겁고 이탈속도가 매우 낮은데도 수성에는 어떻게 대기가 조금이나마 있을까? 그 해답 중의 하나는 태양풍이다. 태양풍으로부터 물질의 유입이 수성에서의 손실 부분을 채워 줄 것이다. 또 다른 가능한 근원은 수성의 표면 아래층으로부터의 방사성 물질의 붕괴이다.

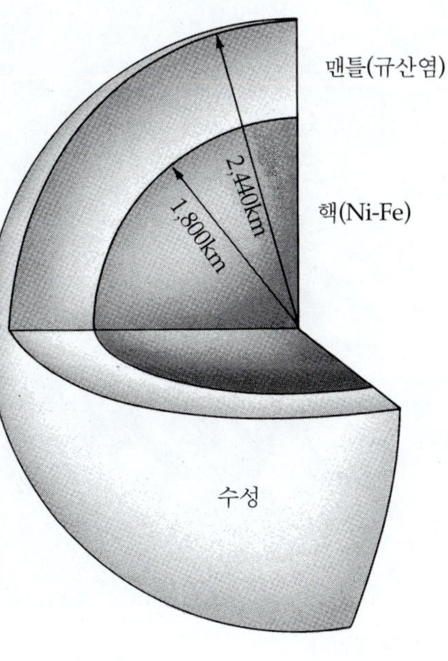

그림 5-3 수성 내부의 모형
내부 대부분을 금속핵이 차지하고 있음에 주목하시오.

5.1.3 표면의 특징

매리너 10호에 장착된 텔레비전 카메라가 수성 표면의 50% 정도를 주사(scan)하여, 표면이 달과 유사하다는 것을 밝혀냈다. 주요한 차이는 중간 크기의 구덩이 수가 보다 적었다는 것이다. 또한 산악지대가 없고, 낮고, 조가비 표면 무늬 같은 벼랑이 많았으며[**급경사**(scarp)라고 부른다], 분지와 큰 용암 흐름이 적었고, 구덩이가 심하게 많은 지역들 사이로 상대적으로 적은 평지가 많았다.

이런 차이점들을 제외하면 수성의 표면은 확실히 달의 뒷면과 닮았다. 수성의 고지대는 달의 삭막한 고원처럼 구덩이로 구멍 투성이가 되어 있었다(그림 5-4). 몇몇의 구덩이에서부터 옅은 색깔을 띤 줄들이 나와 있었는데, 그것들은 다른 것들보다는 더 최근에 일어난 강력한 운석충돌로 인하여 생긴 것임을 알 수 있다. 몇몇 구덩이들은 지름이 200km 이상인데, 이는 달의 가장 큰 구덩이와 견줄 만하다. 매리너 10호는 커다란 바다 분지 하나를 발견했는데, 수성의 북서쪽에 위치한 칼로리스(Caloris, '뜨거운') 분지이다(그림 5-5). 이것의 지름은 대략 1,300km이다. 이 분지는 2km 높이의 산들로 이루어진 고리 안에 놓여 있다. 크기와 구조면에서 칼로리스 분지는 달의 오리엔탈(Oriental) 분지와 상당히 닮았다. 수성 표면에는 크고 여러 개의 고리가 겹쳐진 분지가 20개 이상 있으며, 이들 중 오래된 것들은 나중에 생성된 충돌 구덩이에 의하여 그 흔적이 희미해진 것들이 많다.

그림 5-4 수성의 구덩이로 이루어진 고원
밝게 보이고 방사형 줄로 이루어진 구덩이(하부 왼쪽)와 이중 고리 구덩이에 주의하기 바란다. 밖의 고리는 그 크기가 170km이다. (NASA)

그림 5-5 칼로리스 분지
1,300km 지름의 겹고리로 둘러싸인 분지의 반이 왼쪽에 보이는 밤과 낮의 경계선인 명암 분계선 지역에서 보인다. 주름진 봉우리와 범람한 저지대가 왼쪽으로 보인다. (NASA)

이런 유사성만으로 달과 수성을 동일시할 수는 없다. 그들 표면은 적어도 세 가지 면에서 다른데, (1) 수성의 표면에는 수백 km 길이의 급경사가 있다. (2) 수성에서는 가장 구덩이가 많은 지역조차도 완전히 구덩이들로 채워져 있지 않고, 구덩이 사이에 평지가 산재되어 있다. (3) 수성은 지름 10km 이상의 구덩이 수가 달의 3배이다. 마지막 두 차이점들로 보아, 수성의 구덩이를 만든 물질은 달의 구덩이를 만든 물질과는 그 충돌속도뿐만 아니라 크기의 범위도 다르다고 추론할 수 있다.

수성의 급경사들은 길이가 20~500km 정도이며, 깊이는 수백 m에서 2km 정도가 된다(그림 5-6). 개개의 급경사는 가끔 다른 유형의 지형을 가로질러 간다. 급경사들의 특징으로부터, 핵이나 지각 혹은 이들 모두가 냉각되면서 수성의 반지름이 1~3km 정도 줄어들어 급경사를 만드는 층상단층을 형성했다는 것을 추측할 수 있다.

그림 5-6 수성의 급경사
이 급경사(화살표)는 수백 km까지 뻗어 있다. (NASA)

달과 수성의 기원은 유사하다. 수성은 태양계 기원에 대한 모형에서 예측된 것보다 금속 비율이 훨씬 높다(7.6절). 지구형 행성으로서 수성은 너무 작은 맨틀을 갖고 있다. 수성의 역사 초기에 거대한 충돌이 암석 맨틀을 제거하여, 주로 금속 성분의 핵을 남겼을 것이다. 따라서 태양계 초기 달과 수성의 형성 과정에서 격렬한 충돌이 일어났을 수도 있다.

5.1.4 자기장

매리너 10호는 수성의 적도에서 300nT(1nT = 10^{-9}T)의 약한 행성 자기장을 감지했다. 비록 이 값이 작지만 태양풍 속에서 자기권을 형성하기에는 충분하다. 이 자기장에 의하여 태양풍의 대전된 입자(대부분이 양성자)를 행성 주위로 굴절시킨다(그림 5–7). 자기권의 전체적인 모양은 지구의 것과 흡사하다. 태양풍 플라스마의 축적으로 유도된 자기재결합이 자기태풍을 유발하여 플라스마를 수성 쪽으로 유입시킬 것으로 기대한다. 그러나 수성은 대기가 부족하기 때문에 고에너지 입자들이 표면을 직접 때릴 것이며, 아마도 오로라 영역에서 선택적으로 표면을 가열할 것이다(그림 5–7).

수성의 자기장은 그 축이 대략 행성의 자전축과 나란한 쌍극자기장으로 보인다. 일반적으로 수성의 자기장은 단지 약할 뿐 지구의 것과 유사하다. 높은 밀도뿐만 아니라 자기장의 존재는 수성이 지구처럼 금속핵을 가진다는 것을 암시한다. 작은 행성은 열을 빨리 잃기 때문에 이 핵은 현재 상대적으로 차갑고 딱딱하다고 예상된다. 지구의 자기장이 자전에 의한 코리올리 효과에 의하여 유도되는 내부의 다이너모에 의하여 발생된다는 것을 상기시켜 보자. 수성은 지구보다 훨씬 느리게 자전하기 때문에, 행성 전반에 걸친 자기장이 사실 기대되지 않는다. 그러므로 수성 자기장의 근원은 분명하지 않다.

5.1.5 표면의 진화

달과 수성 모두가 대기가 결여되어 있기 때문에 기상 현상이 그들의 표면을 침식할 수 없다. 둘 다 지구보다 내부온도가 낮은 작은 세계이다. 현재는 화산 활동이 있더라도 많지 않고, 지구가 겪었던 지각판의 이동에 기인한 점진적인 표면의 진화를 수성은 겪지 않았다.

대기가 없다는 점과 지각 진화의 시간이 짧다는 점이 수성과 달의 질량이 작다는 것과 연관된다. 그들의 표면중력이 작아서 대부분의 기체가 이탈속도에 이르며, 대기는 오랫동안 지속되지 못한다. 질량이 작아서 방사능 붕괴에 의한 내부 발열이 지구의 것보다 작을 것이고, 외부로의 열 흐름이 너무 빨라서 두 천체 모두 빨리 냉각될 것이다. 지구는 그 내부가 뜨겁고, 외부로의 열 흐름은 유동성 있는 맨틀에 흐름을 유도한다.

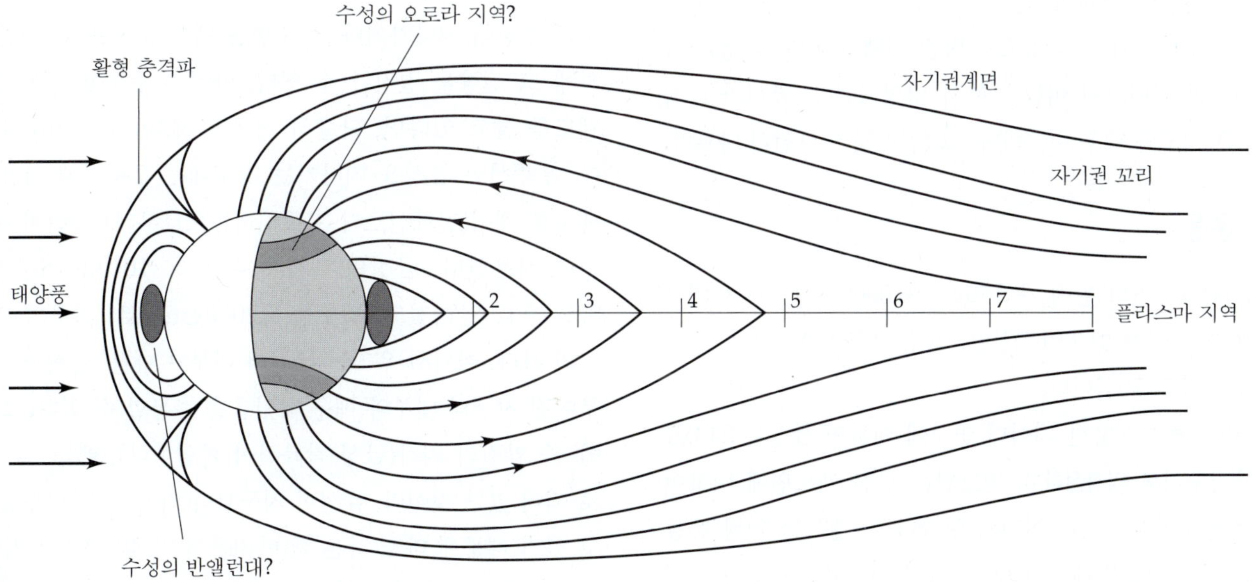

그림 5–7 매리너 10호에 의한 자료로부터 추정된 수성의 자기권
(D. Baker, J. Borovsky, G. Girsler, J. Burns, and M. Zeilik)

이것들이 지구 지각의 진화를 촉진시킨다. 수성과 달 모두 유동성 있는 맨틀과 뜨거운 내부의 조건들이 결여되어 있다.

달과 비교해 볼 때, 수성 표면의 심한 변화는 행성이 형성된 후 오래되지 않은 약 40억 년 전에 발생하였다(1단계). 구덩이가 생성되던 가장 초기 단계(2단계)는 후기의 화산 활동에 의해 지워졌다. 이런 결론에 다다른 것은 다음과 같은 이유 때문이다. 즉 구덩이 사이의 평지들이 초기의 강착 과정에서 만들어진 흠집들을 덮어버린 듯이 보이기 때문이다. 거의 동시에 지각, 내부, 혹은 둘 다가 전체적으로 수축하는 과정을 통하여 급경사들이 생겨나기 시작했다.

분지 형성(3단계)은 표면의 심한 폭격 이후에 일어났어야만 한다. 소수의 커다란 조각들이 표면에 충돌하였는데, 그중 하나가 칼로리스 분지를 만들었다. 이후 오래지 않아 달의 바다를 만든 것과 유사하게 넓게 퍼져나가는 용암의 흐름이 칼로리스 분지 근처에 있는 것과 유사한 넓고 매끄러운 평지들을 만들었다(4단계). 그 후 소수의 충돌들이 새로운 방사형의 구덩이를 찍어 내게 되었다(5단계).

5.2 금성

금성(그림 5–8)은 태양으로부터 두 번째로 가까운 지구형 행성이며, 지구에 가장 가까워지는 행성이다. 새벽별과 저녁별로 보이며 48°의 최대이각을 갖는다. 금성이 최대의 밝기를 가질 때에는 태양과 달 다음으로 밝은 천체가 된다. 금성은 사랑의 여신인 비너스의 이름을 따서 명명되었다. 금성의 크기와 질량은 지구와 매우 비슷하나, 그 밖의 것은 완전히 다르다.

5.2.1 운동

금성의 궤도는 거의 원에 가깝고(e = 0.0068), 황도면에 대하여 3.39° 기울어져 있으며, 긴 반지름은 0.7233AU이고, 항성공전주기는 224.70일이다.

도플러이동을 이용한 레이더 연구에 의하면 금성은 243.01일의 항성주기로 역자전하며, 적도면은 공전 궤도면에 대하여 오직 3° 정도밖에는 기울어지지 않았다(이 경사는 역행 운동을 한다는 의미로, 관례상 +177° 또는 −87°로 표시한다).

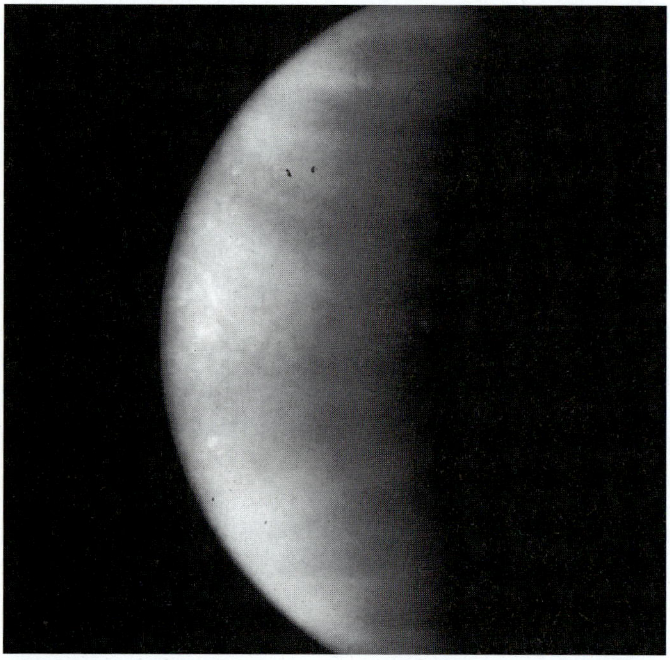

그림 5–8 HST로 본 자외파장대의 금성 (NASA)

5.2.2 물리적 특성

지구–금성 간의 거리는 레이더에 의하여 직접 측정할 수 있다. 따라서 행성의 각지름으로부터 물리적 반지름을 계산할 수 있다. 금성은 지구보다 단지 5% 정도가 작은 6,052km의 반지름을 가진다고 판명되었다.

수성과 마찬가지로 금성도 알려진 자연적인 위성은 없으므로 우주선이 지나가거나 그 주변을 궤도 운동을 할 때만 정확하게 그 질량을 결정할 수 있다. 만일 우주선이 금성 주변의 궤도를 돌고 있다면, 단순히 케플러 제3법칙을 이용하면 된다. 우주선이 금성을 지나가는 경우에는 우주선에 작용된 가속도를 재어(전파신호의 도플러이동으로부터) 뉴턴의 중력법칙을 사용한다. 금성의 질량은 4.86 × 10^{24}kg(지구질량의 82%)으로 알려졌고, 밀도는 5,200kgm^{-3}로, 지구의 밀도와 거의 같다. 여기서 우리는 금성의 내부가 맨틀, 금속핵으로 이루어진 지구의 내부와 매우 닮았음을 추론할 수 있다(그림 5–9). 즉 암질의 지각(금성 착륙선이 확인했다), 맨틀, 금속핵으로 되어 있는 것이다. 금성이 지구보다 약간 낮은 밀도를 가지고 있기 때문에 다소 작은 핵(반지름의 약 40%)을 가지며, 그 중심압력은 대략 같을 것으로 생각된다.

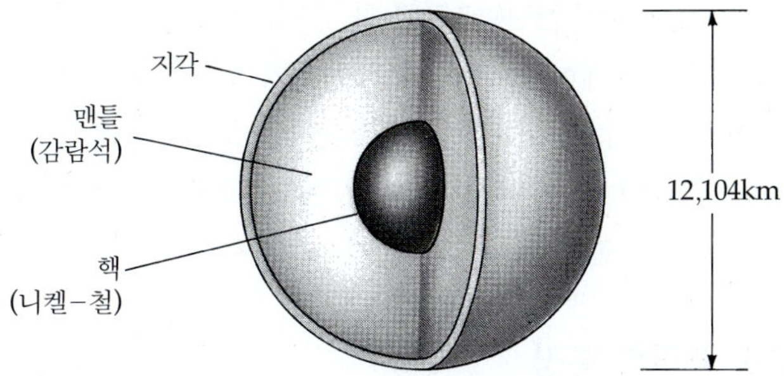

그림 5-9 금성의 내부
이 모형은 금성의 밀도와 그 내부가 커다란 금속핵을 가진 지구와 유사하다는 가정에 근거하여 만들어진 것이다.

개념 적용 **행성의 중심압력**

금성과 지구의 중심압력을 비교해 보자. 두 행성의 질량과 크기가 거의 같기 때문에 아마도 이 둘의 중심압력 또한 거의 같을 것이라고 생각할 것이다. 지구에 대해 정역학 평형(4.3.1항)을 이용하면 그 내부압력을 수백만 대기압(atm)이라는 값을 대강 구할 수 있다. 중심압력이 밀도와 반지름에 의해 변하는 값임을 상기하면

$$P_c = (1.4 \times 10^{-10})\langle\rho\rangle^2 R^2$$

지구의 중심압력과 금성의 중심압력의 비를 알 수 있다.

$$\frac{P_c(\text{금성})}{P_c(\text{지구})} = \frac{\langle\rho(\text{금성})\rangle^2 R(\text{금성})^2}{\langle\rho(\text{지구})\rangle^2 R(\text{지구})^2}$$

두 행성의 밀도비는 약 0.95이고 반지름의 비도 거의 0.95이므로

$$\frac{P_c(\text{금성})}{P_c(\text{지구})} = (0.95)^2(0.95)^2 = (0.90)(0.90) = 0.80$$

이 된다. 지구에 대한 결과를 이용하여, $0.80(1.7 \times 10^6\text{atm}) = 1.4 \times 10^6\text{atm}$을 얻을 수 있다. 우리가 예상한 것처럼, 두 행성의 중심압력은 거의 같다.

미국과 구소련 양국에서 발사한 행성 간 우주 탐사선은 금성의 대기는 96%의 이산화탄소와 3%의 질소 및 다소 변화하는 수증기(0.1~0.4%), 약간의 산소, 염화수소(HCl), 아르곤(Ar), 불화수소(HF), 황화수소(HS), 이산화황(SO_2), 헬륨(He), 일산화탄소(CO) 등으로 구성되어 있음을 암시했다.

구소련의 베너러(Venera) 착륙선에 의하여 표면압력이 95기압에 이르고, 햇볕이 드는 곳의 표면온도는 730K 정도인 것을 알게 되었다. 이러한 높은 온도는 아마도 표면에서 발하는 열을 효과적으로 가두어두기 때문이다. 그것은 이산화탄소가 적외선복사를 잘 흡수하기 때문이다(소위 말하는 **온실효과**). 금성 대기권에서의 바람은 '낮' 지역에서부터 '밤' 지역으로, 적도에서 극지역으로 분다. 이 바람은 열을 전달한다. 매우 효과적인 온실효과와 더불어, 이러한 대기의 열 수송으로 인해 금성의 표면온도는 금성 어디에서나 거의 일정하게 유지된다. 대개 10K 또는 그 이하로 변화할 뿐이다. 그래서 금성은 불균등 가열에 의한 지상풍이 매우 적거나 없다.

금성의 광학적 밝기는 구름과 두꺼운 대기의 높은 반사도(0.76)의 결과이다. 구름의 구조와 운동은 자외선 사진으로 볼 수 있다(그림 5-10). 파이어니어(Pioneer) 금성 탐사선은 구

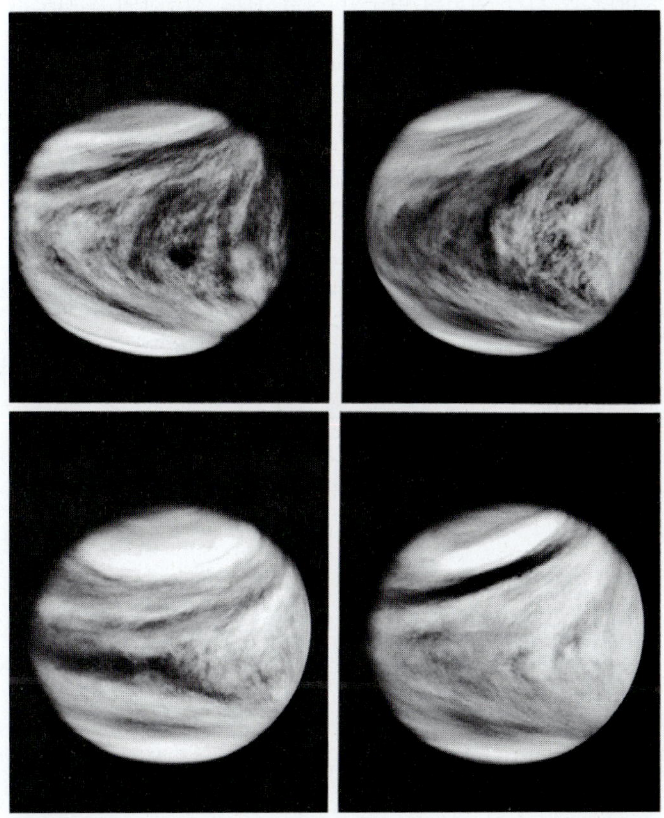

그림 5-10 금성 상층 대기의 특징
하루 간격으로 촬영한 네 장의 사진에서 순환하는 구름의 조합이 만들어 낸 Y모양이 변화하는 것을 보여 준다. 양극에 있는 구름의 극관에 주의하자. (NASA)

름이 2개의 넓은 층을 이루고 있는 것을 발견했다(그림 5-11). 관측된 적외 영역 스펙트럼과 부합하도록 고안된 구름의 모형으로부터 구름들은 물이 섞인 90%의 황산용액을 함유하고 있음을 추측할 수 있다. 금성의 대기와 구름은 약간의 수증기를 가지고 있으나, 그것을 표면에 일정하게 쌓는다면 불과 30cm의 두께밖에 안 된다.

매리너 10호의 자외선 사진은 이러한 구름 꼭대기가 마치 지구의 제트 기류와 유사한 패턴으로 상부 대기권과 같이 흐르고 있음을 밝혀냈다(그림 5-10). 적도를 고리 모양으로 감싸면서 구름은 거의 $300kmh^{-1}$의 속도로 흘러간다. 이는 4일 만에 행성을 다 돌 수 있을 만큼 빠른 속도이다. 행성 둘레를 도는 이러한 순환과 더불어, 지름이 100~500km인 커다란 사이클론을 형성하며 적도에서 극으로 바람이 불어 간다. 그들은 극지역을 덮고 있는 2개의 거대한 구름 소용돌이로서 그 절정에 이른다.

금성 대기의 순환 유형은 대체로 해들리세포로 설명이 가능하다. 공기가 적도의 따뜻한 지역 위로 상승하여 고위도의 찬 공기 위로 불어 간다. 그러면 찬 공기는 표면에서 상승하는 더운 공기를 대체한다. 지구에서는 빠른 자전 때문에 불안정이 유발되어, 각 반구에서 해들리 순환이 3개의 세포로 나누어진다. 그러나 금성에서는 하나의 세포 모형으로 하부 대기의 흐름을 설명한다.

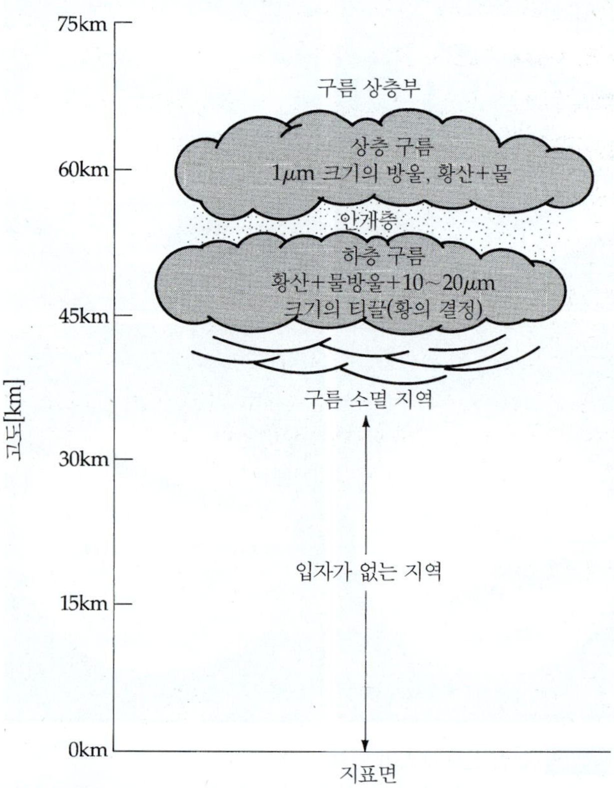

그림 5-11 금성의 구름 구조
중간에 안개층이 있는 2개의 높은 층으로 나뉜다. 구름 아래로는 대기가 거의 없다. 구름의 주성분은 H_2O와 H_2SO_4이다. (NASA)

5.2.3 표면의 특징

레이더 신호를 반사시켜서 금성의 표면 지형을 조사한다. 이러한 작업으로 높은 고원, 거대한 화산, 충돌 구덩이, 그리고 완만한 평야를 발견했다. 전체적으로 금성은 상당히 편평하게 보인다. 3개의 고지대를 제외하고 고도 차이가 작아, 단지 2~3km의 차이를 보일 뿐이다. 이 고지대에서는 육지가 12km 높이까지 이르는 것도 있는데, 이는 달과 수성에서의 높은 지역과 낮은 지역의 차이 4km, 그리고 화성에서의 차이 25km, 지구에서의 9~20km와 비교가 된다.

금성의 지도에 나타난 표면의 남쪽과 북쪽 부분은 서로 상당히 다르다. 북쪽 지역은 구덩이가 거의 없는 **고원 지대**를 가지는 산악지형이다. 반면, 남쪽 지역은 상대적으로 편평하고 **완만한 지형**으로 이루어졌다. 거대한(1,000 × 1,500km) 북쪽 고원은 이슈타르 테라(Ishtar Terra)로 불린다. 그것은 지구에서 가장 높은 고원인 히말라야 고원보다 더 넓다. 세 산맥이 이슈타르의 서·북·동쪽의 경계를 이루고 있다. 맥스웰 몬테스(Maxwell Montes)라고 부르는 동쪽 산맥에는 현재까지 알려진 가장 높은 12km 고도가 있다. 레이더 사진에 의하면, 맥스웰 중앙 근처에는 용암의 흐름에서 예상되는 거친 지형과 화산원뿔이 있다. 금성 표면의 대부분은 수만 개에 달하는 종상화산과 순상화산에 의해 만들어진 편평한 화산 평야로 이루어져 있다. 완만한 용암 평지는 많은 구덩이들이 뚫려 있는데, 큰 것은 지름이 300km나 된다(그림 5-12). 약 1,000여 개의 구덩이가 **충돌 구덩이**로 판명되었다. 이들 대부분은 중앙돌출부와 구덩이 주변의 벽, 충격을 받은 표면, 그리고 범람한 평지가 나타나 있다. 금성의 대기는 밀도가 높기 때문에 외부에서 유입되는 작은 물체는 땅에 닿기도 전에 완전히 기화되어 버린다. 따라서 지름이 3km보다 작은 구덩이는 금성에서는 만들어지지 않는다. 충돌 구덩이의 전반적인 분포는 금성 전체에서 무작위로 나타나지 않는다. 이는 표면의 변화가 지역적으로 편중되어 단편적으로 일어남을 의미한다.

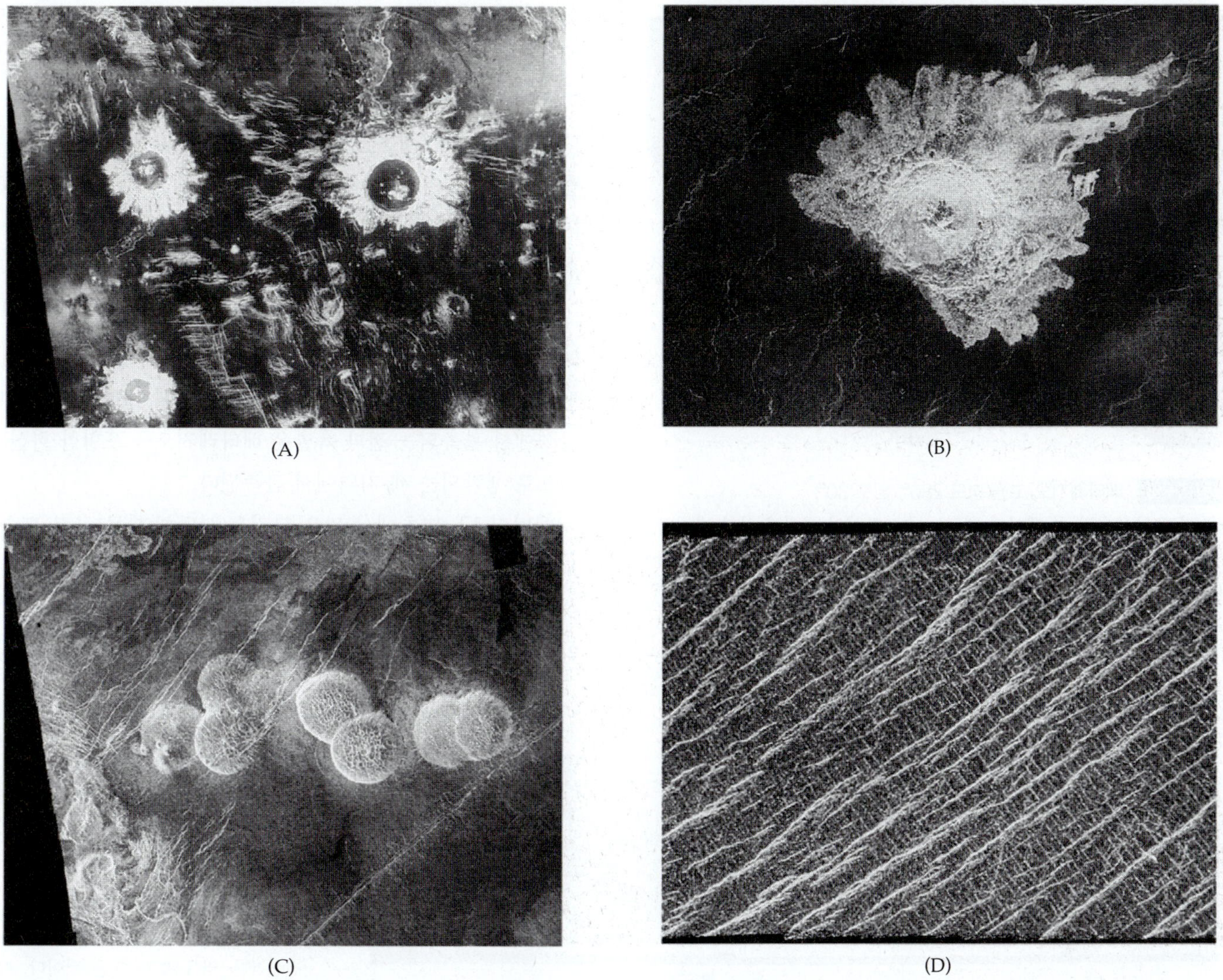

그림 5-12 마젤란 탐사선이 촬영한 금성의 표면 레이더 지도

(A) 라비니아(Lavinia) 지역의 3개의 커다란 충돌 구덩이. 지름은 37~50km, 거칠고 밝은 분출물과 둘러싼 벽. 중심의 돌출부에 주목하라. (B) 지네베라 플래니시아(Guinevere Planitia)의 충돌 구덩이의 근접 사진. 지름은 12.5km이다. 밝은 분출물이 북쪽으로는 적은 것에 주목하라. 충돌체가 이 방향에서 낮은 각도로 움직였을 것이다. (C) 페베 영역의 화산 칼데라. 가장 큰 것은 3.6 × 8km, 벽들은 거칠어 레이더를 잘 반사하기 때문에 밝게 나타난다. (D) 깨짐이나 단층의 특이한 형태의 선들. 이와 같은 선들은 금성의 화산 지형과 관련되어 있다. (NASA-JPL)

베타레지오(BetaRegio)는 남북을 가로지르는 분열지대로부터 형성된 거대한 화산의 복합체이다(그림 5-13). 이곳의 화산들은 완만한 경사를 가진다. 그래서 **순상화산**으로 불린다(순상화산인 하와이의 마우나로아와 마우나케아는 화산으로서는 상대적으로 평평하다. 종종 순상화산은 정상 부근이 함몰한 중앙 분화구를 가진 것도 있다).

베타레지오에 위치한 테이아 산(Teia Mons)은 그 지름이 820km, 높이가 5km이며, 정상의 분화구는 60km × 9km이다. 이와 반대로 하와이 섬(화산섬)은 가로지르는 길이가 200km이고, 높이가 9km이다[화성의 가장 큰 화산인 올림퍼스 산(Olympus Mons)은 지름이 550km, 높이가 25km이다]. 전체적으로 금성 표면의 약 75%가 화산지형의 특성을 나타내고 있다. 금성의 화산 일부가 아직도 활동적이라는 데 대한 암시가 있다. 그러나 그 증거들은 매우 간접적인 것이다. 우선 파이어니어 비너스(Pioneer Venus)의 자외선 분광기에 탐지된 이산화황(SO_2)의 수준은 꾸준히 감소하지만 간헐적으로 증가하는 경향을 보였다. 만일 재보급되지 않으면 이산화황은 대기 중에서 제한된 수명을 갖는다. 지구상의 화산은 이

그림 5-13 베타레지오 고원(경도 280°, 위도 30°)
컴퓨터로 향상시킨 이 레이더 지도는 순상화산인 테이아 산과 방사하는 흐름을 보여 준다. 데바나차스마(Devana Chasma)가 데이아 산의 남쪽과 북쪽으로 놓여 있다. 여기서 수직 기복은 과정되었다. (USGS)

산화황을 분출한다. 염화수소와 불화수소 등도 분출하지만, 이들은 금성 대기에 있어서 그 구성비가 매우 적다. 그러므로 화산 폭발에 의한 간헐적인 이산화황의 분출을 생각할 수 있다. 구름 위의 안개층은 또한 화산 분출에 의해 공급된다. 이 분출은 지구에서의 그런 폭발 중 가장 큰 것과 맞먹는 수준이다[예는 1883년에 크라카토아(Krakatoa)]. 1995년, 허블 우주망원경은 이산화황(SO_2)의 양이 감소한 것을 관측하였다.

둘째로, 파이어니어 비너스는 낙뢰에 의한 방출에 기인한 낮은 진동수의 전파 폭발을 기록하였다. 지구에서는 번개가 때때로 분출하는 화산의 버섯구름을 통해서 재빨리 방전된다. 금성에서 관측되는 전파 폭발은 베타레지오를 포함한 화산 지역으로 생각되는 세 지역에서 관측된다.

베너러 13, 14호에서 찍은 사진은 상당히 다른 근접 모습을 보여 준다(그림 5-14). 베너러 13호에서 온 사진들은 노두들이 떼를 지어 있는 암석질의 평지를 보여 주었다. 암석은 현무암으로, 지구의 대륙에서 발견되는 암석과 유사하다. 대조적

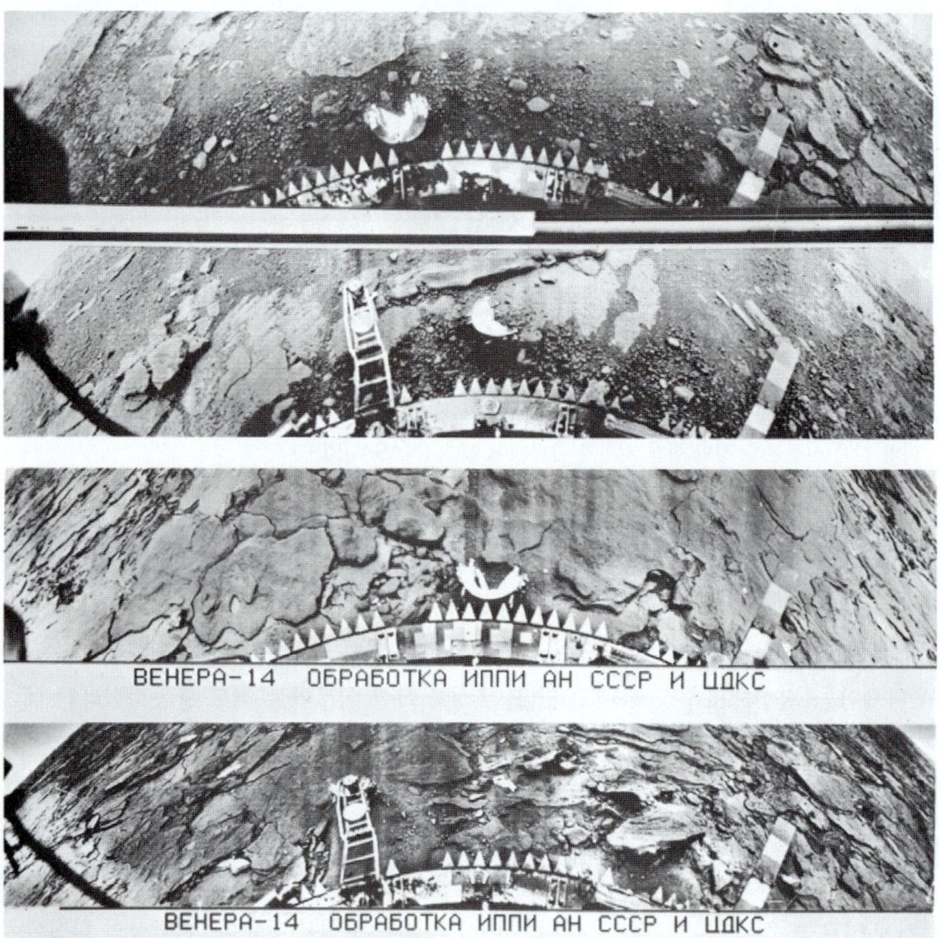

그림 5-14 금성 표면의 근접 사진
위 2개의 사진은 베너러 13호의 착륙선이 찍은 것이다. 암석의 판, 어두운 토양의 조각, 착륙선 가장자리 근처의 조약돌 등에 유의하자. 이 모습은 광각 렌즈에 의해 일그러졌다. 아래 2개의 사진은 베너러 14호가 찍은 것이다. 이곳은 암석이 평평하게 확장되어 있는 것으로 보아 토양이나 조각돌에 의해 파쇄되지 않았다.

으로 베너러 14호에서 온 사진은 지구 중앙해령 근처의 해양저에서 보이는 현무암과 같은 화산성인 파열된 암석질 판의 층을 보여 주었다. 두 지역 모두 서로 900km 떨어져 있지만 암석들이 비교적 젊은 것으로 나타났다.

지구에서는 해양분지와 대륙 덩어리들 사이의 큰 차이가 판구조에 의해 지속적으로 유지된다. 금성에서는 그러한 전반적인 차이가 없는 것으로 보아 행성 전체를 아우르는 지각판이 없음을 암시한다. 그러나 금성에서 판구조는 행성 전체에 걸쳐서, 특히 고지대 영역 근처에서 국지적으로만 작용하는 것 같다. 판구조가 없다! 지구와 금성이 열을 잃은 속도가 거의 같았을 것이라는 점을 감안할 때 이것은 놀라운 일이다.

대부분의 표면이 기껏해야 4~5억 년 정도밖에 안 되는 것으로 보이는데, 이 값은 지구 표면의 평균 연령의 2배 정도 된다. 화산 활동은 지구에 비해 광범위하게 일어나는 것으로 생각된다. 금성의 표면은 지난 수억 년 동안 심하게 흘러내린 용암 때문에 전체적으로 재형성되었을 수도 있다. 지각판이 분리된 곳에서 생성된 협곡은 표면이 파쇄된 것을 보여준다. 지구의 조산대와 유사한 지역에서 습곡과 단층도 나타난다. 이러한 지형들로부터 금성에 국지적인 판구조 운동이 있었다는 것을 알 수 있다. 그러나 광범위한 지각판은 어디에 있을까? 지구의 지각은 맨틀에서 용암이 상승하는 좁은 지역들을 경계로 하는 여러 개의 단단한 판으로 이루어져 있다. 그러나 금성에는 이러한 판이 없다. 어쩌면 금성은 영원히 굳지 않는 지각으로 된 '1개의 판으로 이루어진 행성'인지도 모른다. 밀가루 반죽처럼, 금성의 지각은 조각으로 나누어져서 미끄러질 정도로 딱딱하지 않다. 그 대신 금성의 지각은 열과 용암의 상승으로 부분적으로 주름이 잡힌 모양을 하게 된다.

5.2.4 자기장

금성의 핵은 금속성이고, 부분적으로 융용 상태이므로, 지구와 비교해 볼 때 금성도 자기장을 가지고 있을 것이다. 금성은 지구보다 243배 천천히 자전하므로, 다이너모 작용이 활발하지 못해 자기장의 세기가 지구보다는 작지만, 어쨌든 자기장은 존재할 것이다. 하지만 현재까지 어떤 탐사선도 자기장을 검출하지 못했다. 따라서 금성에 자기장이 존재한다고 해도, 그 세기가 최대 0.5×10^{-8}T일 것으로 추정된다. 이는 다이너모 모형으로 계산한 것보다 훨씬 작다. 지구의 자극은 역전을 하고, 역전 기간에는 자기장의 세기가 거의 0이 된다. 따라서 금성의 자기장이 현재 역전하고 있는 중이라면, 자기장의 세기가 작은 것이 설명된다(최근 지구의 역전 주기는 대략 10^5년이다).

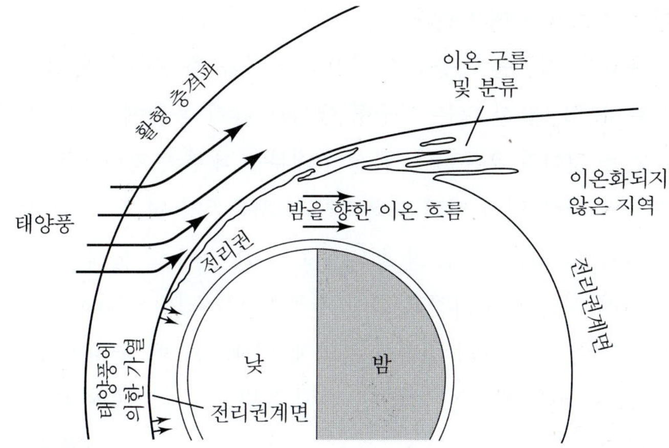

그림 5-15 금성과 태양풍과의 상호작용
태양풍을 차단할 만한 광범위한 자기권이 부족하기 때문에 태양풍은 전리권 안으로 직접 들어오며, 구름 또는 대기의 흐름 안에서 작은 흐름을 만든다.

금성은 전체적으로 자기장이 부족하기 때문에 태양풍을 맞는 자기권을 가지고 있지 않다. 이러한 완충 지대가 없으므로 태양풍은 대기 상부를 강타한다. 태양풍에 의해 끌려온 자기장은 전리권의 대전된 입자를 포획하고, 그들을 행성의 하류 쪽으로 밀어낸다(그림 5-15). 이러한 바람은 길이가 금성 반지름의 몇 배나 되는 긴 꼬리를 형성한다. 자기장의 꼬리는 태양풍과 혜성 간의 상호작용으로 형성되는 것과 흡사하다.

5.2.5 지표의 진화

지구와 금성은 매우 유사할 것이라 기대하지만 어떤 중요한 관점에서 보면 그렇지 않다. 이 두 행성의 크기나 밀도, 질량, 내부 구성, 그리고 구조가 서로 비슷함에도 불구하고 이러한 차이점이 생겨난 이유는 무엇일까? 아마도 그것은 금성이 태양과 더 가까이에 위치하여, 그 결과 금성의 표면에 액체 상태의 물이 없기 때문일 것이다. 지구에서는 대양에 녹거나 해양생물로 인해 탄산염암이 생성되는 과정에서 다량의 이산화탄소가 소비되지만 금성에서는 이런 방법으로 이산화탄소가 없어지지 않고, 계속 대기 중에 남아 있게 되며, 이로 인해 심각한 온실효과가 야기된다.

우리는 지구를 거울삼아 금성의 역사를 추측할 수 있다. 금성은 46억 년 전 다른 지구형 행성과 함께 응축에 의해 형성되었을 것이라 추론된다. 금성의 내부는 내부의 방사성붕괴와 충돌에 의한 열에 의해 분화되었다. 처음 5억 년 동안 지각이 형성되고 고화되었다. 약 30억~40억 년 전에 큰 물체들과 충돌하여 지각이 부서지고 화산 활동이 일어났다. '폭격'에 가까운 작은 물체와의 빈번한 충돌에 의해 지표에 구덩이가 생겼다. 이러한 활동은 30억 년 전에 끝났고, 그 고대의 표면은 사라졌다.

초기의 '폭격'같은 충돌이 있은 후, 커다란 화산이 지표의 틈을 타고 분출되었다. 이로 인해 생성된 화산이 현재 우리가 보는 금성의 순상화산이다. 용암이 수백 km를 흘렀으며, 최근 4억 년 간에 있었던 화산 활동은 금성 표면을 거의 완전히 바꾸어 놓았다. 그러나 그러한 많은 활동들에 대한 증거를 오늘날 거의 찾아볼 수 없다.

5.3 화성

화성은 붉은 주황색으로 보이기 때문에, 그리스 신화의 전쟁의 신의 이름을 따서 명명되었다. 태양으로부터 네 번째에 있는 이 행성은 지구와 가장 가까이에서 궤도 운동을 하고 있기 때문에, 충의 위치에 있을 때 역행 운동하는 것이 잘 관측된다.

5.3.1 운동

화성 궤도는 긴 반지름이 1.5237AU이고, 황도면에 대해 단지 1.85° 기울어져 있다. 궤도이심률(e)이 0.0934이기 때문에, 충의 위치에 있을 때 화성과 지구의 거리는 10^8km(화성의 각지름 14″)에서 5.5 × 10^7km(25″)가 된다. 화성은 대기가 희박하기 때문에 표면의 특징적인 지형을 관측하여 다음과 같은 물리적 성질들을 정확하게 측정할 수 있다. 화성의 항성 자전주기는 24시간 37분 22.6초이며, 자전축이 공전 궤도면 쪽으로 25°12′ 기울어져 있다. 화성은 이처럼 지구와 비슷한 자전 운동(지구의 자전주기 23시간 56분 4.09초, 궤도면 경사각 23°27′)을 하기 때문에, 만일 화성에 산다면 계절의 길이가 지구보다 2배나 된다는 것을 제외하고는 지구에서 사는 것과 거의 비슷한 느낌을 받게 될 것이다(그리고 전체적으로 매우 추울 것이다).

5.3.2 물리적 특징

화성의 반지름은 3,394km로, 지구 반지름의 53%에 해당한다. 화성은 2개의 위성을 가지므로, 케플러 제3법칙을 이용하여 화성의 질량을 추정할 수 있다. 화성의 질량은 6.4 × 10^{23}kg으로, 지구 질량의 11%이다. 화성의 밀도는 3,900kgm^{-3}인데, 달의 밀도(3,300kgm^{-3})보다 약간 크고, 지구의 밀도(5,500kgm^{-3})보다는 많이 작다.

이처럼 밀도가 작은 것은 화성의 내부 구조가 지구와는 다르다는 것을 의미한다(그림 5-16). 특히 화성의 핵은 작고, 지구핵보다 작은 밀도를 가지며, 철과 황화철의 혼합물로 되어 있을 것이다. 화성핵의 밀도는 4,600~5,000kgm^{-3}이고, 지구핵의 밀도는 7,000kgm^{-3}이다. 화성의 맨틀은 지구의 맨틀과 비슷한 밀도를 가질 것이다. 맨틀의 정확한 구성에 대해서는 알려져 있지 않으나, 한 모형에 의하면 감람석(철-마그네슘 규산염), 산화철, 그리고 약간의 물로 이루어져 있다고 한다.

천문학자들은 오래전부터 화성이 대기를 가지고 있다는 것을 알았다. 바이킹 착륙선은 평균 표면압력이 0.02기압이라는 것을 측정했는데, 지구 대기의 경우 높이 40km에서의 대기압이 0.02기압이다. 희박한 화성의 대기는 95%가 이산화탄소이고, 산소 분자를 0.1~0.4%, 질소 분자를 2~3%, 아르곤을 약 1~2% 포함하고 있어 금성의 대기와 비슷한 조성을 가진다.

바이킹 궤도선은 화성의 대기에 있는 수증기의 양을 측정하였고, 북반구 고위도에 많은 양의 수증기가 포함되어 있다는 것을 발견했다. 가장 많은 경우, 0.01mm 침전수(대기 중의 물이 모두 빠져나와 표면을 덮었을 때의 수면의 깊이)에 해당하는 수증기가 모여 있다. 지구의 경우에 대기 중에 들어 있

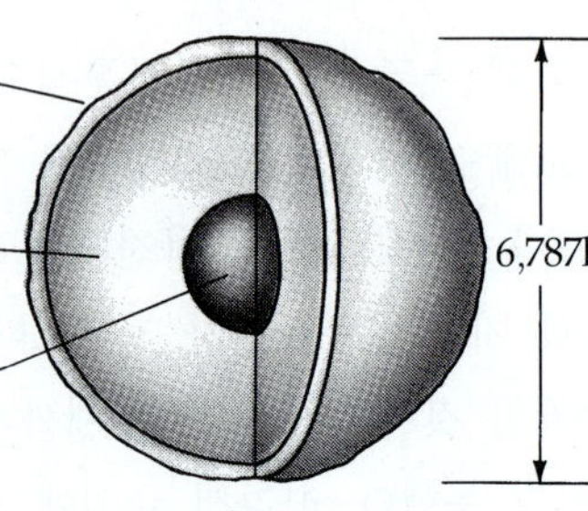

그림 5-16 화성의 내부
상대적으로 작은 크기의 핵에 주목하라.

는 수증기의 양은 수 cm의 침전수에 해당하는데, 물론 바다에는 수 km 깊이의 물이 있다. 화성은 지구보다 훨씬 건조한 행성이다. 오늘날의 화성은 표면 압력이 낮기 때문에 물이 액체 상태로 존재할 수 없다. 다만, 깊은 협곡의 경우 압력이 높아서 표면에서도 액체인 물이 존재할 수 있다. 그렇지만 화성에서는 일반적으로 물이 지표에서나 구름에서나 얼음의 상태로 존재한다. 몇 가지 증거들에 의하면, 지표면 밑에는 영구 서리층이 존재한다.

대기가 주로 이산화탄소로 이루어져 있지만, 밀도가 낮아 온실효과를 주지 못하기 때문에 온도의 변화가 심하다. 태양 가까이에 있을 때, 적도에서의 정오와 자정의 표면온도 차이는 100K 가까이에 이른다. 310K에 해당하는 여름의 열대 최고 온도는 매우 드물다. 화성에서 두 달 동안은 밤낮 내내 전 지역의 표면온도가 물이 어는 온도보다 낮다.

5.3.3 멀리서 본 화성 표면의 특징

화성의 표면은 전반적으로 붉은 주황색을 띠지만, 이와 대조적으로 어둡고, 겉보기에 녹색을 띠는 회색 지역들도 있다(그림 5-17). 녹색은 밝은 지역과 어두운 지역의 대비에 의하여 그렇게 보이는 것으로 판명되었다. 어두운 지역은 실제 녹색이 아니라 적색인데, 스펙트럼을 보면 적색 파장에서 광도가 높다.

엷은 주황색과 황갈색의 지역은 화성 표면의 거의 70%를 차지한다. 이로 인해 화성은 적색으로 관측된다. 1934년 미국의 천문학자 윌트(R. Wildt, 1905~1976)는 이들 지역이 산화 제2철(Fe_2O_3)으로 되어 있을 것이라고 추정했다. 지구에는 여러 형태의 산화철이 형성되는데, 모든 산화철은 특징적으로 밤색, 황색, 주황색이다. 바이킹 착륙선이 측정한 바에 의하면, 표면의 산화 제2철의 함유량은 19%이다. 이 밖에 착륙선은 규산화물이 표면의 44%를 이룬다는 것을 밝혔다. 따라서 화성 지표의 대부분은 규산염 광물로 구성되어 있다고 결론 내릴 수 있다.

우리가 해변에서 흔히 볼 수 있는 것보다 더 고운 모래가 강한 바람(속도 100kmh^{-1} 이상)에 의해 날려서, 전 행성 규

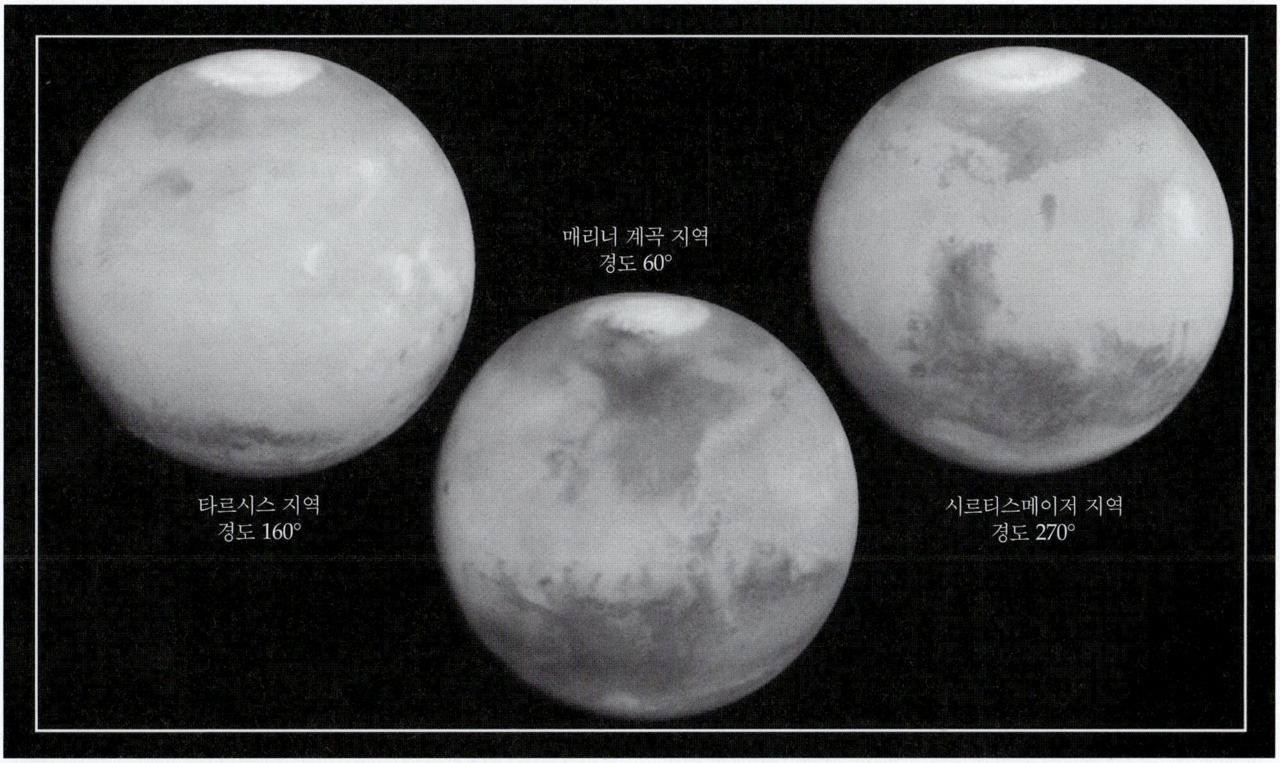

그림 5-17 1995년 충일 때의 화성
이때 지구와 화성은 서로 1억 300만 km 떨어져 있었다. 이 HST 사진은 3개의 중요한 지역을 보여 준다. 고층의 흰구름이 덮힌 타르시스 지역(왼쪽), 단층계곡이 왼쪽 아래에 위치한 매리너 계곡 지역(가운데), 그리고 시르티스메이저 지역이다. (P. James, S. Lee, and NASA)

모의 먼지폭풍을 일으킨다. 이 먼지 폭풍은 화성이 태양에 가장 가까이 있을 때 가장 심하게 분다. 그 다음 먼지구름이 높이 50km까지 상승하여 화성 전체를 둘러싸서, 약 한 달 동안 화성은 황색의 안개로 덮인다. 고운 먼지들이 완전히 지표에 가라앉는 데 몇 달이 걸린다. 이 행성 규모의 폭풍은 모래바람으로 지표를 잘 섞이게 하여, 화성의 전 표면은 거의 균일한 조성을 이룬다. 이처럼 바람에 날리는 먼지에 의해 과거에 관측되었던 화성 표면의 특징들이 변화를 겪게 되었다는 것을 알 수 있다.

1877년에 스키아파렐리(Giovanni Schiaparelli, 1835~1910)는 화성 표면의 특징을 자세히 기록했다. 그는 자신이 *canali*(이는 이탈리아 말로 '해협'을 뜻한다)라고 명명한, 어둡고 거의 곧은 줄무늬 모양인 것을 많이 기록했다. canali는 영어로 운하로 번역되었기 때문에 어떤 사람들에게는 인공적인 구조임을 내포하는 말로 여겨졌다. 이러한 소위 '운하'는 미국 천문학자 로웰(Percival Lowell, 1855~1915)의 호기심을 자극했다. 그는 화성에 흥미를 느껴, 관측 조건이 좋은 애리조나의 플래그스태프 근처에 관측소를 세웠고, 곧 500개가 넘는 '운하'를 담은 모자이크 화성 지도를 출판했다. 일련의 대중적 저서들에서 그는 운하가 극관에서 건조한 농경지로 물을 운송하기 위해 화성인들이 만든 인공적인 수로라고 주장했다. 하지만 로웰의 '운하'에 대한 생각은 틀렸다. 바람에 날린 먼지가 쌓여서 운하처럼 보이는 일시적인 형태를 이루게 된 것이다. 작고 세세한 로웰 운하들은 아마도 기대에 의해 증폭된 광학적 환영이 아닌가 한다. 로웰의 운하 지도를 탐사선의 사진과 비교한 결과, 단지 매리너 계곡(Valles Marineris)만이 로웰의 운하 중에 하나인 것으로 밝혀졌다.

현재 알려진 바에 의하며, 북극관(특히 여름철에는 남아 있는 부분)은 주로 물의 얼음으로 구성되어 있는데, 두께는 1m~1km이다. 겨울철에 두드러진 극관의 바깥 부분은 이산화탄소의 얼음으로 되어 있는데, 이산화탄소는 물보다 더 낮은 온도에서 언다(화성의 표면 압력 조건에서는 물이 어는점은 190K이고, 이산화탄소가 어는점은 150K이다). 이와는 대조적으로, 남극관은 오로지 이산화탄소 얼음으로 되어있다(그림 5-18). 극관에 있는 물의 총량은 겨우 약 10m의 침전수에 해당한다.

5.3.4 가까이서 본 화성 표면의 특징

화성의 두 반구는 각각 다른 지형학적인 특징을 가진다. 남쪽은 비교적 평평하고 오래되었으며 구덩이가 많다. 북쪽은 광범위한 용암류와 거대한 화산, 붕괴된 구덩이로 덮인 더 젊은 지형이다. 두 반구의 경계인 적도 근처에는 매리너 계곡이라고 불리는 거대한 협곡이 있다(그림 5-19). 이 갈라진 틈은 길이가 5,000km(이는 미국의 길이에 해당)이고, 폭은 대부분 500km이다.

바이킹 착륙선은 자갈, 모래, 점토로 뒤덮히고, 큰 둥근 돌

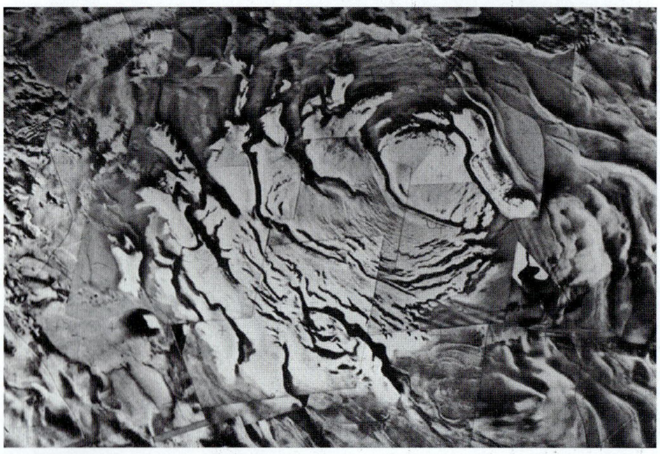

그림 5-18 화성 남반구의 여름 극관
극지역에서 남아 있는 극관은 이산화탄소 얼음으로, 층 구조를 보이고 있다. 나선 모양의 검은 선들은 바닥이 드러난 계곡들이다. (NASA)

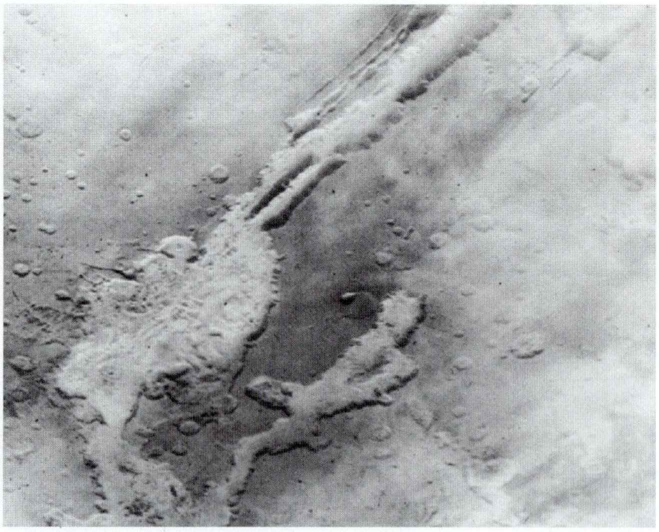

그림 5-19 매리너 계곡
이 사진은 1,500 × 2,000km 면적 전경이다. 총 길이는 5,000km이다. (NASA)

그림 5-20 바이킹 1호 탐사 지역
암석의 크기는 지름이 수십 cm 정도이다. 삽 왼쪽에 놓인, 구멍이 있는 검은 암석에 주목하라. 이는 화산성 암석이다. 삽으로 이 암석의 왼쪽에 위치한 흙을 샘플로 채취하였다. (NASA)

(표석)이 많이 있는 황량하고 건조한 지역을 촬영했다. 이들 둥근 돌은 현무암이다. 몇몇의 둥근 돌에는 구멍(그림 5-20)이 나 있는데, 구멍은 가스가 빠져나가면서 생긴 것이다. 지구에서는 이런 암석이 기포가 많은 가스로 가득 찬 용암에서 생기는데, 화성의 암석도 이런 용암에서 생긴 것으로 여겨진다.

착륙선은 화성 표면에 언젠가 물이 흐른 적이 있다는 간접적인 증거를 발견했다. 바이킹 1호의 착륙지는 물이 흘러 작은 돌들이 자갈, 모래, 점토로 분급된 범람지인 것으로 보인다. 그곳은 또 지구의 사막에서 볼 수 있는 굳은 땅과 비슷하다. 그런 굳은 땅은 지하수가 흘러 나와 지표에서 증발하면서 생긴다. 물이 증발하면서 남은 광물이 땅을 딱딱하게 만드는 것이다.

구불구불한 많은 채널(channel)들은 지표에 물이 흘러서 패인 것처럼 보인다. 가장 큰 채널들은 길이가 1,500km, 폭이 100km에 달한다(이것들은 로웰이나 다른 사람들이 본 '운하'들이 아니다. 왜나하면 채널들이 구부러져 있고 지구에서 보기에는 너무 작기 때문이다). 어떤 것들은 미국 남서부에서 흔히 보이는 마른 **실개천**(arroyo)과 유사하다. 이것은 물이 단

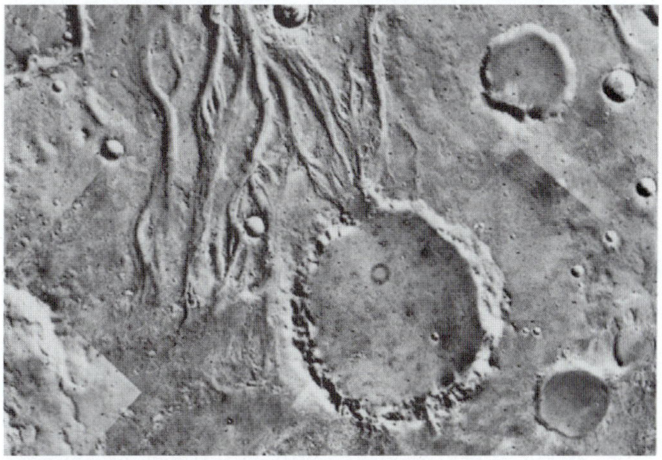

그림 5-21 갑작스럽게 지표에 물이 흘러서 형성된 화성의 채널
이 지형은 수 km의 경사를 보이고 있다. 몇몇 채널은 구덩이를 가로질러 있음에 유의하라. 이것은 구덩이가 형성된 후 채널이 형성되었음을 나타내고 있다. (NASA)

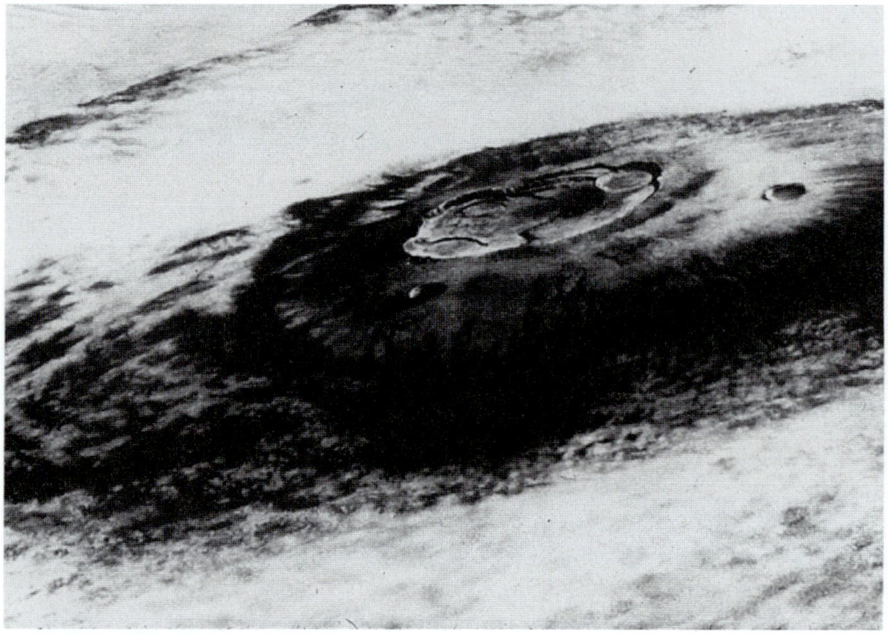

그림 5-22 올림퍼스 산
높이가 27km에 달하는 이 순상화산은 측면을 따라 구름이 동그랗게 걸려 있다. (NASA)

지 가끔 흐르는 채널이다. 이것은 낮은 쪽으로 사행하며 흐르는 흐름과 몇 개의 흐름이 모여서 큰 흐름을 형성하는 구조를 보여 준다. 화성에 이러한 실개천이 형성되려면 적어도 단기간 동안에라도 광범위하게 흐르는 물이 있어야 한다. 현재 화성에는 지표수가 없으므로, 과거에 그러한 여건이 조성된 적이 있었을 것이다. 그 당시에는 밀도가 더 높고 더 따뜻한 대기가 있어야만 한다.

화성의 가장 큰 채널들은 많은 지류를 가지고 있는 마른 강들이다(그림 5-21). 물이 있었던 시절에는 북반구의 망갈라 발리스(Mangala Vallis) 지역이 주요한 강의 합류점이었다. 그것은 수백 km^2에 걸쳐 있다. 채널에서 보이는 몇몇 구덩이들은 그 활동시기가 3억~3.8억 년 전이었음을 추정하게 해 준다.

화성 표면의 가장 두드러진 특징은 순상화산으로, 타르시스(Tharsis) 능선 위나 근처에 운집해 있다. 가장 큰 화산은 올림퍼스 산으로, 바닥에서의 길이가 550~600km이다(그림 5-22). 이 화산의 표면은 구불구불해서 용암이 흘러서 생긴 구조인 것으로 추정된다. 이 화산은 27km의 높이로, 그 기저의 길이는 몇 개의 화산으로 형성된 하와이 섬의 기저 크기에 달한다. 올림퍼스 산은 에베레스트 산보다 2.5배나 높이 솟아 있다. 거대한 질량의 올림퍼스 산이 형성되려면 지각의 두께가 120~130km가 되어야 한다. 화성의 낮은 표면중력에도 불구하고 지구 지각 두께의 2배 정도가 되어야 한다.

화성의 남반부는 구덩이가 많은 지형(그림 5-23)으로, 달의 옛 고지대나 금성의 구덩이 사이에 있는 평지와 비슷하다. 남반부에는 용암으로 차 있는 큰 분지부터 지름이 겨우 몇 m인 것까지 다양한 크기의 충돌 구덩이들이 분포해 있다. 화성

그림 5-23 화성 남반구의 아르기레 플래니티아(Argyre Planitia)
아르기레는 중심 왼쪽으로 보이는 커다란 충돌 분지이다. 주변 영역의 많은 구덩이에 주의하라. (NASA)

의 구덩이는 달과 수성의 구덩이처럼 다양한 형태를 가지는데, 몇몇 구덩이는 중심이 약간 솟아 있어 충돌로 생긴 구덩이임을 추측케 한다. 일반적으로 화성의 구덩이는 달이나 수성의 구덩이에 비해 얕은데, 이는 바람에 의한 침식과 큰 표면중력 때문이다.

5.3.5 자기장

화성은 자기장의 세기가 아주 작아서 표면에서 단지 60nT이다(금성은 이보다 더 작지만). 만약 다이너모 모형이 행성의 자기장을 올바르게 기술한다고 가정하면, 이처럼 약한 자기장은 설명되지 않는다. 화성은 지구와 같은 속도로 자전한다. 비록 화성의 핵은 작지만, 많은 양의 금속을 포함한다. 우리가 화성의 핵이 액체라는 직접적인 증거를 가지고 있지는 않지만, 과거에 화산 활동이 있었으므로 고온의 맨틀과 고온의 핵이 있는 것으로 추정된다. 따라서 화성은 어느 정도 강한 자기장을 가지고 있어야 함에도 불구하고, 실제 그렇지 않다. 어쩌면 금성처럼 현재 자기장이 역전되는 과정에 있는지도 모른다. 하지만 우연하게도 두 행성이 모두 자기장이 역전되는 과정에 있다고 보기는 어려울 것이다.

5.3.6 지표의 진화

화성은 달의 진화 단계와 지구의 진화 단계의 중간에 도달했다. 강착을 통하여 화성이 형성된 후 충돌을 받아 지표는 많은 구덩이로 덮여 있었다. 그 후, 곧 화성의 내부는 분화하여 지각, 맨틀, 핵으로 나뉘었다. 지각이 두꺼운 지역은 고지대로 상승했다. 두 번째 단계에서는 지각이 얇은 지역은 깨지고, 타르시스 능선이 솟아오르면서 주위의 지표를 부수었다. 이 기간 동안의 원시 대기는 지금보다 더 밀도가 높고 고온이며, 화산에서 가스와 함께 분출된 수증기를 많이 포함하고 있었다. 강우가 지표를 주름 모양으로 침식시키고, 수 km 깊이까지 스며들었을 것이다. 온도가 낮아지면서 깊이가 얕은 곳에서는 얼음이 형성되었다. 화산 활동에 의해 가열되면 얼음이 녹으면서 무너지거나 흘러가는 형세가 형성되었다. 행성 전반에 걸친 물의 침식 작용에 의하여 지표면이 깎여 나갔다.

다음 단계에는 광범위한 화산 활동이 일어났다. 특히, 북반구에는 많은 화산이 만들어졌다. 타르시스 지역은 계속 상승하면서 많은 단층을 형성하였다. 매리너 계곡은 이때에 형성되었다. 마지막으로, 주로 타르시스 지역에서 화산 활동에 의해 지표가 부서지고 거대한 용암의 흐름이 뿜어져 나왔다. 이 거대 분출 이후 화성의 지표는 주로 바람에 의한 침식을 받고 있다. 때때로 충돌로 인해 작은 구덩이가 형성되기도 한다.

5.4 지구형 행성들의 진화 단계 비교

방사성 붕괴에 의하여 만들어지는 내부열과 행성 형성 이후 남은 내부열에 의해 지구형 행성은 진화한다. 제4장에서 언급했듯이, 이러한 과정들의 진화시간은 대략 행성의 반지름에 비례하므로, 지구형 행성 중 지구가 가장 많이 진화한(여전히 진화하고 있는) 행성일 것으로 기대하는데, 사실 그렇다.

지구형 행성의 진화는 다음의 5단계로 나눌 수 있다.

(1) 행성의 형성, 지각과 내부의 가열
(2) 지각의 고형화, 빈번한 충돌(많은 구덩이의 형성)
(3) 분지의 형성과 범람
(4) 충돌의 횟수 감소, 분출 가스가 대기를 형성
(5) 화산 활동, 대류의 형성, 지각 이동

이 다섯 진화 단계에 따라 지구형 행성의 진화 단계를 비교하고 대조해 볼 수 있다. 수성이나 달은 3단계의 마지막 진화 단계에 있어, 모든 지구형 행성의 초기 역사를 기록하고 있는 화석이라 할 수 있다. 특히, 수성과 달은 40억 년 전에 '대량 폭격' 이라 불릴 정도의 충돌에 의하여 많은 구덩이가 만들어졌음을 보여 준다. 화성에는 여전히 충돌 구덩이들이 보이는데, 이 구덩이들은 생성 후 많은 변화를 겪었다. 지구와 금성의 경우, 그 이후의 진화 과정을 겪으면서 전시대의 증거들이 씻겨나갔다. 화성은 실제 달과 수성의 진화 단계와 지구와 금성의 진화단계 사이의 진화 단계에 도달하여 5단계의 초기에 있다. 금성은 5단계에 들어섰고, 지구는 5단계가 한참 진행되었다.

지구형 행성의 내부구조가 분화되어 있는 것으로 보아, 이들 행성의 내부가 고온이어서 내부의 광물이 용융되었거나 적어도 유동성을 지녔다는 것을 알 수 있다. 그 후, 원래 혼합물은 밀도에 따라 나뉘어 여러 층을 형성했다.

모든 지구형 행성의 초기 진화 단계에 명백하게 기여한 구덩이에 대하여 언급할 차례이다. 다음 장에서 보듯이, 태양계

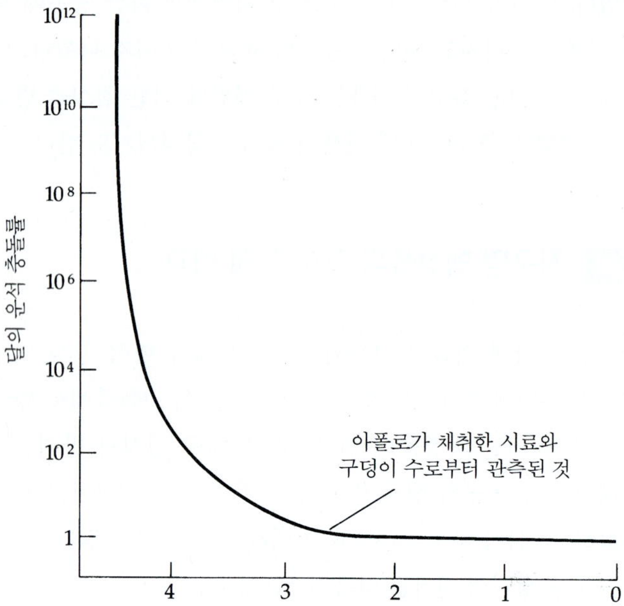

그림 5-24 도식적으로 재구성한 달에서의 상대적인 운석 충돌률
현재의 충돌률은 달로부터 관측된 것이고, 40억~45억 년 전의 변화율은 매우 부정확하다. 여기에 보인 것보다 100배 정도 낮을지도 모른다. (W.K. Hartmann)

내 거의 모든 고체 표면은 구덩이가 패어 있다. 표면에 있는 다양한 크기의 구덩이들의 숫자를 이용하면 몇 가지 가정 하에서 충돌한 물체의 크기와 충돌 횟수, 표면의 나이를 추정할 수 있다.

기본적으로 구덩이의 지름은 충돌 물체의 운동에너지에 비례하고, 운동에너지는 질량보다 속도에 더 크게 좌우된다. 따라서 대부분의 행성 표면에 작은 구덩이가 큰 구덩이보다 더 많다는 것은 작은 물체가 더 많았다는 것을 의미한다. 가장 큰 구덩이와 분지는 100km가 넘는 물체의 충돌로 생겼다. 한 번 생긴 구덩이는 다음번의 충돌, 용암, 침식(대기가 많은 행성의 경우에 해당) 등에 의해 변화를 겪는다.

달 표면의 연대는 직접 측정할 수 있으므로, 달을 이용하여 시간에 따른 운석 충돌률의 변화를 추정할 수 있다. 그림 5-24에서 보듯이, 45억 년 동안에 운석의 충돌률은 급격하지만 매끄럽게 감소하고 있다. 현재의 충돌률은 행성 형성기의 100만 분의 일에 불과하여, 초기에는 '폭격'에 가까운 많은 충돌이 있었음을 알 수 있다. 충돌률은 행성마다 다르지만, 적어도 지구형 행성들은 거의 비슷하다(2배 정도의 범위 내에서). 충돌률의 진화(그림 5-24)는 모든 행성과 위성에서 거의 비슷했을 것이다.

지구형 행성의 경우 구덩이의 크기와 표면 밀도의 스펙트럼을 이용하여 지표의 진화 단계를 추정할 수 있다. 달은 (화성의 위성인 데이모스, 포보스와 함께) 가장 적게 진화했고, 그 다음이 수성, 화성, 금성, 지구의 순이다(7.1절 참조).

핵심 수식과 개념

- 행성 자전에 의한 도플러이동

$$\frac{\Delta\lambda}{\lambda_0} = \frac{2v_{eq}}{c} = \frac{4\pi R}{Pc}$$

- 행성의 중심압력

$$P_c = \frac{2}{3}\pi G\langle\rho\rangle^2 R^2 = (1.4 \times 10^{-10})\langle\rho\rangle^2 R^2$$

- 회합주기(행성에서 태양일)

$$\frac{1}{S} = \frac{1}{P} - \frac{1}{T}$$

문제

1. (가) 수성의 근일점과 원일점에서 정오에 표면온도를 계산하여 비교하시오.
(나) 낮 동안에 수성이 복사를 제일 강하게 방출하는 파장은 얼마이고, 밤에는 얼마인가?

2. 10GHz의 진동수에서 수성의 자전에 의한 한쪽 끝과 다른 쪽 끝의 도플러이동량의 차이는 얼마인가?

3. 수성이 동일한 조성의 위성을 가지며, 이 위성의 질량은 수성 질량의 1% 정도라고 가정하자. 이 위성이 태양의 조석력에 대해 궤도를 유지하려면 수성에 얼마나 가까이 있어야 하는가?

4. 금성의 태양일의 길이를 계산하시오. 이때 금성이 역자전한다는 사실에 주의해야 한다.

5. (가) 금성과 화성의 경우 자전으로 생기는 도플러이동량의 최대값을 10GHz에서 계산하시오.

(나) 금성의 표면 지형의 고도 차이를 측정하기 위하여 필요한 레이더 신호의 시간 측정오차는 얼마인가?

6. 금성의 중심에서 얼마나 떨어진 곳에서 자기장의 세기가 지구의 반앨런대와 같겠는가? 화성에 대해서도 같은 계산을 해보시오. 어떤 결론을 얻을 수 있는가?

7. 지구-달계를 화성에서 볼 때와 수성에서 볼 때의 모습을 비교하시오.

8. 화성과 위성의 밀도가 같다는 가정 하에서 화성의 로시 한계를 계산하고, 화성의 위성인 데이모스와 포보스의 거리와 비교하시오.

9. 화성과 금성의 대기에서 이산화탄소의 수명을 추정하시오.

10. 화성과 금성의 대기에서 이산화탄소의 높이척도를 비교하시오. 어떠한 결론을 내릴 수 있는가?

11. 자기 쌍극자의 자기장 세기는 거리의 세제곱에 반비례한다($1/R^3$). 수성의 중심에서 얼마나 떨어진 곳에서 자기장의 세기가 지구의 반앨런대의 자기장의 세기와 같아지겠는가?

12. 정유체평형식을 사용하여 수성, 금성, 화성의 중심압력을 추정하시오. (힌트 : 표면압력은 0으로 하고, 평균 밀도를 사용할 것)

13. 화성의 평균 반사도는 0.16이다. 근일점에서 정오에 화성의 온도는 얼마인가? 원일점에서는 얼마인가? 계산 결과를 관측된 온도 범위 210~300K과 비교하시오.

14. 19세기 후반, 로웰은 화성에서 광범위한 운하 구조를 관측할 수 있었다고 주장했다. 그러나 그 당시 다른 천문학자들은 운하를 볼 수 없었다. 화성에서 보이는 지형의 크기와 지상망원경의 각분해능을 고려하여, 이 같은 주장들을 평가하시오. 성능이 좋은 망원경은 각분해능이 대기의 시상에 의해 제한되고, 망원경 광학에 의해서는 제한을 받지 않는다. 시상이 좋은 밤중에는 각크기 1″인 구조를 분해할 수 있다(가장 좋은 조건의 밤에는 0.3″까지 가능하다).

(가) 충의 위치에서 화성의 각크기는 얼마인가?

(나) 매리너 계곡은 화성에서 가장 큰 구조 중의 하나이다 (5,000km × 500km). 충에서 매리너 계곡의 각크기는 얼마인가? 지구에서 볼 수 있는가?

(다) 충에서 대략 1km 넓이의 운하를 관측하는 데 필요한 각분해능은 얼마인가? 로웰은 이 크기의 운하를 볼 수 있었는가?

(라) 1″의 시상에서 볼 수 있는 지형의 최소 크기는 얼마인가?

15. 태양으로부터 얼마의 거리에서 수성은 조석력으로 깨지는가? 이것을 태양으로부터의 수성의 실제 거리와 비교하시오.

16. (가) 금성의 온실효과 정도를 이해하기 위하여 금성의 복사평형 흑체온도와 태양 직하점 온도를 계산하시오. 이 온도를 관측된 온도 750K와 비교하시오. 온실 효과의 중요성에 대하여 논하시오.

(나) 지구에 대하여 동일한 계산을 하시오. 지구에서의 온실효과의 중요성을 금성과 비교하여 논하시오.

17. 수성, 금성, 지구의 핵의 질량을 어림잡아 계산해 보고, 그 값들을 비교하시오. 놀랄 만한 사실이 있는가?

18. 금성의 대기에서 1기압(atm)의 압력이 되려면 어느 고도에 이르러야 하는가?

6 Chapter

목성형 행성과 명왕성

태양계 내에 있는 행성은 물리적 성질에 따라 2개의 무리로 나눌 수 있다. 즉 **지구형 행성**과 **목성형 행성**이다. 앞의 장에서는 지구와 비슷한 암석의 세계를 살펴보았다. 이 장에서는 지구형 행성과는 판이하게 다른 목성형 행성을 이루는 거대한 유체의 세계를 살펴보고자 한다. 지구형 행성과 비교해서 얻은 가장 주요한 특징은, 지구형 행성은 형성된 이래로 활동성을 띠고 있지만, 목성형 행성은 진화가 덜 진행된 원시 상태에 있다는 것이다.

6.1 목성

태양으로부터 화성을 거쳐 3AU 근처에 산재해 있는 **소행성대**(7.2절 참조)를 지나면, 올림포스 신들 중 가장 우두머리인 신의 이름을 딴 목성에 이르게 된다. 목성은 그의 거대한 크기와 높은 반사율(0.51) 때문에, 밤하늘에 특히 충의 위치에서 매우 밝게 보인다.

6.1.1 운동

태양의 둘레를 도는 목성의 궤도는 이심률이 작으며(0.0484), 궤도면은 황도면에 대하여 1.30°만큼 기울어져 있다. 궤도 긴반지름은 5.2028AU이며, 공전주기는 11.862년이다. 그런데 목성의 회합주기는 398.88일이므로, 약 1년 1개월 만에 충(망의 위상)의 자리에 되돌아온다.

목성에서는 상층 대기만이 관측되기 때문에(그림 6−1), 목성의 자전주기는 대기의 표면 상태의 자전주기, 또는 목성의 가장자리로부터 오는 빛의 도플러이동량을 측정하거나, 자기장 구조의 자전 운동을 조사함으로써 결정된다. 자기장의 자전주기는 목성의 몸체자전주기(body rotation period) 선정에 가장 공통적 기본이 된다. 목성의 자전축은 궤도축에 대하여 3°7′ 기울어져 있지만, 자전주기는 적도 근방에서 9시간 50분, 고위도에서는 9시간 55분의 값을 가진다. 목성의 몸체자전주기는 9시간 55.5분이다. 그러므로 목성의 대기는 **차등자전**(differential rotation)을 한다. 즉 적도에서 가장 빠르고 극지방에서 가장 느린 자전을 한다. 태양도 역시 차등자전을 하는데, 그 이유는 태양 대기도 유체이기 때문이다. 목성 대기의 자전 운동 구조는 지구 대기에서 일어나는 특징적인 무역풍과 해들리세포와 유사하다(3.2.1항 참조). 목성은 그의 매우 빠른 자전 때문에 편평도가 크다(0.062).

그림 6-1 목성
이 사진은 1995년에 허블우주망원경으로 촬영한 것이다. 이 사진은 목성의 상층 대기에 존재하는 난류의 모습을 보여 주고 있다. 화살표는 갈릴레오 탐사선이 대기에 진입한 지점을 가리키고 있다.(R. Beebe and NASA).

6.1.2 물리적 특성

목성의 적도 반지름(11.19$R_{\oplus}$)과 질량(318$M_{\oplus}$)은 목성 위성의 궤도 운동과 엄폐 현상의 관측, 육안으로 보이는 목성의 각지름 측정(충일 때 47″), 그리고 보이저 근접 비행 시의 측정 등으로 정확히 구할 수 있었다. 목성형 행성의 원형인 목성의 밀도는 1,330kgm^{-3}에 불과하다. 이처럼 밀도가 작다는 사실은 목성이 질량으로 수소가 약 75%, 헬륨이 약 24%, 그리고 1%의 중원소로 구성된 태양의 화학조성과 흡사하다는 것을 의미한다.

목성의 표면에는 백색, 청색, 적색, 황색을 띤 구름의 띠가 나타난다(그림 6-1). 이들의 색깔은 그곳에서 형성된 여러 가지 화합물에서 비롯된다. 이 띠들은 시간의 흐름에 따라 구조가 변하지만, 19세기 이래 계속 관측되어 온 대적반은 비교적 안정된 상태를 유지하고 있다. 이 거대한 대적반은 가로가 약 23,000km, 세로가 약 12,000km의 크기(지구보다 크다)를 가지며, 모양이나 위치, 복사 강도가 변한다. 목성 대기의 구름은 빛을 잘 반사하기 때문에 목성의 반사도는 크다.

적도에 평행하게 어두운 줄무늬와 밝은 줄무늬가 번갈아 보이는데, 이때 검은 줄무늬를 **띠**(belt), 그리고 밝은 줄무늬를 **대**(zone)라고 부른다. 적외선 관측 결과에 의하면 대는 띠보다 온도가 낮다. 대기의 온도는 고도가 높을수록 떨어지기 때문에 대는 띠보다 더 높은 상층에 위치한다. 여기서 온도의 차이가 있다는 사실은, 대는 고압의 상승 영역의 상단이고, 띠는 저압의 하강 영역임을 제시해 준다(코리올리 효과는 대류 영역이 적도에 나란하게 뻗도록 만들어 준다). 대류 대기의 흐름은 목성 내부의 열을 수송하여 우주 공간 밖으로 내보낸다. 보이저는 목성의 상층 대기층에 초점을 맞추어 복잡한 기체의 흐름과 소용돌이의 모습을 찍어 대기난류의 흐름을 보여 주고 있다(그림 6-2).

적외선 분광관측은 구름의 상층 대기의 화학조성을 밝혀 준다. 1934년에는 메탄(CH_4)이 처음 발견됨으로써 최초의 분자가 동정(同定)된 것이다. 그 후, 암모니아(NH_3), 수소분자(H_2), 그리고 헬륨(He)이 발견되었다. 보이저는 아세틸린(C_2H_6), 인화수소(PH_3), 물(H_2O), 그리고 수소화게르마늄(G_2H_4)을 관측하였다. 그중 일부 분자들은 CO나 HCN의 경우처럼 지상에서 찍은 스펙트럼에서 이미 검출되었다. 보이저의 분광자료를 분석한 바에 의하면, 목성의 상층 대기는 질량으로 수소가 약 78%, 헬륨이 20%, 그리고 나머지 모든 원소가 2%를 차지하고 있어서, 그의 화학조성은 실질적으로 태양과 동일하다. 대부분의 물질은 분자 상태로 존재한다.

여러 가지 관측을 통해 대적반은 주위에 비하여 8km나 높이 솟아 있으며, 온도는 주변보다 10° 정도 낮다는 사실이 밝혀졌다. 또, 대적반은 목성의 남반구 고기압 지역에서 생기는 소용돌이에서 예상되는 바와 같이, 반시계 방향으로 돌고 있다. 한 대적반 모형에 의하면, 대적반은 그의 주변 대기의 흐름에 의해서 추진되는 하나의 거대한 바퀴처럼 돌고 있으며, 그 결과 주변의 구름이 전향되어 대적반의 둘레를 돌도록 만든다. 그러므로 대적반은 그의 둘레를 돌고 있는 난류와 함께 공존하는 하나의 거대하고 수명이 긴 대기의 소용돌이라고 할 수 있다(그림 6-2). 대적반의 수명도 지구에서의 소용돌이처럼 그의 크기에 대략 비례할 것이므로 오랫동안 지속할 수 있을 것으로 추정된다.

목성의 대(zone) 상단의 온도는 약 150K이기 때문에 대 상단의 밝은 구름은 암모니아 얼음의 결정체로 되어 있을 가능성이 대단히 높다. 한 모형에 의하면, 그 밝은 구름 아래에는

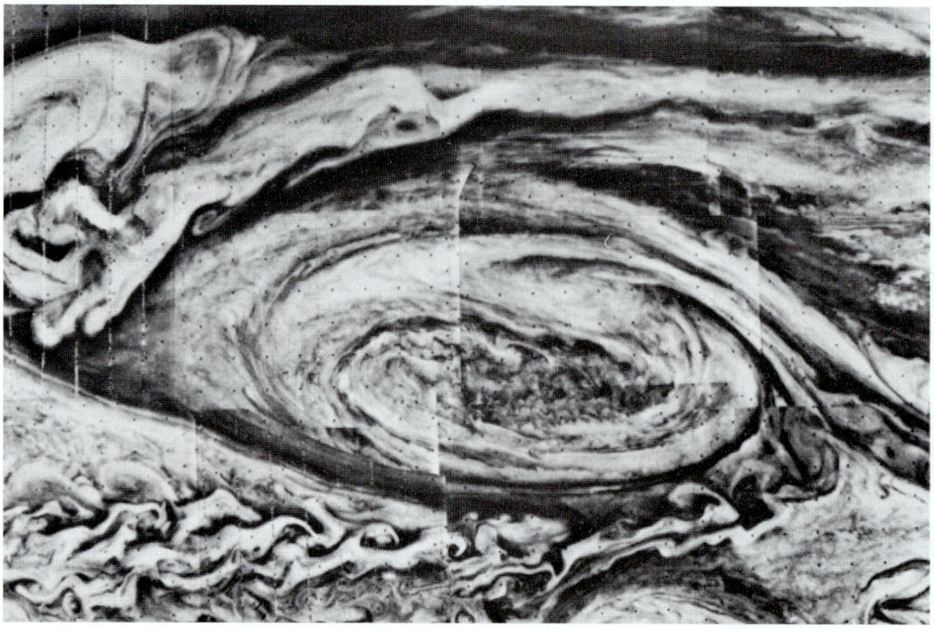

그림 6-2 대적반
컴퓨터로 화질을 높인 이 사진은 대적반 주변에 난류의 흐름을 강하게 드러내 보이고 있다. 가장 작은 구조의 크기는 약 30km 정도이다. (NASA)

암모니아 황화수소(NH_4HS)의 구름층이 놓여 있고, 그 아래에는 암모니아 증기와 물얼음으로 된 구름들이 떠 있다. 이 모형에서는 목성의 상층 대기는 뚜렷이 구분되는 3개의 구름층으로 구성된다고 기술하고 있다. 가장 높은 구름층에는 암모니아, 그 바로 아래에는 암모니아와 황화수소, 그리고 가장 아래층에는 물얼음이 존재한다. 대적반과 그 밖의 대기 표면의 색깔은 주요 분자와 미량의 추적분자가 광전리(photoionization)나 해리(dissociation)에 의해 화학 반응을 일으키면서 색깔을 내는 탄화수소를 만들기 때문에 나타나는 것으로 추정된다.

목성 전체가 태양과 동일한 화학조성을 가진 물질로 되어 있다고 추정되며, 그의 물리적 모형은 목성이 태양으로부터 받는 복사량보다 더 많은 에너지(거의 2배)를 우주 공간으로 방출하고 있는 사실을 설명할 수 있어야 한다. 목성의 온도는 태양으로부터의 거리가 같고, 동일한 반사도를 지닌 완전 흑체의 온도보다 높다. 그의 내부 열은 목성이 형성 당시 지녔던 잔열이 아닌가 생각된다.

목성의 모형을 보면, 그의 밀도, 온도, 압력은 정유체평형에서 예측되는 바와 같이 내부로 들어갈수록 증가하며, 수소는 액체상태로 존재한다. 약 300만 기압에서 수소는 단단히 압축되어 양성자와 전자로 분리되므로 자유롭게 이동할 수 있고 전기를 전도할 수 있다. 이 상태의 수소를 금속성 수소라고 부르며, 이러한 상태는 최근 지상실험실에서 관측된 바 있다. 이와 같이 기이한 상태는 목성중심에서 약 14,000km에 이르는 데까지 존재한다. 목성이 태양과 같은 화학조성을 가진다면, 중원소로 구성된 고체의 중심핵이 이곳 영역을 차지하게 될 것이다(그림 6-3).

팽창하지도 수축하지도 않는 안정된 행성에 정유체평형 방정식[식 (4-3)]을 적용할 수 있는지 살펴보자. 이때 한 가지 요구되는 조건은 행성의 내부 압력이 그 내부로 들어갈수록 증가해야 한다는 것이다(그 까닭은 안으로 들어갈수록 보다 큰 무게를 지지해야 하기 때문이다). 우리는 지구형 행성에서 했던 것처럼 정유체평형 방정식을 사용하여 목성의 중심 압력을 추산할 수 있다. 즉 SI 단위로 표시된 P_c(단위는 파스칼)는 다음과 같다.

$$P_c = \frac{2}{3}\pi G\langle\rho\rangle^2 R^2 = (1.4 \times 10^{-10})\langle\rho\rangle^2 R^2$$

목성의 반지름 약 70,000km와 평균 밀도 약 1,300kgm^{-3}를 대입하면, 중심 압력은 지구의 중심 압력의 10배 이상에 이르는

$$\begin{aligned} P_c &\approx (1.4 \times 10^{-10})(1300)^2(7 \times 10)^2 \\ &= (1.4 \times 10^{-10})(8.3 \times 10^{21}) = 1.2 \times 10^{12}\text{파스칼} \\ &= 1.2 \times 10^{7}\text{기압} \end{aligned}$$

의 값을 얻는다.

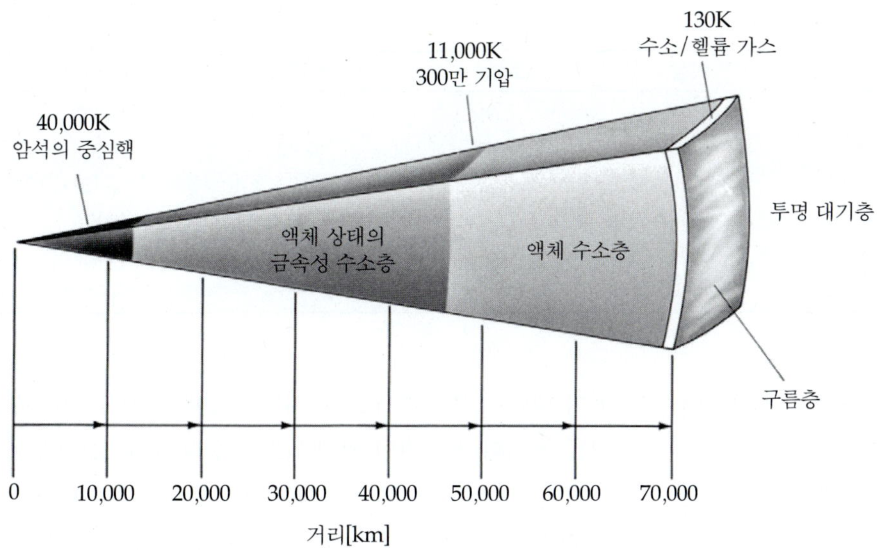

그림 6-3 목성의 내부구조 모형
방대한 액체상태의 금속성 수소층에 유의하자. (NASA)

앞에서 언급한 바와 같이, 목성(토성과 해왕성 포함, 표 6-1 참조)은 입사된 태양 복사를 흡수한 양보다 더 많은 양의 적외선 에너지를 방출하고 있다. 이때 총 초과 에너지의 출력(power)은 태양의 입사 에너지와 거의 비슷한 약 4×10^{17}W에 이른다. 이 초과 에너지의 원천이 목성의 형성 당시의 에너지에 있다는 결론을 어떻게 내릴 수 있을까? 일단 다른 가능성을 한 가지 생각해 보자. 즉 목성의 초과 에너지 발생은 밀도가 적은 물질이 바뀌어 중심의 금속성 수소층이 자라면서 서서히 중력 수축이 일어나는 것에 기인할 수도 있다. 그러면 얼마나 수축되어야 하겠는가? 질량이 M인 구형의 물체가 갖는 중력 퍼텐셜에너지는 대략

$$PE \approx -\frac{GM^2}{R}$$

이므로

$$\text{에너지 손실} = \frac{d(PE)}{dt} \approx -\frac{GM^2}{R^2}\frac{dR}{dt}$$

표 6-1 목성형 행성의 내부열

행성	흑체온도[K]	방출 에너지/흡수 에너지	내부 에너지 출력[W]
목성	124.4	1.67 ± 0.08	4×10^{17}
토성	95.0	1.79 ± 0.10	2×10^{17}
천왕성	59.1	≤ 1.4	$\leq 10^{15}$
해왕성	59.3	2.7 ± 0.3	3×10^{15}

이다. 목성의 물리량들의 값을 대입하면 그의 에너지 손실량은

$$(4 \times 10^{17}\text{W})(3 \times 10^7\text{s/년}) \approx 10^{25}\text{J/년}$$

$$\approx \left[\frac{(7 \times 10^{-11})(1.9 \times 10^{27})^2}{(7.1 \times 10^7)^2}\right]\frac{dR}{dt}$$

가 되며, 이는 바로

$$\frac{dR}{dt} \approx 10^{-4}\text{m/년}$$

임을 의미한다. 이러한 정도의 수축량은 검출되지 않을 것이다. 그러나 이와 같은 생각을 주장하는 데 있어서 문제가 되는 것은, 유체로 된 목성 내부는 근본적으로 비압축성이므로, 목성의 수축이 아무리 작다고 하여도 오랫동안 일어날 수 없다는 것이다. 반면, 금속성 수소의 열전도율이 높지 않다면, 목성은 초기에 지녔던 내부 에너지를 수십억 년 동안 보관할 수 있다. 그렇다면 목성 역사의 초기에 더이상 수축이 되지 않는 순간까지 중력 수축이 일어났던 시기가 있었을 수도 있다.

6.1.3 자기장

목성은 표면에서 약 4×10^{-4}T로 추정되는 목성 자기장(Jovian magnetic field)과 관련된 전파 복사를 방출한다(자기장의 세기를 비교한 표 6-2 참조). 이와 같이 강한 자기장은 빠르게 자전하는 금속성 수소의 중심핵에서 일어나고 있는 다이너모 기구(dynamo mechanism)로부터 비롯된다. 목성

표 6-2 행성의 자기장 세기 비교

성질	지구	목성	토성	천왕성	해왕성
몸체자전주기(시간)	23.9345	9.9249	10.6562	17.24	16.11
궤도면에 대한 적도 경사각(°)	23.45	3.08	26.73	97.92	18.8
평균 표면 자기장 세기(T)	0.31×10^{-4}	4.28×10^{-4}	0.22×10^{-4}	0.23×10^{-4}	0.13×10^{-4}
자기 쌍극자의 경사각(°)	11.4	9.6	0.0	58.6	46.8
중심으로부터 이탈된 쌍극자의 위치 (행성의 반지름 단위)	0.0725	0.0	0.04	0.3	0.55

은 파장이 3~75cm인 영역에서는 비열적 전파를 방출한다. 다시 말해 이 데시미터복사(decimeter radiation, 1decimeter = 10^{-1}m)는 목성 자기장에 의해 **목성의 복사대**에 포획된 상대론적 전자가 광속에 가까운 속도로 자기력선 둘레를 나선형을 그리며 운동할 때 방출되는 **싱크로트론복사**이다. 전파간섭계와 보이저가 측정한 바에 의하면, 목성의 복사대는 지구의 반앨런복사대와 비슷하며, 목성 반지름의 약 3배까지 자기적도(magnetic equator)를 따라 뻗어 있다(그림 6–4). 또, 자기축은 목성의 자전축과 9.6° 기울어져 있다. 목성의 강한 자기장은 그 둘레에 거대한 자기권을 형성하여 태양풍을 편향시킨다.

지상에서의 전파관측이나 위성의 근접비행은 목성의 자기권이 대단히 복잡한 구조를 지니고 있다는 것을 제시해 준다. 만일 목성의 자기권이 광학적으로 우리 눈에 보인다면, 정면에서 본 크기는 약 2° 정도 되는데, 이는 달이나 태양 크기의 약 4배 이상이나 된다(그림 6–5). 목성의 자기권은 뚜렷이 구별되는 3개의 영역, 즉 목성의 내부 전류에 의해서 발생된 자기장이 지배하는 $6R_J$ 정도의 내부자기권, 적도의 방위전류(azimuthal current)에 의해서 자기장의 형태가 지배되는 30~$50R_J$인 영역의 중간자기권, 그리고 $50R_J$ 밖으로 뻗어 있으며 낮과 밤에 따라 크기와 모양이 변하는 외부자기권으로 되어 있다. 태양을 향한 쪽의 자기장은 태양풍의 강도 변화에 따라 팽창과 수축을 하는 완충대 역할을 한다. 한편, 밤 쪽은 지름이

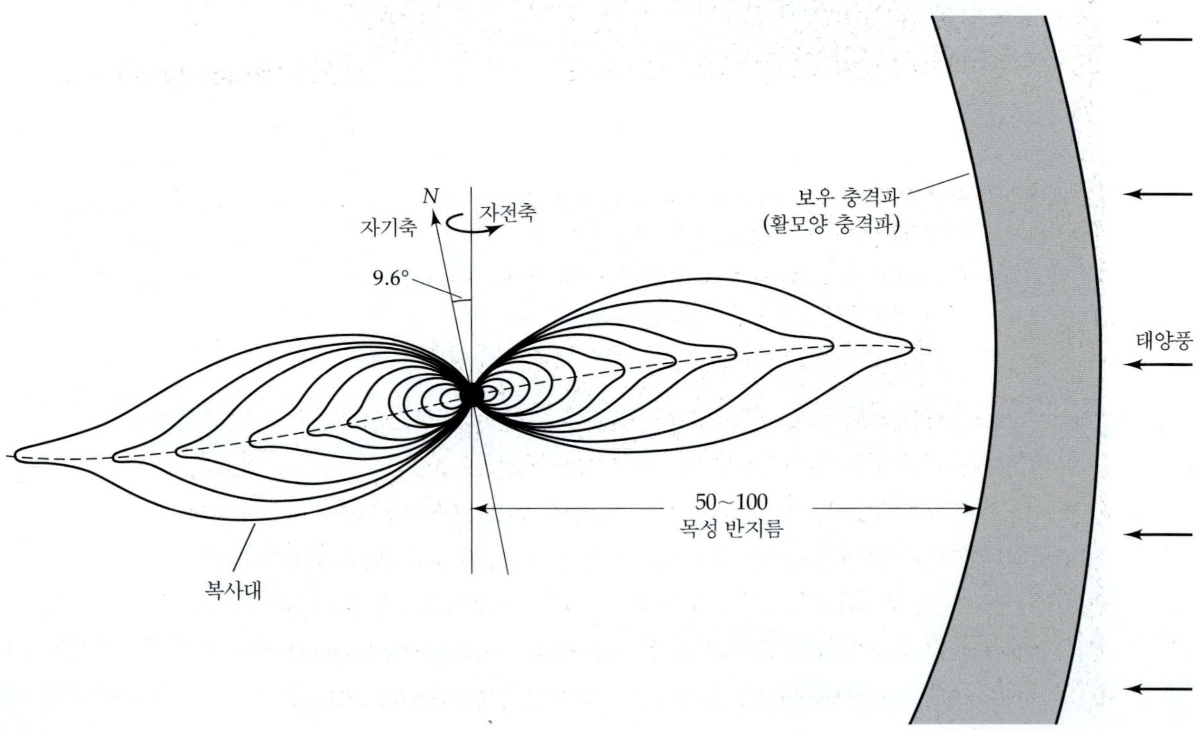

그림 6-4 우주선 자료에 기초한 목성의 자기권
그 크기와 모양은 태양풍 압력에 따라 시간적으로 변한다.

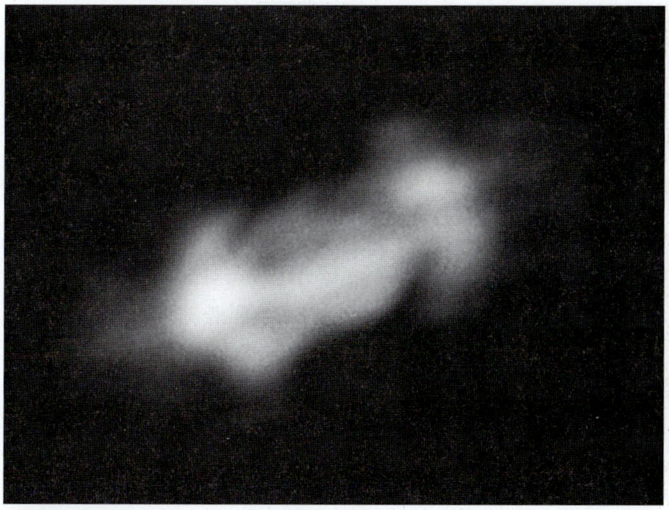

그림 6-5 전파로 본 목성자기장의 일부
1.5GHz에서 찍은 이 전파 사진은 복사대에 존재하는 상대론적 전자들로부터 방출된 싱크로트론복사를 보여 준다. (VAL, 미국 국립 전파 천문대)

$400R_J$, 길이가 수 AU에 이르는 자기꼬리를 드러내 보인다.

목성의 쌍극자 자기장은 내부자기권을 지배한다. 내부자기권은 자전축에 대하여 기울어진 쌍극자로 간단하게 기술된다. 자기장이 자전할 때 자기장은 전자를 상대론적 속도까지, 즉 수십 MeV까지 가속시킨다. 그러므로 $1.3R_J$에서 $3R_J$ 사이 존재하는 전자들은 싱크로트론복사를 방출한다.

지구자기장 내에 존재하는 하전입자의 운동을 기술한 앞의 논의(4.6.3항 참조)에 의하면 하전입자의 반지름

$$r = \frac{mv}{qB}$$

으로 자기력선 둘레를 돈다. 이때 m은 입자의 질량, v는 속도, q는 전하(coulomb), 그리고 B는 자기장의 세기(tesla)이다. 이 운동의 회전진동수 f는 다음과 같다.

$$f = \frac{v}{2\pi r} = \frac{v}{2\pi}\frac{qB}{mv} = \frac{qB}{2\pi m}$$

이때 회전진동수를 흔히 **사이클로트론 진동수**라고 부르는데, 그 까닭은 이 진동수로 하전입자가 사이클로트론의 둘레를 돌기 때문이다. 사이클로트론은 일정한 자기장을 사용하여 하전입자를 묶어 두고 있다. 전자의 경우, 사이클로트론 진동수 f_c는 다음과 같다.

$$f_c = \frac{Be}{2\pi m_e} \approx (2.8 \times 10^4)B \qquad \text{(MHz)}$$

여기서 B의 단위는 테슬라(tesla)이다. 이때 가속된 입자들은 전자기파를 방출한다. 비상대론적 속도로 움직이는 전자가 내는 복사는 사방으로 방출되지만, 상대론적 속도로 움직이는 전자가 내는 복사는 다음과 같은 각 θ 안에 밀집되어 있다(상대론적 빔효과).

$$\theta = \left(1 - \frac{v^2}{c^2}\right)^{1/2} \qquad \text{(라디안)}$$

$$\theta \approx \frac{56}{E} \qquad \text{(도)}$$

여기서, E는 MeV 단위로 표시하였다. 그러므로 전자의 회전면에 위치한 관측자는 진동수 f_c에서 1회전마다 1개의 펄스를 보게 될 것이다. 이때 방출되는 편광된 복사를 **싱크로트론복사**라고 부른다(P6-5절 참조).

실제로 다양한 에너지를 가진 전자들의 무리가 방출하는 싱크로트론복사는 f_c를 중심으로 일정한 진동수 폭을 가진 포락선(envelope)으로 구성되어 있다. 만일, 전자들의 속도가 자기장에 수직하지 않는다면, 입자들의 행로는 피치각이 α인 나사가 만드는 경로를 따를 것이다(전자가 자기장에 수직하게 움직일 경우, $\alpha = 90°$이다). 이때 싱크로트론방출 스펙트럼의 최대 강도는 대략 다음과 같은 진동수에 일어난다.

$$f_{max} \approx (4.8 \times 10^{-4})E^2 B \sin\alpha \qquad \text{(MHz)}$$

여기서, E는 MeV, B는 테슬라(T)의 단위로 주어진다. 목성으로부터 방출되는 복사스펙트럼의 평탄한 극대값은 대략 1GHz(1,000MHz)에서 일어난다. 피치각이 90°의 경우, 10^{-4} T인 자기장에서 전자가 가지는 에너지는

$$E^2 \approx \frac{f_{max}}{(4.8 \times 10^{-4})B \sin\alpha} \approx \frac{1000}{(4.8 \times 10^{-4})(10^{-4})(1)}$$

$$E \approx 140\text{MeV}$$

이며, 이때 복사는 원뿔각이 0.4°인 빔으로 방출된다.

목성의 밤 쪽 하늘을 찍은 보이저 사진은 처음으로 극광을 보여 준다. 이 사진은 관측된 극광이 적어도 목성의 구름 상단으로부터 700, 1,400, 2,300km 위쪽 3개의 대기층에서 발생

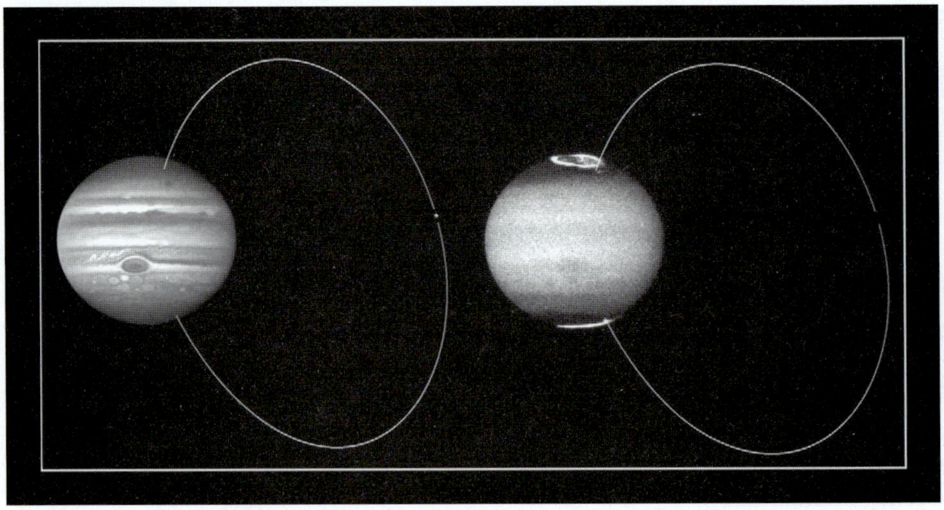

그림 6-6 허블우주망원경에서 가시광(왼쪽)과 자외선(오른쪽)으로 촬영한 목성의 오로라 사진
가시광 사진은 이오 위성(목성 얼굴 왼쪽에 위치한 밝은 점)과 목성이 하나의 자기선속관으로 연결되어 있는 모습을 보여 준다. 15분 후에 찍은 자외선 사진에서는 북극과 남극에 나타난 밝은 오로라 모습을 볼 수 있다. (J.T. Clarke, G.E. Ballester, J. Trauger, R. Evans, and NASA)

되었음을 제시하고 있다. 이 극광들도 지구에서 발생되는 것과 동일한 과정에 의해서, 즉 자기의 남북 양극 부근의 영역을 통하여 유입된 고에너지 전자가 상층 대기를 들뜨게 하여 발생하는 것으로 생각된다.

허블우주망원경이 촬영한 사진(그림 6-6)은 오로라의 방출량이 변하며, 작은 오로라 반점들이 화산 폭발이 있는 이오 위성과 어떻게 연관되어 있는지를 보여 주고 있다. 목성과 이오는 자속관 내를 흐르는 하전입자에 의한 눈에 보이지 않는 전류로 연결되어 있다. 화산폭발 시 방출된 이오 입자들은 목성의 남북 양극으로 이어진 자기력선을 따라 흐른다. 이오 자속관 내의 입자들이 목성의 상층 대기에 이르면 주변의 수소가스와 상호작용하여 형광을 내면서 밝은 오로라 반점을 만든다.

6.2 토성

목성의 궤도를 넘어서면, 고대인들이 마지막 행성이라고 생각했던 토성이 있다. 토성은 목성의 아버지 이름을 따서 새턴(Saturn)이라고 명명하였다. 토성은 태양계에서 두 번째로 큰 행성이며, 허리에는 장대한 고리가 있다(그림 6-7). 토성은 고리의 밝은 띠들과 많은 위성들 때문에 그 우아한 모습이 돋보이는 행성이다.

6.2.1 운동

토성의 궤도 긴 반지름은 9.539AU이며, 공전주기는 29.458년이다. 황도에 대한 공전 궤도의 경사각은 2.49°이며, 이심률은 중간 정도의 값(0.0556)을 지니고 있다. 토성이 충에 위치할 때 지구에서 본 각지름은 약 20″가 된다.

토성은 목성처럼 차등자전을 하는 두꺼운 구름층의 대기를 지니고 있다. 토성을 가로지르면서 측정한 도플러이동량과 표면에 나타난 무늬가 지나는 시간을 정확하게 측정해 보면, 토성의 자전주기는 적도 근방에서 10시간 14분, 고위도에서는 10시간 38분이 됨을 알 수 있다. 몸체자전주기는 10시간 39분이다. 토성도 목성과 유사한 차등자전을 하고 있다. 토성의 적도면은 공전 궤도면에 대하여 26°44′ 기울어져 있으므로, 토성의 양극이 약 15년 간격으로 번갈아 가며 지구 쪽으로 기울게 된다. 토성은 자전 속도가 커서 편평도(0.096)가 크며, 극 반지름과 적도 반지름의 비는 9 : 10이다.

6.2.2 물리적 특성

토성은 목성과 매우 유사한 성질을 가지고 있다. 토성은 목성에 비하여 크기($9.0R_{\oplus}$)와 질량($95M_{\oplus}$)이 좀 작다. 토성은 모든 행성 중 밀도가 가장 작으며, 물의 밀도보다도 작은 680kgm^{-3}의 값을 가진다.

토성의 대기 구조도 역시 목성과 비슷하게 적도에 평행한 띠를 지니고 있다(그림 6-7). 토성의 띠에 나타난 교란(disturbance)은 목성에 비하여 그 빈도가 훨씬 낮다. 때로는 큰 소용돌이가 생기기도 한다(그림 6-8).

1990년 9월, 아마추어 천문가들은 토성의 대기에서 희귀한 분출, 즉 거대한 '백색 반점'을 발견하였다. 허블우주망원경이

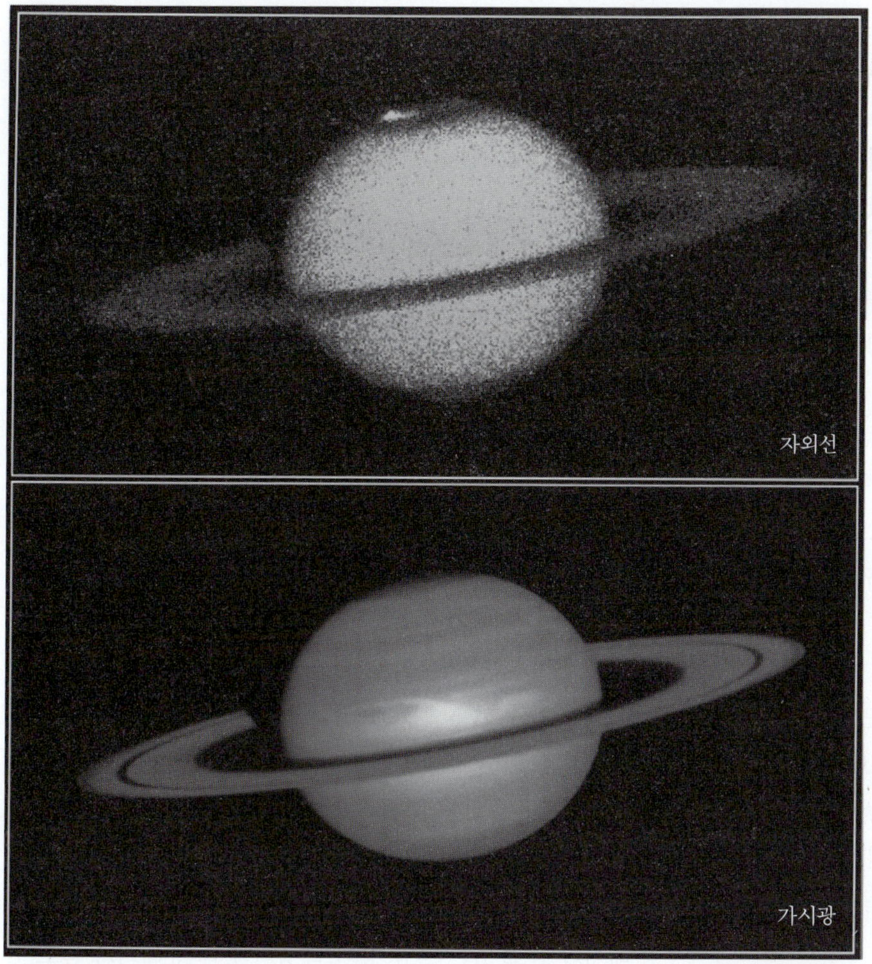

그림 6-7
허블우주망원경으로 촬영한 토성의 자외선 사진(구름 상단으로부터 2,000km 위에 떠 있는 오로라 주목)과 가시광 사진(구름층 주목). (J.T. Trauger, J.T. Clarke, and NASA)

찍은 사진에 의하면, 북반구에 나타난 소용돌이는 낮은 대기층에서 저온의 높은 상층으로 상승하는 기류였음이 밝혀졌다(그림 6-8). 그와 같은 현상은 1876, 1903, 1933, 1960년의 한여름에 대기가 태양 복사에 의해 가열될 때 일정한 간격을 두고 일어났다. 토성의 상층 대기에서는 매우 빠른 바람이 불어서, 적도 근방에서 긴 띠를 이루게 된다. 1994년에 일어난 작은 폭풍은 규모가 작았기 때문에 동서로 이어진 띠의 길이가 지구반지름 정도에 불과했다.

토성의 대기도 목성과 매우 흡사한 화학 성분을 지닌다. 지금까지 메탄(CH_4), 암모니아(NH_3), 에탄(C_2H_6), 인화수소(PH_3), 아세틸렌(C_2H_2), 메틸아세틸렌(C_3H_4), 프로판(C_3H_8), 수소분자(H_2)가 토성 대기에서 검출되었다. 암모니아의 함량은 목성에서 검출된 것보다 적다지만 실제는 거의 비슷할지도 모른다. 토성에서는 온도가 낮아서(100K) 암모니아가 응결되어, 일부가 눈의 형태로 상층 대기로부터 하강했을 수도 있기

그림 6-8 1990년 토성에 나타난 거대한 대기 교란
허블우주망원경 사진에서 백색으로 보이는 교란 대기는 처음엔 빠른 속도로 성장하다가 적도를 따라 뻗은 다음, 고위도로 상승하였다. (NASA)

때문이다. 적외선 분광관측에 의하면, 토성에는 수소분자가 풍부하고, 헬륨의 함량비가 높은 것으로 검출되었다. 그러나 보이저의 분광측정기에는 헬륨의 함량이 질량으로 11% 정도 밖에 안 되는 것으로 측정되었는데, 이 값은 목성의 경우 20%인 것과 큰 대조를 이룬다. 아마도 헬륨의 일부가 응결되어 토성의 하층으로 가라앉았을지도 모른다.

보이저 사진에 의하면, 토성에서도 목성처럼 복잡한 구름의 형태를 보이고 있으며, 풍속도 훨씬 크다. 목성에서는 $100ms^{-1}$인 데 비해 토성의 적도 근방에서는 $500ms^{-1}$에 달한다. 보이저 2호가 찍은 사진은 토성의 기후가 지구에서 1주일에 해당되는 시간 동안 엄청나게 변한다는 사실을 보여 주고 있다. 거대한 소용돌이의 무리는 변모하지만, 지속적으로 관측된다. 이러한 사실은 토성의 소용돌이도 목성처럼 지구에서보다 수명이 훨씬 길다는 것을 제시해 준다.

보이저가 찍은 사진은 토성의 상층 대기에서 부는 바람의 흐름이 목성과 다르다는 것을 보여 준다. 적도 근방에서 부는 바람은 목성에서보다 5배나 빠른 속도로 동쪽으로 분다. 고위도에서는 목성에서처럼 동–서의 흐름 방향이 번갈아 나타난다. 풍속은 두 행성 모두 적도에서 멀어짐에 따라 급속히 감소하지만, 토성 대기의 경우는 목성에서처럼 제트류의 흐름을 드러내 보이지 않는다.

토성은 또 다른 면에서 목성과 유사하다. 적외선 관측에 의하면, 토성도 태양으로부터 받는 것보다 더 많은 에너지를 적외선복사로 방출한다. 초과 에너지는 토성이 태양으로부터 받는 에너지의 약 2배가량 된다. 적외선 흑체온도는 약 95K이지만, 입사되는 태양빛과 반사도를 고려하여 예측한 온도는 82K밖에 되지 않는다. 여기서 토성 자체에서 방출되는 에너지는 조금 이해하기 어렵다. 목성의 경우 방출되는 에너지는 목성의 형성 기간 중 중력 수축에서 얻은 것으로 설명이 되지만, 토성의 경우에는 그와 비슷한 논리로 적외선복사의 과잉 방출을 설명할 수가 없다.

그러면 그 에너지 원천은 어디에 있는가? 한 가지 추측은 헬륨강우(helium rain)가 중력에너지를 방출한다는 것이다. 지구에서 대기의 온도가 충분히 내려가면 물이 응결되어 비가 내린다. 응결은 그 이전 물을 증발시킬 때 필요로 했던 열을 방출케 한다. 토성의 비는 헬륨의 작은 방울로 되어 있다. 헬륨의 빗방울이 내부의 액체 수소층을 통과하면서 낙하할 때

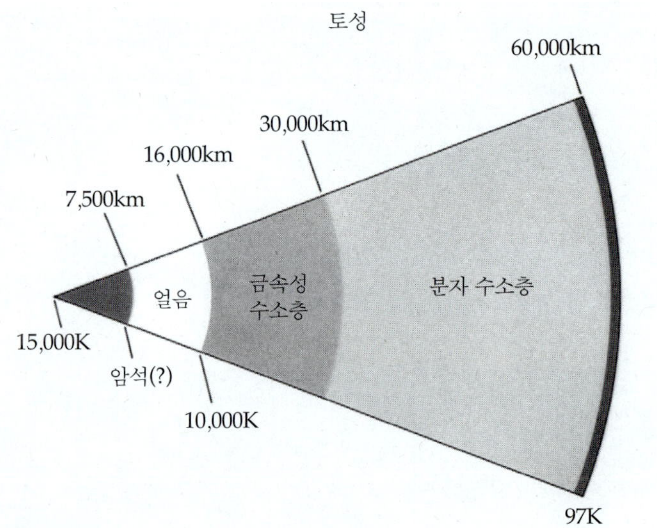

그림 6-9 토성의 내부 구조
토성의 액체금속성 수소층은 목성의 것보다 작다.

마찰이 생겨 열을 발생하게 된다. 결국, 중력에너지는 이 과정을 통해 열에너지로 전환되는 셈이다. 현재 관측되는 과잉 에너지량을 설명하자면 이와 같은 과정이 20억 년 전부터 시작되었어야 한다는 결론에 이른다. 현재까지 낙하된 양은 초기의 헬륨량의 절반 정도 될 것으로 추정된다. 이러한 생각은 토성 대기가 품고 있는 헬륨 양이 목성이나 태양 대기가 품고 있는 양의 절반 정도밖에 안 된다는 보이저의 관측 결과를 지지하고 있다.

토성의 내부구조는 화학조성이 목성과 흡사하다는 사실을 잘 반영해 준다(그림 6–9). 이론적인 추산에 의하면 수소가 약 74%, 헬륨이 24%, 그리고 중원소가 2%이다. 이러한 화학조성은 대체로 태양과 비슷하다. 토성은 지름 14,000km의 암석과 얼음으로 된 질량 $20M_{\oplus}$(총 질량의 25%)의 작은 중심핵을 지니고 있다. 중심핵이 금속수소로 채워져 있다고 제시하는 모형들도 있다. 수소가 금속성을 띠게 되는 경계(300만 기압)는 목성보다 훨씬 더 깊은 곳에 위치하게 된다. 그것은 토성이 목성보다 질량과 밀도가 작아서 내부 압력이 목성에서처럼 빨리 증가하지 않기 때문이다.

6.2.3 자기장

토성은 목성의 총 자기능률의 1/34에 해당하는 자기장을 갖지만, 그 세기는 지구형 복사대를 지닌 목성형 자기권을 형성

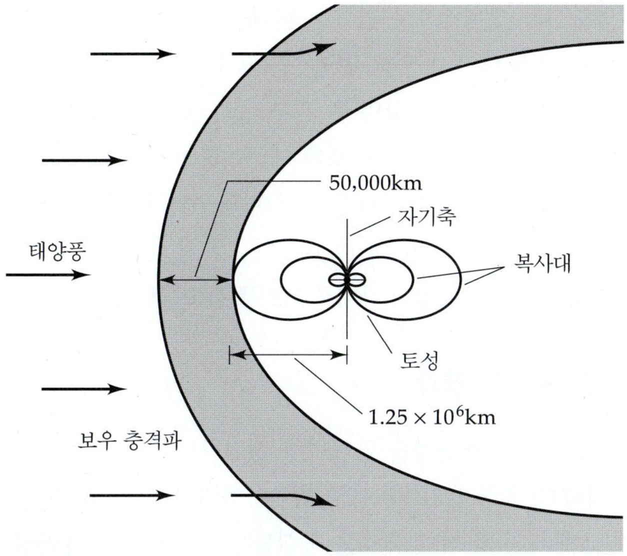

그림 6-10 보이저 1호가 지나면서 얻은 관측자료에 근거한 토성의 자기권
자전축과 자축이 일치하고 있다. 일반적인 형태는 목성과 비슷하다. (NASA)

하기에 충분하다(그림 6-10). 토성의 쌍극자 능률의 방향은, 지구나 목성의 자기축이 자전축에 대하여 기울어진 것(약 10°)과는 대조적으로, 토성의 자전축과 일치하고 있다. 그리고 구름 상단에서 자기장의 세기는 약 2.1×10^{-5}T이다.

토성의 자기권은 뚜렷한 구조를 갖지 못하고 있다. 자기권의 크기는 태양풍에 따라 변한다. 태양풍압(solar wind pressure)이 높을 때에는 자기권은 20Rs까지 줄어들며, 태양풍압이 낮을 때에는 30Rs 또는 그 이상의 크기로 불어난다. 기대되는 바와 같이 토성에서도 오로라가 존재하는데, 그의 존재는 자외선 영역에서 허블우주망원경에 의해 포착되었다. 토성의 오로라 방출은 원자 및 분자 수소가 고속 하전입자와의 충돌로 들뜬 상태로 천이한 것에서 비롯된 것이다(그림 6-7).

6.3 천왕성

천왕성(그림 6-11)은 타이탄의 조상이며, 새턴의 아버지인 신의 이름을 따서 우라누스(Uranus)라고 명명하였다. 천왕성은 태양으로부터 일곱 번째 행성이며, 목성형 행성에서는 세 번째 행성이다. 천왕성은 1781년에 허셜(William Herschel, 1738~1822)에 의해서 처음 발견되었다. 허셜은 처음에는 그것이 혜성이라고 생각하였지만, 꾸준한 관측을 통하여 천왕성이 태양 둘레를 이심률이 작은 타원 궤도를 따라 공전한다는 것을 알게 되었다. 천왕성은 지구에서 육안으로 볼 수 있는 한계 내에 있는 것으로, 천왕성이 충의 위치에 있을 때 각지름은 3.6″밖에 안 된다.

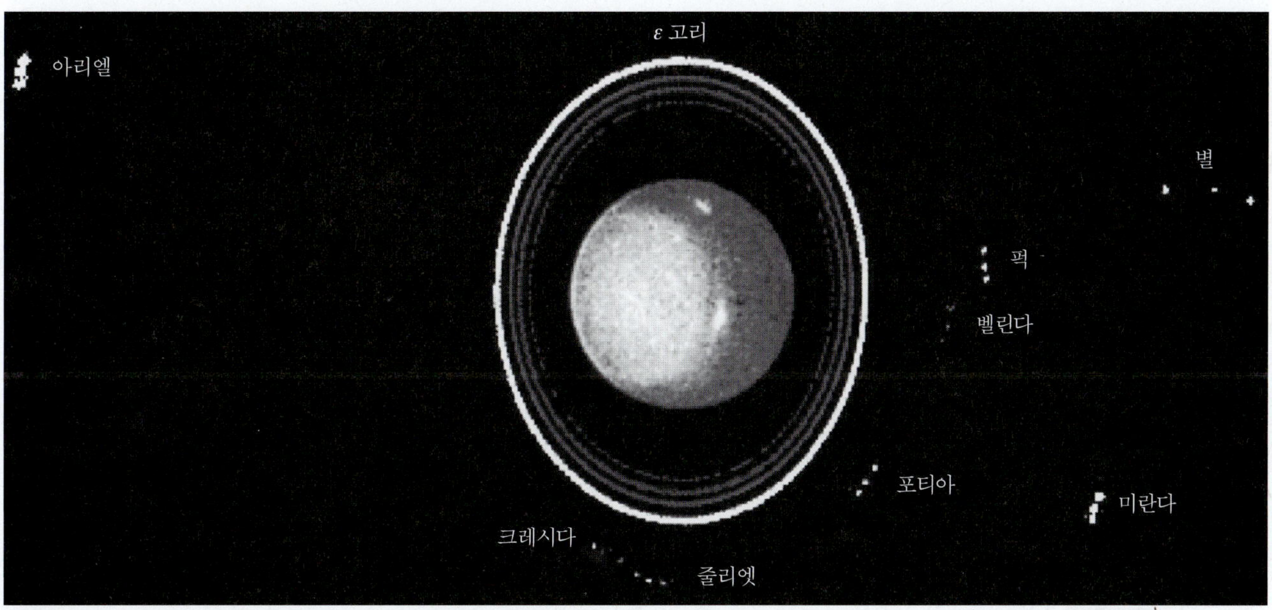

그림 6-11 허블우주망원경에서 본 천왕성, 그 둘레를 공전하고 있는 주된 위성들과 고리들
각 위성은 3개의 점으로 나타나 있는데, 그것은 6분 간격으로 촬영한 영상을 합성하여 각각 표시했기 때문이다. (K. Seidelmann and NASA)

6.3.1 운동

천왕성의 공전궤도는 긴 반지름이 19.182AU, 이심률이 0.0472이며, 궤도면은 황도면에 대해 단지 0.77°가 기울어져 있다. 공전주기는 84.013년이다. 제2장에서 이미 천왕성의 기이한 자전 운동에 대하여 논의한 바 있다. 즉 천왕성은 적도면이 공전 궤도면에 대하여 98° 기울어져 있고, 17시간 14분이라는 주기로 역자전(retrograde rotation)하고 있다. 자전축이 거의 황도면에 놓여 있기 때문에 다음과 같은 현상이 관측된다. 지금 우리가 한쪽 극을 보고 있다면 그의 적도면은 21년 후에는 측면으로 보일 것이며, 42년 후에는 반대쪽의 극이 지구의 정면을 향하게 될 것이다.

6.3.2 물리적 특성

천왕성은 태양으로부터 대단히 멀리 떨어져 있기 때문에 상당히 온도가 낮다. 적외선 관측은 흑체온도로 59K를 제시하고 있다. 그와 같은 저온에서는 모든 암모니아가 얼어서 대기로부터 아래로 떨어져 나왔기 때문에, 분광학적인 방법으로는 이들이 검출되지 않는다. 메탄과 수소는 스펙트럼에 나타난다. 헬륨도 검출되었다고 하지만, 그 결과는 아직 확인된 바 없다.

천왕성을 망원경으로 볼 때 독특한 푸르스름한 녹색을 띠는 것은 천왕성의 대기를 깊숙이 뚫고 들어간 태양광 중 대기 중에서 적색파장 영역의 빛은 흡수되고, 녹색 영역의 빛은 상당량이 반사되어 밖으로 나오기 때문이다. 이와 같은 선택 흡수와 반사가 일어나는 까닭은 메탄의 흡수띠가 천왕성의 스펙트럼을 지배하고 있기 때문이다. 천왕성의 낮은 밀도 1,600kgm^{-3}는 천왕성이 가벼운 원소를 품고 있음을 알려 준다.

6.3.3 보이저 결과

1986년 1월에 천왕성을 근접비행 했던 보이저 2호는 천왕성에 대하여 우리가 가지고 있었던 몇 가지 사실을 확인하였을 뿐만 아니라, 몇 개의 새로운 사실들을 우리에게 제시해 주었다. 천왕성의 자전주기는 이제 자기장의 측정으로부터 17시간 14분으로 알려졌다. 이상하게도 천왕성의 자기장은 자전축에 대하여 58.6° 기울어져 있으며, 자기장의 북극은 지리학적 남극에 가장 가까이 위치하고 있다(그림 6-12, 자기 쌍극자는 천왕성의 중심으로부터 반지름의 0.3배만큼 떨어져 있다). 이러한 쌍극자의 중심 이탈은 자기장 생성의 다이너모 활동이 천왕성 중심에 있는 것이 아니라, 맨틀에서 일어나기 때문에 생기는 것으로 추정된다.

보이저 우주 탐사선은 300~400ms^{-1}의 속도로 천왕성의

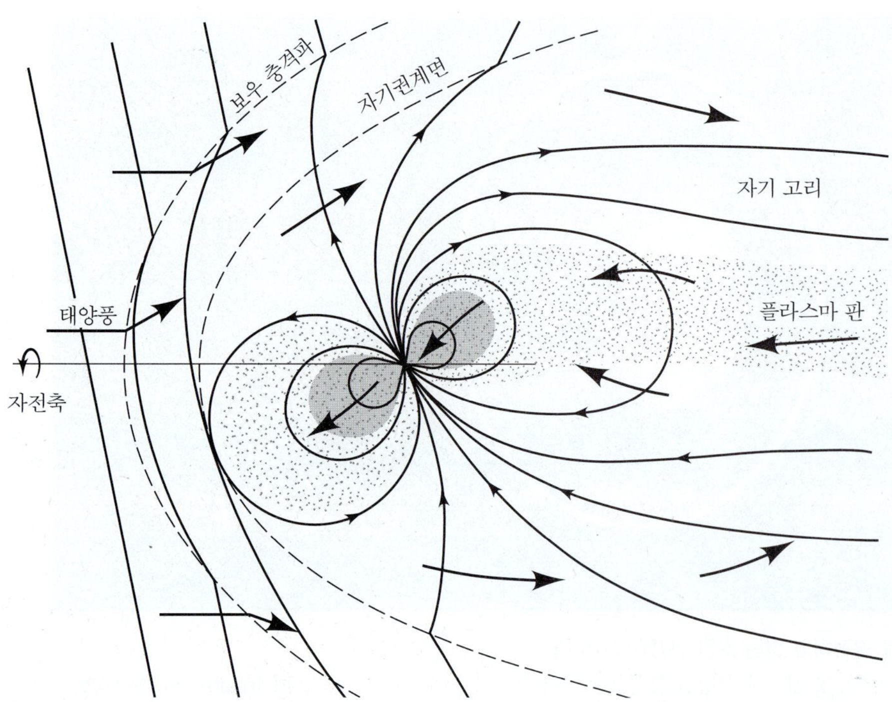

그림 6-12 천왕성의 자기권
자전축에 대한 자축의 기울기가 거의 60°이다. 태양풍 플라스마가 자기권에 포획되어 긴 꼬리와 반앨런형 복사대를 형성하고 있다.

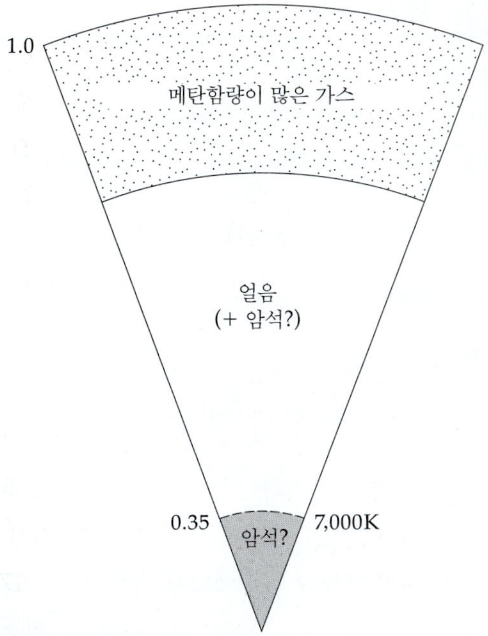

그림 6-13 천왕성의 총괄적 특성과 그에 관한 보이저 관측 결과에 근거한 천왕성의 내부구조

상층에서 부는 고층풍을 측정하였으며, 대기는 10~15%(입자의 개수로)의 헬륨을 품고 있음을 알려 주었는데, 이 값은 목성이나 토성의 값과 비슷한 것이다.

천왕성(그리고 해왕성, 6.4절 참조)의 내부구조, 특히 보이저 자료에 기초한 믿을 만한 모형을 개발하기는 어려웠다. 대체적인 화학조성은 태양의 원소함량비로 혼합된 수소와 헬륨의 기체와 물얼음, 메탄, 알루미늄이 혼합된 얼음, 철과 니켈과 함께 존재하는 이산화규소 형태로 구성되어 있다. 이러한 혼합체의 구성은 다양하기 때문에 유일무이한 천왕성 모형을 얻을 수는 없지만, 천왕성은 대체로 온도가 약 7,000K에 이르는 작은 암석핵을 중심부에 갖고 있다고 생각하고 있다(그림 6-13).

컴퓨터로 영상의 질을 높인 사진을 보면, 암모니아 구름이 천왕성 대기에 낮게 깔려 있고, 그 밑으로는 깊은 실안개층이 놓여 있다(그림 6-14). 특수 필터를 써서 찍은 사진에는 줄무늬의 구조를 지닌 구름이 보이는데, 이들은 적도 근방에서는 17시간, 극지방에서는 15시간에 한 번씩 자전하고 있다(차등자전주기가 목성이나 토성의 경우와 반대임을 유의하자).

보이저에 장착한 하전입자 검출기는 상당히 큰 자기권이 천왕성을 에워싸고 있음을 확인하였다. 그의 존재 가능성은

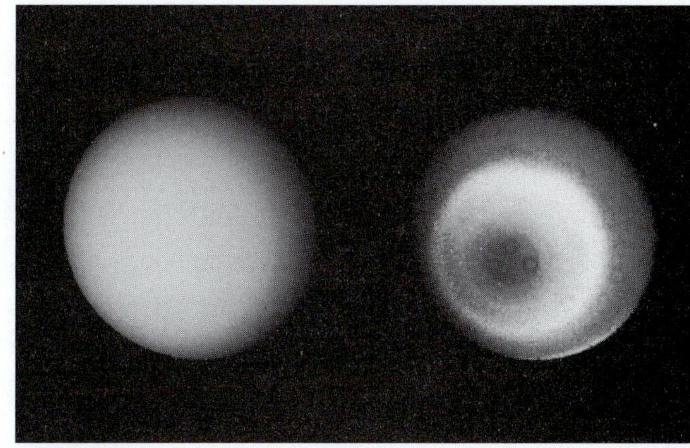

그림 6-14 보이저 2호가 찍은 천왕성의 남극
오른쪽 사진은 컴퓨터를 사용하여 상층 대기의 구조를 돋보이게 처리하였다. (NASA)

싱크로트론 관측 결과에서 처음으로 논의되었다. 천왕성의 총자기능률은 목성의 1/400 정도에 불과하지만, 표면 자기장의 세기는 토성과 거의 비슷하다. 자기권은 1MeV 이상의 고에너지 입자를 다수 품고 있다. 강한 자기권을 가진 행성에서 예상되는 바와 같이, 천왕성에서도 밤이 되는 쪽에서 극광이 관측되었다.

6.4 해왕성

해왕성은 목성형 행성의 마지막 행성이며, 또 태양으로부터 여덟 번째의 행성이다. 천왕성의 쌍둥이와 같은 행성인 해왕성은 바다의 신의 이름 넵튠(Neptune)을 따서 명명하였다. 1790년과 1840년 사이에 천왕성의 궤도가 원인을 알 수 없는 섭동을 받았음이 밝혀지자, 그보다 먼 거리에 행성의 존재를 생각한 애덤스(John couch Adams, 1819~1892, 1843년)와 르베리에(Urbain Jean Joseph Leverrier, 1811~1877; 1846년)는 각각 독립적으로 뉴턴의 천체역학 이론을 써서 천왕성에서 관측된 섭동으로부터 여덟 번째 행성의 질량과 궤도를 유도하였다. 결국, 1846년에 베를린 천문대의 갈레(Johann Gottfried Galle, 1812~1910)는 이들이 예언했던 위치로부터 1°를 벗어나지 않은 곳에서 해왕성을 발견하였다. 해왕성은 그보다 234년 전에 갈릴레오에 의해 처음 관측되었는지 모른다. 해왕성의 궤도계산 결과에 의하면, 1613년 1월에 해왕

성은 목성에 아주 가까이 접근해 있었다. 갈릴레오가 쓴 관측 일지에 의하면 그는 1612년 12월 27일과 1613년 1월 28일에 앞의 궤도 계산에서 예측했던 위치에서 가까운 어떤 별에 대하여 움직이는 해왕성을 관측하였음을 밝히고 있다. 그러나 갈릴레오는 그 천체를 계속 추적 관측하지 않아서, 결국 그 천체가 새로운 행성인 줄을 인지하지 못했던 것이다.

6.4.1 운동

해왕성은 이심률(0.0086)과 황도경사(1.77°)가 작은, 긴 반지름 30.06AU의 타원 궤도를 그리며 164.79년의 주기로 공전한다. 해왕성이 발견된 이후 해왕성은 겨우 전 궤도의 3/4을 돌았을 뿐이다. 태양으로부터의 평균 거리는 명왕성보다 작지만, 명왕성이 이심률이 큰 궤도를 그리기 때문에 해왕성 궤도 안에 명왕성이 들어오는 경우도 있다. 그 시기는 1979년 1월부터 1999년 3월까지이므로, 이 기간 동안 해왕성은 태양계에서 가장 외곽에 있는 행성이 되었다.

해왕성의 자전주기를 확정짓기는 대단히 어려웠다. 적외선의 지상 관측에 의하면, 대기의 구조는 17시 50분의 주기로 돌고 있는데, 이 값은 적외선 광전측광이 제시하는 17시간 43분의 주기와 일치하고 있다. 그러나 보이저 2호는 해왕성의 몸체자전주기가 16.1시간임을 발견하였다.

6.4.2 물리적 특성

여러 면에서 해왕성은 천왕성의 쌍둥이라고 할 수 있다. 천왕성처럼 해왕성도 메탄의 선택 흡수 때문에 엷은 녹색을 띤다. 그의 상층 대기는 옅은 구름의 줄무늬를 나타낸다. 해왕성의 저온 대기(≈ 74K)는 아마도 가스 상태의 메탄, 수소, 헬륨으로 혼합된 물얼음과 암모니아 얼음으로 되어 있을 것으로 생각된다.

해왕성의 내부구조는 밀도와 질량이 서로 비슷하기 때문에 천왕성의 내부와 매우 유사하리라고 생각된다. 적외선 관측에 의하면, 해왕성의 온도는 약 59K이다. 해왕성이 태양에 의해서만 가열된다면 예상되는 흑체온도는 43K이다. 그러므로 해왕성은 천왕성과는 달리 내부에 열에너지를 지니고 있다.

개념 적용 **행성의 온도**

예상되는 해왕성의 흑체평형온도가 실제로 측정한 온도와 어떻게 비교되는지 알아보자.

해왕성의 반사도 0.51(부록 3 참조)을 식 (2-5a)

$$T_p = 279(1 - A)^{1/4}(r_p)^{-1/2}$$

에 대입하면 해왕성의 흑체평형온도 T_N은

$$\begin{aligned} T_N &= 279(1 - 0.51)^{1/4}(30.1)^{-1/2} \\ &= 279(0.84)(0.182) = 43\text{K} \end{aligned}$$

가 된다. 그런데 실제로 적외선 영역에서 관측되는 온도는 약 59K이다.

그러면 두 온도에서의 흑체에너지 플럭스을 비교해 보면

$$\begin{aligned} \frac{E_{\text{actual}}}{E_{\text{Theory}}} &= \left(\frac{T_{\text{actual}}}{T_{\text{Theory}}}\right)^4 \\ &= \left(\frac{59}{43}\right)^4 = 3.8 \end{aligned}$$

이다. 따라서 실제로 관측되는 복사에너지 플럭스는 이론에서 계산한 것의 380%나 된다. 이러한 차이는 해왕성이 그 내부에 열원을 지니고 있음을 암시해 준다.

6.4.3 해왕성에 근접한 보이저

1989년 8월, 보이저 2호는 해왕성의 구름 상단으로부터 5,000km 상공을 지나면서 12년 동안 숱한 결실을 남기고 그의 임무를 마쳤다. 보이저 2호는 해왕성을 탐사함으로써 태양계의 복잡한 영역을 이루고 있는 목성형 행성들의 기이한 세계를 보는 시야를 크게 확대시켜 주었다.

보이저 2호가 해왕성에 가장 가까이 접근하기 수개월 전부터 보이저는 해왕성의 상층 대기에 나타난 이상한 무늬를 촬영하기 시작하였다. 그중 가장 돋보이는 것은 대흑반(Great Dark Spot)이다. 대흑반은 지름이 30,000km나 되며, 수 일의 주기를 가지고 반시계 방향으로 회전하는 거대한 소용돌이다(그림 6-15). 고기압 영역에 속하는 대흑반에는 메탄이 결핍되어 있으므로, 해왕성의 대기 안을 들여다 보게 된다. 밝고

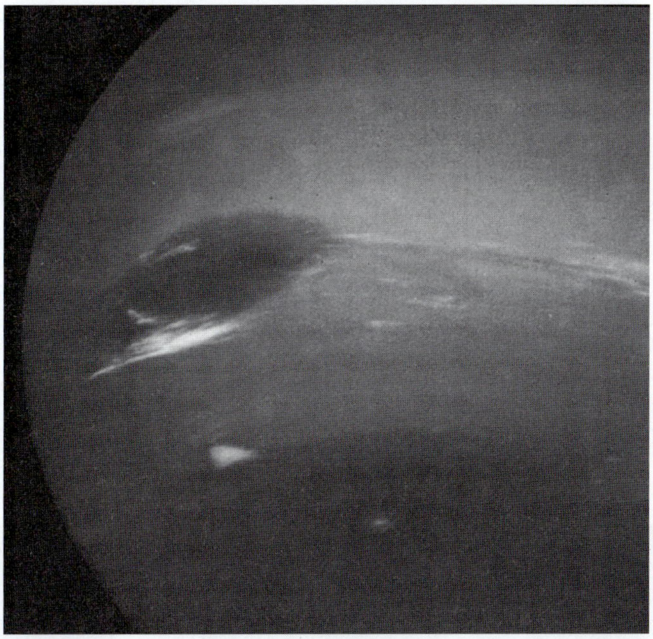

그림 6-15 보이저 2호가 찍은 해왕성의 대흑반과 작은 검은 반점들 고위도에 떠 있는 백색 구름에 유의하자. (NASA)

새털 모양의 구름들이 대흑반(실제로는 청색을 띤다) 근처와 다른 위도지역에서 나타난다. 자전하는 동안 대부분의 구름들의 크기와 모양은 변한다. 이 구름들은 응결된 메탄으로 되어 있다고 생각되는데, 황화수소로 된 일반 구름층보다 약 50km 더 높은 상층에 떠 있다(그림 6-15). 별다른 특징이 없는 천왕성의 대기와 비교해 볼 때, 해왕성이 보여 준 대기 활동은 의외의 발견이었다. 그 활동의 원천은 해왕성 내부의 열에너지에 있을 가능성이 크다. 일반적으로, 해왕성의 대기는 수소 분자와 헬륨으로 되어 있다.

보이저는 해왕성의 자기권으로부터 방출되는 전파 신호를 포착하였다. 이 신호를 추적하여 해왕성의 자전주기가 정확히 16시간 3분임을 구할 수 있다. 한 가지 놀라운 발견은 천왕성의 자기축이 자전축에 대하여 58.6°나 기운 것처럼 해왕성의 자기축도 자전축에 대하여 46.8° 정도 기울어져 있다는 것이다. 왜 이들의 자기축이 그처럼 크게 기울어졌는지 그 이유는 아직 알려져 있지 않다. 해왕성 자기장의 세기는 지구 자기장 세기의 약 1/5이다. 해왕성의 자기 쌍극자는 그의 중심으로부터 반지름의 0.55배만큼 떨어져 있다.

6.5 명왕성과 카론

태양에서 아홉 번째 있는 명왕성은 저승 세계인 하데스(Hades)의 지배자의 이름을 따서 플루토(Pluto)라 명명하였다.[1] 지구에서 망원경으로 본 명왕성은 희미한 별처럼 보인다. 명왕성에서 보면 태양은 하늘에 떠 있는 매우 밝은 별에 지나지 않고 태양계 내의 천체들은 태양 부근에 있는 먼 천체들처럼 보일 것이다.

해왕성이 발견된 후에도 천왕성의 궤도에는 해명되지 않는 어떤 작은 섭동력이 작용하는 것처럼 보였다. 이와 같은 섭동을 일으킨다고 생각되는 천체의 위치 예측이 대단히 불확실하기 때문에, 이 천체를 찾으려는 첫 시도는 실패로 돌아갔다. 1930년 3월에 이르러서야 미국의 톰보(Clyde W. Tombaugh, 1906~1997)가 로웰이 예측한 위치 근방에서 명왕성을 발견하였다. 오늘날 그의 발견은 요행으로 일어난 사건임을 잘 알고 있다. 왜냐하면, 명왕성은 질량이 적어서 천왕성에 영향을 미칠 만큼의 섭동을 줄 수가 없었기 때문이다. 명왕성은 목성형 행성들에 가까이 있기 때문에 이 장에 포함시켰다. 명왕성은 크기에 있어서는 목성형 행성들보다 훨씬 작지만 밀도는 거의 비슷하다.

태양으로부터 명왕성까지의 평균 거리는 39.44AU이다. 명왕성은 궤도 이심률(e = 0.25)이 크므로 태양으로부터 29.7AU에서 49.3AU인 거리 범위에 있게 되며, 충에서 지구에 가장 가까이 접근하여 28.7AU의 거리에 놓인다. 먼 거리와 작은 지름 때문에, 명왕성은 관측하기 어려운 천체이다. 따라서 명왕성의 지름을 측정하려는 여러 시도들이 좌절되기도 했다.

적외선 관측에 의해 메탄의 얼음이 명왕성의 표면을 싸고 있는 것으로 알려졌다. 명왕성에 메탄의 얼음이 있다는 사실은 표면온도가 40K에도 미치지 못한다는 뜻이다. 명왕성의 밝기를 관측한 바에 의하면, 그의 밝기는 6.4일을 주기로 변한다. 이는 명왕성의 자전 운동을 입증하는 증거가 되며, 일반적으로 6.4일을 명왕성의 자전주기로 수용하고 있다. 명왕성의 자전축은 천왕성처럼 황도 가까이 놓여 있다.

1989년 9월 5일, 명왕성은 공전 궤도의 근일점에 이르렀다. 그보다 1년 전인 1988년 6월 9일, 명왕성은 오스트레일리아

1) 2006년 국제천문연맹은 명왕성을 아홉 번째 행성이 아니라, 왜소행성으로 분류하였다. (역주)

에서 관측하였을 때 어떤 별 앞을 통과하게 되었다. 이때 협조 체제를 갖춘 이 지역에서의 관측 결과에 의해서, 명왕성은 지표로부터 600km에 이르는 대기를 지니고 있음이 확인되었다. 명왕성의 대기는 메탄가스로 되어 있으며 표면 대기압은 10^{-8}기압 정도이다. 메탄가스는 명왕성이 248년마다 태양에 가장 가까이 접근할 때 받는 태양열 때문에 표면에 쌓인 메탄 얼음으로부터 방출된 것으로 생각하고 있다.

1978년 6월, 미국 애리조나 주의 플래그스태프에 있는 미 해군 천문대의 크리스티(James Christy)는 사진에 찍힌 명왕성의 영상에서 혹같이 생긴 돌출물을 발견하였다(그림 6-16). 과거에 찍은 명왕성의 사진을 조사하는 과정에서 크리스티는 같은 모양의 돌출물을 더 많이 발견하였는데, 그 돌출물은 언제나 남북 방향에 위치하고 있었다. 그는 그 돌출물이 명왕성의 이미지와 합쳐진 위성의 이미지라고 제안하였다. 그리고 그는 이 위성을 스틱스 강에서 배를 저어 죽은 영혼을 저승의 신 플루토에게 건네주는 사공의 이름을 따서 카론(Charon)이라고 명명하였다.

카론이 발견된 후 수년이 지나서, 명왕성과 카론은 지구에서 볼 때 식(蝕) 현상을 일으킬 수 있는 위치에 이르게 되었다. 그러한 기회는 248년에 오직 두 반밖에 오지 않는다. 이때 일어난 식 현상에서 명왕성의 지름은 2,240km이며, 카론의 지름은 명왕성의 절반쯤 되는 1,120km임이 밝혀졌다(그림 6-17). 카론은 명왕성으로부터 19,600km 떨어져 있으며, 공전주기는 6.4일이다. 명왕성은 공전주기와 자전주기가 동일하므로 동주기자전을 한다. 카론의 공전주기가 명왕성의 자전주기와 동일하다는 사실은 두 천체가 조석력으로 서로 결속되어 있음을 뜻한다.

명왕성-카론계의 궤도 특성을 알고 있으므로, 케플러 제3법칙을 사용하면 명왕성의 질량을 구할 수 있다. 공전 궤도주기는 6.4일, 두 천체 사이의 거리는 19,600km이다. 이제 지구-달계와 명왕성-카론계를 서로 비교해 보자. 지구-달계의

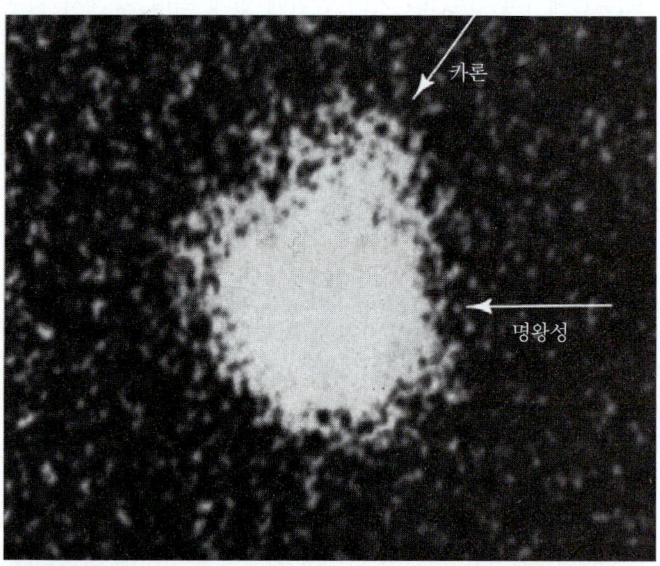

그림 6-16 명왕성과 카론, 카론의 존재를 입증해 준 최초의 영상
두 천체는 너무나 접근해 있기 때문에 그들이 상이 겹쳐 있다. 여기서 카론은 명왕성 가장자리 밖으로 나온 혹 모양을 하고 있다. (J. Christy, U. S. 미국 해군 천문대)

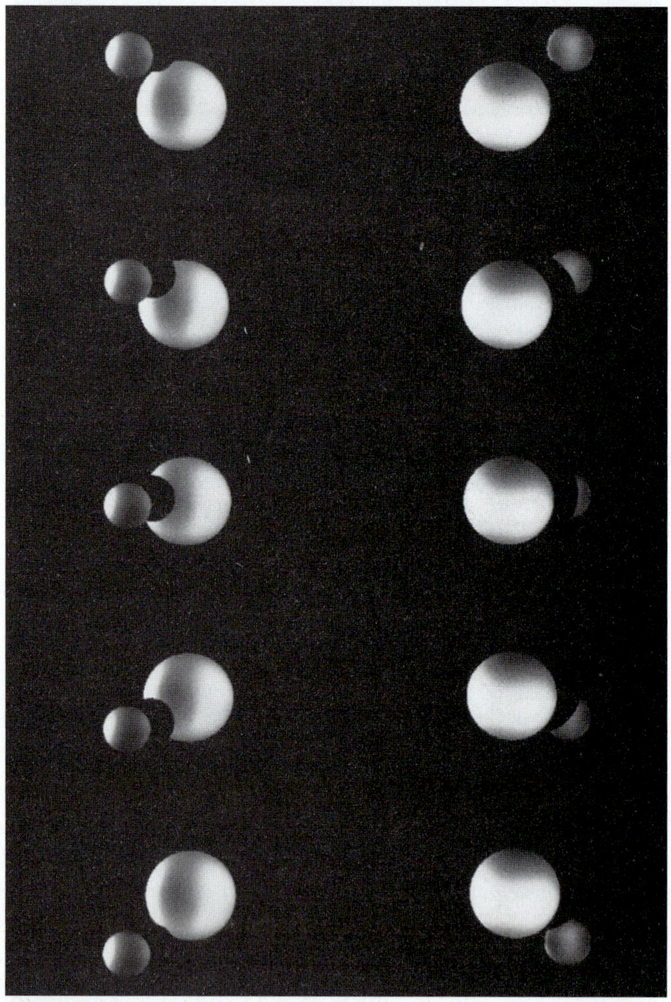

그림 6-17 명왕성과 카론의 식 현상
1985년부터 1991년까지 지구에서 보았을 때 명왕성의 둘레를 돌며 3.2일마다 식 현상을 일으킨 카론의 공전 궤도. 일련의 관측을 통해서 두 천체의 크기를 측정할 수 있다. 두 천체의 밝기 변화를 비교해 보자. 컴퓨터로 재생시킨 영상들은 일련의 식이 일어나는 모습과 표면 구조를 보여 준다. (K. Horne, M. Buie, and D. Tholen)

경우는

$$M_E + M_M = \frac{4\pi^2}{G}\frac{a_{EM}^3}{P_{EM}^2}$$

이며, 명왕성-카론계의 경우는

$$M_P + M_C = \frac{4\pi^2}{G}\frac{a_{PC}^3}{P_{PC}^2}$$

이다. 두 번째 식을 첫 번째 식으로 나누면 다음과 같이 된다.

$$\frac{M_P + M_C}{M_E + M_M} = \left(\frac{a_{PC}}{a_{EM}}\right)^3\left(\frac{P_{EM}}{P_{PC}}\right)^2$$

위성의 질량이 모행성의 질량에 비하여 훨씬 적다면, $M_E + M_M \approx M_E$, $M_P + M_C \approx M_P$로 근사할 수 있으므로

$$\frac{M_P}{M_E} = \left(\frac{1.96 \times 10^4\text{km}}{3.8 \times 10^5\text{km}}\right)^3 \times \left(\frac{27.3\text{일}}{6.4\text{일}}\right)^2$$

$$= (1.4 \times 10^{-4})18.2 = 2.5 \times 10^{-3}$$

그런데 지구의 질량은 6×10^{24}kg이므로

$$M_P = (6.0 \times 10^{24}\text{kg})(2.5 \times 10^{-3}) = 1.5 \times 10^{22}\text{kg}$$

이다. 여기서 구한 명왕성의 질량은 카론의 질량이 명왕성의 질량의 약 10%나 되므로 정확하다고 할 수는 없다. 명왕성과 카론의 질량비는 명왕성-카론계의 질량중심의 관측에서 얻는다. 케플러 제3법칙은 오직 질량의 합을 제공할 뿐이다.

1994년 허블우주망원경으로 자전주기에 해당하는 6.4일에 걸쳐 촬영한 명왕성 사진은 거의 전 표면을 보여 주고 있다(그림 6-18). 실측된 명왕성의 각지름은 0.1″에 불과했다. 이 사진은 반사도의 변화를 상세하게 살펴볼 수 있도록 특수 화상처리를 한 것이다. 표면의 모습은 서서히 계절이 변함에 따라 표면을 따라 이동하는 서리발의 복잡한 분포 변화 때문에 만들어지는 것 같이 보인다.

명왕성과 카론을 합한 평균 밀도는 2,100kgm^{-3}이다. 명왕성에는 최대 75% 정도의 암석 물질이 포함되어 있다. 명왕성의 내부(그림 6-19)는 두께가 수백 km나 되는 얼음(물)의 맨틀과 그 밑으로 일부 수화(水化)된 암석의 중심핵으로 되어 있다. 이러한 구조는 대부분 물(얼음)을 주성분으로 하는 목성형 행성들의 위성과 대조가 된다(제7장 참조).

명왕성의 형성에 관한 한 모형에 의하면, 명왕성은 태양계

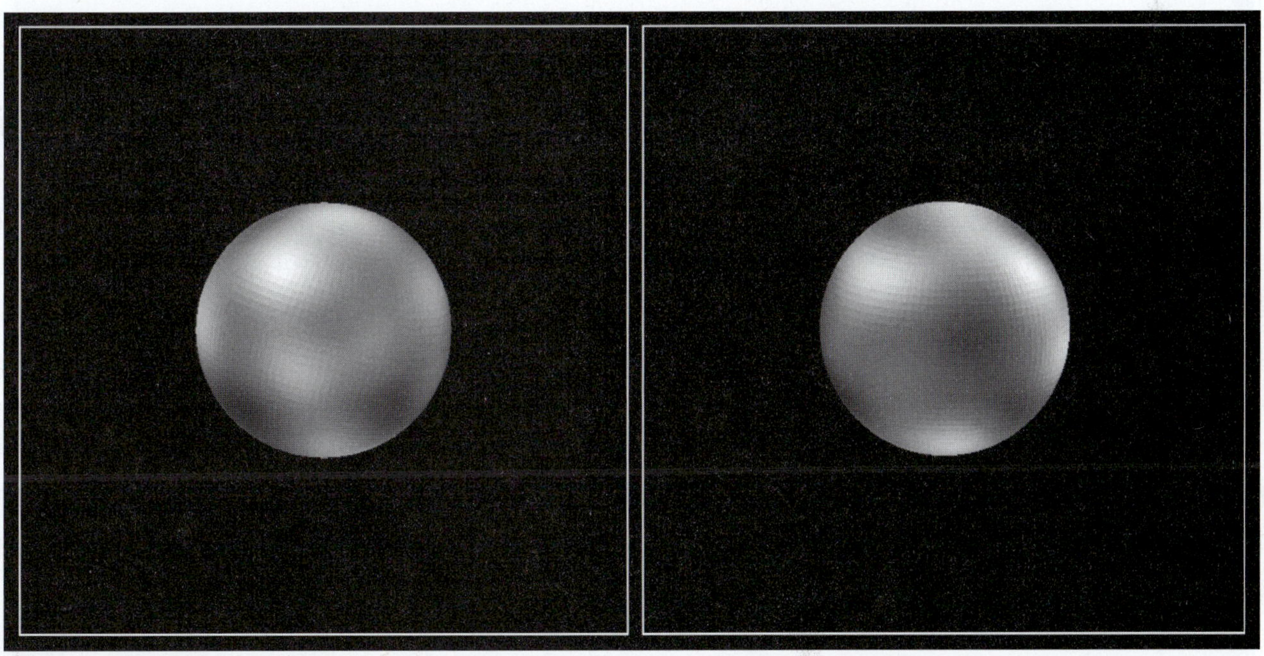

그림 6-18 컴퓨터를 사용하여 화상을 돋보이게 처리한 명왕성의 두 반구
이 사진에서 상단이 북쪽이다. 허블우주망원경으로 촬영한 이 사진은 명왕성 표면의 반사도가 일정하지 않음을 보여 주고 있다. (A. Stern, M. Buie, and NASA)

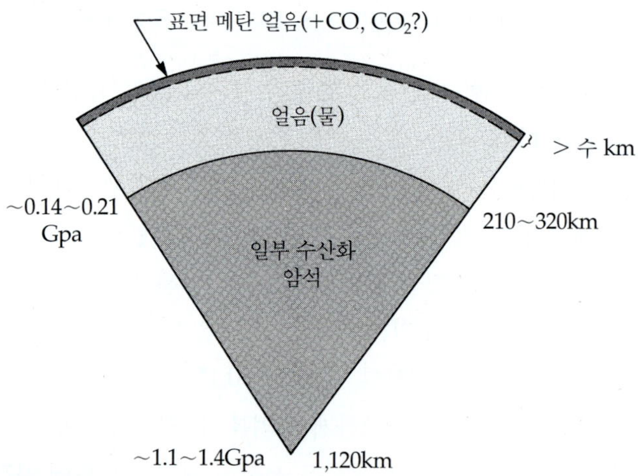

그림 6-19 현재 명왕성의 내부구조
내부구조는 밀도, 크기, 그리고 가정한 물질의 상태 방정식으로부터 구한 것이다. (W.B. Mckinnon and S. Mueller이 제시한 모형에 근거)

외각에서 큰 천체로 형성되었다가 5.1절에 기술한 수성의 형성과정에서와 같은 어떤 거대한 충돌을 받았다는 것이다. 만일 탄소가 CO의 형태로 존재했다면, 태양과 흡사한 물질이 현재의 거리에서 응축되었을 때, 70%는 암석 그리고 30%는 얼음으로 되어 있을 것이다. 이것은 명왕성의 내부구조에 관한 현재 최선의 모형들이 제시하는 범위에 가깝다. 만일 충돌이 저속($2 \sim 3 \mathrm{kms}^{-1}$)으로 비스듬하게 일어났다면 대부분의 파편들은 그대로 남아 있게 되어 쌍성계를 이루었을 것이다. 얼음 물질은 일부 소실되었겠지만, 소실된 양은 명왕성의 화학조성을 전면적으로 변경시키기에는 충분하지 못했을 것으로 생각된다.

핵심 수식과 개념

- 싱크로트론복사 방출

$$f_{\max} \approx (4.8 \times 10^{-4}) E^2 B \sin \alpha \qquad (\mathrm{MHz})$$

- 전자의 사이클로트론 진동수

$$f_c = \frac{Be}{2\pi m_e} \approx (2.8 \times 10^4) B \qquad (\mathrm{MHz})$$

문제

1. 토성의 고리 중에서 가장 안쪽과 바깥쪽 끝에 위치하는 입자의 공전주기를 구하시오. 주기가 10시간 14분인 입자는 토성의 중심으로부터 얼마나 떨어져 있는가? 토성에서 볼 때, 토성의 고리 안쪽의 입자가 서쪽에서 떠서 동쪽으로 지는데, 바깥쪽에 있는 입자는 동쪽에서 떠서 서쪽으로 지는 사실을 설명하시오. 이와 같은 사실은 서로 모순되는 현상이라고 생각되지 않는가?

2. 지구에서 볼 때, 천왕성 위성들의 공전주기가 100년 이상이 되는 이유를 설명하시오.

3. 해왕성의 위성들이 케플러 제3법칙을 따르는 것을 증명하고, 해왕성의 질량을 구하시오. (힌트 : 적당한 단위와 비율을 사용하시오.)

4. 명왕성의 반지름이 1,120km라면, 명왕성이 얼음으로 된 토성의 달과 같은 밀도를 가지려면 질량은 얼마나 되어야 하는가?

5. 목성은 표면으로부터 25×10^3km 떨어진 거리에서 약 10^{-5}T의 강한 자기장을 가지고 있다(파이어니어 11호). 목성 자기권의 크기를 추산하고, 지구 자기권의 크기와 비교하시오. 자기장은 쌍극자형이며, 태양풍압은 태양으로부터의 거리 R에 대하여 $1/R^2$로 감소되고 있다고 가정하시오. (힌트 : 자기압력은 자기장 세기의 제곱에 비례한다.)

6. 적외선 관측에 의하면, 토성은 태양에서 받는 에너지의 2.8배에 해당하는 에너지, 즉 2×10^{17}W를 내부 에너지의 손실로 방출하고 있다. 이 열에너지는 중력 수축에 의해서 방출된다고 가정하자. 이러한 에너지 손실을 유지하기 위하여 토성은 매년 얼마나 수축해야 할까?

7. 토성 내부의 열에너지는 원시 수축 시 남은 것이라고 가정하자. 토성이 현재의 광도를 유지하기에 충분한 내부 에너지를 유지하는 데 필요한 최대 열전도율을 계산하시오.

이론 계산에 의하면, 45억 년 전 토성의 최대 광도는 약 10^{20}W이다. 열전도율 κ(단위 : $Js^{-1}m^{-1}K^{-1}$)는 단위 온도 구배당 단위 면적을 단위 시간 동안 지나간 열의 흐름으로 주어지므로, 다음과 같이 표시된다.

$$\kappa = -\frac{H}{A}\frac{\Delta T}{\Delta x}$$

여기서 H는 열에너지의 흐름(Js^{-1}), $\Delta T/\Delta x$는 온도 구배(Km^{-1}), 그리고 A는 표면적(m^2)이다. 이 모형이 토성의 초과열을 설명하지 못하는 이유는 무엇일까?

8. 분광관측은, 명왕성의 표면이 얼음으로 덮여 있어서 높은 반사도(0.5)를 지니고 있음을 제시해 준다. 또, 충에서(지구에서 38AU) 명왕성의 밝기는 태양 밝기(지구에서 1AU)의 2×10^{-17}배이다. 두 관측 사실로부터 명왕성의 반지름을 계산하시오.

9. 지금 명왕성에 의하여 카론이 가려지는 식 현상을 보고 있다고 상상해 보자.

(가) 명왕성의 지름을 구하기 위하여 이 관측을 어떻게 활용하겠는가?

(나) 식이 반 진행된 시점에서의 밝기는 카론–명왕성계의 총 밝기의 몇 퍼센트나 될까?

10. 목성과 천왕성의 대기 중에 있는 메탄가스의 수명을 각각 추산하시오.

11. 정유체평형방정식을 사용하여 구한 토성과 천왕성의 중심 압력을 비교하시오.

12. 명왕성의 중심압력을 계산하여 목성, 달, 지구의 중심압력과 비교하시오.

13. 정지 파장 λ_0 = 500nm인 스펙트럼선이 목성의 자전 때문에 접근하는 가장자리와 후퇴하는 가장자리에서 겪게 될 도플러이동량을 계산하시오.

14. (가) 목성 자기장의 세기가 지구 자기장의 세기와 같아지는 영역은 목성 표면으로부터 얼마나 떨어진 거리에 있는가? 두 행성이 모두 쌍극자 자기장의 분포를 가진다고 가정하고 적도에서의 자기장을 고려하시오.

(나) 목성의 내부에서도 이상적인 쌍극자 자기장 분포가 맞을 것이라고 가정하여, 목성중심으로부터 지구 반지름의 거리만큼 떨어진 영역의 자기장 세기를 구하시오. (주의 : 여기서 이상적인 쌍극자를 가정한다는 것은 실제로는 타당하지 못하다. 그 까닭은 목성 내부의 금속성 수소층에서 자기장이 생성되기 때문이다. 그러나 여기서는 그러한 사실을 무시하고 이상 쌍극자 분포를 사용하자.)

15. 목성 대적반의 특성(크기, 온도, 자전, 기상학적 특징)과 해왕성의 대흑반의 특성을 정성적으로 비교하시오.

16. 목성이 이오 위성에 미치는 조석력과 토성이 타이탄 위성에 미치는 조석력을 비교하고 그로부터 얻은 결론에 대하여 논의하시오.

17. 명왕성–카론계의 질량중심의 위치를 추산하시오.

18. 천왕성으로부터 방출되는 싱크로트론복사의 극대값이 갖는 진동수를 구하시오. 여기서 전자에너지의 대표적인 값은 1Mev로 택하시오.

Chapter 7

작은 천체들과 태양계의 기원

우리는 앞의 4개 장에서 오늘날까지 알려진 행성에 관한 다양한 사실들을 정리해 보았다. 태양계의 구성원들 중에서 비교적 덩치가 큰 천체들의 진화를 주로 살펴보았으나, 그들의 기원에 관해서는 피상적인 언급만 했을 뿐이다. 태양계의 기원에 관한 결정적인 정보는 오히려 크기가 매우 작은 구성원들이 갖고 있다. 달, 고리, 소행성, 유성체, 혜성, 행성 간 티끌 들이 태양계의 기원에 관한 정보를 쥐고 있는 장본인들이다. 이 장에서는 행성들 사이의 공간을 떠도는 부스러기들이라고 할 수 있는 이들의 성질을 조사하고, 이들의 관측적 특성을 태양계의 형성에 관한 최근 모형에 비추어 보겠다. 이렇게 함으로써 우리는 약 46억 년 전 태양계 형성 당시의 상황을 엿보려는 것이다.

7.1 위성과 고리

지구형 행성들이 거느리는 위성은 지구의 달, 화성의 데이모스와 포보스 이렇게 3개뿐인 데 비하여, 목성형 행성들은 적어도 57개 이상의 위성과 많은 수의 고리를 갖고 있다. 고리 역시 수많은 꼬마 위성들로 구성된 존재이다. 이 절에서는 바윗덩이에서부터 행성에 이르기까지 다양한 규모의 작은 식구들을 만나보고자 한다.

7.1.1 화성의 위성들

화성은 2개의 위성을 거느린다. 이들의 이름은 전쟁의 신 마르스를 수행하는 신화적 존재인 포보스와 데이모스에서 왔다. 포보스와 데이모스는 각각 '공포'와 '불안'을 의미한다.

1877년 미국 해군 천문대의 홀(Asaph Hall, 1829~1907)이 화성 가까이에서 매우 빠르게 화성을 공전하는 천체 둘을 발견했다(그림 7-1). 화성에서 좀 더 멀리 있는 데이모스는 30.3시간에 한 번씩 공전하고, 포보스의 주기는 이보다 훨씬 짧은 7.67시간이다. 태양계에는 모행성의 자전주기보다 빨리 모행성 주위를 도는 위성이 몇 개 있는데, 그중의 하나가 화성의 포보스이다. 보이저가 발견한 목성의 위성인 메티스(Metis)와 안드라스테아(Andrastea)도 이런 부류의 위성에 속한다. 목성의 위성들 중에서 이 둘이 목성에서 가장 가까운 궤도를 움직인다. 화성 표면에서 보면 포보스는 서쪽에서 떠서 동쪽으로 진다! 지구의 달과 마찬가지로 화성의 위성들도 동주기 자전을 한다. 그러므로 포보스와 데이모스는 모성에게 늘 같은 면만을 보인다.

포보스와 데이모스는 세 축 길이가 다른 타원체이다. 둘 중 큰 것인 포보스의 세 축 길이가 27, 21, 19km이며, 작은 데이모스는 15, 12, 11km이다. 포보스(그림 7-2)와 데이모스 모

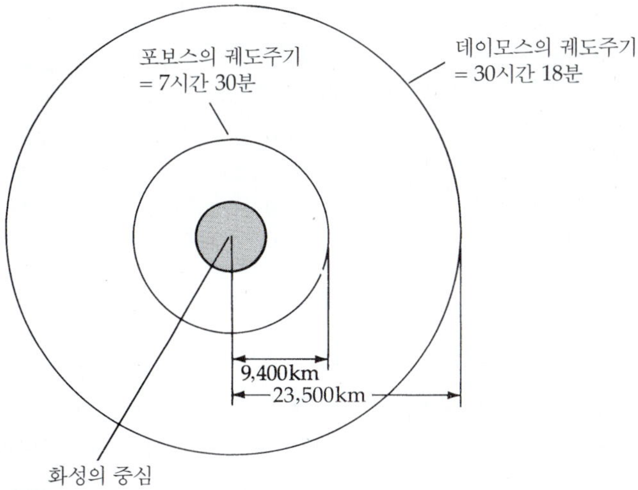

그림 7-1 포보스와 데이모스의 화성에 대한 상대궤도

두의 표면에 운석 구덩이들이 많이 패어 있다. 구덩이의 크기와 개수 분포로부터 이들의 형성 시기는 지금으로부터 약 40억 년 전이라고 밝혀졌다. 형성 이후에는 별다른 변화를 겪지 않은 듯하다.

이 꼬마 위성들이 도대체 어떻게 태어났을까? 반사도에서 기원에 관한 힌트를 얻을 수 있다. 가시광 영역에서 데이모스와 포보스의 반사도가 각각 0.022, 0.018인 것으로 측정되었다. 달에 비하여 매우 낮은 편이다. 원시 운석인 탄질 콘드라이트(7.4절 참조)와 세레스와 같은 일부 소행성들(7.2절 참조)도 이 정도로 매우 어둡다. 지구형 행성들 중에서는 화성이 소행성대에 가장 가까이 있다. 화성과 소행성들의 평균 거리는 1.3AU이다. 이러한 사실과 낮은 반사도에 유의한다면, 포보스와 데이모스는 화성에 포획된 궤도 이심률이 매우 큰 소행성이라는 결론에 이른다. 포획의 가능성은 자세한 이론 계산으로도 확인된 바 있다. 소행성 위성은 화성만 갖고 있는 게 아니다. 곧 알게 되겠지만 목성도 일련의 소행성 위성을 거느린다.

7.1.2 목성의 위성과 고리 들

목성은 놀랍게도 위성을 16개 이상 거느리고 있다. 아주 밝고

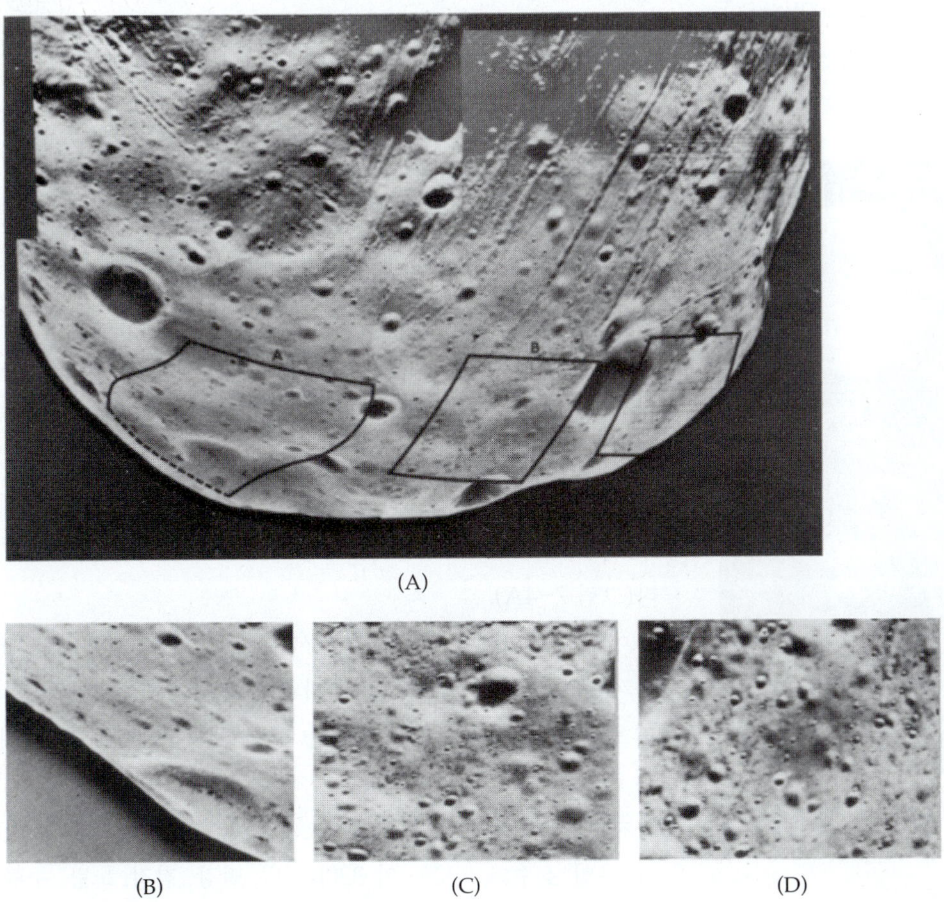

그림 7-2 포보스
위의 사진에 실선으로 표시한 세 영역을 근접 촬영하여 아래 세 장의 사진에 담았다. 근접 사진에서는 지름 10m의 운석 구덩이도 알아볼 수 있다. 구덩이의 바닥이 평평하다는 사실에서 표토층의 깊이가 수백 m라고 추측할 수 있다. (NASA)

표 7-1 갈릴레이 위성들의 성질

이름	지름 [km]	목성으로부터 평균 거리[km]	공전주기 [일]	밀도 [kgm-3]	질량 [달 = 1]
이오	3,632	4.22×10^5	1.77	3,530	1.21
유로파	3,138	6.71×10^5	3.55	3,030	0.66
가니메데	5,262	1.07×10^6	7.16	1,930	2.03
칼리스토	4,800	1.883×10^6	16.69	1,790	1.45

큰 위성들은 갈릴레이가 처음 망원경으로 발견한 것들이다. 갈릴레이 위성(표 7-1)들의 궤도는 모두 목성 적도면에서 3° 이내에 놓여 있으므로 우리의 시선 방향에 거의 평행한 셈이다. 위성이라기에는 너무 크다 할 수 있는 이 4개의 달들이 목성에서부터 이오(Io), 유로파(Europa), 가니메데(Ganymede), 칼리스토(Callisto)의 순으로 목성의 주위를 공전한다(그림 7-3). 지구의 달과 마찬가지로 갈릴레이 위성들도 모두 동주기 자전을 하므로 늘 같은 면만을 목성에게 드러내 보인다.

갈릴레이 위성들은 각자가 고유한 특성을 지닌다. 밀도를 비교해 보아도 개성이 뚜렷하다 — 이오 3,500kgm^{-3}, 유로파 3,000kgm^{-3}, 가니메데 1,900kgm^{-3}, 칼리스토 1,800kgm^{-3}. 여기서 뚜렷한 경향성이 감지된다. 즉 모행성에서 멀어질수록 평균 밀도가 낮아진다. 밀도로 보아 이오와 유로파의 성분이 지구의 달과 비슷할 것이다. 대부분이 암석 물질이고 일부가 얼음일 것이다. 이에 비하여 가니메데와 칼리스토는 상당량의 H_2O 얼음과 밀도가 낮은 다른 성분의 얼음으로 되어 있을 것이다. 바꿔 말해서 암석 물질의 함량비가 내부 위성보다 외부 위성에서 낮다는 의미이다.

그림 7-3 목성의 갈릴레이 위성들을 상대 크기에 따라 비교해 놓았다. 이오(좌상), 유로파(우상), 가니메데(좌하), 칼리스토(우하). (NASA)

이오

이오의 표면압력이 지구 대기압의 10^{-10} 정도로 매우 낮기는 하지만, 이오같이 작은 위성이 대기를 갖고 있다는 사실은 놀랍기만 하다. 이오의 대기는 Na 원자에서 방출되는 빛으로 황색을 띤다. 황색 광채가 30,000km의 거리에까지 뻗쳐 이오를 둘러싸고 있다. 이오의 궤도를 따라 거대한 플라스마 토러스가 형성되어 있는데, 그 고리의 크기가 목성의 6배에 이른다.

Na 구름은 이오의 화산 폭발에서 비롯한 것이다. 보이저가 촬영한 이오의 사진에서 적어도 11개의 활화산을 확인할 수 있었다. 이오야말로 태양계에서 화산 활동이 가장 활발한 천체라 하겠다. 이오의 내부가 매우 뜨겁다는 뜻이다. 화산에서 분출되는 기체류가 250km 높이에까지 이르며, 분출 속도도 1,000ms^{-1}나 된다. 지구의 거대한 화산 폭발이라도 이오의 화산에 비하면 아무것도 아니다. 지구에서는 화산의 분출 속도가 겨우 50ms^{-1}에 불과하다. 이오에서처럼 대기가 거의 없는 곳에서는 화산 가스와 티끌이 분수같이 뻗쳐 올라갔다가 수 분 이내에 곧 주저 물러앉으면서 궁륭의 모양을 이루게 된다(그림 7-4A).

이오의 화산은 지구형 행성에서 볼 수 있는 화산과 그 형태가 사뭇 다르다. 고깔이나 방패의 모습은 찾아볼 수 없고 오히려 붕괴된 분화구의 모습을 한다. 분화구의 틈새에서 터져 나온 용암이 수백 km의 거리까지 퍼져 있다(그림 7-4B). 여러 가지 색깔의 용암 호수들이 이오의 화산 주위를 둘러싸고 있다. 용암 호수의 온도는 약 330K이다. 빨강, 검정, 노랑, 주황,

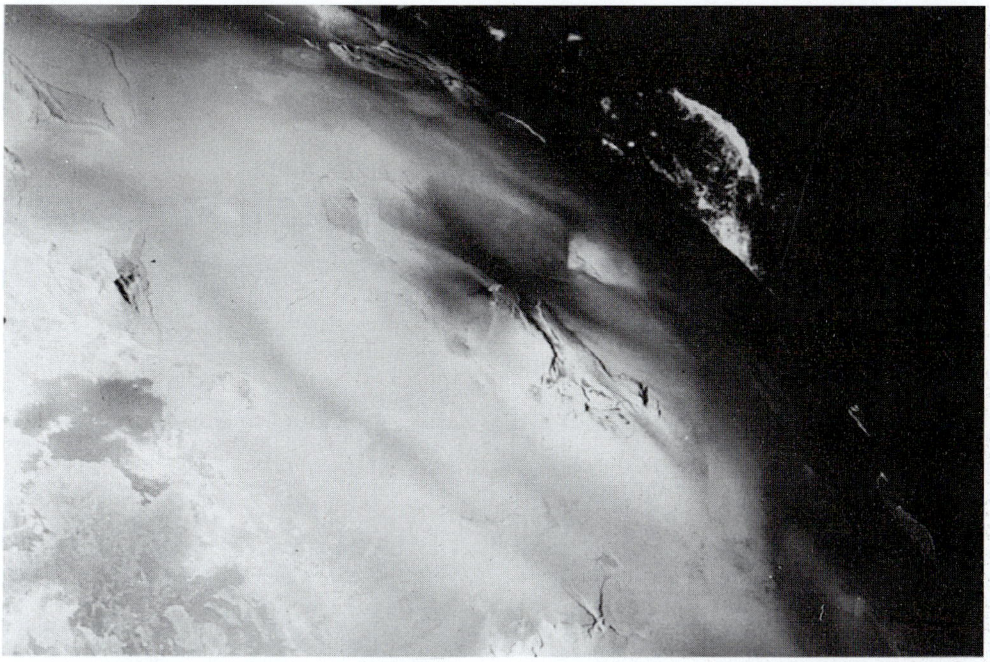

(A)

(B)

그림 7-4 이오

(A) 이오 표면의 화산 분출 현장. 이오의 가장자리, 즉 주연 너머로 화산 펠레의 열 기둥(plume), 또는 화산모(火山毛)가 보인다. 완만한 언덕들이 복잡하게 얽혀 있는 사이를 검은 협곡 같은 구조들이 지난다. 이것이 지표에 갈라진 열구(裂溝)이다. 열구의 틈새에서 터져 나온 분출물은 화성 표면이 너무 밝아 화성을 배경으로 했을 때는 보이지 않는다. 이 때문에 분출물의 존재를 어두운 하늘을 배경으로 한 이오의 주연 너머에서만 알아볼 수 있다.
(B) 갈릴레오 탐사선에서 촬영한 이오 화산 지역의 고분해능 사진. 크기 2.5km의 구조물까지 식별할 수 있다. 용암이 흐른 흔적이 좌측 상단에 어둡게 보인다. 달의 바다에서 볼 수 있는 용암의 흐름을 연상케 한다. (NASA)

내지 백색의 다양한 색깔은 유황과 유황 화합물에 기인하는 것이다.

이오의 표면에서는 구덩이가 보이지 않는다. 화산 분출물이 구덩이를 뒤덮어 버렸기 때문일 것이다. 태양계 내에서 가장 젊은, 아마 100만 년도 채 못 되는 표면은 이오에서만 볼 수 있을 것이다.

유로파

유로파의 표면에는 H_2O 얼음으로 뒤덮인 밝은 부분과 황갈색을 띠는 이보다 어두운 영역이 뒤섞여 있다. 가는 줄과 굵은 띠가 표면의 여기저기를 지나고 있어서 유로파의 표면은 마치 깨진 달걀의 껍데기 같다(그림 7–5). 이러한 무늬 구조는 얼음이 깨지면서 생긴 줄 모양의 협곡에 무엇인가가 나중에 채워졌기 때문일 것이다. 깨진 금들 중 어떤 것들은 길이가 수천 km, 폭은 50~200km에까지 이르지만 깊이는 100m에 불과하다. 구덩이가 전혀 보이지 않는 것으로 미루어 유로파의 표면도 결코 오래된 것은 아니라고 판단된다. 형성 후에 유로파의 표층 지각(껍질, crust)이 한때는 따뜻하고 부드러웠음에 틀림이 없다. 그래야만 형성 초기에 경험했을 강력한 운석 충돌의 흔적이 모두 지워질 수 있기 때문이다.

유로파의 표면 모습에서 우리는 고체의 얼음 지각층이 매우 얇으며 그 내부가 뜨겁고 거의 녹아 있을 것으로 추측할 수 있다. 한 가지 모형에 의하면, 아주 옛날에는 유로파의 표면이 내부의 고열 때문에 진눈깨비가 내린 진창같이 부분적으로 녹아 있었다고 한다. 그러다가 전체적으로 냉각하면서 표면이 매끈해지고 유리 같은 얼음층으로 일단 변했는데 나중에 다시 깨졌을 것이다.

유로파는 천문학자들에게 놀라움의 대상이다. 허블우주망원경의 고분해능 분광기가 유로파의 대기에서 산소 분자를 검출했던 것이다! 지구 대기압의 10^{-11}밖에 안 될 정도로 산소 대기층이 얇긴 하지만 산소 분자의 존재 자체가 우리를 놀라게 하기에 충분하다. 태양에서 오는 자외선복사와 높은 에너지를 갖는 입자들이 표면의 물분자를 수소와 산소로 해리한다. 가벼운 수소 기체는 우주로 빠르게 증발하고, 무거운 산소는 천천히 증발한다. 물의 해리에 의한 산소의 생성률과 생성된 산소의 우주로의 이탈률이 앞에서 얘기한 수준의 압력에서 평형을 이루게 되었을 것이다. 갈릴레이 탐사선이 찍어 보낸 사진을 보면 뗏목같이 생긴 수 km 길이의 얼음덩이들을 알아볼 수 있다. 지구의 극지방에서 흔히 볼 수 있는 정경과 비슷한 점으로 미루어 액체 위상의 물이 표면층 아래에 존재할 것이다.

개념 적용 **유로파와 대기의 이탈**

유로파의 대낮 표면온도 약 125K에 이른다. 이 상황에서의 수소 분자와 산소 분자의 수명을 추산해 보자.

이 책의 둘째 장에서 논의했던 대로(2.1.4항 참조), 유로파 표면에서의 기체 분자의 이탈속도와 열 운동에서 비롯한 제곱평균제곱근(*rms*, root-mean-square)속도를 비교해 볼 필요가 있다. 질량 M, 반지름 R인 천체의 표면에서의 이탈속도는

$$v_e = \left(\frac{2GM}{R}\right)^{1/2}$$

로 주어진다. 우리는 달에서의 이탈속도가 2.4kms^{-1}라는 사실을 알고 있으므로 질량과 반지름을 달의 질량 M_{moon}과 반지름 R_{moon} 단위로 계량하여 위의 식을 다음과 같이 바꿔 쓸 수 있다.

$$v_e = 2.4\text{kms}^{-1}\left(\frac{M}{M_{\text{moon}}} \times \frac{R_{\text{moon}}}{R}\right)^{1/2}$$

표 7–1에서 $M = 0.66M_{\text{moon}}$과 $R = 0.90R_{\text{moon}}$을 찾아 위 식에 대입하여

$$v_e = 2.4\text{kms}^{-1}\left(\frac{0.66}{0.90}\right)^{1/2} = 2.1\text{kms}^{-1}$$

의 결과를 얻는다. 분자의 *rms* 속도는

$$v_{\text{rms}} = \langle v^2\rangle^{1/2} = \left(\frac{3kT}{m}\right)^{1/2}$$

로 주어진다. 여기서 m은 분자의 질량, k는 볼츠만 상수다. 수소 분자의 경우 $m = 2 \times 1.67 \times 10^{-27}\text{kg} = 3.34 \times 10^{-27}\text{kg}$이므로,

$$v_{\text{rms}} = \left[\frac{3(1.38 \times 10^{-23}\text{JK}^{-1})125\text{K}}{3.34 \times 10^{-27}\text{kg}}\right]^{1/2}$$

$$= \left[\left(\frac{5.18 \times 10^{-21}}{3.34 \times 10^{-27}} \right) \mathrm{m^2s^{-2}} \right]^{1/2}$$

$$= 1.24 \times 10^3 \mathrm{ms^{-1}} \approx 1.2 \mathrm{kms^{-1}}$$

의 결과를 얻을 수 있다. 산소 분자가 수소 분자보다 8배 무거우므로 산소의 *rms* 속도는 수소의 $8^{1/2}$, 즉 2.8배가 될 것이다. 그러므로 산소의 제곱평균제곱근속도는 $v_{\mathrm{rms}} = 0.44\mathrm{kms^{-1}}$이 된다.

이제 수소와 산소의 이탈속도 대 열 운동 속도의 비를 각각 계산할 수 있다.

$$\frac{v_e}{v_{\mathrm{rms}}}(\mathrm{H_2}) = 1.7$$

$$\frac{v_e}{v_{\mathrm{rms}}}(\mathrm{O_2}) = 4.8$$

따라서 수소 분자는 수일 이내에 사라지겠지만 산소 분자의 수명은 수백만 년에 이를 것이다.

가니메데

목성의 위성 중에서 가장 큰 가니메데의 표면은 어렴풋이나마 지구의 달을 닮았다. 달의 바다와 비슷한 어두운 지역들이 보일 뿐 아니라 유로파에서와 마찬가지로 거대한 단층선들이 표면의 여기저기를 지난다.

가니메데의 표면에서 구덩이와 골짜기의 두 가지 지형 구조를 알아볼 수 있다(그림 7-6). 구덩이가 밀집한 지역에는 지름이 150km에 이르는 것들도 있다. 구덩이의 개수와 크기 분포로 보아 40여 억 년 전에 생긴 것으로 추정된다. 달이나 수성의 구덩이들과 비교해 볼 때 가니메데 구덩이들은 깊이가 낮은 편이다. 어떤 구덩이들은 중앙이 움푹 들어가지 않고 오히려 불룩하게 튀어 올랐다. 가니메데의 구덩이 주위에서 우리는 멀리까지 뻗쳐 나간 밝은 광조(光條, ray)들을 알아볼 수 있다. 그러므로 가니메데의 구덩이는 얼음 성분의 표면층이 충격을 받아 생긴 것이라고 판단된다.

하지만 가니메데에서는 높은 산악 지대나 넓은 분지를 찾아볼 수 없다. 어디를 보아도 높이가 1km 이상 되는 돌출부는 찾아볼 수 없다. 이 사실은 가니메데의 지각이 플라스틱의 성질(塑性)을 지니고 있음을 암시한다. 다시 말해서 지각의 많은 부분이 물 얼음으로 되어 있기 때문일 것이다. 또 평균 밀도값에서부터 우리는 물과 암석이 내부에 약 반반씩 섞여 있을 것으로 추정한다. 때때로 물과 암석 성분의 크러스트에 변형력이 주어지면 크러스트가 깨지고 부러질 것이다. 하나의 산맥–골짜기 구조가 다른 산맥–골짜기 구조 위에 중첩되는 것을 보면, 크러스트에 변형력이 한 번이 아니라 여러 차례 주어졌을 것으로 추정된다.

최근에 갈릴레이 탐사선이 가니메데에 관하여 몇 가지 놀랄 만한 정보를 가져다주었다. 첫째는, 이 위성에 자기권이 존재한다는 사실이다. 그러므로 중심에 액체 위상의 금속 핵이 자리하거나 크러스트 아래에 전도성의 소금물이 있을 것이다. 둘째는, 매우 오래전에 형성된 구덩이들로 점철된 얼음 벌판의 존재이다. 그런데 나이가 젊은 화산 평지들이 이 얼음 벌판에 인접해 자리하거나 얼음 벌판을 뒤덮고 있다. 잘 발달된 긴 얼음 산맥, 길게 파인 홈, 넓은 분지 등의 표면 구조물들이 이 얼음 벌판에 공존한다. 이와 같은 구조물은 모두 판구조 운동의 결과일 것이다. 오래된 지형의 거의 절반에 이르는 지역이 화산 활동이나 판구조 운동의 영향으로 심한 변형을 겪은 듯하다.

칼리스토

목성에서 가장 먼 곳에 있는 칼리스토의 표면은 온갖 크기의 구덩이들로 잔뜩 패어 있다(그림 7-8). 어떤 구덩이에는 얼음 성분의 밝은 광조가 발달되어 있는가 하면, 다른 것에는 중앙 분지가 얼음으로 채워져 있다. 칼리스토의 구덩이들은 깊이가 수백 m가 채 못 되는 얕은 것들이 대부분이다. 이는 표면이 얼음과 암석의 혼합물이기 때문일 것이다. 표면 일부에 모종의 돌출부가 생긴다 하더라도 천천히 미끄러져 내리면서 표면 전체를 다시 평탄하게 만들 것이다.

칼리스토에는 여덟 겹의 아름다운 고리 모양을 한 거대한 분지가 있다. 이 중에서 발할라(Valhalla)와 아스가르드(Asgard)가 가장 크다(그림 7-8A). 지름이 600km인 발할라의 중앙분지는 20~30개나 되는 산맥의 고리들로 겹겹이 둘러싸여 있다. 거대한 동심원 구조의 지름이 4,000km나 된다. 호수에 돌을 던지면 동심원의 파문(破紋)이 멀리 퍼져 나간다. 거대한 충격 때문에 표면의 얼음층이 녹으면서 여러 겹의 파문이 일단 생겼다가, 표면의 평형 온도가 100K 정도로 낮기

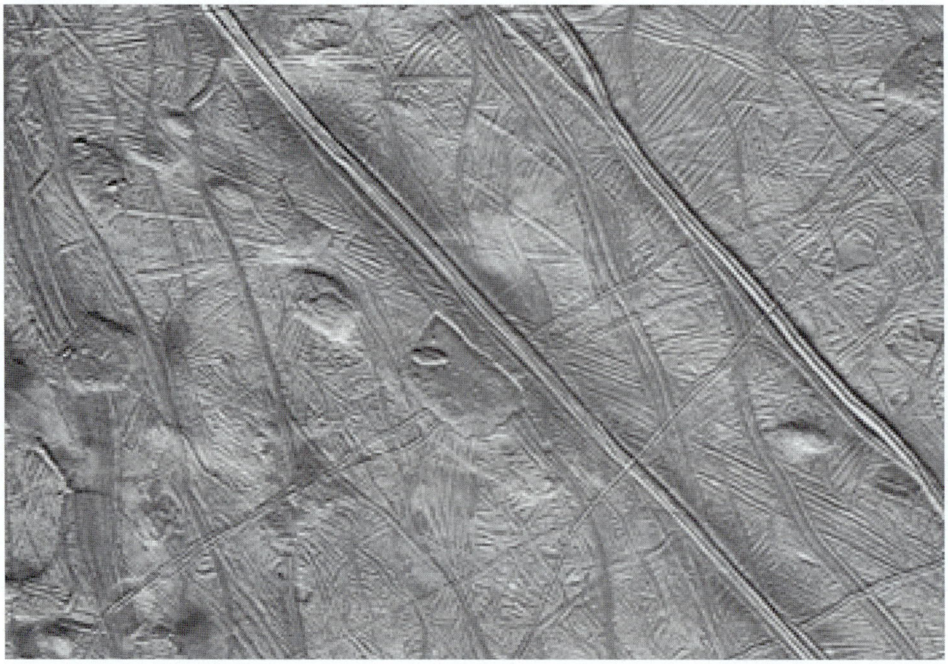

(A)

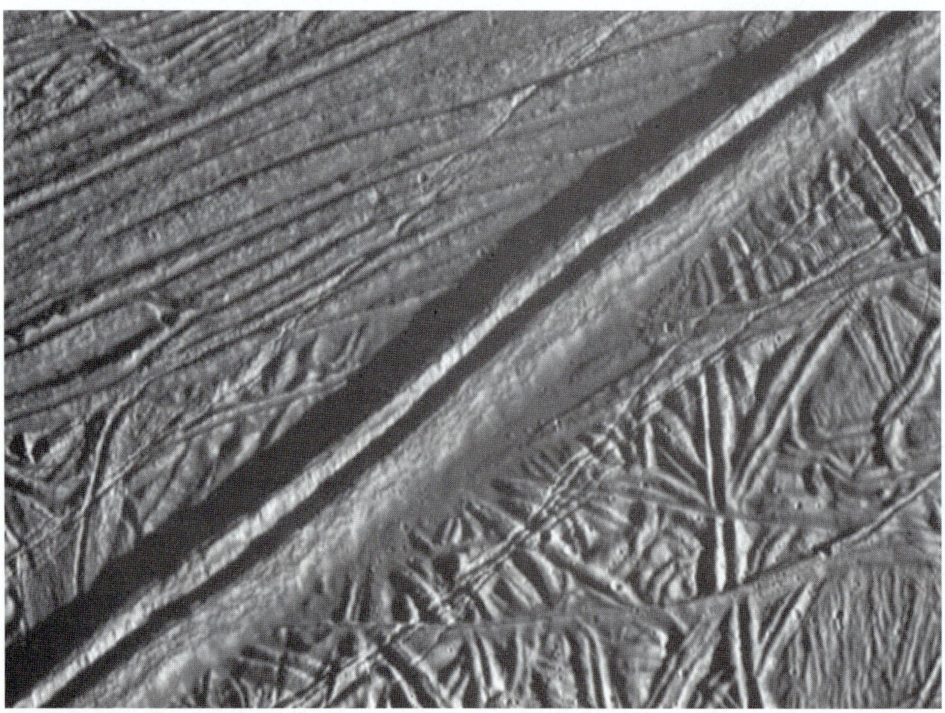

(B)

그림 7-5 유로파 표면

(A) 넓이 80km × 100km의 표면을 근접 촬영한 사진이다. 수많은 능선과 단층들로 미루어 보건대, 표면 얼음층이 과거 여러 번에 걸쳐 깨진 듯하다. (B) 갈릴레오 탐사선이 찍은 이 사진에서는 20m 크기까지 식별된다. 대각선으로 나란히 흐르는 두 능선 사이의 간격이 2.6km이다. 격심한 단층 작용으로 표면 지형에 큰 변화가 있었음을 실감할 수 있다. (NASA)

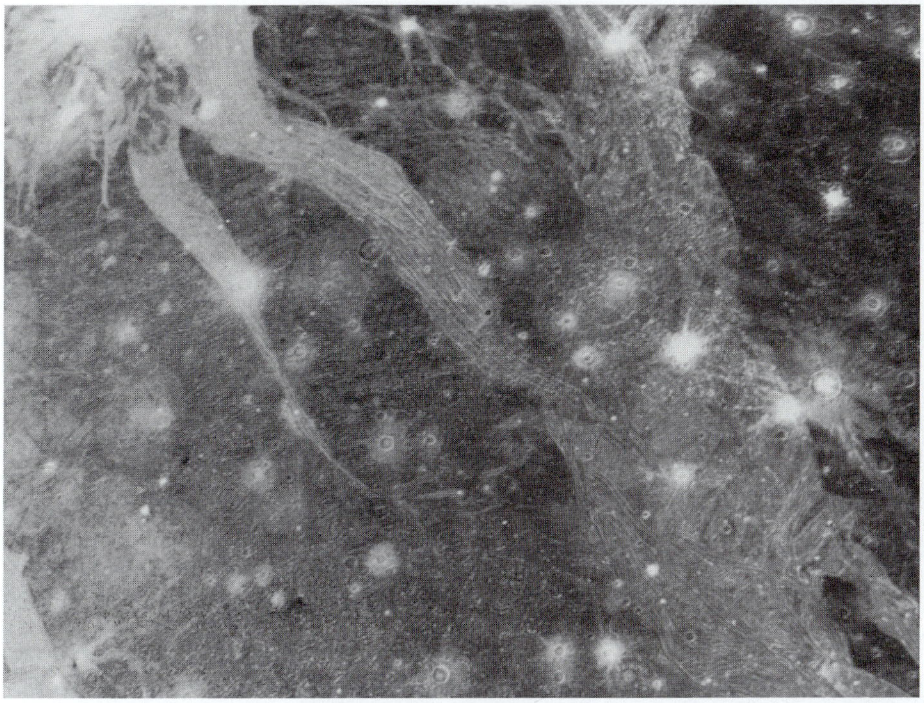

그림 7-6 가니메데의 표면 지형
이 사진의 해상도는 5km이다. 밝은 광조가 보이는 충돌구덩이들은 최근에 만들어졌으며, 검은 부분은 오래전에 생긴 지형이다. (NASA)

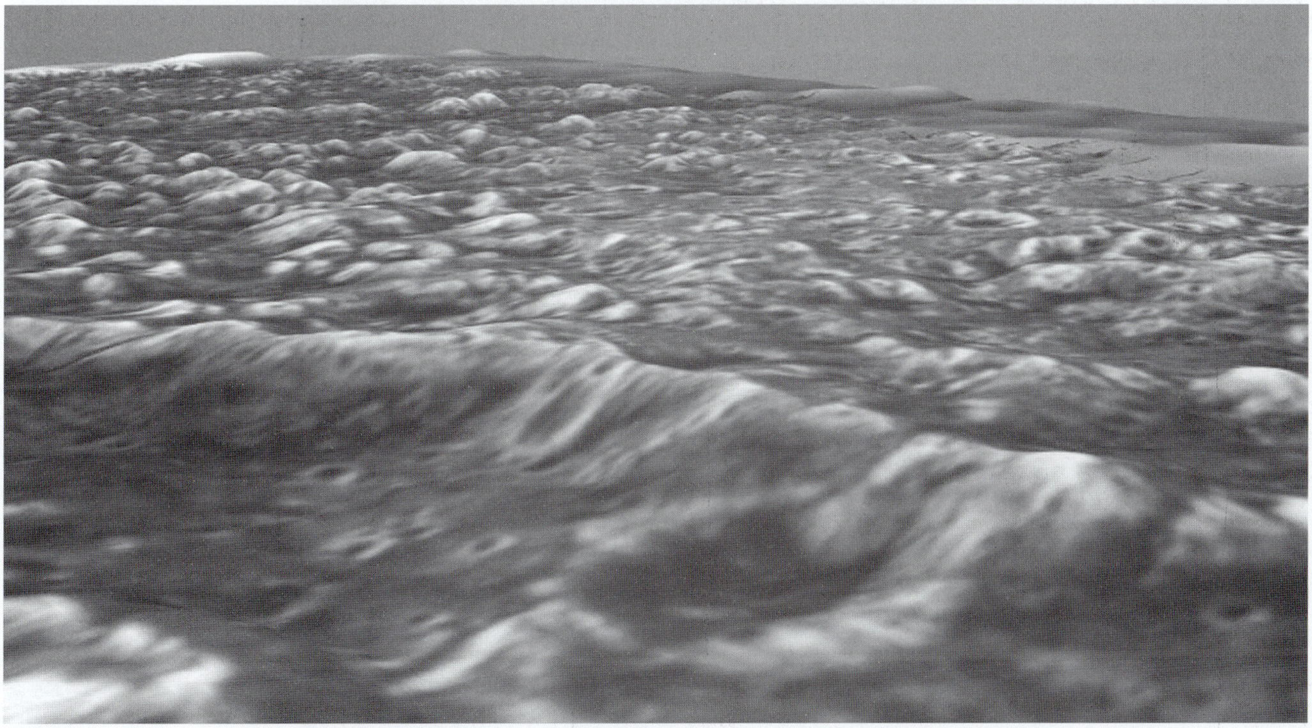

그림 7-7 갈릴레오 탐사선에 근접 촬영한 가니메데 표면의 얼음 지형
입체감을 드러내기 위해 특수 처리했다. (NASA)

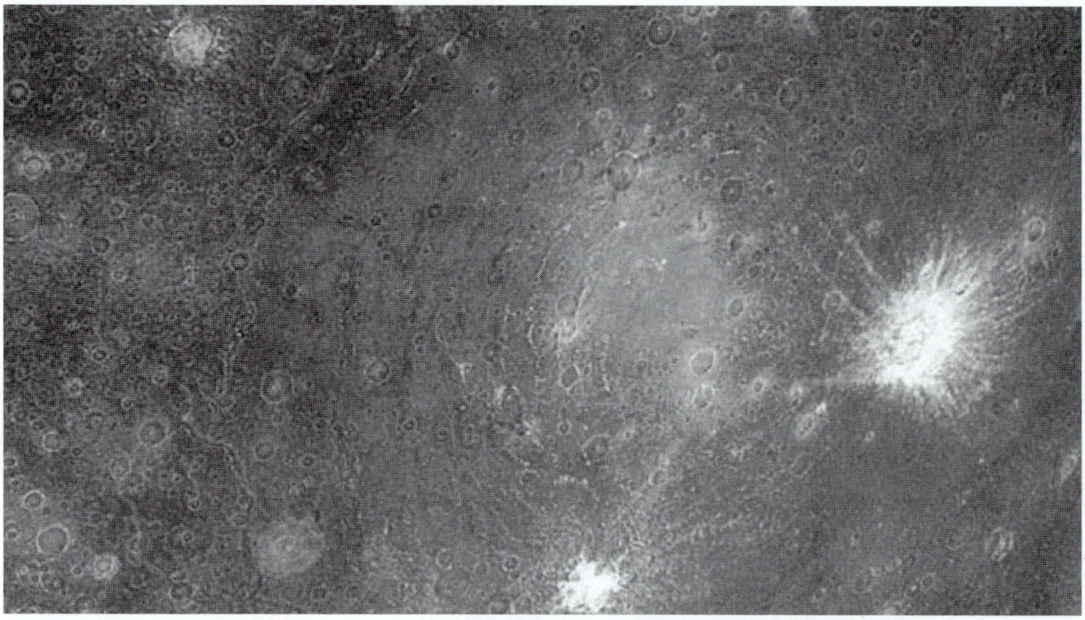

(A)

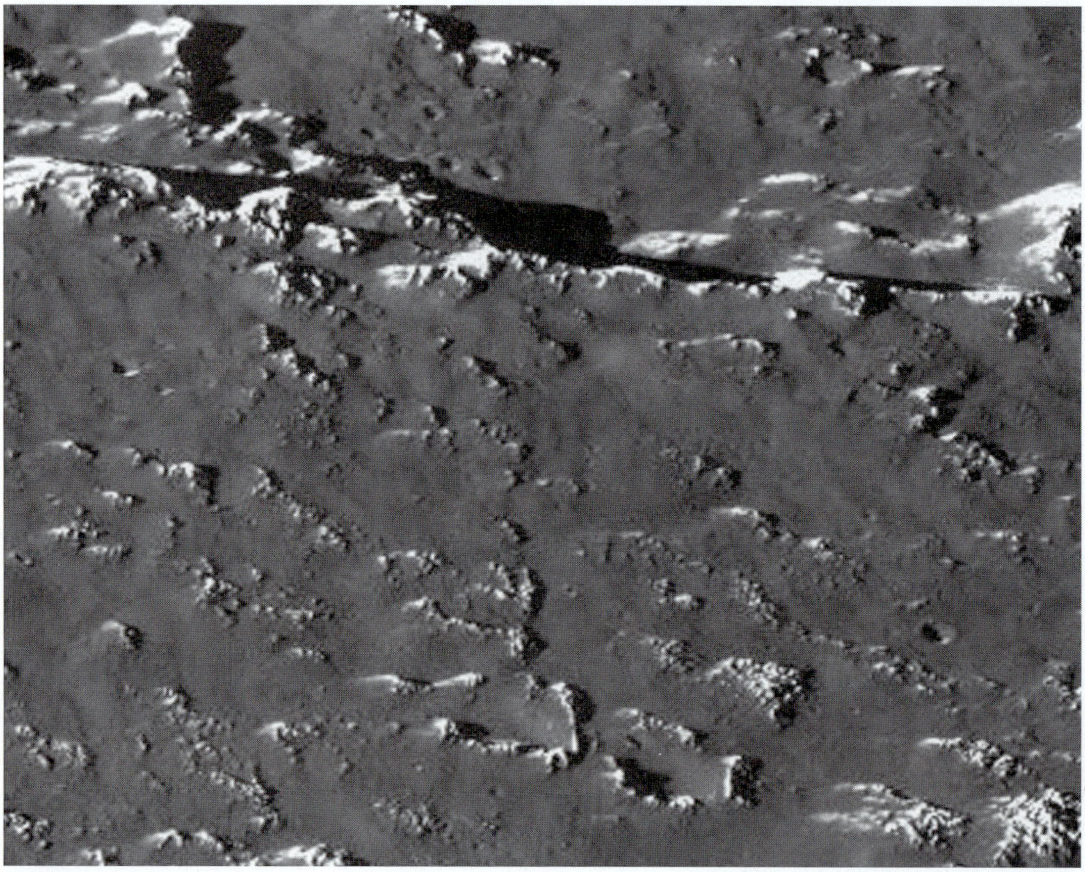

(B)

그림 7-8 칼리스토의 표면
(A) 지름이 1,600km인 아스가르드. 거대한 충돌이 만든 분지이다. 검게 보이는 얼음 표면에 최근에 파인 밝은 구덩이들이 보인다. (B) 갈릴레오 탐사선에서 촬영한 발할라의 고분해능 사진. 160m 크기의 구조물까지 분해해 볼 수 있다. 2개의 운석 구덩이가 겹쳐서 만든 산맥이 이 사진 상단에서 좌우로 길게 흐르고 있다. (NASA)

때문에 곧 재결빙한 것 같다. 칼리스토의 다중 고리 구조는 동결(凍結)된 파문인 것이다. 발할라 중앙분지에 파인 구덩이들은 몇 개가 안 된다. 그러므로 구덩이들이 거의 다 만들어지고 난 다음에 거대한 충격이 있었던 것으로 판단된다. 지금으로부터 약 40억 년 전의 사건일 것이다.

기원이 소행성인 위성들

목성의 다른 위성들은 겉으로 보기에 소행성 같다. 목성이 포획한 소행성들이기 쉽다. 목성이 소행성대의 바로 바깥에 자리한다는 사실을 생각하면 포획의 가능성은 높다고 하겠다. 이 8개의 소행성 위성들을 4개씩 두 부류로 가를 수 있다. 한 부류는 목성으로부터 12×10^6km 떨어진 곳에서 반시계 방향으로 돌고 있다. 즉 순행 궤도를 갖는다. 다른 부류는 23×10^6km에서 시계 방향으로 궤도 운동을 한다. 역행을 하는 것들이다. 이들은 모두 10~200km 수준의 비교적 작은 소행성들로서 표면이 암석 성분인 것 같다.

고리들

보이저 1호가 목성에서도 고리들을 발견했다. 이 고리들은 두께가 30km밖에 안 되기 때문에 빛에 투명하다. 고리 면이 시선 방향에 놓일 때 고리의 존재를 더 잘 알아볼 수 있다. 이런 배치에서는 고리를 구성하는 입자에 산란된 빛이 시선 방향으로 잘 들어오기 때문이다. 산란된 가시광의 파장에 따른 세기의 변화를 조사해 보면 산란체인 입자들의 크기를 알아낼 수 있다. 목성 고리의 입자들은 크기가 약 3μm 정도일 것으로 추정된다. 고리 입자의 화학조성을 잘 알 수는 없지만 적외선 관측 결과를 보면 암석 성분일 가능성이 높다.

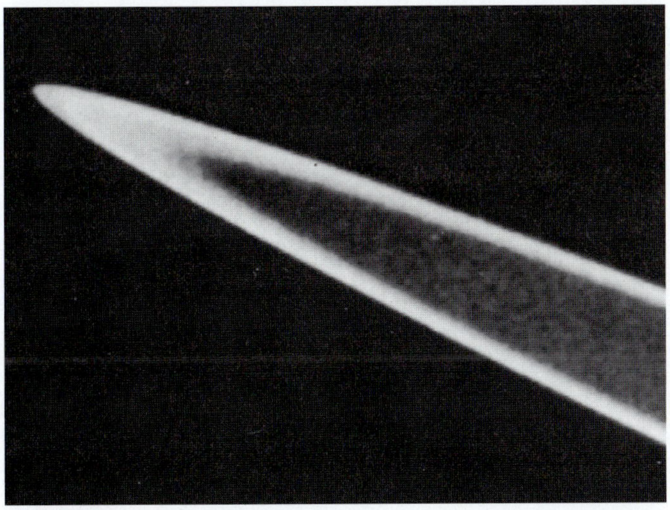

그림 7-9 목성의 고리들
시선의 반대쪽에 위치한 태양에서 오는 빛을 받아 밝게 보이는 모습이다. 즉 후방 산란광을 보고 있다. 고리의 바깥쪽 두께가 안쪽보다 두껍다. 작은 입자들이 두께가 얇은 평면을 이룬다. (NASA)

후방으로 산란된 태양빛에 목성 고리의 구조가 뚜렷하게 드러난다(그림 7-9). 고리의 최 외곽부가 가장 밝다. 목성중심에서 128,500km의 거리에 자리하는 이 부분은 너비가 800km이다. 이보다 안쪽에는 너비가 6,000km나 되는 훨씬 더 넓은 고리가 버티고 있다. 물질이 종잇장같이 얇게 분포하기 때문에 안쪽 고리는 매우 흐리며, 목성중심에서 119,000km 되는 곳에서부터 시작하여 구름층 상단으로 이어진다. 목성중심으로부터 목성 반지름의 1.72배에서 1.81배 사이에 고리의 주요 부분이 다 들어온다. 그러므로 목성의 고리도 로시 한계[식 (3-9) 참조] 내부에 존재하는 셈이다.

7.1.3 토성의 위성과 고리 들

토성은 적어도 19개 이상의 위성을 거느린다. 피베(Phoebe)와 이아페투스(Iapetus)를 제외하면 위성 모두가 토성 적도면에 매우 가까이 있다. 위성이 우주 탐사선에 미치는 중력의 세기를 측정하여 그 위성의 질량을 결정할 수 있다. 이런 방식으로 질량이 알려진 위성이 몇 개 있다. 크기가 알려지면 평균 밀도를 계산할 수 있다. 위성의 평균 밀도가 테티스(Tethys)의 1,200kgm^{-3}에서 디오네(Dione)의 1,400kgm^{-3}에 걸쳐 분포한다. 목성의 갈릴레이 위성들의 평균 밀도와 비슷한 값이다.

토성의 위성은 크게 세 부류로 나눌 수 있다. 첫째 부류는 거대 위성 타이탄 그 자체이다. 둘째 부류에는 비교적 크고 얼음이 많은 미마스(Mimas), 엔셀라두스(Enceladus), 테티스, 디오네, 레아(Rhea), 이아페투스 등의 6개가 포함된다. 셋째 부류에는 작은 피베, 하이페리온(Hyperion) 등을 비롯하여 모두 10개의 위성이 속해 있다. 전반적으로 이들의 평균 밀도가 2,000kgm^{-3} 이하인 점으로 미루어 구성물질의 대부분은 얼음이고(60~70%), 나머지를 암석 물질(30~40%)이 차지할 것으로 추정된다. 평균 밀도가 토성에서부터 거리에 따라 체계적으로 변하지는 않는다. 목성의 갈릴레이 위성들과는 대조적이다. 하지만 목성에서와 마찬가지로 피베 하나만을 제외하면, 토성의 위성들도 모두 동주기 자전을 한다.

대부분의 위성은 구덩이를 갖고 있다. 비교적 큰 위성의 표면에서는 유성체 충돌로 일단 파인 지형이 나중에 변화를 겪은 흔적을 찾아볼 수 있다. 이 사실로부터 이 위성들 내부에 열원(熱源)이 있어서 표면의 얼음층을 녹였을 것이라는 추론이 가능하다. 작은 위성들에도 운석 충돌의 흔적이 있다. 그러나 큰 위성들과는 대조적으로, 일단 생긴 다음에 아무런 변화도 겪지 않은 듯하다. 형성 당시의 모습을 그대로 지니고 있다는 얘기이다. 현재 우리가 보고 있는 구덩이들은, 약 40억 년 전 태양계의 전역에 걸쳐 있었던 매우 격렬한 충돌의 흔적일 것이다.

타이탄

위성 중에서 가장 큰 위성인 타이탄은 질량이 1.37×10^{23}kg이고, 반지름 2,575km이다. 평균 밀도가 1,900kgm^{-3}인 점으로 미루어, 타이탄의 내부에는 얼음과 암석이 반반씩 섞여 있을 것으로 추측된다. 타이탄은 최초로 대기의 존재가 확인된 위성이기도 하다. 타이탄의 대기는 99%가 질소이고 나머지 1%를 메탄이 차지한다. 에테인, 아세틸레, 에틸렌, 시안화수소 등의 탄화수소도 타이탄의 대기에서 검출되었다. 표면에서의 압력이 약 1.5기압, 온도는 대략 94K이다.

타이탄의 천연색 사진을 보면 주황색의 스모그층이 주연부로 가면서 하늘색으로 서서히 변한다. 이렇게 색깔이 변하는 것으로 보아 층에 따라 대기의 성분이 다를 것이다(그림 7-10A). 보이저 호가 측정한 대기압 및 온도에 관한 정보, 그리고 대기의 성분이 질소와 탄화수소라는 사실에서부터, 우리는 표면에서부터 1km 깊이까지 질소, 메탄, 에탄 등의 결빙층이 자리할 것으로 추론한다.

다른 위성들

타이탄 다음으로 큰 4개의 위성이 이아페투스, 레아, 디오네, 테티스이다. 이들의 지름은 1,020~1,530km 사이에 분포하며, 이들 표면에도 구덩이가 수없이 많다(그림 7-10B). 몇 개의 구덩이들에서는 흰색의 가느다란 선들이 뻗어 나간다. 이들은 달의 광조 또는 레이(ray)와 흡사한 구조이다. 흰색의 줄은 아마도 얼음이 쌓여 생긴 것으로 보인다. 이아페투스(그림 7-10C)의 표면이 가장 특별하다. 궤도 운동 방향 쪽의 밝기가 반대쪽의 겨우 1/15밖에 안 된다. 앞이 뒤보다 이렇게 어둡다. 모행성의 주위를 돌면서 그 궤도상에 남아 있던 검은 물질을 잔뜩 끌어 모아 뒤집어쓰고 있기 때문일 것이다. 엔셀라두스에서만 구덩이를 볼 수 없다. 이 위성의 표면이 최근에 전역적인 변화를 겪었기 때문일 것이다.

그 밖의 위성들은 크기가 수백 km 또는 그 이하에 머무는 작은 것들이다.

면도날처럼 얇은 고리 면이 허블우주망원경의 시선 방향에 놓이게 될 때, 고리 내부에 숨어 있을 것으로 의심되던 위성들의 존재가 밖으로 드러날 수 있다(그림 7-11). 2개의 위성들이 F 고리 안쪽에서 궤도 운동을 하고 있다. 아틀라스-프로메테우스 쌍과 비슷하게, 하나가 F 고리의 바로 곁에서, 다른 하나는 고리에서 안쪽으로 6,000km 정도 떨어져서 토성 주위를 돌고 있는 듯하다. 둘 다 70km 이하로 매우 작기 때문에 이 위성들의 정체에는 아직 미진한 사항들이 남아 있다. 앞으로 재검증할 필요가 있다.

고리계

토성의 고리 면들은 토성의 적도면과 일치한다. 그런데 토성 적도면이 공전 궤도면에 대하여 약 26° 기울어져 있으므로, 토성의 고리는 지구에서 볼 때 지구와 토성의 상대 위치에 따라 그 모습이 계속해서 변하게 마련이다. 우리의 시선 방향이 고리 면과 평행하게 될 때는 고리가 시야에서 사라진 듯하다. 바로 이 사실에서 우리는 토성 고리가 매우 얇은 평판임을 실감할 수 있다. 고리들의 실제 두께는 기껏해야 수 km인 것으로 추정된다. 두께는 이렇게 얇아도 너비는 매우 넓다. 지구에서 잘 보이는 3개의 주 고리가 토성 중심에서 71,000km 내지 140,000km에 이르는 영역에 분포한다(그림 7-12). 고리 사이의 간격들 중에서 가장 큰 것이 카시니 간극(Cassini's division)이다.

A 고리에는 물질이 고르게 분포하지만, B와 C 고리는 수많은 새끼 고리(ringlets)들로 이루어져 있다(그림 7-13). 보이저 호의 카메라로 구현할 수 있었던 최고 수준의 분해능이 2km이다. 이 정도의 해상도로 우리는 수백 아니 수천 개의 밝고 어두운 새끼 고리들이 토성 주위를 돌고 있음을 알아볼 수 있다. C 고리의 새끼 고리들은 원이 아니라 타원 궤도를 그린다. 지구에서 볼 때 텅 비어 있다고 생각되던 카시니 간극조차 최소한 20여 개의 새끼 고리들로 채워져 있다.

자전거 바퀴살처럼 생긴 구조들이 B 고리(그림 7-14)에 나타난다. 바퀴살들은 주위보다 어둡고 길이와 폭이 각각 10,000km와 1,000km이다. 바퀴살은 고리 입자들의 평균 크

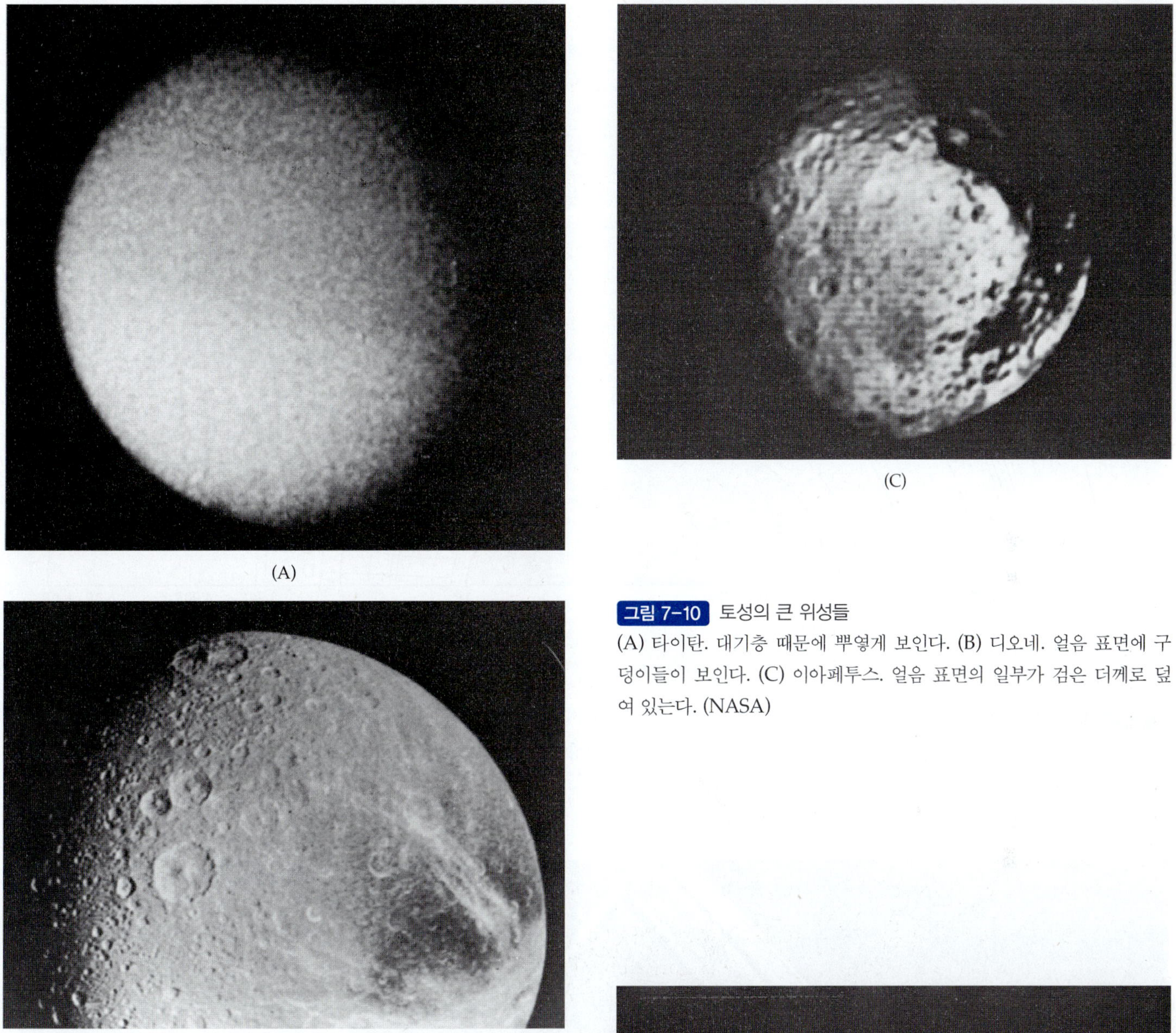

(A)

(B)

(C)

그림 7-10 토성의 큰 위성들
(A) 타이탄. 대기층 때문에 뿌옇게 보인다. (B) 디오네. 얼음 표면에 구덩이들이 보인다. (C) 이아페투스. 얼음 표면의 일부가 검은 더께로 덮여 있는다. (NASA)

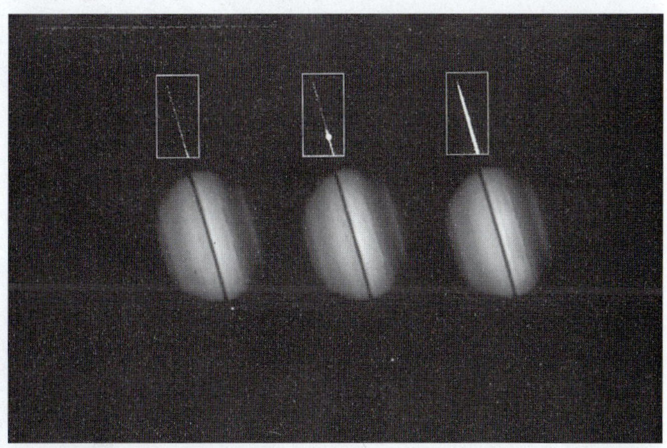

그림 7-11 토성에서 새로 알려진 위성?
허블우주망원경이 1996년에 촬영한 토성의 영상. 이 시기에 토성의 고리 평면이 허블우주망원경의 시선 방향에 놓였다. 그래서 고리에 박혀 있다고 의심되는 위성을 알아볼 수 있었다. (NASA)

기보다 훨씬 작은 입자들로 구성되어 있다. 바퀴살의 바깥쪽보다 안쪽의 입자들이 빨리 돌기 때문에 바퀴살 구조는 수 시간 정도밖에 유지되지 않는다. 이들은 작고 미세한 크기의 검은 입자로서 토성 자기장의 영향을 받아 주 고리 평면에서부터 들어 올려졌을 것이다. 그리고 바퀴살 구조의 운동이 케플러의 법칙을 따르지 않는다는 사실이 지적되어야 할 것이다. 만약 케플러 운동을 한다면 바퀴살이 한두 번의 공전으로 와해될 것이다. 그런데 바퀴살의 실제 수명은 이보다 짧다. 따라서 바퀴살을 만드는 입자들은 고리 입자에 붙어 있는 존재가

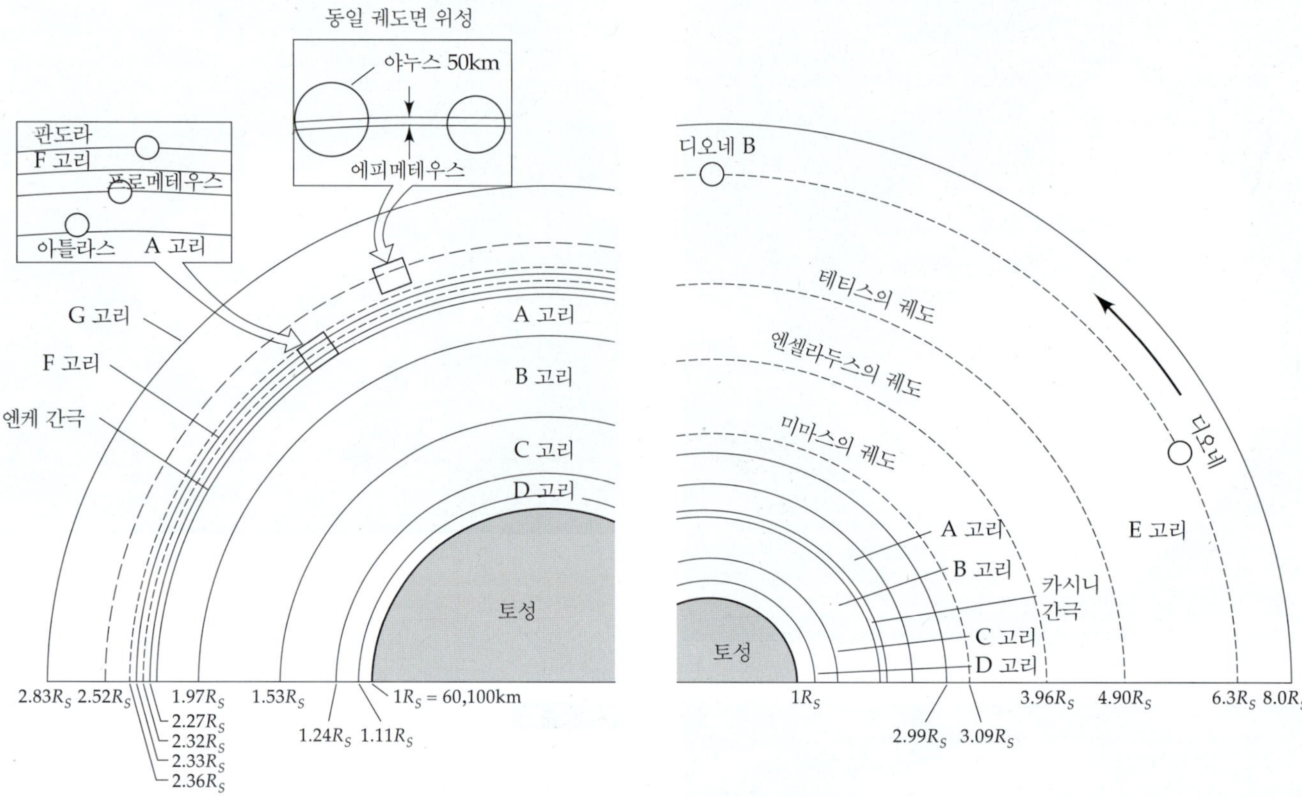

그림 7-12 토성의 고리들

토성의 북쪽 자전축에서 고리 면을 내려다본 그림에 고리와 함께 토성의 위성들도 그려 넣었다. 토성의 반지름 R_s을 거리의 측정 단위로 택했다. 하지만 좌우 그림에 사용된 척도는 서로 다르다.

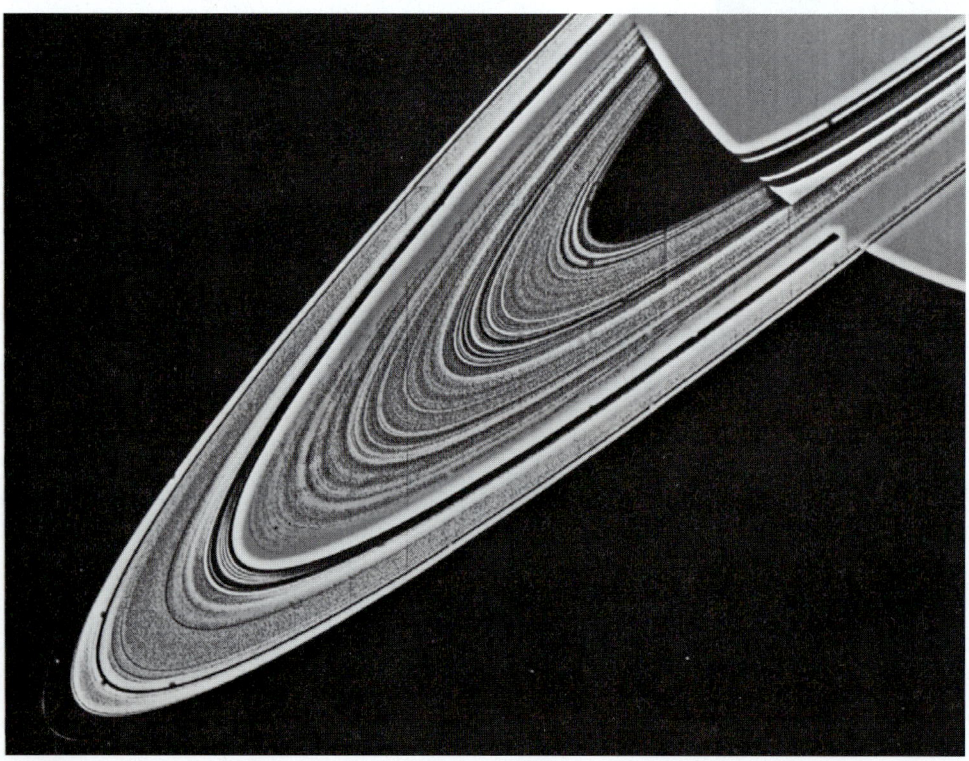

그림 7-13 새끼 고리

토성의 주 고리 하나에 여러 개의 새끼 고리들이 있다. 새끼 고리들의 모습을 드러내기 위하여 컴퓨터에서 밝기의 상대적 차이를 임의로 조정하였다. (NASA)

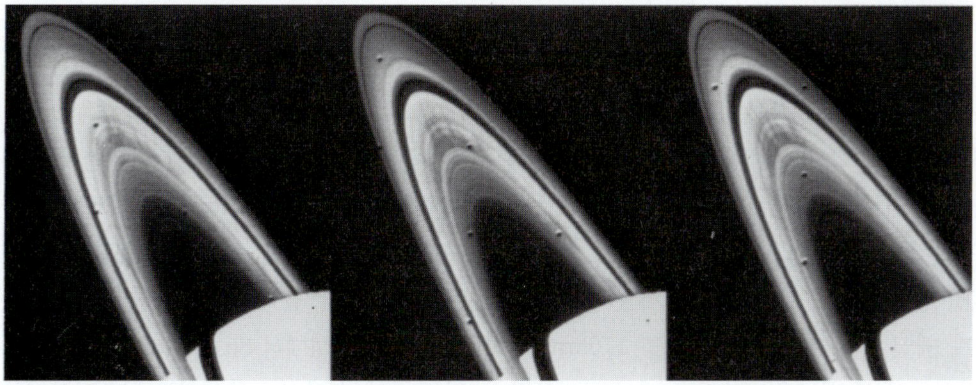

그림 7-14 고리에 보이는 자전거 바퀴살 구조
여기 제시된 일련의 사진은 15분 간격으로 촬영된 것들이다. 자전거 바퀴살의 운동을 알아볼 수 있다. (NASA)

아닐 것이다.

파이오니아 11호가, 그때까지 알고 있던 고리들 바깥에서 또 하나의 고리를 발견하였다. F 고리라고 불리는 이 고리는 지구에서 관측 가능한 최 외곽 고리에서부터 3,500km나 더 떨어진 곳에 위치한다. F 고리의 너비가 320km인데 두께는 겨우 3~4km에 불과하다. 보이저 1호가 찍은 사진을 자세히 살펴보면, F 고리에는 여러 개의 매듭(knot)들과 함께 3개 이상의 머리 단같이 꼬인 가닥들이 보인다. 그런데 보이저 2호가 9개월 후에 다시 찍은 사진에는 F 고리의 꼬였던 모습이 사라졌다. 이런 점으로 미루어 보건대 꼬임은 모종의 역학적 불안정에서 비롯한 것으로 생각된다. F 고리에서 10,000km쯤 더 바깥쪽으로 나간 곳에 또 하나의 좁은 G 고리가 발견되었다. G의 발견과 더불어 2개의 매우 흐릿한 고리가 더 알려졌다. E 고리는 F 고리에서 토성 반지름의 최소한 6.5배나 되는 400,000km에까지 퍼져 있다. C 고리 내부에서도 D 고리라고 명명된 고리가 하나 더 발견되었는데, D 고리는 토성 표면까지의 거리의 적어도 절반에 이르는 폭을 차지한다.

위성 아틀라스는 A 고리 바로 바깥에서 궤도을 운동한다. 그리고 프로메테우스와 판도라가 F 고리의 안팎에서 돌고 있다. 이 3개의 작은 위성들이 고리 입자들에게 중력을 미쳐 고리의 역학에 중요한 역할을 하고 있다. F 고리 안팎의 위성 짝을 **목자위성**(shepherd satellites)이라는 이름으로 부른다. 안쪽 위성이 고리의 입자들보다 빨리 공전하므로, 고리 입자들을 가속시킬 것이다. 가속을 받은 입자는 나선을 그리면서 보다 바깥쪽 궤도로 옮겨간다. 달이 지구에서 멀어지는 것과 같은 원리에서다(3.4.2항 참조). 한편 고리 바깥에서 돌고 있는 위성은 자기 안쪽에 있는 고리 입자들보다는 느리게 움직인다. 그러므로 그 입자들의 궤도 운동을 느리게 만든다. 궤도 속력이 감속되면 먼저와는 반대로 나선을 그리면서 안으로 끌려 들어온다. 이러한 과정을 거쳐서 2개의 위성이 자기들의 공전 궤도 내부에 들어 있는 입자들이 택할 수 있는 궤도의 범위를 제한한다. 바로 이 때문에 F 고리의 폭이 그렇게 좁은 것이다. A 고리의 외곽부 경계가 예리한 것도 목자위성 아틀라스 때문이다.

각 고리의 도플러이동을 관측해 보면 고리마다 공전 속도가 다르다는 사실을 확인할 수 있다. A 고리의 외곽 경계부가 $16kms^{-1}$로 B 고리의 내부는 $20kms^{-1}$의 속력으로 토성을 돌고 있다. 이렇게 측정된 회전속도는 케플러 법칙에서 계산되는 바로 그 위치에서의 입자의 공전 속도와 잘 일치한다. 그렇기 때문에 고리는 개개의 입자들의 집합체인 것이다.

토성 고리의 적외선 관측 결과를 분석해 보면, 고리를 구성하고 있는 입자들이 물 얼음 입자이거나 겉이 얼음으로 싸인 암석 입자임을 알 수 있다. 입자의 표면온도가 70K밖에 안 되므로 얼음이 증발할 정도는 아니다. 70K에서는 얼음의 증기압이 매우 낮아서 물은 고체 위상에 머물게 된다. 보이저 호에서 발사한 전파가 고리 입자들에 반사되어 되돌아온 것을 받아 분석한 결과에 따르면, 입자들의 크기는 대개는 1m 정도이며, 수 cm에서 수십 m의 범위에 걸쳐 분포하는 것으로 판명되었다. 고리가 상당히 넓은 면적을 차지하지만, 실제 고리의 총 질량은 토성 질량의 10^{-10}밖에 안 되는 10^{16}kg 수준이다.

7.1.4 천왕성의 위성과 고리 들

천왕성의 위성들 중에는 비교적 큰 것이 5개 있는데, 모두 천왕성의 적도면 근처에서 자신들의 모행성인 천왕성의 자전 방향과 같은 방향으로 궤도 운동을 한다. 미란다, 아리엘, 움브리엘, 티타니아, 오베론 등의 공전 궤도면이 천왕성의 적도면

에 놓여 있고, 천왕성의 극축이 천왕성의 공전 궤도면과 거의 나란하게 놓여 있기 때문에 이 위성들의 궤도면은 지구상 관측자에게 21년을 주기로 어떤 때는 직선으로 또 어떤 때는 원반으로 나타난다. 1966년에는 공전 궤도면이 우리 시선에 평행하여 납작한 판의 모서리같이 보였다. 그러나 1987년에는 궤도면 전체를 우리에게 내보여 원반으로 나타났다. 그러다가 2008년에는 다시 칼날같이 보일 것이다.

천왕성에 가장 가까이 있는 미란다가 제일 작은 위성으로 지름이 320km가 채 못 된다. 나머지 위성들의 크기는 움브리엘의 1,190km에서 오베론의 1,550km 사이의 값을 갖는다. 이들의 표면은 더러운 얼음으로 덮여 있는 듯하다. 토성의 하이페리온과 비슷한 모습이다. 그리고 이들이 평균 밀도는 1,300~2,700kgm^{-3} 사이의 값을 갖는다. 그래서 우리는 이 위성들의 구성 성분이 암석과 얼음이라고 믿는다.

보이저 2호는, 목성이나 토성의 위성들에 관한 우리의 기존 지식을 송두리째 바꿔놨듯이, 천왕성의 위성들에 관한 우리의 생각도 대폭으로 수정해 놓았다. 첫째, 10개의 위성을 더 찾아서 천왕성의 위성을 모두 15개로 늘려 놓았다. 제일 크다는 지름 170km의 퍽(Puck)이 천왕성에서 86,000km 떨어진 거리에서 공전한다. 그리고 나머지 위성들 중에서 9개는 천왕성과 퍽 사이에서 천왕성 주위를 공전하고 있다. 내부에 있는 이 위성들의 지름은 40~80km 사이의 값을 갖는다. 둘째, 보이저

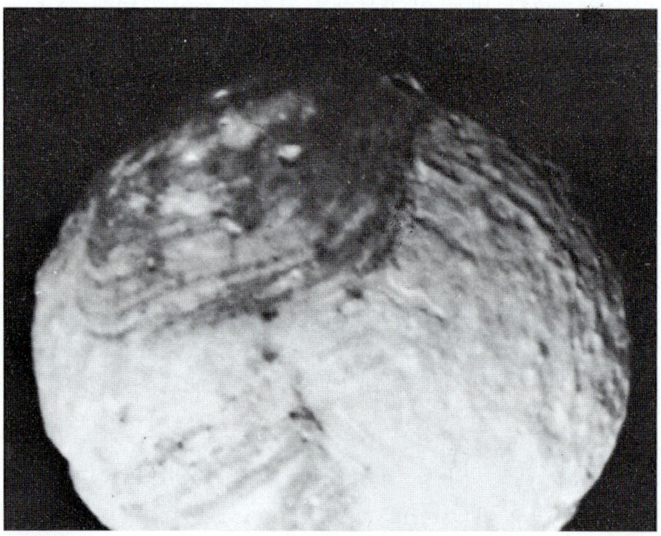

(A)

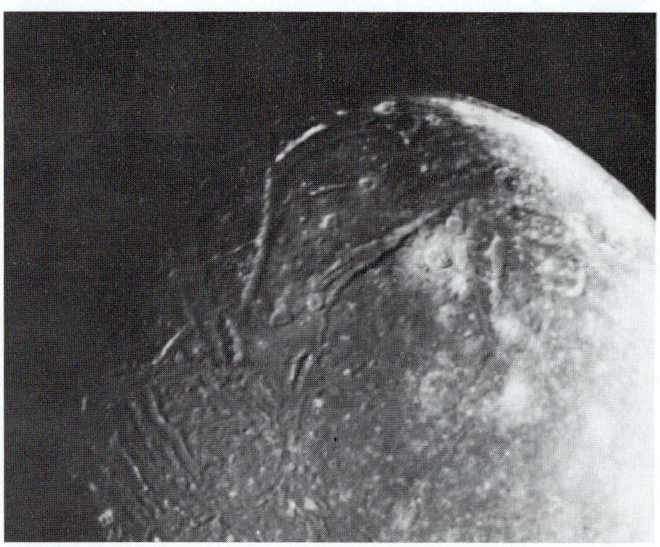

(B)

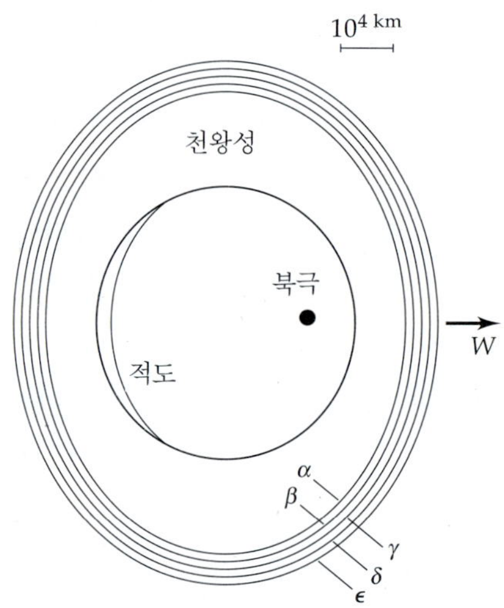

(C)

그림 7-15 천왕성의 위성과 고리 들

(A) 미란다. 해상도 2.7km인 이 사진에 드러난 지형의 다양성에 유의하라. (B) 아리엘. 계곡과 단층 등 다양한 특성의 지형들을 알아볼 수 있다. (C) 극을 내려다본 상황도에 주 고리 5개만 그려 놓았다.

2호는 큰 위성들을 근거리에서 촬영할 수 있었다(그림 7–15A, B, C). 미란다(그림 7–15A)의 표면이 가장 복잡하다. 즉 판구조 운동에서 비롯했을 것으로 보이는 여러 가지 지형이 뒤섞여 있다. 천왕성에 의한 기조력 때문일 것으로 생각된다. 아리엘도 구덩이와 거대한 단층과 협곡을 가지고 있다(그림 7–15B). 천왕성의 위성들 중에서 태양계에서 한때 격렬하게 진행되었던 충돌의 흔적들을 이렇게 볼 수 있는 것이다.

천왕성도 고리를 갖고 있다. 천왕성의 고리는 1977년 3월에 천왕성의 엄폐 현상을 관측하다가 우연하게 발견되었다. 나중에 보이저 2호가 고리를 추가로 더 발견해서 현재 천왕성에는 적어도 11개 이상의 고리가 있는 것으로 밝혀졌다.

이렇게 알려진 고리들은 크게 세 부류로 나뉘어 천왕성의 주위를 돌고 있다(그림 7–15C). 즉 6, 5, 4번 고리가 대략 42,500km, α 고리와 β 고리가 45,000km, 그리고 η 고리, γ 고리, δ 고리가 48,000km의 거리에서 천왕성을 공전한다. ϵ 고리와 다른 2개의 고리는 51,000km의 거리에서 돈다. 가장 좁은 고리 폭이 5km인 데 비하여, ϵ 고리의 너비는 100km에 이르는 것으로 밝혀졌다. 가장 바깥쪽에 있는 ϵ 고리의 안팎에서 코르델리아(Cordelia)와 오펠리아(Ophelia)가 같이 돌고 있다. 이 두 목자 위성이 ϵ 고리를 안정하게 유지하는 장본인이다. 천왕성의 고리는 매우 어둡다. 구성 입자들의 반사도가 가시광 영역에서 0.03 정도이다. 보이저 2호의 레이더 관측에 의하면 천왕성의 고리 입자는 어두운 얼음 성분으로서 그 크기가 대략 1m에 이르는 것으로 밝혀졌다.

7.1.5 해왕성의 위성과 고리 들

보이저 2호의 관측 이전부터 해왕성에는 트리톤(Triton)과 니리이드(Nereid)라는 2개의 위성이 알려져 있었다. 트리톤은 지름이 2,720km로서 태양계에서 가장 큰 위성들 중의 하나이다. 니리이드는 지름이 335km이다. 트리톤은 해왕성의 적도면에 대하여 20° 기울어진 궤도를 따라 주기 5일의 역행 운동을 하고 있다. 모행성 가까이에서 20°나 기울어져서 동에서 서로 역행하는 위성은 트리톤뿐이다. 밖에서 돌고 있는 니리이드는 궤도 이심률이 0.75나 된다. 이는 태양계 그 어느 위성의 이심률보다 2배 이상 되는 큰 값이다. 이렇게 이심률이 큰 궤도를 돌기 때문에 천왕성과 이 위성 사이의 거리는 100만 km에서 무려 1,000만 km까지 변한다. 니리이드가 천왕성에 가장 가까울 때의 궤도속도가 $3kms^{-1}$인데 이는 이탈속도보다 겨우 $0.2kms^{-1}$가 작은 값이다.

보이저가 찍어 보내준 트리톤의 모습은 우리를 매료시키기에 충분했다(그림 7–16). 구덩이가 많지 않은 점으로 미루어 트리톤의 표면은 비교적 젊은 구조일 것으로 판단된다. 아주 최근에 녹았다가 다시 얼어버리는 변형을 겪었을 것이다. 표면온도가 37K로서 매우 낮은 편이다. 표면에 보이는 동결된 얼음 호수들은 우리 달의 바다와 흡사하게 보인다. 그리고 어떤 호수에는 층상 구조까지 보인다. 이는 여러 차례 얼었다가 녹기를 거듭했기 때문일 것이다. 그렇다고 하더라도, 표면 돌출부의 높이는 전반적으로 200m 이하이다. 트리톤의 대기는 두께가 약 800km이고 주성분이 질소인데, 또 메탄이 소량 검출되기도 했다.

트리톤의 남극 근처에는 메탄과 질소 성분의 얼음이 군데군데 증발해 버린 흔적을 알아볼 수 있다(그림 7–16). 이 지역의 계절이 현재 여름이라는 사실에 유의하면 증발 가능성을 점칠 수 있다. 또 다른 지역에서는 계곡과 열개(裂開, fissure)가 소량의 유체로 채워져 있음을 눈치 챌 수 있다. 폭 수십 km의 타원형의 어두운 줄무늬는 아마 일련의 얼음 화산들에 의한 것이라고 생각된다. 표면에서 30m만 하부로 내려가도, 그곳의 압력이 질소 얼음을 액화시키기에 충분할 정도다. 그

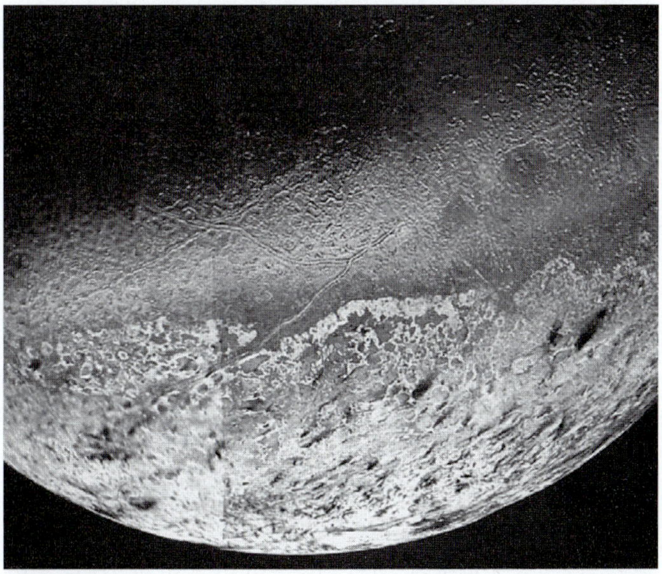

그림 7–16 보이저 2호가 촬영한 트리톤의 남반부
남극관 부근의 지형은 매우 거칠지만 북으로 갈수록 평탄해진다. 표면을 메탄과 질소 성분의 얼음이 뒤덮고 있다. (NASA)

그림 7-17 후방 산란광으로 촬영한 해왕성 주 고리들의 모습
해왕성의 일부가 가려졌다. 외부 고리는 군데군데 끊어진 듯하다. 내부 고리는 흐릿하고 퍼져 있다. (NASA)

러므로 표면에 금이 가면 그 틈새로 밑에 있던 액화 질소가 터져 올라오면서 기화한다. 이때 생기는 분출류는 수 km의 높이에까지 이른다. 기화된 질소 기체가 응결하여 다시 표면으로 떨어져 쌓여 검은 색깔의 얇은 층을 형성한다. 보이저 호가 지나가다가 이와 같은 간헐천(間歇川, geyser) 하나가 분출하는 모습을 포착하였다.

트리톤의 평균 밀도가 2,020kgm^{-3}로 판명되었는데, 이는 명왕성과 카론의 평균 밀도와 비슷한 값이다. 이 정도의 밀도라면 중심핵 부분은 암석이 차지하고 그 주위 맨틀은 메탄과 물의 얼음으로 되어 있을 것이다. 질소 얼음, 즉 고체 질소가 덮고 있기 때문에 평균 반사도가 70%에 육박하는 높은 값을 갖는다. 트리톤 궤도의 특성으로 미루어 165년을 주기로 계절이 변할 것이다. 현재 남반구에는 여름이 시작된 지 30년이 지났다. 비록 여름이라고 하더라도 태양으로부터 너무 멀리 떨어져 있기 때문에, 30년 정도의 여름으로는 그곳의 N_2 얼음을 다 녹일 수 없기 때문에, 거의 대부분이 아직 고체상태로 남아 있을 것이다.

보이저 호가 작은 위성 6개의 모습을 우리에게 더 보내왔다. 이들의 크기는 60~415km에 이르는데, 목성의 위성들과 비슷하게 그 표면 모습이 울퉁불퉁하다. 반사도가 5% 정도로 모두 매우 낮다. 6개 중에서 2개는 최외곽 고리와 중간 고리에 가까이 있으므로 목자위성의 역할을 하리라고 짐작된다. 해왕성에 가장 가까이 있는 나이어드(Naiad)를 제외하면, 나머지 위성들의 궤도는 모두 해왕성의 적도면에 가까이 있다.

신비의 베일에 숨겨 있던 해왕성의 고리계를 처음으로 확실히 보게 된 것은 보이저 우주 탐사선 덕분이다. 해왕성의 고리계에는 고리가 5개 있다(그림 7-17). 가장 밝은 외곽부의 2개는 그 반지름이 각각 62,000km, 53,000km인데, 이 둘 사이에 흐릿한 고리가 하나 더 있다. 바깥 고리는 덩어리 구조를 한다. 3개의 밝은 덩어리를, 흐릿하지만 완전한 원 모양의 철사에 꿰어 놓은 것 같다. 즉 끈에 꿰인 소시지의 형국을 한다. 과거 지상 관측에서는 이 덩어리 구조를, 해왕성 주위에 놓여 있는 일련의 호(弧)들로 오해되었다.

7.2 소행성들

우리는 소행성 궤도의 일반적인 특성을 살펴본 적이 있다(제2장). 이 장에서는 소행성들의 물리적 성질에 초점을 맞출 것이다. 그리하여 초기 태양계에 존재하던 고체 물질에 관한 정보에 눈을 돌리겠다.

소행성은 질량과 크기가 행성보다 무척 작고 멋대로 생긴 암석 덩어리이다. 소행성대에 10^6개 정도의 소행성들이 존재할 것으로 예측된다. 이 중에서 지름이 100km 이상인 것은 200여 개에 불과하다. 가장 크다는 세레스만 해도 지름이 1,000km가 채 못 되는 940km이다. 소행성이 배경별을 가리는 엄폐 시 가려지는 별의 밝기 변화를 관측하면 소행성의 크기를 측정할 수 있다. 또 소행성의 태양으로부터의 거리를 알면 그 소행성의 가시광 영역에서의 반사도와 10μm 대역에서의 적외선 방출도를 구체적으로 측정할 수 있다. 이 두 값에서 소행성의 크기가 추정된다.

소행성 하나에 매초 떨어지는 태양 복사의 플럭스는

$$\left(\frac{L_{\odot}}{4\pi D^2}\right)\pi R^2$$

로 주어진다. 여기서 $L_{\odot}$은 태양의 광도, D는 태양으로부터의 거리, R은 그 소행성의 반지름을 의미한다. 입사된 플럭스 중에서 반사도 A에 대응하는 양은 반사되어 우주공간으로 되돌아간다. 지구가 소행성에서 d만큼 떨어져 있다면, 지구의 단위 표면이 받는 소행성에 의해 반사된 태양광의 양은

$$F_{\text{vis}} = \left(\frac{L_{\odot}}{4\pi D^2}\right)\pi R^2\left(\frac{A}{4\pi d^2}\right)$$

이다. 이 플럭스를 측정하면 주어진 소행성에 대한 R^2A의 구체적 크기가 산출된다. 소행성은 입사된 태양 복사에너지 중에서 $(1 - A)$에 해당되는 양을 흡수하여 자신의 내부 온도를 높이면서 동시에 그 온도에 적합한 적외선복사를 방출한다. 소행성이 방출하는 적외선복사 F_{IR}을 지구에서 관측할 수 있다. 이 값을 F_{vis}와 비교하여

$$\frac{F_{\text{vis}}}{F_{\text{IR}}} = \frac{A}{1 - A}$$

관계를 얻는다. 여기서 그 소행성의 반사도 A가 구체적으로 계산된다. A가 알려지면 R^2A에서 소행성의 크기 R이 결정된다.

소행성 표면의 반사도가 구성 성분의 힌트이다. 소행성 반사도의 측정값은 넓은 범위에 걸쳐 분포한다. 지름이 82km인 나이사(Nysa)의 반사도가 0.35인 데 비하여 지름 280km의 퀴벨레(Cybele)는 0.02이다. 그러므로 나이사는 얼음으로 된 목성과 토성의 위성들만큼이나 좋은 반사체일 것이다. 퀴벨레의 반사도는 천왕성 고리의 그것과 비슷한 수준이다.

반사도의 측정을 통해 대부분의 소행성들이 두 부류로 대별될 수 있음을 알게 되었다. 한 부류에는 반사도가 15% 수준인 밝은 소행성들이 속한다. 나머지 부류는 반사도가 2~5%에 불과한 상당히 어두운 소행성들이다. 후자는 흑색광물인 자철광(Fe_3O_4)과 탄소 화합물을 상당량 함유한다. 그리고 이 부류의 소행성은 성분이 탄질 콘드라이트와 비슷하다(7.4절 참조). 탄질 콘드라이트가 검게 보이는 이유는 탄소의 함량이 1~5%에 이르기 때문이다. 밝은 부류의 것들을 **S형** 소행성, 어두운 것들을 **C형** 소행성이라고 부른다. S형은 반사도가 비교적 높다는 점 이외에도, 감람석 물질의 존재를 암시하는 흡수 띠를 적외선 스펙트럼에서 내보인다. 제3의 부류로 **M형** 소행성이 있는데, 이들은 금속 물질의 특성을 지닌다. M형은 전체 소행성의 겨우 5%에 불과하며 이들의 반사도는 10% 정도이다.

반사도에 근거한 최근의 연구 결과에서 소행성대 안에서도 물질의 성분이 태양으로부터의 거리에 따라 점진적으로 변한다는 사실이 밝혀졌다. 화성 근방의 소행성들은 거의 전부가 S형에 속한다. 화성에서 멀어질수록 반사도가 높은 소행성의 수가 점차 줄면서, 그 대신 반사도가 낮은 어두운 소행성들의 수가 증가한다. 소행성대의 외곽 경계에 가까운 3AU의 거리에 이르면 C형이 전체의 80%를 차지한다.

회전 때문에 소행성의 밝기가 변한다. 밝기 변화가 소행성은 표면이 울퉁불퉁하거나 모양이 불규칙적이라는 증거가 된다. 밝기는 표면과 모양이 다 불규칙적이어도 물론 변한다. 갈릴레오 우주 탐사선이 목성을 향해 가던 도중에 S형 소행성인 가스프라(Gaspra)를 촬영할 수 있었다(그림 7-18). 가스프라는 20 × 12 × 11km 규모의 울퉁불퉁한 암석 덩어리로서 표면에 운석 구덩이들이 많이 패어 있다. 제일 작은 구덩이의 지름이 약 30m에 이른다. 가스프라는 7시간에 한 차례씩 회전한다. 과거 충돌 과정에서 커다란 덩어리가 떨어져 나간 흔적

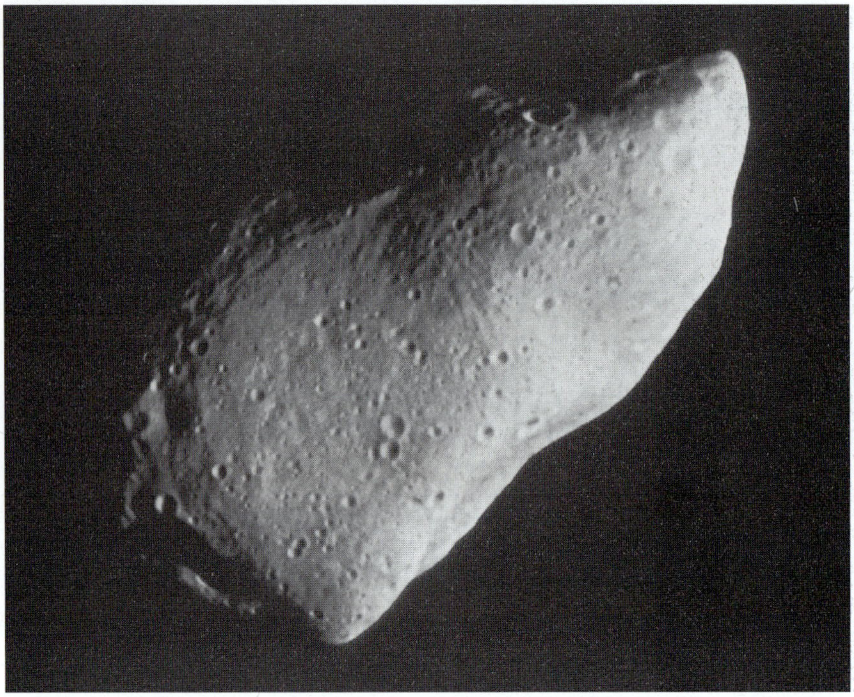

그림 7-18 갈릴레오 탐사선에서 촬영한 가스프라 소행성의 모습
가스프라는 주 소행성대의 구성원이다. (NASA)

을 가스프라의 표면에서 알아볼 수 있다. 이러한 충돌은 소행성이라면 다 경험하는 것이다.

소행성도 위성을 거느리는가? 중력으로 묶여 있는 소행성 쌍이 기조력에 안정한지 여부가 이 질문에 답을 해 줄 것이다. 소행성들은 질량이 매우 작다. 가장 크다는 세레스를 예로 들어 보자. 성분이 암석이라면 크기로부터 세레스의 질량이 대략 10^{21}kg일 것으로 추정된다. 대개의 소행성들의 크기가 세레스의 1/10 정도이므로 질량은 1/1000이 될 것이다. 이렇게 질량이 작으면 두 소행성 사이에 작용하는 중력의 세기가, 목성이나 태양이 이 소형성 쌍에 미치는 조석력보다 약할 수 있다. 그러므로 소행성 쌍은 만들어졌다고 하더라도 곧 깨져 버리고 말 것이다. 그럼에도 불구하고 소행성 쌍이 존재한다면, 그 둘 사이의 거리가 매우 짧아야만 한다. 그러므로 이런 근접 쌍은 망원경으로 분해해 보기가 어려울 것이다. 그렇지만 엄폐 시에는 둘을 분해해 볼 수 있다. 달에 의한 소행성의 엄폐 관측에서 소행성 쌍의 존재가 몇 차례 보고된 바 있지만, 그 어느 경우도 재확인된 적이 아직 없다.

갈릴레이 탐사선이 길이 56km의 S형 소행성 아이다(Ida)를 근접 촬영하는 데 성공했다. 모양이 불규칙적이며 표면에 구덩이가 많다는 점은 여타의 소행성들과 하나도 다를 게 없다. 하지만 아이다가 겨우 1.5km 크기의 위성인 댁틸(Dactyl)을 거느리고 있다는 사실은 커다란 충격이었다. 궤도 주기 24시간에 둘 사이의 거리가 대략 100km다. 이와 같은 관측 자료에다 케플러 제3법칙을 적용하여 아이다의 질량을 추정한 다음 평균 밀도를 계산해 보니까 2,500kgm^{-3}인 것으로 나왔다. 데이모스나 포보스의 평균 밀도보다 약간 작지만 세레스와는 거의 비슷한 값이다. 이러한 점들로 미루어 아이다는 S형으로서 분화를 겪지 않은 원시 소행성일 가능성이 높다.

7.3 혜성

혜성이 망원경에 처음 잡혔을 때에는 하나의 작고 뿌연 점으로만 보인다. 이 점이 혜성의 밝은 머리 부분인데, 우리는 이것을 머리, 또는 **코마**(coma)라 부른다(그림 7-19). 코마에 아주 작은 별 같은 점이 덧보이는 경우가 있다. 이 점을 혜성의 **핵**(核, nucleus)이라고 한다. 혜성핵의 크기는 수 km를 넘지 않는다. 핼리혜성의 핵도 지름이 10km 정도다. 혜성이 근일점을 향해 오면서 밝은 **꼬리**(tail)가 자라난다. 혜성의 꼬리는 수백만 km에까지 뻗치며, 항상 태양의 반대쪽으로 나간다. 혜성이 내행성계로 들어오면 거대한 수소 구름이 혜성 전체를 수백만 km의 영역에 걸쳐서 둥글게 감싼다. 혜성의 **무리** 또는 **헤일로**(halo)에 해당하는 이 수소 구름은 우주선에서 자외

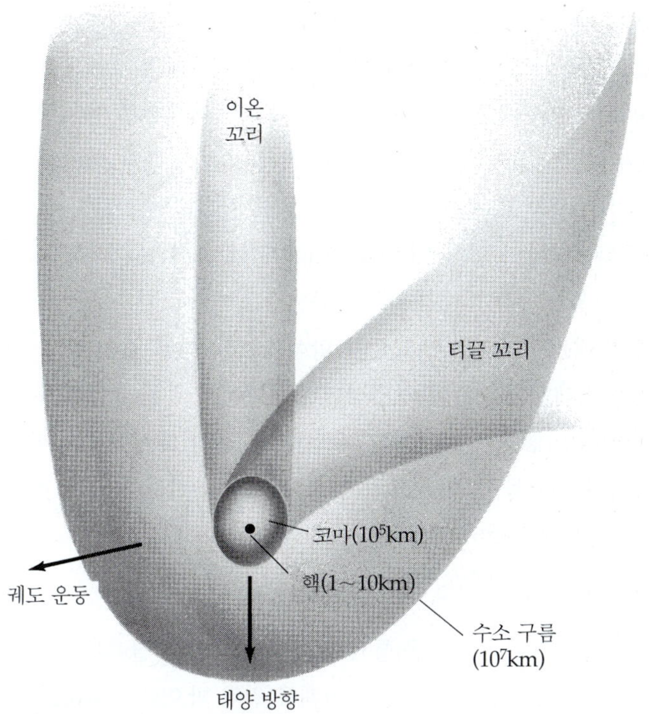

그림 7-19 혜성의 주요 부분을 설명하는 개념도
혜성은 가시광에 드러난 것보다 훨씬 더 크다.

선으로만 관측이 가능하다. 수산기(OH^-)가 태양빛으로 광해리(photo-dissociation)될 때 혜성 주위의 거대한 무리를 관측할 수 있다.

꼬리

혜성 꼬리에는 두 종류가 있다. 티끌 꼬리와 이온 꼬리가 그것이다. 두 꼬리가 갖는 물리적 성격의 차이는 스펙트럼에서 뚜렷하게 알아볼 수 있다. 티끌 꼬리에서는 코마에서 불려 나온 티끌에 의해 산란된 태양빛의 스펙트럼이 보인다. 태양의 복사압이 코마에 있던 티끌들을 밀어 내어 꼬리를 형성했기 때문이다. 그런데 티끌 입자들은 태양 주위를 케플러 운동을 하기 때문에 이온 꼬리와 그 방향이 일치하지 않는다.

이온 꼬리의 스펙트럼에는 일산화탄소(CO), 이산화탄소(CO_2), 질소(N_2), 암모니아(NH_3), 그리고 메탄(CH_4) 등에서 비롯한 방출선들이 뚜렷하게 보인다. 이온 꼬리에서 가스 폭발 현상이 때때로 관측되기도 한다. 태양의 복사압만으로는 이온 꼬리를 태양의 반대 방향으로 뻗치게 할 수는 없다. 독일의 천문학자 비어만(L. Biermann, 1907~1986)이 일찍이 1951년에 태양풍이 이온 꼬리에 결정적 영향을 미칠 것이라는 제안을 하였다. 사실상 혜성의 이온 꼬리를 보고 비어만은 태양풍의 존재를 예상했던 것이다. 그 후에 태양풍의 관측을 통하여 태양풍을 이루는 입자들에 끌려나온 자기장이 코마에서 이온들을 끌어낼 수 있음을 확인하기에 이르렀다. 즉 태양풍 때문에 끌려나온 입자들은 태양의 반대쪽을 향하게 마련이다.

1985년 9월에 자코비니-지너 혜성(Giacobini-Zinner)의 일부를 가로채오는 국제혜성탐색(International Cometary Explorer, ICE) 계획이 수행되었다. 그 결과로 우리는 혜성과 태양풍과의 상호작용이 얼마나 복잡한 현상인가를 알게 되었다. ICE가 혜성의 꼬리를 가로지르면서 관측한 결과를 분석하여 태양풍과 혜성의 작용 결과로 각종의 고에너지 이온들이 생성됨을 규명할 수 있었다. 이렇게 생긴 이온들은 태양풍에 끌려나온 자기장에 다시 매달리게 된다. 이에 따른 질량의 증가 때문에 혜성 뒤로 흘러나가는 기체류의 속도가 감소하면서 기다란 실오라기 구조의 이온 꼬리가 만들어진다(그림 7-20). 우리 눈에 보이는 혜성의 모양이야말로 자기장과 플라스마가 서로 작용한 결과인 것이다.

혜성의 핵

혜성이 태양에서 멀리 떨어진 곳에 있을 때 찍은 코마의 스펙트럼은 반사된 태양빛의 스펙트럼과 같다. 그러므로 혜성의 머리에도 태양빛을 산란시키는 고체 입자들이 확실히 존재한다. 태양에 1AU 정도로 가까워지면 혜성의 스펙트럼에는 각종 분자의 띠들이 나타나기 시작한다. C_2, CN, O_2, OH, NH와 NH_2 등이 띠를 보이는 분자들의 대표적인 예이다. 혜성이 태양에 더욱 가까워지면 각종 원자들의 방출선이 보이기 시작한다. 예를 들면, Si, Ca, Na, K, Ni 등이 방출선을 내놓는다.

지구에서 관측되는 혜성의 밝기 B는 혜성-태양 간의 거리 R과 지구-혜성 간의 거리 r에 따라 다음과 같이 변한다.

$$B \propto R^{-n} r^{-2} \qquad (7\text{-}1)$$

혜성의 밝기가 R에 의존하는 이유는, 태양까지의 거리에 따라 혜성이 반사시킬 태양빛의 양이 결정되기 때문이다. 한편 r에의 의존은, r^{-2}에 따라 지구가 받는 복사량이 감소하기 때문이다. 혜성이 태양으로부터 멀리 떨어져 있을 때에는 형광이 발생하지 않으므로 $n = 2$이지만, 태양 근처에서는 일반적으로 $n \approx 4$이다. 혜성의 특성에 따라 그 구체적 크기는 $n = 2$~6

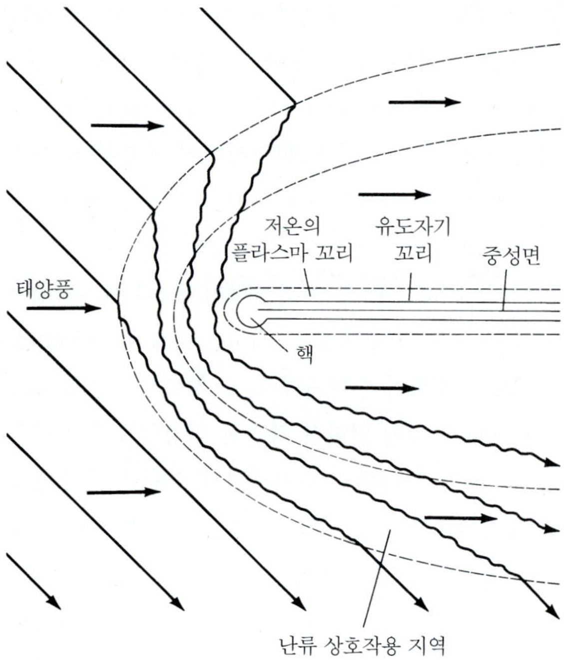

그림 7-20 혜성 자코비니-지너와 태양풍의 상호작용을 설명하기 위한 개념도

의 범위로 변한다. 예를 들어, 핼리혜성의 경우, 태양에서 6AU 이내에서는 $n \approx 5$이다. 혜성의 코마 부분이 얼마나 밝게 빛을 내는가는, 그 혜성의 핵에서 방출되는 기체의 양과 성분에 따라 결정된다.

혜성이 하늘에서 차지하는 각크기가 엄청나게 크다 하더라도, 질량 자체는 보잘것없을 정도로 작다. 가장 큰 혜성으로 알려진 핼리라고 해도 그 질량은 겨우 10^{14}kg 수준이다. 그런데 핼리혜성은 근일점을 한 번 통과할 때마다 10^{11}kg씩의 질량을 잃는다. 1910년에 핼리혜성의 꼬리가 천구 상에 무려 100°나 뻗쳐 실제로 한쪽 지평선에서 건너편 지평선까지를 연결했다. 그럼에도 지구가 핼리의 꼬리를 통과할 때 지구상에 아무런 영향이 없었던 것으로 미루어, 당시 꼬리의 밀도는 10^{-17}kgm^{-3} 이하로 매우 희박했다고 판단된다. 코마의 밀도는 꼬리의 밀도보다는 훨씬 높아 10^{-7}kgm^{-3} 정도에 이른다. 높다고 해도 이 정도는 지구에서 구현 가능한 최저 진공의 밀도와 같은 수준이다.

혜성에서 방출되는 질량의 대부분은 기체로서 그 원천은 혜성의 핵이다. 휘플(Fred Lawrence Whipple, 1904~2004)이 제안한 **더러운 눈덩이 혜성 모형**(dirty-snowball cometary mode)에 의하면, 혜성의 핵은 얼어붙은 물, 이산화탄소, 메탄, 암모니아 등에 붙잡혀 있는 암석 등으로 구성되어 있다고 한다. 혜성이 목성 궤도 바깥에 있을 때에는 그 지역의 온도가 낮으므로, 얼음-암석의 혼합물이 동결된 상태를 오랫동안 유지할 수 있다. 그러나 혜성이 태양에 가까워질수록 얼어 있던 물질이 서서히 증발한다. 이렇게 해서 혜성의 핵을 떠나는 물질이 혜성의 코마와 꼬리를 키워간다. 얼음이 증발하고 나면, 티끌과 암석의 얇은 더께(coating)가 혜성 핵의 주위를 뒤덮는다. 얼음이 빠져나간 이 더께는 구조적으로 부스러지기 쉬운 형태를 하게 된다. 티끌과 암석으로 구성된 얇은 층의 밑부분이 태양빛을 받아 가열되면 표면에서부터 가스 제트가 분출한다. 이렇게 빠져나가는 기체류가 사실상 혜성에게는 작은 로켓의 역할을 하게 되므로 혜성의 궤도에 변화가 오게 마련이다.

혜성핵 구름

주기 혜성들이 근일점을 통과할 때마다 자신의 질량을 조금씩 상실하므로 언젠가는 내부의 기체를 전량 밖으로 분출하고 말 것이다. 그렇다면 주기 혜성이 적당한 기간이 경과하면 그 수명을 다해서 없어질 터인데, 아직도 우리가 주기 혜성을 볼 수 있는 것은 어떻게 이해할 수 있을까? 혜성은 모두 중력적으로 태양계에 속박되어 있다. 대부분의 혜성 궤도는 반지름이 평균 50,000AU, 주기는 무려 10^7년이나 된다. 케플러 법칙에 따라 혜성도 원일점 부근에서는 매우 느리게 움직일 것이다. 하루에 겨우 수 km씩밖에 못 움직인다. 그러므로 혜성은 일생의 거의 대부분을 태양에서 아주 멀리 떨어진 곳에서 보낸다.

1950년 네덜란드의 천문학자 오오트가 혜성의 핵들로 구성된 구름이 태양에서 멀리 떨어진 곳에 존재할 것이라고 제안하였다. 우리가 **오오트의 구름**(Oort cloud)이라고 부르는 이 구조물은 태양계가 소유한 혜성핵들의 거대한 저장고이다. 오오트의 모형에 의하면 이 구름에 있는 혜성의 핵들은 거의 대부분이 태양 근처에는 와 보지도 못한다고 한다. 그러나 어쩌다 근처를 지나는 별로부터 중력 섭동을 받으면, 궤도가 수정되면서 태양 가까이로 들어오는 수가 있다. 태양을 향한 긴 여정에서 자신의 질량을 전량 공간에 잃어버리든지 또는 목성으로부터 강한 섭동을 받아 태양계를 영영 떠나기도 한다. 태양 가까이 오는 혜성들은 이렇게 오오트의 구름에서부터 공급되는 것이다. 증발이나 목성의 섭동으로 사라지는 혜성핵의 수를 충당하려면 오오트 구름에 적어도 10^{11}개, 어쩌면 10^{14}개까지의 혜성핵들이 몰려 있어야 한다.

혜성 구름과 장주기 혜성에 관한 수치 모의실험의 결과에 의하면, 장주기 혜성의 약 65%가 태양계에서 성간으로 방출되고, 30%는 무작위적인 파괴를 경험하게 되며, 그 나머지는 다양한 과정에 의해 결국 소멸되고 만다. 소멸의 요인에는 휘발성 물질의 증발, 태양과의 충돌, 목성과의 조우 등이 있다.

장주기 혜성의 존재는 오오트의 구름으로 이해될 수 있었다. 그러나 오오트 구름이 단주기 혜성마저 공급하는 건 아니다. 해왕성의 궤도 바깥에 혜성의 핵들이 얇은 띠 모양의 분포를 하고 있다. 이 지역의 존재를 1951년에 카이퍼(Gerard P. Kuiper, 1905~1973)가 처음 제안했던 관계로 **카이퍼 벨트** 또는 **카이퍼대**(Kuiper belt)라는 이름이 붙었다. 태양계가 형성될 당시에 형성된 얼음 성분의 미행성체들이 이 지역에 현재 10^8~10^9개 정도 남아 있을 것으로 추정된다.

허블우주망원경을 이용하여 카이퍼대에서 혜성의 존재를 확인할 수 있었다. 카이퍼대의 천체들이 매우 흐리기는 하지만 그들의 천구 상의 운동을 추적해 보면 이들의 정체가 혜성임을 쉽게 알 수 있다. 이 지역에서 총 29개의 혜성 후보가 발견되었다. 카이퍼대에서 예외적으로 큰 천체들은 90년대 초에 이미 몇 개가 발견되어 있었다. 혜성 크기의 전형적인 카이퍼대 천체들은 허블우주망원경의 위력을 빌어 비로소 확인할 수 있었다.

핼리혜성

핼리혜성이 1985~1986년에 다시 지구에 가까이 왔다. 근일점 통과가 1986년 2월 9일에 있었다. 이때 근일점 거리는 0.59AU이었다. 태양을 돌아 지구에 가장 가까이 왔을 때가 같은 해 4월 11일이었다. 이 당시 지구에서부터의 거리는 0.42AU이었다. 안타깝게도 이번 방문에서 핼리는, 지난 2,000년 동안 보여 주던 위용이 아니라, 가장 보잘것없는 모습이었다. 그러나 혜성의 연구 역사에서 최강의 장비로 가장 세밀하게 관측할 수 있었던 계기가 바로 이번 방문이다. 그 결과 핼리혜성의 정체가 속속 밝혀졌다(그림 7–21).

유럽우주국(European Space Agency, ESA)이 진수시킨 조토 우주선(Giotto Spacecraft)이 가장 멋지게 임무를 수행했다. 조토는 핼리의 핵에서 600km밖에 떨어지지 않은 곳까지 접근하였다. 이때가 1986년 3월 16일이었다. 최근접 훨씬 이전부터 조토는 핼리의 머리 부분을 자세히 탐사하여 그곳의

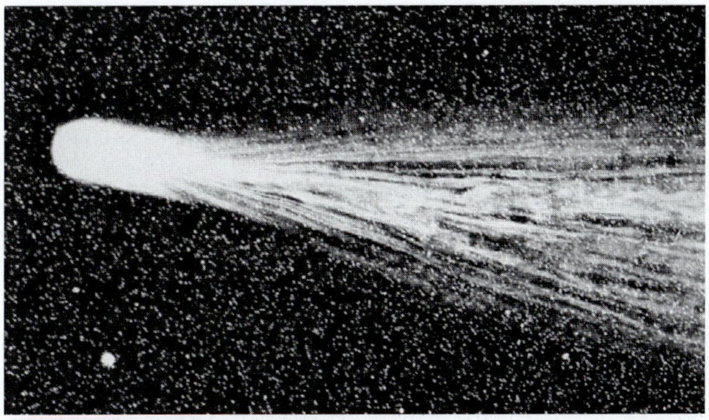

그림 7–21 핼리혜성
1986년 3월에 촬영한 모습이다. 플라스마 꼬리의 세세한 부분이 잘 드러나 있다. (영국 왕립 천문대, 에든버러)

제반 물리적 상태를 측정·채록하였다. 머리에는 이온 기체가 수천 km에 이르는 두께로 분포한다. 이온은 핼리의 핵이나 코마로부터의 이탈속도보다 빠르게 움직인다. 그럼에도 이온 기체가 핼리와 함께 할 수 있는 것은 자기장 때문이다. 전하를 띠는 입자는 자기장에 묶여 있게 마련이다. 이온 기체의 대부분은 그 성분이 물분자 H_2O와 관련된 것이다. 사실상 핼리혜성에서 본 기체의 거의 전부가 물이었다.

조토는 핼리에 접근하면서 거의 3,000장에 이르는 사진을 지구로 전송했다. 혜성의 핵에서 1,700km 떨어진 곳에서 마지막 사진을 보내왔다. 그러고 조토의 카메라가 코마의 입자와 충돌하여 파괴됐다. 이 마지막 사진에 핵의 모습이 찍혔다(그림 7–22A). 핵은 $8 \times 8 \times 16$km 규모의 회전타원체로서, 중앙부가 약간 들어간 땅콩의 모습을 하고 있었다. 얼음 물질의 평균 밀도를 대략 500kgm^{-3}로 잡으면 핵의 총 질량은 3×10^{14}kg로 계산된다.

핼리의 핵은 표면이 검정 벨벳 정도로 어둡다. 입사되는 태양빛의 겨우 4%만 반사한다. 표면은 굴곡이 심하고 언덕들이 있고 운석 구덩이가 패어 있다. 조토의 카메라가 구사하는 최상의 해상도가 수백 m이다. 이 정도의 분해능으로 폭 2km에 깊이 150m인 분화구 비슷한 구조를 알아볼 수 있었다. 핼리의 표면에 높이가 대략 0.5km인 언덕들이 주욱 늘어서 있다. 높이 1km에 이르는 산도 물론 있다. 회전타원체의 모양을 하는 핵의 허리 부분이 잘록하다. 이러한 구조들을 장시간 모니터링한 결과 핵이 약 54시간을 주기로 회전하는 것으로 밝혀졌다.

그림 7-22 핼리혜성의 핵
ESA에서 발사한 조토 탐사선의 다색카메라로 1986년 3월에 촬영한 사진 여러 장을 합성해서 만든 핼리혜성의 핵 부분 사진이다. (Max-Planck Institute für Aeronomie, Lindau/Harz, Germany)

핼리에서 볼 수 있었던 가장 극적인 현상은 핵에서의 기체와 티끌의 분출이었다. 핼리의 우주 탐사가 있기 전부터 천문학자들은 혜성의 핵이 티끌과 얼음이 뒤섞인 **더러운 눈덩이**(dirty snowball)라고 예상하고 있었다. 이 예상이 기본적으로 옳다고 밝혀졌다. 그러나 새로 밝혀진 티끌의 양과 티끌의 정체가 모두를 놀라게 하였다. 혜성핵의 태양광이 닿는 쪽이 쉽게 뜨거워지므로, 그쪽 표면에서 얼음 물질이 증발하여 기체로 분출하기 쉽다. 이때 고체 입자인 티끌도 함께 따라 나온다. 분출이 시작되는 곳에서의 분출원의 폭은 1km 이하이지만 제트 자체의 폭은 수 km에 이른다. 조토가 핼리와 만나는 과정에서 적어도 9개의 제트 분출이 관측되었다. 핼리혜성의 1910년과 1986년 사진을 비교해 보면, 제트가 동일한 지점에서 분출한 듯하다. 즉 제트를 내는 구멍이 같은 장소에 비교적 오래 남아 있다는 뜻이다. 분출 물질의 80%가 H_2O 수증기이고 나머지 20%가 티끌이다. 한편 티끌은 거의 전량이 탄소 입자이고 극히 적은 양만 모래알과 같은 성분이다.

탄소는 혜성에서 또 다른 형태로 나타난다. 일반적으로 탄소는 포름알데히드 H_2CO 분자를 이루며, H_2CO는 매우 긴 고리 형태의 분자, 즉 폴리머 POM(polyoxymethylene)으로 존재한다. 그런데 핼리의 코마 내부에서 POM이 검출되었다. 태양계의 오랜 역사를 통하여 핼리혜성이 태양을 여러 차례 방문했음에도 핼리에서 POM이 현재 방출되는 것으로 보아

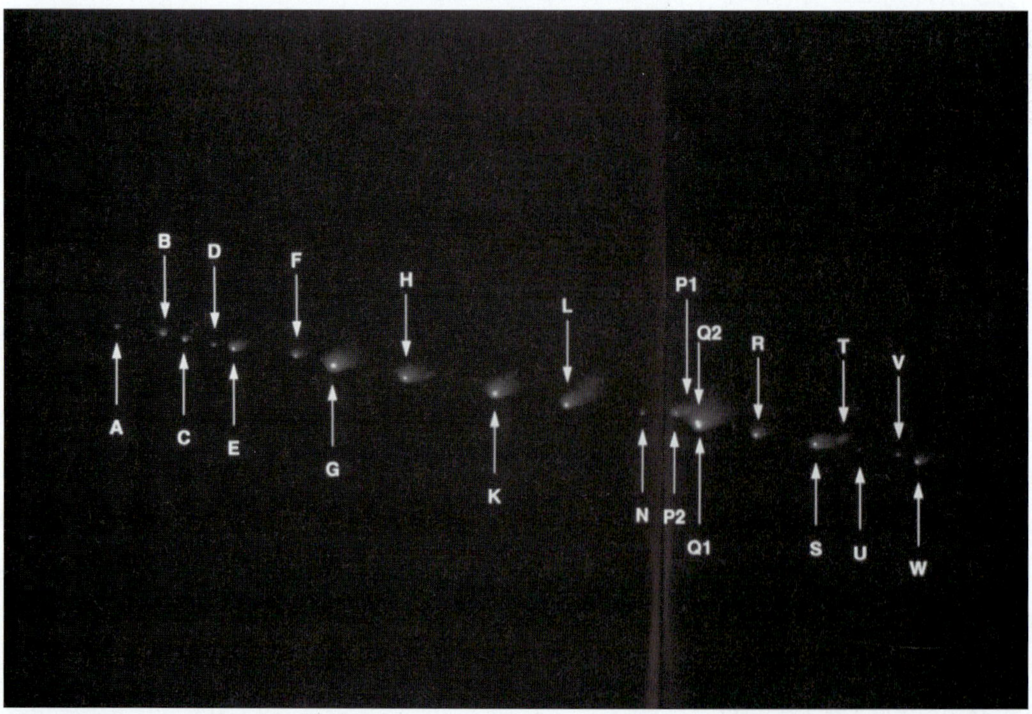

그림 7-23 허블우주망원경으로 촬영한 SL9 파편 사진
왼쪽 끝의 조각 A부터 오른쪽 끝 W까지 총 연장 605,000km가 이 사진에 담겨 있다. (H.A. Weaver, T.E. Smith, and NASA)

POM은 혜성이 형성될 당시부터 핵에 존재했을 것으로 추정된다. 따라서 혜성에서의 POM의 발견이 이 분자의 성간운에의 존재를 간접적으로 증언하는 셈이다.

혜성의 목성 대충돌

1993년 3월에 캐롤라인 슈메이커(Carolyn Shoemaker), 진 슈메이커(Gene Shoemaker), 데이비드 레비(David Levy)가 목성 근처에서 혜성 슈메이커-레비 9(SL9)를 공동으로 발견하였다. 그런데 사진 상에 나타난 이 혜성은 뭔가 이상한 데가 있었다. 사진건판 상에 흐릿한 동그라미 무늬의 얼룩으로 보이는 게 아니라 흐리긴 하지만 좀 기다란 막대의 모양을 하고 있었다. 나중에 관측한 영상에는 여러 개의 덩어리들이 '실에 꿴 진주알' 모양으로 길게 일렬로 늘어서 있었다. 허블우주망원경에서 촬영한 사진들에서 우리는 이 혜성의 핵이 적어도 23개의 덩어리들로 쪼개졌음을 확인할 수 있었다. 목성에 가까이 접근하다가 목성의 강한 조석력을 받아 핵이 여러 개의 덩어리들로 쪼개졌던 것이다.

말스덴(Brian Marsden)은 1994년 7월경에 이 덩어리들이 목성에 곤두박질할 것이라고 예측했다. 원래 SL9은 목성 근처를 지나는 궤도를 돌고 있었다. 실은 목성의 중력이 약 150개의 혜성핵들을 약 8년 주기의 단주기 혜성으로 만들어 놓았던 것이다. 부서진 조각들이 1994년 7월 16일부터 7월 22일 사이에 정말로 목성 표면에 내리꽂혔다. SL9은 이렇게 목성과의 대 충돌로 생애를 마감했던 것이다.

대충돌이 진행되던 일주일 동안 전 세계에서 공동으로 벌이던 국제 관측 캠페인에 허블우주망원경이 동참했지만, 안타깝게도 충돌의 현장은 지구의 반대편에 자리할 운명이었다. 첫 번째 덩어리 A가 충돌한 지 1.5시간 후에 목성 표면에 대칭형의 상처가 얼굴을 내밀었다. 상처는 검은 색깔의 중심 코아를 약간 찌그러진 원형의 헤일로가 싸고 있는 형국이었다. 7월 18일에 가장 큰 축에 드는 덩어리 G가 목성에 또 꽂혔다. 화구, 즉 초고온의 거대한 기체 풍선이 목성 대기의 구름층 위로 약 3,000km의 높이까지 치솟았다. 그리고 목성 표면에 푸르스름한 색조의 멍이 남겠다. 주먹으로 얻어맞은 눈언저리에 생기는 몇 겹의 검은 동심원 같았다(그림 7-24). 하지만 그것은 지구의 2배나 되는 거대한 멍이 남았다. 그 후에 일어난 다른 조각들의 충격들도 비슷한 상처를 남겼다. 8월 말쯤 되자 상처의 흔적은 목성 성층권에 부는 바람에 의해서 거의 다 지워졌다.

천문학자들이 목성 대충돌을 컴퓨터를 이용하여 모의실험을 했다. 그 결과를 보면, 가장 큰 축에 속하는 지름이 1.5~2 km 규모의 덩어리가 60kms^{-1}의 속력으로 충돌하면서 TNT 2.5×10^{10}톤 분의 에너지를 내놓는다고 한다. 지구가 이런 충격을 경험하게 된다면 인류 문명은 지구에서 완전히 제거될 것이다. 이런 거대한 규모의 폭발이 목성의 상층 대기에 발생하면 그곳의 온도를 최저 10,000K까지 올려놓을 것으로 예상된다. 이 화염이 대기의 하층부로 전파되면서 그곳의 온도를 2,000K 수준으로 높이며, 그 결과로 각종 화학 반응이 일어나면서 검은색의 얼룩이 만들어진다.

그림 7-24 허블우주망원경으로 촬영한 충격 지점의 모습
오른쪽이 조각 G의, 왼쪽이 조각 D(좌측)의 충격 흔적이다. G가 만든 '상처'의 중앙부에 보이는 검은 흔적의 지름이 7,500km이며, 그 바깥쪽 원은 12,000km의 크기이다. 지구의 지름 12,800km과 같은 크기이다. (H. Hammel and NASA)

7.4 유성체와 운석

유성체, 즉 행성 간 공간에 떠돌아다니는 작은 천체 하나가 지구 대기에 진입하면, 하늘에 한 줄기의 빛이 나타난다. 이 빛줄기를 **유성**(流星, meteor)이라고 부른다. 이렇게 대기를 통과하는 동안에 타다가 남은 유성체의 일부가 땅에 떨어진 것을 **운석**(隕石, meteorite)이다. 유성체는 지구 대기에 $12kms^{-1}$ 내지 $72kms^{-1}$의 속력으로 진입하게 된다. 자정 이전보다 이후에 유성을 더 많이 볼 수 있다(그림 7-25). 유성체가 태양계의 구성원으로 남으려면, 지구 근방에서 유성체의 궤도속도가 태양으로부터의 이탈속도인 $42kms^{-1}$보다는 느려야 할 것이다. 그런데 자정 이전에는 지구의 공전 속도인 $30kms^{-1}$보다 빨리 움직이는 것들만 지구를 따라잡을 수 있다. 그렇지만 가장 빠르게 움직이는 유성체라 해도 지구에 대한 상대 속도는 $12kms^{-1}$에 머문다. 한편 자정을 지나면 지구보다 빨리 움직이는 것들을 제외한 나머지는 모두 지구 대기에 들어올 수 있을 것이다. 그러므로 $72kms^{-1}$가 대기 진입 속도의 최대값이다.

짧은 순간이지만 유성의 빛줄기는 유성체의 분해 과정에 관한 실제 기록이다. 그러므로 이 빛줄기를 관찰하여 유성체의 궤도와 물리적 특성을 알아낼 수 있다. 대부분의 유성체들은 대기와 접촉할 때 부서질 정도로 연약하고 엉성한 구조를 하고 있다(그림 7-26). 예를 들어, 유성체 물질 $1m^3$를 지구 표면에 쌓아 놓으면 자체 무게 때문에 그냥 부서지고 만다. 담뱃재보다 약하다.

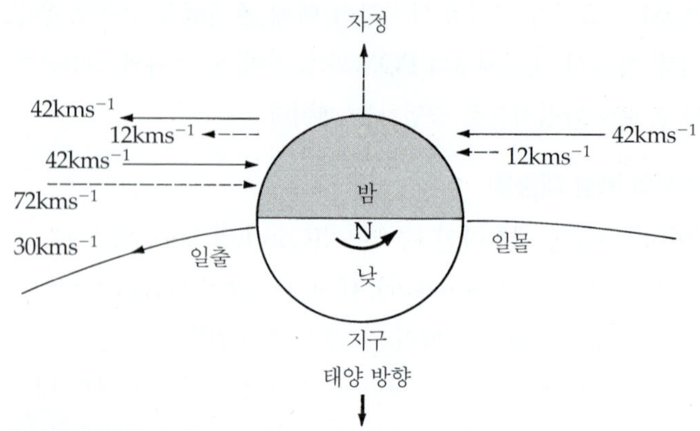

그림 7-25 유성체의 속력
지구 궤도 근방에서 태양계를 이탈할 수 있는 최저 속력이 $42kms^{-1}$이므로, 이 부근에 존재하는 유성체의 궤도속도가 이보다 더 빠를 수는 없다. 초저녁에는 지구를 따라잡아야 하지만, 자정이 지나면 지구의 운동 방향으로 극히 빠르게 움직이는 것 말고는 거의 모든 유성체들이 지구에 따라잡힐 수 있다. 지구의 궤도속도가 $30kms^{-1}$라는 사실에 유의하기 바란다.

그렇다면 이렇게 저밀도의 물질은 어디에서 온 것이란 말인가? 혜성에서이다. 혜성이 태양 옆을 지날 때마다 핵을 구성하는 얼음 물질이 태양빛을 받아 증발한다. 그 결과로 티끌과 각종 크기의 고체 입자들, 그리고 얼음 조각 등이 뒤섞인 물질이 혜성 주위에 흩어져 일종의 무리(暈)를 이루게 된다.

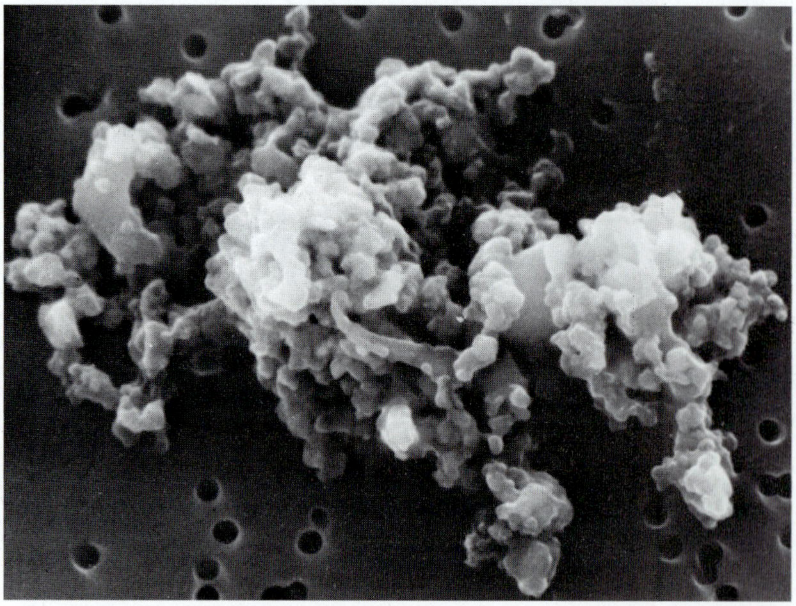

그림 7-26 지구의 상층 대기에서 채집한 10μm 크기의 유성체
구조가 엉성하고 푸석푸석해 보인다. (D. Brownlee, 워싱턴 대학교)

혜성의 핵에서 튀어나온 고체 입자들은 밀도가 매우 낮으며 부서지기 쉬운 구조를 한다. 유성체의 약 99%가 혜성에서 왔다고 추산된다.[1)]

적정 크기 이상의 유성체들만이 지구 대기를 통과한 다음에 운석을 남길 수 있다. 물리적 성질과 화학조성에 따라 운석을 크게 3개의 부류로 나눈다 — 철질운석, 석질운석, 석-철질운석이 그것들이다. 이 중에서 철 90%, 니켈 9%로 구성된 **철질운석**이 가장 흔하게 회수되는 운석이다. **석질운석**은 지구의 크러스트와 비슷한 성분의 감람석 물질로 되어 있다. 석질운석이 가장 흔할 것으로 예상되지만 지상의 보통 돌들과 구별하기 어렵기 때문에 실제로는 적은 양만이 석질운석으로 회수된다(그림 7-27A). 현미경으로 석질운석을 들여다보면, 부드럽고 균질한 배경 매질에 **입상체**(粒狀体, chondrule)라 불리는 구형의 감람석 덩어리들이 발견된다. 입상체들을 포함한 석질운석을 **콘드라이트**(chondrite)라고 한다. **석-철질운석**은 석질운석과 철질운석의 중간 종으로, 철 덩어리 안에 암석 조각이 섞여 있는 구조를 한다. 세 가지 중에서 비중이 가장 높은 것이 철질운석이다. 철질운석의 평균 밀도가 7,500~8,000kgm^{-3}이다. 가장 가벼운 석질운석의 평균 밀도는 3,000~3,500kgm^{-3}이다. 석-철질운석은 암석과 철의 혼합이다. 밀도는 5,500~6,000kgm^{-3}의 범위에 들어온다.

콘드라이트 중에 **탄질 콘드라이트**(炭質, carbonaceous chondrite)라는 특별한 종류가 있다. 이 종류의 운석에는, 입상체들이 박혀 있는 배경 매질의 탄소함량이 1~4%로 여타의 석질 콘드라이트에 비하여 월등히 높다. 검게 보이는 것은 탄소의 함유량이 높기 때문이다. 탄질 콘드라이트는 물을 3~20% 함유하며 그 이외의 휘발성 물질도 갖고 있다. 탄질 콘드라이트에서 응결 가능한 원소들의 상대 함량비가 지구 크러스트의 값보다는 태양 대기의 값에 더 가깝다. 다시 말하면 만일 태양의 질량을 일부 떼어내어 물의 빙점보다 낮은 온도로 냉각시켜 다시 응결시킨다면, 응결된 물질의 각종 원소에 따른 함량비의 분포가 지구 크러스트보다 탄질 콘드라이트에 더 흡사하다는 뜻이다. 이러한 함량비의 유사성이 탄질 콘드라이트의 기원에 관한 주요 단서를 제공한다. 탄질 콘드라이트는, 태양이 만들어진 물질과 동일한 원료에서 형성되었으며, 형성 이후에 대규모의 가열을 경험하지 않은 것 같다.

철질운석의 표면을 깨끗하게 연마한 다음 산(酸)에 부식시켜 보면, **비트만슈태텐 무늬**(Widmanstätten figures)라고 불리는 결정 구조의 커다란 문양이 나타난다(그림 7-27B). 이 문양에 철질운석의 기원에 관한 결정적 정보가 숨어있다. 지

(A)

(B)

그림 7-27 운석의 여러 종류
(A) 석질운석의 예. 멕시코의 아엔데 마을에서 회수한 아엔데 운석의 조각. 비교적 균질한 배경 조직에 밝은 색조의 구형 덩어리들이 박혀 있다.
(B) 철질운석의 예. 미국의 뉴멕시코 주 도라에 떨어진 운석이다. 잘 연마된 평면에 결정 구조가 뚜렷하게 드러나 있다. (M. Zeilik, Institute of Meteoritics, University of New Mexico)

1) 유성체의 기원을 이렇게 전적으로 혜성에게만 돌릴 수는 없을 것이다. 소행성대에서 일어나는 충돌의 결과물로서 태어나는 미세 고체 입자들의 양도 무시될 수준이 아니다. (역주)

상에서 만들어진 철 덩어리에서는 그와 같은 부식 문양이 나타나지 않는다. 비트만슈태텐 무늬의 존재 여부로서 철질운석과 보통의 철광석이 구별될 뿐만 아니라, 거기에서 그 운석이 밟아온 역사의 흔적을 읽어낼 수 있다. 니켈-철의 혼합물을 저압에서의 용융 온도인 1,600K 이하로 아주 천천히 식히면 보통의 철과 다른 결정 구조를 하게 된다. 냉각 속도가 매우 느려야 비트만슈태텐 무늬가 생긴다. 즉 10^6년에 1K 정도로 점진적이어야 한다. 그런데 금속은 열의 좋은 전도체이다. 그러므로 니켈-철의 혼합물은 행성 간의 저온 상황에서 매우 빠른 속도로 식을 것이다. 그렇다면, 비트만슈태텐 무늬는 성장할 수 없을 것이다. 니켈-철의 혼합물이 저온의 상황으로부터 철저하게 격리되어 있을 때에만 저속 냉각이 가능할 것이다. 그러므로 니켈-철 운석으로 된 물질은 어떤 물체 내부에서 굳어진 것이다. 우리는 급속 냉각이 이루어지지 않도록 '단열재'를 제공할 수 있었던 물체를 **운석모체**(隕石母體, parent meteorite body)라 부른다. 냉각률을 10^6년에 1K 정도로 낮추려면 운석모체의 크기가 최소 10km는 되어야 한다.

그러한 크기의 덩어리들은 아마도 태양계의 형성과 동시에 태동했을 것이다. 미루어 짐작컨대 운석모체는 원래 수백 km 정도의 크기였을 것이다. 일단 형성된 다음에 이들은 ^{26}Al를 비롯한 반감기가 짧은 동위원소들의 붕괴 에너지로 높은 온도로 가열되면서 용융 상태에 진입한다. 완전히 용융되어 유체 상태에 이르면 비중에 따른 분화가 일어난다. 가장 비중이 큰 물질이 중심부로 가라앉고 표면에는 밀도가 낮은 물질이 자리하여, 철 성분의 핵과 암석 성분의 외각의 층상 구조를 갖추게 된다. 이렇게 분화된 천체가 식으면 표면에 크러스트가 형성된다. 이 외곽 층은 내부의 용융 상태에 있는 철에게 단열재의 역할을 수행했을 것이다. 중심부의 철-니켈 물질이 아주 천천히 식으면서 결정 구조를 키워 나갈 수 있게 말이다. 한참 세월이 참 지난 후에 이 운석모체가 다른 천체와 충돌하여 여러 개의 조각으로 파괴된다. 표면에서 떨어져 나온 덩어리가 석질운석으로, 이보다 좀 더 깊은 층이 석-철질운석으로, 그리고 중심핵 부분에서 비롯한 것이 철질운석으로 된다.

이 각본에 의하면 운석모체들은 갓 태어난 태양계에서 최초로 응고한 천체이어야 한다. 방사능 붕괴를 이용하여 운석의 나이를 측정해 보면, 나이가 40~60억 년 근처에 모두 떨어져서 앞에서 얘기한 우리의 생각을 뒷받침한다. 운석이야말로 가장 원초적인 고체에 대한 직접 증거라 하겠다. 그들의 화학조성, 동위원소별 함량비의 분포, 구조적 특성 등을 모두 운석에서 읽어낼 수 있다.

운석이 모두 소행성에서 온 것은 아니다. 몇 안 되는 개수지만 달에서 왔을 가능성이 높은 운석들이 있다! 1981년 이후 미국과 일본의 과학자들이 남극 얼음에 묻혀 있던 수천 점의 운석을 대대적으로 회수했다. 이 중에서 수 cm 크기의 몇 개는 밝은 색깔의 침투물(inclusion)을 가지고 있는 각력암(角礫岩, breccia) 성분의 운석이었다. 조직 구조(texture)가 달의 각력암과 비슷할 뿐 아니라 화학조성도 월석과 비슷하다. 특히 불활성 원소인 Na, Mg, Fe 등의 함량비가 달과 매우 비슷하다. 산소의 동위원소들의 함량비 역시 달과 비슷하다. 그러므로 달에서 왔음이 틀림없다. 달 표면에 있었던 충돌의 사건들 중에는, 달 표면에서의 이탈속도보다 빠른 속도를 갖는 파편을 만들어 낼 수 있을 정도로 강력한 경우가 있을 수 있다. 달에서의 이탈속도가 $2.4kms^{-1}$인 것을 고려하면 이는 크게 무리한 주장이 아니다. 이 운석들이 남극 빙하에 오랫동안 갇혀 외부로부터 잘 보호되었기에 자세한 성분 분석이 가능했던 것이다.

화성에서 왔음직한 운석도 있다. 이런 의심을 받는 운석이 전 세계적으로 현재까지 8개가 채집되어 있다. 성분이 현무암과 비슷한 것으로 보아 화산 활동과 모종의 관련이 있는 듯하다. 그런데 산소 동위원소들의 상대 함량비는 지구나 그 어느 운석과도 같지 않다. 한편 방사능 동위원소의 방법으로 측정한 이 운석들의 나이가 13억 년 이하인 것으로 밝혀졌다. 또 희귀 원소들의 함량비가 화성 표면에서 바이킹 착륙선이 측정한 값과 비슷하게 나왔다. 상기한 두 가지 사실이 이 운석들의 기원을 화성에 연관시켜 주고 있다. 그렇다면 도대체 이 운석들이 어떻게 화성에서 지구까지 오게 됐단 말인가? 화성 표면에 분지를 만들 정도로 강력한 충돌이 있었다면, 이때 튀어나온 덩어리들 중에는 화성에서의 이탈속도보다 빠르게 움직이는 것도 있을 수 있다. 화성의 중력권을 벗어나 태양 주위를 궤도 운동하다가 지구에 떨어져 들어온 것들이 바로 이 8개의 운석일 수 있다.

화성 운석 중에서 ALH84001이 엄청난 관심을 불러일으켰다. 36억 년 전 화성에 원시 생물이 살았다는 증거라고 믿었던 흔적이 이 운석에서 발견되었기 때문이다. 방사능 동위원소 방법으로 측정한 이 운석의 나이는 45억 년이었다. 그리고 지금으로부터 1,600만 년 전에 화성에서 우주 공간으로 방출되었다. 지구에는 13,000년 전에 떨어졌다. ALH84001은 여타의 화성 운석에 비해서 훨씬 오래전에 만들어진 것이다. 그러므로 화성이 아직 '따뜻했던' 시기(5.4.4항 참조)의 상황을 얘기해 줄 하나의 화석일 수 있다. 그런데 이 운석에 특이한 모양의 탄산염 덩이가 들어 있었다. 오늘날 지구의 해양에서 그렇듯이, 그것은 생명체의 도움으로 만들어졌음직한 탄산염의 작은 덩어리였다. 지렁이 마디 구조를 하는 이 탄산염 덩이들 주위에서 유기화합물인 다환 방향족 탄화수소 PAH(polycyclic aromatic hydrocarbon) 분자들이 추가로 발견되었다. 미생물이 죽으면 PAH로 변한다. 지구의 오래된 퇴적암에서도 미생물에서 비롯한 PAH가 발견된다. 미생물에 의해서 만들어졌음직한 황화철과 자철광이 역시 앞에서 얘기한 탄산염 덩이 주위에서 발견되었다. 이러한 사실들이, ALH84001이 생명에서 비롯했다고 암시할지 몰라도, 생명기원의 결정적 증거가 될 수는 없었다. 예를 들어, 뉴멕시코 대학 연구진이 이 운석을 다른 방법으로 분석하여 생명기원의 또 다른 증거들을 찾으려 했으나, 부정적 결과가 나왔다. 과거의 화성에 생명이 존재했다는 증거는 아직까지 확보된 바 없다.

7.5 행성 간 기체와 티끌

현재 행성 간 공간에 존재하는 기체의 기원은 다양하다. 행성의 대기권에서 탈출한 것도 있고 혜성의 잔해에서 방출된 것도 있다. 그러나 뭐니 뭐니 해도 대부분은 태양으로부터 온 것이다. 태양풍이란 코로나 팽창 현상(제10장 참조)의 연속으로, 지구 주위를 500kms^{-1}의 고속으로 질주한다. 이 전리기체는 거기서 멈추지 않고 명왕성의 궤도 바깥의 성간 공간으로까지 흩어져서야 질주를 멈춘다.

태양풍은 원자나 분자보다 질량이 훨씬 큰 고체 입자들에게는 큰 영향을 주지 못한다.[2] 즉 태양풍이 고체 입자들을 성간 공간으로 몰아내지 못한다. 황도면 근처에서 궤도 운동을 하는 작은 고체 입자들이 **황도광**(黃道光, zodiacal light)의 요인이다. 태양이 동에서 뜨기 직전이나 서로 진 직후 지평선 근처에 삼각형의 희뿌연 빛의 줄기를 볼 수 있다. 이를 황도광이라고 부른다. 황도광은 매우 흐리다. 자그마한 도시의 불빛이라도 황도광보다 밝기 때문에, 도시에서는 결코 알아볼 수 없는 현상이다. 황도광을 인공위성에서 관측한 결과를 분석하여 지구 궤도 근방에서의 이 고체 입자들의 개수밀도가 10^{-8}개m^{-3} 정도임을 규명할 수 있었으며, 그 구성 성분은 주로 감람석, 철, 니켈임이 판명되었다. 행성 간 티끌이 지구에 떨어져서 **미세운석**(微細隕石, micrometeorite)으로 발견된다. 미세운석의 유입으로 지구의 질량이 매년 수백만 톤씩 증가한다. 행성 간 티끌로 구성된 **황도운**(黃道雲, zodiacal cloud)의 총 질량은 10^{16}kg 정도이다.

혜성의 붕괴와 소행성의 충돌에서 생긴 미세 고체 입자들이 태양계의 내부로 계속 공급된다. 태양계에는 또 이를 효율적으로 제거하는 방편도 마련되어 있다. 미세 고체 입자들은 복사압과 **포인팅-로버트슨 효과**(Poynting-Robertson effect)에 의하여 제거된다. 전자기 파동이 운동량을 가지고 빛의 속도로 진행하기 때문에 빛을 받는 입자는 **복사압**(radiation pressure)을 느끼게 된다. 복사에너지 플럭스 E[Jm^{-2}s^{-1}]에 **운동량 플럭스** $P = E/c$[Jm^{-3}]가 대응된다. 여기서 c는 광속을 의미한다(제8장 참조). 이 운동량 플럭스가 고체 입자에게 복사압을 준다. 태양으로부터 나오는 복사가, 유효 단면적 A인 고체 입자에 작용하는 운동량의 변화율, 즉 **복사력**(輻射力, radiation force)의 크기는

$$F_R = PA = \frac{AE}{c}$$

로 계산된다. 행성의 온도를 논의할 때 사용하였던 식을 이용하여, 이 입자가 태양으로부터 d만큼 떨어져 있을 때, 복사에너지의 플럭스는 $E = (R_\odot/d)^2\sigma T_\odot^4$로 주어짐을 알 수 있다. 입자의 반지름이 r이라면 $A = \pi r^2$이므로, 이 입자가 태양의 반대 방향으로 밀려 나가게 하는 복사의 힘은

$$F_R = \frac{\pi\sigma r^2 R_\odot^2 T_\odot^4}{cd^2} \tag{7-2}$$

로 주어진다. 한편 태양의 중력은 이 입자를

2) 태양풍이 행성 간 티끌에게 운동량을 전달하여 일종의 압력과 저항의 요인으로 작용한다. 하지만 그 효과는 크기가 대략 μm보다 작은 입자들에게 주로 유효하다. 지름이 10μm 이상인 입자들의 궤도 운동에는 태양풍이 큰 영향을 미치지 못한다. (역주)

$$F_G = \frac{GM_\odot}{d^2}\frac{4\pi r^3\rho}{3} \qquad (7\text{–}3)$$

의 크기로 태양 쪽으로 끌어당긴다. 여기서 ρ는 입자의 밀도를 의미한다. 이제 식 (7–2)와 (7–3)을 이용하여 두 힘의 세기의 비를 구해 보면

$$\frac{F_R}{F_G} = \frac{3\sigma R_\odot^2 T_\odot^4}{4cGM_\odot \rho r}$$

$$\approx 5.78 \times 10^{-5}[\text{kgm}^{-3}/\rho]\cdot[\text{m}/\text{r}] \qquad (7\text{–}4)$$

와 같이 된다. 물론 이 비는 무차원의 양이다. 이 비가 태양으로부터의 거리에 무관하다는 사실에 주목할 필요가 있다. 행성 간 미세 입자를 구성하는 물질의 밀도로 $\rho \approx 1{,}000\sim 6{,}000\text{kgm}^{-3}$를 대입하고, 티끌의 크기로 $r \approx 0.1\mu\text{m}$를 택하면, $F_G \approx F_R$가 성립함을 알 수 있다. 따라서 반지름이 μm 이하의 입자들은 태양의 복사압에 의해서 태양계 밖으로 불려 나갈 것이다. 한편 태양풍(제10장 참조)은 복사의 이와 같은 청소 작용을 도와줄 것이다.

이보다 큰 티끌의 경우에는 복사압에 의한 힘이 중력을 이기지 못한다. 이 경우에는 포인팅–로버트슨 효과가 티끌의 제거에 한몫을 한다. 지구의 궤도 운동이 별빛의 광행차를 불러오듯 케플러 운동을 하는 행성 간 티끌 입자에게도 태양빛이 실제보다 약간 앞에서 오는 듯이 느껴진다. 태양 주위를 원궤도 운동하는 입자의 속도를 v라 했을 때, 이 입자와 태양을 연결하는 동경벡터가 태양광의 입사 방향과 이루는 각은 $\theta \approx v/c$가 된다. 따라서 $(v/c)F_R$만큼의 힘이 입자에 제동을 거는 셈이다. 이 제동 때문에 입자는 나선 모양의 궤도를 그리면서 태양을 향해 곤두박질하게 마련이다. 자세한 계산에 의하면, 태양에서 d만큼 떨어져서 궤도 운동을 하던 입자는 시간이

$$t = 7 \times 10^5\text{년}[\rho/(\text{kg m}^{-3})][\text{r}/\text{m}][\text{d}/\text{AU}]^2$$

만큼 경과하면 태양에 빠진다고 한다. 예로서, $r = 1\mu\text{m}$, $\rho = 4{,}300\text{kgm}^{-3}$인 입자가 1AU의 거리에 있었다면 3×10^3년 만에, 또 40AU에 있었다면 5×10^6년 만에 태양 표면으로 곤두박질할 것이다. 이런 식으로 태양이 내부의 티끌을 빨아들이지만 혜성과 소행성은 다시 공급한다.

7.6 태양계의 형성

오늘날 우리가 가지고 있는 최선의 모형들을 기초로 하여, 우리 태양계가 어떻게 형성되고 진화했는지를 설명하는 것으로 이 장을 마치도록 하겠다. 이러한 모형들의 기본 틀은 역시 **성운 모형**(星雲模型, nebular model)이다. 기체와 티끌로 구성된 성간운 하나가 수축하여 태양과 행성들로 만들어졌다는 생각이 성운 모형의 근간이다. 태양계 진화의 세세한 면에 있어서는 아직 미흡한 점이 많지만, 이 성운 모형의 기본은 실제와 크게 다르지는 않을 것이다. 성운 모형의 2대 쟁점인 동역학과 화학조성에 맞춰 태양계의 형성을 논의하기로 한다.

7.6.1 동역학

태양계를 구성하는 천체들의 운동에는 어떤 규칙성이 있다. 태양의 북극 방향에서 태양계를 내려다보았을 때 다음과 같은 규칙성과 만나게 된다.

(1) 행성들이 태양 주위를 반시계 방향으로 공전한다. 태양의 자전 방향도 행성의 공전 방향과 같다.
(2) 수성과 명왕성을 예외로 하면, 모든 행성들의 공전 궤도면이 황도면과 거의 일치한다. 즉 행성들은 거의 동일한 평면에서 궤도 운동을 한다.
(3) 수성과 명왕성을 제외한 모든 행성들의 궤도가 거의 원과 같다.
(4) 금성과 천왕성을 제외한다면, 행성들이 모두 반시계 방향으로 자전한다. 즉 그들의 공전과 자전 방향이 서로 일치한다.
(5) 태양으로부터의 거리에 따른 행성들의 분포가 어느 정도의 규칙성을 띠고 있다. 태양–행성 간의 거리가 순차적으로 약 2배씩 증가하는 양상이다.
(6) 위성들의 대부분이 모행성의 자전 방향과 같은 방향으로 모성 주위를 공전하며, 위성의 공전 궤도면이 모행성의 적도면에 가까이 놓여 있다.
(7) 위성들이 갖고 있는 각운동량의 총합이 태양의 각운동량보다 훨씬 크다.
(8) 장주기 혜성들은 온갖 크기의 궤도 기울기를 가지며 궤도 운동의 방향도 제각각이다. 이는 행성, 위성, 소행성, 단주기 혜성 들의 궤도가 거의 동일한 평면에 놓여 있다는 사

실과 크게 대조적이다.

성운 모형의 핵심은 성간구름 하나에서 태양과 행성들이 모두 다 만들어졌다는 생각이다. 납작한 회전 성간운의 중앙에서 태양이 태동하고 행성들은 원반 면에서 생성·성장한다. 이 기본 구상이 해결해야 할 2개의 커다란 과제가 있다. (1) 태양계의 평판 구조는 어떻게 만들어지게 되었는가? (2) 행성들이 어떻게 성간운에서 생성·성장하게 되었는가?

첫째 문제를 각운동량 보존의 관점에서 고찰하도록 하자. 한 물체가 일단 회전을 시작했다면, 외부로부터 짝힘(torque)이 주어지지 않는 한 자신의 회전 운동을 계속한다. 각운동량의 크기는 그 물체의 질량과 이 질량이 얼마나 넓은 영역에 걸쳐 흩어져 있느냐에 따라 결정된다. 물체가 자체적으로 자신의 크기를 줄일 수 있다면—예를 들어, 자체 중력에 의하여 수축을 하게 된다면—각운동량의 크기를 일정하게 유지하기 위하여 수축 전 상태보다 점점 더 빠르게 자전한다. 그러면서 납작하게 될 것이다. 단위 질량당 각운동량은 자전축 방향에 있는 물질이 가장 작으므로, 회전축을 따르는 방향의 수축이 여타 방향의 수축보다 빠르게 진행될 것이다. 원시 태양계 성운이 자전하면서 수축한다면, 거기에서 태어나는 행성들의 궤도면이 거의 동일 평면에 있다는 사실과 태양과 행성의 회전 방향이 일치한다는 사실이 모두 자연스럽게 설명된다.

태양계의 동역학적 특성을 깨끗하게 설명할 수 있는 이 해결 방안에 심각한 반론이 제기된다. 현재 관측되는 각운동량 분포의 특이성과 관련된 문제이다. 어찌하여 태양계의 전체 질량의 99%나 차지하는 태양이 각운동량은 1%도 채 차지하지 못하게 됐느냐는 질문이다. 목성형 행성들이 태양계의 총 각운동량의 거의 전부, 즉 99%를 가지고 있다. 성운 모형을 그대로 수용하려면, 어찌하여 태양계의 구성원들이 각운동량을 이러한 비율로 배분하게 됐는지를 설명할 수 있어야 한다. 한 가지 생각은 자기장과 전하들의 상호작용이 각운동량을 재분배했다는 것이다. 회전 성간운의 중심부는 회전의 속도를 늦추고 그 대신 외부 행성들이 빨리 돌아야 한다. 그렇게 되려면 중심부의 물질이 갖고 있던 각운동량이 어떤 방식으로든 외부로 전달되어 행성들에게 주어져야 한다. 즉 중심부의 각운동량을 외곽으로 이동케 하는 기작이 있어야 할 것이다.

전하를 띤 입자들은 자기력선 주위를 나선을 그리며 운동하면서 자기장의 방향을 따라 흐른다. 즉 이온과 전자는 자기력선에 동결된다. 태양이 형성되면서 내부 온도가 상승하면 물질이 전리된다. 이렇게 전하를 띠게 된 입자들은 자기력선에 붙잡힐 것이다. 한편 태양은 자기력선을 붙잡고 자기력선과 같이 회전한다. 원칙적으로 자기력선은 중성 물질은 잡아 둘 수 없다. 그런데 중성 기체가 전리 기체를 지날 때 마찰을 경험한다. 티끌도 마찬가지이다. 이 마찰 때문에 중성 물질이 전리 물질에 붙잡힌다. 그러므로 이온과 자기장, 이온과 중성 물질, 결국 자기장과 중성 물질이 서로 묶여서 움직이게 된다. 그렇다면 중앙에서 빨리 도는 원시 태양에 묶여 있는 자기력선이 바깥에서 천천히 돌고 있는 원반 물질을 끌고 가려 할 것이다. 즉 자기력선이 원시 태양의 회전을 외곽 물질에 전달한다. 동시에 외곽 물질은 자기력선을 통해 원시 태양의 회전에 제동을 걸 것이다. 이 때문에 자기력선은 나선을 그리게 된다(그림 7–26). 자기력선을 통하여 원시 태양계 성운 외곽부에까지 태양의 각운동량이 전달되면서 동시에 원시 태양의 회전 속도는 감소한다.

7.6.2 화학조성

행성은 여러 단계를 거쳐 형성된다. 첫째 단계에서는, 태양계 성운 내부에서 기체가 고체 입자로 응결된다. 둘째는, 이렇게 생성된 고체 입자들이 서로 모여서 1~10km 규모의 **미행성**(微行星, planetesimal) 또는 미행성체가 만들어지고, 이 미행성체들이 서로 충돌·병합하여 **원시행성**(原始行星, protoplanet) 또는 원시행성체로 성장한다. 광물이, **응결순서**(凝結順序, condensation sequence)라는 온도의 특별한 서열에 따라 기체에서 고체로 응결되기 때문에, 행성들의 화학조성이 태양으로부터의 거리에 따라 현재와 같은 특성을 지니게 되었다.

응결순서에 기초한 기본 아이디어는 다음과 같다. 원시 태양계 성운의 중심부 온도는 수천 K이었다. 이렇게 온도가 높은 상태에서는 휘발성 고체 입자는 물론이고, 철 화합물이나 감람석 같은 내화성 광물 입자도 응결될 수 없다. 주어진 위치에 어떤 성분의 티끌이 응결되느냐는 그곳의 온도에 의하여 결정된다. 2,000K 미만에서는 지구에서 흔히 볼 수 있는 암석 성분의 광물 입자들이 응결될 수 있다. 273K 이하에서는 얼음 물질의 티끌도 응결된다. 이렇게 온도에 따라 응결되는 광물의 종류가 다르다(표 7–2). 그러므로 위치에 따른 온도의 차

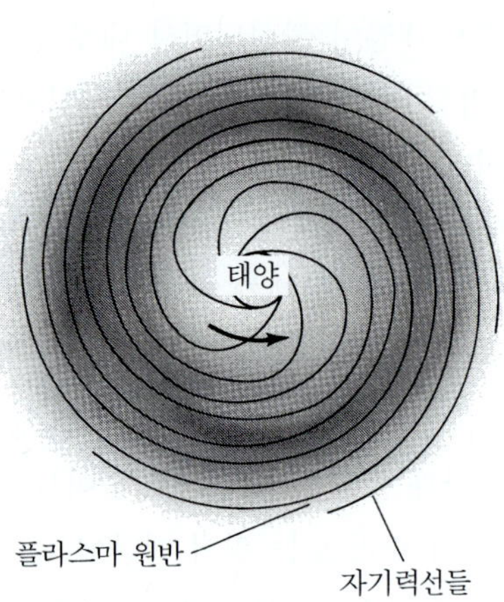

그림 7-28 원시 태양계 성운의 자기력선
전리된 기체는 자기력선에 동결된다. 물질에 동결된 채 자기력선도 차등 회전을 하기 때문에 자기력선은 결국 나선을 그리게 된다.

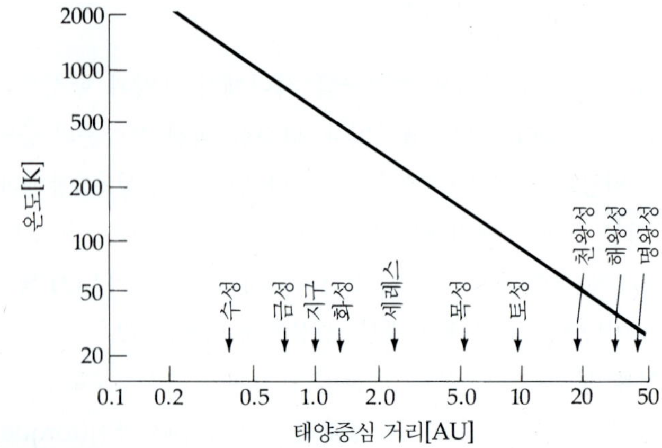

그림 7-29 온도에 따른 광물의 응결순서
행성들의 성분 차이가 설명되려면 원시 태양계 성운에서 온도 분포가 실선과 같은 경향성을 따랐어야 한다.

표 7-2 온도에 따른 광물의 응결순서

화합물/광물명	온도[K]
Al_2O_3	1,743
Fe–Si	1,458
Mg_2SiO_4	1,433
$A1_2SiO_5$	1,068
FeS 황화제일철	703
Fe_3O_4 자철광	403
탄소를 포함한 각종 화합물	373~473
수화 Mg-규산염	273~373
각종 얼음	<273

주의 : 압력이 10^{-3} 기압인 상황에서의 응결온도

이가 위치에 따른 성분의 차이를 불러왔던 것이다. 이와 같은 응결순서의 아이디어로 행성들의 밀도와 성분을 설명하려면, 원시 태양계 성운에서 중앙부의 온도가 높고 외부로 나갈수록 온도가 급격하게 낮아졌어야 했다(그림 7–29). 주어진 위치에 있던 어떤 물질이 그곳의 온도 조건에서 응결될 수 없었다면, 그 물질은 그 지역에서 태어난 원시행성의 구성 성분이 될 수 없었을 것이다.

행성들의 화학조성을 응결순서로 설명하기 위하여 행성마다 성분에 알맞은 온도의 최저치가 있을 것이다. 수성, 금성, 지구, 화성, 목성의 위치에서의 최저 온도는 각각 1,400, 900, 600, 400, 200K이다. 태양으로부터의 거리가 고정되었다 하더라도, 그곳의 온도는 시간에 따라 변했을 것이다. 그러므로 앞에서 얘기한 최저 온도란 행성들이 태어나던 바로 그 당시의 온도를 의미한다.

행성을 목성형과 지구형으로 나눌 수 있다. 두 부류의 구성 성분이 완연하게 다를 뿐 아니라 질량도 큰 차이를 보인다. 광물의 응결순서가 행성들의 이원성을 자연스럽게 설명해 준다. 메탄, 암모니아, 물 등의 휘발성 물질이 응결될 수 있는 지역이라면 미행성체를 형성할 고체 입자들이 풍부했을 것이다. 내화성 광물만 응결될 수 있는 지역에 비해서 그렇다는 말이다. 태양의 화학조성을 보면, 휘발성 광물을 만드는 C, N, O 등이 내화성의 Al, Si, Fe 등보다 훨씬 풍부하기 때문이다.

7.6.3 집적에 의한 미행성의 성장

광물의 응결 과정을 거쳐 일단 티끌 입자들이 만들어지고 난 후에, 그 입자들은 **집적 과정**(集積過程, accretion process)을 통하여 더 큰 질량의 덩어리로 성장하게 마련이다. 집적은 물리적 성격에 따라 두 단계로 나누어 생각할 수 있다. 첫째는, 기체 입자와의 충돌과 흡착에 의한 성장 단계이다. 티끌은 유한한 크기의 기하학적 단면적을 가지므로, 이 티끌이 기체 분자들 사이를 움직여감에 따라 도중에 있던 분자들과 충돌하게 된다. 충돌한 분자가 티끌에 붙으면 티끌이 성장한다. 이 경우 티끌의 집적률은 티끌의 기하학적 단면적에 의하여 결정될 것이다. 둘째는, 어느 정도 성장한 물체가 자신의 중력으로 주위 물질을 끌어들여 성장하는 단계이다. 이 경우에는 중력적 단면적이 집적률의 결정 요인이다.

지름이 R인 구형 티끌의 기하학적 단면적은 πR^2이다. 중력

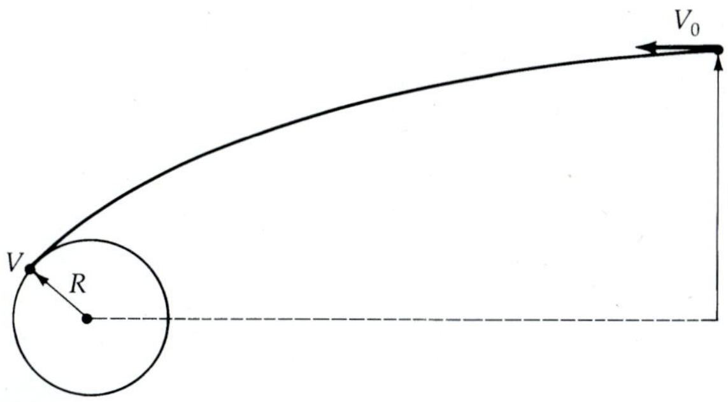

그림 7-30 충돌 단면적에 미치는 중력의 영향을 설명하는 개념도
충돌에 참여하는 두 입자의 상호 중력 때문에 충돌 단면적은 기하학적 단면적보다 넓게 마련이다. 접선 충돌을 일으킬 수 있는 충돌인자의 최대값 S가 중력 충돌 단면적을 결정한다.

적 단면적, 또는 임계 충돌인자를 다음과 같이 정의할 수 있다. 어떤 작은 입자가 반지름이 R인 비교적 큰 입자를 향해 V_0의 속도로 달려오는데 두 입자 사이에 작용하는 중력 때문에 큰 입자의 표면을 V의 속력으로 겨우 스쳐 지나가게 됐다고 하자(그림 7-30). 두 입자가 멀리 떨어져 있을 때, 큰 입자의 중심에서 작은 입자의 운동 방향에 나란하게 그은 선에 작은 입자에서 내린 수선의 길이를 **충돌인자**(衝突因子, impact parameter)라고 부른다. 두 입자가 스치게 되는 충돌인자의 값을 S라 하자. S보다 큰 충돌인자로 입사하는 작은 입자는 큰 입자의 표면에 닿을 수 없으므로, 집적에 의한 성장을 위한 충돌 단면적은 πS^2이다.

각운동량 보존식에서

$$VR = V_0 S$$

의 관계가 성립한다. 작은 입사 입자가 큰 입자에서 멀리 떨어져 있을 때에는 중력의 퍼텐셜에너지가 0이었으므로, 에너지 보존식을

$$\frac{mV_0^2}{2} = \frac{mV^2}{2} - \frac{GmM}{R}$$

와 같이 기술할 수 있다. 여기서 m은 입사 입자, M은 큰 입자의 질량을 각각 의미한다. 에너지 식에서

$$\frac{V^2}{2} = \frac{V_0^2}{2} + \frac{GM}{R}$$

$$V = \left(V_0^2 + \frac{2GM}{R} \right)^{1/2}$$

의 관계를 구해 이를 각운동량 보존식에 대입하면

$$V_0 S = \left(V_0^2 + \frac{2GM}{R} \right)^{1/2} R$$

의 결과를 얻는다. 그러므로

$$S = \frac{R}{V_0}\left(V_0^2 + \frac{2GM}{R} \right)^{1/2} = \left(R^2 + \frac{2GMR}{V_0^2} \right)^{1/2}$$

가 성립한다. 이것이 중력 충돌인자(gravitational impact parameter)의 식이고, 괄호 안에 첫째 항이 기하학적 표면적에서 온 것이고, 둘째 항이 중력 항이다.

분자나 원자의 부착으로 만들어진 물질의 밀도가 원래 티끌 물질의 밀도와 크게 다르지 않다고 가정하면,

$$\frac{dM}{dt} = \frac{d}{dt}\left(\frac{4\pi}{3}\rho R^3 \right) = 4\pi\rho R^2 \frac{dR}{dt}$$

의 관계가 성립할 것이다. 즉 티끌 크기의 성장률로 티끌 질량의 성장률을 기술했다.

이제 중력이 성장에 주요 요인이라고 가정하고 한 천체가 다른 천체들 사이를 지나면서 어떻게 자신의 질량을 키우는지 살펴보자. 빨리 달릴수록 단위 시간에 많은 횟수의 충돌을 겪게 되므로, 충돌률은 속도에 비례할 것이다. 또한 단면적이 넓을수록 주어진 시간에 많은 수의 충돌이 이루어질 터이니 충돌률은 단면적에도 비례할 것이다. 주위 입자들의 밀도가 높을수록 역시 충돌의 횟수도 증가하므로 밀도에도 비례하게 마련이다. 따라서 우리는

$$\frac{dM}{dt} = 속도 \times 입자\ 밀도 \times 단면적$$

$$= V_0 \rho_0 \pi S^2$$

$$= V_0\rho_0\pi\left(R^2 + \frac{2GMR}{V_0^2}\right)$$

$$= V_0\rho_0\pi R^2 + \frac{2\pi\rho_0 GMR}{V_0}$$

의 관계를 얻게 된다. 중력이 집적의 주 원인이라면 이 식의 첫째 항은 둘째 항보다 작을 것이므로 무시해도 좋을 것이다. 그렇다면

$$\frac{dM}{dt} \approx \left(\frac{2\pi G\rho_0}{V_0}\right)MR$$

$$= \frac{2\pi G\rho_0^2}{V_0}\left(\frac{4\pi}{3}R^3\right)R$$

이 성립한다. 즉 질량은

$$\frac{dM}{dt} \propto R^4$$

의 관계에 따라 반지름의 네 제곱에 비례해서 증가한다. 미행성체의 크기가 커질수록 그 질량은 훨씬 더 빠르게 성장한다.

중력이 집적의 주요 원인으로 작용할 수 있는 천체의 임계 크기는 얼마인가? $S^2 = 2R^2$일 때, 즉 중력적 충돌 단면적이 기하학적 단면적의 2배가 될 때부터 중력이 더 중요한 역할을 한다고 볼 수 있다. 그렇다면

$$\left(R^2 + \frac{2GMR}{V_0^2}\right)^{1/2} = 2^{1/2}R$$

$$R^2 + \frac{2GMR}{V_0^2} = 2R^2$$

즉

$$R^2 = \frac{2GMR}{V_0^2}$$

일 때이다. 이 관계식을 고쳐 쓰면

$$R = \frac{2GM}{V_0^2}$$

$$= \frac{2G}{V_0^2}\frac{4\pi}{3}\rho R^3,$$

즉

$$R = \left(\frac{3V_0^2}{8\pi G\rho}\right)^{1/2}$$

이 된다. 사실상 V_0는 충돌하는 두 입자의 상대 속도이다. 구체적으로 $V_0 = 1\text{kms}^{-1}$, $\rho \approx 3{,}000\text{kgm}^{-3}$인 경우

$$R \approx 1{,}000\text{km}$$

가 중력 집적이 중요하게 되는 반지름의 대강 크기이다. 이 정도의 크기를 갖는 미행성체라면 원시행성체라 불러도 무방할 것이다.

7.6.4 목성과 토성의 형성

목성과 토성은 미행성체들의 집적을 통해 형성된 것 같지 않다. 여기에 행성 형성 문제의 복잡성이 있다. 목성과 토성은, 미행성체들이 모여서가 아니라 항성이 형성되는 과정에서와 마찬가지로, 원시 태양계 성운 속에 있던 고밀의 덩어리가 중력 수축하여 태동한 듯하다.[3] 그러나 차이가 있다면, 그것은 목성과 토성의 질량이 핵반응을 촉발시킬 정도로 충분히 크지는 않다는 사실이다. 목성이나 토성의 경우에도 수축 단계에서 중력의 퍼텐셜에너지가 열에너지로 변하여 내부가 가열되었겠지만, 핵반응을 일으킬 정도의 고온에는 이를 수 없었다.

앞에서 얘기한 고밀 덩어리의 화학조성을 우선 태양과 같다고 하고 그 크기를 현재 목성 반지름의 16배로 잡아 모형 계산을 해 보면, 중심 온도가 16,000K로 되고 표면은 1,000K, 광도는 현재 태양의 1/100이 된다. 자체 중력이 이러한 상태에 놓인 원시 목성운을 급속히 수축시켜 원시 목성으로 일단 만든다. 그러나 이 이후부터의 수축은 더디게 진행된다. 압력의 증가로 내부의 물질이 액체 위상으로 진입하기 때문이다. 그러고 약 45억 년이 경과하는 동안에 원시 목성은 현재와 같

3) 원시 태양계 성운의 회전 원반에서 중력 수축을 유발할 수 있었던 고밀의 덩어리가, 실은 현재 지구 질량의 10배 수준에 이르는 거대 원시 행성체였을 것이다. 천왕성과 해왕성이 지구 질량의 각각 14.7배와 17.2배라는 사실에 유의할 필요가 있다. 목성의 태동 지역은 각종 얼음이 응결될 수 있는 여건을 갖추고 있었으므로 티끌에서 미행성체로의 성장이 내행성계에서보다 빨리 진행되었을 것으로 기대된다. (역주)

은 모습의 목성으로 변해간다. 이 과정에서 목성은 중력 수축이 내부에 공급한 열에너지를 $1.8 \times 10^{-9}L_{\odot}$의 율로 공간에 방출하고, 그 결과로 중심의 온도는 서서히 떨어진다. 비슷한 모형으로 토성의 형성과 진화를 설명할 수 있다.

이 모형 계산에서 밝혀진 중요한 사실이 하나 있다. 그것은 형성 직후 원시 목성의 광도가 잠시 동안이지만 아주 높게 올라간 적이 있다는 사실이다. 바로 이 즈음에 목성의 위성들이 형성됐다면, 안쪽 위성들은 얼음 물질을 함유할 수 없었을 것이다. 광물의 온도에 따른 응결순서(9.6.2항 참조)를 고려할 때, 원시 목성의 초기 고광도의 상황이 위성들로 하여금 현재와 같은 화학조성을 갖게 했을 것이다. 결국 목성의 갈릴레이 위성들도 태양의 지구형 행성들이 겪었던 광물 입자의 응결과 미행성의 집적 과정을 밟아온 셈이다.

7.6.5 소행성, 운석, 그리고 혜성

소행성은 행성으로 성장하지 못한 미행성체일 것이다. 소행성의 화학조성이, 소행성대 내부에서도, 태양으로부터의 거리에 따라 체계적으로 변한다는 사실에 주목할 필요가 있다. 소행성대의 안쪽 경계부에 주로 S형의 밝은 소행성들이 자리하는데 비하여 외부는 어두운 C형이 차지한다. 이 사실은 소행성들의 반사도를 측정하여 얻은 결과이다. C형이 S형보다 휘발성의 탄소를 많이 함유하기 때문에 어둡다. 그러므로 중심거리에 따른 소행성 종류의 차이 역시, 광물의 응결순서에 기초한 우리의 생각과 잘 맞아떨어진다. 소행성대의 태양 쪽 경계 부근에서는 온도가 내화성의 감람석류가 응결될 정도로 적당히 낮았으나, 휘발성 원소인 탄소를 함유하는 물질이 응결되기에는 너무 높았다. 태양에서 더 멀리 떨어진 곳에서는 내화성과 휘발성 양쪽 성분의 미세 고체 입자들이 다 미행성체를 만드는 데 쓰였을 것이다. 그런데 왜 이 지역의 미행성체들은 행성으로 성장하지 못했을까? 원시 목성에 의한 기조력 때문이었을 것이다.[4] 태양의 기조력 역시 미행성체들의 궤도를 원에서 타원으로 변형시키는 데 일조를 하였다. 사건의 전개는 이렇게 진행된다. 타원 궤도를 돌던 미행성체들이 충돌하여 작은 조각으로 깨진다. 이 충돌 파편들이 태양계의 내부를 향해 비 오듯이 쏟아져 들어간다. 수성, 금성, 지구, 달 등의 표면에 내리꽂히면서 엄청난 수의 운석 구덩이들을 파 놓는다. 이 대대적인 충돌 사건이 약 40억 년 전에 있었다.

그렇다면 운석들은 원시 태양계 성운 모형과 어떻게 들어맞는가? 콘드라이트 운석이 광물의 응결순서에 기초한 행성의 형성 모형을 뒷받침해 준다. 콘드라이트는 화학조성이 태양과 같으며, 구성 입자들의 성분이 균질하고, 내부 조직이 일양하다는 점 등으로 미루어, 콘드라이트 운석이 태양계 성운에서 최초로 응결된 물질의 상태를 그대로 갖고 있다고 판단된다. 성운 내부에 있었던 온갖 종류의 난류운동이 충격파를 동반했고, 충격파는 이미 응결되어 있던 티끌 입자들을 급속히 용융 상태로 몰아 넣을 수 있었다. 일단 충격파가 통과하고 나면 용융 상태에 있던 물질이 식으면서 작은 방울의 고체 알갱이로 된다. 이렇게 형성된 유리질의 구형 고체 입자들이 미행성에 집적된다. 그리고 이 구형의 입자들이 오늘날 콘드라이트 운석의 균질 조직에 군데군데 박혀 있는 콘드률(chondrule), 즉 구립체(球粒體)로 자신의 모습을 드러낸 것이다. 콘드률의 지구화학(geochemistry)적 특성을 근거를 판단하건대, 이들의 대부분이 600K 부근에서 재응결되었음을 알 수 있다. 한편 형성된 지 100만 년쯤 되는 미행성체들에서는 중력에 의한 화학 분화가 이미 이루어진 상태였을 것이다. 반감기가 짧은 방사능 동위원소들의 붕괴열에 의하여 100만 년 정도의 시간이면 내부가 완전히 녹아 용융 상태에 이를 수 있다는 얘기이다. 그러면 중력에 의한 **분화작용**(分化作用, differentiation)으로 밀도가 높은 철은 중심핵으로 가라앉고 가벼운 규산염 성분의 암석 물질이 외곽으로 자리를 옮긴다. 이렇게 분화된 미행성체들 중에서 원시행성으로 성장할 수 없었던 것들이 운석모체로 되었을 것이다. 운석모체들은 나중에 서로 충돌하여 작은 덩어리들로 쪼개지고, 이 파편들이 오늘날 지구에서 운석으로 회수되는 것이다.

광물의 응결순서를 고려할 때, 목성형 행성들 근방에서 만들어진 미행성은 주로 얼음 성분이었을 것으로 추정된다. 이들이 혜성의 핵을 형성했을 것이다. 얼음 덩어리인 이 혜성의 핵들이 갓 태어난 행성들의 중력 섭동을 받아 오오트 구름으

4) 이 논지를 그대로 따르면 소행성대에서 태어난 미행성체들은 행성으로 성장할 충분한 시간이 없었다는 뜻이다. 원시 목성이 소행성대 바깥에 자리 잡기 훨씬 이전에 하나의 어엿한 행성으로 성장할 수 있었다면 목성의 존재가 덜 위협적이었을 것이다. 중력 수축의 '방아쇠'를 당겼던 '수퍼 지구'의 '때 이른 출현'이 소행성대의 운명을 갈라놓은 셈이다. (역주)

로 보내졌을 것이다. 응결순서에 입각한 구상을 따르면, 목성형 행성들의 거리에서는 천체들이 주로 얼음 물질로 되었음을 알 수 있다. 천왕성이나 해왕성의 실제 성분을 추정해 보면 60~70%가 얼음이다. 혜성의 성분도 천왕성이나 해왕성과 비슷할 것으로 예상된다. 그러므로 얼음 성분의 미행성체들이 집적된 행성이 바로 천왕성과 해왕성일 것이다. 나머지 미행성체들은 목성형 행성들의 섭동을 받아 긴 반지름이 20,000AU 내지 50,000AU에 이르는 먼 궤도로 진입한다. 오오트 구름의 구성체들 중에서 약 75%는, 천왕성과 해왕성이 미행성체들에게 미친 중력 섭동의 결과일 것으로 추정된다. 태양계의 변방에서 벌어진 행성 탄생의 한 부산물이 오늘의 오오트 구름인 것이다.

7.6.6 지구와 달의 형성

달이 지구보다 구조적으로 훨씬 더 간단한 천체이며 형성 당시의 상태를 지구보다 더 잘 간직하고 있으므로, 달의 역사를 비교적 소상하게 추적할 수 있다. 하지만 달의 기원은 역사와는 다른 차원의 문제이다. 달의 형성을 설명하려는 과거의 여러 가지 시도들을 **포획**, **분열**, **쌍 집적**, 이렇게 세 가지 이론으로 가를 수 있다. 포획이론에서는 원래 달이 지구에서 멀리 떨어진 곳에서 소행성들의 충돌·병합으로 탄생했는데, 나중에 지구 중력에 의해 지구에 포획되었다고 주장한다. 분열이론 중에서 가장 간단한 모형에 따르면, 어느 정도 말랑말랑하던 상태에 있던 지구가 매우 빠른 속도로 자전하면서 표피층(맨틀)의 상당 부분을 밖으로 날려 버렸고, 이것이 식어서 달이 되었다고 한다. 분리이론에서는 원시 지구의 중심에 철 성분의 핵이 형성된 직후에 맨틀이 분리했다고 믿는다. 쌍 집적 모형에서는, 원시 태양계 성운에서 지구와 달이 거의 같은 지역에서 거의 동시에 만들어졌다고 생각한다. 모형마다 그 나름의 장단점이 다 있다. 그러나 행성과학을 전공하는 학자들은 최근에 와서 네 번째 이론인 **거대충돌 모형**(巨大衝擊 模型, giant-impact model)에 무게를 실어주기 시작했다.

거대충돌 모형에서는 화성 크기의 원시 행성체가 젊은 원시 지구에 충돌했다고 가정한다. 거대한 충돌에서 발생한 엄청난 양의 에너지 때문에 원시 지구와 충돌 천체에서부터 상당한 양의 질량이 떨어져 나가서 지구 주위에 회전 원반을 형성한다. 그 원반에서 집적 과정을 거쳐 달이 태동한다. 지구–달계가 현재 보유하고 있는 적지 않은 크기의 각운동량을 설명하려면, 충돌체가 원시 지구와 거의 접선 방향으로 약 $10ms^{-1}$의 속력으로 스치듯이 충돌해야 한다. 이상이 거대충격 모형의 골자이다. 이 모형에는 아직 심각한 문제가 발견되지 않았다. 그리고 수치 모의실험의 결과도 이 모형을 지지하

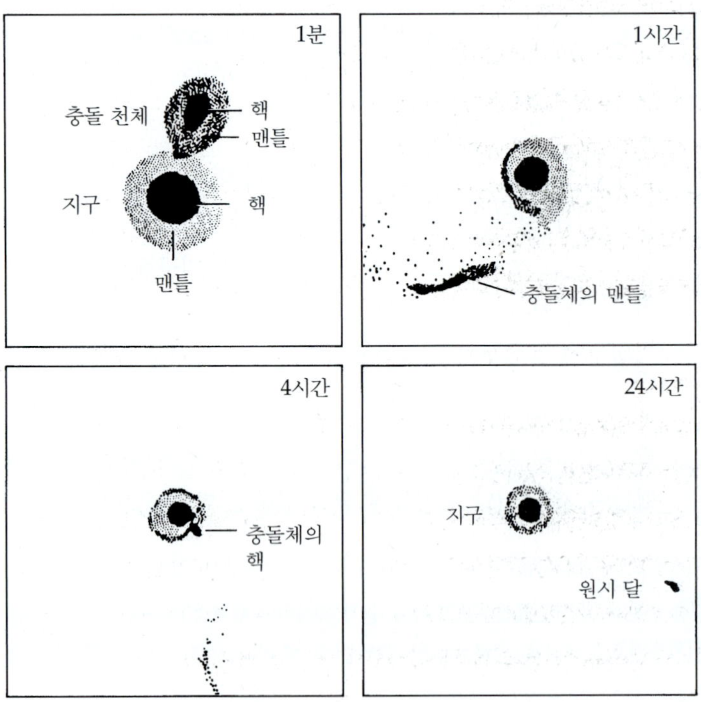

그림 7-31 거대충돌에 의한 달의 형성 과정을 수치 모의 실험한 결과 (A) 지구 질량의 0.14배인 천체가 $5kms^{-1}$의 속력으로 지구와 스쳐 지나가듯 충돌한다. (B) 충돌 천체는 이 과정에서 공간으로 일단 흩어지지만 1시간쯤 지난 후에 충돌체 맨틀의 대부분이 지구에 떨어져 쌓인다. (C) 충돌체의 핵은 4시간 후에 지구의 중심핵에 결합된다. (D) 충돌체의 규산염 성분의 맨틀 일부가 지구 주위에 남아 궤도 운동을 하다가 집적 과정을 거쳐 원시 달을 형성한다. (A.G.W. Cameron and W. Benz)

고 있다(그림 7–31).

수치 모의실험에서 알게 된 핵심 내용의 일부를 여기 소개한다. 충돌 과정에서 충돌체가 갖고 있던 금속 성분의 핵은 아무 손상도 입지 않은 채 지구의 중심핵과 합류한다. 하지만 암석 성분의 맨틀은 떨어져 나가서 원시 지구에서 떨어져 나온 맨틀의 일부와 함께 원시 지구 주위에 회전 원반을 형성한다. 이렇게 되면 지구와 달이 보이는 화학조성의 차이와 또 일치의 문제가 교묘하게 해결된다. 일치는 지구에서 떨어져 나간 맨틀 때문이고, 차이는 충돌 천체의 맨틀에서 비롯한 것이란 설명이 가능하다. 나중에 달을 구성할 물질에 원래부터 들어 있던 휘발성 원소는 충돌 과정에서 발생한 열로 쉽게 증발하여 공간으로 날아갔을 것이다. 그러므로 달에서 알려진 휘발성 원소의 심각한 결핍 문제도 자연스럽게 해결된다. 월석에서 측정된 산소 동위원소의 함량비가 지구 맨틀과 일치한다. 이 사실도 지구 맨틀에서 떨어져 나간 물질로 설명될 수 있다. 과학자들은 충돌 인자와 충돌 속도의 값들을 적절히 선택함으로써 지구–달계가 갖는 비정상적으로 큰 고유 각운동량의 문제도 해결하려 한다.

이제 지구 자체로 우리의 눈을 돌리자. 기껏해야 수백만 년의 기간에 걸쳐 일어났던 집적의 시대가 거의 끝나갈 무렵, 지구는 현재 달의 고지대에서 볼 수 있을 정도로 분화구가 잔뜩 패어 있는 모습을 한 균질 조성의 천체였을 것이다. 지구의 대기는 이 당시에는 주로 수소만으로 구성되어 있었다. 방사능 원소의 붕괴열로 내부가 녹으면서 지구의 중심에 철 성분의 핵이 자리를 잡는다. 방사능 가열 때문에 암석에 갇혀 있던 각종 기체가 증발한다. 그 결과로 물, 이산화탄소, 메탄, 암모니아 등이 풍부한 제2의 대기가 형성된다. 지구 표면의 온도가 충분히 내려가자, 엄청난 양의 비가 쏟아지면서 바다가 만들어진다. 지구가 형성되고 한 10억 년쯤 지났을 때, 판구조 운동이 일어나 지각의 전반적인 모습이 변하기 시작한다. 지구가 식으면서 지각이 두꺼워진다. 해저 분지들이 거의 다 물로 채워지면서 거기에서 생명이 출현한다.[5] 지구 대기는 생명의 출현으로 또 한 차례 성분의 변화를 겪으면서 오늘의 상태로 진입한다.[6] 약 2억 년 전 판구조 운동으로 대륙이 갈라지면서 오늘과 같은 분포를 하게 된다.

핵심 수식과 개념

• 복사력

$$F_R = \frac{\pi\sigma r^2 R_\odot^2 T_\odot^4}{cd^2}$$

• 포인팅–로버트슨 효과

$$t = 7 \times 10^5\text{년}\left(\frac{\rho}{\text{kgm}^{-3}}\right)\left(\frac{r}{\text{m}}\right)\left(\frac{d}{\text{AU}}\right)^2$$

• 중력 집적

$$\frac{dM}{dt} = \frac{2\pi G\rho_0}{V_0}MR$$

$$= \frac{2\pi G\rho_0^2}{V_0}\left(\frac{4\pi}{3}R^3\right)R$$

5) 지구 생명은 지금으로부터 약 38억 년 전에 출현하였다. 판구조 운동이 개시되기 훨씬 이전이다. (역주)

6) 녹조류의 탄소동화 작용으로 유리된 자유 산소는 아주 오랜 세월 동안 철을 비롯한 각종 금속 원소들을 산화하는 데 온통 다 쓰인다. 지구 대기에의 산소의 유입은 지금으로부터 약 20억 년 전부터이다. (역주)

문제

1. 복사압과 포인팅-로버트슨의 효과 때문에 밀도 $1{,}000\text{kgm}^{-3}$, 반지름 1m인 우주 탐사선에 어떤 영향이 미치게 되는지 설명하시오. 자신의 주장을 정량적 논지로 입증하는 동시에 자신이 채택한 가정들을 명시해야 한다.
2. 태양계가 형성될 당시, 태양 기조력과 로시 한계가 결정적인 역할을 했을 것이다. 태양으로부터 d 만큼 떨어진 곳에 있는 원시 행성이, 태양의 기조력과 로시 한계의 제약에서 벗어나 안정을 유지할 수 있는 최저 밀도를 도출하시오.
3. 한 가지 이론 모형에 의하면, 40억 년 전에 목성의 광도는 $10^{-2}L_{\odot}$, 표면온도는 1,000K였다고 한다. 흑체복사로 자신의 광도를 충당할 수 있었다면 이 당시 목성의 반지름을 계산해 보이시오.
4. (가) 현재 지구가 행성 간 티끌을 집적하여 얻게 되는 질량의 증가율을 추산하시오.
   (나) 지구가 이러한 비율로 자신의 질량을 50% 증가시키는 데 얼마나 오랜 시간이 필요할지 계산해 보이시오.
5. 행성들이 가지고 있는 각운동량을 모두 합하여 현재 태양에 얹어 줄 경우, 태양이 얼마나 빨리 자전하게 될지 추산하시오.
6. 지구의 표면을 스쳐 지날 때의 속도가 그곳에서의 이탈속도와 일치했다면, 어떤 크기의 충돌인자로 둘 사이의 충돌이 일어나야 하는지 계산해 보이시오. 목성 대기의 상층 경계를 스쳐 지나는 경우도 계산해 보시오.
7. 타이탄, 디오네, 하이페리온에서의 이탈속도를 서로 비교하시오. 그리고 각 위성에서 메탄 분자의 수명을 추산해 보이시오.
8. 세레스의 $10\mu\text{m}$대역에서의 적외선 플럭스가 가시광 플럭스의 4배라고 한다. 이 소행성의 반사도와 반지름을 추산하시오.
9. 소행성 허큘리나가 1,000km 떨어진 곳에 반지름이 100km인 위성을 거느리고 있다고 가정하자. 허큘리나와 그 위성이 모두 암석 성분의 천체라고 한다.
   (가) 이 위성의 궤도 공전주기를 계산하시오.
   (나) 소행성과 위성을 서로 떼어 놓으려는 태양의 기조력과 이들 상호 간의 중력의 세기를 비교하시오. 두 천체의 밀도는 같다고 간주하시오.
10. 하늘이 맑은 날 밤에 도시에서 조금 떨어진 장소에서 인내심을 갖고 밤하늘을 바라보면, 한 시간에 약 10개 정도의 유성이 나타난다고 한다. 유성으로 보이는 유성체는 보통 1g 정도의 질량을 가지며 지상 100km에서부터 빛을 발하기 시작한다. 1년 동안 지구 대기에 투입되는 유성체의 총 질량을 추산하시오. 지구가 형성된 이래 지금까지 유성체가 동일한 비율로 지구 대기에 들어왔다고 가정하시오. 그동안 유입된 유성체의 총 질량을 추산하시오.
11. 1965년에 출현한 이케야-세키는 태양에 근접하는 혜성으로 주기 700년, 근일점 거리는 0.008AU의 타원 궤도를 그린다.
    (가) 이케야-세키의 원일점 거리를 AU 단위로 계산해 보이시오.
    (나) 근일점에서 궤도속도가 500kms^{-1}라면 원일점에서는 얼마인가?
    (다) 혜성핵의 밀도를 적당히 가정하고, 근일점 통과 시 이 혜성이 태양의 기조력 때문에 경험했을지 모르는 파괴 가능성에 대하여 논의하시오. (힌트 : 로시 한계)
12. 철질운석의 성분 물질에 대한 파괴력(crushing strength), 즉 변형을 야기하는 최소 압력의 크기가 $4 \times 10^{8}\text{Nm}^{-2}$이다. 철질 소행성의 중심 압력이 이 정도로 되려면 그 크기가 얼마나 되어야 할지 계산하시오. 이보다 크다면 어떤 일이 일어날지 설명하시오. (힌트 : 정유체평형 조건)
13. 토성의 고리를 이루는 입자들이 토성중심에서 $(87\sim137) \times 10^{3}$km의 거리 범위에서 원운동을 한다고 가정하고 다음 질문에 답하시오.
    (가) 개개의 입자들이 케플러 법칙에 따라 운동한다면 고리의 내외 경계 부근에서의 궤도속도를 추산하시오.
    (나) 고리의 내외 측 경계에서의 속도를 구별해서 측정하려면 어느 정도의 분해능을 가진 분광기가 필요한지 설명하시오.
14. 핼리혜성이 지구에서 3AU 떨어져 있을 때 예상되는 이 혜성의 밝기를 1AU 때의 밝기와 비교하시오.
15. 오오트의 구름에 있는 혜성핵의 궤도 긴 반지름을 50,000AU로 잡았을 때, 전형적인 궤도 주기가 얼마나 될

지 추정하시오.

16. 4개의 목성형 행성들이 가지고 있는 고리계의 특성을 서로 비교하시오.

17. (가) 보이저는 토성의 위성 타이탄에서 상당한 양의 질소를 함유한 대기층을 발견하였다. 타이탄의 대기 중에서 예상되는 N_2 분자의 *rms* 속도를 타이탄에서의 이탈속도와 비교하시오. 이 비교를 통하여 타이탄의 대기에 관하여 자신이 이끌어 낼 수 있는 결론을 얘기하시오.

(나) 해왕성의 위성 트리톤에 대해서도 앞의 문제에서와 같은 논의를 하시오. 보이저의 관측 결과에 의하면, 트리톤에서 발견한 N_2 대기가 타이탄의 그것보다 희박했다고 한다.

18. 오리온자리에서 나타나는 유성우는 핼리혜성의 궤도에 널려 있는 티끌 때문이라고 한다. 오리온 유성우로 보게 되는 유성체들의 궤도속도를 추정하시오.

19. 새로 발견된 소행성과 화성이 충의 위치에서 같이 관측됐다. 이때 화성의 밝기가 소행성의 10^8배였다. 화성과 소행성이 태양으로부터 각각 1.5AU와 3.0AU에 있다고 가정하고 다음 질문에 답하시오.

(가) 이 소행성이 S형으로서 반사도가 16%이라면 반지름은 얼마나 될지 추정하시오.

(나) 만약 이 소행성이 C형이어서 반사도가 4%일 경우 반지름을 추산하시오.

20. 아이다와 댁틸의 쌍 소행성 계에 관하여 이 장에 주어진 정보를 이용하여 아이다의 질량과 밀도를 계산해 보이시오.

21. 혜성의 티끌 꼬리와 플라스마 꼬리가 뻗치는 방향이 서로 다르다. 그 이유를 설명하시오.

PART 2 별

The Stars

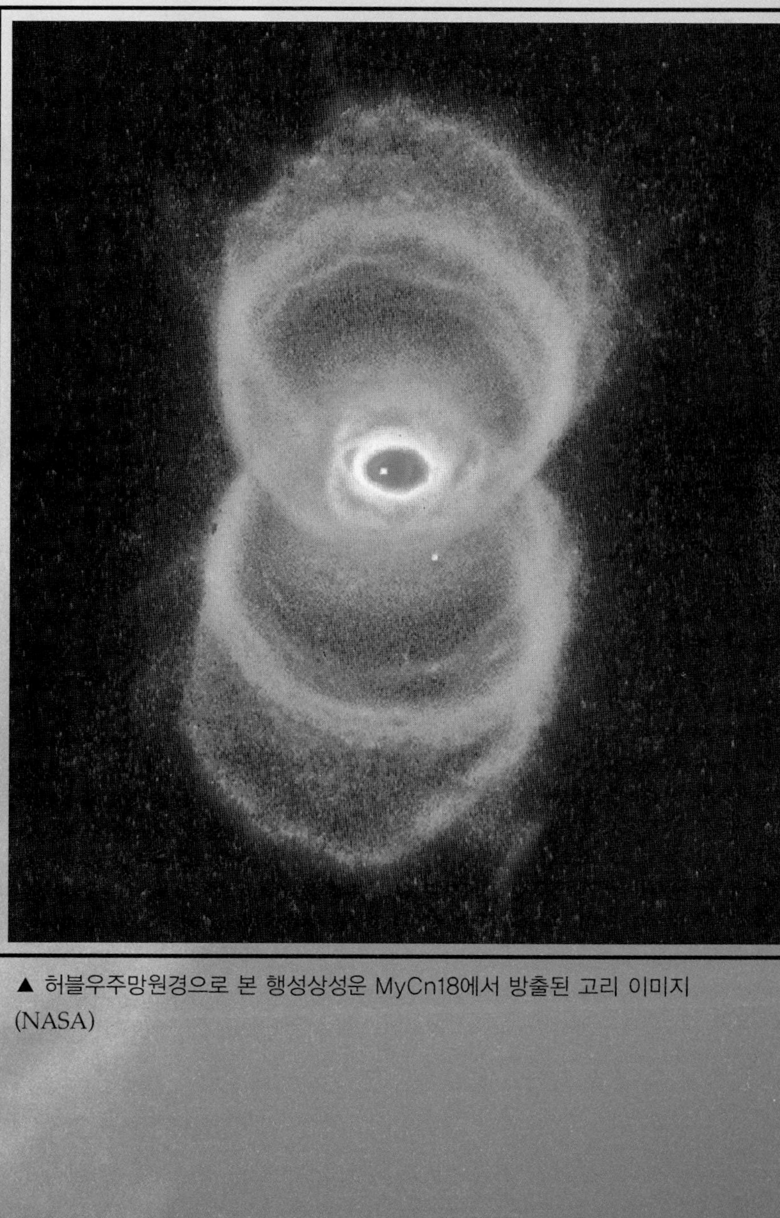

▲ 허블우주망원경으로 본 행성상성운 MyCn18에서 방출된 고리 이미지 (NASA)

Chapter 8

전자기 복사와 물질

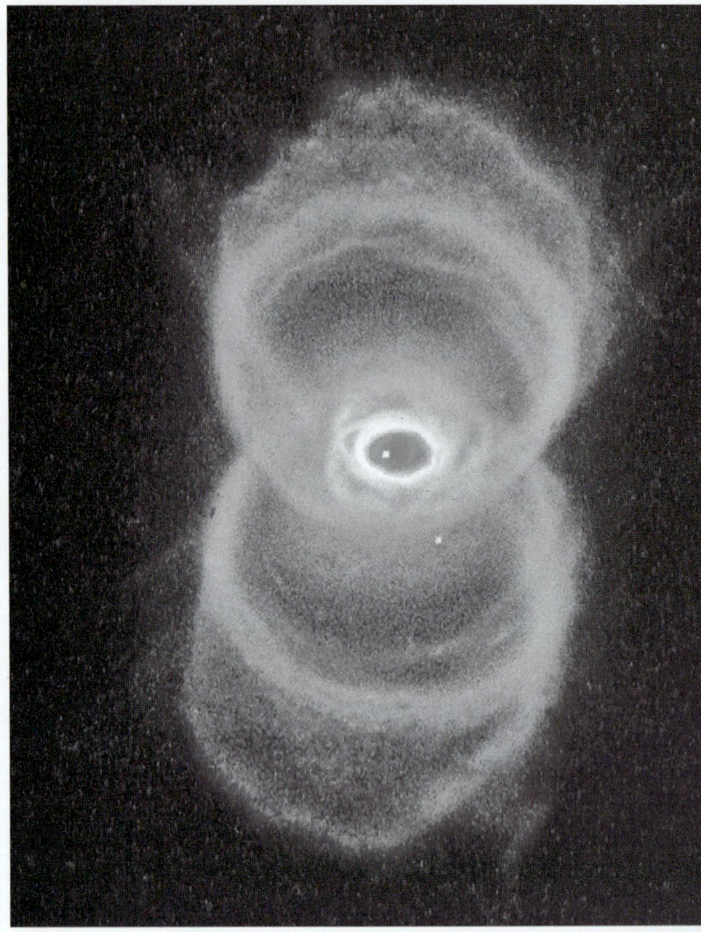

이제 행성에서 주의를 돌려 별에 관해 살펴보기로 하자. 가장 가까운 별은 태양이며, 원반으로 보인다. 나머지 별들은 밤하늘을 수놓은 빛나는 점들에 불과하다. 그런 천체를 어떻게 연구하는가? 별들은 빛을 방출함으로써 그 존재를 드러낸다. 그러므로 이러한 복사를 검출하고 해독하여 천체의 성질을 추론할 수 있다.

이 단원에서는 **전자기 복사**(가시광선으로 가장 잘 알고 있는)의 특성, 물질의 원자 구조, 물질과 복사 간의 모든 중요한 상호작용에 관해 알아본다. 천문학자들은 두 가지 방법으로 빛을 다루는데, 하나는 빛의 세기(한정된 파장 영역 내의)를 재는 것이며, 다른 하나는 빛을 분산시켜 스펙트럼을 얻은 다음 그것을 자세히 조사하는 것이다.

8.1 전자기 복사

궁극적으로 별을 올바르게 이해하기 위하여 전자기파로서의 빛의 성질부터 살펴본 다음 입자로서의 성질을 알아보기로 하자.

8.1.1 빛의 파동적 성질

파동이란 무엇인가? 우리는 액체 표면을 따라 전달되는 기복의 교란 상태인 물결파를 잘 알고 있다. 만일, 물결이 움직이는 데에 코르크를 놓으면, 그와 같은 파동(횡파 또는 위아래파)은 코르크의 높이 h가 평균 표면으로부터(그림 8–1) 다음 수식으로 표시되는 특성을 보인다.

$$h = h_0 \sin\left[\frac{2\pi}{\lambda}(x - vt)\right] \qquad (8\text{–}1)$$

횡파에서는 물질 교란의 파동이 진행되는 방향과 수직인 방향으로 일어난다. 반면에 **종파**는 스프링이 압축되었을 때처럼 진행 방향에 교란이 생긴다.

식 (8–1)은 시간 t에 따라 x축 방향으로 속도 v로 진행하는, **진폭** h_0인 사인파를 나타낸 것이다. 파동의 마루에서 다음 마루까지의 거리를 **파장** λ라 한다. 따라서 주어진 시각($t = 0$이라 했을 때)에 코르크는 다음과 같은 진동 형태를 나타낸다.

$$h = h_0 \sin\left(\frac{2\pi x}{\lambda}\right) \qquad (8\text{–}2)$$

한편, $x = 0$인 곳에서 보면 코르크는 주기적으로 오르내리고 있다. 이러한 코르크는 λ/v초 동안에 한 번의 진동을 끝내므로, 1초 동안에 v/λ개의 마루가 주어진 점을 지나고, 진동의 빈도인 **진동수** ν는 $\nu = v/\lambda\ \mathrm{sec}^{-1}$로 주어짐을 알 수 있다. 그러므로 이러한 파동은 다음과 같은 기본 관계로 나타낼 수 있다.

$$\lambda\nu = v \tag{8-3}$$

예를 들면, 파장 $\lambda = 5\mathrm{m}$, 속도 $v = 10\mathrm{ms}^{-1}$로 움직이는 물결은 각 점을 $\nu = 2\mathrm{s}^{-1}$의 진동수(매초 2회)로 지나갈 것이다. SI의 주파수 단위는 **헤르츠**(Hz)이며, 1Hz는 초당 1회에 해당된다.

식 (8-3)에 따라 전자기파(진공에서)의 파장과 주파수 간의 기본 관계식은 다음과 같다.

$$\lambda\nu = c \tag{8-4}$$

여기서 c는 $299{,}792\mathrm{kms}^{-1}$로 광속이다.

우리가 알고 있는 파동의 대부분은 이를 전달해 주는 물질 매체가 필요하다. 물결은 물의 표면을 따라 진행되고, 소리(음파)는 공기를 통해 움직여 나가며, 지진파, 압축파와 횡파 모두 고체 지구로 전달되어 간다. 그러나 전자기파는 진공 속에서 속도 c로 전달될 수 있다. 그러면 이때 전달되는 것은 무엇인가? 전하 둘레의 공간은 **전기장 벡터** E로 특징지을 수 있는데, 이것은 그 근처에 시험 전하(test charge)를 놓음으로써 이에 작용하는 힘에 의해 그 존재가 나타난다. 전자기파가 이러한 시험 전하에 부딪치면 이 전하는 진동을 일으킬 것이다. 그러므로 x축 방향으로 진행하는 전자기파로 인하여 전기장 벡터는 사인파의 형을 가지게 된다.

$$\mathrm{E} = \mathrm{E}_0 \sin\left[\frac{2\pi}{\lambda}(x - ct)\right] \tag{8-5}$$

그런데 맥스웰 방정식에 의하면, 시간에 따라 변하는 전기장은 이와 수직 방향으로 시간에 따라 변하는 **자기장 B**를 만들어 낸다. 그러므로 전자기파는 진공 속에서 스스로 전달되는 전기장과 자기장의 교란 현상이라고 할 수 있다(그림 8-2). 만일, 전기장이 항상 한 면에서만 진동한다면, 이 전자기파는 **평면 편광**되었다 하며, 그렇지 않을 때에는 **타원 편광**(특별한 경우가 **원형 편광**)이 된다.

즉 E 벡터의 각 성분을

$$E_x = E_{x1}\sin(kz - \omega t - \delta_1)$$
$$E_y = E_{y1}\sin(kz - \omega t - \delta_2)$$

로 기술하면, $\delta_1 - \delta_2 =$ 상수인 경우 전자기파는 편광된 것이다.

편광은 천문 관측에서 아주 중요한 역할을 하기 때문에 여기서 좀 더 자세히 다루고자 한다. 빛이 횡파이므로, 빛이 진행하는 방향에 수직인 면에 나타날 수 있는 모든 진폭 방향이 가능한 편광 방향이 된다. 대부분의 광원은 편광되어 있지 않다. 이는 전기장 벡터가 전자기파가 진행되는 방향과 수직인 면에서 어느 방향으로나 멋대로 진동하고 있다는 뜻이다.

만일, 이 수직면에서 전기장을 두 성분으로 표시하면(E_x와 E_y), 그들 사이의 위상차로 전자기파가 가진 편광의 종류를 결정할 수 있다. 위상차가 없는 경우 평면 편광($\delta_1 - \delta_2 = 0$)된 전자기파이며, 위상차가 있는 경우 타원 편광($\delta_1 - \delta_2 =$ 상수)된 것이다. 특히, 이 위상차가 90°되면 전자기파는 원형 편광($|\delta_1 - \delta_2| = 90°$)된 것이다.

전자기파의 스펙트럼

빛은 파장 $\lambda \approx 390\mathrm{nm}$(보라)에서 $\lambda = 720$(긴 빨강)의 범위—가시광선 스펙트럼—를 차지하는 **전자기 복사**이다. 파장의 길이 λ는 cm 또는 m(또는 km나 miles)의 단위로 나타

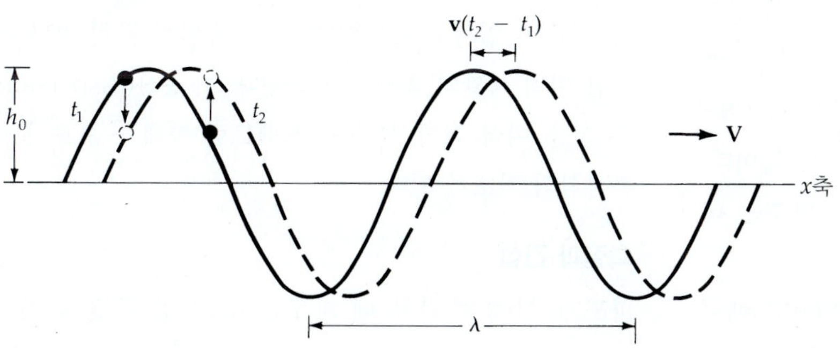

그림 8-1 진행파
물결파가 오른쪽으로 속도 v로 진행할 때, 시각 t_1, t_2에서의 파형이다. 떠 있는 코르크는 진동면을 표시하고 있다.

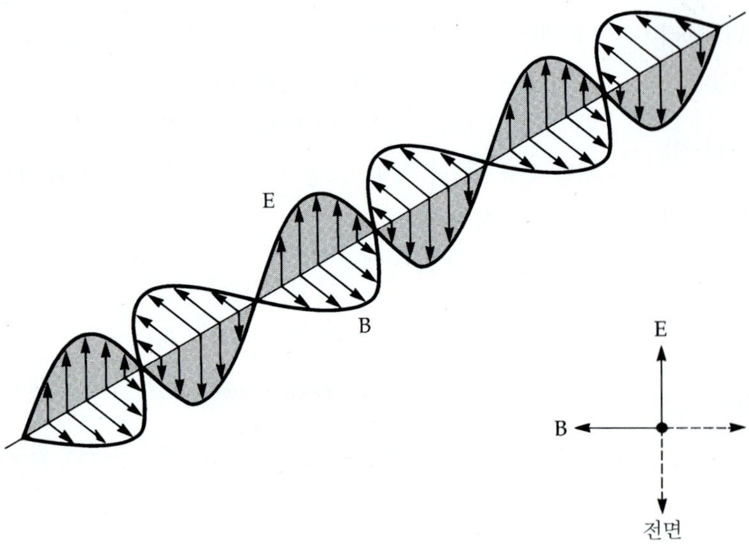

그림 8-2 전자기파
전기장 **E**와 자기장 **B**는 진공 속에서 속도 c로 전달된다. 전기장과 자기장은 서로 수직으로 진동한다. 전면 그림은 이것이 선형 편광일 때 모양을 나타낸 것이다.

내는 길이가 되지만 천문학에서 사용하는 세 가지 편리한 길이 단위는 마이크로미터(때로는 마이크론이라 한다), $1\mu m = 10^{-6}m$, 나노미터 $1nm = 10^{-9}m$, 옹스트롬 $1Å = 10^{-10}m = 10^{-4}\mu m$(부록 7 참조)이 있다. 파장길이가 다른 전자기파는 각각 다른 방법으로 검출되므로(표 8–1), 전자기파 스펙트럼의 여러 부분은 각각의 특징을 나타내는 이름이 붙어 있다. 즉 파장 영역에 따라 감마선($\lambda \leq 10^{-3}nm$), 엑스선(10^{-3}~10nm), 자외선(10~300nm), 가시광선(400~800nm), 적외선($1 \sim 10^3 \mu m$), 마이크로파(1mm~10cm) 및 전파(l ≥ 1cm)로 불린다. 표 8–1에는 파장이 짧은 것부터 그것에 10^{21}배가 되는 전자기파가 기록되어 있는데, 가시광선은 짧은 파장과 긴 파장이 10배도 못 되는 범위를 차지한다. 그러나 가시광선은 지구 대기를 통과하고, 사람의 눈에 쉽게 감지되기 때문에 아직도 관측 천문학에 상당 부분을 지배하고 있다. 그래서 우리는 자연적 편견을 가지고 있다.

반사와 굴절

이제 **광학**의 목적인 빛을 조정하여 이용할 수 있는 빛의 성질들을 알아보자. 거울면에 쬐인 광선(광속 또는 빛 다발)은, 반사각 r가 입사각 i와 같다는 법칙에 따라서 반사된다(그림 8–3). 이 각들은 반사면의 법선(수직인 선)에 대한 각도들이다. 반사망원경은 빛을 모으고, 방향을 바꾸고, 초점을 맞추는 데 반사의 법칙을 이용한 것이다.

빛이 반사될 때는 입사파와 반사파는 같은 매질(媒質)에서 같은 속도로 진행하지만, 빛이 한 매질에서 다른 매질로 지나갈 때에는 어떻게 될까? 매질 속에서의 광속도 v는 일반적으로 진공 속에서의 광속도 c와 다르다. 매질의 **굴절률**은 $n = c/v$로 주어진다. 공기의 굴절률은 $n = 1.0003$으로, 이는 실제로 진공의 굴절률($n = 1.0000$)과 같다. 그러나 크라운 유리는 $n = 1.5$이므로, 이 매질 속에서 광속도는 $v = 2c/3 \approx 2 \times 10^5 kms^{-1}$이다. 빛이 굴절률 n_1인 매질에서 굴절률 n_2인 매질로 지나갈 때, 빛은 **스넬의 법칙**(Snell' s law)에 따라 휜다. 즉 굴절한다(그림 8–4).

$$n_1 \sin i = n_2 \sin r \tag{8–6}$$

여기서 i는 매질 1에서의 입사각, r는 매질 2에서의 굴절각(모두 매질 경계면의 법선에 대한 각도)이다. 굴절망원경은 렌즈에 의한 굴절을 이용하여 상을 만드는 것이다.

일반적으로, 매질의 굴절률은 파장에 따라 다르다. 즉 $n = n(\lambda)$이다. 다시 말하면, 모든 빛 다발이 같은 입사각 i로 들어왔어도, 파장이 다른 빛(색깔)은 각각 다른 각 $r(\lambda)$로 굴절된다. 따라서 입사된 혼합빛(흰색)은 뉴턴이 밝힌 바와 같이 순수한 여러 색깔의 빛으로 분산된다. 이 **분산**(dispersion) 현상은 빛을 여러 색의 성분 — 스펙트럼 형태 — 으로 분리하며, 분광학의 기초가 된다.

회절과 간섭

파도가 섬에 부딪칠 때 파도는 섬의 양 끝을 돌아서 **회절**

표 8-1 전자기파의 스펙트럼

파장	에너지 또는 주파수	복사 형태
10^{-6}nm	1240MeV	감마선
10^{-5}nm	124.0MeV	감마선
10^{-4}nm	12.4MeV	감마선
10^{-3}nm	1.24MeV	감마선
10^{-2}nm	124Kev	엑스선
10^{-1}nm	12.4Kev	엑스선
1.0nm = 10^{-9}m	1.24Kev	자외선
10nm	124eV	자외선
100nm	12.4eV	자외선
1000nm = 1μm	1.24eV	가시광선
10μm	0.124eV	적외선
100μm	0.0124eV	적외선
1000μm = 1mm	0.00124eV	적외선
10mm = 1cm	30,000MHz	마이크로파(레이더)
10cm	3,000MHz	UHF
100cm = 1m	300MHz	FM
10m	30MHz	단파 라디오
100m	3MHz	단파 라디오
1000m = 1km	300kHz	장파 라디오
10km	30kHz	장파 라디오
100km	3kHz	장파 라디오

(diffraction)하여 만난다. 이렇게 만나는 파도들은 서로 부딪쳐서 **간섭**(interference)을 하게 된다. 음파의 경우, 파동 모형으로 이해되는 회절(소리가 모난 구석을 돌아 들려 오는 것)과 간섭 현상(큰 강당에 정적의 지점이 생기는 것)을 잘 알고 있다.

빛의 파동이 하나 또는 2개의 구멍이 뚫린 불투명한 벽에 부딪친 경우를 생각하자. 이 벽 뒤쪽에는 스크린이 놓여 있다(그림 8-5). 이때 스크린에 구멍의 상이 뚜렷하게 나타날 것으로 기대하지만, 그렇지 않다. 이는 (a) 회절 현상으로 빛의

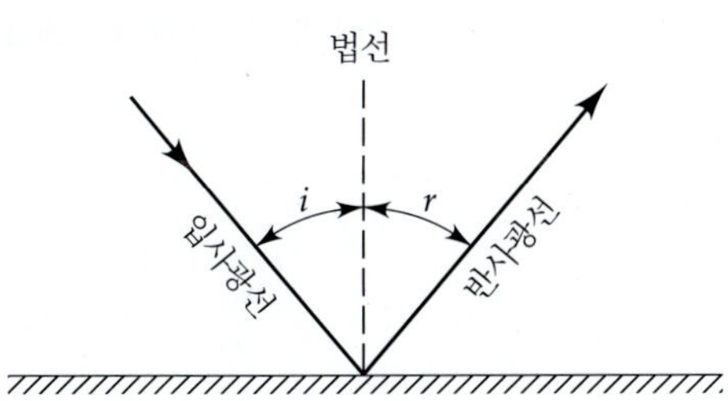

그림 8-3 빛의 반사
입사각 i와 반사각 r은 같다.

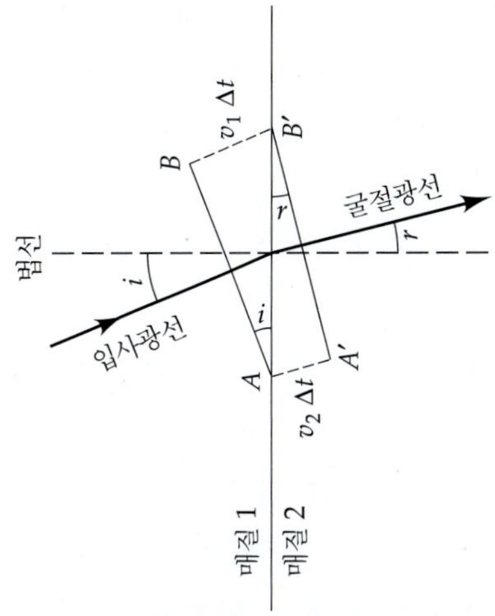

그림 8-4 빛의 굴절
선 AB는 입사각 i로 매질 1, 2의 경계면에 들어온 평면 파면이다. 파면의 점 A는 매질 2 속에서 시간 Δt 동안에 거리 $v_2\Delta t$를 움직여서 A'에 오고, 점 B는 매질 1 속에서 $v_1\Delta t$를 움직인다. 광선은 매질 2에서 파면이 $A'B'$되게 꺾인다.

파동이 넓게 퍼져나감에 따라 상이 왜곡되고, (b) 다른 파장의 빛들과의 상보(constructive), 상쇄(destructive)되는 간섭 현상에 의해 상들이 왜곡되기 때문이다. 스크린에 나타나는 빛의 세기 분포 무늬가 어떻게 생성되는가를 알아보면 두 과정을 이해할 수 있다. 빛의 세기(I)는 전기장(E)의 제곱에 비례한다.

$$I \propto |\mathbf{E}|^2 \qquad (8\text{–}7)$$

스크린에 임의의 점에서(그림 8-5B) 광파(빛)의 전기장은 식 (8-5)에 의해서 다음과 같이 된다.

$$E = E_0\,[\sin a + \sin(a + b)] \qquad (8\text{–}8)$$

여기서 a는 한 구멍에서 나오는 파동의 위상이고, $a + b$는 다른 구멍에서 나오는 파동의 위상이다. 위상차(位相差, phase shift) b는 두 구멍에서 스크린까지의 경로 차에 의한 것이다. 식 (8-8)로부터 세기는 다음과 같이 된다.

$$I \propto E_0^2\,[\sin^2 a + \sin^2(a + b) + 2\sin a \sin(a + b)] \qquad (8\text{–}9)$$

오른쪽의 첫 두 항은 각 구멍이 따로따로 기여하는 세기이며, 셋째 항(b가 스크린의 위치에 따라 달라지므로)이 스크린에 명암으로 반복되며 나타나는 간섭 무늬를 만들어 낸다.

한 구멍 안에 있는 각 점(그림 8-5A)은 스크린에 회절 무늬를 나타내게 한다. 식 (8-7)과 (8-8)을 적용하면, 주된 회절 무늬의 각넓이 θ는 다음과 같이 된다.

$$\theta \approx \frac{\lambda}{d} \tag{8-10}$$

여기서 θ는 라디안(radian) 단위로 표시된 것이며, λ는 빛의 파장, d는 구멍의 크기이다. 어떤 상의 크기도 식 (8-10)으로 주어진 **회절 한계**보다 작아질 수 없으므로, 이것이 어떤 실험 장치에서나 가장 이상적인 **각분해능**이 된다. 예를 들면, 구경 $d = 1\text{m}$인 망원경으로 $\lambda = 500\text{nm}$인 빛을 볼 때 분해능은 다음과 같다.

$$\theta \approx \frac{(500\text{nm})}{(10^9\text{nm})} = 5 \times 10^{-7} \text{ 라디안(rad)}$$
$$= 0.1 \text{ 각초(arcsec)}$$

실제로 지상에 있는 망원경은 이 이론적인 분해능를 갖지 못한다. 이는 지구 대기의 요동으로 분해능이 저하되기 때문이다.

도플러 효과

지금까지는 광원과 관측자가 상대적으로 정지하고 있는 경우의 파동을 생각했다. 광원과 관측자를 잇는 직선을 따라 어느 한쪽이든 운동을 할 때에는 파동의 파장과 진동수는 **도플러 효과**—오스트리아의 물리학자 도플러(C.J. Doppler, 1803~1853)의 이름을 딴—에 따라 변환한다.

우리는 물이나 공기의 파동에서 일어나는 도플러 현상을 잘 알고 있다. 예를 들면, 경찰차가 사이렌을 울리며 가까이 다가올 때에는 그 소리의 높이(진동수)가 높아지고, 차가 우리를 지나 멀어질 때에는 진동수가 현저하게 떨어져서 낮은 소리로 변한다.

우리가 알고 있는 파동들은 대개 물질의 매질과 관련되어 있어서, 매질의 운동 자체가 이 현상을 복잡하게 만든다. 그러므로 진공 속에서 진행하는 전자기파를 생각해 보기로 하자. 1848년에 피조(Armand Fizeau, 1819~1896)는 빛의 고전적 도플러 효과를 올바르게 설명하였고, 1905년 아인슈타인은 상대론적 도플러 효과를 설명하였다.

광원 E가 파장 λ_0, 진동수 ν_0의 복사를 내면서 관측자 O로부터 속도 v로 멀어져 가고 있다고 하자(그림 8-6). 시간 $t = 1/\nu_0$ 동안에 광원에서 1개의 파장(λ_0)이 나오지만, 광원이 오른쪽으로 거리 vt만큼 움직였기 때문에, 관측자에게는 다음과 같은 파장의 파동으로 관측된다.

$$\lambda = (c + v)t = \frac{c}{\nu_0}\left(1 + \frac{v}{c}\right)$$
$$= \lambda_0\left(1 + \frac{v}{c}\right) \tag{8-11}$$

마지막 등식에는 기본 관계식 (8-4)를 이용하였다. 관측된 진동수는 또 다음과 같다.

$$\nu = \frac{c}{\lambda} = \frac{\nu_0}{1 + (v/c)} \tag{8-12}$$

그래서 $\lambda > \lambda_0$이고, $\nu < \nu_0$이며, 빛은 적색이동되었다(즉 긴 파장 또는 붉은 파장 쪽으로 이동되었다). 광원이 관측자에게

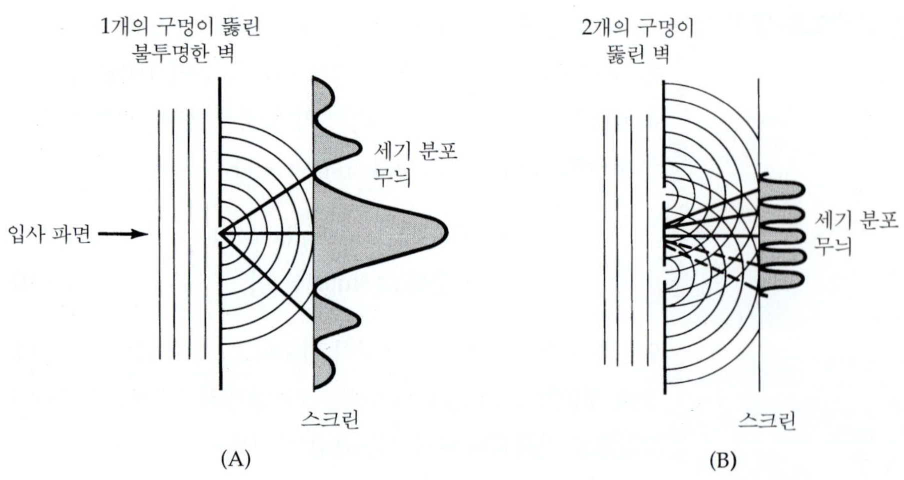

그림 8-5 회절과 간섭
(A) 한 구멍에 의한 회절. (B) 두 구멍에 의한 간섭. 빛의 세기는 파면이 상보되어 강해진 점에서 극대를 이룬다.

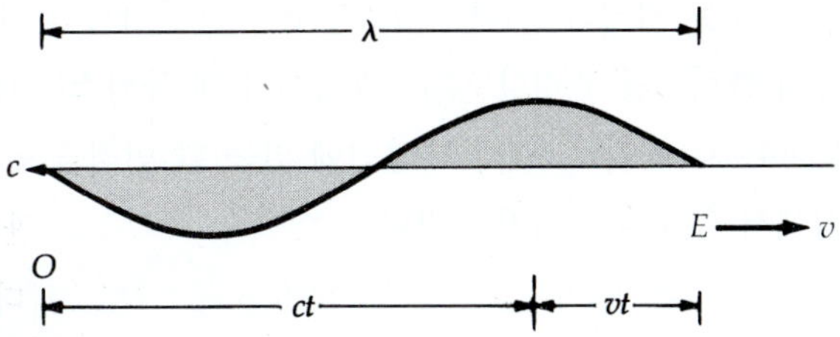

그림 8-6 도플러 효과

O에 있는 관측자는 속도 v로 멀어지고 있는 광원 E에서 방출하는 전자기파를 관측하고 있다.

가까워질 때에는 v의 부호가 바뀌고, $\lambda < \lambda_0$, $\nu > \nu_0$이며, 복사는 청색이동이 된다.

식 (8–11)에서 파장이동 $\Delta\lambda/\lambda_0$을 구할 수 있다.

$$\frac{\Delta\lambda}{\lambda_0} = \frac{\lambda - \lambda_0}{\lambda_0} = \frac{v}{c} \tag{8–13}$$

여기서 v의 부호는 후퇴할 때에는 +, 접근할 때에는 −임에 유의하라.

속도 v가 광속도 c에 접근할 때, 아인슈타인의 특수상대론을 이용해야 한다. 이 이론은 다음과 같은 두 기본 가정을 하고 있다. (1) 광속도는 광원이나 관측자의 운동과는 무관하다. (2) 오직 상대적 운동만이 관측 가능하다. 따라서 v는 광원과 관측자의 상대 속도이며, 이는 광속도보다 커질 수 없다($v \le c$), 식 (8–11)과 (8–12)는 다음과 같은 대칭 형태의 식을 가진다.

$$\lambda = \lambda_0\left(\frac{1 + v/c}{1 - v/c}\right)^{1/2} \tag{8–14a}$$

$$\nu = \nu_0\left(\frac{1 - v/c}{1 + v/c}\right)^{1/2} \tag{8–14b}$$

비상대론적인 파장이동 [식 (8–13)]은 식 (8–14a)로부터 $v \ll c$인 극한의 경우 얻어진다.

8.1.2 빛의 양자적 성질 : 광자

이미 18세기 초에 뉴턴은 빛의 입자론을 제안하였으나, 19세기 말에야 비로소 빛의 입자적 성질에 대한 증거들이 실험으로 입증되기 시작했다.

빛은 입자도 파동도 아니지만, 어느 쪽으로도 나타낼 수 있다. 이처럼 명백히 모순된 빛의 성질은 광전 효과, 컴프턴 산란, 흑체복사(8.6.1항 참조)와 같은 현상들을 설명하는 데 필요하다. 더욱이, 빛과 원자나 분자와 사이의 상호작용은 전자파 에너지 **광자**(photon) 또는 **양자**(quanta)로 불리는 입자의 형태로 전달된다고 생각해야만 비로소 이해가 된다. 빛의 양자 에너지(E)는 광파를 특징짓는 진동수에 비례한다.

$$E = h\nu \tag{8–15}$$

여기서 $h = 6.626 \times 10^{-34}$J·s를 **플랑크상수**라 한다. 그러므로 우리는 파장 λ, 진동수 ν인 고전적인 빛의 파동을 식 (8–15)로 주어진 에너지를 가진 입자로 이루어졌다고 생각할 수 있다.

8.1.3 빛의 세기와 플럭스

멀리 떨어진 광원에서 오는 에너지를 검출할 때에는(또는 광자수를 셀 때), 복사의 **세기**(intensity)와 플럭스(flux)를 잘 구별해야 한다. 세기 I는 방향에 의존하는 양으로, 광원의 세기 I는 단위 시간 Δt, 광원의 단위 면적 ΔA, 진동수 단위 구간 $\Delta\nu$, 주어진 방향에 단위 입체각 $\Delta\Omega$로 방출되는 에너지량이다. 광선(beam)의 **입체각**(그림 8-7A)은 광선이 반지름 r인 구면에 마주치는 넓이 Δa와 다음과 같은 관계가 있다.

$$\Delta\Omega = \frac{\Delta a}{r^2} \tag{8–16}$$

입체각의 무차원 단위는 **스테라디안**(steradian, sr)이고, 전 구면의 입체각은 구의 표면적 $\Delta a = 4\pi r^2$에 대한 것이므로, 4π sr이다. 스테라디안은 본질적으로 1제곱라디안(rad²)이고, 1라디안(rad) = 57.3°이므로, 1스테라디안(sr) = 3283 제곱도(square degrees of arc.)이다. 흔히 쓰이는 세기의 단위는 W/m²·Hz·sr이다. 예를 들면, 표면적이 A인 구형의 별에서 흘러나오는 총 에너지를 천문학자들은 광도 L이라고 하는데, 그것은 다음과 같다.

$$L = 4\pi\int_0^\infty AI(\nu)d\nu$$

여기서, $I(\nu)$는 **단색 세기**(monochromatic intensity)라 하며, 주어진 방향에, 단위 입체각으로, 단위 시간과 단위 면적에, 주어진 주파수의 세기가 된다. L의 단위는 와트이다. 세기 I와 단색 세기의 관계는 다음과 같다.

$$I = \int_0^\infty I(\nu)d\nu$$

플럭스 F는 우리가 망원경으로 측정하는 양과 직접 관련된다. 어떤 표면(또는 검출기)에 들어오는 에너지의 단색 플럭스란 단위 시간에, 단위 면적으로, 진동수의 단위 구간으로 흐르는 에너지량으로, $F(\nu)$ = 에너지/$\Delta A \cdot \Delta t \cdot \Delta\nu$(그림 8–7B)이다. 그러므로 단색 플럭스 $F(\nu)$의 단위는 $Wm^{-2}Hz^{-1}$이다. 예를 들면, 어떤 별이 L(와트 단위)의 비율로 에너지를 방출한다면, 반지름 R인 동심 구면을 통과하는 에너지 플럭스(Wm^{-2})는 다음과 같다.

$$F = \frac{L}{4\pi R^2} \tag{8-17}$$

식 (8–17)은 거리에 따라 복사 플럭스가 감소하는, 잘 알려진 역제곱 법칙을 나타낸다.

총 플럭스 F와 단색 플럭스의 관계는 다음과 같다.

$$F = \int_0^\infty F(\nu)d\nu$$

임의의 면적을 통과하는 에너지는 그 면의 법선에 대해 다양한 각도로 들어오는 빛 다발들로 이루어져 있으며, 각 θ로 들어오는 빛 다발에 대한 면적은 $\cos\theta$만큼 감소되는 것으로 나타나므로, 플럭스와 세기의 관계는 다음과 같다.

$$F(\nu) = \int_0^{4\pi} I(\nu, \theta)\cos\theta \, d\Omega$$

세기는 거리에 무관한 반면, 플럭스는 거리의 역제곱에 비례한다는 것을 기억하자. 한 예로, 지구와 화성에서 망원경으로 태양의 플럭스를 측정할 경우, 화성에서 잰 플럭스는 $(1/1.5)^2$ 또는 44%로 준다. 그러나 태양면에 있는 한 면적을 볼 때, 두 행성에서 측정되는 세기는 같다.

8.2 원자 구조

물질은 작은 조각으로 쪼개고 쪼개어 10^{-10}m 정도의 크기에 이르게 되면, 모든 물질은 **원자**(그리고 원자의 집합체인 분자)로 구성되어 있음을 알게 된다. 금과 같은 순수한 물질은 금 **원소**의 원자만으로 구성된 것이다. 92개의 자연 원소(수소에서 우라늄까지, 부록 5)가 있으나, 인공적으로 만들어진 우라늄보다 무거운 원소들을 합하면 원소의 수는 109개가 된다.

8.2.1 원자를 이루는 입자

원자란 무엇이며, 원소들은 어떠한 특성을 가지는가? 원자는 질량의 대부분이 포함되어 있는 10^{-14}m 정도의 크기를 가진 **원자핵**과 그 둘레에 10^{-10}m 정도까지 퍼져 있는 전자 구름으로 이루어져 있다. 원자핵은 **양성자**와 **중성자**가 강한 상호작용으로 뭉쳐서 이루어진 것이다. 이 세 가지 기본 입자—양성자, 중성자, 전자—는 원자를 이루는 기초 입자들이다. 표 8–2에 각 입자의 중요한 상수들이 기록되었다. 양성자와 중성자는 전자보다 약 2,000배나 무겁다. 중성자는 전하가 없으나, 양성자(+)와 전자(−)는 각각 부호가 다르지만 크기가 같은 $e = 1.602 \times 10^{-19}$쿨롱(coulomb, C)의 전기를 띠고 있다. 보통의 중성원자(neutral atom)는 같은 개수의 양성자와 전자, 그리고 양성자와 거의 같은 개수(가벼운 원소의 경우)의 중성자로 이루어져 있으므로, 원소는 원자핵 속에 있는 양성자의

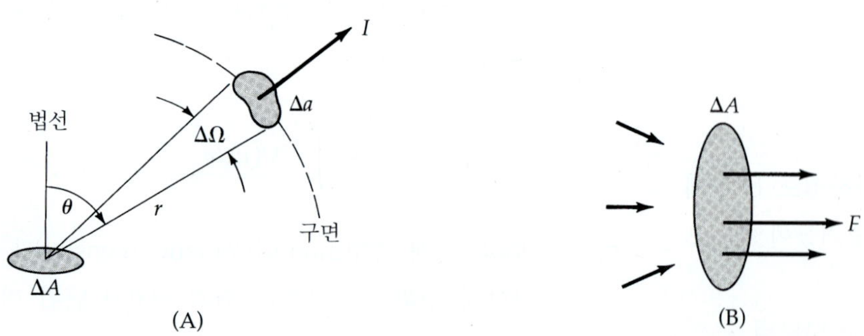

그림 8–7 세기와 플럭스
(A) 빛의 세기는 방향 θ와 입체각 $\Delta\Omega$에 의존한다. (B) 플럭스는 단위 시간에 면적 ΔA로 통과하는 에너지에만 의존한다.

표 8-2 원자를 이루는 입자들의 성질

이름	질량[kg]	질량[전자질량]	전하
양성자	1.6725×10^{-27}	1836	$+e$
중성자	1.6748×10^{-27}	1838	0
전자	9.1091×10^{-31}	1	$-e$

개수 Z(**원자수**로 불리는)로 구분된다. 무거운 원소의 경우는 중성자수가 양성자수보다 더 많다. 예를 들면, 수소(Z = 1)는 하나의 양성자와 그 둘레에 1개의 전자를 가지고 있으며, 우라늄(Z = 92)은 92개의 양성자와 92개의 전자, 그리고 원자핵 속에 약 146개의 중성자를 가지고 있다.

한 원소가 **동위원소**라고 불리는 여러 가지 다른 형태로 존재할 수 있다. 한 원소의 모든 동위원소는 같은 원자수를 가지나 중성자의 수(N)가 다르다. 동위원소의 다른 원자핵들을 **핵종**(nuclides)이라 한다. 핵종을 구별하기 위하여 ^{Z+N}X 또는 ^{A}X의 기호를 쓰는데, 여기서 X는 Z개의 양성자를 가진 원소의 기호이며, A = Z + N은 원자의 **질량수**(atomic mass, 양성자와 중성자의 개수의 합)이다. 예를 들면, 수소는 3개의 동위원소가 알려져 있는데, 보통의 수소 ^1H, 중수소 ^2H, 삼중수소 ^3H 등이다. 원자의 질량수는 원자 질량 단위(atomic mass unit, amu)를 써서 편리하게 표시된다. 그 표준은 정확히 12amu인 ^{12}C이다. 1amu는 대체로 양성자의 질량이므로, 원자의 질량수는 A amu가 된다. 원자의 질량표(부록 5)에서 보면, 그 값은 가끔 정수에서 어긋나는데, 그 까닭은 표에 표시된 값은 자연에서 생기는 동위원소들의 평균 질량수이기 때문이다.

8.2.2 보어의 원자

원자핵 둘레에 전자가 어떤 역학적 배열을 하고 있을 때 원자가 안정적일까? 양성자와 전자 사이의 전기적 인력(쿨롱의 법칙)이 역제곱 법칙을 따르므로, 과학자들은 원자핵 둘레에 전자가 궤도 운동을 한다고 생각했다. 그러나 전자는 전하를 띤 입자이고, 전하를 띤 입자가 가속될 때(원 궤도에서) 에너지를 복사하게 된다. 그러므로 에너지 소모에 의해 전자 궤도가 감쇠되기 때문에, 원자를 결합하는 특성 자체가 바로 그 원자를 순식간에 붕괴시키는 원인이 된다. 1913년에 보어(Niels Bohr, 1885~1962)는 이러한 모순에서 빠져나올 수 있는 단순한 이론을 발표했는데, 이 이론은 1920년대에 이르러 **양자역학**의 근대 이론을 창안하게 하였다. 보어의 원자론을 알아보고, 이것을 수소원자(이 이론으로 잘 설명된다)에 적용해 보자.

양자화된 궤도

1911년, 러더퍼드 경(Sir Ernest Rutherford, 1871~1937)은 원자의 '핵 모형'을 제안했었다. 보어는 러더퍼드와 1년 동안 함께 지낸 후, 원자론에 활력을 불어넣은 2개의 놀라운 가정을 발표하였다. 보어는 러더퍼드의 모형에서 무한한 수의 가능한 궤도 가운데 "오직 한정된 궤도만이 전자에게 허용되며, 전자가 그런 궤도를 돌고 있을 때는 복사를 방출할 수 없다."라는 첫째 가정을 제안했다. 이 허용된 궤도란 전자의 궤도 각운동량이 $(h/2\pi)$의 정수배가 되는 궤도이며, 여기서 h는 플랑크상수이다.

보어의 양자화된 궤도의 가정을 전하 Ze를 가진 원자핵 둘레에 반지름 r의 원 궤도에 있는 전자에 적용해 보자. 궤도를 유지하는 구심력은

$$\frac{mv^2}{r}$$

이며(m은 전자의 질량), 전자와 원자핵 사이에 쿨롱 인력

$$\frac{(kZe)e}{r^2}$$

에 의해 제공된다. 여기서, SI 단위로 $k = 1/4\pi\epsilon_0 = 8.99 \times 10^9\ \mathrm{N \cdot m^2C^{-2}}$이다. 따라서

$$\frac{mv^2}{r} = \frac{(kZe)e}{r^2}$$

이 된다. 그러나 보어의 가정에 의하여 여기에 다음 조건이 덧붙여진다.

$$mvr = n\left(\frac{h}{2\pi}\right) \qquad n = 1, 2, 3, \cdots\cdots \tag{8-18}$$

이 식을 결합하면

$$r = \frac{kZe^2}{mv^2} = \frac{nh}{2\pi mv}$$

또는

$$r = n^2 \frac{h^2}{4\pi^2 me^2 kZ} \tag{8-19}$$

이 된다. 따라서 허용되는 개개 궤도는 기하학적(n^2)으로 증가된 거리에서 생기고, 그 가운데 가장 작은 보어 궤도가 **주양자수**(principal quantum number) n이 1일 때 생긴다.

이제, 이들 궤도의 **총 에너지**를 구해 보자. E가 음(−)이면 전자는 계에 속박되므로 원자를 이룬다. 에너지 E = 운동에너지 + 퍼텐셜에너지로, 원자에서 퍼텐셜에너지는

$$PE = \int_{\infty}^{r} \frac{kZe^2 dr}{r^2}$$

이므로

$$E = \frac{1}{2}mv^2 - \frac{kZe^2}{r} \tag{8-20}$$

이다. 식 (8−18)과 (8−19)를 이용하여 식 (8−20)이 다음과 같이 계산되었다.

$$E(n) = -\frac{2\pi^2 me^4 k^2 Z^2}{h^2}\frac{1}{n^2} \tag{8-21}$$

(이 에너지들이 음인 것은 궤도들이 **속박되어 있음**을 의미한다.) 가장 작은 보어 궤도(n = 1)는 가장 강하게 속박되어 있다. 그리고 모든 궤도는 $E \to 0$이 되는 $n \to \infty$가 될 때까지 속박되어 있다. $E > 0$일 때에는 속박되지 않은 전자 궤도가 연속적으로 가능해진다.

양자화된 복사

보어의 두 번째 가정은 원자에 의한 복사의 흡수와 방출 — 물질과 복사 사이의 기본적 상호작용 — 에 대한 것이다. 보어의 첫 번째 가정에 의하면, 전자는 개개의 허용된 궤도상에 있는 동안에는 복사를 낼 수 없으므로, 두 번째 가정은 다음과 같이 기술되었다.

(1) 전자가 한 궤도에서 다른 궤도로 뛸 때, 하나로 구별되는 양자 형태의 복사가 방출 또는 흡수된다.
(2) 이 복사의 에너지는 두 궤도의 에너지의 차와 같다.

전자가 높은 궤도(n_a)에서 낮은 궤도(n_b)로 **천이**할 때 광자가 방출된다. 이 과정의 에너지는 다음과 같은 기호로 표시할 수 있다.

$$E(n_a) = E(n_b) + h\nu \quad (\text{방출}) \tag{8-22a}$$

여기서, $n_a > n_b$이다. 전자가 낮은 궤도로부터 높은 궤도로 천이할 때, 원자는 정확하게 두 궤도의 에너지 차에 맞는 에너지의 광자를 흡수해야 한다.

$$E(n_b) + h\nu = E(n_a) \quad (\text{흡수}) \tag{8-22b}$$

두 경우, 모두 관련된 광자의 진동수는[식 (8−15)와 (8−21)] 다음과 같다.

$$\begin{aligned}\nu_{ab} &= \frac{[E(n_a) - E(n_b)]}{h} \\ &= \frac{2\pi^2 me^4 k^2}{h^3} Z^2 \left(\frac{1}{n_b^2} - \frac{1}{n_a^2}\right)\end{aligned} \tag{8-23}$$

$n_a > n_b + 1$일 경우에도 오직 하나의 양자가 방출 또는 흡수될 수 있다는 점에 유의하자. 전자는 여러 개의 중간 궤도를 넘어 천이될 수 있다. 한편, 전자가 최저 궤도까지 단계적으로 떨어질(cascade) 수도 있다. 이때는 인접한 궤도로 연속적으로 천이되므로, 에너지가 다른 여러 개의 광자가 방출된다. 최저 궤도는 바닥상태라 불리며, n = 1에 해당된다.

8.2.3 수소원자의 보어 모형

이제 보어의 원자 모형을 1개의 전자를 가진 가장 간단한 원자, 수소(Z = 1)에 적용해 보기로 하자. 전자의 허용된 궤도의 에너지는 식 (8−21)에서 다음과 같이 된다.

$$E(n) = -\frac{2\pi^2 me^4 k^2}{h^2}\frac{1}{n^2} \equiv -R'\frac{1}{n^2} \tag{8-24}$$

여기서, $R' = 2.18 \times 10^{-18}$J은 모든 상수를 포함한다.

식 (8−23)은 **파수**(wave number, 파장의 역수)로 다음과 같이 편리하게 표현된다.

$$\begin{aligned}\frac{1}{\lambda_{ab}} &= \frac{\nu_{ab}}{c} = \frac{R'}{ch}\left(\frac{1}{n_b^2} - \frac{1}{n_a^2}\right) \\ &= R\left(\frac{1}{n_b^2} - \frac{1}{n_a^2}\right)\end{aligned} \tag{8-25}$$

수소에 대하여, **리드베리**(Rydberg) **상수** $R(= R'/ch)$는 $10.96776\mu m^{-1}$의 값을 가진다. $n_a = n_b - 1$로, 하나의 궤도 차인 경우

$$\frac{1}{\lambda_{ab}} = R\left[\frac{1}{n_b^2} - \frac{1}{(n_b - 1)^2}\right]$$

$$= R\frac{n_b^2 - 2n_b + 1 - n_b^2}{n_b^2 - 1}$$

$$\approx \frac{2R}{n_b^3}$$

식 (8-25)는 n_b의 값 각각에 대해 $n_a = n_b + 1$에서 시작되어, 차츰 커지는 일련의 n_a값으로 얻어지는 파장의 계열이 있음을 나타내 주고 있다(그림 8-8). **라이먼 계열**(Lyman series)(자외선 영역)에 해당하는 천이는 $n_a \geq 2$이며, 밑의 낮은 궤도가 모두 바닥상태($n_b = 1$)가 된다. 가시 영역에 스펙트럼선인 **발머**(Balmer) **계열**은 $n_b = 2$이고 $n_a \geq 3$이다. 또 다른 중요한 계열로는 **파셴**(Paschen) **계열**, **브래킷**(Brackett) **계열**, **훈트**(Pfund) **계열**로 각각 $n_b = 3, 4, 5$이다. 이 모든 계열의 이름은 해당하는 천이에서 나오는 스펙트럼선을 처음으로 관측한 물리학자들의 이름을 따서 붙여진 것이다.

처음으로 발견된 수소의 스펙트럼선은 발머 계열이었는데,

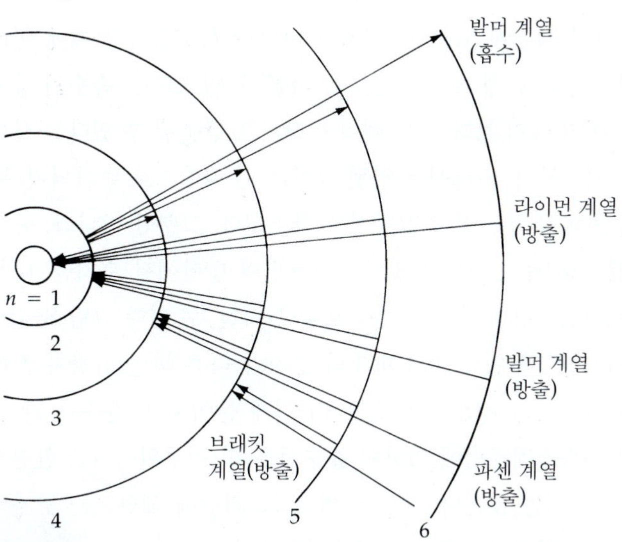

그림 8-8 수소원자의 보어 모형

각 궤도들은 $n = 1$(바닥상태)로부터 위로, 일련의 안정된 에너지 궤도이다. 전자 천이로 생기는 발머(흡수, 방출), 라이먼, 파셴, 브래킷 계열들이 표시되어 있다.

$n_a = 3$인 선을 $H\alpha$, $n_a = 4$를 $H\beta$, $n_a = 5$를 $H\gamma$ 등으로 표시하였다. 식 (8-25)를 이용하여 $n_b = 2$, $n_a = 3$에 해당하는 $H\alpha$선의 파장을 계산해 보면 다음과 같이 된다.

$$\frac{1}{\lambda_{H\alpha}} = 10.96776\left(\frac{1}{4} - \frac{1}{9}\right)\mu m^{-1}$$

$$= 1.52330\mu m^{-1}$$

$$\lambda_{H\alpha} = 656.3nm$$

같은 방법으로, 라이먼 α선($n_b = 1$, $n_a = 2$)은 파장이 $\lambda_{L\alpha} = 121.6nm$(자외선 영역)가 얻어진다.

8.2.4 에너지 준위 도표

보어의 간단한 이론은 실제 원자에서의 역학적인 현상을 근사적으로 표현한 것임을 잊어서는 안 된다. 이 이론을 수소보다 더 복잡한 원자에 적용하면 다루기 어려운 문제점에 봉착하게 되므로, 원자들을 자세히 이해하려면 완전히 수학적으로 조직되어 있는 양자 역학이 필요하게 된다.

원자입자(전자와 같은) 역시 광자와 같이 파동적 성질을 갖고 있다. 그러므로 전자의 위치와 속도에는 본질적으로 불확정성(**하이젠베르크의 불확정성 원리**)이 존재한다. 수소원자에 있는 전자는, 이를테면 양성자를 둘러싼 '구름'처럼 생각할 수 있고, 전자가 있을 가장 확률이 큰 위치는 보어 궤도들 중에 하나라고 할 수 있다. 여러 개의 전자를 가진 원자는 이러한 구름이 여러 개 있으며, 전자들은 핵 둘레에 있는 이 윤곽이 희미한 **껍질** 같은 구름에 있게 된다. 가장 간단한 껍질은 구형이지만, 일반적으로는 더 복잡한 형태를 가지게 된다.

이 책에서는 원자의 공간적인 모형에 대한 설명을 생략함으로써 양자 역학의 어려운 내용을 피하기로 한다. 그 대신, **에너지 준위 도표**에 의하여 원자를 추상적으로 나타내고자 한다(그림 8-9). 이러한 도표는 원자의 천이와 직접 관련되어 있으므로, 복잡한 원자에 대해서도 만들 수 있다. 예를 들어, 수소의 에너지 준위 도표를 생각해 보자. 수소원자에서 허용된 궤도에 있는 속박 전자의 에너지[식 (8-24)]는 음의 값이다. 우리는 전자 천이에 따라 양의 값 에너지를 가진 광자를 관측하는 것이기 때문에, 모든 에너지 $E(n)$에서 바닥상태의 에너지 $E(1)$을 빼서 양의 값 에너지로 바꾸어 보면, $E(n)$은 다음과 같이 된다.

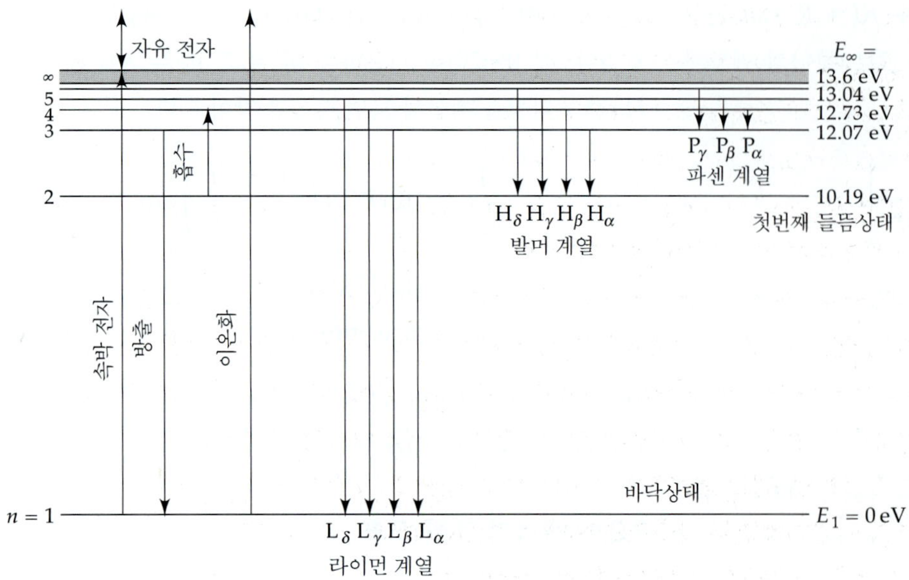

그림 8-9 수소의 에너지 준위 도표
수소의 첫 3계열의 천이를 방출 과정으로 나타낸 것이다. 왼쪽은 일반적인 천이 형태, 흡수, 방출, 이온화를 나타낸 것이며, 각 에너지 준위는 비율에 맞게 그려진 것이다.

$$E(n) = R'\left[1 - \frac{1}{n^2}\right]$$

따라서 $E(1)$은 이제 0이 된다. 에너지의 단위를 1eV = 1.602 × 10^{-19} J인 전자 볼트(eV)로 바꾸자. 이 전자 볼트는 전자(또는 전하 e를 가진 임의의 입자)가 1볼트의 전압에서 가속될 때 얻는 에너지와 같다. 원자나 입자 물리학에서는 이 단위가 편리하다. 그러므로 다음 관계가 성립된다.

$$E(\infty) = R' = 21.8 \times 10^{-18}\text{J} = 13.6\text{eV}$$

그림 8-9에는 여러 가지 n값에 대한 에너지 준위[$E(1) = 0$, $E(2) = 10.2$eV, $E(3) = 12.1$eV 등]가 표시되어 있다. 원자가 바닥상태보다 높은 준위에 있을 때 이것을 **들뜸상태**(excited state)에 있다고 하며, 이 준위의 에너지를 **들뜸에너지**라 한다. 보다 높은 준위에 도달하려면, 원자는 **들떠**야 하고—들뜸 에너지가 초과되면 **이온화**된다—다시 바닥상태로 돌아올 때 원자는 되가라앉는다(de-excited)고 한다. 두 에너지 준위 m과 n의 에너지 차는

$$E(n) - E(m) = R'\left(\frac{1}{m^2} - \frac{1}{n^2}\right)$$

임을 기억하라.

들뜸

원자가 보다 높은 에너지 준위로 들뜨게 되는 방법에는 두 가지—복사에 의한 들뜸과 충돌에 의한 들뜸—가 있다. **복사들뜸**은 원자가 광자를 흡수하기 때문에 일어나는데, 이때 광자의 에너지는 두 에너지 준위의 차와 정확하게 일치해야 한다. 이 과정으로 천체의 연속스펙트럼에 **흡수선**이 나타나게 된다(8.6절 참조).

일반적으로 원자가 들뜸상태에 있는 시간은 극히 짧아(약 10^{-8}초), 곧 광자를 다시 방출한다. 그렇다면 어떻게 해서 흡수선이 생기게 되는가? 전자가 바닥상태로 돌아갈 때에 여러 개의 중간 단계 에너지 준위를 거칠 수 있으므로, 흡수된 광자는 여러 개의 보다 낮은 에너지 광자로 방출될 수 있다는 사실을 기억하자. 따라서 투입된 파장은 긴 파장으로 변환되며, 투입된 파장 부분의 스펙트럼은 감소된다. 그뿐만 아니라, 흡수되는 광자는 주로 한 방향, 즉 광원의 방향에서 오지만, 다시 방출되는 광자는 어느 방향으로나 나갈 수 있다(그림 8-10). 그러므로 흡수가 생긴 파장의 광자가 다른 파장의 광자에 비해 관측자의 시선 방향으로 더 적게 들어온다. 흡수가 안 생긴 연속스펙트럼에 비하여 흡수선은 더 어두워지지만 완전히 검어지지는 않는다. 그것은 바로 그 파장에 해당되는 광자의 일부가 여전히 관측되기 때문이다.

충돌들뜸은 자유로 떠돌아다니는 입자(전자 또는 다른 원자)가 원자와 충돌하여 운동에너지의 일부를 이 원자에게 줌

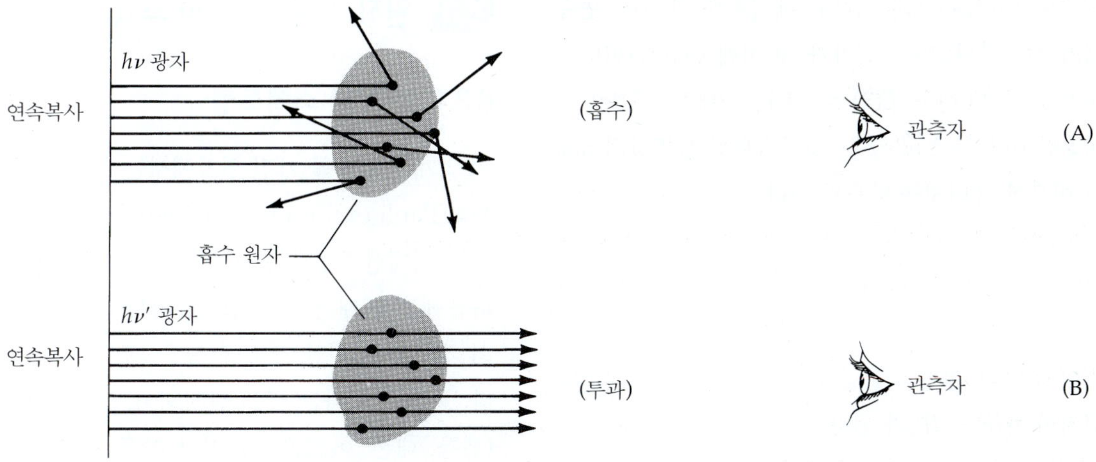

그림 8-10 빛의 흡수
(A) E가 원자의 들뜸에너지라면, $E = h\nu$를 가진 광자만이 흡수된다. (B) $E' = h\nu'$인 광자는 흡수되지 않으므로 그대로 관측자에게 도달한다.

으로써 일어난다. 이와 같은 비탄성 충돌은 광자와 무관하다. 속도 v_i로 원자에게 접근하여 속도 v_f로 떠나가는 입자는 $E = m(v_i^2 - v_f^2)/2$의 에너지를 원자에게 넘겨준다. 만일, 이 에너지 E가 전자의 천이 에너지와 같다면, 원자는 충돌에 의하여 보다 높은 상태로 들뜨게 된다. 이렇게 들뜬 원자는 광자를 방출하며 바닥상태로 되돌아가는데, 이 과정에서 **방출선 스펙트럼**이 만들어진다.

되가라앉음

원자는 항상 전자기장과 상호작용을 하고 있다. 이 상호작용으로 들뜬 원자는 10^{-8}초 정도의 특성 시간 내에 자발적으로 낮은 에너지 준위로 떨어진다(되가라앉음). 이때 광자가 방출되므로, 이 과정을 **복사 되가라앉음**이라 한다. 또 다른 형태의 되가라앉음은 광자를 방출하지 않는 **충돌 되가라앉음**이다. 이것은 바로 충돌한 입자가 에너지 교환에서 운동에너지를 얻기 때문이다[초탄성 충돌(superelastic collision)]. 천체물리적 상태에서는 이러한 두 형태의 되가라앉음이 서로 경합하게 된다.

대부분의 자발적인 하향 천이는 짧은 시간 내에 일어나지만, 어떤 천이—양자 역학적 규칙 때문에—는 아주 서서히 일어난다. 이러한 천이를 **금지된 천이**라고 부르며, 그 결과로 **금지선**이 나타난다. 이 금지선은 일반적으로 원자의 들뜬 준안정 상태에서 바닥상태로 떨어질 때 생긴다. 대부분의 여건에서는, 복사 과정으로 준안정 상태에서 바닥상태로 되가라앉기 전에 충돌에 의해 되가라앉게 된다. 그러므로 금지선은 일반적으로 가스 밀도가 낮아서 들뜸과 복사 되가라앉음 사이의 시간 동안에 충돌의 기회가 적은 경우에 생긴다.

이온화

원자는 중성원자로부터 전자를 떼어내기에 충분한 복사나 충돌 에너지가 있으면 **이온화**된다. 이 반응을 도식적으로 나타내면 다음과 같다.

$$X + \text{에너지} \rightarrow X^+ + e^-$$

여기서, X는 원자를 나타낸다. 중성수소(전자가 제거되지 않은)를 표시하는 데 H 또는 H I을 쓰며, 여기서 로마 숫자 I은 중성 상태를 뜻한다. 마찬가지로 중성 헬륨은 He 또는 He I로 나타낼 수 있다. 1가로 이온화된 원자(전자 1개가 떨어져 나간)는 첫 번째 이온화 상태에 있으므로, H^+ = H II 또는 He^+ = He II로 표기된다. 수소는 전자가 하나뿐이므로 H II 이상으로 이온화될 수 없으나, O^{++} = O III(두 번 이온화된 산소)와 O^{+++} = O IV(3개의 전자가 떨어져 나간 산소) 등이 있을 수 있다. 천문학에서는, 높은 이온화 상태에 대해서는 Fe XIV처럼 로마 숫자 표시가 여러 개의 + 기호 표시보다 더 보편화되어 사용되고 있다.

원자를 이온화하는 데 필요한 에너지는 그 원자의 이온화 상태, 떨어져 나갈 특정 전자, 그리고 그 전자의 들뜬 준위에 따라 달라진다. 간단히 1개의 전자를 가진 수소원자를 생각해 보자. 바닥상태($n = 1$)의 전자는 $E \geq 13.6$eV(**이온화 에너지**)를 공급하면 원자에서 떨어져 나간다(그림 8-9). $E(n = \infty)$를 넘는 자유전자의 에너지 상태는 어떤 에너지든 가능한, **연속** 에너지 상태가 가능하다. 만일 전자가 첫 번째 들뜸상태(n = 2)에 있었다면, $E \geq E(\infty) - E(2) = 13.6 - 10.2 = 3.4$eV인 에너지로 이온화된다. 수소의 경우, 일반적으로 들뜸상태 n에 있는 전자의 이온화 에너지는 다음과 같다.

$$IP(n) = E(\infty) - E(n) = \frac{13.6}{n^2}\text{eV} \qquad (8\text{–}26)$$

원자에서 떨어져 나간 전자의 운동에너지는 공급된 에너지와 이온화 에너지의 차($E - IP$)가 된다.

복사에 의한 이온화(광자에 의한)를 통해 스펙트럼에 연속 흡수가 만들어진다. 이것은 이온화 상태 위로 무한한 에너지 상태가 가능하기 때문이다. 예를 들면, 바닥상태의 수소원자는 특정 파장의 광자를 흡수하여 라이먼 흡수 계열을 만들며, 이 계열은 **계열 한계** λ = 91.2nm에서 끝난다. 이 계열 한계보다 더 짧은 파장에서 라이먼 **연속흡수 스펙트럼**을 보게 되는데, 이런 파장의 광자는 수소를 바닥상태로부터 이온화할 수 있는 광자들이기 때문이다. 마찬가지로, 발머, 파센, 브래킷, 훈트 계열의 한계와 각 계열한계 보다 짧은 파장에서 연속흡수가 n = 2, 3, 4 등의 상태로부터 이온화에 의해 생긴다.

자유전자는 적당한 에너지의 광자를 방출함으로써 이온과 **재결합**할 수 있다. 이러한 과정은 바로 이온화의 역과정이므로, 여러 가지 수소의 방출 스펙트럼의 계열이 적당한 조건하에서는 **방출 연속스펙트럼**을 내보낼 수도 있다.

8.3 원자, 이온, 분자의 스펙트럼

8.3.1 원자의 스펙트럼

여러 개의 전자를 가진 원자에서는 양자 역학과 **파울리의 배타 원리**(Pauli exclusion principle)에 의하여, 가장 안쪽의 껍질에는 최대한 2개의 전자가 들어갈 수 있고, 다음에는 8개, 그 다음에는 18개 등으로 전자가 허용된다. 만일, 허용된 최대수의 전자가 특정한 껍질에 있을 때, 이 껍질은 채워졌다고 한다. 이러한 원자는 극히 안정되어, 들뜸상태로 되기가 어렵다(헬륨, 네온, 아르곤,…). 가장 안쪽 껍질부터 먼저 전자가 채워지고, 남은 여분의 전자(원자가전자, valence electrons)가 화학 반응에 관여하게 된다. 예를 들면 칼슘(전자수 20)은 안쪽 2개의 껍질(2 + 8)을 채웠고, 세 번째 껍질에 있는 8개의 전자는 2개의 준껍질(subshell)(2 + 6)을 채웠기 때문에, 마치 가장 바깥 껍질에 전자가 2개만 있는 것처럼 작동한다.

채워진 껍질과 준껍질은 핵에 단단히 결속되어, 원자핵과 더 바깥 전자를 차단하고 있으므로 이 원자가전자들은 단지 미약하게 핵과 결속되어 있다(쉽게 들뜨거나 이온화된다). 리튬(Li)과 나트륨(Na)과 같이 바깥쪽에 1개의 전자를 가진 원자의 스펙트럼은 수소의 스펙트럼과 비슷하나, 안쪽에 채워진 껍질의 영향이 나타난다. 1개 이상의 바깥쪽 전자를 가진 원자는 차츰 더 복잡한 스펙트럼을 나타낸다. **주기율표**에 여러 가지 가능들을 설명하기 위하여, 표 8–3은 대표적인 몇 개의 원자에 대하여, (1) 첫 번째 들뜸상태의 들뜸에너지, (2) 바닥상태로부터의 이온화 에너지, (3) 해당되는 천이에 대응하는 파장을 기록한 것이다.

표 8–3 원자의 들뜸과 이온화 에너지

원자/이온	들뜸에너지 [eV][1]	λ[nm]	이온화에너지 [eV][2]	$\lambda_{계열한계}$ [nm]
수소, H(1개의 전자)	10.2	121.6	13.6	91.2
헬륨, He(1개의 닫힌 껍질)	20.9	58.4	24.5	48.8
리튬, Li(1개 채워진 껍질, 1개 바깥 전자)	1.8	670.8	5.4	225.0
네온, Ne(2개 채워진 껍질)	16.6	73.5	21.5	57.6
나트륨, Na(2개 채워진 껍질, 1개의 바깥 전자)	2.1	589.0	5.1	243.0
마그네슘, Mg(2개 채워진 껍질, 2개 바깥 전자)	2.7	457.1	7.6	163.0
칼슘, Ca(2개 채워진 껍질, 2개 채워진 준껍질, 2개 바깥 전자)	1.9	657.3	6.1	203.0

1) 바닥상태에서 제 1들뜸상태까지
2) 중성원자의 바닥상태로부터

8.3.2 이온의 스펙트럼

이온이 최소한 1개 이상의 구속 전자를 가질 때, 이온의 스펙트럼은 중성원자에서와 같이 만들어진다. 즉 들뜸, 가라앉음 및 더 높은 단계로의 이온화가 일어난다. 이온의 스펙트럼은 같은 개수의 바깥 전자를 가진 중성원자의 스펙트럼과 매우 비슷하다. 다만, 원자핵의 전하가 더 많기 때문에 전체적인 파장의 변경이 생길 뿐이다.

He II, Li III, O VIII, Fe XXVI과 같이, 1개의 전자가 남은 이온들을 생각해 보자. 이들 **등전자 계열**(isoelectronic series)이라 한다. 이 경우에 보어의 파수 관계식은 다음과 같이 성립된다.

$$\frac{1}{\lambda_{ab}} = RZ^2\left(\frac{1}{n_b^2} - \frac{1}{n_a^2}\right) \qquad (8\text{–}27)$$

여기서 Z는 이온화 상태를 나타내는 로마 수치와 일치한다. 따라서 각 이온들에는 라이먼, 발머 및 기타 다른 계열이 나타나나, 그들의 파장은 수소 스펙트럼선의 파장과 Z^{-2} 만큼 달라진다. 그러므로 He II의 라이먼 α선은 121.6nm가 아니라 30.4nm(Z = 2이므로)가 된다. 또한, 핵의 질량(M)이 각 에너지 준위에 영향을 주므로

$$R = \frac{R'}{(1 + m/M)} = \frac{\mu}{m}R'$$

이 되고, 여기서 $\mu = mM/(m+M)$는 환산 질량(reduced mass)이다.

8.3.3 분자 스펙트럼

분자는 원자가 결합(전자 화학 결합)하여 이루어진 것이다. 이러한 결합에도 양자 역학이 적용되며, 분자는 세 가지 형의 불연속적인 에너지 준위를 가진다. (1) 분자핵 둘레에 결합되어 있는 전자 구름에 따른 전자적 에너지 상태로, 원자에서와 유사하게 이러한 **전자적 에너지 상태** 사이에 천이를 통해 분자의 들뜸, 되가라앉음, 이온화 현상($H_2 \rightarrow H_2^+ + e^{-1}$와 같이)을 나타낸다. (2) 분자 안에 원자핵들 간의 거리는 불연속적으로 양자화된 **진동 에너지 상태**로 표현되고, 그들 사이의 천이인 진동 천이가 발생된다. 원자핵 간의 거리가 너무 커져서 원자들 간의 결합이 깨지면, 분자가 **해리**(dissociate)된다. (3) 분자는 공간에서 여러 축에 대해 회전하는데, 그 결과로 불연속적인 **회전 에너지 상태**를 가진다.

회전에 의한 분자 스펙트럼의 개념은 일산화탄소 — 성간 공간에 가장 흔한 분자 — 를 예로 들어 설명하고자 한다. 질량이 각각 M과 m이고 거리 r만큼 떨어진, 두 질량으로 된 회전체가 회전 관성 능률 I를 가지며, ω의 각속도로 회전하고 있다고 하자. 회전 에너지는 다음과 같다.

$$E = \frac{1}{2}I\omega^2 = \frac{1}{2}\mu r^2\omega^2$$

여기서 μ는 계의 환산 질량

$$\mu = \frac{mM}{m + M}$$

이다. 이제, 분자의 회전 상태는 양자화되기 때문에, 각운동량은 단지 불연속적인 다음과 같은 값만 가질 수 있을 뿐이다.

$$I\omega = \frac{h}{2\pi}J$$

여기서 J는 총 각운동량의 양자수이며, 원자의 경우처럼 각운동량이 양자화되어 있으므로 J는 정수이다. 그런데, 가능한 J 상태에 해당되는 에너지는

$$E = \left(\frac{h}{2\pi}\right)^2 \frac{J(J + 1)}{2\mu r^2}$$

이다. CO 분자의 경우, 가장 흔히 관측되는 중요한 천이는 J = 1에서 0으로, 2에서 1로 바뀌는 회전천이로 각각 주파수 115.2712GHz, 230.5424GHz의 전파선이다.

분자에 세 가지 형의 천이는 서로 겹쳐진 수많은 스펙트럼선을 만들어 낸다. 진동 천이나 회전 천이는 작은 에너지 차이(보통 1eV보다 훨씬 작다)를 가지고 있어서, 이들 스펙트럼선은 파장 간에 간격이 좁아 **띠**(band)처럼 보인다. 그러므로 분자의 스펙트럼선은 원자의 스펙트럼보다 훨씬 복잡하나, 가시영역에서는 띠와 같은 구조 때문에 쉽게 인식된다.

8.4 스펙트럼선의 세기

이제 방출선과 흡수선의 세기에 대해서 설명하기로 하자(그림

8–11). 방출선의 세기는 그 특정 천이에서 방출되는 광자의 수에 비례한다. 마찬가지로, 바로 인근 연속스펙트럼에 대한 상대적인 흡수선의 세기도 흡수된 광자의 수에 의존된다.

흡수선은 결코 무한이 가늘지는 않다. 이는 **선윤곽**, 즉 파장에 따라 변화하는 **세기**(연속스펙트럼을 1로 기준하여 흡수된 복사)로 나타난다(그림 8–11). 스펙트럼선을 이차원적으로 파장에 따른 에너지의 분포(그림 8–11과 같이)로 나타내면, λ평면에 면적으로 잴 수 있다. 선의 전체 세기는 이 면적에 비례하며, 이는 선의 **등가폭**(equivalent width)으로 나타낼 수 있다(그림 8–12). 이는 선윤곽의 면적을 같은 넓이에 해당되는 직사각형으로 대치한 것으로, 이 직사각형은 한 변이 연속스펙트럼의 높이이며, 다른 한 변이 등가폭(광학천문학에서는 mÅ단위)이 된다. 등가폭이 선의 세기에 따라 증가하는 것에 주목하자. 선윤곽의 중심에 세기가 0이 될 때 이 선은 포화되었다고 하며, 그 후 등가폭은 선윤곽의 양 날개가 넓어짐에 따라 증가된다. 다양한 물리적 과정들에 의해 스펙트럼선폭이 증가되며, 이 과정들은 8.5절에 자세히 기술되어 있다.

8.4.1 들뜸 평형 : 볼츠만의 방정식

스펙트럼선의 등가폭은 천이가 발생되는 에너지 상태의 원자의 수와 직접 관련되어 있다. 그러므로 주어진 한 원소의 모든 원자 중에서 그 상태로 들뜬 원자수의 비율을 알 필요가 있다. 들뜸이나 되가라앉음은 충돌 또는 복사에 의하여 일어남을 상기하자(복사에 의한 되가라앉음에는 **자발적 천이**와 복사장과 관련된 유도천이가 있다).

이 두 가지, 충돌과 복사 과정은 모두 온도 T에 관계되는데, 이는 기체 입자의 평균 운동에너지가 아래와 같기 때문이다.

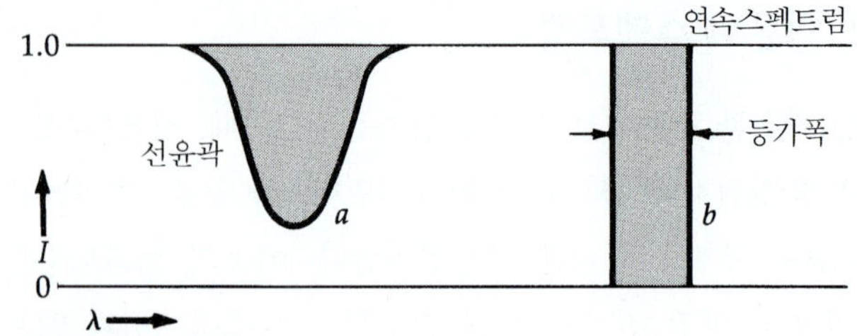

그림 8–12 등가폭

직사각형 b의 면적은 선윤곽 a의 것과 일치한다. 0에서 1까지의 높이로 된 직사각형의 폭(파장 단위)이 선의 등가폭으로 정의된다. 임의로 연속스펙트럼을 1.0으로 기준하였다.

$$\frac{1}{2}m\langle v^2\rangle = \frac{3}{2}kT \tag{8–28}$$

여기서 m은 입자의 질량이고, v는 그 속도, $k = 1.380 \times 10^{-23}\mathrm{JK^{-1}}$는 **볼츠만 상수**이며, T는 켈빈 단위로 나타낸 기체의 온도이다. 임의의 에너지를 가진 광자의 수는 온도가 증가함에 따라 급격히 늘어난다. 그러므로 들뜬 준위에서 생기는 흡수선은 저온의 기체보다 고온의 기체에서 더 강해진다.

단순하게, **열평형**이 이루어졌고, 주어진 상태의 원자의 평균 개수가 시간적으로 불변하는 경우(정상상태)를 생각하자. 각각의 들뜸은 평균적으로 되가라앉음과 균형을 이룰 것이다.

이 경우 통계역학에 의하면, B 상태에 있는 원자의 **개수밀도**(단위 체적당의 개수)는 A상태($B > A$)에 있는 원자의 개수밀도와 다음과 같은 **볼츠만의 방정식**[오스트리아 물리학자 볼츠만(Ludwing Boltzmann, 1844~1906)이 발견하여 그의 이름을 붙임]의 관계를 가진다.

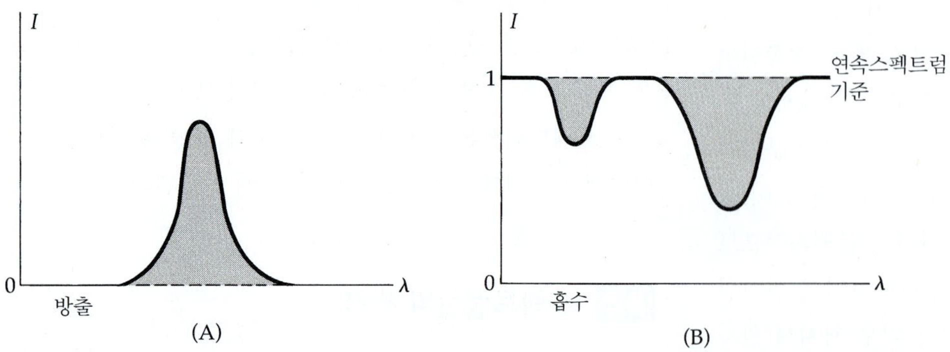

그림 8–11 스펙트럼선의 윤곽

(A) 플럭스 0 위로 생긴 방출선. (B) 2개의 흡수선. 흡수선이 연속스펙트럼에 대한 상대적 세기로 측정된다.

$$\frac{N_B}{N_A} = \frac{g_B}{g_A}\exp\left(\frac{E_A - E_B}{kT}\right) \qquad (8-29)$$

여기서, N은 각 준위의 개수밀도, g는 각 준위의 다중도(흔히 통계적 무게라 불린다), E는 각 준위의 에너지를 뜻한다. $E_B > E_A$의 경우에는, 식 (8−29)의 괄호 속의 값은 언제나 음수이므로, 비율 N_B/N_A는 온도가 증가함에 따라 늘어난다($T \to \infty$일 때, $N_B/N_A \to g_B/g_A$). 주어진 온도에서는, **들뜸의 비** N_B/N_A는 두 에너지 준위 사이의 들뜸에너지 $E_B - E_A$가 감소할수록 증가한다.

$$\exp(-\infty) = 0, \exp(-1) = 0.368, \exp(0) = 1$$

이므로, $T \approx (E_B - E_A)/k$일 때, 상당수의 원자는 상위 준위 상태에 있게 된다. 들뜸에너지 1eV는 온도 11,600K에 해당된다. 예를 들어, 어떤 기체 체적 내에 같은 수의 수소와 헬륨 원자가 들어 있고, 제1들뜸상태에 있는 수소원자의 수 (N_2)가 바닥상태에 있는 수소원자수(N_1)의 1/10, 또는 $N_2/N_1 = 0.1$이 되는 온도의 경우를 생각해 보자. 한편, 이 경우 헬륨 원자의 N_2/N_1 비는 매우 작아진다. 따라서 주어진 온도에서 제 2 준위에 있는 원자수의 비율은 들뜸에너지에 의존하므로 원소마다 현저하게 달라진다. 이 경우 $n = 2$에서 $n = 3$으로 가는 천이에서 생기는 흡수선은 수소에서는 강하고, 헬륨에서는 매우 약하게 될 것이다. 스펙트럼선의 등가폭은 그 원소의 함량비와 온도의 함수인 것이다. 이 예의 경우 비현실적으로 원자들의 이온화 상태를 무시하였지만, 완전하게 기술하려면 이온화 및 다른 준위로의 들뜸 등을 포함시켜야 한다.

8.4.2 이온화 평형 : 사하의 방정식

기체의 온도가 올라갈수록 원자를 이온화시킬 수 있는 에너지(복사 또는 충돌에 의한 에너지)가 더욱 더 많아진다. 일반적으로, 고온의 기체는 중성원자, 이온, 자유전자 등으로 이루어졌다. **전자 밀도**(N_e = 단위 체적 속의 전자수)가 클수록 이온이 전자를 포획하여 중성원자로 재결합하게 될 확률은 더욱 커진다. 이 두 경합하는 과정 — 이온화(→)와 재결합(←) — 은 다음과 같이 나타낼 수 있다.

$$X \leftrightarrow X^+ + e^-$$

기체 내에서 **이온화되는 비율**이 재결합되는 비율과 일치할 때 이온화 평형의 정상상태가 이루어진다. 이 이온화 평형의 정량적인 표현이 **사하의 방정식**[Saha's equation, 인도의 물리학자 사하(Meghnad N. Saha, 1893~1956)의 이름을 딴 것임]이다.

$$\frac{N_+}{N_0} = \frac{A(kT)^{3/2}}{N_e}\exp\left(-\frac{\chi_o}{kT}\right) \qquad (8-30)$$

여기서, N_+는 이온의 개수밀도, N_0는 중성원자의 개수밀도, 상수 A는 몇 개의 원자 상수를 포함하며, 여러 이온화 상태의 확률과 관련된다. T는 절대온도, N_e는 전자의 개수밀도이고, χ_o는 중성원자의 바닥상태로부터의 **이온화 에너지**(단위는 eV)이다. 식 (8−30)은 볼츠만 방정식 (8−29)와 매우 비슷한데, 다만 N_e에 관계되며, 추가로 $T^{3/2}$의 요소가 더 곱해져 있는 것이 다르다. 이 요소는 χ_o보다 큰 연속적인 에너지는 원자를 이온화하며, 자유로워진 전자는 전자의 운동에너지가 클수록 이온에서 달아날 경향이 크기 때문에 생긴 것이다. 순수한 수소로만 이루어진 기체의 경우 $N_e = N_+$이다.

볼츠만의 들뜸 방정식 (8−29)는 중성원자뿐만 아니라 이온에서도 임의의 두 들뜸상태 사이에 적용된다. 마찬가지로, 사하의 이온화 방정식(8-30)도 임의의 이온화 단계 $(i + 1)$과 바로 아래 단계 (i)에 대한 N_{i+1}/N_i의 비로 일반화할 수 있다. 이 경우 사하의 방정식은 다음과 같다.

$$\frac{N_{i+1}}{N_i} = \frac{A(kT)^{3/2}}{N_e}\exp\left(-\frac{\chi_i}{kT}\right) \qquad (8-31)$$

여기서 χ_i는 낮은 이온화 단계 (i)로부터의 이온화 에너지, 즉 (i) 단계의 바닥상태에서 $(i + 1)$ 단계로 이온화하는 데 필요한 에너지이다. 예를 들면, 식 (8−31)은 Ca III($i + 1 = 3$)과 Ca II($i = 2$) 사이의 이온화 평형에 적용된다. 높은 이온화 단계에 있는 이온의 상대적 개수는 온도 T가 증가하거나 χ_i가 작아질수록 급속히 늘어난다.

8.4.3 볼츠만의 식과 사하의 식의 결합

볼츠만의 방정식은 하나의 들뜸상태에 있는 원자수에 대한 다른 들뜸상태에 있는 원자수의 비율을 산출할 수 있으며, 이것은 중성원자나 이온에 모두 적용될 수 있다. 사하 방정식은 이웃하는 두 이온화 단계의 상대적인 이온의 개수비를 산출할 수 있다. 따라서 이 두 방정식을 결합하여 임의의 천이를 일으켜서 특정한 스펙트럼선을 만드는 데 유용되는 원자 또는 이온의 개수를 계산할 수 있다.

중성수소의 발머 흡수선을 생각해 보자. 이들의 세기는 모든 이온화 단계에 있는 수소원자의 총수 (N)에 대해, 중성원자의 제1들뜸상태 (N_2)에 원자 수의 비에 비례한다. 그런데 수소는 오직 2개의 이온화 단계인 중성상태 (N_0)와 한 번(1가) 이온화 상태 (N_+)를 가졌을 뿐이므로, $N = N_0 + N_+$이다. 따라서 N_2/N의 비는 다음과 같다.

$$\frac{N_2}{N} = \frac{N_2}{N_0 + N_+} \approx \frac{N_2}{N_1}\frac{1}{1 + N_+/N_0} \qquad (8\text{–}32)$$

여기서, 마지막 등식에서는 적절한 근사 $N_0 \approx N_1$(대부분의 중성수소는 바닥상태에 있음)을 적용했다. 볼츠만 방정식은 (N_2/N_1), 즉 제1들뜸상태와 바닥상태에 있는 중성원자의 개수의 비를 산출하고, 한편 사하 방정식은 (N_+/N_0), 즉 이온화된 원자와 중성원자의 개수의 비를 산출한다. 이렇게 식 (8–32)의 근사식으로 그 비를 충분히 정확하게 구할 수 있다.

(N_+/N_0)를 온도 T의 함수로 나타낸 그래프(그림 8–13)는 7,000K 이하 온도에서 수소는 대부분 중성이고, 더 높은 온도에서는 이온화가 증가하여, 결국 중성원자의 개수는 무시할 정도로 적어짐을 나타내고 있다. 온도가 올라감에 따라 N_2/N_1은 지수함수적으로 늘어나지만, 반대로 고온에서는 중성원자의 개수가 줄어든다. 그 결과, N_2/N의 곡선은 약 10,000K 근처에서 최대값을 가진다. 따라서 T = 6,000K — 대략 태양 표면의 온도 — 에서는 비율 N_2/N_1은 대략 10^{-8}이지만, 태양에는 수소가 아주 많기 때문에, 발머 흡수선은 상당히 세게 나타난다. T = 20,000K — 극히 고온 별의 온도 — 에서는 이 비율이 대략 10^{-2}이지만, 대부분의 수소원자가 이온화되어 있기 때문에, 발머선의 세기는 태양의 경우와 비슷하다.

볼츠만과 사하의 방정식은 천체물리학에 광범위하게 적용되고 있다. 이 두 방정식으로 별의 흡수(방출) 스펙트럼을 해석하여, 별의 표면온도와 압력을 추론한다. 예를 들면, 5,000~7,000K의 온도 범위에서 Ca은 주로 Ca II(한 번 이온화 = 1가 이온)의 상태로 있다. 그러므로 Ca II의 스펙트럼선이 강하고, Ca I의 스펙트럼선이 약한 별(예 : 태양)의 온도는 위의 범위에 있어야 한다. 한편, 화학조성이 같다고 가정할 때, 태양보다도 훨씬 밀도가 낮은 별이 태양만큼 강한 Ca II선을 낸다면, 이 별은 낮은 전자 밀도 N_e[식 (8–31)]를 보상해야 하므로 태양보다 낮은 온도를 가질 것이다.

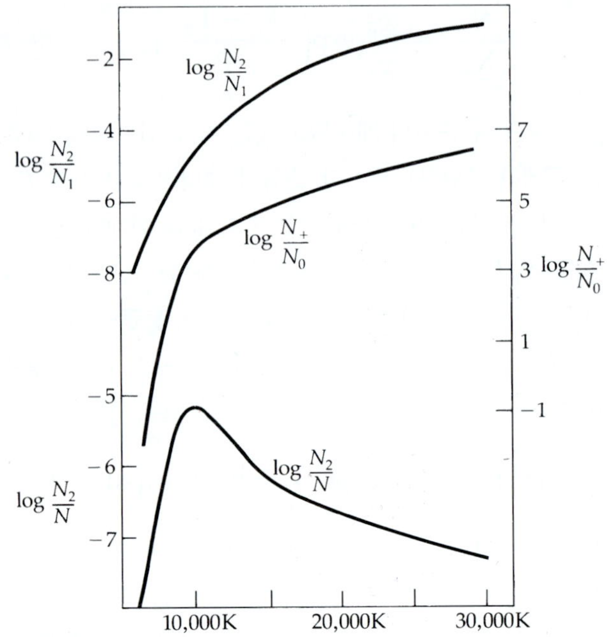

그림 8–13 수소 발머선의 들뜸과 이온화 곡선
표시된 온도의 평형상태에 대하여, 원자의 에너지 준위에 있는 상대적 개수비(N_2/N_1)는 볼츠만 방정식에서 계산되고, 이온화 상태에 대한 개수비(N_+/N_0)는 사하 방정식에서 계산된다. 가장 밑의 곡선은 위의 두 곡선을, $N = N_0 + N_+$로 하여 합성한 것이다.

이제 앞의 공식을 일반화하여, i번째 이온화 단계에 있는 임의의 들뜸상태 s에 있는 원자의 개수 $N_{i,s}$를 구해 보기로 하자. 관심 대상의 비는 $N_{i,s}/N$이고, 여기서 N은 모든 이온화 단계에 있는 입자수의 합이다.

$$N = N_0 + N_1 + N_2 + \cdots + N_n = \sum_{i=0}^{n} N_i$$

일반적으로, n은 중성원자 속에 있는 전자 개수가 되지만, 실제로 이온의 수를 구하는 데는 2~3개의 이온화 단계만 고려하면 충분하다. 왜냐하면 주어진 온도에 대해서는 다른 여러 단계에 있는 이온의 개수는 무시될 수 있기 때문이다. 따라서 적절한 제1근사는 다음과 같아진다.

$$\frac{N_{i,s}}{N} \approx \frac{N_{i,s}}{N_{i-1}+N_i+N_{i+1}}$$

$$= \frac{N_{i,s}/N_i}{(N_{i-1}/N_i)+1+(N_{i+1}/N_i)} \tag{8-33}$$

마지막 식 분자는 볼츠만 방정식에 의하여 다음과 같이 주어진다.

$$\frac{N_{i,s}}{N_i} \propto \exp\left(-\frac{\chi_s}{kT}\right)$$

분모는 사하 방정식에 의하여 다음과 같이 주어진다.

$$\frac{N_{j+1}}{N_j} \propto \frac{(kT)^{3/2}}{N_e}\exp\left(-\frac{\chi_j}{kT}\right)$$

식 (8–33)은 한 기체의 가장 강한 스펙트럼선에 대해서 유용하지만, 일반적인 경우 스펙트럼선의 세기를 정확히 계산하려면 방대한 수치 계산이 필요하게 된다. 우리가 사용한 근사식은 주어진 온도 범위에서 주된 이온화 단계가 i일 때에 한해서 성립한다.

8.5 스펙트럼선의 선폭 증가

스펙트럼선은 결코 한없이 가늘지 않으며, 그 윤곽이 언제나 한정된 폭을 가진다. 양자 역학의 기본 원리에서 스펙트럼선의 최소 선폭(자연선폭 증가)이 설명되지만, 여러 가지 물리적 과정 때문에 선의 윤곽은 이보다 더 넓어진다. 관측된 스펙트럼선의 윤곽을 여러 가지 선폭 증가의 과정으로 해석함으로써, 별이나 여러 천체물리적 대상에서 방출되는 복사의 특성을 추론할 수 있다.

8.5.1 자연선폭 증가

양자 역학에서는 모든 원자적 입자가 파동 성질을 갖고 있다고 생각한다. 원자의 에너지 준위에 있는 전자도 그와 같은 입자이다. 하이젠베르크의 불확정성 원리는 주어진 상태의 에너지를 다음보다 더 정확하게 결정할 수 없음을 의미한다.

$$\Delta E = \frac{1}{2\pi}\frac{h}{\Delta t} \tag{8-34}$$

여기서 h는 플랑크상수이며, Δt는 그 상태가 지속되는 수명이다. 그러므로 원자의 집단이 만드는 흡수 또는 방출 스펙트럼선은 $\Delta\nu = \Delta E/h \approx 1/\Delta t$ 정도로, 광자의 진동수가 퍼진 최소 선폭—자연선폭(natural width)—을 가진다. 전형적인 들뜸상태는 되가라앉기까지 약 10^{-8}초 동안 지속되므로(이와 반대로, 바닥상태는 영원히 지속될 수 있다), 보통 자연선폭은 가시광선에서 5×10^{-5}nm(0.5mÅ) 정도가 된다. 이른바 준안정 상태는 경우에 따라 1초($\Delta t \geq 1$초) 이상 지속되므로, 이때는 훨씬 좁은 자연선폭이 생긴다.

8.5.2 열적 도플러 선폭 증가

자연선폭 증가는 오직 에너지 준위의 고유한 수명에만 관련있는 데 비하여, 열적 도플러 선폭 증가(thermal Dopplelr broadening)는 기체의 온도와 화학조성에 관련되어 있다. 기체가 어떤 온도 T에 있을 때, 기체입자(각각의 질량 m)는 맥스웰 속도 분포(2.1.4항 참조)에 따라 움직인다. 맥스웰 속도 분포에서는 최빈속도를 기체의 입자 속도로 근사하여 사용할 수 있다.

$$v_p = \left(\frac{2kT}{m}\right)^{1/2}$$

관측자를 향해 움직이는 입자들은 청색편이된 빛을 방출하는 반면, 관측자로부터 멀어져 가는 입자들은 적색편이된 빛을 방출하므로 스펙트럼은 짧은 파장과 긴 파장으로 균등하게 선폭 증가될 것이다. 원자 운동의 시선 방향 성분은 원자의 천이에서 흡수 또는 방출되는 복사에 도플러이동을 일으킨다. 주어진 온도에서, 무거운 원소의 스펙트럼선은 가벼운 원소의 스펙트럼선보다 더 가늘다. 그 까닭은 무거운 입자가 평균적으로 가벼운 입자보다 느리게 움직이기 때문이다. 예를 들어, 6,000K에서 중성수소는 최빈속도, $v \approx 10\text{kms}^{-1}$로 움직이고 있다. 이에 해당되는 도플러 선폭 증가의 비율은 $\Delta\lambda/\lambda \approx v/c \approx 3 \times 10^{-5}$이므로, 발머 α선(656.3nm)의 열적 도플러 선폭은 대략 0.02nm가 된다.

개념 적용 도플러 선폭 증가

태양 표면에서 철의 도플러 선폭 증가는 얼마나 될까?

수소는 6,000K에서 최빈속도가 대략 10kms^{-1}가 되는 것으로 계산된다. 철은 원자 질량이 수소보다 56배가 된다. 맥스웰 분포에서 최빈속도는

$$v_p = \left(\frac{2kT}{m}\right)^{1/2}$$

이므로, 속도는 질량 제곱근에 반비례한다. 그러므로

$$\frac{v_p(\text{Fe})}{v_p(\text{H})} = \left(\frac{m_\text{H}}{m_\text{Fe}}\right)^{1/2} = \left(\frac{1}{56}\right)^{1/2} = 0.134$$

이며,

$$v_p(\text{Fe}) = 0.134(10\text{kms}^{-1}) = 1.34\text{kms}^{-1}$$

가 되고 도플러 선폭 증가 비는 대략적으로 $\Delta\lambda/\lambda \approx v/c \approx 1.3/3 \times 10^{-5} \approx 4.3 \times 10^{-6}$가 된다.

8.5.3 충돌 선폭 증가

원자의 에너지 준위는 이웃하는 입자, 특히 이온이나 전자와 같은 전기를 띤 입자에 의하여 변화된다[슈타르크 효과(Stark effect)라 함]. 기체에서 이러한 교란은 무질서하게 발생하므로 스펙트럼선폭이 넓어지는 결과가 생긴다. 교란시키는 입자가 가까이 있을수록 교란은 더 크기 때문에, 이 충돌(또는 압력) 선폭 증가는 바로 입자의 밀도에 의존된다. 즉 밀도(따라서 압력)가 클수록 스펙트럼선폭은 넓어진다.

8.5.4 제만효과

원자가 자기장 속에 놓였을 때에는 원자의 에너지 준위는 전자의 자기적 쌍극자 모멘트 때문에 3개 또는 그 이상의 준준위(sublevels)로 갈라진다. 이것을 네덜란드의 물리학자인 제만(Pieter Zeeman, 1865~1943)의 이름을 따서 **제만효과**라 한다. 그러므로 원래 하나의 원자 천이와 하나의 스펙트럼선이었던 것이 이제 3개 또는 그 이상의 밀접한 선(간격은 자기장의 세기에 비례한다)으로 나타난다. 만일, 이 여러 개의 제만 성분이 분리되어 보이지 않을 경우, 스펙트럼선은 선폭 증가된 것으로 관측된다. 자기장이 매우 강하고 잘 정렬되어 있으며 균일할 때(태양 흑점과 자기장이 강한 별과 같이)에는 제만 성분이 분리되어 보이고, 그곳의 자기장의 세기와 방향을 추정해 낼 수 있다.

8.5.5 그 밖의 선폭 증가 방법

마지막으로, 도플러 효과에 바탕을 둔 3개의 거시적인 선폭 증가의 과정을 설명하기로 한다. 망원경으로 상이 분해되지 않는 보통의 별을 생각해 보자. 이러한 별의 표면에서 일어나는 대규모의 무질서한 운동으로 인한 도플러 이동은 스펙트럼선의 난류 선폭 증가로 나타난다. 만일 별의 대기가 팽창하고 있다면, 기체는 여러 방향으로 동시에 움직이므로, 관측된 스펙트럼선에는 이 때문에 생기는 모든 도플러이동을 적분한 효과가 팽창으로 선폭 증가된 것으로 나타난다. 빨리 회전하고 있는 별(축 방향에서 보지 않을 때)은 한쪽 끝은 다가오고, 다른 한쪽 끝은 멀어지기 때문에, 회전 선폭 증가가 된 스펙트럼선을 가진다. 이는 한 별에서 보이는 모든 스펙트럼선에는 동일한 회전 선폭 증가가 나타나기 때문에 별의 회전을 확인할 수 있고, 회전속도(또는 주기)를 결정할 수 있다.

8.6 흑체복사

지금까지 우리는 개개 원자 천이와 이로 인한 스펙트럼선을 다루었다. 그러면 연속스펙트럼은 어디서 유래하는 것일까? (흡수스펙트럼선은 이러한 연속스펙트럼에 선별적으로 광자가 흡수되어 생긴 결과임을 상기하자.)

우리는 여러 가지 방출과 흡수의 연속스펙트럼이 개개 원자에서 생기며, 또 원자들이 서로 더 강하게 상호작용을 할수록 스펙트럼선이 더 넓어진다는 사실을 알았다. 원자들의 집합이 서로 너무 강하게 작용하면(고체, 액체, 불투명한 기체에서처럼) 개개의 특정 스펙트럼의 모습은 모두 없어지고, 열적 연속스펙트럼(thermal continuum)이 이루어진다.

이와 같은 연속스펙트럼은 흑체에서 발생되며, 그 스펙트럼은 절대온도에만 관련된다. **흑체**란 그것에 입사한 전자기 복사의 에너지를 모두 흡수하기 때문에 완전히 검다. 그래서 그와 같이 부른다. 그러나 완전한 열평형을 이루기 위해서는 이 물체는 에너지를 흡수하는 것과 정확히 같은 비율로 에너

지를 방출해야 한다. 그렇지 않으면 물체는 더워지거나 차가워진다(온도가 변한다).

이상적으로, 흑체는 그 속의 복사가 그릇의 벽과 열평형을 이루는 완전히 절열된 그릇이다. 실제로, 그릇의 벽에 작은 구멍을 내어 흑체복사를 관찰할 수 있다. 별 내부의 기체는 모든 복사에 대하여 불투명하다(고도의 흡수체이다. 그렇지 않다면 별의 내부를 들여다볼 수 있을 것이다). 그러므로 별 내부의 복사는 흑체복사의 특성을 가진다. 우리는 이 복사가 서서히 별의 표면에서 새어 나오는 것을 관측하는 것이다. 이러한 연속스펙트럼을 근사적으로 흑체복사로 보고, 그 성질을 나타낼 수 있다.

8.6.1 플랑크의 복사 법칙

1864년, 맥스웰의 전자기 이론이 나온 이후 흑체복사를 이론적으로 설명하기 위한 많은 시도가 있었다. 1900년, 플랑크(Max K.E.L. Plank, 1858~1947)가 전자기 복사의 에너지는 단지 각각 분리된 양자들, 즉 각각의 에너지 $E = h\nu$인 광자로 전달된다는 가정을 하여, 비로소 문제를 해결하였다. 그는 스펙트럼의 세기 관계 또는 플랑크의 흑체복사 법칙을 다음과 같이 유도해 냈다.

$$I(\nu)\Delta\nu = \frac{2h\nu^3}{c^2}\frac{1}{e^{h\nu/kT}-1}\Delta\nu \qquad (8\text{–}35a)$$

여기서 $I(\nu)\Delta\nu$는 온도 T인 흑체에서 나오는 복사 가운데 진동수의 범위가 ν와 $\nu + \Delta\nu$ 사이에 해당하는 복사의 세기 ($\mathrm{Jm^{-2}\cdot s^{-1}\cdot sr^{-1}}$)이며, h는 플랑크상수, c는 광속도, k는 볼츠만 상수이다. 분모에 있는 지수함수에 유의하자.

전자기 복사의 진동수 ν와 파장 λ는 $\lambda\nu = c$의 관계가 있으므로, 플랑크의 공식 (8–35a)는 단위 파장 간격에 대한 세기로 나타낼 수 있다.

$$I(\lambda)\Delta\lambda = \frac{2hc^2}{\lambda^5}\frac{1}{e^{hc/\lambda kT}-1}\Delta\lambda \qquad (8\text{–}35b)$$

식 (8–35b)는 세기 $I(\lambda)\Delta\lambda$가 해당되는 파장 범위에서의 세기 $I(\lambda)\Delta\lambda$와 같으므로, 다음과 같은 관계에서 얻어진다.

$$\nu = \frac{c}{\lambda} \rightarrow |\Delta\nu| = \left|\frac{c\Delta\lambda}{\lambda^2}\right|$$

이 관계는 미분을 하거나, 또는 다음 관계식에서 $\Delta\lambda \rightarrow 0$와 $\Delta\nu \rightarrow 0$로 가는 극한에서

$$\lambda\nu = (\lambda + \Delta\lambda)(\nu + \Delta\nu) = c$$

여기서 $\Delta\nu$와 $\Delta\lambda$는 ν와 λ에 비하여 무시할 정도로 작다.

그림 8–14는 식 (8–35a)를 여러 가지 T의 값에 대하여 나타낸 것이다. $I(\lambda)$나 $I(\nu)$는 흑체의 온도가 높아질수록 증가한다. 즉 흑체는 더 밝아진다. 이 효과는 식 (8–35a)에 의하여 쉽게 이해되는데, $I(\nu)\Delta\nu$는 매초마다 $h\nu$에 가까운 에너지를 방출하는 광자수에 직접 비례하기 때문이다. 플랑크함수는 아주 특별하므로 자체 기호를 사용하여 흑체의 세기나 밝기를 $B(\lambda)$ 또는 $B(\nu)$로 나타낸다.

플랑크의 흑체 공식[식 (8–35)]을 더 명확히 이해하기 위하여, 아인슈타인이 유도했던 방식을 살펴보기로 하자. 주어진 진동수 ν에서 복사와 흑체의 공동(空洞)의 벽을 이루는 원자 사이에는 열평형이 이루어질 것이다. 벽 속에 강한 원자 상호작용 때문에 원자는 모든 에너지의 상태가 가능하다. 양자의 에너지가 $E_U - E_L = h\nu$에 해당되는 경우에 높은 에너지 상태(U)와 낮은 에너지의 상태(L)를 생각해 보자. 각 상태의 원자수는 다음과 같은 볼츠만 방정식을 만족한다.

$$N_U = \frac{g_U}{g_L}N_L \exp\left(-\frac{h\nu}{kT}\right)$$

만일 원자가 아래로 (U → L) 천이할 확률을 a_{UL}, 위로 (L → U) 천이할 확률을 a_{LU}라 하면, 다음 식과 같아질 때 정상상태 평형이 이루어진다.

$$N_L a_{LU} = N_U a_{UL}$$

그러나 a_{LU} — 복사 들뜸 — 는 진동수 ν인 복사에너지 밀도 $\rho(\nu)$와 원자적 상수 B_{LU}(아인슈타인 흡수 계수)에 의존하므로, $a_{LU} = B_{LU}\,\rho(\nu)$가 된다. 되가라앉음, a_{UL}은 두 가지 방법, 즉 자발적 (A_{UL})과 복사장의 자극에 의한 영향[$B_{UL}\,\rho(\nu)$]으로 일어날 수 있으므로, $a_{UL} = A_{UL} + B_{UL}\,\rho(\nu)$가 된다. 이 결과들을 합하여 $\rho(\nu)$에 대해서 풀면 다음과 같은 관계를 얻는다.

$$\rho(\nu) = \frac{A_{UL}/B_{UL}}{(B_{LU}g_L/B_{UL}g_U)e^{h\nu/kT} - 1}$$

이 결과는 관련된 원자의 개수와는 무관하다. 아인슈타인은 원자 계수, A_{UL}, B_{UL}, B_{LU}에 대한 적합한 관계를 적용하여 다음과 같은 **플랑크 흑체복사 밀도 법칙**을 얻었다.

$$\rho(\nu)\Delta\nu = \frac{8\pi h\nu^3}{c^3}\frac{1}{e^{h\nu/kT}-1}\Delta\nu \qquad (8\text{-}36)$$

여기서 $\rho(\nu)\Delta\nu$는 에너지 밀도(energy density, Jm^{-3})이다. 흑체에서 나오는 복사의 세기 $I(\nu)$로 고치려면 인수$(c/4\pi)$를 곱하면 된다[식 (8–35a)].

천체물리학에서 매우 유용한 흑체복사에 관한 단원을 끝내기 전에, 몇 가지 편리한 근사를 알아보자. 지금까지 단광색의 세기에 대한 식 (8–35)를 고려해 왔다. 만일, 이 식에서 지수가 아주 커지면($h\nu \gg kT$), 다음과 같은 관계식이 얻어진다.

$$B_\nu(T) = I_\nu(T) = \frac{2h\nu^3}{c^2}\exp\left(-\frac{h\nu}{kT}\right) \qquad (8\text{-}37a)$$

$$B_\lambda(T) = I_\lambda(T) = \frac{2hc^2}{\lambda^5}\exp\left(-\frac{hc}{\lambda kT}\right) \qquad (8\text{-}37b)$$

이것은 온도가 낮고 파장이 짧은 경우에 적용될 수 있는 적절한 근사이다. 때로는 이를 **빈 분포**(Wien distribution)라고 한다. 반대로, 지수값이 매우 작을 경우($h\nu \ll kT$) 지수함수를 급수 전개하여, $e^x - 1 \approx x$가 된다. 따라서 다음과 같은 관계가 얻어진다.

$$B_\nu(T) = I_\nu(T) = \frac{2\nu^2 kT}{c^2} \qquad (8\text{-}38a)$$

$$B_\lambda(T) = I_\lambda(T) = \frac{2ckT}{\lambda^4} \qquad (8\text{-}38b)$$

이것은 **레일리–진스분포**(Rayleigh-Jeans distribution)로 알려졌으며, 온도가 높고 파장이 길 때(주파수가 작을 때) 적용된다.

8.6.2 빈의 법칙

흑체는 온도가 높아질수록 더욱 더 짧은 파장 쪽으로 극대의 세기를 방출한다(그림 8–14). 빈(Wilhelm Wien, 1864~1928)은 흑체복사의 최대 강도 — 플랑크곡선의 정점(플랑크 함수를 한 번 미분하여 얻어진 것) — 에 해당하는 파장 λ_{max} [$dI(\lambda)/d\lambda = 0$인 점의 파장]에 대해 다음과 같은 **빈의 변위 법칙**(Wien's displacement law)을 얻었다.

$$\lambda_{max} = \frac{2.898 \times 10^{-3}}{T} \qquad (8\text{-}39)$$

여기서 λ_{max}는 m, 온도 T는 절대온도 K로 나타낸다. 예를 들면, 태양의 연속스펙트럼은 최대의 세기를 $\lambda_{max} \approx 500$nm로 방출하고 있는 대략적인 흑체복사에 해당된다. 따라서 표면온도는 5,800K에 가깝다. 이 법칙은 $\lambda_{max}T$ = 일정하므로, 두 변수 중 하나가 증가하면 비례하여 다른 하나가 감소한다는 것을 기억하자.

8.6.3 스테판과 볼츠만 법칙

플랑크곡선 아래의 면적은 흑체에서 복사되는 **총 에너지 플럭스** $F(Wm^{-2})$, 즉 복사의 세기를 모든 파장과 입체각에 대하여 합한 것으로, 다음과 같이 된다.

$$F(T) = \sigma T^4 = \pi B(T) \qquad (8\text{-}40)$$

여기서 $\sigma = 5.669 \times 10^{-8}\,W\cdot m^{-2}\cdot K^{-4}$이다. 식 (8–40)에 나타난 온도에 대한 강한 의존성은 1879년에 스테판(Josef Stefan, 1835~1893)이 열역학에서 처음으로 유도해 냈고, 1884년 볼츠만이 통계역학으로 유도하였기 때문에, 이것을 스테판–볼츠만 법칙이라 한다. 흑체의 밝기는 온도의 네제곱으로 증가하는 것을 알 수 있다. 만일, 별을 흑체로 근사한다면, 단위 시간에 총 에너지 방출(와트 단위로 **에너지** 또는 **광도**)은 반지름 R인 구의 표면적이 $4\pi R^2$이므로, $L = 4\pi R^2\sigma T^4$과 같다.

요약하면, 흑체복사체는 다음과 같은 특성을 가진다. 첫째, 흑체는 모든 파장으로 에너지를 방출한다. 둘째, 온도가 높은 흑체는 온도가 낮은 흑체보다 단위 면적, 단위 시간에 모든 파장에서 더 많은 에너지를 방출한다. 셋째, 온도가 높은 흑체는 온도가 낮은 흑체보다 전체 복사 중 더 많은 부분을 더 짧은 파장 쪽에서 방출한다. 넷째, 흑체가 단위 면적당, 단위 시간에 방출하는 에너지는 온도의 네제곱에 비례한다.

8.6.4 온도

온도에 대한 몇 가지 유의할 점을 언급하면서 이 단원을 마치

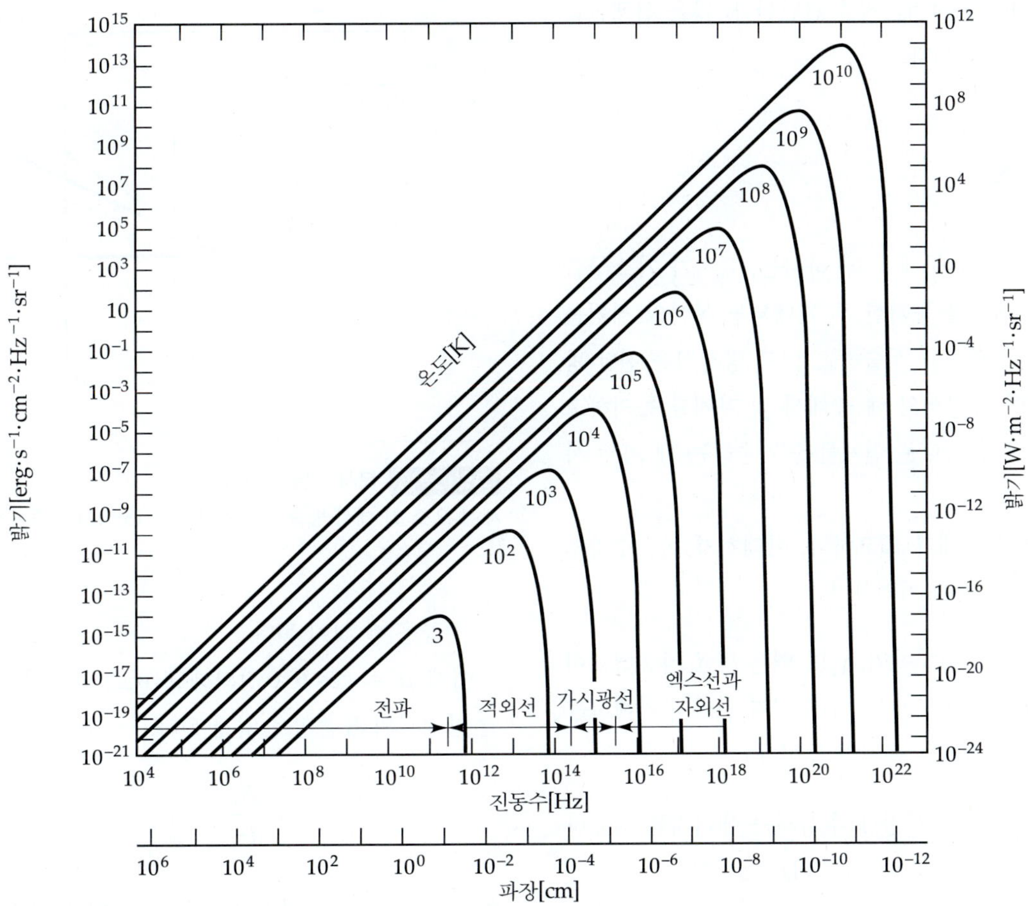

그림 8-14 흑체복사 방출

넓은 영역의 온도에 대하여 대수-대수 척도로 그린 플랑크곡선들. 파장이 cm 단위로 긴 쪽에서 짧은 쪽으로 표시되었다.

고자 한다. 일반적으로, 온도는 발생되는 과정에 따라 달라지므로 유일하게 정의되지 않는다. 또, 온도는 복사장과 물질에 부여된다. 복사의 경우, 만일 우리가 진정한 흑체를 다루고 있다면, (1) 플랑크곡선 위에 한점 또는 2점 이상에서의 플랑크곡선의 모양, (2) 빈의 법칙과 최대 방출에 해당되는 파장, (3) 스테판-볼츠만 법칙과 전체 에너지 등을 활용하여 온도를 결정할 수 있다. 그러나 천체는 완전한 흑체가 아니므로, 위의 세 가지 방법에서 약간씩 다른 온도를 얻게 된다.

또, 온도는 속도 분포(운동학적 온도), 들뜸의 정도, 이온화 정도에 기준을 두어 물질에도 부여된다. 일반적으로, 연속스펙트럼에 바탕을 둔 온도는 스펙트럼의 상대적 세기에서 볼츠만, 사하의 방정식을 이용하여 얻어지는 온도와 다를 수도 있다. 그러므로 우리가 사용하고 있는 온도가 어떤 종류의 온도인지를 명기해 주는 것이 바람직한 일이라 하겠다(표 8-4 참조). 모든 온도는 열역학적 평형이 유지되어, 모든 과정과 그 반대 과정이 같은 비율로 진행되는 경우에만 같아진다. 일반적으로 이러한 조건을 만족시킬 수 없으므로, 지역적인 세부 균형을 봄으로써 국부적 열역학적 평형(local thermodynamic

표 8-4 여러 종류의 온도

온도	기본 법칙/식	관측
밝기 온도	플랑크곡선	한 파장에서의 세기
색 온도	플랑크곡선	둘 이상 파장에서의 플럭스 비
유효온도	스테판-볼츠만 법칙	광도(단위 시간 에너지)와 반지름
들뜸온도	볼츠만 방정식	같은 원소의 스펙트럼선들의 상대적 등가폭
이온화 온도	사하 방정식	이웃하는 이온화 단계에 있는 스펙트럼선들의 상대적 등가폭
운동학적 온도	열적 도플러 선폭 증가	스펙트럼선의 폭과 윤곽

equilibrium, LTE)이 유지되는지를 판단한다. 많은 천체물리학적 환경에 LTE가 적용된다.

8.7 전달 방정식

천체물리에서 가장 흔한 문제 중에 하나는, 복사가 가스구름이나 행성, 항성의 대기를 통과한 후 기대되는 복사의 세기를 계산하는 것이다. 이 과정을 서술하는 미분 방정식을 **전달 방정식**이라고 한다. 이 방정식의 해 중에서 몇 가지를 논의하고자 하는데, 그것들은 흥미로운 천체들을 기술하는 데 자주 사용되기 때문이다.

먼저, 다음 양들의 소개가 필요하다. 아래첨자 ν는 주파수에 의존하는 양이라는 것을 기억하자.

소광 계수 χ_ν	차원은 m^{-1}이며, χ_ν의 역은 평균 자유행로이다. 이것은 광자가 흡수되기 전까지 진행하는 평균 거리를 측정한 것이다.
방출 계수 η_ν	이 양은 복사장에 추가되는 에너지를 제공한다. 차원은 $Jm^{-3}\,sr^{-1}\,Hz^{-1}\,s^{-1}$이다.
원천 함수 $S_\nu = \eta_\nu/\chi_\nu$	원천 함수는 소광 계수에 대한 총 방출 계수의 비이다. 열역학적 평형의 경우, S_ν는 플랑크분포 함수로 주어진다.
광학 깊이 $\tau_\nu = \int \chi_\nu dl$	τ_ν는 시선 방향에 평균 자유행로 길이의 수가 된다. 이것은 무차원의 양이다.

그림 8–15에 복사 전달 문제를 기하학적으로 묘사하였다. 이 그림에서 선형 깊이 dl과 광학 깊이는 기체의 오른쪽에서부터 증가된다. 그림의 왼쪽을 제한시키지 않은 것은 문제가 유한하거나 무한한 광학 깊이에도 적용될 수 있음을 암시한 것이다. 먼저 물리적 깊이 요소 dl에 대한 미분 방정식을 쓰면 다음과 같다.

$$\cos\theta\left[\frac{dI_\nu}{dl}\right] = \eta_\nu - \chi_\nu I_\nu$$

이 식은 물리적인 직관을 만족시킨다. 아주 적은 길이 dl 사이에서 세기의 변화는, 원래 복사 세기와는 무관한 방출 계수에서, dl 거리 내에서 소광된 세기인 원래 복사 세기와 소광 계수의 곱을 뺀 것이 된다.

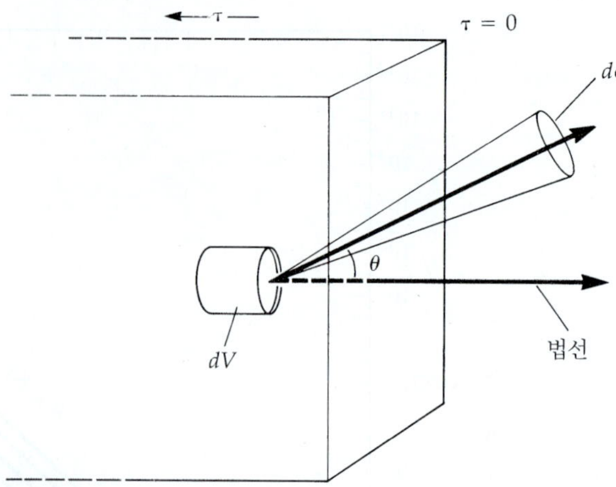

그림 8–15 복사 전달식 그림
체적 요소 dV에서 방출되는 세기는 식 (8–42)로 주어진다.

이제 $\mu = \cos\theta$로 정의하고 χ_ν로 나누면, 다음과 같이 전달 방정식의 표준형을 얻게 된다.

$$\mu\frac{dI_\nu}{d\tau_\nu} = I_\nu - S_\nu \tag{8-41}$$

여기서 $d\tau_\nu = -\chi_\nu dl$는 광학적 깊이의 미분소이다. 관측자가 천체 내부 방향으로 보는 경우를 나타내기 위하여 (−) 기호가 또 붙여졌다. 아래에서 편의를 위하여 $\tau = \tau_\nu$로 나타낼 것이다. 이 식의 적분 인자는 $e^{-\tau/\mu}$다. 따라서 이 양을 양변에 곱하여 적분하면 일반 해를 다음과 같이 얻게 된다.

$$I_\nu(\tau_1, \mu) = I_\nu(\tau_2, \mu)e^{-(\tau_2-\tau_1)/\mu} + \mu^{-1}\int_{\tau_1}^{\tau_2} S_\nu e^{-(\tau-\tau_1)/\mu}\cdot d\tau \tag{8-42}$$

8.7.1 항성 대기에 적용

전달 방정식을 적용하는 가장 중요한 경우 중에 하나는 입사되는 복사가 없고, 무한한 광학 깊이를 가진 항성 대기에 대한 경우이다. 이 경우 $\tau_2 \approx \infty$, $\tau_1 = 0$에 해당하므로 정규 해는 다음과 같이 된다.

$$I_\nu(0, \mu) = \mu^{-1}\int_0^\infty S_\nu e^{-\tau/\mu}\,d\tau \tag{8-43}$$

첫 번째 근사로, 원천 함수가 광학 깊이에 선형 함수라고 다음과 같이 가정하자.

$$S_\nu = S_\nu(0) + S_\nu(1)\tau_\nu \qquad (8-44)$$

이것을 식 (8-43)에 도입하면 해는 다음과 같이 된다.

$$I_\nu = S_\nu(0) + S_\nu(1)\mu$$

이는

$$I_\nu = S_\nu(\tau = \mu) \qquad (8-45)$$

과 같다. 이 마지막 두 식이 에딩턴-바비어 관계(Eddington-Barbier relation)로 알려진 것이다. 첫 번째 근사를 통하여, 관측되는 복사장에 대한 것이 분명하게 밝혀졌다. 태양면을 가로지르며 복사의 밝기 변화를 쉽게 볼 수 있는 태양을 고려해 보자. 태양면 중심을 볼 때 $\mu = \cos\theta = 1$이 된다. 이로부터 복사의 세기는 대략적으로 광학 깊이가 1인 지점의 원천 함수인 것을 알 수 있다.

이것은 항성 대기에서는 아주 일반화된 결과이다. 태양면의 중심에서 끝으로(가장자리) 관측함에 따라, 기하학적으로 표면의 법선에서 벗어난 방향으로 보게 된다. 그러므로 광학적 깊이가 1에 해당되는 대기의 선형 깊이는 작아진다. 단순한 물리적 논리로부터 깊이가 낮은 지역은 온도가 더 낮아지므로, 원천 함수(대략 플랑크함수로 주어진)도 더 약한 복사를 낼 것으로 기대된다. 따라서 **주연감광**(limb darkening) 현상을 보게 되는 것이다. 실제로 이 현상이 관측되며(자세한 것은 10.1절 참조), 태양 대기에서 깊이에 따른 온도의 변화를 얻는데 이용된다.

유사한 논리를 통해 항성의 흡수선들을 아주 잘 설명할 수 있다. 이것들은 광학 깊이가 급격히 변화된 스펙트럼의 작은 영역으로 생각할 수 있다. 선의 중심에서는 불투명도가 가장 크므로, 그것의 광학 깊이가 1에 해당되는 곳은 비교적 높은 대기의 차가운 영역이다. 따라서 가스는 이 중심 파장에서도 광자를 방출하지만, 선의 날개 쪽에서보다 약하게 복사하는 것이다.

8.7.2 가스 성운

다음으로 유용한 예제는 S_ν가 τ에 대해 일정한 물질로 된 판(slab)의 경우이다. 단지 판에 대해 수직으로 나오는 복사만 고려한다면 $\mu = 1$이고, 식 (8-43)에 적분해는 다음과 같다.

$$I_\nu = S_\nu(1 - e^{-\tau}) \qquad (8-46)$$

여기서 τ는 판 전체의 광학적 깊이이다. 이제 다음의 흥미로운 두 경우를 보자.

경우 I : $\tau \gg 1$(광학적으로 두꺼운 경우)
그러면 $e^{-\tau}$는 무시되므로

$$I_\nu = S_\nu$$

방출되는 세기는 원천 함수와 일치한다. 특히, 열평형의 경우 원천 함수—그러므로 방출 세기—는 플랑크의 흑체 함수와 같아진다.

경우 II : (광학적으로 얇은 경우)

$$I_\nu = S_\nu\tau$$

이제는 방출되는 세기가 원천 함수와 광학 깊이의 곱이 된다. 일반적으로 τ가 주파수에 의존되므로, 방출되는 세기의 스펙트럼은 원천 함수와 일치하지는 않는다.

가스가 광학적으로 얇으냐 두꺼우냐 하는 판별은 천체물리학자가 해야 할 중대한 분석 중 하나이다. 일반적으로 모든 중요한 양들이 주파수에 의존되므로, 주어진 성운은 어떤 스펙트럼 영역에서는 광학적으로 얇고, 또 다른 영역에서는 광학적으로 깊은 것이 전형적인 경우이다.

예로서, H II 영역(전리된 수소 가스로 이루어진 구름)은 전파 영역의 열원(thermal source)이다. 전파와 같은 긴 파장 영역에서 중요한 것은 흑체 스펙트럼이 ν^2에 비례하는 레일리-진스분포로 근사된다. 바로 이 스펙트럼 영역에서 광학 깊이는 ν^{-2}에 비례한다. 그림 8-16은 한 특정 H II 영역인 오리온 성운의 연속 전파 스펙트럼을 나타내고 있다. 주파수가 낮은 파영역에서 τ는 크고, 광학적으로 두꺼워진다. 관측된 스펙트럼은 이 대수 함수-대수 함수의 도표에서 기울기가 2로 증가한다. 대략 1,000MHz 주파수에서 τ는 광학적으로 두꺼운 영역에서 얇은 영역으로 바뀐다. 원천 함수($\propto \nu^2$)와 광학적 깊이($\propto \nu^{-2}$)가 주파수에 대한 의존도가 상반되므로, 방출되는 세기($S_\nu \cdot \tau$)는 주파수가 높은 영역에서는 거의 주파수에 무관하게 일정해진다(H II 영역에 대해서는 19.2절에 더 언급된다).

8.7.3 키르히호프 법칙

전달 방적식은 분광분석의 경험법칙을 만들어 낸, 키르히호프(Gustav Kirchhoff, 1824~1887)가 말하는 개념적인 스펙트럼에도 적용된다. 이것은 천체의 화학조성과 물리적 상태에 따라 스펙트럼이 달라진다는 것과 연관된다. 간략하게 키르히호프 법칙은 다음과 같다.

1. 뜨겁고 불투명한 고체, 액체 또는 극도로 압축된 기체는 연속스펙트럼을 방출한다.
2. 뜨겁고 투명한 기체는 방출선을 방출하며, 방출선 스펙트럼선의 수와 파장은 기체에 있는 원소에 따라 달라진다.
3. 연속스펙트럼의 빛이 온도가 낮고 투명한 기체를 통과할 경우, 이 차가운 기체에 의해 흡수선이 생긴다. 흡수선의 위치와 세기 및 그 흡수선 수는 차가운 기체에 있는 원소에 따라 달라진다.

첫 번째 법칙의 주요점은 불투명(광학적으로 두꺼운)하고 뜨거운 물질이 연속스펙트럼(플랑크커브)을 만든다는 것이다. 두 번째와 세 번째 법칙은 기체에 있는 원소가 기체의 물리적 상태에 따라 스펙트럼선을 방출 또는 흡수한다는 것이다. 방출선은 기체가 투명하고(광학적으로 얇은) 온도가 높아야 발생되는 반면, 흡수선은 뜨거운 물체에서 나오는 연속스펙트럼이 온도가 낮고 투명한(광학적으로 얇은) 기체를 통과할 때 발생한다. 만일 두 기체가 같은 화학조성을 갖는다면 방출선의 패턴과 흡수선의 패턴은 같을 것이다.

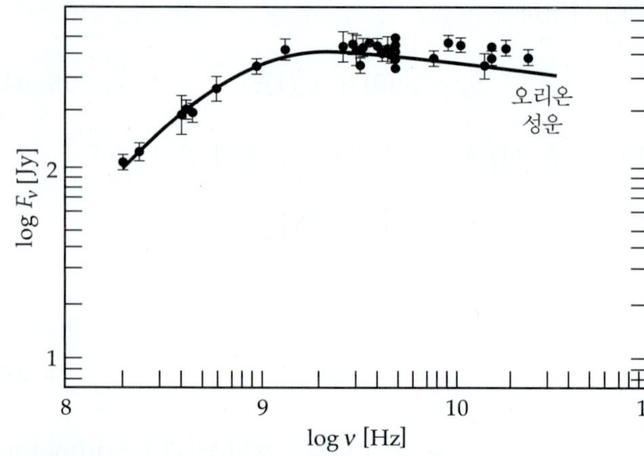

그림 8-16 오리온 성운의 전파 영역 스펙트럼
저주파수 영역은 광학적으로 두꺼워서, 세기는 ν^2에 비례한다. 반면 고주파수 영역에서는 광학적으로 얇아, 복사 세기가 거의 일정해진다.

핵심 수식과 개념

- 빛의 파장관계

$$\lambda\nu = c$$

- 스넬의 법칙

$$n_1 \sin i = n_2 \sin r$$

- 도플러 변이($v < c$)

$$\frac{\Delta\lambda}{\lambda_0} = \frac{\lambda - \lambda_0}{\lambda_0} = \frac{v}{c}$$

- 빛의 역제곱 법칙

$$F = \frac{L}{4\pi R^2}$$

- 수소의 에너지 준위

$$\frac{1}{\lambda_{ab}} = \frac{\nu_{ab}}{c} = \frac{R'}{ch}\left(\frac{1}{n_b^2} - \frac{1}{n_a^2}\right)$$

$$= R\left(\frac{1}{n_b^2} - \frac{1}{n_a^2}\right)$$

- 볼츠만 방정식

$$\frac{N_B}{N_A} = \frac{g_B}{g_A}\exp\left(\frac{E_A - E_B}{kT}\right)$$

- 사하 방정식

$$\frac{N_+}{N_0} = \frac{A(kT)^{3/2}}{N_e}\exp\left(\frac{-\chi_0}{kT}\right)$$

- 플랑크복사 법칙

$$I(\nu) = \frac{2h\nu^3}{c^2}\frac{1}{e^{h\nu/kT} - 1}$$

$$I(\lambda) = \frac{2hc^2}{\lambda^5}\frac{1}{e^{hc/\lambda kT} - 1}$$

• 빈 근사

$$B_\nu(T) = I_\nu(T) = \frac{2h\nu^3}{c^2}\exp\left(\frac{-h\nu}{kT}\right)$$

$$B_\lambda(T) = I_\lambda(T) = \frac{2hc^2}{\lambda^5}\exp\left(\frac{-hc}{\lambda kT}\right)$$

• 레일리-진스 근사

$$B_\nu(T) = I_\nu(T) = \frac{2\nu^2 kT}{c^2}$$

$$B_\lambda(T) = I_\lambda(T) = \frac{2ckT}{\lambda^4}$$

• 빈의 법칙

$$\lambda_{max} = \frac{2.898 \times 10^{-3}}{T}$$

• 스테판-볼츠만 법칙

$$F(T) = \sigma T^4 = \pi B(T)$$

• 전달식(일반 해)

$$I_\nu(\tau_1, \mu) = I_\nu(\tau_2, \mu)e^{-(\tau_2-\tau_1)/\mu} + \mu^{-1}\int_{\tau_1}^{\tau_2} S_\nu e^{-(\tau-\tau_1)/\mu} \cdot d\tau$$

• 전달식(S_ν = 일정)

$$I_\nu = S_\nu(1 - e^{-\tau})$$

광학적으로 두꺼운 경우

$$I_\nu = S_\nu = B_\nu$$

광학적으로 얇은 경우

$$I_\nu = S_\nu\tau$$

문제

1. (가) 평형 평면의 유리판에 비스듬히 입사하여 통과한 광선이 유리판에서 나올 때에는 방향이 변하지 않고 단순히 변위(displaced)되는 것을 증명하시오.

(나) 유리판의 두께가 d, 굴절이 n일 때, 광선의 선형 변위는 n과 θ의 함수로 어떻게 되는가?

2. 다음 파장에 대하여 분해능 1″를 얻으려면 필요한 구경의 크기는 얼마인가?

(가) 500nm(가시광선)

(나) 21cm(전파)

이 결과를 일반화하시오.

3. (가) 다음의 스펙트럼선은 어떤 파장으로 관측되는가?

① 우리에게 100kms^{-1}로 다가오는 별이 방출하는 500nm의 스펙트럼선

② 60,000kms^{-1}로 후퇴하는 은하가 내는 Ca II선(이동되지 않은 파장은 397.0nm)

(나) 중성수소(HI)의 구름이 200kms^{-1}로 후퇴하면서 21cm 전파선을 낸다(정지상태에서 주파수는 1420.4MHz). 어떤 주파수에서 이 선을 관측할 수 있을까?

4. 이항 정리의 간단한 형식은 $x^2 < 1$일 때 다음과 같다.

$$(1 + x)^n = 1 + nx + \frac{n(n-1)}{2}x^2 + \frac{n(n-1)(n-2)}{6}x^3 + \cdots$$

상대론적 식으로부터, $v \ll c$일 때, 이 식을 이용하여 파장에 대한 고전적 도플러이동식을 유도하시오.

5. (가) 파장 λ = 300nm인 하나의 광자가 가진 에너지는 얼마인가? 줄(joule)과 eV로 답하시오.

(나) 수소의 제2들뜸상태(n = 3)에 있는 한 원자가 하나의 광자와 충돌하여 겨우 이온화되었다. 이 광자의 에너지가 모두 원자로 전달되었다면 광자의 파장은 얼마인가?

6. 파장 486.6nm인 He II의 방출선은 어떤 전자 천이에 해당되는가?

7. 중성수소에 볼츠만 방정식을 적용하여(이온화는 무시함). 온도 T일 때, 바닥상태의 원자수에 대한 제n번째 에너지 준위의 원자수 비를 구하시오. 그리고 각 준위의 다중도를 1(g_n = 1)로 가정하여, T = 6,000K일 때 위의 결과 나타내는 적절한 그래프를 그리시오. T = 15,000K일 때에 대

해서도 같은 작업을 하시오. 둘 사이에 중요한 차이는 무엇인가?

8. 사하 방정식 중의 각 변수의 상대적인 중요성을 이해하기 위하여, 다음과 같은 실험을 해 보자. 우선, $T = 5{,}000$K, $N_e = 10^{15}\text{cm}^{-3}$, 이온화 에너지 $\chi = 12$eV를 가정할 때, 다음 각 항의 경우 이온화 비(N_+/N_0)는 몇 배로 달라지는가?

(가) 온도를 2배로 할 때

(나) 전자 밀도를 2배로 할 때

(다) 이온화 에너지를 2배로 할 때

온도의 변화에 대하여 지수함수의 항과 $T^{3/2}$의 항 중 어느 쪽이 더 중요한가?

9. 수소원자의 제2준위(제1들뜸상태)의 원자수를 N_2, 바닥상태의 원자수를 N_1이라 하자. 그림 8–13을 이용하여 다음 별에 대해서 들뜸의 비 (N_2/N_1)와 들뜸의 비 (N_2/N)를 구하시오.

(가) 시리우스, $T = 10{,}000$K

(나) 리겔, $T = 15{,}000$K

(다) 태양, $T = 5{,}800$K

어느 별이 가장 강한 발머 흡수선을 나타내는가? 답을 얻은 근거를 설명하시오.

10. (가) 바닥상태의 Na 원자와 충돌하여 겨우 이온화시키는 전자의 속도는 얼마인가?

(나) 이 원자를 이온화시킬 양성자의 속도는 얼마인가?

(다) 이에 해당하는 기체의 온도는 몇 도(K)인가?

(라) 이 온도에서 Na 스펙트럼선의 열적 도플러 선폭 증가($\Delta\lambda/\lambda_0$)는 얼마인가?

11. (가) 20,000K의 별은 5,000K의 별보다 얼마나 더 많은 에너지를 내고 있는가?

(나) (가)에 각 별의 주된 색깔은 무엇인가? 빈의 법칙을 써서 파장으로 표시하시오.

12. 플랑크복사 법칙[식 (8–35a)]의 근사식을 유도하시오.

(가) 높은 진동수($h\nu/kT \gg 1$), 빈 분포

(나) 낮은 진동수($h\nu/kT \ll 1$), 레일리–진스 근사

여기서, $h\nu/kT \ll 1$일 때, $\exp(h\nu/kT) \approx 1 + (h\nu/kT)$를 이용하시오. $h\nu/kT = 1$에 해당하는 파장은 무엇인가?

13. 3,000K, 6,000K, 12,000K인 항성에서 파장 393.3nm인 Ca II K선의 열적 도플러 선폭 증가의 크기를 각각 구한 다음 Ca II K선의 선폭 증가에서 온도의 중요성에 대해 논하시오.

14. 성운 뒤에 있는 별이 파장 500nm에서 성운이 없을 경우에 비해 별빛이 25%로 어둡게 보였다. 500nm에서 이 성운의 광학적 깊이는 얼마인가? (500nm에 이 성운이 기여하는 빛은 없다고 가정)

15. 일산화탄소 CO의 $J = 1$에서 0으로의 회전 천이는 광자 주파수 115.27GHz에 해당된다. 일산화탄소에서 탄소와 원자 간의 거리를 구하시오.

16. 온도 $T = 10{,}000$K인 순수 수소로 이루어진 기체를 고려하자. 바닥상태($n = 1$)와 첫 번째 들뜸상태($n = 2$) 간의 수소의 비는 얼마인가? 두 상태의 에너지 차이는 10.2eV다. 어떤 온도에서 두 준위에 수소의 비가 같아지는가?

17. 온도 $T = 10{,}000$K, 가스압력 10^{-5}기압인 순수 수소 기체에서, H^+/H의 비를 구하시오. (힌트 : $N_e = H^+$, $N = N_e + H^+ + H$, 이온화 에너지 = 13.6eV)

18. 순수 헬륨으로 이루어진 기체의 온도가 15,000K이고 기체 압력이 10^{-5} 기압일 때, He^+/He의 비를 구하시오. 헬륨의 이온화 에너지는 24.5eV다.

19. 태양으로부터 지구 대기 상층에 입사되는 플럭스는 $1{,}370\text{Wm}^{-2}$다. 이 양을 태양상수 S라 한다. 지구에서 본 태양의 각크기를 사용하여 태양의 표면 플럭스 $F_\odot = L_\odot/(4\pi R_\odot^2)$를 구하시오.

Chapter 9

망원경과 검출기

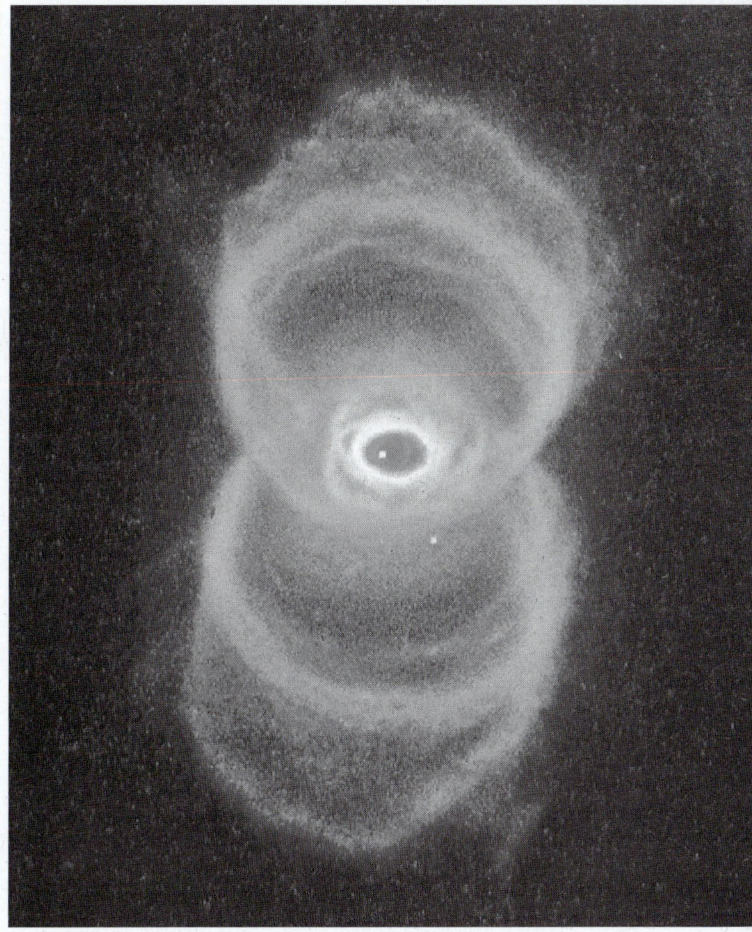

우리는 빛의 본질과 성질에 대해 논의했으며, 천체의 물리적 성질을 추론하기 위해 이러한 사실들의 이해가 어떻게 이용되는가를 논의했다. 그 과정을 뒷받침하기 위해 우리는 이 장에서 천문학자들이 어떻게 빛을 모아 측정하는지 관측 천문학의 기초를 간단히 살펴보고자 한다. 천문학은 여러 면에서 실험 과학(물리나 화학처럼)이라기보다는 관측 과학이다.

9.1 광학망원경

광학망원경은 인간의 눈을 확장한 것으로서, 우리 시각의 스펙트럼 범위를 확장하지 않고 단지 감지력을 증폭시킨 것이다. 오늘날 우리는 전자기 스펙트럼의 가시 영역보다 더 많은 부분을 감지할 수 있다. 그러나 이 장에서는 눈에 의해 감지 가능한 빛을 조작하는 광학망원경에 한정해서 논의한다. 지구 표면에 이르는 빛은 우리에게 도달하기 전에 많은 필터들을 지나온다는 것에 유의하자. 즉 은하 간 물질 및 성간매질, 지구의 대기, 망원경과 검출계 등을 지나게 된다.

렌즈나 거울과 같은 광학적 성분은 광선의 경로를 통제하는 데 이용된다. 망원경에서 광학적 성분들은 빛을 **초점**에 모아 **상**을 만든다. 빛은 곡면을 지닌 거울(반사를 이용)이나 렌즈(굴절에 의해)로 초점에 모아진다. 렌즈는 점광원의 광선을 초점에 점상으로 맺는다. 렌즈는 일정한 크기를 가진 물체의 각 점에서 나온 광선을 초점에 모아 한정된 크기의 상을 만든다(그림 9–1). 이 상은 일반적으로 물체보다 작고 거꾸로 보인다. 멀리 있는 물체의 경우, 렌즈로부터 상까지의 거리는 모든 물체에서 거의 동일하다. 이 거리를 **초점 거리**라고 한다. 곡면이 완만한 거울—예를 들면 포물면 거울—은 모든 빛을 초점에 모은다. 거울면에서 초점까지의 거리가 초점 거리이다.

렌즈나 거울에서 지름에 대한 초점 거리의 비를 ***f*비**라 부른다.

$$f\text{비} = \frac{f}{d}$$

여기서 f는 초점 거리이고, d는 지름이다. f 비는 상의 밝기를 알려 준다.

우리가 상을 얻고자 하는 물체까지의 거리를 d_0라 하고, 대물 렌즈로부터 상까지의 거리를 d_i이라고 하면, 초점 거리는 단일 렌즈의 경우 이들 두 양

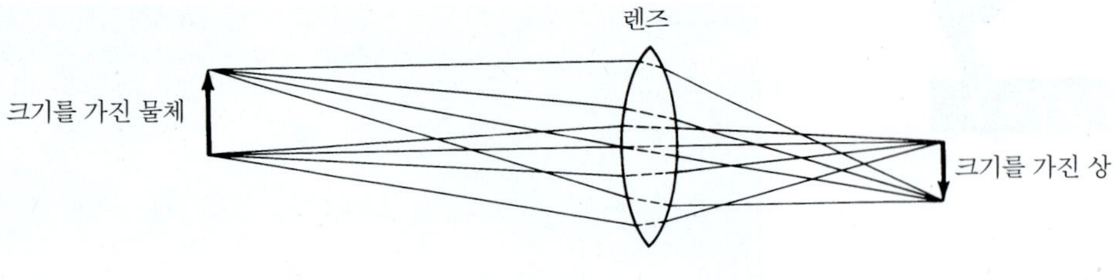

그림 9-1 상
블록렌즈는 실물보다 더 작은 전도된 상을 만든다.

$$\frac{1}{d_0} + \frac{1}{d_i} = \frac{1}{f} \tag{9-1}$$

의 관계를 이룬다. 종종 **렌즈 제작자 공식**으로 불리는 이 공식은 구면 거울에도 적용된다.

초점 거리와 연관된 또 다른 성질은 퍼진 물체에 대한 상의 선형 크기에 관한 것이다. 예를 들면, 달은 하늘에서 1/2°로 보인다. 만일 이 상의 크기가 렌즈의 초점면에서 10cm가 되면, 그 척도는 0°.05/cm 또는 20cm/°이다. 초점에서 하늘의 1°에 해당하는 상의 크기 s는

$$s = 0.01745\text{deg}^{-1}f$$

로 주어진다. 여기서 f는 초점 거리이고, deg는 각의 도(°)를 의미한다. 일반적으로 s를 **건판 척도**(plate scale)라 부른다. 예를 들면, 뉴멕시코 대학의 카필라픽(Capilla Peak) 천문대는 지름 60cm 거울을 가진 $f/15$의 반사망원경을 가지고 있다. 이것의 초점 길이는

$$\frac{f}{d} = 15$$

$$f = 15 \times 60\text{cm} = 900\text{cm}$$

이고, 건판 척도는

$$s = 0.01745 \times 900\text{cm} = 15.7\text{cmdeg}^{-1}$$

이다.

망원경은 실질적으로 빛을 모아 초점에 상을 만드는 기구이다. **대물체**(objective)라 불리는 렌즈나 거울이 빛을 초점으로 모은다. **접안경**(eyepiece)은 초점에 놓인 렌즈로서 초점에 맺힌 상을 육안으로 관측할 수 있게 한다. 망원경은 대물체에 따라 두 가지 기본적 유형으로 구별된다. 즉 렌즈를 사용하는 **굴절망원경**(또는 굴절경)과 거울을 사용하는 **반사망원경**(또는 반사경)이다.

망원경은 기본적으로 광자를 모으는 집광기이다. 그래서 천문학자들은 커다란 대물체 — 커다란 집광력 때문에 — 을 원한다. 망원경의 **집광력**은 구경의 제곱에 비례한다. 렌즈나 거울이 모으는 빛의 양은 표면적에 비례하고, 지름 d에 대한 면적은 $(\pi/4)d^2$이다. 집광력은 절대적인 것이 아니라 상대적인 개념이다. 이는 두 기기가 얼마나 많은 빛을 모으느냐가 아니라 어떻게 서로 비교되는가를 의미한다. 인자 $\pi/4$는 상수이기 때문에 비교하기 위해서는 단지 기기의 지름만이 필요하다. 예를 들면, 약 0.5cm의 지름을 가진 눈과 비교해서, 50cm의 대물체를 가진 망원경의 집광력은 다음과 같다.

$$\text{LPG} = \left(\frac{50}{0.5}\right)^2 = 100^2 = 10{,}000$$

유사하게, 팔로마 산의 5m짜리 헤일망원경은 예를 들어 소백산 천문대의 60cm망원경에 비해 집광력(LGP)이

$$\text{LPG} = \left(\frac{5}{0.6}\right)^2 = 8.3^2 = 69$$

만큼 크다.

망원경의 두 번째 주요 성능은 하늘에 아주 가까이 있는 두 천체가 분리되어 보이는 상을 맺게 하는 것이다. 이 능력을 **분해능**(resolving power)이라 부르며, 때때로 두 점이 분리될 수 있는 이들 간의 최소각($\theta_{\min}$)의 역으로 표현된다.

$$\text{RP} = \frac{1}{\theta_{\min}}$$

분해능과 최소각은 대물체의 지름과 빛의 파장에 따라 달라진다. 같은 파장의 경우, 분해능은 직접적으로 대물체의 지름으로 결정된다. 최소 분해각은 망원경의 대물체와 관측되는 빛의 파장 모두에 의해 결정된다. 일반적으로

$$\theta_{\min} = 206{,}265'' \frac{\lambda}{d}$$

인데, 여기서 θ_{min}는 **최소 분해각** 또는 각의 초단위 **분해**(206,265는 1라디안을 각초로 나타낸 수이다)이고, λ는 파장, d는 대물체의 지름으로 같은 길이 단위를 쓴 경우이다. 약간 더 복잡하게는 망원경의 원형 구경이 회절 패턴을 만들어 내는 것까지을 고려해야 한다. 이 회절을 고려하면 적어도 가시광 파장에서 θ_{min}은 1.22를 곱해야 한다. 예를 들면 500nm의 파장에서 구경 10cm, 즉 0.1m인 망원경의 분해능은

$$\theta_{min} = (1.22)(206{,}265'')\left(\frac{5 \times 10^{-7}}{0.1}\right)$$
$$= 1''.25$$

이다. 즉 이 망원경으로 1″.25 이상 떨어진 두 별을 본다면, 2개의 상이 뚜렷이 구별되어 보이게 된다. 원형 회절 패턴에서는 중심부(에어리원반, Airy disk)가 빛의 84%를 차지하고 있다. 회절 패턴에 빛이 최소되는 점들은 1차 베셀 함수(Bessel Function)가 0이 되는 점들에 해당된다. 첫 번째 최소값은 망원경의 구경이 D일 경우 반지름 $1.22\,\lambda/D$ 라디안에서 발생한다. 망원경의 분해능 판정기준은 한 별의 에어리원반 중심 최대값이 다른 별의 첫 번째 최소점에 오는 데에 있다. 550nm의 전형적인 가시 영역에서 각초로 나타낸 이론적 분해능은 대략 $0.14/D$가 된다. 여기서 D는 m 단위의 망원경 구경 크기이다. 결국 1.22라는 수치는 선형 구멍(슬릿)과 달리 원형 구경에 의한 회절 때문에 비롯된 것이다(8.1.1항 참조).

위의 예에서 보여 준 것은 10cm 망원경의 **이론적 분해능**이지만, 실제 그와 같은 분해능은 지상 망원경으로는 결코 얻을 수가 없다. 대형 망원경의 분해능은 광학계가 아니라 지구 대기에 의해 제약을 받는다. 공기의 교란은 렌즈를 마치 불완전하고 비틀어진 렌즈처럼 작용하게 하기 때문에 별빛을 반짝거리게 한다. 공기 덩어리의 움직임은 망원경을 통해 보이는 상을 퍼지게 하고 변형시킨다. 이런 효과를 **시상**(視相, seeing)이라 부른다. 이는 너비 수십 cm 크기의 공기 덩어리 때문에 생기는 현상이다. 비록 날씨가 가장 좋은 밤에도 5m 헤일망원경이 10cm 망원경보다 더 잘 분해하지 못한다. 별의 상이 1″보다 작은 밤은 매우 드물다. 지구의 대기가 대형 망원경의 분해능을 제한하기 때문에 큰 망원경을 우주 공간에 설치해야 제 위력을 발휘하게 된다.

안시 망원경의 세 번째 기능은 상을 확대하는 것이다. 맨눈에 보이는 물체의 크기에 대한 확대된 상의 크기를 나타내는 배율(MP)은 접안렌즈 초점 거리(f)에 대한 대물체 초점 거리(F)의 비로 주어진다.

$$\mathrm{MP} = \frac{\mathrm{F}}{f}$$

여기서 F와 f는 같은 길이 단위로 기술한 대물제와 접안렌즈의 초점 길이이다. 예를 들면, 780cm의 초첨 거리를 가진 대물체와 5cm의 초점 거리를 가진 접안렌즈를 결합하면 배율은 다음과 같다.

$$\mathrm{MP} = \frac{780}{5} = 156$$

만일 초점 거리가 절반이 되는 접안렌즈를 끼우면 배율은 두 배로 는다. 우리는 원하는 만큼의 고배율을 얻기 위하여 접안렌즈를 선택할 수 있다. 그러나 상에서 가장 작은 미세한 부분까지 선명히 보는 데 필요한 배율보다, 배율을 더 높이는 데는 약간의 문제가 있다. 상의 상세한 정도는 분해능과 시상에 의해 결정되기 때문이다. 분해능이 낮은 망원경으로 얻은 상을 너무 크게 확대하면 오히려 더 자세히 보기가 어려워지며, 퍼진 상은 더 희미해진다.

개념 적용 **망원경**

10인치 $f/10$인 망원경을 구매하려고 한다.

a) 초점 거리와 건판척도는 얼마인가?

b) 여러분의 눈과 비교하여 집광력은 얼마인가?

c) 이론적인 분해능은 얼마인가?

d) 초점 거리 1/2인치의 접안렌즈로 볼 때 배율은 얼마인가?

a) $f/10$은 초점 거리가 구경의 10배 또는 100인치(254cm)이다. 건판 척도는

$$s = 0.01745\mathrm{deg}^{-1}(254\mathrm{cm}) = 4.43\mathrm{cmdeg}^{-1}$$

b) 어둠 속에서 사람 눈의 동공은 대략 0.5cm가 된다.

따라서 $\mathrm{LGP} = \left(\frac{254\mathrm{cm}}{0.5\mathrm{cm}}\right)^2 = 2.6 \times 10^5$이다.

c) 이론적 분해능(가시광선 ≈ 500nm)

$$RP = (1.22)206{,}265''\left(\frac{\lambda}{d}\right) = 256{,}643''\left(\frac{500}{254} \times 10^{-9}\right)$$

$$= 4.95 \times 10^{-4}\text{각초}$$

지구 대기 때문에 실제는 이 값보다 커진다는 것에 유의하자.

d) 1/2인치의 초점 길이를 갖는 접안렌즈에 의해

$$MP = \left(\frac{100\text{인치}}{1/2\text{인치}}\right) = 200$$

맨눈으로 본 천체의 각크기보다 망원경으로 본 천체의 각 크기가 200배 크다.

켁망원경은 지상에서 가장 큰 광학망원경이다(표 9–1). 1996년에 이 쌍둥이 망원경 중 첫 번째 켁망원경(이를 Keck I 이라하고 새 것을 Keck II라 한다)이 헌정되어 활동에 들어가기 시작했다. 이 쌍둥이 망원경 건설의 주 목적은 가시 영역과 근적외선 파장에서 광학 간섭계로 두 망원경을 운영하는 것이다(9.5절 참조). 해발 4,145m의 마우나케아(그림 9–2)에 위치한 켁은 전체적으로 혁신적인 디자인을 갖고 있다. 특히 10m 거울(그림 9–3)은 36개의 작은 육각형 거울로 이루어졌고, 총 무게는 14.4톤이나 된다. 각 조각 거울은 지름이 1.8m, 두께 75mm이고, 이것은 다양한 하중 조건하에서도 거울 모양을 일정하게 유지하도록 능동계(active system)에 의해 개별적으로 통제된다. 돔과 망원경의 구조는 국지적 시상을 극소화하도록 하여, 때로는 시상이 0″.3만큼이나 좋은, 천문대 위치에 자연적 조건의 이점을 살리려 했다. 켁망원경은 적외선 영역에서 회절에 의한 한계 시상까지 접근할 수 있는데, 이는 마우나케아가 대기의 투명도에 있어서 가장 좋은 장소이기 때문이다. 높은 고도는 산에서 쉽게 어지럼증이 일어나는 사람들에게는 장애가 된다. 따라서 대부분의 관측은 그 현장에서보다는 원격으로 수행될 것이다.

천문학자들은 지구 대기의 시상 한계를 극복하기 위해 다양한 능동 광학(active optics) 기법을 개발 중이다. 칠레의 라 실라에 위치한 유럽 남반구 관측소(European Southern Observatory, ESO)에 있는 신기술 망원경(New Technology Telescope, NTT)은 1990년에 설치되어 현재 작동이 잘되고 있다. 이것의 3.6m 거울은 하나의 밝은 기준성의 상을 추적하면서 서보(servo) 통제하에 조절된다. 이제까지 NTT는 보통 0″.3의 분해능을 얻을 수 있으며, 때로는 0″.18까지도 가능하다.

9.2 비가시 천문학

인간의 눈은 전자기 스펙트럼의 가시 영역에서만 감지할 수 있다. 전파에서 γ선에 이르는 전 영역을 포함하려면 여러 파장에 민감한 다양한 검출기가 필요하다. 현대 검출기 기술에 의해 관측 천문학에 새로운 발전이 이루어지고 있다. 비가시(invisible) 천문학은 광학 천문학의 파장 한계를 넘는 기술을 요구한다.

비가시 천문학의 실제 관측은 역시 지구 대기의 투명성과 관련된다. 지구 대기는 효과적으로 전자기 스펙트럼의 많은 부분, 자외선, 엑스선, 적외선 일부, 그리고 단파장(mm), 전파(그림 9–4)를 흡수한다. 적외선복사는 대기의 하층 20km 이내에 집중된 수증기에 의해 주로 흡수된다. 좀 더 작은 양이지만 이산화탄소에 의해서 역시 흡수된다. 자외선과 엑스선

표 9–1 대형 지상 광학망원경

구경[m]	초점 거리[m]	주경 *f*비	해발고도[m]	이름
10.0	17.5	17.5	4,145	W.M. Keck Telescope, Mauna Kea(미국)
6.00	24.0	4.0	2,070	Bolshoi Teleskop, Mt. Pastukov(구소련)
5.08	16.8	3.3	1,706	George E. Hale Telescope, Palomar Mt. (미국)
4.50	4.9	2.7	2,600	Multiple Mirror Telescope, Mt. Hopkins(미국)
4.00	11.2	2.8	2,399	CTIO, Cerro Tololo(칠레)
3.89	12.7	3.3	1,164	Anglo-Australian Telescope(오스트레일리아)
3.81	10.7	2.8	2,064	N.U. Mayall Reflector, KPNO(미국)

그림 9-2 마우나케아 산 정상에 있는 켁망원경
이 광시야 사진에는 헤일-밥 혜성도 보인다. (Oliver R. Hainaut, 하와이 대학교 천문학 연구소)

그림 9-3 켁 거울의 육각형 구조 배치
(California Association for Research in Astronomy)

복사는 커다란 풍선기구나 비행기가 도달할 수 있는 층보다 훨씬 위인 고도 100km의 이온층에서 흡수되어 버린다. 대기 흡수를 피하는 확실한 방법은 대기층 바깥으로 나가는 것이다. 이것이 로켓, 거대한 기구(벌룬), 비행기, 인공위성이나 우주선을 이용하는 우주 천문학(space astronomy)이다. 그러므로 비가시 천문학은 지상에서 이루어질 수 있는 것과 우주에서 실행되어야 하는 것으로 자연스럽게 나뉜다.

9.2.1 지상 전파 천문학

전파 천문학은, 잰스키(Karl Jansky, 1905~1950)가 벨 전화회사를 위해 대양을 횡단하여 전파 전화 교신에 일정하게 영향을 주는 잡음 요인을 확인하는 연구를 수행했던, 1930년에 탄생하였다. 잰스키는 잡음의 한 근원으로서 천체를 지목했는데, 이는 궁수자리 방향에 은하수였다. 잰스키는 이 발견을 1932년에 발표했으나, 그 당시 천문학자들에게는 별다른 관심을 불러오지 못했다. 그러나 미국 기술자 레버(Grote Reber)는 잰스키의 업적을 읽고, 일과 외 시간에 우주 전파 잡음을 찾기로 결심했다. 1940년대 그는 전파 하늘에 대한 세밀한 지도를 만들고 태양 전파도 측정했다. 그는 새로운 천문

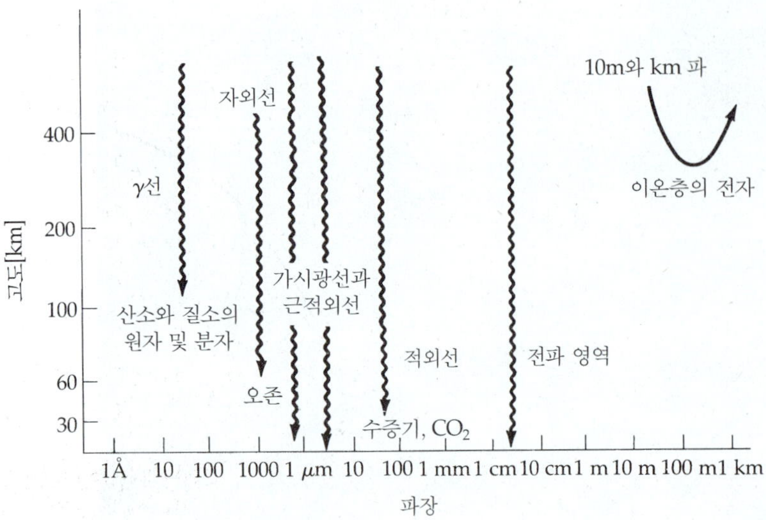

그림 9-4 대기 투과
지구 대기는 전자기 스펙트럼의 한정된 영역에 있는 파장에 대해서만 투명하다. 구불구불한 입사 파선은 스펙트럼의 파장에 따라 대기를 투과하는 고도의 차이를 보여 준다.

학이 형성되고 있다고 느껴, 천문학에 관해 더 많은 것을 배우고, 단지 몇 사람에 불과했지만 천문학자들과 그의 발견을 논의하기 위하여, 시카고 대학에서 천체물리 강의를 들었다. 제2차 세계대전은 전파와 레이더 연구에 기술적 혁신을 가져왔다. 한편 영국의 헤이(John S. Hey)는 태양이 전파를 강하게 방출하는 것을 우연히 발견했다. 전쟁 후 그는 전파 파장에서 천문학적 연구를 계속했다. 영국, 네덜란드, 오스트레일리아의 다른 그룹도 이러한 연구를 시도했다.

그림 9-5 전파 접시 안테나
키트피크에 있는 NARO의 mm파 전파망원경의 뒷모습 (M. Zeilik)

전파망원경의 일반적 유형인 전파 접시 안테나(radio dish, 그림 9-5)는 반사망원경처럼 작동한다. 실제로 이것은 초점에 전파 수신기를 장치하여 전파신호를 받는 양동이(bucket)이다. 이것은 거울이 반사망원경에서 작동하는 것과 같은 방식으로 전파를 반사시켜 한 곳에 집중시킨다. 전파 수신기는 들어오는 전파를 전압으로 바꾸고, 이것을 측정하여 자기 테이프에 기록한다. 마지막에는 측정자료를 등고선을 이용한 윤곽지도(contour map)나 가상 색 세기 지도(false-color intensity map)로 만든다.

전파망원경은 본질적으로 낮은 분해능을 가진다. $\theta_{\min} \propto \lambda/d$를 상기하자. 전파 파장은 가시광의 파장보다 보통 10^5배로 훨씬 더 길다. 그러므로 광학망원경과 전파망원경이 같은 지름을 가진다면 전파망원경이 10^5배 더 낮은 분해능을 가질 것이다. 예를 들면, 전파망원경이 5m 헤일 광학망원경과 같은 이론적 분해능을 가지려면 지름이 10^5배인 약 500km가 되어야 한다. 분명, 이런 크기의 단일 접시 안테나는 지구상에 세울 수 없다.

전파 천문학자들은 간섭계(interferometry)를 이용하여 작은 전파망원경들이 마치 큰 망원경처럼 기능하게 하여 높은 분해능을 얻는다. 10km 떨어진 2개의 전파망원경을 생각하

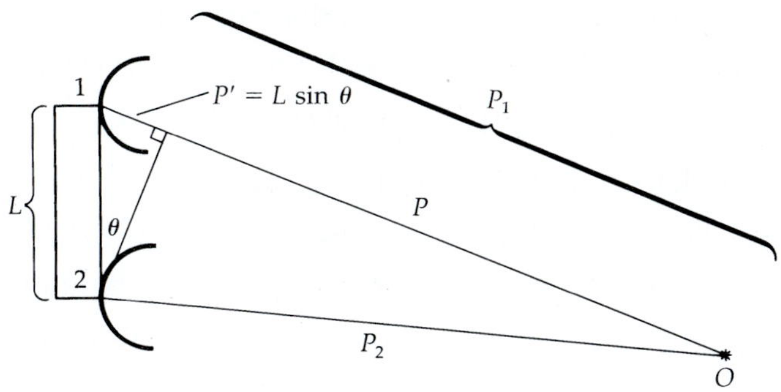

그림 9-6 간섭계의 기하학
광원(O점)으로부터 두 안테나까지의 행로 차이는 간섭 무늬를 만들어 낸다.

자. 만약 두 망원경이 받은 신호가 동조화된다면, 각각은 마치 지름 10km의 단일 접시 안테나처럼 작동할 수 있으나 단지 하늘을 가로지르는 좁은 영역에 국한하게 된다. 이것들이 커다란 접시의 반대편 양 끝에 2개의 작은 조각처럼 작용하기 때문이다. 간섭계의 본질은 하나의 단순 간섭계를 이루는 두 안테나에 도달하는 파면의 위상을 고려하는 것이다. 한 전파원이 바로 머리 위에 있으면 파동은 같은 위상으로 두 전파망원경에 도달할 것이다. 신호들이 혼합기에서 전기적으로 결합될 때 이들은 합쳐 보강되어 강한 신호를 보내게 된다. 이제 전파원이 머리 위에서 서쪽으로 다소 이동해서, 두 안테나에 이르는 행로의 길이가 정확히 $\lambda/2$ 차이가 난다고 가정하자. 그러면 이들이 도달할 때 180°만큼 위상 차이가 나서 소멸적인 간섭이 발생된다. 그래서 두 망원경은 소멸되고 증폭되는 연속적인 간섭의 띠—두 슬릿을 통해 지나간 빛의 경우와 정확히 같은 간섭 무늬—로서 하늘을 보게 된다. 세기 패턴에 나타나는 극대 간의 각 거리는 간섭계의 분해능을 나타낸다.

거리 L만큼 떨어진 2개의 안테나(그림 9-6)를 생각해 보자. 이 거리는 관측 파장 λ의 정수배이다. 즉

$$L = n\lambda$$

이다. 위의 n은 임의의 정수이다. 이제 안테나로부터 멀리 떨어진 O점에 있는 복사원을 생각해 보자. 이로부터 나온 파는 경로의 길이가 다른 P_1과 P_2를 따라 나가는데, $P_1 > P_2$이고, P'는 $P_1 = P + P'$를 따른 경로의 여분 길이이다. 즉

$$P' = L \sin\theta$$

이다. 그리고 증폭적인 간섭이 생길 경우 P'는 파장의 정수배가 되야 한다. 그래서

$$L \sin\theta = m\lambda$$

또는

$$\sin\theta = \frac{m\lambda}{L}$$

여기서 m은 정수이다. 지구가 돌기 때문에 θ는 변화한다. 간섭 무늬들은 $m = 1$인 경우 일정한 각거리로 배열된다.

$$\sin\theta_f = \frac{\lambda}{L} = \frac{\lambda}{n\lambda} = \frac{1}{n}$$

그리고 θ_f는 작기 때문에, $\sin\theta_f = \theta_f$(라디안 단위)이고, 따라서

$$\theta_f = \frac{1}{n}\ \text{rad}$$

여기서 $n = L/\lambda$로서 기선(L)에서 파장(λ)의 수이다. 21cm의 관측 파장에서 $L = 21$km의 경우

$$\theta_f \approx \frac{21}{21 \times 10^5} \approx 10^{-5}\text{rad} \approx 2''$$

으로써 광학적 망원경에 견줄 만한 분해능이 얻어졌다. 이 결과는 간섭계 간격에 해당되는 크기의 광학망원경이 갖는 최소 분해각과 같다. 간섭 무늬의 일정한 간격이 본질적으로 간섭계의 분해능을 결정하는 것에 유의하자.

2개의 안테나로 이루어진 간섭계로는 전파원(기선과 같은 방향에 있는) 내에서 오직 한 부분에서 점들 간의 분리가 가능하다. 균일한 분해능을 가지고 하늘의 한 영역을 완전히 그리기(map) 위해서는 약간의 기술이 필요하다. 이는 **구경 합성**

(aperture synthesis)으로 알려진 기술로서 간섭계의 패턴에 대하여 물체를 회전(twisting)하는 것이다. 이러한 회전은 하늘을 질러가는 전파원을 관측함으로써 자연스럽게 이루어질 수 있다. 즉 전파원의 움직임으로 간섭계의 기선에 대한 전파원의 방향이 돌아가게 된다. 이 과정을 돕기 위해 간섭계의 기선을 돌리거나 또는 안테나를 Y 형태[뉴멕시코의 극대배열전파망원경(Very Larg Array, VLA)처럼(그림 9-7)]로 배열할 수 있다. 지구의 자전에 의해 이들 포물형 안테나 사이에서 가장 긴 기선과 동일한 지름의 단일 안테나가 갖는 분해능을 갖는 구경으로 효과적으로 합성할 수 있다. 결국에는 간섭 지도 세트들을 컴퓨터로 결합하여 전파원의 고분해 합성 그림을 얻는다. VLA와 다른 간섭계 배열은 같은 시간에 같은 전파원에 대해 작동하고 있으며, 실제로는 서로 다른 각도에 있는 여러 개의 2-안테나 배열로 이루진 것이다. 요구되는 분해능, 탐색되는 하늘의 면적, 물체가 지평선 위에 얼마나 머물러 있는가 등에 따라서, 완전한 전파 그림을 대략 하루나 그보다 짧은 시간 안에 구성할 수 있다.

이보다 더 높은 분해능은 초장기 기선 간섭계(Very Long Baseline Interferometry, VLBI)로 얻을 수 있다. 먼 거리에

그림 9-7 전파 간섭계
VLA의 한쪽 기선 축을 내려다본 모습. 각 안테나의 지름은 25m이다. 안테나 간의 거리는 여러 정차장 사이에서 안테나를 움직여 변화시킨다. (M. Zeilik)

있는, 심지어 서로 다른 대륙에 위치하는 안테나에서 수신된 VLBI 신호를 자기 테이프에 기록하고, 나중에 컴퓨터에서 결합한다. 그러한 VLBI의 최대 기선은 지구의 지름 L = 12,000km이므로 21cm파의 경우, 분해능은 $\theta_f = 3 \times 10^{-3}$초가 될 수 있다. 미래에는 우주 공간에 더 긴 기선으로 떨어져 있는 전파망원경들에서 더 좋은 분해능을 얻게 될 것이다. 어떤 제안들은 간섭계의 한 요소가 지구 궤도상이나 혹은 달—지구에서 가능한 거리보다 30배나 더 떨어진—에 설치하는 것을 계획하고 있다. 그러면 분해능은 약 10^{-4}초까지 향상될 수 있고, 가까이에 있는 태양과 같은 별의 원반을 충분히 분해해 볼 수 있을 것이다. 이러한 거대한 계획에 대한 절충안으로써 미국의 국립과학재단은, 아주 긴 안테나 기선(수천 km에 달하는)을 갖고, VLA와 같이 작동하는 VLBA(Very-Large-Baseline Array)의 건설을 지원했다. 약 10개의 25m 안테나가 버진 섬에서 하와이까지 분포되고, 이 안테나들은 뉴멕시코에 있는 작동센터로부터 전화 연결로 통제된다. 수신기는 원자시계에 의해 동조화되며, 자료 테이프는 화상 처리를 위해 뉴멕시코에 있는 컴퓨터로 보내질 것이다.

9.2.2 지상 적외선 천문학

지구 대기에 있는 이산화탄소와 수증기는 지상 적외선 천문학자들이 단지 몇 개의 파장대, 즉 2~25, 30~40, 350~450μm에서만 관측토록 제한한다. 그러한 관측은 대기 중 수증기가 가장 적은 건조한 기후의 고지대에서 가장 잘 이루어진다.

적외선 망원경은 망원경의 초점에 설치하는 광검출기가 광학망원경과 다르다. 천문학 연구에 적합한 특수한 적외선 검출기들은 최근 약 20년 동안 사용돼 왔다. 일반 적외선 검출기는 볼로미터라 불리는 열검출기로 약 2K로 냉각된 작은 게르마늄 칩(chip, 대략 아주 작은 손톱의 머리 부분 크기)이다. 적외선복사가 이 칩에 입사되면 온도가 올라가고, 전류에 대한 저항이 변한다. 그러한 변화를 전기적으로 측정할 수 있고, 변화 양에서 볼로미터가 흡수한 적외선 에너지량을 측정한다.

적외선 관측은 광학 관측에 비해 최소한 두 가지 뚜렷한 이점을 가진다. 첫째, 적외선복사는 성간티끌에 의해 방해를 덜 받는다. 둘째, 차가운 천체(3,000K나 그보다 더 낮은)는 복사의 대부분을 흑체복사에서 빈의 법칙으로부터 예측되는 바와 같이 적외선으로 방출한다. 또 다른 실질적인 이점은, 광학 천

문학자들이 광학망원경을 사용할 수 없는 낮 동안에도 많은 적외선 관측을 할 수 있다는 사실이다. 적외선 파장에서는 공기 분자가 태양빛을 거의 산란하지 않기 때문에, 적외선으로 보는 하늘은 낮과 밤에 모두 어둡다. 태양을 직접 보면 물론 거기는 밝다. 그러나 적외선 천문학은 망원경이 300K의 흑체처럼 복사를 방출하므로, 빈의 법칙에 예측되는 것처럼, 10μm에서 강한 적외선을 발생시킨다는 문제점을 지니고 있다. 지구의 대기 또한 이 파장에서 강한 배경복사를 방출한다. 이러한 강한 국부적 복사를 상쇄하여 천체로부터 오는 아주 약한 적외선복사를 측정할 수 있도록 특별한 기술이 개발되어 왔다.

9.2.3 우주 천문학

대부분의 적외선, 자외선, 엑스선 방출은 오직 지구 대기 밖에서 비행기, 벌룬, 로켓, 인공위성 또는 우주선에서 검출한다. 예를 들면, 대부분의 원적외선복사(약 40μm보다 더 긴 파장)는 지상으로 투과해 들어오지 못한다. 그러나 고도 15~20km에서는 지구 대기가 매우 희박하기 때문에 이 고도에서 원적외선 관측이 비행기나 벌룬을 통해 이루어질 수 있다. 이 장비는 단순히 볼로미터가 갖추어진 반사망원경이다.

저에너지의 적외선 천문학에서는 적외선 천문 위성 또는 IRAS가 '챔피언'이라고 할 수 있다. 미국, 영국, 네덜란드의 국제적 합작인 IRAS는 57cm의 망원경과 62개의 검출기를 가지고 12, 25, 60, 100μm의 적외선 파장대에서 하늘을 탐사했다. 이 위성은 적외선 검출기를 2K 이하로 그리고 망원경 전체는 5K 이하로 냉각하는 액체 헬륨을 소진할 때까지 약 9개월 동안 작동했다. IRAS가 세 번 가까이 거의 전 하늘을 주사했다는 것은 놀라운 성공이다. 이 위성은 200,000개 이상의 적외선원을 발견했고, 그 자료는 컴퓨터 보관소에 보존되어 있다. 적외선원의 대부분은 은하계에서 별의 탄생과 연관되어 있다(더 자세한 것은 제19장 참조).

자외선 천문학의 경우, 빛을 모아 검출하는 방법은 광학 천문학의 경우와 비슷하다. 특별한 전자 장치가 자외선에 잘 반응하므로, 검출에는 별다른 문제가 없다. 그러나 유리는 자외선을 흡수하기 때문에 굴절망원경을 이용할 수 없지만, 반사망원경은 완벽하게 잘 작동한다. 대기의 자외선 흡수층(이온층)은 벌룬이나 비행기가 도달하는 지점보다 더 높기 때문에, 좋은 자외선 천문학은 우주에서 이루어진다. 아마도 가장 성공적인 자외선 망원경은 1978년 발사되어 이제는 작동을 멈춘 국제 자외선 탐사 위성(International Ultraviolet Explorer, IUE)일 것이다. 이는 2차 전자 전도(SEC) 비디콘 관들로 이루어진, 115~320nm의 파장에 작동하는 검출기가 장착된 0.45m 망원경을 탑재하고 있었다.

엑스선의 고에너지 영역에서는 집광 및 초점 형성에 특별한 기술이 요구된다. 엑스선 망원경은 엑스선이 거의 반사 표면에 평행한 매우 작은 각도에서 입사되면 특정한 표면으로부터 반사된다는 사실을 이용한다. 이런 디자인을 사입사(斜入射)망원경(grazing incidence telescope)이라 부른다. 이것은 은 도금된 표면에서 약 50%의 반사율을 보인다. 일련의 복잡한 동일중심을 가진 포물면과 쌍곡면에 의한 반사에서 상을 얻고, 이 상은 전자 검출기에 의해 감지된다. 1978년 발사되어 1981년까지 사용되었던 아인슈타인 천문대라 불리는 HEAO-B는 아마 최근 엑스선 망원경 중에서 가장 생산적인 망원경이었을 것이다. 이 위성에 장착된 58cm 망원경(총 유효 면적 400cm^{2}이고, 4쌍의 포물면/쌍곡면 거울이 하나의 세트로 이루어진)은 0.3~5nm의 파장의 범위에서 (40′~70′의 작은 입사각을 통해 만들어진) 엑스선원의 고분해 영상을 만들어 냈다. 그 자료는 천문학자들이 검색과 분석에 활용할 수 있도록 컴퓨터 저장소에 보관되어 있다.

현재 가동 중인 엑스선 망원경은 1990년 발사된 ROSAT(Roentgen Satellite)이다. 이는 미국, 독일, 영국의 공동 프로젝트이며, 약 5′ × 5′ 면적에 해당되는 고분해의 엑스선 영상을 제공한다. ROSAT의 최우선 작업은 하늘에 엑스선원들을 완벽하게 탐사는 것이다. 그런 뒤에 선정한 타깃 엑스선원을 관측하는 것이다.

γ선은 높은 에너지 때문에 망원경 광학 부품을 포함하여 대부분의 물질을 통과한다. 그래서 대신 특수 물질과 상호작용으로 섬광이 발생되는 것을 광전관으로 감지하여 감마선을 검출한다(9.3.2항 참조). 입자가속 검출기에서도, 소위 섬광 계수라 불리는 동일한 장치를 사용한다. 감마선 망원경은 각도로 수 도 이내로 제한된 하늘에서 오는 감마선을 검출하고 있으므로 실제 감마선원은 그 영역 중에 한 곳이 된다. 따라서 감마선원의 위치 정확도와 각분해능은 상당히 낮은 편이다.

1991년 콤프턴 감마선 천문대(Compton Gamm Ray Observatory)가 우주 왕복선(space shuttle)에 의해 궤도에 올려져 아직까지 작동하고 있다. 그 무게는 17톤이나 된다. 그 안에는 6톤이나 되는 20KeV에서 30GeV 영역까지 감지할 수 있는 다양한 종류의 감마선 검출기가 있다. 특히 중요한 기기는 20~600KeV 영역에서 감마선 폭발체를 탐사하기 위한 '폭발과 순간 방출체 실험기(Burst and Transient Source Experiment, BATSE)'이다(18.4절에서 추가 설명). 또다른 것은 1~30MeV 영역에서 작동하며, 넓은 감마선원의 상을 얻을 수 있게 대략 1도의 분해능을 갖고 있는 이미징 컴프턴망원경(imaging compton telescope, COMPTEL)이다.

9.2.4 허블우주망원경

1990년 4월 24일 우주 왕복선 디스커버리 호는 허블우주망원경을 우주로 수송했고, 다음날 우주 비행사들은 그것을 설치했다. 이 과업은 오랜 시간을 걸쳐 이루어진 것이다. 미국에서 이러한 개념을 창시한 대부는, 1946년 보고서에서 천문학을 위해 강력한 로켓의 사용을 구상했던, 프린스턴의 천체물리학자 스피처(Lyman Spitzer)였다. 1962년 NASA는 미래 천문학 탑재물을 위한 연구 그룹을 임명했고 1965년에 미국 과학원의 우주 과학 위원회는 NASA가 커다란 우주망원경을 개발하도록 추천했다. 1969년 스피처를 의장으로 하는 위원회는 3m 망원경에 대한 과학적 목표를 내놓았고, 미 의회는 1977년 이를 승인했다. 원래 발사는 1982년으로 계획되었으나, 이 날짜는 1986년으로 연기되었고, 또 첼린저 호 폭발사고로 1990년 봄—처음 개념이 구상된 지 거의 30년 후—까지 지연되었다. 개발 비용이 거의 15억 달러로, 허블우주망원경은 지금까지 개발된 것 중에서 가장 비싼 천문학 프로젝트였다. 비교로 VLA 비용은 1981년 완성되었을 당시 금액으로 8,000만 달러를 약간 웃돌았다.

많은 시간과 비용에도 불구하고 주거울에 결함이 있는 것을 시험 기간에 발견한 천문학자들은 큰 충격을 받았다. 간단히 말하면 2.4m 주거울이 끝에서 중심까지 약 2μm 정도 얕아져서 구면 수차가 생겼다. 이 오차는 작아 보이지만, 자외선과 가시광의 파장에 비하면 큰 것이었다. 구면 수차란 입사광이 한 곳에 초점을 맺지 않고, 입사광이 주경에 부딪칠 때 그 곳의 반지름에 따라 여러 곳에 초점(초점 행로를 따라)을 맺는 것을 말한다. 그래서 별들의 상이 한 초점에 모이지 않게 된다. 원본 설계 명세서에는 별빛의 대부분이 0".1의 반지름을

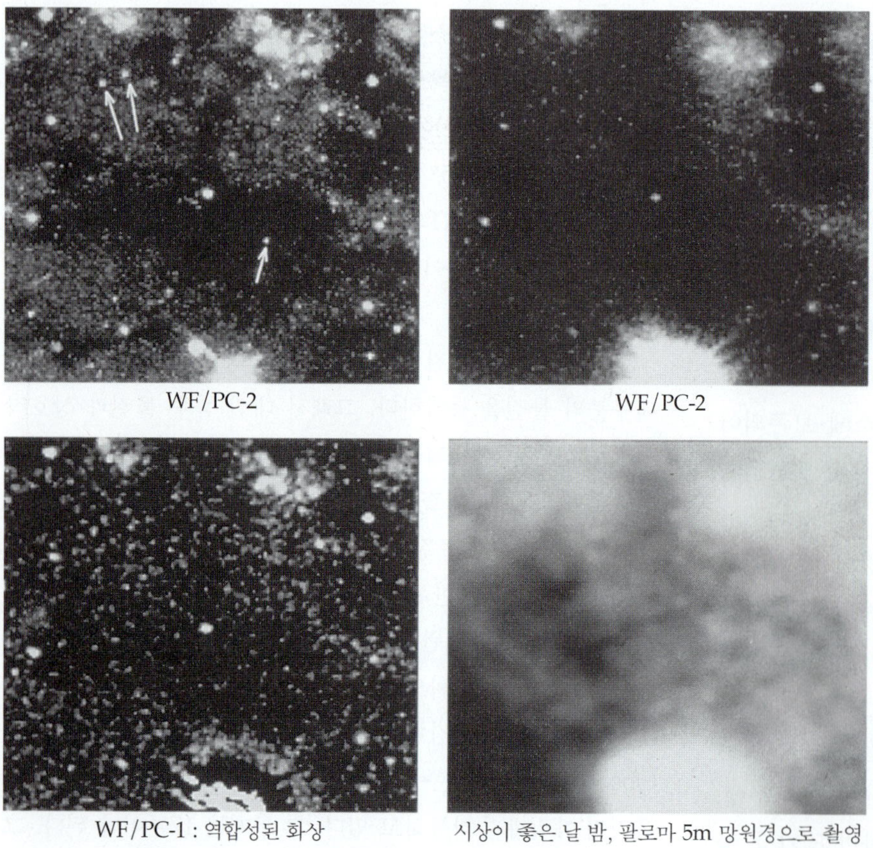

그림 9-8 나선은하 M100의 지상 망원경과 허블우주망원경에 의한 영상들 비교
상좌 : WFPC-2 영상은 개개 항성(화살표들)이 분해되어 보인다. 상우 : 새로운 광학 부품을 설치하기 전에 WFPC-1 영상. 하좌 : 컴퓨터 처리와 보정된 WFPC-1 영상으로 원래 광학 부품으로 얻을 수 있는 최상의 영상. 하우 : 시상이 좋은 날 얻은 팔로마 5m 영상 (NASA)

가지는 상 내에 들어와야 한다고 지적되었다. 그러나 실제는 반지름 0″.7로서, 이는 좋은 장소에 설치한 지상 망원경의 경우와 비슷하다. 그러나 허블우주망원경은 향후 우주 왕복선에 의해 새롭게 향상된 기기가 운반되어, 15년 동안 임무를 수행토록 설계되었다는 것을 상기하자. 1993년 우주 왕복선 엔데버 호의 승무원들이 망원경을 보수했다. 새로운 광시야 행성 카메라(Wide Field Planetary Camera, 나사 명칭은 WFPC-2)뿐만 아니라 보정 광학 부품을 설치했다. 이러한 교정으로 원래의 목적이 달성(그림 9-8)되어 이제는 70%의 별빛이 0″.1에 모여 망원경의 회절한계가 주는 분해능까지 달성했다. 최근 보수를 위한 임무가 1997년 2월에 수행되어 몇 개의 기기를 향상하였다.

9.3 검출기와 화상 처리

여러분은 구름이 없는 밤에 망원경의 접안경에 눈을 대고 거창한 사진을 얻어 내기 위해 일하는 천문학자에 대해 낭만적인 생각을 가질 것이다. 오늘날 대부분의 천문학자들은 따뜻한 방에서 망원경을 통해 들어오는 영상을 텔레비전 스크린상에서 관측한다. 그리고 대부분의 광학 관측(전자기 스펙트럼의 좁은 범위에 국한하는)은 더 이상 직접적인 사진에 의존하지 않는다. 여기서 여러분은 천문학에 미치는 현대 기술의 영향을 느끼게 될 것이다.

9.3.1 사진

만약 짧은 시간에 저장할 수 있는 많은 양의 정보를 얻는 것이 목적이라면, 이 오래된 방법을 없앨 수는 없다. 천문학자들이 사용하는 특별한 사진 감광유제는 보통 유리판에 입히며, 건판의 크기는 사용되는 망원경의 특성에 따른다. 감광유제는 그에 닿는 빛을 누적하면서 장시간—때때로 수 일 밤에 걸쳐 여러 시간—노출하여 매우 어두운 천체도 상을 형성할 수 있다(그림 9-9). 사진건판은 종종 특수 처리하여 감도를 증가시키지만 **양자 효율**(QE)은 수 퍼센트 이상을 넘는 것이 드물다. 양자 효율은 검출기에 들어오는 총 입사 광자수에 대해 반응을 일으키는 광자의 상대적 비이다. 검출기의 QE는 입사광의 파장의 함수이다. 즉

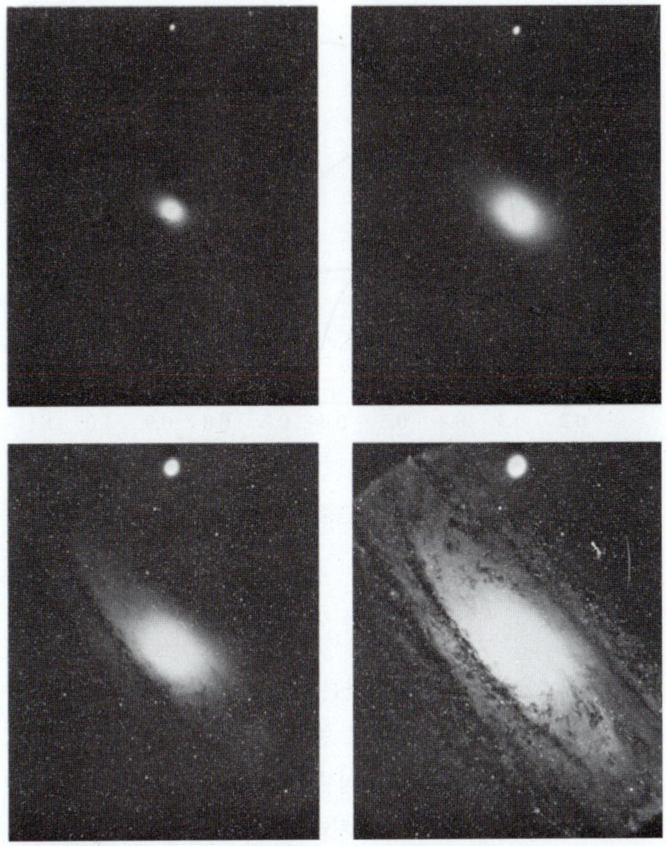

그림 9-9 노출 시간과 정보
노출 시간이 긴 사진일수록 더 어둡고 자세한 모습을 보인다. 여기서 안드로메다은하의 노출 시간은 각각 1, 5, 30, 45분이다. 첫 번째 노출은 작은 망원경으로 들여다본 모습과 흡사하다. (미국 국립 광학 천문대)

$$QE(\lambda) = \frac{\text{검출된 광자수}}{\text{입사 광자수}}$$

이다. 완벽한 검출기는 $QE(\lambda) = 1.0$ 또는 100%이다. 그러나 실제 검출기들은 QE가 파장에 따라 어떻게 변화하는냐에 따라 상당한 차이가 있다. 예를 들면, 인간의 눈은 550nm에서 최고 QE~1%(그림 9-10)를 가진다. 사진건판은 400~650nm의 파장 영역에서 일반적으로 1%의 QE를 가진다(그림 9-10).

비록 사진의 양자 효율이 비교적 낮다 하더라도, 사진건판의 넓은 면적은 망원경의 전 시야에 들어오는 넓은 영역에 대한 정보를 모두 모은다. 건판의 분해능은 감광유제의 입자(grain) 크기에 의해 결정되며, 가장 좋은 경우 입자의 크기는 20μm이다. 또 상은 입자의 밀도에 의한 결과이므로, 상의 밝기는 광자의 개수와 직접 관련되기보다는 오히려 밀도의 대수(代數) 함수가 된다. 이는 사진건판이 선형 검출기가 아님을

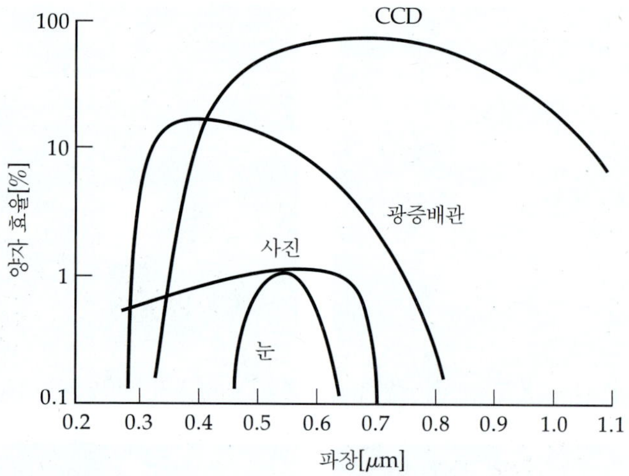

그림 9-10 전하결합소자(CCD), 광증배관, 사진건판, 눈의 양자 효율(*QE*)의 반응 곡선
(J. Kristian)

의미한다. 이런 의미에서 건판은 눈과 닮았다.

상은 후에 디지털 형식으로 변환될 수 있고, 이것은 컴퓨터에 의한 조작으로 원래 자료의 특정한 면을 강화시킬 수 있다(그림 9-11). 이 과정을 **화상 처리**라 하며, 컴퓨터로 처리된 화상이 중요한 정보를 빨리 뇌로 전달하므로, 특히 비가시 천문학을 포함한 오늘날 모든 유형의 천문학에서 화상처리는 중심적 역할을 한다.

그림 9-11 보관 사진의 영상 처리
핼리혜성의 1910년 사진(로웰 천문대에서 촬영)을 컴퓨터로 처리한 영상. 원래 사진에서는 뚜렷하지 않았던 꼬리의 밝기 차이를 컴퓨터 처리에서 증폭하였다. (미국 국립 광학 천문대)

9.3.2 광전관

빛의 양자 성질은 **광전 효과**(photoelectric effect)에서 극적으로 나타난다. 빛이 어떤 물질의 표면을 때려 흡수되면 전자가 빠져나온다. 이 광자가 전자를 방출시키려면 최소한의 에너지를 가져야 한다. 빠져나온 전자는 전류로 흐르거나 또는 개별적으로 헤아릴 수 있다. 이러한 광자 헤아리기를 하는 장치를 광전관(phototube)이라 부른다. 검출을 용이하게 하기 위해 하나의 전자를 많은 개수($\approx 10^5$)로 증배시키는 광전관은 광증배관(photomultiplier)이라 부른다. 광전관은 상을 만들지 않는다. 이것은 단순히 망원경의 초점면을 지나 일반적으로 하나의 별이나 하나의 은하만을 지나도록 하는 작은 구멍을 통해 들어오는 광자들만을 측정한다. 특정한 파장대의 빛만을 검출하도록 광전관 앞에 필터를 놓을 수 있다. 광전관에서 음극관을 이루는 물질은 보통 10%의 양자 효율을 가지지만, 때로는 20%의 양자 효율을 가지는 것도 있다(그림 9-10). 광증배관은 일반적으로 선형반응을 하므로, 입사광이 2배면 광전류도 2배로 흐른다. 그러므로 전류를 측정하거나 또는 개별적인 광자의 생성률을 헤아림으로써 빛의 세기를 정확하게 측정할 수 있다.

텔레비전 카메라에는 자기 초점 형성 기법으로 상을 만들도록 설계된 광전관이 들어 있다. 그러나 상용 텔레비전 카메라는 빛에 별로 민감하지도 않고, 오랜 시간 동안 상을 축적할 수도 없으며, 그리고 반응도 선형이 아니다. 누가나 출력이 입사된 광자 수에 직접 비례하기를 바라므로 광검출소자의 선형성은 매우 중요한 성질이다. 천문학자들은 텔레비전 시스템을 특정한 응용 — 예를 들면, 망원경에 자료를 수집하거나 천체를 추적 — 을 위해 보완해 왔다.

9.3.3 전하 결합 소자

천문학자들은 어두운 빛에 적용할 수 있는 이상적인 검출기를 좋아할 것이다. 이러한 검출기는 몇 개의 광자도 검출할 수 있는 높은 양자 효율, 누적 능력, 넓은 범위의 광자 플럭스에 대한 선형 반응, 그리고 사진건판처럼 넓은 시야를 포괄하는 능력 등을 갖는 것이다. 고체상태 극소전자공학(microelectronics)의 최근 발전으로 천문학자들에게 꿈의 검출기가 될 **전하 결합 소자**(Charge-Couple Devices, CCD)가 개발되었다. CCD는 한 면이 ~10mm인 얇은 실리콘판으로 만들어진 작은 칩이다(집적 회로에서 쓰이는 것과 동일한 극소전자공학 기술이 이용된다). 이것은 **픽셀**이라 불리는 작은 여러 개의 화소(picture element)로 구성된다. 전형적인 칩은 세로 가로로 배열된 800 × 800픽셀(총 640,000)을 가지며, 이것은 전기적으로 제어된다. 각 픽셀은 광자가 흡수되어 전자가 빠져나오면 독립적으로 전하를 축적한다. 어떤 점에서 각 픽셀은 매우 작은 광전관처럼 작용하지만 CCD는 오랜 시간 동안 픽셀에서 전하를 축적할 수 있고, 그 다음에는 전하를 체계적 방법으로 이동시켜 칩에 들어온 빛의 세기의 공간적 패턴을 디지털 방식으로 보존한다. 그러면 컴퓨터는 각 칩에 들어온 빛의 세기의 이차원적 배열 형태를 디지털 방식으로 보존한다. 그러면 컴퓨터는 각 칩의 노출에서 얻은 영상을 처리하게 된다.

망원경을 작동하는 데 중요 부분인 값싼 마이크로컴퓨터와 함께, CCD는 오래된 소형 망원경의 성능을 확장하는 가장 좋은 현대 기술의 한 예이다. 하늘은 큰 입체각을 가지지만, 하나의 망원경은 한 번에 아주 작은 입체각을 볼 뿐이다. 그리고 망원경의 수는 극히 제한되어 있으며 수요는 많다. CCD가 소형 망원경의 성능을 높혀 줌으로써 작은 천문대의 위상이 다시 올라가게 되었다. 예를 들면, 어두운 천체를 검출하는 능력이 CCD를 부착한 61cm 망원경으로 1시간 노출한 경우와 사진건판을 부착한 500cm 망원경으로 1시간 노출한 경우가 동일하다.

9.3.4 시그널 대 잡음

천문 관측의 질은 단지 광자를 찾아내는 것만으로 충분히 높아질 수 없다. 진정한 목표는 일반적으로 **시그널 대 잡음 비**로써 논의되는 가능한 모든 정보가 관측에 포함되어야 하는 것이다. 기기가 완벽하다 할지라도 입자처럼 작용하는 입사 광자의 통계적 요동 때문에 모든 관측은 잡음을 내포하게 된다. 광자수를 헤아리는 것과 같은 일련의 측정에서 평균값의 표준편차로서 σ_m를 생각해 보자. 그러면 만약 $\langle N\rangle$이 헤아려진 광자의 평균 개수라면 시그널 대 잡음의 비는

$$\frac{\mathrm{S}}{\mathrm{N}} = \frac{\langle N\rangle}{\sigma_m}$$

이다. 이 비가 클수록 관측의 질은 높고, 더 많은 정보를 얻는다.

광자는 푸아송 확률 분포를 따르므로, 만약 단지 이런 요동만이 잡음의 근원이라면

$$\sigma_m = \langle N\rangle^{1/2}$$

이고, 따라서

$$\frac{\mathrm{S}}{\mathrm{N}} = \langle N\rangle^{1/2}$$

이다. 그러므로 예를 들어, 만약 우리가 10^4개의 광자를 세었다면 S/N = 100이다.

1초당 광자수가 f_p만큼의 광자 플럭스로 들어오는 검출기를 생각해 보자. 그러면 어떤 시간 동안 검출된 총 광자의 수는 검출기의 양자 효율 QE와 단위 시간에 들어오는 광자수인 광자 플럭스, 그리고 관측 시간(일반적으로 누적된 시간 t라 부른다)의 곱으로 주어진다. 즉

$$\langle N\rangle = QE \times f_p \times t$$

이고, 그래서

$$\frac{\mathrm{S}}{\mathrm{N}} = (QE \times f_p \times t)^{1/2}$$

이다.

이 기본적인 방정식은 관측 천문학의 본질적 한계와 검출기가 갖는 QE의 결정적인 역할을 보여 준다. 예를 들어 QE를 2배로 하면, S/N은 같은 누적 시간에 대해 1.414만큼 증가한다. 또는 누적 시간을 2배로 함으로써 S/N를 똑같은 배수로 증가시킬 수 있다. 비록 누적 시간 t를 증가하여 우리가 원하는 S/N을 얻을 수 있다 하더라도, 실제로는 망원경의 사용 시간이 한정되어 있다. 그러므로 양자 효율, QE를 높여서 누적 시간을 짧게 하여, 망원경을 더 효율적으로 사용할 필요가

있다. 따라서 가장 좋은 방법은 우리가 올바른 관측을 위해 얻어야 할 정보의 내용을 알고 그러한 수준의 S/N을 달성하도록 하는 것이다.

9.4 분광학

광대역 및 협대역 측광은 천체 분석에 매우 유용한 수단이지만, 상당히 높은 분해능으로 파장에 따른 세기 분포의 연구가 필요할 때가 많다. 우리가 파장에 따른 세기를 본다는 것은 곧 천체의 스펙트럼을 관측한다는 것이다. 천체의 백색광을 스펙트럼으로 분리하는 데 이용되는 중요한 두 가지 기본 방식은 빛을 프리즘에 통과시키거나 **회절격자**(diffraction grating)를 이용하는 것이다.

9.4.1 프리즘 분광학

그림 9-12는 프리즘을 지나는 빛의 경로를 나타내고 있다. 공기와 유리의 경계면에서 일어나는 빛의 굴절은 스넬의 법칙을 따른다(8.1.1항).

$$n_a \sin \theta_1 = n_g \sin \theta_2$$

공기의 굴절률 n_a는 거의 1에 가깝다. 백색광을 스펙트럼으로 분산시키는 프리즘의 역할은 유리의 굴절률 n_g가 파장의 함수라는 사실에 기인한다. 그러므로 굴절각 θ_2도 역시 파장의 함수이다.

대부분 프리즘 분광기는 입사각과 방출각이 모두 60°가 되도록 설계되었다. 이것은 **고분산**(즉 색깔들 간의 간격을 크게 함)과 투과 효율 사이의 상호 보완된 결과다.

천문학에서 프리즘 분광기는 보편적인 것이 아니다. 그 이유는 두 가지이다. 첫째, 굴절 광학계는 유리가 완벽해야 하고, 한 면 이상을 처리해야 하므로 제작에 어려움이 많다. 두 번째 이유는 더욱 중요한 것으로, 유리의 굴절률이 파장 λ의 매우 복잡한 함수이기 때문에 스펙트럼이 상당히 비선형적이다. 그래서 관측된 스펙트럼의 위치를 파장과 연관시키는 눈금 조정 작업이 매우 어렵다.

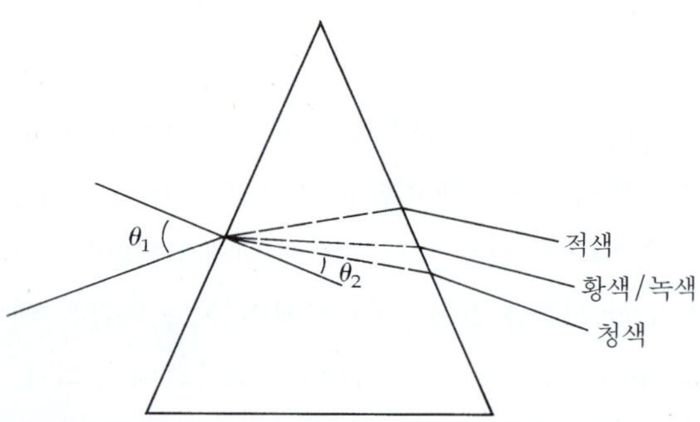

그림 9-12 프리즘을 지나는 광행로
파장에 따라 굴절률이 다르므로 각각의 색은 프리즘을 조금씩 다른 각도로 통과한다. 그래서 스펙트럼이 생긴다.

9.4.2 격자 분광기

그림 9-13은 반사 회절격자 표면의 확대한 모습을 보여 주고 있다. 홈들(grooves)은 반사된 많은 빛의 행로가 서로서로 간섭을 일으키도록 한다는 점에서 이중 슬릿(slit) 간섭 실험에서 작은 구멍처럼 작용한다. 어떤 방향에서는 행로들이 간섭하여 결합되고, 다른 방향에서는 소멸된다. 결합된 간섭에 대한 각은 다음과 같이 주어진다.

$$\sin \theta = \frac{n\lambda}{d}$$

여기서 λ는 파장, d는 홈 사이의 거리, 그리고 n은 스펙트럼의 **차수**(order)이다. 이 각들은 간섭이 결합적으로 일어나는 각이며, 그리고 그 각은 λ에 의존하기 때문에 그 결과는 밝은 스펙트럼의 계열(n에 의해 결정되는)로 나타난다. 0의 차수는 파장에 무관하므로 단지 백색광의 상이 된다. 두 번째 중요한 점은 차수가 커질수록 스펙트럼의 분산이 증가한다는 것이다.

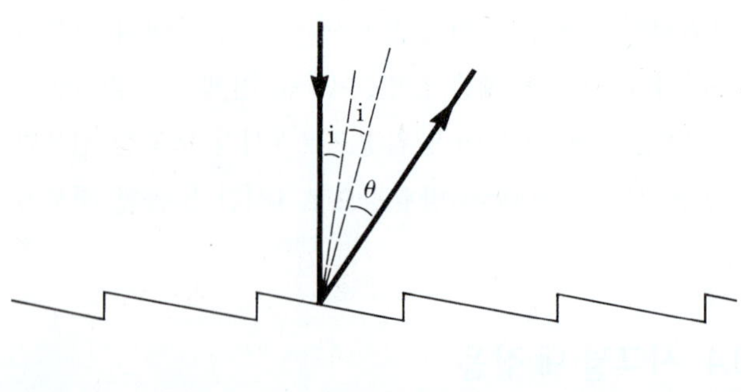

그림 9-13 반사 회절격자면의 확대된 단면
여러 홈에서 반사된 광행로의 간섭 효과 때문에 생긴 반사각은 파장이 길수록 더 크다. 그래서 스펙트럼을 만든다. 홈의 경사각을 블레이즈(blaze)각이라 하며, 이 각을 조정하여 최대 광량을 격자의 원하는 차수에 모이도록 한다. 차수 n는 정수야 한다.

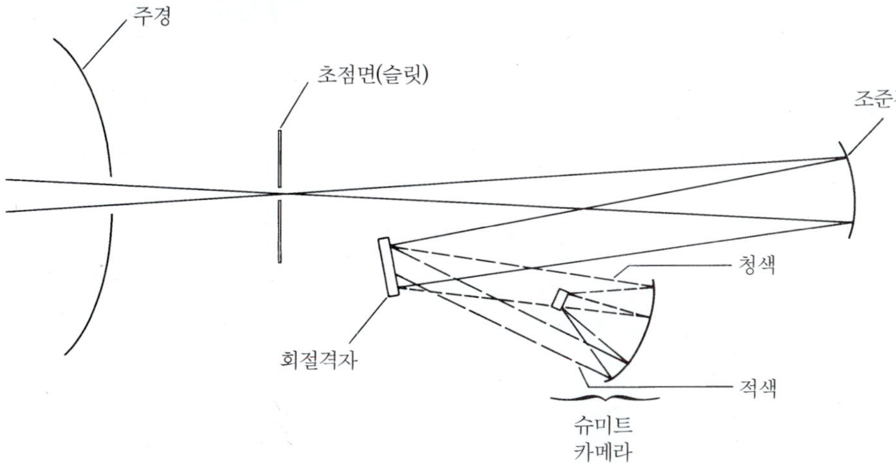

그림 9-14 전형적인 현대 회절격자 분광기의 광행로

셋째, 작은 각(라디안)의 경우 $\sin\theta \approx \theta$이므로, 분산은 거의 λ에 대하여 선형이 된다.

그림 9-14는 격자 분광기에서 빛의 경로를 보여 준다. 일반적으로 관측자는 홈의 밀도가 mm당 300개 내지 1,800개의 홈 범위의 격자들 중에서 여러 가지를 고려하여 하나를 선택하게 된다. 격자와 관련된 하나의 문제는 많은 차수가 나타나게 되면 모든 빛이 관측하고자 하는 차수에 모이지 않으므로, 관측 효율이 저하된다는 것이다. 이것은 홈의 개수뿐만 아니라 홈의 각을 조심스럽게 선택함으로써 다소 완화될 수 있어, 적절한 블레이즈각으로 빛의 80% 정도를 한 차수에 집중시킬 수 있다.

표준 격자 분광기(normal grating spectrograph)로는 차수가 높아지면 분산이 커져, 차수 겹침 때문에 유용하지 않게 된다. 따라서 고분산 분광을 위한 대안으로 에셸 격자(Echelle grating)가 고안되었다. 이런 종류의 분광기에서 빛은 격자에 아주 비스듬한 각으로 들어간다. 이 경우 홈은 마치 계단과 같다. 전형적으로 에셜 분광기의 유용한 차수는 50~100이다. 에셸 격자의 분산 축에 수직으로 작용하는 저분산 격자를 추가함으로써, 겹쳐지는 차수를 차례대로 나란히 놓게 한다. 따라서 이차원의 검출기가 필수적으로 요구된다.

9.4.3 분광 관측

대부분 현대 분광학은 표준 격자 분광기, CCD 검출기, 그리고 긴 슬릿으로 이루어진다. 스펙트럼은 각 파장에서의 슬릿 상으로 간주될 수 있다. 은하나 가스 성운과 같이 크기를 가진 천체의 경우, 슬릿을 따라 그 상이 분해된다. 그래서 그 천체의 여러 부분에서의 스펙트럼 분포가 관측된다.

천문학자들은 도플러 변이를 측정하여 관측되는 천체의 **시선속도**를 구할 수도 있다. 이런 경우 분광기의 분해능을 최대한으로 활용하게 된다. 고분해능을 얻으려면 홈의 밀도가 큰 격자를 쓰고 슬릿을 좁게 해야 한다. 어두운 천체의 경우는 적절한 절충이 필요하며, 적당한 S/N을 얻으려면 분해능을 낮춰야 한다. 시선속도를 측정하려면 속도가 0인 밝은 비교 선스펙트럼이 필요하다. 철, 헬륨, 네온, 아르곤 등을 이용하는 가스 방전관을 통해 눈금 조정에 쓰일 스펙트럼을 천체의 스펙트럼과 같이 찍는다.

두 번째 관측 유형은 스펙트럼선의 위치보다 스펙트럼의 세기에 더 중점을 두는 것이다. 이 경우는 **분광측광**으로, 검출기의 비균일적인 반응 효과와 지구 대기 효과를 보정하는 데 심혈을 더 기울여야 한다. 그러기 위해서는 잘 관측된 표준 플럭스 항성을 자주 관측해야 한다. 그림 9-15와 9-16은 격자 분광으로 관측된 별의 스펙트럼 예이며, 제21장과 제22장에서 은하 스펙트럼 샘플을 보게 될 것이다.

프로젝트의 성격에 따라 표준 관측 방법 외에 다른 방법이 쓰이기도 한다. 긴 슬릿 분광에서 중요한 문제 중의 하나는 한 번에 한 천체만을 관측할 수 있다는 것이다. 동시에 많은 스펙트럼을 얻을 수 있는 비교적 잘 알려진 방법은 슈미트망원경 앞에 대물 프리즘을 사용하는 것이다. 이 프리즘은 망원경의 경통 지름만큼 크며, 그리고 슈미트망원경은 넓은 시야를 관측할 수 있도록 설계되었다. 그래서 사진건판은 아주 넓은 시야에 있는 천체들의 스펙트럼을 동시에 기록할 수 있다. 프리즘의 꼭지각이 아주 작아야 하기 때문에 얻어지는 스펙트럼은

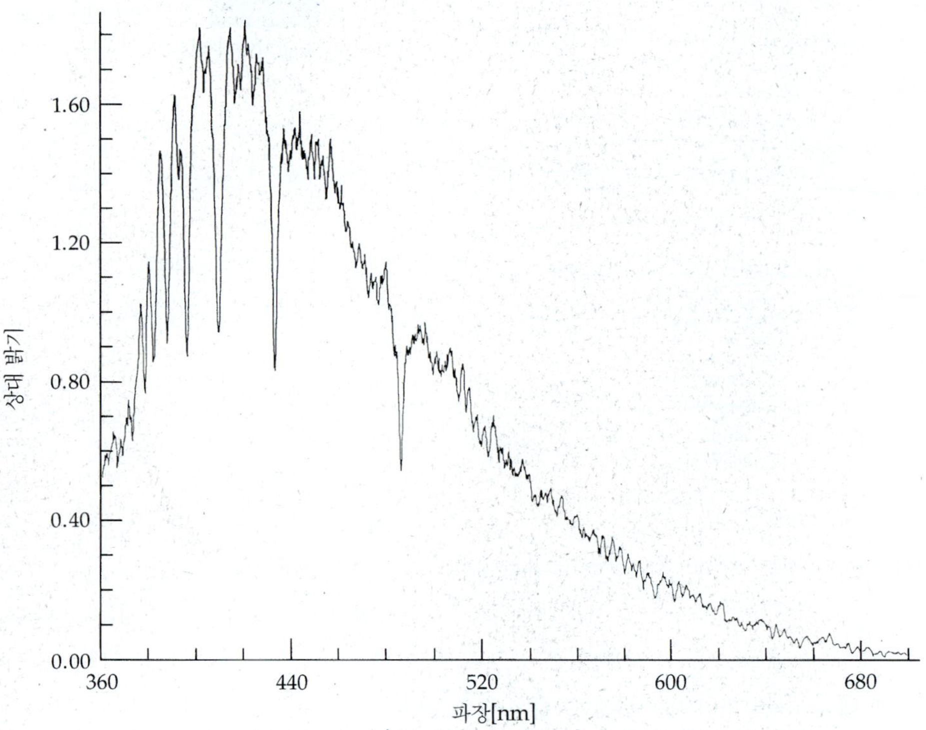

그림 9-15 스튜어드 천문대의 90″ 망원경에 볼러와 슈빈스(Boller and Chivens) 격자 분광기를 부착하여 관측된 A형 별 스펙트럼의 예

강하고 규칙적으로 벌어진, 수소 발머 계열의 흡수선에 유의하자.

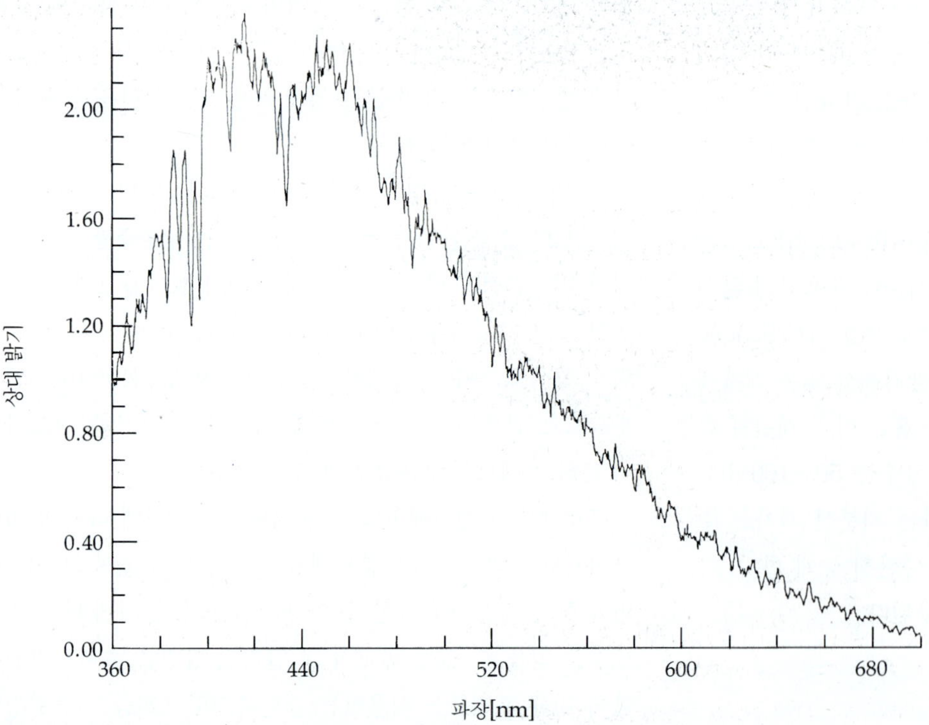

그림 9-16 그림 9-15에서와 같은 기기로 관측된 G형 별의 스펙트럼의 예

저분산 스펙트럼이지만, 항성의 스펙트럼 분류에는 매우 유용하다. 수십만 개에 이르는 별들의 분광형이 이런 방법으로 결정되었다. 외부 은하 연구 분야에서도 퀘이사와 방출선 은하들처럼 특이한 천체를 찾아내는데 대물 프리즘 탐사가 활용되었다.

좀 더 현대적으로 동시에 많은 스펙트럼을 얻을 수 있는 방법은 다중 슬릿 분광기이다. 이 다중 스릿 분광기는 두 가지 다른 형태가 있다. 하나는 주어진 관측 기간 동안에 계획한 각각의 관측 시야에 대하여 가리개(mask)를 만든다. 이 가리개는 보통 사진을 찍어 만들며, 관측하려는 천체들의 위치에 아주 작은 슬릿들을 제외한 모든 영역을 모두 가린다. 그러면 CCD 초점면 상에는 각 천체의 위치를 중심으로 많은 스펙트럼이 얻어진다. 또 다른 다중슬릿 분광기는 실제로 단지 하나의 긴 슬릿을 사용하는 것이며, 광섬유광학(fiber optics)을 이용하여 각 천체의 빛을 슬릿으로 가져오는 것이다. 각 광섬유관의 한쪽 끝에는 작은 렌즈가 붙어 있으며, 이것은 컴퓨터에 의해 제어되는 팔에 의해 초점면 상에서 어디에나 가져다 놓을 수 있다. 결국 하나의 긴 슬릿의 CCD 상은 그 슬릿의 길이를 따라 나란히 놓여 있는 여러 개의 스펙트럼을 가지게 된다.

9.5 새 세대 광학망원경

천문학자들은 개선을 위해 그들이 필요로 하는 한계까지 다 성취하지는 못했다. 거울 구경이 7m 내지 10m를 갖는 새 세대 광학망원경은 현재 계획하고 있거나 실제로 건설 단계에 있는 것도 있다. 이 광학망원경들의 두 가지 중요 목적은 보다 좋은 분해능과 보다 어두운 천체를 관측할 수 있는 성능이다. 이 새로운 천문대 중의 일부는 같은 망원경 구조에 하나 이상의 거울을 설치하거나 1개 이상의 망원경에서 나오는 출력을 결합하여 활용하는 것이다. 이러한 망원경들은 확실하게 어두운 천체를 검출하기 위하여 개선되었으며, 이 중의 일부 망원경은 지구 주위를 도는 우주 망원경에서 얻을 수 있는 분해능과 비교될 만한 분해능도 얻을 수 있다. 켁 10m 망원경

표 9-2 새로운 세대를 위한 천문대

망원경		
이름	위치	거울 크기[m]
New Technology Telescope	La Silla, Chile	3.58
Keck Telescopes	Mauna Kea, HI	10(2개)
ARC Telescope	Sunspot, NM	3.5
Starfire Optical Range	Albuquerque, NM	3.5
MMT	Mt. Hopkins, AZ	6.5
WIYN Telescope	Kitt Peak, AZ	3.5
Columbus Project	Mt. Graham, AZ	8(2개)
Very Large Telescope	Chile	8(4개)
Magellan Project	Las Campanas, Chile	8
National Optical Astronomy Observatories	Mauna Kea, HI	8
National Optical Astronomy Observatories	Cerro Pachom, Chile	8
Japanese National Large Telescope	Mauna Kea, HI	7.5
Hobby-Eberly Telescope	McDonald Obs, TX	11
간섭계		
이름	위치	거울 크기[m]
Mark III	Mt. Wilson, CA	2
Infrared Michelson Array	Laramie, WY	2
Infrared Spatial Interferometer	Mt. Wilson, CA	2
Infrared-Optical Telescope Array	Mt. Hopkins, AZ	2
Big Optical Array	Arizona	6
USNO Astrometric Interferometer	Flagstaff, AZ	4
Center for High Resolution Astronomy	Flagstaff, AZ	7

(9.1절) 외에, 다른 새로운 천문대들이 표 9-2에 수록되어 있다.

근적외선에서 분해능을 개선하는 한 방법은 단순히 더 큰 구경을 쓰는 것이다. 가시 영역에서 주된 상의 손상은 보통 지름 15~30cm인 공기 덩어리의 대류 운동에서 일어나는 대기의 교란에서 기인한다. 이러한 공기 덩어리들은 온도가 서로 다르므로 굴절률이 달라진다. 따라서 서로 다른 공기 덩어리를 지나게 되면 상이 흔들리게 된다. 근적외선에서는 약간 다른 조건이 성립한다. 여기서는 화상의 분해가 망원경의 구경 자체에 의해 야기되는 회절에 의해 제한을 받게 된다. 이러한 회절한계는 망원경의 구경이 클수록 좁혀져서, 결국은 가시광에서처럼 적외선에서도 시상이 가장 중요한 문제가 될 것이다.

분해능을 개선하는 두 번째 방법은 관측 시에 공기 덩어리의 움직임을 밝혀내는 것이다. 대기 교란은 천문학적 광원으로부터 나오는 파면의 초기 평면의 형태를 변형시키는 것으로 생각할 수 있기 때문에, 원리적으로 망원경의 광학계를 변형시켜 이러한 파형을 보정할 수 있다. 이를 **적응 광학**(adaptive optics)이라 한다. 이러한 과정은 매우 큰 기계공학적 어려움이 따른다. 즉 입사되는 파형의 샘플을 모으고 그것의 형태를 바꾸기 위해 주경의 아래쪽에 있는 수많은 작동기(actuator)를 움직여야 한다. 이 모든 과정이 1초에 약 100회의 빈도로 일어나야 한다.

세 번째 방법은 VLA와 같은 전파 간섭계에서 이용되는 것과 유사한 방식으로 **구경 조합**(aperture synthesis) 간섭법을 수행하는 것이다. 이것 또한 매우 어려운 공학적인 문제를 안고 있다. 가시광의 파장은 전파의 파장보다 수만 내지 수십만 배 이상 더 짧기 때문에, 그들의 위상차를 원래대로 유지하면서, 행로가 다른 빛을 결합한다는 것은 매우 어려운 과제이다. 이 방면으로 가장 야심찬 노력은 유럽 남반구 천문대의 대형 망원경(Very Large Telescope) 프로젝트이다. 4개의 지름 8m 망원경을 수십 m 거리로 떨어져 설치할 계획이다. 이 망원경들은 독립적으로 운영되지만, 하나의 간섭계로서 각 망원경들이 모은 빛을 결합하는 시설로도 쓰이게 될 것이다.

모든 새로운 망원경은 거울 제조에 있어 새로운 기술을 요구한다. 과거에는 거울 지름대 두께의 비가 6 : 1에서 8 : 1을 가진 하나의 거울로 주조되었다. 세 세대 망원경의 큰 지름에 대해 두께가 이와 같은 비를 가지게 되면, 거울이 너무 무거워져서 원하는 정밀성을 얻을 수 없다. 또한, 이러한 두껍고 큰 거울의 질량은 높은 열적 관성 때문에 거울을 적합하게 만들지 못한다. 만약 거울이 망원경의 돔 내에서 주변 공기의 온도와 같지 않다면(어떤 경우에는 0.1K 이하의 차이가 요구된다), 공기의 흐름이 대류 교란을 악화시킬 수 있다. 또, 현대의 거울은 초점비가 1.2 내지 2.0으로 감도가 매우 빠르기 때문에 초기에 편평한 표면을 깊이 깎아 내는 것은 매우 비싼 작업으로 1,000,000달러까지 소요될 것이다.

거울 제조의 새로운 방법 중에는 켁망원경처럼 여러 개의 작은 거울로 합성된 것(segmented mirror), 얇은 접시형(meniscus) 거울 그리고 뒤쪽을 벌집 모양으로 한 거울(honeycomb mirrors) 등이 있다. 후자의 두 방법에서는 거울과 가마(oven)를 주조 기간과 냉각 단계에서 회전시켜 줌으로써, 마지막에 거울의 곡면을 얻도록 한다. 이렇게 함으로써 표면의 연마 작업량을 훨씬 줄일 수 있다. 이러한 기법에서는 거울의 지름 대 두께의 비가 40 : 1 정도만큼 클 수 있다.

택사스의 호비-에버리 망원경(Hobby-Eberly Telescope, HET)은 특수 기능인, 아주 어두운 천체의 분광 관측을 하기 위하여 특별 주문 제작된 것이다. 켁망원경과 같이 HET는 조각된 8각형 거울들 91개가 모여 단일 거울 11m에 해당되는 면적의 효능을 갖는다. 켁망원경과 달리 HET는 360° 방위각을 돌 수 있으나 고도가 55°로 고정되어 있다. 이러한 구조로는 하늘의 70%만 관측할 수 있으나 거울들에 주는 스트레스가 일정하기 때문에 상의 왜곡을 피할 수 있으며 훨씬 더 효율적이 관측을 수행할 수 있다.

다가올 세대의 망원경은 궁극적인 목표로 커다란 구경을 갖고 높은 분해능을 얻는 것이다. 그래서 이러한 망원경은 최적의 시상을 가지는 장소에 설치한다. 가장 좋은 장소는 시상이 자주 0″.3까지 예리하게 나타나는, 미국의 남서 지역, 하와이와 비교적 고산 지대의 칠레 안데스 등이다. 좋은 장소에 덧붙여서 천문학자들은 망원경 돔이 시상에 나쁜 영향을 끼치지 않게 설계해야 한다. 이를 위해서는 돔 안에 모든 열원을 제거해야 하고, 통풍이 최대로 잘 이루어지게 해야 한다. 돔, 망원경 지지 구조물, 거울 등을 포함하는 모든 구조는 주변 온도와 같도록 해야 한다. 새로운 돔 중 어떤 것들은 유연한 벽을 와해하거나 지붕 창을 개방하여 망원경 주위 360°를 열 수 있게 되어 있다.

천문학자들은 개개 대형 망원경이 작은 망원경에 의한 지원이 필요하다는 것을 알고 있다. 대표적으로 더 작은 망원경은 넓은 지역의 탐사를 통해 대형 망원경만이 잘 관측할 수 있는 매우 흥미로운 천체를 찾아 준다. 새로운 세대의 대형 망원경과 함께, 천문학계에서는 작은 지상 망원경의 수를 늘리는 것이 현명하다. 몇몇 분석에 따르면 적절한 가격과 좋은 과학적 결과를 고려할 때, 4m급 망원경이 가장 알맞은 것으로 알려졌고, 우리는 이러한 망원경의 수가 곧 증가되기를 희망한다.

핵심 수식과 개념

- 망원경 특성:

  광집광력 ∝ 대물체의 면적

  $$\text{분해능(회절한계)} = \frac{1}{\theta_{\min}}$$

  $$\text{배율} = \frac{F}{f}$$

- 신호 대 잡음(광자–잡음 한계 검출기)

  $$\frac{\mathrm{S}}{\mathrm{N}} = (QE \times f_p \times t)^{1/2}$$

문제

1. 사람 육안의 분해능과 집광력을 아래의 것과 비교하시오.

(가) 10m 망원경

(나) 4m 망원경

2. 초점 길이가 길고 초점비가 큰 망원경은 어떤 천문학적 목적으로 사용되는가?

3. VLA에서 최대로 가능한 안테나 분리는 40km이다. 1.5cm에서 작동할 때 분해능은 얼마인가? 지구의 대기가 분해능을 제한하지 못하는 이유는 무엇인가?

4. 3μm에서 지구 대기의 투과율은 약 10%이다. 천문학자들은 파장 λ에서 광학적 깊이 τ를(8.7절)

$$I_\tau = I_0 \exp(-\tau)$$

로 정의한다. 여기서 I_0는 빛의 초기 세기이며, I_τ는 광학적 깊이 τ인 물질을 지나온 후의 세기이다. 3μm에서 천정에 있는 지구 대기를 지나는 광학적 깊이는 얼마인가?

5. 지구 대기에서 수증기의 높이 척도를 계산하시오. 이 정보를 이용하여 마우나케아 정상에 있는 망원경은 해수면의 위치에 있는 것보다 적외선 천문학에 더 좋은지의 여부를 설명하시오.

6. VLBI에서 정규적으로 관측하는 가장 짧은 파장은 1.3cm이다.

(가) 만약 기선이 지구 지름 정도가 되면, 1.3cm에서 작동하는 간섭계의 최소 분해각은 얼마인가?

(나) VLBI 실험이 현재 3mm의 파장에서 시도되고 있다. 지구 지름의 기선에 대해 이 파장에서 분해능은 얼마인가?

7. 간섭계의 단점 중 하나는 가장 짧은 기선이 가지는 최소 분해각보다 훨씬 더 큰 각크기를 가진 천체에 대해서는 간섭계가 민감하지 않다는 것이다. 왜냐하면 천체의 여러 파장 부분에서 나오는 파가 서로 소멸적으로 간섭하기 때문이다. 각지름 θ''인 천체에서 나오는 플럭스는 기선이 L(km 단위)인 간섭계로 측정될 때 대략

$F_{\text{meas}} \approx F_{\text{true}} \exp[-0.3(\mathrm{L}\theta/\lambda)^2]$이며, 여기서 λ는 cm 단위의 파장이다. 6cm의 파장에 대해 최저로 검출 가능한 플럭스가 $0.1F_{\text{true}}$라면 최소 기선 1,000km의 간섭계로 관측될 수 있는 광원의 각크기는 얼마인가? 간섭계를 써서 관측하고 싶지 않은 천체의 성질은 무엇인가?

8. (가) 허블우주망원경(대물경의 지름 = 2.4m)의 이론적 분해능은 아래 파장에서 각각 얼마인가?

① λ = 500nm(가시광)

② λ = 200nm(자외선)

③ λ = 2,000nm(적외선)

(나) (가)의 답을 고려할 때, 우주망원경으로 적외선 쪽의 관측이 왜 유리한가?

9. 대형 지상 광학망원경보다 허블우주망원경으로 더 잘 연구될 수 있는 천체의 관측적 특성은 무엇인가? 대형 지상

광학망원경에 가장 적합한 특성은 무엇인가?

10. 사진건판이나 CCD의 주된 장점 중의 하나는 육안으로 할 수 있는 것보다 더 긴 시간 동안 빛을 모으는 누적 능력이다. 육안은 약 0.2초 동안 효과적으로 적분한다. 그래서 우리는 '다행스럽게' 영화 필름에서 그림을 하나씩 개별적으로 구분하지 못한다. 검출될 수 있는 가장 어두운 천체의 밝기는 $1/t^{1/2}$에 비례한다. 여기서 t는 적분 시간이다. 팔로마 5m 망원경으로 1시간 적분할 때 육안으로 볼 수 있는 것보다 얼마나 더 어두운 천체를 검출할 수 있을까?

11. γ선 천문학의 중요 난제 중 하나는 나쁜 분해능이다. 최고의 기기로도 2° 이하는 분해되지 않는다. 그럼에도 불구하고 우리은하의 γ선 영상이 위성 자료를 통해 얻어졌다. 분해능이 나쁘다는 점에 비추어 이들 영상의 해석에서 어려운 점을 논의하시오.

12. 500nm 파장에서 5m 광학망원경과 21cm에서 300m 전파망원경의 이론적 분해능을 비교하시오. 전파 천문학자들은 각크기가 작은 구조를 그리기 위해 통상으로 간섭기법을 쓰는 이유에 대해 언급하시오.

13. 여러분은 어두운 별의 측광 관측에서 1%의 정밀성을 얻고자 한다. 즉 시그널 대 잡음 비를 100 : 1로 유지하고 싶다. 5분 동안 적분한 후, 여러분은 10 : 1의 시그널 대 잡음 비를 얻었다고 하자(10% 정밀성).

(가) 시그널 잡음비를 100 : 1로 하고자 하면 총 적분 시간은 얼마가 되어야 할까? 여러분은 이러한 측정 정밀성을 얻기 위해 노력할 가치가 있다고 생각하는가?

(나) 만약 여러분이 검출기의 양자 효율을 10배 증가시킬 수 있다면, 100 : 1의 시그널 대 잡음 비를 얻는 데 필요한 총 적분 시간은 얼마나 될까?

여러분은 이러한 정밀성을 얻기 위해 이제는 노력할 가치가 있다고 생각하는가?

14. 구경이 40cm이고 초점비가 $f/14$인 망원경의 초점에 CCD 검출기를 장치했다. CCD의 칩은 500 × 500의 화소를 가지며, 각 화소의 크기는 20μm × 20μm이다.

(가) 각 화소에 맺히는 하늘의 각크기(각의 초 단위로)는 얼마인가?

(나) CCD 칩의 각 시야(각의 분 단위로)는 얼마인가?

15. 망원경 설계와 기기의 발전은 천문학자들로 하여금 과거에 검출이 불가능했던 어두운 천체를 연구하도록 하고 있다. 오늘날의 영상 시스템을 과거 20여 년 전의 것과 비교해 보시오. 동일한 노출 시간에서 양자 효율이 70%인 CCD 검출기를 장치한 켁 10m 망원경은 양자 효율이 1%인 사진건판을 장착한 팔로마의 5m 망원경보다 얼마나 더 어두운 천체를 검출할 수 있을까?

16. 태양 스펙트럼에 나트륨 D선은 589.59nm와 589.00nm의 파장을 갖는다. 격자선이 10^4/cm인 회절격자를 사용할 경우

(가) 1차수(first order)에서 선들의 각 분리는 얼마가 될까?

(나) 2차수(second order)에서 선들의 각 분리는 얼마가 될까?

17. 하늘에 θ 각초의 각거리만큼 떨어진 두 별이 있다고 하자. 초점 거리 f인 망원경의 초점면에서 이들의 상은 얼마나 떨어져 있는가?

18. 망원경의 온도는 대략 300K이다. 왜 이것이 적외선($\approx 10\mu m$) 관측에 문제가 되지만 가시 영역 관측에서는 문제가 되지 않는가?

19. 대기의 압력 분포는, 높이 척도가 중요한 계수가 되는 기압 방정식(4.5.2항)으로 기술되는 것을 기억하자. 유사하게 지표 위에 높이 h와 개수밀도의 관계를 다음과 같이 쓸 수 있다.

$$n(h) = n(0)\exp\left(-\frac{h}{H}\right)$$

여기서 $n(0)$는 해수면에서의 특정 대기 물질의 밀도가 된다. 이제 광학 깊이(8.7절)는 대기를 통과하는 기둥 속에 입자의 수에 비례한다.

(가) 고도 h에 기둥 밀도 $N(h)$를 나타내는 식을 구하시오.

(나) 해수면에서 천정을 바라볼 때 근적외선에서의 광학깊이가 3이다. 이 불투명도는 대부분 물 분자에 의한 것이며 그 높이 척도는 대략 2km다. 높이 2, 4, 10km 위에 적외선 망원경에 대한 천정의 광학깊이를 비교하시오. 적외선 망원경을 설치하는 장소에 대해 어떤 결론을 얻었는가?

20. 차세대 대형 망원경의 주 목적은 적외선 관측을 최적화하는 것이다. 왜 그런가? 시상이 최고로 좋은 위치에 설치되어 있고, 그리고/또는 적응 광학계를 활용하고 있으므로 10m 망원경은 회절한계의 분해능으로 작동한다. 2μm, 10μm에서 그 한계는 각각 얼마인가? 이 값들은 최적의 위치에 최상의 시상과 비교해 볼 때 어떤가?

10
Chapter

태양 : 표준이 되는 별

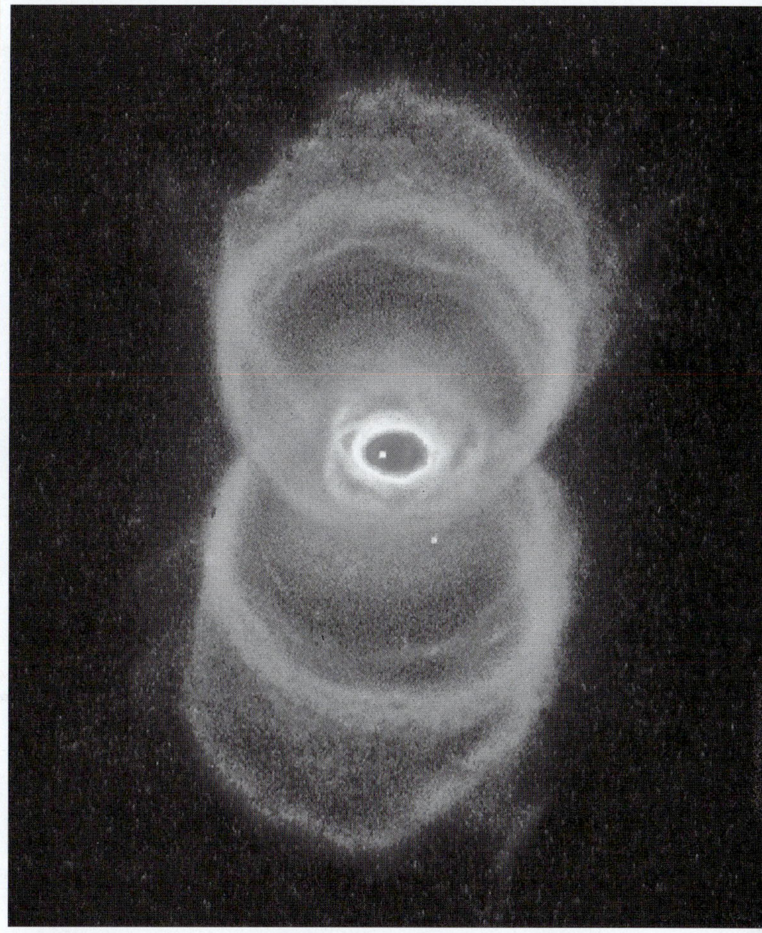

태양은 우리에게 가장 가까운 별이다. 태양 표면층의 매혹적인 성질과 표면에 나타나는 현상들은 쉽게 관측되므로, 그동안 집중적으로 연구되어 왔다. 그러나 태양 현상을 이해하기 위한 모형은 실제로 관측되는 현상을 따라가지 못하고 있다. 그런데 태양은 하나의 전형적인 별일 뿐 아니라 지구에서 보았을 때 큰 각지름을 지닌 유일한 별이기 때문에, 여기서 논의된 사실은 다른 별을 연구하는 데 기초가 된다(표 10-1 참조).

10.1 태양의 구조

지구에서 1AU 떨어진 곳에 위치한 태양은 생명을 유지하는 데 필요한 에너지를 공급해 준다. 반지름이 $R_{\odot} = 6.96 \times 10^5$km($\approx 109R_{\oplus}$), 질량이 $M_{\odot} = 1.99 \times 10^{30}$kg($\approx 330{,}000M_{\oplus}$)인 거대한 가스구는 **광도**(luminosity, 에너지의 복사율) $L_{\oplus} = 3.86 \times 10^{26}$W의 복사에너지를 방출하고 있다. 태양의 평균 밀도는 1,400kgm^{-3}에 불과하다. 이는 태양이 주로 수소와 헬륨으로 구성되어 있다는 사실과 잘 부합한다. 태양은 전체가 유체로 되어 있기 때문에 차등 자전운동(목성처럼, 6.1절 참조)을 할 것으로 기대된다.

태양 내부의 압력과 온도는 태양의 전 질량을 지탱할 정도의 매우 큰 값을 가져야 한다. 따라서 태양은 고온 가스로 되어 있다. 실제로 이 가스(주로 수소와 헬륨)는 거의 완전히 이온화된 상태(플라스마)에 있다. 태양의 온도, 압력, 밀도는 표면으로부터 안쪽으로 들어가 중심에 이를 때까지 증가하며, 중심에서는 열핵반응으로 에너지를 방출하고 있다. 태양의 **중심핵**(core)에서 수소가 헬륨으로 전환되면서 생산된 막대한 에너지는 광자와 열 운동의 형태로 방출된다(그림 10-1). 이들 광자는 두꺼운 **복사층**(radiative zone)을 통하여 밖으로 퍼져 나가며, 외부의 **대류층**(convective zone)에 이르면, 대부분의 에너지는 가스의 끓는 운동(boiling motion)에 의해 전달된다. 눈에 보이는 태양의 표면(**광구**)은 대류층 위에 존재하고, 여기서부터 복잡한 태양의 대기층이 시작된다.

태양 대기의 바닥은 광구(photosphere)로서, 우리가 관측할 수 있는 최대한의 깊이에 해당하는 얇은 가스층이다. 여기서 태양의 광도를 이루는 복사의 대부분이 나오게 된다. 태양 흑점은 광구에서 일어나는 현상이다. 광구 위에 자리하는 층은 **채층**(chromosphere)이라고 부르는데, 여기서 뾰족하게 보이는 스피큘(spicule)과 우아한 프로미넌스(prominence)가 분출된다. 채층 밖으로 엷고 넓게 퍼진 층이 **코로나**(corona)인데, 그의 신비스러운 빛과 밖으로 뿜어 나오는 **태양풍**(solar

표 10-1 태양의 주요 특성

특성	수치
질량	1.99×10^{30}kg
반지름	6.96×10^{8}m
평균 밀도	1,410kgm^{-3}
표면중력	2.74×10^{2}ms^{-2}
이탈속도	6.18×10^{5}ms^{-1}
유효온도	5,770K
광도	3.86×10^{26}W
자기장 :	
흑점	0.3T
전체 태양	0.0001T
그물 조직	0.002T
플라쥐	0.02T

wind)은 행성 간 매질(interplanetary medium)로 이어진다.

비록 태양의 내부를 직접 볼 수는 없지만, 다음의 두 가지 관측을 통해서 태양의 내부 상태를 추측할 수 있다. 그 중 한 가지 방법은, 태양으로부터 방출되는 중성미자(neutrino)를 검출하는 것이다. 앞으로 알게 되겠지만, 실제로 관측되는 중성미자의 양은 태양의 모형이 제시하는 값에 미치지 못한다(16.1.4항 참조). 이러한 사실은 다수의 천체물리학자나 물리학자들로 하여금 태양 모형의 개선은 물론, 중성미자의 특성에 관한 새로운 이론을 제안하도록 자극시켰다.

또 다른 방법은 태양 표면의 운동을 자세히 분석해 보는 것

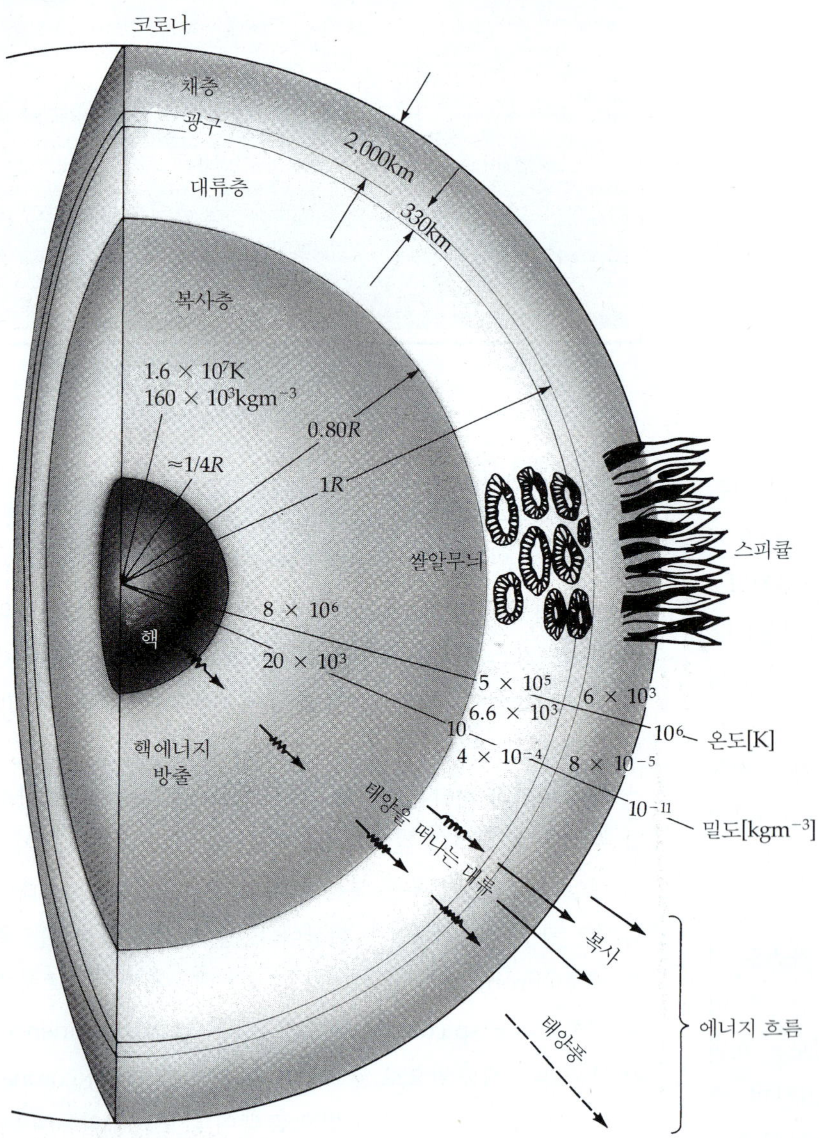

그림 10-1 태양의 구조
이 모형은 태양의 주요 영역과 주요 물리량의 값을 제시하고 있다. 여기서 쌀알무늬와 스피큘은 보다 뚜렷하게 나타내기 위하여 태양 반지름에 비해 과장되게 도시하였다.

그림 10-2 태양의 진동
한 가지 가능한 진동 유형의 계산 모형. 어두운 부분은 팽창 영역, 밝은 부분은 수축 영역을 나타낸다.

이다. 그 결과, 주기적 진동 현상(oscillations)이 광구와 채층에서 형성되는 스펙트럼선들의 도플러이동량의 측정에서 발견되었다. 태양 진동은 5분 조금 못 되는 것으로부터 2시간 40분에 이르는 값까지 다양한 주기를 가지고 있다. 그중 가장 먼저 발견되었고, 또한 가장 중요한 진동은 바로 태양의 5분 진동인데, 이는 마치 작은 배가 해파를 타고 있는 것처럼 태양 표면에서 상하로 수직 운동을 한다. 진동의 진폭이 최대일 때의 속도는 0.4kms^{-1}이다. 이러한 진동은 태양 내부에서 발생된 음파로부터 비롯되는데, 이들 음파는 태양 표면 아래에서 반사 또는 굴절되기 때문에 일정한 크기의 동공 속에 갇혀있다(그림 10-2). 그러한 파동과 그들의 조화파(harmonics)들은 태양 내부의 성질을 제시해 준다. 이처럼 태양은 종처럼 소리를 울려 퍼지게 하므로, 우리가 지구의 내부를 지진파로 탐색하는 것과 흡사한 방법으로 태양의 내부 구조를 알아볼 수 있다. 이러한 분야의 연구를 **일진학**(helioseismology)이라고 한다.

일진학의 연구에서 유추 가능한 것은 태양 대류층의 구조이다. 진동의 일부는 대류층 내의 난류 이동으로 발진된다. 이때 생긴 진동은 수백만 개의 음파와 관련되어 있으므로, 대류층의 물리적 성질을 밝히는 데 기본 자료가 된다. 오늘날, 천문학자들은 0.1%의 정밀도까지 수천 개의 진동수를 측정하고 있다. 그들의 측정 결과는 태양의 대류층이 과거에 생각했던 것보다 더 깊은 데까지, 즉 태양 반지름의 20%가 아니라 30%까지 확장되어 있음을 제시하고 있다. 그러면 태양의 외각 대기층으로부터 직접 관측되는 여러 가지 현상을 자세히 살펴보기로 하자.

10.2 광구

10.2.1 쌀알무늬

우리는 광구의 밑바닥보다 더 깊은 태양의 내부를 들여다볼 수는 없다. 광구는 가스에 의해 가시광이 차단되는 태양의 대기층에 해당한다. 여기서 우리는 작고(평균 지름 약 700km) 끊임없이 변하는(평균 수명 5~수십 분) **쌀알무늬**(granule)가 수없이 모여 있는 것을 볼 수 있다(그림 10-3). 쌀알무늬는 검고 줄무늬로 둘러싸인 밝은 부정형의 쌀알 같은 모양을 한다.

이러한 태양의 쌀알 조직(granulation mark)은 광구 바로 밑에 존재하는 두께 0.2~0.3$R_{\odot}$인 **대류층** 상단의 표면층에 나타난다. 대류층에서는 열에너지가 대류에 의해 운반된다. 즉 고온의 가스 덩어리(**대류 세포**, convection cell)가 상승하여 밝은 쌀알무늬로 나타나고, 그 에너지는 광구에 전달된다. 한편, 저온의 가스는 대류층 속으로 다시 가라앉는다. 그 결과 에너지의 전달로 인해 광구의 낮은 층에서는 10^{-1}kms^{-1} 정도의 운동이 일어난다.

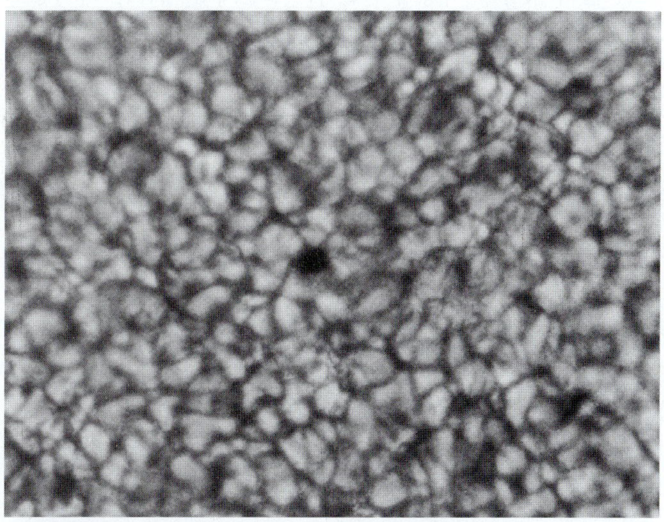

그림 10-3 태양의 쌀알 조직
밝은 부분의 크기는 약 1,500km이다. 검은 원은 작은 흑점이다. (미국 국립 광학 천문대)

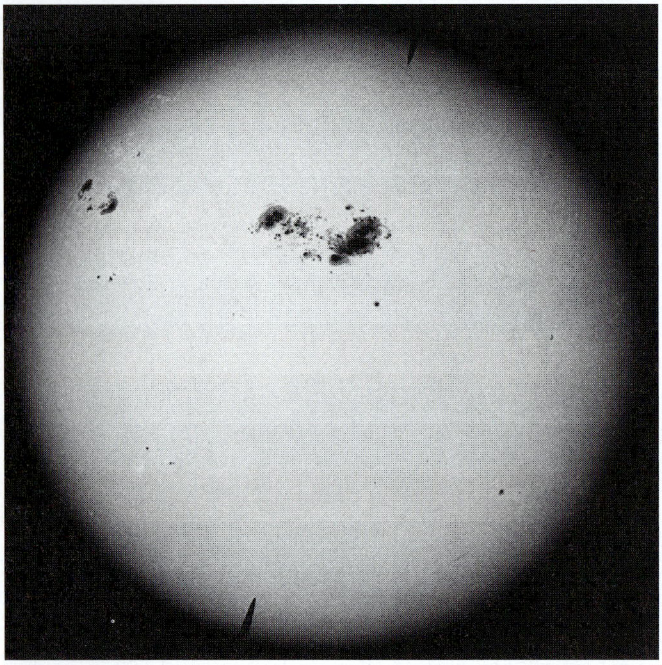

그림 10-4 태양의 광구
이 사진에 주연감광 현상이 뚜렷하게 드러나 보인다. 흑점의 위치 차이가 태양이 7일간 자전한 결과이다. (팔로마 천문대, 캘리포니아 공과 대학)

10.2.2 광구의 온도

태양의 원반에서 방출되는 연속스펙트럼은 스테판-볼츠만 법칙에서 정의되는 광구의 유효온도(effective temperature)가 5,800K(표 8-4)됨을 제시해 준다. 실제로 광구 내에서 온도는 깊이에 따라 어떻게 변할까? 이 문제의 해답은 백색광으로 찍은 태양 사진(그림 10-4)을 보면 분명해진다. 태양 원반의 밝기는 중심에서 가장자리로 갈수록 감소함을 볼 수 있는데, 이러한 현상을 **주연감광**(limb darkening)이라 한다(8.7절 참조).

주연감광은 우리가 태양의 원반 중심을 볼 때, 우리의 시선은 보다 깊고 뜨거운 층에 이르게 되고, 원반의 가장자리에서는 시선이 보다 얕고 차가운 층에 이르기 때문에 생기는 것이다(그림 10-5A). 이때 우리는 태양 대기를 통하여 일정한 거리 *d*만큼만 볼 수 있다고 가정한 것이다.

광구의 가장자리가 어둡게 보이는 것은 온도가 광구의 낮은 층에서 높은 층으로 올라갈수록 점차 감소한다는 것을 의미한다. 왜냐하면 스테판-볼츠만 법칙(8.6절 참조)에 의하면, 저온의 가스는 고온의 가스보다 적은 양의 에너지를 복사하기 때문이다. 광구의 상단, 즉 채층의 하단을 높이의 0점으로 택하고 있다. 광구에서 채층으로 들어감에(그림 10-6) 따라 온도는 급격히 감소하다가 높이 500km에서부터 다시 오르기 시작하여, 코로나에 이르러 대단히 높은 온도가 된다.

여기서, 여러분은 명백한 모순을 지적할 수 있을 것이다. 온도가 채층에서 급속히 상승한다면, 태양의 가장자리가 어두워지는 까닭은 무엇인가? 이 의문에 대한 해답을 얻으려면 **불투명도**(opacity)와 **광학적 깊이**(optical depth)라는 개념이 요구된다. 간단히 말해서, 채층은 광구에 비하면 거의 광학적으로 투명하다고 단정할 수 있다. 그러므로 태양은 광구의 표면—반지름 700,000km의 상부 300km 미만—부분에서 갑자기 끝

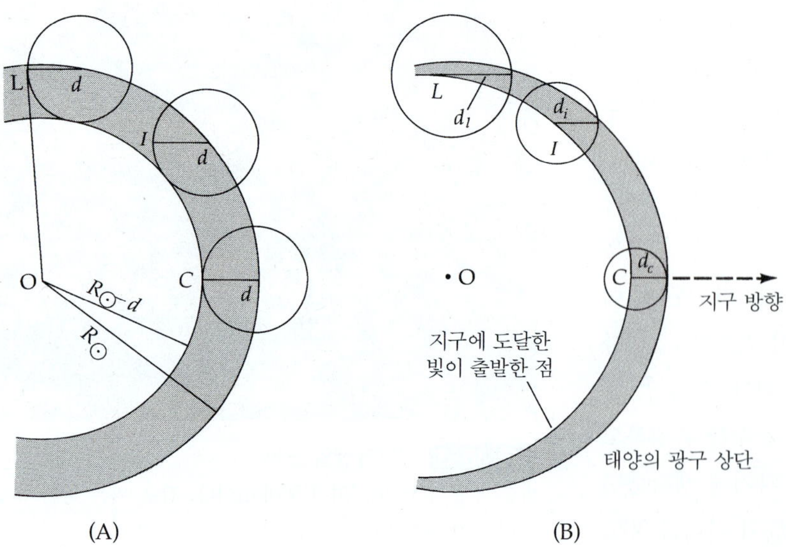

그림 10-5 주연감광의 기하학
눈에 보이는 태양의 원반 중심을 *C*, 가장자리를 *L*, 중간을 *I*로 표시했다. (A) 모든 원은 기하학적 길이 *d*만큼의 같은 반지름을 가지지만, 가장자리에서는 우리 시선은 중심에서보다 높은 층에서 그친다. (B) 낮은 층에 있는 밀도가 큰 가스가 높은 층의 희박한 가스보다 더 불투명함을 고려하여 각 원의 반지름은 같은 광학적 깊이에 해당하게 하였다.

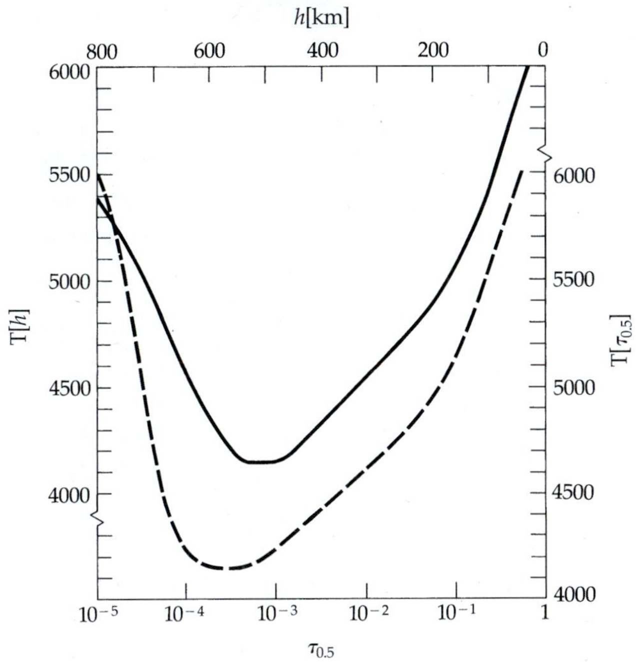

그림 10-6 광구와 채층의 온도 구조

실선은 높이 h의 함수로 나타낸 광구 위 상층 대기의 온도 분포(왼편과 상단의 척도를 사용)를, 그리고 점선은 500nm 파장에서 잰 광학적 깊이 $\tau_{0.5}$의 함수로 표시한 온도 분포를 나타낸다(오른편과 하단의 척도를 사용). (J. Vernazza, E. Avrett, and R. Loeser)

나는 것처럼 보인다.

이러한 사실을 정량적으로 알아보기 위해 이미 논의했던 전달 방정식(8.7절 참조)을 생각해 보자. 우리의 시선은 복사가 방해받지 않고 빠져나올 수 있는 태양 대기의 깊이까지 뚫고 들어갈 수 있다(여기서 광학적 깊이는 작다). 이보다 안쪽에서의 태양의 복사는 가스의 원자나 이온에 의하여 항상 흡수되고 또 재복사(또는 산란)된다. 일정한 파장에서 흡수 정도를 나타내기 위해서는 가스의 **불투명도** $k_\lambda[\mathrm{m^2kg^{-1}}]$를 사용한다. 불투명도를 이해하는 가장 간단한 방법은, 복사의 플럭스 F_λ가 두께 dx인 가스층을 지났을 때 어떻게 되는가를 생각해 보는 것이다. 이때 밀도 $\rho[\mathrm{kgm^{-3}}]$인 가스층에 의해서 흡수된 복사의 플럭스는

$$dF_\lambda = -k_\lambda \rho F_\lambda\, dx \qquad (10\text{–}1)$$

로 표시되며, 균일한 매질의 경우 식 (10–1)을 적분하면 다음과 같다.

$$F_\lambda(x) = F_\lambda(0)\exp(-k_\lambda \rho x) \qquad (10\text{–}2)$$

그러므로 플럭스는 투과하는 깊이에 따라 지수함수적으로 감소한다. 천문학자들은 편의상 이와 같은 흡수의 정도를 표시하는 방법으로 다음과 같이 정의된 **광학적 깊이** τ_λ를 사용한다.

$$d\tau_\lambda \equiv k_\lambda \rho\, dx \qquad (10\text{–}3)$$

여기서 τ_λ는 무차원의 양이며, 식 (10–2)는 다음과 같이 기술된다.

$$F_\lambda(\tau_\lambda) = F_\lambda(0)\exp(-\tau_\lambda) \qquad (10\text{–}4)$$

$\tau_\lambda \ll 1$일 때 복사는 거의 일정하고, 가스는 이 파장에서 **광학적 두께가 얇다**(투명하다)고 한다. 일반적으로, **광학적으로 두꺼운**(불투명한) 가스란 광학적 깊이 $\tau_\lambda > 1$인 가스를 말하는데, 광구의 밑바닥이 이 경우에 해당하다. 태양의 주연감광은 광구의 불투명도 때문에 생기는 것이며(그림 10–5B), 채층에서 k_λ는 작은 값을 가진다.

10.2.3 H^- 연속흡수

광구는 흑체에 가까운 연속복사를 방출하므로, 복사는 가시파장 영역에서 흡수될 것이다. 그러나 광구의 가스 밀도는 복사를 불투명하게 만들 정도로 크지 못하여 거의 흑체의 연속복사를 방출한다. 그렇다면 광구의 연속복사는 어떻게 해서 생기는 것일까?

연속흡수 계수의 주된 역할을 하는 물질은 H^-이온, 즉 음의 수소이온(negative hydrogen ion)이다. 이 이온은 중성수소원자가 지니고 있는 전자가 양의 전기를 띤 양성자의 전하를 완전히 차단하지 못하기 때문에 생긴다.

그러므로 제2의 전자가 상당히 느슨하게나마 수소원자에 붙을 수 있다. H^-의 이온화 에너지는 0.75 eV(정상 수소의 이온화 에너지는 13.6eV)에 지나지 않는다. H^-에 의한 흡수는 해리반응(解離反應, dissociation reaction) $H^- + \gamma \rightarrow H + e^-$에 의해서 일어나고, 반대로 방출은 중성 H원자에 1개의 전자가 결합하는 $H + e^- \rightarrow H^- + \gamma$ 반응에 의해서 일어난다. 태양의 적외선 및 가시 영역에서 연속스펙트럼은 이와 같은 반응으로 만들어지는데, 광구에서는 밀도가 비교적 높아 많은 전자와 수소가 이 반응에 참여하게 된다. 연속흡수는 자유–자유와 속박–자유 천이에 의해서 생긴다(그림 10–7A).

광구 내에서 빛을 흡수하는 과정이 H^-와 기타 원자들의 천

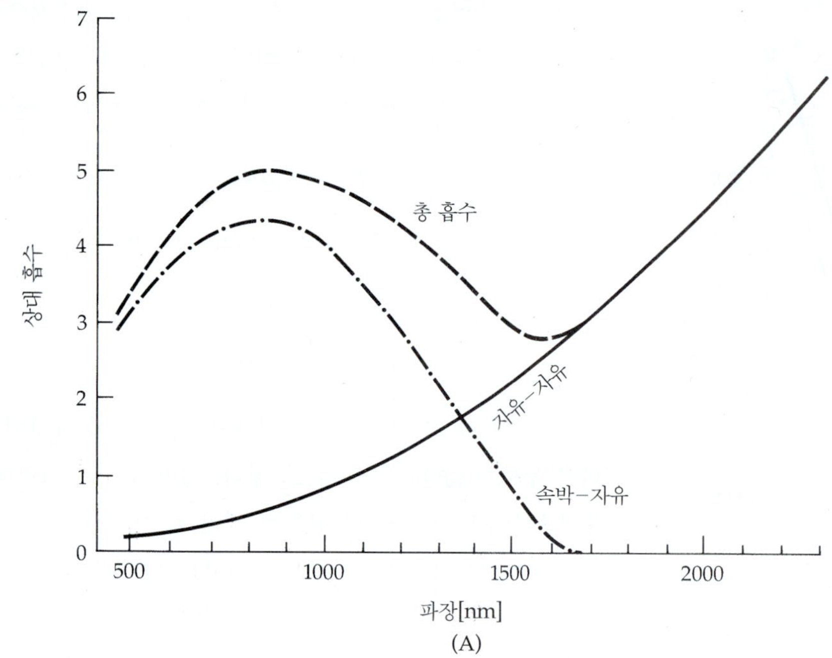

(A)

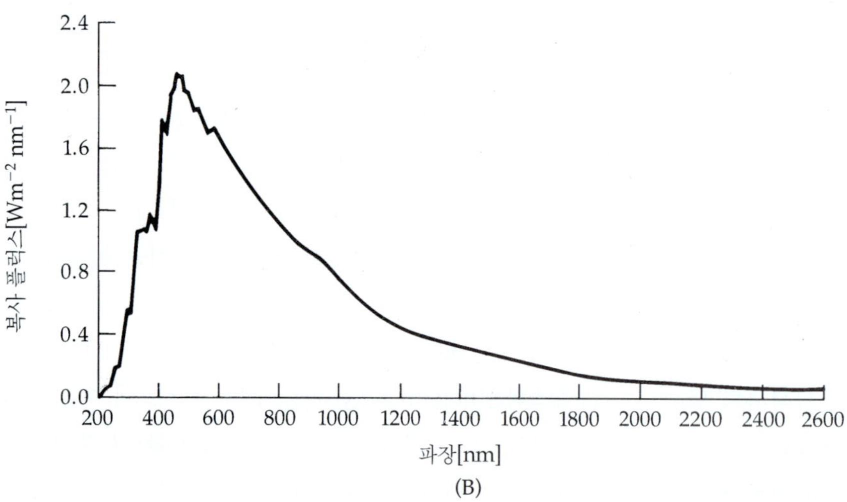

(B)

그림 10-7 태양의 연속 불투명도
(A) 수소의 음이온 H^-의 자유–자유와 속박–자유 천이에 의한 가시 영역과 근적외선 스펙트럼 영역에서의 상대흡수계수. (B) 지구 대기 밖에서 측정한 태양의 연속스펙트럼 분포 (U.S. Air Force Cambridge Research Laboratory)

이에 의해서 일어나지만, 그들이 전파장 영역에 걸친 흡수를 완벽하게 기술하지는 못한다. 따라서 태양의 연속스펙트럼은 완전흑체 스펙트럼의 일반적인 경향(그림 10-7B)을 따를 뿐, 흑체의 플랑크곡선과 완전히 일치하지는 않는다.

10.2.4 프라운호퍼 흡수스펙트럼

스펙트럼선

1814년, 독일의 물리학자 프라운호퍼(Joseph von Fraunhofer, 1787~1826)는 가장 먼저 광구의 연속스펙트럼 위에 나타난 수많은 흡수선 — **프라운호퍼 흡수스펙트럼** — 의 명확한 계보를 만들었다. 그는 이 흡수선을 올바르게 동정(同定)하지는 못하였으나, 가장 강한 선(붉은 쪽에서부터)에는 대문자, 약한 선에는 소문자를 알파벳 순서를 붙여서 분류하였다(선의 세기에 대한 것은 8.4절 참조). 오늘날, 우리는 아직도 Na I의 분해된 이중선 D선, Ca II의 H와 K선 등으로 호칭하고 있다. 가장 먼저 동정된 선은 수소의 발머계열(Balmer series), Na, Ca, Mg의 흡수선들이다. 프라운호퍼 흡수선의 스펙트럼은 165nm의 짧은 파장까지 확장되어 있다.

근자외부보다 짧은 파장역(λ < 165nm)에서는, 태양의 스펙트럼은 방출선이 압도적으로 많은데, 이것들은 채층과 코로

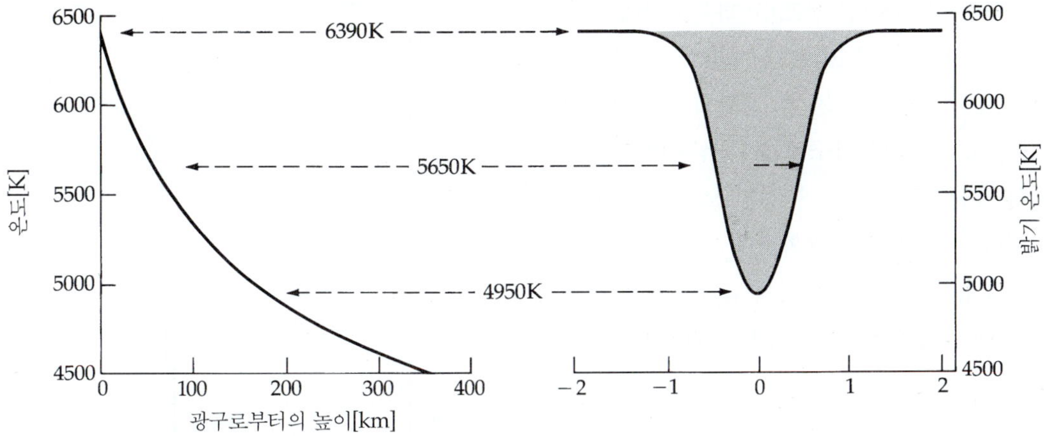

그림 10-8 광구의 깊이와 스펙트럼선의 윤곽
한 흡수선 내의 각 부분은 각기 다른 높이에서 형성된다. 즉 선의 중심은 온도가 가장 낮고 가장 높은 영역에서 형성된다. (R.W. Noyes)

나에서 생성된 것이다(10.3.1항과 10.4.3항 참조).

태양의 연속스펙트럼은 H^- 이온의 희박한 가스가 만드는 것이기 때문에, 프라운호퍼 흡수선은 연속스펙트럼과 같은 태양 대기의 영역에서 형성된다. 약한 흡수선은 광구의 낮은 층에서 생기며, 강한 선은 높은 층에서 생긴다. 실제로 가장 강한 선(발머선, Ca II의 H와 K선)은 주로 채층에서 형성된다. 채층에서 흡수 계수는 대부분의 파장에 대하여 낮은 값을 갖는다. 그러나 강한 선의 경우 흡수 계수는 태양 대기의 상당히 높은 층에서도 아주 커질 수 있다. 그 이유는 원소의 함량비(abundance), 즉 스펙트럼선을 만드는 천이의 낮은 준위의 원자수(볼츠만 방정식을 통하여 온도에 관계된 것, 8.4절 참조)와 천이확률(전자가 특정한 천이를 일으킬 확률을 정해 주는 원자의 특이한 계수)이 커질 수 있기 때문이다. 따라서 스펙트럼선이 생성되는 깊이는 선마다 다르고, 한 선의 윤곽 안에서도 달라진다. 그러므로 프라운호퍼 흡수선은 태양 대기의 높이가 다른 여러 층을 탐사하는 데에 강력한 수단이 된다(그림 10-8).

고 분산스펙트럼 사진으로부터 대부분의 프라운호퍼선에는 톱니 모양의 미세 구조의 흔들림(wiggling)이 존재한다는 사실을 알게 되었다. 이러한 파장의 흔들림 현상은 광구 속의 소규모(지름이 1,000km 정도)의 구조가 약 0.4 kms^{-1} 정도의 속도로 연직 운동을 함으로써 생긴 도플러이동으로 해석된다. 파장의 진동 현상은 광구의 쌀알무늬에서 시작되어, 위로는 채층까지 계속되는 가스의 운동에서 비롯된 것으로 보인다.

이 밖에도 대략 같은 속도로 태양면에 평행한 가스의 수평 운동도 일어나고 있는데, 이 운동은 보다 큰 규모의 구조(지름이 30,000km), 이른바 **초대형쌀알**(supergranule) 속에서 일어나는 것이다. 가스는 초대형쌀알의 중심에서 주변으로 천천히 흐른다. 실제로 초대형쌀알무늬는 쌀알무늬보다 낮은 층에서 발생되지만, 겉보기에는 이보다 높은 채층 구조와 관련되어 있다. 이 가스의 흐름에 따라 자기력선이 주변으로 운반되고 있으므로, 자기장은 더욱 더 국소화되고 집중된다. 앞으로 알게 되겠지만, 태양 활동은 대체로 강한 자기장과 관련되어 있다.

원소함량비

제8장에서 대략 살펴보았던 개념을 활용하면, 우리는 프라운호퍼선을 분석함으로써 광구의 특성을 알아낼 수 있다. 그리

표 10-2 광구의 원소함량비

원소	개수비(대수눈금)	질량비
H	12.00	0.7013
He	11.00	0.2787
C	8.69	0.0041
N	7.99	0.0001
O	8.91	0.0091
Ne	8.00	0.0014
Mg	7.58	0.0006
Si	7.55	0.0007
S	7.21	0.0004
Fe	7.67	0.0018

고 스펙트럼선의 상대적 강도(8.4절 참조)는 화학조성에 관한 정보를 알려 준다. 수소가 가장 많고(70%), 헬륨이 그 다음으로 많다(28%). 나머지 무거운 원소는 총 질량의 2% 정도에 해당된다(표 10-2 참조). 그러나 광구의 화학 성분비를 알아내는 작업은 대단히 복잡하고 어려운 일이다. 모든 원소의 함량비는 최선의 것이라도 2배까지의 정확도를 갖는다. 원소에 따라서는(특히 그들의 흡수선이 스펙트럼에 겹쳐져 있을 경우라면) 그 정확도가 10배까지 불확실해질 수도 있다.

10.3 채층

태양의 **채층**(chromosphere)은 광구 위로 약 10,000km까지 펴져 있고, 가스 밀도는 광구에서보다 훨씬 낮다. 채층은 색깔이 분홍색 — 수소의 발머(Hα) 방출선에 기인 — 이고, 개기일식 때만 볼 수 있다.

10.3.1 채층의 스펙트럼

채층의 스펙트럼은 광구의 빛이 완전히 차단되는 경우를 제외하면, 광구에 의해서 완전히 압도되고 있다. 채층의 방출선, 특히 헬륨 방출선들은 들뜨는 데 매우 높은 온도가 요구된다.

채층의 스펙트럼은 높이에 따른 특징적인 변화를 나타낸다. 중성금속 원소에서처럼 들뜸에너지가 낮은 원자의 천이는 채층의 밑바닥에서만 볼 수 있다. 이온화된 철이나 칼슘의 선들은 좀 더 높은 곳에서 뚜렷이 나타난다. 수소의 발머선과 중성 헬륨선들은 광구 위 수천 km에서 나타난다. 채층의 스펙트럼선은 높이와 더불어 약해지는데, He II의 가장 강한 선(468.6nm)이 가장 천천히 약해진다. 선의 세기가 높이에 따라 약해지는 주된 원인은 다음 두 가지가 있다.

(1) 가스의 밀도가 높이와 함께 급속히 감소한다.
(2) 온도는 광구 상단으로부터의 높이에 따라 급격히 상승한다(그림 10-9).

높은 들뜸에너지를 요구하는 헬륨선들은 채층상부의 높은 온도 때문에 강한 상태로 유지된다. 헬륨[Helium은 '태양'을 뜻하는 그리스어 **헬리오스**(helios)에서 유래한다]은 지구에서 발견되기 전에 채층의 스펙트럼에서 발견되었다. 헬륨선은 너무 약해서(광학적으로 엷어서) 태양 원반에서는 볼 수 없다.

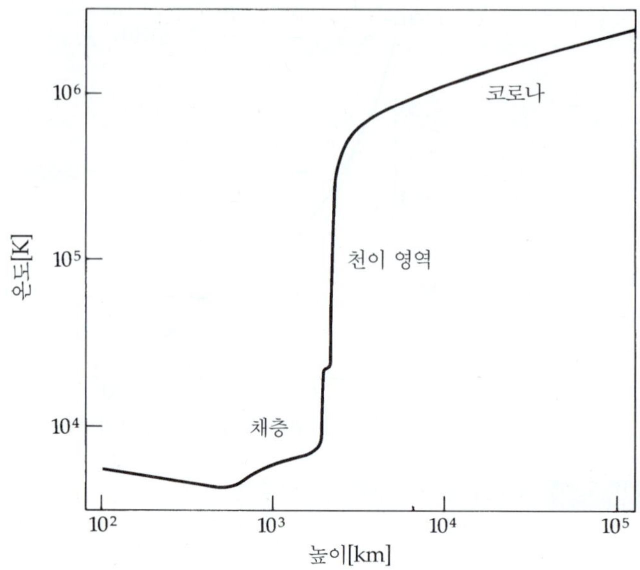

그림 10-9 광구를 원점으로 한 높이의 함수로 나타낸 채층과 코로나의 온도 구조

비록 채층의 온도가 광구보다 높음에도 불구하고 수소의 발머선은 주로 채층에서 형성된다. 왜 그럴까? 광구의 연속복사와 온도는 많은 수소를 바닥상태, 즉 라이먼 상태로부터 제1들뜸 상태로 올리기에 충분한 에너지를 갖지 못한다. 발머선은 제1들뜸 상태로부터 생긴다는 사실을 상기하자.

이러한 상태의 원자수는 볼츠만 방정식에 따라, 보다 고온인 채층에서 주로 충돌들뜸에 의해서 상당한 값에 이를 수 있다. 따라서 연속스펙트럼은 채층에서 흡수되어 발머흡수선(광구를 배경으로 볼 때)과 채층에서 분홍색을 띠는 발머방출선(태양 주변에서의 검은 공간을 배경으로 볼 때)을 형성한다.

10.3.2 채층의 미세 구조

채층에서 생성되는 일부 흡수선(Hα선, Ca II의 H 및 K선)은 큰 광학적 두께를 가진다. 이러한 파장을 가진 복사는 거의 불투명하기 때문에 광구로부터 빠져나올 수가 없다. 그러나 흡수선은 완전히 검지 않으므로 채층의 연구는 가능하다. 각 흡수선의 중심부는 이웃의 연속스펙트럼보다 더 어두울 뿐이며, 약간의 광자는 채층에서 우리 쪽으로 방출된다.

Hα선, Ca II의 K선으로 찍은 태양의 단색 사진(그림 10-10)은 커다란 밝고 어두운 무늬를 나타내 준다. 이들은 각각 **플라쥐**(plage)와 **줄무늬**(filament)로서 태양 활동과 관련된 현상이다(10.6.2항 참조). 이 밖에 태양 전면을 통해 두드러진 구

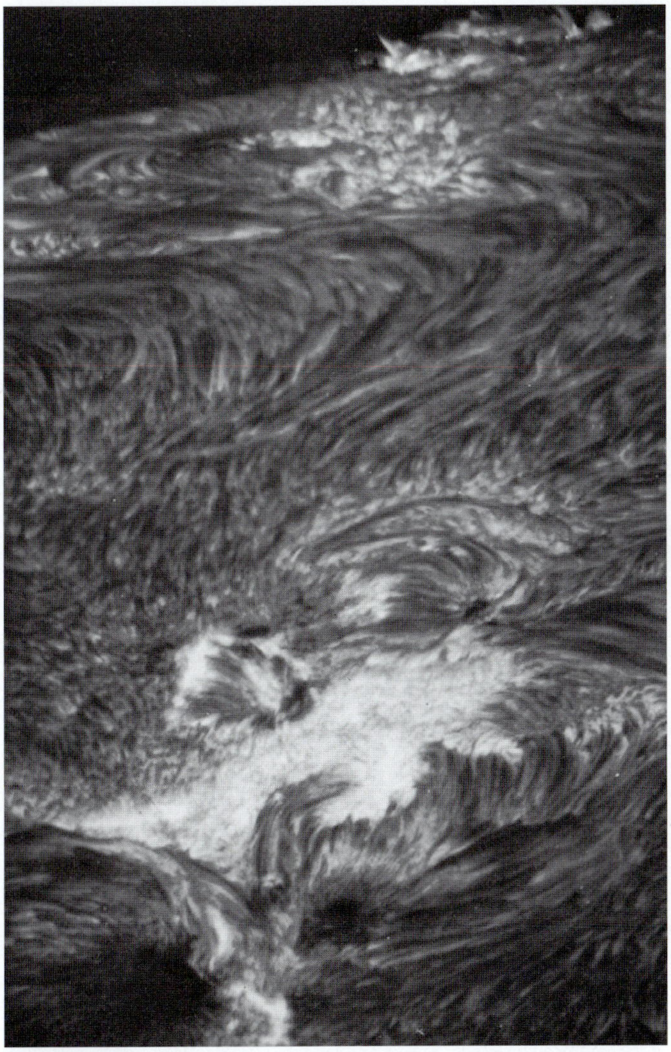

그림 10-10 Hα선으로 본 태양
태양의 가장자리에서 가까운 이 영역은 강한 국부자기장의 구조를 보여 준다. 전면에 거대한 활동 영역에 주목하자. (R.B. Dunn, 미국 국립 광학 천문대)

조가 나타나 있다. 이러한 밝은 그물조직(network)은 초대형 쌀알무늬의 경계에 있는 자기장과 관련이 있다.

태양의 가장자리에서는 폭이 500~1,500km인 작열하는 엷은 가스의 분출이 채층 밖으로 수만 km나 뻗어 나오고 있다(그림 10-11). 이러한 가스의 분출, 즉 **스피큘**(spicule)은 Hα선으로 관측할 때 가장 잘 보이며, 솟아오르는 속도는 20~25kms^{-1}에 이른다.

스피큘은 태양 표면의 1% 이하를 차지하는 데 지나지 않으며 수명은 15분 정도 또는 그 이하이지만, 이는 채층, 코로나, 태양풍 사이의 질량 균형을 맞추는 데에 중요한 역할을 하고 있다. 스피큘은 태양 표면에 고르게 분포되어 있지는 않고(그림 10-11 참조) 그물과 같은 모양을 이루고 있다. 사실, 스피큘은 초대형쌀알무늬의 경계를 이루는 채층의 그물조직의 일부를 이루고 있다. 그래서 스피큘은 자기장이 강화된 영역에서만 생성된다고 할 수 있다(그림 10-12).

10.3.3 천이 영역

자외선 파장의 스펙트럼은 채층의 높은 온도 때문에 형성되므로 채층의 상층과 좁은 채층-코로나 천이 영역을 탐사하는 데에 가장 좋은 창구를 제공한다. 그 온도는 채층에서 약 10,000K, 수백 km의 두께를 갖는 천이 영역에서 약 50,000K, 그리고 코로나에서는 10^6K로 급격히 증가하고 있다(그림 10-9). 150nm보다 짧은 파장 영역에서 광구의 연속스펙트럼의 복사 강도는 감지할 수 없을 정도로 약하다(그림 8-14의 6,000K에 해당하는 플랑크곡선 참조). 광구의 복사강도는 초자외선 파장 영역에서 대단히 약하기 때문에 복사들뜸이 일어날 수 없다. 그러나 태양의 상층 대기의 높은 온도에서는 원자와 이온은 충돌에 의한 들뜸이 가능하므로, 이들이 다시 바닥상태로 천이될 때에 방출선이 형성된다. 그러나 이때 방출선들은 태양의 얼굴을 배경으로 두어도 실제로 관측이 되는데, 그 까닭은 이들이 광구의 배경 복사에 의해서 압도되지 않기 때문이다.

자외선 파장 영역에서 가장 강한 것은 라이만 알파(Lα)선이다. 강한 수소의 발머선은 많은 H 원자가 제1들뜸상태(n = 2)에 있음을 뜻한다. 연속스펙트럼으로부터의 흡수는 이들 전자를 보다 높은 준위(n = 3, 4 등)로 들뜨게 하여 발머흡수선의 계열을 만든다(10.3.1항 참조). 그러나 대부분의 원자는 곧 바닥상태(n = 1)로 되돌아가면서 Lα의 광자를 방출한다. 한편, n = 2로의 들뜸은 오직 충돌이나 방출되었던 Lα의 광자를 다시 흡수(자기 흡수)함으로써 가능해지는데, 그 까닭은 광구의 연속스펙트럼이 이 파장 영역에 거의 전무하기 때문이다. 따라서 Lα로 찍은 사진은 Ca II의 선으로 본 것과 동일한 채층의 그물 조직을 보여 준다.

천이 영역의 구조에 관한 연구는 70,000K에서 절정을 이루는 C III의 방출선, 100,000K에서 절정을 이루는 N III의 방출선, 300,000K에서 극대를 이루는 O VI의 방출선에 의해서 수행된다. 그물조직은 천이 영역을 지나서까지도 존재하는 것 같다. 그러나 그물조직은 60nm에서 찍은 Mg X의 사진에서

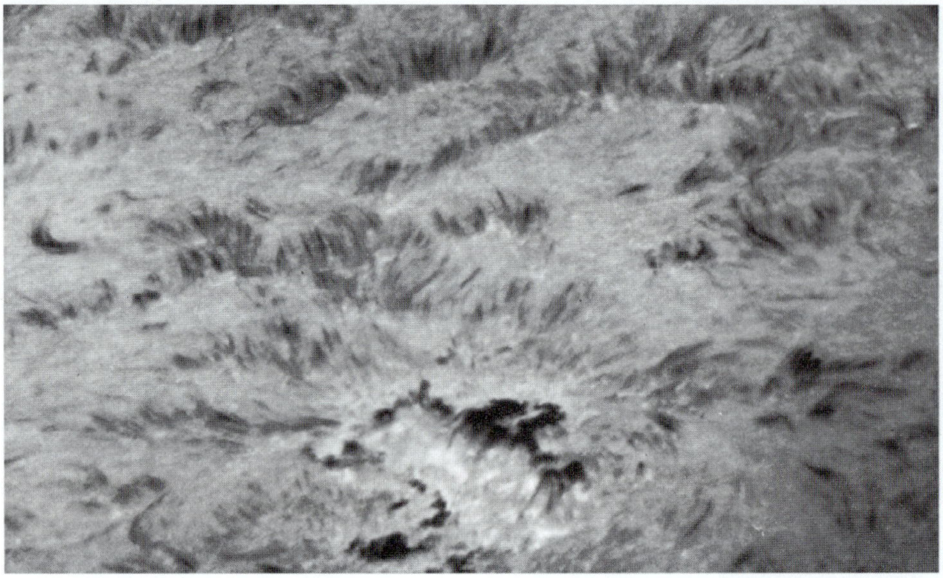

그림 10-11 스피큘과 채층의 그물조직 이 사진에서 스피큘은 원반의 주변을 배경으로 긴 검은 무늬로 자신의 모습을 나타내고 있다. (R.B. Dunn, 미국 국립 광학 천문대)

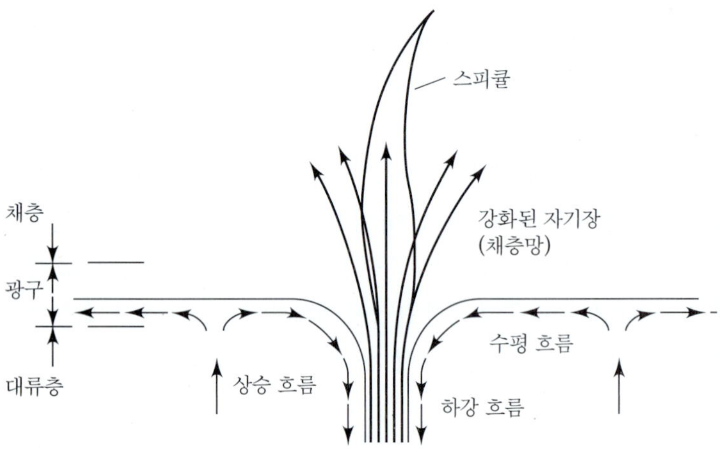

그림 10-12 채층 자기장의 그물조직 일부를 본 스피큘 모형

는 단절되는데, 이때 이 영역은 이미 160만 K에 해당되는 코로나에 속해 있기 때문이다.

10.4 코로나

일식 때 **코로나**는 태양의 가장자리로부터 멀리까지 퍼져 있는 진주빛의 해무리처럼 보인다(그림 10-13). 안쪽의 보다 밝은 해무리는 태양을 둘러싸고, 코로나의 빛줄기는 멀리 공간으로 퍼진다.

10.4.1 가시 파장역의 코로나

광학파장대에서 본 코로나의 연속스펙트럼은 두 부분으로 이루어진다. 사실, 코로나 자체는 태양 가까운 곳에서 두드러지게 보이는 **K 코로나**와 태양 반지름의 수 배에 이르는 바깥쪽에서 뚜렷한 **F 코로나**로 세분된다. 세기가 약한 코로나의 연속스펙트럼의 일부는 파장에 따른 세기의 분포가 광구의 연속스펙트럼과 동일하다. 이는 K 코로나 입자의 과반수를 차지하는 전자가 빛을 산란한 결과로 생긴 것이다. 이러한 산란된 스펙트럼 속에서 광구의 흡수선을 볼 수 없는 것은 빠른 속도로 움직이는 전자에 의한 엄청난 도플러 선폭 증대 때문이다.

흡수선이 완전히 씻겨 버릴 정도의 선폭 증대를 일으킨 전자는 매우 높은 온도를 가졌음에 틀림없다. 즉 고요한 코로나의 경우에도 평균 온도는 $1 \sim 2 \times 10^6$K에 이르고 있다.

F 코로나의 스펙트럼은 전자산란의 연속스펙트럼과 중첩되어 나타나고 있다. 이러한 흡수스펙트럼은 행성 간 공간에 흩

그림 10-13 정온태양의 코로나
극깃털과 태양적도에서 더 길게 나타나는 모양을 주목하자. (J.D. Bahng and K.L. Hallam)

어져 있는 것과 동일한 티끌 입자에 의해 빛이 산란되었기 때문에 생기는 것이다. 이 티끌은 황도면에 따라 집중되어 있는 것으로 생각된다. 왜냐하면 F 코로나의 외곽이 황도광(zodiacal light)으로 연결돼 나타나기 때문이다(2.2.6항 참조). 우리가 F 코로나와 K 코로나의 두 성분을 분리할 수 있는 근거는 무엇보다도 프라운호퍼선은 F 코로나에서만 나타나고, 또한 전자와 티끌은 빛을 산란할 때 편광을 일으키는 방식이 전혀 다르다는 데 있다.

그림 10-14 활동태양 코로나의 빛줄기
이 사진은 광구로부터 멀리 떨어진 영역의 자기장과 태양풍의 모습을 나타내고 있다. (C. Keller, 뉴멕시코 로스앨러모스 국립연구소)

태양 활동은 K 코로나의 형태에 크게 영향을 미친다(그림 10-13). **흑점수 극대기**(10.6.1항 참조)에 코로나는 매우 밝고, 태양 둘레에 고르게 나타나며, 밝은 **코로나 빛줄기**(corona streamer)나(그림 10-14) 응결 덩어리들(condensation)은 활동 구역에서 뚜렷하게 나타난다. **흑점 극소기**에는 코로나는 태양의 극 쪽보다는 적도 쪽으로 상당히 멀리 퍼지고, 코로나 빛줄기는 적도에 집중되며, 극에서는 극깃털무늬(polar plume)가 나타난다.

10.4.2 전파코로나

이 장의 뒷부분에서 태양 활동과 관련된 전파 폭발을 다루겠지만, 여기서는 고요한 태양의 전파 특성을 설명하기로 한다. 태양 대기의 이온화된 가스 속에서 전파복사를 방출 또는 흡수하는 입자는 자유전자이다. 이에 관련된 상호작용을 자유-자유 천이(free-free transition)라 한다. 즉 전자는 이온이나 원자의 옆을 지나가면서 낮은 에너지의 광자를 흡수 또는 방출하며, 이때 전자의 운동에너지는 약간 변한다. 여기서 전자는 붙잡히는 것이 아니고 충돌 전이나 후에도 자유롭다는 점을 유의해야 한다. 전자가 산란체에 가까이 지나갈수록 상호작용의 빈도나 강도는 증가한다. 그러므로 자유-자유 천이에서 광자의 성질은 가스 밀도에 관계된다. 가스 밀도가 클수록 상호작용은 빈번하게, 또 에너지는 강하게 일어날 것이며, 이때 관여하는 광자는 그만큼 높은 에너지(즉 보다 짧은 파장)를 가지게 된다. 이러한 사실은 바로 짧은 파장(1~20cm)의 복사는 채층과 하부 코로나의 특징을 나타내고, 10cm보다 긴 파장의 복사는 바깥쪽 코로나에서 발생하는 까닭을 잘 설명해 준다.

약 20cm보다 긴 파장으로 관측하면 태양은 원반의 가장자리로 갈수록(코로나를 향하여) 더욱 밝게 보이는데, 이러한 사실은 우리가 긴 파장으로 관측할수록 코로나의 보다 높은 층을 보고 있음을 확인해 준다(가시광으로 볼 때 태양은 가장자리로 갈수록 어둡게 보이는 현상을 상기하자. 그림 10-3 참조). 50cm보다 긴 파장에서 전파의 세기는 큰 변동을 일으키는데, 그 까닭은 입자의 밀도가 변동함에 따라 희박한 전자가스로부터 방출되는 복사가 전자의 개수밀도에 따라 크게 변동하기 때문이다.

마치 H^- 이온에서 광구의 불투명도를 설명했듯이, 전자의 밀도는 전파 영역에서 코로나의 불투명도를 결정한다. 이러한 전자의 불투명도의 파장에 대한 관계는 다음과 같다. 즉 코로나는 짧은 파장(≈1cm)에서 광학적으로 엷기 때문에, 이러한 복사는 채층으로부터 우리에게 도달할 수 있다. 그러나 보다 긴 파장에서는 코로나가 차차 광학적으로 두꺼워지기 때문에 코로나의 높은 층에서는 이러한 긴 파장의 복사에 대하여 불투명하게 된다. 우리는 전파의 관측자료를 온도가 약 10^6K인 플랑크 흑체 복사 곡선의 낮은 에너지 쪽의 꼬리 부분과 대체로 일치시킬 수 있다.

10.4.3 방출선

금지선

눈에 보이는 코로나의 연속스펙트럼에서는 몇 개의 방출선이 중첩되어 보이는데, 1942년 독일의 그로트리안(W. Grotrian)과 스웨덴의 에들렌(B. Edlen)에 의하여 처음으로 밝혀졌다 그들은 이 선을 '코로늄(coronium)'이라고 명명하였는데, 그것은 이 선을 당시 잘 알려진 원자의 천이로 설명할 수 없었기 때문이다. 그중에서 가장 강한 두선은 Fe XIV(530.3nm)의 녹색 선과 Fe X(637.4nm)의 붉은색 선이었는데, 이들은 모두 금지선이다(8.2절 참조).

코로나의 방출선을 동정하는 데 두 가지 중요한 장애는, (1) 믿을 만한 천이는 금지된 천이이고, (2) 코로나의 온도가 예상밖으로 높다는 데 있었다. 양자역학에 의하면, 원자의 어떤 에너지 준위는 아래로 향한 천이가 선택규칙(selection rule)에 의해서 강하게 금지되어 있기 때문에 준안정(metastable) 상태를 이룬다. 보통의 허용된 천이는 약 10^{-8}초 정도에서 일어나는 것과는 달리, 준안정 상태로 금지된 천이가 일어나기까지 몇 초 내지 며칠이 걸린다. 대부분의 경우 실험실이나 천체에서는 가스의 밀도가 매우 높기 때문에 충돌로 인한 되가라앉음으로 준안정 상태가 급속히 없어져 버리게 된다. 즉 금지천이가 일어날 틈이 없는 셈이다. 그러나 진공에 가까운 코로나에서는 광구의 복사나 충돌에 의하여 준안정 상태에 이른 원자나 이온은, 편리한 때에 내려앉을 수 있어서 그때 금지선이 방출된다.

예를 들어, 철이 9번 또는 13번 이온화되려면 극히 높은 에너지의 충돌이 필요하다. 따라서 코로나의 가스온도는 매우 높아야 한다. Fe X을 만드는 데는 1.3×10^6K, Fe XIV은 이보다 높은 2.3×10^6K의 고온이 필요하다. 강한 태양 활동(예 : 플레어)이 일어날 경우는 더 높은 온도가 나타난다. 왜냐하면 이때 Ca XV(3.6×10^6K)의 선들이 나타나기 때문이다. 해당되는 온도의 범위는 10^6K(정온코로나)에서 4×10^6K(활동코로나)에 걸쳐 있다.

극단의 자외선

태양 코로나 속에서처럼 고도로 이온화된 원자는 원자핵을 둘러싼 전자를 많이 잃어버린 상태에 있다. 그러므로 남은 전자는 강한 인력을 받고 원자핵에 단단하게 결속되어 있다. 이제, 허용된 천이는 매우 높은 들뜸에너지에 해당하고, 그 결과 방출되는 광자의 에너지도 높다. 즉 파장은 자외선 영역에 있다. 사실, 5~50nm의 파장 영역(지구 대기 밖에서만 검출된다)은 주로 코로나의 이온 Fe VIII~XVI, Si VII~XII, Mg VIII~X, Ne VIII~IX, S VIII~XII들의 허용된 방출선으로 되어 있다. 이와 같이 다수의 확실한 천이들을 이용하며 코로나 내의 원소함량비를 쉽게 구할 수 있다. 코로나의 원소함량비는 광구의 원소함량비와 잘 일치하고 있다.

코로나루프와 코로나구멍

코로나가스는 온도가 대단히 높기 때문에, 저에너지 엑스선을 방출한다. 따라서 코로나가스는 엑스선으로 찍은 태양사진에 잘 나타난다(그림 10-15). 이 사진을 보면 코로나가스는 태양

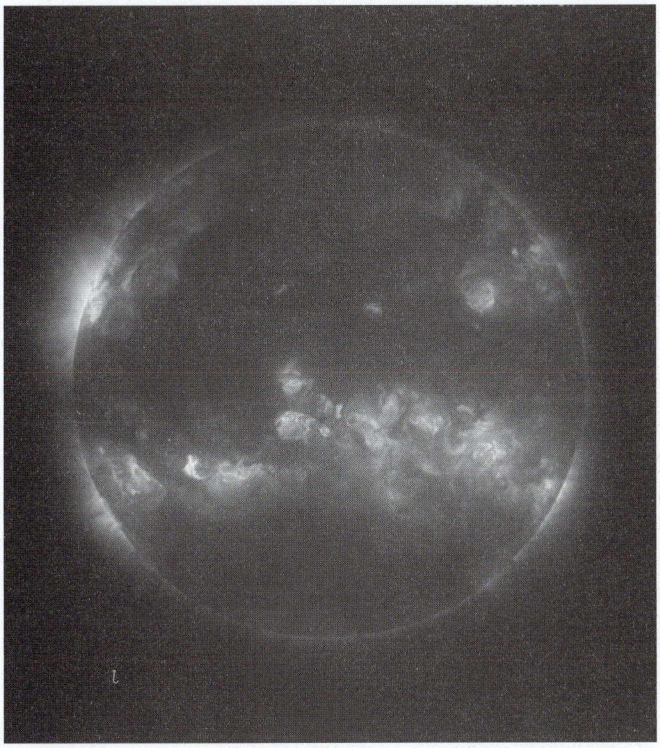

그림 10-15 1989년 9월에 촬영한 고해상 엑스선의 태양 사진
코로나 내의 고온플라스마는 밝게 보인다. 여기서 루프 모양은 자기장 분포에 의해서 결정됨에 유의하자. (E. Spiller, IBM 왓슨 리서치 센터).

둘레의 바깥쪽에 불규칙하게 분포되어 있음을 알 수 있다. 코로나 주변의 거대한 루프 구조는 이온화된 가스가 태양의 표면 위를 향하여 높은 아치를 이루고 있는 자기장을 따라 이동하고 있음을 제시해 준다. 고온의 가스는 이러한 루프를 이루는 자기장에 포획되어 있다. 오늘날 태양 물리학자들은 코로나가 주로 그와 같은 자기루프들로 구성되어 있는 것으로 보고 있다.

코로나의 일부는 어둡게 보인다(그림 10-15). 이 영역에서의 코로나 밀도는 다른 코로나 영역보다 훨씬 작고, 또 온도도 낮은데, 이러한 영역을 **코로나구멍**(coronal hole)이라고 부른다. 양극 영역에 나타나는 코로나구멍은 그다지 많은 변화를 일으키지 않지만, 그 밖의 것들은 태양 활동과 밀접하게 관련되어 있다.

코로나구멍 쪽에는 불과 수 시간도 채 지속되지 않는 밝은 엑스선의 반점이 여기저기 흩어져 분포하고 있는데, 이들은 크기는 작지만 모두 루프를 형성하고 있으며, 극히 단명한 활동 영역을 이루고 있다.

태양물리학자들에 의하면 코로나구멍은 태양 표면의 자기장이 루프를 이루면서 가스가 태양 바깥 우주 공간으로 빠져나가기 때문에 생긴다는 것이다. 그러므로 이때 코로나가스는 이 영역에 구속되어 있지 않고, 코로나구멍을 통하여 멀리 날아갈 수 있다. 이 가스의 흐름이 바로 태양풍을 이룬다(10.5절 참조).

코로나가스는 광구에서 볼 수 있는 차등 자전을 따르지 않고, 지구에서처럼 모든 고도에서 모두 일정한 각속도로 자전한다. 이러한 사실은 자기루프는 광구의 하부, 즉 자기장의 태양 다이너모에 의해서 재생되며 태양의 대류층 밑바닥에 깊이 그 뿌리를 박고 있음을 제시해 준다.

그러면 왜 코로나(채층)의 온도가 그렇게 높은지에 관한 문제로 돌아가자. 우리는 광구로부터 높이 40만 km의 코로나까지 상승하는 자기루프(그림 10-16)가 이 문제에 결정적인 역할을 한다고 믿고 있다. 루프를 이루는 자기장은 광구에서의 운동으로 그 하부가 꼬이며, 만일 그러한 자기장의 꼬임이 서서히 일어난다면 전기장이 발생된다. 이때 발생된 전기장은 코로나가스를 가열시킨다. 코로나를 가열시키는 데는 그다지 많은 에너지가 소요되지 않는데, 그것은 코로나가스가 매우 희박하여 코로나가스의 열용량이 대단히 적기 때문이다.

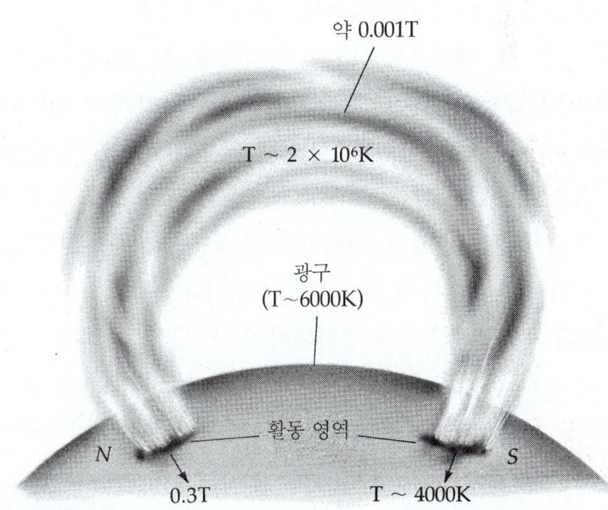

그림 10-16 활동 영역 상층의 자속관에 의해서 형성된 코로나루프의 모형
그 형태는 코로나 하층부의 플라스마 구조를 결정해 준다.

개념 적용 **에너지 밀도**

코로나와 광구의 에너지 밀도(단위 체적 속에 들어 있는 에너지)를 비교해 보자. 이상기체의 에너지 밀도는 바로 개수밀도와 온도에 비례한다. 따라서

$$\left[\frac{\text{에너지 밀도(코로나)}}{\text{에너지 밀도(광구)}}\right] = \left[\frac{n(\text{코로나})}{n(\text{광구})}\right]\left[\frac{T(\text{코로나})}{T(\text{광구})}\right]$$

$$= \left(\frac{10^{-11}}{10^{-4}}\right)\left(\frac{10^{6}}{6000}\right) = 1.7 \times 10^{-5}$$

비록 코로나는 광구보다 훨씬 높은 온도를 지니고 있지만, 개수밀도가 극히 낮아서 대단히 적은 에너지 밀도를 갖는다.

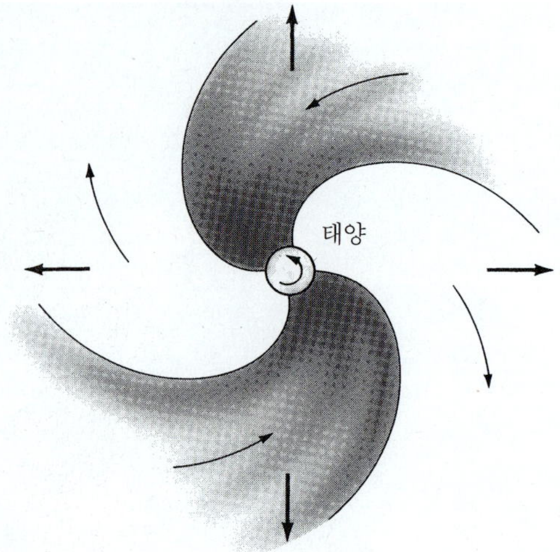

그림 10-17 자기장과 태양풍의 모형도
행성 간 자기장은 태양에 근원을 두고 있다. 가는 화살표는 자기장의 방향, 굵은 화살표는 태양풍의 방향을 나타낸다. 2개의 구역은 그늘지게 표시했다.

10.5 태양풍

코로나의 높은 온도는 코로나를 태양으로부터 날려버리려고 한다. 코로나를 잡아당기는 태양의 만유인력은 코로나를 붙들어 두기에는 충분하지 못하므로, 태양으로부터 꾸준히 불어나가는 **태양풍**이 존재한다. 이 가스의 흐름은 대략 같은 개수의 전자와 양성자로 이루어진, 이른바 플라스마(큰 규모에서 보면 전기적으로 중성이다)이다. 플라스마의 열전도율은 매우 높기 때문에, 태양으로부터 먼 거리까지 고온의 상태가 유지된다. 따라서 태양풍은 팽창하면서 가속되고(거리 $30R_\odot$에서 풍속 $\approx$ 300kms^{-1}, 1AU에서 풍속 $\approx$ 400kms^{-1}), 입자 밀도는 감소하여 1AU 거리 내에서 1m^{3}당 평균 수백만 개의 전자 및 양성자가 들어 있게 된다. 이러한 태양풍의 특성은 행성 간 우주 탐사선에 의하여 직접 측정된 것이다.

플라스마는 자력선에 밀착되어 있다. 사실, 자기장은 원래 가스 속에 얼어붙어 있는 것이다. 그러므로 태양풍은 태양자기장을 행성 간 공간까지 끌어내고 있다. 따라서 거대규모의 태양자기장은 부채꼴 구조(sectored structure)를 이루고 있는 행성 간 자기장과 직접 관련되어 있다(그림 10-17). 태양의 적도에서 위도 30°까지의 범위는 흔히 두 가지의 반대 방향을 가진 자성을 띤 경도 구역으로 나누어진다. 사방으로 불어나가는 태양풍은 이러한 자기장을 태양으로부터 부채꼴의 형태로 몰고 나간다. 태양은 멀어져 가는 가스와 자기장에 대하여 회전하고 있으므로, 부채꼴의 경계는 나선 모양으로 변형된다.

태양풍은 그 구조가 대단히 복잡하고, 또 시간에 따라 변한다. 예를 들면, 지구의 궤도에서 양성자의 밀도는 0.4~80 × 10^{6}m^{-3}, 속도는 300~700kms^{-1}의 범위에 걸쳐 변한다. 이러한 변동은 온도와 밀도가 보통 코로나에 비하여 적은, 코로나 구멍과 대단히 밀접하게 관련되어 있다. 자기루프 내에 속박된 코로나 물질을 가열시키는 데 들어갈 에너지 중, 그 일부는 열린 자기력선을 따라 가스를 가속시키는 데 사용된다. 따라서 태양풍 폭발(solalr wind burst)은 물질을 700kms^{-1} 이상의 속도까지 가속시킬 수 있다.

태양 활동 중 특히 플레어는 자기장의 구조를 때때로 놀라울 정도로 변화시킨다. 보통의 태양풍은 낮은 에너지(10^{3}eV)의 양성자와 전자로 이루어진 것에 반하여, 플레어는 높은 에너지(10^7~10^{10}eV)의 구름을 분출시킨다. 이러한 구름은 태양풍을 향하여 돌진하면서 속도와 밀도를 부분적으로 변화시키고, 자기장의 구조를 변형시킨다. 이러한 구름은 보호장구를 갖추지 않은 우주비행사에게 위험을 초래할 뿐만 아니라, 태양을 떠난 지 수 일 후에 지구자기권에 자기 교란을 일으키는 원인이 된다.

10.6 태양 활동

10.6.1 태양주기

태양은 매우 가까운 곳에 있으므로 그 대기 속에서 일어나는 과도기적인 현상들을 쉽게 관측할 수 있다. 이러한 현상들은 **태양 활동**(solar activity)을 말하는 것인데, 이들은 **태양주기**(solar cycle) 기간 중에 나타나는 태양자기장과 태양자전에 밀접히 관련되어 있다. 앞으로 이 장에서는 **활동 태양**(active Sun)에 대하여 흑점, 홍염, 플라쥐, 플레어 등이 발생하는 곳을 일컫는 **활동 영역**(active region)이라는 구체적인 용어를 써서 설명하기로 한다(태양 활동의 총괄에 대한 표 10-3 참조).

흑점

흑점은 광구에서 나타나는 현상으로(그림 10-3 참조) 그 둘레의 광구면(약 5,800K)보다 온도가 낮아서 검게 보인다. 예를 들어, 흑점의 연속스펙트럼의 온도는 약 3,800K, 들뜸온도(excitation temperature)는 약 3,900K에 이른다. 흑점에서 가장 어두운 중심부(위에서 제시한 온도 참조)를 **본영**(umbra)이라 하며(그림 10-18), 본영보다 밝은 방사선상의 줄기 구조를 가진 **반영**(penumbra)이 그 둘레를 싸고 있다. 흑점은 **미소흑점**(pore)으로부터 발전한다. 미소흑점은 밝은 쌀알무늬 사이의 검은 부분보다 크다. 대개의 미소흑점이나 작은 흑점은 곧 깨지는데, 어떤 것은 엄청나게 큰 흑점으로 발

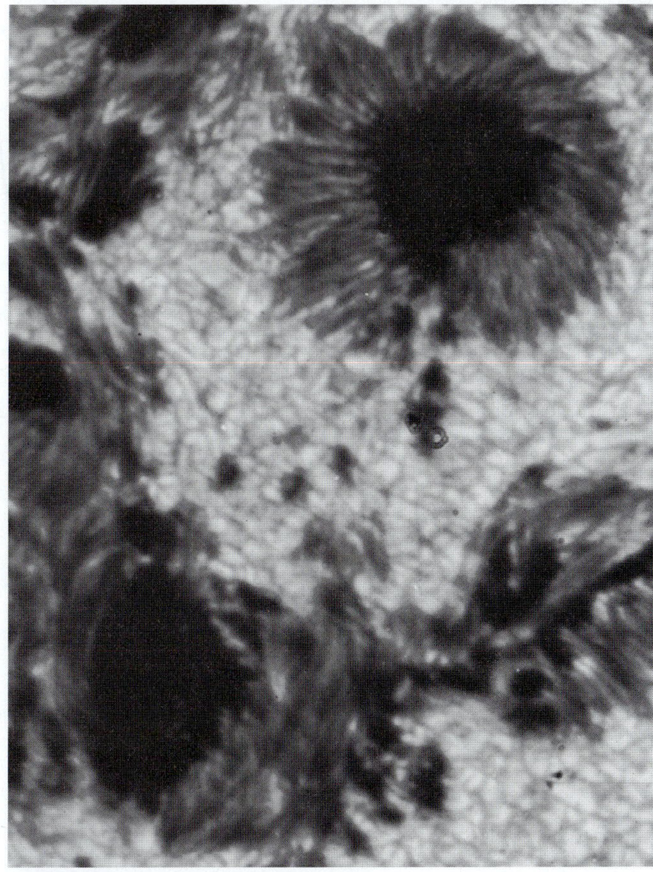

그림 10-18 흑점군
원에 가까운 중심의 본영과 둘레에 방사선처럼 보이는 반영을 지닌 전형적인 흑점을 보여 주고 있는데, 이들은 모두 자기장 때문에 생긴 것이다. 좌측 아래에 일그러진 흑점을 보라. 반영이 없는 작고 검은 점은 미소흑점이다. (Project Stratoscope, Princeton University)

표 10-3 태양 활동의 총괄

	광구
흑점	강한 자기장, 광구보다 낮은 온도
백반[1]	광구보다 밀도가 크고 온도가 높고 밝음(백색광으로)
쌍극성 자기 영역	보통 내지 약한 자기장
	채층
플라쥐[1]	채층보다 밝음(Hα선, Ca II선으로)
	채층보다 온도가 높고 밀도가 큼
홍염(줄무늬)	코로나 속의 채층 물질, 자기장과 관련된 운동을 나타냄
플레어[2]	짧은 시간에 일어난 플라쥐의 밝기 증가(Hα, Ca II선으로)
	코로나
응축[1]	전자 밀도 증가로 나타나는 백색광 현상, 금지선과 UV선의 방출 증가, 느리게 변하는 전파 방출과 관련
플레어	코로나 상층에서 포획된 전자에 의한 전자 폭발
구멍	입자 방출(태양 우주선)과 증가된 태양풍
코로나 물질 방출	수십만 kms^{-1}의 속도로 수십억 톤의 태양 물질을 방출하는 돌발분출

1) 각기 다른 높이에서 플라쥐와 관련된 현상
2) 플레어에 관련된 현상

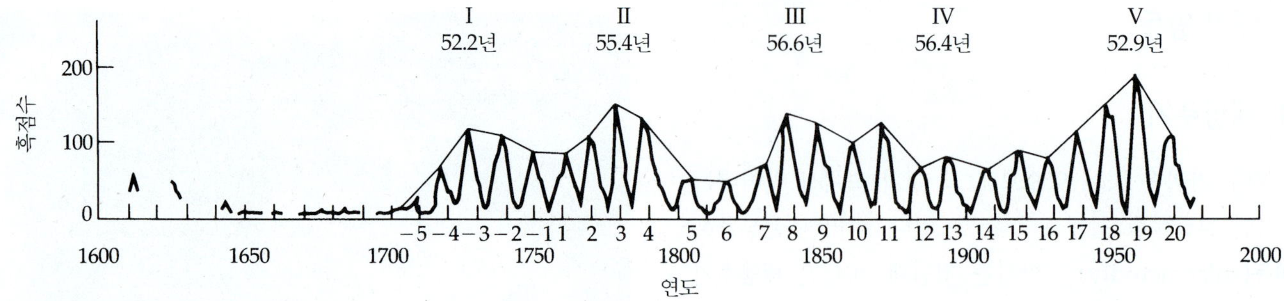

그림 10-19 태양의 흑점주기

1600년부터 1970년대까지 매년 관측한 태양의 흑점수. 1700년 이전에 얼마나 적은 수의 태양 흑점이 관측되었는지 주목하자. 이 시기가 바로 몬더(E. W. Maunder, 1851~1928)의 극소기이다. (H. Yoshimura)

달한다. 가장 큰 흑점의 경우는 본영의 지름이 30,000km에 이르고, 반영은 그것의 2배를 넘는다.

흑점의 가장 중요한 특성은 자기장이다. 자기장의 세기가 보통 0.1T 정도인데, 최대 0.4T되는 자기장도 측정되었다. (자기장은 스펙트럼선의 제만효과 관측에서 측정된다.) 흑점의 자기장은 광구로 에너지를 운반하는 대류를 억제하므로, 흑점은 그 둘레의 광구보다 온도가 낮다. 자기장에 관련된 현상으로 흑점반영에서 수평 방향으로 흐르는 뚜렷한 가스의 운동이 있다. 즉 가스는 낮은 줄기를 따라 밖으로, 또 높은 줄기를 따라 안으로 흐른다(속도는 최대 6kms^{-1}).

흑점은 하나의 **자기극성**(magnetic polarity)을 가지고 있다. 자력선은 북의 자기극(N)에서 발산하여 남의 자기극(S)으로 수렴한다. 우리는 막대자석이나 지구 자기의 이와 같은 특성을 잘 알고 있다. 그러나 자력선은 닫힌 곡선이 되어야 하므로(맥스웰의 방정식), 서로 반대의 극성을 띤 2개의 흑점이 보통 **쌍극성**(bipolar) 흑점군 안에 함께 나타나게 마련이다(다음 절을 참조). 이러한 규칙에도 예외는 있다. 때때로 두 번째 자기장 영역이 너무 퍼져서 한쪽 흑점만 나타나는 경우가 있다.

또, 이와는 달리 많은 흑점으로 된, 크고 복잡한 흑점군이 나타날 때도 있다. 이러한 흑점군은 태양면의 큰 활동 영역의 핵심이 될 수도 있다(10.6.2항 참조).

흑점수

어떤 주어진 시간에 보이는 흑점의 수를 계산하는 일은 갈릴레이 시대로부터 기록되어 왔다(그림 10-19). 흑점수는 시간에 따라 변한다. 주기적인 현상이 일어나고 있다는 사실은 서로 이어지는 흑점수의 극대(또는 극소)가 평균 11년마다 반복되는 것으로부터(이 값에는 주기마다 2~3년의 변동이 있을 수도 있다) 알 수 있으며, 흑점수가 극소일 때 새로운 주기가 시작된다.

최근 태양물리학자들, 특히 에디(John Eddy)는 서기 1700년 이전에도 한동안은 흑점 활동의 11년 주기가 없었던, 뚜렷한 역사적 증거를 제시한 바 있다. 이러한 태양 활동의 침묵기를 **몬더의 극소기**(Maunder's minimum)라고 부른다. 1645년부터 1705년까지 60년 동안은 흑점이 거의 나타나지 않았다(그림 10-19). 이 기간은 16세기에서 18세기까지 나타났던 이상 혹한[때때로 소빙하기(Little Ice Ace)라고도 함. 지구의 평균 온도보다 0.5K 낮음]에 포함된다. 현재 흑점 주기의 일관성은 그보다 훨씬 긴 기간을 두고 반복되는 현상의 한 짧은 단면을 보여 준 것에 불과하다고 생각할 수 있다. 그러나 7억년 이상 되는 오스트레일리아의 한 암석층이 제시하는 바에 의하면, 과거의 태양 활동도 1700년 이후 있었던 것과 대단히 흡사하였다고 한다. 태양 활동은 제한된 기간 동안 수행한 연구가 제시하는 것보다 훨씬 복잡한 특성을 지니고 있을 것이다. 또, 태양 활동은 복잡한 형태로 지구의 기후에 영향을 미치고 있을 것이다.

위도에 따른 변화

태양면 위도에 따른 흑점의 분포는 11년 흑점주기 동안에 특징적인 방식에 따라 변화한다. 즉 흑점은 한 주기의 시초에는 높은 위도(±35°)에 나타나는 경향이 있다(그림 10-20). 흑점수 극대일 때에는 대부분의 흑점은 ±15° 근처에 있고, 주기의 마지막에는 소수의 흑점이 ±8° 근처에 몰려 있다. ±40°보다 높은 위도에 흑점이 나타나는 경우는 극히 드물다. 흑점

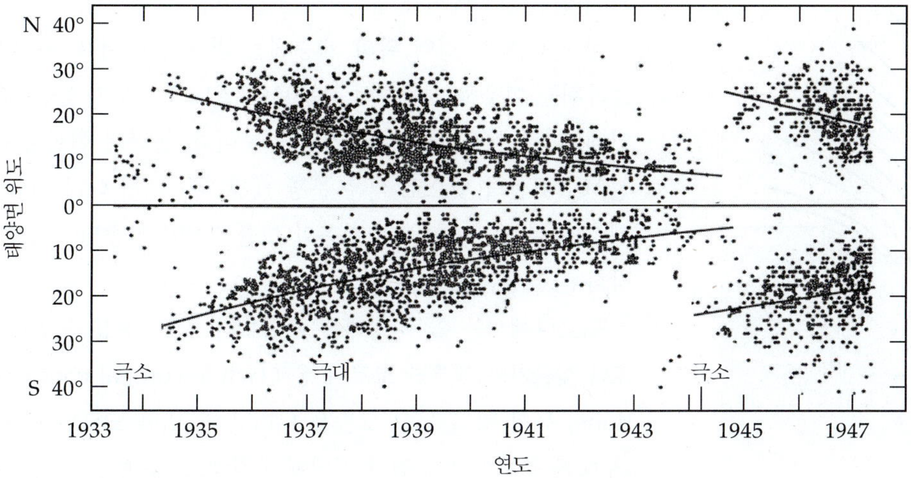

그림 10-20 흑점의 위도 분포
흑점의 위도 분포가 태양주기 위상의 함수임을 보여 주고 있다. 흑점주기가 시작될 때 흑점군은 고위도(35° 이상)에 나타나며, 활동주기가 진행됨에 따라 적도를 향하여 이동한다. 실선은 위도분포의 중앙을 나타낸다.

의 수명은 며칠(작은 흑점)에서 몇 개월(큰 흑점) 사이에 있다. 사실, 흑점은 생겨났던 위도에서 없어진다. 이 특징 때문에 우리는 태양의 자전을 결정할 수 있다. 실제로 일어나는 과정은 주기가 진행함에 따라 새로운 흑점이 차차 낮은 위도에서 나타나는 데 있다. 흑점주기 초기, 높은 위도에 나타내는 흑점(새 극성을 가짐)은 앞선 주기의 마지막 저위도에 나타났던 흑점이 사라지기도 전에 나타난다는 점을 유의해야 한다.

그러므로 흑점은 활동주기 동안 활동위도대(active latitude belt)를 따라다닌다. 한편, 큰 활동 영역이나 흑점군들은 뚜렷하지는 않지만, 한 흑점주기 내에서 특별히 선호하는 경도, 즉 활동경도대가 있는 것 같다. 자기장은 광구 아래층에 결집되어 있는 듯하며, 신생 흑점군은 대체로 그 이전에 흑점군이 나타났던 위치에 나타난다. 활동경도대는 언제나 그러한 것은 아니지만, 대략 180° 서로 떨어져 있다. 또 그들은 적도에 대하여 대칭을 이루지 않을 때가 많다. 이러한 사실은 대류층 내에서의 자기장의 구조가 서로 다른 형태로 유지되고 있음을 뜻하는 것이다.

흑점의 극성

대부분의 흑점은 자기적으로 쌍극성인 군을 이루는 경향이 있으므로, 태양의 자전 방향을 기준으로 하여 **선행흑점**(preceding spot)과 **후행흑점**(following spot)으로 구별하는 것이 편리하다. 태양(지구처럼)은 동쪽으로 자전하기 때문에, 선행흑점은 지구에서 보면 후행흑점의 서쪽에 있다. 헤일(George E. Hale, 1868~1938)이 1908년에 흑점의 자기적 특성을 발견한 후, 태양의 같은 반구에 있는 모든 쌍극성 흑점군은 같은 극성을 가지며, 다른 반구에서는 이와 반대의 극성을 가진다는 사실이 밝혀졌다. 예를 들면, 한 태양주기 내에서 북반구의 선행흑점이 음(남)의 극성을 가지면, 남반구의 선행흑점은 양(북)의 극성을 가진다. 그뿐만 아니라, 극성의 부호는 주기마다 역전되며, 북반구의 선행흑점은 다음 주기에 가서는 양의 극성을 가지게 된다. 그러므로 22년의 태양주기가 진정한 활동주기라고 할 수 있다.

태양의 자전

갈릴레이는 흑점관측으로부터 태양면은 약 1개월 동안에(회합주기로) 동쪽으로 한 바퀴 자전한다는 것을 밝혔다. 오늘날에도 흑점이 나타나는 구역에서 같은 방법이 쓰이고 있는데(위도 ±40° 이상에서는 다른 방법으로 도플러이동법이 쓰인다), 우리는 태양이 위도에 따라 차등 자전을 한다는 것을 알게 되었다. 즉 자전주기는 높은 위도에서보다(40°에서 약 27일, 70°에서 약 30일) 적도에서 짧다(약 25일). 흑점이 나타나는 구역에서 채택된 평균 항성주기는 25.4일, 이에 해당하는 회합주기는 27.3일이다(이 값은 태양-지구의 상호 관련 현상을 논할 때 유용하다).

요컨대, 태양흑점이 태양자기 현상의 복잡성과 변동성을 작은 규모에서 드러내 보여 주고 있다. 한 흑점 내의 상당 부분은 시간에 따라 변하는 자기조직체, 즉 본영과 반영이 채우고 있으며, 상부로 가면서 깔때기 모양으로 넓게 퍼지는 자속관(magnetic flux tubes)으로 채워져 있다(그림 10-21). 흑점의 자기장은 대류층 내에서 상승하는 고온 가스를 억제한다. 고온 가스가 엉킨 자기장 속으로 들어가면 흑점 중앙의 표

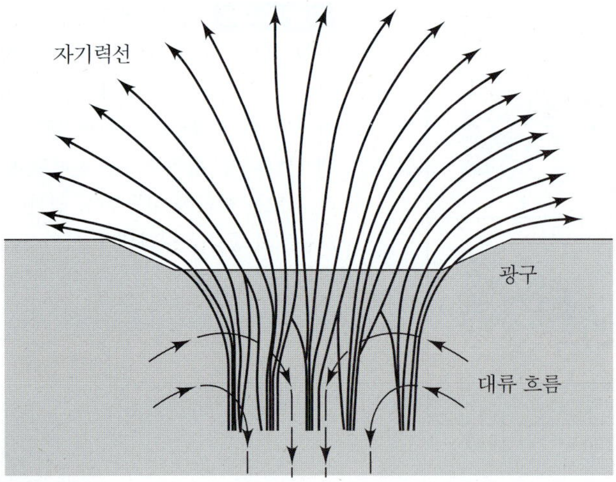

그림 10-21 광구 내에서 흑점을 생성하는 자기장의 모형
(E.N. Parker)

면으로 빠져나오기가 어렵다. 그 결과 흑점은 주변의 광구보다 온도가 낮아져 검게 보이게 된다.

10.6.2 활동 영역

흑점수가 증가하면 태양 활동도 증가한다. 흑점군들은 대개 **활동 영역**과 관련되어 있는데, 그 크기는 수십만 km에 달한다. 그런데 태양의 자기 활동은 이러한 활동 영역에 집중되어 있다.

쌍극성 자기 영역과 플라쥐

활동 영역의 가장 주요한 성질은 자기장에 있다. 흑점 내에서 0.1T이지만, 대부분은 0.01T이다. 흑점군이 서로 다른 극성들로 뒤섞인 경우라도 이를 둘러싼 영역은 대개 쌍극성의 성질을 갖는다. 따라서 이러한 영역을 **쌍극성 자기 영역**(bipolar magnetic region, BMR)이라고 한다.

자기사진기(magnetograph)를 이용하면 BMR의 자기 구조를 알아볼 수 있다. 자기장은 제만효과에 의하여 스펙트럼선을 여러 선으로 분리시키므로, 각 선의 특정한 광학적 편광의 세기와 방향을 나타내는 분포도를 얻을 수 있다.

백색광으로 볼 때, 광구의 **백반**(faculae)은 활동 영역을 나타내는 밝은 영역이다. 강한 밝기는 이웃하는 광구면보다 온도와 밀도가 높기 때문인데, 이것은 백반과 관련되어 있는 채층의 플라쥐가 둘레보다 밝은 사실과 비슷하다. 광구의 주연감광현상 때문에 태양의 원반 중심에 볼 수 없는 백반을 태양의 주연 가까이에서는 볼 수 있는 것이다.

광구의 활동 영역 위의 채층에는 밝은 플라쥐가 떠 있다. 플라쥐는 이웃하는 채층의 부분보다 밀도와 온도가 높은 영역인데, 이는 활동 영역의 자기장 때문이다. 플라쥐 현상은 Hα선, Ca II선의 빛으로 찍은 분광 태양 사진에서 나타난다. 여러 가지로 보아, 이들은 채층의 그물조직이 집중되어 있어서 강화된 것처럼 보인다.

코로나에서는 활동 영역은 주위보다 밀도, 온도가 높은 **코로나 빛줄기**와 백색광 코로나 응축(white coronal condensations) 등의 형태로 그 모습을 나타낸다. 또한 코로나 방출선은 다른 곳보다 플라쥐의 영역에서 강하고, 또 높은 전자 밀도 때문에 강한 전파가 방출된다. 이 전파는 수명이 긴 활동 영역을 특징지어준다.

활동 기간 중 발생되는 다량의 질량 방출, 즉 **코로나 질량 유출**(coronal mass ejection)로 코로나가 크게 교란된다(그림 10-22). 수십억 톤의 태양 물질을 품은 이 거대한 가스구름은 태양 밖으로 격렬하게 진행해 나가기 때문에 수 시간이 지나면 수백만 km의 거리에 이른다. 코로나의 질량 방출은 태양계에서 발생되는 사건 중 가장 격렬한 것으로, 그 원인은 아직

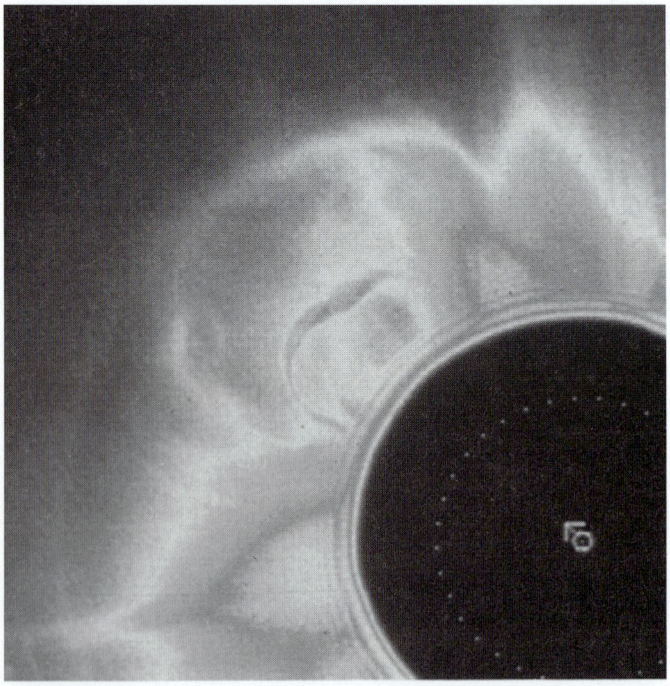

그림 10-22 코로나 질량 유출
밝은 외각 루프의 팽창 속도는 300kms^{-1}이다. 이 사진은 광구를 인위적으로 차단한 다음 코로나 그래프로 찍은 것이다. (SMM-NASA)

그림 10-23 루프 홍염
자기루프가 코로나 속에서 전리된 가스의 흐름을 조정하고 있음을 보여준다. (미국 국립 광학 천문대)

밝혀지지 않았다. 아마도 코로나의 자기장이 점차 불안정한 상태로 진화하기 때문에 생기는 것이 아닌가 생각되고 있다.

홍염과 그 밖의 현상

활동 영역을 눈에 돋보이게 하는 것이 **홍염**(prominence)이다. 홍염이 태양의 원반상에 나타날 때에는 어두운 줄무늬로 보인다. 홍염은 개기일식 때 백색광으로도 볼 수 있으나, Hα나 Ca II선으로 찍은 사진에서 가장 잘 나타난다.

홍염은 채층으로부터 수만 km에 이르는 코로나 영역으로 뻗은 채층의 가스 흐름이라고 생각된다. 홍염의 특징적인 2개의 형태는 **정온홍염**(quiescent prominence)과 **활동홍염**(active prominence)이다. 정온홍염은 수 주일 동안 지속되는데, 이것은 코로나에서 채층으로 천천히 내려오는 가스의 장막처럼 보인다. 정온홍염은 쌍극성 자기 영역(BMR)의 두 극을 분리하는 중립선을 따라 나타나는 경향이 있다. 한편, 활동홍염은 대개 몇 시간 동안밖에 지속되지 않는다. 그중 가장 활발한 것은 **루프홍염**(loop prominence)(그림 10-23)인데, 플레어와 밀접히 관련되어 있고, 수명은 1시간 정도에 지나지 않는다. 이 짧은 시간 동안 가스는 BMR의 두 극을 잇는 자력선을 따라 흘러내린다. 플레어는 때때로 고요한 홍염을 붕괴시켜 홍염의 물질을 고속으로 코로나 밖으로 방출시키기도 한다.

10.6.3 태양플레어

활동 영역과 관련된 현상 가운데 가장 신기하고 주목을 끄는 고에너지 현상은 **태양플레어**(solar flare)일 것이다. 이 일시적인 폭발 현상을 통하여 엄청나게 많은 에너지가 발산되는데, 우리는 아직도 그 현상의 기원에 관하여 잘 모르고 있다. 이때 **태양우주선**(solar cosmic rays)으로 알려진 고에너지 입자(양성자, 전자, 원자핵, 10.6.3항의 '태양우주선' 참조)도 방출된다.

플레어의 엑스선과 자외선복사는 지구의 이온층을 교란시킴으로써 지상의 전파통신을 방해한다. 또 이때 방출된 고에너지 입자의 구름은 그에 대한 방비를 갖추지 못한 우주비행사에게는 치명적인데, 30분이면 지구에 도달한다. 저에너지 입자의 구름이나 교란된 태양풍이 지구까지 이르는 데는 6~24시간이 소요된다.

1989년 3월 6일, 최근 20년 내에 가장 격렬했던 태양플레어가 솔라맥스(Solar Max)에 탑재된 자외선 검출장치에 의해 검출되었는데, 이때 길이가 6만 km나 되는 자기루프 내에 고온 가스가 존재하고 있음이 발견되었다. 루프 상단에 있던 플레어플라스마의 온도는 1,000만 도나 되었다(그림 10-24). 1주일이 지난 후 지구자기권 내에 생긴 자기폭풍은 오로라 현상을 일으키고, 전파통신을 두절시켰을 뿐만 아니라 전력서지(power surge)를 발생시켜, 600만 시민이 살고 있는 캐나다 퀘벡 시를 정전 상태로 몰고 갔다. 이 플레어가 방출한 총 에너지는 10^{30}J로 추산된다. 이러한 격렬한 사건은 현 태양 활동

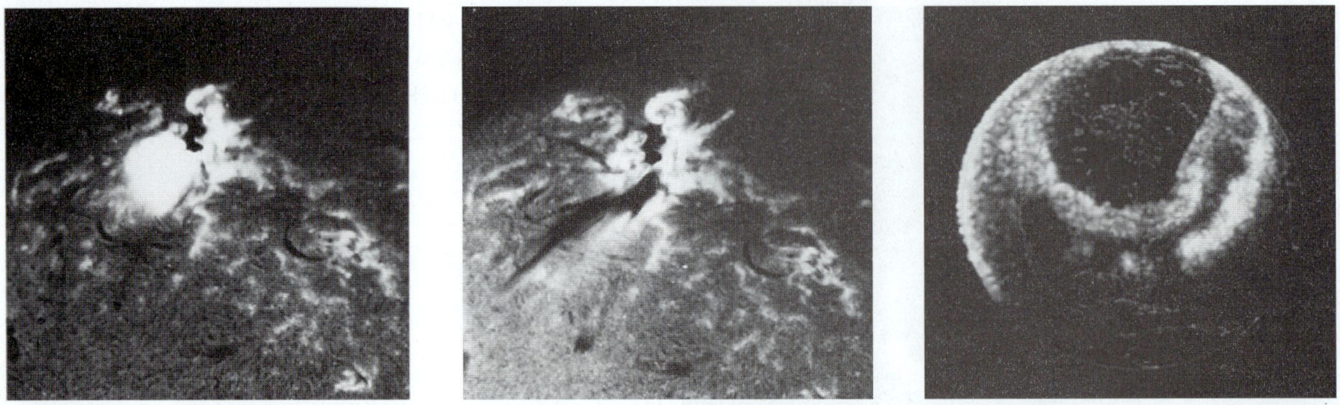

(A) (B) (C)

그림 10-24 1989년 3월에 있었던 대형 Hα의 플레어
(A) 대단히 강한 Hα 플레어가 활동 영역 내에서 밝게 빛나고 있다. 검은 줄무늬의 홍염이 광구 위로 보인다. (B) 플레어 발생으로 방출된 하전입자들이 만든 검은 물안개 구조가 그림 좌측에 보인다. (NSO-Sacramento Peak) (C) 플레어에 의해서 유발된 오로라를 우주 공간에서 촬영한 모습 (L.

주기의 극대가 1990년 초가 될 것임을 알리는 전주곡이었다.

광학적 현상

플레어는 보통 플라쥐에서 Hα의 밝기가 강해지는 현상으로 나타난다(그림 10-24). 사실, 이때 Hα선은 방출선으로 나타나고, 5분 이내로 최대 밝기에 도달한 뒤, 약 20분(최대의 플레어의 경우는 3시간) 이내에 다시 어두워졌다. 플레어의 크기는 10,000km에서 300,000km 이상까지 이르는데, 일반적으로 큰 플레어일수록 더 활동적이다. 태양주기의 극대기에 작은 플레어는 1시간마다 평균 1개씩, 큰 플레어는 1개월에 1개 정도 일어나고 있다. 태양주기의 극소기에는 플레어가 거의 나타나지 않는다. 비록 흑점의 극대기에서라도 큰 플레어의 출현을 예측한다는 것은 아직도 어려운 일에 속한다.

엑스선과 전파 폭발

어떤 플레어에서는 엑스선과 센티미터 파장의 전파가 함께 발생되는데, 이들은 채층 상부 또는 코로나에서 복사되는 것 같다. 엑스선이나 전파는 모두 2개의 성분, 즉 (1) 약 30분 동안 지속되는 느린 성분과, (2) 몇 분 동안 지속되는 돌발 성분(또는 폭발)으로 되어 있다. 폭발 현상은 비열적(nonthermal)이며, 엑스선의 에너지는 20keV 이상이 된다. 전파복사는 8×10^7K의 온도에 해당하며, 부분적으로 열적 전파복사는 극단의 이온화 현상을 야기시킨다. 에너지가 보다 낮은 느린 성분은 코로나가 4×10^6K로 가열되기 때문에 발생되는 것이다. 전자 밀도의 증가는 자외선과 금지선의 방출을 돕는다. 코로나의 아주 높은 상층에서 발생된 플레어는 미터 파장의 싱크로트론 전파를 방출한다. 이러한 상태에서는 0.3c에 이르는 교란이 코로나 속으로 지나게 된다. 이때 방출되는 전파복사는 고에너지 전자가 10^{-4}T 정도의 코로나 자기장에 포획되어 방출하는 것으로 추측된다.

태양우주선

태양플레어는 원자 입자들을 가속시켜 태양을 이탈하게 한다. 폭발파(blast wave)는 태양풍을 1,500kms^{-1}로 지나가면서 지구의 거리에서 태양풍의 흐름을 교란시킨다(10.5절 참조). 양성자, 전자, 원자핵은 플레어 발생 시 고에너지로 가속되는데, 이것을 **태양우주선**이라 한다. 관측되는 입자의 대부분은 양성자이다. 왜냐하면 전자는 코로나 속에서 전자폭발을 일으키는 데에 많은 에너지를 잃게 되며, 또 다른 원자핵들은 함량비가 대단히 낮기 때문에 많이 검출되지 않는다. **α 입자**(He 원자핵)는 양성자 다음으로 많은 원자핵이다. 태양입자의 에너지는 keV(10^3eV)에서 약 20GeV(1GeV = 10^9eV)의 범위에 있고, 대부분은 MeV(10^6eV)의 범위에 있다. 최대 에너지의 입자는 Hα 플레어의 극대로부터 30분 이내에 지구에 도달하고, 1시간 후에는 최다수의 입자, 그리고 그 후 몇 시간 동안은 저에너지의 우주선 입자가 도달한다. 플레어에너지(최대의 플레어에서는 약 10^{25}J) 중의 약 1/2은 Hα선에, 나머지 1/2은 충격파에, 그리고 1%만이 태양우주선에 분배된다.

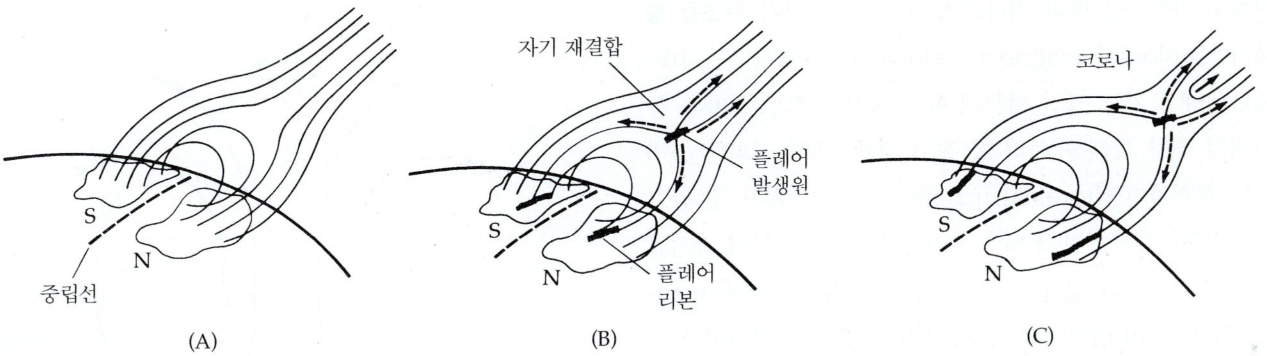

그림 10-25 플레어 모형
(A) 쌍극성 자기 영역에 나타나는 플레어 발생 직전의 모형. 코로나루프 위에 연결되어 있지 않은 자기력선을 유의하여 보자. (B) 자기력선이 재결합되면서 플레어가 발생되며, 동시에 전류가 쌍극성 자기 영역의 양쪽으로 흘러들어간다. (C) 플레어의 발생 영역이 코로나 위로 상승한다. (R. Noyes)

플레어 모형

플레어의 발전 과정(그림 10-25)에 관한 오늘날의 생각은 다음과 같다. 코로나에 뻗어 있는 자기루프는 쌍극성 활동 영역의 두 지역을 연결하며, 그 밖의 지역에 속하는 자력선은 태양 바깥으로 한없이 퍼져나간다. 이때 홍염은 쌍극성 활동 영역 내의 중립선을 만든다. 자기장에 작용하는 응력이 자기불안정을 야기시킨다. 이때 지구의 자기권에서 일어나는 것처럼 자기력선의 재결합(4.6절 참조)이 일어나며, 그 결과 자기루프의 상단에서는 막대한 에너지가 방출된다.

렌츠의 법칙에 의하면, 이때 발생된 전류는 자기장의 변화가 억제되는 방향으로 흐른다. 이때 생긴 전류의 옴손실(Ohmic dissipation)은 가스를 가열시킨다. 그 결과, 가열된 영역은 엑스선과 초자외선복사를 방출하고 센티미터 전파폭발을 일으킨다. 한편, 가속된 전자와 양성자는 루프를 따라 채층으로 하강하면서 가스를 가열함으로써 Hα의 밝기는[두 리본플레어(two-ribbon flare)가 가장 많이 나타나며, 각 리본은 자기루프의 한쪽에 해당한다] 증가되고, 저에너지 엑스선과 천이 영역에 내는 초자외선복사가 방출된다. 이때 가속된 전자는 미터파의 전파 폭발을 일으키고, 양성자와 그 밖의 원자핵은 태양우주선이 된다. 이러한 일련의 현상은 격렬한 플레어에서만 관측되며, 특히 아주 강렬한 플레어에서는 감마선까지 방출된다. 그러나 대부분의 플레어는 이보다는 훨씬 약하다.

10.6.4 태양주기 모형

1960년 이후, 학자들은 적어도 관측 사실만큼은 만족시키는 태양주기의 상세한 자기 모형을 구하려고 온갖 노력을 아끼지 않았다. 그중 한 모형은 태양의 자기장과 차등 자전을 결합하여 태양 다이너모의 범주 내에서 22년의 태양주기를 기술하고 있다(그림 10-26).

태양 활동을 시작하기 전에는, 태양은 약한 쌍극성 자기장을 가지고 있으며, 자력선은 표면으로부터 $0.1R_{\odot}$ 정도 되는

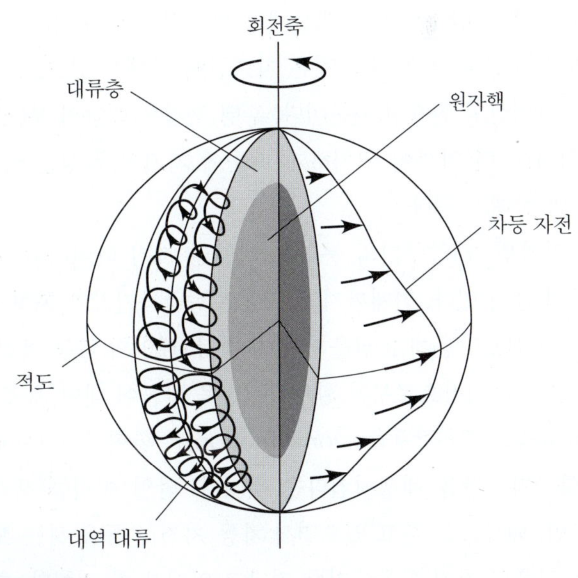

그림 10-26 태양 다이너모의 일반 모형
태양의 대역 대류(global convection) 태양의 차등 자전을 유발시킨다. 대역 대류와 차등 자전은 자기 다이너모 현상을 일으킨다. (P. Gilman)

깊이에서 자오선을 따라 지나고 있다. 이러한 자기 분포를 **향극자기장**(poloidal magnetic field)이라고 한다(그림 10-27A). 태양의 차등 자전 때문에 각 자력선은 적도를 따라 끌어당겨져 태양 둘레를 여러 번 휘어 감게 된다. 이러한 자기 분포를 **환형자기장**(toroidal magnetic field)이라고 한다(그림 10-27B). 자력선의 밀도가 증가함에 따라 그 곳의 자기압력도 증가한다. 그 결과 자력선으로 이루어진 **자속관**(magnetic flux tube) 내의 가스 압력(압력의 평형을 위하여)은 감소되므로 주위보다 가벼워진다. 즉 자속관은 **자기부력**(magnetic buoyancy)을 받는다. 가스 운동(대류)이 자력선을 비틀어 놓을수록 자기장의 세기는 증가한다. 작은 대류 세포의 비틀림은 결국 향극자기장을 다시 만들기 때문에 태양의 활동주기가 반복되는 것이다(그림 10-27C).

이러한 향극자기장과 환형자기장 간의 자연스러운 상호 전환 관계가 태양 활동주기의 기본 리듬을 설정한다.

태양 표면에 나타나는 자기현상이 그 내부의 자기 다이너모 활동의 진화와 어떻게 관련되어 있는지에 관한 자세한 내용은 아직 잘 알려져 있지 않으나, 그의 일반적인 모형은 다음과 같다.

자속관이 표면으로 떠올라 강한 자기장을 지닌 흑점과 함께 쌍극성 활동 영역에 나타난다. 이때 초대형쌀알무늬는 자속관이 떠오르게 하는 데 도움을 주는 것 같다. 그 이유는, 흑점은 대개 쌀알무늬의 경계선에서 발생하기 때문이다. 서로 반대의 극성을 갖게 되는 것은 자력선이 북에서 남으로 연결되는 자력선의 연속성 때문이다. 후행 흑점은 태양의 북(남)극을 향하여 더 가까이 위치하기 때문에 자기의 극성은 극[1]의 극성과 반대가 된다.

요약하면, 태양주기의 분석은 태양의 자기 다이너모 모형 개발에 달려 있다. 현재까지의 모형은 향극자기장과 환형자기장 간의 상호작용에 초점을 맞추어 왔다. 태양의 차등 자전 운동은 향극자기장으로부터 환형자기장을 만들어 내며, 한편 태양 대류층의 순환운동(cyclonic motion)은 환형자기장으로부터 향극자기장을 재생시킨다는 것이다. 만일 이러한 생각이 옳다면, 대류층을 갖고 있으면서 차등 자전 운동을 하는 모든 별은 고유의 자기 활동주기를 지니고 있어야 할 것이다. 현재

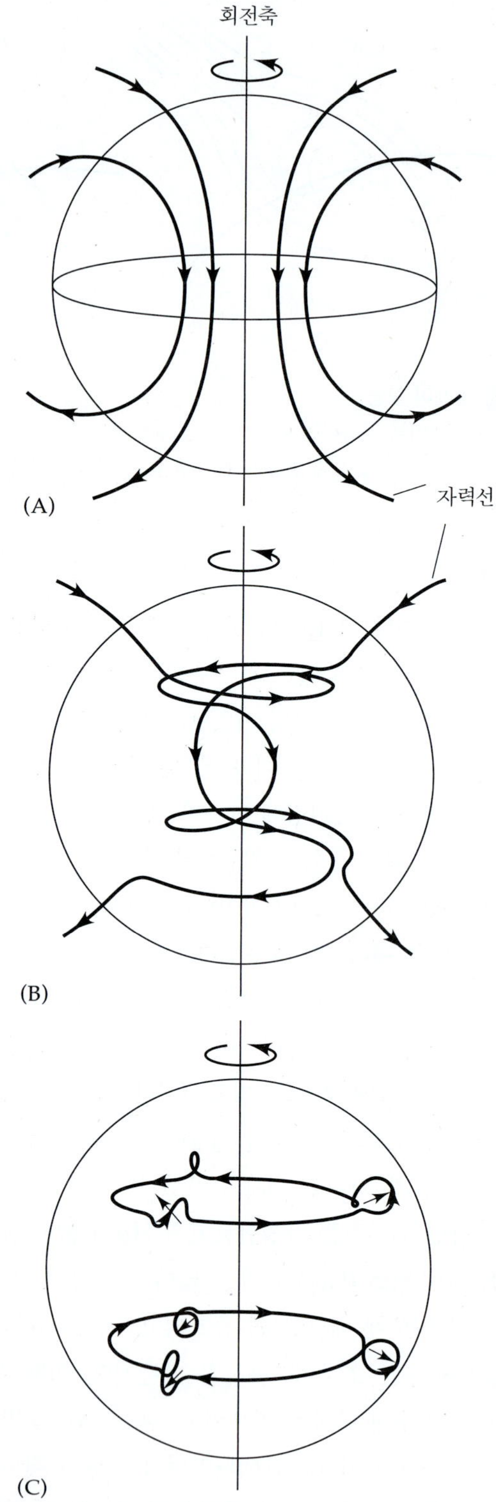

그림 10-27 태양의 향극자기장과 환형자기장의 교환 현상
(A) 초기의 향극자기장이 대류 운동과 차등 자전 운동에 의해서 변형된다. (B) 자기장이 환형으로 변형된다. (C) 상승하는 대류 세포가 작은 향극자기장 성분을 형성한다. 다수의 대류 세포와 상승을 주도하는 대류 세포들이 대역 향극자기장을 만든다.

1) 여기서 '극'은 남극 또는 북극을 지칭하는 극을 뜻한다. (역주)

우리는 이러한 사실을 지지하는 신빙성 있는 관측자료를 가지고 있다(18.3절 참조). 현재 세부적인 과정에 대해서는 잘 모르고 있지만, 기본 물리는 이해하고 있다는 결론은 내릴 수 있을 것이다.

핵심 수식과 개념

• 복사전달 방정식

$$F_\lambda(\tau_\lambda) = F_\lambda(0)\exp(-\tau_\lambda)$$

• 에너지 밀도(이상기체)

$$E = (\text{개수밀도})(\text{입자당 에너지}) = n\left(\frac{3kT}{2}\right)$$

문제

1. 태양의 중심과 태양–목성계의 질량중심 사이의 거리를 계산함으로써, 태양이 태양계의 중심에 정지해 있지 않음을 증명하시오.
2. 태양의 광구($T \approx 5{,}400$K)에서 생긴 파장 500nm인 스펙트럼선의 도플러선폭을 구하시오.
3. (가) 광구의 온도를 6,000K라 하면, H 원자를 제2($n = 2$) 준위로 들뜨게 하는 데에는 충돌들뜸과 복사들뜸 중 어느 쪽이 더 중요한가?

   (나) Lα선은 방출선, 흡수선 중 어느 쪽으로 나타나는가?
4. 들뜸에너지가 비슷한 다음의 두 선 Fe I 414.4nm와 F II 417.3nm 중, 414.4nm선이 광구에서는 보다 강하고, 채층의 섬광스펙트럼에서는 보다 약한 선으로 나타나는 까닭을 설명하시오(볼츠만, 사하의 방정식에 관련시켜서).
5. 채층과 코로나의 전파흡수 계수에 관한 설명으로부터 태양 대기를 지나는 태양전파 폭발의 운동을 결정하는 방법을 설명하시오.
6. 연속스펙트럼을 활용하여 흑점의 온도 구조를 결정하는 방법을 설명하시오.
7. 흑점극소기 무렵에 나타난 한 흑점이 지난 주기와 새로운 주기 중 어느 쪽에 속하는지 알아내는 방법을 설명하시오.
8. 어떤 홍염은 채층으로부터의 이탈속도보다 더 큰 속도를 갖는다고 한다. 그 한계 속도를 구하시오.
9. 이 장에서 주어진 태양풍에 관한 자료를 써서 (가) 태양풍과 (나) 핵에너지 생성과 관련된 태양의 평균 질량손실률을 $M_\odot$/년의 단위로 계산하시오.
10. 태양의 광구, 채층, 코로나에 존재하는 수소원자의 높이척도를 계산한 다음 서로 비교하시오.
11. 흑점의 자기압력을 계산한 다음 그것을 광구의 가스압력과 비교하시오.
12. 흑점본영의 온도는 4,000K에 불과하다. $\tau = 1$인 광학적 깊이에서 본영의 온도는 광구보다 2,600K 낮다. 550nm와 1.0μm에서 본영과 광구의 복사강도의 비 I_u/I_p를 구하시오. 그 값을 550nm에서 얻은 관측치 0.1, 그리고 1.0μm에서 얻은 관측치 0.23과 비교하고, 그 결과를 논하시오.
13. 지구에서 본 쌀알무늬와 초대형쌀알무늬의 각크기를 측정하시오.
14. 완전흑체의 복사법칙을 사용하여 광구와 코로나의 복사강도가 극대가 되는 파장을 구하시오.
15. 적당한 온도와 반지름 값과 스테판–볼츠만 법칙을 사용하여 광구와 코로나가 방출하는 에너지를 와트의 단위로 나타내시오. 이때 계산한 광구와 코로나의 에너지 방출량을 태양광도와 비교하시오. 코로나의 경우 흑체법칙을 써서 약산해도 좋은지, 그 타당성에 대하여 논하시오.
16. 반지름 R, 흡수 계수 κ인 균일 밀도의 가스구를 생각하자. 이 구의 중심으로부터 거리 d만큼씩 이동해 가면서 가장자리까지 관측하였을 때

    (가) 광학적 깊이 τ를 거리 d의 함수로 나타낸 식을 유도하시오.

    (나) 거리 d에 대한 τ의 변화율, 즉 $d\tau/dd$를 구하시오.

    (다) 위의 결과를 활용하여 관측되는 태양의 가장자리가 얼마나 예리한지 논의하시오.

17. 코로나를 생각해 보자.

(가) 엄지손가락으로 태양을 가렸을 때 태양을 볼 수 없는 이유를 설명하시오.

(나) 코로나의 온도는 약 200만 K이다. 우리가 이 온도에서 방출하는 흑체복사의 태양을 볼 수 없는 까닭을 설명하시오.

(다) 높은 수준의 전리도를 갖고 있는 코로나의 밀도가 낮은 까닭을 설명하시오.

11

Chapter

별 : 거리와 등급

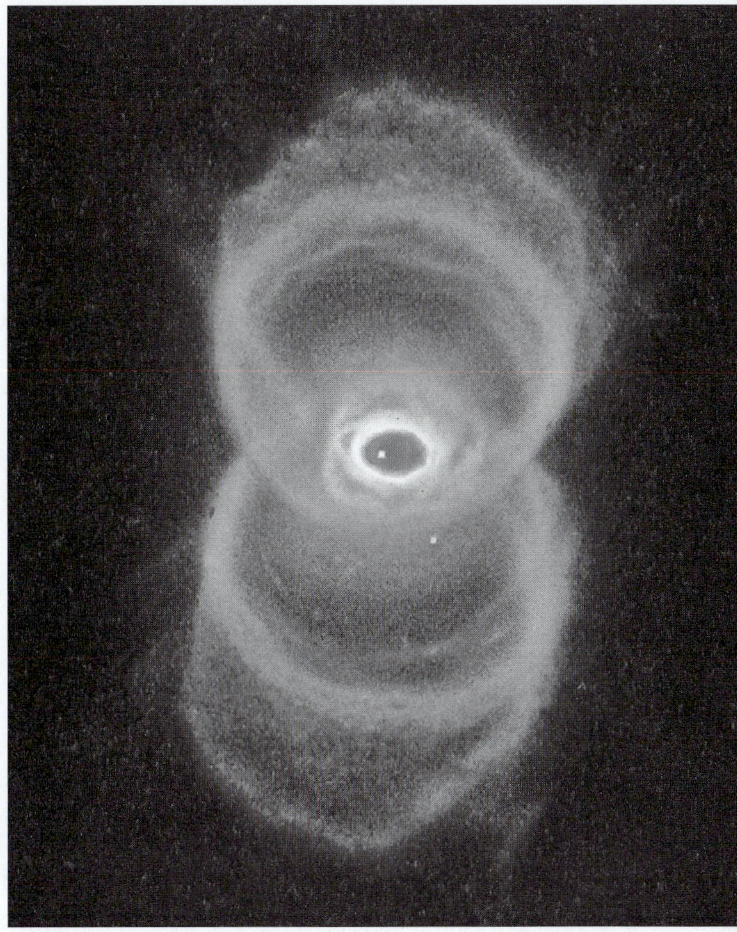

이미 가장 가까운 별인 태양에 대해서 설명하였으므로, 지금부터는 태양계로부터 훨씬 멀리 떨어져 있는 별(항성)에 대해 알아보기로 하자. 이 장에서는 별까지의 거리를 결정하는 몇 가지 방법을 알아보고, 또 별의 밝기를 천문학적 용어로 정량화해 보기로 하자. 여기서 중요하게 다루어야 할 점은 태양과 다른 별들을 서로 비교해서 그들의 물리량을 추론해 보는 것이다.

11.1 별까지의 거리

태양계 안에서는 절대적인 거리를 뉴턴의 천체역학(우주 탐사선의 궤도와 케플러 법칙)이나 레이더를 이용하여 결정할 수 있다. 그러나 가장 가까운 별도 AU와 같은 거리 단위를 사용하기에는 너무나 멀리 떨어져 있기 때문에 별의 거리를 재는 다른 방법들을 채택해야 할 것이다. 앞으로 보게 되겠지만, 몇몇 방법들은 매우 간접적인 것들이다.

11.1.1 삼각시차

지구가 태양을 중심으로 궤도 운동을 함에 따라 가까운 별은 멀리 있는 별에 대해서 상대적으로 겉보기 위치가 바뀌어 보인다. 이런 태양중심적 시차에 대한 관측의 결여가 브라헤와 같은 천문학자로 하여금 코페르니쿠스의 태양중심 태양계 모형에 의심을 품게 하였다.

1838년에 이르러 베셀이 백조자리 61번 별을, 스트루베가 직녀성의 시차를 측정함으로써, 비로소 코페르니쿠스의 학설은 반론의 여지없이 증명되었다. 1729년, 브래들리(James Bradley, 1693~1762)가 발견한 별의 광행차(3.3.1항 참조)로 지구의 운동은 이미 실증됐다.

지구의 궤도 운동으로 인한 별의 천구 상의 위치 변화는 **삼각시차**의 방법으로 별의 거리를 결정하게 한다(그림 11–1). 별에서 바라보았을 때 지구 궤도 반지름 1AU의 거리가 만드는 시각 π로 별의 삼각시차를 정의한다. 만일, 별이 태양에 대하여 정지하고 있다면, 이 각도는 지구에서 보는 별의 연간 각변위의 최대값의 1/2과 같다. 태양과 지구 사이의 거리를 a, 태양과 별까지의 거리를 d라 하면, 라디안으로 표시한 시차는

$$\pi = \frac{a}{d} \tag{11–1}$$

로 주어진다. 원주(360°)는 2π 라디안이기 때문에, 1rad = 57°17′44″.81 = 206,264″.81이다. 그러므로 모든 각은 초(″)로

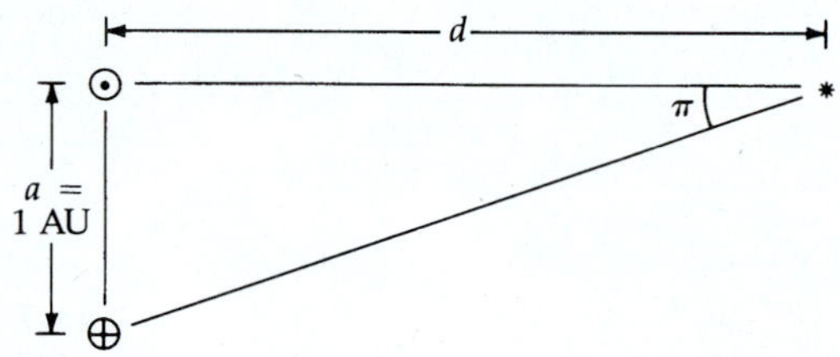

그림 11-1 삼각시차
지구 궤도 반지름을 1AU라 할 때, 별과 지구의 거리 d(pc)에 대한 시차 π이다.

측정하고 모든 거리를 **파섹**(parsec, 1pc = 206,265AU)으로 측정하기로 하면, 식 (11–1)은

$$\pi'' = \frac{1''}{d} \tag{11-2}$$

이 된다. 1pc = 3.086 × 10^{16}m = 3.26광년, 1**광년**은 빛이 1년 동안 달리는 거리이다(이것은 3.3.2항에서 설명되었고, 그림 3–14에서 나타낸 것처럼 3차원적이다. 그림 11–1은 지구 궤도면에 있는 별의 경우를 보여 준다).

별의 시차를 측정하고 해석하는 일은 **측성학**의 분야로서, 정밀성과 많은 시간을 요한다. 거리가 1.3pc인 가장 가까운 센타우르스 알파별(α Centauri)의 시차는 불과 0″.76임을 생각해 보라(부록 표 A4–1). 다른 모든 별들은 이보다 작은 시차를 가질 것이다. 오늘날 지구에서 관측하는 별의 시차는 ±0″.004 정도의 확률 오차로 결정될 수 있는데, 이것은 가령 시차가 0″.100 ± 0″.004라면 실제 값이 0″.096와 0″.104 사이에 있을 확률이 50%라는 뜻이다. 그러므로 삼각시차는 약 100pc(π'' = 0.01″)까지의 거리에 한해서만 정확하다.

기술적인 발달(허블우주망원경을 포함하여)에 의해 수년 내 0″.001까지 시차의 정확도를 높일 수 있을 것이다. 현재까지 10,000개 미만의 별의 시차가 측정되었고, 단지 500개 정도만 정확히 알려져 있다. 삼각시차의 방법은 중요하다. 왜냐하면 이 방법이 별의 거리를 직접 측정하는 유일한 방법이기 때문이다.

유럽우주국의 히파르코스 위성은 4년간 활동하면서 지상 관측값보다 100배 이상의 정확성(0″.001보다 더 좋은)으로 118,000개 정도 별들의 위치에 관한 우리의 지식을 크게 넓혔다. 이 자료들로 히파르코스 목록을 만들었다. 정확성이 좀 떨어지는 목록에는 100만 개 이상의 별들이 포함되어 있다. 결국 이런 관측 후에 우리는 혁명을 맞게 될 것이다.

11.1.2 다른 기하학적 방법

기하학적 방법으로 100pc 이상의 거리를 구하기 위하여, 우리는 (1) 가까운 별들에 대한 태양의 운동과 (2) 너무 멀지 않은 성단의 운동을 이용할 수 있다. 이 두 가지 방법은 모두 별의 운동에 의존하고 있다. 이 문제는 제15장에서 자세히 다루게 될 것이므로, 여기에서는 그 방법만을 요약해 보기로 하자.

가까운 별들 사이에서 태양은 **태양운동** — 허큘리스자리를 향하여 속도 20kms^{-1}(4.1AU/년)로 운동하고 있음이 알려졌다. 이 운동에 의하여 기선은 해마다 늘어나므로, 만일 가까운 별들이 공간에서 정지하고 있다면, 10년의 간격 갖고 측정한 경우, 약 2,000pc 거리에 있는 별까지 잴 수 있다. 그러나 사실 모든 별은 태양처럼 움직이고 있기 때문에 별들의 집단에 대한 **평균 시차**의 측정만이 가능하다. 큰 집단의 별들(바람직하기는 같은 분광형, 13.2절 참조)의 특이운동(15.1절 참조)의 평균을 0이라 가정하면, 우리는 그 집단의 평균 시차를 구할 수 있다. 더욱이 태양운동은 별의 고유운동 중 태양운동에 평행인 성분에만 영향을 주기 때문에, **통계시차**(15.2절 참조)를 구하는 데 있어 고유운동의 다른 성분(태양운동에 수직 성분)을 이용할 수 있다. 우리가 보다 먼 거리까지 측정하려면 정확도의 희생을 감수해야 하며, 이렇게 얻어진 거리는 별 집단의 거리이다.

운동성단의 방법은 100pc을 넘는 개개의 별들의 거리를 정확하게 알려 준다. 그러나 불행하게도 이 방법이 실제로 적용될 수 있는 성단(황소자리의 히아데스성단이 가장 잘 측정되었다)은 극히 드물다. 성단이란 많은 별들로 이루어진 것을 말하며, 이들은 중력으로 서로 묶여 있기 때문에 공간에서 한 집단으로 움직이고 있다. 만일 성단이 천구 상에서 알아볼 수 있을 정도의 각도를 이룬다면, 개개의 별의 고유운동은 하늘의 한 점으로, 또는 그 점으로부터 수렴(발산)하는 것처럼 보일 것이다. 성단의 평균 시선속도의 측정과 삼각법에 의하여 성단까지의 거리를 구할 수 있다(15.3절 참조).

11.1.3 광도 거리

끝으로, 별의 밝기를 기초로 한 거리의 측정법을 설명하기로

한다. 우리은하(그리고 다른 은하)를 실제로 탐사하는 데는 이러한 간접적인 방법에 의지할 수밖에 없다. 어느 방법이나 관련된 별들의 광도에 대한 정확한 눈금조정이 이루어지지 않는 한, 상대적 거리가 산출될 뿐이다. 삼각시차나 운동성단의 방법으로 가까운 대표적인 별 또는 성단에 대해서 절대적인 거리와 밝기가 결정 될 때, 비로소 거리의 눈금이 확정되는 셈이다. 플럭스는 광원으로부터의 거리의 제곱에 반비례하여 감소하므로(8.1.3항 참조), 거리가 결정되면 절대밝기는 관측된 겉보기밝기에서 계산될 수 있다. 반대로, 우리가 광도를 예측하고 플럭스를 측정할 수 있다면, 빛의 역제곱 법칙에 따라 거리를 추정할 수 있다. 어떻게 이 방법을 사용하는지는 다음 절에서 자세히 다루기로 한다. 별의 거리 측정은 천문학과 천체물리학 모두에서 근본적으로 중요한 의미를 지닌다. 다음에 별의 밝기를 정량적으로 논하여 별의 거리와 연관 지어 보기로 하자.

11.2 별의 등급의 척도

별 밝기의 척도 — **등급의 척도** — 는 맨 처음 히파르코스가 정의하였으며, 2,000년 전 톨레미(Claudius Ptolemaeus, 90~168)가 이를 개선하였다. 정량적인 방식에 의하면, 맨눈에 보이는 별들은 6개의 등급으로 분류되었다. 가장 밝은 별(부록 표 A4-2)은 1등성이고 가장 어두운 별은 6등성이다. 별이 밝을수록 등급이 작아짐에 유의하라. 1856년에 포그슨(Norman Robert Pogson, 1738~1822)은 1등성의 밝기는 6등성의 밝기의 100배와 같다는 허셜의 발견을 확인하여 그 척도를 정량화하였다. 5등급의 차는 밝기의 비 100에 대응하므로, 1등급 차는 $100^{1/5} = 2.512$에 해당한다. 이러한 정의는 인간의 시각은 실제 밝기의 비율이 같을 때 지각한 밝기의 간격이 같도록 작동한다는 사실을 반영한 것이다. 다시 말해서 눈은 대수(로그)함수적 검출기이다. 등급의 척도는 그 후 +6.0보다 큰 (+) 값으로 확장되어 어두운 별들이 포함되었고(팔로마 산의 200인치 망원경으로 +23.5등급까지 측정할 수 있다), (−)의 등급은 매우 밝은 별(시리우스는 −1.4등급)로 확장되었다. 허블우주망원경의 한계등급은 +25등급이다.

천문학자는 밝기의 비를 등급으로, 또 그 역으로 변환하는 데 지수를 쓰는 것보다는 대수(부록 9 참조)를 쓰는 것이 편리하다고 생각하고 있다. 등급이 각각 m, n이고, 겉보기의 밝기가 각각 f_m, f_n인 두 별을 생각하자. 밝기의 비 f_n/f_m은 등급의 차 $(m - n)$에 대응하고 있다. 즉 1등급의 차이는 $100^{1/5}$배의 밝기 비율을 의미하므로, $(m - n)$등급 차이는 $(100^{1/5})^{m-n} = 100^{(m-n)/5}$의 비에 해당한다. 따라서

$$\frac{f_n}{f_m} = 100^{(m-n)/5} \tag{11-3}$$

이다. 식 (11−3)의 양변에 10을 밑으로 하는 대수를 취하면 $\log x^a = a \log x$의 관계와 $\log 10^a = a \log 10 = a$를 이용하여

$$\log\left(\frac{f_n}{f_m}\right) = \frac{(m-n)}{5}\log 100$$
$$= 0.4(m-n) \tag{11-4}$$

또는

$$m - n = 2.5\log\left(\frac{f_n}{f_m}\right) \tag{11-5}$$

가 된다. 식 (11−5)가 **겉보기등급**을 정의하고 있다. 주의할 것은 $f_n > f_m$이면 $m > n$, 즉 보다 밝은 천체는 등급값이 보다 작다는 것이다. 또, 밝기가 지구에서 관측될 때에는 물리적으로 플럭스와 같다는 것에 주의하라. 겉보기등급이란 천문학에서 플럭스를 나타내는 한 가지 방법이다.

개념 적용 등급과 플럭스

(1) 변광성인 거문고자리RR형별은 밝기가 7.1~7.8등급의 범위 — 등급의 진폭 0.7 — 로 변한다. 밝기가 최소에서 최대로 변할 때 밝기의 비는 다음과 같다.

$$\log\left(\frac{f_{max}}{f_{min}}\right) = 0.4 \times 0.7 = 0.28$$

그러므로

$$\frac{f_{max}}{f_{min}} = 10^{0.28} = 1.91$$

이다. 즉 최대일 때 이 별의 밝기는 최소일 때의 거의 2배나 된다.

(2) 밝기의 비가 2인 두 별 a와 b로 된 쌍성계가 있다. 그러나 우리에게는 이들은 분해되지 않는 +5.0의 1개의 별로 보인다. 각각의 등급을 구하려 한다. 등급의 차는

$$m_b - m_a = 2.5\log\left(\frac{f_a}{f_b}\right) = 2.5\log 2 = 0.75$$

이다. 우리는 밝기의 비를 다루고 있으므로 단순히 $m_a + m_b = +5.0$이라 할 수 없다. 두 광도의 합($f_a + f_b$)은 5등성에 해당한다. 이것을 이보다 100배 밝은 별, 즉 등급이 0.0이고, 광도 f_0인 별과 비교하면 다음과 같은 식이 성립된다.

$$m_{a+b} - m_0 = 2.5\log\left[\frac{f_0}{(f_a + f_b)}\right]$$

또는

$$5.0 - 0.0 = 2.5\log 100 = 5$$

이다. 그러나 $f_a = 2f_b$이므로 $f_b = (f_a + f_b)/3$이다.
따라서 다음과 같이 나타낼 수 있다.

$$m_b - m_0 = 2.5\log\left(\frac{f_0}{f_b}\right)$$
$$= 2.5\log 300 = 2.5 \times 2.477 = 6.19$$

그러므로 어두운 별의 등급은 6.19, 앞의 등급의 차로부터 밝은 별은 5.44등급이다.

11.3 절대등급과 거리지수

이제까지 우리는 별이 보이는 그대로의 밝기, 즉 겉보기등급을 다루었다. 그러나 별이 가지고 있는 원래의 밝기를 알 필요가 있다. 원래 밝은 별이라 하더라도 멀리 있으면 희미하게 보일 것이며, 어두운 별이라도 매우 가까이 있으면 밝게 보일 것이다. 만일, 태양이 가장 가까운 별(센타우루스자리 알파별)의 거리에 있다면, 태양은 이 별보다 어둡게 보일 것이다. 그러므로 **거리**는 플럭스와 광도를 연결시킨다.

별의 원래 밝기(광도)를 **절대등급**으로 나타낸다. 절대등급은 별이 10pc의 거리에 있다고 가정했을 때 그 별의 등급으로 정의한다. 관례에 따라 절대등급은 대문자 M, 겉보기등급은 소문자 m으로 표시한다. 플럭스의 역제곱 법칙으로 거리 $d$pc에 있는 별의 겉보기밝기 f와 거리 D = 10pc에 있을 때의 광도 L과의 관계를 다음과 같이 나타낼 수 있다.

$$\frac{L}{f} = \left(\frac{d}{D}\right)^2 = \left(\frac{d}{10}\right)^2$$

만일 절대등급 M이 L에 대응하고 겉보기등급 m이 f에 대응한다면, 식 (11−5)는 다음과 같다.

$$m - M = 2.5\log\left(\frac{L}{f}\right)$$
$$= 2.5\log\left(\frac{d}{10}\right)^2 = 5\log\left(\frac{d}{10}\right)$$

앞의 식을 다시 풀어 쓰면 다음과 같은 식을 얻을 수 있다.

$$m - M = 5\log d - 5 \quad (11\text{−}6)$$
$$M = m + 5 - 5\log d \quad (11\text{−}7)$$
$$M = m + 5 + 5\log \pi'' \quad (11\text{−}8)$$

여기서 거리가 pc단위로 주어졌으므로, π는 각초(″)단위로 나타낸 시차이다. 또, ($m - M$)을 **거리지수**라 하는데, 그 까닭은 이 값이 식 (11−6)에서 별의 거리와 직접 관계되기 때문이다. 실제 응용에서는 여러 천체의 거리를 pc이나 광년으로 나타내기보다는 거리지수를 사용한다.

11.4 다른 파장에서의 등급

우리가 측정하는 등급의 종류는 검출기에 들어오는 빛이 어떻게 걸러지는지에 의존하며, 즉 검출기 자체의 반응 함수에 의존한다. 그래서 문제는 표준 등급계를 어떻게 정의할 것인가 하는 것이다.

11.4.1 등급계

전자기 복사의 검출 장치는 일정한 파장역에 대해서만 반응을 한다. 그러므로 산출되는 측정값은 별로부터 도착하는 복사의

일부만을 검출한 것이다. 그런데 별빛의 세기는 파장에 따라 달라지므로, 별의 등급은 우리가 관측하는 파장 영역에 따라 달라진다. 원래 사진 건판은 청색빛에만 예민하기 때문에 **사진등급**(m_{pg})은 420nm(청색)에 중심을 둔 등급을 말한다. 같은 이유로 사람의 눈은 녹색과 황색에 가장 민감하므로, **안시등급**(m_v)은 540nm 근처의 파장역과 관련되어 있다.

오늘날 우리는 넓은 파장역의 감도를 가진 광전 측광계에 필터를 곁들여 사용함으로써 자외 파장역이나 적외 파장역에서의 등급을 결정할 수 있다. 그러므로 여러 가지 다른 등급계가 가능하다. 일반적으로 측광계는 검출기, 필터, 측정기(에너지 단위로)로 이루어진다. 필터의 특성은 그들의 유효파장 λ_0, 투과윤곽(그림 11-2)의 FWHM(최대 강도의 1/2에 해당하는 지점에서 선폭)으로 정의되는 파장대역 $\Delta\lambda$로 특징지어진다. 3개의 주요 필터형은 광대역($\Delta\lambda \approx 100$nm), 중대역($\Delta\lambda \approx 10$nm), 협대역($\Delta\lambda \approx 1$nm)으로 나눌 수 있다. 파장대역은 필요에 따라 선택된다. 보다 작은 $\Delta\lambda$는 보다 많은 분광학적 정보를 주지만, 검출기로 들어오는 플럭스가 약해서 결과적으로 적분 시간을 길게 주어야 한다. 주어진 스펙트럼 영역에서 필터의 디자인에 따라 측광 등급계가 크게 달라진다.

필터의 특징은 측정된 플럭스 스펙트럼의 함수이다. 예를 들어, 흑체 복사스펙트럼을 관측할 경우 필터의 유효 파장은

$$\lambda_0 = \int_0^\infty \frac{\lambda\phi_f(\lambda)B(\lambda)d\lambda}{\phi_f(\lambda)B(\lambda)d\lambda}$$

로 계산된다. 여기서 $\phi_f(\lambda)$는 필터의 투과 함수이고 $B(\lambda)$는 플랑크함수이다. 하나의 주어진 파장의 빛만 투과하는 완벽하게 예리한 필터를 쓰면, 광원의 단색선 플럭스를 측정할 수 있다.

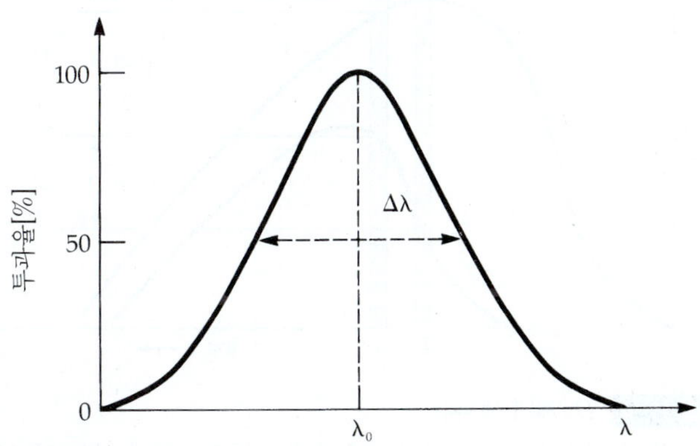

그림 11-2 투과필터의 일반적인 특성
유효파장 또는 중심 파장이 λ_0이며, FWHM이 $\Delta\lambda$이다.

표 11-1 측광계 파장대

필터	유효 파장[λ_0]	파장대역[Δ_λ]
U	365nm	70nm
B	440nm	100nm
V	550nm	90nm
R	640nm	150nm
I	790nm	150nm
J	1.25μm	0.12μm
H	1.66μm	0.16μm
K	2.22μm	0.22μm
L	3.45μm	0.35μm
M	4.65μm	0.46μm
N	10.3μm	1.0μm

널리 쓰이는 광역 등급계(표 11-1)는 **UBV 등급계**이다. 이것은 자외선(U), 청색(B), 안시(V) 등급을 결합한 것으로 존슨(Harold Lester Johnson, 1921~1980)에 의해 개발되었다. 3개의 파장역은 각각 365, 440, 550nm에 중심을 두고 있으며, 각 파장역은 약 100nm이다(그림 11-3). 이 계에서는 겉보기등급을 간단히 B 또는 V로 나타내고, 이에 해당하는 절대등급은 아래첨자를 써서 M_B, M_V로 나타낸다.

이 측광계를 플럭스 측정에 사용하기 위해서는 반드시 각 파장역에서 에너지 단위로 눈금을 맞추어야 한다. 이러한 눈

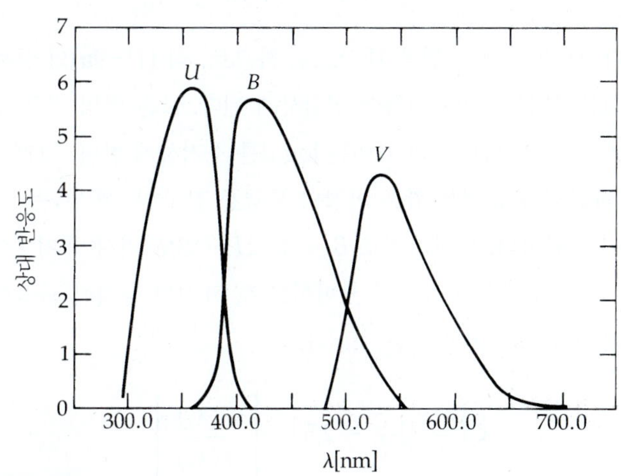

그림 11-3 *UBV* 필터
모든 파장에 대하여 같은 에너지를 내는 광원에 대한 *UBV* 등급계에서의 표준 필터 투과 선폭

금조정이 가장 어려운 부분이다. 이것은 특정한 필터와 검출기에 대한 등급을 정의하는 표준별들의 집합에 의존한다. 즉 이러한 별들이 측광계가 정확한 측정을 하기 위한 **표준등급**을 정의한다는 뜻이다. 예를 들면, *UBV* 측광계는 약 100개의 표준별을 ±0.01등급으로 측정해 놓았다. 우리가 이 별들 중 하나의 플럭스를 측정할 수 있다면, 우리는 이 측광계의 눈금조정을 하게 되는 셈이다. 보통 각 필터에서 0등급에 해당되는 플럭스 값으로 눈금조정이 이루어진다. 모든 플럭스는 이러한 기본 등급으로부터 유도된다. 일반적으로 직녀성을 눈금조정 별로서 선정한다.

현재 *UBV* 측광계는 적색 영역과 적외선 영역(이 영역의 스펙트럼에 민감한 CCD 같은 새로운 검출기의 발달 때문에)으로 확장되어 있다. 이렇게 확장된 측광계는 존슨에 의해 개발된 *UBV* 측광계처럼 잘 표준화되어 있지 않지만, 적색 영역의 *R*, *I*를, 그리고 적외선 영역의 *J*, *H*, *K*, *L*, *M*을 포함한다(표 11–1).

11.4.2 색지수

별의 색깔에 대한 정량적인 척도는 **색지수**(CI)로 주어지는데, 이는 두 유효파장에서의 등급의 차로 정의된다. 예를 들면,

$$\mathrm{CI} = m_{pg} - m_v = M_{pg} - M_v \qquad (11\text{–}9a)$$

혹은 보다 일반적으로

$$\mathrm{CI} = m(\lambda_1) - m(\lambda_2) \qquad (11\text{–}9b)$$

이다. 여기서 같은 별을 대상으로 하므로, 식 (11–9a)의 둘째 등식은 식 (11–7)에 의하여 성립하게 된다. 같은 별의 경우 두 색에 관한 식 (11–7)의 차이는 log *d*를 소거하게 한다. 그래서 긴 파장의 등급에서 짧은 파장의 등급을 감하며, 색지수는 거리에 무관하다. 마찬가지로 *B* − *V*, *U* − *B*도 역시 색지수이다. 또한 색지수는 등급의 차이이므로, 관련된 특정한 파장에서의 플럭스의 비와 같은 것이다. 즉

$$\mathrm{CI} = \text{상수} - 2.5\log\left[\frac{F(\lambda_1)}{F(\lambda_2)}\right]$$

이다. 여기서 상수는 계의 눈금조정 상수이고, $F(\lambda_1)$과 $F(\lambda_2)$는 2개의 다른 파장밴드에서 관측된 플럭스이다. 다시 말하면, 우리가 흑체복사원을 관측하고 있다면

$$\mathrm{CI} = \text{상수} - 2.5\log\left[\frac{B(\lambda_1)}{B(\lambda_2)}\right]$$

이다. 측정된 입사 별빛의 비율이 파장(그림 11–4)과 사용된 측광기기의 특성에 의존하기 때문에 등급계와 그 색지수는 관측자에 따라 달라진다. 그러므로 모든 관측은 같은 기초 위에서 비교되어야 하는데, 측광계는 표면온도가 약 10,000K되는 별(직녀성)의 색지수가 0이 되도록 맞추어져 있다. 이러한 약속에 의하여 이보다 뜨거운 별은 음, 차가운 별은 양의 색지수를 가진다.

별의 온도가 서로 다르므로, 에너지(플랑크) 곡선의 극대 역시 각각 다른 파장에 나타난다(8.6절과 그림 11–4). 그러므로 뜨거운 별은 푸르게 보이고 차가운 별은 붉게 보인다. 색지수(*B* − *V*)를 쓰면 청색별(20,000K)은 (−)의 값을 가지게 됨을 알 수 있다. 왜냐하면 이 별은 긴 파장(큰 *V*값)에서보다 짧은 파장(작은 *B*값)에서 더 밝기 때문이다. 적색별(3,000K)은 *B*에서보다 *V*에서 더 밝으므로 (+)의 색지수를 가진다. *R* − *I* 색지수는 보다 차가운 별의 온도를 아는 데 유용하다. 왜냐하면, 그런 별들의 플럭스는 적색과 적외선 영역에서 많이 방출되기 때문이다.

실제로는 그렇지 않지만, 별이 완전한 흑체복사를 한다면 그들의 표면온도와 *B* − *V* 색지수의 관계는 간단하게 정의될 것이다.

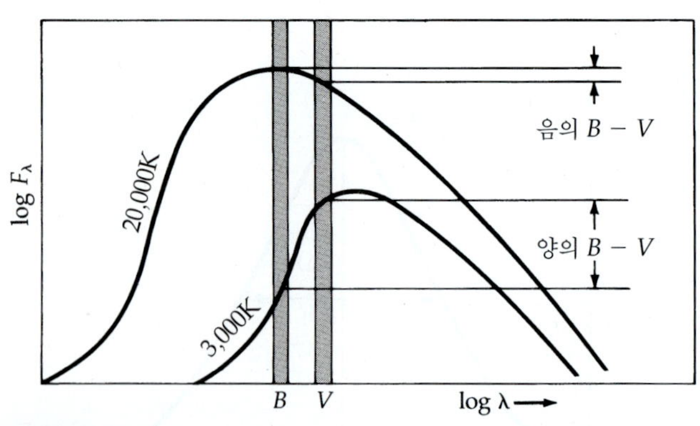

그림 11–4 *BV*계의 색지수
20,000K과 3,000K의 흑체복사 곡선과 *B*와 *V* 파장역에서의 그들의 강도. *B* − *V*는 뜨거운 별에 대해 (−)이고, 찬 별에 대해서는 (+)인 것을 주의하라.

$$B - V = -0.71 + \frac{7090\text{K}}{T} \qquad (11\text{–}10a)$$

여기서 상수는 T = 10,000K인 별이 $B - V$ = 0.0을 갖도록 측광계의 눈금조정으로부터 유도되었다. 이 식으로부터 $B - V$에서 T를 얻을 수 있다.

$$T = \frac{7090\text{K}}{[(B - V) + 0.71]} \qquad (11\text{–}10b)$$

제13장에서 알게 되겠지만 별의 실제 스펙트럼은 흑체의 스펙트럼과는 다르다. 따라서 이러한 식은 대략적인 길잡이가 될 뿐이다. 태양과 같은 별을 포함하는 4,000K < T < 10,000K의 온도 범위에서는

$$B - V = -0.865 + \frac{8540\text{K}}{T} \qquad (11\text{–}11a)$$

와

$$T = \frac{8540\text{K}}{[(B - V) + 0.865]} \qquad (11\text{–}11b)$$

이다. 우리는 여기서 관측한 색지수가 별의 고유한 값임을 가정하였다. 그러나 성간 공간에는 별빛을 흡수하고 산란하는 티끌이 흩어져 있기 때문에, 별빛은 처음에 방출될 때보다 더 붉은 쪽으로 관측된다(19.1.2항 참조). 이러한 **성간적색화**(interstellar reddening)는 파장의 함수이므로 색지수에 영향을 준다. 관측된 색지수와 원래의 색지수의 차를 **색초과**(color excess)라 명명하자. 여기서 이를 설명하는 이유는 별의 온도가 두 파장역 사이의 하나의 색지수에 의해서 유일하게 결정될 수 없다는 것을 상기시키기 위함이다. 즉 세 가지 색(혹은 그 이상) 측광이 성간적색화의 효과를 분리하는 데 필요한 것이다.

소광보정

지표에서 측정된 플럭스는 두 가지 유형의 소광을 보정해야 한다. 지구 대기와 성간매질에 의한 소광이 있다. 우주 망원경은 대기소광의 영향을 받지 않으며, 달에서의 측정도 마찬가지임에 유의하라.

우리는 우선 **대기소광**, 즉 지구 대기에서 산란과 흡수를 고려해야 한다. 다시 8.7절의 복사 전달식의 개념을 사용하자. 실제 보정을 한 후에 지구 대기 밖에서 관측한 것과 같은 등급으로 나타내야 한다. $F_0(\lambda)$를 대기 밖에서 측정한 별의 플럭스라 하고, 대기의 광학적 깊이를 τ_λ라 하자. 그러면 대기의 바닥에서 플럭스 $F(\lambda)$는

$$F(\lambda) = F_0(\lambda)\exp(-\tau_\lambda) \qquad (11\text{–}12)$$

가 된다. 지구 대기는 편평하다고 가정하자. 즉 지구 대기의 곡률을 무시하자. h는 지평면 위에서의 별의 고도, z는 별의 방향과 천정 사이의 각 ($z = 90 - h$)로 정의한다. z를 **천정거리**(zenith angle)라 부른다. 대기를 통해 빛이 지나간 거리는 sec z에 비례한다(그림 11–5). 그러므로 천정에서 최소의 소광을 받게 되고, 지평선으로 근접할수록 소광은 커진다. 그래서 천정에서 광학적 깊이를 $\tau_0(\lambda)$라 하면, 다른 각도에서는

$$\tau(\lambda) = \tau_0(\lambda)\sec z \qquad (11\text{–}13)$$

가 된다. 만일 $\tau_0(\lambda)$를 안다면, 그 별에 대해서 $F_0(\lambda)$를 계산할 수 있다.

$$\frac{F(\lambda)}{F_0(\lambda)} = \exp(-\tau_\lambda) \qquad (11\text{–}14)$$

가능하다면 낮은 고도에서의 측정은 피해야 한다. 지구 대기가 평평하다는 가정은 낮은 고도에서는 더 이상 유효하지 않기 때문이다. 관측을 대개의 경우 $z < 60°$ 영역으로 제한한다.

어느 날 밤에, 선택된 표준별과 알려지지 않은 광원이 같은

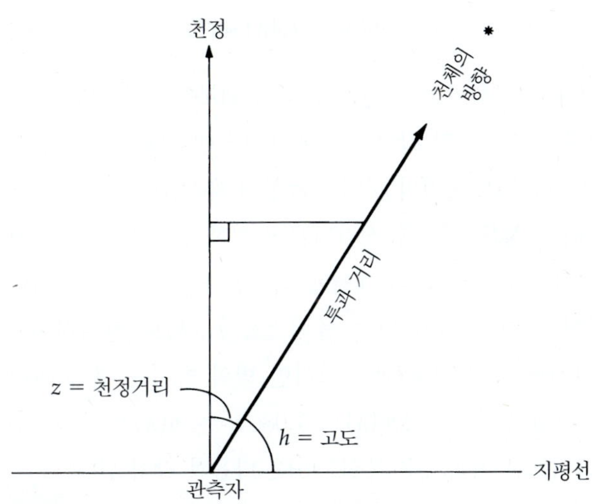

그림 11–5 평행 평면 대기를 가정한 대기소광의 기하학적 모형

대기소광을 받고 있다. 짧은 시간 동안에는 소광이 변화하지 않으리라 기대하기 때문이다. 그 밤의 **소광계수**를 찾기 위해 넓은 천정거리의 영역(천정에 가까운 데서부터 지평면까지)에서 표준별의 플럭스를 측정하고, 측정된 값을 sec z에 대해 도면에 기입한다. 만일 측정을 제대로 했다면, 단위 sec z당 소광(등급) 양(이를 공기질량이라 한다), 즉 공기 질량당 소광등급을 나타내는 직선을 얻을 수 있을 것이다. 이렇게 구한 파장에 의존하는 소광계수를 가지고 그날 밤 관측한 다른 관측값을 보정한다.

이것이 어떻게 이루어지는지 알아보자. 등급의 정의에 의하여

$$m(\lambda) - m_0(\lambda) = -2.5\log\left[\frac{F(\lambda)}{F_0(\lambda)}\right]$$

이때 $m_0(\lambda)$는 지구 대기 위에서의 별의 겉보기등급이다. 식 (11−14)를 대입하면

$$\begin{aligned} m(\lambda) - m_0(\lambda) &= -2.5\log[\exp(-\tau_\lambda)] \\ &= 2.5(\log e)\tau_\lambda \\ &= 1.086\tau_\lambda \end{aligned}$$

이다. 그러므로

$$m_0(\lambda) = m(\lambda) - 1.086\tau_\lambda$$

에 식 (11−13)을 대입하면

$$\begin{aligned} m_0(\lambda) &= m(\lambda) - 1.086\tau_0(\lambda)\sec z \\ &= m(\lambda) - k_0(\lambda)\sec z \end{aligned}$$

이 된다. 천문학자들은 $k_0(\lambda)$를 1차 소광계수라 부른다. V 파장영역에서 전형적인 값은 0.15에서 0.2 범위에 있다. 이 값은 밤마다 변하고, 대기의 지역적 특성에 의존한다.

우리는 **성간소광**, 즉 성간티끌에 의한 산란과 흡수를 보정하기 위해 같은 물리적 개념을 적용한다. 우주가 투명하다고 가정했을 때 우리가 받는 플럭스를 $F_0(\lambda)$로 정의하고, 식 (11−12)를 다시 사용한다. 그러면 별의 밝기는 관측 파장에 대한 전체 성간소광 $\Delta m(\lambda) = 1.086\tau_\lambda = A(\lambda)$만큼 어두워진다. 그러므로 거리지수 식 (11−6)은 다음과 같이 된다.

$$m - M = 5\log d - 5 + A \qquad (11\text{−}15)$$

이 식 자체는 매우 간단하지만, A는 파장에 의존하며, 시선방향의 성간매질의 특성에 영향을 받으므로 결정하기가 어렵다.

성간매질은 적색 빛보다 청색 빛을 더 많이 산란한다는 사실을 이용하면, 우리는 (주어진 온도의) 별이 기대치보다 더 붉게 보일 것이라는 것을 알 수 있다. 즉 예상했던 색지수 대신, 별빛에는 색초과가 발생할 것이다. 하나의 별에 대해 고유색지수 $(B - V)_0$를 고려해 보자. 이 별의 V 겉보기등급은

$$V = M_V + 5\log d - 5 + A_V \qquad (11\text{−}16)$$

그리고 B 겉보기등급은

$$B = M_B + 5\log d - 5 + A_B$$

이다. 관측된 색지수를 알기 위해 이 두 결과를 서로 빼도록 하자.

$$B - V \equiv M_B - M_V + A_B - A_V$$

이제, $M_B - M_V$는 별의 고유 색지수가 되고 $(B - V)_0$와 같은 값이 된다. 색초과를

$$E(B - V) = (B - V) - (B - V)_0$$

으로 정의하면

$$B - V = (B - V)_0 + E(B - V)$$

가 된다. 제19장에서 알게 되겠지만, 성간매질에 대한 연구에 의하면 $A_V \approx 3E(B - V)$로 알려져 있으므로 A_V만 알아낸다면 식 (11−16)을 풀 수 있다.

11.4.3 복사등급과 별의 광도

우리가 지금까지 언급한 색지수로서는 별 스펙트럼의 전체 에너지 분포 중에서 일부만을 표본 검출할 뿐이다. 별의 전체 구조에 대해서 보다 중요한 것은 전 파장역에 걸친 에너지의 총 방출량이다. 만일, 우리가 지구 대기층 밖에 있다면, 단위 파장당 플럭스 f_λ(Wm^{-2}Å^{-1})는 총 **복사플럭스**(Wm^{-2})를 정의하게 해 준다.

$$f_{\text{bol}} = \int_0^\infty f(\lambda)d\lambda$$

별의 **겉보기복사등급** m_{bol}은 식 (11−5)에서 다음과 같다.

$$m_{bol} = -2.5 \log f_{bol} + 상수$$

여기서 상수는 임의의 값이다. 별의 **절대복사등급** M_{bol}은 별이 10pc의 표준 거리에 있다고 가정할 때의 복사등급이다. 식 (11−15)의 기호를 쓰면 **안시복사플럭스** f_v는 다음과 같이 된다.

$$f_v = \int_0^\infty f(\lambda)S(\lambda)d\lambda \qquad (11-17)$$

여기서 $S(\lambda)$ 안시측광계의 파장별 감도(그림 11−3의 V 파장역)를 나타낸 것이다. 식 (11−16)과 비슷하게 **안시등급**은 다음과 같이 나타낼 수 있다.

$$m_v = -2.5 \log f_v + 상수 \qquad (11-18)$$

우리의 태양은 f_λ가 정확히 관측된 유일한 별이다. 사실 f_{bol}은 **태양상수**, 즉 지구 궤도 위의 지구 대기층 밖에서 받는 태양의 플럭스(1,370Wm^{-2})와 관계가 있다. **태양의 광도** $L_\odot$(3.86 × 10^{26} W)는 태양상수로부터 다음과 같이 계산된다. 역제곱의 법칙을 이용하여 태양 표면($R_\odot$)에서의 복사플럭스를 계산 할 수 있다. 그러면 $L_\odot$는 단지 이 플럭스의 $4\pi R_\odot^2$배이다. 태양의 에너지 분포는 **유효온도** T_{eff}에서의 플랑크곡선(8.6절 참조)에 의해 근사된다. 여기서 유효온도는 태양이나 별 같은 방출체가 내는 것과 같은 양의 총 에너지를 방출하는 흑체의 온도로 정의한다. 그리고 스테판−볼츠만 법칙[식 (8−40)]를 이용하면 다음과 같이 된다.

$$L_\odot = 4\pi R^2 \sigma T_{eff}^4 \text{ Js}^{-1} \qquad (11-19)$$

여기서 σ는 스테판−볼츠만 상수이다. 만일 별의 절대복사등급을 알고 있다면, 식 (11−5)를 이용해서 별의 광도를 알 수 있을 것이다.

$$M_{bol}(\odot) - M_{bol}(*) = 2.5 \log\left(\frac{L_*}{L_\odot}\right) \qquad (11-20a)$$

태양의 절대복사등급은 $M_{bol}(\odot) = +4.75$이므로, 위의 식은

$$\log\left(\frac{L_*}{L_\odot}\right) = 1.9 - 0.4\, M_{bol}(*) \qquad (11-20b)$$

가 된다. 보통 $M_{bol}(*)$를 직접 관측하지 않는다. 요즘에는 우주탐사선과 인공위성에 의해 이것이 가능해지고 있다. 그러나 L_*는 별의 스펙트럼의 연구를 통해서 구할 수 있다(제13장). 그러면 절대복사등급은 식 (11−20a)에서 계산된다. 태양의 광도와 절대등급은 등급척도의 눈금조정에 유용하게 사용된다.

실제로 우리는 **복사보정**(bolometric correction, BC), 즉 복사등급과 안시등급의 차를 사용하여 별의 복사등급을 결정한다.

$$\begin{aligned} \text{BC} &= m_{bol} - m_v = M_{bol} - M_v \\ &= 2.5 \log\left(\frac{f_v}{f_{bol}}\right) \end{aligned} \qquad (11-21)$$

복사보정은 지상관측으로부터 별의 이론적 모형을 이용하여 추정된다. 이 보정은 궤도 위성으로부터의 자외역 자료에 의하여 검증되고 개선되어 간다. *UBV* 등급계에서 복사보정은 T_{eff}가 6,500K인 별에 대해서 최소가 된다. 태양에 있어서 BC = −0.07이다. 부록 표 A4−3를 보면 다른 온도의 별의 복사보정값을 알 수 있다. 표면온도가 6,700K인 별의 스펙트럼 에너지는 V 파장역에서 최대에 달하므로, 별 에너지의 가장 많은 퍼센트가 V-밴드에서 검출된다. 다른 온도의 별은 총 복사에너지의 보다 작은 퍼센트가 V 파장역에서 관측된다. 그래서 그들의 복사보정은 6,700K의 별보다 절대값에 있어서 더 크게 된다.

이제 이러한 인자들을 함께 고려해 보면,

$$\begin{aligned} M_{bol} &= m_V + 5 - 5 \log d - A_V + \text{BC} \\ &= 4.75 - 2.5 \log\left(\frac{L_{bol}}{L_\odot}\right) \end{aligned} \qquad (11-22)$$

우리는 이 관계를 계산하기 위해 태양의 측정광도와 BC = −0.07의 값을 사용한다. 그러면 $M_{bol} = 0.0$은 $L_{bol} = 3.04 \times 10^{28}$W에 해당하고, m_{bol}은 $2.54 \times 10^{-8} Wm^{-2}$의 플럭스에 해당한다. *UBV* 필터를 사용한 경우, $M_{bol} = 0.0$인 별의 각 필터에 대한 광도는 3.52×10^{27}, 7.68×10^{27}, $3.68 \times 10^{27}W$이다. 마지막으로 우리는 이것을 **플럭스밀도**, 즉 단위 파장(혹은 주파수)당 플럭스로 변환할 수 있다.

$$U = 4.34 \times 10^{-12}\, Wm^{-2}Å^{-1}$$
$$B = 6.60 \times 10^{-12}\, Wm^{-2}Å^{-1}$$
$$V = 3.54 \times 10^{-12}\, Wm^{-2}Å^{-1}$$

이로써 등급은 물리적으로 의미 있는 단위가 된다.

끝으로, 주의할 것은 다음과 같다. 우리가 별로부터 받아 측정하는 빛은 우리가 기록하기 전에 여러 번 걸러진 것이다. 성간의 물질, 지구의 대기, 우리 망원경의 광학계, 사용된 탐지기와 필터 등에 의해서 말이다. 관측자의 목표는 별의 광구에서 내보낸 상태와 같은 성질을 지니도록 관측결과를 잘 보정하는 것이다.

핵심 수식과 개념

- 태양중심 시차

$$\pi'' = \frac{1''}{d/\mathrm{pc}}$$

- 겉보기등급

$$m - n = 2.5 \log\left(\frac{f_n}{f_m}\right)$$

- 거리지수

$$m - M = 5 \log d - 5 + A$$

- 색지수

$$\mathrm{CI} = m(\lambda_1) - m(\lambda_2)$$

- 복사등급과 광도

$$M_{\mathrm{bol}}(\odot) - M_{\mathrm{bol}}(*) = 2.5 \log\left(\frac{L_*}{L_\odot}\right)$$

- 거리지수(복사보정)

$$M_{\mathrm{bol}} = m_V + 5 - 5 \log d - A_V + \mathrm{BC}$$

문제

1. 화성에 천문학자가 산다면, 그들은 천문단위를 화성의 궤도에 의해서 정의할 것이다. 만일 그들이 우리와 같은 방식으로 pc을 정의했다면, 화성인의 pc은 몇 AU인가? 화성인의 pc은 지구 pc의 몇 배가 되는가?

2. 변광성의 밝기가 4배로 변했다면 등급의 변화는 얼마인가?

3. 겉보기등급 3.0과 4.0인 두 별로 이루어진 쌍성계의 합등급은 얼마인가?

4. 별의 겉보기등급이 −0.4, 시차가 0″.3일 때 다음 값은 얼마인가?

(가) 거리지수

(나) 절대등급

5. 절대등급이 +6.0, 겉보기등급이 +16.0인 별의 거리는 몇 파섹인가?

6. 다음 별의 절대등급은 얼마인가?

(가) $m = 5.0$, $d = 100$pc

(나) $m = 10.0$, $d = 1$pc(이러한 별이 있는가?)

(다) $m = 6.5$, $d = 250$pc

(라) $m = -3.0$, $d = 5$pc

(마) $m = -1.0$, $d = 500$pc

(바) $m = 6.5$, $\pi = 0''.004$

7. 만일 절대등급을 별이 100pc 거리에 있을 때의 등급이라고 정의한다면, 절대등급과 겉보기등급과 거리의 관계는 어떻게 되겠는가?

8. 태양은 겉보기안시등급 −26.75의 값을 가진다.

(가) 절대안시등급을 계산하시오.

(나) 태양이 센타우루스자리 알파별의 거리(1.3pc)에 있을 때의 겉보기등급을 계산하시오.

(다) 팔로마 전천 사진에는 +19 등급의 천체까지 기록되어 있다. 태양과 동일한 별이 이 사진에 간신히 보일 만큼의 밝기를 가지려면 얼마(pc)만큼 떨어져 있어야 하는가?

9. 이 장의 자료를 써서 지구에서 볼 때 태양과 시리우스의 겉보기등급 차이를 계산하시오. 시리우스는 태양보다 얼마나 더 밝은가?

10. 어떤 구상성단이 총 10,000개의 별을 가지고 있다. 그중 100개는 $M_v = 0.0$, 나머지는 $M_v = +5.0$이다. 이 성단의 적분 안시등급은 얼마인가?

11. 두 별의 V 등급은 다 같이 7.5로 관측되는데, 청색 등급은 각각 $B_1 = 7.2$, $B_2 = 8.7$이었다.

(가) 각 별의 색지수는 얼마인가?

(나) 어느 쪽의 별이 더 푸르며, 청색 파장에서 그 별은 다른 별에 비하여 몇 배만큼 더 밝은가?

12. 거리 150pc, $m_V = 7.55$, $M_B = 2.00$인 별의 색지수는 얼마인가?

13. 광도가 10^{33}W인 별의 절대복사등급은 얼마인가?

14. 별의 광도에 관한 식 (11−19)와 복사등급이 태양의 복사등급으로 주어졌을 때의 식 (11−20a)을 이용하여, 별의 복사등급을 온도와 반지름의 함수로 나타내는 식을 구하시오. 태양의 유효 온도는 5,780K이다.

15. 어떤 별의 복사보정이 −0.4이고, 겉보기안시등급이 $m_v = +3.5$이다. 이 별의 겉보기 복사등급을 구하시오.

16. 남북으로 100km 떨어져 위치한 두 천문학자가 동시에 천정 부근의 소행성을 관측한다. 그들의 관측을 비교하니, 소행성은 5″의 시차를 가졌다. 소행성까지의 거리를 km 단위로 추정하시오. 이것은 달까지의 거리의 몇 배인가?

17. 관측 천문학자는 밝기의 1% 변화는 대략 0.01등급의 변화에 해당한다는 경험법칙을 자주 사용한다. 이 근사가 정당한지 증명하고 그 타당성에 대해 논하시오.

18. 절대등급 −6등급인 별이 팔로마 5m 망원경으로 관측될 수 있는 가장 먼 거리는 얼마인가? 허블우주망원경의 경우에는 어떠한가?(11.2절에 주어진 한계등급을 사용하시오.)

19. $B - V$ 색지수가 0.5에서 0.7까지 변하는 변광성이 관측되었다.

(가) 별이 흑체처럼 복사를 방출한다고 가정했을 때, 2개의 색지수에 해당하는 온도는 얼마인가?

(나) 태양과 같은 별을 가정했을 때, 2개의 색지수에 해당하는 온도는 얼마인가?

20. (가) 소광계수 $\tau_0 = 0.2$를 가정할 때, 고도(지평선으로부터의 각거리)가 30°일 때와 90°일 때를 비교하면 몇 등급 더 어둡게 보이겠는가?

(나) 별이 천정에 있을 때보다 1등급 더 어두워지는 천정거리는 얼마인가?

21. 온도 T에서 흑체처럼 연속복사를 방출하는 별의 복사보정에 관한 수식을 유도하시오.

22. 오늘날 대부분의 측광계는 0.01등급의 정밀도로 등급을 측정할 수 있다. 별의 겉보기등급을 측정하는 데 이러한 오차가 주어진다면, 거리를 결정하는 데 오차는 얼마인가? 별의 절대등급은 정확히 알려져 있다고 가정하시오.

23. $M_V = 4.4$이고 표면온도는 태양과 같은 별을 생각해 보자. 대기소광과 성간소광을 고려하지 않을 경우, UBV에서 측정한 플럭스밀도를 계산하시오.

12 Chapter

별 : 쌍성계

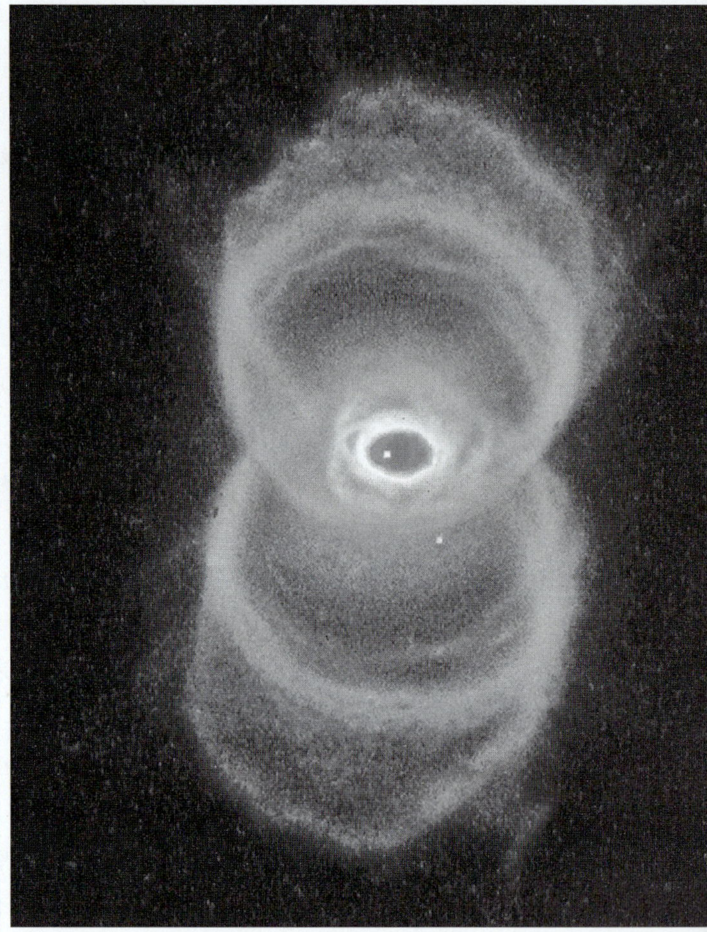

광학망원경으로 볼 수 있는 대부분의 별들은 사실 쌍성 혹은 다중성계를 이룬다. 다중성계의 구성 별들은 물리적으로 연관되어 있다. 즉 그들은 상호 중력의 영향을 받아 제한된 영역 안에서 궤도 운동을 한다. 곧 설명하겠지만, 우리가 알고 있는 간단한 물리 법칙을 쌍성의 관측 결과에 잘 적용하면 별의 중요한 성질들, 특히 질량과 반지름을 측정할 수 있다. 또 이것들을 이용하여 우리는 별의 밀도, 표면온도와 광도, 그리고 회전속도 등에 관한 정보를 얻어낼 수 있다.

태양 부근에 있는 항성들 중에서 다행스럽게도 50%를 훌쩍 넘어 어쩌면 80%대에 이르는 많은 수의 별들이 다중성계에 속하는 관계로 우리는 별들의 물리적 성질을 비교적 소상하게 알아낼 수 있는 것이다. 별의 질량이 쌍성계에서만 측정된다는 점을 염두에 둔다면, 많은 수의 별들이 쌍성계를 이룬다는 사실 그 자체가 천문학 연구에 중요한 의미를 갖는다. 쌍성을 포함하여 다중성계가 이렇게 빈번한 것은 항성이 생성되는 과정에서 성간운의 회전 운동이 그만큼 큰 역할을 했기 때문일 것이다.

12.1 쌍성의 분류

여러 가지 물리적 및 관측적인 이유에서 천문학자들은 쌍성을 다음의 몇 가지로 분류한다.

겉보기 쌍성(apparent binary) : 물리적으로 연관은 없으나, 둘이 같은 시선 방향에 놓이기 때문에 천구 상에는 서로 가까이 있는 것처럼 보이는 계이다. 이를 광학적 쌍성(optical double)이라 부르기도 한다. 이 둘의 천구상 운동에서 어떤 연관성을 찾아볼 수 없기 때문에 이들이 물리적으로 맞물려 있지 않다고 판단할 수 있다.

안시 쌍성(visual binary) : 망원경에서 2개의 별로 분해되어 보이는 계로서, 구성원의 상호 궤도 운동이 실제로 관측된다. 궤도주기는 약 1년에서 수천 년에 걸쳐 분포한다.

측성 쌍성(astrometric binary) : 망원경으로 보면 오직 한 별만 보이지만, 이 별의 천구 상 운동이 파형을 그린다는 사실에서 동반성의 존재가 확인된 계이다. 두 별이 질량중심 주위를 돌면서 계 전체가 고유운동을 하기 때문에 한 별의 천구 상 운동이 파형을 그리게 되는 것이다.

분광 쌍성(spectroscopic binary) : 두 별로 분해되지는 않지만 관측된 스펙트럼선의 파장이 주기적으로 변하는 것으로 미루어 쌍성으로 판명된 계이다. 두 별이 충분히 밝은 경우 2별의 스펙트럼선이 서로 반대쪽으로 진동한다. 그렇지 않은 경우에는 한 별만 진동하는 것으로 관측된다. 주기는 몇 시간 내지 몇 달에 걸쳐 분포한다.

스펙트럼 쌍성(spectrum binary) : 스펙트럼에서 궤도 운동에 의한 선의 주기적 이동이 검출되지는 않지만, 성격이 다른 2개의 스펙트럼이 겹쳐 나타나는 것으로 보아, 쌍성이라고 판단되는 계이다. 일반적으로 두 별의 분광형이 다르기 때문에 구별이 가능하다.

식 쌍성(eclipsing binary) : 두 별이 서로 식(蝕)을 일으키는 계이다. 겉보기 밝기가 주기적으로 변하는 것을 보아 쌍성으로 짐작되는 계이다. 식 쌍성이 안시 쌍성이거나 측성 쌍성, 또는 분광 쌍성일 경우도 있다.

끝으로 우리 태양이 단일 별이라는 점을 지적하겠다. 태양과 같은 유형의 별들 중에서 단일, 이중계, 삼중계, 사중계로 밝혀진 개수의 비는 대략 45 : 46 : 8 : 1이다. 쌍성에서 궤도의 분리는 3×10^9m에서 3×10^{15}m에 걸쳐 고르게 분포한다. 이 거리를 주기로 환산하면 하루에서 3×10^6년에 대응한다. 모든 별의 약 10%는 1일에서 10일의 궤도주기를 갖는 쌍성이다. 또 다른 10%는 주기가 10일에서 100일에 걸쳐 분포한다.

다음 사실을 잘 기억해 둘 필요가 있다. 우리가 관측하는 **겉보기 상대궤도**(apparent relative orbit)는 실제의 상대궤도가 천구 상에 투영된 것이다. 쌍성의 궤도면이 우리 시선 방향에 대하여 대체로 기울어져 있기 때문이다. 실제 상대궤도 또는 **진 상대궤도**(true relative orbit)를 구하려면 겉보기 상대궤도에다 궤도 경사의 효과를 보정해야 한다. 2개의 별 중에서 하나가 고정되어 있다고 생각했을 때, 다른 별의 이 고정 별에 대한 궤도를 **상대궤도**(relative orbit)라고 부른다. 상대궤도가 천구 상에 투영된 것이 겉보기 상대궤도다. 계의 질량중심에 대한 두 별 각각의 궤도를 **절대궤도**(absolute orbit)라 부른다. 절대궤도는 상대궤도와 구별되는 개념이고, 겉보기 궤도는 진 궤도에 대(對)가 되는 개념이다.

12.2 안시 쌍성

별빛이 지구 대기의 요동을 통과해야 하기 때문에 별의 **시상**(seeing image)이 1″ 이하로 보이는 경우가 극히 드물다. 그러므로 쌍성을 이루는 두 별이 적어도 1″ 이상은 떨어져 있어야 망원경으로 분해해 볼 수 있을 것이다. 그렇지 않으면 이중성으로 쉽게 분해되지 않는다. 그러므로 케플러 제3법칙에서 예상되는 것처럼, 안시 쌍성의 궤도주기는 일반적으로 길게 마련이다. 즉 수년 내지 수백 년 또는 수천 년에 이른다.

12.2.1 별의 질량 결정

안시 쌍성의 한 번 관측에서 **분리각**과 **위치각**의 쌍을 얻는다(그림 12-1). 분리각이란 하늘에서 두 별이 벌어진 정도를 초 단위로 나타낸 값이다. 위치각은 밝은 주성과 어두운 동반성을 잇는 선이 천구의 북에서 동으로 기울어진 각을 역시 초 단위로 잰 값이다. 같은 쌍성을 시간 차를 두고 여러 번 관측하면 분리각과 위치각을 좌표로 하는 점들을 찍을 수 있다. 이 점들의 연속이 천구 상에서의 쌍성의 겉보기 상대궤도인 것이다. 문제는 겉보기 상대궤도에서 어떻게 진 상대궤도를 찾아내느냐이다.

중력이 작용하는 두 물체는 케플러 법칙에 따라 그들의 질량중심 주위를 서로 도는 궤도 운동을 한다. 궤도는 모양이 일반적으로 타원이며, 면적 속도 일정의 법칙과 조화의 법칙을 만족한다. 쌍성의 궤도면이 천구 면에 대해서 임의의 각도로 기울어질 수 있으니까 관측에서 진 상대궤도가 바로 얻어지는 것은 아니다. **궤도 경사각**은 궤도면이 천구면과 이루는 각으로 정의한다. 그러니까 궤도면이 관측자의 시선 방향에 수직일 때의 경사각이 0°이다. 시선과 평행하면 90°이다.

다행히 면적 속도 일정의 법칙은 하늘에 투영된 겉보기 상대궤도에서도 그대로 성립한다. 물론 면적 속도의 값 자체는 진 궤도와 겉보기 궤도가 다를 수 있다. 또 진 상대궤도가 타원이라면 천구에 투영된 겉보기 상대궤도 역시 타원이다. 타원은 언제나 타원으로 투영되기 때문이다. 그런데 일반적으로 겉보기 상대궤도의 초점이 진 상대궤도의 초점은 아니다. 특히 겉보기 상대궤도에서 주성의 위치가 초점이 아니라는 사실에 유의할 필요가 있다. 겉보기 상대궤도의 초점에서 주성까지의 거리를 각으로 측정하면 천구에 대한 궤도 경사각을 알아낼 수 있다. 그러면 진 상대궤도의 이심률 e와 초(″)의 단위로 잰 긴 반지름 a''도 알려진다.

안시 쌍성의 진 상대궤도가 결정되면 케플러의 조화의 법칙을 적용하여 두 별의 질량의 합을 계산할 수 있다. 단위를 적절히 선택하면 조화의 법칙을

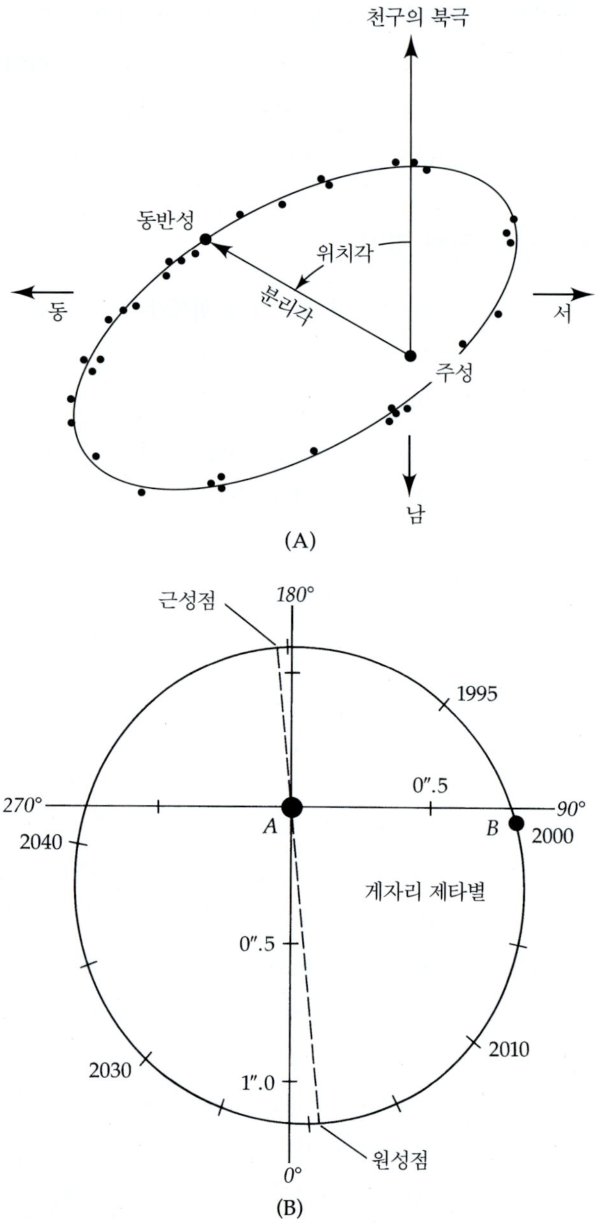

그림 12-1 안시 쌍성의 겉보기 상대궤도
(A) 겉보기란 천구 상에 투영되었다는 뜻이며, 상대궤도란 주성에 대한 동반성의 상대 운동이란 의미이다. (B) ζ Cnc A에 대한 ζ Cnc B의 진 상대궤도이다. 궤도주기는 10년이다. 진 상대궤도가 관측자의 시선 방향에 거의 수직한 평면에 놓여 있는 계이다.

$$(M_1 + M_2)P^2 = a^3 \qquad (12\text{–}1)$$

와 같이 기술할 수 있다. 여기서 질량 M은 태양질량($M_\odot$)을 단위로, 궤도주기 P는 연(年)을 단위로, 진 상대궤도의 긴 반지름 a는 AU를 단위로 하여 측정한 값이다. 주기는 관측에서 직접 나오는 양이지만, 긴 반지름은 쌍성까지의 거리(또는 시차 π'')를 알고 있는 경우에 한해서 a''에서

$$a = \frac{a''}{\pi''} \qquad (12\text{–}2)$$

와 같이 계산될 수 있다. 관측 양을 이용하여 식 (12–1)를 다시 쓰면

$$(M_1 + M_2)P^2 = \left(\frac{a''}{\pi''}\right)^3 \qquad (12\text{–}3)$$

와 같다.

관측이 우변의 값을 정해 주기 때문에 여기서 계의 총질량이 도출된다. 계의 구성원 각각의 질량을 결정하기 위하여

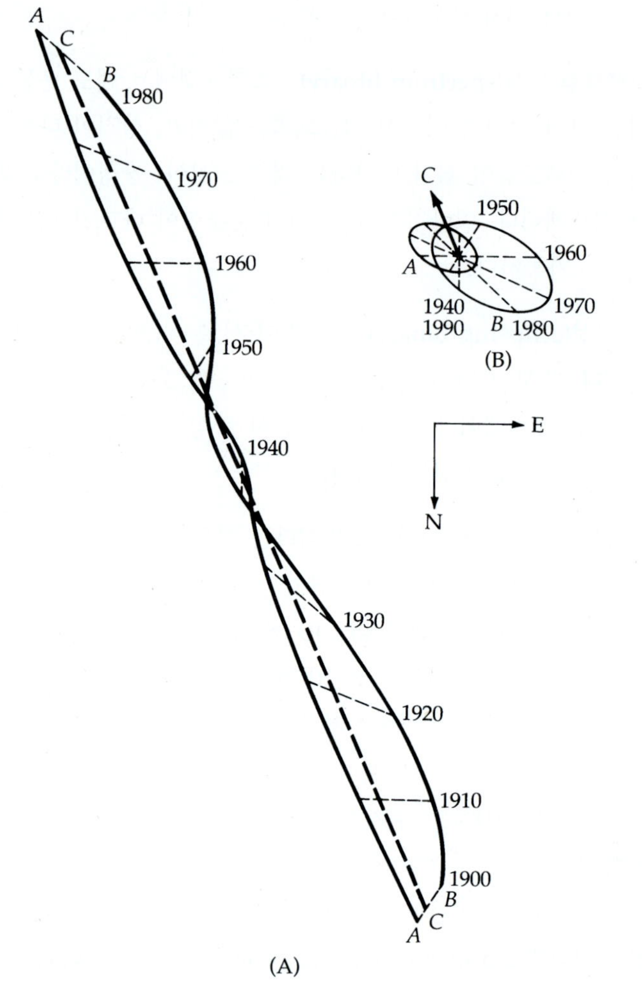

그림 12-2 시리우스 A와 B의 천구 상 운동
(A) 주성인 시리우스 A와 동반성인 시리우스 B가 자신들의 질량중심 C 주위를 궤도 운동하면서 천구 상에 그려놓은 겉보기 궤적이다. (B) 시리우스 A와 B의 질량중심 C에 대한 궤도 운동의 궤적이다.

$$M_1a_1 = M_2a_2 \qquad (a_1 + a_2 = a) \tag{12-4}$$

의 관계를 이용한다. 여기의 a_1과 a_2는 계의 질량중심에 대한 주성과 동반성의 궤도 긴 반지름을 각각 의미한다. 질량중심은 천구 상에서 배경 별들에 대하여 직선 운동을 할 것이다. 주성과 동반성은 파형을 그리면서 이 직선의 좌우로 진동할 것이다(그림 12–2). 질량중심의 운동을 제거하고 궤도 경사의 효과를 보정하여 a_1''과 a_2''를 측성 관측에서 직접 도출한다. 그러고 a_1/a_2를 a_1''/a_2''로 대치하면 질량 비 M_1/M_2가 바로 나온다. 이제 합 $M_1 + M_2$와 비 M_1/M_2가 알려졌으니 각 별의 질량을 따로 계산할 수 있다.

개념 적용 **케플러 제3법칙**

두 별의 최대 분리각이 3″.0이고[1)], 시차가 0″.10이며, 궤도를 한 바퀴 도는 데 30년이 걸리는 안시 쌍성을 생각해 보자. 두 별은 모두 질량중심을 회전한다. 따라서 둘 중 어느 별도 공간에서 자신의 절대궤도의 초점에 놓일 수 없지만, 진 상대궤도의 초점에는 온다. 이 경우에는 주성이 상대궤도의 초점에 있다. 그러므로 이 문제는 진 상대궤도에 관한 것이므로, 두 별의 질량의 합은 식 (12–3)

$$M_1 + M_2 = \frac{(3.0/0.1)^3}{30^2} M_\odot = 30M_\odot$$

에서 태양의 30배가 됨을 알 수 있다. 또, 동반성은 주성보다 질량중심에서부터 5배 더 멀리 떨어져 있는 것으로 관측된다. 즉 $a_1/a_2 = 1/5$이므로 식 (12–4)를 이용하여

$$M_1(\text{주성}) = 25M_\odot,\ M_2(\text{동반성}) = 5M_\odot$$

임을 알 수 있다.

12.2.2 질량–광도 관계

지구 궤도의 크기와 공전주기를 케플러 제3법칙에 대입하여 태양의 질량을 구하는 것과 똑같은 원리를 쌍성에 적용하여 별의 질량도 결정할 수 있었다. 물론 이 과정에서 쌍성까지의 거리가 필요하다. 거리와 겉보기등급을 알면 그 별의 절대등급, 즉 광도가 결정된다.

이렇게 알려진 많은 별들의 질량과 광도를 그래프로 나타내 보면, 그림 12–3에서와 같이 두 물리량 사이에 일정한 관계가 성립함을 알 수 있다. 이를 **질량–광도 관계**(mass-luminosity relation), 또는 **M-L 관계**라 부른다. 1924년 에딩턴(Arthur S. Eddington, 1882~1944) 경이 태양과 같은 주계열별의 질량과 광도 사이에

$$\frac{L}{L_\odot} = \left(\frac{M}{M_\odot}\right)^\alpha \tag{12-5a}$$

의 관계가 성립함을 이론적으로 입증했다. 식 (12–5)의 관계를 대수–대수 좌표면에 나타내면 기울기가 α인 직선이 된다. 에딩턴의 첫 이론 모형에서는 $\alpha \approx 3$이었다. 이를 그림 12–3과 비교해 보면 주계열의 별들이 식 (12–5a)의 관계를 만족하는 듯하다. 하지만 기울기는 차이가 있다. 무거운 별에서는 $\alpha \approx 3$이고, 태양과 같은 유형의 별에서는 $\alpha \approx 4$, 어둡고 가벼운 적색왜성에서는 $\alpha \approx 2$ 등으로 변한다. 126개의 잘 연구된 쌍성계의 표본을 조사해 보면, 질량이 $0.43M_\odot$ 부근에서 기울기의 급격한 변화가 나타난다. 이보다 가벼운 쪽에서는 기울기가 2.26이며, 이보다 무거운 쪽에서는 3.99이다. 일반적으로 적용해 볼 욕심에서 우리는 질량의 범위를 $0.43M_\odot$를 경계로 나누어 각각에 알맞은 M-L 관계를 이용한다.

$$\frac{L}{L_\odot} = \left(\frac{M}{M_\odot}\right)^{4.0} \tag{12-5b}$$

$$\frac{L}{L_\odot} = 0.23\left(\frac{M}{M_\odot}\right)^{2.3} \tag{12-5c}$$

오늘날 항성 구조에 관한 천체물리학의 이론은, 기울기의 변화를 질량에 따른 항성 내부구조의 차이와 대기의 온도에 따른 불투명도의 차이에서 기인하는 것으로 해석한다. M-L 관계는 방대한 대기층을 갖는 적색거성이나 축퇴물질로 구성된 백색왜성(그림 12–3)과 같이 오랜 진화를 겪은 별들에서는 성립하지 않는다. 별의 질량은 $0.085 \sim 100M_\odot$의 좁은 범위에 놓이지만, 광도는 $10^{-4} \le (L/L_\odot) \le 10^6$와 같이 매우 넓게 분포한다.

12.3 분광 쌍성

망원경으로 관측한 영상에 쌍성으로 분해되지 않더라도, 이중

1) 원서에는 상대궤도에서 최대 분리각이 긴 반지름에 해당한다고 보았는데, 이는 오류이다. 최대 분리각은 $a(1+e)$에 해당하고, 최소 분리각은 $a(1-e)$가 해당하므로, 긴 반지름에 해당하는 각도는 a'' = (최대 분리각 + 최소분리각)/2가 된다. (역주)

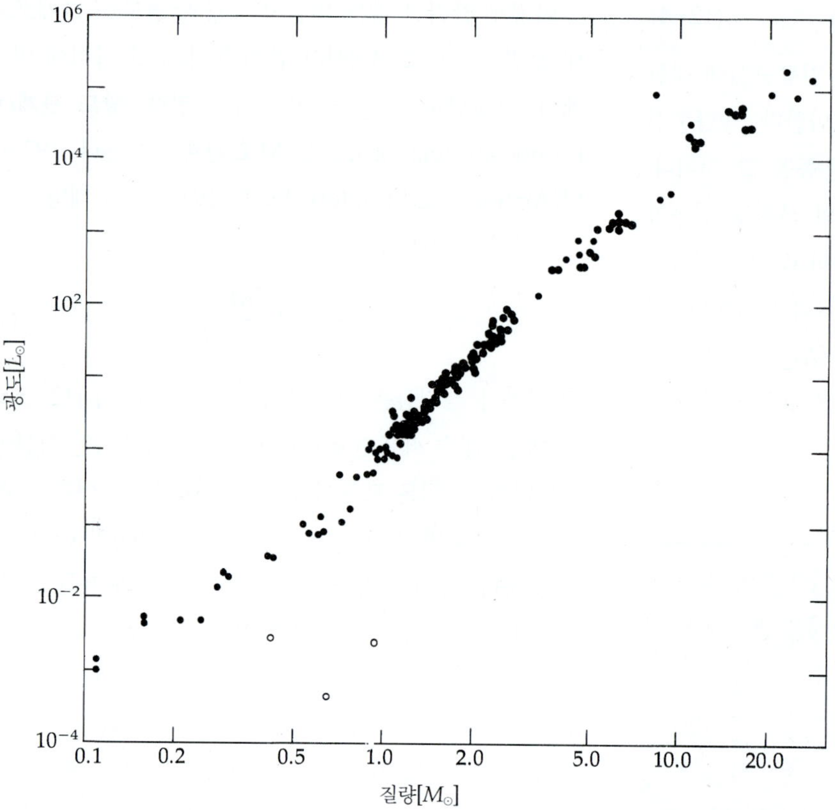

그림 12-3 질량-광도 관계
쌍성 관측에서 도출된 별들의 비교적 정확한 질량과 광도 자료를 여기에 그래프 형태로 옮겨 놓았다. 속이 빈 원들은 백색왜성을 나타낸다. 백색왜성의 광도가 일반 경향성에서 예측되는 값보다 낮다. 백색왜성을 구성하는 물질이 보통의 기체 상태가 아니라 축퇴 상태에 있기 때문이다.

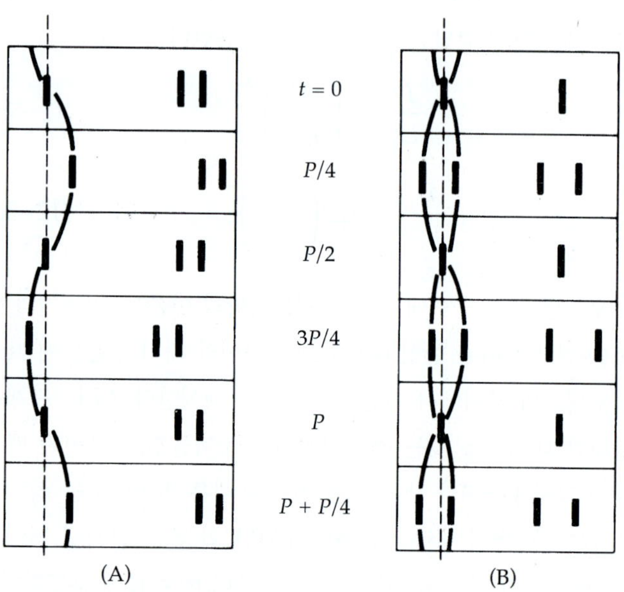

그림 12-4 분광 쌍성의 스펙트럼에 나타나는 흡수선 위치의 시간에 따른 변화
(A) 단선 쌍성의 경우 한 별의 선들만이 궤도 운동에 따른 도플러이동을 보인다. (B) 복선 분광 쌍성에서는 두 별의 선들이 서로 반대 위상을 갖고 주기적으로 이동한다. 두 별이 질량중심 주위를 마주 보고 돌기 때문이다.

성의 정체는 스펙트럼에서도 밝혀질 수 있다. 스펙트럼 상에서 비록 궤도 운동이 검출되지 않더라도, 두 가지 다른 성격의 스펙트럼이 겹쳐 보인다면 쌍성이라고 추정할 수 있다. 즉 **스펙트럼 쌍성**인 것이다. 이보다 더 쓸모 있고 흥미로운 경우가 분광 쌍성으로서, 두 별이 공통의 질량중심을 1AU보다 가까운 거리에서 빠른 속력으로 궤도 운동하는 계이다. 궤도가 이렇게 작으므로 주기 역시 몇 시간에서 몇 달로 짧은 편이다. 그리고 궤도 경사각은 일반적으로 0°가 아니다. 이러한 계라면 궤도 운동에 따른 도플러이동이 측정된다.

분광 쌍성의 경우(그림 12-4) 선의 위치가 스펙트럼 상에서 주기적으로 변한다. 어두운 동반성의 스펙트럼이 보이지 않는 계를 **단선** 분광 쌍성이라 한다(그림 12-4A). 두 별의 광도가 비등한 경우, 두 별의 스펙트럼선이 파장 축에서 서로 반대 방향으로 이동한다(그림 12-4B). 이러한 쌍성을 **복선** 분광 쌍성이라 한다. 현재 약 1,000쌍의 분광 쌍성이 알려져 있는데, 이 중에서 궤도가 제대로 결정된 것만도 몇백 쌍에 이른다.

12.3.1 속도곡선

분광 쌍성의 스펙트럼에서 유용한 정보를 도출하려면 스펙트럼선의 시간에 따른 변화를 해석해야 한다. 쌍성의 궤도면이 천구 면에 대하여 어느 정도 기울어진 관계로, 도플러 이동에서 궤도속도의 시선 방향 성분이 측정된다. 궤도 경사각이 0° 일 때에는 궤도 운동에 의한 도플러이동을 기대할 수 없다. 계의 질량중심이 태양에 대하여 이동할 수 있을 터이므로, 스펙트럼 전체가 특정 양의 도플러이동을 보이기는 한다.

도플러이동 공식은 다음과 같다[식 (8-13)].

$$\frac{\Delta\lambda}{\lambda_0} \equiv \frac{\lambda - \lambda_0}{\lambda_0} = \frac{v_r}{c} \tag{12-6}$$

여기서 λ_0는 해당 천이의 실험실에 측정된 방출 파장이고, λ는 그 선의 실제로 관측된 파장이다. 시선속도 v_r는 관측자에 대한 별의 상대 속력을 의미한다. 별이 관측자에게 접근하면 $v_r < 0$, 관측자에서 후퇴하면 $v_r > 0$ 이다. c는 빛의 전파 속도로서 $3 \times 10^5 \text{kms}^{-1}$로 알려져 있다. 현재 분광 관측에서 구사할 수 있는 파장 측정의 정밀도가 대략 0.001nm 수준이므로, 가시광 영역에서 도플러이동을 측정하려면 대상 천체의 시선

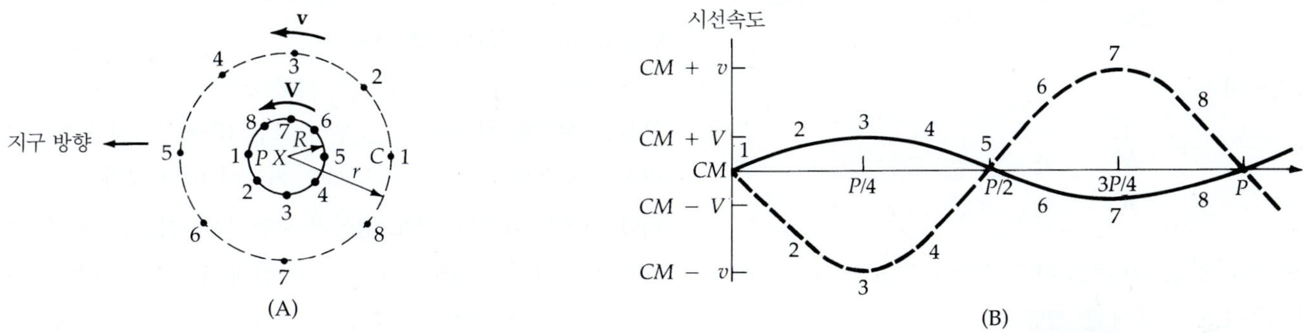

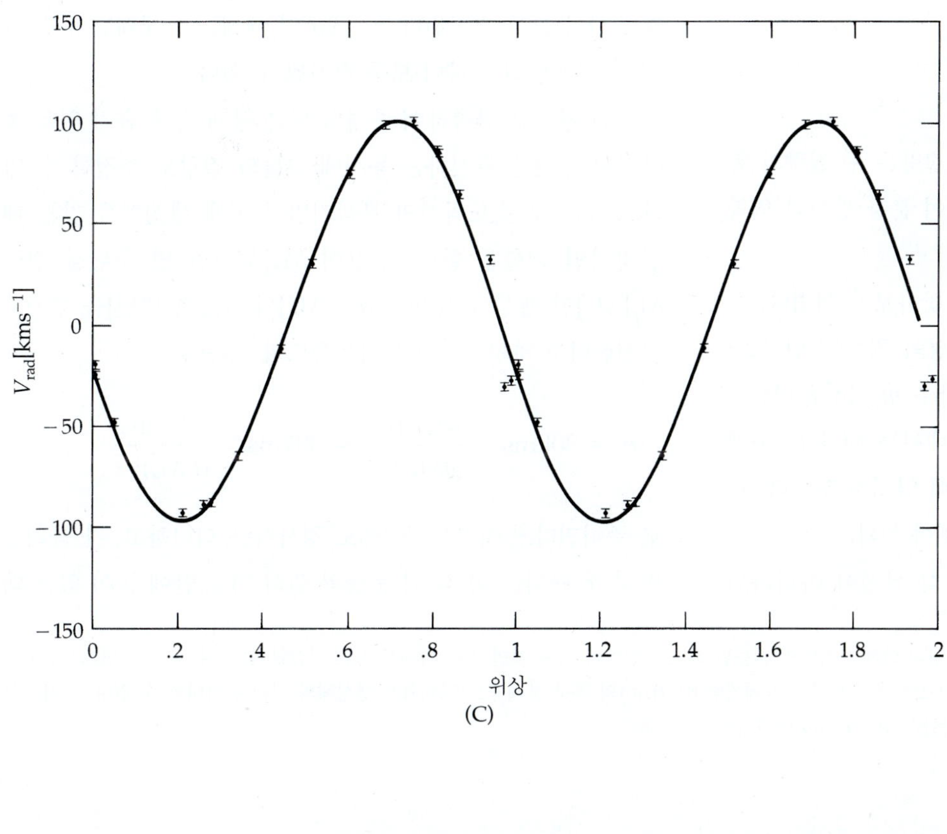

그림 12-5 쌍성계의 시선속도곡선
(A) 궤도 경사각이 90°인 원 궤도에서 주성 P와 동반성 C가 질량중심 X 주위를 돌고 있다. 주성과 동반성은 늘 마주 보게 된다. (B) 질량중심이 일정한 속력 CM으로 태양에서부터 멀어지고 있다. 주성과 동반성이 질량중심 주위를 각각 V와 v의 속력으로 궤도 운동을 한다. 이러한 운동이 주기 P로 반복된다. (C) 궤도주기가 0.83일인 식 쌍성 WY Cnc의 실제 관측자료이다. 실선은 주성 속도곡선의 관측 결과를 가장 잘 맞춰 주는 이론 선이다. (J. Newmark)

속도가 적어도 1kms^{-1}는 되어야 한다. 따라서 주기가 짧은 분광 쌍성들이 관측에 잘 걸리게 마련이다.

측정된 도플러이동을 식 (12−6)을 이용하여 시선속도로 환산하여, 그 결과를 시간의 함수로 나타낸 것이 **속도곡선**이다(그림 12−5C). 가장 간단한 예는 경사각이 90°인 원 궤도일 것이다. 각 별에서 하나씩 2개의 사인곡선이 생긴다. 두 별은 질량중심의 속도에 대하여 정반대의 위상으로 진동한다(그림 12−5B). 원 궤도의 경우 회전속도가 일정하다. 주성과 동반성의 질량, 궤도속도, 질량중심에 대한 궤도 반지름을 각기 M과 m, V와 v, 그리고 r_1과 r_2라고 하자. 주성과 반성이 주기 P 동안 움직인 거리가 각각 $2\pi r_1$과 $2\pi r_2$이므로, 우리는 $VP = 2\pi r_1$과 $vP = 2\pi r_2$에서 주성과 반성의 궤도 반지름을 알아낼 수 있다.

$$r_1 = \frac{VP}{2\pi}, \qquad r_2 = \frac{vP}{2\pi} \tag{12-7}$$

두 별의 질량비는

$$\frac{M}{m} = \frac{r_2}{r_1} = \frac{v}{V}$$

으로 주어진다. 한편 상대궤도의 긴 반지름이 $a = r_1 + r_2$이므로, 식 (12−1)에서 계의 총 질량이

$$M + m = \frac{a^3}{P^2}$$

와 같이 먼저 구해진다. 그리고 각 별의 질량은 두 질량의 합과 비를 통하여 얻을 수 있다. 이렇게 하여 분광 쌍성의 역학적 특성이 완전히 결정되는 것이다.

하지만 이렇게 간단한 경우는 실제로 찾아보기 어렵다. 주성의 스펙트럼만 보이는 단선 분광 쌍성의 경우(그림 12−5C), 다음 절에서 자세히 설명할 질량함수 $m^3 \sin^3 i/(M + m)^2$와 r_1만이 결정된다. 단선 분광 쌍성에서는 M과 m 중에서, 주성의 분광형으로부터 추정되는 M이 알려질 뿐이다. 단선의 경우라면 우리는 이 수준에서 만족해야 한다.

더 큰 어려움은 분광 쌍성이 동시에 식 쌍성이 아니라면 (12.4절 참조), 궤도 기울기 i가 알려지지 않는다는 사실이다. 관측된 속도곡선이 순수한 여현이나 정현 곡선이라면, 천구에 대하여 적당히 기울어진 원 궤도 운동을 보고 있는 것이다. 삼각법을 써서 우리는 관측된 속도곡선의 진폭(V', v') 과 원래 속도(V, v) 사이에

$$V' = V \sin i$$
$$v' = v \sin i$$

의 관계가 성립함을 알 수 있다. 즉 궤도 경사각 i를 모른다면 속도곡선의 진폭에서 실제 궤도속도를 알아낼 길이 없다는 얘기이다. 질량의 비는 속도곡선의 진폭으로부터

$$\frac{M}{m} = \frac{r_2}{r_1} = \frac{v}{V} = \frac{v'}{V'}$$

과 같이 정확하게 결정되지만 상대궤도의 긴 반지름은 그 하한값 $a \sin i$가 알려질 뿐이다.

상대궤도가 원이 아니라, 즉 이심률이 0이 아니라면, 속도곡선은 순수한 사인곡선으로부터 그림 12−6에서의 모양으로 변형된다. 2개의 속도곡선은 서로 거울에 비친 상과 같다. 그러나 진폭은 다르다. 궤도 경사가 모든 시선속도를 $\sin i$의 비율로 감소시키기 때문이다. 이들 곡선의 주기성과 모양의 특징으로부터 주기 P, 이심률 e, 시선에 대한 장축의 기울어진 정도 Ω가 모두 결정된다. $i = 90°$일 때에는 상대궤도의 긴 반지름과 각 별의 질량이 모두 결정될 수 있다.

단선 쌍성을 관측하여 주성의 밝은 광채 속에 숨겨 있을 동반성의 존재를 확신하는 동시에 그들의 질량도 추정할 수 있다. 그러므로 속도곡선의 분석기법이 외계 행성체를 찾는 데 결정적인 역할을 한다. 질량이 $M_*[M_\odot]$인 별 주위를 질량 $M_p[M_\odot]$인 행성이 긴 반지름 a[AU]의 궤도를 P[년]을 주기로 공전한다고 하자. 이 경우 시선속도의 진폭이

$$v_r = 30\text{kms}^{-1} \frac{M_p \sin i}{(aM_*)^{1/2}} = 30\text{kms}^{-1} \frac{M_p \sin i}{(PM_*^2)^{1/3}}$$

로 주어진다.[2)] 여기서 i는 궤도 경사각을 의미하고, 각 물리량의 측정 단위는 이 식 위 문장의 꺾쇠 기호 안에 들어 있는 대

2) 행성과 항성의 엄청난 질량 차를 생각한다면 행성에 의한 중심별의 흔들림 속도가 얼마나 작을 것인지 이 식에서 바로 실감할 수 있다. 예를 들면, 목성에 의한 태양의 시선속도가 10ms^{-1}의 수준이다. 그러므로 앞의 본문에서 얘기한 0.001nm의 파장 분해능으로는 외계 행성체의 검출은 기대할 수 없다. 스펙트럼선의 파장을 정밀하게 측정할 수 있는 특단의 방안이 강구되어야 한다. (역주)

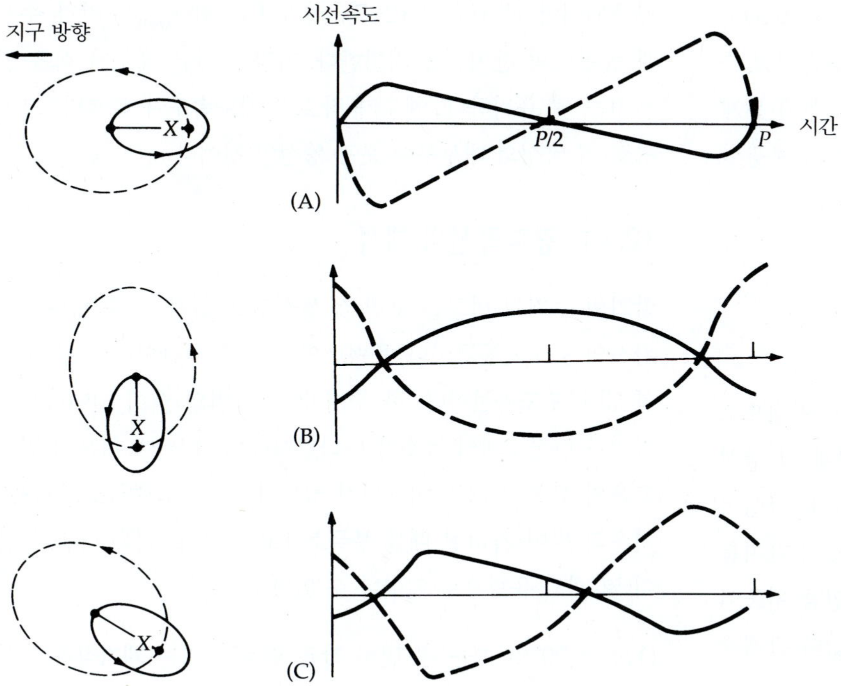

그림 12-6 타원 궤도 운동에서 비롯한 속도곡선
질량 M인 주성과 m인 동반성이 이심률은 같지만 긴 반지름의 비가 m/M인 2개의 타원 궤도들을 그린다. 궤도 경사각이 90°이고 주기는 P이다. (A) 긴 반지름이 시선 방향에 놓여 있을 경우에 예상되는 속도곡선의 모양. (B) 긴 반지름이 시선 방향과 90°일 때 속도곡선의 모습. (C) 긴 반지름이 시선 방향에 대하여 45° 기울어진 경우의 속도곡선

로이다.

시선속도에서 도출되는 질량은 실제 질량의 하한값이다. 궤도 경사각에 대한 정보가 없기 때문이다. 궤도 이심률은 속도곡선의 모양에서 결정된다. 예를 들어 궤도가 원이라면 궤도 경사각에 무관하게 언제나 완전한 모양의 사인곡선이 될 것이다.

12.3.2 질량함수

단주기 분광 쌍성($P \leq 10$일)의 경우 두 별 사이에 작용하는 강한 조석력 때문에 타원 궤도가 빠르게 원 궤도로 변해간다. 이론 예측에 의하면 원 궤도로의 조석 진화가 5×10^9년 이내에 완성된다고 한다. 모양이 원에 가깝고, 즉 $e \ll 1$, 궤도 경사가 i인 상대궤도를 갖는 복선 분광 쌍성이 있을 때, 속도곡선으로부터 도출되는 각 별의 질량을 가늠해 보자. 복선 쌍성의 속도곡선에서 궤도주기 P, 투영된 각 별의 질량중심에 대한 궤도 반지름 r_1'과 r_2', 따라서 상대궤도의 투영된 긴 반지름 $a' = r_1' + r_2'$ 등이 바로 구해진다. 이 값들이 케플러의 조화 법칙

$$(M + m)\sin^3 i = \frac{a'^3}{P^2}$$

을 만족할 것이다. 복선 쌍성의 경우 물론 질량의 비, M/m도 알려진다. 하지만 단선 쌍성에서는 상황이 다르다. 조화의 법칙, $(M + m)P^2 = a^3$을 관측 가능한 정보를 써서 기술해 보겠다. 즉, $a = (r_1 + r_2)$이고, $r_2/r_1 = M/m$이며, $r_1 = r_1'/\sin i$일 터이므로, 케플러 제3법칙은

$$(M + m)P^2 = \left(\frac{r_1'}{\sin i}\right)^3 \frac{(M + m)^3}{m^3},$$

$$\text{또는} \quad \frac{r_1'^3}{P^2} = \sin^3 i \frac{m^3}{(M + m)^2}$$

과 같이 기술된다. 위 우측의 표현 식에서 좌변은 관측에서 바로 알려지는 양이지만, 질량과 관계된 우변의 값은 직접 측정이 불가능하다. 미지의 우변을 우리는 단선 쌍성의 **질량함수**(mass function)라고 정의하고 보통 $f(M, m)$으로 표기한다.

$$f(M, m) \equiv \sin^3 i \frac{m^3}{(M + m)^2} \tag{12-8}$$

궤도 경사각을 모르는데 질량함수가 무슨 소용이 있겠는가? 그렇다, 각 별에 대한 질량은 계산할 수 없다. 그러나 관측으로부터 개개의 쌍성계들에 대하여 $f(M, m)$의 구체적인 값이 알려지므로, 많은 관측 결과들을 종합한다면 적어도 쌍성 질량에 관한 통계적 정보는 구할 수 있을 것이다. 우선 쌍성 궤도면의 공간 분포가 무작위적일 것이라는 점에 유의하자.

이 경우 $\sin^3 i$의 전 하늘에 걸친 평균값이 $\langle \sin^3 i \rangle = 0.59$이다. 그러나 궤도 경사가 큰 쌍성이 분광 쌍성으로 검출될 확률이 높다. 이와 같은 관측의 선택 효과를 고려하여, 실제 통계 분석에는 이보다 큰 $\langle \sin^3 i \rangle \approx 2/3$를 사용한다. 별의 분광형에서 유추된 질량 정보를 통계분석에 활용할 수 있다.

12.4 식 쌍성

쌍성의 궤도 경사각이 90°에 가까울 경우 각 별은 주기적으로 서로를 가리게 되는데, 이를 **식 쌍성**이라 한다. 현재 식 쌍성이 수천 개 정도 알려져 있다. 이들의 대부분이 분광 쌍성이고, 또 극히 일부는 안시 쌍성이기도 하다. 상대궤도의 반지름이 ρ인 식 쌍성의 궤도면이 시선 방향에 대하여 ϕ만큼 기울어진 경우, 식이 일어나려면 $\rho \sin \phi < (r_{pri} + r_{com})$의 관계가 만족되어야 한다(그림 12-7). 여기서 r_{pri}와 r_{com}은 각각 주성과 동반성의 반지름을 의미한다. 따라서 작은 궤도가 식을 일으키는 데 유리하다. 궤도가 작으면 궤도속도가 빠르다. 그러므로 식 쌍성의 대부분이 분광 쌍성인 것이다.

12.4.1 광도곡선의 해석

밝기의 주기적 변화를 보면 식 쌍성임을 쉽게 알 수 있다. 식 쌍성의 겉보기등급이나 플럭스의 변화를 시간의 함수로 표시한 것이 **광도곡선**이다. 한 주기마다 두 번의 식이 일어나므로 깊이가 다른 2개의 극소가 나타난다(그림 12-8). 저온의 별이 고온의 별을 가려서 어두워진 정도가 클 때를 **주극소**, 반대로 저온의 별이 가려질 때를 **부극소**라고 부른다. 식은 다음과 같이 몇 개의 유형으로 일어날 수 있다.

(1) $i \approx 90°$일 때는 큰 별이 작은 별을 가리는 **개기식**과 작은

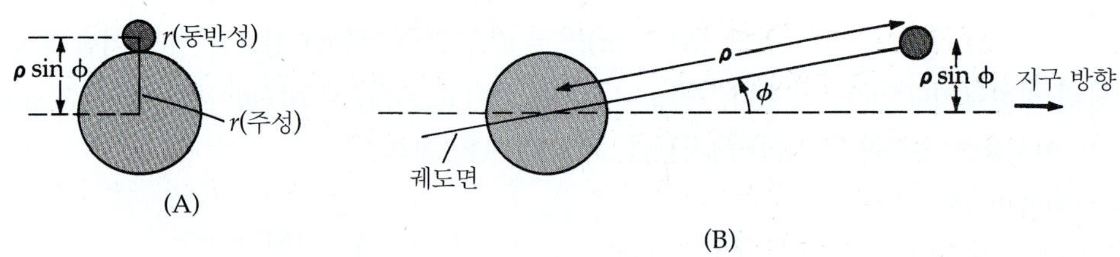

그림 12-7 쌍성의 식 발생 조건
(A) 관측자에게 주성과 동반성이 같은 시선 방향에 올 때의 상황. 동반성이 식을 일으키려면 주성 앞을 지나야 한다. (B) 관측자의 시선에 주성과 동반성이 수직으로 보일 때의 상황. 식이 일어날 수 있는 동반성 위치의 허용 범위를 알아볼 수 있다.

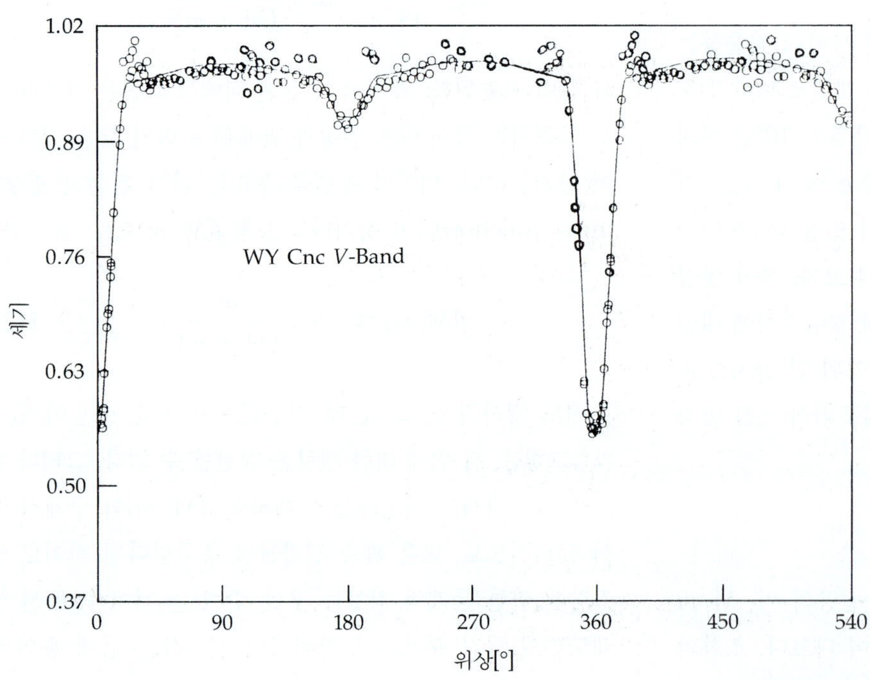

그림 12-8 식 쌍성인 WY Cnc를 V 파장 대역에서 측광 관측한 결과이다.
이 식 쌍성은 RS CVn 부류에 속하는 계이다. 속이 빈 원들이 실제 관측 자료이고, 실선은 최적의 식 쌍성 모형의 결과이다. 세로축의 눈금은 식을 벗어났을 때 두 별의 밝기의 합을 단위로 한 값이다. 위상이 0°와 360°인 데서 나타나는 주극소가 180°의 부극소 때보다 월등히 깊은 것으로 보아, 동반성이 주성보다 훨씬 더 어두울 것으로 예상된다.

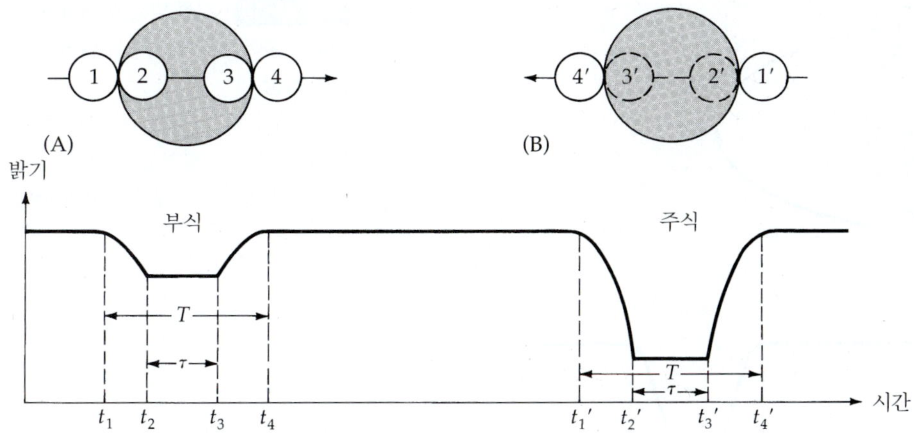

그림 12-9 원 궤도를 도는 쌍성의 중심식 작은 별이 둘 중에서 더 뜨거운 별이다. 네 번의 접촉이 식의 지속 시간을 결정한다. 중심식의 경우 광도곡선의 극소 부분이 평탄하다. (A) 부식일 때 작은 별이 큰 별 앞을 지나며, 이때 광도곡선은 부극소를 만든다. (B) 부식이 일어난 지 $P/2$ 지난 다음, 작은 별이 큰 별의 뒤로 들어갈 때 주식이 일어나며, 이때 광도곡선은 주극소를 만든다.

별이 큰 별을 가리는 **금환식**이 일어난다. 이 둘을 합해서 **중심식**이라 부른다.

(2) $\rho \cos i < (r_{pri} - r_{com})$일 때도 개기식과 금환식이 일어난다.

(3) $(r_{pri} - r_{com}) < \rho \cos i < (r_{pri} + r_{com})$일 경우에는 부분식만 일어난다.

큰 별이 작은 별보다 표면온도가 낮고 상대궤도가 원인 경우, 중심식에 해당하는 광도곡선을 살펴보자(그림 12-9A, B). 식이 한 번 일어나는 동안 두 별의 가장자리가 4개의 시점에서 접촉하게 된다. 제1접촉(t_1)은 식이 시작할 때, 제2접촉(t_2)은 밝기가 극소일 때, 제3접촉(t_3)은 작은 별이 큰 별의 가장자리를 벗어나기 시작할 때, 그리고 제4접촉(t_4)은 식이 끝날 때이다. 정확히 $P/2$의 시간차로 일어나는 주극소와 부극소에서의 밝기가 적정 시간 동안 일정한 값을 유지한다. 큰 별과 작은 별의 반지름이 각각 R_L과 R_S이며 작은 별의 상대궤도 속도가 v일 때, 우리는 단순한 기하학적 관계로부터

$$2R_s = v(t_2 - t_1) = v(t_4 - t_3) \tag{12-9a}$$

$$2(R_s + R_l) = v(t_4 - t_1) \tag{12-9b}$$

가 성립함을 알 수 있다. 그러나 상대궤도의 반지름 a는

$$a = \frac{vP}{2\pi} \tag{12-10}$$

로 주어진다. 우리는 식 (12-9)와 식 (12-10)을 이용하여 두 별의 반지름을 a 단위로 하여 다음과 같이 기술할 수 있다.

$$\frac{R_s}{a} = \frac{\pi(t_2 - t_1)}{P}$$

$$\frac{R_l}{a} = \frac{\pi(t_4 - t_2)}{P} \tag{12-11}$$

스펙트럼을 찍어보지 않더라도 식 쌍성의 경우 두 별의 표면온도의 비를 광도곡선에 알아낼 수 있다. 별을 유효온도가 T_{eff}인 완전흑체로 가정하면, 스테판-볼츠만의 법칙에 따라, 흑체의 단위 면적에서 σT^4_{eff}만큼의 복사 에너지가 방출된다(8.6절 참조). 양 극소의 상황에서 가려지는 별이 다르더라도 가려진 면적은 πR_S^2으로 동일하다는 사실에 유의한다면, 주극소와 부극소의 깊이의 비에서부터 $(T_l/T_s)^4$의 값을 쉽게 계산할 수 있을 것이다. 여기서 T_l과 T_s는 각각 큰 별과 작은 별의 유효온도를 의미한다. 물론 주극소는 뜨거운 별이 가려진 경우이다.

부분식이 일어나는 원 궤도의 경우를 생각해 보자(그림 12-10). 식이 진행되는 시간은 중심식의 경우보다는 짧겠지만, 주식과 부식의 진행 시간은 서로 같다. 두 식은 여전히 정확히 $P/2$ 의 간격을 두고 일어난다. 이 사실에서 원 궤도임을 알게 된다. 그렇지만 식이 진행되는 동안 밝기는 계속해서 변할 것이다. 결국 다음과 같은 사항들을 결정할 수 있다. (1) 궤도의 기울기 i, (2) 별의 상대적 반지름 R_l/a와 R_s/a, (3) 유효 표면온도의 비 T_l/T_s 등이다.

타원 궤도에서는 주식에서 부식까지, 그리고 부식에서 주식까지 경과되는 시간 간격이 다르다. 또한 식의 지속 시간도 주식과 부식에서 같지 않다. 우리는 이러한 사실로부터 궤도의 이심률 e와 궤도 긴 반지름의 방향 Ω, 궤도 경사각 i 등을 결

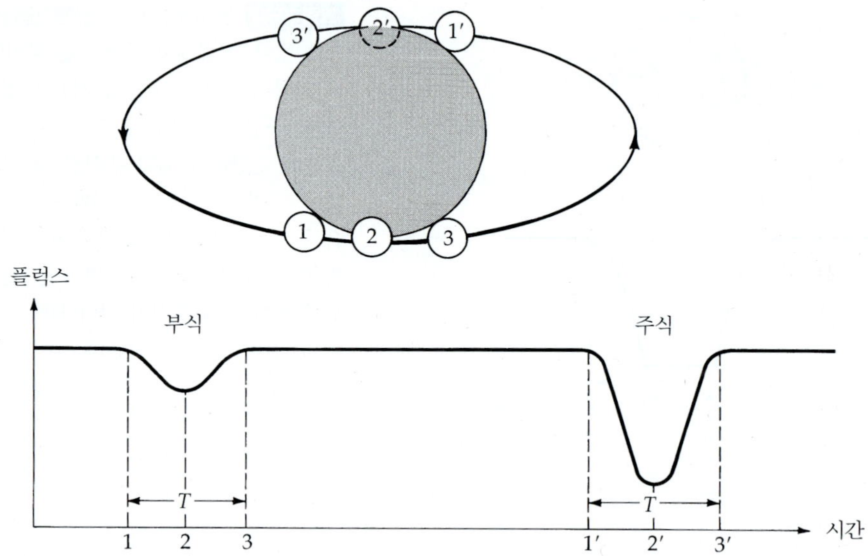

그림 12-10 시선 방향에 대하여 어느 정도 기울어진 원 궤도에서 일어나는 부분식 상황

작은 별이 더 뜨겁고, 주식과 부식이 $P/2$ 간격으로 일어난다. 광도곡선의 극소부가 평탄하지 않음에 유의하라.

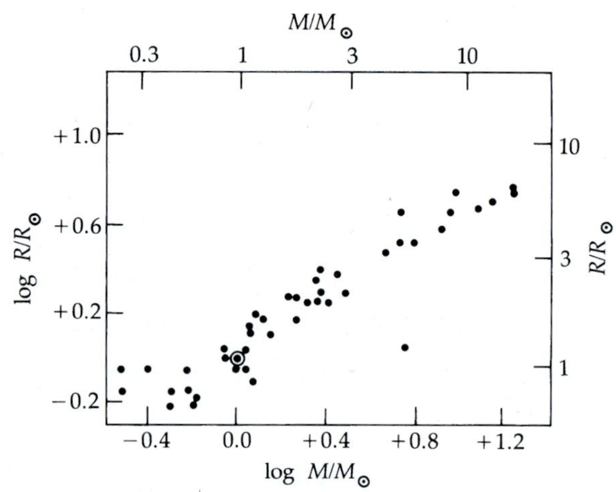

(A)

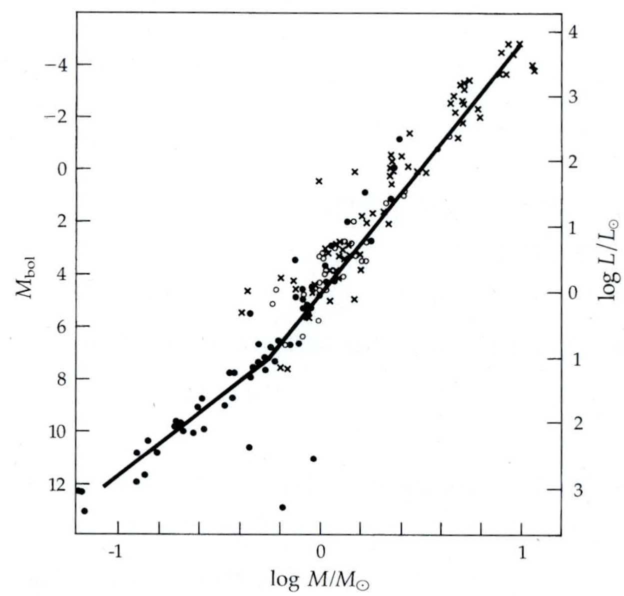

(B)

그림 12-11 쌍성에서 도출한 별의 질량과 반지름에 관한 정보

(A) 주계열 별들의 질량–반지름 관계. 질량이 큰 별일수록 반지름이 크다. (B) 거리가 알려진 쌍성들의 질량–광도 관계. 안시 쌍성 중에서 최상의 자료를 가진 계들을 속이 찬 원으로, 2등급 자료를 속이 빈 원으로, 그리고 식 쌍성 자료는 곱셈표로 각각 표시했다. 질량이 태양의 절반이 채 못 되는 데에서 기울기의 값이 변한다. (W.D. Heintz)

정할 수 있다.

12.4.2 식-분광 쌍성

광도곡선에서는 별의 크기와 온도의 절대값을 결정할 수 없다. 상대값으로만 알려진다. 그런데 다행인 것은 식 쌍성이 대부분 분광 쌍성이라는 사실이다. 속도곡선에서 궤도속도의 절대값이 알려지기 때문이다. 궤도속도만 알면 식 (12–9)와 (12–10)에서 a, R_l, R_s를 모두 km 단위로 계산할 수 있다. 그리고 광도곡선에서 궤도 경사각이 알려지므로, $\sin i$를 계산하여 별의 질량을 구체적으로 결정할 수 있다. 이렇게 알려진 질량과 반지름의 정보를 그림 12–11A에서와 같이 그래프로 나타내 보면 질량–반지름의 뚜렷한 상관관계가 드러난다. 별의 평균 밀도 $\langle\rho\rangle$는 질량과 반지름으로부터

표 12-1 쌍성에서 얻어지는 별의 자료

쌍성의 종류	실시 또는 소요되는 관측	결정되는 양
안시	(가) 겉보기등급과 π''	별의 광도
	(나) P, a'', π''	긴 반지름(a), 질량 합($M + m$)
	(다) CM에 대한 운동	M과 m
분광	(가) 단선 속도곡선	질량함수 $f(M, m)$
	(나) 복선 속도곡선	질량비(M/m), $(M + m)\sin^3 i$, $a \sin i$
식	(가) 광도곡선의 식의 형태	궤도의 기울기(i), 별의 상대적 반지름($r_{l,s}/a$)
	(나) 식 사이의 상대 시간	궤도 이심률(e)
	(다) 식의 극소에서 광도 손실	표면온도의 비(T_l/T_s)
식-분광	(가) 광도곡선과 속도곡선	절대적 크기(a, r_s, r_l), e와 i, M과 m(그리고 밀도)
	(나) 분광시차 + 겉보기등급	쌍성의 거리, 별의 광도, 표면온도(T_l, T_s)

주의 : 첨자 l과 s는 각각 큰 별과 작은 별을 의미함

$$\langle \rho \rangle = \left(\frac{3}{4\pi} \right) \left(\frac{M}{R^3} \right)$$

와 같이 계산된다. 별의 반지름을 알고 있다면, 유효온도의 비를 활용하여, 별의 광도의 비와 쌍성계의 총 광도를 알아낼 수 있다. 한편, 계의 겉보기등급과 총 광도는 우리에게 거리를 알려 준다. 결국 각 별의 질량과 광도가 측정된다(그림 12-11B, 그림 12-3). 쌍성의 관측에서 알아낼 수 있는 각종 정보를 표 12-1에 요약하였다.

12.4.3 접촉 쌍성

근접 쌍성에 관한 지식을 **접촉 쌍성**으로 확장할 수 있다. 궤도주기가 수 시간 이내로 매우 짧은 식 쌍성계에서는 두 별이 서로 닿아 있을 수 있다. 접촉의 정황이 광도곡선의 모양에 드러난다. 광도곡선의 극대부가 둥글게 나타나며 2개의 극소부는 거의 같은 깊이를 가진다. 접촉계에서는 공통의 껍질이 두 별을 둘러싸며, 강력한 조석 작용의 결과로 별의 모양이 구형에서부터 극도로 변형되어 있다.

여러 지점에서의 유효 중력을 고려함으로써 접촉 쌍성계를 이루는 두 별의 상호작용을 살펴볼 수 있다. **유효중력**은 진짜 중력적 인력과 궤도 운동에 의한 원심력의 벡터 합으로 결정된다. 별들 주위의 공간을 살펴보면, 누워 있는 **8**자와 같은 모양의 영역에서 두 별의 유효 중력이 상쇄되는 지점과 만난다(그림 12-12A의 L_1점). 이 지점에서는 유효중력이 0이 된다. 여기서 **8**자의 절반씩은 각 별의 유효중력에 의해 통제되는 영역이며, 이를 **로시잎사귀**(Roche lobes) 또는 **로시엽**(葉)이라 부른다.

각 별의 크기가 자신의 로시잎사귀에 비해 얼마나 큰가에 따라 근접 쌍성을 분류할 수 있다. 두 별 모두 각각의 로시잎사귀에 비해 작을 경우 그 계는 **분리 쌍성**이고(그림 12-12A), 둘 중의 하나만 자신의 로시잎사귀를 채우면 **반분리 쌍성**이다. 반분리계에서는 물질이 로시잎사귀의 접촉점 L_1을 통해서 자

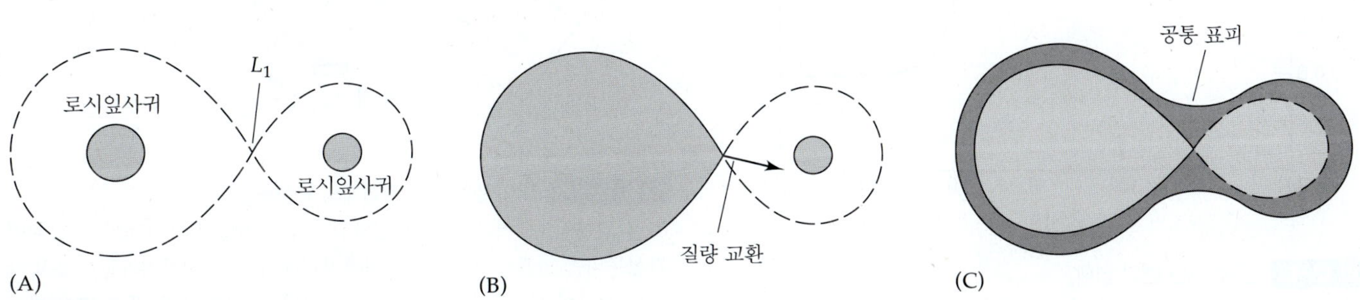

그림 12-12 각종 접촉 쌍성들

(A) 분리계. 두 별이 다 자신의 로시잎사귀보다 작다. (B) 반분리계. 한쪽만 로시잎사귀를 채운다. 물질이 주성에서 동반성으로 이동한다. (C) 접촉계. 두 별이 다 자신들의 로시잎사귀를 채우고 있다. 두 별이 균일한 온도의 공동 껍질로 둘러싸여 있다.

유롭게 다른 별 쪽으로 흘러들어간다(그림 12-12B). 즉 로시 잎사귀를 채운 별이 물질을 기증하는 별이고, 다 채우지 못한 별이 수혜별이다. 끝으로 두 별이 모두 그들의 로시잎사귀를 채우고 있다면, 접촉 쌍성으로서 물질의 공통 외층이 둘을 모두 둘러싸게 된다(그림 12-12C).

12.5 간섭계에 의한 별의 반지름 측정과 유효온도

끝으로 쌍성 관측에 의존하지 않고 별의 크기를 측정할 수 있는 방법을 간단히 설명하겠다. 별 표면에 서로 떨어져 있는 두 지점에서 오는 빛이 경로의 위상차에 따라 서로 더해져 증폭되거나 서로 상쇄하여 소멸되기도 한다(8.1절 참조). 기본적으로 이와 같은 파동의 **간섭 현상**을 이용하면 별의 크기를 측정할 수 있다.

왜 이런 간접적인 방법이 필요한지 알아보기 위하여, 다음의 예를 생각해 보자. 1pc 거리에 있는 지름 1AU(반지름 = $109R_\odot$)인 별은 천구 상에서 1″.0 크기의 원반으로 나타날 것이다. 그러나 1″는 지구 대기의 요동 때문에 생기는 별의 시상과 같은 값이므로, 별의 크기를 분해해 볼 수 없을 뿐 아니라, 1pc 정도밖에 안 되는 가까운 거리 안에는 별이 없다. 따라서 우리 태양을 제외한다면 직접 관측으로 별의 크기를 측정하기란 불가능하다.

황도를 중심으로 폭 10° 안에 들어오는 별들은 때때로 달에 의하여 **엄폐**(掩蔽, occultation)된다. 엄폐 과정에서 별이 순간적으로 시야에서 사라지는 것이 아니라, 실제 밝기는 수 초에 걸려 점진적으로 어두워진다(그림 12-13). 별로부터 오는 전자기파의 파면이 시간이 흐름에 따라 달에게 점진적으로 가려지지만, 아직 가려지지 않은 부분에서 오는 빛과 간섭(실제로는 회절)을 일으켜서, 지구에서는 별의 밝기가 시간에 따라 특유의 변화를 겪는 것으로 관측된다. 엄폐 시 밝기 변화의 특성을 결정짓는 요인이 별의 **각지름**이므로, 엄폐를 당하는 별까지의 거리를 알고 있다면 그 별의 실제 지름을 추정할 수 있다. 별의 각지름이 2~20mas인 경우 이 방법이 갖는 측정 오차는 약 1mas이다(1mas = 1″/1000).

1920년대에 마이컬슨(A.E. Michelson, 1852~1931)은 항성 간섭계를 발명하여 가까운 거리에 있는 큰 별들의 각지름을 직접 측정할 수 있었다. 망원경의 경통 입구에 2개의 거울을 수 m 간격으로 벌려서 설치하고, 거울에 입사된 별빛을 꺾어 망원경 초점에 모아들이면, 별의 각 부분에서 온 파면(波面)들이 서로 간섭하여 특유의 간섭무늬를 만든다(그림 12-14). 이때 생기는 간섭무늬의 특징을 결정짓는 요인이 별의 양

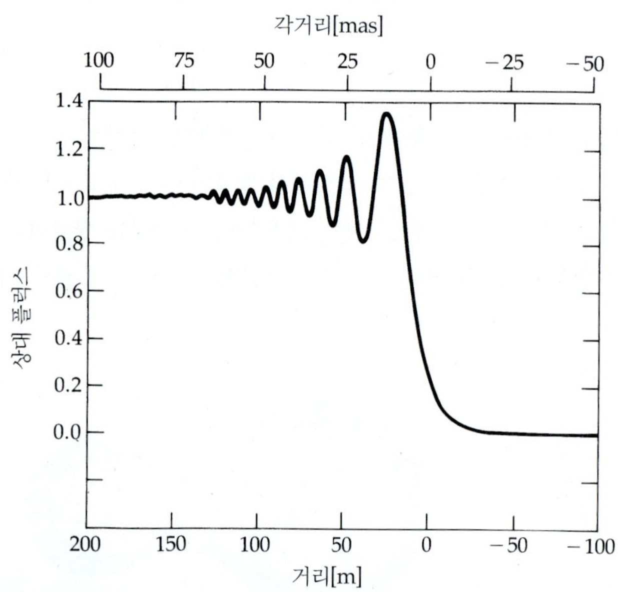

그림 12-13 달에 의한 별의 엄폐
달의 가장자리가 별 앞으로 들어올 때, 그 별이 완전히 사라지는 게 아니라, 회절무늬가 나타난다. 위의 눈금은 각을, 아래 눈금은 미터를 단위로 한 값이다.

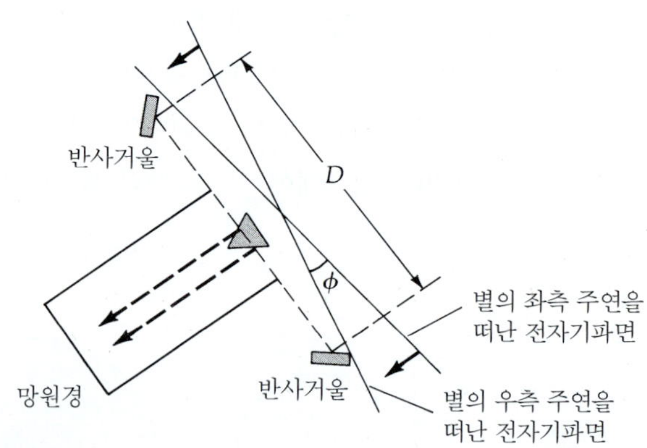

그림 12-14 마이컬슨 항성 간섭계의 모형도
멀리 떨어진 두 거울에 각각 입사된 별빛을 망원경의 초점으로 보내어 간섭무늬를 만든다. 별의 양쪽 가장자리에서 오는 전자기파동이 ϕ의 각으로 교차하면서 초점에 동시에 도달한다. 교차각 ϕ가 바로 별의 각크기이다. 간섭무늬가 ϕ와 두 거울의 간격으로 결정되므로, 거울의 거리를 조정하면서 간섭무늬의 변화를 조사함으로써 교차각, 즉 별의 각크기를 측정할 수 있다.

표 12-2 항성 간섭계로 측정된 별의 지름

별	분광형	주연 감광이 된 지름[mas]	거리[pc]	반지름[$R_\odot$]
α Cas	K0 II-III	5.4 ± 0.6	45 ± 9	26 ± 8
β And	M0 III	13.2 ± 1.7	23 ± 3	33 ± 9
γ And	K3 II	6.3 ± 0.6	75 ± 15	50 ± 14
α Cyg	A2 Ia	2.7 ± 0.3	500 ± 100	145 ± 45

쪽 주연부에서 오는 파면 사이의 각도이다. 이 교차각이 별의 각지름에 해당한다. 최근 방법에서는 거울 대신 2개의 망원경을 이용한다. 그러나 물리적 원리는 1개를 쓸 때와 같다.

일반적으로 교차각의 크기가 매우 작으므로 별의 각지름 α는

$$\alpha = \frac{D}{d}$$

으로 주어진다. 여기서 α는 라디안 단위로 잰 값이며, D는 별의 실제 반지름이고, d는 별까지의 거리이다. 몇 개의 밝은 별에 대한 측정 결과를 표 12-2에 모아 놓았다.

이러한 방식으로 크기가 측정된 예가 알데바란(Aldebaran, 황소자리α별)이다. 이 별은 평균 각지름이 약 21mas이고, 거리 d가 20.8pc이다. $D = \alpha d$에 $\alpha = 21'' \times 10^{-3} = 1.02 \times 10^{-7}$rad을 대입하면,

$$D = (1.02 \times 10^{-7})(20.8\text{pc}) = 2.12 \times 10^{-6}\text{pc} = 6.54 \times 10^{7}\text{km}$$

의 결과를 얻는다. 즉 알데바란은 태양의 약 50배나 되는 별이다.

반점 간섭계(speckle interferometry)라는 이름으로 불리는 또 다른 유형의 간섭계는 지상관측에서 피할 수 없는 대기의 시상 효과를 활용한다. 대기를 통과한 빛을 망원경으로 관측해 얻게 되는 별의 상은 고유의 회절 무늬를 보인다. 별빛이 공기 덩어리들을 지나면서 겪게 되는 위상의 차이 때문에 간섭 현상이 일어나는 것이다. 결국 별의 영상이 여러 개의 밝은 쌀알이나 반점들이 모여 있는 형국을 하게 된다. 그런데 반점 효과(speckle effect)가 파장의 함수이므로, 관측에 쓰이는 파장 대역을 좁게 잡을수록 반점 무늬가 또렷해진다. 그리고 공기 덩어리들이 움직이므로 장기 노출을 하면 반점 무늬들이 상쇄될 것이다. 따라서 반점의 모양을 잡아내려면 여러 번의 신속한 단기 노출이 필요하다. 단기 노출로 촬영한 영상들을 푸리에(Fourier) 분석하여 반점의 특성을 알아낸다. 반점 간섭계는 단독별의 상을 분해하는 데 쓰일 뿐 아니라, 근접 다중성계의 구성 별들을 분해하는 데에도 유용하다. 예를 들어 베텔지우스별(Betelgeuse, 오리온자리α)이 반점 관측에 의해서 삼중성계인 것으로 밝혀졌다(그림 12-15). 이 방법은 특히 분광 쌍성 연구에 유용하다. 시선속도곡선과 더불어 두 별의 각거리를 알면 별의 질량이 직접 결정되기 때문이다.

관측된 별의 각크기를 이용하면 별의 유효온도를 알아낼 수 있다. T_{eff}는 단위 면적에서 방출되는 모든 파장에 걸친 총 에너지의 척도임에 유의할 필요가 있다. 이 값은 별의 반지름과 광도에 의해 결정된다. 따라서 T_{eff}는 별의 각지름(반지름)

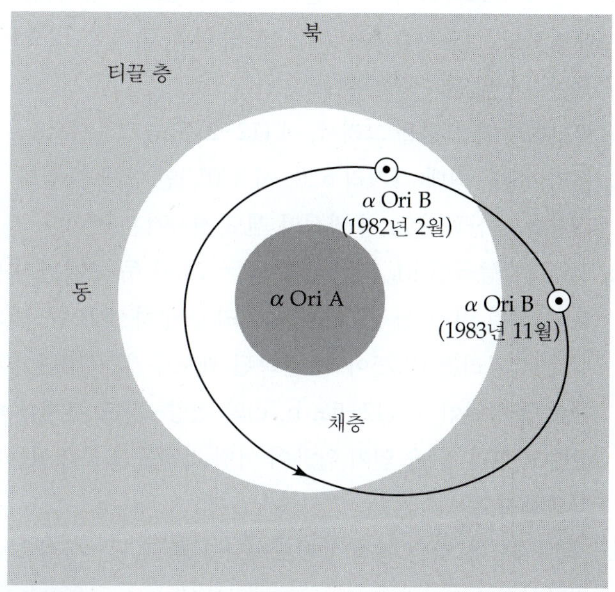

그림 12-15 α Ori A(베텔지우스)와 근접 동반성 α Ori B의 궤도 모형도
베텔지우스의 채층을 두꺼운 티끌 층이 다시 둘러싸고 있다. 궤도주기가 2.1년인 동반성이 주성을 둘러싼 티끌로 구성된 포피는 물론이고 채층의 내부로까지 들어온다. 제3의 성분인 α Ori C는 α Ori B보다 약 10배 정도 더 멀리 있어서 이 그림에 나타낼 수 없다.

과 플럭스(겉보기등급)로부터 직접 결정될 수 있다. 태양(T_{eff} = 5,800K, M_{bol} = 4.72, BC = −0.07)을 기준으로 하여 다른 별의 유효온도를

$$\log T_{eff} = 4.220 - 0.10(V_0 + BC) - 0.5 \log \theta_{ld}$$

와 같이 기술할 수 있다. 여기서 V_0는 적색화가 보정된 별의 원래 겉보기등급이고, θ_{ld}는 주연 감광을 고려한 별의 각지름을 mas 단위로 잰 값이다. 관측된 θ에서 θ_{ld}를 알아내려면 별의 원반 모형이 필요하기 때문에 θ_{ld}의 추정에 약 1%의 불확실성은 인정해야 한다. 하지만 이와는 대조적으로 관측의 측정오차가 10%로 크기 때문에, 결국 T_{eff}의 오차는 100K에서 400K 사이의 크기일 것이다. 이 정도의 범위라면 별의 믿을 만한 유효온도라 하겠다. 따라서 별의 모형 연구에서 도출되는 이론적 표면온도와의 의미 있는 비교가 가능하다.

핵심 수식과 개념

- 케플러 제3법칙

$$(M_1 + M_2)P^2 = \left(\frac{a''}{\pi''}\right)^3$$

- 질량–광도 관계

$$\frac{L}{L_\odot} = \left(\frac{M}{M_\odot}\right)^{4.0} \qquad M \geq 0.43M_\odot$$

$$\frac{L}{L_\odot} = 0.23\left(\frac{M}{M_\odot}\right)^{2.3} \qquad M \leq 0.43M_\odot$$

- 쌍성의 질량함수

$$f(M, m) \equiv \sin^3 i \frac{m^3}{(M + m)^2}$$

문제

1. 케플러의 조화의 법칙이 안시 쌍성의 겉보기 상대궤도에 대해서도 성립함을 증명하시오. 증명의 근거로 12.2.1에 주어진 사실을 이용하시오.

2. 필요하다면 그림을 그려서, 식 (12–2)를 증명하시오.

3. 주기 40년, 최대 각거리 5″.0, 시차 0″.3인 안시 쌍성의 총 질량을 계산하시오. 이 쌍성의 궤도 경사각은 0°이다.

4. 절대복사등급이 M_{bol} = +5.0 및 = 2.0인 두 주계열 별들로 구성된 안시 쌍성계까지의 거리를 구하시오. 두 별의 평균 각거리는 0″.75이고, 관측된 궤도주기는 10년이다. 계의 구성원이 식 (12–5a, b, c)의 질량–광도 관계를 따른다고 한다. 답을 얻기 위하여 어떤 가정들을 도입했는지 설명하시오.

5. 작은 궤도를 갖는 쌍성의 궤도속도가 빠르다는 사실을 증명하시오.

6. 복선 분광 쌍성이 하나 있다. 이 쌍성의 속도곡선은 여현함수를 따르고, 각 곡선의 진폭이 20kms^{-1}과 60kms^{-1}이며, 주기가 1.5년이라고 한다.

(가) 궤도의 이심률 e를 구하시오.

(나) 어느 쪽 별이 더 무거우며 두 별의 질량비가 얼마인지 밝히시오.

(다) 궤도 경사각을 90°로 잡고 상대궤도의 긴 반지름을 AU 단위로, 각 별의 질량을 $M_\odot$ 단위로 구하시오.

7. 어떤 식 쌍성의 궤도주기가 2일 22시간, 식 지속 시간은 각각 18시간, 그리고 개기식 시간은 4시간이라고 한다.

(가) 주성과 동반성의 반지름을 원 궤도의 반지름 a를 단위로 하여 표시하시오.

(나) 만일 스펙트럼 자료에서 상대궤도의 속도가 200kms^{-1}으로 알려졌다면, 별들의 실제 반지름을 km와 $R_\odot$의 단위로 각각 계산하시오.

8. 식 쌍성에서 한 별의 표면온도가 15,000K이고, 다른 별은 5,000K이다. 저온 별은 반지름이 고온 별의 4배가 되는 거성이다.

(가) 별의 광도비를 계산하시오.

(나) 주극소가 일어날 때 어느 쪽 별이 가려지는지 지적하고 그 이유를 설명하시오.

(다) 주극소는 개기식과 금환식 중에서 어느 것과 관련이

있는지 설명하시오.

(라) 주극소와 부극소의 깊이를 광도의 단위로 비교하시오.

9. 시리우스 A는 A1V형의 주계열별로서 표면온도가 10,000K이고, 반지름이 $1.8R_\odot$이며, 절대복사등급이 $M_{bol} = 11.5$이다. 한편 동반성인 시리우스 B는 백색왜성으로서 반지름은 $0.01R_\odot$이고 절대복사등급이 $M_{bol} = 11.5$이라고 한다.

(가) 이들의 광도비를 구하시오.

(나) 두 별 표면의 유효온도의 비를 계산하시오.

(다) 궤도 기울기가 $i = 90°$라면 주극소의 상황에서 어느 쪽 별이 가려지는지 설명하시오.

(라) 만일 측광 관측의 오차가 $0^m.001$이라면, 이 계에서 일어날 수 있는 주극소를 감지할 수 있을지 가늠하시오. [힌트 : $x \ll 1$일 경우 $\log_{10}(1 + x) = x/2.3$의 근사식이 성립한다.]

10. 지름이 태양 반지름 $R_\odot$의 단위로 주어지고 거리가 pc 단위로 알려진 별의 각지름을 mas 단위로 계산할 수 있는 식을 유도하시오.

11. 궤도주기가 12시간이고 질량이 태양과 같은 두 별로 구성된 쌍성의 상대궤도의 반지름과 궤도 속력을 계산하시오. 궤도 모양은 원이라고 한다.

12. (가) 질량-광도 관계를 이용하여 $0.085 \sim 100M_\odot$에 걸친 질량 범위를 광도의 범위로 환산하시오.

(나) 광도가 태양의 1/10인 별의 질량을 추정하시오. 또 태양 광도의 1,000배인 별의 질량을 예측하시오.

13. (가) 그림 12-8에 제시된 광도곡선을 보고 식 쌍성 WY Cnc에 관하여 어떤 종류의 정성적 정보를 추론할 수 있는지 설명하시오.

(나) WY Cnc의 변광주기가 19.9시간임을 고려하여 주식과 부식의 지속 시간을 계산하시오. 그리고 큰 별과 작은 별의 반지름을 상대궤도의 긴 반지름 단위로 계산하시오.

14. 궤도주기가 10년인 쌍성이 있다. 두 별의 시선속도가 10kms^{-1}와 20kms^{-1}로 각각 측정되었다. 각별의 질량을 궤도 경사각이 (가) 90°일 때와 (나) 45°일 때에 대하여 각각 구하시오.

15. 직녀성의 각크기와 플럭스가 3.24mas와 2.84×10^{-8} Wm^{-2}로 각각 측정되었다. 그리고 이 별의 거리는 8.1pc인 것으로 알려져 있다. 직녀성의 지름과 유효온도를 추정하시오.

16. 어떤 안시 쌍성에서 한 별은 질량중심에서부터 1″, 다른 별은 2″ 떨어져 있는 것으로 관측되었다. 궤도주기가 10년이며 거리는 10pc라고 한다. 궤도 경사를 90°로 가정하고, 두 별의 질량과 광도를 계산하시오.

13
Chapter

스펙트럼의 분류와 헤르츠스프룽-러셀도

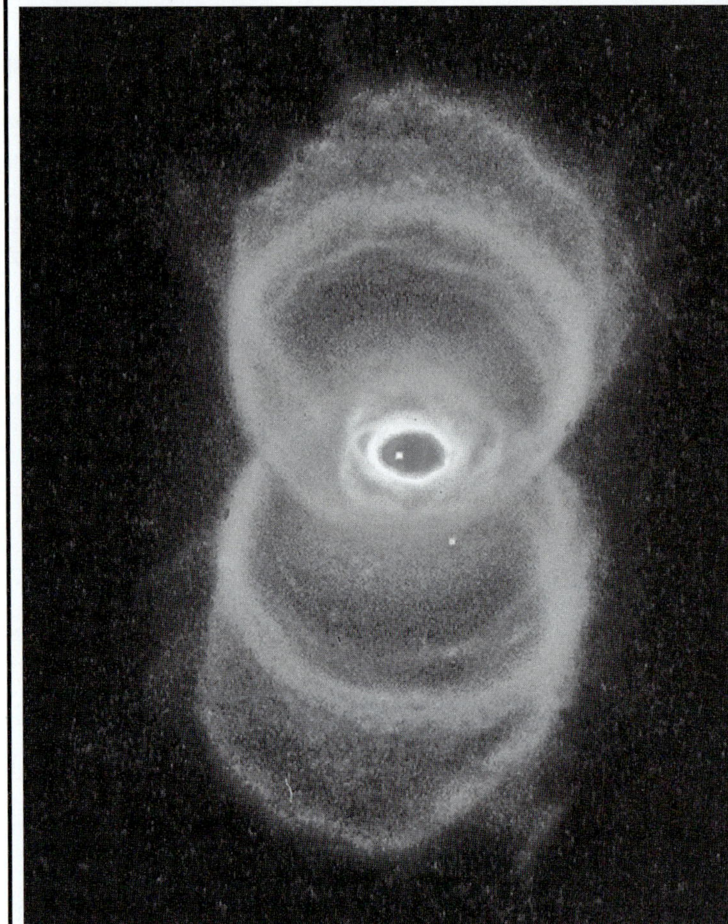

별빛으로부터 별의 특성을 추론한다. 별빛의 측광과 분광 관측이 추론의 근거를 제공한다. 이 장에서는 별의 스펙트럼, 즉 분광 관측으로부터 얻어내는 정보를 다룬다.

우선 스펙트럼이 형성되는 별의 대기에 대하여 알아본다. 그 다음에는 스펙트럼의 관측 — 어떻게 관측이 이루어지고, 어떻게 상관관계가 조사되며, 또 어떻게 해석되고 있는가 — 에 대해 설명하고, 끝으로 매우 중요한 헤르츠스프룽-러셀도와 그것에 함축되어 있는 중요한 의미를 논의하고자 한다. 이러한 논의를 통하여 별을 이해하게 될 것이다(제16장 참조).

13.1 별의 대기

별빛의 스펙트럼 에너지 분포는 별의 **대기**, 즉 복사가 거의 방해받지 않고 이탈할 수 있는 영역에서 결정된다. 별의 스펙트럼을 이해하기 위하여 먼저 별의 대기 모형을 설명한 다음, 스펙트럼의 형태를 결정하는 특성을 알아보기로 하자.

13.1.1 물리적 특성

엷은 가스층으로 된 별의 광구는 별의 내부를 보이지 않게 한다. 광구는 별의 반지름에 비해 얇기 때문에 균일한 가스의 껍질로 볼 수 있다. 이 껍질의 물리적 성질은 대략적으로 압력 P, 온도 T, 화학조성 μ(원소의 함량비)의 평균값으로 나타낼 수 있다.

가스입자(분자, 원자, 이온, 전자)의 개수밀도 n(1m^{3}당 개수)이 충분히 크기 때문에 열역학적 평형(thermodynamic equilibrium)이 이루어지고 있다고 가정할 수 있다. 이는 볼츠만과 사하의 두 방정식이 모두 적용될 수 있음을 뜻한다. 또한, 가스는 이상기체법칙을 따른다고 가정한다.

$$P = nkT \tag{13-1}$$

여기서 k는 볼츠만의 상수이다. 입자의 개수밀도 n은 **질량밀도** ρ[kgm^{-3}]와 화학조성(또는 **평균분자량**) μ에 대해서 다음과 같은 관계를 가진다.

$$\frac{1}{\mu} = \frac{m_H n}{\rho} \tag{13-2}$$

여기서 $m_H = 1.67 \times 10^{-27}$kg은 수소원자의 질량이다. 별이 오직 수소원자로 이루어졌다면 $\mu = 1$이다. 수소가 완전히 이온화되어 있을 경우는 $\mu = 1/2$이다. 왜냐하면 전자와 양성자(수소의 원자핵)의 개수는 동일하지만, 전자의 질량은 양성

자보다 훨씬 작기 때문이다. 일반적으로, 별 내부의 가스는 이온화되어 있으므로,

$$\frac{1}{\mu} \approx 2X + \frac{3}{4}Y + \frac{1}{2}Z \approx 1.6$$

이다. 여기서 X는 수소의 **질량비**(mass fraction), Y는 헬륨의 질량비, Z는 헬륨보다 무거운 모든 원소의 질량비이다. 한 원소의 질량비는 가스를 구성하고 있는 모든 원소들의 총 질량에 대한 그 원소가 차지하는 질량의 비율이다.

여기서 우리는 정상상태(steady state)의 대기를 가정한다. 즉 각각의 가스입자는 빠른 속도로 움직이고 있으나, 거시적인 관점에서 가스 자체에는 시간적으로 아무런 변화가 없다(즉 집단적 운동이 없다). 이는 정유체평형을 뜻한다. 이 상태에서는 어떠한 가스 덩어리도 힘을 받지 않는다. 이미 제4장에서 이 관계를 유도했지만, 여기서 다시 한번 간단히 되풀이해 보자.

$$\frac{dP}{dr} = -\frac{GM}{R^2}\rho = -g\rho \qquad (13\text{–}3)$$

여기서 g는 광구에서의 중력 가속도[$\mathrm{ms^{-2}}$], 즉 중력의 세기이다. 압력은 별의 대기 밖으로 나아감에 따라 계속 감소함에 유의하자. 4.5.2항에서처럼 척도높이를 아래와 같이 정의하자.

$$H = \frac{kT}{mg} \approx \text{상수}$$

그러면 다음의 기압방정식을 적용할 수 있다.

$$P(h) = P(h_0)\exp\left(-\frac{h}{H}\right)$$

여기서 h는 기준면 h_0로부터의 높이이다. 이 관계식은 온도와 평균분자량이 급격하게 변하지 않는 균질한 대기에 적용된다. H는 길이의 단위로서, 압력이 $1/e$만큼 감소할 때까지 이동한 거리이다. 압력을 r대신 광학적 깊이 τ(8.7절 참조)의 함수로 나타내면 $d\tau = -\kappa\rho dr$(κ는 대기 불투명도이며, 단위는 $\mathrm{m^2kg^{-1}}$로 표시된다)로 주어지므로 식 (13–3)은 유용한 형태의 식

$$\frac{dP}{d\tau} = \frac{g}{\kappa} \qquad (13\text{–}4)$$

을 얻게 된다.

대기의 균질성 근사를 적용해서 식 (13–4)를 적분하면

$$P = \left(\frac{g}{\kappa}\right)\tau \qquad (13\text{–}5)$$

이처럼 대기의 압력은 g와 κ에 관련되어 있다. 우리는 $\tau = 1$을 스펙트럼이 만들어지는 대기층으로 잡는다. 왜냐하면 이러한 불투명도가 스펙트럼선이 형성되기 위해 필요한 최소값이기 때문이다. 태양의 경우처럼 이 층은 별의 광구를 정의해 준다. 태양의 경우, $\tau = 1$(500nm)인 지점에서 밀도는 약 $10^{-5}\,\mathrm{kgm^{-3}}$, 압력은 10^{-3}기압에 불과하다.

13.1.2 온도

이제 별의 대기압력과 화학 성분에서부터 온도로 눈을 돌려보자. 우리는 앞에서(8.6절 참조) 별의 연속스펙트럼이 플랑크의 흑체스펙트럼의 에너지 분포로 잘 근사됨을 알았다. 별에 측정된 연속스펙트럼을 적당한 온도의 플랑크곡선에 맞춤으로써 별의 온도를 구한다. 또한 빈의 변위법칙으로부터 별의 온도를 구할 수 있다.

$$\lambda_{max}T = 2.898 \times 10^{-3}\mathrm{mK} \qquad (13\text{–}6)$$

여기서 λ_{max}는 플랑크곡선에서 복사강도가 최대가 되는 파장을 나타낸다. λ_{max}는 플랑크온도 T에 반비례하므로 λ_{max}의 값으로부터 온도를 구할 수 있다. 별의 온도가 높아질수록 빛의 방출량[$\mathrm{Wm^{-2}}$]은 스테판–볼츠만 법칙에 따라 증가하므로,

$$F = \sigma T^4 \qquad (13\text{–}7)$$

로부터 온도를 구할 수 있다. 여기서 $\sigma = 5.64 \times 10^{-8}\,\mathrm{Wm^{-2}K^{-4}}$이다. 광도 L은

$$L = 4\pi R^2\sigma T^4_{eff}$$

로 표시되며, 이 식은 광구의 유효온도를 정의한다.

한 가지 주의해야 할 점은 일반적으로 별의 유효온도는 여기온도나 이온화온도와 일치하지 않다는 사실인데, 그 까닭은 스펙트럼선이 형성되면서 연속복사의 파장에 따른 에너지분포를 재분배하기 때문이다. 이러한 효과를 선의 **담요효과**(line blanketing)라 하는데, 이는 스펙트럼선의 개수와 세기가 커질수록 중요하다. 스펙트럼선이 많지 않을 때는 그들 사이에

존재하는 연속복사의 스펙트럼을 찾아낼 수 있어서, 유효온도를 비교적 정확히 구할 수 있다. 하지만 선의 담요효과가 대기의 흑체 특성을 바꾸어 놓는다.

13.1.3 스펙트럼선의 형성

8.2절과 8.3절에서 우리는 가스를 이루는 분자, 원자, 이온들이 연속복사의 스펙트럼으로부터 광자를 흡수하여 이보다 적은 수의 광자를 관측자 쪽으로 재방출할 때 어떻게 흡수스펙트럼선이 형성되는지를 알았다. 기체의 화학조성은 그중 어떤 종류의 입자가 광자를 흡수할 수 있는지를 결정하는 반면, 기체의 온도와 압력은 어떤 스펙트럼선이 형성되는지를 결정한다. 예를 들면, 분자의 스펙트럼은 저온의 가스에서만 형성되는데, 이것은 분자가 다른 입자와 충돌해서 쉽게 해리되기 때문이다. 중성원자와 그들의 스펙트럼선은 중간 온도에서 잘 나타난다. 그러나 높은 온도에서는 모든 원소가 이온화되므로, 이온이 만드는 스펙트럼선만 볼 수 있다.

본론에 들어가기 전에 스펙트럼선에 관련된 천문학적 개념을 검토하고 설명해 보면 다음과 같다. 예를 들어, 흡수선을 살펴보기로 하자(그림 13–1). 스펙트럼선의 중심부를 핵이라 부르고, 중심핵으로부터 연속복사의 스펙트럼에 해당하는 쪽으로 연장해가면 상대적 단위에서 보통 1로 두는 세기의 수준 I_{con}과 만나게 된다. 이러한 선의 확장된 부분을 날개라고 부른다. 이 선은 파장의 함수로써 측정되는 강도 또는 깊이, $I(\lambda)$을 가진다. 중심 깊이는 I_c이다. 천문학자들은 등가폭(equivalent width) $EW(\lambda)$을 이용하여 깊이를 정의하고, 같은 방법(그림

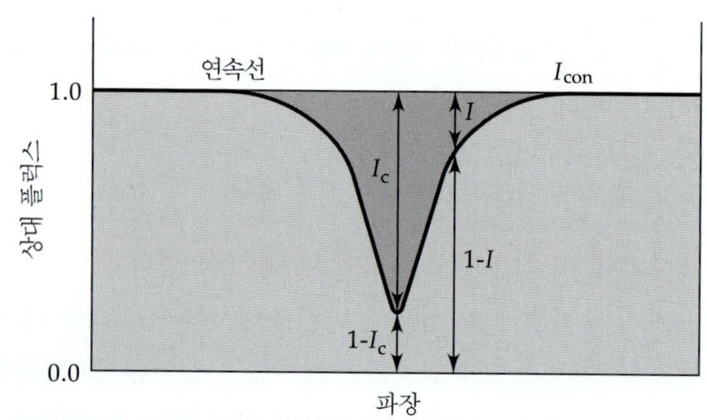

그림 13–1 스펙트럼선의 윤곽
흡수선을 특징짓는 인자 : 연속선 수준 I_c = 1.0, $I(\lambda)$ = 어떤 파장에서의 깊이

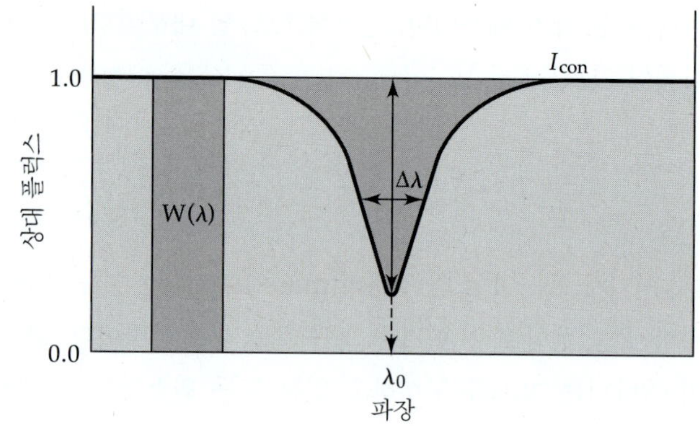

그림 13–2 스펙트럼선의 등가폭
$\Delta\lambda$ = 선폭, $W(\lambda)$ = 등가폭

13–2)으로 선의 강도를 정의한다.

$$\mathrm{EW}(\lambda) = \int_{\mathrm{line}} \frac{I_{\mathrm{con}} - I(\lambda)}{I_{\mathrm{con}}} d\lambda$$

여기서 적분은 사실상 선의 날개를 포함하는 파장 영역에 걸쳐 이루어진다. 그래서 등가폭은 전형적으로 아주 작은 값을 가지며, 일반적으로 천문학자들은 이를 mÅ로 표시한다. EW(λ)가 측정될 수 있는 기준은 분광기의 분산에 달려 있다. 40Åmm^{-1}의 분산에서는 대체로 EW(λ) ≈ 0.1mÅ으로 측정된다. 우리가 '선강도(line strength)'라고 할 때 실제로는 등가폭의 값을 뜻한다는 것에 유의하자.

그러면 좀 더 정량적인 방법으로 스펙트럼 형성에 대해 논의해 보자. 1m^3의 체적 속에 들어 있는 각 원소들의 개수는 화학조성(평균분자량) μ로 규정된다. 어떤 특정한 원소(수소)의 입자를 생각해 보자. 입자(중성 원자나 이온)가 한 원자 준위에서 다른 원자 준위로 들뜰 때는 띄엄띄엄 떨어져 있는 특정한 파장에 해당되는 광자들이 흡수된다. 즉 각 흡수선의 등가폭은 본질적으로 그 원자 준위에 자리하는 입자의 개수에 비례한다. 에너지 준위 $A(N_A)$와 $B(N_B)$(여기서 $B > A$)에 있는 원자들의 상대 개수는 다음과 같은 **볼츠만의 들뜸평형 방정식**으로 결정된다(8.4절 참조).

$$\frac{N_B}{N_A} \propto \exp\left(\frac{E_A - E_B}{kT}\right) \tag{13–8}$$

여기서 E는 에너지 준위, T는 가스의 온도이다. 주어진 온도에서 입자의 준위에 따른 개수 분포는 높은 준위로 갈수록

작아진다. 그러나 어떤 이온화 단계 i(i = 원자가 잃어버린 원자수)에서 이온의 상대적 개수는 사하의 이온화 평형 방정식을 통하여 온도와 전자의 개수밀도에 의해 결정된다.

$$\frac{N_{i+1}}{N_i} \propto \frac{(kT)^{3/2}}{N_e} \exp\left(-\frac{\chi_i}{kT}\right) \tag{13-9}$$

여기서, χ_i는 i단계에서 $i+1$ 단계로 이르기 위해 필요한 이온화 에너지이다.

흔히 식 (13-8)과 식 (13-9)를 대수 형식으로 나타내기 위해 두 식의 양변에 10을 바탕으로 하는 상용대수를 취한다. $\log_{10} e = 0.4343$임을 유의하고, T는 절대온도[K], 모든 에너지는 전자볼트[eV]로 나타낸다. 식 (13-8)로부터

$$\log\left(\frac{N_B}{N_A}\right) = -\left(\frac{5040\text{K}}{T}\right)\left(\frac{E_A - E_B}{\text{eV}}\right) + \text{상수} \tag{13-10}$$

이고, 또 식 (13-9)로부터

$$\log\left(\frac{N_{i+1}}{N_i}\right) = \frac{3}{2}\log T - \frac{5040\text{K}}{T}\left(\frac{\chi_i}{\text{eV}}\right) - \log N_e + \text{상수}' \tag{13-11}$$

의 관계식을 얻는다. 이렇게 하면 각 변수에 대한 의존성이 명확히 나타나게 된다. 전자도 역시 완전기체를 이루고 있으므로, 식 (13-11)을 **전자압력 P_e**(여기서 $P_e \propto N_eT$)를 써서 다음과 같이 나타낼 수 있다.

$$\log\left(\frac{N_{i+1}}{N_i}\right) = \frac{5}{2}\log T - \frac{5040\text{K}}{T}\left(\frac{\chi_i}{\text{eV}}\right) - \log P_e + \text{상수}'' \tag{13-12}$$

모든 에너지 준위에 있는 입자수를 통해 스펙트럼의 세기를 계산하려면 볼츠만과 사하의 방정식을 결합해야 한다. 이렇게 결합된 식이 온도에 따라 변하는 양상은 그림 8-13에 도시한 것과 같다. 즉 낮은 온도에서는 원자가 모두 중성이고, 바닥상태에 있다. 온도가 높아짐에 따라 중성원자들은 더욱 높은 에너지 준위에 오르게 되고, 온도가 더욱 증가하다가 $T \approx x_0/k$에 이르게 되면 단일 이온화로 인하여 상당수의 이온이 생기게 된다(중성원자수는 줄어든다). 더욱 높은 온도에서는 이러한 이온이 더욱 증가하다가 $T \approx x_1/k$에 이르면 이중이온화(2개의 전자를 잃어버림)가 중요해진다. 이온화의 모든 단계를 거친 후 온도는 매우 높아져서 전자를 모두 잃어버린 원자핵과 자유전자만이 남게 되어 — 원자는 완전히 이온화되어 — 더 이상 스펙트럼에 흡수선이 생길 수 없다. 이러한 일련의 과정은 원자의 종류에 따라 그들의 정확한 에너지 준위 구조에 크게 의존한다. 따라서 어떤 온도에서 생성된 스펙트럼선으로부터 그 원자의 특성을 확실히 알 수 있다.

다음의 '개념 흐름도'는 주어진 별의 대기에서 예측되는 스펙트럼선의 특성을 제시해 준다. 스펙트럼선의 세기를 등가폭 EW로 나타낸다면 다음과 같은 함수 관계가 얻어진다.

$$\text{EW} = \text{EW}(n, T)$$

왜냐하면 흡수율은 원자의 개수밀도 n과 온도 T의 함수로 주어지는 연속선의 강도에 의해서 결정되기 때문이다. 그러나 가스의 상태 방정식[식 (13-1)]과 화학조성[식 (13-2)]은

$$n = n(P, T, \mu)$$

을 암시해 준다. 여기서 압력은 정유체평형식[식 (13-3)과 식 (13-4)]으로부터 결정된다.

$$P = P(M, R, \kappa)$$

여기서 불투명도 κ는 명백히 개수밀도 n, 가스의 화학조성, 그리고 온도 T로 결정되는 이온화-들뜸상태의 함수이다.

$$\kappa = \kappa(n, T, \mu)$$

한편, 별의 광도 L은 온도 T와 반지름 R에 따라 결정되는 것으로 다음과 같은 관계를 이룬다.

$$L = 4\pi R^2 \sigma T^4 \tag{13-13}$$

위의 5개의 방정식 사이의 연관성을 결합하면 일반적으로 다음과 같은 관계를 얻을 수 있다.

$$\text{EW} = \text{EW}(L, T, M, \mu) \tag{13-14}$$

화학조성이 같은 별들에 대해서는 식 (13-14)는 다음과 같이 간략하게 쓸 수 있다.

$$\text{EW} = \text{EW}(L, T, M) \tag{13-15}$$

그리고 한 예로써, 질량-광도 관계를 가지는 주계열성을 생

각한다면 아래의 관계식이 성립한다.

$$EW = EW(L, T) \tag{13-16}$$

식 (13–16)은 다음에 다루게 될 별의 온도계열과 헤르츠스프룽–러셀도를 찾는 이론적 근거가 된다. 식 (13–14)는 별의 광도가 별의 질량에 관계없을 경우나 화학조성의 차이가 심할 경우에 모두 적용된다. 그러나 헤르츠스프룽–러셀도가 먼저 관측에서 얻어졌고 그의 이론적인 이해는 그 뒤에 이루어졌다는 사실에 주목하자.

13.2 별의 스펙트럼 분류

13.2.1 관측

별빛은 망원경에 의해 **분광사진기**나 분광측광기에 모여지고, 여기서 파장에 따라 분산된 스펙트럼이 사진이나 전자기기에 기록되면 하나의 별 스펙트럼이 만들어진다. 별이 밝을 때에는 고분산 스펙트럼, 즉 스펙트럼 사진에서 1mm당 수 mÅ 정도가 되는 것을 구할 수 있다.

왜냐하면 밝은 별은 빛을 넓고 엷게 퍼지게 할 수 있을 정도로 충분한 복사강도를 갖고 있기 때문이다(그림 13–3의 태양 스펙트럼은 좋은 예이다). 고분산 스펙트럼은 풍부한 정보를 가지고 있지만 살펴보는 방법이 느리고(한 번에 오직 한 별의 스펙트럼), 대단히 밝은 별에만 한정되어 있다. 빛의 분산은 별빛의 정보를 풀어 주는 열쇠가 된다.

13.2.2 스펙트럼선의 계열

얼핏 보기에는 여러 별의 스펙트럼은 서로 관련성이 없는 것처럼 보이지만, 1863년에 세키(Angelo Secchi, 1818~1878)는 별의 스펙트럼을 서열에 따라 정리하여 서로 다른 분광형을 정의할 수 있었다. 그 후, 다른 서열방식이 제안되었지만, 하버드 천문대의 캐논(Annie Jump Cannon, 1863~1941)과 그녀의 동료들이 발전시킨 체계가 1910년에 국제적으로 채택되었다. 이 **하버드 분광 분류계**(Harvard spectral classification system)는 오늘날까지 사용되고 있다[약 400,000개의 별이 캐논에 의해서 분류되어 1910년에서 1924년 사이에 여러 권에 헨리 드레이퍼 목록으로, 그리고 1949년에는 추가판이 출판되었다. 그런데 이 목록은 호크(Nancy Houk)가 이끄는 미시간 대학의 천문학자들에 의해 분류를 최신화하기 위해 재관측이 수행되고 있다].

처음에 하버드 분류법은 별의 스펙트럼에서 수소의 발머흡수선의 세기에 기준을 두었고, 서열은 알파벳의 순(A~P)을 따랐다. 즉 A선은 가장 강한 발머선, P별은 가장 약한 발머선을 가졌던 셈이다. 그 후 몇 개의 문자는 떨어져 나갔고, 서열

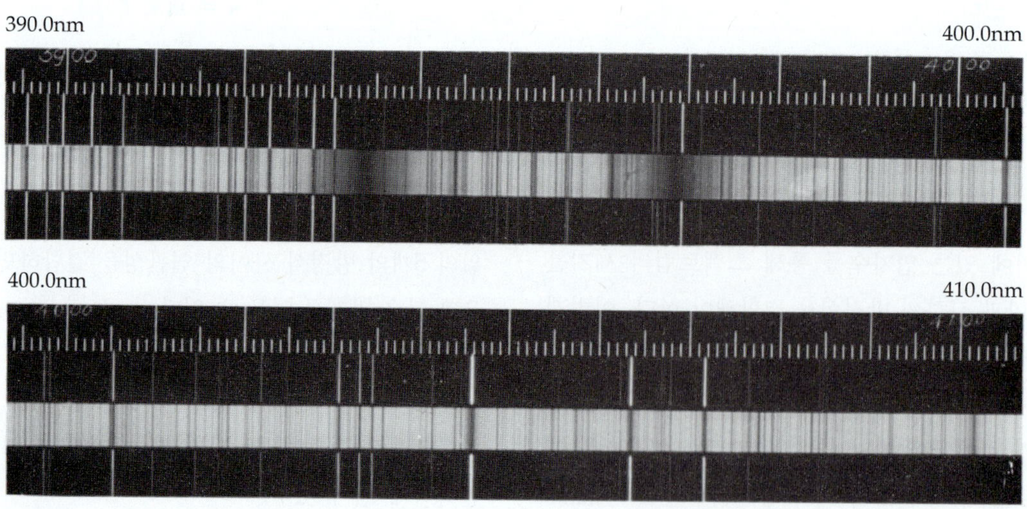

그림 13–3 태양 스펙트럼

이와 같은 고분산(0.5Åmm^{-1}) 스펙트럼에는 불과 200Å에 이르는 좁은 파장 범위 안에도 이렇게 상세한 정보가 들어 있다. 흡수선 스펙트럼의 위아래에 있는 밝은 선들은 파장의 눈금조정에 쓰이는 비교 스펙트럼이다. (윌슨 산 천문대, 카네기 공과 대학)

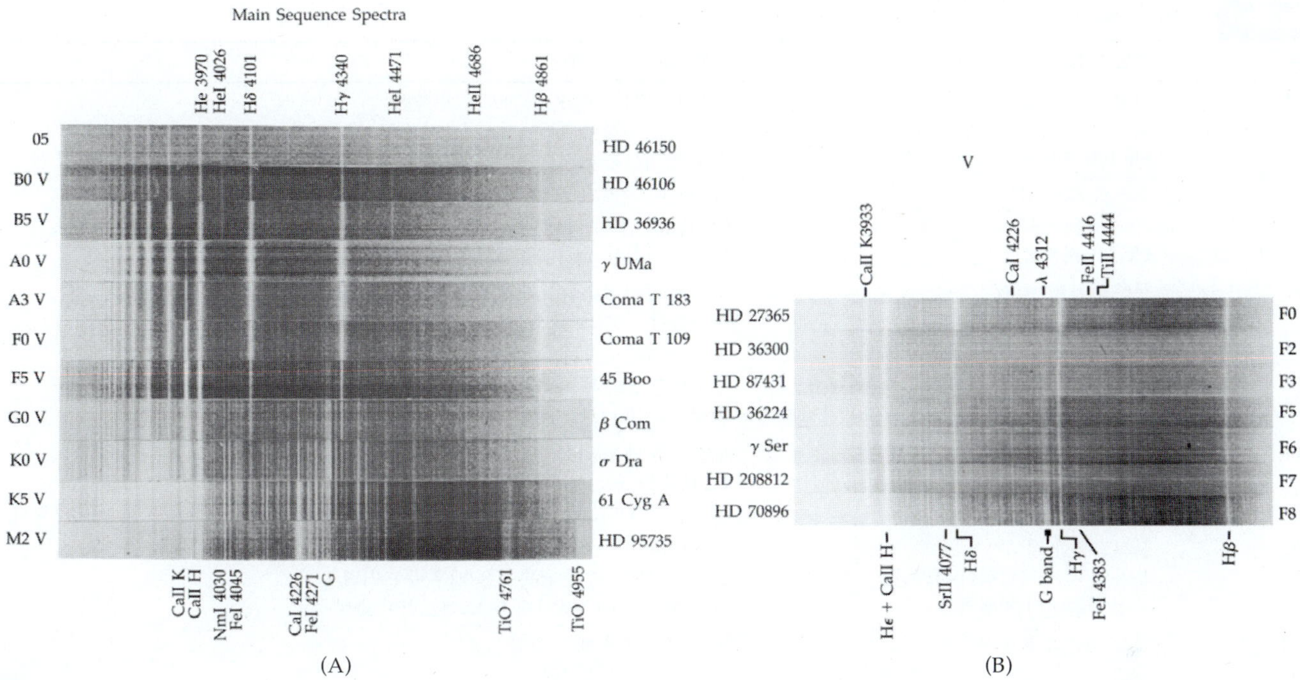

그림 13-4 별의 스펙트럼

이것은 음화(흡수선은 희게, 연속은 검게 보인다)로서 양화보다 자세한 것들이 더 잘 보인다. 가장 강한 선들은 아래와 위에 지적했으며, 파장은 Å단위이다. (A) 하버드스펙트럼 계열. 주계열성의 각 스펙트럼형에 대해 대표적인 스펙트럼을 보여 준다. 별의 이름은 오른쪽에 있다. (미국 국립 광학 천문대) (B) F형 별에 대한 세부 분류. 별 이름은 왼쪽에 있다. (An Atlas of Objective-Prism Spectra by N. Houk, N.J. Irvine and D. Rosenbush).

은 온도가 낮아지는 계열(볼츠만과 사하의 방정식의 효과를 상기하시오)에 대응하도록 재배치되었다. 즉 OBAFGKM의 순이다. 이 스펙트럼 계열의 처음(O)에 가까운 별을 조기형(early-type)의 별, 또 마지막의 M에 가까운 별을 만기형(late-type)의 별이라 한다. 그리고 다시 각 분광형은 0(초기)에서 9(만기)까지 10개의 부분으로 세분된다. 예를 들면,···, F8 F9 G0 G1 G2···, G9 K0,···와 같다. 이러한 방식에 의하면 태양은 G2로 표시된다. 1922년에 국제 천문연맹(IAU)은 하버드계(약간의 수정을 가하여)를 국제 표준계로 채택했다.

스펙트럼 계열을 쉽게 기억하기 위해 다양한 기억술들이 고안되었다. 여러분도 자신의 것을 고안하기를 바란다. 전통적인 것 중의 하나는 "Oh, Be a Fine Guy, Kiss Me."이다. 여러분은 "Only Bold Astronomers Forget Great Knowledgeable Minds", 그리고 "Optical Binary Affairs Fundamentally Generate Keplerian Marriage"등을 마음에 품으면서 다른 학생들을 따라잡을 것이다.

그림 13-4A는 대표적인 별의 스펙트럼을 서열로 배열한 것이다. 여기서 두드러진 스펙트럼선들이 분광형의 서열에 따라, 강해지고 약해지는 특징적인 변화를 보이고 있음에 유의해 보자. 그림 13-4B는 F 스펙트럼 유형에 대한 세부 분류를 나타낸 것이다. 표 13-1은 각 분광형을 정의하는 스펙트럼의 특성을 요약한 것이다. 상세한 면을 좀 더 확실히 살펴보기 위해 그림 13-5의 스펙트럼을 관찰해 보자. 일반적으로 이러한 분류방식은 별의 스펙트럼 하위 분류의 세 가지 기본기준에 따른다. 즉 (1) 선의 부재, (2) 선의 세기(등가폭), (3) 선들의 강도비(일련의 발머선과 Ca II선과의 광도비와 같이)이다.

13.2.3 온도의 계열

스펙트럼 계열은 온도의 계열이다. 그러나 우리는 이 의미를 조심스럽게 정의해야 한다. 온도에는 많은 종류가 있고, 또 이것을 결정하는 방법에도 여러 종류가 있다. 그림 13-6에서 여러 가지 스펙트럼선의 세기를 들뜸-이온화온도(또는 볼츠만-사하)에 대하여 그래프로 보여 주고 있는데, 여기서 스펙트럼 계열이 실제로 들뜸-이온화온도와 관련되어 있음을 알 수 있다.

표 13-1 하버드스펙트럼 계열

분광형	주요 특성	스펙트럼의 판별 조건
O	가장 고온의 푸른 별 비교적 소수의 선 He II가 지배적	강한 He II선－흡수선, 때로는 방출선 He I선은 약하나, O5에서 O9까지 강도가 증가함 수소 발머선은 돋보이지만, 이후의 형보다 약함. Si IV, O III, N III, C III의 선
B	고온의 푸른 별 보다 많은 선 He I이 지배적	He I선이 지배적, B2에서 세기는 최대 He II선은 거의 없음. 수소선은 B0~B9까지 세기가 증가 Mg II, Si II선
A	푸른 별 이온화된 금속선 수소선이 지배적	수소의 선이 A0에서 최대 세기를 이룸 이온화된 금속(Fe II, Si II, Mg II)선은 A5 근처에서 최대 Ca II선이 강해짐 중성 금속선은 약하게 나타남
F	흰 별 수소선은 약해지고, 중성 금속선은 강해짐	수소선은 급속히 약화함. Ca II의 H, K선들은 강화됨 중성 금속(Fe I, Cr I)선이 만기 F형까지는 이온화 금속선보다 강함
G	노란 별 많은 금속선 Ca II선이 지배적	수소선은 매우 약함 Ca II의 H, K선이 G2 근처에서 최대 중성 금속(Fe I, Mn I, Ca I)선 강화, 이온화 금속선 약화, CH 분자의 G-띠 강화
K	불그스름한 별 분자의 띠 스펙트럼이 나타남 중성 금속선이 지배적	수소선은 거의 보이지 않음 Ca선은 강함. 중성 금속선은 매우 두드러짐 만기 K에서 TiO 분자의 띠 스펙트럼이 출현
M	가장 저온의 붉은 별 중성 금속선 강함 분자의 띠가 지배적	중성 금속선이 매우 강함 분자의 띠가 두드러짐 TiO의 띠는 M5까지는 지배적, VO띠 출현

이론적으로 온도는 분광형과 별의 색깔에 관련되어야 한다. 중간형의 별의 스펙트럼(A~K)으로부터 우리는 (연속선) 색온도가 실제로 관련됨을 알 수 있는데, 다만 계열의 조기형과 만기형의 양쪽 끝에서 문제가 있다. 즉 O형별과 B형별에 있어서 연속선은 원자외선역에서 복사강도의 정점이 나타나는데, 이 파장역은 지상으로부터 관측할 수가 없다. 그러나 최근에 와서 관측위성에 의한 원자외선 관측이 가능해져서 고온의 O, B형별의 자외선스펙트럼을 이해하기 시작했다. 저온의 M형별에서는 플랑크곡선의 최대 정점이 적외선파장대에 위치하고 있을 뿐만 아니라 다수의 분자띠가 어두운 별들의 스펙트럼을 깎아먹고 있다.

실제로 별의 유효온도를 결정하기 위해 별의 색지수 $CI = B - V$를 측정하고 있다(11.4.2항). 만일 별의 연속스펙트럼이 플랑크곡선을 따르고 선이 존재하지 않는다면, 이 방법으로 온도를 정확하게 결정할 수 있다. 그러나 관측의 오차와 물리적 효과 때문에 다음과 같은 문제점들이 생기게 된다.

(1) 고온의 O, B형별에 대해서 CI는 T_{eff}에 따라 느리게 변화하고, CI의 조그만 오차는 T의 매우 큰 오차를 유발하게 된다. (2) 극히 저온의 M형별에 대해서는 CI가 크고 +값을 가진다. 그러나 이 어두운 별들의 관측이 매우 어려우므로 CI가 잘 결정되지 않는다. (3) 기계의 결함, 눈금조정의 오차, B 또는 V 파장역에서 잘 알려지지 않은 담요효과 등의 요인이 CI의 값으로부터 추정되는 온도에 큰 영향을 끼친다. 그러므로 CI－온도의 관계를 관측적으로 정의하는 것이 가장 좋다(다음 절).

13.3 헤르츠스프룽-러셀도

그림 13-7을 살펴보자. 1911년에 헤르츠스프룽(Ejnar Hertzsprung, 1873~1967)은 처음으로 관측된 별에 대하여 이러한 2차원의 그림을(분광형에 따른 절대등급)을 그렸고, 이어서 1913년에 러셀도 (독립적으로) 이와 같은 그림을 그렸다. 오늘날 이 그림을 **헤르츠스프룽-러셀도** 또는 **H-R도**라 한다. 여러분도 곧 알게 되겠지만, 헤르츠스프룽-러셀도는 천체물리학에 있어서 훌륭한 관측적 합성품의 하나이다. 광도, 등급, 온도, 반지름 중 어느 두 물리량을 사용해도 무방하나, 시등급과 온도는 일반적으로 별에 있어서 얻어지는 물리량임에 유의하자.

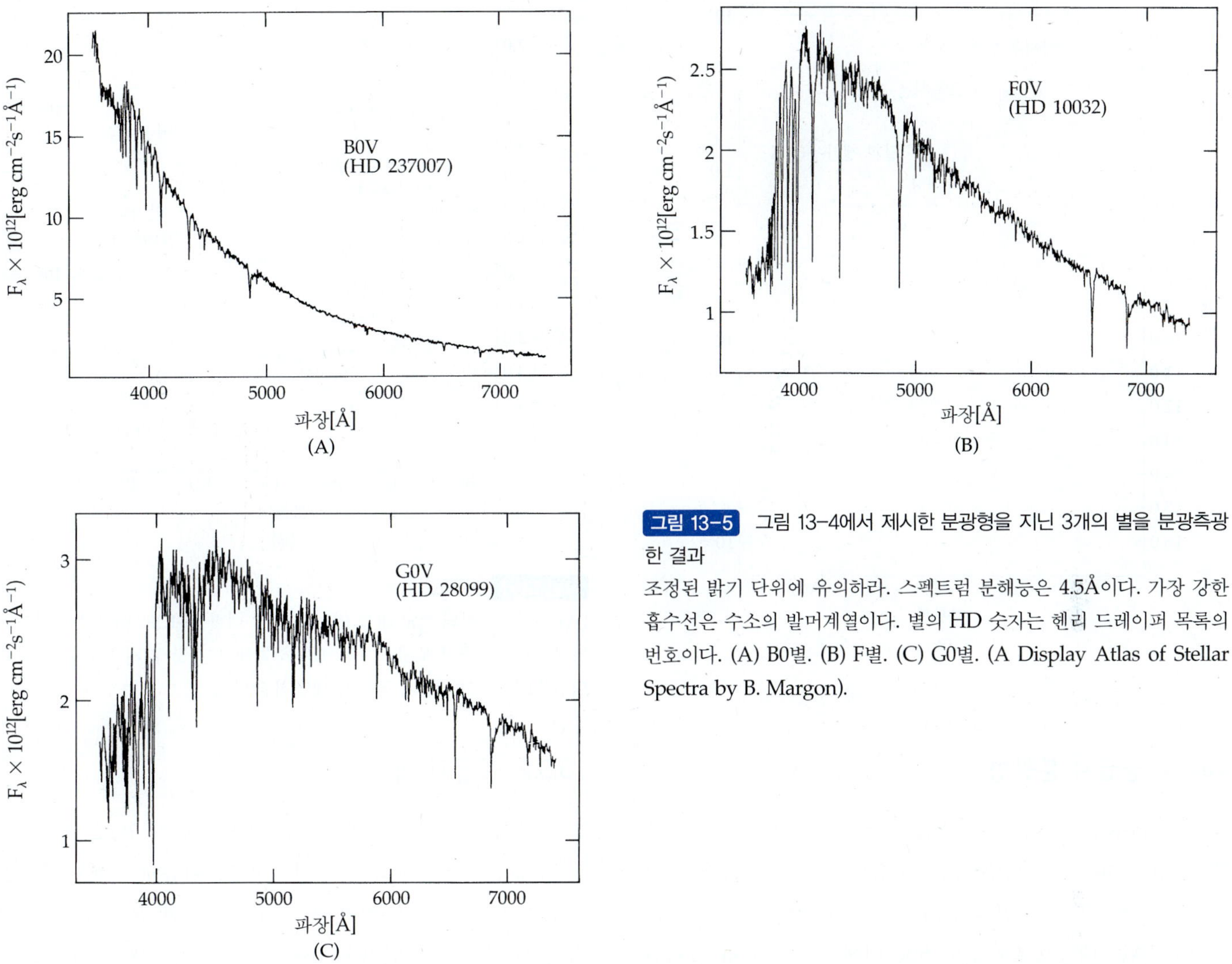

그림 13-5 그림 13-4에서 제시한 분광형을 지닌 3개의 별을 분광측광한 결과

조정된 밝기 단위에 유의하라. 스펙트럼 분해능은 4.5Å이다. 가장 강한 흡수선은 수소의 발머계열이다. 별의 HD 숫자는 헨리 드레이퍼 목록의 번호이다. (A) B0별. (B) F별. (C) G0별. (A Display Atlas of Stellar Spectra by B. Margon).

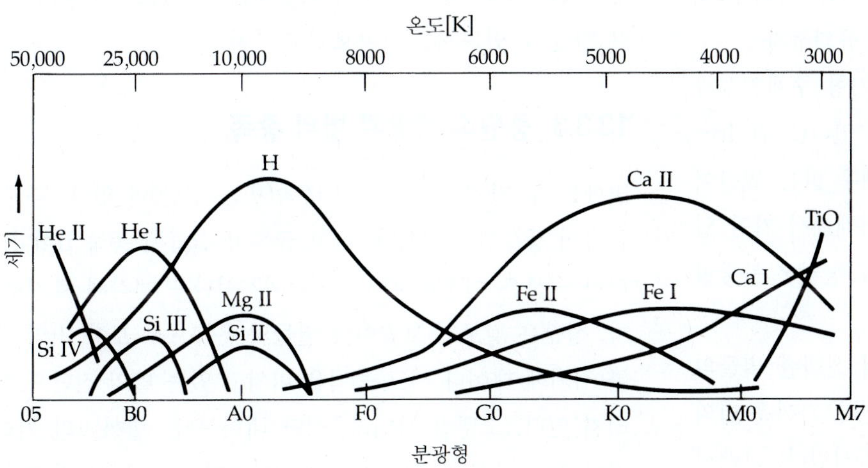

그림 13-6 흡수선과 온도

다양한 이온들의 흡수선 강도(등가폭)를 온도의 함수로 나타낸 것이다. 이러한 변화는 볼츠만-사하의 방정식에서 설명한 것처럼 이온화-여기평형의 결과이다.

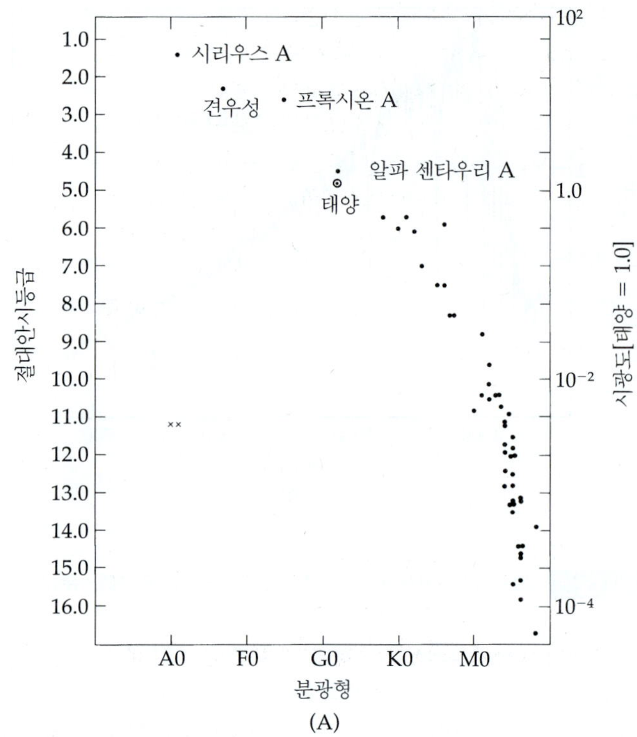

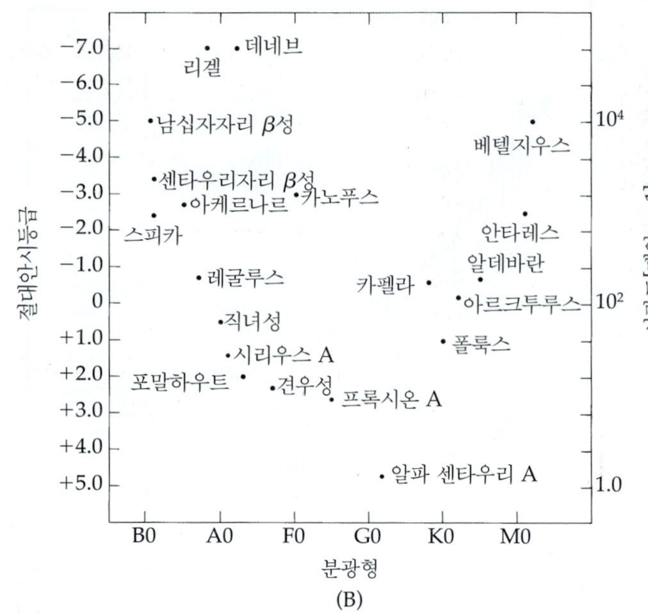

그림 13-7 H-R도
(A) 태양으로부터 5pc 내에 있는 별들에 대한 H-R도. 대부분이 광도가 낮은 저온의 별임에 유의하자. (B) 하늘에서 가장 밝게 빛나는 별들에 대한 H-R도. 이 별들은 광도가 대단히 높다.

13.3.1 등급과 분광형

첫 번째 H-R도는 태양 근처에 있는 별을 고려한 것으로서, **분광형(Sp)**에 따른 절대안시등급(M)을 그래프로 나타낸 것이다. 이는 광도와 온도 간의 관계를 나타낸 것에 해당한다. 그림 13-7A는 태양으로부터 약 5pc 내에서 거리가 잘 알려진 별에 대한 H-R도이다. 뚜렷하게 자리 잡은 주계열은 분광형이 만기형으로 갈수록 별의 수가 많아지고 A1(시리우스, Sirius)보다 더 이른 조기형 별이 없다는 점에 유의하자.

반대로 밝은 별의 H-R도에는 몇몇의 조기형 주계열성과 함께 상당히 밝은 거성, 초거성이 포함되어 있다(그림 13-7B). 여기서 태양으로부터 먼 거리에서는 매우 밝은 별만이 선택되었다. 가장 가까운 별의 H-R도는 은하계에서 가장 일반적인 별에 대한 것이다. 가장 흔한 별은 광도가 낮은 분광형이 M인 별이다.

끝으로, 그림 13-8은 미시간 분광 목록에서 선택한 별들의 H-R도(각 분광형에 추출된 별의 수)를 나타낸다. 가까운 별의 표본에서 얻은 저광도의 별들은 결과를 왜곡시킨다. 그래서 일반적으로 광도에 따른 별들의 정확한 상대수를 제공할 수 없음에 유의해야 할 것이다.

13.3.2 등급과 색

별의 색과 분광형은 개략적으로 서로 관련이 있으므로, 우리는 절대등급을 색에 대해 그린 그래프, 이를테면 **색-등급 H-R도**를 만들 수 있다. 별의 색지수(예를 들면, $B - V$)는 비교적 쉽게 결정할 수 있기 때문에, 현재는 주로 색-등급의 그래프가 많이 쓰이고 있다. 이 그래프는 앞에서 논의한 등급-분광형 H-R도와 매우 비슷하다. 그러면 그들로부터 어떤 사실을 얻을 수 있는지를 알아보기로 하자.

13.3.3 중원소 함량과 별의 종족

별에는 두 가지의 극단적인 종족(또는 집단)이 있다. 즉 젊고 금속이 풍부한 종족 I과, 늙고 금속이 결핍된 종족 II이다. 이러한 구분은 어떻게 결정되었을까? 성단을 생각해 보기로 하자. 성단은 겉보기 모습이나 별들의 운동으로 보아 거의 동일한 시기에 태어나 서로 중력을 미치고 있는 별의 집단으로 알려져 있다. 그뿐만 아니라, 성단 내의 모든 별까지의 거리는 거의 같기 때문에, 겉보기등급-색 그래프는 H-R도와 다름이 없다. 그림 13-9는 플레이아데스(Pleiades)의 색-등급도를 나타낸 것이다. 플레이아데스는 황소자리에 있는 **산개**[散開

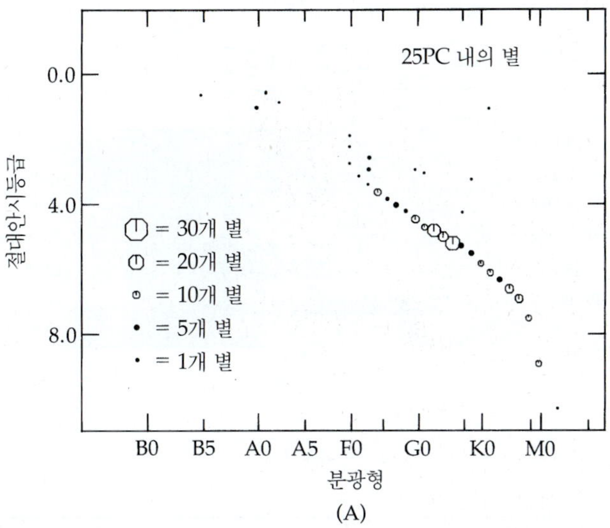

(A)

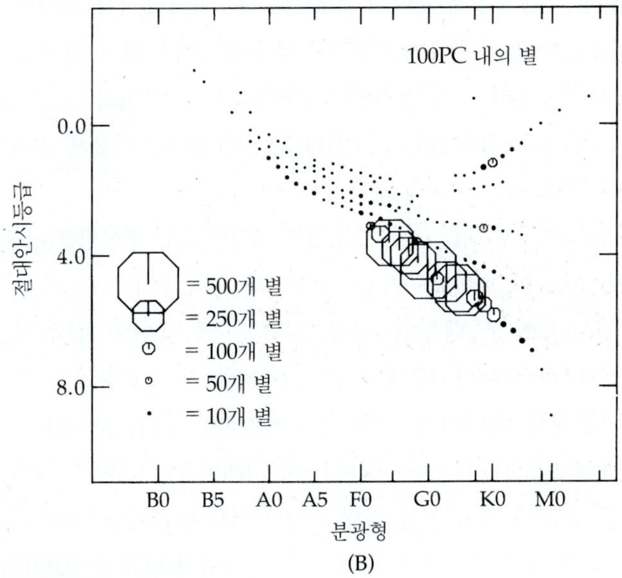

(B)

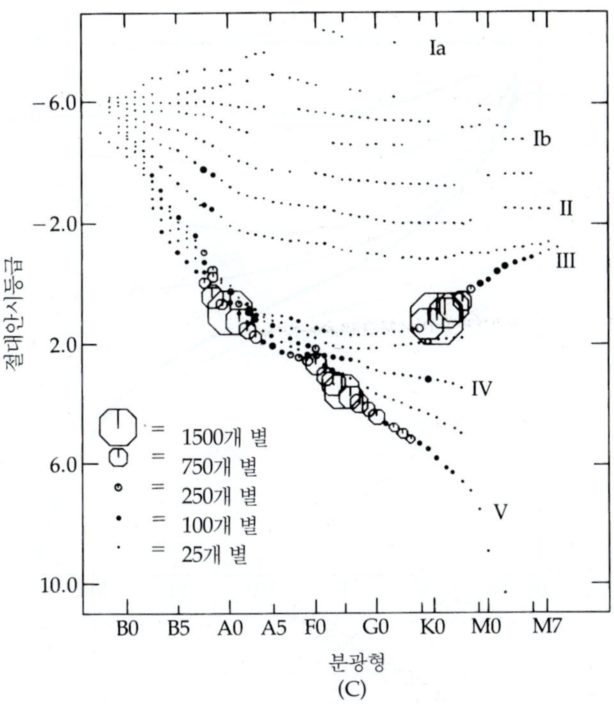

(C)

그림 13-8 미시간 분광 목록에서 얻은 H-R도

기호들의 크기는 각 분광형에서 별의 수를 나타낸다. (A) 25pc 내에 있는 별들. (B) 100pc 내에 있는 별들. (C) 36,000개에 이르는 별의 표본 (N. Houk)

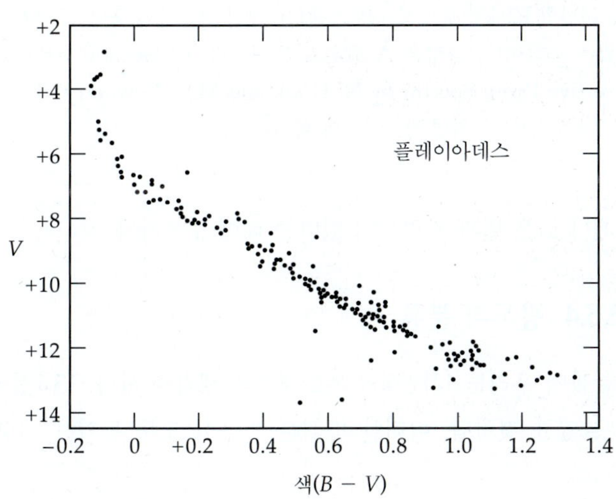

그림 13-9 플레이아데스의 색-등급도

(H. L. Johnson and R. I. Mitchell)

(open), 또는 **은하**(galactic)]성단이다. 여기서, (1) 주계열이 뚜렷이 드러나 있다. (2) 거성이 없다(광도계급 II~III). (3) 주계열의 조기형 끝이 구부러져 위로 올라갔다. 별의 스펙트럼은 높은 금속함량비($Z \approx 0.01$)를 나타내므로, 이들은 종족 I에 속한다.

우리은하 속에는 오래된(120억~150억 년) **구상성단**(globular clusters)이 많이 있다. 구상성단이란 극히 조밀(지름 ≈ 30pc)하고 구 대칭을 이루고 있는 별들(어떤 경우에는 500,000개나 된다)의 집단이다. 구상성단은 우리은하의 중심면으로부터 대단히 먼 거리에서 발견된다. 그림 13-10은 구상성단 M3[1781년 메시에(Charles Messier, 1730~1817)가 만든 메시에 목록의 세 번째 천체]의 색-등급도를 나타낸 것이다. 별의 스펙트럼은 극히 낮은 금속함량비($Z \leq 0.001$)를 나타내므로, 이 별은 종족 II에 속한다. $(B - V) = 0.8$에서 전향점 $(B - V) \approx 0.4$까지의 주계열과 별이 밀집된 거성가지와 왼쪽으로 뻗는 높은 광도의 가지를 주의해 보자.

지금까지 우리는 두 성단을 예로 들어 분명하게 나누어지는 2개의 종족을 살펴보았다. 종족 I의 별(산개성단)은 종족 II(구상성단)에 비하여 높은 금속함량비(100배)를 가지고 있다. 제16장에서 논의되겠지만, 색-등급도는 태양 근방에 있는 별의 진화를 통해 이해할 수 있다(그림 13-11). 즉 주계열은 젊은(종족 I) 별, 거성은 늙고 더 진화된 별(종족 I과 II), 백색왜성은 별의 진화의 종점에 이른 별들이다. 종족 II의 별은 언제나 늙은 별과 관련되어 있다는 데에 주목하자.

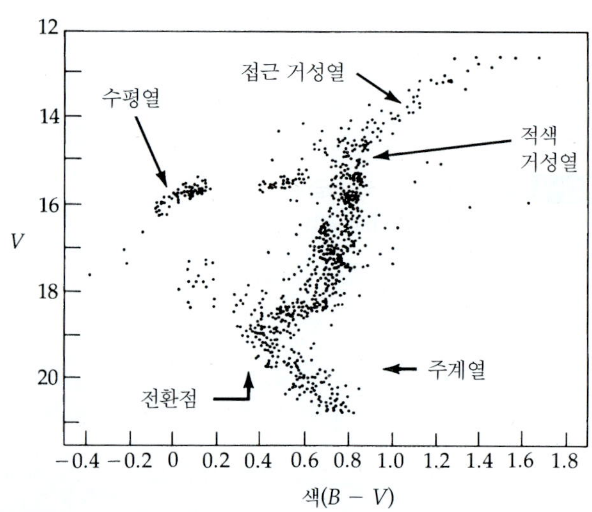

그림 13-10 전형적인 구상성단의 색-등급도
많은 적색거성에 유의하자. (A.R. Sandage and H.L. Johnson)

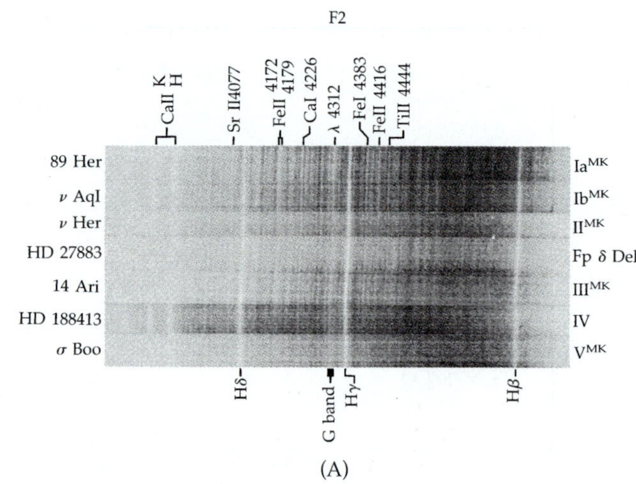

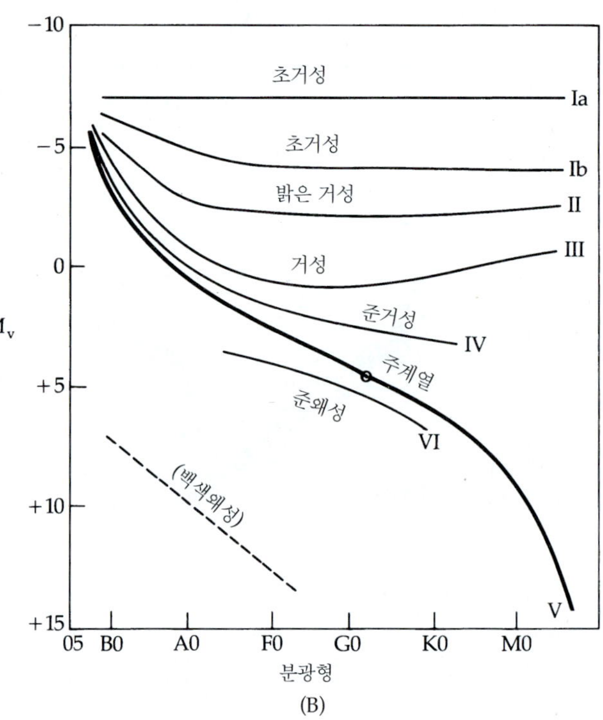

그림 13-11 별의 광도계급
(A) 분광형 F2에서 광도계급은 스펙트럼선의 강도차로 구별 짓는다. 이 그림은 음화이다. 파장은 Å 단위로 표시했다. (A Second Atlas of Objective Prism Spectra by N. Houk and M.V. Newberry) (B) H-R도 상에서 모건-키넌 광도계급의 위치

13.3.4 광도의 분류

지금까지 우리는 1차원적인 온도계열을 생각해 왔다. 13.1절에서 설명한 것처럼, 이러한 방식은 별들이 모두 동일한 질량,

반지름, 화학조성을 가지고 있을 때에 한해서 적용된다. 그러나 제11장에서 보여 준 바와 같이, 별은 온도가 같아도 광도가 서로 다르므로, 2차원(L, T)적 분류가 필요하다[식 (13-16) 참조]. 우리는 태양 근방에 있는 별들의 90%는 이 (L, T)도에서 하나의 띠 — **주계열** — 를 이루고 있음을 알게 될 것이다. 그러나 주계열에 속하지 않는 별들도 많다. 어떤 다른 물리적 변수가 H-R도 상에서 별의 위치를 결정하는가?

이미 1897년에 하버드 천문대의 모리(A. C. Maury, 1866~1952)는 색온도가 같아도 스펙트럼들이 분명히 다른 것들이 있음을 알게 되었다. 즉 어떤 별의 스펙트럼선은 주계열성의 스펙트럼선보다 더 예리하다(즉 선폭이 더 좁다)는 것을 알았다.

1905~1907년에 걸쳐 헤르츠스프룽은 선폭이 좁은 별은 이에 대응하는 주계열의 별보다 훨씬 더 밝다는 것을 확인하였다. 1914~1935년 사이에 윌슨 산(Mount Wilson) 광도분류가 등장하였는데, 이는 애덤스(W. S. Adams, 1876~1956)와 콜슈터(A. Kohlschütter)가 시작한 것이다. 여기서 이들은 별(같은 이온화온도나 여기온도의 별)의 스펙트럼을 스펙트럼선의 강도에 따라 또는 약한 정도에 따라 순서를 정했다. 1937년 이후, 여키스 천문대의 모건(William W. Morgan, 1906~1994)과 키넌(Philip C. Keenan, 1908~2000)은 현재 사용하고 있는 **M-K 광도분류방식**을 도입하였는데, 여기서는 관측적 판별 조건에 따라 6개의 광도계급과 세부분류를 설정하였다. 그러면 M-K(여키스 체계로 불린다) 체계를 자세히 살펴보기로 하자.

먼저 M-K 체계와 그의 한계성에 내포된 철학적 의미를 살펴보자. 모건과 키넌은 오직 별의 스펙트럼에 나타난 관측적 특징에 기초한 하나의 경험적 체계를 고안하고자 하였다. 그들은 분류체계를 균질한 별의 집단에만 적용했으며, 다른 별의 스펙트럼을 조심스럽게 비교할 수 있는 표준별에 대해 수행했다. 이러한 표준별들은 자연스런 몇 개의 무리로 나누어지는 것 같다. 일반적으로, M-K 체계는 태양 근방에 존재하는 종족 I별에 잘 작용된다. 다른 종류의 별에 대해서는(그리고 스펙트럼이 가시대역 밖의 파장에 속하는 별에 대해서) 새로운 분류체계가 개발되어야 할 것이다. 이것은 M-K 체계에 사용한 과정을 그대로 활용하면 된다. 그러나 이때에는 다른 기준별, 다른 파장체계, 그리고 다른 분광분해능을 사용해야 한다.

그들은 6개의 **M-K 광도계급**(luminosity class)을 표 13-2와 표 13-3에 표시된 것처럼 다시 세분하였다(그림 13-11A 참조). 만일, 우리가 절대안시등급[M_V]과 분광형의 2차원 그래프를 만들면, 이 계급은 몇 개의 곡선으로 표시된다(그림 13-11B). 이 체계에 의하면, 태양은 G2V의 별(즉 노란 주계열성)이고, 반지름[$R_\odot$]은 분광형 G2에 속하는 거성(II~IV)의 반지름보다 훨씬 작다. 몇 개의 대표적인 별에 대하여 표기해 보면 B1 III(센타우루스자리베타별), A3V(포말하우트별), F0 Ib(카노푸스별), K1 IVa(천칭자리37번별), M5V(바너드별) 등과 같다. 하위분류가 쓰이는 경우는 드물다.

그림 13-11B는 절대등급-분광형의 헤르츠스프룽-러셀도이다. 여기서는 서로 다른 광도계급의 물리적 해석에 치중하기로 한다. 같은 분광형이라도 광도계급이 서로 다르다는 사

표 13-2 모건-키넌 광도계급

계급	2차 계급[1]	이름
I	Ia, Iab, Ib	초거성
II	IIa, IIab, IIb	밝은 거성
III	IIIa, IIIab, IIIb	거성
IV	IVa, IVab, IVb	준거성
V	Va, Vab, Vb	왜성[2]
VI	VI	준왜성

1) 같은 분광형에서 광도는 a, ab, b순으로 감소한다.
2) 이들은 주계열성이다.

표 13-3 모건-키넌 광도판별

분광형	스펙트럼 판별 기준[1]
O	O9보다 조기형에는 판별 조건이 없음 He I, He II, C III, O III, Si V선의 등가폭의 비
B	He I, N II, Si III선의 비 — 특히 B2 근처 B3 이후 수소 발머 흡수선의 세기 — 특히 Hδ와 Hλ
A	A3까지 : 같은 발머선의 세기 A2 이후 : Fe II, Mg II, Ti II선의 비 만기형의 A : 적외선 λ = 777.1~777.5nm에서의 3개의 O I선
F	F5 이후 발머선의 세기는 크게 약화됨 F5 근처 : 발머선, Fe I, Ca I선의 비 일반적 : 수소 발머선과 Sr II선의 비
G, K	CH 분자의 G띠의 세기, Hδ, Hλ의 강화 Sr II선, Fe I선의 상대적 세기 강한 푸른색의 CN 띠 및 그 밖의 흡수띠 강화 Fe I, Fe II, Mn I, Ca I선의 비
M	Fe I, Cr I, Hδ, Sr II, Y II의 비 Fe II, Ni I, Ti I, K I선, Ca I 적외선 CN 띠

1) 광도계급은 이들 스펙트럼선에서 식별됨. 이 선들은 온도와 분광형에 관련된다.

실을 **광도효과**(luminosity effect), **표면중력효과**(surface gravity effect) 또는 **압력효과**(pressure effect)라는 말로 표현하는데, 이것은 모두 같은 말이다.

분광형은 온도에 대응하기 때문에 식 (13-13)은 광도계급이 I~IV에 속하는 별들은 주계열성보다 훨씬 큰 반지름을 가진 별임을 보여 준다. 예를 들어, G2의 초거성은 태양보다 약 12.5등급 더 밝다. 이는 광도의 비가 10^5이고, 반지름이 태양의 300배인 초거성을 암시한다. 별의 질량은 $100M_\odot$을 넘지 않으므로, 이 초거성의 밀도는 평균태양의 약 100만 배나 낮아야 한다. 식 (13-3)으로부터 구한 이 초거성의 **표면중력** g는 약 10^{-4} $g_\odot$이므로 광구의 기체압력과 전자의 개수밀도[식 (13-5)에 따라] 역시 광구보다 약 10,000배나 낮음을 알 수 있다. 따라서 비록 초거성이 태양과 같은 온도를 갖고 있더라도 그의 스펙트럼선은—사하의 방정식에 따라—태양의 경우와 매우 다르다. 압력효과는 온도효과보다도 덜 중요하다. 왜냐하면 압력은 방정식에서 오직 선형으로 주어지는 데 반해, 온도는 지수함수로 주어지기 때문이다. 그러므로 거성은 표면온도가 낮은 전자 밀도를 보완해 줄 수 있을 만큼 낮아지기만 한다면(사하의 방정식에 의해 N_e와 T가 모두 적당히 감소하면 N_{i+1}/N_i은 변하지 않을 것이다), 거성은 같은 분광형의 주계열성과 거의 동일한 스펙트럼을 나타낼 것이다. 그러나 이러한 경우에도 거성의 스펙트럼선은 주계열성보다 가늘게 나타난다. 그 까닭은 거성이 받는 스펙트럼선의 **압력 선폭 증가**(pressure broadening, 8.5절 참조)가 훨씬 적기 때문이다.

여러분에게 광도계급이 다른 별의 관측된 특성에 대한 이해를 돕기 위해서 절대안시등급, 색지수, 표면의 유효온도, 복사보정, 별의 반지름, 별의 질량을 부록의 표 A4-3에 실었다.

13.3.5 색-색도

천문학자들은 색-등급도에서 변형된 것으로 하나의 색지수($U - B$와 같은)를 다른 색지수($B - V$와 같은)에 대해 나타낸 도형을 사용하고 있다. 그러한 도형을 **색-색도**(color-color diagram)라 부르는데(그림 13-12), 이 도형은 광도와 등급이라는 두 변수를 다른 형태로 나타낸 것이다. 천체의 색은 사실상 두 파장대에서 측정한 플럭스의 비로 표시된 것임을 기억하자.

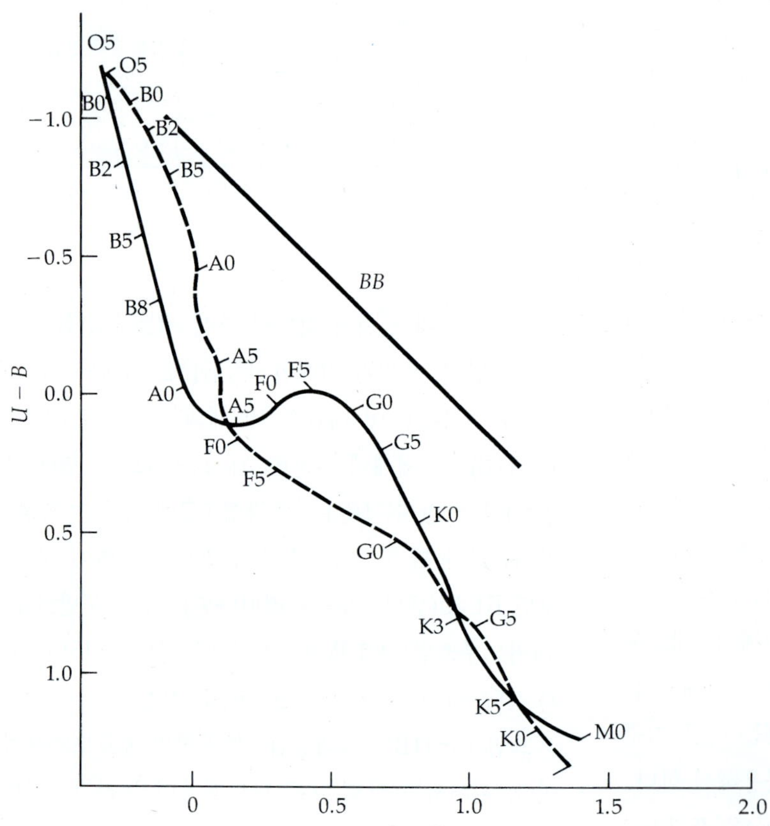

그림 13-12 주계열성(실선 곡선)과 초거성(쇄선 곡선)에 대한 색-색도
분광형은 각 곡선에 따라 표시되었고, 'BB' 선은 순수한 흑체복사체의 색을 나타낸다.

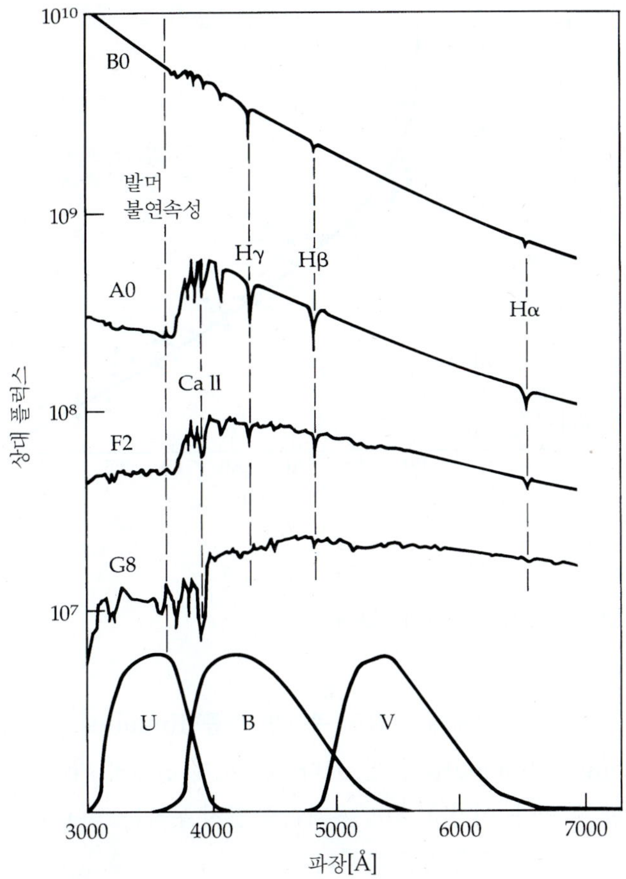

그림 13-13 주계열성의 스펙트럼선 윤곽과 *UBV* 파장대역
발머불연속이 U 필터에서만 나타남에 유의하자. 이러한 비선형 효과가 색-색도에서 곡선을 심하게 구부러지게 한다. (A. Henden and R. Kaitchuck).

만약 별들이 정확히 흑체와 같이 방출한다면, 색-색도에서는 잘 정의된 직선(그림 13-12에서 '*BB*'로 표시)을 따를 것이다. 그러나 별의 대기는 흑체처럼 복사하지 않는다. 이 사실은 실제로 별을 색-색도 상에 표시해 보면 알 수 있다. 그림 13-12에서 실선은 광도계급 V, 쇄선은 광도계급 I인 별이다. 색-색도 상에서 분광형 A5에서 G0 사이에 나타나는 갈고리 모양(hook)에 유의하자. 이는 온도에 따른 발머불연속의 비선형 변화 때문에 나타난 현상이다. 발머불연속은 U 필터의 파장대역에서 나타나므로, 이 필터를 통해 측정된 복사플럭스가 크게 영향을 받는다(그림 13-13).

13.3.6 원소함량비의 효과

여러분은 우리가 별의 화학 성분이 스펙트럼 분류에 미치는 효과를 아직 생각하지 못했다고 인식했을지 모른다. 그 이유는 태양 근방에 있는 대부분의 별들이 동일한 화학조성을 갖고 있기 때문이다 — $X \approx 0.70$, $Y \approx 0.28$, $Z \approx 0.02$(높은 중원소함량). 이들은 이른바 종족 I에 속한다(13.3.3항 참조). 그러면 여기서 원소함량비의 효과가 스펙트럼에 나타나지 않는 종족 I 중에서 드물게 관측되는 '예외적'인 경우를 생각해 보기로 하자.

울프-레이에 별 : 1867년 울프(C. Wolf)와 레이에(G. Rayet)는 예외적으로 강하고 굵은 방출선을 내는 3개의 O형별을 발견하였다. 오늘날 이러한 고온(10^6K)의 밝은(절대등급 −4.5, −6.5) 별이 약 200개 정도로 알려져 있는데, 이들을 **울프-레이에 별**이라고 부른다. 제17장에서 알게 되겠지만, 이들의 스펙트럼에 나타나는 이온화된 He, C, O의 극히 굵은(수십 Å) 방출선들은 별로부터 약 2,000kms^{-1}의 속도로 팽창하는 대기의 외피층(atmospheric envelope)에서 생성된다. 화학 성분에 따라 두 종류로 구분된다. 즉 (1) 탄소가 과다하게 보이는 **WC별**(C IV와 O VI까지의 탄소와 산소선이 두드러지게 나타난다), (2) 질소가 과다하게 보이는 **WN별**(N III~NV선들이 지배적이다)이다.

고온의 방출선 별 : 분광형 O, A, B에서 수소의 밝은 방출선을 내는 **Of**, **Be**, **Ae형별**이다. 이 별들은 울프-레이에 별처럼 팽창하는 대기의 외피층(방출선이 생성되는 곳)에서 서서히 질량을 잃어버리는 것으로 생각된다.

특이 A 별 : **특이 A** 또는 **Ap형별**의 스펙트럼에서는 이온화된 Si, Cr, Eu의 스펙트럼선이 특히 강하게 돋보인다. 많은 경우에 이들의 강도는 시간적으로 변화(이른바, **스펙트럼 변광성**)하고 있으며, 이러한 현상은 별 표면에 존재하는 강한 자기장(≈ 1T)과 관련이 있는 것으로 생각된다.

탄소별 : 보통의 G, K, M형별(온도 범위 4,600~3,100K) 중 특히 C가 O에 비하여 과다하게 존재하는 거성, 즉 **탄소거성**이 관측되는데, 이들은 초기의 하버드 분류에는 다음과 같이 두 가지로 세분되어 있다. (1) C_2 분자의 스완(swan)띠와 CN 분자의 CN띠가 돋보이는 보통 별에 비하여 온도가 좀 높은 R형별, (2) C_2, CN, CH의 띠를 나타내지만, TiO띠가 거의 없는 별로 온도가 보통별에 비하여 좀 낮은 N형별이다.

중금속 산화물 별 : 마지막으로, M형별들 중에는 상당수의 **S**

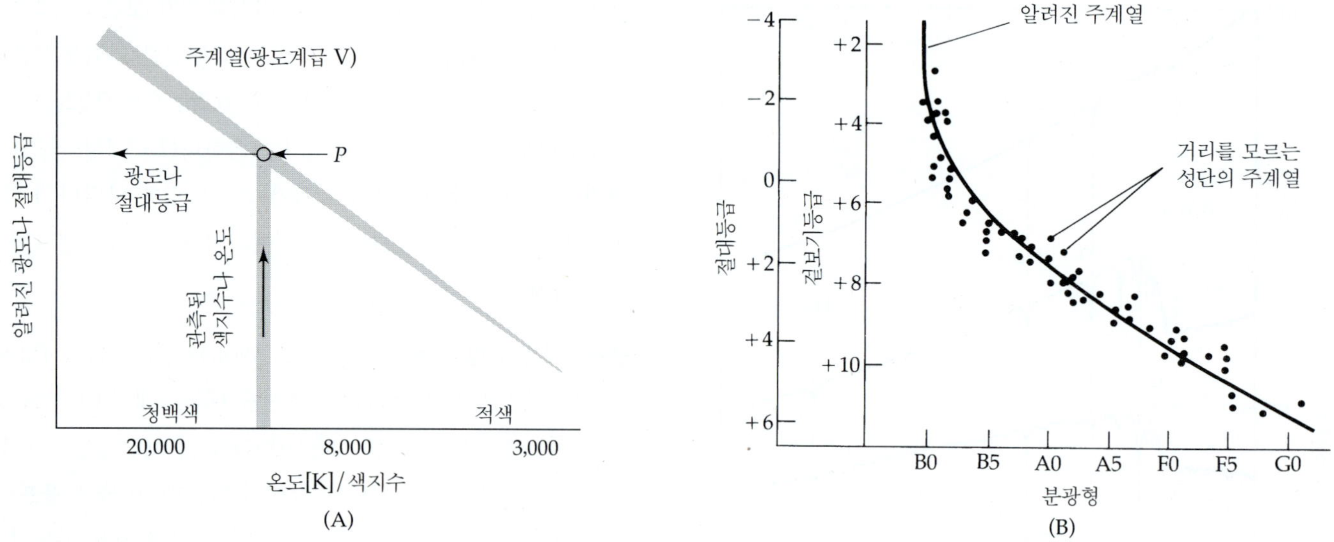

그림 13-14 분광형에서 얻는 거리

(A) 기준 H-R도로부터 광도 추정. (B) 거리가 알려지지 않은 성단의 주계열을 H-R도 상의 기준 주계열과 맞춘다.

형별들이 있는데, 이들은 거성으로 알려져 있다. 이들의 스펙트럼에는 강한 CN 흡수띠가 존재하는 것으로 보통의 M형별과 분간이 되지만, 더 중요한 특징은 TiO 대신 중금속의 산화물인 ZrO, LaO, YO의 분자띠(스펙트럼)가 존재하는 것이다.

13.3.7 거리의 결정

H-R도를 이용하여 별의 거리를 상당히 정확하게 결정할 수 있는 두 가지 방법을 설명하고 이 장을 마치려고 한다. 두 방법은 모두 **절대등급**으로 표시된 H-R도를 사용하고 있다. 그 정확도는 절대등급의 '눈금조성'을 얼마나 정확하게 하느냐에 달려 있다[**운동성단의 방법**(15.3절 참조)이 가장 좋은 눈금조정 수단이다].

개개의 별(또는 오직 한 별만 철저하게 관측된 성단)에 대해서는 **분광시차**(spectroscopic parallax)의 방법을 사용한다(그림 13-14A). 우리는 별의 스펙트럼으로부터 분광형과 광도계급을 결정할 수 있다. 이로부터 별의 절대등급을 읽어낼 수 있다. 관측된 겉보기등급으로부터 거리지수[식 (11-6)]를 구하여 별의 거리를 계산할 수 있다. 관측오차와 H-R도 상에서의 분산으로 인하여 ±1.0의 등급의 불확실성이 나타나므로, 별의 거리는 50% 이내의 정밀도로 얻어지는 셈이다. 분광시차는 은하뿐 아니라 이웃 은하까지의 아주 먼 거리에 있는 천체의 거리를 결정할 수 있게 해 준다.

성단의 별 전체에 대하여 **주계열 맞춤법**(main-sequence fitting technique)을 쓰면, 보다 정확하게 천체의 거리를 결정할 수 있다. 여기서, 우리는 거리를 알지 못하는 성단의 색-겉보기등급도를 투명한 종이에 그린 다음, 이것을 눈금이 확정된 H-R도 상에서 아래 위로(등급의 축 방향으로) 이동시켜서 2개의 주계열이 같은 분광형에서 겹쳐지도록 조정한다. 두 점이 모두 분광형(또는 색)이 같도록 맞추는 데에 유의하자. 검사성단(test-cluster)의 겉보기등급과 눈금조정이 확정된 절대등급과의 차, 즉 $(m - M)$는 검사성단의 거리지수가 되며, 이는 성단에 속한 모든 별에 대해서 동일하다.

개념 적용 **분광시차**

겉보기안시등급이 +10인 MO III별을 생각해 보자. 이 별까지의 거리는 얼마나 될까? 그림 13-8로부터 이 별의 절대안시등급이 거의 0임에 유의한다면 거리 d는 쉽게 얻어진다.

$$m - M = 5\log\left(\frac{d}{\text{pc}}\right) - 5$$

$$10 - 0 = 5\log\left(\frac{d}{\text{pc}}\right) - 5$$

$$\log\left(\frac{d}{\text{pc}}\right) = \frac{15}{5} = 3$$

$$d = 10^3\text{pc}$$

동일한 개념을 적용하여 그림 13-14B에 도시된 성단의 거리를 구해보자. 그림에서 $m - M$은 5.5이므로 그 거리 d는 또한 쉽게 얻어진다.

$$m - M = 5\log\left(\frac{d}{\text{pc}}\right) - 5$$

$$5.5 = 5\log\left(\frac{d}{\text{pc}}\right) - 5$$

$$2.1 = \log\left(\frac{d}{\text{pc}}\right)$$

$$d = 126\text{pc} = 410\text{광년}$$

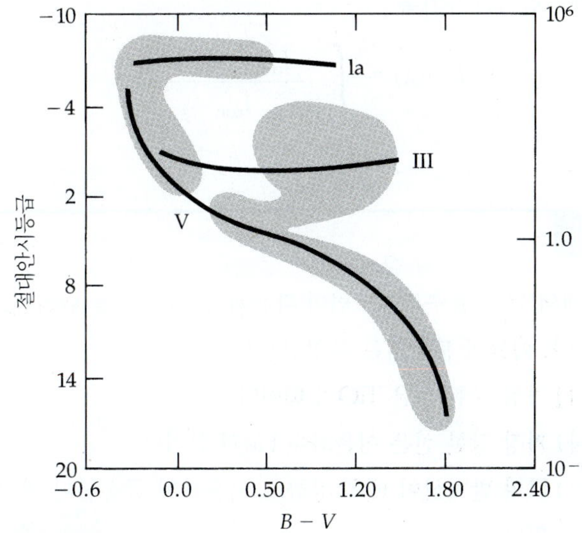

그림 13-15 H-R도 상에서 엑스선 방출체인 별들의 영역(그늘진 부분). (A. Dupree)

13.3.8 엑스선 방출

제10장에서 태양의 엑스선은 코로나의 자속관 루프(magnetic flux loop)에 잡힌 고온 플라스마에서 방출된다는 것을 알았다. 자기장을 생성하는 태양 다이너모는 대류와 차등 자전의 복잡한 조합에서 비롯된다고 생각된다. 태양 표면의 자기장과 플라스마와의 상호작용은 태양의 코로나 활동을 지배한다. 우리는 다른 별에서 대해서도 태양과 동일한 현상이 일어날 것이라고 기대하고 있다. 그러나 실제로 수행한 엑스선 관측은 이러한 기대를 난처하게 만들었다. 거의 모든 별은 엑스선을 방출하며, 그중 대부분은 엑스선강도가 태양보다 훨씬 강하다(그림 13-15).

특히 관측된 엑스선 자료에 의하면 분광형 F형에서 M형에 이르는 모든 주계성들은 $10^{20} \sim 10^{25}$W에 이르는 엑스선을 방출하고 있다. B5보다 더 조기형인 별들도 엑스선을 방출하는데, 그 출력은 $10^{23} \sim 10^{28}$W에 이른다. 그러나 B8에서 A5의 좁은 범위에 속하는 주계열성에 대해서는 엑스선 방출의 증거가 보이지 않는다. 또한 대부분의 거성과 초거성은 엑스선을 방출하지만, A형에서 G형에 속하는 거성과 G형보다 온도가 낮은 초거성은 엑스선을 방출하지 않는다.

이러한 결과는 (1) 거의 모든 별은 고온의 코로나를 갖고 있으며, 이들은 다수의 거대 자속관(magnetic flux tube)에 의해 통제되고 있음을 제시해 준다. (2) 온도가 낮은 별들은 대류영역을 지니고 있을 뿐만 아니라 차등 자전을 하고 있음을 제시해 준다. 고온의 별에 대해서는 아직 그 원인이 물리적으로 명확하지 않지만, 아마도 강렬한 항성풍과 관련되어 있는 것 같다.

핵심 수식과 개념

- 평균분자량

$$\mu = \frac{\rho}{m_H n}$$

- 기압방정식

$$P(h) = P(h_0)\exp\left(-\frac{h}{H}\right)$$

- 흑체 관련 방정식(별에 대한 근사식)

$$\lambda_{max}T = 2.898 \times 10^{-3}\text{mK}$$

$$F = \sigma T^4$$

$$L = 4\pi R^2 \sigma T_{eff}^4$$

• 스펙트럼선의 등가폭

$$EW(\lambda) = \int_{\text{line}} \frac{I_{\text{con}} - I(\lambda)}{I_{\text{con}}} d\lambda$$

• 볼츠만–사하 방정식

$$\log\left(\frac{N_{i+1}}{N_i}\right) = \frac{3}{2}\log T - \frac{5040\text{K}}{T}\left(\frac{\chi_i}{\text{eV}}\right) - \log N_e + \text{상수}$$

문제

1. 4개의 별의 흡수스펙트럼이 다음과 같은 특성을 나타내고 있다. 이들의 분광형은 무엇인가?

(가) 가장 강한 선은 TiO의 띠이다.

(나) 가장 강한 선은 이온화된 He의 선이다.

(다) H의 발머선이 매우 강하고 이온화된 금속선이 몇 개 있다.

(라) 알맞을 정도로 강한 수소의 선과 중성 및 이온화된 금속선이 보이고 있으며, Ca II의 H, K선이 스펙트럼에서 가장 강하다.

2. 연속스펙트럼의 정점이 다음의 파장에서 일어날 때, 그 별의 분광형은 대략 어떤 것인가?

(가) 50nm (라) 900nm

(나) 300nm (마) 1.2μm

(다) 600nm (바) 1.5μm

(힌트 : 주계열에 대하여 빈의 법칙에서 얻은 $\lambda_{\max}$를 분광형의 함수로 그래프를 만들어 보자.)

3. 주계열성의 시차에 25%의 오차가 있다면 이 별은 H-R도에서 주계열의 위치로부터 얼마만큼, 또 어떤 방향으로 어긋나겠는가?

4. 다음의 분광형 차이를 설명하는 데 있어서, 사하의 이온화평형 방정식에서 어느 변수가 가장 중요한가?

(가) 분광형 G의 거성과 왜성

(나) B형과 A형의 왜성

5. (가) KO V별과 KO I별의 표면중력의 비는 얼마인가?

(나) 두 별의 대기온도와 불투명도가 동일하다면 이들 스펙트럼에 나타난 Ca II의 K선의 강도비의 근사값은 얼마인가? (Ca의 이온화 에너지는 6.1eV이다.)

(다) (나)에서 어떤 가정을 하였는가?

(라) 두 별의 평균 밀도의 비는 얼마인가?

(마) 만일 두 별 대기의 전자 밀도가 그들의 평균 밀도에 비례한다면, (나)에서 얻은 값은 변하지 않겠는가? 이유는?

6. 태양 근처(예로써 500pc 이내)에 있는 별들의 H-R도가 명확한 2차원의 그래프가 되지 못하는 까닭은 무엇인가?

7. 절대등급–분광형의 H-R도가 겉보기등급–$(B - V)$로 나타낸 H-R도와 원칙적으로 다른 까닭은 무엇인가?

8. 주계열 맞추기로 거리를 결정할 때 우리는 은하성단의 관측된 H-R도를 M3의 '눈금조정이 이루어진' H-R도와 비교하기는 삼가야 하는데, 그 까닭은 무엇인가?

9. (가) 별의 분광형은 별의 광도와 표면온도에만 의존한다고 한다. 이 말은 어떤 조건에서 근사적으로 옳다고 할 수 있을까?

(나) 별의 질량은 색깔에 의하여 유일하게 결정된다는 말과 어긋나는 예를 세 종류 들어 보시오.

10. 13.1.1항에서 완전히 이온화된 가스의 평균분자량 μ를 $1/\mu = 2X + (3/4)Y + (1/2)Z$로 나타냈다. 여기서 X = 수소의 질량함량비 = 수소의 질량밀도/모든 성분의 질량밀도. μ의 관계식을 유도하는 각 단계에서 사용한 가정과 근사를 밝히면서 유도하시오.

11. 식 (13–10), (3–11)에 5040이란 숫자가 나타난다.

(가) 이 숫자는 어디서 온 것인가? 즉 어떻게 유도되는지를 밝히시오.

(나) 이 식들 속에서 숫자의 단위는 무엇인가?

12. 정유체평형을 이용하여 태양과 다음 별의 중심압력을 비교하시오.

(가) B0 V별 (나) G2 III별 (다) G2 I별

13. 그림 13–8, 13–11을 이용하여 겉보기등급이 +1.0인 M I 별의 거리를 구하시오.

14. 아래 성단의 색–등급도로부터 성단의 거리를 추정하시오. (표A 4–3을 이용하여 $B - V$를 분광형으로 바꾸시오.)

(가) 플레이아데스(그림 13–9)

(나) M3(그림 13–10)

15. 본문의 H-R도 자료를 이용하여 주계열의 M별(M V)과 적색초거성(M I)의 반지름을 추정하시오.

16. 그림 13-7의 H-R도와 그림 13-6의 온도와 분광형 사이의 관계를 이용하여 베텔지우스별(Betelgeuse)이 아래의 별들에 비해 얼마나 큰지 추정하시오.

(가) 안타레스별

(나) 남십자자리β별

(다) 센타우르스자리α별

17. (가) 칼슘, 마그네슘, 헬륨, 수소 등의 들뜸과 이온화 퍼텐셜에너지(표 8-3)를 사용하여 그림 13-6에서 보는 것처럼 분광형이 다른 별들에 대해 이 네 가지 원소들의 중성원자와 일차 이온화된 원자가 만드는 흡수선의 상대적 세기를 설명하시오.

(나) 고온의 O형별과 저온의 M형별이 약한 수소의 흡수선을 갖는 까닭은 무엇인가?

18. 빛의 공해가 없는 곳에서는 육안으로 겉보기안시등급이 6등급 또는 그보다 밝은 별을 볼 수 있다. 이 한계등급을 갖는 각 분광형의 주계열성 대하여 가시 가능한 최대거리를 각각 구하시오.

PART 3 은하수
The Milky Way Galaxy

▲ 허블우주망원경에서 촬영한 M16 지역의 별 탄생 현장. (NASA)

14

Chapter

우리은하 : 개관

우리는 지금까지 별들의 기본 성질들 몇 가지 살펴보았다. 이제 시야를 한 단계(결코 마지막 단계는 아니다. 제4부 참조) 넓혀서 별들의 거대한 소용돌이 — **우리은하** — 를 살펴보자. 이 장에서는 우리은하의 개관을 소개하고, 제15장에서 제19장까지에 포함된 내용을 이해하는 하나의 틀을 제공하겠다. 제20장에서 이 내용이 되풀이되고 우리은하의 진화라는 큰 테두리 안에서 이 자료들이 요약될 것이다.

14.1 우리은하의 형태

14.1.1 관측적 증거

조명이 밝은 도회지에서 벗어나면 밤하늘을 대략 대원을 따라 한 바퀴 도는 폭이 약 10°의 희미한 빛의 불규칙한 띠를 볼 수 있다. 이 띠를 **은하수**(Milky Way)라고 한다(그림 14-1). 은하수의 가장 밝은 부분은 궁수자리(북반구 관측자에게는 여름밤 남쪽 지평선 가까이에 보인다)에 있고, 티끌로 인한 검은 띠가 은하수의 중심선을 따라 분명하게 나타난다. 그 반대 방향인 마차부, 페르세우스(Persei), 오리온자리 — 사실 중심의 정반대 방향은 마차부자리에 있다 — 에서 은하수는 보잘 것이 없다.

은하수의 구조는 어떻게 결정될까? 20세기 초에 은하수의 밝은 구름들은 별의 구름(star cloud)으로 불렸다(그림 14-2). 즉 이 빛의 어렴풋한 덩어리들은 수백만 개 별들의 집단들로 판명되었다(갈릴레오는 17세기에 그의 망원경으로 은하수가 많은 별들을 포함하고 있음을 발견했다). 앞으로 14.2절에서, 은하수[Galaxy, 이것은 젖(Milky)과 비슷하다는 뜻의 그리스어 *galaktiko*에서 유래]가 공간에 어떻게 분포되었는지 알게 될 것이다.

1781년, 프랑스의 천문학자 메시에는 천체 목록(부록 1)을 만들어 그가 혜성 탐사 도중에 발견한 약 100개의 흐릿한(별처럼 안 보이는) 천체를 실었다. 그중 일부는 후에 은하수 안의 빛나는 기체의 구름(19.2.2항), 산개성단, 먼 거리에 있는 구상성단 등으로 판명되었지만, 그 밖에 일부 이른바 **성운들**(nebulae, 라틴어로 '구름'을 뜻하는 **nebula**의 복수형)은 20세기에 들어와서도 한참 동안 수수께끼로 남아 있었다. 오늘날, 우리는 어떤 성운들이 은하들(galaxies) — 우리은하와 비슷한 외부은하들 — 임을 알고 있다(제21장). 그중에서 가장 가까운 하나는 안드로메다은하(Messier 31)인데, 우리은하와 그 형태나 내용이 비슷한 것으로 판명되었다.

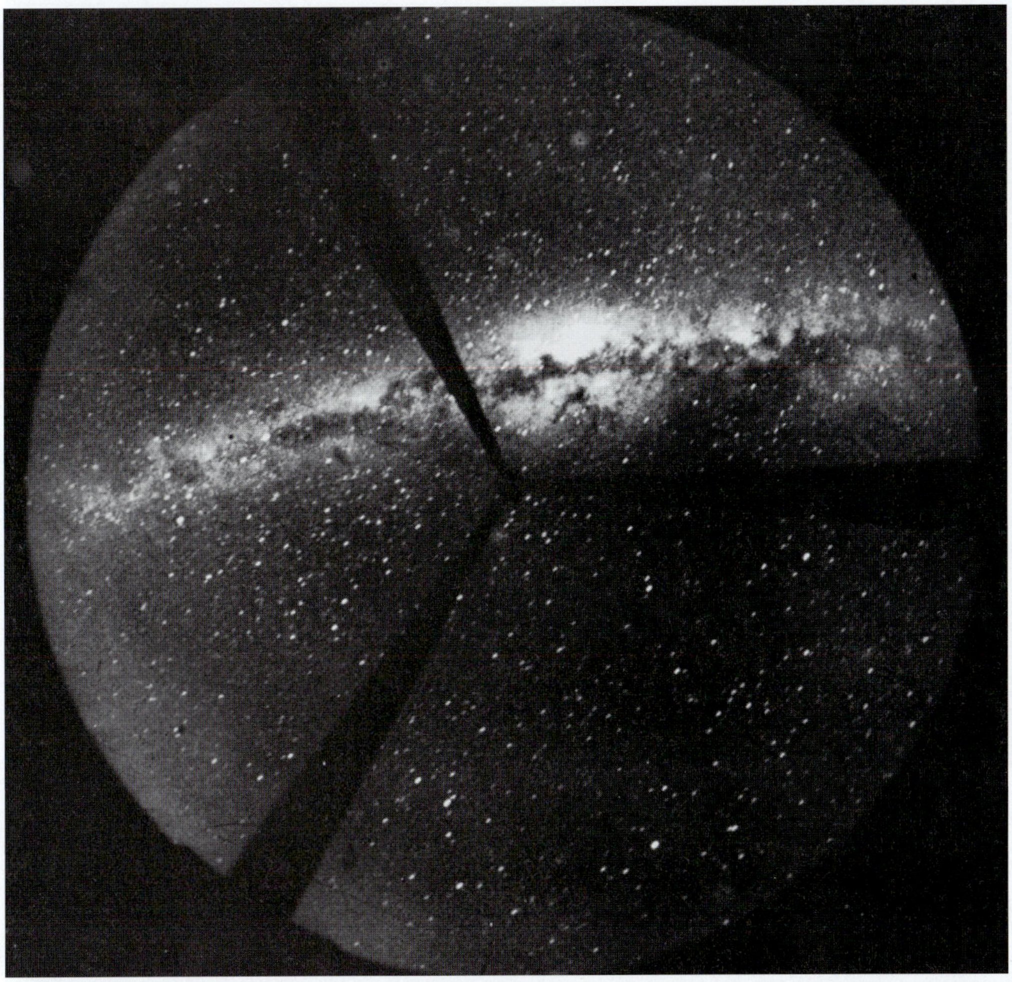

(A)

(B)

그림 14-1 은하수
(A) 지구에서 본 은하수의 광시야 사진. 은하수의 중심은 가운데 위쪽의 밝게 부푼 부분의 방향에 있다. 은하면을 통과하는 검은 띠에 유의하라. 3개의 얇은 검은 삼각형은 카메라 받침대의 일부들이다. (A.D. Code and T.E. Houck). (B) 외계에서 찍은 은하수의 광시야(96°) 사진. COBE 위성이 찍은 이 사진은 파장 1.2, 2.2, 3.4μm의 사진을 합성하고 (A)의 광학 사진을 가린 성간티끌의 차폐 효과를 줄인 것이다. 명확하게 나타나는 중심의 부푼 부분, 즉 중앙팽대부의 존재에 유의하라. (NASA)

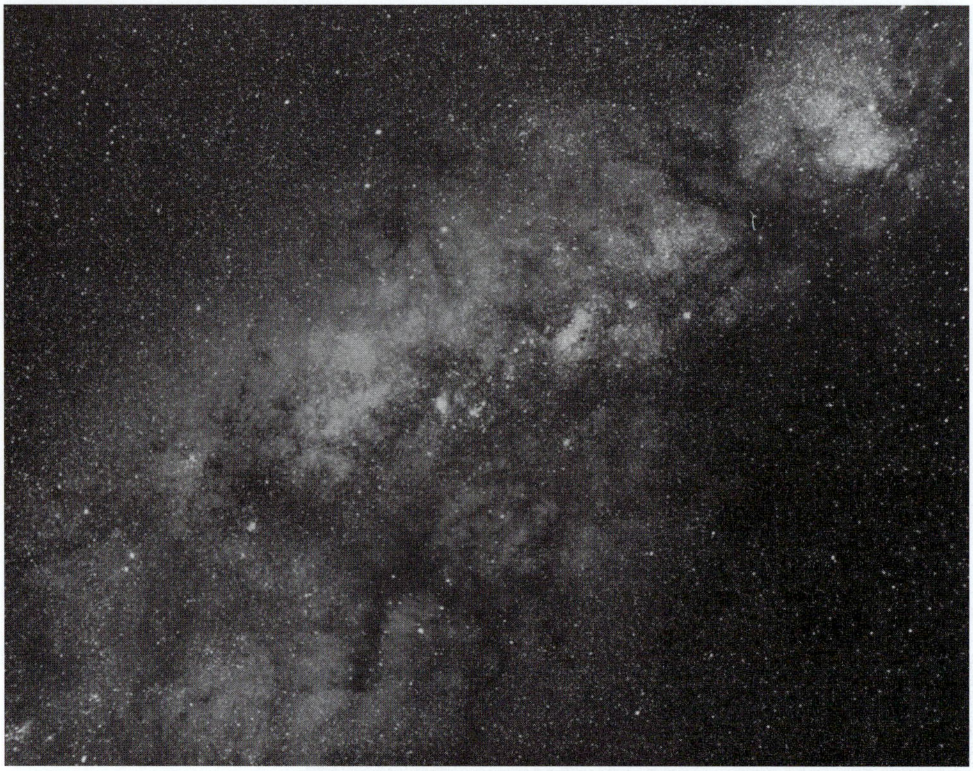

그림 14-2 궁수자리의 별의 구름들 여기서도 티끌로 된 검은 길에 유의하라. (팔로마 천문대, 캘리포니아 공과대학)

우리은하는 외견상 팬케이크처럼 아주 납작한 별의 집단으로, 중심으로부터 먼 곳인 태양에서 그 단면을 보고 있는 셈이다. 은하의 중심은 그림 14-1(B)에서처럼 명확하게 밝은 부분인 중심의 **중앙팽대부**(nuclear bulge) 방향에 있는 것에 유의하라. 이 중앙팽대부 핵 안에 우리은하의 잘 알려지지 않은 **중심핵**이 있다.

14.1.2 은하좌표계

우리은하의 지도를 만들기 위해서, **은하좌표계**를 새로 정의한다. 여기서는 은하수의 중심선, 즉 은하면의 질량중심면이 **은하적도**(galactic equator)로 불리는 하늘의 대원을 결정하고, 이에 따라 **은경**(galactic longitude) l은 궁수자리의 은하중심 방향에서 동쪽으로 향해 도수(0~360°)로 잰다. **은위**(galactic latitude) b는 은하 적도에서 남북으로(0 ± 90°) 잰 천구 상의 각거리이다. 따라서 은하중심의 반대 방향은 $l = 180°$, $b = 0°$, 은하 남극(SGP)은 $b = -90°$에 있다.

14.2 별의 분포

우리은하의 크기와 형태를 결정하는 가장 직접적인 방법은 별의 공간 분포를 조사하는 것이다. 여기서 우리는 별의 수를 헤아리는 방법을 알게 될 것이다. 또 자료를 해석하는 데 오해가 어떻게 생길 수 있는지, 그리고 과거의 그 오해의 실례를 보게 된다. 그래서 우리은하의 크기와 나선팔 구조를 알아내게 될 것이다.

14.2.1 별의 수 헤아림

우리은하의 규모와 구조를 어떻게 알아낼 수 있을까? 한 가지 방법은 하늘의 여러 방향에서 별의 수를 헤아리는 것이다. 균일한 공간 분포를 가정하면, 보다 많은 별들이 보이는 방향이 우리은하가 더 멀리 뻗어 있는 방향일 것이다. 천구에서 입체각(스테라디안 단위) ω인 넓이를 생각하자. 관측자에게 거리 r인 곳에서 입체각 $d\omega$가 펼쳐 보이는 넓이 dA는

$$dA = r^2 d\omega$$

로 주어지며, 거리 r에서 $r + dr$ 사이에서 입체각 $d\omega$가 만드

는 부피는 $dV = dA \cdot dr$에서

$$dV = r^2\, dr\, d\omega \qquad (14-1)$$

로 계산된다. 거리 r에서의 별들의 개수밀도를 $n(r)$이라 하면, 부피 dV 속에 들어 있는 별들의 개수 $dN(r)$은

$$dN(r) = n(r)\, dV = n(r) r^2\, dr\, d\omega \qquad (14-2)$$

와 같이 주어진다. 그러므로 관측자로부터 거리 r 이내에 있는 별들의 총 수 $N(r)$를 계산하려면

$$N(r) = \int_0^r n(r) r^2\, dr\, d\omega$$

의 적분을 수행해야 한다. 개수밀도 $n(r)$이 일정할 경우, 적분 결과는 당연히

$$N(r) = \frac{d\omega}{3} n r^3 \qquad (14-3)$$

로 주어질 것이다. 그런데 수많은 별들을 조사하려면 거리 r보다 별의 **겉보기등급** m으로 생각하는 편이 더 편리하다. 만약 별들의 절대등급이 모두 M으로 일정하다면 거리 r에 위치하는 별의 겉보기등급 m은

$$\log r = \frac{1}{5}(m - M) + 1 = \frac{m}{5} + \text{상수}$$

의 관계를 만족해야 한다. 물론 이때 거리는 pc 단위로 잰 값이다. 그러므로 거리 정보 r은

$$r = 10^{0.2m + \text{상수}} \qquad (14-4)$$

의 관계를 이용하여 겉보기등급 m으로 환산될 수 있다. 따라서 식 (14–3)을 우리는

$$\log N(m) = 0.6m + C \qquad (14-5)$$

와 같이 바꿔 기술한다. 여기서 상수 C는 M, n, $d\omega$에 의존한다.

이 식은 균일 밀도를 가정할 때 성립하는 식이다. 이 식에 의할 것 같으면, 절대등급이 특정한 값 M, 즉 동일 분광형의 별들 중에서 $m + 1$ 등급으로 관측되는 별들의 개수가 m 등급인 것들보다 $10^{0.6} = 3.98$배만큼 더 많아야 한다. 비록 제한된 분광형의 별들만 골라서 헤아린다고 하더라도 절대등급의 적당한 크기의 분산이 존재할 터이다. 이러한 분산의 효과는 상수 C를 적절히 조정함으로써 보정될 수 있다. 실제로 별을 헤아린 수효는 식 (14–5)의 관계를 따르지 않는다. 거기에는 2개의 원인이 있다. 하나는 비균일 분포이고 다른 하나는 성간소광 때문이다.

성간소광

오늘날 우리는 태양이 우리은하의 중심이 아니라는 사실을 잘 알고 있지만, 예전의 별의 계수 자료는 태양이 중심에 자리한다는 가정에서 해석되었다. 이러한 오류의 원인이 1930년 트럼플러(R. Trumpler, 1886~1956)에 의해서 밝혀졌다. 그는 산개 성단을 연구하다가, 각크기에 비해서 지나치게 어둡게 보이는 성단들에 주목하게 되었다. 은하면에 분포하는 산개성단들의 기하학적 크기에 큰 차이가 없다면, 성단의 각크기에서 우리는 그 성단까지의 거리를 대강 추정할 수 있다. 그런데 성단의 관측된 각크기, 즉 거리에서 예측되는 성단의 겉보기 밝기보다 실제로 관측된 밝기가 더 어둡게 나타났다. 그리고 예상보다 더 어두운 정도는 멀리 있는 성단일수록 더 심했다. 식 (11–6)에서 알 수 있듯이 어두운 성단들은 그들의 각크기에서 예측되는 거리보다 더 먼 곳에 있어야 한다. 그렇다면 멀리 있는 성단일수록 그 기하학적 크기가 체계적으로 더 커야만 한다. 트럼플러는 이와 같은 추론의 결과를 액면 그대로 받아들일 수 없었다. 이러한 모순은, 트럼플러가 생각했던 것처럼, 빛을 차단하는 물질(미세 고체 입자)이 은하면에 집중되어 있다고 가정하면 자연스럽게 해소된다.

별에서 오는 빛은 성간티끌 때문에 산란되고 흡수된다. 이 현상을 **성간소광**이라 부른다. 태양 근방에서 은하면에 수직한 방향으로 500pc 이상 높은 곳에 있는 별들은 성간소광의 효과를 크게 보이지 않는다. 즉 은하면에서 500pc 이상의 거리에 있는 별들의 경우 성간소광량이 거리에 따라 증가하지 않는다. 그러므로 태양 근처에서 은하 원반의 두께가 1kpc 정도에 머무는 듯하다. 그러나 은하중심면으로 가까이 내려올수록 성간소광량의 거리에 따라 뚜렷하게 증가한다. 이러한 소광 현상의 특성은 불투명도가 일정한 티끌들이 은하 원반에 균일하게 분포한다고 가정하면 쉽게 설명될 수 있다(12.2.2항 참조). 별빛이 이러한 상황의 매질을 통과하는 동안 통과한 거리에 따라 지수함수적으로 그 세기가 감소할 것이기 때문이다. 별의 등급은 관측된 광량, 즉 세기의 대수값에 비례하므로 [식 (11–5)], 성간소광의 결과인 겉보기등급의 증가는 별의 거리에

비례할 것이다.

은하적도 가까이에서는 안시등급에서의 소광이 약 1등급/kpc이고, 밀도가 매우 짙은 성간운에서는 이보다 훨씬 크다. 그래서 은하면 내에서 1kpc 떨어진 별의 실제 거리 지수가 10.0mag인 데도 11.0mag로 나타나서 거리 1.6kpc나 떨어진 것처럼 보인다. 5kpc 거리의 별은 5.0mag의 소광을 경험하게 되므로 어두울 뿐만 아니라 그 성간소광을 고려하지 않으면 거리가 10배 정도 과대평가된다(5등급 차이는 밝기로 100배, 밝기가 거리의 역자승 법칙에 따라 변하므로 거리는 $100^{1/2}$ = 10배가 되기 때문이다).

20세기 초의 천문학자에게 우리은하가 작고 태양이 그 중심에 있다고 생각되었던 까닭을 알 수가 있다. 은하면에서의 빛의 소광이 바로 그 범인이었다.

광원의 위치를 알아내고 개수를 헤아리는 일은 오늘날 아직도 쓸모 있는 일이다. 제18장에서 보게 되듯이 감마선폭발체(gamma-ray burster)는 하늘에서 등방 분포를 한다. 그런데 거리를 모르기 때문에 그들의 위치는 여전히 수수께끼로 남아 있다.[1)]

광도함수

우리는 별의 수 헤아림과 더불어 광도함수라는 개념으로 우리은하 안의 가까운 이웃 별들의 특성을 기술할 수 있다. **광도함수**(luminosity function)란 단위 부피 안에 주어진 절대등급 M 또는 주어진 광도 L의 별들이 몇 개나 들어 있는지를 나타낸다. 별의 스펙트럼을 조사하여 눈금이 조정된 H-R도에 적절하게 맞추어 봄으로써 우리는 별의 절대등급을 결정할 수 있다. 즉 별의 광도를 분광형에서 추정하는 셈이다.

광도함수의 모양을 알아보기 위하여 우선 눈에 가장 밝게 보이는 50개의 별들을 골라서 이들의 절대등급에 따른 개수 분포를 조사해 보자. 50개의 별들 중에서 절대등급이 M에서 $M + 1/2$ 또는 $M - 1/2$에서 M 사이에 있는 것들의 개수를 그림 14-3에 막대그래프로 나타내었다. 대다수의 별들이 M이 음수인 쪽을 차지하고 있다. 밝게 관측되는 별들이 실제로도 밝을 것이다. 한편 밝은 별일수록 먼 거리에 있는 것들도 보일 터이므로, 그림 14-3이 별들의 실제 광도함수이기에는 밝은 쪽에 치중된 것임을 알 수 있다. 실제 상황에 좀더 가까운 광도함수를 마련하려면, 밝기보다 거리를 한정하는 편이 더 좋을 것이다. 그림 14-4에 가장 가까운 별들 50개의 절대등급에 따른 분포를 나타내 보았다. 절대등급이 10등에서 15등에 이르는 본래 어두운 별들이 압도적으로 많고 극히 밝은 별들은 이 그림에 아주 희귀하다. 한계등급을 절대안시등급으로 19등까지 늘려서 완전 표본을 만들어 보면, 그림 14-5에서와 같이 대부분의 별들은 매우 어둡고($M > 10.0$) 밝은 별

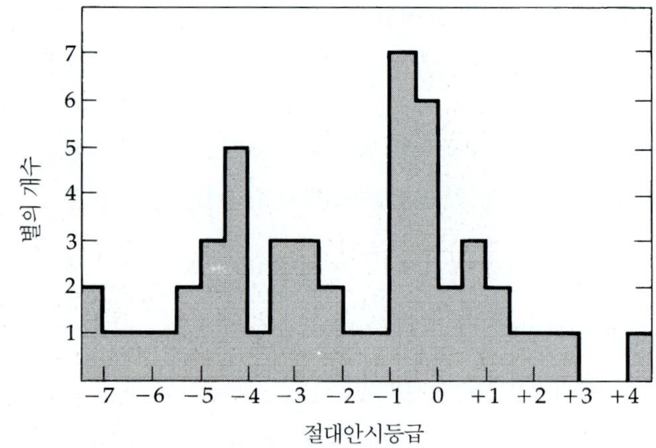

그림 14-3 가장 밝은 별 50개의 광도함수
세로축 눈금이 절대안시등급이 M에서 $M + 1/2$ 또는 $M - 1/2$에서 M 사이에 들어오는 별들의 개수를 나타낸다.

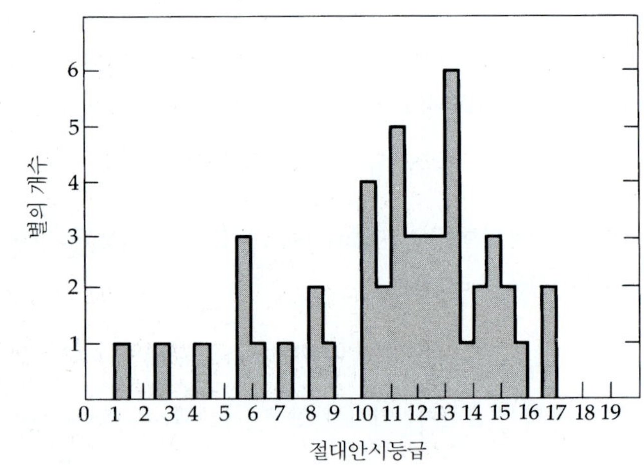

그림 14-4 가장 가까운 별 50개의 광도함수
세로축 눈금이 절대안시등급이 M에서 $M + 1/2$ 또는 $M - 1/2$에서 M 사이에 들어오는 별들의 개수를 나타낸다. 대다수가 어두운 별인 데 유의하라.

1) 이 책의 원서가 출간된 이후, 1997년 BeppoSAX 감마선망원경이 처음으로 GRB970508의 분광선에서 적색이동을 검출하였고, 이후에 다수의 GRB의 거리가 알려졌고, 이 천체들이 먼 외부은하에서 폭발하였다는 것이 밝혀졌다. (역주)

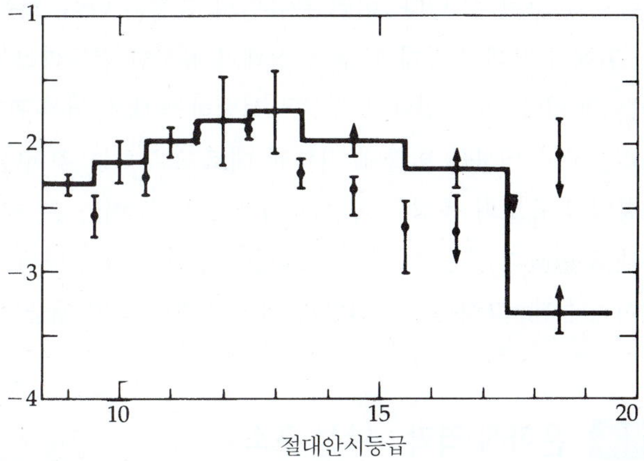

그림 14-5 태양 근방 별들의 광도함수
국부 광도함수의 도출에 쓰인 이 자료에는 겉보기안시등급이 19등보다 밝은 별들이 모두 포함되어 있다. 속이 찬 검은색의 원들이, $1pc^3$ 안에 있는 별들 중에서 관측된 절대안시등급 $M - 1/2$에서 $M + 1/2$ 사이에 드는 것으로 판명된 것들의 개수를 나타낸다. 실선은 관측 결과에 잘 들어맞게 그린 계단 함수이다. (G. Glimore, 영국 왕립 천문대, 에든버러)

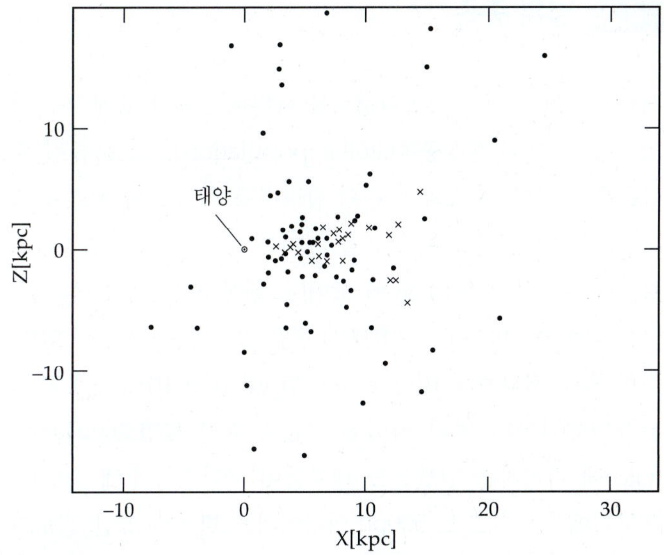

그림 14-6 구상성단의 *XZ* 평면 내의 공간 분포
거리의 단위는 kpc이다. 가로축 눈금, 즉 X 좌표가 태양에서 은하중심을 향해 잰 거리를 나타내고, 세로축 눈금인 Z 좌표가 은하중심면에서의 수직거리이다. (W.E. Harris)

들은 드물다. 절대안시등급이 5등급인 우리 태양도 별로 밝은 편이 아닌데, 태양보다 밝은 별은 몇 개 되지 않는다. 어두운 별들이 압도적으로 다수를 차지하여, 광도함수가 $M \approx 13$ 부근에서 폭넓은 봉우리를 가진다. 그리고 밝은 별들은 드문드문 흩어져 있을 뿐이다.

그림 14-5에 드러난 광도함수는 우리은하에서 태양 근방이나 이와 비슷한 구역에 해당되는 것이다. 광도함수는 은하에서 지역에 따라 다르다. 예를 들어 은하 원반의 중심 평면에서의 광도함수가 은하중심이나 헤일로에서의 그것과 다르다.

14.2.2 밝은 별과 성단

밝은 별과 성단은 아주 멀리까지 판별할 수 있다. 예를 들어, 한계등급 $m = 15.0$까지 조사한다면, 절대등급 $M = -5.0$인 B형 별은 약 100kpc까지 멀리에서도 볼 수 있다. 그러나 은하면 내의 성간소광 때문에 실제 거리는 5kpc 이내로 한정된다. O형과 B형 별들은 아주 젊고, **성협**(星協, association)으로 불리는 작은 성단으로 나타나는 경향이 있다. 뿐만 아니라 이 밝고 뜨거운 별들은 그들이 파묻힌 수소 가스를 전리하여 전리수소(H II)의 밝은 영역을 만든다(제19장). 이런 성협과 H II 영역은 은하 원반부에서 나선팔 구조를 잘 드러낸다. 제19장에서 성간 수소 분자 구름이 나선 구조를 제일 잘 나타내는 것을 알게 될 것이다.

구상성단은 10^5~10^6개 정도의 별들이 밀집해 있는 구형의 집단인 것을 상기하자. 이런 구상성단이 우리은하 안에 약 200개 정도 있는 것으로 알려졌는데, 이들은 $M \approx -(4\sim10)$으로서 매우 밝다. 가장 가까운 구상성단은 3kpc이나 떨어져 있으므로, 구상성단은 은하들의 거리를 재는 좋은 잣대인 셈이다.

구상성단의 거리는 (1) 주계열을 맞추는 방법, (2) 성단 내 잘 알려진 종류의 별의 겉보기등급, (3) 성단의 각지름 등에 의해서 얻을 수 있다. 구상성단의 거리와 방향을 조사하여 우리는 오늘날 이들이 태양에서 궁수자리 방향으로 대략 8kpc 떨어진 곳을 중심으로 약 100kpc 반지름의 구형 집단을 이루고 있음을 알게 되었다(그림 14-6). 1917년에 섀플리(Harlow Shapley, 1885~1972)가 이런 사실을 발견했는데, 그는 여기에서 태양이 구상성단계의 중심, 즉 은하중심으로부터 멀리 떨어져 있다고 정확한 결론을 유도해 냈다.

현재 통용되는 기준은, 태양의 은하중심 거리는 약 8.5kpc(±1kpc)이고 은하 원반부의 지름이 최소 50kpc임을 알려 주고 있다.

14.3 별의 종족

제13장에서 우리는 금속함량비를 나타내는 Z의 값에 따라서 별들이 몇 개의 **항성종족**(stellar population)으로 분류될 수 있음을 알았다. 수소와 헬륨의 함량비를 각각 X와 Y로 표기하며, 금속이란 수소와 헬륨을 제외한 모든 원소를 총칭하므로, Z는 1에서 $X + Y$를 뺀 값이다. 구상성단 중에는 특별히 낮은 금속함량비의 ($Z \leq 0.001$) 별을 갖고 있는 것들이 있다. 이런 별이 **극단종족 II**(extreme Population II)로 분류된다. 은하면에서부터 멀리 떨어진 이른바 **은하 헤일로**(galactic halo)에 자리하는 낱별들도 대부분이 극단종족 II에 속한다. 은하면에서 수직으로 500pc 이내에서는 별들의 공간 밀도가 중심면을 향해 두드러지게 증가한다. 그래서 팬케이크 모양의 **은하원반**(galactic disk)과 또한 중심부의 별들이 밀집해 있는 **중앙팽대부**(central bulge)를 쉽게 연상할 수 있다. 은하원반에 있는 별들의 금속함량비가 종족 II보다 높으며, 은하중심면에 가까이 있는 별일수록 금속함량비가 높다. 이들이 **원반종족**(disk Population)으로 분류된다. 종족 II나 원반종족은 모두 나이가 수십억 년 이상 된 늙은 별이다. 이 중에서 가장 대표적인 별들이 적색거성이다. 은하면, 특히 나선팔 안에서 우리는 나이가 매우 젊고, 광도가 아주 높고, 푸른 색깔의 별들을 보게 된다. **종족 I**(Population I)로 분류되는 이들의 금속함량비는 $Z \geq 0.01$로서 매우 높은 편이다. 종족 I의 별들은 산개성단과 OB성협을 이루거나 성간티끌과 성간기체의 밀집 지역에서 발견된다. 이러한 곳이 별이 새로 만들어지는 지역인 것으로 밝혀졌다.

은하 헤일로에서부터 은하원반에 묻혀 있는 나선팔로 갈수록 중원소의 함량비가 증가한다. 별 내부에서 수소와 헬륨이 핵융합 반응을 통해 중원소로 합성되고, 이렇게 합성된 중원소는 별이 진화를 마칠 즈음 성간물질로 되돌아간다(제16장 참조). 우리은하는 거의 전적으로 H와 He 성분의 구형 구름에서 시작했을 것이다. 그 당시에 금속함량비가 지극히 낮은 종족 II의 별들만 태어날 수 있었다. 이러한 별들에서 합성된 중원소가, 구형의 구름이 중력 수축을 하면서 얇은 평판계로 변해가는 동안에, 성간물질에 계속 첨가되었을 것이다. 이렇게 금속이 풍부해진 성간물질에서 오늘날은 종족 I의 별들이 태어난다.

요약하면, 우리은하의 별은 그 금속함량에 따라 크게 2개의 그룹으로 나뉠 수 있다. 이런 분류법의 요점은 나이, 화학 성분, 뒤에서 자세히 알게 될 운동 상태가 유사한 별들끼리 서로 묶는 데 있다. 이런 집단적 특성을 선택하는 데 있어서 관건은 우리은하의 역사를 별들에 기록된 대로 조사하는 것이다. 금속함량과 궤도의 특성은 화석의 기록과 같다. 이는 은하가 진화해도 변하지 않는 성질이다. 요컨대 우리는 별의 나이에 관심이 있는데, 그것은 금속함량과 직접 연관이 있기 때문이다.

14.4 은하계 역학 : 나선 구조

우리는 우리은하를 이루는 별들의 성분을 알아보았지만, 이 계의 역학은 어떤 것일까?(별의 운동은 제19장에서 자세히 알아본다.) 우리은하에는 별들이 상호 중력으로 뭉쳐 있는 것으로 간주된다. 수많은 구상성단들로 이루어진 은하 헤일로는 별들로 이루어진 구상성단과 그 성격이 유사하다. 그러나 납작한 원반부는 구상성단의 헤일로가 만들어진 후에 형성된 고속 회전체이다.

우리은하의 모든 별들은, 별과 (빛으로 볼 수 없는 물질을 포함한) 그 이외의 물질에서 비롯한 중력의 영향을 받으면서 움직이고 있다. 은하원반에서 별들이 은하중심 주위를 원 운동 한다고 가정하자. 그렇다면 우리 태양은 반지름 8.5kpc의 원 궤도를 그린다고 하겠다.

은하중심 가까이에서는 궤도 운동의 각속도 ω [rad s^{-1}]가 대략 일정하다. 즉 은하중심부가 강체회전을 한다. 중심에서 멀어질수록 이렇게 회전속도가 선형적으로 증가하다가, 태양 근처에 와서는 거의 일정한 수준에 머문다. 그래서 태양은 220kms^{-1}의 속력으로 $l = 90°$ 방향으로 운동한다. 태양의 궤도 운동을 우리는 질량이 M_G인 중심 물체 주위에서 일어나는 케플러 원 운동으로 근사할 수 있다. 이 원 운동을 유지하는 구심 가속도는 질량이 M_G인 물체와 $M_\odot$인 태양 사이에 작용하는 중력에서 유래하므로

$$\frac{v_\odot^2}{R_\odot} = \frac{GM_G}{R_\odot^2} \tag{14-6}$$

이 성립한다. 여기서 $v_\odot$은 태양의 원 운동 속도(220kms^{-1}), $R_\odot$은 은하중심에서 태양까지의 거리, G는 중력상수이다. 식 (14-6)은 태양 궤도 안쪽의 은하 질량을 주는 것으로

$$M_G = \frac{v_\odot^2 R_\odot}{G}$$

$$= \frac{(2.20 \times 10^5 \mathrm{ms}^{-1})^2 (2.6 \times 10^{20} \mathrm{m})}{6.7 \times 10^{-11} \mathrm{m}^3 \mathrm{kg}^{-1} \mathrm{s}^{-2}}$$

$$= 1.9 \times 10^{41} \mathrm{kg} \approx 10^{11} M_\odot$$

이다.

따라서 별들의 질량이 평균해서 태양의 질량 정도라면, 우리은하는 대략 1,000억 개의 별로 이루어진 셈이 된다. 태양 궤도보다 안쪽에 드는 질량만 따졌을 때 그렇다는 얘기이다. 알려진 가장 무거운 나선은하는 우리은하의 약 10배의 질량을 가진다.

개념 적용 **케플러 제3법칙과 은하의 질량**

태양은 은하 둘레를 중심에서 약 8.5kpc 떨어진 거리에서 220kms^{-1}의 속력으로 돌고 있다. 태양이 원 궤도를 돈다고 가정하고 케플러 제3법칙을 쌍성에서의 경우처럼[식 (12–1)] 우리은하에 적용하면

$$M_G + M_\odot = \frac{R^3}{P^2}$$

의 관계를 얻는다. 여기 R은 AU, P는 년, 질량은 태양질량을 각각 단위로 한다. 속도 220kms^{-1}로 태양이 은하중심을 한 바퀴 도는 데 약 2억 4천만 년이 걸린다. R은 약 8,500pc, 1pc = 2.1 × 10^{5}AU, 그래서 8,500pc ≈ 1.8 × 10^{9}AU이므로

$$M_G + M_\odot \approx M_G = \frac{(1.8 \times 10^9)^3}{(2.4 \times 10^8)^2} M_\odot$$

$$\approx 10^{11} M_\odot$$

의 관계에서 우리는 M_G의 실제값이 태양질량의 대략 10^{11}배임을 알 수 있다. 태양의 질량을 은하에 비해서 생략한 데 유의하라.

식 (14–6)을 $v_\odot$에 관해서 풀면

$$v_\odot = \left(\frac{GM}{R} \right)^{1/2}$$

이다. 따라서 케플러 운동에서는 속도는 거리의 제곱근에 반비례한다. 이 관계는 속도–거리 곡선에서 케플러 운동의 특징을 나타낸다.

오늘날 우리은하의 나선팔도 역시 역학적 효과로 만들어진 것으로 믿어진다. 만일 그렇지 않았다면, 이런 구조는 우리은하가 불과 몇 번 회전하는 동안에 감겨서 없어져 버렸을 터이다(그림 14–7). 우리은하는 나이가 15 × 10^{9}년 정도인데, 태양의 위치에서 2억 4천만 년마다 1회전($\approx 2\pi R_\odot / v_\odot$)하므로, 은하 원반부의 꾸준한 역학적 효과가 없었다면 나선 구조를 볼 가망이 없을 것이다. 나선팔은 은하원반부의 회전하는 밀도파에 유래하는 것으로 생각된다(제20장 참조). 원반부는 시초에 밀도요동(사실상 음파와 같다)에 대해서 불안정하다. 밀도의 작은 요동이 성장해서 물질을 나선의 경로에 따르도록 끌어들인다. 그러나 이 파동은 원반부 회전속도의 반밖에 안 되는 빠르기로 회전하기 때문에, 물질이 나선형의 밀도 주름살을 은하 회전의 방향으로 지나쳐 가게 된다. 이 과정에서 원반부에 깔려 있는 성간기체와 성간티끌의 혼합물이 나선팔에

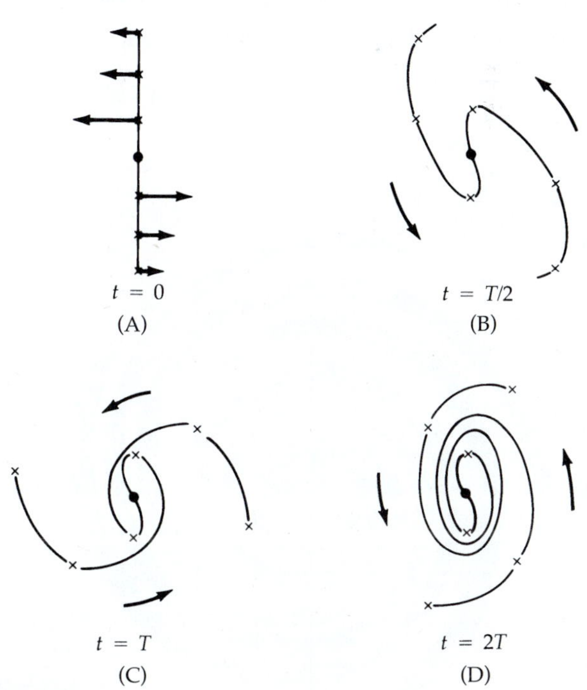

그림 14–7 나선팔의 감겨 버리는 문제
케플러 운동에 따르는 별 6개로 이루어진 가상의 나선팔 2개는 두 번 회전한 다음에 칭칭 감겨서 팔의 형태가 사라진다.

서 압축되어 별의 형성이 시작된다. 고온의 젊은 종족 I의 별들이 나선 구조의 윤곽을 드러내는 까닭이 여기에 있다.

14.5 은하의 모형

이 장을 마무리하기 위해서 관측 결과(표 14-1)와 위의 고찰을 결합하는 우리은하의 개략적 모형을 설명해 보자(그림 14-8). 은하 전체는 지름이 약 100kpc 되는 구형의 **헤일로** 속에 들어 있다. 여기에는 늙은 종족 II의 헤일로 별들과 종족 II의 별들을 포함하는 구상성단들이 있다. 이 천체들은 10^8년에 가까운 궤도주기로 은하면에 크게 기울어진 매우 긴 타원을 따라 움직이면서 구형의 헤일로를 만들어 낸다—이는 우리 태양 둘레를 도는 오오트의 혜성 구름과 극히 비슷하다(7.3절 참조).

구상성단은 두 그룹으로 나뉜다. 하나는 은하중심 둘레를 무질서하게 움직여서 구형의 분포를 이루는 것들이고, 또 하나는 보다 납작하게 분포하며, 그 거리에서의 원 속도의 약 절반 정도의 평균 속도로 도는 것들이다.

우리은하의 외곽 헤일로에는 명확한 경계가 없다. 구상성단의 관측 결과(그림 14-9)는 헤일로가 최소한 100kpc까지 뻗어 있고, 그 바깥에서 마젤란운과 왜소은하들이 우리은하를 동반하는 것으로 해석된다. 헤일로는 또 10kpc을 넘지 않는

표 14-1 우리은하의 일반 특성

특성	근사값
원반부 지름	50kpc
헤일로 지름	100kpc
중심으로부터 태양의 거리	8.5 ± 1.0kpc
원반에서 태양의 높이	8pc
총 질량	$10^{12}M_\odot$
가스 질량	$8 \times 10^9 M_\odot$
광학적 광도	3×10^{36}W
태양 근반의 별의 밀도	$0.05M_\odot pc^{-3}$

두께의 확대된 원반 형태의 기체를 포함하는데, 이 기체는 군데군데 덩어리진 중성 및 전리된 구역으로 존재하고 우리은하의 나머지 부분과 같은 각속도로 돌아간다. 우리는 우리은하의 바깥을 쉽게 볼 수 있으므로 헤일로 속에는 티끌의 함량이 적은 것 같다. 그러나 헤일로에는 아직 관측에 걸리지 않은 암흑물질도 있을 수 있다.

구형의 헤일로를 양분하는 것은 원형의 은하면이다. 별의 공간 밀도와 금속함량은 **은하면**에서 안쪽으로 향해 늘어난다. 오늘날 우리는 **두꺼운 은하원반부**의 존재를 알게 되었는데, 그 수직 방향의 높이척도(scale height)는 약 1kpc이고, 중심에는 거대한 중앙팽대부가 있다. 태양 궤도 안쪽에 있는 질량($\approx 10^{11}M_\odot$)의 절반 정도는 원반종족의 별들에 들어 있고, 이 별들은 은하중심 둘레에 낮은 이심률, 즉 원에 가까운 궤도를

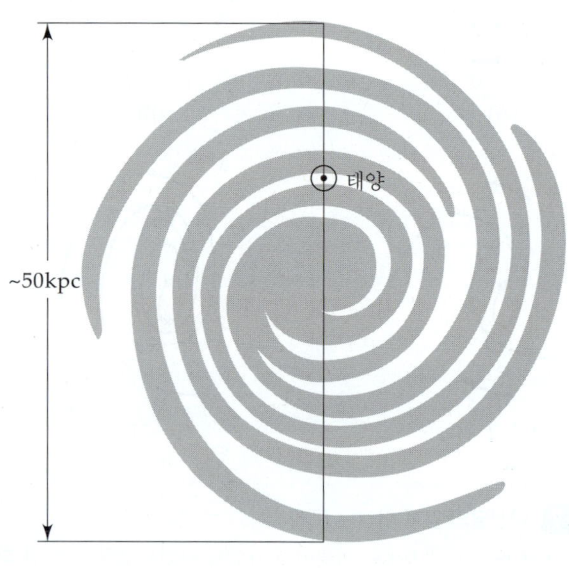

(A)

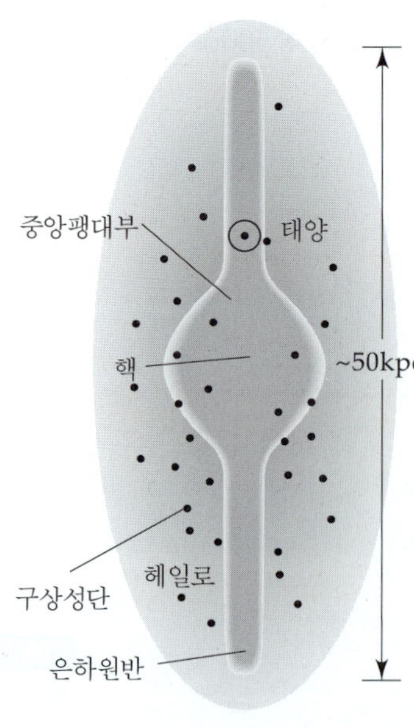

(B)

그림 14-8 우리은하의 전체적 모형
(A) 평면도. 나선팔 구조를 표시했다. (B) 측면도. 중앙팽대부와 헤일로를 볼 수 있다.

돌고 있다. 이 별들은 대부분 나이가 많다.

중앙팽대부($R \leq$ 1kpc)는 관측하기 매우 힘들다. 그 속에 든 늙은 별들의 금속함량은 태양의 값 이하에서 이상에 걸쳐 변한다. 중앙팽대부는 늙은 별들이 대다수를 이루지만, 은하면과 만나는 곳에서는 젊은 별들이 약간 있다.

우리은하의 바로 중심에는 작고(지름 < 1pc) 무거운(약 $10^6 M_\odot$) 중심핵이 있다. 다른 나선은하에서는 중심핵이 별처럼 보이지만, 우리은하에서는 은하면의 성간소광 때문에 우리에게 가려진다. 그 존재를 알려 주는 수단은, 열적 및 비열적 전파 연속복사, 적외선복사, 엑스선, 심지어는 γ선 등에 의한 것이다. 2μm 근방 파장의 적외선으로 보면, 은하의 중심핵은 지름이 30″(길이로 1.5pc!)이고, 10pc 이내에는 복사원이 몇 개 더 있다. 은하의 중심핵은 격심한 활동이 현재도 진행 중인, 극도로 압축된 작은 성단, 아니면 극히 무거운 단독 천체—아마 블랙홀—인지도 모른다.

원반부의 중간선은 **은하면**인데, 여기에는 두께 500pc에 불과한 얇은 **나선팔**의 장식이 붙어 있는 것이다. 지름과 두께의 비가 100 : 1이니 은하원반이 얼마나 얇은 구조인지 느껴보기 바란다.

갓 태어난 종족 I의 별들은 그 높은 광도와 짧은 수명으로, 은하면을 돌며 전파하는 나선 밀도파의 존재를 알려 주고 있다. 수소 가스와 티끌로 된 수많은 구름들은 은하면을 차지하고 나선 구조 근처에 모여드는 약간의 경향을 보이기도 한다. 나선팔들 사이의 공간에는 원반부 종족과 늙은 종족 I의 별들이 나선팔의 약 10% 개수밀도로 엷게 흩어져 있다.

우리 태양은 나이가 약 50억 년 되는 종족 I의 별이지만, 은하중심에서 8.5kpc 떨어진 한 나선팔의 안쪽 가장자리에, 은하면에서 조금 떨어져서 자리한다. 태양계를 거느린 채 태양은 원에 아주 가까운 궤도를 따라 2억 4천만 년마다 은하중심 둘레를 한 바퀴씩 돌고 있다. 지구에서 밤하늘의 회전바퀴—우리은하—를 바라보면, 이웃의 별들이 우리와 함께 l = 90° 방향을 향해서 돌고 있고, 은하수의 숨 막힐 장관이 궁수자리 방향에 그 중심을 두고 밤하늘을 한 바퀴 둘러싸고 있음을 보게 된다.

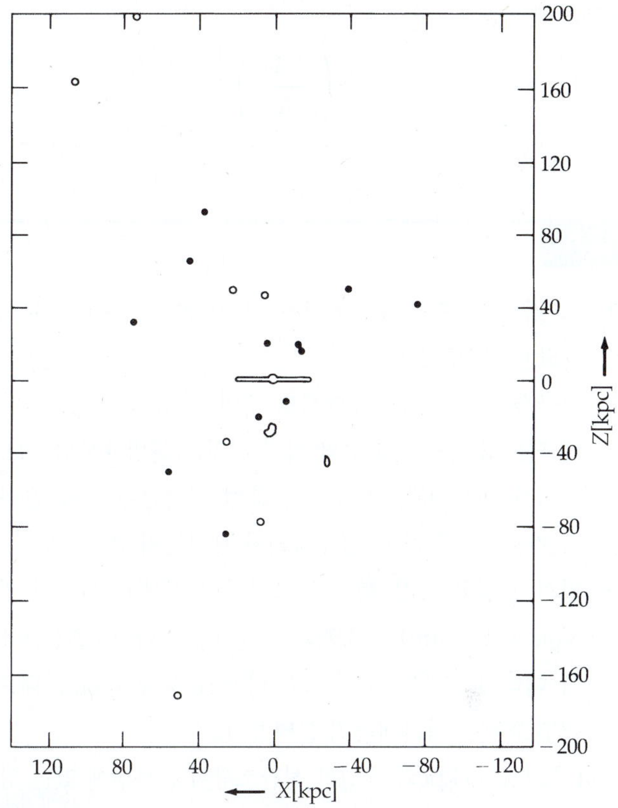

그림 14-9 우리은하의 이웃 공간

우리은하 외곽 헤일로 안의 물질 분포의 단면(XZ 평면)을 나타낸다. 구상성단(점), 왜소은하(원), 마젤란운(콩팥 모양) 등이고 눈금은 은하중심부터의 거리를 kpc 단위로 나타낸 것이다. (B. Carney)

태양은 수직 방향의 높이척도가 수백 pc에 불과한 얇은 원반부 안에 자리 잡고, 여기에는 태양 근방의 별들이 대부분 들어 있다. 이 별들은 거의 원에 가까운 궤도, 태양과 비슷한 금속함량을 가지고, 나이는 갓 태어난 별에서 늙은 별까지 다양하다. 얇은 원반부는 우리은하의 가스와 티끌을 포함하는데, 그 높이척도는 별들의 그것보다 작다.

핵심 수식과 개념

• 별의 계수

$$dN(r) = n(r)r^2\, dr\, d\omega$$

또는

$$\log N(m) = 0.6m + C$$

• 케플러 운동

$$v = \left(\frac{GM}{R}\right)^{1/2}$$

그리고

$$v \propto R^{-1/2}$$

문제

1. 간단한 그림으로 우리은하가 밤 하늘의 은하수로 보이는 까닭을 설명하시오.
2. 천구좌표계를 써서 뉴멕시코 주의 관측자가 계절마다 보게 되는 초저녁 은하수의 여러 위치를 설명하시오. 고도-방위각의 지평좌표계를 사용하여 지평선에 대한 은하수의 기울기를 구하고, 궁수자리가 보이는지 말하시오.
3. 별의 균일한 공간 분포를 가정하면 적분된 개수의 비가 $N(m + 1)/N(m) = 3.98$의 관계를 갖는다. $\log N(m)$대 m의 대략의 그래프를 그리고, 다음의 각각이 이 그래프에 어떤 효과를 나타내는지 설명하시오.
   (가) 1등급/kpc의 균일한 성간소광이 은하면에 있는 경우
   (나) 겉보기등급 m_c에서 강한 소광을 나타내는 성간운이 자리하는 경우
4. 다음에서 어느 종족의 별을 기대하게 되는지 설명하시오. 그 이유는 무엇인가?
   (가) 우리은하의 중심핵
   (나) 안드로메다은하의 나선팔
   (다) 플레이아데스 성단
   (라) 은하 간 공간(헤일로 외부)
   (마) 은하의 중앙팽대부
5. (가) 한 구상성단이 우리은하 중심 둘레에 이심률 0.9인 타원 궤도를 돌고, 거리 40kpc에서 중심에서 가장 먼 원은점을 지난다. 가장 가까운 근은점 거리와 주기를 각각 계산하시오.
   (나) 태양의 원 궤도속도가 220kms^{-1}라면, 태양 근방에서 은하로부터 이탈할 수 있는 대략의 속도가 얼마인지 계산하시오.
6. 우리은하의 중심부를 반지름 R인 균일 밀도 ρ의 구형 성단으로 간주하고 다음 물음에 답하시오.
   (가) 이 성단의 총 질량 M은?
   (나) $r < R$ 안에 든 공의 질량은?
   (다) 성단중심으로부터 거리 $r(< R)$에서 원 궤도를 도는 별의 각속도 ω를 총 질량 M의 함수로 표시하시오. $\omega = v/r$이며 v는 kms^{-1}로 된 별의 원 궤도 속도임에 유의하시오.
   (라) 비유를 써서 (다)의 결과를 강체회전으로 부르는 까닭을 설명하시오.
7. 은하의 원반부를 두께 500pc인 평행 평판이라고 가정하고, 은하면이 그 중간을 지난다고 근사하자. 만일 태양이 은하면에 있다면,
   (가) $b = 90°$에서 소광되는 등급을 계산하시오.
   (나) 일반적으로 은위 b에서 소광되는 등급을 b의 함수로 표시하시오.
   (다) $b \le 10°$의 구역을 '회피 구역(zone of avoidance)'으로 부르는 까닭을 설명하시오. 겉보기등급으로 완전 소광에 가깝다는 사실에 유념할 필요가 있다.
8. 은하면에 수직인 방향으로 중앙팽대부가 얼마나 두꺼운지 kpc 단위로 계산하시오.
9. 이 장에서 원반부의 가스와 티끌 물질이 밀도파를 따라잡을 때 별이 형성됨을 암시하였다. 갓 태어난 별이 그 거리에 알맞은 원 운동 속도로 계속 은하중심을 돈다고 가정하고 다음 물음에 답하시오.
   (가) O형별이 태어났던 나선팔로부터 100만 년 동안에 얼마나 멀리 움직이는지 계산하시오.
   (나) 우리 태양이 아직 나선팔에 있는 것, 적어도 가까이 남아 있다는 사실의 의미를 논하시오.
10. 성간소광이 평균적으로 1등급/kpc율로 증가한다면, 은하면의 광학적 두께가 얼마인지 계산해 보시오.
11. 그림 14-4의 각 막대 구간에서 절대등급을 태양의 광도를 단위로 한 광도로 나타내시오. 광도에 각 구간의 별의 개수를 곱하시오. 이 곱을 절대등급에 대한 표로 만들어 보시오.

이 별들이 우리은하를 대표한다면 절대등급 얼마 이상이 은하 광도의 95%를 담당하는지 보이시오. 대략 어느 범위에 드는 분광형이 은하 광도의 대부분을 차지하는지 설명하시오.

12. 근사식 $M \approx L^{1/3}$로 광도를 질량으로 환산해서 앞의 문제를 다시 풀어 보시오. 여기서 M와 L은 태양의 값을 단위로 하여 잰 값이다. 은하 대부분의 질량은 높고, 낮은, 또는 중간 질량 중 어느 범위에 포함되는지 설명하시오. 대략 어느 범위의 분광형이 은하 질량의 대부분을 차지하는지 설명하시오.

13. 백조자리의 별 데네브(Deneb)는 육안으로 보이는 가장 밝은 별들 중에 하나이다. 그러므로 데네브 같은 별이 이 은하에서 볼 수 있는 가장 먼 별들이다.

(가) 그 겉보기안시등급이 1.3, 거리가 430pc이라면, 그 절대안시등급은? 성간소광을 무시하시오.

(나) 성간소광을 무시하면 데네브 같은 별이 육안으로 보일($m = 6$) 최대거리는 얼마인가?

(다) 데네브는 은하면 가까이에 있다. 일정한 성간소광 1.0등급/kpc을 가정하고 데네브 방향의 소광을 등급으로 가늠하시오.

(라) 성간소광을 가정하고 데네브 같은 별을 육안으로 볼 수 있는 최대거리를 계산하시오.

14. 은하면 안의 성간소광은 1등급/kpc으로 대략 일정하다고 가정하시오.

(가) 은하중심에 있는 별이 한계등급 23.5의 망원경으로 검출될 수 있는 가장 어두운 절대등급은?

(나) 이 결과를 성간소광이 없을 때의 값과 비교하시오.

(다) 각각의 경우, H-R도 위에서 어떤 별들이 이 절대등급 범위에 드는지 설명하시오.

(라) 은하중심의 이런 별들은 가시광으로는 실제 관측될 수 없다. 그 까닭을 설명하시오.

15. (가) 1등급/kpc의 일정한 성간소광을 가정하면 한계안시등급 23.5인 망원경으로 볼 수 있는 밝은 구상성단의 최대거리를 계산하시오.

(나) 구상성단은 안드로메다은하 M31에서도 관측된다. 이 관측 결과와 (가)의 답이 의미하는 바를 설명하시오. M31의 거리는 960kpc이다.

15

Chapter

성간물질과 별의 탄생

우리는 앞에서 우리은하의 전반적 형태와 그 안에 들어 있는 각종 별들의 성질을 살펴보았다. 이 장에서는 별과 별 사이의 광막한 공간을 채우고 있는 물질 및 거기에 스며 있는 자기장과 복사장, 즉 **성간매질**(星間媒質, interstellar medium, ISM)을 다루기로 한다. 자기장과 복사장을 제외한 물질 부분만을 거명할 때 **성간물질**(interstellar matter)이라는 용어를 따로 사용하기도 한다. 우리 태양계에 행성 간 기체, 플라스마(태양풍), 행성 간 자기장, 미세 고체 입자, 암석 조각 등이 널리 퍼져 있듯이 성간 공간에도 성간기체, 성간티끌, 자기장 등이 존재한다. 이 장에서는 성간물질 중에서 특히 은하 원반에 집중돼 있는 기체와 티끌에 주목하기로 한다. 질량으로 보았을 때 성간기체와 성간티끌이 성간매질의 거의 전부를 차지한다. 그리고 이들이 성간운을 구성하는 기본 물질이다. 별과 행성 들이 고밀 성간분자운에서 탄생하므로 성간물질의 연구는 우리에게 각별한 의미를 갖는다.

15.1 성간티끌

성간 공간에는 고체 입자인 성간티끌이 성간기체와 공존한다. 평균적으로 $10^6 m^3$에 겨우 1개가 들어 있을 정도로 티끌의 개수밀도가 낮지만, 질량 면에서 티끌이 그래도 전체 성간물질의 약 1%를 차지한다. 하지만 티끌이 가시광 대역의 빛은 동일 질량의 기체에 비하여 월등히 더 잘 흡수·산란한다. 따라서 먼 천체에서 오는 빛이 관측자의 시선 방향에 놓여 있는 티끌들에 의하여 철저하게 차단된다. 고밀 성간운의 내부 상황도 티끌 때문에 관측자의 시선에서 가려지게 마련이다. 그러므로 성간운의 내부를 연구하려면 가시광보다 파장이 긴 전파와 적외선이 더 유리하다. 별 탄생 연구에서 전파천문학과 적외선천문학이 주요한 연구 도구로 쓰이는 이유가 바로 여기에 있다.

15.1.1 암흑성운과 성간소광

밤하늘을 보면 **암흑성운**(dark nebula) 또는 **암흑성간운**(暗黑星間雲, dark interstellar cloud)이라 부르는 어두운 영역들이 은하수의 여기저기를 차지하고 있다. 이들이 우리 눈에 검게 보이는 것은 그 안에 들어 있는 성간티끌이 배후에서 오는 별빛을 차단하기 때문이다. 대개의 경우 암흑성운은 **밝은 성운**(bright nebula) 부근이나 그 위에 중첩되어 보인다. 오리온자리의 **말머리성운**(Horsehead Nebula)이 그 대표적인 예이다(그림 15-1). 때로는 **암흑구상체**(暗黑球狀體, dark globule)라고 하는 아주 작은 검은 영역이 밝은 성운을 배경으로 겹쳐 보이기도 한다(그림 15-2).

그림 15-1 말머리 성운
오리온자리에 있는 암흑성운이다. (팔로마 천문대, 캘리포니아 공과대학)

그림 15-2 메시에 16, 또는 독수리성운이라 불리는 전리수소 영역
작은 암흑구상체와 검은 줄무늬 들이 중첩해 보인다. (KPNO/NOAO)

암흑성운에서와 달리, 티끌이 넓은 영역에 고르고 희박하게 분포하는 경우에 나타나는 일반 차폐(general obscuration) 현상은 육안으로 그냥 식별되지 않는다. 이 경우에는 별들의 실제 관측된 개수를 예상 개수와 비교해 보아야 알 수 있다(14.2절 참조). 성간티끌의 전반적인 분포에 의한 일반 성간소광(一般星間消光, general extinction)을 고려한다면, 거리지수에 관한 식을

$$m - M = 5\log d - 5 \qquad (15\text{–}1)$$

에서

$$m - M = 5\log d - 5 + A \qquad (15\text{–}2)$$

로 수정해야 한다.[1] 여기서 A는 태양으로부터 별까지의 거리 d에 놓여 있는 성간티끌이 관측한 파장의 빛에 미치는 총 소광량을 등급으로 나타낸 것이며, m은 별의 해당 파장에서의 겉보기등급이고 M은 절대등급이다. 성간소광 때문에 별들이 더 어둡게 보이는 것이다. 다시 말해서 관측된 겉보기등급 m은 티끌이 없을 때보다 더 큰 값을 갖는다. 그러므로 성간소광을 무시한다면 별이 실제보다 더 멀리 있는 것으로 오산하게 마련이다.

만일 소광의 원인인 성간티끌이 우리은하에 균일하게 분포한다면, 소광량 A는 거리에 비례할 터이므로 $A = kd$와 같이 간단하게 나타낼 수 있을 것이다. 그러나 우리는 관측을 통하여 일반 성간소광이 고르지 않는다는 사실을 알고 있다. 관측자와 별, 또는 관측자와 성단 사이의 총 소광량은 해당 천체의 방향에 따라 크게 다를 수 있다. 성간소광이 거리에 따라 일정하게 증가하지도 않으며, 증가의 정도 역시 방향에 따라 각기 다르기 때문이다.

15.1.2 성간 적색화

식 (15–2)에 A로 표시한 소광량은 파장에 따라 다를 것이다. 성간티끌에 의한 소광의 정도가 파장에 무관하지 않기 때문이다. 짧은 파장의 빛이 긴 파장보다 더 잘 소광된다. 그러므로

1) 거리지수의 식에 문자 A가 쓰이게 된 것은 티끌이 별빛을 흡수(absorption)하기 때문에 어둡게 보인다고 믿었기 때문이다. 그러나 성간티끌은 빛을 흡수할 뿐 아니라 산란(scattering)도 하며, 가시광 영역에서는 흡수보다 오히려 산란에 의한 효과가 더 크다. 산란과 흡수에 의하여 빛의 세기가 약화되는 현상을 소광이라 부른다. (역주)

관측되는 별빛은 실제 색깔보다 더 붉게 마련이다. 이러한 현상을 두고 우리는 별빛의 **성간 적색화**(星間赤色化, interstellar reddening)라 한다. 별빛의 소광은 흡수보다 산란에 의한 효과가 더 크고, 성간 적색화도 티끌의 파장에 따른 선택산란(selective scattering)의 결과이다. 예를 들어, 동일한 개수의 청색과 적색 광자가 티끌이 혼재하는 성간운에 입사된다면, 긴 파장보다 짧은 파장의 광자가 더 많이 산란되어 진행 방향이 바뀌게 되므로, 관측자에게는 긴 파장의 광자가 짧은 파장의 것보다 상대적으로 더 많이 도달할 것이다(그림 15–3). 적색화 현상은 긴 파장의 빛이 시선 방향에 더해지기 때문이 아니라 짧은 파장의 빛이 더 많이 제거된 결과이다.

별빛의 색지수는 적색화 때문에 본래 값보다 더 큰 값으로 관측된다. 적색화의 정도를 가늠하기 위하여 색지수의 관측값 $(B - V)_{\mathrm{obs}}$와 고유값 $(B - B)_{\mathrm{int}}$의 차이로 **색 초과**(color excess) $E(B - V)$를 정의한다(14.4.2항 참조).

$$E(B-V) \equiv (B-V)_{\mathrm{obs}} - (B-V)_{\mathrm{int}} \qquad (15\text{–}3)$$

여기서 B와 V는 해당 파장에서의 별의 겉보기등급(m_V, m_B) 또는 절대등급(M_V, M_B)을 의미한다. 고유 색지수는 별의 분광형에 따라 결정되므로 스펙트럼을 찍어보면 곧 알 수 있다. 분광 사진이 없을 경우에는 $(B - V)$, $(U - B)$와 같은 몇 개의 색지수를 비교함으로써 색 초과량을 간접적으로 추정한다.

성간소광의 파장에 따른 변화를 알아내기 위하여 우리는 적색화의 정도가 다른 동일 분광형의 두 별을 관측하여 각각의 파장에서의 밝기를 상호 비교한다. 그 결과 가시광 영역에서는 성간소광량이 파장에 대략 반비례하는 것으로 밝혀졌다(그림 15–5). 그리고 은하의 대부분 영역에서 안시등급에서의 소광량 A_V가 V와 B에서의 색 초과량 $E(B - V)$의 약 3배가 된다(은하 전역에 걸친 평균은 3이 아니라 3.2이다). 즉

$$A_V \approx 3\,E(B-V) \qquad (15\text{–}4)$$

가 성립한다. 이 값을 식 (15–2)의 A에 대입하면 별까지의 실제 거리를 알 수 있다. 물론 이때 거리를 알고자 하는 별의 분광 특성이 특이하지 않다는 전제가 필요하다. 그리고 이 별이 주위 성간티끌에 어떤 영향을 끼쳐 티끌의 성질을 크게 변화시키지 않았다는 전제가 또한 필요하다.

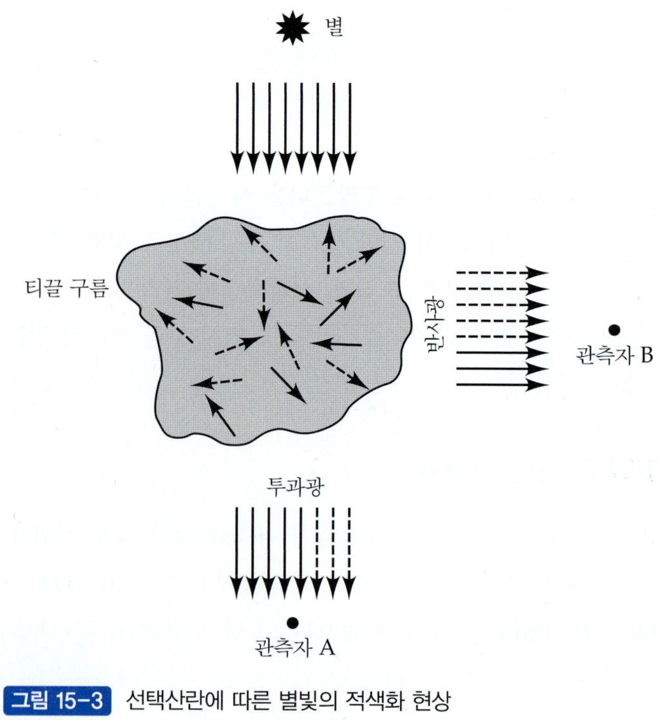

그림 15–3 선택산란에 따른 별빛의 적색화 현상

성간운 안에 들어 있는 고체 입자들은 청색광(파선 화살)을 적색광(실선 화살)보다 더 잘 산란한다. 그러므로 관측자 B에게는 이 성간운은 푸르스름한 반사성운으로 보일 것이다. 관측자 A에게는 뒤에 있는 별이 실제보다 더 붉은 색을 띠게 될 것이다.

개념 적용 **색 초과**

겉보기등급 $m_V = 13.0$이며, 색지수가 $(B - V)_{\mathrm{obs}} = 1.6$으로 관측된 G0 V형 별을 하나 생각해 보자. H-R도 상에서 이러한 분광형의 별은 고유 색지수가 $(B - V)_{\mathrm{int}} = 0.6$이며 절대안시등급이 $M_V = 5$이다. 그러므로 식 (15–3)으로부터 $E(B - V) = 1.0$, 그리고 식 (15–4)에서 $A_V \approx 3.0$임을 알 수 있다. 이 결과들을 식 (15–2)에 대입하면

$$13.0 - 5.0 = 5\log d - 5 + 3$$
$$\log d = 2$$
$$d = 100\mathrm{pc}$$

의 결과를 얻는다. 즉 이 별의 거리가 100pc이다. 성간소광의 효과를 고려하지 않았더라면 400pc로 추정되었을 것이다. 그러나 실제 거리는 100pc였다. 다시 말하면, 거리지수의 참값은 $m_V - M_V - A_V = 5\log(d/10) = 13 - 5 - 3 = 5$이다.

문제를 좀 더 정량적으로 다루기 위하여, 식 (15-2)를

$$m_\lambda - M_\lambda = 5\log d - 5 + A_\lambda \tag{15-5}$$

와 같이 표기하여 파장에의 의존성을 확실히 하겠다. 즉 A에 첨자 λ를 붙여 성간소광량이 파장에 따라 다르다는 사실을 드러냈다. 파장 λ에서의 성간소광량 A_λ는 그 별까지 시선 방향에 놓여 있는 모든 티끌들에 의한 것이므로

$$A_\lambda = k_\lambda d$$

의 관계가 성립한다. 여기서 k_λ는 선형 성간소광 계수로서 성간티끌의 소광 단면적 σ_λ와 평균 개수밀도 n의 곱으로 주어지는 양이다. 평균적으로 안시(V) 파장에서 k_V는 1~2등급/kpc의 크기를 갖는다.

원래 세기가 $I(0)$인 별빛이, 티끌이 균일하게 분포되어 있는 거리 L을 통과하면 티끌에 의한 소광 때문에 그 세기가

$$I(L) = I(0)\exp(-\tau_\lambda)$$

로 감소한다(8.7절 참조). 여기서 광학적 깊이 τ_λ는 거리 L에 대한 것으로

$$\tau_\lambda = \sigma_\lambda \int_0^L n(l)\,dl = \sigma_\lambda n L$$

와 같이 계산된다. 마찬가지로 임의의 거리 d에 걸쳐 있는 티끌들에 의한 소광광학 깊이는

$$\tau_\lambda = \sigma_\lambda \int_0^d n(r)\,dr = \sigma_\lambda n d$$

로 주어진다. 여기서는 티끌의 개수밀도 $n(r)$이 위치에 따라 크게 변하지 않는다고 가정하여 n으로 바꾼 다음 적분 기호 밖으로 내놓았다. 세기의 비 $I(d)/I(0)$는 등급으로 나타낸 소광량 ΔM_λ와

$$\Delta M_\lambda = -2.5\log\left[\frac{I(d)}{I(0)}\right] = -2.5\log[\exp(-\tau_\lambda)]$$

의 관계에 있으므로, 우리는

$$\Delta M_\lambda = 2.5(\log e)\tau_\lambda = 2.5(0.434)\tau_\lambda = 1.086\tau_\lambda$$

의 관계를 얻게 된다. 등급의 차이 ΔM_λ가 바로 성간소광량 A_λ이므로,

$$A_\lambda = 1.086\tau_\lambda = 1.086\sigma_\lambda n d = k_\lambda d \tag{15-6}$$

가 성립한다. 즉 등급으로 나타낸 소광량이 광학적 깊이와 거의 동일한 값이다.

티끌의 소광 단면적 σ_λ는 티끌의 **소광 효율계수**(extinction efficiency factor)인 Q_λ를 써서

$$\sigma_\lambda = \pi a^2 Q_\lambda$$

와 같이 쓸 수 있다. 따라서 선형 성간소광 계수 k_λ는 티끌의 기하학적 단면적 πa^2, 개수밀도 n, 소광 효율계수 Q_λ와 $k_\lambda = 1.086\pi a^2 Q_\lambda n$의 관계에 있다. 소광 단면적 σ_λ을 입자의 기하학적 단면적으로 나눈 값인 Q_λ는, 티끌을 구성하는 물질의 광학적 성질(굴절률)과 티끌의 크기를 알면 계산할 수 있다.

15.1.3 성간편광

아주 특별한 경우를 제외하면 별에서 방출되는 빛은 편광되어 있지 않을 것이다. 그런데 실제로 별빛을 관측해 보면 가시광 영역에서 심한 경우에는 10%까지도 편광되어 있음을 알 수 있다(편광의 기본 특성은 8.1절 참조). 편광 정도와 소광 정도는 비례 관계에 있다. 즉 색 초과량이 큰 별빛이 강하게 편광되어 있다. 따라서 별빛의 편광은 주로 성간티끌에 의하여 이루어진 것이라고 생각된다(어떤 별은 고유의 편광을 보이는 수가 있는데, 이러한 경우에는 편광 정도가 시간에 따라 변한다).

별빛의 세기를 편광 필터나 편광 분석기를 통하여 측정할 수 있다. 이때 편광 필터를 돌려가며 통과된 빛의 세기 변화를 조사한다. 필터의 편광축이 어떤 방향을 향할 때 별빛의 세기가 최대 $I_\parallel$으로 측정되었다면, 그 방향에 수직한 방향에서는 최소 세기 $I_\perp$로 된다. 이때 **편광도**(偏光度, degree of polarization) FP는

$$\mathrm{FP} = \frac{I_\parallel - I_\perp}{I_\parallel + I_\perp}$$

로 정의되는 값이다. 완전히 무편광(unpolarized)인 빛은

$I_{\parallel} = I_{\perp}$이므로 FP = 0이며, 완전 선형 편광인 경우에는 $I_{\perp}$ = 0이므로 FP = 1이다.

빛이 구형이 아닌 입자들이 정렬된 지역을 통과하고 나면 어느 정도 편광된다. 전기장의 진동 방향이 입자의 장축 방향과 평행한 빛이 단축 방향으로 진동하는 빛보다 더 많이 소광될 수 있으므로, 이러한 입자들을 통과하고 나온 빛은 입자의 단축 방향으로 편광되게 마련이다. 성간편광 현상이 **성간티끌**의 정체에 관한 중요한 실마리를 제공한다. 비구형의 입자들이라고 하더라도 이들이 멋대로 늘어서 있다면 편광을 기대할 수 없다. 편광을 일으키려면 주어진 시선 방향에 놓여 있는 비구형의 입자들이 특정 방향으로 어느 정도는 정렬되어 있어야 한다.

여타의 조건들이 적당히 만족되면 비교적 미약한 세기의 자기장이라도 성간티끌을 정렬시킬 수 있다. 성간티끌의 정렬에 대한 한 이론에 의하면, 길쭉한 모양의 티끌은 자신의 단축을 회전축으로 하여 매우 빠르게 자전하게 되는데, 그 자전축이 자기장의 방향과 평행하다고 한다. 그러므로 별빛의 편광 방향을 자세히 조사함으로써, 우리는 은하의 자기장이 어떤 방향으로 흐르고 있는지 추적할 수 있을 것이다.

우리의 시선 방향이 자기장과 수직이라면 그 시선 방향에 있는 별빛의 편광도는 평행인 경우보다 크게 나타날 것이다. 시선 방향이 자기장과 평행인 경우에는, 자전하는 티끌의 단축이 시선에 수직한 평면에서 원판을 그리는 셈이다. 따라서 별빛의 소광 정도는 그 평면상의 모든 방향에 대하여 동일하게 된다. 이 때문에 자기장의 방향에서 볼 때, 다시 말해서 자속관에 평행하게 바라볼 때 측정되는 편광도가 극히 적게 마련이다. 성간 선형 편광의 관측 자료를 자세히 분석해 본 결과 우리 은하에서는 자기장이 나선팔을 따라 평행하게 흐르고 있음을 알 수 있었다. 앞으로 20.4.1항에서 더 논의하겠지만, 가시광 영역에서 조사된 은하 자기장에 관한 정보가 전파 영역에서 관측되는 편광 결과와 부합한다.

15.1.4 반사성운

티끌을 포함한 성간운이 관측자와 별을 연결하는 시선 방향에서 약간 옆으로 빗나가 있으면, 성간운의 티끌들이 별빛을 산란시켜 그 빛의 진행을 관측자의 시선 방향으로 틀어 놓을 수 있다. 이 경우에는 성간 적색화와 소광의 요인으로 작용하던 빛의 산란이, 티끌이 없었더라면 볼 수 없었던 빛을 오히려 우리가 볼 수 있도록 해 준다. 이러한 연유에서 그 존재를 드러내는 밝은 성운이 **반사성운**(reflection nebula)이다(그림 15-4). 크기가 파장보다 작은 입자들은 짧은 파장의 빛을 긴 파장의 빛보다 더 잘 산란시키므로, 반사성운의 색깔은 입사된 원래의 별빛보다 더 푸르게 관측된다.

반사성운의 관측적 특성 중에서 특기할 사항이 하나 더 있다. 반사성운의 편광 정도가 경우에 따라서는 20~30% 정도로까지 높다는 사실이다. 이것은 별빛이 무편광이라는 사실과 함께 생각해 보면 꽤나 재미있는 현상이다. 작은 입자에 의하여 빛이 산란될 때, 산란된 빛은 특정 방향으로 강하게 편광된다. 빛이 횡파이기 때문에 입자는 입사광의 진행 방향에 수직한 방향으로 강하게 산란시킨다. 별빛의 일반 성간 선형편광은, 입자들이 특정 방향으로의 빛은 잘 통과시키지만 거기에 수직한 방향으로는 잘 통과시키지 않기 때문에 생기는 차등소광에서 비롯한 현상이다. 그런데 반사성운의 편광은 통과광이 아니라 반사광이 가지는 특성에 의한 것이다. 반사광의 편광 정도는 반사의 요인이 된 티끌의 정체에 관련되어 있을 뿐만 아니라, 광원, 산란체, 관측자 삼자 간의 기하학적 배치에도 밀접하게 연관되어 있다. 따라서 반사성운의 편광 관측을

그림 15-4 반사성운
좀생이성단 주위의 성간티끌에 의해 산란된 메로페의 별빛을 우리가 보는 것이다. (미국 국립 광학 천문대)

통하여 우리는 별 주위에 있는 티끌들의 정체에 관한 정보를 얻어낼 수 있다. 적외선 영역에서도 산란광의 편광 관측이 가능하다. 적외선원인 신생 항성 주위에 티끌들이 원반과 비슷한 형태의 비대칭 분포를 한다는 사실을 편광 관측으로부터 알아낼 수 있다.

15.1.5 성간티끌의 정체

성간티끌과 관련된 현상으로 성간 적색화, 성간소광, 성간편광 등을 꼽을 수 있다. 여기에 반사성운이 추가된다. 이러한 것들이 성간티끌의 정체에 대한 주요한 단서가 된다. 이론 천문학자와 관측 천문학자 들이 이들 현상과 관련된 암호를 이해하려고 부단히 노력했으나, 아직 완전히 해독하지 못했다. 다음의 티끌 모형들이 관측 결과를 설명한다.

(1) 더러운 얼음 성분의 길쭉한 모양의 고체 입자
(2) 흑연 알갱이(검댕 같은 탄소 입자)
(3) 내화성의 작은 핵 주위를 얼음층이 덮고 있는 핵–포피 구조의 고체 알갱이
(4) 분자량이 매우 큰 다환 방향성 탄화수소(polycyclic aromatic hydrocarbon, PAH)
(5) 규산염 성분의 고체 입자

성간소광의 정도와 성간 적색화의 특성으로 보아, 성간티끌은 보통의 분자, 원자, 또는 전자라기보다 고체 입자일 가능성이 높다. 성간편광은 성간티끌의 모양이 비구형이며 은하 자기장에 의하여 정렬되어야 함을 뜻한다. 얼음은 자기장과 반응하지 않으므로 성간티끌이 순수한 얼음은 아닐 것이다. 탄소는 흑연의 형태로 만들어질 때 납작한 판형 구조를 가지므로, 순수 흑연이나 얼음으로 거죽이 싸인 흑연은 성간티끌의 모형이 될 수 있다.[2] 그러나 비구형의 속성은 흑연에만 국한되는 것은 아니다. 왜냐하면 얼음이나 얼음 비슷한 물질도 편평한 결정을 이루는 경향이 있기 때문이다. 성간티끌이 규산염 입자들이거나, (2)와 (3) 중의 어느 하나와 각종 규산염의 혼합체일 가능성이 크다.

성간티끌의 정체에 관한 결정적 단서는 평균 **성간소광 곡선**이 쥐고 있다(그림 15–5). 이 곡선은 근적외선, 가시광, 자외선 영역에 걸친 성간소광량의 변화를 나타낸다. 성간소광은 가시광 영역에서 파장이 짧아짐에 따라 점진적으로 증가하다가, 0.2μm 부근에서 전형적인 공명 곡선의 모습을 보인다. 그러고 이보다 더 짧은 파장에서 약간 깊숙한 골을 만든 다음, 파장이 짧은 쪽으로 갈수록 급격히 증가하는 양상을 띤다. 관측 기술의 한계로 소광 곡선이 제한된 파장 영역에서만 알려져 있다. 단 한 가지의 물질만으로는 성간소광 곡선을 전 파장 영역에서 재연할 수 없다. 그래서 성간에는 여러 성분의 미세 고체 입자들이 혼재한다고 판단된다. 모형 계산에 의하면 자외선 영역에 종 모양으로 뚜렷하게 나타나는 소광의 극대 부분은 반지름이 0.005~0.02μm에 이르는 흑연 입자들이 만들어 내는 것이라고 생각된다. 가시광 영역의 소광은 이보다 큰 0.05~0.2μm 규모의 입자들에 의한 것이다.

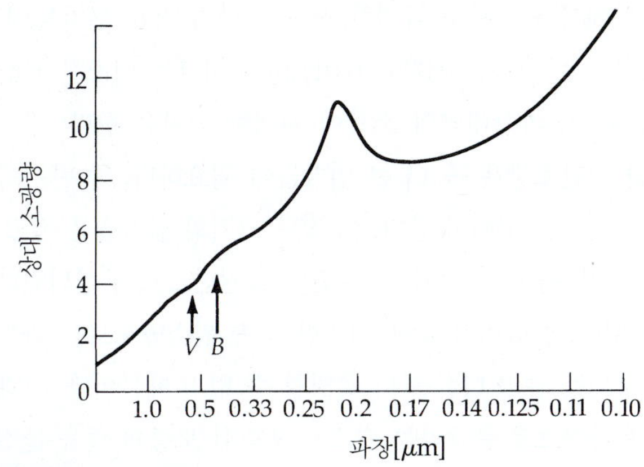

그림 15–5 일반 성간소광 곡선
은하 전역에 걸친 평균이다. 0.2μm 부근에서 극대를 보인다.

고체 입자가 자외선을 흡수하여 자신의 온도가 높아지면 적외선복사를 방출한다. 이렇게 방출된 적외선복사가 우리은하 전반에 걸쳐 관측된다. 특히 **적외선 천문 위성**(IRAS)이 적외선복사를 거의 전 하늘에 걸쳐서 처음 관측할 수 있었다.

파장 0.2μm 부근의 성간소광 극대부는 극히 작은(반지름 ≈ 0.02μm) 흑연(또는 순수 탄소) 입자에 의한 것으로 설명될 수 있다. 탄소 원자들 사이의 결합이 이 파장의 빛과 공명을 이루므로 흑연은 파장 0.2μm의 빛을 아주 잘 흡수한다. 자외

2) 흑연에 의한 편광 정도의 파장에 따른 변화를 계산해 보면, 가시광 영역의 관측에서 알려진 양상과 판이하다. 따라서 흑연 성분이 그 판형 구조 때문에 티끌의 모형으로 채택된 것은 하나의 아이러니이다. 오히려 2,175Å 부근에 나타나는 강한 성간소광의 특성을 흑연이 잘 대변해 주기 때문에, 흑연 입자가 성간티끌의 한 가지 성분으로 받아들여진 것이다. (역주)

선 영역에서의 소광의 급격한 상승은 극히 작은 입자들에 의한 것이다. 반지름이 0.005~0.01μm에 이르는 미소한 규산염 입자들이 이 파장대역의 소광에 지대한 역할을 한다. 가시광 영역의 성간소광은 좀 더 큰 입자들이 필요하다. 즉 반지름이 0.2μm 정도는 되어야 한다. 이 정도 크기의 입자들은 결코 규산염, 흑연, 순수 철 등과 같은 단일 물질만으로 구성되었다고 할 수 없다. 함량비가 낮은 이러한 금속 원소만으로는 관측에서 요구되는 양의 티끌을 다 충당할 수 없기 때문이다. 그래서 우주에 다량으로 존재하는 수소를 포함한 모종의 얼음 물질이 반드시 필요하다. 성간소광의 파장에 따른 변화를 잘 설명하고, 관측에서 요구되는 소광을 제한된 함량비의 중원소 성분의 티끌로 충당하려면, 내화성 물질의 핵을 휘발성 물질이 둘러싸고 있는 구조의 티끌이 필요하다는 사실을 알게 되었다. 이러한 배경에서 제안된 모형이 바로 **핵-포피티끌 모형**(core-mantle grain model)이다. 반지름이 0.05μm 정도 되는 핵은 그 성분이 규산염, 흑연, 철 등이라고 한다. 특히 규산염이 가장 그럴듯한 핵의 후보 물질이다. 포피부는 여러 종류의 얼음 성분으로 되어 있다. 이 모형의 티끌은 가정에서 흔히 볼 수 있는 먼지보다 월등하게 작다. 성간티끌은 사실상 담배 연기 알갱이보다도 작은 입자이다.

적외선 관측으로부터 성간티끌이 규산염과 얼음(적어도 H_2O 얼음)으로 구성되어 있다는 직접적인 증거를 확보할 수 있었다. 규산염과 얼음은 9.7μm과 3.07μm에서 각각 뚜렷한 흡수 띠를 보인다(그림 15-6). 지구상의 암석, 운석, 월석(月石) 등은 모두 10μm 부근에 강한 흡수 띠를 보인다. 이 띠는 Si-O 결합의 진동 에너지에 해당되는 파장에서 나타나는 것이다. 규산염은 18μm 부근에 또 하나의 흡수 띠를 갖는데, 10μm 띠보다 훨씬 약하며, O-Si-O 결합의 굴절 운동에 해당되는 것이다. 18μm 띠도 몇몇 천체에서 실제로 관측되어, 규산염의 실체가 큰 지지를 받게 되었다. 3.07μm 부근에 나타나는 흡수 띠의 정체는 H_2O 얼음일 가능성이 아주 높다. 그러나 티끌에 존재할 수 있는 물 얼음의 양만으로는 관측에서 요구되는 성간소광을 전부 해결될 수 없다. 따라서 물 이외 성분의 얼음이 성간티끌의 상당 부분을 차지할 것이다. 그러나 이러한 얼음 물질의 적외선 영역에서의 흡수 띠가 물 얼음보다 훨씬 약하기 때문에서 관측으로 그 존재를 직접 확인하기 어렵다.

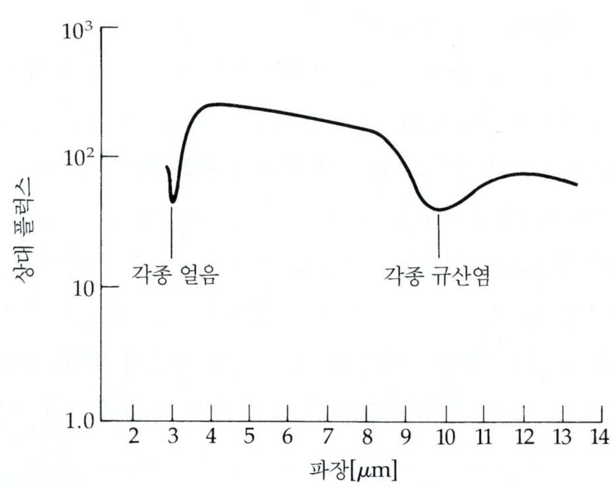

그림 15-6 강한 흡수 띠들이 보이는 적외선 스펙트럼
오리온성운에 있는 BN 천체의 적외선 스펙트럼이다. 각종 얼음과 규산염 들에 의한 흡수 띠가 뚜렷하다. (F. Gillett and W. Forrest)

최근에 PAH가 성간티끌의 한 가지 주요 성분으로 대두되었다. PAH는 이름 그대로 다환 구조의 방향성 탄화수소로서, PAH 분자 하나에 20~100개에 이르는 탄소원자들이 결정 비슷한 구조를 하고 있다. 전통적으로 티끌의 크기라고 알려졌던 것보다 PAH는 무척 작다. 겨우 10Å 정도인 PAH는 고체 입자라기보다 초대형의 분자라고 봐야 할 것이다. 탄소원자의 결합 에너지가 높기 때문에 PAH는 매우 안정적인 구조를 한다. 그 까닭에 PAH는 1,000K 이상의 상황에서도 자신의 구조를 유지할 수 있다. IRAS에 의해서 처음 검출된 이른바 새털구름(cirrus cloud)이 내놓는 12μm 적외선복사를 설명하려면, 온도가 1,000K 이상인 입자가 존재해야 한다. PAH가 바로 그런 입자라고 짐작된다. 정체가 밝혀지지 않은 적외선 방출선이 3~12μm 파장대역에 여럿이 발견되었는데, 이 미확인 적외선 방출선들이 PAH에서 비롯되었고 추정된다. 특히 3.3μm과 11.3μm 방출선의 기원은 PAH가 틀림없다. 성간물질에는 PAH 이외에 한 가지 또 다른 종류의 티끌이 존재한다고 믿어진다. 이들은 매우 작은 티끌이어야 한다. 전통적으로 알고 있던 0.1μm대의 고체 입자와 10Å대의 PHA를 연결하는 수준의 크기일 것이다. 극히 작은 티끌(very small grains, VSGs)이라 불리는 이들은 반지름이 20~100Å인 구형의 흑연 입자일 가능성이 높다.

성간티끌의 기원은 크게 2개의 부류로 대별된다. 휘발성 물질인 얼음 종류와 내화성의 암석 물질이 그 둘이다. 얼음 물질은 절대온도로 20~300°K 범위에서 응결하는 데 비하여, 규산염, 흑연 등의 내화성 광물은 700~2,500K에서 결정을 이

룬다. 내화성 입자들이 표면온도가 낮은 초거성 대기에서 응결되어 연간 $10^{-6}M_{\odot}$의 율로 성간 공간으로 불려 나간다. 분광형이 M인 이들은 표면온도가 2,500K 정도로 비교적 낮은 편이다. 이 별의 대기에서 기체 상태에 있던 물질이 밖으로 불려 나오면서 식기 시작하여 결국 고체로 응결된다. 어떤 초거성에서는 9.7μm의 규산염 띠가 뚜렷하게 검출되는데, 흡수가 아니라 물론 방출 띠로 나타난다. 이러한 관측 사실에서 M형의 별들 주위에 규산염 입자의 존재를 확신하게 된다. 좀 드문 경우이기는 하지만 산소보다 탄소의 함량비가 높은 별들에서는, 흑연과 탄화규소 SiC 입자가 만들어져 밖으로 불려 나갈 수 있다. 탄소별의 적외선 스펙트럼에서 탄소 입자의 존재를 확인할 수 있다.

그렇다면 티끌의 포피부(아니면 티끌 전체를)를 이루는 얼음 물질은 어떻게 만들어지는 것인가? 이들은 고밀 성간분자운의 중심핵 부분, 즉 밀도가 높고 온도가 낮은 환경에서 응결되는 것 같다. 저온 · 고밀의 상태에 있기 때문에, 내화성 고체 입자들의 표면에 각종 얼음의 더께가 성장할 수 있다. 티끌 핵 거죽에 포피부가 완전히 성장하기까지 10^8년 정도의 세월이 필요하다. 성간운 깊숙한 곳에 있던 핵–포피 형의 티끌이 온도가 수백 도 이상 되는 환경에 노출 되면 포피부의 얼음은 다시 기체 상태로 돌아간다. 이 경우에도 이 정도로 긴 시간이 필요하다.

15.2 성간기체

성간 공간은 티끌 입자와 기체로 채워져 있다. 이 절에서 우리는 성간매질의 질량 거의 전부를 차지하는, 각종 **성간기체**의 물리적 성질과 그 관측적 특성을 알아보기로 한다. 성간기체는 종류마다 고유한 파장에서 흡수나 방출 선스펙트럼을 나타내 보인다. 선스펙트럼의 특성은 기체가 어떤 온도와 밀도에 있느냐에 따라 결정된다. 총 질량이 티끌의 100배나 될 정도로 기체가 많지만, 기체는 극히 제한된 고유 파장을 제외하고는, 거의 전 파장 영역에 걸친 빛에 전적으로 투명하다. 티끌 입자의 개수밀도가 기체의 개수밀도보다 엄청나게 작다는 것은 분명한 사실이다. 기체 대 티끌의 개수밀도가 대략 $10^{12} : 1$이니까 하는 말이다.

15.2.1 가시광 영역에서의 성간 흡수선

어떤 별은 자신의 분광형과 다른 특성의 흡수선을 스펙트럼에 내보이기도 한다. 예를 들면, 여러 겹의 예리한 Ca II선을 뚜렷하게 보이는 B형별들이 상당수 있다. 분광 쌍성의 스펙트럼에서 어떤 선은 고정된 파장에 늘 나타나는 데 반하여, 대부분의 선들은 쌍성의 궤도 운동에 기인한 적색 또는 청색 이동을 주기적으로 내보인다(그림 15–7A). 고정된 파장의 스펙트럼 선은 궤도 운동을 하는 별에서 비롯한 것이 확실히 아니다. 성간물질에 의해서 생긴 것이다. 흡수선의 요인이 되는 성간구름이 주어진 시선 방향에 여러 개 존재할 경우 동일한 스펙트

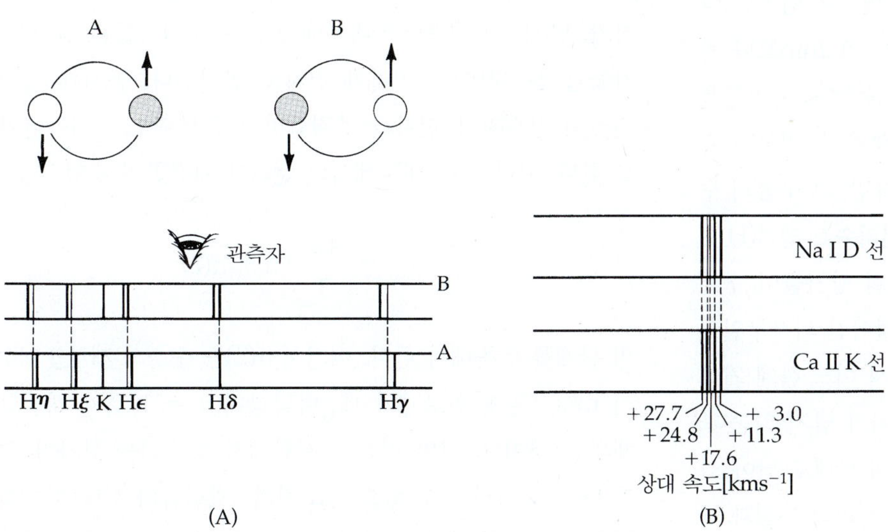

그림 15-7 가시광 영역에 나타나는 성간 흡수선들
(A) 저온 성간운에 의한 흡수선이 쌍성계의 스펙트럼 위에 중첩되어 보인다. 하지만 쌍성에 의한 스펙트럼선과 같이 주기적인 도플러 편이는 보이지 않는다. (B) 도플러 편이량이 각기 다른 선들이 여러 개 보인다. 동일 종의 원소에 의한 흡수선이지만 시선 방향에 놓인 성간운들이 각기 다른 시선속도로 움직이기 때문이다.

럼선이 파장을 약간씩 달리하여 여러 개가 겹쳐서 보일 수 있다(그림 15–7B). 성간물질에서 비롯한 것으로 알려진 것 중에서, Ca I, Ca II, Ti I, Ti II, Na I 등의 원자와 CN, CH 등의 분자에서 비롯한 흡수선들은 그 중심 파장이 모두 광학 영역에 떨어진다.

성간물질에 의한 흡수선은 선폭이 좁고 예리하다. 이는 성간물질의 온도가 낮아서 열 운동에서 비롯한 도플러 선폭이 좁기 때문이다. 따라서 선폭이 좁다는 사실 자체가 성간물질의 어떤 특성을 시사하는 것이다. 선의 세기는 별과 관측자 사이의 시선 방향에 놓여 있는 해당 기체의 양에 따라 결정된다. 만일 기체가 공간에 균일하게 분포한다면, 선의 세기는 그 천체까지의 거리에 비례할 것이다. 성간의 기체 밀도가 매우 낮기 때문에 빛을 받아 전리된 양이온이 전자와 재결합하여 중성 원자로 되돌아가기는 매우 어렵다. 상당 수준의 에너지를 가진 광자나 상대론적 에너지를 가진 우주선 입자들이 공간에 널리 분포되어 있는 원자나 분자와 가끔 충돌하여 이들을 전리시킨다. 재결합의 기회를 가지려면 전리된 이온들이 전자와 조우해야 하는데, 성간물질의 밀도에서는 조우의 확률이 매우 낮기 때문이다.

15.2.2 방출성운 : 전리수소 영역

수소 방출선

망원경 사진에서 흔히 볼 수 있는 장관 중 **방출성운**이 단연 으뜸이다. 고온의 중심별이 방출하는 강력한 복사의 영향으로 빛을 발하게 되는 기체 구름을 방출 또는 발광성운이라 부른다(그림 15–2). 표면온도가 높은 O, B형의 별들은 엄청난 양의 복사를 자외선 영역에서 내놓는다. 파장이 91.2nm보다 짧은 광자(이온화 광자)들은 자신과 만나게 되는 수소원자들을 모조리 전리시킬 수 있다. 이러한 광자를 내놓을 수 있는 고온의 별을 중성의 기체 구름이 둘러싸고 있었다면, 그 구름의 수소원자들이 모두 전리되어 그 별 주위에 **전리수소 영역**(H II 영역), 즉 방출성운이 자리 잡게 된다. 이온화 광자들이 수소를 전리하는 데 쓰이고 나면 별에서 멀리 떨어진 외곽부일수록 그 개수가 차차 감소하게 마련이다. 그래서 어느 한계 거리 밖에서는 수소를 새로이 전리시킬 만한 광자가 남지 않는다. 그러므로 이 한계 거리 바깥의 수소는 중성의 상태로 남아 있을 것이다. 이렇게 형성된 H II 영역 내부의 물리적 특성과 구조를 자세히 알아보자.

성간 공간에 수소 기체는 극도로 희박한 상태에 있으며 온도 역시 매우 낮다. 따라서 수소 기체의 거의 대부분이 바닥상태의 H I(중성수소)로 존재한다. 밀도가 낮아서 충돌에 의한 들뜸도 기대하기 어렵다. 파장이 91.2nm와 같거나 이보다 짧은 광자들만이 성간의 수소를 전리시킬 수 있다. 수소의 전리 퍼텐셜에 대응하는 라이먼 연속의 한계 파장이 바로 91.2nm이다. 유효온도 $T_{\rm eff}$가 20,000K 이상인 어떤 별 하나가 저온의 중성수소 기체운의 한복판에서 태어났다고 가정해 보자. 흑체복사에 관한 플랑크의 곡선을 생각하면, 이 정도로 높은 온도를 가진 경우 $\lambda \le 91.2$nm인 광자가 많이 방출될 것이다. 기체운의 밀도 분포가 어느 정도 균일할 때, 중심별을 둘러싼 적정 크기의 구(球) 내부의 수소는 라이먼 연속 광자에 의해 모조리 전리될 것이다. 우리는 구형의 전리 영역을 **스트룀그렌구**(Strömgren sphere)라는 이름으로 부른다. 하지만 성간기체는 실제로 매우 비균질적인 분포를 하기 때문에, H II 영역이 반드시 구형인 것은 물론 아니다. 단위 시간에 전자와 양성자가 재결합하여 중성수소로 되는 (H II + e^- → H I) 개수와 새로 전리되는 개수가 서로 같아질 때 **광전리 평형**(光電離平衡, photoionization equilibrium)이 이루어졌다고 한다. 제한된 영역 내의 수소 기체가 계속 전리 상태에 머물 수 있는 것은, 중심별에서 공급되는 자외선 광자가 그 내부에서 일어나고 있는 재결합을 지속적으로 막아줄 수 있기 때문이다.

광전리 평형 과정을 좀 더 자세히 보도록 하자. 문제를 간단히 하기 위하여 균질 매질을 가정하겠다. 중심별이 수소를 전리시킬 수 있는 광자를 단위 시간에 $N_{\rm uv}$개씩 내놓는다고 하자. 반지름이 $R_{\rm s}$인 구 내부에 있는 수소원자들은 자외선 광자들을 흡수하여 양성자와 전자로 전리된다. 동시에 이렇게 전리된 양성자와 전자가 재결합하여 중성수소로 되돌아가기도 한다. 따라서 $R_{\rm s}$ 내부에서의 전리와 재결합의 평형 조건은

$$N_{\rm uv} = \frac{4\pi}{3} R_{\rm s}^3 n_e n_{\rm H} \alpha(2)$$

의 관계를 만족해야 한다. 여기서 $\alpha(2)$는 수소의 재결합 계수로서 $\rm m^3 s^{-1}$를 단위로 하는데, 바닥상태($n = 1$)로의 재결합을 제외한 것이다. 그와 같은 재결합에서 방출되는 광자가 수소를 다시 전리시킬 수 있으므로 전리–재결합의 평형에는 실질적으로 아무런 기여도 하지 않기 때문이다. $n = 2$와 이보다

높은 준위로의 재결합에서 방출되는 광자의 파장은 모두 91.2nm보다 길기 때문에 H II 영역 밖으로 쉽게 빠져나간다. 따라서 스트룀그렌구의 반지름 R_s는

$$R_s = \left[\frac{3}{4\pi} \frac{N_{uv}}{n_e n_H \alpha(2)} \right]^{1/3} \tag{15-7}$$

로 주어진다. 중심별의 분광형이 O5형이라면 수소를 전리시킬 수 있는 광자를 1초에 10^{49}개씩 내놓는다. 즉 $N_{uv} = 10^{49}s^{-1}$이다. 전리수소 영역 내부의 온도가 대개 8,000K에 이르는데, 이때 재결합 계수의 값은 대략 $\alpha(2) \approx 10^{-19}m^3s^{-1}$이 된다. 만약 $n_e \approx 10^9m^{-3}$, $n_H \approx 10^3m^{-3}$라면, $R_s \approx 100pc$이 된다. 성단에 의하여 전리수소 영역이 생겼다면, 그 성단의 별 하나하나가 방출하는 N_{uv}를 모두 합하면 된다. 그렇지만 표면 온도가 가장 높은 별의 N_{uv}가 총합의 거의 대부분을 차지한다.

전리수소 영역의 외곽 경계를 결정하려면 몇 가지 요인을 같이 고려해야 한다. 자외선 광자의 플럭스가 중심별에서부터의 거리의 제곱에 반비례하므로, 중심별에서 멀어질수록 재결합한 중성수소들을 다시 전리시킬 광자수가 점점 부족하게 된다. 이 때문에 중성수소의 전리수소에 대한 밀도비가 중심에서 멀어질수록 빠르게 증가하고, 이와 더불어 라이먼 연속 광자의 광학적 깊이도 급격히 증가한다. 그러므로 전리에서 중성으로의 천이가 이루어지는 경계 지역이 명확하게 구분될 것이다. 그뿐 아니라 재결합은 대부분 들뜸상태로 이루어지기 때문에, 들뜸상태로 들어온 전자는 몇 단계를 거쳐 바닥상태로 급속히 가라앉으면서 파장이 91.2nm보다 긴 광자들을 방출한다. 들뜸상태의 수명이 극히 짧다. 따라서 재결합에서 생성된 낮은 에너지의 광자는 별에서 직접 방출되는 91.2nm보다 긴 파장의 광자들과 더불어 전리수소 영역을 모두 빠져나간다. 그러므로 H II 영역은 별에서 방출되는 높은 에너지의 자외선복사를 낮은 에너지의 광자로 바꾸어 가시광인 발머선의 빛을 내게 하는 **형광**(螢光) 작용을 하는 셈이다.

전파 영역인 cm 파장대역에서도 수소의 재결합선이 관측된다. 예를 들면, 주양자수 $n = 110$인 수소의 에너지 준위에서 $n = 109$로 천이하면서 내놓는 $H_{109}\alpha$선이라든지, $n = 105$에서 $n = 104$로 떨어지는 $H_{104}\alpha$ 등이 전파 방출선이다. 전리수소(H II)는 전자를 갖고 있지 않으므로 선 복사를 내놓을 수 없다. 그러나 자유-자유 천이 과정을 통하여(다음 절 참조) 전파 파장대역에서 연속복사는 내놓을 수 있다. 헬륨에서 방출되는 가시광의 형광 선복사도 발광성운의 스펙트럼에서 뚜렷하게 알아볼 수 있다. 물론 He의 전파 재결합 선들도 검출된다. 수소와 마찬가지로 이들도 n이 매우 큰 준위 사이의 천이에서 생기는 선복사이다. 이러한 재결합 선들을 자세히 분석함으로써, (1) H II 영역에서 일어나는 들뜸의 기작들, (2) 성간물질의 원소함량비(특히 He/H의 비), (3) 우리은하의 나선팔 구조 등을 연구할 수 있다.

연속 전파 복사

중심에 자리한 고온의 별에서 나온 자외선 광자가 중성수소에 속박되어 있던 전자를 해방시킨다. 해방된 전자는 전리 영역 내부를 자유롭게 돌아다니다가 이온을 만나 재결합하거나, 이온과 충돌하여 그 이온을 높은 에너지 준위로 들뜨게도 한다. 이렇게 들뜬 이온들은 금지선을 방출하면서 다시 낮은 준위로 가라앉는다. 그러나 대부분은 이온과 조우하면서 **자유-자유 천이**(free-free transition)의 과정을 통해 연속복사를 내놓는다. 자유전자는 자신의 에너지에 걸맞은 쌍곡선 궤도를 그리면서 이온 주위를 지나는데, 이때 자신이 갖고 있는 열에너지와 같거나 그보다 낮은 에너지의 빛을 방출하면서 궤도의 수정을 받게 된다. 전자와 이온이 함께 있는 플라스마에서의 경우, 하나하나의 조우 과정에서 관련된 광자들이 모두 합쳐져서 연속복사를 내게 되는 것이다. 궤도의 수정과 관련된 에너지가 기껏해야 열에너지에 불과하기 때문에, 이 과정에서 방출되는 연속복사는 주로 적외선이나 전파 영역에서나 볼 수 있다.

한마디로 전리수소 영역이 연속복사원이 되는데, 그 복사의 특성은 전자의 평균 운동에너지에 대응하는 온도에 따라 결정된다. 싱크로트론복사와 구별하기 위하여, 우리는 자유-자유 천이에서 방출되는 연속복사를 **열 전파 방출**, 또는 **열적 제동복사**(熱的制動輻射, thermal bremsstrahlung)라고 부른다.

H II 영역에서 전파로 방출되는 열적 제동복사를 관측·분석함으로써, 우리는 전리수소 영역 내부의 물리적 상태를 탐색할 수 있다. 연속 전파복사의 스펙트럼은 광학적 깊이에 따라 크게 두 부분으로 나뉜다. 둘 사이, 즉 광학적 두께가 얇은 주파수 대역과 두꺼운 대역에서의 플럭스 값은 서로 자연스럽게 연결된다. 광학적으로 얇은 주파수 범위에서는(8.7절 참조) 플럭스가

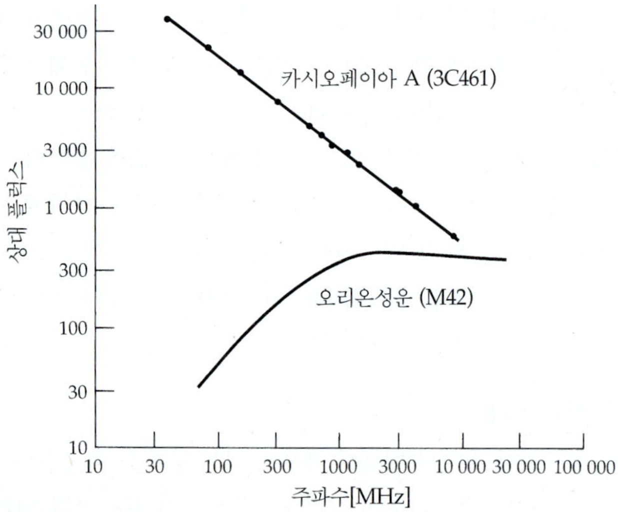

그림 15-8 전파 영역에서의 관측한 카시오페이아 A의 비열적 싱크로트론 복사 스펙트럼과 오리온성운의 열적 자유-자유 천이 스펙트럼을 비교하였다.

$$F_\nu \propto \nu^{-\alpha}$$

의 멱함수 꼴로 변하는데, 열적 복사의 경우 지수 α가 0.1 정도의 크기를 갖는다. 좌표로 대수-대수 눈금을 택했을 때(그림 15-8 참조). α는 스펙트럼의 기울기가 된다. 광학적으로 두꺼운 주파수대에서는 플럭스 분포가 저주파수대에서의 흑체 복사의 스펙트럼과 같이 ν^2에 비례하여 증가한다. 다시 말하면, 대수-대수 도형에서의 기울기가 2가 된다. 예를 들어 오리온성운에서 관측된 연속 전파의 스펙트럼을 보면, 주파수가 1GHz인 부근에서 광학적 깊이가 대략 1이 된다. 즉 광학적으로 두꺼운 상황에서 얇은 상황으로 연결된다. 이보다 높은 주파수대에서의 α값은 예상대로 0.1과 같다(그림 15-8).

8.7절에서 논의한 바와 같이 광학적 두께가 얇은 경우, 에너지 스펙트럼은 $I_\nu = S_\nu \tau_\nu$로 주어진다. 자유-자유 천이의 경우, 원천 함수 S_ν는 ν^2에 비례하고, τ_ν는 ν^{-2}에 비례하기 때문에, 관측되는 I_ν는 높은 주파수(ν가 커지면 광학적으로 얇아짐) 영역에서, 주파수에 무관하게 일정한 세기를 갖는다. 한편, 내부의 온도와 밀도가 대략 일정하다면 τ_ν는 **방출측도**(放出測度, emission measure)

$$E_m = \int_0^L n_e^2 dl = \langle n_e \rangle^2 L \qquad (15\text{-}8)$$

에 비례한다. 여기서 L은 대상 H II 영역의 두께 또는 지름에 해당하는 길이다. 통상 n_e의 단위로 cm^{-3}를 L의 단위로 pc를 사용하므로, E_m의 단위는 pccm^{-6}이 된다. 전리수소 영역에서 측정된 자유-자유 천이에 의한 복사의 플럭스에서 E_m의 값을 구체적으로 측정하고 L이 알려져 있다면, $\langle n_e \rangle$를 추정할 수 있다. 이렇게 알려진 전리수소 영역의 평균 전자 밀도는 대략 $10^3\mathrm{m}^{-3}$에서 $10^9\mathrm{m}^{-3}$에 이르는 범위에 걸쳐 분포한다.

광학적으로 얇은 주파수대에서의 플럭스 값에서 우리는 H II 영역의 크기, 전리된 수소의 총 질량, 내부에 있는 별들에서 단위시간에 방출되는 이온화 광자들의 개수 등을 알아낼 수 있다. 특히 라이먼 연속 광자의 광도로부터 그 내부 별들의 분광형을 유추할 수 있다. H II 영역까지의 시선에 성간티끌이 많이 놓여 있어서 가시광으로는 이 전리수소 영역을 들여다볼 수 없을지라도, 자유-자유 연속복사는 전파 영역에서 방출되므로 시선 방향에 놓인 성간티끌의 영향을 거의 받지 않는다. 따라서 전파를 이용하면 내부를 관측할 수 있다.

15.2.3 초신성 잔해

초신성에서 방출된 물질이 결국 성간물질이 된다. 초신성에서 고속으로 튀어나온 물질이 팽창하면서 주위의 기체와 티끌을 휩쓸고 나갈 때 충격파가 생기면서 기체 원자들을 들뜸상태로 올려놓거나 전리시킨다. 그 결과로 주위의 기체가 발광성운으로 변신한다. 초신성에서 방출되는 엑스선도 주위의 기체를 전리시키는 데 한몫을 한다. 초신성 잔해들은 싱크로트론복사 과정을 통하여 전파를 방출한다. 백조자리에 보이는 루프성운이 그러한 초신성 잔해이다(그림 15-9). 이 잔해의 모습이 구형인 점에 유의하자. 초신성 폭발에서 비롯한 충격파가 주위의 성간물질을 밀어 구각(球殼)을 형성하기 때문이다.

거대한 규모의 충격파가 성간기체를 휩쓸고 지나면서 가열하여 충격파면의 직후방의 온도를 최소한 수백만 도까지 올려놓을 수 있다. 이 정도로 온도가 높아지면 자유-자유 천이 과정에서도 엑스선이 방출된다. 어떤 초신성 잔해들은 엑스선으로 촬영한 것을 보면 대칭형의 구각 모습이다. 튀코[3]의 초신성 잔해가 바로 이러한 유형에 속하는데(그림 15-10B), 구각의 밝기가 고르지 않고 군데군데 밝았다가 어두워지곤 한다. 이는 초신성이 폭발할 당시 주위 ISM의 분포가 균질하지 않았

3) 1572년에 폭발한 초신성으로 Tycho Brahe가 주로 관측하였으므로 그의 이름을 따서 튀코 초신성이라고 부른다. 천문학용어집(2003년)에는 Brahe의 이름을 '타이코'라고 표기하였으나, 이 책에서는 덴마크어 발음을 따라서 '튀코'라 표기하였다. (역주)

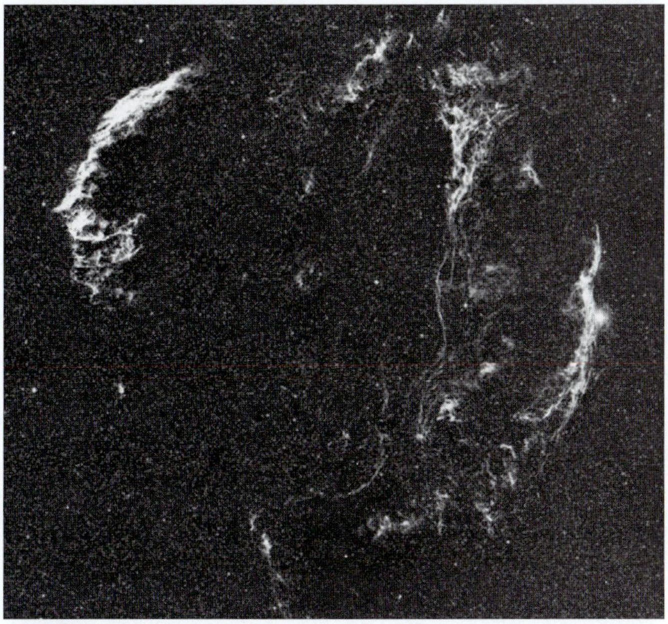

그림 15-9 백조자리에 있는 초신성 잔해의 광학 영상
적색광으로 촬영한 루프성운의 모습이다. (팔로마 천문대, 캘리포니아 공과 대학)

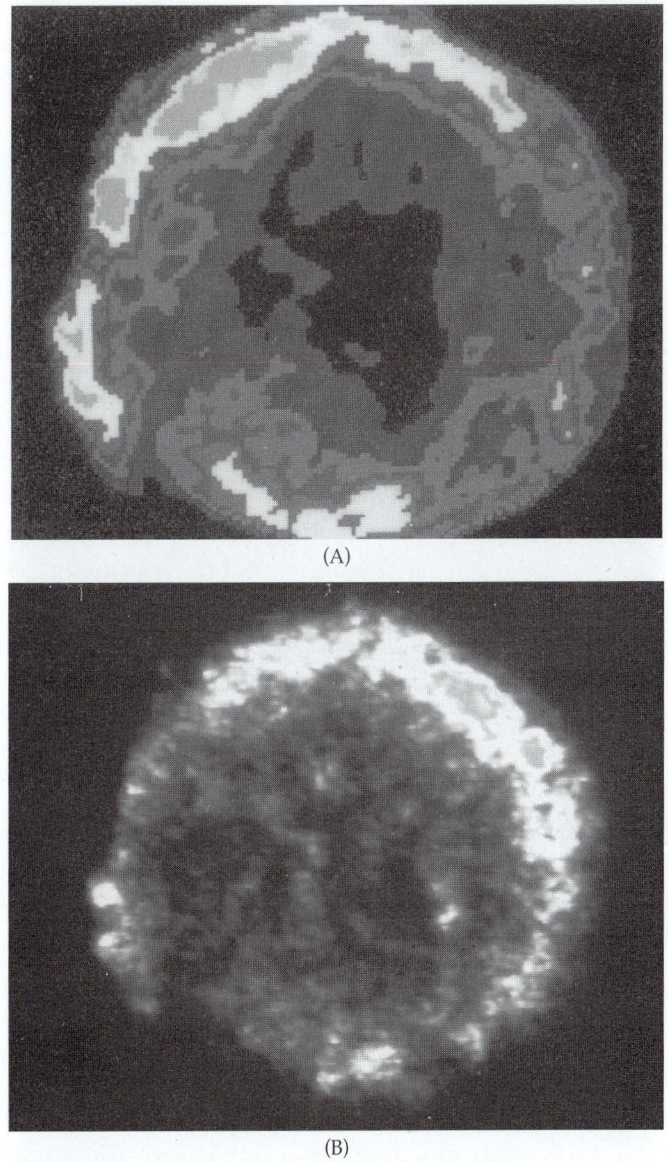

그림 15-10 튀코의 초신성 잔해 영상
(A) 파장 11cm의 전파 영상. (D.A. Green and S.F. Gull) (B) 튀코의 초신성 잔해를 아인슈타인 우주선에서 0.2~3.5KeV 범위의 엑스선으로 촬영한 영상이다. (P. Gorenstein and F. Seward, Einstein Data Gank, Center for Astrophysics)

음을 시사한다. 전파 관측(그림 15-10A)에서도 비슷한 모습을 볼 수 있다. 즉 폭발하면서 밖으로 팽창하는 기체가 주위의 ISM을 밀어내서 구각의 형태로 빚어 놓았다고 생각된다. 나이가 대략 400년으로 추정되는 튀코의 초신성 잔해가 가장 젊은 축에 들 것이다. 지름이 ~13pc이며, 0.2~2keV 영역에서의 엑스선 광도가 $L_X \approx 4 \times 10^{29}$W인 것으로 밝혀졌다. 이보다 더 높은 엑스선 광도를 보이는 것은 게성운뿐이다.

15.2.4 행성상성운

같은 밝은 성운이지만 **행성상성운**(行星狀星雲, planetary nebula)은 H II 영역과 차이를 보인다. H II 영역은 일반적으로 산만하게 퍼진 모습인데, 행성상성운은 뭉쳐 있고, 표면 밝기에 있어서도 전리수소 영역보다 밝고, 들뜸의 요인이 되는 중심별도 양쪽이 서로 다른 부류에 속한다. 망원경에 나타나는 행성상성운의 모습은 얼른 보기에 행성과 비슷한 둥글고 녹색을 띤 원반 또는 원광(圓光)같이 보인다. 이 때문에 '행성상'이라는 표현이 이름에 붙게 되었다. 이 부류의 성운을 자세히 보면, 매우 뜨거운 중심별에 의하여 그 주위 가스가 들뜸상태에 있게 되었음을 알 수 있다. 이 별들을 둘러싸고 있는 성운 기체의 밀도는 H II 영역에서 보다 높다. 그래서 전자, 원자, 이온들 사이의 충돌이 훨씬 빈번하게 일어난다. 즉 행성상성운에서는 원자들의 들뜸과 되가라앉음을 제어하는 데 충돌이 주요한 역할을 한다. 따라서 행성상성운의 스펙트럼은 H II 영역의 스펙트럼과 뚜렷한 차이를 보이게 마련이다.

수소와 헬륨의 선스펙트럼이 뚜렷하게 나타나기는 하지만, 행성상성운에서 볼 수 있는 가장 강한 선들은 O III, O II, Ne III 등에서 비롯한 것들이다. 이러한 선들은 수소나 헬륨에서

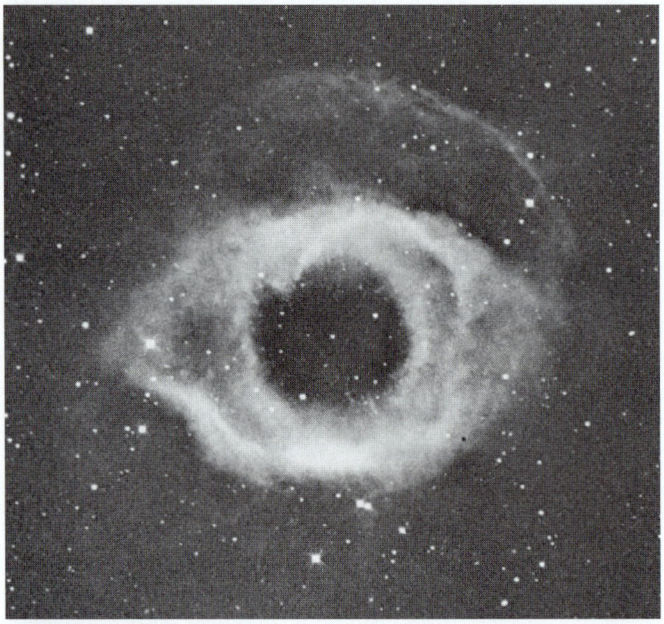

그림 15-11 헬릭스 성운이라는 이름의 행성상성운이다. (미국 국립 광학 천문대)

흔히 볼 수 있는 보통의 전자 천이에 의한 것이 아니라, 준안정 상태인 들뜸상태에서 바닥상태로 되가라앉을 때 내놓는 선이다. 이러한 선들은 천이 확률이 매우 낮기 때문에 **금지선**(forbidden line)이라고 불리며, 태양 코로나(10.4.3항 참조)의 금지선들을 연상하게 한다. 그러나 행성상성운의 금지선은 전자가 하나 둘 정도 떨어져 나간 이온에서 기인한 것인 데 비하여, 코로나의 금지선은 전자를 9개 또는 그 이상 잃은 이온에서 방출된다.

행성상성운에서 거대한 단일 구각이거나 다중 구각 구조를 볼 수 있다(그림 15-11). 각종 방출선들의 도플러 편이에서 구각의 팽창 속력이 수십 $\mathrm{kms^{-1}}$에 이르는 것으로 확인되었다.

상당 수의 별들이, AGB 단계를 지나 백색왜성이 되기 전에 행성상성운의 단계를 거치는 것으로 추정된다. 그럼에도 행성상성운의 개수가 적은 것은 이 단계에 머무는 시간척도가 겨우 5만 년 정도로 짧기 때문이다. 항성의 진화 과정에서 적색거성의 단계가 끝날 즈음이면 별은 질량의 상당 부분을 외부로 분출한다. 넓게 퍼진 행성상성운의 질량이 별 질량의 상당 부분을 차지하는 것으로 보아, 현재 성운 중앙에 자리하는 별이 실은 본래 별의 중심핵이었을 것으로 추정된다(그림 15-11). 중심별의 온도가 대단히 높은 관계로 많은 양의 자외선복사가 성운으로 유입되어 성운을 구성하는 각종 원자와 이온 들로 하여금 형광 방출선을 내게 한다. 중심별의 질량이 태양의 0.5배에서 0.7배에 이르는 것으로 추정되는 반면, 성운의 질량은 적게는 태양의 0.1배 또는 그 이하에서 많게는 0.5배에 이른다.

15.2.5 성간 전파선

21cm 중성수소선

성간기체의 온도가 낮으면 낮을수록 수소들은 모두 바닥상태로 몰리게 된다. 그런데 중성수소의 바닥상태는 매우 적은 에너지 차로 벌어져 있는 2개의 준위로 분해된다. 이는 양성자와 전자가 모두 '고유 스핀'을 가지고 있기 때문이다. 전하가 움직이면 자기장이 형성된다. 양성자와 전자가 모두 전하를 띤 입자이기 때문에, 이들의 스핀 운동은 작은 막대자석처럼 쌍극자기장을 만들며, 이 자기장은 **자기능률**(magnetic moment)이라는 개념으로 특징지어진다. 회전 입자의 자기능률은 그 입자의 각운동량에 비례하는 하나의 벡터로 표시된다.

그림 15-12에 수소원자의 가능한 두 가지 바닥상태의 배열을 비교해 놓았다. 왼쪽과 같은 배열에서는 양성자와 전자의 자기능률 벡터가 평행하게 정렬되어 있다. 이 경우 자기 에너지의 양이 반대인 경우보다 많다. 2개의 평행한 막대자석이 서로 반발하는 것과 똑같이 자기능률 벡터가 평행한 경우 양성자와 전자는 그들 상호 궤도에 단단하게 속박되지 못한다. 만일 자기능률 벡터들이 서로 반대 방향을 향한다면(그림의 오른쪽 경우), 여기서는 자기 에너지가 먼저 경우보다 적고, 전자와 양성자는 좀 더 단단히 속박된 상태에 머문다. 즉 같은

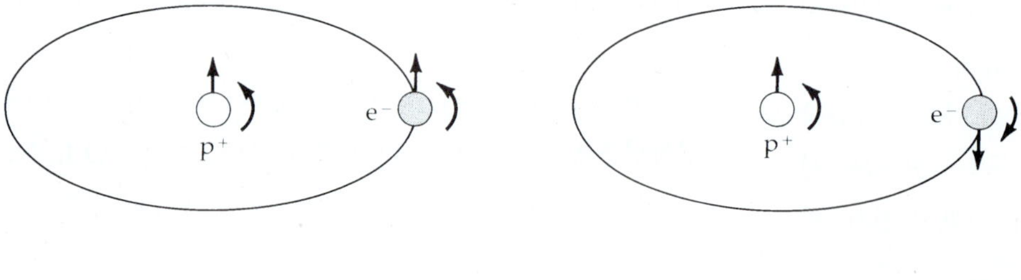

그림 15-12 수소원자의 스핀 정렬
수소를 구성하는 양성자와 전자의 스핀에 의한 자기능률이 같은 방향(왼쪽)을 향하거나 반대 방향(오른쪽)을 향할 수 있다. 서로 반대 방향일 때의 에너지가 평행일 때보다 낮다.

방향으로 정렬된 상태가 반대인 경우보다 높은 에너지 준위에 있다. 우리는 이와 같은 준위 구조를 수소 바닥상태의 **초미세 분리**(超微細分離, hyperfine splitting)라 한다. 높은 상태에서 낮은 상태로의 **자발천이**(自發遷移, spontaneous transition)가 일어날 때에는 상대 스핀이 뒤집혀 평행에서 반평행으로 변하는 동시에, 매우 낮은 에너지의 광자가 방출된다. 이 방출이 저 유명한 수소의 21cm 선으로서 그 진동수가 정확하게 1.420406GHz다.

수소원자가 성간 공간에서 서로 충돌할 때 전자를 교환한다. 이러한 충돌 교환이 원자의 초미세 상태를 변화시키는 주요 방식이다. 만일 새로 얻어진 전자의 스핀이 먼저 것과 같은 방향이라면, 에너지 상태의 변화는 일어나지 않는다. 그렇지 않다면 준위가 올라가거나 내려가거나, 그 어느 쪽으로도 가능하다. 다시 말해서 충돌의 결과로서 에너지 준위에 아무런 변화가 없거나, 높은 준위로 들뜨거나, 아니면 낮은 준위로 되가라앉는다. 에너지 상태의 변화는, 그것이 상승이든 하강이든, 성간 공간의 상태에서는 주어진 수소원자에게 평균적으로 400년마다 한 번 꼴로 일어난다. 한편, 들뜬 초미세 상태에 있는 수소원자는 21cm 선 광자의 방출을 동반하면서 자발천이를 하는데, 이는 평균적으로 1,100만 년에 한 번꼴로 일어난다. 이렇게 느린 이유는, 강하게 금지된 천이이기 때문이다. 자발천이가 일어날 때까지의 기간에, 충돌 들뜸과 충돌 되가라앉음이 수없이 반복될 수 있다. 결국 모든 수소원자들 중에서 전자와 양성자의 자기능률 벡터가 같은 방향인 것과 반대방향인 것의 개수 비가 3 : 1에 이르는 평형상태에 이른다. 우리은하의 기체 밀도가 매우 낮음에도 불구하고, kpc 정도의 거리에는 막대한 양의 수소원자들이 놓이게 된다. 원자의 수가 이렇게 많으므로 비록 수소원자 하나에서 자발천이가 1.1×10^7년이 지나야 일어날 수 있을 정도로 드물게 일어나더라도, 21cm 선복사가 관측될 정도로 충분한 수의 자발천이가 있다. 21cm 전파 수소선의 선윤곽을 보면, 도플러 편이된 수개의 선들이 함께 보인다. 여기서부터 우리는 성간기체가 여러 개의 지역에 집중되어 있음을 알 수 있다. 수소 기체가 은하 전체에 고르게 분포되어 있는 것이 아니라, 나선팔 등에 군데군데 집중되어 있다는 얘기이다.

분자선

성간에는 CO, CN, OH 등과 같이 간단한 분자에서부터 포름알데히드(H_2CO)와 메탄올(CH_3OH)과 같은 비교적 복잡한 유기분자들도 있다. 분자들이 전파 파장대에서 내놓거나 흡수하는 선복사를 관측해서 **성간분자**(星間分子, interstellar molecule)의 존재를 확인할 수 있었다. 성간분자(표 15-1)들이 고밀 성간운의 내부를 탐사하는 데 매우 유용하게 쓰인다. 고밀 성간운 중에는 내부에 원시별을 가지고 있는 것들도 있다. 성간분자를 이용하여 성간매질에서의 화학적 변화를 보다 완벽하게 이해하게 될 것이다. 성간분자에 대한 연구가 태양계 바깥세상에 존재할지 모르는 생명에 관한 모종의 정보를 가져다줄 것으로 예상되므로, 성간분자는 많은 사람들에게 커다란 흥밋거리이다. H_2O, NH_3, HCN, H_2CO, HC_3N, HNCO 등은 실험실에서 아미노산과 생명의 기본 요소인 핵산을 합성하는 데 쓰이는 분자이기도 하다. 이러한 분자들이 성간에 존재한다는 사실만으로도 우리는 유기분자를 만드는 데 생물학적 특수 조건이 반드시 필요한 것은 아니라는 확신을 하게 된다.

성간티끌이 성간물질의 전체 질량에 차지하는 비율이 지극히 낮은 편이지만, 티끌의 존재가 기체의 존재 양식에 커다란 영향을 미친다. 간단한 성간분자들 중의 일부는 성간티끌에서 만들어지는 것 같다. 적어도 H_2 분자가 그렇다. 티끌이 분자 생성의 촉매 구실을 한다는 얘기이다. 원자나 간단한 분자가 티끌 표면에 일단 부착하면, 거기에 다음 번 원자나 분자가 또 와서 부착할 여건이 마련된다. 이렇게 모인 원자나 분자들이 티끌 표면에서 서로 만나 새로운 분자를 형성하고, 형성된 분자 중의 일부는 증발 과정을 통하여 다시 성간 공간으로 나간다. 성간티끌이 자외선복사가 성간운 외부에서 내부로 들어오는 것을 막기도 한다. 그러므로 성간티끌은 생성된 분자를 해리할 자외선의 침투를 방해하여 분자를 보호한다. 결과적으로 성간운 내부에는 분자의 함량비가 외부보다 높게 마련이다.

전파 영역에서 수산기 OH가 티끌 덕분에 1963년에 최초로 검출되었는데, 그 후 실험실에서 이 분자의 특정 주파수가 구체적으로 몇 개 측정됨으로써, OH의 성간에서의 존재가 확립되었다. 파장 18cm 부근에서 4개의 천이(1612, 1665, 1667, 1721MHz)가 가능하다. 이는 OH 분자의 바닥상태가 부준위를 가지고 있기 때문이다. 성간분자들은 성간티끌과 깊은 관련이 있다고 생각된다. 왜냐하면 OH, H_2CO, CO 선들은 넓은 영역에 걸쳐서 검출되며, 이러한 분자선이 관측되는 곳은 바로 거대한 성간티끌의 구름이 있는 곳이기 때문이다.

표 15-1 현재까지 관측된 성간분자들 중 일부 목록

원자수	무기 분자		유기 분자	
2-원자 분자	H_2	hydrogen	CH	methylidyne radical
	HD	deuterized hydrogen	CN	cyanogen radical
	OH	hydroxyl radical	CO	carbon monoxide
	SiO	silicon monoxide	CS	carbon monosulfide
	SO	sulfur monoxide	C_2	carbon
	NO	nitric oxide		
3-원자 분자	H_2O	water	CCH	ethynyl radical
	HDO	heavy water	HCN	hydrogen cyanide
	H_2S	hydrogen sulfide	DCN	deuterium cyanide
	SO_2	sulfur dioxide	HCO	formyl radical
4-원자 분자	NH_3	ammonia	H_2CO	formaldehyde
			HNCO	hydrocyanic acid
			H_2CS	thioformaldehyde
			HC_2H	acetylene
5-원자 분자			CH_4	methane
			H_2HCN	cyanamide
			HCOOH	formic acid
			HC_3N	cyanoacetylene
6-원자 분자			CH_3OH	methyl alcohol
			$HCONH_2$	formamide
7-원자 분자				
8-원자 분자			$HCOOCH_3$	methyl formate
9-원자 분자			CH_3CH_2OH	ethyl alcohol
11-운자 분자			HC_9N	cyanotetraacetylene
13-원자 분자			$HC_{11}N$	cyanopentaacetylene

밀도가 높은 이들 티끌 구름들 중에서 H II 영역과 연결되었거나, 그 방향에 놓여 있는 것들이 여럿 있다. 오리온성운이 그 대표적 예이다. 그러한 구름 속에서의 수소분자의 개수밀도는 10^9~$10^{12}m^{-3}$로서 수소분자의 함량이 단연 제일 높고, 다른 분자들은 이보다 쉽게 검출되기는 하지만 그 함량비는 수소분자보다 훨씬 낮다. 구름의 온도는 보통 10~30K로 낮은 편이며, 때로는 100K에까지 이르는 구름도 있다(H_2 분자는 전파 영역에 천이가 없으므로, 이 분자를 직접 전파로 관측할 수는 없다. 그래서 우리는 CO를 관측하고, CO의 함량비에 적당한 수를 곱하여 H_2의 양을 추정한다).

어떤 종류의 성간분자들, 예를 들어 CO 같은 분자는 성간 어디에서나 쉽게 볼 수 있다. 그러나 대부분의 성간분자들은 고밀, 저온의 **분자운**(分子雲, molecular cloud)이라 불리는 암흑 성간운에서 주로 발견된다. 밀도가 높으면 두 가지 관점에서 분자에게 유리한 상황이 된다. 밀도가 높으므로 원자들 사이의 충돌이 빈번하고, 이 과정에서 원자들이 분자로 결합하기 쉽다. 또 밀도가 높으므로 성간티끌의 양도 늘어나게 마련이고, 그 결과 성간운 외부에서 침투해 들어오는 자외선복사가 티끌에 의해 차단되기 쉽다. 그러므로 일단 만들어진 분자가 다시 해리될 위험에서 벗어난다. 결과적으로 밀도가 높은 성간운에는 각종 성간분자들의 함량이 역시 높다. 성간분자들이 만들어지는 화학 반응의 경로들은 복잡하기 이를 데 없다. 그러나 4원자 분자 이하의 간단한 종류는 기체 상황에서 일련의 이온-분자 2체 충돌 과정을 거쳐서 만들어진다. 부정형의 **저밀 성간운**(diffuse interstellar cloud)에서는 성간 UV 복사가 이온을 만든다. 한편 고밀의 성간운에는 성간 UV 복사가 쉽게 침투할 수 없다. 따라서 거기서는 우주선 입자들이 이온 생성의 요인이 된다. 저밀이든 고밀이든 성간운 주위에는 종종 H II 영역이 자리한다. 오리온대성운이 대표적인 예이다. 지구에서 보았을 때 그 배후에 고밀의 분자운이 자리한다. 이 분자운이 태양계에서 비교적 가까운 것들 중 하나다.

주로 CO 관측을 통하여 그 정체가 밝혀진 오리온 성간분자운은 크게 두 부분으로 나누어 생각할 수 있다. 비교적 저밀의 기체가 아주 광범위한 영역에 걸쳐 분포한다. 그리고 그 중심부에 고밀의 작은 핵이 있다. 중심핵의 존재는 H_2CO의 관측에서 밝혀졌다. 저밀도 부분은 적어도 10pc에 이르는 광대한 영역인 데 비하여, 중심의 고밀 핵은 0.15pc에 불과한 영역에 집중되어 있다. 저밀도 부분에서 수소분자의 최대 개수밀도는 $10^9 m^{-3}$인데, 중심핵에서 수소분자의 밀도는 $10^{11} m^{-3}$이다. 질량 면에서는 저밀부가 적어도 $10^4 M_\odot$의 질량을, 고밀부는 겨우 $5M_\odot$를 갖고 있다.

거대 분자운

오리온자리 영역에서 우리는 **거대 분자운**(giant molecular cloud)의 전형적인 예를 볼 수 있다. 현재까지 알려진 관측 사실로 미루어 볼 때 거대 분자운의 복합체가 성간물질의 거의 대부분을 구성한다. 거대 분자운의 성질을 정리하면 다음과 같다.

(1) 주로 수소분자(H_2)로 구성되어 있다. 다른 분자들도 물론 존재하지만, 그것들이 차지하는 질량은 극히 미미한 수준이다.
(2) 거대 분자운 복합체에서 수소분자의 평균 밀도는 $1m^3$당 수억 개 정도이다. 거대 분자운 하나하나의 평균 밀도는 이보다 높아서 $1m^3$당 수십억 개에 이른다.
(3) 크기가 수십 pc에 이른다.
(4) 거대 분자운 복합체의 질량은 $10^4 \sim 10^7 M_\odot$이며, $10^5 M_\odot$가 질량의 전형적 크기이다. 거대 분자운 하나의 질량은 대략 $10^3 M_\odot$ 정도이다.

거대 분자운의 중심핵은 성간물질의 평균 성질에 비해 특이한 편이다. 수소분자의 밀도가 $10^{12} m^{-3}$이며 온도는 극도로 낮아서 10K 정도이다. 거대 분자운 복합체 주변에서는 늘 커다란 전리수소 영역이 발견된다. 전리수소 영역의 존재는 그 내부에 중량급의 젊은 별들이 자리하고 있음을 의미한다. 따라서 거대 분자운이 항성의 생성 과정에 결정적 역할을 한다고 믿어진다.

분자 메이저

전파 영역에서 검출되는 대부분의 분자선은 회전 천이(8.3.3항 참조)에 의한 방출선이다. 방출선이 나오려면 해당 분자가 어떻게 해서든지 바닥상태보다 높은 에너지 준위로 들떠야 한다. 예를 들어서, OH선은 밝은 H II 영역의 몇몇 지점에서 방출선원(源)으로 나타난다. 모두 그런 것은 아니지만, OH 방출

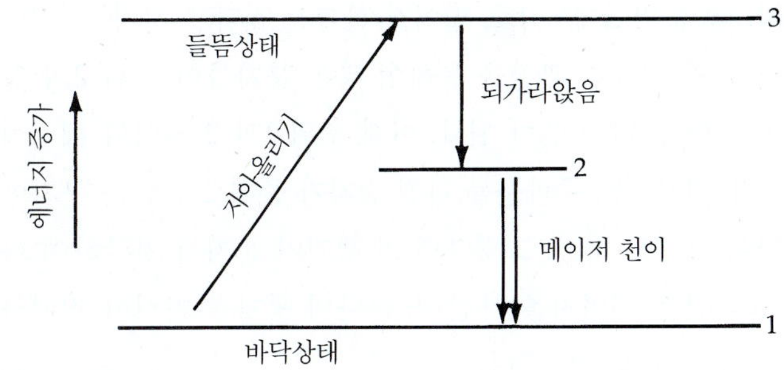

그림 15-13 가상의 3 준위 메이저의 에너지 준위도

원이 강한 H_2O의 방출원이기도 하다. H_2O 방출선은 몇 달 또는 며칠을 주기로 그 세기가 변한다. OH 방출선의 세기도 변하지만, H_2O보다는 변화의 정도가 훨씬 약하다. 하나의 H II 영역에 OH의 방출원 무리들이 수 초(″) 간격으로 떨어져서 발견되는 예가 가끔 있다. 이 경우 OH 방출원들 사이의 실제 거리는 수 천문단위에 불과하다.

이렇게 작은 OH나 H_2O 방출원들에서 검출되는 전파 선 복사의 강도를, 열운동에 의한 충돌로 이 분자들이 들뜨게 되었다가 저준위로 천이하면서 내놓는 것이라고 해석한다면, 온도가 무려 10^{13}K나 되어야 한다. 그러므로 열운동 들뜸으로는 메이저의 설명이 불가능하다. 에너지 준위에 따른 개수의 분포에 역전이 있어야만 OH, H_2O의 강력한 방출선 복사가 설명된다. **역전**이란 높은 에너지 준위에 있는 분자들의 개수가 낮은 준위의 것보다 오히려 더 많다는 뜻이다. 이 경우 준위에 따른 개수 분포가 볼츠만 분포(8.4.1항 참조)를 따르지 않으므로 열적 평형상태에 있지 않다는 뜻이다. 모종의 **메이저**(microwave laser) 작용이 역전의 동인을 제공했을 것이다. 어떤 기작에 의하여 분자가 적당한 들뜸상태에까지 올려지고 있음에 틀림없다. 그러한 기작으로 여러 가지가 제안되었으나, 그 어느 것도 아직 만족스럽지 못하다. 하여튼 어떤 기작에 의하여 특정 준위로 올려진 분자들이 저준위로 다시 유도 천이되면서 내놓는 복사가 점차 증폭되는 현상이 메이저이다.

메이저 현상을 설명하기 위하여, 에너지 준위가 3개뿐인 가상의 분자를 하나 생각해 보자(그림 15-13). 준위의 에너지가 번호 1, 2, 3의 순서로 높아진다고 하자. 바닥상태 1에 있던 분자가 다른 입자와 충돌하든지 아니면 복사를 흡수하든지 하여 가장 높은 에너지 준위인 3으로 들뜨게 되었다고 하자. 이 과정을 **자아올림**(pumping)이라고 부른다. 준위 3에서 천이해 갈 확률이 가장 큰 준위가 비교적 안정한 상태인 준위 2라고

하자. 즉 준위 3에서 1로 떨어질 확률은 적다고 하자. 그렇다면 모종의 퍼올림 과정을 통하여 많은 분자들이 준위 2의 상태에 고이게 되는 셈이 된다. 이제 준위 1과 2 사이의 에너지 차이에 해당되는 주파수를 가진 광자가 준위 2에 있는 분자에 가까이 왔다고 하자. 그렇다면 이 광자가 분자를 자극하여 자기와 똑같은 에너지를 가진 또 하나의 광자를 자신이 진행하던 방향으로 내놓게 한다.

하나의 광자와 관련된 전자기장이 주위의 분자에 영향을 주어 그 광자의 주파수와 같은 주파수의 광자를 자신의 진행 방향으로 내놓게 하여 방출되는 복사를 우리는 **유도방출**(stimulated emission)이라고 부른다.

새로 생긴 광자와 함께 이제는 2개의 광자가 2개의 분자를 더 자극하여, 또 유도방출을 한 차례 유발케 하므로, 동일 주파수를 가진 4개의 광자가 같은 방향으로 진행한다. 이제 4개는 4개의 분자를 또 자극하여 자신의 세력을 8로 늘린다. 이 과정이 계속된다면 우리는 세기의 엄청난 증폭을 기대할 수 있다. 일종의 연쇄 반응인 이 과정을 통하여, 광자가 기체운 속을 진행하면서 수백만 배씩의 증폭을 초래한다. 즉 단일 주파수의 매우 강력한 복사가 극히 제한된 방향으로 방출되는 메이저 빛이 탄생하는 것이다.

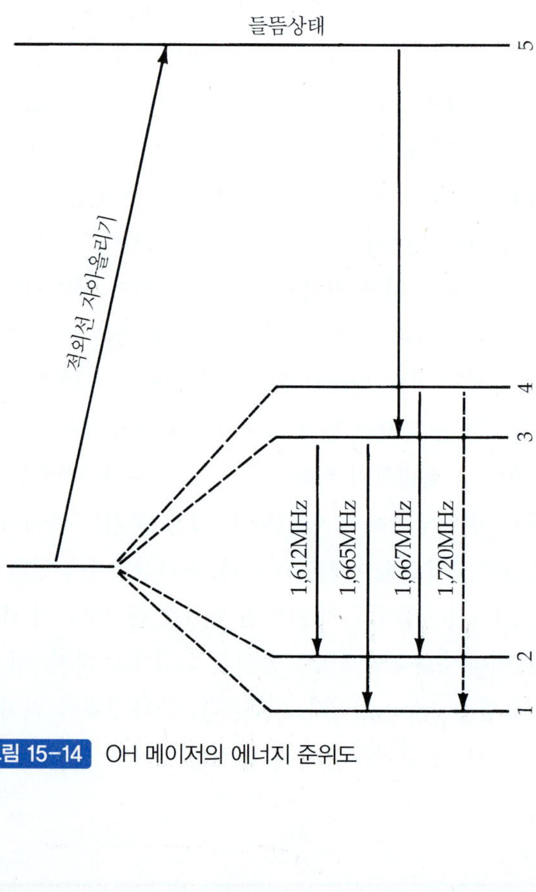

그림 15-14 OH 메이저의 에너지 준위도

OH 분자의 메이저 천이를 따라가 보자(그림 15-14). 수산기는 적외선복사에 의하여 준위 5로 들뜨게 되는 것 같다. 에너지 준위들 사이의 천이 확률아 준위마다 서로 다른데, 일단 5로 들뜬 다음에는 대부분의 분자들이 준위 3에 머물게 된다. 들뜸상태인 3에 놓여 있는 OH 분자가 이보다 낮은 바닥상태에 있는 분자들보다 수효가 월등히 많아진다. 개수 분포의 역전이 생기는 것이다. 준위 1로의 유도방출은 1,665MHz에서, 2는 1,612MHz에서 나타난다. 후자가 전자보다 약하다. 바로 이러한 메이저 방출이 오리온성운의 여러 곳에서 검출되었다. 우주에서 측정되는 그밖의 메이저로는 H_2O 분자의 22,235MHz(1.35cm)선, SiO의 43,122MHz(6.95mm)선과 86,243MHz(3.47mm)선 등이 있다.

OH와 H_2O 메이저 원들이 거대 성간분자운 주위에서 여러 개가 발견되었다. 메이저 방출원들은 겨우 수십 천문단위 밖에 안 되는 아주 작은 크기이지만 밀도는 지극히 높다. 알고 보니 메이저 원이 별 탄생 영역의 표지였던 것이다.

15.2.6 성간운 간 기체

가시광 영역에서 볼 수 있는 성간 흡수선들과 전파 21cm 선의 관측자료에서부터, 우리는 성간기체의 상당 부분이 저온의 구름을 이루고 있으며 그중에는 고밀의 분자운들도 존재함을 알게 되었다. H I 구름들은 지름이 수십 pc에 이르며, 온도가 100K 정도, 밀도는 대략 10^6원자/m^3이다. 그런데 중성수소 구름들 사이를 희박한 기체가 메우고 있다. 이 **성간운 간 기체**(星間雲間 氣體, intercloud gas)는 고온이며 부분적으로 전리돼 있다. 전파 관측에서 검출되는 전리 기체의 한 부류는 온도가 약 10,000K며, 평균 밀도는 대략 10^4이온/m^3이다. 한편 자외선이나 엑스선 관측은 이보다 훨씬 더 뜨거운 10^6K 성분의 성간물질을 찾아냈다. 이 매우 뜨거운 성분의 전리 기체를 **코로나 성간기체**(coronal interstellar gas)라 부른다. 코로나 기체가 태양계 근처의 대단히 큰 영역을 차지하고 있는 것으로 밝혀졌다.

15.2.7 성간기체의 진화

항성의 생성과 사멸에서 유래하는 각종 요인들에 의해 성간기체는 여러 가지 형태로 진화한다. 성간물질의 기체 역학적 변화에 초신성 폭발이 지대한 영향을 미친다. 초신성이 하나 터

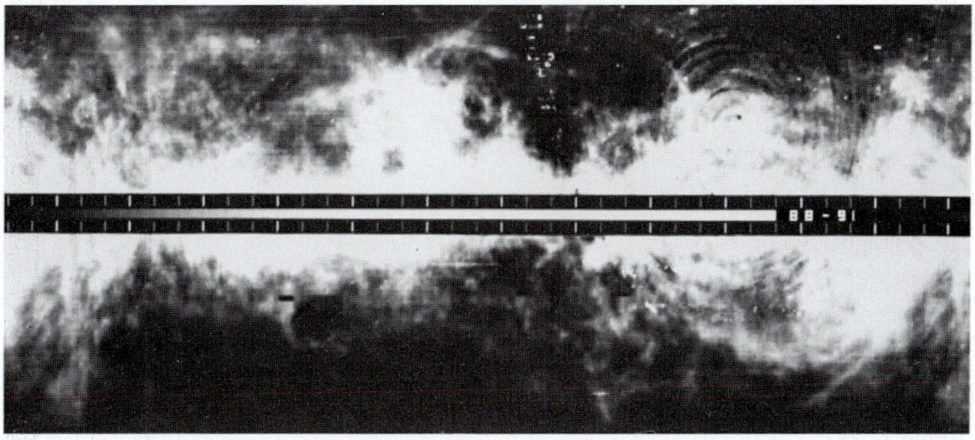

그림 15-15 성간매질에서 볼 수 있는 중성수소 분포의 실오라기와 껍데기 구조들
수소 21cm 전파 지도에 성간기체의 거시적 구조물이 잘 드러나 있다. 초신성 폭발에서 비롯한 구조일 것이다. 중앙의 검정 막대가 은하면을 표시한다. 은하면에서 남북으로 각각 60° 정도의 범위가 이 사진에 들어 있다. (C. Heiles)

질 때 엄청난 양의 에너지(약 10^{44}J)와 질량($1 \sim 50M_\odot$)이 성간으로 공급되기 때문이다. 초신성에서 불려 나온 물질이 구각의 형태를 이루면서 성간매질로 퍼져 나가면서 주위의 물질을 압축·가열하므로 팽창 구각 바로 후면의 기체는 고온·저밀의 상태에 남아 있게 된다. 고온 상태에서는 수소가 전부 전리되며, 산소도 O VI와 같이 고도로 전리된다. 초신성의 팽창 구각은 크기 면에서도 대단한 규모이다. 어떤 것들은 수백 pc에 이르며, 때로는 지름이 3kpc나 되는 것도 있다(그림 15-15). 초신성에서 폭발되어 나온 별의 일부가 팽창하면서 주위의 성간 기체를 휩쓸고 그 온도를 50,000K 정도로 높이면서 밀도가 급격하게 희박해진다. 이 과정에서 팽창 구각의 모양이 변하며 주위의 저온 성간기체의 운동을 엉뚱한 방향으로 바꿔 놓기도 한다. 그러므로 초신성 폭발에서부터 성간기체의 진화를 제어하는 데 필요한 막대한 양의 에너지가 공급된다고 하겠다.

성간매질의 각종 **위상**(位相, phase)과 그들 상호 간의 진화적 관계를 고찰하자. 항성이 진화의 여러 단계를 거치며 내부 구조가 변하듯이 성간매질도 한 위상에서 다른 위상으로 변해 가는 듯하다.

(1) H II 영역 : 고온의 젊은 별(O, B형 항성) 주위에서 밝게 빛나는 전리수소 기체이다. 성간기체 전체에서 전리수소 영역이 차지하는 양은 미미하다. 아마도 우리은하에는 총 $10^7M_\odot$ 정도의 기체가 이 위상에 있다고 할 수 있다. 온도는 10^4K, 밀도는 대략 5×10^3이온/m^3이다.

(2) H I 영역/저밀의 중성수소 구름 : 저온·저밀의 중성수소 구름으로, 지름 약 5pc, 질량 약 $50M_\odot$, 우리은하에 총 $3 \times 10^9M_\odot$의 질량이 이 위상에 있다. 온도가 대략 100K, 밀도는 약 10^8원자/m^3이다.

(3) 분자운 : 주로 H_2 분자로 구성된 구름으로 크기가 넓은 범위에 걸쳐 분포한다. 구름 하나의 질량이 수십억 $M_\odot$, 온도는 10K까지 낮으며, 밀도는 10^9분자/m^3, 또는 이보다 높다. 성간에서 차지하는 공간 점유비는 1% 미만이지만, 질량 면에서는 성간물질의 상당 부분을 분자운이 차지한다. 고밀의 분자운에서 항성이 만들어진다. 별이 생기고 난 그 주위에 남겨진 분자운이 H II 영역이 되기도 한다.

(4) 성간운 간 매질 : 비교적 고온의 기체로 중성수소(21cm 관측 가능)가 대부분을 차지하고, 20%를 전리수소(연속 전파 복사로 관측됨)와 전자가 차지한다. 이 위상의 기체가 낮은 온도에 있는 성간운을 에워싸고 있으며, 공간 점유율 20%, 온도 5,000~10,000K, 밀도 3×10^5원자/m^3에다 5×10^4전자/m^3이다.

(5) 코로나 기체 : 극히 고온(10^6K)에다 매우 희박한(10^4입자/m^3 이하) 전리 기체로서 각종 성간 위상들 사이 곳곳에 스며 있다. 공간 점유율은 50~70%에까지 이른다.

15.3 별의 생성

성간운을 항성 탄생의 못자리라고 한다. 별의 생성이라는 관점에서 성간물질을 이해할 수 있어야, 관측이 우리에게 보여 주는 여러 현상들 이면의 사정이 밝혀질 것이다. 별의 탄생 과정을 중량급 항성($10M_\odot$이상)과 태양 규모의 항성으로 나누어 살펴보겠다. 중량급 항성의 광도는 태양급 항성보다 월등히

높다. 무거운 별이 일단 주계열에 이르면 주위의 기체를 전리시킬 정도로 높은 에너지를 갖는 자외선복사를 풍성하게 내놓기 시작한다. 자외선에 의해 전리된 기체는 전파망원경에 검출되게 마련이다. 성간티끌 때문에 가시광으로는 별 탄생의 산실인 고밀 성간분자운의 내부를 들여다볼 수 없다. 그러나 가시광보다 파장이 긴 적외선이나 전파는 성간티끌에 구애 받지 않고 전파(傳播)될 수 있으므로, 적외선과 전파를 사용하면 어둠의 산실 내부도 엿볼 수 있다. 겉으로 드러난 것이든 간접적으로 그 존재가 유추된 것이든 간에 우리는 원시성과 전주계열성을 총칭하여 젊은 항성체(young stellar object, YSO)라고 부른다.

15.3.1 기본 물리 지식

우리는 16.3절에서 중력 수축의 기본 원리를 다루었다. 특히 원시성의 형성과 관련하여 중력 수축의 시간척도를 계산하여 보았다. 이 절에서는 항성 생성과 관련된 물리적 지식을 일별한 다음, 항성 생성의 중심 과제인 각운동량 문제를 고찰하기로 한다. 각운동량 문제란 YSO들이 형성되는 과정에서 어떻게 자신이 갖고 있던 각운동량을 제거할 수 있었느냐는 것이다.

중력 수축의 크기 척도

비리얼정리, $2E_{\text{thermal}} = -U$를 성간운에 적용시켜 보자. 성간운 하나의 총 열에너지는, 그 성간운 내부에 모두 N개의 입자들이 있다면, 입자 1개가 대략 kT 만큼의 열에너지를 가지고 있으므로

$$E_{\text{thermal}} \approx NkT$$

와 같이 주어진다. 한편, 서로 R만큼 떨어져 있는 질량이 m_1, m_2인 2개의 입자계가 갖는 중력 퍼텐셜에너지는 $-Gm_1m_2/R$로 주어진다. 중력 수축이 일어나는 영역의 크기가 대략 L이고 질량이 M이라면, 내부 입자들 서로서로의 중력 작용을 고려하여 중력 퍼텐셜에너지 U를

$$U \approx -\frac{GM^2}{L}$$

와 같이 근사할 수 있다. 성간운이 모두 수소분자 H_2로 채워져 있다면, 입자의 총수 N은 전체 질량 M을 H_2의 질량, 즉 $2m_H$로 나눈 값이다. 따라서 비리얼정리는

$$2\frac{M}{2m_H}kT \approx \frac{GM^2}{L}$$

$$\frac{kT}{m_H} \approx \frac{GM}{L}$$

의 결과를 준다. 한편, 밀도가 ρ인 균질 구형 성간운의 경우

$$M = \frac{4\pi}{3}\rho L^3$$

이므로

$$\frac{kT}{m_H} \approx G\rho L^2$$

또는

$$L \approx \left(\frac{kT}{m_H G\rho}\right)^{1/2} \propto \left(\frac{T}{\rho}\right)^{1/2}$$

의 관계가 성립한다. 이 정도 크기라면 겨우 평형을 유지한다는 얘기이다. 주어진 온도와 밀도를 갖는 성간운의 크기가 이 한계값을 넘는다면 중력 수축이 유발될 것이다. 물리 상수들의 구체적 값을 대입하면

$$L = 10^7\text{m}\left[\left(\frac{T}{K}\right)\left(\frac{\text{kgm}^{-3}}{\rho}\right)\right]^{1/2} \qquad (15\text{–}9)$$

의 결과를 얻게 된다. 거대 분자운의 상황을 고려하여, T = 10K, $\rho = 10^{-15}\text{kgm}^{-3}$를 대입하여, $L \approx 10^{15}$m, 즉 0.1pc 정도가 됨을 알 수 있다. 이제 그 정도 크기 안에 들어 있을 질량을 추산하면, $M \approx L^3\rho \approx 10^{30}$kg으로서 대략 태양의 질량과 같다. 즉 질량과 크기가 태양 규모의 별을 만들기에 적합하다.

중력 수축 시간척도

기체와 티끌로 구성된 성간운이 충분한 크기의 질량을 갖게 돼서 중력 수축을 시작했다고 하자. 압력을 무시한다면 성간운을 구성하는 입자들 사이의 일어나는 충돌의 효과가 그리 중요하지 않을 것이다. 한편 수축 과정에서 성간운 중심부의 밀도가 외곽부보다 빨리 증가하게 되므로, 중심부가 수축하는 데 걸리는 시간이 점점 감소할 것이다. 밀도의 증가가 수축 시간을 단축하고, 수축 시간이 단축되므로 밀도가 더 빨리 증가

하게 되고, 그 결과 수축 시간은 더욱 더 짧아진다. 즉 성간운의 중심부의 수축은 일종의 폭주 현상이라 하겠다. 그 결과 외곽부에 남아 있던 물질은 이미 단단히 뭉쳐진 중심부를 향하여 자유낙하 하는 형국에 이른다.

자유낙하 운동을 좀 더 자세히 살펴보자. 질량 M, 반지름 R, 초기 밀도 ρ_0인 성간운의 표면에 자리한 질량 m의 질점을 하나 생각하자. 성간운의 전반적인 수축을 우리는 이 질점의 중심을 향한 자유낙하 현상으로 보겠다. 정량적인 결과를 얻기 위하여 우리는 이 운동을 긴 반지름 a가 $R/2$이며 이심률 e가 거의 1에 가까운 매우 찌그러진 타원을 그리는 궤도 운동으로 근사하겠다. 이제

$$M = \frac{4\pi}{3}R^3\rho_0 = \frac{4\pi}{3}(2a)^3\rho_0 = \frac{32\pi}{3}a^3\rho_0$$

의 관계를 케플러 제3법칙

$$P^2 = \frac{4\pi^2}{GM}a^3$$

에 대입하면

$$P = \left(\frac{3\pi}{8G\rho_0}\right)^{1/2}$$

가 성립함을 알 수 있다. 그런데 자유낙하에 걸리는 시간은 궤도주기의 절반에 해당하는 시간이므로, 자유낙하 시간척도 t_{ff}는

$$t_{ff} = \left(\frac{3\pi}{32G\rho_0}\right)^{1/2}$$

로 주어진다. 물리 상수의 구체적 값들을 여기 대입하면

$$t_{ff} = 6.44 \times 10^4 s\left(\frac{\rho_0}{\text{kgm}^{-3}}\right)^{-1/2} \qquad (15\text{–}10)$$

로 계산된다. 우리가 앞에서 다룬 성간운의 평균 밀도가 $\rho_0 \approx 10^{-15}\text{kgm}^{-3}$이므로, 이 성간운이 중력 수축을 마치는 데 걸리는 시간은 대략 10^5년이 될 것이다.

각운동량 : 회전 성간운의 수축

성간운들은 어느 정도는 다 회전한다. 주위에서부터 고립된 경우, 회전 성간운의 각운동량은 보존된다. 회전하면서 수축하는 성간운에서 성분 입자들은 수축이 진행됨에 따라 회전축에 점점 가까이 옮겨 올 것이다. 각운동량을 결정할 때 고려되어야 할 거리는 성간운 중심으로부터의 거리가 아니라 회전축에서의 거리이므로, 각운동량의 애초의 크기를 유지하려면 입자들이 회전축에 가까워짐에 따라 성간운의 회전속도가 빨라져야 할 것이다. 따라서 수축하는 성간운의 회전속도는 시간에 따라 증가하게 마련이다. 한편 회전속도 v가 증가할수록 원심력의 가속도 v^2/r 역시 증가한다. 그러므로 적도면에 있던 입자들은 회전축을 향하여 안으로 들어오다가, 자신이 느끼는 원심력의 크기가 중력의 크기와 같게 되는 어떤 임계 상황에 이르게 될 수 있다. 이 상황에서는 입자가 더 이상 회전축에 가까이 들어올 수 없을 것이다. 그런데 회전축에 원래부터 가까이 자리하고 있던 입자는, 원심력을 느낄 수 없으므로 성간운의 중심을 향하여 자유롭게 떨어져 쌓인다. 적도 근방에 있던 물질이 중력 수축을 멈추기 이전에 회전축 가까이에 있던 물질은 이미 성간운 중심으로 집중될 수 있다. 그러므로 회전 성간운의 중력 수축의 최종 결과는 회전 원반체일 것이다.

반지름이 0.1pc이며 질량이 태양 정도인 성간운의 적도에서의 초기 회전속도가 1kms^{-1}라고 하자. 중력 수축 과정을 통하여 질량의 손실이 없다면, 각운동량 보존의 법칙은

$$m_iv_ir_i = m_fv_fr_f$$

로 기술된다. 여기서 첨자 i는 초기 상태를, f는 최종 상태를 의미한다. 최종 회전속도 V_f는 r_f가 태양의 반지름 정도로 될 때,

$$\begin{aligned} v_f &= v_i\frac{r_i}{r_f} \\ &= 1\text{kms}^{-1}\frac{3 \times 10^{15}\text{m}}{7 \times 10^8\text{m}} \\ &\approx 5 \times 10^6\text{kms}^{-1} \end{aligned}$$

의 크기를 가지게 될 것이다. 그러나 이 속도는 빛의 속도보다 빠른 값이다! 그러므로 원시성은 주계열성이 되기 이전에 자신이 갖고 있던 각운동량의 거의 대부분을 어떤 방식으로든 밖으로 내놓아야 한다.

원시성의 중력 수축에 관한 이론적 모형을 구축하는 데 회전 효과를 고려하면 모형 계산이 무척 어려워질 뿐 아니라 계산 결과에 대한 해석도 쉽지 않다. 그러나 여러 가지 모형 계

산에서 공통적으로 볼 수 있는 결과가 한 가지 있다. 적정 조건이 유지되면 중심에 고밀의 핵이 형성되고, 그 주위 원반에는 회전하는 고리들이 태동한다는 사실이다. 일반적으로 고리 구조는 불안정하다. 그래서 고리 하나가 여러 개의 덩어리로 쪼개지며, 이들이 다시 뭉쳐서 두세 개의 큰 덩어리를 만든다. 이렇게 성장한 덩어리들 하나하나가 별이 된다면, 하늘에서 자주 볼 수 있는 다중성계의 출현에 대한 자연스러운 해답을 얻게 되는 셈이다.

자기장

중력 수축 과정에서 자기장 플럭스의 보존 관계를 살펴보자. 자기장의 세기를 B라 할 때 반지름이 r인 구를 관통하는 균일 자기장의 플럭스 Φ[SI 단위계에서 Φ의 단위는 웨버(weber)]는

$$\Phi = \pi r^2 B$$

와 같이 계산되며, 이 양은 성간운이 수축해도 그대로 같은 값을 유지한다. 따라서 초기(i)와 최종 순간(f)의 자기장의 세기와 성간운의 반지름은

$$\frac{B_f}{B_i} = \left(\frac{r_i}{r_f}\right)^2 \tag{15-11}$$

의 관계를 만족시켜야 한다. 성간매질에서의 자기장의 평균 세기가 $B \approx 10^{-10}T$이므로, 각 물리량에 앞에서 사용했던 값들을 대입하면,

$$\frac{B_f}{B_i} = \left(\frac{3 \times 10^{15}}{7 \times 10^8}\right)^2$$

에서

$$B_f \approx 10^{-10}T(2 \times 10^{15}) \approx 10^5 T$$

의 결과를 얻는다. 이 결과를 그대로 받아들인다면, 수축의 최종 상태에서 예상되는 회전 원반은 매우 강하게 자화되어 있을 가능성이 높다. 따라서 자기장의 분산이 각운동량의 제거를 동반한다면, 항성 생성과 관련하여 가장 큰 두 가지 문제를 동시에 해결하는 셈이다. 성간운에서 항성이 만들어지는 과정에서 YSO 주위에 자화된 회전 원반체의 존재를 기정사실로 받아들이게 되었다. 자기장에 의하여 유도 속박된 항성풍이 각운동량을 제거하고 자기장을 분산하여 약화시킬 수 있다면 각운동량의 문제가 해결된다.

그렇다면 관측적 사실에서 이러한 이론적 추정이 지지받을 수 있는지 조사해 보자. 주로 적외선 관측과 전파 관측을 통하여 자화 기체의 회전 원반체와 중심천체로부터의 항성풍의 존재를 확인할 수 있었다. 먼저 쌍방 분출 현상부터 살펴보자.

15.3.2 분자 분출류와 별의 탄생

전파망원경으로 젊은 항성체(YSO)들 주위에서 성간분자선을 관측해 보면, 기체의 고속(20~100kms^{-1}) 분출 현상을 감지할 수 있다. 도플러이동의 효과를 고려함으로써, 이 분자 분출이 쌍방 대칭으로 이루어지고 있음을 알 수 있다. 그래서 **분자 쌍극 분출류**(分子雙極噴出流, bipolar molecular outflow, BMO)라고들 흔히 부른다. 상당한 양의 질량이 BMO 현상을

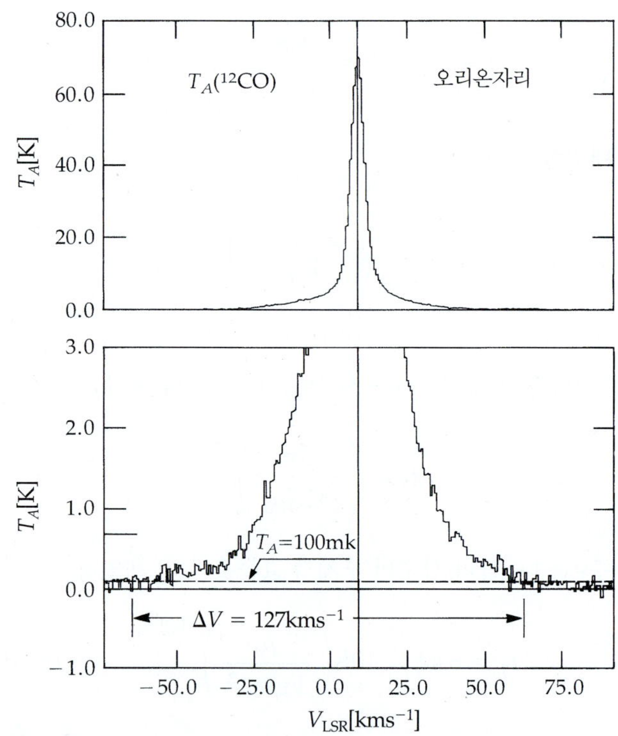

그림 15-16 분자 분출류의 관측적 증거
오리온자리에서 관측한 ^{12}CO 분자선의 윤곽이다. 세로축의 눈금이 안테나 온도로 나타낸 플럭스를 의미하며, 가로축의 눈금은 국부표준정지좌표계 LSR에 대한 상대 속도이다. 위 그림에서는 관측된 선윤곽의 기저부에서부터 최고점까지를 전부 다 볼 수 있다. 아래 그림은 방출선의 기저 부분만 확대한 것이다. 관측된 선윤곽의 T_A = 100mK 되는 높이에서의 선폭 ΔV가 127kms^{-1}로 매우 넓다는 사실에 유의하라. (J. Bally and C.J. Lada)

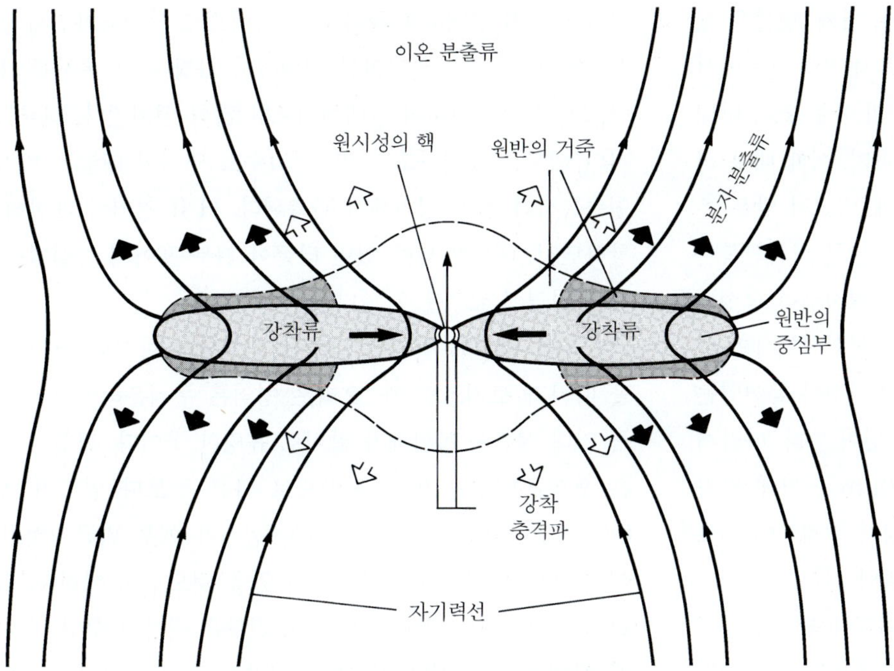

그림 15-17 원시성 주위 자화 회전 평판에서의 쌍극 분출 현상에 관한 모형
이 그림은 회전 원반의 중심부 상황을 보여 준다. 원반 물질이 중앙으로 밀려와 중심핵의 질량이 증가한다. 자기력선이 원반의 전리된 부분과 그 주위 물질에 동결되어 있다. (R.E. Pudritz)

통하여 수 pc에 이르는 공간으로 뻗어져 나온다. 이와 관련된 에너지의 양도 막대하다. 아직 분출 에너지의 원천이 확실하게 규명된 바 없으나, 이 현상이 새로 탄생한 중심별과 관련되어 있다는 추론에는 의심의 여지가 없다.

분출 현상이 실제 관측자료에서는 선폭의 증대로 나타난다. 그림 15-16에서 볼 수 있듯이, 관측된 CO 분자선의 선폭이 분자들의 열운동에 기인한 도플러 효과만으로 설명하기에는 너무 넓다. 선윤곽 전체에서 적색이동된 부분을 적색 날개라 하고, 청색이동된 부분을 청색 날개라고 구별한다. 오리온성운에서 관측된 CO 분자선의 경우, 전체 선폭이 127kms^{-1}에 이른다(그림 15-16). 분출 기체의 총 운동에너지가 10^{40}J에 이르며, 일률을 계산해 보면 2,600$L_{\odot}$에 해당되는 엄청난 양이다. 그렇다면 분자 쌍극 분출 현상은 분자 기체가 벌이는 매우 격렬한 운동이다. 즉 BMO가 자신이 속해 있는 성간운에 막대한 양의 에너지를 퍼부어 넣는다.

BMO의 모형 하나를 소개하겠다. 중심에는 아직도 주위로부터 질량을 끌어모으고 있는 YSO가 자리 잡고 있으며, 기체와 티끌로 구성된 얇은 도넛 모양의 고밀 원반이 그 주위를 회전한다(그림 15-17). 회전 원반에는 강한 자기장이 걸려 있다. YSO가 방출한 자외선 광자가 기체를 전리시키므로, 중심에서 상당히 먼 거리에까지 이온과 전자가 분포하게 된다. 중심 천체에서 나오는 항성풍은 적도 방향으로는 원반 때문에 진행하기 어려우므로, 원반에 수직한 회전축을 따라 상하 쌍방으로 분출한다. 전리된 기체와 중성 기체의 혼합물이 쌍방 대칭으로 터져 나가 주변의 성간물질과 만나고 그 두 곳에 잎사귀 모양의 구조물을 남겨놓는다. 분출에 의한 질량 손실률이 연간 10^{-4}~$10^{-6}M_{\odot}$의 수준에 이를 수 있으며, 이렇게 이동하는 질량이 각운동량을 동반하고 있으므로, 결국 10^5년이면 충분한 양의 각운동량을 잃는다. 중량급의 중심 YSO를 둘러싸고 있는 원반의 밀도는 10^{14}m^{-3}, 회전속도 수 kms^{-1}, 그리고 지름이 수 pc에 이른다. 이와 같은 회전 원반은 원반에 내려 쌓이는 질량의 운동에너지를 분출류의 운동에너지로 변환시키는 회전바퀴(flywheel)의 역할을 한다. 이 과정에서 각운동량도 밖으로 밖으로 계속해서 잃게 된다.

쌍엽(雙葉) 구조를 하는 분출류가 여럿 발견됨에 따라, 항성이 생성되는 과정에서 상당량의 질량을 갖춘 원반이 같이 만들어진다는 사실을 알게 되었다. 이러한 원반에서 행성계가 태동할 가능성도 있다. 오래전부터 태양계 형성에 관하여 품어 왔던 성운 모형이 실제로 은하 어디에선가 구현되고 있다는 증거를 쌍극 분출류가 제공한다.

15.3.3 중량급 항성의 탄생

세세한 사실들을 하나하나씩 설명하기 전에, 적외선과 전파 영역에서의 관측을 통하여 우리가 알게 된 중량급 항성의 생

성 과정에 관한 큰 흐름을 먼저 따라가 보자. 첫째, 별들은 성간분자운에서 영글어 자란다. 이는 mm 파장대역의 관측에서 실제로 확인되는 사실이다. 둘째, 항성 생성의 아주 초기 단계에서 성간운은 자유낙하의 수축 과정을 거치며, 이때 내부 티끌의 온도가 30~50K까지 가열된다. 이렇게 비교적 낮은 온도로 가열된 티끌들은 파장 10μm에서 가장 강한 적외선복사를 내놓는다. 셋째, 수축하던 성간운 내부에 원시성이 형성되면 티끌의 온도가 약 1,000K까지 상승하며, 적외선복사의 극대는 3μm의 파장대로 옮겨 간다. 그러나 원시성이 들어있는 성간운 외곽부의 티끌은 아직 100K 수준에 남아 있다. 따라서 전체적으로 에너지 스펙트럼은 3μm과 30μm 근처에 각각 극대부를 하나씩 보인다. 넷째, 이제 원시성이 주계열에 이르게 되면, 그 주위의 기체를 전리시켜서 고밀의 전리수소 영역이 형성된다. 이때의 상황은 마이크로파 파장대역에서 가장 잘 관측된다. 다섯째, 고온의 전리 기체가 팽창을 시작한다.

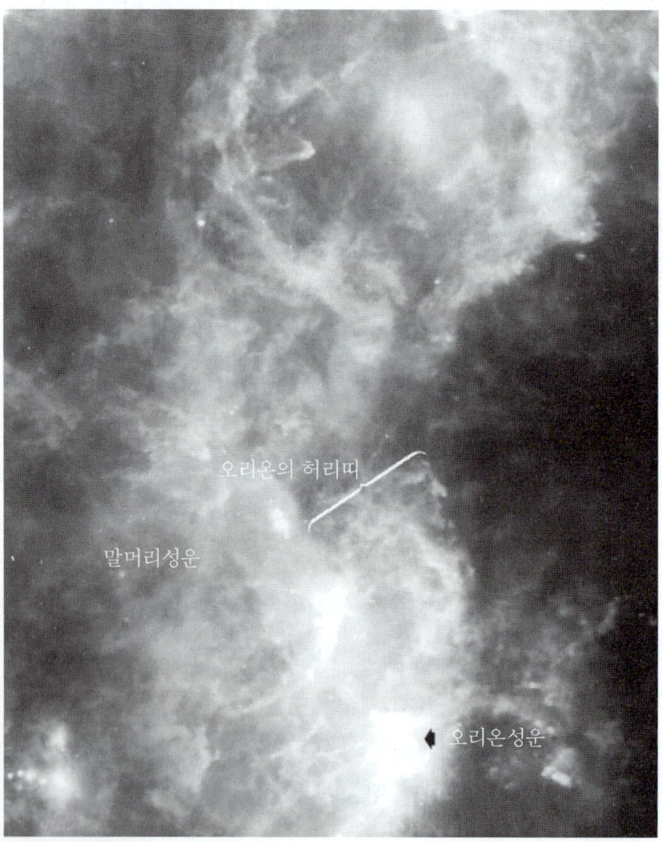

그림 15-18 오리온자리 인근을 IRAS에서 여러 장으로 나누어 찍은 이미지들을 다시 합성해서 만든 사진
적외선 방출이 가장 강하게 관측된 지역이 이 성운에서 밀도가 가장 높은 곳과 일치한다. 오리온성운 자체가 매우 밝게 보인다. (NASA)

티끌은 H II 영역의 팽창과 더불어 밖으로 밀려나가면서 식기 시작한다. 아직은 원적외선 영역에서 가장 강한 복사를 내지만, 그 강도는 먼저의 상태에서보다 많이 떨어진다. 티끌들이 거의 대부분 밀려나고 나면, 전리수소 영역이 내놓은 미약한 연속복사가 전파 영역에서 관측된다. H II 영역이 완전히 팽창하면서, 내부에 남아 있던 티끌이 전부 흩어져 중심별을 가시광 영역에서도 볼 수 있다.

이러한 각본에 맞춰 오리온 영역에서의 항성의 생성 과정을 따라가 보기로 하자. 오리온 영역은 우리은하에서 GMC, 즉 거대 성간운 복합체가 많기로 유명한 곳이다. 관심의 초점은 오리온대성운 바로 후방으로 다른 곳보다 밀도가 높은 OMC1 지역에 있다. 이 성간운 전체가 매우 비균질적이다. 여러 개의 덩어리들로 구성되어 있을 것으로 믿어진다. 덩어리 하나의 크기는 1pc 정도이며, 질량은 태양의 수십 내지 수백 배에 이를 것이다. IRAS가 이곳이 항성 탄생의 현장임을 알려 주었다(그림 15-18).

이제 우리의 관심을 그림 15-19에 실려 있는 오리온성운으로 돌려 보자. 이 성운에서는 사다리꼴성단(Trapezium Cluster) 주위에 자리한 H II 영역이 생긴 지 가장 오래된 지역이다. 이 H II 영역이 OMC1 전면에 물집같이 튀어나와 있으면서, 자기 배후에 있는 분자운을 야금야금 먹어 들어가고 있다. 사다리꼴성단에는 0.3pc 이내의 좁은 영역에 별들이 수백 개나 보인다. 이 별들 중에서 전리수소 영역을 만든 장본인은 O형과 B형의 별들이다. 질량이 큰 이들 조기형 항성들은 나이가 100만 년에 불과하며, 오리온 OB성협 I에서 가장 어린 부류에 속한다. 사다리꼴성단 안에 경량급 항성들의 존재도 근적외선 관측에서 밝혀졌다. 진화의 관점에서, 오리온성운 바로 후방에 위치한 분자운의 중심핵이 이 지역에서 가장 젊은 영역에 해당된다. 핵의 크기가 대략 0.05pc이고 질량은 태양의 수 배 정도이다.

허블우주망원경으로 수행한 근적외선 관측으로 OMC1에서 가장 강력한 방출원이 **BN 천체**(Becklin-Neugebauer object)라는 사실을 확인할 수 있었다(그림 15-20). BN은 질량이 매우 큰 젊은 별이다. OMC1 안에 점광원들이 많이 보인다. 이들은 서로 수천 천문단위밖에 안 되는 거리로 떨어져서 고밀의 성단을 이루고 있다. 이 지역의 또 하나의 특징은 메이저 원이 많다는 사실이다. 그리고 적외선복사가 강하게 편광되어(3.8μm에서 선형 편광도 50%) 있는 것으로 보아,

그림 15-19 오리온성운에 있는 사다리꼴성단의 가시광 영상
중앙의 밝은 지역만을 강조하기 위하여 노출 시간을 짧게 잡았다. 화살표가 사다리꼴성단이 박혀 있는 전리수소 영역의 중심핵 부분을 가리킨다. (릭 천문대)

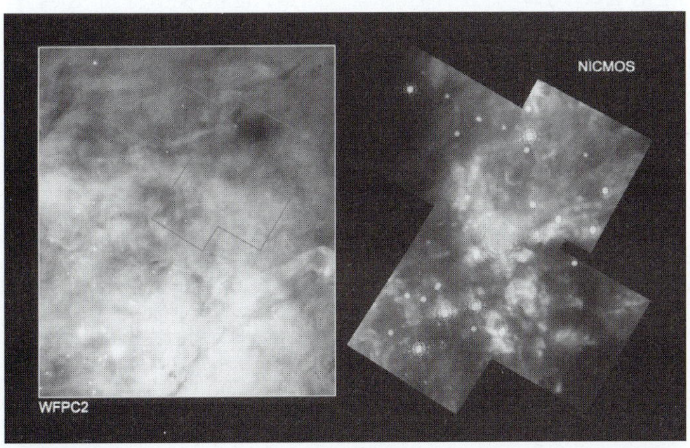

그림 15-20 허블우주망원경으로 촬영한 오리온자리 OMC1의 근적외선 사진
왼쪽은 WFPC2로 촬영한 가시광 사진이다. 그 안에 실선으로 표시된 영역을 새로 만든 NICMOS(Near Infrared and Multi-Object Spectrometer)로 촬영하여 오른쪽 사진에 실었다. 중앙에 보이는 가장 밝은 광원이 BN 천체이다. 지상관측에서 처음으로 확인된 일련의 적외선원들 중의 대표적인 천체이다. (WFPC2 image by C.R. O'Dell, S.K. Wong and NASA; NICMOS image by R. Thompson, M. Rieke, S. Stolovy, E. Ericson, and S. Colgan and NASA)

중심에 적외선 반사성운이 있을 것으로 예상된다. 분자선 관측에서 $150kms^{-1}$의 고속 분출류와 $10kms^{-1}$의 저속 분출류가 같이 검출되었다. 이러한 분출은 주위에 충격파를 야기하여 H_2 분자를 들뜨게 하고, 그 결과로 $2\mu m$의 선복사가 방출된다. 이 지역을 자세히 보면 작은 손가락 같은 모습, 총알이 날아간 듯한 흔적, 그리고 여기저기에 호(弧)의 모양을 한 구조물들이 보인다. 모두 별 탄생의 증거들이다.

지금까지의 관측 결과들을 종합하면 OMC1의 얽히고 설킨 속사정을 어느 정도 추측할 수 있다. 그림 15-21에 OMC1의 모형을 소개해 놓았다. 산의 능선같이 길게 늘어선 2개의 구름이 남북으로 자리하고, 그 능선들 사이에 많은 적외선원들이 보인다. 구름 각각은 고밀의 덩어리들 여러 개로 구성되어 있으며, 그 안에서는 원시성들이 태어나고 있을지도 모른다. 강력한 적외선복사가 검출되는 중심핵 지역에서 여러 개의 적외선원들이 발견되었다. 그중에서 IRc2가 강력한 분출류를 야기한 장본인으로 간주된다. BN 천체로부터의 분출류를 따라

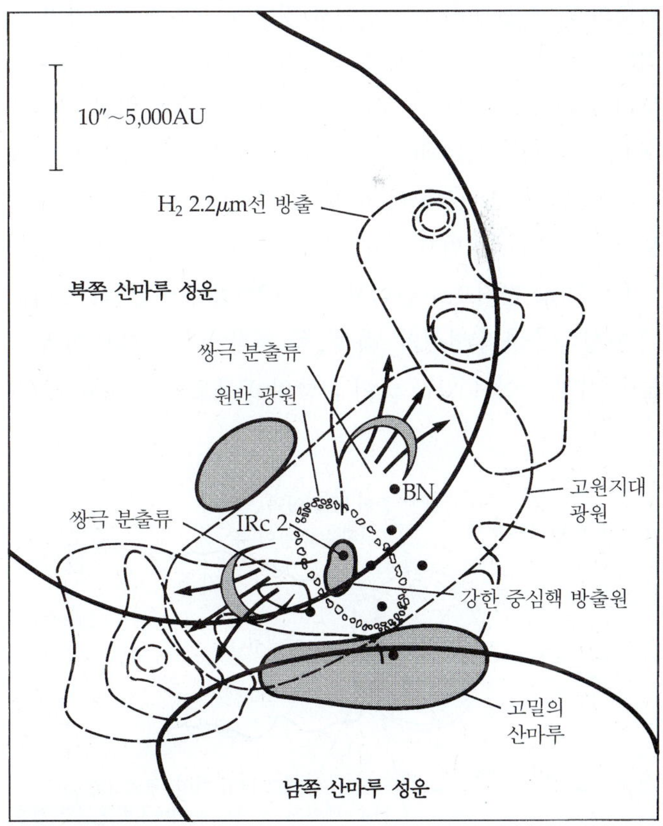

그림 15-21 OMC1의 중심핵 부근에서 벌어지는 별 탄생과 관련된 일련의 상호작용을 설명하는 모식도
강력한 분출류가 IRc2와 BN 주위의 분자운에다 동공을 만들어 놓았다. (W.M. Irvine, P.F. Goldsmith, and A. Hjalmarsson)

가다 보면, 중심의 공동(空洞)이 끝나는 지역이 나오는데, 이 쪽에 있는 H_2 분자들은 충격파에 의하여 높은 에너지 준위로 들떠 있다. 강력한 적외선복사를 내는 고온의 핵은 아마도 중력 수축 과정을 거쳐 BN 천체가 만들어지고 남은 찌꺼기 물질이라고 생각된다. 이렇게 자세히 알아볼 수 있게 된 것은 OMC1가 무엇보다도 가까운 거리에 있기 때문이다.

오리온에서의 상황과 거대 성간분자운에 인접하여 있는 다른 H II 영역들에서의 상황이 모두 순차적 항성생성(順次的恒星生成, sequential star formation) 모형을 지지한다. 이 모형에 의하면 중량급 항성들의 생성이 거대 성간분자운의 한쪽 끝에서 시작된다(그림 15-22). 이런 성간운들은 엽권련같이 모양이 길쭉하다. 한 번에 10여 개씩의 OB형별의 작은 집단이 형성된다. 이들이 주계열을 향하여 진화하는 도중에 내놓는 자외선복사가 주위의 H_2 분자들을 해리시킨 다음 수소원자를 다시 전리한다. 이렇게 형성된 H II 영역의 내부가 외부의 중성 영역보다 훨씬 더 뜨거우므로 팽창하게 마련이다. 팽창 때문에 충격파가 분자운 속으로 전파(傳播)되어 나간다. 충격파의 직 후방에 물질이 쌓여서 밀도가 충분히 증가하면 충격파가 휩쓴 물질에 중력 수축이 유발된다. 그리하여 새로운 무리의 OB형별들이 한 무더기 탄생한다. 먼저 번의 무리가 생기고, 100만 년쯤 지나면 다음 무리가 형성된다. 이러한 과정이 연속적으로 반복된다. 따라서 별들의 작은 무리들이 성간분자운을 가로지르면서 순차적으로 태어나게 되는 것이다.

10~30pc 간격으로 늘어서 있는 O형별과 B형별의 무리들이 항성의 순차적 형성의 '화석', 즉 흔적이라 하겠다. 이 무리들이 현재 늘어서 있는 곳이 그들의 모태였던 성간분자운의 자리라 보아도 무리가 없을 것이다. O형별과 B형별 들이 엉성하게 모여 있는 집단을 **OB성협**(OB association)이라고 부른다. OB형별의 수명이 수천만 년에 불과하므로, OB성협이 생긴 지도 10^7년이 채 못 될 것이다. 여러 개의 OB성협들이 총 연장 30~200pc에 걸쳐 퍼져 있으며, 하나의 성협은 몇 개의 OB부성협(副星協)들로 구성된다. 부성협에는 4~20개의 별들이 들어 있다. 평균적으로 약 10개의 별이 하나의 부성협을 이루는 셈이다. 그리고 하나의 OB성협 내에, 부성협들이 늘어서는 순서가 탄생의 순서와 일치한다. 나이가 가장 많은 부성협이 성협의 한쪽 끝에 가장 넓고 엉성하게 흩어져 있으며, 반대쪽 끝에는 작고 단단하게 밀집된 가장 젊은 부성협이 자리한다. 즉 제일 젊은 부성협이 성간분자운에 가장 인접해 있다. 그 예를 오리온자리에서 찾아볼 수 있다. 오리온에는 하나의 거대한 OB성협이 있다. 이 성협은 4개 부성협으로 구성되어 있으며, 가장 작고 젊은 부성협이 바로 사다리꼴 성단이다. 그러므로 오리온성운이야말로 중량급 항성들의 탄생 현장이라 하겠다.

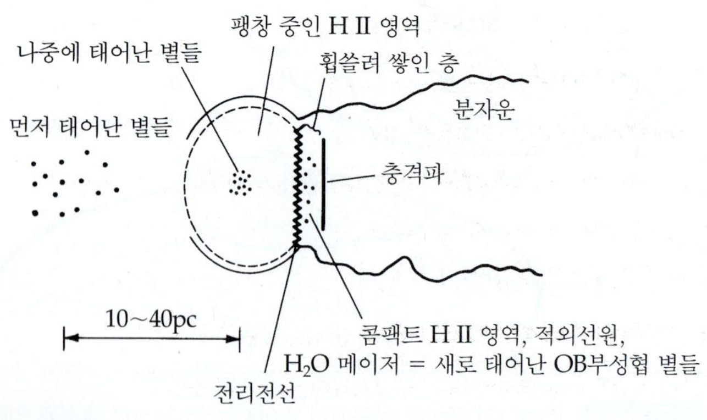

그림 15-22 거대 성간분자운에서의 무거운 별들의 순차적 형성 모형 (B. Elmegreen and C. Lada)

성간분자운의 한쪽 끝에서 별들이 일단 태어나면, 항성의 생성은 연쇄 반응과 같이 그 분자운 속으로 진행해 나간다. 그렇다면 최초의 항성은 어떻게 생성되었단 말인가? 아직 구체적인 해답이 없지만, 몇 가지 가능성은 있다. 분자운과 분자운의 충돌로 밀도가 높아진 충돌 단면의 물리적 상황이 중력 불안정의 조건을 충족시켰을 수도 있다. 또는 초신성 폭발에 기인한 충격파가 분자운의 한쪽 끝을 짓눌러 밀도의 증가를 유발하고, 거기서 새로운 별들이 탄생했을 수도 있다. 초신성 폭발에 기초한 후자의 생각은 미학적 매력이 있다. 중량급 항성의 종말을 알리는 초신성 폭발이 중량급 별들의 새로운 탄생을 촉발하기 때문이다.

별의 순차적 생성 모형에서 거대 성간분자운의 수명이 유한하다는 사실이 명백해졌다. 일단 분자운 내의 별들이 탄생되면, 성간운은 수천만 년 이내에 수명을 다할 것이다. 오늘날에 우리은하에 많은 성간분자운이 존재하므로, 짧은 수명으로 빨리 사라지는 것들을 보충하여 평형을 유지하려면 어떤 기작에 의해서이든지 새로운 성간운들이 계속 만들어져야 한다. 성간운들이 어디에서 어떻게 만들어지는가는 은하의 나선팔 구조(제20장)와 모종의 연관이 있을 것이다.

허블우주망원경 덕분에 그 전에는 들여다볼 수 없었던 별 탄생의 성역을 엿볼 수 있게 되었으며, 그 결과로 우리는 우리

그림 15-23 M16의 허블우주망원경 사진
손가락 모양을 한 티끌과 기체의 밀집 지역에서 현재 별들이 태어나는 중이다. 손가락의 끝 부분이 실은 우리 태양계보다 더 크다.

의 과거 추론을 입증할 수 있었다. M16이 좋은 예이다(그림 15-23). 티끌과 저온 기체로 구성된 pc 규모의 긴 성간운 기둥 끝에서 새로 태어나는 별들을 허블우주망원경이 우리에게 생생하게 보여 주었던 것이다(그림 15-23). 근처의 OB형별들이 방출하는 자외선복사가 기둥 표면의 물질을 증발시키면 새로 탄생하는 원시성의 질량은 더 이상 증가할 수 없다.

새로 태어나는 별이 항성풍을 내뿜어 자신이 태어난 곳에 남아 있던 물질을 헤집어 열어 놓는다. 1950년대 허빅(G. Herbig)과 아로(G. Haro)가 별 가까이에 보이는 성운 비슷한 구조물들의 목록을 작성했다. 이들 **허빅-아로 천체**(Herbig-Haro object)들은 나중에 알고 보니 모두 젊은 항성체 YSO가 방출하는 항성풍과 주위 성간물질이 상호작용한 결과물이었던 것이다.

15.3.4 태양 규모 별들의 탄생

관측이 태양 정도의 질량을 갖는 별들의 탄생에 관하여 우리에게 직접 알려 주는 내용은 극히 미미하다. 중량급 항성의 경우와 마찬가지로, 태양 규모의 별들도 분자운에서 만들어진다는 사실만은 확실하다. 그러나 어떤 분자운에서 어떤 과정을 거쳐서 만들어지는지가 문제이다. 태양 규모의 별들도 중량급 항성이 생길 때 함께 만들어질 가능성이 높다. 사다리꼴성단에도 태양 규모의 별들이 들어 있기 때문이다. 이러한 견해를 우리가 그대로 받아들인다면 대부분의 별들이 OB성협이 탄생하는 큰 질량의 암흑 성간운에서 태어나는 셈이다. 우리의 태양도 하나의 OB성협에서 태어났으며, 그 성협은 일찍이 있었던 초신성 폭발로 이미 깨끗하게 흩어졌을지 모르는 일이다.

태양 규모의 항성들이 **암흑 성간운** 내부 깊숙한 곳에서 태어나더라도, 티끌들 때문에 그 성간운 내부나 배후에서 오는 빛이 차단되므로, 우리는 신생 항성들의 존재를 알아보지 못할 수 있다. 온도 10K, 밀도 10^9원자/m^3, 그리고 질량이 태양의 수십에서 수백 배가 되는 전형적인 성간운이 태양 규모의 별들이 태어나는 산실일 수 있다. 암흑 성간운을 적외선으로 잘 조사하면 수십 개에서 100여 개에 이르는 YSO들이 보인다. 특히 IRAS 전천 조사 관측에서, 온도가 70~200K에 이르는 적외선원들이 성간분자운에서 다수 발견되었는데, 이들이 태양 규모의 원시성이라고 생각된다.

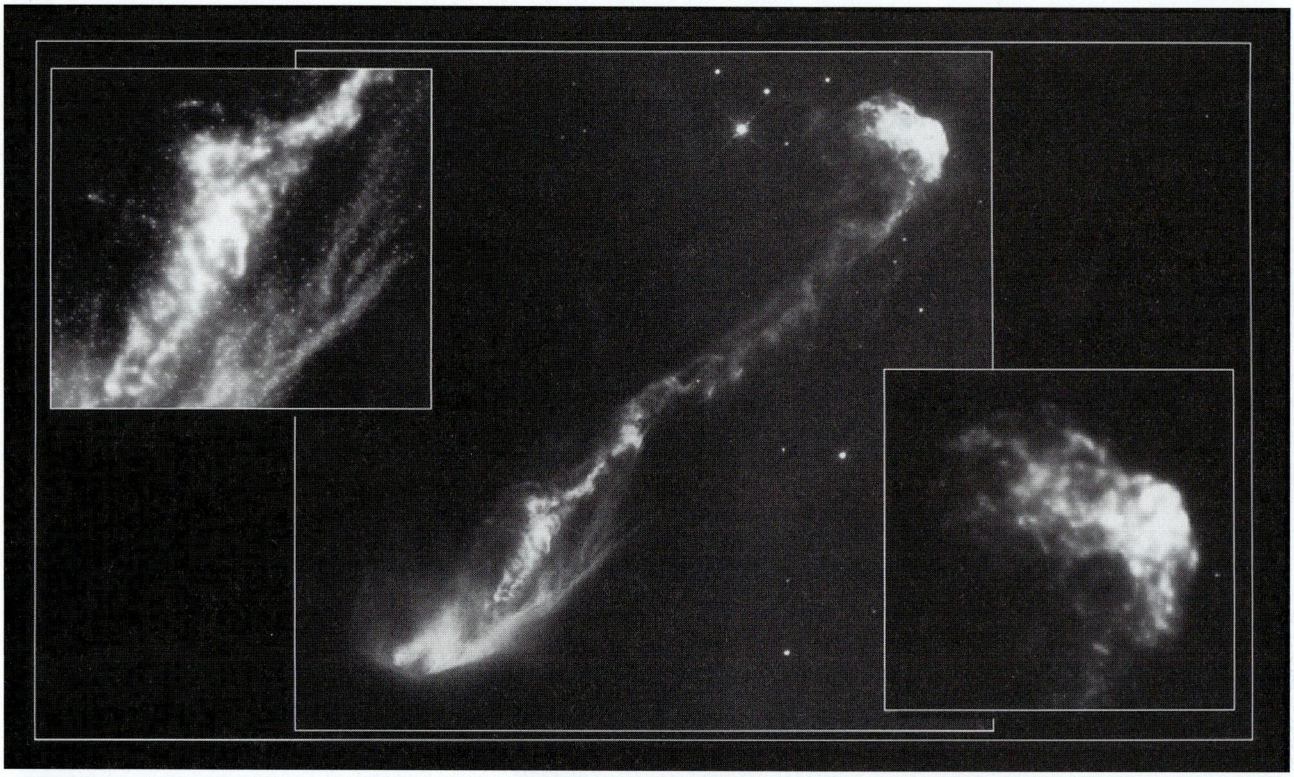

그림 15-24 허빅-아로 천체, HH47의 허블우주망원경 사진
중앙 사진의 좌측 하단에 있는 젊은 항성체에서 분출된 제트가 대각선으로 길게 늘어서 있다. 좌측 상단의 사진에서는 제트와 주위 매질의 복잡한 상호작용을 엿볼 수 있다. 우측 하단의 사진은 제트가 주위의 매질과 충돌하면서 만든 활꼴 충격파의 모습이다. (J. Morse and NASA)

태양 규모의 전주계열성 중에서 가장 잘 알려진 예가 황소자리T형별이다(18.3.1항 참조). 이 별들은 H-R도의 주계열에 채 도달하지 못한 상태에 있다. 이들의 연령은 10^5~10^7년 사이에 넓게 분포하지만 대부분은 10^5~3×10^6년 구간에 몰려 있다. 최근 엑스선 관측을 통하여 이른바 벌거벗은 황소자리T형별(Naked T Tauri Star, NTTS)이라는 새로운 종류가 발견되었다. NTTS들은 엑스선 밝기가 격심하게 변한다. 광구의 스펙트럼은 정상적이지만 채층에서 생긴 선들을 골라보면 그곳의 활동이 매우 활발하다는 사실을 알 수 있다. 황소자리T형별들이 한 단계 더 진화하여 주위 회전 원반의 물질이 작은 덩어리들로 분열·응결하기 시작하면 중심의 황소자리T형별이 NTTS로 자신의 정체를 드러내는 듯하다. 같은 황소자리T형별이지만 주위 환경의 변화가 NTTS로 보이게 한다는 설명이다.

현재까지 우리가 알고 있는 관측적 사실들을 정리해보면 성간분자운에서 항성으로의 진화를 크게 네 단계로 나누어 설명할 수 있다.

(1) 서서히 회전하는 성간운이 수축하면서 중심에 중심핵이 형성된다.
(2) 중심핵은 수축하여 원시성이 되고 그 주위에는 회전 원반체가 자리 잡는다. 이때 중심에서 멀리 있던 물질이 원시성과 회전 원반면을 향하여 계속해서 떨어져 쌓인다.
(3) 항성풍이 잘 집속된 쌍극 분출류 현상을 보이게 한다.
(4) 주위 잔존물이 휩쓸려 나가면 중앙의 YSO가 노출되고 동시에 원반 물질은 행성 또는 반성(伴星)으로 성장한다.

15.3.5 행성계의 형성

쌍극 분출류의 발견으로 우리는 신생 항성 주위에 회전 원반체가 자리함을 알게 됐다. 그 원반에서 행성계가 태동할 것이다. 그러므로 태양 행성계의 형성에 관한 성운 모형(7.6절 참조)이 우리은하의 여타 지역에서도 그대로 적용된다고 하겠다.

행성 형성에 관한 직접적인 증거들이 극히 최근에 확보되기 시작했다. 태양계에서 비교적 가까운 15pc 거리에 있는 화가자리 베타별 주위에서 티끌을 많이 함유한 원반의 존재가

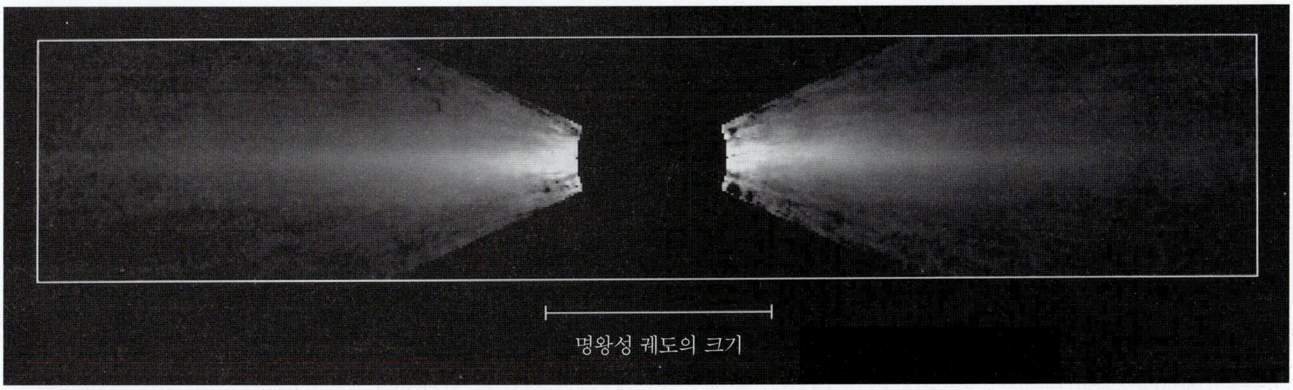

그림 15-25 허블우주망원경이 화가자리 베타별 주위에 발달된 티끌 원반을 잡아낼 수 있도록 중심별에서 오는 밝은 빛은 차광판으로 가렸다. (C. Burrows, J. Krist, the WFPC-2 IDT Team, and NASA)

확인되었다. 이 원반이 중심별로부터 100AU의 거리에까지 펼쳐 있는 것으로 보아 거기에도 행성계가 형성될 것으로 기대된다.

끝으로 허블망원경이 촬영한 오리온성운의 영상에서부터 주위에 원반을 거느린 YSO들이 확인되었다. 이 티끌 원반은 별이 자리하는 중앙부에까지 연장되어 있지 않다. 중앙에 구멍이 있는 셈이다. 뜨거운 중심별이 내놓은 복사가 원반 표면의 물질을 증발시켰기 때문이다. 증발된 물질은 중심 YSO에서 불려 나오는 항성풍에 떠밀려 혜성과 비슷한 모양의 꼬리 구조를 이룬다. 이와 같은 일련의 정황들을 미루어 보건대 회전 원반체의 출현이 별의 형성 과정에서 자연스럽게 태동하는 현상인 것으로 판단된다.

핵심 수식과 개념

- 성간소광의 효과를 고려한 거리지수에 관한 방정식

$$m_\lambda - M_\lambda = 5\log d - 5 + A_\lambda$$

- 방출측도의 정의

$$E_m = \int_0^L n_e^2 dl = \langle n_e \rangle^2 L$$

- 자유낙하를 할 성간운의 크기 척도

$$L \approx \left(\frac{kT}{mHG\rho}\right)^{1/2} \approx 10^7 m\left[\left(\frac{T}{K}\right)\left(\frac{\mathrm{kgm^{-3}}}{\rho}\right)\right]^{1/2}$$

- 자유낙하 시간척도

$$t_{ff} = \left(\frac{3\pi}{32G\rho_0}\right)^{1/2} = 6.64\times10^4 s\left(\frac{\mathrm{kgm^{-3}}}{\rho_0}\right)^{1/2}$$

- 자기 플럭스의 보존식

$$\frac{B_f}{B_i} = \left(\frac{r_i}{r_f}\right)^2$$

문제

1. 겉보기안시등급이 12.5등, 겉보기청색등급이 13.3등인 A0 V형별이 하나 있다.

(가) 이 별의 색 초과량을 계산하시오.

(나) 이 별까지의 시선 방향에 놓여 있는 티끌에 의한 소광량이 안시 파장에서 몇 등급인지 계산하시오.

(다) 이 별까지의 거리를 pc의 단위로 추정하시오.

(라) 성간소광을 고려하지 않고 추정한 거리의 오차를 계산하시오.

2. (가) 별이 내놓은 복사에너지의 파장에 따른 분포를 플랑크곡선으로 근사시켰을 때, 성간 적색화 때문에 생기는 에너지 분포의 차이를 설명하시오. 표면온도가 10,000K인 A형별의 가시광 영역에서의 스펙트럼을, 성간 적색화를 고려한 경우와 그렇지 않은 경우 각각에 대하여 그려 보이시오.
   (나) 성간 적색화가 성단의 색-등급도(H-R도)에 미치는 영향을 그림을 그려 상세히 설명하시오.
3. 성간티끌의 정체에 관한 관측적 실마리들이 무엇인지 설명하시오. 이러한 실마리들이 성간티끌의 모형을 설정하는 데 어떻게 활용되는지 예를 들어 설명하시오.
4. 우리 은하에 존재하는 각종 성운들을 촬영해 보면, 붉은색을 띠는 성운과 푸른색의 성운으로 나누어 볼 수 있다.
   (가) 두 부류에서 겉으로 드러난 색깔의 차이가 어떤 물리적 요인에 의한 것인지 설명하시오.
   (나) 각 부류에서 예상되는 에너지 스펙트럼을 그림으로 나타내고 그 내용을 설명하시오.
5. 우주에서 가장 흔한 원소가 수소임에도 불구하고, 왜 수소의 발머선들이 성간 흡수선으로 나타나지 않는지 설명하시오. (힌트 : 수소의 에너지 준위도)
6. (가) H II 영역의 크기를 결정하는 두 가지 요인이 무엇인지 설명하시오.
   (나) 스트룀그렌구의 개념을 써서 앞 문제의 답에 물리적 설명을 부여하시오.
   (다) H II 영역의 표면 밝기는 그 성운의 밀도에 의해서만 결정된다. 수소원자의 특성에 관하여 자신이 알고 있는 바를 근거로 하여, 앞의 사실을 물리적으로 설명하시오. (힌트 : 사하의 방정식)
7. 금지선들은 태양 코로나와 기체 성운 양쪽에서 모두 관측된다. 그러나 이들이 동일한 금지선은 아니다.
   (가) 이들 금지선들이 두 경우에 서로 어떻게 다른지 설명하시오.
   (나) 성운의 금지선들이 태양 코로나에서는 보이지 않는 이유를 설명하시오. 또 코로나의 금지선들이 성운에서는 보이지 않는 이유를 설명하시오.
8. 우리 은하 어딘가에 반지름이 10pc, 밀도가 10^7원자m^{-3}인 중성수소의 기체운이 존재한다고 가정하자.
   (가) 매초 이 기체운에서 방출되는 21cm 광자의 개수는 얼마입니까?
   (나) 이 기체운까지의 거리가 100pc라면 태양에 도달하는 21cm 복사에너지의 플럭스를 wm^{-2}의 단위로 답하시오.
9. 다음 선복사를 특징짓는 광자들의 에너지를 eV 단위로 나타내시오.
   (가) 라이먼 연속 한계(91.2nm)
   (나) [O III] 성운선 500.7nm
   (다) 중성수소 21cm 선
   (라) NH_3의 1.3cm 방출선
   (마) 수소 발머선 중의 $H\alpha$(656.3nm)
10. 보어(Bohr)의 수소선에 관한 공식을 이용하여, $n = 93$ 준위에서 $n = 92$ 준위로 천이할 때 나오는 수소 재결합선의 파장을 계산하시오.
11. 파장이 91.2nm보다 짧은 광자를 매초 10^{49}개씩 내놓는 O형별 주위를 밀도가 10^7원자/m^3인 수소 기체가 둘러싸고 있다고 가정하고 다음 물음에 답하시오. 수소의 재결합률은 $\alpha(2)n^2 = (2 \times 10^{-19}) \cdot n^2 m^{-3} s^{-1}$이다.
   (가) 단위 시간에 일어나는 전리와 재결합 수효의 평형 조건에서 이 별 주위에 형성되는 H II 영역의 반지름을 추정하시오.
   (나) 우리 태양은 91.2nm 이하의 파장을 가진 광자를 매초 5×10^{23}개씩 내놓다. 행성 간 매질의 밀도를 10^9 원자/m^3로 잡고 태양 주위에 생기는 스트룀그렌구의 반지름을 추산하시오.
12. 우리은하는 두께가 일정한 원반으로 간주될 수 있다. 은하 중심면에서 위도 b의 방향으로 바라보았을 때, 은하면이 주는 총 광학 깊이 τ_λ가 대략 $\tau_\lambda \propto \csc b$의 관계를 따라 변함을 입증하시오. 이 식은 b가 아주 작은 경우에는 성립되지 않는다. 성간소광 문제를 크게 걱정하지 않으면서 외부 은하들을 연구할 수 있는 방향의 위도를 말하시오.
13. 어떤 산개성단에서 $(B - V)$ 색지수가 0.4로 관측된 O5형 주계열성들이 발견되었다. 이들 O5형별의 겉보기등급이 10.0등으로 관측되었다.
   (가) 부록의 A4-3을 이용하여, 이 성단까지의 거리를 추산하시오. 성간소광의 효과가 고려되어야 한다.
   (나) 이 성단에 있는 G0형 주계열성의 겉보기등급을 예측하시오.

14. 온도가 T이며 밀도가 n인 중성수소 기체가 넓게 퍼져 있다. 이 기체 분포에서 반지름이 R인 구 내부는 밀도가 그 주위보다 약간 높다고 한다.

(가) 주위보다 밀도가 높은 지역이 중력 수축하려면 반지름 R이 다음의 조건을 만족해야 함을 보이시오. $R \geq (3kT/2\pi Gnm_H^2)^{1/2}$, 여기서 m_H는 수소원자의 질량을 의미한다. [힌트 : 식 (16−1)을 r에 관하여 적분하여 중력적 압력에 관한 식을 마련해 보시오.]

(나) 수축하는 부피 속에 들어가는 질량의 하한값을 구하시오.

(다) 성간매질에서의 평균 물리 조건으로, $n = 10^6$원자/m^3, $T = 100$K를 택할 수 있다. 앞에서 얘기한 한계 질량의 구체적 크기를 태양질량을 단위로 하여 계산하시오.

(라) 성간매질에서 중력 수축 중에 있는 기체운의 질량을 놓고 볼 때, 중력 수축의 결과로 태양 정도의 별이 하나 생기는지, 아니면 여럿이 한꺼번에 생길 수 있는지에 대하여 그 가능성을 논의하시오. 만일 태양 정도의 질량을 가진 별이 하나만 생길 조건에 있는 기체운은, 성간매질에서의 일반 조건과 어떤 차이가 있는지 설명하시오.

15. 항성의 수를 헤아려 암흑 성간운까지의 거리를 추정할 수 있다. 문제를 간단히 하고, 이 방법의 진수만을 이해하기 위하여, 모든 별들의 절대등급이 모두 5등급이며 성간에 균일하게 분포한다고 가정하자. 15등급까지 찍힌 사진에 암흑 성간운이 하나 자리 잡고 있다. 암흑 성간운 방향의 단위 입체각 안에서 헤아려진 별들의 숫자가 그 주위 단위 입체각에서 헤아려진 수효의 1/10이었다. 이 성간운까지의 거리를 추산하시오. 이 성간운은 성간운 전면에 걸쳐, 뒤에서 오는 빛을 완전히 차단할 정도로 소광량이 크다고 가정하고 문제를 푸시오.

16. L1551-IRS5에는 원시성 주위를 태양계 규모의 원반이 둘러싸고 있다는 간접적인 증거가 있다. 거리 150pc 되는 곳에 반지름 50AU의 원반이 있다면, 이 원반의 각크기가 얼마나 되는지 계산해 보이고, 여기서부터 원반의 존재를 관측으로 직접 알아볼 수 있는지 논의하시오.

17. 그림 15−22에 실린 정보를 활용하고, 분출류의 평균 분출 속도를 50kms^{-1}로 잡은 다음, 오리운성운의 IRc2와 연관된 분자 분출류의 나이를 추산하시오.

18. 어떤 여건 하에서 태양과 같은 별이 형성될 수 있는지 조사해 보시오.

(가) 거대 성간분자운 내부에 반지름이 1pc, 온도 30~100K, 밀도 10^{10}m^{-3}인 고밀핵(dense core)이 하나 있다. 이 고밀 분자운 핵이 중력 수축하여 태양 규모의 별로 만들어질 수 있는지 가늠하시오.

(나) 반지름이 0.1pc, 온도 30~200K, 밀도 10^{12}m^{-3}인 고밀의 작은 덩어리가 있다고 하자. 이 덩어리와 (가)의 고밀핵 중에서 어느 것이 더 쉽게 수축하여 태양 규모의 별이 만들어질 수 있는지 비교하시오.

(다) 더 쉽게 수축할 것으로 판단되는 것의 자유낙하 시간을 계산하시오.

(라) 더 쉽게 수축할 것이 중력 수축을 하는 동안에 내놓는 복사의 평균 광도를 추산하시오.

19. 질량이 50, 10, 0.5$M_\odot$인 별로 만들어진 성간운의 초기 크기를 각각 추산하시오. 질량이 1$M_\odot$인 별의 모태이던 성간운의 초기 반지름도 추산한 다음, 그 결과를 우리 태양계의 크기와 비교하시오.

20. 황소자리T형별들은 100kms^{-1}의 속력으로 불어나오는 항성풍을 통해서 자신의 질량을 $10^{-8}M_\odot$/년 내지 $10^{-7}M_\odot$/년의 율로 외부로 방출한다.

(가) 항성풍으로 1초에 잃게 되는 운동량이 얼마나 되는지 추산하시오.

(나) 운동량 보존의 원리를 고려하면, 항성풍이 주위에 있던 티끌들을 밀어내기 때문에 속력이 감소할 것이다. 속력이 10kms^{-1}에 이른다면 더 이상 항성풍이라 할 수 없을 것이다. 이 지경에 이르는 동안 티끌이 밀려나는 율이 얼마나 되는지 계산하시오.

16

Chapter

별의 진화

별은 우주의 진화에 있어서 중추적 역할을 한다. 제10장에서 제13장까지는 관측에서 나타난 별의 성질에 대하여 다루었으며, 이 장에서는 별의 내부구조와 진화를 지배하는 물리법칙에 대하여 설명하기로 한다. 이 법칙을 이론적인 별의 모형에 적절히 적용함으로써, 별의 평형상태, 시간에 따른 별의 진화과정, 그리고 성단의 H-R도에 대한 천체물리학적 의미 등을 이해할 수 있을 것이다.

우선, 별의 거의 대부분을 차지하는 보통 별(normal star)에 대하여 중점적으로 살펴보기로 하자. 그리고 나중에(제18장 참조) 놀라울 정도로 다양한 광도변화를 나타내는 소수의 특이한 별에 대하여 알아보기로 하자. 그렇다고 이들 2개의 부류가 전혀 다른 천체라는 것은 아니다. 왜냐하면 일반적으로 보통 별은 일생을 통해 몇 가지 특이한 국면을 나타내기 때문이다. 만일, 우리가 10억 년을 살 수 있다면 이러한 현상에 대한 것을 모두 볼 수 있겠지만, 다만 그 중 몇몇 별들이 현재 활동적이거나 격동적인 국면에 있는 것을 볼 수 있을 뿐이다.

본질적인 성질로 볼 때, 보통 별은 온도가 매우 높기 때문에, 별 전체는 가스로 되어 있을 수밖에 없다. 이 장에서는 별 정도 크기의 질량을 가진 천체에 적용되는 물리법칙으로부터 별이 어떻게 생성되는지 알아보기로 하자.

16.1 별의 구조에 대한 물리법칙

16.1.1 정유체평형

별은 자체의 중력에 의해서 뭉쳐 있으며, 또 내부 압력에 의해 붕괴되지 않고 지탱하고 있는 천체이다. 그러므로 가장 간단한 별의 모형은 정지상태의 구대칭을 이루는 물질의 공이다. 즉 물리량은 시간이나 방향에 관계가 없으며, 오직 중심으로부터의 거리 r에만 관계된다. 내부로 향하려는 중력과 밖으로 향하려는 압력이 별 내부의 모든 점(r)에서 완전히 평형을 이룰 때 **정유체평형**이 이루어진다(그림 16–1). 별의 중심으로 접근함에 따라 그 위에 쌓여 있는 물질의 무게의 증가와 대등한 관계를 가지기 위해서는 압력도 계속해서 증가해야 한다. 이때 별은 정유체평형 상태에 있게 된다. 따라서 그 식은

$$\frac{dP}{dr} = -\frac{GM(r)}{r^2}\rho(r) \qquad (16-1)$$

으로 주어진다. 식 (16–1)에는 3개의 독립변수 $P(r)$, $\rho(r)$, $M(r)$가 있지만, 질량 $M(r)$는 구형의 껍질이 첨가될 때(r에서 $r + dr$까지) $dM(r) = 4\pi r^2\rho(r)\,dr$만큼 증가한다(그림 16–1). 그러므로 두 번째 기본 방정식인 질량연속식(mass continuity)으로부터 질량 $M(r)$는 $\rho(r)$로부터 다음과 같이 구할 수

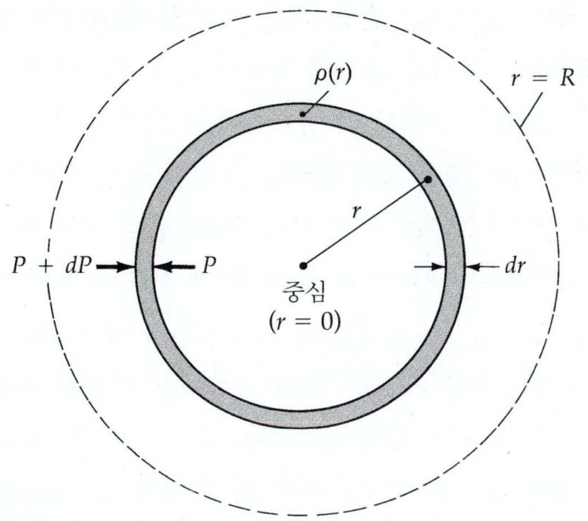

그림 16-1 별의 정유체평형
구형의 별은 두께 dr를 가진 얇은 일련의 구형의 껍질로 나누어지며, 각 껍질은 밖으로 향한 압력과 안으로 향한 중력 사이에서 균형을 유지하고 있다.

있다.

$$\frac{dM}{dr} = 4\pi r^2 \rho(r) \tag{16-2}$$

별의 반지름을 R이라 하면, 별의 총 질량은

$$M = 4\pi \int_{r=0}^{r=R} \rho(r) r^2 \, dr \tag{16-3}$$

이다. 이것은 별의 모형에서 단순히 양파와 같은 껍질의 질량을 모두 합한 것이다. 그러므로 식 (16-2)에 따라 $M(r)$, 다음에는 식 (16-1)에 따라 $P(r)$—별 내부에서의 압력분포—를 결정하기 위해, 우선 $\rho(r)$를 알아야 한다. 그리고 별의 반지름 R이 주어지면, 식 (16-3)을 이용하여 총 질량 M을 구할 수 있다.

정유체평형의 개념은 행성으로부터 별에 이르기까지 폭넓게 적용되고 있다(P5-2 참조).

태양의 중심압력

물리적 직관을 활용하기 위해 정유체평형 방정식을 이용하여 태양중심에서의 필요한 압력을 개략적으로 계산해 보자. 이미 우리는 $G = 6.67 \times 10^{-11}\text{N}\cdot\text{m}^2\text{kg}^{-2}$, $M_\odot = 1.989 \times 10^{30}\text{kg}$, $R_\odot = 6.96 \times 10^8\text{m}$라는 것을 알고 있다. 그러므로 태양의 평균 밀도는 $\langle\rho_\odot\rangle = 3M_\odot/4\pi R_\odot^3 = 1{,}410\text{kgm}^{-3}$이다. 표면압력을 0으로 잡고 $r = dr = R_\odot$, $M(r) = M_\odot$으로 놓으면, 식 (16-1)에서 중심압력은 다음과 같은 값을 가진다.

$$P_c \approx \frac{GM_\odot \langle\rho_\odot\rangle}{R_\odot} \approx 10^{14}\text{Nm}^{-2}$$

지구 표면에서의 대기압은 1기압($=1.01 \times 10^5\text{Nm}^{-2}$)이므로, 중심에서 태양의 무게를 지탱하기 위해 $P_c \approx 10^9$기압이 필요하다(P5.6절 참조).

계산된 태양의 평균 밀도는 물($1{,}000\text{kgm}^{-3}$)보다 약간 크지만, 태양의 질량은 중심에 밀집되어 있으므로 실제의 중심 밀도는 $1.6 \times 10^5\text{kgm}^{-3}$에 가깝다. 별을 지탱하는 데 필요한 압력이 굉장히 크다는 것은 내부 온도가 매우 높다는 것을 의미하며, 이러한 높은 온도는 별의 물질을 기체상태로 유지하기에 충분하다.

16.1.2 상태방정식

별의 모형을 구하려면 밀도 분포 $\rho(r)$를 알아야 한다. 따라서 별을 구성하고 있는 물질의 구조와 국부적인 상태를 자세히 조사해 보아야 한다. 제17장에서 알게 되겠지만, 양자액체(quantum liquids) 상태나 고체 격자는 별의 잔해(백색왜성이나 중성자 별과 같은 별)를 연구할 때 중요하다. 그러나 대부분의 경우는 기체상태에만 관심을 가지게 된다.

보통 별은 이상기체법칙을 만족하는 **완전기체**로 이루어져 있다고 가정할 수 있다.

$$P(r) = n(r)kT(r) \tag{16-4}$$

여기서 압력 $P(r)$는 기체입자수의 밀도 $n(r)$(1m^3당의 입자수), 볼츠만 상수 $k = 1.381 \times 10^{-23}\text{JK}^{-1}$, 그리고 기체온도 $T(r)$와 관련되어 있다. $n(r)$은 $\rho(r)$와 기체의 조성 $\mu(r)$의 함수로

$$n(r) = \frac{\rho(r)}{\mu(r) m_\text{H}} \tag{16-5}$$

와 같이 표시되며, 여기서 $m_\text{H} = 1.67 \times 10^{-27}\text{kg}$은 수소원자의 질량이다. 이때 수소($X$), 헬륨($Y$), 그 밖의 모든 원소—'금속'—($Z$)의 질량비를 이용하면, 화학조성으로 나타낸 **평균분자량**(mean molecular weight)은 다음과 같이

$$\mu = \left[2X + \frac{3}{4}Y + \frac{1}{2}Z\right]^{-1} \approx \frac{1}{2} \qquad (16\text{–}6)$$

로 표시된다. 그러므로 이상기체의 상태 방정식은

$$P(r) = \frac{k\rho(r)T(r)}{\mu(r)m_{\mathrm{H}}} \qquad (16\text{–}7)$$

로 표시된다. 나중에 알게 되겠지만, 별의 모형을 만들 때에는 보통 $\mu(r)$를 미리 정해 놓으므로 $T(r)$만 미정으로 남게 된다. 질량이 큰 별의 내부에서의 압력은 **복사압** $P_{\mathrm{rad}}(r) = (a/3)T^4(r)$ 때문에 크게 증대된다. 이때 $a = 7.564 \times 10^{-16}\mathrm{Jm^{-3}K^4}$는 복사상수이다.

태양의 중심온도

식 (16–7)의 이상기체법칙을 역으로 하고, 16.1.1항에서 얻은 P_c와 $\langle\rho_\odot\rangle$의 값을 이용하여 단순화된 근사법을 취하면, 태양의 중심온도 T_c를 추정할 수 있다.

$$T_c \approx \frac{P_c \mu m_{\mathrm{H}}}{\langle\rho_\odot\rangle k} \qquad (16\text{–}8)$$

μ를 $1/2$로 취하면 다음의 값을 얻는다.

$$T_c \approx 12 \times 10^6\mathrm{K} \qquad (16\text{–}9)$$

이것은 컴퓨터로 결정된 14.7×10^6K값에 가깝다. 이러한 온도에서 가스는 이온과 전자로 전리된다. 즉 플라스마라는 중성 혼합물이 된다.

앞에서 별을 가스의 구라고 설명하였는데, 이것은 그러한 설명이 틀림없는 사실임을 입증해 준다. 별이 구석구석까지 가스상태를 유지하고 있음은 별의 중심에서 바깥쪽으로 나옴에 따라 $\rho(r)$가 거의 $T(r)$만큼 빨리 감소되는 것을 보아도 알 수 있다.

16.1.3 에너지의 전달방식

$T(r)$를 결정하기 위해서는, 에너지가 별의 내부로부터 표면까지 어떻게 전달되어 표면에서 공간으로 방출되는지 알아야 한다. 별은 자체의 중력 때문에, 중심온도(태양의 경우 약 15×10^6K)는 표면(태양의 경우 약 6,000K)보다 훨씬 높다. 열에너지는 온도가 높은 곳으로부터 낮은 곳으로 흐르게 된다(열역학 제2법칙).

열의 전달 과정에는 전도, 대류, 복사의 세 가지가 있다. **전도**는 활동적인 원자가 충돌에 의해 주변에 있는 온도가 낮은 원자에게 요동을 전달할 때 일어난다. 이러한 방식은 고체(특히 금속)에서는 매우 효율적이다. 그러나 이상기체 상태에서는 원자 사이의 간격이 너무 커서 열전도율이 낮기 때문에 극히 비효율적이다. **대류**는 유체 내에서의 물질 운동에 의한 열에너지의 전달방식이다. $T(r)$가 거리에 따라 매우 갑자기 변화할 때, 유체는 온도경사 dT/dr가 급한 온도 분포를 가지게 되며, 이때 유체는 불안정하여 끓는다. 이 과정은 대부분의 별에서는 한정된 영역에서만 일어나는데, 이곳에서는 고온의 유체 물질이 솟아올라서 열에너지를 방출하고, 다시 가라앉아서 더 많은 에너지를 끌어올린다. 이러한 **대류 영역**(convective zone)의 윗부분은 태양의 광구 밑면에서 관측된다(10.2절 참조). 그런데 아직까지도 대류 전달방식에 대한 수학적 이론은 완전하게 정립되어 있지 않고 있다. 그러나 실용성 있고 비교적 합리성 있는 대류 이론이 제시되어 지금까지 사용되고 있다.

세 번째의 전달방식인 **복사 전달**은 대부분의 별에서 주요 에너지 흐름의 수단이 되고 있다. 여기서 고에너지 광자는 **복사 영역**(radiative zone)의 뜨거운 플라스마에서 산란과 흡수를 통하여 에너지를 잃으면서 별의 내부로부터 바깥쪽으로 이동해 간다. 별 내부의 매우 높은 온도에서는 다음과 같은 불투명도(제10장과 제13장 참조)가 가장 중요하다.

(1) **전자산란**(electron scattering) — 자유전자에 의한 복사(광자)산란

(2) **광전리**(photoionization) — 복사에너지를 받아 이온으로부터의 전자가 분리되는 현상(8.3절 참조)

그러면 **복사 전달 방정식**을 대략적으로 유도해 보자. 얇은 껍질의 밑바닥에서 구형의 표면은 거의 온도 $T(r)$인 흑체의 복사를 방출한다. 따라서 식 (8–40)에 의하면, 바깥쪽으로 향한 복사플럭스($\mathrm{Jm^{-2}s^{-1}}$)는 $F(r) = \sigma T^4(r)$이다. 여기서, $\sigma = 5.67 \times 10^{-8}\,\mathrm{Jm^{-2}s^{-1}K^{-4}}$은 스테판–볼츠만 상수이다. 그러나 $r + dr$에서 온도는 $T + dT$이고, 바깥쪽으로 향한 플럭스는 $F + dF = \sigma(T + dT)^4 \approx \sigma(T^4 + 4T^3dT)$이다. 그런데 껍질의 외부는 내부보다 온도가 더 낮기 때문에 dT는 음수이다. 그러므로 껍질 속에서 흡수되는 플럭스는 다음과 같이

$$dF = 4\sigma T^3(r)dT \qquad (16\text{–}10a)$$

주어진다. 이 흡수는 껍질의 물질 불투명도 $\kappa(r)$ 때문이며, 식 (10-1)로부터

$$dF = -\kappa(r)\rho(r)F(r)\,dr \qquad (16\text{–}10b)$$

로 표시된다. 식 (16-10)의 두 식과 **광도**(Js^{-1})를 정의하는 $L(r) = 4\pi r^2 F(r)$을 결합하면 1초당 얇은 구형의 껍질을 통해 나가는 총 에너지 방출은

$$L(r) = -\frac{16\pi\sigma r^2 T^3(r)}{\kappa(r)\rho(r)}\frac{dT}{dr} \qquad (16\text{–}11)$$

로 주어진다. 복사 전달 방정식이 완전하게 되려면 식 (16-11)에서 4/3라는 부가적 인수를 도입해야 한다. 그러면 정확한 복사 전달 방정식은

$$L(r) = -\frac{64\pi\sigma r^2 T^3(r)}{3\kappa(r)\rho(r)}\frac{dT}{dr} \qquad (16\text{–}12a)$$

가 된다.

불투명도가 충분히 클 경우에는 복사보다도 대류에 의해서 에너지가 별의 내부를 통해 밖으로 전달된다. 정압비열과 정적비열의 비를 $\gamma(= c_p/c_v = 5/3$, 완전히 전리된 이상기체의 경우)라고 하면 대류에 의한 에너지 전달의 경우 온도 구배는 다음과 같이

$$\frac{dT}{dr} = \left(1 - \frac{1}{\gamma}\right)\frac{T(r)}{P(r)}\frac{dP}{dr} \qquad (16\text{–}12b)$$

로 주어진다. 별 내부의 물리적 조건에 따라 위의 두 식 중 어느 하나를 택해서 사용하게 된다.

복사 전달에 의한 태양의 광도

태양의 경우, 그 내부에서는 복사에 의해 에너지가 전달된다. dT/dr의 근사값은 $-T_c/R_\odot$이며, 그 값은 $-2 \times 10^{-2}Km^{-1}$이다. 그러면 식 (16-12)를 이용하여 태양광도 $L_\odot$을 측정해 보자. $r = R_\odot$, $T(r) = T_c$, $\rho(r) = \rho_\odot$라 놓으면 다음과 같이 된다.

$$L_\odot \approx \left(-\frac{64\pi\sigma R_\odot^2 T_c^3}{3\kappa\rho_\odot}\right)\left(-\frac{T_c}{R_\odot}\right)$$

$$= \left(\frac{9.5 \times 10^{29}}{\kappa}\right)Js^{-1} \qquad (16\text{–}13)$$

여기서 이제는 적당한 불투명도 $\kappa(m^2kg^{-1})$의 값을 결정해야 한다. κ는 별의 물질 1kg당의 입자수에 가스 입자당 상호작용 단면적을 곱한 값이다. 완전히 이온화된 수소 1kg에는 6×10^{26}개의 양성자와 동일한 개수의 전자가 포함되어 있다.

전자산란의 경우, 전자당 상호작용 단면적은 약 $10^{-30}m^2$이며, 수소의 광전리의 경우 전자당 상호작용 단면적은 약 $10^{-20}m^2$이다. 태양의 내부에서는 후자에 의한 불투명도가 더 우세하므로 κ는 매우 근사한 값으로 $10^{-3} \ll \kappa < 10^7$인 범위의 값을 갖는다. 정확한 불투명도를 결정한다는 것은 매우 어려운 일이다. 따라서 태양의 광도는 $10^{22} \le L_\odot \ll 10^{32}Js^{-1}$의 넓은 범위에 든다. 이들의 평균값 $10^{27}Js^{-1}$는 이미 측정된 값인 $L_\odot = 3.90 \times 10^{26}Js^{-1}$에 매우 가까우며, 이는 불투명도의 값이 약 2.4×10^3임을 제시해 준다.

16.1.4 에너지원

별의 광도란 에너지 손실을 뜻하는 것이므로, 별은 완전히 정적인 상태는 아니다. 그러나 별의 진화시간에 비해 짧은 시간에 대해서는 별의 정적(static) 모형은 매우 좋은 근사라고 할 수 있다. 사실, 별은 에너지를 우주 공간으로 방출하고 있기 때문에 진화하게 마련이다. 별은 기본적으로 얼마 동안 이러한 정상상태에 머물 수 있으며, 어떤 에너지원이 별의 안정성을 유지하게 하는가? 지질학적, 고생물학적인 증거에 의하면, 태양은 수십억 년 동안 상당히 일정한 비율로 에너지를 방출해 왔다.

별의 단위질량당 에너지 생성률($Js^{-1}kg^{-1}$)은 $\epsilon(r)$로 표시된다. 사실 에너지 생성률은 온도와 밀도에 의존하므로 여기서 $\epsilon(r)$는 r에서의 온도와 밀도의 함수라는 뜻으로 쓰인 것이다. 별의 중심핵과 어떤 제한된 일부의 구형 껍질을 제외하고는 $\epsilon = 0$이다. 태양의 경우, 태양의 광도를 유지하는 데 필요한 ϵ의 평균값 $\epsilon_\odot$는 다음과 같다.

$$\epsilon_\odot \approx \frac{L_\odot}{M_\odot} = 2.0 \times 10^{-4}\,Js^{-1}kg^{-1}$$

이제 우리는 이러한 에너지 생성이 얇은 구형의 껍질 내에서 어떻게 광도를 증가시키는지 알 수 있다(그림 16-1). 껍질의 하부로는 광도 $L(r)$이 들어오고, 상부로부터 — 껍질의 질량 $4\pi r^2\rho(r)dr$에서 생성되는 에너지 때문에 — 더 큰 광도 $L + dL$이 나간다. 증가된 광도 dL은

$$dL = 4\pi r^2 \rho(r) \epsilon(r)\, dr \qquad (16\text{–}14)$$

로 표시된다. 식 (16–14)는 껍질로부터의 에너지 손실 dL과 껍질 내에서 생성되는 에너지와의 평형을, 즉 열평형을 나타낸 것이다.

준정적인 가스로 이루어진 별에서 에너지는 중력 수축과 열핵융합 반응, 아니면 오직 열핵융합 반응에 의해서만 생성될 것이다. 이들 각 과정은 별의 진화에 따라 어떤 단계에서는 중요한 역할을 한다. 그러면 이들 에너지원에 대하여 자세히 살펴보기로 하자.

중력 수축

중력 퍼텐셜에너지는 운동에너지로 전환될 수 있다(바위가 지표 부근에 떨어졌을 때처럼). 운동에너지의 한 가지 형태가 열이다. 매우 천천히 수축하고 있는 별을 가정해 보자. 내부의 열에너지는 자신의 중력에 맞서 별을 지탱할 압력을 준다. 이 때의 압력은 가스입자의 무질서한 운동 때문에 생긴다. 별이 더 작은 반지름으로 수축할 때에 자신의 중력은 증가된다. 따라서 내부의 압력(그리고 온도와 열에너지)이 또한 정유체평형을 유지하기 위해서 증가되어야 한다. 그러나 중력 위치에너지는 열에너지 증가량의 약 2배로 빨리 감소된다. 그러므로 이 계의 총 에너지가 보존되려면 퍼텐셜에너지 변화량의 절반가량이 공간으로 방출되어야 하는데, 이것이 별의 광도로 나타난다.

에너지 전환 과정은 간단한 유사성으로 설명될 수 있다. 질량 m인 작은 위성이 질량 M인 큰 천체의 둘레를 반지름 r의 원 궤도를 그리며 속도 v로 움직인다고 하자. 식 (1–32)에서, 위성의 운동에너지는 $mv^2/2$, 그리고 중력에너지는 $-GMm/r$이다. 궤도를 유지하는 구심 가속도 v^2/r은 상호 간의 중력 가속도에 의해서 주어지기 때문에 $GM/r^2 = v^2/r$이다. 그러므로 운동에너지는 $mv^2/2 = GMm/(2r)$, 즉 퍼텐셜에너지의 절반이다. 이제 $(r - dr)$의 더 작고 안정한 궤도로 위성이 움직인다면, 운동에너지의 증가량은 위치에너지 감소량(더 큰 음수값이 되는)의 절반이다. 총 에너지(운동에너지 + 퍼텐셜에너지)가 보존되려면, 퍼텐셜에너지 변화량의 절반은 위성의 궤도를 변화시키는 데에 이용되어야 한다. 별의 경우에 이 에너지는 복사의 형태로 방출된다. 이러한 결과는 일반적으로 적용되는 것으로 **비리얼정리**라고 불린다. 이 정리는 중력 수축을 하면 중력 퍼텐셜에너지의 절반은 열에너지로, 나머지 절반은 복사에너지로 전환됨을 알려 주고 있다. 즉 $U = KE + PE = -2E_{\text{th}}$, 여기서 E_{th}는 총 열에너지이다(P5.5절 참조).

질량구(sphere of mass)의 중력에너지는 얼마나 될까? 질량이 무한대까지 퍼져 있는 하나의 별을 생각하자. 어떤 시각에 껍질 질량 $dM(r)$을 거리 r에 있는 질량 $M(r)$에 더해 줄 때마다 중력 퍼텐셜에너지는

$$dU = \frac{-GM(r)\, dM(r)}{r}$$

만큼 증가하므로, 만일 질량이 M에 이를 때까지 껍질 질량을 더해 준다면

$$U = -\int_0^M G\frac{M(r)\, dM(r)}{r} = -q\frac{GM^2}{R}$$

이 된다. 밀도가 일정한 경우 $q = 3/5$이며, 대부분의 주계열성은 $q \approx 1.5$의 값을 갖는다. 이러한 이론을 태양의 경우에 적용시켜 보자. 태양질량 1kg당 복사 방출에 사용될 평균 중력 퍼텐셜에너지는 다음과 같다.

$$\frac{GM_\odot}{2R_\odot} = 9.54 \times 10^{10}\ \text{Jkg}^{-1} \qquad (16\text{–}15)$$

이것을 $\epsilon_\odot$의 값과 비교해 보면, 태양은 중력 수축으로는 현재의 광도로 겨우 1,500만 년 동안밖에 유지하지 못한다. 태양이 수십억 년 동안 빛나고 있는 것을 설명하려면 다른 에너지원이 존재해야만 한다. 16.3절에서는 중력 수축이 별의 진화 단계 중의 어떤 시점에서 중요한 역할을 하고 있는지를 알게 될 것이다.

열핵반응

천문학자들은 1938년 이후 비로소 오래 지속되는 별의 에너지원이 **열핵융합 반응**임을 밝혀냈다. 이 과정에서 가벼운 원자핵은 고온 고밀도의 항성 내부에서 자주 격렬하게 충돌하여, 더 무거운 핵으로 합쳐지면서 굉장한 양의 에너지를 방출한다(예를 들면, 수소폭탄). 우리는 이 **핵합성** 과정에서 가벼운 원소가 '타서(연소하여)' 무거운 원소가 된다고 할 수 있다.

원자핵 내에서는(8.2절 참조) 강한 핵력이 양으로 대전된 양성자의 정전기적 반발력을 이겨내고, 지름이 약 10^{-15}m의 영역 내에 1에서 260에 이르는 핵자(양성자와 중성자)를 묶어 놓는다. 두 핵이 10^{-15}m 이내로 접근하면 융합하여 더 큰 핵을 형성한다. 그러나 그들의 상호 정전기적 반발력 — 모든 핵은 양의 전하를 가진다 — 은 1MeV 크기의 퍼텐셜 장벽에 해당한다. 이와 대조적으로 10^7K의 온도에서 하나의 양성자가 갖는 평균 열에너지는 1keV 정도밖에 되지 않는다. 고전 물리학에서 양성자는 상호 간의 강한 쿨롱장벽 때문에 서로 융합될 수가 없다. 그러나 실제로는 융합 반응이 일어나고 있는데, 그것은 양성자가 양자물리학에 따라 쿨롱장벽을 뛰어넘는 대신에 뚫고 지나갈 수 있기 때문이다. 가장 쉬운 융합 반응은 두 개의 양성자(즉 수소핵)에 의한 것인데, 그러한 반응은 약 1,000만 K의 온도에서 쉽게 일어날 수 있다(좀 더 상세한 것은 P5.7절 참조).

수소의 함량비가 크기 때문에, 별의 핵반응에서 수소는 주요한 성분이 된다. 그 다음으로 안정한 핵은 원자량이 4인 헬륨 ^{4}He이다. 수소핵(양성자)은 원자량이 1이므로, 4개의 양성자가 모여 1개의 헬륨핵을 만들 수 있다. 그런데 수소 4개의 원자량과 헬륨 1개의 원자량은 정확하게 일치하지 않는다. 왜냐하면, 좀 더 정확한 양성자의 질량은 1.0078이고 4개의 양성자의 질량은 4.0312인 데 반하여, ^{4}He의 원자량은 4.0026이므로 0.0286의 **질량결손**이 생긴다. 이것은 아인슈타인의 질량과 에너지의 등가방정식에 의해서 에너지로 전환된다.

$$E = mc^2 \tag{16-16}$$

여기서 c는 광속도이다. 단위 원자량은 1.66×10^{-27}kg이므로, 4개의 ^{1}H핵이 ^{4}He핵으로 전환될 때 방출되는 에너지는 다음과 같다.

$$E = 0.0286(1.66 \times 10^{-27})(9 \times 10^{16}) = 4.3 \times 10^{-12}\text{J}$$

만일, 태양이 현재 순수한 수소로 이루어져 있고 결국은 모두 헬륨으로 전환될 것이라고 가정한다면, 태양의 총 에너지 저장량을 식 (16-16)으로 결정할 수 있다. 이렇게 원자핵융합 반응에서 에너지의 형태로 전환되어 나오는 질량결손은 수소 질량의 0.0286/4.0312 = 0.0071배이다. 중심핵 내에서만 온도와 압력이 핵반응을 일으킬 정도로 높기 때문에, 태양질량의 약 10%만이 에너지 전환에 쓰인다. 그러므로 태양에서 얻을 수 있는 열핵반응의 총 에너지는 다음과 같다.

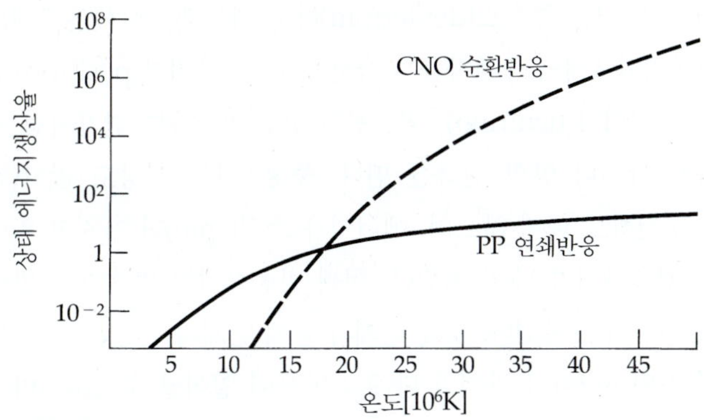

그림 16-2 상대적 에너지생산율
PP 연쇄반응과 CNO 순환반응에 의해서 방출되는 에너지생산율을 종족 I별에 대하여 온도의 함수로 비교하였다. 약 1,800만 K에서 두 곡선이 엇갈린다.

$$E_{\text{total}} = m(4{}^1\text{H} - {}^4\text{He})(c^2)\frac{0.1M_\odot}{m(4{}^1\text{H})}$$
$$= 0.0071(9 \times 10^{16})(0.2 \times 10^{30}) = 1.28 \times 10^{44}\text{J}$$

이것은 현재 태양의 광도 3.90×10^{26}Js^{-1}로 약 100억 년 동안 지속될 수 있는 양이다. 태양계 연령의 가장 적절한 측정값은 약 50억 년이다. 그러므로 아직도 이와 같은 반응으로 태양을 지속시킬 만큼 충분한 에너지가 있다.

수소에서 헬륨으로 전환되는 방법에는 두 가지가 있다. 양성자-양성자 연쇄반응(P-P chain)과 탄소순환반응(CNO cycle)이다. P-P 연쇄반응은 2×10^7K보다 낮은 온도에서 우세하며, CNO 순환반응은 그보다 더 높은 온도에서 활발하게 일어난다(그림 16-2). 이를테면, 태양에서는 두 과정이 모두 일어날 수 있지만, P-P 연쇄반응이 훨씬 더 중요하다. 주계열에서 태양보다 낮은 온도를 가진, 즉 만기형 별에서는 CNO 순환반응을 무시할 수 있는 정도이지만, F형 별보다 더 조기형, 그리고 온도가 더 높은 별에서는 CNO 순환반응이 우세하다.

주된 **P-P 연쇄반응**은 다음 반응들로 구성된다(**PP I**).

$$^1\text{H} + {}^1\text{H} \rightarrow {}^2\text{H} + e^+ + \nu \qquad (1.44\text{MeV})$$
$$^2\text{H} + {}^1\text{H} \rightarrow {}^3\text{He} + \gamma \qquad (5.49\text{MeV})$$
$$^3\text{He} + {}^3\text{He} \rightarrow {}^4\text{He} + {}^1\text{H} + {}^1\text{H} \qquad (12.9\text{MeV})$$

여기서 ^2H는 중수소(deuterium)라고 하는데, 이 핵은 1개의 양성자와 1개의 중성자를 포함한다. e^+는 양전자(positron), ν는 중성미자(neutrino), γ는 광자이다. **양전자**는 전자처럼 질량을 가지나 양의 전하를 띤다. **중성미자**는 질량도 없고(작고?) 전하도 띠지 않으며, 에너지와 스핀(spin)만 가지고 있어서 검출하기가 매우 어렵다. 첫째 반응에서는 양전자의 방출로 전하가 보존된다. 첫째 단계와 둘째 단계의 반응은 각각 두 번씩 일어나야만 마지막 단계의 반응이 일어날 수 있다. 마지막 단계에서 양성자 2개가 재방출되기는 하지만, 총 6개의 양성자가 있어야 한다. 이 연쇄반응과 마지막 단계 대신에 다른 반응이 일어날 수도 있다. 예를 들면 다음과 같다.

$$^3He + {}^4He \rightarrow {}^7Be + \gamma$$

그리고 ^3Be에서 ^4He로 되는 데 두 가지(two branches)가 있다. 이 세 연쇄반응은 모두 별에서 동시에 일어나는 것이지만, PP I이 가장 큰 역할을 한다. 즉 이론 모형에 의하면 PP I 반응이 태양 내에서 91%를 차지한다. 각 반응이 일어날 때마다 중성미자는 평균 0.26MeV의 에너지를 가지고 빠져나간다.

반응 빈도가 적어서 태양 광도에는 그다지 기여하지 못하는 또 다른 두 가지의 PP 연쇄반응이 있다. 그 가운데 하나인 **PP II 연쇄반응**은 다음과 같다.

$$^1H + {}^1H \rightarrow {}^2H + e^+ + \nu \quad (1.44MeV)$$
$$^1H + {}^2H \rightarrow {}^3He + \gamma \quad (5.49MeV)$$
$$^3He + {}^4He \rightarrow {}^7Be + \gamma \quad (1.59MeV)$$
$$^7Be + e^- \rightarrow {}^7Li + \nu \quad (0.861MeV)$$
$$^7Li + {}^1H \rightarrow 2{}^4He \quad (17.3MeV)$$

이때, 중성미자는 0.86MeV의 에너지를 가지고 빠져나간다.

그리고 나머지 **PP III 연쇄반응**은 처음 3단계까지는 PP II와 같으며, 그 다음부터는 아래와 같이 진행된다.

$$^1H + {}^7Be \rightarrow {}^8B + \gamma \quad (0.14MeV)$$
$$^8B \rightarrow {}^8Be + e^+ + \gamma$$
$$^8B \rightarrow 2{}^4He \quad (18.1MeV)$$

이때, 중성미자는 7.2MeV의 에너지를 지니고 빠져나간다.

PP 연쇄반응에서 생성된 중성미자는 태양 내부에서 물질과 상호작용을 하지 않고 바로 태양으로부터 빠져나간다. 1965년 이래, 데이비스(Raymond Davis)는 테트라클로로에틸렌(C_2Cl_4) 10만 갤런(gallons)을 채운 탱크를 남다코다 주의 홈스테이크 광산의 지하 깊은 곳에 설치하여 태양의 중심미자를 검출해 내려고 하였다. 중성미자는 물질과 매우 약하게 반응하지만, 탱크 내에서는 ^{32}Cl를 ^{37}Ar으로 변화시킨다. 이 방사성 ^{37}Ar 원자를 한데 모아서 그 수를 셀 수 있다. 측정된 중성미자 플럭스는 현재의 이론적인 태양 모형에 의해서 예측되는 값의 1/3 또는 1/4에 지나지 않는다. 이때 측정된 중성미자는 주로 ^8B 핵붕괴 때 방출된 것들이다. 이러한 격차를 태양의 중성미자 문제(solar neutrino problem)라고 한다. 수천 일 동안 일본 카미오칸데 II 검출기로 중성미자를 측정한 바에 의하면, 측정값은 표준태양 모형이 제시하는 값의 0.46배임이 확인되었다.

두 검출기 모두 PPI 연쇄반응에서 방출되는 저에너지 중상미자를 검출하지는 못한다. 그런데 이 연쇄반응에서는 태양이 방출하는 총 중성미자의 약 90%를 방출하고 있다. 한편, 세이지(Soviet-American Gallium Experiment, SAGE)는 더 많은 중성미자를 포착할 수 있다. 문제는 세이지에서 검출되는 중성미자의 양이 태양의 이론 모형으로부터 예측되는 양의 60%에 지나지 않는다는 것이다. 이들 3 검출기는 태양이 방출하는 중성미자의 에너지 스펙트럼 중 각기 다른 영역의 것들을 포착하기 때문에, '행방불명의 중성미자'와 태양물리에 대한 문제를 제기하게 된다. 중성미자플럭스(neutrino flux)를 예측하는 태양의 표준 모형은 태양지진학에서 제시하는 관측결과를 잘 지지하고 있다. 당면한 과제인 중성미자의 실험적 불일치는 우리에게 중성미자에 대한 새로운 견해를 찾도록 독려하고 있다. 현재의 이론에 의하면 중성미자가 태양 내부에서 지니고 있었던 특성이 지구에 이르는 동안 새로운 유형의 중성미자로 변환하기 때문에, 실험에서 검출되지 않는다고 생각하고 있다.[1)]

탄소(CNO) 순환반응도 수소를 헬륨으로 전환시킨다. 그러나 이 과정에서는 탄소핵의 촉매 역할이 필요하다.

---

1) 태양 중성미자 문제의 현대적 해답은 중성미자가 질량을 가지고 있어서, 세 가지 종류(ν_e, ν_μ, ν_τ) 사이에서 진동한다는 것이다. P-P연쇄반응에서 만들어진 전자중성미자(ν_e)가 지구로 전파하는 동안 뮤온중성미자(ν_μ) 또는 타우중성미자(ν_τ)로 바뀌게 되어 그 플럭스가 줄어든다는 것이다. 중성미자 실험에서는 ν_e를 검출하였다. (역주)

$$^{12}C + ^{1}H \rightarrow ^{13}N + \gamma$$
$$^{13}N \rightarrow ^{13}C + e^{+} + \nu$$
$$^{13}C + ^{1}H \rightarrow ^{14}N + \gamma$$
$$^{14}N + ^{1}H \rightarrow ^{15}O + \gamma$$
$$^{15}O \rightarrow ^{15}N + e^{+} + \nu$$
$$^{15}N + ^{1}H \rightarrow ^{12}C + ^{4}He \qquad (16-17)$$

양성자 4개를 **α입자(헬륨핵)**로 전환시키려면 연쇄반응의 각 단계가 한 번씩은 일어나야 한다. ^{13}N과 ^{15}O는 불안정한 동위원소로서 겨우 몇 분 동안의 반감기(half life)를 가지므로, 두 번째와 다섯 번째 관계의 반응이 일어난다. 반감기란 동위원소의 원래 양의 절반이 더 안정한 핵의 형태로 붕괴되는 데 걸리는 시간이다. 이 순환반응은 탄소와 수소 사이의 반응으로 시작되지만, 동일한 탄소핵의 방출로 끝난다. 그러므로 ^{12}C는 촉매작용을 한다고 할 수 있다. 온도가 매우 높더라도 탄소가 없으면 CNO 순환반응은 일어날 수 없다.

CNO 순환반응이 일어나려면, 양성자와 헬륨핵에 비해 탄소와 질소의 쿨롱장벽이 더 높기 때문에 온도가 더 높아야 한다. 결과적으로 P-P 반응률의 온도 의존도는 약 T^4이지만, CNO 순환반응에서는 T^{20}이다(그림 16-2).

약 10^8 K의 매우 높은 온도에서는 헬륨이 또 다른 반응으로 무거운 원소로 합성되기 시작한다. 3개의 α입자(역사적으로 ^{4}He을 α입자라고 불러 왔다)가 탄소를 형성한다.

$$^{4}He + ^{4}He \Leftrightarrow ^{8}Be + \gamma \qquad (16-18)$$
$$^{8}Be + ^{4}He \rightarrow ^{12}C + \gamma$$

이것은 헬륨연소의 첫 단계인 **3-α과정**(triple-alpha process)으로 알려져 있다. 중간 생성물인 ^{8}Be은 매우 불안정하여 반응식의 오른쪽에서 왼쪽으로 가는 역방향의 반응이 일어나기 쉽다. 그럼에도 불구하고 두 번째 연쇄반응 단계에서는 ^{8}Be이 들어가서 평형이 이루어진다. 수소, 헬륨, 탄소를 제외한 가벼운 원소들은 별의 깊은 곳에는 존재하지 않는다. 이러한 원소[즉 중수소, 리튬, 베릴륨(berylium), 붕소]는 불과 수백만 도의 온도에서도 양성자와 빨리 결합하여 1개나 2개의 헬륨핵을 형성하기 때문이다. 예를 들면, 다음과 같다.

$$^{7}Li + ^{1}H \rightarrow 2\,^{4}He$$

3-α반응과 다른 헬륨 연소반응은 별의 진화에서 주요한 역할을 한다. 보다 높은 온도와 밀도에서 일어나는 진화된 핵연소 단계에서 일어나는 핵반응은 복잡한 반응망(reaction network)에 연결되어 있다. 일반적으로, 핵반응은 탄소, 네온, 산소, 마그네슘 연소의 순서로 일어난다. 이러한 핵반응으로 인하여 순수한 수소로 이루어진 별에서부터 출발하여 핵자당 결합에너지가 가장 큰 철에 이르기까지 무거운 원소를 생성할 수 있는 것이다. 이보다 더 무거운 원소의 융합이 일어나려면 에너지의 입력이 요구된다.

16.2 이론적 별의 모형

16.2.1 항성물리의 요약

별 구조의 기본적인 원리는 정유체평형, 완전기체의 상태 방정식, 여러 가지 에너지 전달 방정식, 별과 에너지의 중력 및 열핵반응적 원천에 관한 식으로 요약된다. 이들은 **별의 모형**—별 전체에 걸쳐 물리적 인수(parameters)와 그 변화율이 정확하게 기술되는 이론적인 별—을 계산할 때 천체물리학자들이 사용하는 도구이다. 이들과 서로 종속적인 관계가 있는 인수에는 온도 $T(r)$, 질량 $M(r)$, 밀도 $\rho(r)$, 압력 $P(r)$, 광도 $L(r)$, 에너지생성률 $\epsilon(r)$와 평균분자량 $\mu(r)$에 따르는 화학조성이 있다. 그들의 상호종속 관계는 별의 구조적 기본방정식으로 표현한다.

정유체평형

$$\frac{dP}{dr} = -\frac{GM(r)}{r^2}\rho(r) \qquad (16-1)$$

질량 방정식

$$\frac{dM}{dr} = 4\pi r^2 \rho(r) \qquad (16-2)$$

에너지 전달식(복사와 대류)

$$L(r) = -\frac{64\pi\sigma r^2 T^3(r)}{3\kappa(r)\rho(r)}\frac{dT}{dr} \qquad (16-12a)$$

$$\frac{dT}{dr} = \left(1 - \frac{1}{\gamma}\right)\frac{T(r)}{P(r)}\frac{dP}{dr} \qquad (16-12b)$$

에너지 생성(열평형)

$$\frac{dL}{dr} = 4\pi r^2 \rho(r)\epsilon(r) \qquad (16\text{–}14)$$

상태 방정식

$$P(r) = \frac{k\rho(r)T(r)}{\mu(r)m_{\mathrm{H}}} \qquad (16\text{–}7)$$

앞의 방정식들은, 만일 우리가 중심이나 표면과 같은 별의 어떤 특별한 점(또는 껍질)에서 그들의 값을 알고만 있다면, 별 전체를 통하여 인수가 어떻게 변하는지 설명할 수 있는데, 이러한 값들은 경계 조건을 형성한다. 예를 들어, 중심 $r = 0$에서 질량과 광도의 경계 조건은 $M(r) = 0$, $L(r) = 0$이어야 한다. 그러므로 이론적인 모형이 실제의 별과 어떤 관련을 가질 수 있으며, 표면에서 관측된 별의 특성을 표면에서의 경계 조건으로 사용할 수가 있다. 즉 $r = R$에서 $M(R) = M$, $L(R) = L$, $T(R) = T_{\mathrm{eff}}$, 즉 표면 유효온도 또는 광구의 온도이고, $\rho(r)$, $P(r)$는 0에 접근한다.

이 방정식들 이외에 중력에너지와 핵에너지 생성과 관련되어 있는 에너지생성률 $\epsilon(\rho, T)$, 화학조성(별 내부에서 융합 반응이 진행됨에 따라 변함)에 의존하는 불투명도 $\kappa(\rho, T)$, 그리고 μ와 X(수소), Y(헬륨), Z(금속)로 표시되는 화학조성은 항성 구조 결정에 주요한 역할을 한다. 상태 방정식에 의하면 $P(r)$는 μ에 의존하게 된다. $\rho(r)$는 다른 모든 방정식에 나타남을 유의하자. 문제는 그 화학조성이 별 전체를 통해서 어떻게 변하는지 알아내는 데 있다.

우리는 불투명도 $\kappa(\rho, T)$의 온도, 밀도, 그리고 화학조성에 대한 의존도를 알아야 한다. 이들의 관계는 불투명도를 주는 과정에 따라 달라진다. 일반적으로 정확한 불투명도의 계산은 대단히 복잡하다. 불투명도의 계산은 모든 필요한 관계식을 수용할 수 있는 컴퓨터로 수행되고 있다. 그러나 대다수의 주계열성에 해당되는 온도와 밀도 범위에서 적용되는 근사식으로 크래이머스의 법칙(Kramers' law)을 들 수 있는데, 그 식은 다음과 같이 표현된다.

$$\kappa = \text{상수} \times \frac{Z(1 + X)\rho}{T^{3.5}}$$

여기서 X는 수소의 질량비, Z는 중원소의 질량비이다.

물리량 ϵ은 핵융합 반응에 따라 달리 표현되지만, 일반적으로 온도, 밀도, 그리고 화학조성에 의존한다. 예를 들어, PP I 연쇄 반응의 경우에 1억 4,000만 K에서 $\epsilon(\rho, T)$는 다음과 같이 표현된다.

$$\epsilon = \text{상수} \times X^2 \rho T^4$$

여기서, X는 수소의 질량비이다.

태양에 대한 이론적 모형은 많이 계산되어 왔다. 왜냐하면 태양은 가장 잘 관측할 수 있는 별이어서, 모든 별에 대하여 표준성의 역할을 하고 있기 때문이다. 제시된 태양 모형들은 태양이 형성될 당시 가정한 수소, 헬륨, 그리고 중원소의 함량비와 태양 내부에서 일어나는 열핵융합 반응에 참여하는 원소의 종류와 그들의 혼합상태에 따라 조금씩 다르다. 대류층의 두께가 두꺼워질수록 원소의 혼합상태는 대단히 양호해진다. 현재 여러 가지 관측 결과와 잘 일치하는 태양 모형은, 태양의 중심에서는 수소의 상당한 양이 이미 헬륨으로 전환되어서 헬륨이 풍부한 중심핵이 존재하고 있음을 제시하고 있다(수소 40%, 헬륨 60%). 그리고 중심핵에서는 PP 연쇄반응에 의한 수소의 연소가 아직도 에너지 생성의 주류를 이루고 있다. 태양 내부 중 그 대부분은 복사에 의해서 에너지가 전달되지만, $0.7R_\odot$을 넘어서부터는 온도 경사가 매우 급해져서 대류가 계속 유지된다. 쌀알무늬는 이러한 대류 영역의 직접적인 증거가 된다.

16.2.2 *M–L* 관계의 기본 원리

별의 내부구조 방정식이 옳다면, 질량–광도 관계의 경험식은 물리적 근거를 가진다. 이제 정유체평형 방정식[식 (16–1)]에서 $dP \rightarrow \Delta P$, 그리고 $dr \rightarrow \Delta r$로 놓으면,

$$\Delta P = P_s - P_c = 0 - P_c$$

로 표현되며, 여기서 P_s = 표면압력, P_c = 중심압력, 그리고 $\Delta r = R$가 되므로, P_c는 다음과 같이 된다.

$$P_c \propto \frac{M\rho}{R}$$

이상기체에서는

$$P_c \propto \rho T$$

이므로

$$\rho T_c \propto \frac{M\rho}{R}$$

이다. 따라서 T_c는 다음과 같이 된다.

$$T_c \propto \frac{M}{R}$$

동일한 방법을 복사 전달식 식 (16−12)에 적용되는 L은 다음과 같이 표현된다.

$$L \propto R^2 \frac{T_c^3}{\kappa\rho}\frac{T_c}{R} \propto \frac{RT_c^4}{\kappa\rho}$$

그런데 $\rho \propto M/R^3$이므로

$$L \propto \frac{R^4T_c^4}{\kappa M}$$

이다. 여기서 정유체평형 방정식으로부터 얻은 T_c를 대입하면, L은

$$L \propto \frac{R^4(M/R)^4}{\kappa M} \propto \frac{M^3}{\kappa}$$

로 표시되는데, 이는 관측에서 얻은 $L \propto M^{3.3}$과 대단히 유사하다. 그 차이는 불투명도의 온도와 밀도 의존도에 달려 있다.

멱수(exponent)의 값은 별의 종류와 질량 범위에 따라 조금씩 다르다. 이제 질량−광도 관계를 $L \propto M^n$으로 나타낼 때 일반적인 값은 3.3이지만, 질량이 $0.4M_\odot$보다 작은 별에 대해서는 $n = 2.3$, 그리고 그보다 질량이 큰 별에 대해서는 $n = 4$의 값을 가진다. 물론 이 값들은 주계열성에만 적용되는 것이다.

16.3 별의 진화

열핵반응 때문에 별의 화학조성이 바뀜에 따라 일어나는 변화에 대한 연구는 **별의 진화**의 핵심이라고 할 수 있다. 별들은 동일한 과정을 거쳐서 진화한다. 즉 원시성(protostar), 전주계열(pre-main sequence, PMS), 주계열(main sequence), 후주계열(post-main-sequence) 단계를 거친다. 별의 진화는 근본적으로 질량에 의해서 결정된다. 화학조성은 2차적인 역할을 할 뿐이다. 동일한 질량을 가진 종족 I과 종족 II의 별의 진화는 조금 다른 과정을 밟는다. 항상 진화의 연구는 시간에 따라 별의 광도와 온도(2개의 관측 가능한 물리량)가 어떻게 변하는가를 이해하는 데 그 목적이 있다. H-R도 상에서 시간에 따라 각각 다른 진화 과정을 대표하는 점들의 궤적을 별의 **진화경로**라고 부른다. 이 절에서는 별의 구조방정식으로부터 계산한 이론진화경로를 살펴보고자 한다.

16.3.1 별의 탄생 : 원시성과 전주계열성

별은 티끌과 가스로 이루어진 성간운의 중력 수축에 의해서 탄생된다. 제15장은 그 과정에 대한 관측적 근거를 제시하고 있다. 여기서는 그에 관련된 기본 물리에 초점을 맞추고자 한다. 별의 형성에 대한 전체적인 과정은 아직 완전히 이해되고 있지 않지만, 그 기본 틀은 명백히 알고 있다. 즉 성간운이 수축함에 따라 방출되는 중력에너지의 일부는(50%) 열에너지로, 그리고 나머지(50%)는 복사에너지로 전환된다. 결국, 별의 중심부가 융합 반응을 일으킬 정도의 높은 온도까지 가열되어 하나의 별이 탄생하게 된다. 이러한 사건이 일어나기 이전의 별은 '원시성'과 '전주계열성'의 단계를 거친다. 정유체평형이 정착되기 전 중력 수축하는 구름 덩어리는 **원시성**이다. 정유체평형은 전개되었으나 중심부에서 아직 융합 반응을 시작하기 않았을 경우는 **전주계열성**이라고 부른다. 별이 주계열에 이르기 바로 직전까지 H-R도 상에서의 진화경로를 **전주계열 진화경로**(PMS evolutionary track)라고 하며, 그 이전의 경로를 원시성의 진화경로라고 부른다.

원시성의 진화경로는 질량에 따라 다르다. 상세한 면에서는 차이가 있지만, 이론적 계산 경로는 대체로 다음과 같은 공통적인 특징이 있다. (1) 별의 수축은 자유낙하로부터 시작된다. 자유낙하란 성간운이 수축할 때 그 속에 들어 있는 입자들 상호 간의 충돌이 없어서 그 성간운의 내부 압력이 0이라는 뜻이다. 즉 오직 중력의 지배를 받는다. (2) 수축은 고르게 일어나지 않는다. 즉 중심부에서는 수축이 바깥보다 더 빨리 일어나며, 정유체평형을 이루는 영역은 중심에서 먼저 형성된다. (3) 일단 중심핵이 형성되면 그 주변의 낙하 물질을 끌어 모은다. (4) 별은 주변의 물질을 끌어모음으로써, 또는 그 밖의 다른 과정을 통해서 지니고 있던 에너지를 방출함으로써 자신을 드러내 보인다.

태양질량을 가진 원시성의 중력 수축

이제 태양과 같은 별의 형성 과정에 관하여 살펴보도록 하자. 티끌과 가스로 된 거대한 성간운을 생각하자. 이 성간운은 대부분 수소 분자로 되어 있으며, 중력 수축이 가능할 정도의 질량을 지니고 있다고 생각하자. 또한 이 성간운은 주로 자유낙하를 한다고 가정하자(15.3.1항 참조).

성간운이 분자들 상호 간의 충돌로 가열되면, 티끌 알갱이는 적외선복사를 방출한다. 이 열복사가 성간운 밖으로 빠져나가는 기간에는 성간운의 온도와 압력은 낮게 유지되므로 자유낙하에 의한 수축은 지속된다. 그 후 중심부의 밀도가 어느 한계값에 이르게 되면 불투명도가 커져서(광학적 깊이 ≥ 1) 성간운은 적외선복사를 흡수하게 된다. 그 결과, 중심핵에 정유체평형 상태가 형성되면, 중심부에서의 수축은 현저하게 감소된다. 이때 별은 전주계열성으로서 서서히 수축하게 된다. 별이 자유낙하의 수축으로부터 현 단계에 이르기까지의 진화 시간은 수백만 년 정도이다.

이제 우리는 H-R도 상에서 태양질량을 가진 원시성의 진화경로를 추적할 수 있다(그림 16-3의 A점). 전주계열성의 표면온도는 주계열보다 낮지만 반지름은 훨씬 커서(즉 표면적이 커서) 전주계열성의 광도는 주계열에 이를 때의 광도보다 훨씬 크다(광도 $L = 4\pi R^2 \sigma T^4$). 전주계열성은 밀도가 낮음에도 불구하고 온도가 낮아, 불투명도가 비교적 크다. 따라서 별 내부에서는 에너지가 복사보다도 대류에 의해서 밖으로 전달된다. 새로 형성된 전주계열성은 중심으로부터 표면까지 별 전체가 대류로 꽉 차 있다. 대류에 의한 에너지 전달은 매우 효율적이기 때문에 별은 대단히 밝아진다(그림 16-3의 B점). 결국, 처음 물질이 중심부로 강착되면서부터 약 10^5년 지나는 동안, 별은 태양의 약 30배나 되는 높은 광도에 이른다.

전주계열성은 주변의 물질을 끌어모으면서 서서히 수축하므로, 별이 진화함에 따라 중심밀도는 점차 증가한다. 별의 크기는 줄어들지만, 표면온도는 처음에 그다지 크게 변하지 않으므로 광도는 감소한다. 그래서 진화경로는 H-R도에서 아래로 향한다(그림 16-3의 C점). 별의 중심부는 계속 가열되며, 그에 반하여 불투명도는 감소한다. 나중에는 복사에 의한 에너지 전달이 대류에 의한 것보다도 더 효율적이 될 정도로, 불투명도는 감소된다. 복사 전달 영역이 중심부에 생기고 내부가 차차 가열됨에 따라 복사층도 서서히 밖으로 잠식해 나간다. 별 내부의 상당한 부분이 복사에 의해서 에너지가 전달되

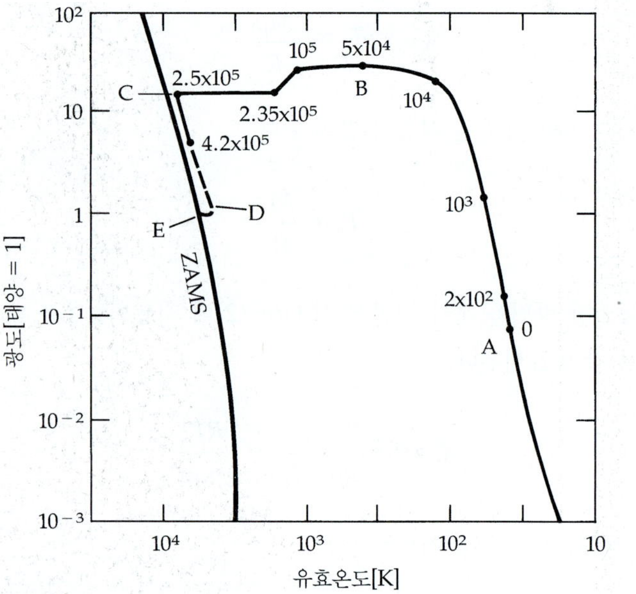

그림 16-3 태양질량의 전주계열성의 진화경로
진화경로를 따라 표시된 시간은 A에서 출발한 후에 경과된 시간을 연의 단위로 나타낸 것이다. A 점은 성간운으로부터 별의 중심핵이 형성되기 시작한 시점을 가리킨다. 영년주계열(ZAMS)이 왼쪽에 표시되어 있다. (K.H. Winkler and M. Norman)

게 되면, 그 별의 진화는 H-R도에서 갑자기 오른편으로 전향한다(그림 16-3의 D점).

결국, 별의 중심부는 수백만 도에 이를 때까지 가열되어 수소의 핵융합 반응을 일으킨다. 전주계열성이 열핵반응(태양의 경우는 PP반응)을 일으켜 에너지를 얻게 되면, 이제는 자격을 갖춘 떳떳한 별이 된다. 이때부터 별은 중력 수축으로부터 에너지를 공급받지 않는다. 수소핵의 융합 반응으로부터 받은 열은 별을 정유체평형 상태로 유지시켜 준다. 이때의 별을 **영년주계열성**(Zero-Age Main-Sequence, ZAMS)이라고 부른다(그림 16-3의 E점). 이제 별은 중심부에서 조용히 수소를 태워 헬륨으로 전환시키면서 일생 중 가장 긴 진화 단계를 보내게 된다. 별 내부의 대부분은 복사에 의해서 에너지가 전달되며, 오직 별의 표피 부분만이 대류가 존재한다. 전주계열성의 중력 수축으로부터 주계열성이 될 때까지(그림 16-3의 A점에서 E점에 이를 때까지) 걸린 총 시간은 2,000만 년에 불과하다.

16.3.2 주계열과 주계열 이후의 진화

태양과 같은 별은 그 일생의 80%를 중심부에서 PP 연쇄반응

을 일으켜 수소를 헬륨으로 서서히 전환시키면서 보낸다. 수소의 함량이 감소됨에 따라, 별 중심부의 온도와 밀도는 핵융합률을 일정하게 유지시키기 위해 증가한다. 이 기간 중 중심부의 온도는 점점 증가하며 별은 조금 커진다. 그 결과, 표면에 이르는 에너지는 커져서 별의 광도는 증가한다. 별 중심부에서 수소의 연소가 일어나는 전체적인 진화 단계를 주계열 단계라고 한다.

영년주계열은 상당량의 수소가 헬륨으로 전환되기에 앞서, 별이 처음으로 그의 모든 에너지를 수소의 융합 반응으로부터 얻기 시작할 단계를 뜻한다. 수소가 헬륨으로 전환됨에 따라 별의 화학조성, 즉 평균분자량은 변하게 되며, 그에 따라 별의 구조도 조금씩 바뀐다. 이 변화는 처음에는 천천히 일어나지만, 그 다음에는 훨씬 빨라진다.

그러면 한 별의 일생을 정량적으로 살펴보기로 하자. 주계열의 질량-광도 관계는(12.2.2항 참조) 다음과 같이 표현된다.

$$\frac{L_*}{L_\odot} = \left(\frac{M_*}{M_\odot}\right)^{3.3}$$

별의 수명 t는 에너지의 저장량(질량)과 에너지의 소비율(광도)에 의존한다. 따라서 태양에 대한 별의 수명 $t_*/t_\odot$는 다음과 같이 표시할 수가 있다.

$$\frac{t_*}{t_\odot} = \left(\frac{M_*}{M_\odot}\right)\left(\frac{L_*}{L_\odot}\right)^{-1}$$

$$= \frac{(M_*/M_\odot)}{(M_*/M_\odot)^{3.3}} = \left(\frac{M_*}{M_\odot}\right)^{-2.3}$$

그러므로 질량이 큰 별일수록 수명은 짧다. 정확한 멱(power)의 값은 질량 범위에 따라 변하지만, 일반적인 성질은 별의 질량에 관계없이 성립된다.

$1M_\odot$인 종족 I의 별

먼저 태양과 동일한 질량을 가진 별이 주계열 이후 어떠한 진화경로를 따르게 될지 살펴보기로 하자. PP 연쇄반응에 의해서 주로 별의 에너지가 생성될 때, 별은 영년주계열에 도달한다. 약 100억 년이 지나 중심핵의 수소가 모두 헬륨으로 전환되면 주계열 단계는 끝난다. 이 기간 중 중심핵의 온도는 차차 증가하고 별은 조금씩 팽창한다. 그 결과, 별은 보다 많은 에너지를 생산하게 되어 별의 광도는 증가한다(그림 16-4 참조).

그림 16-4는 제16장의 주된 그림으로 질량이 $1M_\odot$, $5M_\odot$, $25M_\odot$인 별들의 이론적 진화경로를 나타낸 것이다(그림 16-4에 표시된 '제1차 준설 과정(First Dredge-Up)'과 '제2차 준설 과정(Second Dredge-Up)'에 대하여 여기서는 개의치 말자. 이들에 대해서는 후에 16.5절에서 설명할 것이다).

중심핵의 수소가 고갈될 때 열핵융합 반응은 정지되지만, 중심핵 둘레에 싱싱한 수소를 품고 있는 껍질에서는 여전히 수소의 핵융합 반응이 계속 진행된다. 중심핵에서 융합 반응이 정지되면 중심핵은 수축한다. 그 결과, 수소가 타고 있는 껍질 층이 가열되기 때문에 보다 많은 에너지를 생성하게 된다. 수소를 태우고 있는 껍질 층은 그 둘레의 표피부를 가열시켜 그를 팽창시킨다. 그리하여 별의 반지름은 커지고 표면온도는 감소된다. 온도가 감소되면 불투명도가 증가하기 때문에 별의 포피부 내에서는 에너지가 대류에 의해서 전달된다. 대류에 의한 에너지 전달의 효율은 불투명도가 클수록 높아지며, 대류의 흐름은 별의 구조를 변화시킨다는 사실에 유의하자. 그 결과, 별의 반지름은 증가하고 표면온도는 감소한다. 온도의 감소는 불투명도를 증가시키므로, 어떤 한 시점을 지나서부터 대류가 별 내의 대부분의 에너지를 전달하게 된다. 그렇게 되면 광도는 급격히 증가한다. 이때 별은 H-R도 상에서 **적색거성가지**(red giant branch, RGB)까지 상승한다.

적색거성은 주계열성과 현저하게 다른 구조를 갖는다. 그의 질량 대부분은 크기가 지구 반지름의 수 배, 온도가 약 5,000만 도 정도 되는 중심핵에 밀집된다. 적색거성의 중심핵은 밀도가 대단히 높기 때문에 그곳에 있는 전자들은 축퇴가스(degenerate gas)의 상태로 존재한다. 이 상태에서 전자들은 **축퇴가스압력**(degenerate gas pressure)을 준다. 축퇴가스압력은 온도와는 무관하며, 오직 밀도에만 관련되어 있다. 별의 중심핵은 비록 핵융합 반응이 정지되었다 하여도 이 축퇴압력 때문에 중력과 균형을 맞출 수가 있는 것이다.

별이 적색거성에 도달하면, 그의 중심핵은 3α 과정에 의한 헬륨연소에 필요한 최소의 온도($T \approx 10^8$K)에 이르게 된다. 물론, 중심핵의 온도는 중심핵이 수축하는 동안 계속 상승해 왔다. 헬륨으로 된 중심핵은 축퇴되어 있다. 일단 3α 과정에 의한 헬륨연소가 중심핵의 어느 한 부분에서 일어나면, 그 과정으로 발생된 열은 전도에 의해 중심핵 전체로 전달된다. 그 결과 중심핵 전체는 폭발적으로 연소하게 된다. 만일 중심핵

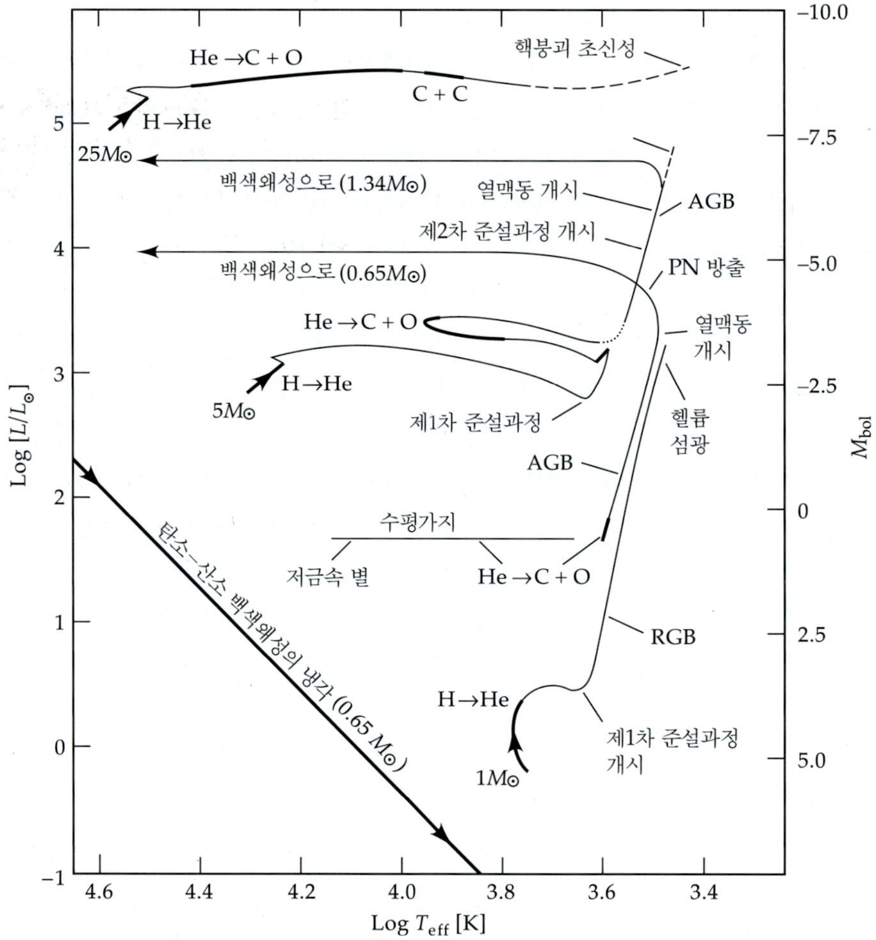

그림 16-4 1, 5, 25$M_\odot$ 별의 이론적 진화경로

주요 핵융합 반응 관계(보다 두껍게 표시한 실선 부분)와 주요 진화 단계가 도시되어 있다. 점선은 불확실한 진화 영역을 나타낸다. (I. Iben, Jr.)

이 보통의 가스로 되어 있다면, 이 폭발적인 연소는 급격한 온도와 압력의 상승을 가져와 중심핵은 크게 팽창할 것이다. 그러나 중심핵은 축퇴되어 있기 때문에 온도의 상승은 축퇴가스의 압력을 증가시키지 못한다. 따라서 중심핵은 팽창하지 않는다. 그 대신 온도의 상승은 3α 연소율을 증가시켜 보다 많은 에너지를 생산하고, 또 그 에너지는 중심핵 내의 온도 상승을 초래한다. 이와 같은 중심핵 내에서 일어나는 폭주현상을 **헬륨섬광**(helium flash)이라고 부른다. 중심핵의 온도가 3억 5,000만 도에 이르면, 전자는 비축퇴가스로 된다. 이때 중심핵은 팽창되며, 따라서 온도는 크게 감소한다.

왜 헬륨섬광이라고 하는가? 축퇴물질의 한 가지 특성은, 그의 대단히 높은 열전도 때문에 물질 내에서의 열의 흐름은 대단히 빠르다는 것이다. 그러므로 중심핵 내의 일부가 헬륨연소 가능한 온도에 이르게 되면, 헬륨연소가 중심핵 전체에 섬광처럼 — 아마도 수 분 이내에 — 확산된다.

헬륨섬광이 일어난 후 별의 반지름과 광도는 약간 감소하며, H-R도 상에서 별은 왼쪽 아래로 이동한다. 이때 중심핵에서는 헬륨이, 그리고 중심핵 둘레의 얇은 층에서는 수소가 조용히 연소한다(수평가지). 이 단계가 중심핵에서 헬륨연소가 일어나는 진화 단계로서, 주계열성의 경우 중심핵에서 수소의 연소가 일어나는 단계에 해당한다.

3α 과정은 결국 중심핵을 탄소로 된 중심핵으로 전환시킨다. 이후 중심핵 내에 핵반응은 정지되었지만 그 주변은 아직도 연소가 지속된다. 이 단계는 — 중심핵에서는 열핵반응이 정지되었지만, 그 주변 층에서는 아직 진행되고 있다 — 별이 주계열을 처음 떠났을 때의 진화 단계와 유사하다. 이때 동일한 진화양상이 반복된다. 즉 중심핵 주변 층의 연소는 별을 팽창시킨다. 따라서 별은 다시 적색거성이 된다. 이제 탄소가 풍부하게 된 중심핵 내의 전자는 다시 축퇴된다. 이때 별은 H-R도 상에서 **점근거성가지**(asymptotic giant branch, AGB)까지 올라간다.

3α 반응률은 온도변화에 대단히 민감하기 때문에, 헬륨–

껍질연소는 별을 불안정하게 만든다. 그 이유는 다음과 같다. 가령, 별이 조금 수축하였다고 하자. 그러면 그 껍질층의 온도와 에너지생산량은 증가할 것이며, 따라서 압력도 함께 증가할 것이다. 이때 생긴 압력의 증가는 중력을 능가하므로 별의 외각층을 팽창시킨다. 이때 일어난 팽창은 온도와 압력의 감소를 가져와, 에너지생산율을 급격하게 저하시킨다. 따라서 별은 다시 수축하게 된다. 별이 수축하면 에너지 생산율이 증가하여 별은 다시 팽창한다. 이러한 과정은 반복된다. 이러한 3α 과정에 의한 에너지 생산의 폭발은 껍질층 내에서 발생한 소규모의 열핵폭발과 같은 것이다. 그래서 그들은 **열맥동**(thermal pulse)이라는 평범한 이름을 갖게 되었다. 열폭발은 수천 년에 한 번씩 일어나서 수 년 또는 수십 년 내에 별의 광도를 20~50% 증가시켰다가 감소시킨다. 열폭발은 별의 맥동과 변광을 수반한다. 폭발이 있을 때마다 급격히 에너지를 생산하고, 그 에너지를 효율적으로 밖으로 전달하기 위해서 대류가 생기며, 대류 덩어리들은 열폭발에서 합성된 원소들을 밖으로 이동시킨다.

이때 별 표면에서는 **초강풍**(superwind)이라고 부르는 대단히 강한 물질의 흐름이 발생하는데, 이는 적색거성의 일반 항성풍과는 다르다. 초강풍은 별의 맥동에서 비롯되며 돌풍적으로 일어나므로, 별의 포피부를 짧은 기간 동안에(약 1,000년) 벗겨 버린다. 그 결과, 별은 고온의 중심핵만 남게 된다. 방출된 물질은 고온의 중심핵에 의해 가열되어 팽창껍질을 형성한다. 천문학자들은 이것을 **행성상성운**이라고 부른다(작은 망원경으로 볼 때 목성형 행성처럼 보인다). 고온의 중심핵은 행성상성운의 중심별로 등장한다. 행성상성운은 물질이 성간 매질로 소실될 때까지 계속 팽창한다.

질량이 $1M_\odot$ 또는 그보다 작은 별일 경우, 중심핵은 탄소연소가 가능한 온도에까지 이르지 못하므로 축퇴된 상태로 남는다. 약 75,000년 지나면 이 별은 주로 탄소로 구성된 백색왜성이 된다. 백색왜성은 에너지원이 없으므로, 계속 냉각되어 수십억 년 후에는 흑색왜성이 된다.

$5M_\odot$인 종족 I의 별

태양의 5배 질량을 가진 종족 I 별의 진화경로를 살펴보자. 실례로서 $5M_\odot$의 별을 선택한 것은 $1M_\odot$보다 빨리 진화하기 때문이다. 주계열에서 이 별은 B형으로 나타날 것이다.

진화경로의 시점(그림 16-4 참조)은 수소연소가 별의 중심에서 시작되었을 때의 위치, 즉 H-R도 상에서는 영년주계열에서 시작된다. 초기에는 중심에서의 온도만이 CNO 순환반응을 일으킬 정도로 높고, 새로운 수소는 중심핵 전체에서의 대류혼합에 의해서 공급된다. 그 결과 중심핵의 물리적 조건은 대단히 복잡하게 변한다. 중심핵에서 수소가 전체 물질에 비하여 적은 부분을 차지하게 되면, 처음에는 중심이, 다음에는 별 전체가 수축한다.

결국 중심핵의 수소는 모두 소모된다. 중심핵의 중력 수축 결과로, 중심핵의 바로 밖에 있는 물질은 온도가 더 높은 곳으로 끌려들어가게 되고, 헬륨 중심핵을 둘러싼 껍질에서는 수소의 연소가 시작된다. 이 껍질은 처음에는 상당히 두껍지만, 별의 전 질량의 상당량이 중심핵으로 집중됨에 따라 껍질은 얇아진다. 중심핵은 매우 밀도가 높아서, 그 위에 있는 물질의 무게를 지탱하고 있다. 이러한 평형상태가 끝나면 중심핵은 훨씬 빠른 속도로 수축하며 가열된다. 이때 껍질 내에서의 에너지생성은 가속되고, 바깥쪽의 표피부는 팽창한다. 이러한 팽창은 표면온도의 감소를 수반하게 되어, H-R도에서 별의 위치는 오른쪽으로 이동한다.

팽창의 마지막 단계에서, 표피부에서는 대류층이 발달하여 진화경로의 방향은 별의 광도가 감소되는 방향에서 증가하는 방향으로 바뀐다. 그것은 대류가 더 많은 양의 에너지를 별의 표면으로 운반하기 때문이다. 이것이 별의 일생 중 **적색거성** 단계의 시작이다. 내부의 온도는 중심핵의 수축 때문에 계속 올라가며, 마침내 3α 과정이 별의 중심에서 시작되는 단계(약 10^8K)에 도달하게 된다. 이 단계에서의 헬륨연소는 오래 계속되지 않는다.

헬륨이 다시 점화될 만큼 온도가 충분히 높아질 때까지 다시 중력 수축이 일어난다. 중심핵에서의 헬륨연소와 껍질층에서의 수소연소 사이의 평형이 깨지면 차차 헬륨연소 쪽으로 기울어지고, 별의 표면은 더 뜨거워지고 더 밝아진다. 헬륨이 소모되고 중심핵이 탄소로 바뀌면 다시 중력 수축이 일어나며 그 둘레에는 헬륨연소가 일어난다.

태양질량을 갖는 별들처럼 진화경로는 점근거성가지를 위로 전향시킨다. 열맥동(thermal pulse)은 별 표면으로부터 초강풍을 유발한다. 그 다음 진화 단계는 확실하지 않다. 별은 아마도 물질을 방출하여 행성상성운을 형성하고 그 중앙에는 중심핵을 남기게 되는데, 이것은 후에 백색왜성이 된다.[2)] 별은 초거성의 과정을 따를지도 모른다. 어느 경우가 되든지 별은 결국 물질을 성간매질 속으로 내뿜게 된다.

이 두 경우의 별들의 일생은 질량이 작거나 중간 정도에 해당하는 별들에서 나타낸다. 질량이 큰 별, 예를 들어 $25M_\odot$인 별이라면 어떻게 될까? 이 별의 수명이 비교적 짧기 때문에 초거성에서처럼 빠른 과정을 거쳐서 죽음에 이를 것이다. 중심부에서 수소, 헬륨, 탄소를 태우는 동안 이 별은 H-R도에서 거의 수평에 가까운 진화경로(그림 16-4 참조)를 따른다는 것에 유의하자. 이 별이 적색초거성에 이르면 중심부가 불안해져 붕괴되는데, 이때 초신성 폭발이 일어난다(제18장 참조).

질량이 극히 큰 별들

질량이 아주 큰, $50\sim100M_\odot$인 별들의 진화에 관한 연구 결과를 살펴보기로 하자. 질량의 손실은 별에 따라 진화에 상당히 큰 변화를 야기시킨다. 태양은 태양풍에 의해 매년 $10^{-14}M_\odot$의 질량을 잃어버린다. 어떤 별들은 **항성풍**을 통하여 훨씬 빠른 속도로 질량을 잃어버린다고 알려져 있다(그림 16-5). 적색거성과 초거성은 매년 $10^{-7}\sim10^{-6}M_\odot$의 비율로 포피부를 불어내보낸다. 질량이 큰 O형별은 수백만 년 동안 주계열에 있으면서 수 $M_\odot$의 질량을 잃는다.

질량손실은 $50\sim100M_\odot$인 별들의 진화경로를 변화시킨다. 주계열이 끝날 무렵에 이들은 초기 질량의 50~60%를 잃어버린다. 별의 포피부가 벗겨질 정도로 질량의 손실이 과다하게 되면 중심핵이 드러나 보이고 CNO 순환 과정에서 생성된 물질이(예를 들면, 질소) 표면에 노출되기도 한다. 이처럼 포피부가 벗겨진 별의 경우, 구각연소가 일어나는 층이 제거되었으므로 적색거성으로 진화하지 못할 것이다. 이와 같은 별의 예로 **울프-레이에별**(Wolf-Rayet stars)을 들 수 있는데, 이 별의 스펙트럼에는 강한 방출선이 관측된다. 이 별은 비정상적으로 많은 질소와 탄소를 지니고 있다.

영년주계열에 위치한 별들이 흔히 관측되는 비율로 질량을 잃으면서 진화할 경우, 이들의 계산된 진화경로를 살펴보면(그림 16-6 참조), 일반적으로 광도는 거의 일정하게 유지되면서 온도는 광범위한 값을 갖는 큰 루프를 그린다. 질량이 큰 별들은($M > 60M_\odot$) 주계열 시절에 항성풍으로 포피층의 물질을 모두 잃어버리고 헬륨의 중심핵만 남긴다. 이러한 별들은 적색초거성이 될 수 없다. 그들은 O형별로서 아마도 울프-레이에별이 될 것이다. 중간 정도의 질량($25\sim60M_\odot$)을 가진 별은 재빨리 중심핵에서 헬륨연소가 일어나는 적색초거성으로 진화한다. 이들은 O형별로 출발하여 청색초거성을 거쳐 적색초거성이 된다. 실제로 어떤 초거성이 되느냐 하는 문

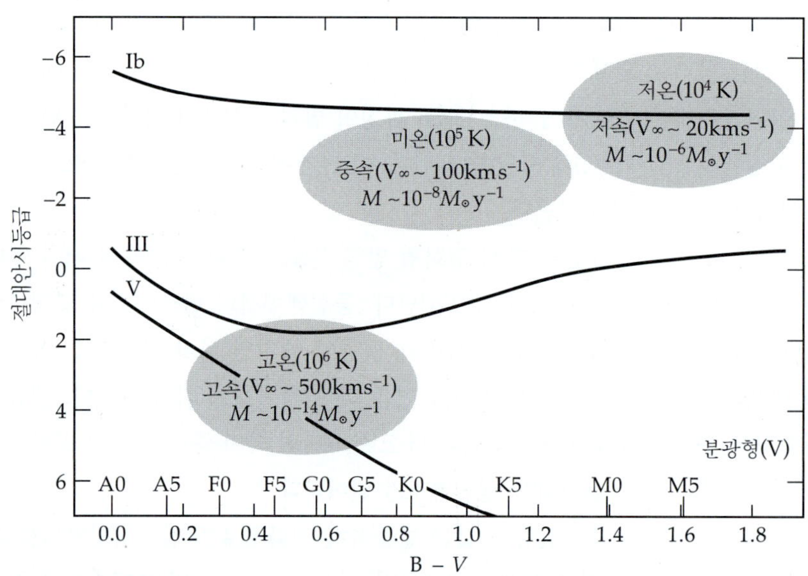

그림 16-5 항성풍을 내는 저온별의 H-R도 상에서의 위치
이들은 세 무리, 즉 저온, 미온, 고온의 항성풍으로 구분한다. 각 항성풍의 속도와 질량 손실률의 대표값이 제시되어 있다. 아래 줄을 따라 기록된 분광형은 주계열성만의 것이다. (A. Dupree)

2) 점근거성가지 단계에서의 진화는 질량손실에 의존하는데, $M < 4M_\odot$ 인 별들은 수평가지 이후 탄소 융합 반응이 일어지 않고 외피부를 행성상성운으로 잃어버리고 CO로 이루어진 백색왜성으로 진화한다고 추정한다. $4M_\odot < M < 8M_\odot$ 인 별들은 탄소 융합 반응이 일어나서 ONeMg로 이루어진 백색왜성으로 진화한다고 추정한다. 그러므로 대략 $8M_\odot$보다 가벼운 별들은 모두 백색왜성으로 일생을 마감한다고 추정한다. 반면 $M > 8M_\odot$인 별들은 지속적으로 핵융합 반응이 일어나, 마침내 철의 중심핵이 중력붕괴하여 핵붕괴 초신성(즉 초신성 II형, Ib형, Ic형)으로 폭발한다고 알려져 있다(Carroll & Ostlie, An Introduction to Modern Astrophysics, pp. 467-468, p. 530). (역주)

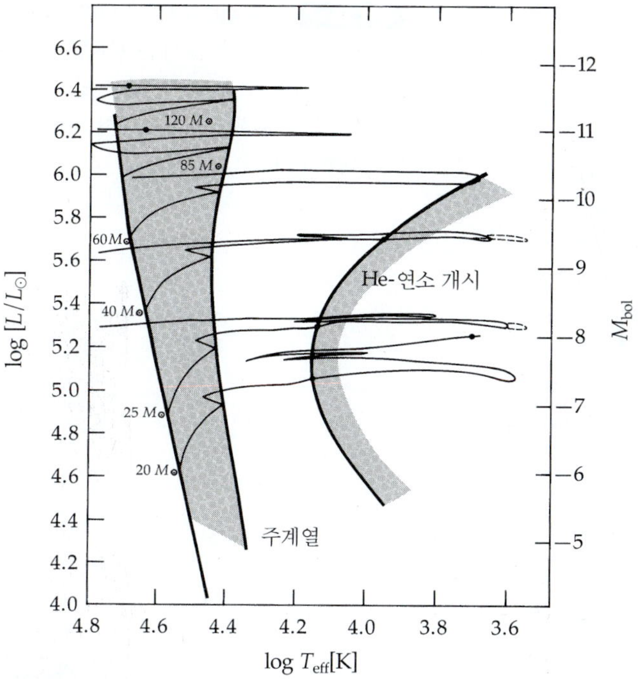

그림 16-6 질량이 대단히 큰 별의 진화경로

초기 질량(20~120$M_\odot$)이 주계열을 따라 표시되어 있다. 항성풍으로 생기는 질량손실을 진화경로를 따라 도시하였다. 주계열대는 왼쪽에 오게 되어 있으며, 오른쪽의 '헬륨연소 개시' 영역은 헬륨연소의 시작을 표시한 것이다. 진화경로 상에 찍힌 첫 번째 점은 주어진 모형에서 헬륨연소가 시작되는 시점을 나타낸다. (C. Chiosi and A. Maeder)

제는 질량손실량에 달려 있다. 가장 작은 질량($M < 25M_\odot$) 범주에 속하는 별은 청색-적색-청색초거성의 계열을 따르게 된다. 이러한 별들은 중심핵이 축퇴되기 전에 헬륨연소가 일어나기 때문에 헬륨섬광은 일어나지 않는다. 결국, 이러한 별들은 폭발하여 초신성이 된다.

16.3.3 질량이 작은 별

질량이 태양보다 훨씬 작은 별들은 진화도 상당한 차이가 있다. 첫째, 질량이 아주 작은 별들은 포피부를 모두 방출시키기 전에 헬륨연소를 일으키지만, 탄소를 전환시킬 만큼 온도가 높아지지 않는다. 이러한 별들은 주로 헬륨으로 이루어진 백색왜성으로 남게 된다.

둘째, 별의 질량이 0.08$M_\odot$보다 작으면 이 별은 주계열에 이르지 못한다. 중력 수축으로는 효율적으로 별을 가열시킬 수가 없다. 수소핵의 융합 반응을 일으킬 정도로 온도가 높아지기 전에 밀도가 대단히 커져서 물질이 축퇴되어 버린다. 이때 축퇴전자의 압력은 별을 지탱할 수 있으므로 그 이상의 수축은 일어나지 않는다. 중력 수축이 정지되어 별을 가열시키지 못하게 된다면 핵 연소는 결코 일어날 수 없다. 따라서 이러한 별은 그대로 냉각되어 갈색왜성(brown dwarf)이 된다(갈색왜성이나 백색왜성에 대하여 더 자세한 것은 17.1절 참조).

16.3.4 금속 함량과 진화

종족 II별은 오직 0.01%의 중원소를 지닌다. 별의 중원소함량은 0.002~0.2%의 범위를 가진다. 종족 II별의 진화경로는 질량이 같은 종족 I 별의 경우와 어떠한 차이가 있을까? 전반적인 진화 과정은 동일하지만, 중심핵에서 헬륨이 연소하고 있을 때 H-R도 상에 나타나는 위치에는 상당한 차이가 있다. 질량이 0.7$M_\odot$이고 중원소함량이 0.01%인 별이 주계열을 떠나면 그 후는 어떻게 될까?(그림 16-7 참조). 중심핵에서 수소의 연소가 일어난 후 거의 160억 년이 지나서야 중심핵의 수소연료는 PP 반응에 의해서 고갈된다. 껍질연소가 에너지 생성을 맡게 되면, 별은 처음에는 천천히, 그 다음에는 대단히 빠른 속도로 적색거성 영역으로 이동한다.

적색거성 단계에 있는 동안, 별은 항성풍에 의해서 질량을 밖으로 불어 내보낸다. 헬륨 섬광 이후부터는 중심핵에서 헬륨 연소를 일으키는 별로 정착한다. 그동안 항성풍에 의한 질량손실 때문에 별의 질량은 약 0.625$M_\odot$이 된다. 이때 수소연소껍질(hydrogen burning shell)과 중심핵에서는 에너지가 계속 생산되며, 한편 중심핵의 밀도는 대략 10^7kgm^{-3}, 온도는 약 1억 도에 이른다. 이 별은 진화함에 따라 광도는 거의 일정하게 유지되지만, 온도는 처음에는 고온으로 상승했다가 그 다음부터는 중심핵에서 연소가 정지되기 전까지 계속 감소한다. 그래서 별의 진화경로는 H-R도에서 구불구불하게 나타난다.

중원소함량이 극히 적은 별들(불과 0.001% 정도)도 중심핵에서 헬륨연소를 일으키는 수평가지의 별들을 이루는데, 이들은 H-R도 상에서 질량은 같지만 중원소함량이 많은 별(0.01% 이상)에 비하여 왼쪽(온도가 높은 쪽)으로 편이 되어 나타난다. 성단에서 수평가지를 따라 질량이 조금씩 다른 까닭은 별이 적색거성에 있는 동안 질량손실의 양이 달랐기 때문이다. 모든 수평가지의 별들은 처음에는 거의 동일한 질량을 가지고 출발해서 동일한 크기의 헬륨핵을 가진 별로 정착되었지만, 그중 어떤 별은 적색거성 기간 중 질량을 더 많이

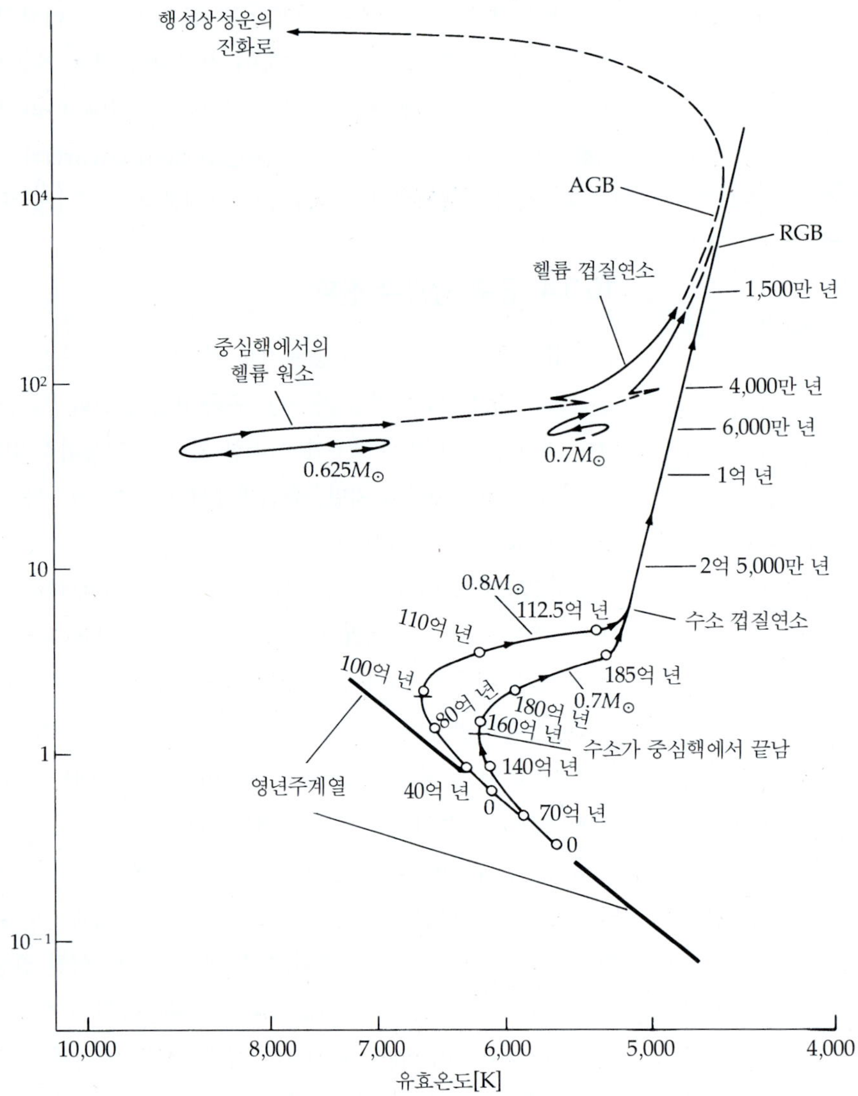

그림 16-7 금속함량이 적은 별들의 진화경로 2개의 진화경로 중 하나는 0.8$M_\odot$, 하나는 0.7$M_\odot$인 별이 주계열을 떠나는 별의 것이다. 두 별은 모두 적색거성 단계에서 질량을 잃는다. (Iben, Jr. I.).

잃어서 헬륨 중심핵 둘레에 대단히 얇은 수소층을 갖게 된다. 이러한 별들은 마치 순수하게 헬륨만으로 구성된 주계열성과 대단히 흡사하며, H-R도 상에서는 수평가지의 왼쪽 끝 부분에 위치하게 된다. 반면에 적색거성 기간 중 질량을 얼마 잃지 않은 별들은 두꺼운 수소의 표피층을 갖게 되어 보통 거성과 대단히 흡사하며, H-R도 상에서는 수평가지의 오른쪽 끝 부분에 위치한다.

16.4 성단 H-R도의 해석

성단을 구성하는 별들이 거의 동시에 가스구름으로부터 수축하여 형성되었다면, H-R도에서의 위치는 이들이 처음 형성된 이후 경과한 시간에 따라 결정될 것이다. 10^8년이 지나면 성단의 별은 태양질량의 3배 또는 약간 더 큰 별에 대응하는 광도 $L/L_\odot \approx 100$, 즉 절대등급 ≈ 0까지는 주계열상에 위치한다. 그리고 질량이 더 큰 별들은 주계열에서 약간 오른쪽으로 옮겨 간 곳에 위치하며, 어떤 별은 거성가지에 도달하게 되겠지만 아직 그곳을 넘어서지는 못한다.

주계열로부터의 **전향점**은 별이 처음 영년주계열에 도달했을 때부터 경과한 시간을 알려 준다. 성단의 나이를 알려면 이론적 H-R도(그림 16-8)에서의 전향점을 그림의 오른쪽에 있는 척도와 비교하면 알 수 있다. 여러 성단의 관측으로부터 얻은 H-R도는 성단이 형성된 이후 특정 시간까지 소속 별들이 진화한 경로의 실제 궤적을 나타낸다. 이 궤적은 때때로 **동시간 곡선**(isochrones)으로 표시된다. 계산된 동시간곡선과 관

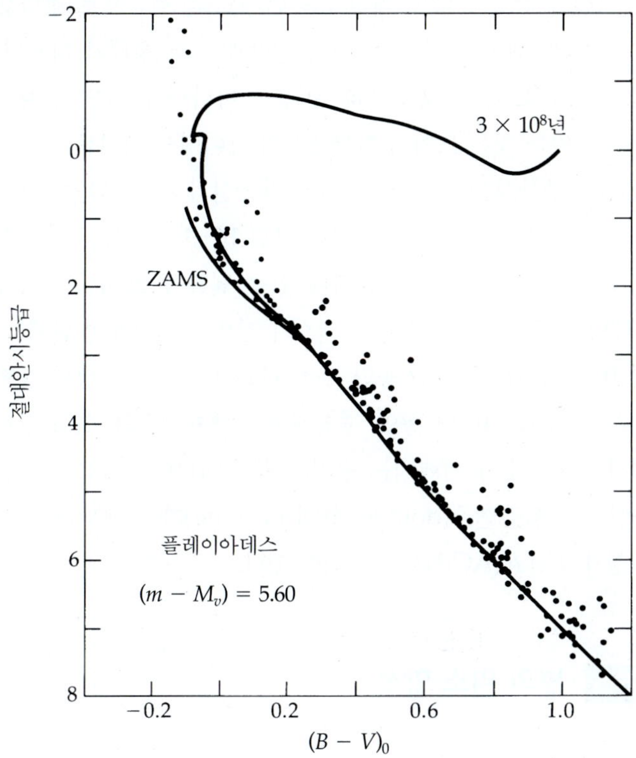

(A)

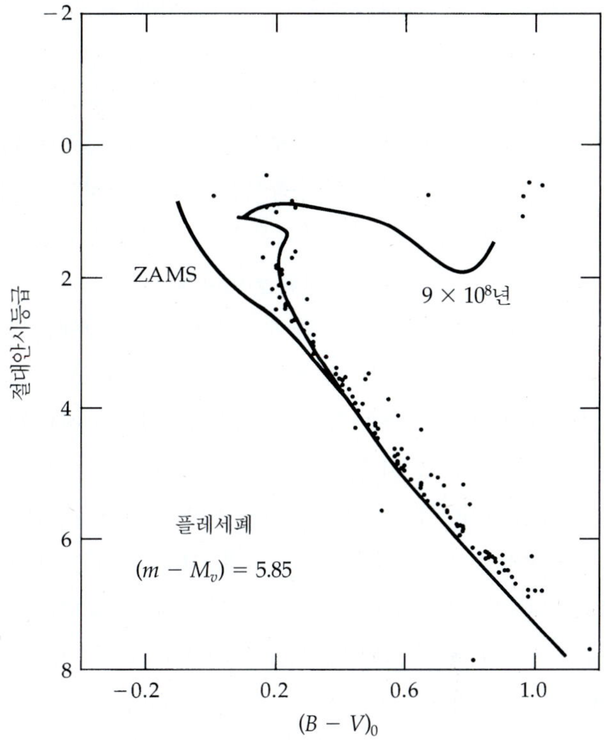

(B)

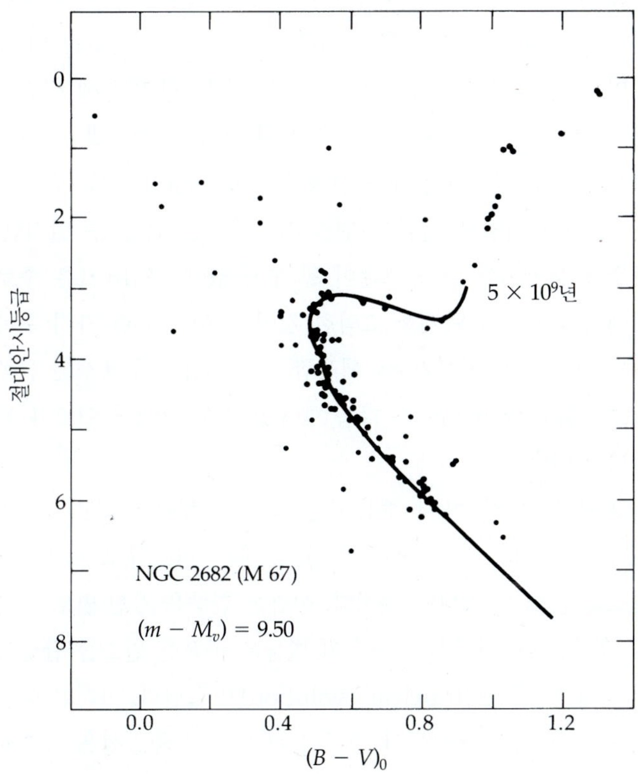

(C)

그림 16-8 성단의 H-R도

관측된 전향점을 이론 모형의 동시간곡선(실선)과 비교함으로써 성단의 개략적 나이를 얻는다. (A) 플레이아데스성단의 H-R도. 실선은 이론적 계산에서 성단의 영년주계열성이 3 × 10^8년 동안 진화한 모형이다. 주계열에 아직도 질량이 큰 별들이 남아 있는 것을 보면 플레이아데스성단은 이 나이보다는 젊다. (B) 나이가 9 × 10^8년 되는 이론 모형과 가장 잘 맞는 프레세페성단의 H-R도이다. (C) 프레세페성단과 같은 식으로 구한 M67 성단의 H-R도는 나이가 5 × 10^9년 되는 이론 모형의 계산 결과와 가장 잘 맞는다. 거리지수가 각각 제시되어 있다. (D.A. VandenBerg)

측된 H-R도가 매우 비슷하다는 사실은, 현대 천체물리학의 큰 성과 중의 하나이다.

원시성의 수축시간은 매우 짧기 때문에, 특히 잘 발달된 성단에 대해서는 보통 이 기간을 무시할 수 있다. 그런데 많은 성단의 경우, 질량이 큰 별의 수축시간은 질량이 작은 별에서보다 훨씬 짧기 때문에, 질량이 작은 별이 주계열에 도달할 때에는 질량이 큰 별은 이미 주계열을 떠나게 된다. 그러한 성단의 예로 플레이아데스성단을 들 수 있는데, 이 성단에는 질량이 크고 밝은 별들이 많다. 이 성단의 전향점은 H-R도의 상부에 위치하며(그림 16-8A 참조), 초거성가지가 존재한다는 사실은, 질량이 큰 별들이 빨리 진화했기 때문이라고 해석할 수가 있다. 플레이아데스성단의 나이는 10^7년이다. 중간 단계의 예로는 프레세페성단을 들 수 있는데, 그의 나이는 약 9×10^8년이다(그림 16-8B). 다른 극단적인 예로, 상당히 진화된 별들로 구성된 늙은 산개성단(종족 I) M67을 들 수 있다. M67에는 적색거성가지로 진화한 약 $1.25M_\odot$인 별과 이제 주계열을 떠나려고 하는 $1M_\odot$인 별들이 있다. M67 성단의 나이는 5×10^9년으로 추측된다(그림 16-8C 참조).

종족 II인 구상성단의 H-R도(그림 16-9)는 중간 종족 I성단(M11 같은)과 늙은 종족 I성단(M67 같은)에 대한 전형적인 H-R도와는 다르다. 구상성단은 M67보다 더 늙었지만, 그들은 사실 중원소가 없이 거의 순수한 수소와 헬륨으로 출발했기 때문에, 진화경로는 종족 I의 성단과는 그 형태가 다르다. 현재의 H-R도는 진화경로의 끝 점을 나타낸다. 성단에 따라 차이가 있는 것은 초기의 화학조성의 차이에서 기인한다고 생각된다. 구상성단은 화학조성과 질량손실의 차이 때문에 나타나는 수평가지를 보여 주고 있다(그림 16-9의 HB). 구상성단의 H-R도는 모든 진화 단계에 있는 별들을 보여 준다. 즉 10^{10}년간 중심핵에서 수소의 연소가 진행되는 주계열 단계(그림 16-9의 MS), 10^8년 동안 수소 껍질의 연소가 진행되는 적색거성(RGB), 10^8년 동안 중심핵에서 헬륨연소와 수소 껍질에서 수소연소가 진행되는 수평가지 단계(HB), 그리고 10^7년 동안 이중껍질연소(double shell burning)가 진행되는 점근거성가지 단계(AGB)가 망라되어 있다.

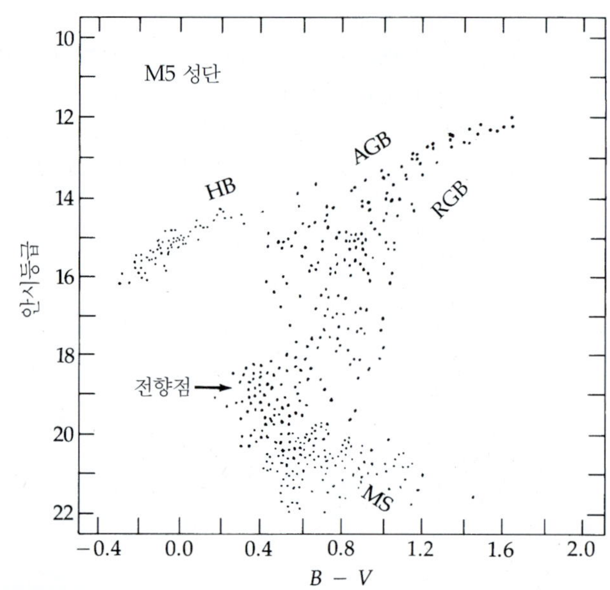

그림 16-9 한 구상성단의 모식적인 H-R도
적색거성가지(RGB), 수평가지(HB), 점근거성가지(AGB), 주계열(MS), 전향점 등 진화의 주요 단계들이 표시되어 있다. (V. Castellani)

16.5 별의 원소 합성

별이 생존하기 위해서는 보다 가벼운 원소를 융합하여 무거운 원소를 만들면서 에너지를 생성해야 한다. 중력 수축은 핵융합 반응이 일어날 수 있도록 초기의 열을 제공한다. 별의 질량이 크면 클수록 중력 수축에 의해 상승되는 중심온도는 더 높으며, 합성되는 원소의 질량도 무겁다. 핵융합 반응에 필요한 가연온도를 알면 주어진 질량을 가진 별이 합성해 낼 수 있는 가장 무거운 원소의 한계를 결정할 수 있다(표 16-1). 예를 들면, 우리의 태양은 헬륨을 연소시켜 탄소를 만들 수 있지만, 탄소를 융합시킬 만큼 고온이 될 수가 없다. 표 16-1은 주로 핵에너지의 생성 단계를 요약한 것이다. 여기서 한 가지 주목되는 것은 철에 이르기 전, 핵융합 반응 단계에서 생성된 산물[또는 재(ashes)]들은 그 다음 핵융합 반응 단계의 연료가 된다는 것이다.

표에서 또 한 가지 주목되는 것은 질량이 대단히 큰 별($5M_\odot$보다 질량이 큰 별)만이 산소, 네온, 나트륨보다 무거운 원소를 만들 수 있다는 것이다. 이만한 질량을 가진 별도 그다지 많지 않다. 따라서 대다수의 별들은 중요한 원소를 합성하지 못하고, 핵진화(nuclear evolution)가 끝난다. 이러한 사실은 우주의 진화에 있어서 질량이 큰 별들의 중요성을 강조해 준다. 또, 무거운 별들만이 무거운 원소를 합성할 뿐만 아니라 초신성 폭발이란 과정을 통해 합성된 원소의 일부를 다시 성

표 16-1 별의 열핵에너지 생성 단계

과정	연료	주요 산물	온도[K]	최소질량(태양질량 단위)
수소연소	수소	헬륨	$1 \sim 3 \times 10^7$	0.1
헬륨연소	헬륨	탄소, 산소	2×10^8	1
탄소연소	탄소	산소, 네온, 나트륨, 마그네슘	8×10^8	1.4
네온연소	네온	산소, 마그네슘	1.5×10^9	5
산소연소	산소	마그네슘에서 황까지	2×10^9	10
규소연소	마그네슘에서 황까지	철 근처의 원소들	3×10^9	20

간매질로 환원하고 있다.

적색거성은 우주의 핵합성에 있어서 중요한 역할을 한다. 헬륨-연소 껍질에서 일어나는 열맥동은 일정한 동위원소들, 특히 중성자가 풍부한 동위원소를 생산하게 한다(중성자가 풍부한 동위원소란 원자핵 내에 중성자의 수가 양성자보다 많은 원소를 뜻한다). 이러한 과정은 질량이 작거나, 중간 정도 되는 별의 경우, 두 진화 단계에서 일어난다. 이 과정이 후주계열 진화경로에서 각각 어떻게 일어나고 있는지 알아보기로 하자(그림 16-4).

첫 번째는 별이 처음 적색거성이 될 때 일어난다. 적색거성 때 나타나는 대류층은 별의 중심핵까지 확대되고, 이 대류는 수소연소로 합성된 원소들을 표면으로 끌어올린다. 대류층 바닥에서는 탄소가 질소로 전환되고 있다. 대류가 여기서 처리된 물질을 표면으로 가져옴으로써 탄소의 함량은 감소되고, 질소의 함량은 증가한다. 최초로 모든 적색거성이 되는 별에서 일어나는 이러한 전 과정을 **제1차 준설 과정**이라고 한다(그림 16-4의 진화경로를 따라 표시한 지점 참조).

$5M_\odot$와 같이 질량이 중간 정도 되는 별의 경우는 중심핵에서 헬륨연소를 끝낸 다음에 제2의 핵합성 과정이 일어난다. 열맥동 현상은 헬륨을 탄소로, 탄소를 산소로, 산소를 마그네슘, 그리고 철을 중성자가 많이 포함된 중원소들의 동위원소들로 전환시킨다. 대류는 이들을 표면까지 끌어올리게 되는데, 이러한 과정을 **제2차 준설 과정**이라고 한다(그림 16-4 참조).

이와 같은 모든 과정도 한 가지 주요한 사실, 즉 적색거성이 강한 항성풍을 낸다는 사실을 제외하면 우주의 질서에는 하등의 영향을 주지 않는다. 이 강한 항성풍은 별 표면의 물질을 불어 내어 제1차, 그리고 제2차 준설 과정에서 만들어진 물질들을 성간으로 내보낸다.

핵심 수식과 개념

- 별의 구조 방정식

정유체평형

$$\frac{dP}{dr} = -\frac{GM(r)}{r^2}\rho(r)$$

질량연속

$$\frac{dM}{dr} = 4\pi r^2 \rho(r)$$

에너지 전달(복사와 대류)

$$\frac{dT}{dr} = -\frac{3\kappa(r)\sigma(r)}{64\pi\sigma r^2 T^3(r)} L(r)$$

$$= \left(1 - \frac{1}{\gamma}\right)\frac{T(r)}{P(r)}\frac{dP}{dr}$$

에너지 생성(열평형)

$$\frac{dL}{dr} = 4\pi r^2 \rho(r)\epsilon(r)$$

상태방정식

$$P(r) = \frac{k\rho(r)T(r)}{\mu(r)m_H}$$

• 크레이머스 불투명식

$$\kappa = \text{상수} \times \frac{Z(1+X)\rho}{T^{3.5}}$$

별의 수명(주계열성)

$$\frac{t_*}{t_\odot} = \left(\frac{M_*}{M_\odot}\right)^{-2.3}$$

문제

1. 태양에서는 매초 약 6×10^{11}kg의 수소가 헬륨으로 전환된다는 것을 증명하시오.

2. (가) $M = 2 \times 10^{32}$kg이고, $L = 4 \times 10^{32}$W인 별이 있다. 이 별이 100% 수소로 이루어져 있고, H가 모두 He으로 전환된다면 얼마 동안이나 광도를 유지할 수 있겠는가?

(나) $M = 10^{30}$kg이고 $L = 4 \times 10^{25}$W인 별에 관하여도 위와 같은 계산을 해 보자.

3. 다음 별들이 가스와 티끌구름으로부터 시작하여 마지막 죽음에 이르기까지의 진화 과정을 간단히 설명하시오. 또한 진화의 어느 단계가 매우 불확실한지 지적하시오.

(가) $M = 10M_\odot$

(나) $M = 0.1M_\odot$

4. 그림 16–8, 16–9, 표 16–1에 주어진 자료를 이용하여 나이가 10^7년, 10^8년, 10^9년인 성단의 H-R도를 스케치하시오(등시곡선). 좌표측을 분명하게 표시하고 그 결과(전향점)의 중요성에 대하여 논의하시오.

5. 상세한 항성 내부구조의 모형을 구하려면 복잡한 계산 코드를 사용해야 하지만, 간단한 비례관계는 근사법을 써서 얻을 수 있다. 거친 결과를 얻는 데는 dx/dr를 $\Delta x/\Delta r$로 대치할 수 있다. [이 방법은 수치계산법에 유한차법(finite difference)의 한 거친 유형이다.]

(가) 정유체평형 방정식 (16–1)을 사용하여 중심압력이 $P_c \propto M^2/R^4$으로 표시됨을 보이시오. 이때 dP/dr를 $\Delta P/\Delta r$로 놓고 $r = 0$과 $r = R/2$ 사이의 차, 즉 $\Delta P/\Delta r \approx [P(r = R/2) - P_c]/(R/2 - 0)$을 구하시오. 여기서, $P = (r = R/2)$는 P_c와 비교해 볼 때 무시할 정도로 작다고 가정해도 좋다. $\rho(r)$에 평균 밀도 $\langle\rho\rangle$값을 대입하시오.

(나) 복사 전달 방정식과 (가)에서 택한 방법을 사용하여 dT/dr를 구함으로써, 이론적 질량–광도의 관계가 $L \propto M^3$으로 표시됨을 보이시오. 이때 $\kappa(r)$는 상수, 그리고 $T(r) \propto T_c$로 가정하시오.

(다) 동일한 방법을 써서 주계열성의 유효온도와 질량 사이의 개략적 관계를 구하시오. (다른 변수들은 비례 관계식에 들어가지 않아야 한다.)

(라) (나)과 (다)에서 얻은 결과를 결합하여 T와 L 사이의 관계를 구하시오. H-R도(그림 13–7, 13–9)와 표 A4–3을 사용하여 구한 $L = 10L_\odot$인 별의 온도를 태양의 온도와 비교하시오. 그 값은 여기서 얻은 이론적 $T - L$ 관계와 어떻게 비교되는가?(정량적으로)

6. 어떤 별의 중심핵에서 핵반응을 일으킬 수 있는 수소의 질량은 $M_c \approx 0.5M_\odot$라고 가정하자. 문제를 간단하게 하기 위하여 에너지 생성반응은 오직 $4\,^1\text{H} \rightarrow {}^4\text{He}$ + '에너지'뿐이라고 가정하자(에너지의 일부는 양전자와 중성미자의 형태로 있다는 사실을 무시할 것). 연의 단위로 나타낸 수소연소의 기간을 태양질량의 단위로 표시된 질량의 함수로 나타낸 식을 구하시오. [수소연소의 기간 중 L = '일정' 함을 가정하고, $L \approx M^3$(태양의 단위로 표시됨)인 질량–광도 관계를 활용하시오.]

7. (가) 0.5, 10, $50M_\odot$인 별의 중심압력을 구하시오. 여기서 구한 압력을 태양의 중심압력값과 비교하시오.

(나) 0.5, 10, $50M_\odot$인 별의 중심온도를 구하시오. 여기서 구한 온도를 태양의 중심온도와 비교하시오.

8. 질량이 0.5, 1, 5, 10, $25M_\odot$인 주계열상의 수명을 계산하시오.

9. 별이 모든 진화 단계에서 완전흑체처럼 복사한다는 가정하에, 스테판–볼츠만 법칙을 사용하여 질량이 $1M_\odot$인 별이 그림 16–4의 모든 진화 과정을 지날 때 이 별의 반지름(태양 반지름의 단위로 표시할 것)을 각각 구하시오. (힌트 : 그림에서 온도와 광도의 축은 대수값으로 나타내었다).

10. 질량이 $1M_\odot$인 별이 헬륨연소 기간 중 방출한 에너지량과 그의 지속 시간을 추산하시오.

(가) 3α 과정의 $3^4He \rightarrow {}^{12}C$ 반응에서 반응당 방출된 에너지를 계산시오(^4He의 원자량은 4.0026, 탄소의 원자량은 12.0000이다).

(나) 3α 반응에 의해서 에너지로 방출되는 질량은 3개의 헬륨 질량에 비하여 얼마나 되는지 그 비율을 구하시오.

(다) 별의 처음 질량의 약 10%가 중심핵에서 ^4He으로 되어 있다고 가정하자. 헬륨연소 단계에서 3α 과정으로부터 얻을 수 있는 총 에너지를 계산하시오.

(라) 헬륨이 별의 중심핵에서 연소하고 있을 때, 수소의 연소는 껍질층에서 일어나고 있다. 그러므로 이때 별의 광도는 오직 헬륨연소에 의한 것만은 아니다. 헬륨연소가 제공하는 광도가 $10^2 L_\odot$임을 가정하고, 중심핵에서 헬륨연소가 얼마나 지속될 수 있는지 그 시간을 구하시오.

11. 밀도가 별의 중심부($r < r_0$)는 $\rho(r) = \rho_0$, 중심부와 표면 사이($r_0 < r < R$)에서는 $\rho(r) = \rho_0(r_0/r)^2$, 표면 밖($r > R$)에서는, $\rho(r) = 0$로 기술되는 별을 생각하자.

(가) 질량 $M(r)$을 구하시오.

(나) $R = R_\odot$에서 질량이 $1M_\odot$이고 중심부의 반지름이 $r_0 = 0.1R$인 별 중심부의 밀도 ρ_0를 구하시오.

(다) 압력 $P(r)$에 대한 수식을 구하시오.

12. 다음 표는 미래 태양의 진화 모형을 나타낸 것이다. 주어진 각 시점에서 태양의 유효온도를 구한 다음 그 진화경로를 H-R도에 도시하시오.

시간[Gy]	광도[$L_\odot$]	반지름[$R_\odot$]
5.5	1.08	1.04
6.6	1.19	1.08
7.7	1.32	1.14
8.8	1.50	1.22
9.8	1.76	1.36

Chapter 17

별의 죽음

지금까지 우리는 별이 죽기 직전까지 소개했다. 주계열을 지나서 별의 죽음과 최종 상태 ─ 즉 별의 주검 ─ 에 도달하는 과정을 이야기해 왔다. 이 장에서는 별의 죽음을 상세히 살펴보고, 뒤에 남겨지는 기묘한 주검인 갈색왜성, 백색왜성, 중성자별, 블랙홀에 대하여 살펴보기로 한다. 이들의 최종 상태는 영구적인 것으로서, 그 이후에는 변화가 거의 일어나지 않는다.

그 주검의 종류는 별이 죽을 때의 질량에 의하여 결정되는데, 그때의 질량은 주계열에 있을 때의 질량보다 작다. 적색거성 단계와 초신성 상태 또는 행성상 성운들이 형성될 때에 질량 손실이 일어나기 때문이다. 주검은 질량에 따라 백색왜성(질량 $< 1.4M_\odot$), 중성자별($1.4M_\odot \sim 3M_\odot$), 블랙홀(질량 $> 3M_\odot$)이 된다. 그들이 주계열상에 있었을 때의 질량은 이보다는 컸을 것이다. 갈색왜성의 질량은 $< 0.08M_\odot$이고, 결코 주계열성이 되지 못한다. 갈색왜성은 핵융합 반응을 일으키지 못하므로 어떤 의미에서는 별이라고 할 수 없겠다(서론의 P5.3절, P5.12절, P5.13절, P5.14절 참조).

17.1 백색왜성과 갈색왜성

백색왜성은 적색거성으로부터 진화되는데, 정확한 진화의 경로는 질량에 의존한다. 우리 태양과 같은 별(16.3.2항)은 탄소핵의 수축이 탄소를 융합할 만큼 충분히 높은 온도로 올리지 못한다. 다만, 핵이 매우 압축된 상태로 수축하여, 그에 따른 온도 상승으로 핵 바로 밖에 있는 헬륨 구각의 연소율을 가속시킨다. 이 별은 포피부(envelope)를 방출하게 될 때까지 맥동 운동을 한다. 포피부는 얇은 껍질의 형태로 핵에서 분리되고, 팽창하여 냉각된다. 이 과정으로 **행성상성운**(planetary nebula, 16.3.2항)을 만든다. 별이 포피부를 잃고 나서, 그 핵은 고온 고밀도의 별로서 정체를 드러내는데, 이것이 **백색왜성**(white dwarf)이다.

중간 정도 질량의 별들이 적색거성에서 백색왜성으로 진화하는 도중에 강한 항성풍으로 질량을 잃고 있는 새로운 예들이 적외선 망원경과 전파망원경으로 관측되고 있다. 차가운 별에서 나오는 저온의 항성풍에는 티끌이 많아서 별들을 광학적 시계로부터 가리게 된다. 관측에 의하면 이러한 분출류(outflow)는 어떤 경우에는 한 축을 따라 양쪽 방향으로 흘러나오는 물질을 동반하는 쌍극류를 이루고 있다(그림 17–1). 별 자체는 티끌의 원반에 의해 가려져 있는데, 원반은 분출류의 방향을 잡아 준다. 분출류의 속도는 약 $200 kms^{-1}$으로, 주변 성간매질 속에 충격파를 일으키기에 충분한 속도이다. 이렇게 짧은 단계를 거쳐 행성상성운이 형성된다.

관측적 증거에 의하면 $M \leq 7M_\odot$인 주계열성들은 그들의

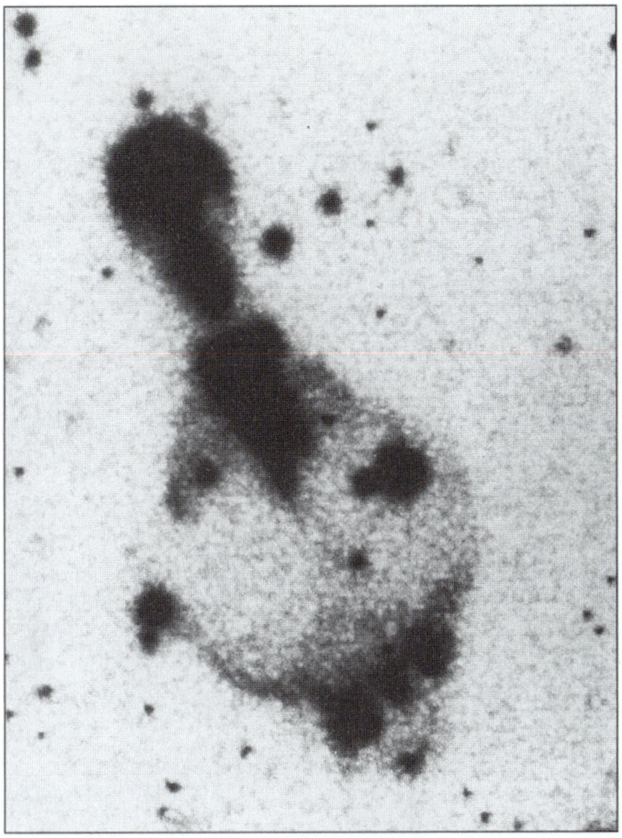

(A)

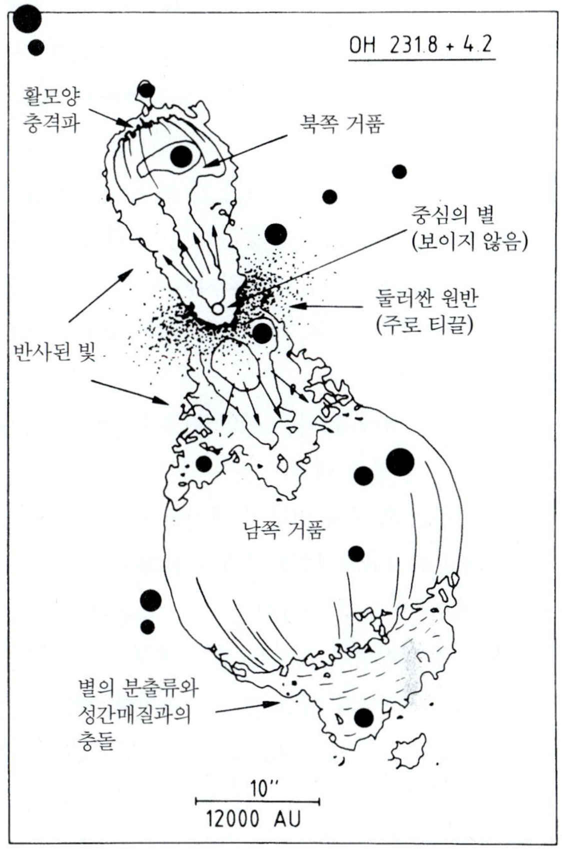

(B)

그림 17-1 진화된 적색거성(AGB 별의 하나)으로부터 나오는 강한 항성풍
왼쪽 음화는 Hα필터를 써서 찍은 것으로, 별의 분출류에 의하여 들뜬 상태가 된 기체를 보여 준다. 오른쪽 그림은 분출류와 주변 물질과의 상호작용을 모식적으로 그린 그림이다. (B. Reipurth, ESO)

생애를 백색왜성으로 마친다.[1] 기본적으로 저질량 및 중간 질량의 별들은 AGB 상에 있는 동안에 축퇴된 핵을 성장시켜서 백색왜성을 만든다. 헬륨의 열적 플래시(thermal flashes) 단계 이후에 응축된 핵을 드러내기 위해서는 질량 손실이 크게 일어나야 한다.

형성되는 백색왜성의 종류는 별의 주계열 단계에서의 질량에 따라 결정된다. $0.5M_\odot$ 이하의 별들은 헬륨을 태우는 융합 반응을 일으키지 못하므로 헬륨 백색왜성이 된다. 질량이 0.5~$5.0M_\odot$인 별들은 탄소를 태우지 못하고 탄소−산소 별을 남기며, 5~$7M_\odot$ 범위의 별들은 탄소가 타서 산소−네온−마그네슘 백색왜성이 된다.

17.1.1 물리적 성질

백색왜성은 밀도가 대단히 크기 때문에 구성물질이 더 이상 보통 기체처럼 행동하지 않는다. 백색왜성은 매우 심하게 압축되어 있기 때문에 전자들은 완전히 자유롭게 운동하지는 못한다. 전자의 운동은 다른 전자들이 너무 가까이 있기 때문에 특별한 제한을 받게 된다. 어떤 전자들은 매우 빠른 속도로 운동하기도 하지만, 보통 기체 속에서처럼 충돌에 의해서 그들의 속도를 바꾸지는 못한다. 전자들은 다른 전자들과 궤도를 교환함으로써만 속도를 바꿀 수 있다. 이때 양자역학의 법칙이 성립되어, **파울리 배타 원리**가 적용된다. 즉 반대 방향의 스핀(spin)을 가진 단 2개의 전자만이 주어진 부피 속에서 주어

1) 최신 이론에 의하면 $4M_\odot < M < 8M_\odot$인 별들이 ONeMg로 이루어진 백색왜성으로 진화한다고 추정한다(Carroll & Ostlie, An Introduction to Modern Astrophysics, pp. 467−468). (역주)

진 에너지를 동시에 가질 수 있다. 꽉 채워져 있기 때문에 공간에 여유가 없으므로, 한 전자에 허용되는 속도의 수, 즉 에너지의 수가 더 적어진다. 이러한 물질을 **축퇴된 전자 기체**라고 한다. 이러한 축퇴된 기체 속에서는 전자들이 핵들을 둘러싸고 매질 전체에 걸쳐서 거의 고르게 분포된다. 핵들은 규칙적으로 배열되어 있고, 압력이 증가하면 더 바짝 조여지게 되며, 마침내는 서로가 붙어서 결정격자와 같은 상태가 된다. 이러한 조건에서는 그 물질은 기체라기보다는 고체와 같은 상태를 닮게 된다.

이러한 고밀도 상태가 되는 원인은, 모든 핵에너지가 소진된 반면에, 별은 중력에 의하여 계속 압축되기 때문이다. 압축은 축퇴된 전자의 압력에 의하여 저지될 때에 이르러서 멈춘다. 다만, 질량이 $1.4M_\odot$[**찬드라세카 한계**(Chandrasekhar limit)라고 한다] 이하의 별만이 안전한 백색왜성이 될 수 있다. 그것은 정유체평형과 축퇴된 전자 기체의 성질에 의하여 결정되는 별의 구조상의 제한 조건 때문이다. 백색왜성의 특이한 성질은 모두 그것이 축퇴된 물질로 이루어졌다는 사실에서 기인되는 것이다. 중요한 사실 하나는 질량-반지름의 관계이다. 즉 백색왜성은 질량이 클수록 크기는 더 작다는 사실이다. 이와는 대조적으로 주계열성들은 질량이 클수록 더 크다(왜 그런지 추리할 수 있는가?). 백색왜성에 대한 질량-반지름 관계를 따져 보기로 하자.

완전히 축퇴된 비상대론적인 물질 내의 압력과 밀도의 엄밀한 관계는

$$P = K\rho^{5/3} \qquad (17\text{–}1)$$

이다. 여기서 K는 상수이다(상대론적인 기체에서는 $P \propto \rho^{4/3}$이다). 이것이 축퇴 물질의 상태방정식이다. 이것과는 대조적으로 이상 기체의 상태방정식은

$$P = nkT \qquad \text{또는} \qquad P \propto \rho T$$

이다. 이제 정유체 역학적 평형에서

$$P \propto \frac{M^2}{R^4}$$

가 성립하는데, 이 결과는 어떤 별에도 적용된다. 그러므로 위의 상태방정식을 밀도식

$$\rho \propto \frac{M}{R^3}$$

에 대입하면

$$P \propto \rho^{5/3} \propto \frac{M^{5/3}}{R^5}$$

를 얻는다. 이제

$$P \propto \frac{M^2}{R^4}$$

식을 쓰면

$$\frac{M^2}{R^4} \propto \frac{M^{5/3}}{R^5}$$

이다. 따라서

$$R \propto \frac{1}{M^{1/3}}$$

이 된다.

만일 축퇴된 비상대론적 상태식을 쓴다면

$$R = \frac{4\pi K}{G(4/3\pi)^{5/3}M^{1/3}} \qquad (17\text{–}2)$$

를 얻는다. 질량-반지름 관계에서 M이 클수록 R이 작아짐을 알 수 있다. 이 결과는 백색왜성이 최대 질량의 한계를 가질 것이라는 것을 암시하고 있다(사실 그렇다 — 찬드라세카 한계 질량).

일반적으로 대부분 백색왜성의 질량은 간접적인 측광 또는 분광 방법으로 결정된다(일부 백색왜성은 쌍성계에 속한다). 거리가 결정된(시차에 의해) 별들에 대해서는 유효온도를 측정하여 질량을 구할 수 있다. 즉 유효온도로부터 반지름을 구하고, 가정된 질량-반지름 관계[식 (17–2)와 같은]를 이용하여 그 질량을 추정한다. 거리를 모를 때에도 분광측광(spectrophotometric) 관측과 모형 대기를 합해서 별의 표면중력 g를 추산하고, 그로부터 다시 질량-반지름 관계를 적용해서 질량을 얻는다. 전체적으로 말해서 백색왜성의 측정된 질량의 평균값은 $\approx 0.7M_\odot$이다.

백색왜성은 자체의 열에너지의 복사로 빛을 낸다는 사실에 유의하자. 잔여열이 얇은 비축퇴 외피(별의 대기)를 통해서 빠져나감에 따라 축퇴된 등온핵은 차츰 식어간다. 압축에 의하여 풀려나오는 중력에너지는 별의 광도에는 하나도 보탬이 되지 않는다. 오히려 그것은 단순히 축퇴된 전자들을 더 높은 에너지 수준(준위)으로 올려놓을 뿐이다. 전체적으로 말해서, 백색왜성의 냉각 시간으로 정의된 연령과 광도와의 관계는

$$t_{\text{cool}} \propto L^{-5/7}$$

이다. 그러므로 백색왜성은 나이가 들수록 더 천천히 식는다. 백색왜성이 더 이상 빛을 발하지 못하는 상태에 도달하면 흑색왜성이 된다.

개념 적용 **냉각 시간**

우리는 백색왜성의 냉각 시간을 대충 아래와 같이 추산한다. 전체의 열에너지는 $N(3/2kT)$이다. N은 별 속의 입자의 총 개수이다. 이제 $0.8M_\odot$인 별이 10^7K의 평균 내부 온도를 가진 탄소로 이루어졌다고 가정하자. 이때의 총 열에너지는 약 10^{40}J이고, 일정한 광도 $10^{-3}L_\odot$을 가진다.

그래서 열적 수명은

$$t_{\text{cool}} = \frac{E_{\text{thermal}}}{L} \approx \frac{10^{40}\text{J}}{(10^{-3})(3.8 \times 10^{26}\text{Js}^{-1})} = 10^9\text{년}$$

이다. 그러므로 백색왜성이 흑색왜성이 되도록 식는 데는 수십억 년의 세월이 걸린다.

17.1.2 관측

1862년에 미국의 광학 기계상 클라크(Alvan Clark, 1832~1897)는 시리우스 A의 희미한 동반성 시리우스 B을 발견하였다(그림 17-2). 이후 이 별이 백색왜성으로 판명되었다. 시리우스 B는 쌍성계에 속하며, 질량은 케플러 제3법칙을 써서 계산할 수 있다(12.2절). 그 계산에 의하면, 시리우스 B의 질량은 $1.05 \pm 0.03M_\odot$이었다. 이 별의 광도는 약 $3 \times 10^{-3}L_\odot$로 낮고, 표면온도는 약 29,500K로 높다. 따라서 $L = 4\pi R^2\sigma T^4$에서 그 반지름은 $7 \times 10^{-3}R_\odot$이 되고, 평균 밀도는 $3 \times 10^9\text{kgm}^{-3}$가 된다. 우연한 일치지만, 작은개자리[Canis Minor, 큰개자리(Canis Major) 근방에 있음]에서 가장 밝은 별 프록키온(Procyon)의 동반성도 역시 백색왜성이다. 이 동반성의 존재는 1862년의 프록키온의 운동으로부터 예측되었다가 1882년에 실제로 관측되었다. 프록키온 B라고 명명되었는데, 그 질량은 약 $0.68M_\odot$이다. 에리다누스자리 40B도 역시 쌍성의 동반성으로 $0.43 \pm 0.02M_\odot$의 질량을 가지고 있다. 쌍성계에 속하는 백색왜성의 질량도 기본적으로 단독 백색왜성의 질량과 같다고 생각된다.

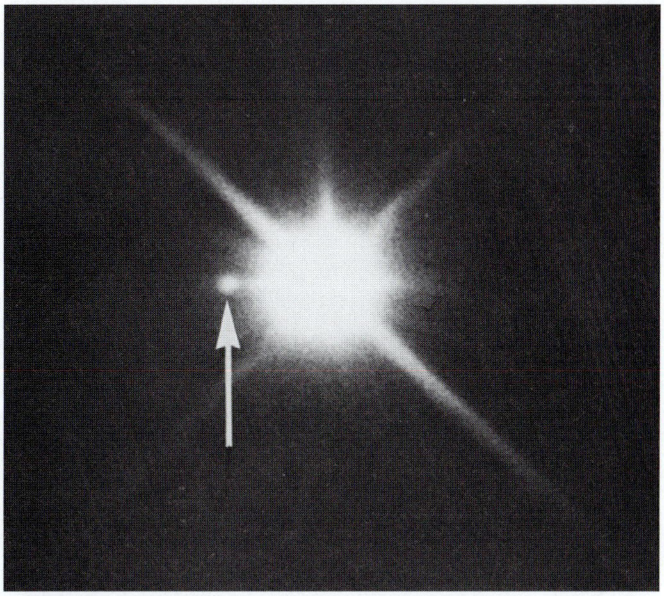

그림 17-2 백색왜성
시리우스 B(Sirius B, 화살표)는 시리우스 A의 쌍성 동반성이다. (릭 천문대)

사실 태양에 가까운 희미한 별들을 조사해 보면, 그들의 상당수가 축퇴된 왜성임이 밝혀진다. 이 별들은 가까이 있고 큰 고유운동을 가지고 있기 때문에, 전반적인 탐사 관측에 걸려지기 마련이다. 백색왜성은 대단히 고온이므로 보통 적색왜성보다 색깔이 푸르다. 그러므로 그들은 곧 적색왜성과 구별된다(그림 17-3).

백색왜성은 2개의 일반적인 유형으로 분류된다. 스펙트럼에 강한 수소선을 나타내는 것과 강한 헬륨선을 나타내는 것이다. 가장 강한 수소선들을 가진 백색왜성을 DA형으로 정한다. 즉 D는 왜성을, A는 스펙트럼이 A형별(가장 강한 수소 발머선들)의 것과 유사함을 가리킨다. 헬륨선이 나타나는 별들은 B형의 별과 닮아서 스펙트럼형을 DB로 정한다. 그보다 차가운 백색왜성들은 다른 스펙트럼형과 닮았다. 어떤 백색왜

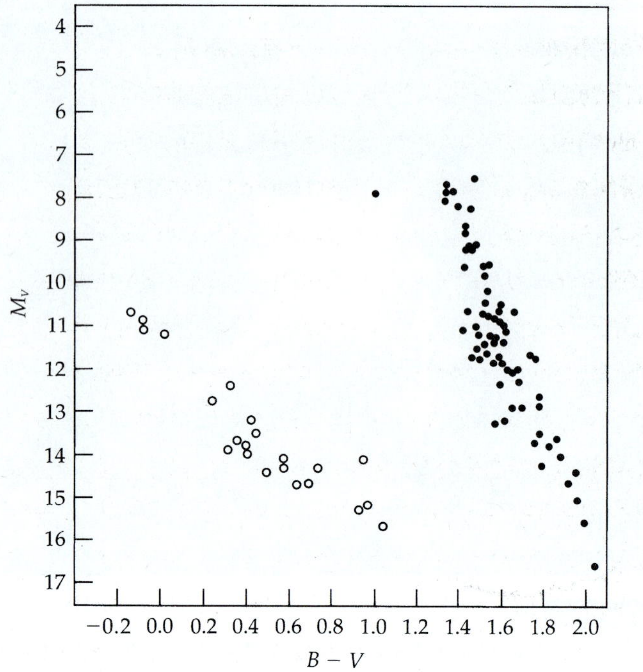

그림 17-3 절대안시등급과 $B - V$ 색 도표

미국 해군 천문대에서 탐사한 태양에서 100pc 이내의 별들의 등급-색 도표이다. 적색왜성들(채워진 원)은 오른쪽 무리에 나열되었고, 백색왜성들(빈 원)은 왼쪽 무리에 나열되어 있다.

성은 스펙트럼에 흡수선이 전혀 나타나지 않는데, 이들은 DC 형이라고 부른다. C는 연속(continuous) 스펙트럼을 의미하는 것이다. 스펙트럼선은 별의 대기에 대해서만 정보를 제공한다. 강한 수소선을 가진 별들은 얇은 수소 대기를 가지고 있으나, 그 내부는 역시 탄소, 헬륨, 또는 다른 핵반응의 산물로 이루어진 진화된 핵을 가지고 있다.

DA 백색왜성으로 믿을 만한 관측 자료를 가지고 있는 것들의 H-R도를 보면(그림 17-4), (1) DA 백색왜성은 6,000K에서 31,000K까지의 온도 계열에 배열되며, (2) 그들은 H-R 도상의 일정한 반지름의 선에 평행한 선상에 놓인다($L = 4\pi R^2 \sigma T^4$를 상기하자. 만일 R이 일정하다면, L은 T가 높으면 높고 T가 낮으면 낮다). 이들 별의 평균 반지름은 $0.013 R_\odot$이다. 백색왜성의 물리적 성질을 나타내는 전형적인 수치는 질량이 $0.7 M_\odot$ 반지름이 $0.01 R_\odot (7 \times 10^6 \mathrm{m})$, 밀도가 $10^9 \mathrm{kgm}^{-3}$이다.

17.1.3 백색왜성과 상대론

백색왜성은 표면중력이 커서 스펙트럼에서 중력적색이동을 검출할 수 있기 때문에, 일반상대론의 검증 대상이 된다. **중력적색이동**(gravitational redshift)은 강한 중력장에서 약한 중력장으로 진행하는 빛에서는 언제든지 생기는 것이다. 광자는 등가질량($E = mc^2$)을 가지고 있어서 중력장에 영향을 받는다. 이러한 경우에 보통 입자는 운동에너지를 상실하여(입자가 중력 퍼텐셜을 얻기 때문에) 속도가 늦어진다. 그러나 광자는 속도가 늦어지지 않고 광속으로만 움직이다. 대신 광자는 에너지를 잃어 진동수가 감소한다(파장의 증가). 즉 $E = h\nu$이기 때문에 적색이동으로 나타나는 것이다.

별에 의해서 생기는 중력적색이동은 별의 질량-반지름의

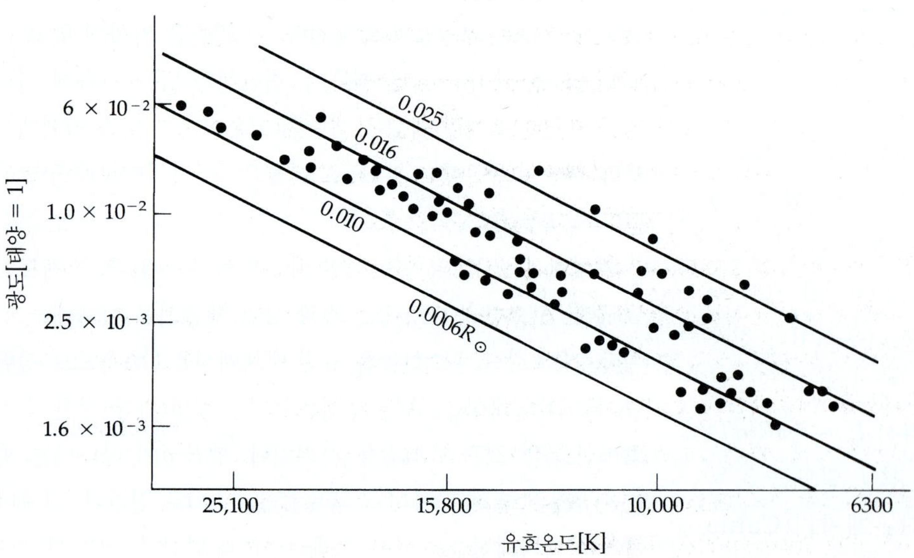

그림 17-4 온도와 광도가 잘 알려진 DA 백색왜성의 H-R도

선들은 일정한 반지름의 별의 광도-온도의 관계를 나타낸다. (V. Weidmann)

비에 따라 달라진다. 이 비가 클수록 중력적색이동이 커진다. 이를 계산하기 위하여 질량을 가진 한 광자가 무한원으로 달려간다고 생각하자. 총 에너지는

$$TE = PE + KE = \text{상수}$$

이지만, 그러나 처음에는 $PE < 0$이고, 무한원에서는 $PE = 0$이므로

$$KE_f = KE_i + PE_i < KE_i$$

이다. 만일 뉴턴의 중력 법칙을 쓴다면, 광자는 운동에너지를 잃고 진동수가 변한다고 생각할 수 있다(속도는 변할 수 없으므로). 따라서

$$\Delta KE = \Delta(h\nu) = -\frac{GmM}{R}$$

광자의 질량은 실제 영이지만 이 논의를 위해서 에너지와 다음과 같이 연관시켜 보자.

$$m = \frac{E_i}{c^2} = \frac{h\nu_i}{c^2}$$

따라서

$$h\Delta\nu = -G\frac{h\nu_i}{c^2}\frac{M}{R}$$

이며, 그리고

$$\frac{\Delta\nu}{\nu_i} = -\frac{GM}{c^2R} \tag{17-3a}$$

또는

$$\frac{\Delta\lambda}{\lambda_i} = \frac{GM}{c^2R} \tag{17-3b}$$

이다. 여기서 $\Delta\lambda = \lambda_f - \lambda_i$이다. 이 관계는 백색왜성에 잘 적용된다. 그들의 중력장이 비교적 약하기 때문에 $GM/c^2R \ll 1$이다. 더 강한 중력장에서는 뉴턴의 이론보다는 일반상대론을 써야 한다. 일반상대론을 적용하면

$$\frac{\lambda_f}{\lambda_i} = \left[1 - \frac{2GM}{Rc^2}\right]^{-1/2} \tag{17-4}$$

이 된다. 여기서, G는 뉴턴 중력상수, M은 천체의 질량, R은 반지름, c는 빛의 속도이다.

지구에 대한 별의 상대운동 때문에 관측적 검증은 복잡해진다. 별의 시선 방향의 운동은 도플러이동(Doppler shift, 별이 멀어져 갈 때는 적색 쪽으로)을 일으킨다. 그러므로 우리는 중력과 도플러이동을 동시에 보게 된다. 이 두 가지 이동은 별이 공간을 지나는 속도가 결정되어야만 분리가 가능하다. 이 별의 운동은 쌍성계에 대해서는 측정이 가능한데, 그들의 공간속도를 주성의 스펙트럼으로부터 결정할 수 있기 때문이다. 속도가 알려져서 도플러이동의 크기를 전체의 관측된 적색이동 값에서 빼면 중력적색이동이 남는다. $M = 0.6M_\odot$, $R = 0.01R_\odot$인 백색왜성에서는 중력적색이동이 $\approx 10^{-4}$이다. 시리우스 B에서 측정된 적색이동은 3×10^{-4}인데, 이론에서 예측한 값은 2.8×10^{-4}이다. 실험 오차의 범위에서 적색이동의 관측으로 일반상대론이 확인된 것이다.

이 절차를 거꾸로 하면 중력적색이동에서 백색왜성의 질량을 추측할 수 있는데, 측정값은 20~90kms^{-1}의 범위를 가진다. 14개 DA별의 표본에 대한 결과는 평균 질량이 $0.66 \pm 0.05M_\odot$이었다.

17.1.4 자기 백색왜성

소수의 백색왜성들은 강한 자기장을 가지고 있다. 즉 표면에서 자기장의 세기는 10^2~10^4T이다(태양의 표면 전체의 자기장은 약 10^{-4}T). 이러한 강한 자기장은 반드시 그 별들이 백색왜성이 되기 전부터 있었던 자기장의 잔재일 것이다. 이런 생각을 지지하는 기본적인 물리적 개념을 **자기속의 보존**(conservation of magnetic flux)이라고 부른다. 자기장을 가진 별을 생각하자. 자기속이란 본질적으로 자기장의 세기(B) 곱하기 자기력선이 뚫고 지나가는 면적이다.[2] 별을 압축해서 작게 만든다고 가정하자. 자기력선의 수는 그대로 있는데 표

2) 자기장의 세기를 단위면적당 자기력선의 수로 정의하면, 자기속은 $\Phi = \oint \vec{B}\cdot d\vec{A}$ = 닫힌 면적 안에 들어 있는 자기력선의 수가 된다. (역주)

면적은 감소하므로, 자기력선은 서로 가까워진다. 자기력선의 간격이 줄어들므로 자기장의 세기는 증가하게 된다.

별의 표면적은 반지름의 제곱에 비례하므로, 자기장의 세기는(만일 자기력선속이 보존된다면) 반지름의 제곱에 반비례한다. 한 가지 예로, 태양과 같은 별을 가지고 시작하자. 자기장의 세기는 약 10^{-4}T, 반지름은 7×10^5km이다. 이것이 반지름이 7×10^3km인 백색왜성의 크기로 응축한다고 하자. 자기력선속의 보존으로 백색왜성의 자기장의 세기는 얼마나 될 것인가? 다음의 관계가 성립할 것이다.

$$\frac{B_{wd}}{B_\odot} = \left(\frac{R_\odot}{R_{wd}}\right)^2$$

여기에서, B_{wd}는 백색왜성의 자기장의 세기, $B_\odot$는 태양의 자기장의 세기이며, R_{wd}는 백색왜성의 반지름, $R_\odot$는 태양의 반지름이다. 그러면

$$\begin{aligned} B_{wd} &= B_\odot\left(\frac{R_\odot}{R_{wd}}\right)^2 \\ &= (10^{-4})\left(\frac{7 \times 10^5}{7 \times 10^3}\right)^2 = 1\text{T} \end{aligned}$$

이다. 이 값은 관측된 백색왜성의 가장 강한 자기장보다는 약하지만, 이 결과에서 별이 태양과 비슷한 자기장 세기를 가지고 있고 자기선속이 보존된다면 단순 붕괴 모형이 그럴 듯하다는 것을 알 수 있다.

백색왜성의 자기장의 편광 관측은 켐프(James Kemp, 1764~1827)가 시작했다. 그의 관측 결과 10^4T나 되는 강한 자기장을 보이기도 한다. 그러나 이러한 별은 매우 드물어서, 단독 백색왜성들의 수 퍼센트뿐이고, 쌍성계의 백색왜성들에게는 약 10%가 된다.

17.1.5 갈색왜성

흑색왜성, 백색왜성, 적색왜성과는 구별되는 비핵에너지로 빛을 내는 별의 유형이 또 하나 있는데, 그것은 **갈색왜성**(brown dwarf)이다. 갈색왜성은 죽은 별이 아니고, 대형 행성에 더 가까운 천체이다. 그들은 원시성 성운의 중력붕괴와 수축으로 생긴 것이나, 중심핵에서 핵반응을 시작하기에는 불충분한 질량을 가졌다. 다소 임의적인 구분이지만, 천체의 질량이 $0.002M_\odot$ 이하이면 행성이라고 생각하고, $0.002M_\odot$~$0.08M_\odot$라면 갈색왜성이라고 한다. 질량이 $0.08M_\odot$보다 큰 천체는 충분히 높은 중심 온도를 낼 수 있기 때문에 핵융합을 유지할 수가 있다. 갈색왜성의 유일한 에너지원은 중력 수축이다. 갈색왜성은 차갑고 광도가 매우 낮아서, 그만큼 관측하기 어렵다.

이론적인 모형에 의하면 종족 I의 화학조성을 가진 별에 있어서는 별과 갈색왜성의 경계는 약 0.07~$0.08M_\odot$에 있다. 이 두 종류의 천체는 전주계열 단계에서 10^5~10^6년 동안 지속되는 중수소 연소의 짧은 단계를 거친다.[3] 이때 에너지의 생성은 중력 수축보다는 핵융합에서 나온다. 약 10^{10}년의 진화가 지나면 $0.08M_\odot$의 별은 중심핵이 안정된 수소 연소 상태에 이르고, 태양 광도의 4×10^{-5} 밖에 안 되는 출력을 가진다. 이보다 가벼운 별들은 주계열의 안정된 수소 연소 단계에 이르지 못한다.

지상 망원경으로 관측된 적색왜성 Gliese 229(Gliese 목록 229번 별)의 동반성이 허블우주망원경에 의하여 갈색왜성임이 판명될 때까지 갈색왜성의 탐사는 쉽지 않았었다. 갈색왜성 Gliese 229B는 목성 질량의 약 20~50배를 가지고, 크기는 목성과 비슷하고, 궤도의 크기는 40AU이다. 갈색왜성은 단독으로 발견되는 경우는 드물고 주로 쌍성계에 속해있는데, 주성이 훨씬 밝기 때문에 발견하기가 어렵다.

17.2 중성자별

수축하고 있는 별의 잔해의 질량이 $1.4M_\odot$보다 큰 경우에 전자의 축퇴압으로 중력을 지탱할 수 없다. 물질은 매우 높은 밀도까지 압축되어서, 다음과 같은 역베타 붕괴가 일어난다.

$$p^+ + e^- \rightarrow n + \nu$$

문자 그대로 양성자와 전자가 압축되어 중성자가 되면서 중성자 기체가 형성된다. 약 10^{17}kgm^{-3}의 밀도에서는 중성자가 양자 법칙에 따라 축퇴가스가 된다. 축퇴전자가스의 성질과

3) 갈색왜성에서는 수소연소는 일어날 수 없으나 짧은 중수소 연소가 일어난다. 이 때문에 행성으로 구분되지 않고 항성의 한 종류로 구분된다. (역주)

유사하게 축퇴된 중성자 기체는 내부 압력을 가지고 안정된 상태를 이루고 **중성자별**(neutron star)이 된다. 축퇴중성자가스의 상태방정식은 거의 전자의 축퇴가스식과 같기 때문에, 중성자별은 질량이 클수록 더 작은 반지름을 가지며, 질량의 상한값(약 $3M_{\odot}$)을 가진다.

17.2.1 물리적 성질

중성자별은 질량에 따라 수십 km의 지름을 가진다. 내부의 대부분은 중성자 기체로 되어 있고, 매우 높은 밀도를 가져서 유체 상태에 있다. 외부의 수 km는 중성자의 초유체(superfluid)와 고체 격자로 배치된 다(多) 중성자핵과의 혼합물이다. 그 구조는 결정을 이룬 고체의 구조로, 백색왜성의 내부 구조와 유사하다. 가장 바깥쪽 수 m 안에는 밀도가 급격히 떨어지며, 원자와 전자와 양성자로 된 대기를 가진다. 여기서는 원자 대부분이 철(Fe)이다.

중성자별은 굉장히 큰 표면중력을 가진다. 예를 들어서, 태양질량을 가지고 반지름인 12km인 중성자별의 표면중력은 지구의 표면중력의 10^{11}배나 된다. 이처럼 강한 중력장으로 인해서 $0.8c$에 이르는 거대한 이탈속도를 가진다. 또한 먼 거리에서 중성자별로 떨어지는 물체는 표면에 부딪히는 순간 적어도 이탈속도 이상의 속도를 가진다. 그러므로 비록 작은 물체라도 엄청난 양의 운동에너지를 가지고 있다는 것을 의미한다.

중성자별에서 생기는 중력적색이동 또한 상당하다. 반지름이 약 7km인 태양질량의 중성자별에서는

$$\frac{\Delta\lambda}{\lambda_i} \approx \frac{GM}{c^2R} = \frac{(6.67\times10^{-11})(2\times10^{30})}{(9\times10^{16})(7\times10^{3})} \approx 0.2$$

이다. 이 결과는, 600nm의 파장으로 방출된 빛이 외부의 관측자에 도달할 때는 720nm까지 이동된다는 것이다.

17.2.2 펄서—회전하는 중성자별

1967년에 영국 케임브리지의 휴이시(Anthony Hewish, 1924~)에 의해서 전파원의 섬광(scintillation) 현상을 연구하기 위하여 거대한 전파망원경이 건설되었다. 섬광이란 행성간 플라스마(interplanetary plasma, 태양풍)나 성간매질 내 밀도의 요동에서 생기는 전파 밝기의 빠른 반짝임을 말하는 것이다. 이것은 눈에 보이는 별들의 반짝임과 비슷한 현상이다(지구 대기 내 밀도의 요동에서 오는 것). 관측을 시작한 즉시 정확하게 주기적인 약한 전파 신호가 검출되었다.

표 17-1 선택된 펄서들의 성질

이름(PSR)	주기[s]	dp/dt[10^{-15}s/s]	DM[pc·cm^{-3}]
1937 + 21	0.001557	1.07×10^{-4}	71.2
1855 + 09	0.005362	46421	13.3
0531 + 21(게자리)	0.033326	421	56.8
0833 − 45(돛자리)	0.089234	124	69.1

벨(Jacelyn Bell Burnell, 1943~)은 당시 대학원 학생으로서 자료의 예비 분석을 담당하고 있었는데, 어떤 괴상한 신호가 갑자기 없어졌다가 바로 3개월 후에 다시 나타나는 것을 보았다. 휴이시 연구진은 이 이례적인 전파원을 집중적으로 추적하여 매 1.33730113초마다 규칙적으로 일어나는 전파의 맥동(pulse)을 발견하였다. 이에 흥분한 연구진들은 유사한 신호가 또 없는가 하고 온 하늘을 수색한 끝에, 이와는 다른 주기로 맥동하는 3개의 천체를 더 발견하였다. 이 천체 현상이 자연적인 것이라고 결론짓고, 이들은 **펄서**(pulsar)라고 명명했다. 오늘날까지 150여 개의 펄서가 세밀히 연구되었는데, 검출된 총 수는 약 500개에 달한다. 표 17-1은 대표적인 펄서들에 관한 자료이다.

주어진 펄서를 보면, 맥동 사이의 주기는 10^8분의 1 이하의 정확도를 가지고 반복되고 있다. 그러나 하나의 맥동에 포함된 에너지는 상당한 폭으로 변해서, 때로는 한 맥동이 그 계열에서 완전히 빠지기도 한다. 세기와 형태가 맥동마다 다르지만, 한 펄서에서 많은 수의 맥동들의 평균을 취하면 고유한 형태를 가진다(그림 17-5). 평균된 맥동은 전형적으로 수십 밀리초씩 지속되며, 맥동 사이에서는 전파의 방출이 검출되지 않는다. 개개의 맥동은 20~30개의 서브밀리초(submillisecond)의 지속 시간을 가진 준맥동(subpulses)으로 분해된다. 그러므로 주맥동(primary pulses)은 이들 2차적인 맥동들의 포락선(envelope)일 뿐이다. 맥동은 저진동수 쪽에서 가장 잘 관측되었는데, 예를 들면 최초의 펄서도 81.5MHz에서 발견되었다. 고진동수 쪽에서 맥동의 세기는 급속히 감소

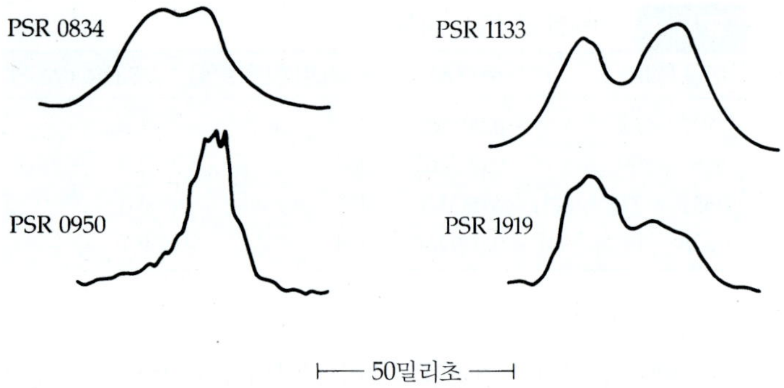

그림 17-5 전파의 파장에서 관측한 펄서의 다양한 모양 (A.T. Moffet와 R.D. Ekers에 의한 그림)

되고, 맥동의 형태는 폭이 더 넓고 더 규칙적이 된다.

잘 연구된 펄서는 주기가 1.6×10^{-3}초 내지 4.0초이고, 그 평균값은 0.65초이다. 지금까지 밀리초의 맥동 주기를 가지고 있는 몇 개의 펄서가 알려져 있다. 가장 빠른 것은 1.6밀리초의 간격을 가지고 있는데, 이들은 **밀리세컨드 펄서**(millisecond pulsar)라고 한다. 전파 관측이 정확히 이루어진 펄서들의 경우 주기는 규칙적으로 증가한다고 알려졌다. 그 변화율은 10^{-8}초/년의 전형적인 값을 가진다. 이러한 작은 증가는 안정도가 10^{-10}초/년 이상인 원자시계로만 측정이 가능하다. 펄서의 주기 P를 시간에 대한 변화율 dP/dt로 나누면 펄서의 수명을 간단히 추산할 수 있다. 즉

$$t \approx \frac{P}{(dP/dt)}$$

이다. 여기서는 맥동률이 현재의 간격으로부터 매우 긴 간격으로 길어지는 데 걸리는 시간을 계산한 것이다. 한 가지 예를 들면, 게자리 펄서(Crab pulsar, 아래 참조)는 $P = 0.03$초, $dP/dt = 1.2 \times 10^{-13}$초/초이므로

$$t \approx \frac{0.03}{(1.2 \times 10^{-13})} \approx 10^{11}\text{초} \approx 10^4\text{년}$$

이 된다. 펄서의 관측을 통하여 펄서까지의 대략적인 거리와 성간매질의 어떤 성질을 직접적으로 추리할 수 있다. 주어진 맥동에서 더 낮은 진동수의 전파가 지구에 더 늦게 도착한다. 이 현상을 **분산**(dispersion)이라고 하는데, 이것은 펄서를 향하는 시선 방향에 있는 전자들에 의하여 광자의 속도가 감속되기 때문에 생기는 현상이다(8.1절에서 이야기한 굴절률과 유사한 것으로, 빛이 매질 속에서 전파 속도가 늦어지는 현상임). 긴 파장일수록 속도가 더 늦어진다. 분산을 측정하여 시선 방향의 전자의 밀도를 추산할 수 있다. 역으로, 평균 전자 밀도를 안다면(또는 추산할 수 있다면), 펄서까지의 거리를 곧 계산할 수 있다. 진동수가 f_1, f_2로 다른 2개의 맥동이 같은 시각 t_0에 펄서에서 방출되었다면, 그들은 각각 다른 시간 t_1, t_2에 지구에 도달한다. 각각의 소요 시간은 $t_1 - t_0 = d/v_1$, $t_2 - t_0 = d/v_2$가 된다. 우리가 측정하는 것은 $t_2 - t_1$이고, 그것은 바로$(1/v_2 - 1/v_1)d$가 된다. 이때의 속도는 전자 밀도에 따라 결정된다. 그러므로 전자 밀도를 알면 곧 거리 d를 계산할 수 있다.

그런데 문제는 성간매질이 일정한 밀도를 가지지 않고 펄서까지의 시선을 따라 다르다는 데 있다. 그래서 **분산척도**(dispersion measure, DM)를 다음과 같이 정의한다. 다시 말해 전자 밀도 n_e를 거리 d에 있는 펄서까지 적분을 하여서

$$\text{DM} = \int_0^d n_e \, dl$$

로 한다. 그러면 맥동이 도달하는 시간의 차이와 DM은 다음과 같은 관계를 갖는다.

$$t_2 - t_1 = \frac{e^2}{2\pi m_e c}\left(\frac{1}{f_2^2} - \frac{1}{f_1^2}\right)\text{DM}$$

분산상수 D를 다음과 같이 정의하면

$$D = \frac{(t_2 - t_1)}{(1/f_2^2) - (1/f_1^2)}$$

분산척도는

$$\text{DM} = \frac{2\pi m_e c D}{e^2}$$

가 된다. DM을 합성단위 $pc \cdot cm^{-3}$으로 표시하면

$$\mathrm{DM} = 2.41 \times 10^{-16} D$$

가 된다. 대부분의 펄서가 낮은 은하 위도에 위치한다는 관측 사실을 감안할 때, 거리의 자료에서 우리가 보는 펄서들이 매우 국부적인 존재(수 kpc 이내)로서 은하 원반 내에 분포하고 있다는 것을 알 수 있다.

또한 복사가 자기장를 띤 플라스마를 통과하는 동안에 선형 편광된 복사의 편광면(8.1절)은 회전한다는 사실을 알고 있다. 이 효과는 **패러데이회전**(Faraday rotation)으로 알려진 것으로, (1) 평균 전자 밀도, (2) 평균 자기장의 세기, (3) 복사 파장의 제곱, (4) 매질 속을 지나는 거리에 따라 결정된다. 다시 말한다면, 어떤 주어진 전파원에 대하여 파장의 함수로서 편광면의 회전각을 측정할 수 있다는 것이다. 이 회전각은 전자의 밀도와 자기장의 세기를 곱한 것을 시선을 따라 적분한 값을 준다.[4] 만일 전자 밀도를 결정할 수 있다면—사실 분산척도(DM)의 측정에서 구할 수 있다—자기장 세기의 시선 방향의 평균값을 추산할 수 있다.

어떤 기구(mechanism)에 의하여 펄서의 정확한 시계(clock)가 유지되는 것일까? 공인된 모형은 자기장를 띤 회전하는 중성자별의 모형으로 **등대 모형**(lighthouse model)이라고 알려진 것이다. 이 모형에는 문제 해결의 열쇠가 되는 두 가지 요소가 있다. (1) 중성자별의 큰 밀도와 빠른 회전이 큰 회전 에너지를 보장한다. (2) 쌍극 자기장이 회전에너지를 전자기 에너지로 전환시킨다.

중성자별들은 굉장히 강한 자기장을 가졌을 것이다. 그것은 앞에서 백색왜성에 적용했던 것과 같은 자기속의 보존의 원리에서 가능한 것이다(관측적 증거가 이 논의를 지지하고 있으며, 백색왜성이 약 10^2T나 되는 표면 자기장을 가졌다는 것을 상기하자). 태양이 반지름 7km인 중성자별의 크기까지 찌그러진다고 생각해 보자. 자기속의 보존에서 자기장의 세기를 계산하여 보면

$$B_{ns} = B_{\odot}\left(\frac{R_{\odot}}{R_{ns}}\right)^2 \approx 10^6\mathrm{T}$$

가 된다. 실제 관측에 의하면, 중성자별의 자기장은 전형적으로 10^8T의 세기를 가진다. 중성자별에 가까운 영역으로 자기장이 하전입자에 직접적으로 강하게 작용하는 곳을 펄서의 **자기권**(magnetosphere)이라고 한다. 여기서 모든 에너지의 변환이 일어난다. 펄서의 자기축은 회전축에 대하여 기울어져 있다.

펄서가 회전할 때 강한 자기장이 표면에 엄청난 전기장을 유도해 낸다. 이 전기장이 철의 핵과 전자로 이루어진 고체 지각(solid crust)으로부터 하전입자들(대부분이 전자)을 떼어 낸다. 이들 전자들이 자기권으로 흘러들어갈 때 회전하는 자기력선에 의해 가속된다. 가속된 전자가 자기력선 방향의 좁은 빔(beam)을 따라 **싱크로트론복사**(synchrotron radiation)를 방출한다.

이제 펄서가 실제로는 맥동을 하지 않으면서 어떻게 규칙적인 맥동을 방출하는지를 알아보자. 만일 자기축이 우리의 시선 방향으로 들어온다면, 그때마다 자기극은 우리의 시선에 대하여 돌아가게 된다(마치 등대의 회전하는 불빛과 같이). 이때 우리는 싱크로트론 방출을 보게 된다(그림 17-6). 맥동 사

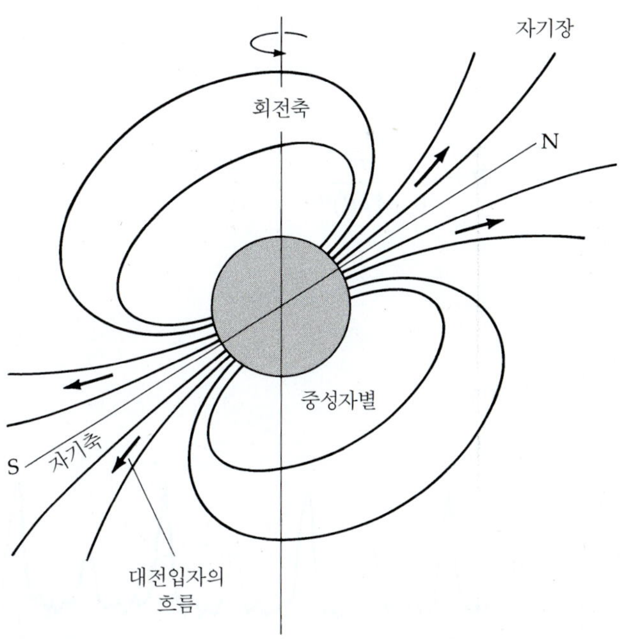

그림 17-6 펄서의 일반적인 모형
빠르게 회전하며 강한 자기장을 가진 중성자별이 쌍극의 축 방향으로 싱크로트론복사를 방출한다. 자기장의 축이 회전축에 대하여 기울어 있음에 주의하자.

4) 회전각 $\propto \lambda^2 \cdot \int_0^d n_e B_{\parallel} dl$이며, $B_{\parallel}$은 자기장의 시선 방향의 성분이다. (역주)

이의 시간은 회전주기와 같다. 맥동의 지속 시간은 복사를 내는 영역의 크기에 달렸다. 펄서가 전자기 복사를 발생하는 동안 자기장에서 가속되는 입자로부터 생기는 회전력이 펄서의 회전을 느리게 한다. 이와 같은 회전의 감속이 관측된다.

빠른 펄서는 중성자별의 밀도를 가져야 한다는 것을 간단히 알아보자. 주기적인 맥동의 원리를 회전이라고 가정하자. 구는 적도에서의 원심 가속도 V^2/R가 중력 가속도 GM/R^2와 크기가 같든지 그보다 작은 속도로만 회전이 가능하다.

$$\frac{V^2}{R} = \frac{GM}{R^2}$$

그래서 우리는 최대 회전속도가

$$V = \left(\frac{GM}{R}\right)^{1/2}$$

가 된다는 것을 알 수 있다. 즉 V는 반지름이 R, 질량이 M인 구의 적도에서의 최대 회전속도이다. 이 구의 회전주기는

$$P = \frac{2\pi R}{V}$$

이므로

$$P = \frac{2\pi R}{(GM/R)^{1/2}} = \frac{2\pi R^{3/2}}{(GM)^{1/2}}$$

이다. 그런데

$$M = \frac{4\pi}{3} R^3 \rho$$

이므로, 밀도를 $\mathrm{kgm^{-3}}$ 단위로 하면,

$$P = \frac{2\pi R^{3/2}}{[(4/3)\pi G \rho R^3]^{1/2}} = \frac{(3.8 \times 10^5)}{\rho^{1/2}} \text{초} \tag{17–5}$$

이 된다.[5] 주기가 2밀리초인 경우에는

$$2 \times 10^{-3}\mathrm{s} = \frac{3.8 \times 10^5}{\rho^{1/2}}$$

$$\rho^{1/2} = 1.9 \times 10^8$$

$$\rho \approx 4 \times 10^{16}\mathrm{kgm^{-3}}$$

로 바로 중성자별의 전체적 밀도와 같다.

17.2.3 밀리세컨드 펄서

기계 성능의 한계 때문에 천문학자들은 1982년 이전에는 게자리 펄서의 주기보다 훨씬 짧은 주기의 펄서를 찾는 행운을 가지지 못했다. 그런데 여우자리의 특이한 전파원을 연구하는 동안에 천문학자들은 굉장히 빠른 펄서, 즉 1.558밀리초의 주기(그림 17–7)의 펄서를 연구하게 되었다. PSR 1937 + 21이

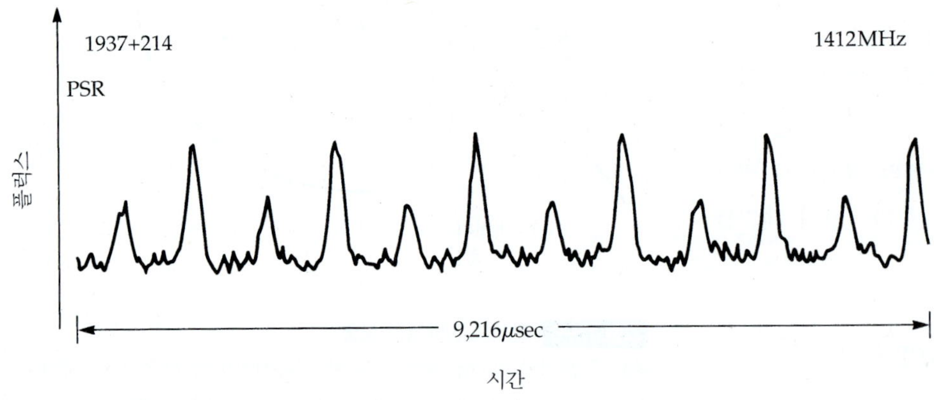

그림 17–7 펄서 PSR 1937+21을 주파수 1412MHz에서 관측한 결과
이 펄서는 최초로 발견된 밀리세컨드 펄서이다. 여기에 보인 일련의 맥동들이 단지 약 10밀리초(~9,216μs)의 시간에 일어난 것이라는 것에 주의하자. (D.C. Baker, S.R. Kulkarni, C. Heiles, M.M. Davis, and W.M. Goss)

5) 식 (17–5)는 밀도가 ρ인 천체가 원심력에 의하여 분열되지 않으면서 가질 수 있는 최소 회전주기라고 볼 수 있다. 밀리세컨드 펄서는 관측되는 가장 짧은 주기를 가지므로, 펄서주기의 최소 한계값은 ~1밀리초 정도임을 짐작할 수 있다. (역주)

라고 부르는 이 펄서에 등대 모형을 적용하면 매초 642번이나 돌아야 한다(게자리 펄서의 20배나 빠른 속도이다). 그 표면은 거의 광속도의 1/10의 속도로 도는 것이다. 이것은 중성자별이 거의 분열 속도에 가까운 상태에 있음을 뜻하다. 몇 개의 밀리세컨드 펄서들(맥동 주기가 10ms 이하인 것들)이 최근에 더 발견되었다.

빠른 펄서들의 기묘한 특성의 하나는 그들의 회전 주기가 매우 안정되어 있다는 것이다. 예를 들면, PSR 1937 + 21는 겨우 3.2×10^{-12}초/년 늦어진다. 이 펄서는 오늘날 가장 좋은 시간의 표준이 된다. 1년에 수 마이크로초(microsecond)의 정확도를 가진 원자시계보다도 훨씬 좋은 시계이다. 이 비율은 보통 펄서의 매우 빠른 자전감속(spindown)과 대조가 된다. 한 가지 설명은 밀리세컨드 펄서가 매우 약한 자기장을 가졌다는 것인데, 전형적인 펄서보다 1,000배나 약할 것이라는 것이다. 그렇다면 그것이 어떻게 해서 관측이 가능한 펄서가 되었다는 것일까?

제안된 시나리오는 펄서가 쌍성계에서 부활되었다는 것이다. 밀리세컨드 펄서는 한때 초신성에서 형성되어서 얌전하게 늙었을 것이다. 그러다가 수십억 년 후에 저질량 동반성이 드디어 적색거성으로까지 진화되고, 물질이 그로부터 흘러나와서 이미 죽은 펄서 둘레의 원반에 들어간다. 이 물질이 중성자별 둘레에 빨리 회전하는 강착원반을 형성한다. 그러면 펄서의 자기장은 그 원반에 감겨 붙는다. 이 결합이 펄서의 회전을 촉진시켜서 죽어 가던 펄서를 다시 살아나게 한다.

어떤 밀리세컨드 펄서는 이른바 '검은 미망인(black widow) 펄서'라는 악명을 얻었다.[6] 그것의 천문학적 정식 이름은 PSR 1957+20이다. 악명의 원인은 그로부터 흘러나오는 빛나는 성운에 있다. 이 펄서는 광속도에 가까운 속도로 움직이는 입자들로 된 고온 고속의 바람을 일으킨다. 이 바람은 주변의 매질을 손상시킬 뿐 아니라 펄서의 동반성까지도 손실을 입힌다. 동반성은 적색거성의 단계에서 질량을 이동하고 회전을 가속시켜 늙은 펄서를 부활시켰다. 그런데 부활한 펄서의 바람이 이번에는 동반성으로 쳐들어가서 충격파를 만들고, 한쪽을 5,000K까지 가열하여 표면의 물질을 뜯어낸다. 그래서 상징적인 표현으로 그 펄서가 자신을 낳아준 동반성을 잡아먹는 것이다. 그렇게 해서 모든 밀리세컨드 펄서가 생겨나는 것이다.

17.2.4 쌍성 펄서

우리은하 내의 대부분의 별은 쌍성계이거나 다중성계(multiple-star system)의 구성원이다. 쌍성의 한 구성원이 초신성이 된 후에도 그 쌍성계는 보통 그대로 남는다. 그래서 전파 펄서도 쌍성계 속에 존재할 수가 있다. 최초로 발견된 것은 PSR 1913+16이라고 불리는데, 1974년 7월 헐스(Russell Hulse, 1950~)와 테일러(Joseph Taylor, 1941~)가 새로운 펄서를 수색하는 동안에 발견한 것이다. 이 펄서가 처음 주의를 끈 것은 펄스의 주기가 불과 0.059초였기 때문이었다. 1974년 9월 헐스와 테일러가 PSR 1913+16을 다시 관측하였을 때, 불과 7.75시간 동안에 주기가 커다란 순환적 변화를 겪는다는 것을 발견했다. 그들은 이러한 규칙적인 변화가 궤도주기가 7.75시간인 펄서와 동반성으로 된 쌍성계에서 자연적으로 일어난다는 것을 알아내었다. 관측적 단서는 쌍성계의 궤도 운동에서 생긴 도플러이동이었다(그림 17-8). 펄서가 우리로부터 멀어져 갈 때 펄스의 폭이 넓어지고, 펄스 사이의 간격은 길어진다. 반대로 다가올 때는 펄스의 폭은 좁아지고 펄스 사이의 간

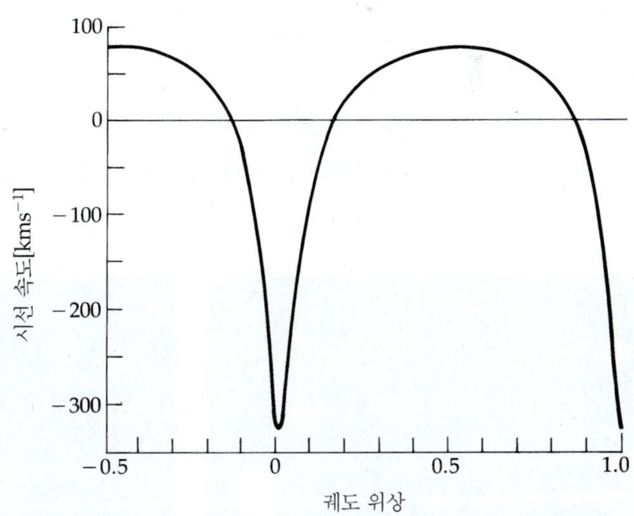

그림 17-8 쌍성 펄서 PSR 193+16의 시선 속도의 도플러이동
쌍성계의 질량중심에 대한 궤도 운동에 의한 것이다. (R. Hulse and J. Taylor)

6) black widow는 독거미의 일종으로, 암컷은 교미를 마친 후 수컷을 잡아먹는다고 알려져 있다. (역주)

격은 짧아진다.

PSR 1913+16은 약 5kpc의 거리에 있다. 가시광선이나 엑스선 관측으로는 아직 이 펄서나 동반성을 검출하지 못했다. 오직 전파 관측만이 궤도 긴 반지름이 불과 7×10^5km, 즉 태양의 반지름과 같음을 가리킨다. 모두 합친 질량은 $2.83M_\odot$이고, 따라서 펄서의 질량이 $2M_\odot$(전형적인 중성자별)이라면, 그 동반성의 질량은 약 $0.8M_\odot$가 된다. 이 동반성은 아마도 백색왜성일 것이다.

17.2.5 초신성과의 관련

초신성은 별이 그 생애의 끝에서 격변적으로 폭발하는 것이다(자세한 것은 제18장 참조). 중심핵의 붕괴에 의하여 무거운 별이 폭발함으로써 자신의 질량의 거의 대부분이 날아가 버리는 결과를 가져온다. 중심핵은 수축하여 중성자별을 형성하는 데 필요한 극히 큰 밀도에 도달하게 한다. 만일 이 모형이 옳다면, 중성자별을 초신성의 잔해와 연결된 펄서로서 발견할 수 있을 것이라고 기대할 수 있다. 게성운(Crab Nebula)과 검성운(Gum Nebular)이 가장 유명한 두 경우인데, 이 밖에도 몇 개의 좋은 후보가 더 발견되었다.

스탤린(David Staelin)과 라이펜슈타인(Edward Reifenstein)이 게성운의 펄서를 발견하였다(그림 17-9). 이것을 PSR 0531+21이라고 부른다(PSR는 펄서를 나타내며 숫자 0531+21은 하늘에서의 천체 좌표를 나타내는 것이다. 부록 10 참조). PSR 0531+21는 0.033초의 맥동주기를 가졌다. 즉 초당 30번 맥동한다. 게자리 펄서는 광학(가시광선) 맥동과 전파 맥동을 방출하는 펄서로서 최초로 발견된 것이다(그림 17-10). 광학 맥동과 전파 맥동은 같은 주기를 가지고 있다. 광학 맥동의 경우 주 맥동 사이에 작은 맥동을 보여 주는데(그림 17-10B), 이를 중간 맥동(interpulse)이라고 부른다. 놀라운 사실은 1942년이 이미 바데(Walter Baade, 1893~1960)와 민코프스키(R. Minkowski)가 이런 맥동을 내는 별을 초신성의 잔해일지 모른다고 했던 것이다. 이 별이 지금은 펄서로 알려졌지만, 천문학자들은 수년 동안 이 별을 관측했어도 광학적으로 깜박인다는 것을 몰랐던 것이다. 초당 30번의 반짝임이 보통 사진에는 나타나지 않았기 때문이다. 이 광학 맥동의 주기를 결정하는 데는 특수한 스트로보스코프(stroboscope)의 기술이 필요했던 것이다.

게자리 펄서가 지금까지 관측된 펄서들 중에서 적외선, 전파, 엑스선, 가시광선, 감마선 등의 모든 스펙트럼 영역에서 맥동하는 것으로 알려진 유일한 예이다(그림 17-10). 맥동에서 방출되는 총 에너지는 약 10^{28}W이다. 또한 게자리 펄서는 최초로 맥동의 주기가 약 4×10^{-13}초/초, 즉 10^{-5}초/년으로 늦어지는 것이 측정된 것이다.

게자리 펄서의 발견으로 게성운의 에너지원 문제가 해결되었다. 모든 파장에 대하여 적분하면, 게성운은 약 10^{31}W의 에너지를 방출한다. 게자리 펄서가 회전하는 중성자별이라고 한다면, 맥동주기의 감소로부터 계산한 회전에너지의 변화량은 5×10^{31}W이다. 중성자별의 회전 운동에너지가 어떻게 해서든지 성운의 운동에너지와 복사에너지로 전환된다면, 이것은 게성운을 빛내기에 충분한 에너지양이다. 이것이 바로 강한

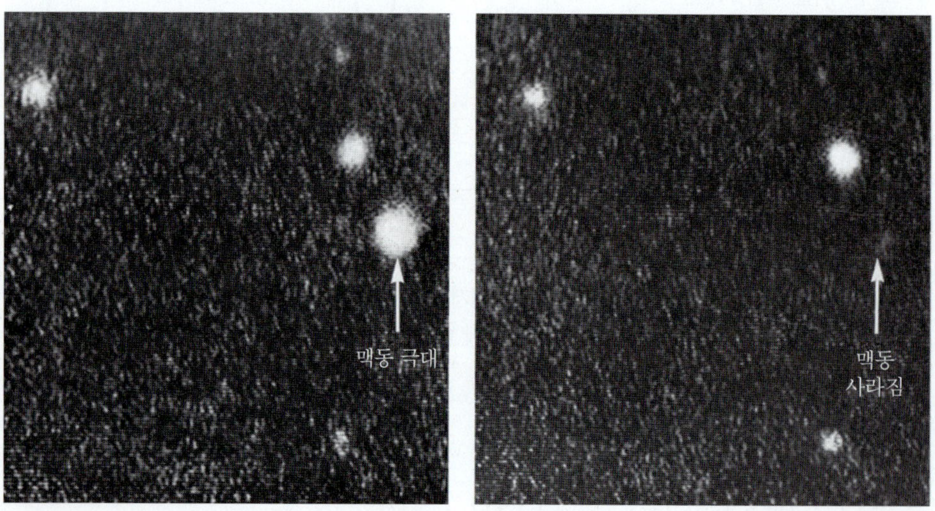

그림 17-9 게자리 펄서의 광학 맥동
왼쪽 사진은 광학 맥동의 극대를 본 것이고, 오른쪽은 극대를 지난 것이다. (릭 천문대)

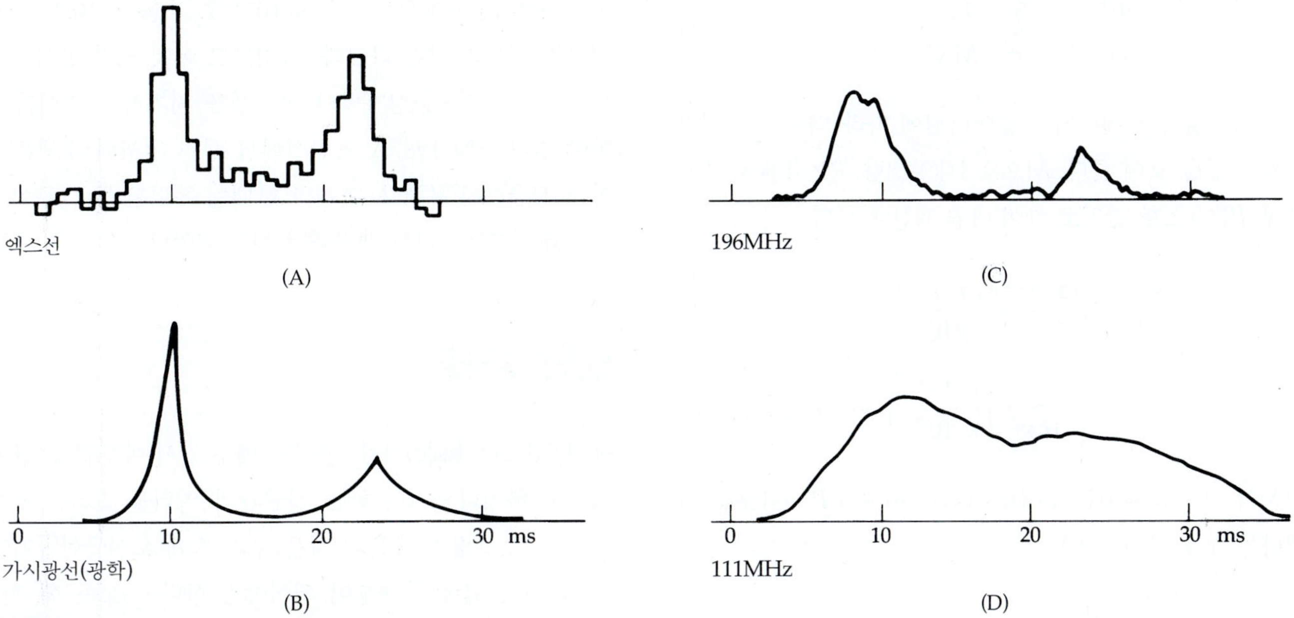

그림 17-10 다양한 파장에서 관측한 게자리 펄서의 맥동
(A) 엑스선속. (B) 가시광선(광학). (C) 196MHz. (D) 111MHz. 주(1차)맥동과 부(2차)맥동의 상대적인 높이와 첨예도(뾰족하기)가 파장에 따라 변하고 있다.

자기장에서 빠르게 회전하는 중성자별이라는 펄서의 모형에서 예측하는 것이다. 이 점을 좀 더 상세히 알아보자.

한 물체(질량)의 회전 운동에너지는

$$E_{\rm rot} = \frac{1}{2} I\omega^2$$

이다. I는 관성 모멘트(관성 능률)이고, ω는 회전 각속도이다. 회전주기를 P라고 하면,

$$\omega = \frac{2\pi}{P}$$

이다. 질량이 M이고, 반지름이 R인 균일한 밀도의 구가 가지는 관성 모멘트는

$$I = \frac{2}{5} MR^2$$

이다. 이제 모든 회전 운동에너지가 복사에너지로 전환되는 어떤 과정을 생각해 보자. 에너지 전환에서는

$$\frac{dE_{\rm rad}}{dt} + \frac{dE_{\rm rot}}{dt} = 0$$

일 것이다. 그러나

$$\begin{aligned}\frac{dE_{\rm rot}}{dt} &= \frac{1}{2}\frac{d}{dt}(I\omega^2)\\ &= \frac{1}{2}\frac{d}{dt}\left[\frac{2}{5}MR^2\left(\frac{2\pi}{P}\right)^2\right]\\ &= \frac{4}{5}\pi^2 MR^2 \frac{d}{dt}\left(\frac{1}{P^2}\right)\\ &= -\frac{8}{5}\pi^2 MR^2 P^{-3}\frac{dP}{dt}\end{aligned}$$

그런데 광도 L은

$$L = \frac{dE_{\rm rad}}{dt} = -\frac{dE_{\rm rot}}{dt}$$

이므로

$$L = \frac{8}{5}\pi^2 MR^2 P^{-3}\frac{dP}{dt}$$

이며

$$\frac{dP}{dt} = \frac{5}{8\pi^2}\frac{LP^3}{MR^2} \qquad (17-6)$$

이다. 이는 펄서가 에너지를 잃어버림에 따라 맥동의 주기가 늦어져야 함을 보여 준다. M으로 1태양질량, R는 10km, L은 10^{31}W, P는 1초를 단위로 하여 대략 계산해 보면

$$\frac{dP}{dt} = \frac{(5/8\pi^2)(10^{31})(1^3)}{(2\times10^{30})(10^4)^2} = \left(\frac{5}{16\pi^2}\right)\left(\frac{10^{31}}{10^{38}}\right) \approx 10^{-8}\text{초/초}$$

게성운의 경우 $P \approx 0.03$초이므로(위의 예에서 $P = 1$초를 사용했다는 것을 기억하자.)

$$\frac{dP}{dt} \approx 10^{-13}\text{초/초}$$

가 되는데, 이것은 관측된 주기의 증가율과 일치한다.

만일 게자리 펄서가 알려진 초신성 잔해와 연관이 있는 유일한 것이라면, 그것은 우연일 수도 있지만 우리는 또 하나를 알고 있다. 그것은 돛자리의 펄서로 PSR 0833−45이다. 그것의 광학 맥동은 매 80밀리초마다 오며, 약 22밀리초 간격의 2개의 극대를 가지고 있다. 감마선 망원경으로도 돛자리 펄스를 검출했다(그림 17–11). 돛자리 펄서의 주기도 역시 늦어지고 있는데, 증가율은 약 1.3×10^{-13}초/초(4×10^{-6}초/년)로 게자리 펄서와 약간 다르다. 그러므로 이것 역시 펄서의 등대 모형과 초신성–중성자별의 연관성을 지지하는 것이라고 보아야 한다. SN 1987A 초신성에서 생긴 펄서의 수색은 아직까지 성공하지 못했다. 그러나 한때는 독립된 두 그룹이 각각 펄스를 검출하였다고 생각했던 적도 있었다.

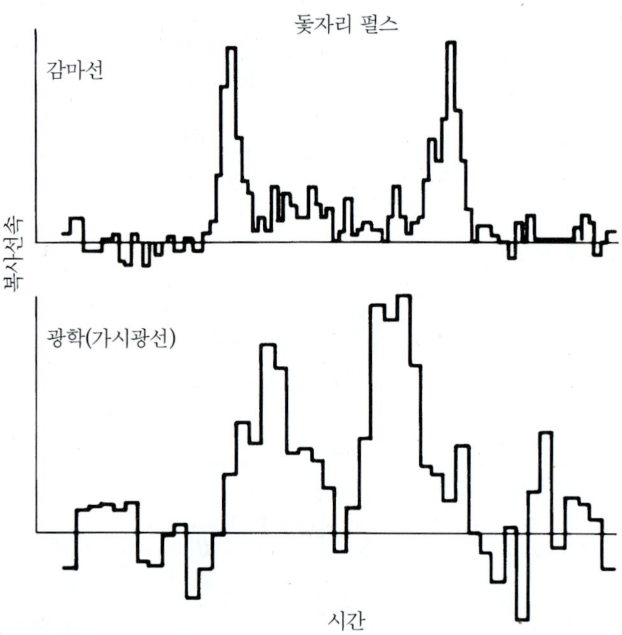

그림 17–11 돛자리 펄서의 가시광선과 감마선에서 맥동

17.3 블랙홀

블랙홀(black hole)이란, 중력이 매우 커서 아무것도, 물론 빛조차도 빠져나오지 못하는 시공간의 영역을 말하는 것이다. 어떤 최소 질량이 충분히 작은 부피 속에 모여들어가기만 하면, 그것은 결국 블랙홀이 되어야만 한다 — 모든 핵 연료를 소비한 후에 자체의 중력으로 찌그러져 붙는다면 그렇게 된다. 축퇴가스압은 백색왜성과 중성자별에서 중력을 지지한다. 그러나 어떤 물리학적인 힘도 스스로 질량을 삼켜 버리고 블랙홀이 되는 것을 막을 수는 없다고 한다. 블랙홀이 되는데 필요한 최소 질량은 태양질량의 약 3배 정도 별로 크지 않다. 이 마지막 붕괴 과정에서는 어떤 물질도 이에 거역할 수 없다. 부피는 계속 감소해서 마침내 0이 되고, 또 밀도는 증가해서 무한대가 될 것이다. 그러나 우주의 실제 물체에 대해서는 부피와 밀도의 극한 상황이 여기서 예측하는 그대로 일어나는 것은 아니다. 회전하지 않는 질량은 이론적으로 질량이 0이고 밀도가 무한대인 **특이점**(singularity)으로 붕괴할 수 있다고 한다. 특이점에서는 우리가 알고 있는 물리 법칙이 적용되지 않는다.

17.3.1 블랙홀의 기본 물리학

블랙홀을 묘사하는 간단한 방법이 있다. 물체가 출발속도를 가지고 어떤 천체를 떠나서 무한대에 도달했을 때 속도가 $v = 0$이 된다고 하면, 그 출발속도를 이탈속도(V_{esc})로 정의한다. 그러므로 무한대($r = \infty$)에서 총 에너지는

$$TE = KE + PE = \frac{1}{2}mv^2 - \frac{GmM}{r} = 0$$

이다. 총 에너지는 보전되어야 하므로, 출발 순간에는

$$TE = 0 = \frac{1}{2}mV_{\text{esc}}^2 - \frac{GmM}{R}$$

$$\frac{1}{2}V_{\text{esc}}^2 = \frac{GM}{R}$$

$$V_{\text{esc}} = \left(\frac{2GM}{R}\right)^{1/2}$$

이다. 여기서 R은 천체의 반지름이고, M은 질량이다. 어떤 물체도 광속 이상으로 빠르게 운동하지 못하므로, 최대 이탈속도는 c이다. 그러므로 블랙홀의 반지름의 식은

$$R = \frac{2GM}{c^2} \tag{17-7a}$$

이며, M의 단위를 태양질량으로 하면

$$R = 3M \text{ km} \tag{17-7b}$$

이다. 이 경계 반지름을 독일의 천체물리학자 슈바르츠실트(Karl Schwarzschild, 1873~1916)의 이름을 따라 **슈바르츠실트 반지름**이라고 한다. 그는 아인슈타인이 일반상대론을 발표한 직후 이 해를 구한 사람이다. 태양이 수축하여 반지름이 슈바르츠실트 반지름 3km에 이르면 밀도는 10^{19}kgm^{-3} 까지 증가한다. 이 밀도는 원자핵의 밀도와 거의 같다.

블랙홀 주변의 시공간의 괴상한 구조를 알아보기 위하여 그 속으로 이론적인 여행을 시도해 보자. 질량이 $10M_\odot$인 블랙홀의 둘레를 1AU의 거리에서 돌고 있는 우주선에서 출발하자. 이 우주선은 블랙홀의 둘레를 다른 보통 물질과 같이 케플러 법칙에 따라 궤도 운동할 것이다. 사실 케플러 제3법칙과 우주선의 궤도로부터 블랙홀의 질량을 측정할 수 있다. 이제 우주선으로 신호를 돌려보내기 위한 레이저 광선과 디지털 시계를 가지고 여러분이 블랙홀을 향하여 뛰어내린다고 생각하자.

블랙홀로 떨어지는 긴 시간 동안 아무런 이상한 일도 일어나지 않을 것이다. 그러나 그에 접근해 갈수록 점점 더 강한 조석력이 머리끝에서 발가락까지 잡아 늘리고 어깨가 마주 닿도록 우겨 붙일 것이다. 블랙홀 근처에서는 거리의 세제곱에 역비례하는 조석력이 굉장하게 커진다. 보통 사람이라면 $10M_\odot$의 블랙홀에 약 3,000km의 지점까지 가면 찢어져 버릴 것이다. 슈바르츠실트 반지름을 통과한다. 그러나 아무런 일도 일어나지 않고 블랙홀의 경계를 표시하는 아무런 표지판도 없다. 이제 여행은 바로 끝난다. 슈바르츠실트 반지름을 지난 후 약 10^{-5}초 후에 특이점에 부딪치고 만다. 즉 0의 부피로 들어가 부서져 없어져 버리고 마는 것이다.

궤도에 남아 있는 우주선에서는 어떻게 보일까? 블랙홀에 가깝게 떨어져 가면 레이저에서 나가는 빛은 식 (17-4)의 중력적색이동 식에 따라 적색이동이 생긴다. 일반상대성이론에서 예측되는 시간-지연 효과 때문에 레이저의 섬광 사이의 시간 간격은 길어진다. 슈바르츠실트 반지름에 더 가까이 가면 시계는 차츰 더 동시성(synchronization)에서 벗어난다. 슈바르츠실트 반지름을 지날 때 내보낸 레이저의 빛은 비록 c의 속도로 달린다고 해도, 우주선까지 다다르려면 무한대의 시간이 걸린다. 또한 그 빛은 무한대의 적색이동을 겪게 된다[식 (17-4)]. 밖의 관측자가 볼 때 블랙홀에 접근해 갈수록 낙하운동은 점점 더 느려져 간다. 시간이 너무 심하게 늦어지기 때문에 먼 곳에 있는 관측자에게는 마치 얼어붙은 것처럼 보인다. 빛도 점점 더 적색이동이 되어서, 결국 검출되지 않게 된다. 어떤 외부 관측자에게도 물체가 블랙홀에 떨어지는 것을 보지 못하게 막는다. 그러므로 블랙홀은 우주의 검열관 노릇을 한다.

어떠한 질량이라도 슈바르츠실트 반지름보다 작게 뭉쳐지면 블랙홀이 될 수 있다는 것에 유의하자. 이러한 블랙홀들도 상대론적 시간지연과 적색이동을 보이며, 특이점을 가지고 있다. 수 태양질량을 가지는 블랙홀은 별의 죽음에서 자연스럽게 만들어지며, 강한 조석력을 가지고 있다.

17.3.2 블랙홀 주변 시공간의 구조

블랙홀 밖의 시공간의 기하학을 생각해 보자. 그러자면 그곳의 기하학을 나타낸 시공도표를 살펴보아야 한다. 여기에 적합한 시공도표를 얻기 위해서는 아인슈타인의 일반상대성이론의 식을 풀어서 회전하지 않는 구형 물체를 둘러싼 빈 공간 영역에 대한 시공간의 기하학을 구한다. 그 주된 결론은, 시공간은 정역학적이 아니고 동역학적이라는 점이다. 시공간은 오히려 이제까지 묘사했던 것 이상으로 더 괴이하다는 것이다.

시공도표(그림 17-12)는 우리가 경험해 온 공간과 시간과는 다른 좌표를 가진다. 수평축은 공간과 유사한(space-like) 성질을 가지고 있고, 수직축은 시간과 유사한(time-like) 성질

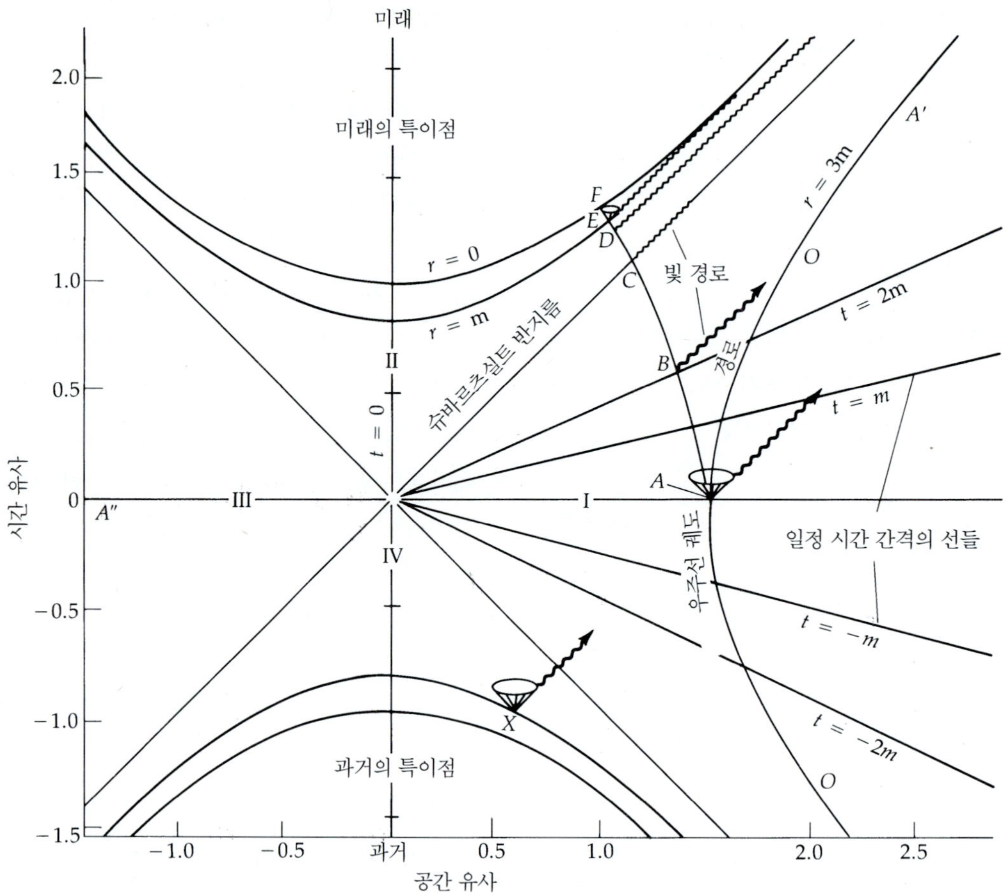

그림 17-12 블랙홀 주변의 시공도표
(R. Ruffini and J. Wheeler)

을 가지고 있으나, 엄밀한 의미에서 측정된 공간과 측정된 시간은 아니다. 과거는 그림의 아래쪽에 있고, 미래는 위쪽에 있다. 빛은 이 그림 속에서는 특수한 경로를 따라가는데, 좌표축과 45°의 각을 이루며 전파한다. 어떤 물체든지 빛의 속도보다 느리게 운동하는 물체는 시간 유사축과 빛의 진행 경로 사이에 운동 경로를 가진다. 빛이 진행하는 경로와 공간 유사축 사이의 경로는 빛보다 빠르게 움직이는 것을 나타내지만, 그것은 보통 가능하지 않다.

이 그림은 **사건 지평선**(event horizon)에 의하여 4개의 구역으로 나눠진다. 사건 지평선이란 슈바르츠실트 반지름을 표시하는 또 하나의 용어인데, 이 반지름 안에서 일어나는 어떠한 사건들도 밖에 있는 사람의 시계에서 차단된다는 사실을 강조하는 것이다. 즉 그 사건들은 우리가 볼 수 있는 지평선 밖에 있음을 의미하는 것이다. 특이점은 그림의 위(미래), 아래(과거) 양쪽 모두에도 존재한다는 것을 유의하여 보자. 또, 이 그림 안에는 블랙홀을 돌고 있는 우주선의 경로(선 *O*)와 우주선에서 블랙홀로 뛰어내려가는 사람의 낙하 경로(*A*에서 *F*까지의 경로)가 그려져 있다.

이러한 예비지식을 가지고, 앞서 기술했던 블랙홀로 떨어지는 여행길을 시공도표에서 살펴보자. 우주선이 블랙홀 둘레를 도는 동안에 우주선은 선 *O*를 따라 과거에서 미래로(우상 쪽으로) 움직인다. 우주선에서 뛰어내린 점은 *A*이고, 그가 보내는 레이저의 신호는 물결선들로 표시되었다. 이것들도 양 좌표축에 대하여 45°를 이루고 있다. 물결선이 선 *O*를 가로지르는 점은 우리가 신호를 받아보는 장소이고 시각이다. *B*점에서 발사된 펄스가 우주선의 경로인 선 *O*를 가로지른다. *C*점은 뛰어내린 사람이 사건 지평선(슈바르츠실트 반지름)을 지나는 순간인데, 이 점에서 발사되는 펄스는 무한의 시간이 지나기 전에는 선 *O*와 마주치지 않는다. 이 사건 지평선을 통과한 뒤에 발사되는 광자들은(예를 들면, *D*와 *E*에서) 모두 그 특이점으로 삼켜 들어간다. 뛰어내린 사람은 *F*점에서 특이점으로 들어간다. 밖에서는 *C*나 그 너머의 사건들을 볼 수가 없다.

이 예를 보면, 영역 I은 우리의 시공간 영역, 즉 블랙홀 밖의 우리의 우주이다. 영역 II는 슈바르츠실트 반지름 안의 (예측된) 특이점을 포함하고 있는 시공간의 부분이다. 영역 III은 어떤 것일까? 그것은 영역 I의 경상(鏡像, mirror image)으로서, 특이점과 사건 지평선 밖의 또 하나의 세계이다. 그림의 아래쪽인 영역 IV에도 특이점이 있는데, 그것은 위쪽에 있는 특이점의 경상으로서 과거 속에 있는 특이점, 즉 시간이 역전된 블랙홀의 경상이다. 허용된 광자(예를 들어, 점 *X*에서 나오는)의 경로는 사건 지평선을 넘어서 영역 I인 우리의 우주로 올 수가 있다. 우리는 이것을 사건 지평선으로부터 튀어나오는 빛으로 볼 것이다. 이 현상을 **화이트홀**(white hole)이라고 부른다.

영역 III은 접근할 수 없는 지역이므로 그 존재를 보일 수가 없다. 우리는 영역 I에 있다. 이제 *AA*″의 경로를 따라 영역 III으로의 여행을 시도한다고 생각해 보자. 이 경로가 공간 유사축과 45° 이하의 각을 이루기 때문에, 빛보다도 빠른 속도로 가야 한다는 뜻이다. 사실, 이 그림을 살펴보면 영역 I에서 III으로는 광속 이하로 갈 수 있는 방법이 없다. 광속 이하의 경로는 위쪽의 특이점에 부딪치게 마련이다. 그래서 우리는 영역 III으로는 가지 못한다. 또한 영역 IV로도 가지 못하는데, 영역 IV는 과거에 놓여 있고 우리는 시간을 거꾸로 가게 하지는 못하기 때문이다. 영역 II에는 갈 수가 있으나 거기서 다시 빠져나올 수는 없다.

아인슈타인의 일반상대성이론의 식에서 특수한 해로 특이점을 막을 방법이 한 가지 있다. 즉 회전하는 물질로 된 블랙홀을 만드는 것이다. 각운동량이 블랙홀 주변의 시공간에 특이점을 피하게 하는 다른 성질을 준다.

17.3.3 블랙홀의 관측

고립된 블랙홀은 관측할 수가 없고, 다만 다른 천체와 상호작용에 의해서만 검출할 수 있다. 어떤 물질이든지 블랙홀에 떨어져 들어갈 때는 운동에너지가 증가되면서 온도가 올라간다. 그리고 이온화되어 전자기 복사를 방출한다. 만일 온도가 수백만 도 정도에 도달하면, 물질은 엑스선을 방출하게 된다. 블랙홀이 성간물질 속이나 별의 근방을 지나간다면, 물질을 끌어들이면서 복사를 방출한다. 만일 끌어들인 물질이 본래 각운동량을 가지고 있었다면, 그 물질은 블랙홀 둘레에 원반을 형성할 것이다. 이 강착원반은 엑스선원이 될 것이다(그림 17-13). 그래서 엑스선원은 블랙홀의 좋은 후보가 된다. 18.6절에서 특별한 엑스선원에 대하여 자세히 보게 될 것이다.

일반적인 설명은 다음과 같다. 우리은하 내의 엑스선원의 광도는 $10^{26} \sim 10^{31} \mathrm{Js^{-1}}$의 범위에 든다. 예를 들어, 0.3nm($3 \times 10^{-10}$m)의 파장의 엑스선을 강하게 방출하려면, 온도는 약 10^7K가 되어야 한다(빈의 법칙, 8.6절). 이 온도에서 $10^{30} \mathrm{Js^{-1}}$의 광도를 내려면, 그 천체가 흑체와 같이 복사를 방출한다고 할 때 그 반지름은 대략

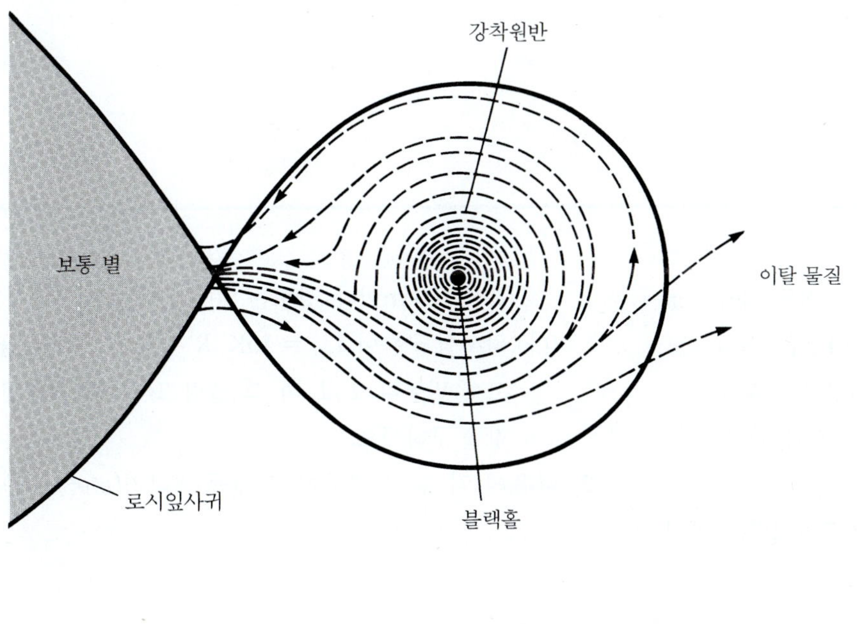

그림 17-13 블랙홀 둘레 강착원반의 모식도

원반은 쌍성의 동반성으로부터 나오는 물질로 형성된다. 이 그림에서 동반성은 로시잎사귀를 채우고 있다.

$$R = \left(\frac{L}{4\pi\sigma T^4} \right)^{1/2} \approx 10\text{km}$$

가 된다. 이것은 대체로 중성자별이거나 블랙홀 둘레의 강착 원반의 반지름과 같다.

물질이 얼마나 빠른 속도로 이러한 천체에 떨어져 들어가야 엑스선 광도를 낼 수 있을까? 반지름이 R, 질량이 M인 천체의 표면으로 매초마다 강착률 dm/dt를 가지고 물질이 떨어진다고 생각하자. 이때의 중력 에너지의 생성은

$$\frac{dE_{\text{grav}}}{dt} = \frac{GM}{R} \frac{dm}{dt}$$

이며, 이 에너지가 전부 복사로 변환한다면(100% 효율) 엑스선원의 광도에 해당한다. 따라서

$L = 10^{30}\text{Js}^{-1}$, $M = 1M_\odot$, $R = 10\text{km}$인 경우에는

$$L = \frac{GM}{R} \frac{dm}{dt}$$

이다. 따라서

$$\frac{dm}{dt} = \frac{RL}{GM}$$

$$= \frac{(10^4)(10^{30})}{(6.7 \times 10^{-11})(2 \times 10^{30})}$$

$$= 7.5 \times 10^{13}\text{kgs}^{-1} \approx 10^{-9}M_\odot/\text{년}$$

이다. 이는 근접 쌍성계에서 쉽게 얻을 수 있는 질량 강착률이다. 물론, 복사에너지로 100%의 변환은 이루어지기 어렵다. 그러나 단지 50%라 하더라도 위의 값의 2배밖에 되지 않는다. 여기서 요점은 바로 엑스선원이 블랙홀을 포함하는 가장 좋은 후보라는 것이다.

핵심 수식과 개념

• 비상대론적 축퇴별의 질량-반지름 관계

$$P = K\rho^{5/3}$$

$$R = \frac{4\pi K}{G(4/3\pi)^{5/3}M^{1/3}}$$

• 상대론적 중력적색이동

$$\frac{\lambda_f}{\lambda_i} = \left[1 - \frac{2GM}{Rc^2}\right]^{-1/2}$$

• 분산척도

$$\text{DM} = \int_0^d n_e\, dl$$

$$t_2 - t_1 = \frac{e^2}{2\pi m_e c}\left(\frac{1}{f_2^2} - \frac{1}{f_1^2}\right)\text{DM}$$

• 중성자별의 광도

$$L = \frac{8}{5}\pi^2 MR^2 P^{-3} \frac{dP}{dt}$$

• 슈바르츠실트 반지름

$$R = \frac{2GM}{c^2}$$

문제

1. (가) 어떤 백색왜성의 겉보기등급은 $m_v = 8.5$, 시차는 $\pi = 0.2''$이다. 복사보정은 BC $= -2.1$등급, 유효온도는 $T_{\text{eff}} = 28{,}000\text{K}$이다. $A_v = 0$이라고 가정하시오. 이 별의 반지름을 계산하시오. 얻은 값과 지구의 반지름을 비교하시오.

(나) 어떤 중성자별의 유효온도는 $T_{\text{eff}} = 5 \times 10^5\text{K}$, 반지름은 10 km이다. 광도는 얼마인가?

(다) 원시성 구름이 $T_{\text{eff}} = 15\text{K}$, $R = (4 \times 10^4)R_\odot$을 가지고 출발한다. $L/L_\odot$과 그 플랑크곡선의 최대점의 파장을 구하시오.

2. 다음의 각 항에 대하여 그 운동에너지($mv^2/2$)를 구하시오.

(가) $10^{-5}M_\odot$의 질량을 10^3kms^{-1}의 속도까지 가속시키는 신성 폭발

(나) $0.1M_\odot$의 질량을 20kms^{-1}의 속도까지 가속시키는 행성상성운의 형성

(다) $1M_\odot$의 질량을 4×10^3kms^{-1}까지 가속시키는 초신성 폭발

이러한 에너지를 태양의 복사로 방출하려면 몇 년이나 걸릴까?

3. 물질의 구름이 블랙홀로 떨어져 들어갈 때 얼마나 뜨거울까? 만일 그것이 흑체복사로서 방출된다면 어느 파장에서 극대가 될까? (중력적색이동을 무시하시오.)

4. 다음 천체들의 슈바르츠실트 반지름을 계산해 보시오.

(가) 지구

(나) 태양

(다) 구상성단

(라) 우리은하

여기서 어떠한 경향을 볼 수 있는가?

5. 질량이 $1M_\odot$인 별을 생각하자. 다음의 것들에 대한 평균 질량밀도를 계산하시오.

(가) 우리의 태양($L_\odot = 7 \times 10^5$km)

(나) 백색왜성($R = 10^4$km)

(다) 중성자별($R = 10$km)

반지름이 $r = 3 \times 10^{-15}$m인 ^{12}C의 핵의 평균 밀도를 계산하시오. 그리고 위의 모든 결과가 의미하는 바를 논의해 보시오.

6. 가장 오래된 백색왜성은 약 10^{10}년 전에 약 10^9K의 초기 온도로 형성되었다. 최대 질량 $1.4M_\odot$, 반지름 7×10^6m, 그리고 연령 1×10^{10}년인 백색왜성의 현재 온도를 결정하시오. 별 전체에 걸쳐 밀도가 일정하다고 가정하시오. 이 백색왜성의 현재 최대 복사 강도의 파장은 얼마인가? [힌트 : 별이 흑체로서 복사를 방출하면서 냉각되므로 $L = -$부피 $\times$ 입자의 개수밀도 $\times$ $k(dT/dt)$로 놓으라. k는 볼츠만 상수이다. 이 방정식을 풀기 위하여 T를 포함한 모든 항을 좌변에 놓아서 변수를 분리하고 적분을 하시오.]

7. 비상대론적 기체에서는 음파의 전파 속도가 $c_s = (5P/3\rho)^{1/2}$인데, P는 압력, ρ는 밀도이다. 이 속도는 별에 충격이 주어지면 맥동하게 되는 속도이기도 하다. 비상대론적 백색왜성에 대하여 음속과 맥동의 주기 $\approx R/c_s$를 질량(태양질량 단위)의 함수로 구하시오. (SI 단위로 백색왜성의 상태방정식은 $P \approx 3.2 \times 10^6\ \rho^{5/3}$이다.) 일정한 밀도와 압력을 가정하시오. 이 시간척도(time scale)가 가장 빠른 펄서의 주기와 어떻게 비교되는가? 맥동하는 백색왜성이 펄서일 수 있겠는가?

8. 게성운의 펄서는 1×10^{31}W의 광도로 복사를 방출하며, 0.033초의 맥동 주기를 가진다. 만일 $M = 1.4M_\odot$, $R = 1.1 \times 10^4$m라면, 주기의 증가율(dP/dt)을 구하시오. 현재 주기의 2배가 되려면 몇 해나 걸리겠는가? (힌트 : 뒷부분의 계산을 위해서 먼저 P를 포함하는 모든 항을 골라 좌변으로 옮기고 적분해야 한다.)

9. 식 (17-4)는 질량이 크고 밀집된 천체 부근에서 방출되는 전자기파의 적색이동을 기술하는 식이다. 시간은 진동수의 역수이므로, 시간-지연 효과를 $\Delta t'/\Delta t_{obs} = \nu_f/\nu_i$로 표시할 수 있다. 여기서, $\Delta t'$는 광원의 좌표에서의 두 사건 사이의 시간 간격(예를 들면, 시계의 계속적인 똑딱 소리)이고, Δt_{obs}는 관측자가 측정한 시간 간격이다. 강한 중력장에 놓인 시계는 먼 거리에 있는 관측자에게는 더 천천히 가는 것으로 관측된다. 이 점에 유의하여 다음 물음에 답하시오.

(가) 블랙홀에 떨어져 들어가는 물체에 대해서 먼 거리에 있는 관측자가 보는 사건의 시간 측정(두 사건 사이의 시간 간격, 사건이 지속되는 시간 등)이 어떻게 변하는지 기술하시오. 관측자는 그 물체가 슈바르츠실트 반지름을 넘어가는 것을 언젠가는 볼 수 있겠는지 논의해 보시오.

(나) 이번에는 블랙홀로 떨어져 들어가는 관측자가 관측했을 때, 먼 거리에서 일어나는 사건의 시간에 대하여 기술해 보시오. 관측자가 슈바르츠실트 반지름을 건널 때, 무엇을 보게 될 것인가? 여기에 모순이 있는가? 그렇다면 그것을 어떻게 해결할 수 있는가?

10. 중성자가 원자핵 밖에 있을 때는 약 15분이면 약한 핵작용에 의하여 양성자, 전자, 반중성미자로 분리된다. 중성자가 질량 $1M_\odot$인 블랙홀의 중심으로부터 3.0km의 거리에 있는 원자핵으로부터 떨어져 나왔다고 상상해 보자. 먼 거리의 관측자가 측정할 때 이 중성자가 붕괴하는 데 얼마나 걸리겠는가? (앞의 문제에서 제시한 시간지연에 관

한 식을 이용하시오.)

11. 태양과 똑같은 별이 질량 M_H인 블랙홀과 쌍성계를 이루고 있다. 별의 밀도가 일정하고 궤도가 원이라고 가정하자.

(가) 식 (3–9)를 써서 그 별이 블랙홀의 조석력으로 깨지지 않으려면 최소한 얼마만큼 떨어져 있어야 하는지 계산하시오.

(나) 두 별의 최소 거리가 슈바르츠실트 반지름보다 작게 되려면 블랙홀의 질량이 얼마가 되어야겠는가? 이보다 큰 질량의 블랙홀은 이 별을 통째로 삼키게 된다.

12. 갈색왜성의 광도가 중력 수축에서부터 나온다고 가정하자. 그 질량은 $0.05M_\odot$, 광도는 $3 \times 10^{-5}L_\odot$이다. 만일 광도가 일정했다고 가정한다면(별의 반지름이 훨씬 컸을 때에도), 이런 종류의 별이 전자축퇴압에 의해서 수축이 멈출 때까지 얼마나 오래 복사를 방출했을까? (이때 $R \approx 9 \times 10^6 M^{-1/3}$m인데, M은 태양질량 단위의 값이다.)

13. 전형적인 젊은 중성자별은 약 10^4m의 반지름과 대체로 10^6 K의 온도를 가진다.

(가) 이러한 중성자별의 흑체복사 광도는 얼마인가?

(나) 이러한 특성을 가진 중성자별이 광학적(가시) 흑체복사로 검출될 수 있는 최대 거리는 얼마나 될까? 검출한계의 등급은 25등급이며, 복사 보정은 0이라고 가정하시오. 이것에 대하여 논의하시오.

14. 고온의 기체구름이 질량 $10M_\odot$의 블랙홀 둘레를 반지름 4.0×10^4m인 원 궤도를 그리며 케플러 운동을 하고 있다. 관측자가 궤도 평면상에 있다면, 이 구름이 내는 방출선의 (관측되는 진동수)/(정지 진동수) 또는 (관측되는 파장)/(정지 파장)의 비를 궤도주기 동안에 시간에 따라 변하는 모습을 그림으로 그려 보시오. 중력적인 도플러 효과와 보통의 도플러 효과를 다 포함시키고, 상대론적 공식을 사용하시오.

15. 자기 쌍극자가 주기 P로 회전할 때는 P^{-4}에 비례하는 광도로 복사를 낸다.

(가) 형성된 지 오래된 펄서는 $P \propto t^{1/2}$ 법칙(근사적으로)에 따라 느려지는 것을 증명하시오.

(나) (가)의 결과를 이용하여 펄서의 광도가 근사적으로 $L \propto t^{-2}$에 따라 감소함을 증명하시오.

16. 게자리 펄서에 대하여 430MHz와 196MHz의 진동수에서 펄스 도착 시각 차이를 계산하시오. 그리고 이 차이를 표 17–1에 있는 다른 펄서의 값과 비교해 보시오.

17. 17.2.4항의 정보와 케플러 제3법칙을 써서 PSR+065564 쌍성계의 두 별들의 질량의 합을 계산하시오.

18. 태양이 각운동량을 잃어버리지 않은 채로 반지름이 10km까지 붕괴된다면 회전주기는 얼마가 될 것인가? 그 계산 결과를 알려진 펄서들의 회전주기와 비교하여 보시오.

19. $10M_\odot$의 블랙홀에서 3,000km인 거리에 있는 사람에게 작용하는 조석력(제3장 참조)을 계산해 보시오. (사람의 질량은 90kg, 키는 2m라고 가정하자.)

20. 중력적색이동 방정식을 파장이 아니고 진동수의 관점에서 살펴보면, 그것이 상대론적 시간지연 효과와 직접적으로 관련되어 있다는 것을 알 수 있다. 한 질량으로부터 R_1의 거리에 있는 시간 T_1을 따라가는 시계와 R_2의 거리에서 시간 T_2를 따라가는 시계를 고려해 보자. 시간은 다음과 같은 관계식으로 연결된다.

$$\frac{T_2}{T_1} = \left(\frac{1 - 2GM/R_2c^2}{1 - 2GM/R_1c^2} \right)^{1/2}$$

(가) 중성자별의 표면에 있는 시계와 먼 거리에 있는 시계를 비교하시오.

(나) 백색왜성의 표면에 있는 시계와 먼 거리에 있는 시계를 비교하시오.

(다) $3M_\odot$ 블랙홀의 슈바르츠실트 반지름에 있는 시계와 먼 거리에 있는 시계를 비교하시오.

18

Chapter

변광성과 폭발성

제16장과 제17장에서 우리는 관측된 항성들의 대부분인, 보통 별의 느린 진화에 관해서 설명하였고, 또한 급격히 진화하며 엄청난 변화를 보이는 별들의 존재와 대부분의 보통별이 이러한 단계를 일생 동안 여러 번 거치게 된다는 사실도 언급했다. 어떤 별들은 강한 항성풍을 내고 대기가 확장되며, 또 다른 별들은 항성 내부에 큰 변화를 겪는다. 이 장에서는, 그와 같은 항성의 진화 과정 중에 흥미롭고 특이한 단계를 지나면서 생기는 **변광성**의 관측적 특성과 물리적 성질을 논의하고자 한다. 즉 항성의 천체물리학에 관련된 다양한 현상들을 만나게 될 것이다.

18.1 변광성의 명명

가장 흥미 있는 변광성은 **본질적 변광성**(intrinsic variables)인데, 본질적이란 용어는 기하학적 변광성, 즉 식쌍성과 같이 외적 요인에 의한 변광성과 구별하기 위하여 사용된 것이다. 본질적 변광성은 대략 두 가지로 분류된다.

(1) **맥동성**(pulsating stars) : 항성 대기가 주기적으로 수축과 팽창을 하는 별

(2) **격변** 또는 **폭발 변광성**(cataclysmic or explosive variables) : 갑작스럽게 극적인 변화를 하는 별

맥동성은 세페이드 변광성, 거문고자리RR형 변광성, 황소자리RV형 불규칙 변광성 및 장주기 미라(Mira) 변광성 등을 포함한다. 신성, 왜신성 및 초신성이 폭발 변광성들이다. 이 두 부류에 맞지 않는 변광성에는 플레어별(flare star), 황소자리T형별, 스펙트럼 변광성(spectrum variables), 자기별(magnetic star) 등이 있다. 표 18-1, 18-2, 18-3에 가장 중요한 변광성들의 특성을 정리해 놓았다. 그림 18-1에는 H-R도 상에 이 별들이 나타나는 위치를 표시해 놓았다.

별은 진화하는 동안 변광 단계를 여러 번 지나게 된다. 태양질량 정도의 별은 주계열 별로 정착하기 전 시초에 황소자리T형별이었을 것이며, 한참 후에는 적색거성 단계를 지나서 거문고자리RR형 변광성으로 맥동을 경험하게 될 것이다. 질량이 큰 별들은 진화의 후반 단계에서 거성 또는 초거성 단계를 거친 다음 세페이드 변광성으로 관측된다. 질량이 큰 별은 백색왜성으로 되기 위해서는 대부분의 질량을 잃어야 한다. 질량 손실은 적색거성, 행성상성운, 또는 초거성 단계에서 일어난다.

본질적 변광성이든 기하학적 변광성이든 변광성을 모두 표기하기 위해 천문학자들은 별도의 명명 체계를 고안하였다.

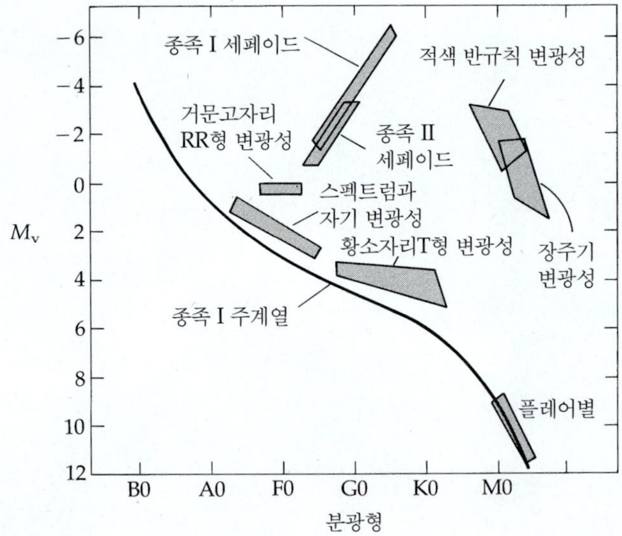

그림 18-1 H-R도 상에 선정된 변광성들의 위치 (J.P. Cox)

각 변광성의 소속 별자리 이름(부록 2) 앞에 1개 또는 2개의 대문자를 덧붙인다. 대문자는 발견 순서에 따라 알파벳순으로 택한다. 어떤 별자리에서 첫 번째로 발견된 변광성을 R로 명시하고, 그 다음에 발견되는 변광성들은 나머지 알파벳으로 Z까지 사용한다. Z다음에는 문자를 2개 사용하여 순서에 따라 RR, RS~RZ, SS, ST~SZ, ⋯, ZZ까지 표기한다. 다음에는 알파벳의 처음으로 다시 돌아가 AA, AB~AZ, BB, BC~BZ, ⋯, QZ로 표기한다. 문자 J는 I와 혼동을 피하기 위해 생략한다. 만일, 어떤 별자리에 이보다 더 많은 변광성이 있을 경우에는, V335(V는 변광성을 의미)로 시작하여 숫자로 표시한다. 335부터 시작하는 이유는, 이미 사용한 1개 또는 2개의 문자로 334개의 변광성을 나타낼 수 있었기 때문이다. 변광성 표기 예로(서열에 따라) R Monocerotis, T Tauri, RR Lyrae, UV Ceti, AG Pegasi, BF Cygni, V378 Orionis, V999 Sagitarii 등이 있다.

과거에는 신성들을 이러한 표기 체제에 포함시키지 않았다. 각 신성은 별자리 이름과 신성이 나타난 연도로 명시하였다(Nova Aquilae 1918처럼). 그러나 1925년 이후, 신성에도 RR Pictoris, DQ Herculis와 같이 변광성 표기법을 적용하기 시작했다. 오늘날에는 전에 나타났던 신성들에도 이러한 표기법을 적용하여 Nova Aquilae 1918은 V603 Aquilae로도 알려지게 되었다. 변광성 중에는, 아주 밝아서 고유 이름이 붙었거나 그리스 문자로 명명된 것들이 있는데, 이들에는 새롭게 다시 이름을 붙이지 않는다. 그러므로 잘 알려진 변광성들로 β Lyrae, δ Cephei 및 알골(Algol) 등이 있다. 이들이 각 부류의 대표격이다.

18.2 맥동 변광성

18.2.1 관측

가장 중요한 맥동성은 **세페이드 변광성**이다. 맥동성의 밝기는 연속적으로 변한다. 맥동성은 스펙트럼도 주기적으로 변한다. 주어진 분광형의 세 분류 전역에 걸쳐 변하기도 한다. 이는 해당 별의 표면 온도가 그만큼 넓게 변한다는 뜻이다. 스펙트럼선의 도플러 이동량도 주기적으로 변한다. 따라서 대개의 수축과 팽창을 추적하는 **동경 속도곡선**을 얻을 수 있다. 즉 별의 반지름 변화를 측정할 수 있다(그림 18−2).

일반적으로, 이 단원에서 기술된 특성은 맥동성 모두에 적용된다. 표 18−1에 맥동성의 몇 가지 주요 부류들에 대한 특징과 특성을 요약해 놓았다.

세페이드 변광성과 거문고자리RR형 변광성은 H-R도 상에

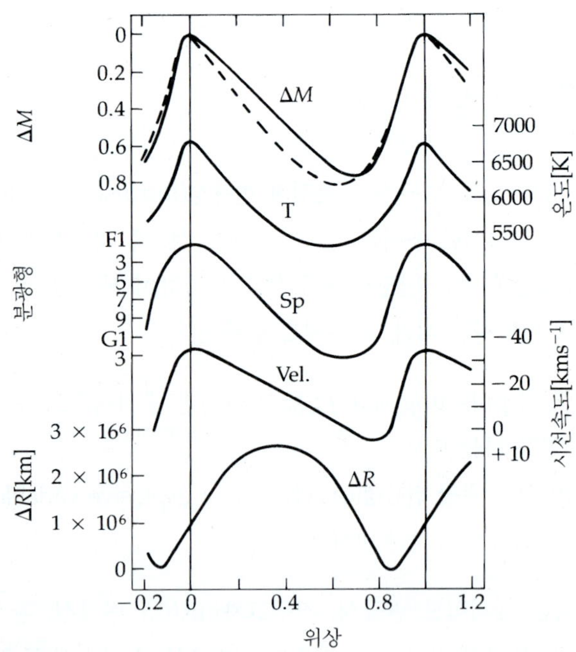

그림 18-2 맥동 변광성의 관측된 특성

시선속도곡선의 위상에 따른 등급(점선은 일정한 반지름에 대한 것), 온도, 분광형, 동경속도, 반지름의 변화 그림 (W. Beckers)

표 18-1 맥동 변광성의 분류

종류	대표적인 별	$\overline{M}_V$	분광형	맥동 주기 범위	전형적인 주기
종족 I 세페이드(고전세페이드)	δ Cephei	−0.5∼−6	F6∼K2	1∼50일	5∼10일
종족 II 세페이드(처녀자리W형)	W Virginis	0∼−3	F2∼G6	2∼45일	12∼28일
거문고자리RR형 변광성	RR Lyrae	0.5∼1	A2∼F6	1.5∼24시간	0.5일
장주기 변광성(Mira)	o Ceti	1∼−2	M1∼M6	130∼500일	270일
황소자리RV형 별	RV Tauri	−3	G, K	20∼150일	75일
큰개자리β형 별	β Canis Majoris	−3	B1, B2	4∼6시간	5시간
반규칙적 적색 변광성	α Herculis	−1∼−3	K, M, R, N, S	100∼200일	100일
왜성 세페이드	δ Scuti	4∼2	A∼F	1∼3시간	2시간

불안정띠에 위치한다. 질량이 작은(0.5∼0.7$M_{\odot}$) 종족 II 항성이 내부핵에서 헬륨이 연소하는 동안, 이 불안정띠 영역을 지나게 되면서 불안정 상태에 들어가 별 전체가 맥동을 경험하게 된다. 이러한 상태에 있는 별이 거문고자리RR형 변광성이다. 질량이 3∼18$M_{\odot}$인 종족 I 항성도 내부핵에서 헬륨이 연소될 때 이 불안정띠의 상단부를 지나면서 맥동을 겪게 된다. 이 상태의 별이 세페이드 변광성이 된다.

18.2.2 맥동의 기구

별은 정유체 역학적 평형에서 벗어나면 맥동하게 된다. 별의 바깥쪽에 있는 질량에 작용하는 중력이 내부 압력과 서로 평형을 이루지 못하는 것이다(16.1절 참조).[1] 만일, 별이 증가된 기체 압력 때문에 팽창한다면, 물질의 밀도(따라서 압력)가 정유체 역학적 평형에 도달할 때까지 감소되다가 팽창의 관성 때문에 평형점을 지나쳐 버리게 된다. 그러면 중력이 더 커지므로 별은 수축을 시작하게 된다. 안으로 떨어져 들어가는 물질의 운동량 때문에 수축은 평형점을 지나 계속된다. 그러면 또 다시 압력이 높아져서 새로운 팽창이 시작된다. 이렇게 팽창과 수축을 반복하게 된다. 그러나 맥동하는 동안에 에너지가 소모되게 마련이므로(마찰에 의한 손실과 유사하게), 별의 맥동은 마침내 정지하게 될 것이다. 그런데 맥동이 규칙적일 뿐 아니라 맥동 변광성이 흔하다. 그러므로 소모되는 에너지가 어떤 방법으로든 별 내부에서 보충되어야 한다.

별의 내부로부터 바깥으로 전달되는 에너지 전달률이 에너지를 비축하는 모종의 **댐**(damming) 작용에 의해 변할 수 있다. 내부 물질의 불투명도(opacity)가 복사 에너지의 흡수과정에 직접적인 영향을 준다. 그러므로 불투명도의 변화가 밸브와 같은 작용을 할 수 있다. 별의 대기가 투명하면 복사가 자유롭게 흘러나가 별은 밝게 보인다. 반면에 불투명도가 커지면 복사 에너지가 밖으로 빠져나가기 어려우므로 별은 어두워진다. 만일 불투명도가 가장 클 때 별이 수축하게 된다면, 초과 복사량이 비축되었다가 별의 바깥층에 압력을 한층 더 가하게 될 것이다. 이러한 과정으로 맥동이 유지되는 데 필요한 에너지가 공급될 수 있다. 맥동성의 대기에는 한차례 전리된 헬륨이 자외선복사를 흡수하여 한 차례 더 전리되기 때문에 불투명도가 증가하게 되는 영역이 존재한다. 이 He^{+}의 전리 영역(때로는 He이 부분적으로 이온화된 영역으로 불린다)은 주변의 영역보다 온도가 낮다. 이는 정상적으로는 가스를 가열하는 데 사용되어야 할 에너지가 He^{+}를 전리하는 데 사용되기 때문이다. 헬륨의 전리 영역은 항성 대기를 불안정하게 만들어, 결국 맥동을 지속시킨다. 수소와 탄소 같은 다른 원소들의 이온화 영역도 같은 방법으로 작용할 수 있다.

맥동성은 H-R도 상에 불안정띠라는 한정된 영역에만 위치한다(그림 18-1). 이러한 관측 사실은 전리 영역의 깊이로 설명할 수 있다. 이 영역의 깊이는 별의 구조에 의존하며, 그 구조는 진화 단계에 따라 다르다. 이 영역이 너무 깊은 곳에 위치하면 밸브 작용이 맥동의 감쇠를 막기에 충분하지 못하다. 또, 이 영역이 얕을 때에는 에너지 비축 작용이 비효율적이어서 맥동에 필요한 추진력을 얻을 수 없다.[2] 별이 이 같이 에너

1) 압력이 아니라 압력의 경도력이다. (역주)

2) 불안정띠는 HR도 상에서 표면온도가 5,500∼7,500K인 영역에 위치하는데, 7,500K 이상인 별에서는 He^{+} 이온화 영역의 깊이가 너무 얕고, 5,500K 이하인 별에서는 너무 깊어서 맥동이 일어나지 않는다. (역주)

지를 비축하는 댐 같은 밸브 기구에 의해 불안정하게 되는 H-R도 상의 위치를 바탕으로 다음 단원에 나올 주기–광도 관계도 설명할 수 있다.

맥동의 기구가 무엇이든지 일반적으로 별의 맥동 주기는 별의 평균 밀도와 관련된다. 최대 팽창 후 별의 바깥 물질이 안쪽으로 거의 자유낙하와 같은 운동을 할 것이다. 이 자유낙하를 궤도 운동의 한 특수한 — 직선을 따르는 — 경우로 고려하자. 따라서 이 가스는 케플러 법칙을 따른다.

$$\frac{P^2}{R^3} = \frac{4\pi^2}{GM}$$

여기서 P는 맥동 주기, R는 별의 반지름, M은 별의 질량이다. 따라서

$$P^2 \propto \frac{R^3}{M}$$

이다. 그런데

$$M \propto \langle \rho \rangle R^3$$

이며, 여기서 $\langle \rho \rangle$는 평균 밀도이다. 그러므로

$$P^2 \propto \frac{R^3}{\langle \rho \rangle R^3} \propto \langle \rho \rangle^{-1}$$

이므로

$$P\langle \rho \rangle^{1/2} = 상수$$

가 된다.

두 세페이드 변광성에서 맥동 주기의 비는 평균 밀도의 제곱근에 반비례한다.

$$\frac{P_A}{P_B} = \left(\frac{\langle \rho_B \rangle}{\langle \rho_A \rangle} \right)^{1/2} \tag{18–1}$$

관측되는 것도 대략 이와 유사하다.

개념 적용 맥동성

별이 흑체복사와 같이 빛을 낼 경우

$$L \propto R^2 {T_{\text{eff}}}^4$$

이므로 맥동성을 두 시기에 관측했을 경우

$$\frac{L_1}{L_2} = \left(\frac{R_1}{R_2} \right)^2 \left(\frac{T_1}{T_2} \right)^4$$

이 된다. 이를 등급으로 환산하면,

$$m_{\text{bol}}(2) - m_{\text{bol}}(1) = 5\log\left(\frac{R_1}{R_2} \right) + 10\log\left(\frac{T_1}{T_2} \right)$$

이 된다. 반지름의 비를 얻기 위해 유효온도의 비만이 필요하다는 사실에 주목하라.

18.2.3 주기–광도 관계

세페이드 변광성은 맥동 주기와 광도 사이에 중요한 관계를 보이고 있다. 세페이드 변광성의 맥동 주기와 이 변광성의 중간값 광도가 서로 관련되어 있다. 이 사실은 마젤란운(Magellanic Clouds)에 있는 변광성 연구에서 처음 발견되었다. 마젤란운은 남반구의 밤하늘에 보이는 우리은하 가까이에 있는 2개의 작은 동반 은하이다. 각 마젤란운에 있는 모든 별들은 모두 거의 같은 거리에 있다고 생각할 수 있다. 1912년 하버드에서 연구하던 리비트(Henrietta Leavitt, 1868~1921)는 세페이드 변광성의 중간값 겉보기등급(별들이 모두 같은 거리에 있으므로 광도가)이 밝을수록 주기가 길다는 사실을 발견하였다. 섀플리는 이 **주기–광도 관계**(period-luminosity relationship, P-L 관계)의 중요성을 인식하고, 기준이 되는 0점을 구하려 했다. 이 점을 알면 세페이드의 주기로부터 바로 그 광도(절대등급)를 구할 수 있기 때문이다. 그러나 세페이드 변광성의 수가 비교적 적었고 거리도 멀었기 때문에, 이러한 눈금 조정은 어려운 일이었다. 삼각시차에 의해 거리를 구할 수 있는 가까운 세페이드 변광성은 하나도 없었으므로 섀플리는 비교적 부정확한 통계 시차의 방법에 의존할 수밖에 없었다. 그의 0점은 많은 다른 은하까지의 거리를 구하는 데 사용되었다. 이러한 거리들은 새롭고 정확한 자료가 생기면 계속

수정되어 왔다. 현재는 산개성단에 있기 때문에 거리가 상당히 잘 알려진 20여 개의 세페이드 변광성이 P-L 관계를 얻어내는 우리은하의 눈금 조정별(calibrators)로 사용되고 있다.

그 후 지속적인 연구에서 세페이드 변광성에는 두 종류가 있으며, 이들은 서로 분리된, 거의 평행하게 나타나는 각각의 P-L 관계를 가지고 있다는 사실이 밝혀졌다(그림 18-3). 고전세페이드 변광성은 종족 I로서 더 밝으며 나선팔에서 주로 발견된다. 대표별의 이름을 따라 처녀자리W형별(W Virginis)이라고 알려진 종족 II의 세페이드 변광성은 구상성단과 다른 종족 II의 계에서 발견된다. 고전세페이드는 주기가 1일에서 50일(전형적인 주기는 5일에서 10일), 분광형은 F6에서 K2까지의 범위를 가진다. 종족 II 세페이드는 주기가 2일에서 45일(전형적인 주기는 12일에서 20일), 분광형은 F2에서 G6까지의 범위를 가진다. 종족 I, II의 세페이드는 모두 **규칙적 또는 주기적 변광성**으로, 시간에 따른 밝기 변화가 주기적이다. 오늘날 P-L 관계는, 시선 방향의 성간 적색화 $E(B-V)=0.10$을 가정하여 거리지수 18.50등급을 갖는, 대마젤란운(Large Magellanic Cloud, LMC)에 있는 종족 I 세페이드를 이용하여 조정되었다. 따라서 V-밴드에서는

$$M_v = -2.76(\log P - 1.0) - 4.16 \qquad (18\text{-}2)$$

이며 P는 일(days) 단위로 잰 변광주기이다. 이 눈금 조정을 가진 P-L 관계는 우주의 거리를 구하는 데 필수적인 도구로 활용된다. 앞의 히파르코스 자료를 기준으로 이 눈금조정이 수정될 것으로 기대된다. 예비 결과에 의하면 세페이드는 현재의 0점에서 대략 20% 더 밝은 것으로 시사된다.[3)]

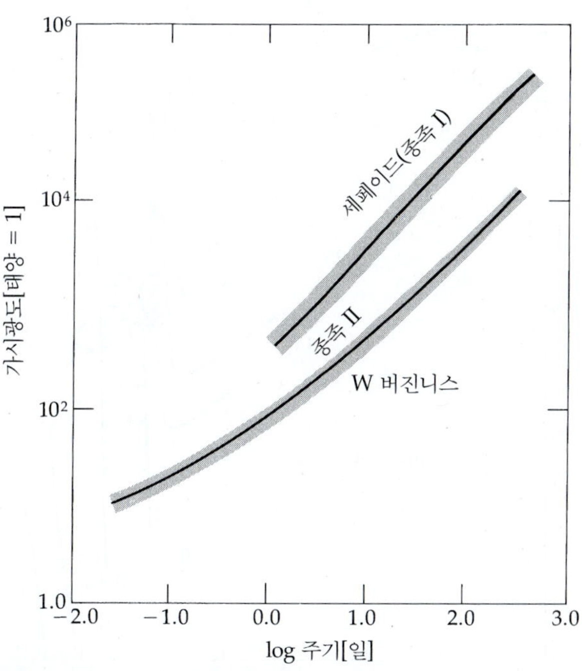

그림 18-3 세페이드 변광성의 주기-광도 관계
하나는 종족 I과 다른 하나는 종족 II에 대한 각각의 관계가 존재하는 것에 유의하라.

거문고자리RR형 변광성도 역시 주기적 변광성이다. 이들은 구상성단에 많으므로, 때로는 성단 변광성이라고도 불린다. 이 변광성들은(주기가 13.6시간인 대표별 RR Lyrae의 이름을 따르는) 1.5시간에서 24시간(전형적인 주기는 12시간)까지의 주기 범위를 가지고 광도 변화를 한다. 이들은 종족 II이며(어떤 별은 상당히 높은 금속함량을 가지지만), 분광형이 A2에서 F6까지의 범위에 분포하며 밝기는 태양의 100배 정도에 이른다. 거문고자리RR형 변광성이 약 5,000개 알려져 있다. 거문고자리RR형 변광성도 일종의 P-L 관계를 가지고 있으나, 이 변광성은 모두가 주기에 관계없이 같은 밝기(절대안시등급 약 0.5)를 가진다.

18.2.4 장주기 적색 변광성

대표별을 따라 미라 변광성이라고 불리는, 장주기 변광성은 가시 영역에서 아주 큰 밝기 변화를 보인다. 이는 이 별들의 온도가 낮아서(약 2,000K) 별 복사의 대부분이 적외선으로 방출되기 때문이다. 이처럼 낮은 온도의 상황에서는 분자와 먼지가 존재하여 별 표면에 막을 형성한다. 그러나 온도가 올라가면 분자들이 해리되므로, 더 많은 복사가 통과되어 나올 수 있다. 이 **적색 변광성**은 밝기 변화가 불규칙적이다. 변화의 폭이 수 등급, 주기는 100일에서 700일까지 분포한다. 이 별들은 대략 태양보다 100배나 밝은 K, M형으로 종족 I, II별에 다 포함되며, 적색거성과 초거성들이다. 이 장주기 적색 변광성은 H-R도 상에서 헬륨 껍질 연소가 진행되는 위치에 있으며, 이들의 불규칙적인 맥동의 원인은 아직 밝혀지지 않았다.

3) 히파르코스 자료에 의하여 수정된 P-L 관계는 고전세페이드(종족 I)의 경우에 $M_v = -2.81 \log P - (1.43 \pm 0.1)$이다(Feast, M., et. al., 1997). (역주)

18.3 비맥동 변광성

맥동성은 아니지만 우리의 호기심을 자아내는 진귀한 변광성이 몇 가지 있다. 이 단원에서 그들에 대해 간략히 언급하고자 한다. 그중에는 태양 정도 질량의 별로 주계열 전 단계에 있는 **황소자리T형별**, 이미 주계열에 도달하였지만, 태양에서 관측되는 것과 유사한 플레어 활동을 보이는 **플레어별**(flare star), 진화의 후반 단계에 있는 **자기 변광성**(magnetic variables), 태양 같은 항성이 주계열을 막 벗어난 단계에 있는 **사냥개자리RS형별**들이다.

18.3.1 황소자리T형별

황소자리T형별은 전주계열성이다. 이 진화 단계에서 질량이 작은 별들은(0.2~$2M_\odot$) 두꺼운 대류층을 가지며, 아마도 대류와 회전에 의해 유도된 표면 자기 활동이 매우 활발하다. 몇몇 황소자리T형별은 회전에 따른 광도 변화를 주는 광구에 거대한 암흑 활동 영역을 가지고 있는 것으로 알려졌다. 스펙트럼에 나타나는 활동에는 수소 발머선의 방출선을 비롯, 이온화된 칼슘과 다른 금속들의 방출선들이 있다. 이런 것들은 활동적인 채층에서 발생될 것이다. 어떤 황소자리T형별의 스펙트럼에는 가스성운이 둘러져 있음을 암시하는 전형적인 가스성운의 금지선도 보인다. 이 별들의 밑에 깔린 스펙트럼은 보통 F형 내지 M형의 스펙트럼이다. 어떤 황소자리T형별들은 주변 물질에 의해 가려져 있으나, 다른 황소자리T형별들은 별만 있어 광구를 직접 볼 수도 있다.

엑스선 망원경을 이용하여 황소자리T형별들을 관측해 보면 어떤 것들은 밝기가 급격하고 폭발적으로 변화한다. 하루에도 10배 정도의 변화를 보이기도 한다. 이 같은 폭발은 광구의 활동 영역과 관련된 플레어인 것 같다.

황소자리T형별은 많은 경우 암흑운 근처와 그 속에서 발견된다. 광학 관측에서 황소자리T형별들이 암흑성운의 가장자리에 보인다. 그 지역이 성간소광이 가장 작기 때문이다. 적외선으로 관측하면 성간운 속에 들어 있는 황소자리T형별들도 밝혀낼 수 있다.

H-R도 상에서 황소자리T형별은 주계열 바로 위의 오른쪽에 있으며, 바로 전주계열(pre-main-sequence) 별이 발견될 곳으로 기대되는 위치에 있다(그림 18-4). 황소자리T형별과 이와 관련된 별들은 적외선 파장에서 매우 강한 복사를 내고 있다. 이 적외선 초과는 둘레에 있는 먼지구름이나 원반이 별에서 방출되는 단파장 복사의 대부분을 흡수하여 다시 적외선 파장으로 방출하기 때문에 생기는 것이다. 이 먼지는 원시별이 형성되고 남은 물질이거나, 별이 붕괴 수축할 때 배출된 물질일 것이다. 여러 파장 영역의 관측에서 많은 경우 물질 원반은 황소자리T형별 둘레에 수백 AU의 반지름을 가진다는 것이 알려졌다. 이 원반이 행성이 생성되는 지역일 것이다. 이는 강착(accretion) 과정에서 생긴 것이다.

적외선과 전파 관측에서 알려진 사실은 황소자리T형별에는 1년에 대략 10^{-7}~$10^{-8}M_\odot$에 해당하는 질량의 분출류, 즉 항성풍이 분다는 것이다. 사실, 분출류는 거의 모든 원시 항성과 전주계열 천체에서 볼 수 있는 현상이다. 대부분의 경우, 물질이 회전축을 따라 양 극 방향으로 분출된다. 이 같은 전주계열 항성체는 젊은 항성 천체(young stellar objects, YSOs)라는 포괄적인 속명하에 있다. 항성풍은 주변 원반과 부딪쳐

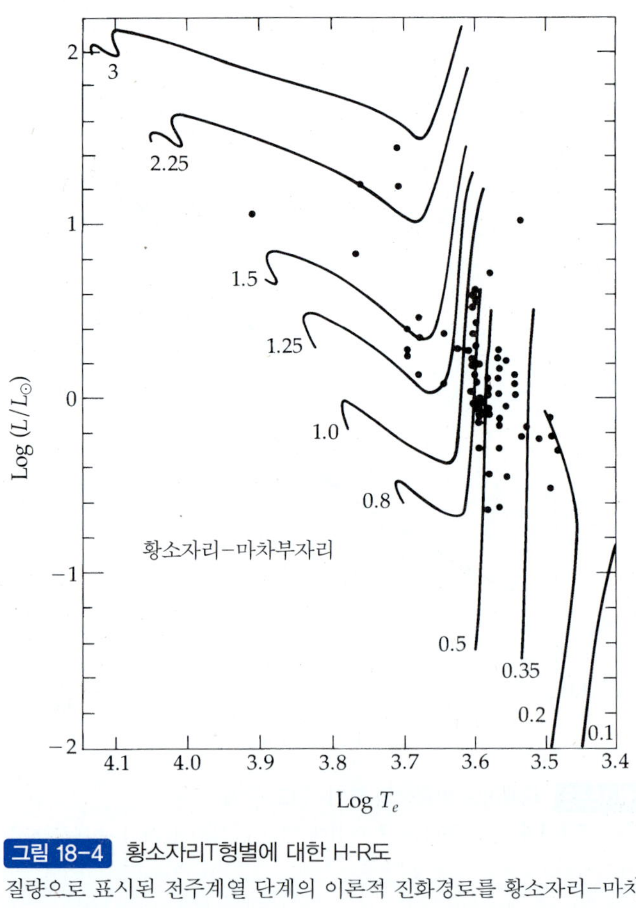

그림 18-4 황소자리T형별에 대한 H-R도
질량으로 표시된 전주계열 단계의 이론적 진화경로를 황소자리−마차부자리 영역에서 관측된 항성들의 관측결과와 비교할 수 있다. (M. Cohen and L.V. Kuhi)

서 난류가 발생하는 영역을 만들기도 한다.

18.3.2 플레어별

태양의 플레어는 태양 활동 중에서 가장 활발하고 장엄한 현상이다. 다른 G형 별에도 플레어 활동이 있음은 틀림없으나, 가장 큰 태양 플레어에 의해 방출되는 에너지조차도 별의 총 복사량에 비하면 아주 적다. 그러나 태양보다 훨씬 작은 복사를 방출하는 M형의 왜성에서는 태양의 큰 플레어가 갖는 에너지의 플레어로 인해 별의 밝기가 2배로 증가된다. 사실, 온도가 낮은, 여러 주계열성들은 불규칙한 간격으로 몇 초 동안에 수 등급이나 밝아지는 플레어 현상을 일으키고 있다. 이 플레어의 광도곡선은 태양의 플레어와 비슷해 밝기의 감소가 증가보다 훨씬 더 서서히 진행된다(그림 18-5). 전파와 광학의 협동 관측에서 어떤 플레어 별들은 플레어 방출과 동시에 폭발적인 전파 방출을 하고 있음이 입증되었다.

M형 왜성에서 플레어로 방출되는 총 에너지는 *B*-밴드의 광도가 $10^{21} \sim 10^{26}$W인 항성의 경우, $10^{21} \sim 10^{27}$J의 값을 가진다. 태양의 *B*-밴드의 광도는 약 2×10^{26}W이다. 비록 별의 플레어 현상이 태양 플레어보다 훨씬 활동적이고 보다 급한 상승 시간을 가진다 하더라도 근본적인 과정은 매우 유사한 것이다. 즉 자기적으로 갇혀 있던 입자들이 코로나로 방출되는 것이다. 태양에서와 마찬가지로 대부분의 에너지가 엑스선으로 방출되지만, 태양에서의 경우보다 훨씬 강하다. 그 예로, M형 왜성의 플레어는 최대 엑스선 광도가 대략 10^{24}W(태양의 10^{20}W와 비교)를 가지게 된다. 모든 별은 주계열 전의 진화 단계에서 플레어 과정을 거친다는 것이 사실일 것이다.

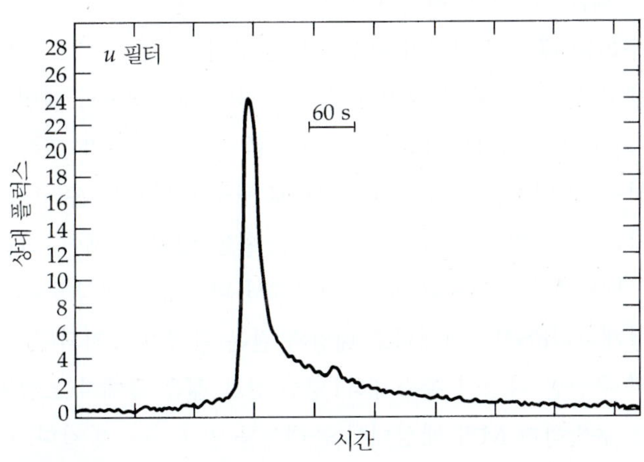

그림 18-5 M형 왜성에서 발생된 항성 플레어
작은곰자리YZ(YZ CMi)별에서 발생한 플레어의 *U* 파장대 관측. 밝기가 급격한 상승과 보다 점진적인 감소를 한다. (T.J. Moffett)

18.3.3 자기 변광성

A형별의 기본 특성을 가진 별들 중에서 어떤 것들은 비정상적인 원소함량에서 기인하는 유별난 특성의 스펙트럼을 보이기도 한다(제13장 참조). 이 중 어떤 별들은 스펙트럼이 시간에 따라 변화를 보이며, 특정 선의 세기가 거의 주기적으로 변화한다. 특이 A형(peculiar A)과 금속선 A(metal-lined A) 형별들의 대부분은 강한 자기장을 가지며, 그 세기가 수 테슬라까지 되기도 하나, 대부분은 0.01~0.1T의 범위에 머문다. 참고로 태양에서 가장 강한 자기장이 약 0.4T이며, 이 정도로 센 자기장은 흑점에 아주 작은 영역에 국한되어 있다. 관측된 별의 자기장은 대부분 시간에 따라 변하고, 어떤 것은 극이 바뀌기도 한다. 때로는 이러한 자기장의 변화가 스펙트럼의 변화와 관련되어 있다. 자기 변광성과 스펙트럼 변광성의 광도 변화는 약 ±10% 정도로 매우 적은 양이다.

자기장 변화에 대한 한 가지 가능한 설명은, 펄서에서처럼 자기축이 자전축에 대해 기울어졌다는 것이다. 이 모형을 기울어진 자전체(oblique rotator)라 한다. 이보다 더 단순한 설명은 이렇다. 별 표면에 거대한 향극성의 흑점들이 있다면 별이 자전함에 따라 흑점의 향극성 자기선속이 관측자의 시선 방향에 주기적으로 들어올 것이다. 그 결과로 스펙트럼과 자기장이 변화되는 것으로 관측될 것이다.

18.3.4 사냥개자리RS형별

이렇게 다양한 종류의 변광성에 대해 알아보는 과정에서 우리는 태양의 자기 활동과 유사하면서도 태양보다 더 활발한 별의 활동이 있다는 것을 알게 되었다. 태양 같은 별 중에서, 극도로 왕성한 자기 활동은 **사냥개자리RS형별** 또는 간단히 RS CVn 별에서 볼 수 있다. 이들은 채층 활동성 별의 한 부류이다. 사냥개자리RS별들은 쌍성계에서 발견된다. 전형적인 궤도 주기는 약 7일이지만, 주기의 범위는 0.5일에서 수개월까지 된다. 거의 모든 사냥개자리RS 쌍성계에서 기조력 때문에 각 별의 자전주기와 궤도주기가 일치하게 된다. 한 별이 다른 별보다 온도가 높을 때 종종 온도가 높은 별이 주계열(광도 계급 V)이고, 온도가 낮은 별이 준거성(광도 계급 IV)이다. 이들

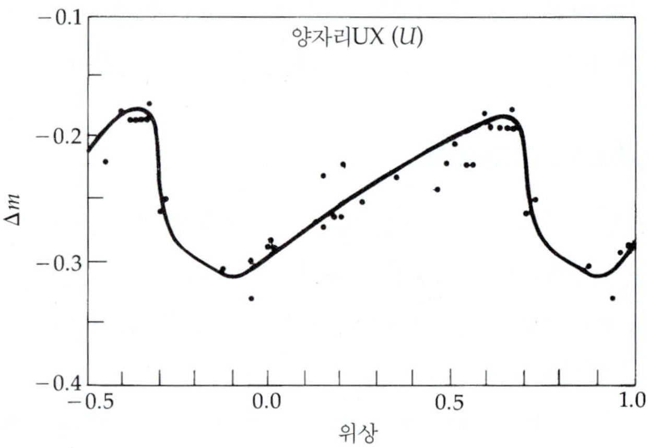

그림 18-6 사냥개자리RS형 쌍성의 광도곡선
양자리UX(UX Ari) 쌍성계에서 궤도 운동의 위상에 따른 *U*-밴드의 광도곡선. 식 쌍성이 아닌 쌍성계에 나타난 커다란 등급 변화에 유의하라. (M. Jeilik, Capilla Peak Observatory, 뉴멕시코 대학교)

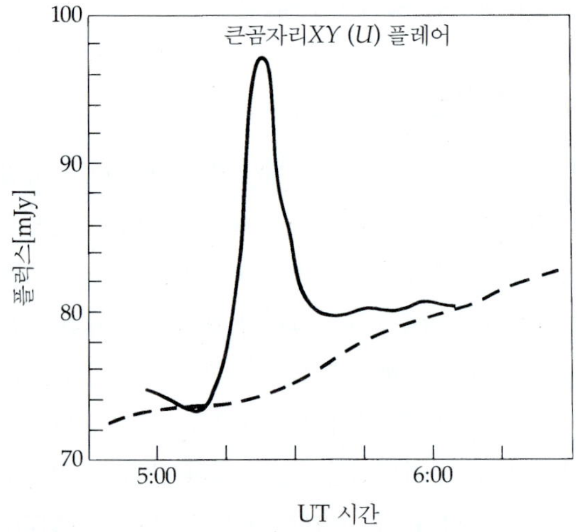

그림 18-7 사냥개자리RS형 항성계의 플레어
1982년 1월 큰곰자리XY별에서 발생된 플레어의 *U*-밴드 관측. 점선은 쌍성계에서 보이는 밝기 변화를 나타낸다. (M. Jeilik, Capilla Peak Observatory, 뉴멕시코 대학교)

은 마치 보통별들과 같아 보이지만 사실은 그렇지 않다.

사냥개자리RS형별들의 전파 플레어는 극에 달할 때 10^{20}~10^{21}W로, 가장 강한 태양의 전파 플레어의 10^5~10^6배가 된다. 몇 개의 초극대 플레어는 태양 전파 플레어보다 10^7배나 큰 에너지를 가진다. 어느 정도 넓은 파장 영역에 걸쳐 전파 관측을 해 보면, 플레어의 방출 특성이 비열적 스펙트럼이며 편광도가 높다. 이는 플레어 전파 방출이 싱크로트론복사에서 비롯한 것임을 알게 한다.

가시 영역에서, 사냥개자리RS형별 계의 광도곡선은 왜곡 파동(distortion wave)이라 불리는(그림 18-6) 파동 함수로 나타난다. 그 변화의 진폭은 총 광도의 1~30%에 해당된다. 그리고 이 진폭 역시 빠르게는 수개월에서 수년에 걸쳐 변한다. 이러한 왜곡 파동은 특정한 경도와 위도에 모여 있는 거대한 항성의 회전 흑점 때문일 것이다. 변광 곡선의 진폭으로부터 우리는 별의 흑점이 차지하는 면적이 전체 표면적의 수십 퍼센트에 이를 것으로 추정한다. 그런데 태양 흑점 주기의 극대에서 태양 흑점은 넓어야 태양 표면의 0.1%를 차지한다. 그러므로 이러한 별들에는 태양보다 훨씬 강한 자기장이 존재할 것이다. 플레어가 이러한 활동 영역과 관련되어 있다. 큰곰자리XY(XY UMa)별에서 잘 관측된 한 플레어는 30분이나 지속되었다(그림 18-7). 그 총 에너지 방출량은 태양의 '백색광' 플레어보다 10^3배나 되는 10^{27}J이었다.

무엇이 사냥개자리RS형별의 초활동성을 유도시키는가? 태양의 엑스선 관측에서 우리는 태양 코로나가 자기장 플럭스관의 코로나루프로부터 생긴다는 것을 알고 있다. 사냥개자리RS형별들은 태양보다 훨씬 더 강한 엑스선 방출체이므로, 이들은 보다 더 넓은 코로나를 가지고 있다. 코로나루프 모형에 의하면, 사냥개자리RS형별의 경우 태양에서보다 10^3배나 되는 루프를 가지게 되어, 결국 이 별들은 활동 영역들로 완전히 덮이게 된다. 루프에 포함되어 있는 가스 온도는 태양 코로나 가스보다 10배나 더 높은 수천만 도에 이른다. 이 정도로 아주 뜨거운 루프는 사냥개자리RS형별보다 큰, 태양 반지름의 10배나 되는 거리까지 뻗는다.

우리는 태양 플레어의 발생기작을 구체적으로는 모르지만, 플레어가 코로나에서 일어나는 것은 아마 자기력선의 재연결에 의해 시작되었으리라 생각되며, 플럭스관을 따라 고속의 전하를 띤 입자들이 폭발적인 속도로 광구 바닥으로 흘러내려 간다는 것을 알고 있다. 코로나루프, 활동 영역, 플레어, 그리고 강한 엑스선 방출은 모두 태양에서 나타나는 현상들이다. 사냥개자리RS형별계에서도 태양과 같은 관점이 유지되며, 태양과 유사한 과정이 황소자리T형별 같은 젊은 별에서 초활동성을 유발하며 M형 왜성에서 플레어를 일으키는 것 같다. 이러한 천체계에서 이와 같은 다이너모를 일으키는 것은 주기가 수 일 정도인 빠른 자전 때문일 것이다.

표 18-2 확장된 대기의 별

종류	대표적인 별또는 예	$\overline{M}_v$	분광형	팽창 속도[kms^{-1}]	질량 손실률[$M_\odot$/년]
Be	48 Per	−4	B	–	$\leq 10^{-6}$
껍질별	γ Cas, Pleione	−4	B	50	$\leq 10^{-7}$
울프-레이에별	HD 66811, HD 68273	−4~−6.8	WN, WC	120~2,500	10^{-6}
백조자리P형별	P Cyg	−6?	B	130	?
O형와 B형 초거성	ξ Pup, δ Ori	−7	O와 B	1,000~1,800	10^{-6}
M형 초거성	α Her, α Ori	−2~−8	M Ia~II	26 이상	$5 \times 10^{-6} \sim 5 \times 10^{-9}$
행성상성운	Lyra자리에 고리 성운	0~+8	W별? O, B	10~30	$10^{-4} \sim 10^{-5}$
거문고자리β형별	β Lyr	−6	B	–	10^{-4}

18.4 확장된 항성 대기 : 질량 손실

18.4.1 대기 모형

별 주위에 확장되어 있는 기체 포피(표 18-2)의 존재는 특정한 스펙트럼선의 윤곽(그림 18-8)에서 추론된다. **껍질** 또는 **확장된 대기** 중 별의 광구를 배경으로 하는 부분에서는 선폭이 좁은 흡수선이 생기며, 별이 투영되지 않은 부분(고리 모양 영역)에서는 방출선이 보인다. 일반적으로 방출선은 별의 광구에서 생긴 흡수선에 중첩되어서 나타난다. 밑에 깔려 있는 흡수선의 윤곽이 이 방출선에 의해 변형되는 정도는 방출선의 세기에 따라 다르며, 이 방출선의 세기는 항성 대기 밀도에 의존한다. 그러나 이 대기의 밀도가 지나치게 높을 수는 없다. 왜냐하면 대기의 밀도가 높으면 스펙트럼선뿐 아니라 연속복사에도 영향을 미치기 때문이다. 스펙트럼선의 윤곽을 구성하는 여러 개 선들의 선폭은 그들이 형성되는 지역의 운동과 관계 된다. 예를 들어, 대기에 난류가 있을 경우 방출선과 흡수선 둘 다 선폭이 넓어진다.

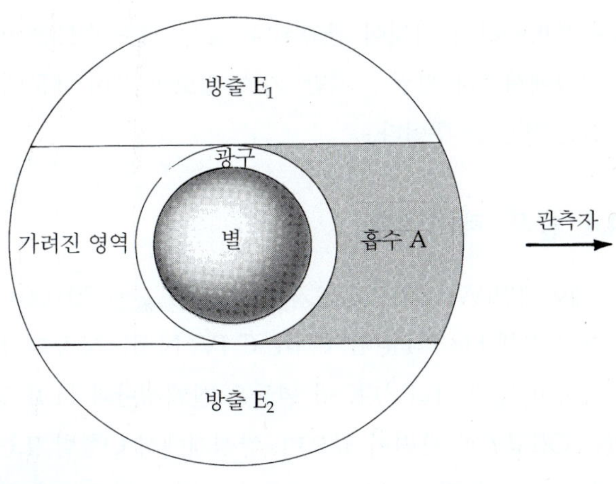

그림 18-8 확장된 대기 모형
광구의 빛은 관측자에게 오는 중간에 흡수되고(A 영역), 양 옆으로 보이는 대기(영역 E_1과 E_2)에서는 방출선이 나온다.

18.4.2 B형 방출선별과 껍질별

만일 별이 주변 대기보다 빨리 자전한다면, 배경에 깔리는 별 스펙트럼에 나타나는 흡수선은 그 윤곽이 주변 대기에서 만들어지는 방출선보다 더 넓다. 이것은 확장된 대기에서보다 광구 가장자리의 전진과 후퇴에 의한 도플러 효과가 더 크기 때문에 생긴 결과이다(그림 18-9A). 광구 앞에 투영된 부분에 있는 가스에서 생기는 흡수선은, 이곳에서의 회전 운동이 시선 방향에 직각이므로 그 선폭은 좁게 마련이다. **B형 방출선별**(B-emission stars, Be별)과 **껍질별**(shell star)은 둘 다 이런 모형에 적용될 수 있으나, 껍질별 쪽이 포피부에 더 많은 물질을 함유하고 있는 점이 다르다. 때로는 밖으로 향하는 속도를 관측할 수 있는데, 이것은 포피부의 전반적 팽창과 물질의 손실이 있음을 암시해 준다. 이러한 방식으로 잃게 되는 질량은 별 전체의 질량에 비해서 적을 뿐 아니라, 또 이 별이 백색왜성이 되기 위해 잃어야 하는 질량에 비해서도 적다. 관측을 분석해 보면, 질량이 큰 주계열성, 거성, 특히 초거성에서 상당한 비율로 물질이 방출되고 있음을 알 수 있다. Be별 주변에 껍질이 생기는 것은 빠른 자전에서 비롯한 현상이다. 회전속도가 충분히 빨라서 물질이 적도부에서 밖으로 튀어나간다.

18.4.3 거성과 초거성의 질량 손실

어떤 의미에서는 거성과 초거성도 확장된 대기를 가지고 있는

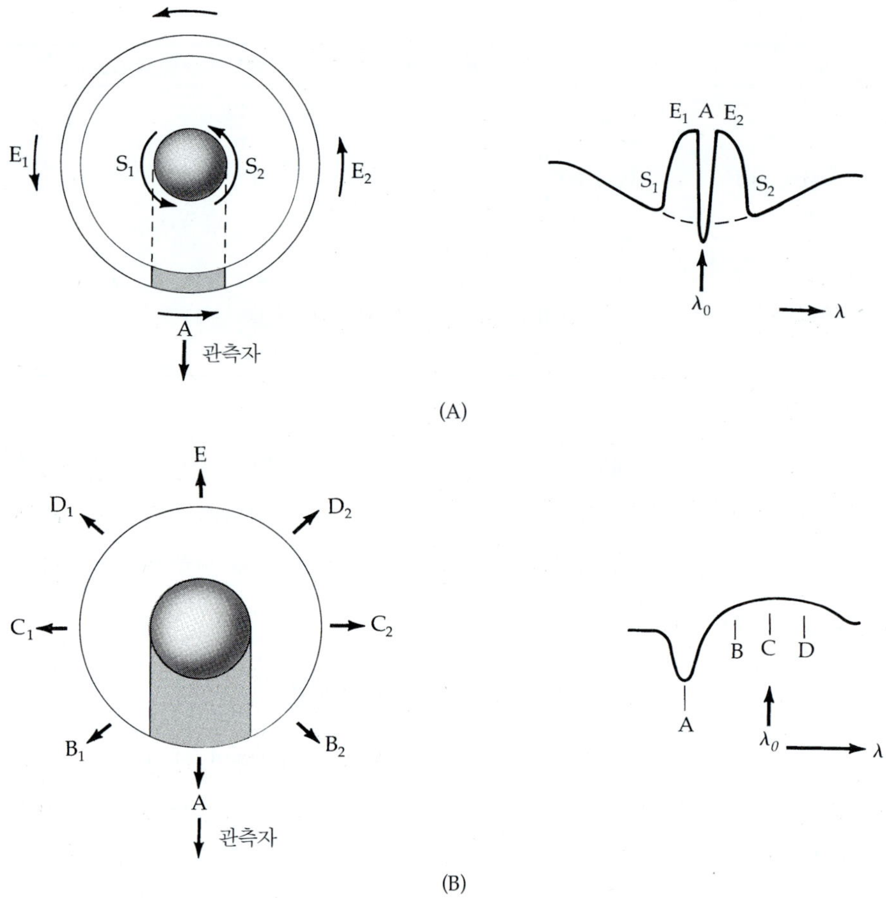

그림 18-9 확장된 대기의 팽창
(A) 자전하는 별에서 보이는 스펙트럼선의 윤곽은 중앙에 도플러이동이 없는 흡수선 A가 나타나며, 도플러이동을 한 방출선이 E_1과 E_2로 나타난다. S_1, S_2는 자전에 의해 청색과 적색 쪽으로 넓게 도플러이동된 흡수선이다. (B) 팽창하는 대기에서 보이는 스펙트럼선의 윤곽은 관측자를 향하는 팽창 때문에 청색으로 이동된 흡수선 A를 가진다. 방출선 C는 이동 없이 선의 중심에 위치하며, B와 D는 팽창에 의해 도플러 이동한 위치에 나타난다. 이 선윤곽은 흔히 백조자리P형별 선윤곽으로 불린다.

별의 범주에 포함되어야 한다. 예를 들면, M형 거성과 초거성에서의 질량 손실은 이들 항성의 대기가 팽창하고 있음을 시사한다. 많은 M형 거성과 초거성들의 스펙트럼에는 별 자체에서 생성된 폭넓은 Ca II 방출선에 파장이 청색으로 이동된 좁은 흡수선이 겹쳐 관측된다(그림 18-9B). 스펙트럼의 이러한 특징은 앞에서 논의된 조기형 항성의 껍질에서와 같이 별의 주변 물질에서 비롯한 것으로 해석된다. 백조자리P(P Cygni) 별이 이와 같은 선윤곽을 보여 주는 대표이므로, **백조자리P형별 선윤곽**(profile)이라 한다. 변이된 파장에서 얻어진 도플러 속도는 초당 수십 Km가 된다. 이러한 속도에서 손실되는 질량의 비율을 구하려면 유출되는 물질의 밀도를 알아야 한다. 밀도를 추정하여 계산하면, 1년에 유출되는 질량은 10^{-6}~$10^{-8}M_\odot$에 이른다. 별이 밝을수록 그리고 만기형의 별일수록 질량 손실률이 크다.

분광 계열에서 온도가 높은 쪽의 O형과 B형 초거성은 매우 빠른 속도(1,000~2,000kms^{-1})로 물질을 배출한다. 가시 영역에서는 적당한 스펙트럼선이 없기 때문에 이러한 현상을 볼 수 없다. 별에서 배출된 물질의 밀도가 매우 낮으므로 충돌에 의한 들뜸을 무시할 수 있어, 대부분의 원자와 이온은 가장 낮은 에너지 준위(바닥상태)에 있다. 그러나 높은 온도 때문에 대부분의 기체가 이온화되어 있어 자외선이나 원자외선 파장 대역에서 방출하며 이것이 관측된다. 물질 배출 속도는 만기형 초거성에서보다 훨씬 크지만, 가스 밀도의 차이 때문에 질량 손실은 약간 클 뿐이다.

18.4.4 울프-레이에별

울프-레이에별(WR별)은 온도가 높은 별($T_{\rm eff}$ ≈ 30,000K)이며, 스펙트럼에 He I, He II, C III, C IV, N III, N V의 방출선이 강하고 넓게 나타난다. 이 별들은 산개성단과 H II 영역에 있는 OB형별과 관련이 있으며, 쌍성계에서 O형별 또는 B형별의 동반성인 것으로 보아 종족 I의 젊은 별로 추측된다. 거의 모든 WR별이 쌍성계에 속한다. 넓은 방출선에는 가끔 이보다 좁은 흡수선이 겹쳐서 나타나지만, 이 흡수선은 푸른 파장 쪽으로 이동되어 있다. 이와 같은 관측은, 항성 대기가

1,000kms^{-1} 또는 그 이상의 속도로 팽창한다는 해석(그림 18–9B)에 잘 부합된다. 울프–레이에별에는 헬륨이 많고 수소가 적다. 그중 어떤 별은 스펙트럼에 탄소가 주를 이루어 WC라 하고, 또 다른 별들의 스펙트럼에는 질소가 주를 이루어 WN이라고 한다. 이 별들에 대한 정확한 성질은 아직 완전히 밝혀지지 않았지만, 이 별들은 항성 진화에서 특정한 한 단계에 나타나는 것 같으며, 두 유형은 원소들의 들뜸상태의 차이가 아니라 원소함량의 차이에서 비롯한 결과인 것 같다.

16.3.2항에서 살펴본 것처럼, 울프–레이에별은 초기에는 질량이 큰 별이었는데, 강한 항성풍 때문에 바깥층을 모두 잃어버려, 핵반응의 결과로 원소함량비가 상당히 달라진 내부가 밖으로 드러나게 된 것이다. 울프–레이에별의 두 계열의 존재를 설명하기 위한 한 가지 가설은 WN별에는 CNO–순환의 수소연소에 의한 산물이 보이는 반면 WC별은 이미 헬륨연소가 지났다는 사실에 주목한다. 즉 우리가 별의 핵을 보거나 또는 그 보다는 핵에서 합성된 산물이 풍부한 중간 대류층을 보고 있다는 것이다.

WR별들의 절반가량이 쌍성계에서 발견되므로 우리는 이들의 질량을 측정할 수 있다. 그 결과 10~40$M_\odot$의 질량을 갖는 것으로 밝혀졌다. 이렇게 큰 질량이라면 WR별이 발견되는 쌍성계에서는 질량 손실이 항성풍보다 구성원 간의 질량이동을 통하여 이루어질 것이다. 질량이 클수록 진화가 빨리 진행되기 때문이다. 애초에 질량이 큰 쪽이 작은 쪽보다 적색거성 단계에 먼저 이르게 되므로 자신의 외곽부 질량을 상대방에게 내어주고 자신은 주로 헬륨과 헬륨보다 무거운 원소들로 구성된 내부를 그대로 노출하게 된다. 질량 손실이 상당히 빠른 속도로 진행됨에 틀림이 없다. 태양의 수십 배에 이르는 질량이 수백만 년 안에 이동하는 것으로 추산된다. 이러한 율의 질량 손실이라면 WR별의 진화에 극적인 영향을 미칠 수밖에 없을 것이다(16.3.2항 참조). 초기 질량이 60$M_\odot$인 별이 겪게 되는 진화의 이론적 모형 계산에 의할 것 같으면, WR별은 이미 적색 초거성 상태를 지나 현재 중심핵에서 탄소–연소가 진행 중인 별로서 초신성으로 폭발하기 전 단계에 있다고 한다.

18.4.5 행성상성운

행성상성운은 망원경으로 보면 행성을 상기시키는 원반이 보이기 때문에 이와 같은 이름으로 불리지만, 이것 역시 팽창 대기 모형에 부합된다. 이 대기는 실제로 커다란 껍질로 되어 있으며 대단히 크고, 밀도가 아주 낮아 성운 뒷부분(그림 18–9B의 E부분)이 보이며, 스펙트럼선들도 이중으로 되어 있다. 그러나 팽창 속도는 울프–레이에별에서보다 훨씬 낮아 수십 kms^{-1} 정도밖에 안 된다.

행성상성운의 스펙트럼에 수소와 헬륨 선들이 두드러져 보이지만, 실제로 가장 강한 선은 OII, OIII, NeIII의 금지천이에서 비롯하는 스펙트럼선들이다. 이 금지선들은 일반적으로 밀도가 매우 낮은 여건에서 만들어진다. 이러한 상황에서는 원자가 준안정상태로 일단 들뜨게 되면, 충돌에 의하여 보다 낮은 준위로 가라앉을 기회가 거의 없으므로 그 준위에 오래 머물다가, 비록 복사 천이 확률이 낮더라도 충돌이 아닌 복사 천이의 과정을 거쳐 바닥상태로 떨어질 기회를 갖게 된다. 이때 방출되는 선이 금지선으로, 그 세기는 온도가 일정하다면 밀도만의 함수로 단순하게 증가한다.

파장 500.7nm와 495.5nm의 [OIII] 금지 성운선은, OIII의 준안정 준위와 OIII의 인접한 3개의 바닥상태들 중에서 두 준위로의 천이에서 발생한다(그림 18–10A). (일반적으로 꺽쇠괄호는 금지 천이를 의미한다). 이러한 선들 때문에 행성상성운은 녹색을 띤다. 유사한 금지선 쌍이 [OII]에서 발생되는데, 단지 이 경우에는 준안정 준위가 이중 상태이고, 바닥준위는 하나의 상태인 점이 다르다(그림 18–10B).

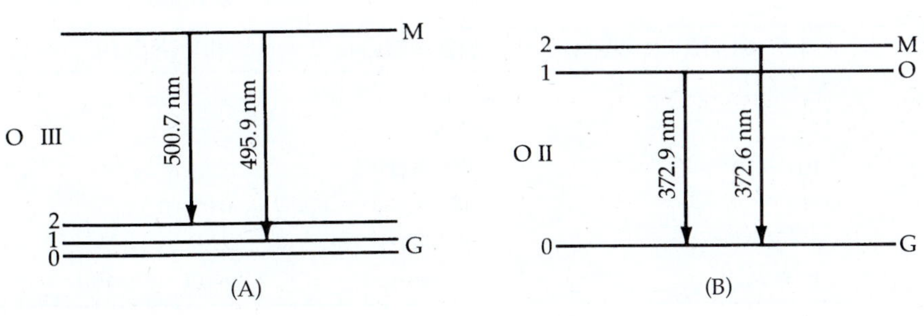

그림 18–10 금지 천이
준안정 에너지 준위를 M으로 바닥상태를 G로 표시했다. (A) O III의 경우 M은 하나의 에너지 준위인 반면, G는 3개의 에너지 준위로 되어 있다. 2개의 금지선이 나타난다. (B) O II 의 경우 M은 2개의 에너지 준위를 갖는 반면 G가 단일 에너지 준위이다. 역시 2개의 선이 보인다.

O II, O III, Ne III와 N II과 같은 이온은 냉각 입자로 작용한다. 수소원자는 들뜸상태로 천이되려면 많은 에너지(첫 번째 들뜸상태가 되려면 10.15eV)가 요구되지만, 성운에 있는 대부분의 자유전자는 그와 같은 운동에너지를 갖지 못한다. 그러나 냉각 입자로 작용하는 이온들은 모두 2eV 또는 3eV 근방의 에너지 준위들을 갖고 있다. 따라서 전자가 이들 이온과 충돌을 하게 되면 운동에너지의 일부를 잃고, 이온들은 이 낮은 준위(준안정 준위)로 들뜨게 된다. 1분 또는 2분 안으로 이온은 에너지를 잃고 금지선을 방출하여 성운을 빠져나간다(일반 에너지 준위의 경우 10^{-8}초와 대조적으로). 충돌은 상당히 드물게 일어난다. 그렇지 않다면 충돌에 의한 되가라앉음으로 금지 천이가 일어날 수 없다. 반면 충돌에 의한 들뜸이 상당히 흔하게 발생될 수 있을 정도로 충돌이 자주 일어나야 한다. 그러므로 이러한 이온들은 전자들의 에너지를 빼앗는데, 전자의 운동에너지가 바로 성운의 온도를 측정하는 잣대이므로, 이 과정에 의하여 행성상성운의 온도가 낮아진다.

행성상성운들이 진화의 관점에서 어디에 위치하고 있느냐는 이들에 대한 종족 특성의 문제를 야기시킨다. 우리은하 내에 행성상성운들은, 장주기 변광성과 거문고자리RR형 변광성과 같이, 주로 원반과 은하중심에 집중되어 있다. 이들의 은하 중심에 대한 궤도는 종족 I 천체들과 대조적으로 원 궤도가 아니라 길게 늘어난 타원이다. 적어도 하나는 구상성단의 일원, 즉 극단 종족 II 천체로 알려져 있다. 따라서 대부분의 행성상성운은 중간 원반 종족에 속한다고 하는 것이 안전할 것이나, 격리된 몇 경우는 종족 I과 종족 II의 두 극단 종족에서 발견되기도 한다. 미라와 같은 적색 변광성이 이 들의 전 단계 천체일 것이다.

18.5 격변 및 폭발 변광성

이 범주의 변광성에는 행성상성운의 느린 팽창과 적은 질량 손실과는 대조적으로, 물질을 갑자기 그리고 폭발적으로 방출하는 별들이 포함된다. 이와 같은 폭발은 왜소신성 경우의 수 등급에서부터 초신성 경우의 20등급 이상까지 이르는 엄청난 광도 변화를 수반한다(표 18–3).

초신성을 제외한 모든 이런 변광성은 일생 동안에 여러 번 폭발하는 것 같다. 왜소신성과 반복 신성(recurrent novae)에서 반복되는 폭발 사이의 시간 간격과 폭발 진폭은 함수관계가 있다. 이와 같은 관계를 보통 신성까지 확대 적용하면, 신성 폭발 사이의 시간은 10,000년 정도이어야 한다. 일반적으로, 이런 별들을 **격변 변광성**(cataclysmic variables)이라 부른다. 이런 변광성의 일반적인 모형에 의하면, 로시잎사귀를 채우고 있는 부성(주계열상에 있거나 그 근처에 있는)의 물질이 안쪽 라그랑지점을 통해 유입되어 주성인 백색왜성 주변을 둘러싸고 있는 강착원반(accretion disk)으로 떨어진다는 것이다. 백색왜성은 약한 또는 강한 자기장을 가지기도 한다.

표 18–3 격변 변광성과 폭발 변광성

종류		예	M_{max}	Δ_m	폭발당 에너지[J]
초신성 I		Tycho's	−20	>20	10^{44}
초신성 II			−18	>20	10^{43}
신성	빠른	GK Per = Nova Per	−8.5~−9.2	11~13	6×10^{37}
	느린	DQ Her	−5.5~−7.4	9~11	–
	반복	T Cr B	−7.8	8	10^{37}
왜소신성		U Gem, SS Cys	+5.5	4	6×10^{31}
종류	**시간**	**주기**	**매 주기당 방출되는 질량[$M_\odot$]**	**방출 속도[kms^{-1}]**	**별의 질량[$M_\odot$]**
초신성 I		–	≤1	10,000	1
초신성 II		–	?	10,000	≥4
신성	빠른	10^6년(?)	10^{-5}~10^{-3}	500~4,000	1~5
	느린	–	–	100~1,500	0.02~0.3
	반복	18~80년	5×10^{-6}	60~400	2
왜소신성		40~100일	10^{-9}	–	≈0.4

18.5.1 신성

Nova란 새 것(new)을 의미하는 라틴어이다. **신성**(복수로 novae)이란 전에 보이지 않던 별이 갑자기 하늘에 보이기 시작한 별을 말한다(그림 18-11). 일반적으로 신성은 폭발하기 전에는 너무 희미해서 보이지 않는다. 왜냐하면 신성은 신성 전의 단계에서 최대 광도 단계까지 그 밝기가 약 10등급 정도 증대하기 때문이다. 최대 밝기로 향한 밝기의 증가는 매우 빠르게 이루어진다(그림 18-12A). 초기에는 단 2~3일 안에 최대 밝기보다 2등급 정도 못미친 데까지 밝아지는 반면, 마지막 단계에서는 빠른 신성의 경우는 하루, 아주 느린 신성의 경우는 수 주일이 걸린다. 최대 밝기로부터의 감소는 훨씬 서서히 일어난다. 일반적으로 최대 밝기에 머무는 기간은 비교적 짧아서 며칠밖에 안 된다. 광도가 감소하는 동안에도 커다란 진폭의 산발적인 광도의 진동이 일어나며, 때로는 수 등급이 떨어지고, 몇 주 후에는 실질적으로 완전히 전과 같은 상태로 되돌아가는 것(그림 18-12B)이 관측된다. 광도곡선의 최대점에서 마지막으로 수평이 되는 부분까지 걸리는 시간은 빠른 신성의 경우 수개월, 느린 신성의 경우에는 수년이 걸린다.

최대 광도에 도달하기 바로 직전과 최대 밝기 때에 얻어진 스펙트럼을 보면, 물질이 별로부터 최대 2,000kms^{-1}의 속도로 방출되는 것을 알 수 있다. 신성의 밝기 변화가 전개됨에 따라 스펙트럼도 복잡하게 변한다(그림 18-13). 외부 포피부가 점차 투명해지고, 내부층이 노출됨에 따라 여러 층의 분출물질이 보인다. 방출 물질의 양은 $10^{-5}M_\odot$ 정도이다. 예를 들

그림 18-11 백조자리 V1500 신성 1975
신성 폭발 전(왼쪽)과 폭발 때(오른쪽)의 사진 (릭 천문대)

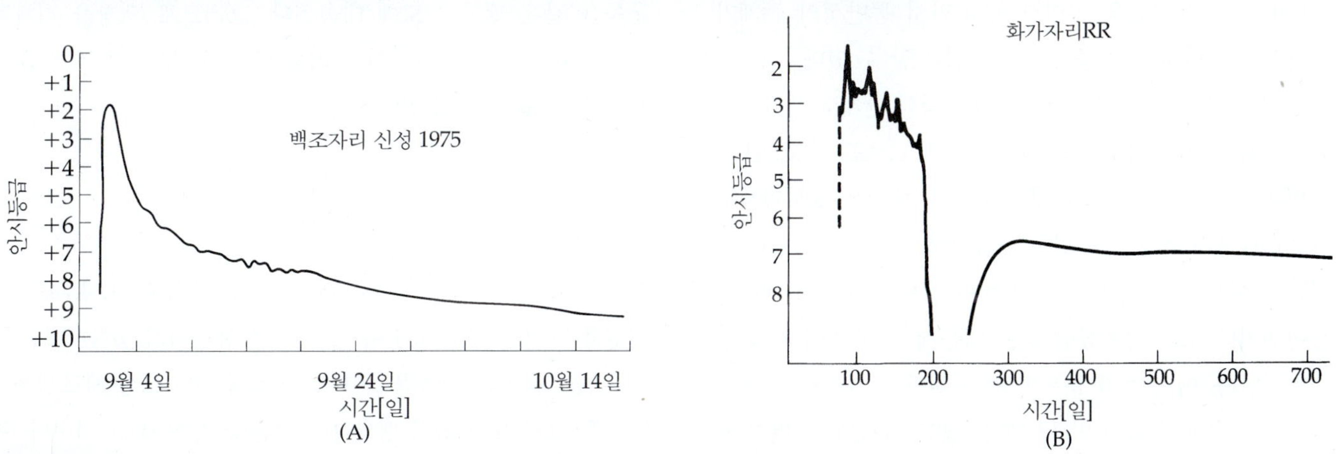

그림 18-12 신성의 광도곡선
급속한 밝기의 상승과 요동을 포함하는 보다 점진적인 감소에 주목. (A) 백조자리 V1500 신성 1975의 처음 두 달에 해당되는 *V*-밴드 광도곡선 (P. Young, H. Corwin, J. Bryan, and G. de Vaucouleurs) (B) 화가자리RR(RR Pic), 느린 신성 (D. B. McLaughlin)

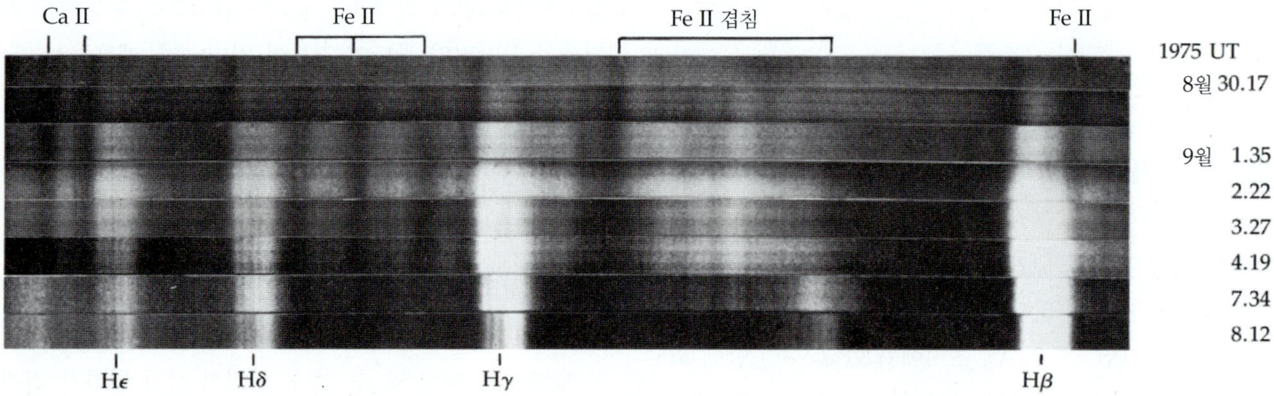

그림 18-13 백조자리 V1500 신성 1975의 스펙트럼

오른쪽에는 UT 날짜가 기록되어 있다. 이 8개의 스펙트럼은 방출선들, 특히 발머 계열의 변화를 보여 준다. 상당히 넓은 방출선이 보이는 것에 유념하라. (B. Bohannon)

면, 최대 밝기 후에 대부분의 신성은 방출 성운의 특성인 밝은 금지선을 갖는다. 물질의 방출 속도는 신성의 밝기 변화 단계마다 달라진다. 어떤 경우, 속도는 광도곡선의 변화와 직접 관련되어, 마치 초기 폭발에 뒤따른 방출인 것처럼 보인다. 신성 폭발 이전에 스펙트럼이 기록된 신성은 Nova Aquilae 1918(V603 Aquilae로도 알려짐) 하나이다. 이 별의 스펙트럼은 선이 없는 고온의 푸른 별의 것과 비슷하다. 대부분의 신성은 결국 이러한 상태로 되돌아간다.

약간의 광도변화가 최소 광도에서도 지속된다. 이와 같은 빠르고 불규칙한 변화에 겹쳐서, 식 현상으로 가장 잘 이해되는 광도 변화도 나타난다. 이러한 신성은 분명히 쌍성계의 별임이 틀림없다. 사실 이는 대부분의 신성이 짧은 주기를 가진 쌍성계의 한 구성원임을 의미한다. 따라서 동반성의 존재가 별을 신성으로 되게 하는 중요한 조건임을 알 수 있다.

한 쌍성 모형은, 적색거성이나 적색거성의 단계로 팽창하는 별과 백색왜성으로 이루어졌다는 생각에 기초를 두고 있다. 적색 별이 팽창함에 따라 그 대기의 가스 물질은 로시잎사귀를 채워 반 분리 쌍성계를 만든다(12.4절 참조). 그러므로 적색 별 대기에서 나오는 가스는 이 별을 이탈하여, 백색왜성으로 떨어지거나 또는 각운동량 보존 때문에 그 주위에 가스 원반을 형성한다. 이 수소가 풍부한 가스 원반의 기체가, 대부분의 수소를 소모한 축퇴된 별(17.1절 참조)로 유입되면 별의 표면에서 다시 핵반응이 유발될 수 있다. 이처럼 새롭게 공급되는 물질이 수소 융합 온도에 이르기까지 계속 쌓이다가, 연이어 유입된 물질 층에서 드디어 핵반응의 폭주 현상이 일어난다. 따라서 항성 대기는 갑자가 폭발적으로 팽창하여, 신성 폭발을 일으킨다. 물질이 적색거성에서 다시 백색왜성으로 흘러가서 섬광이 일어날 만큼 충분히 쌓이면 폭발은 반복될 것이다. 한차례에 대략 10^5년이 걸린다.

이미 언급한 큰 분출 속도는 스펙트럼선의 윤곽에서 — 울프-레이에별에서와 같은 백조자리P형별 선윤곽 — 얻어낸 것이다. 분출된 가스는 껍질처럼 팽창하여, 종종 신성을 둘러싸고 있는 성운으로 관측된다. 수년 동안 성운은 눈에 띌 정도로 팽창하며, 이 팽창 속도가 매년 수 초의 각에 해당하는 고유운동으로 측정된다(19.1절 참조). 같은 시기에 얻어진 스펙트럼에서는 팽창 속도를 직접 $\mathrm{kms^{-1}}$ 단위로 구할 수 있다. 따라서 팽창 속도가 모든 방향으로 균일하다고 가정하면 관측된 고유운동은 같은 팽창 속도에 대응된다. 그러므로 팽창을 기하학적으로 따져서 신성까지의 거리를 구할 수 있다. 식 (18-3)에서 다음과 같은 식이 얻어진다.

$$d = \frac{v_r}{4.74\mu''} \tag{18-3}$$

여기서, v_r는 $\mathrm{kms^{-1}}$ 단위로 나타낸 시선속도이며, 4.74는 거리 d를 파섹 단위로 바꾸어 주는 변환 상수이고, μ''는 매년 각초(″/년) 단위의 고유운동이다. 페르세우스 신성(페르세우스 GK별, 그림 18-14)이 팽창하는 성운을 가진 좋은 예이다. 관측에 의하면, 껍질은 약 0.5″/년의 율로 팽창하며 껍질의 시선속도는 대략 $1{,}100\mathrm{kms^{-1}}$이다. 그래서 거리는

그림 18-14 페르세우스 신성으로부터 팽창하는 성운
1901년에 폭발된 신성. 이 사진은 1949년에 찍은 것임. (팔로마 천문대, 캘리포니아 공과 대학)

$$d = \frac{1100}{4.74 \times 0.5} = 460$$

에서 460pc인 것으로 추정된다.

신성의 거리를 결정하는 이 방법은 직접적이고 명확하다는 데 그 중요성이 있다. 이와 같은 방법을 통해 최대와 최소 때 신성의 광도를 구할 수 있으며, 여기에서 폭발에 의해 방출되는 총 에너지를 구할 수 있다.

1975년 8월에 나타난 밝은 신성, 백조자리 V1500(Nova V1500 Cygni)은 1.8등급까지 밝아졌다(그림 18-11). 신성이 되기 전 사진과 비교해 보면 이 신성은 광도가 1,600만 배나 밝아졌음을 알 수 있다. 백조자리 V1500 신성 1975는 약 3시간의 궤도 주기를 가지는 근접 쌍성계의 한 구성원이다. 이 계의 백색왜성은 아주 강한 자기장을 가진 것으로 나타났다. 페르세우스GK(GK Per) 쌍성계(그림 18-15)도 이와 유사하다. 이들이 내는 엑스선 방출은 351초마다 진동을 하며, 또 펄스를 방출한다. 이 펄스는 백색왜성의 자기장 때문에 생기는 것 같고, 다소 긴 진동은 동반성으로부터 유출된 물질이 강착원반에 떨어지면서 만든 열점(hot spot)에서 나오는 것으로 추

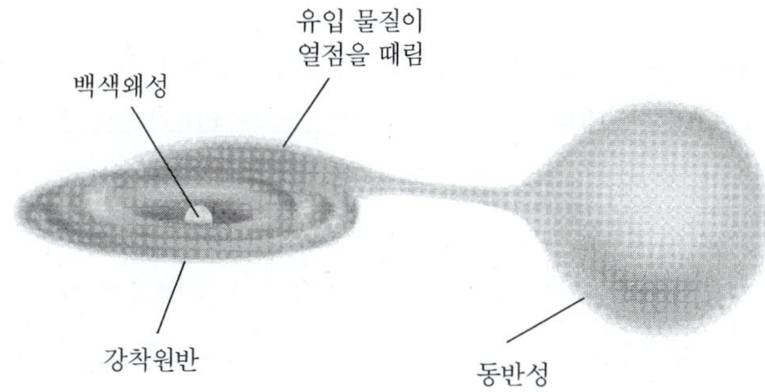

그림 18-15 격변 변광성 페르세우스GK의 모형
엑스선은 자기장을 가진 백색왜성 주변에 모인 강착원반에서 발생된다. 그곳에 열점이 생기고, 유입되는 물질이 원반에 부딪쳐서 그곳에서는 전반적인 원반에서보다 더 강한 엑스선을 발생하게 된다.

정된다.

18.5.2 초신성

초신성은 절대등급이 −16에서 −20등급까지 밝아진다. 초신성은 우리은하에서는 비교적 드물지만, 역사 기록에 몇 개가 수록되어 있다. 한 예로서 1054년 초신성은 −4등급까지 밝아져서 낮에도 관측되었다는 기록이 중국의 연대기에 적혀 있다. 초신성에 대한 많은 지식이 외부 은하의 연구로부터 모아졌다. 작은 은하의 경우, 초신성의 광도가 은하 전체의 밝기와 비슷하게 된다. 초신성은 최대 광도로 급격히 밝아지지만, 한 달 안에 광도가 2, 3등급 떨어진 후에 다시 서서히 어두워진다. 초신성에서 방출하는 총 에너지는 엄청나게 커서 10^{44}J에 이르며 이는 대략 태양이 100억 년이란 전 생애에 걸쳐 방출하는 에너지에 해당된다. 그러나 초신성은 더 놀라운 에너지를 방출하고 있다. 초신성에서 나오는 중성미자가 100배나 큰 에너지, 총 10^{46}J에 해당되는 에너지를 방출한다. 상호작용이 없이 빠져나가는 중성미자는 실제로 엄청나지만 검출하기가 매우 어렵다. 초신성 1987A(SN 1987A)에서 최초 검출이 가능했다.

초신성에는 스펙트럼과 광도곡선의 특성으로 구별되는 두 가지 형태가 있다(그림 18-16, 표 18-3, 표 18-3b), 제Ia형 초신성은 타원은하나 나선은하에 모두 나타나며(제21장 참조), 제II형은 나선은하(특히 나선팔)에만 나타난다. 그러므로 제Ia형 초신성은 작은 질량이나 중간 정도의 질량을 가진 진화된 별과 관련이 있고, 제II형 초신성은 좀 더 질량이 큰 별과

관련된다고 생각된다.[4)]

제II형 초신성은 최대 밝기일 때 별로 특징이 없는 연속스펙트럼을 나타내며, 단지 뚜렷한 선으로는 Hα가 656.3nm에 방출선으로 나타난다. 대략 한 달쯤 지난 후에 더 많은 방출선과 몇 개의 약한 흡수선이 보이는 스펙트럼으로 바뀐다. 이와는 대조적으로, 제Ia형 초신성의 스펙트럼은 복잡하다. 최대 밝기일 때, 넓은 방출선들이 몇 개의 강한 흡수선과 함께 나타나서 결국 우리는 백조자리P형별의 선윤곽을 볼 수 있다. 그 후에는 Fe II의 4개의 방출선이 Na I과 Ca II 방출선과 함께 스펙트럼에 두드러지게 나타난다. 근본적으로 제I형과 제II형의 스펙트럼 차이는, 제II형은 강한 수소선을 보이는 반면, 제I형은 그렇지 않다는 것이다. 이는 제I형이 고도로 진화되고, 수소가 결핍된 별과 관련되어 있음을 암시한다.

제II형 초신성 폭발은 태양보다 훨씬 더 질량이 큰 별들(10~100배 태양 질량)의 진화의 결과이다. 즉 정상적으로 O형과 B형으로 존재하던 별들이 폭발하는 것이다. 제II형 초신성의 이론적 모형 계산에 의하면, 초신성 폭발은 적색 초거성의 내부핵에서 비롯된다. 적색 초거성은 대기 밀도가 거의 일정하여, 충격파는 대기 중을 거의 일정한 속도로 이동하며, 에너지도 효율적으로 별 표면에 전달되게 된다. 모형에 의하면, 최대 밝기일 때 초신성은 광구의 온도가 대략 10,000K로, 표면 속도가 5,000kms^{-1}, 최대반지름의 크기가 약 10^{10}km일 것으로 예측된다.

제II형 초신성의 내부 모형에 의하면 중심핵의 붕괴로 중성자별이 생기게 된다고 한다. 갑작스런 중력붕괴에서 발생되는 폭발적인 반동 때문에 바깥층을 날려버리는 폭발이 일어난다. 이러한 폭발을 겪는 별들의 질량은 10~100$M_\odot$ 사이에 있다. 이런 규모의 별들은 정상적인 진화 과정에서 탄소–산소로 이루어진 중심핵을 가지고, 지속적 핵융합 반응을 통하여 탄소는 네온, 마그네슘, 마침내 철로 합성된다. 결국 중심핵은 밀도가 아주 높은 상태까지 도달하여 축퇴되고, 이때 전자의 축퇴압이 중심핵을 누르는 별의 무게를 지탱하게 된다. 철로 이루어진 중심핵 위에 놓인 실리콘층에서는 계속 연소가 일어나 중심핵의 질량이 찬드라세카 한계(Chandrasekhar limit)를 넘게 된다. 그러면 중심핵이 중력붕괴하면서, 중성자별이 생성된다. 자유낙하하는 물질이 중성자로 이루어진 핵에 떨어지면 그 반동으로 바깥 방향으로 튕겨나가는 충격파를 만든다. 이것이 바깥층의 아직 연소되지 않은 물질에 강력한 폭발을 유발시킨다.

원자핵 밀도에 이른 별의 중심핵이 중력붕괴될 때, 초신성의 에너지 정도는 쉽게 공급된다. 태양 정도의 질량과 R = 15km인 중성자별의 중력 퍼텐셜에너지는

$$
\begin{aligned}
E_{\mathrm{grav}} &\approx \frac{GM^2}{R} \\
&\approx \frac{(7\times10^{-11})(2\times10^{30})^2}{(1.5\times10^4)}\,\mathrm{J} \\
&\approx 2\times10^{46}\,\mathrm{J}
\end{aligned}
$$

이다. 이는 초신성 폭발에서 관측되는 10^{44}J보다 훨씬 더 큰 값인데, 중성미자로 방출되는 에너지에 해당된다.

제Ia형 초신성은 대략 태양 정도의 질량을 갖는 별들과 관련되므로 정말로 하나의 수수께끼이다. 왜냐하면 태양 질량의 별이 초신성처럼 강력한 폭발을 하는 것은 상상하기 어려운

4) 초신성은 스펙트럼에 수소선의 유무에 따라 각각 제I형과 제II형으로 분류된다. 제I형 초신성은 Ia형(규소선이 존재), Ib형(규소선이 없고 헬륨선이 존재), Ic형(규소선이 없고 헬륨선이 거의 없음)으로 다시 세분된다. 제II형과 제Ib형, 제Ic형을 통틀어 핵붕괴 초신성으로 분류한다. (역주)

표 초신성의 최신 모형

종류	분광선의 특징	폭발 기작	주계열에서의 질량	잔해
초신성 Ia형	H선이 없으나 Si선이 있다.	동반성으로부터 질량 이동이 일어나 찬드라세카 한계질량에 도달한 백색왜성이 중력붕괴	$8M_\odot$ 이하	잔해 없음
초신성 II형	H선이 있으나 Si선은 없다.	Fe의 핵이 중력붕괴(Si~H의 구각이 양파껍질 구조)	$8M_\odot < M < 25M_\odot$	중성자별 중성미자 방출
초신성 Ib형	H선이 없고 Si선도 없다.	Fe의 핵이 중력붕괴, 항성풍으로 H구각이 손실됨 (울프–레이에별 ?)	$M > 25M_\odot$(?)	블랙홀, 중성미자 방출 감마선폭발체(?)
초신성 Ic형	H선과 He선이 없고 Si선도 없다.	Fe의 핵이 중력붕괴, 항성풍으로 H와 He구각이 손실됨 (울프–레이에별 ?)	$M > 25M_\odot$(?)	블랙홀, 중성미자 방출 감마선폭발체(?)

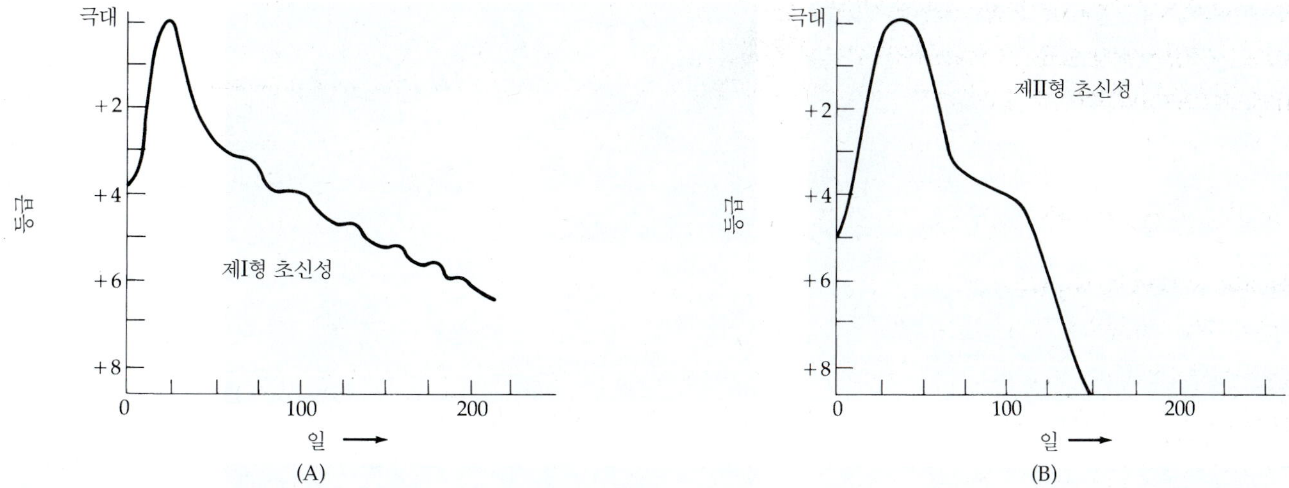

그림 18-16 초신성의 일반적 광도곡선
(A) 제I형 : 점진적인 감소 주목. (B) 제II형 : 급격한 감소와 광도곡선에 어깨 모양이 나타나는 것에 주의

일이기 때문이다. 하나의 생각은 쌍성계의 신성과 유사한 것이다. 백색왜성과 정상별로 이루어진 쌍성계를 생각하고, 이 백색왜성이 찬드라세카 한계($1.4M_{\odot}$)에 가까운 질량을 가지고 있다고 하자. 동반성으로부터 충분한 질량이 백색왜성으로 흘러와 찬드라세카 한계 질량을 넘게 되면, 강력한 중력붕괴를 일으켜 백색왜성이 중성자별로 붕괴될 것이다.[5] 이러한 붕괴가 초신성이 되기에 충분한 에너지를 방출할 수 있다. 또 다른 하나의 모형은 탄소가 풍부한 백색왜성으로 물질이 강착하는 것이다. 물질의 강착으로 온도와 밀도가 아주 높아지면, 폭연으로 불리는 탄소연소가 서서히 차례로 점화된다. 이 탄소의 폭연도 여전히 파괴적이어서 별을 산산조각으로 날려 중성자로 된 핵마저 남지 않는다. 이 모형에서는, 제II형 초신성 폭발에서처럼 중성미자의 폭발적인 방출도 없고, 중성자별도 생기지 않는다.

18.5.3 게성운-특별한 초신성 잔해

게성운(그림 18-17)은 가장 흥미로운 존재로서 연구가 많이 된 **초신성의 잔해**이다. 게성운이 초신성 잔해로 밝혀진 최초의 천체이다. 1968년 중심 별이 펄서로 밝혀진 최초의 사례이기도 하다. 다른 초신성 잔해들도 게성운에 나타나는 특징을 공유하므로, 게성운이 중요한 표본이 된다.

게성운의 거리를 신성에서 요약한 가스 껍질의 팽창을 이용한 방법으로 측정한 결과 약 2,000pc로 밝혀졌다. 또, 현재 성운의 팽창률을 이용하여 과거 폭발된 시기를 추정해 볼 수 있다. 그 결과, 초기 팽창 이후에 약간의 가속을 고려한다면 1054년에 터진 초신성임이 확증되었다.

사진을 Hα와 같은 방출선 복사, 연속복사, 또는 편광필터를 통해서 찍느냐에 따라 성운의 모양이 가시광 영역에서도 다양하게 나타난다. 선복사는 확실하게 알아볼 수 있는 '실오라기 구조'에서 방출되는데(그림 18-17B), 그곳의 가스 밀도가 다른 부분보다 훨씬 높다. 실오라기 구조를 배경으로 하여 중심 부분에 더 집중되어 있는 영역에서 연속스펙트럼이 방출된다. 이 영역 또한 희미한 별의 지푸라기나 실오라기 구조로 묘사될 수 있다. 이러한 구조의 모양과 위치는 가스의 운동이나 가스를 지나는 압축파 때문에 시간에 따라 변한다.

게성운 성질에 대한 한 가지 중요한 단서는 연속복사가 강하게 선형 편광되어 있다는 사실이다(그림 18-17C와 D). 다른 하나는 이 성운이 강한 전파 방출체라는 것이다. 이것이 황소자리A(Taurus A)로서, 황소자리에서 발견된 최초의 전파원으로 확인되었다. 이 전파원은 가시광선이나 전파 영역에서의 파장에 따른 복사의 세기는 플랑크의 흑체 곡선과는 크게 다른 비열적 복사(nonthermal radiation)를 방출한다. 이러한

5) 제Ia형 초신성에서 중력붕괴에 의하여 중심핵의 온도가 상승하면 CO 또는 ONeMg로 이루어진 축퇴된 핵에서 폭발적 핵융합 반응이 일어나서 별 전체가 폭발하여 아무런 잔해가 남지 않는다고 한다. 그러므로 중성자별은 Fe의 핵이 중력붕괴하는 제II형 초신성에서만 만들어진다. (역주)

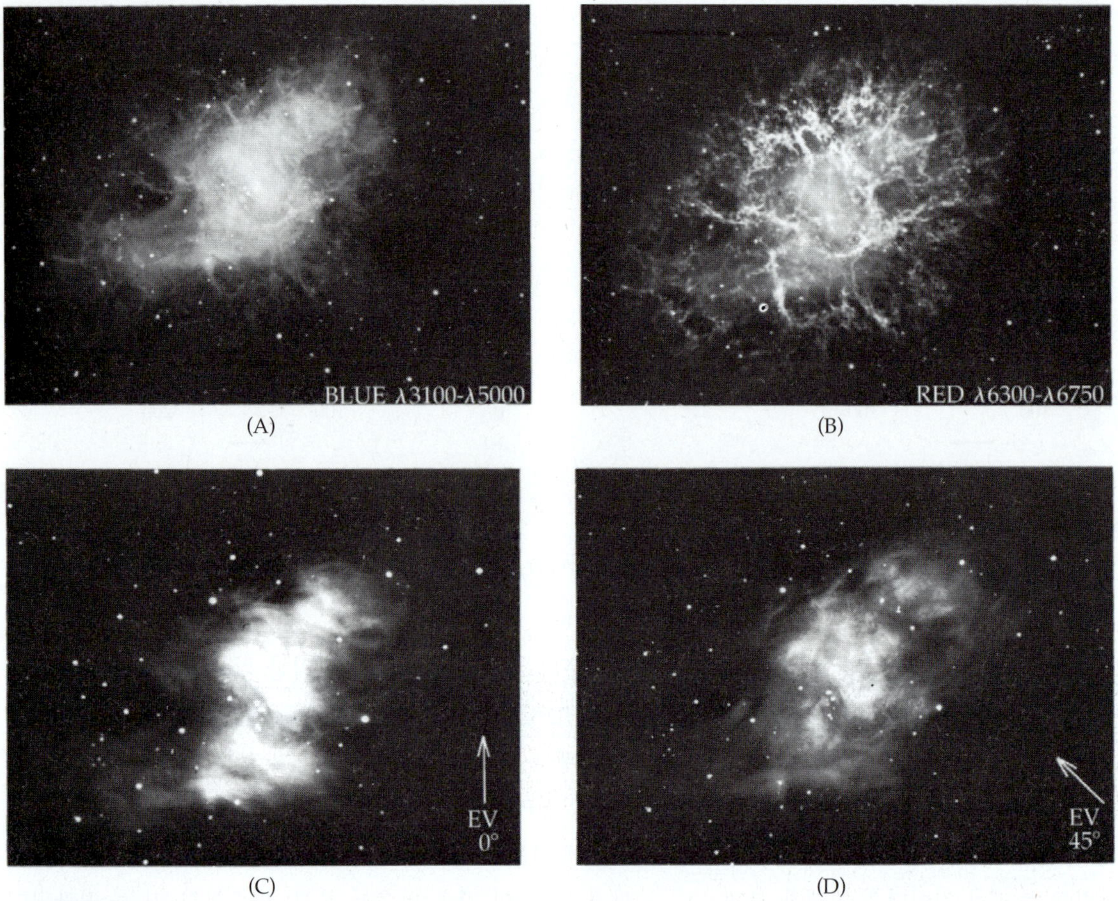

그림 18-17 게성운
사진들은 정상적인 빛과 편광된 빛으로 촬영한 것들이다. (A) 연속 방출의 푸른빛 사진. (B) 필라멘트 구조로 보이는 붉은빛 사진. (C) 편광된 빛을 찍은 사진, 전기장 벡터(EV) 0°(화살표). (D) 편광된 빛, 전기장 벡터 45°(화살표)이다. (B)의 사진과 차이점에 유의하라. (팔로마 천문대, 캘리포니아 공과 대학)

특성을 근거로 하여, 슈클로프스키(I. S. Shklovsky, 1893~1984)는 가시 영역과 전파 영역에서의 연속스펙트럼이 **싱크로트론복사**라고 제안했다(1953년).

이미 4.6.3항과 6.1.3항에서 설명했지만, 여기서 다시 싱크로트론복사의 기본성질을 상기시키고자 한다. 에너지가 큰 전자가 자기장 속에서 가속될 때, 전자들은 자기력선 둘레를 나선으로 돌게 된다(그림 18-18). 이 운동으로 전자는 강하게 편광된 연속스펙트럼 복사를 내며, 주어진 진동수에서의 세기는 자기장의 세기와 전자의 에너지에 따라 달라진다. 전자의 평균 에너지가 높으면 높을수록 최대 세기로 방출되는 복사의 진동수는 높아진다. 수많은 전파원이 싱크로트론 전파 스펙트럼을 보이지만, 다만 몇 개만이 가시광에 해당되는 진동수에도 싱크로트론복사를 한다. 게성운이 그러한 몇 개 안 되는 전파원 중 하나이다.

성운 내의 자기장은 5×10^{-8} T로 추산된다. 이 자기장의 세기는 전자가 상대론적 속도로 움직일 때 싱크로트론복사를 내기에 충분하다. 그러나 상대론적 전자는 어디서 생긴 것인가? 우리는 게성운에 관해 다음과 같은 관측 사실을 알고 있다. (1) 폭발 후 거의 900년 동안이나 계속 보아왔고, (2) 성운 가스는 가속 운동을 보이며, (3) 막대한 양의 싱크로트론 복사가 성운에서 계속 방출되어 왔다. 이 사실들을 종합하면, 성운 내에 강력한 에너지원이 있어야만 한다. 이 에너지원이 바로 게성운 펄서이며, 이것이 상대론적 전자를 공급하는 장본인이다(17.2.3항 참조). 최근 전파 관측에 의하면 게성운에서 나오는 복사 플럭스의 총량이 해마다 0.17%씩 감소되어 왔는데, 이는 펄서의 자전 속도가 감소하는 율과 부합되는 양이다. 현

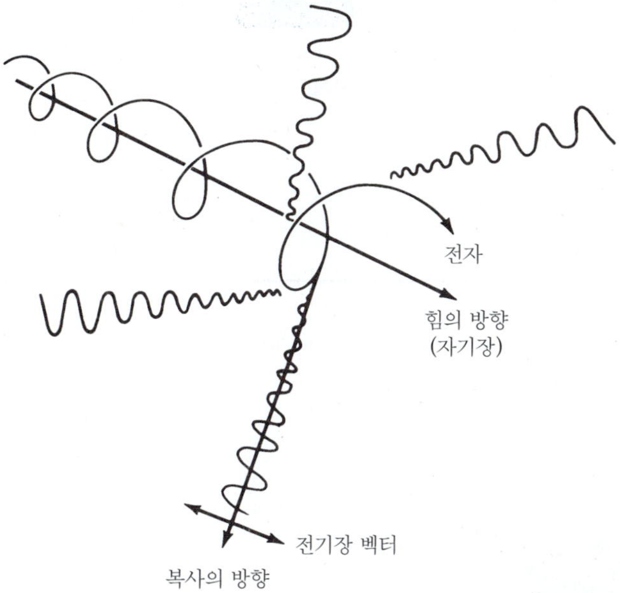

그림 18-18 싱크로트론복사
상대론적 속도로 움직이는 전자가 자력선의 둘레를 나선으로 돌고 있다. 원형의 가속 때문에 전자는 평면 편광된 복사를 방출한다.

재 복사로 나가는 에너지의 절반가량을 펄서가 공급하고 있다.

허블우주망원경의 관측으로 펄사에 의해 야기된 성운의 구조와 역학적 변화에 관한 새로운 사항들이 상세하게 밝혀졌다(그림 18-19). 펄서 둘레에 있는 예리한 매듭과 지푸라기 같은 구조들이 펄서로부터 0.5c의 속도로 흘러나가고 있어, 그 모양이 수 일마다 다르게(허블우주망원경으로 관측할 때) 보인다. 두 극에서 나온 제트는 짧은 시간 동안에도 흔들리는 것 같아 보이는 국지적인 충격파면을 생성한다. 비록 초신성 폭발은 오래전에 일어났다 하더라도 그 잔해인 펄서는 아직도 활발하게 작동 중이다(그림 18-20).

18.5.4 초신성에서의 핵합성

제16장에서 지적했듯이, 질량이 아주 큰 별에서는 수소에서부터 철 원소까지 합성될 수 있다. 철보다 더 무거운 원소들은 합성과정에서 에너지가 방출되는 것이 아니라, 에너지를 외부

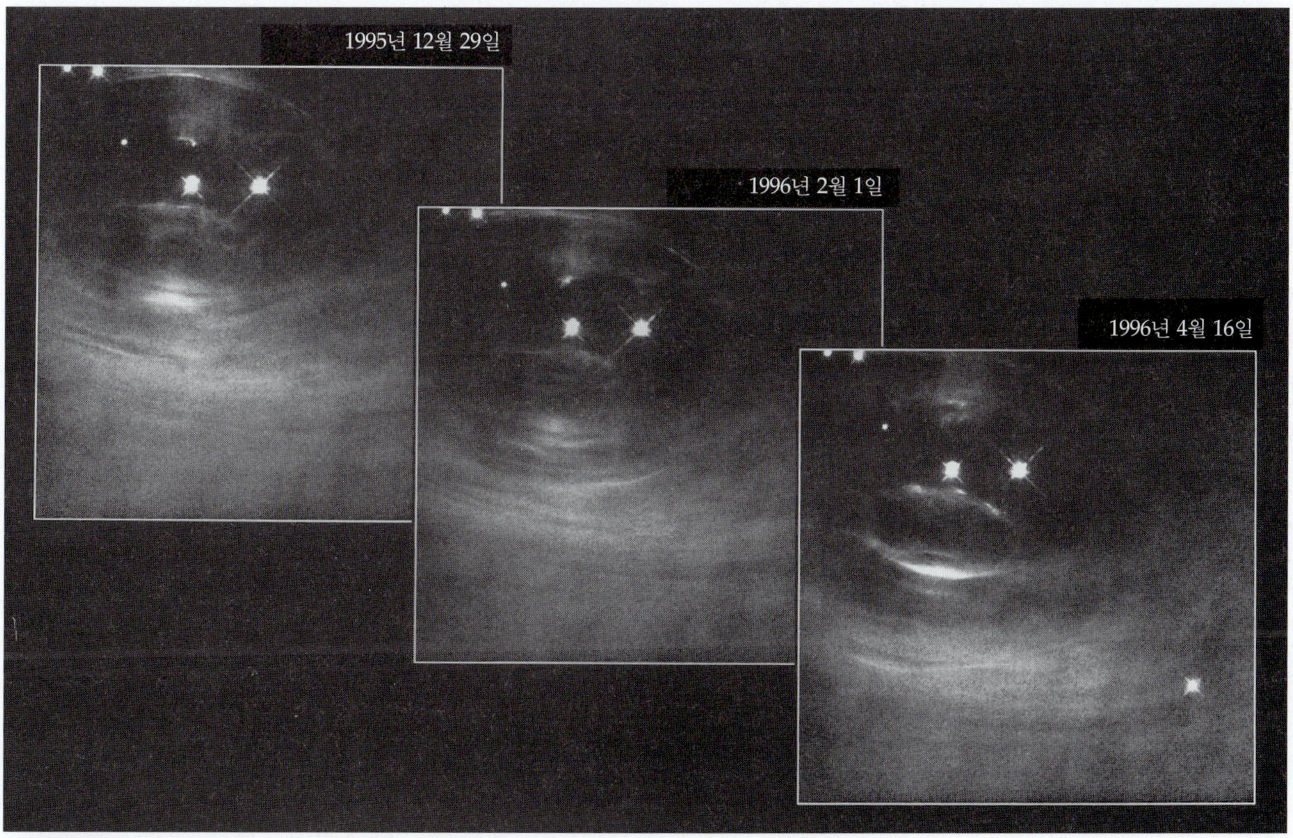

그림 18-19 시간에 따른 변화를 보여 주고 있는 게성운의 내부에 대한 허블우주망원경 관측
각 영상의 위쪽 왼편에 있는 한 쌍의 별 중에 왼편 별이 펄서이다.

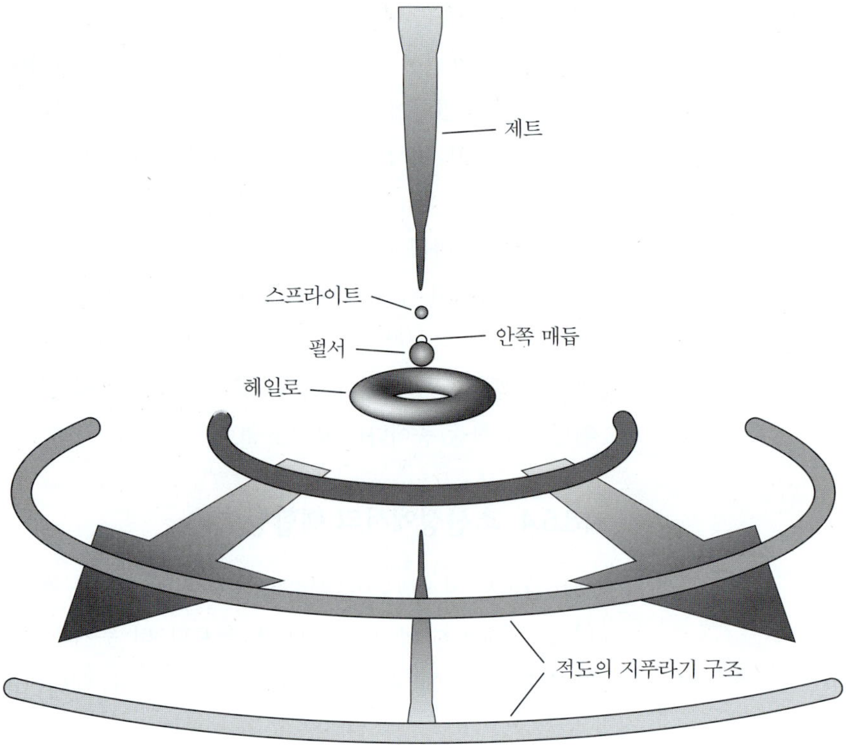

그림 18-20 허블우주망원경 관측 영상을 토대로 만든, 게성운 중심부 주변에 대한 모식도

로부터 흡수해야 합성된다. 철보다 더 무거운 원소들은 질량이 큰 별들이 초신성으로 폭발(제II형)할 때 만들어질 것이다.

질량이 10~20$M_\odot$보다 큰 별은 진화의 마지막 단계에서 그 내부구조가 철의 중심핵에서부터 밖으로 나갈수록 탄소, 헬륨, 수소의 껍질층을 이룬다. 마치 양파같이 성분이 다른 층들이 첩첩이 싸인 모양을 한다. 이와 같은 구조가 가능한 것은 대류가 없고, 바깥으로 갈수록 온도가 낮아지기 때문이다. 철의 중심핵은 중력을 지탱해 내지 못하여 붕괴되면서 내부 온도가 증가한다. 온도가 대략 6×10^9K에 이르면, 약 100MeV가 요구되는 **흡열 반응**(endothermic)인 철의 광분해 $^{56}Fe + \gamma \rightarrow 13^4He + 4n$가 일어난다. 이 반응은 별 중심의 에너지를 빼앗아 가므로 중심핵은 더욱 빠르게 수축한다. 일단 철이 분해되고 나면,

$$^4He \rightarrow 2p + 2n$$
$$p + e^- \rightarrow n + \bar{\nu}$$

로 중심핵은 축퇴된 중성자 가스로 변한다. 그동안 중심핵 위에 있는 껍질은 안쪽으로 급히 떨어져 가열된다. 이 층에는 아직 핵합성이 될 수 있는 원소를 가지고 있어, 핵반응이 폭발적으로 일어나 바깥 껍질들을 날려 버린다. 이 핵융합은 에너지가 큰 중성자들을 홍수처럼 만들어 내고 이들이 무거운 원자핵과 결합하게 된다. 여기서 중성자 결합이 '빠르고'(rapid) 또는 '느린'(slow) 과정으로 일어나는데, 이것은 대략 15분 걸리는 베타 붕괴

$$n \rightarrow p + e^- + \bar{\nu}$$

를 기준해서 '빠르다', '느리다'로 언급된다. 빠른 과정에서는 핵이 중성자를 포획하는 것이 베타 붕괴보다 빠르게 진행되므로, 중성자가 풍부한 물질이 된다. 느린 과정에서는 중성자가 베타 붕괴보다 느리게 포획되므로, 양성자가 풍부한 물질이 된다. 빠른 과정은 보통 **r**(rapid) **과정**, 느린 과정은 **s**(slow) **과정**으로 짧게 쓴다.

이제 이런 종류의 핵합성의 특수한 예를 보기로 하자. ^{56}Fe으로 시작된 후 r 과정에 의해서

$$^{56}Fe + n \rightarrow {}^{57}Fe$$
$$^{57}Fe + n \rightarrow {}^{58}Fe$$
$$^{58}Fe + n \rightarrow {}^{59}Fe$$
$$^{59}Fe + n \rightarrow {}^{60}Fe$$
$$^{60}Fe + n \rightarrow {}^{61}Fe$$

가 된다. 여기서 ^{61}Fe은 대략 6분 동안 안정하므로, 이 시간 내 중성자가 포획되지 않으면 s 과정에 의해

$$^{61}\mathrm{Fe} \rightarrow {}^{61}\mathrm{Co} + e^{-} + \overline{\nu}$$

가 된다. 제II형 초신성에서는 시간척도들이 짧으므로 단지 r 과정의 핵합성이 효율적이다. 이 과정이 일어나는 위치는 충격파가 쓸고 지나가는 헬륨-연소 껍질일 것이다.

지금까지는 초신성에서의 핵합성에 관해 중점적으로 다루었지만, 적색거성 역시 점근거성가지에 있는 동안 s 과정의 핵합성으로 무거운 원소을 합성할 수 있다. 그러나 s 과정에 의해서는 아주 무거운 방사능 원소를 합성할 수 없다. 그 까닭은 중성자 결합이 너무 느려서 핵이 중성자를 포획하기 전에 핵분열로 붕괴되기 때문이다. 일반적으로, s 과정에 의해 만들어진 원소들은 r 과정에서 만들어진 원소들과 보완되어 주기율표를 채운다. 적색거성에서의 핵합성은 철보다 무겁고 납보다 가벼운 원소들을 만들지만, 납보다 무거운 우라늄, 토륨과 같은 원소들은 제II형 초신성에서 만들어진다.

18.5.5 초신성 1987A

1987년 2월 24일 밤, 토론토 대학의 셀턴(Ian Shelton, 1957~)이 칠레의 라스 캄파나스 천문대에서 우리은하의 동반 은하인 대마젤란운(LMC)의 사진 관측을 하고 있었다. LMC 사진에는 새로운 밝은 별이 보였다. 다행히도, 셀턴은 25시간 전에 같은 지역을 촬영했었다. 두 사진을 비교함으로써 이 별이 1604년 케플러 초신성 이후에 관측된 가장 밝은 초신성이라는 사실을 극적으로 알게 되었다. SN 1987A('A'는 1987년에 처음 발견되어 붙여짐)로 이름이 붙여졌다. LMC는 52kpc의 거리에 있기 때문에, 실제 초신성은 약 17,000년 전에 폭발한 것이었다. 천문학적 기준에서 보면 LMC는 우리은하에 지극히 가까운 은하이기 때문에, 현대 천문 기기를 활용하여 초신성을 자세히 연구할 수 있는 최초의 기회를 SNMA가 우리에게 제공하였다(그림 18-21).

무엇보다 중요한 것은 중성미자의 검출이었다. 일본의 가미오카에서는, 가미오칸데 II로 불리는 미·일 합작의 실험 장치가 초신성 폭발이 가시적으로 보이기 하루 전에 중성미자의 폭발을 검출했다. 이 중성미자 폭발은 오하이오의 멘토르에 있는 소금광 검출기에서도 관측되었다. 태양계 바깥 천체로부터 중성미자를 검출한 것은 SNMA가 처음이다. 이 검출을 통하여 우리는 SNMA가 질량이 무거운 별의 사멸과정인 제II형의 초신성 폭발임을 알게 되었다. 그러나 SN 1987A에서 지구에 도달한 것으로 추정되는 중성미자는 제곱미터당 10^{15}개 중 단지 수 개에 지나지 않았다. 가미오칸데 II는 12개만 검출했으며, 중심핵의 붕괴가 시작된 처음 1초 동안에 6개가 검출되었다.

한편 IUE(International Ultraviolet Explorer)와 유럽 남반구 천문대(European Southern Observatory, ESO)의 관측을 통하여 우리는 초신성의 전 단계에 있었던 별(Sanduleak

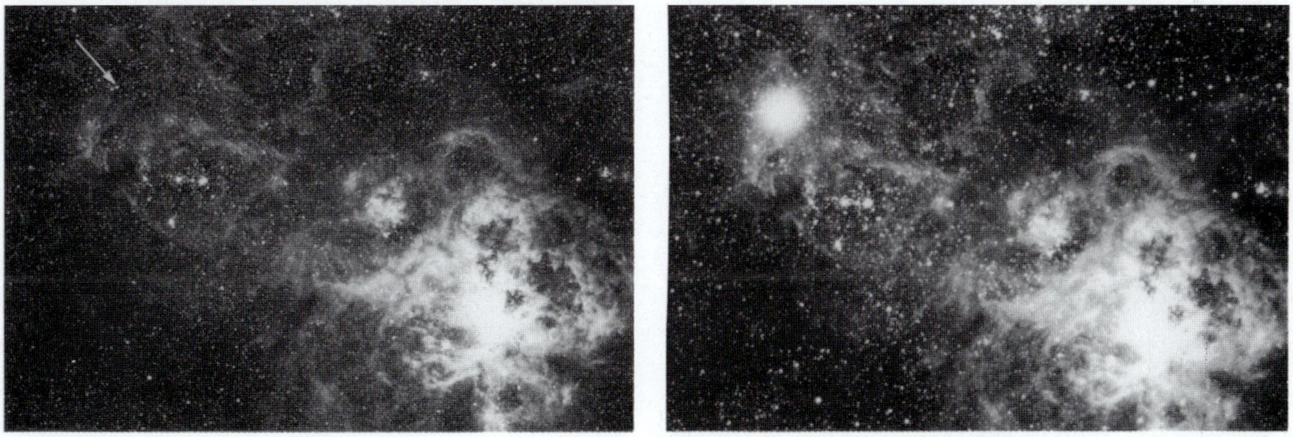

(A) (B)

그림 18-21 대마젤란운의 초신성 1987A
왼쪽 사진은 초신성 폭발 전의 원조 항성이고, 오른쪽 사진은 겉보기등급 4.4까지 도달한 1987년 2월 26일의 상황이다. (유럽 남반부 천문대)

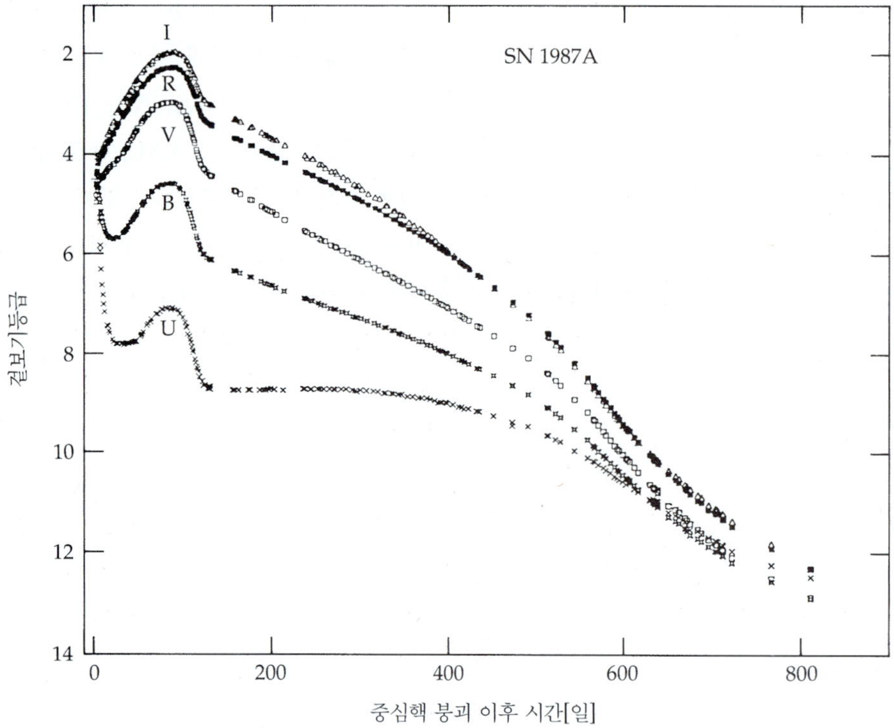

그림 18-22 초신성 1987A의 광도곡선 초신성 원조 항성이 중심핵 붕괴를 일으킨 이후부터 시간에 따라 등급으로 나타낸 UBVRI 파장 영역에서의 밝기변화이다. 마지막 관측 점은 1989년 5월 16일자의 자료이다. (CTIO/NOAO)

−69 202로 이름지어진 별)이 적색 초거성이 아니라, 청색 초거성이라고 알게 되었다. 처음에는 왜 적색 초거성이 아닌 청색 초거성이 폭발했느냐 하는 것이 수수께끼였다. 그 해답은 다음과 같다. 폭발된 별은 주계열상에서 질량이 대략 $20M_{\odot}$이었으며, 폭발이 일어났을 때 이 별은 대략 1,000만 년(10^7년) 정도 늙은 것으로 추정된다. 그런데 질량 손실 때문에 이 별은 H-R도 상에서 청색 쪽으로 되돌아간 것이다.

가시광 관측에 의하면 이 초신성은 1987년 늦은 5월에 최대 밝기가 되었다(그림 18-22). 7월 중순쯤, 폭발에 대한 빛의 메아리가 나타났는데(그림 18-23), 이는 초신성 주변 140pc, 400pc 거리에 위치한 얇은 물질의 구간에 의하여 생기는 것이었다. 이들로부터 반사된 초신성의 빛이 지구에 도달하는 데 시간이 더 걸려 폭발이 관측된 후에 보였던 것이다. 7월에서 11월까지 밝기는 반감기가 78.7일(평균 수명 113.4일)인 지수함수로 감소하였는데, 이 반감기는 정확히 초신성 폭발에서 생성된 것으로 예측되는 주요 원소 중의 하나인 방사능 원소 ^{56}Co의 반감기와 같다. 이 단계에서 초신성의 에너지는 코발트의 붕괴로 생성된 γ선이 외피를 가열하는 데에서 나오는 것이다. 1988년에 이르면 외피부의 불투명도 감소로 γ선이 직접 빠져나올 수 있어서 밝기의 감소가 더욱 빠르게 진행된다. 이로써 초신성 폭발 모형이 통과해야 할 중요한 관측적 검증들이 모두 이루어졌다. 최초로 중성미자가 관측되었는데, 이것

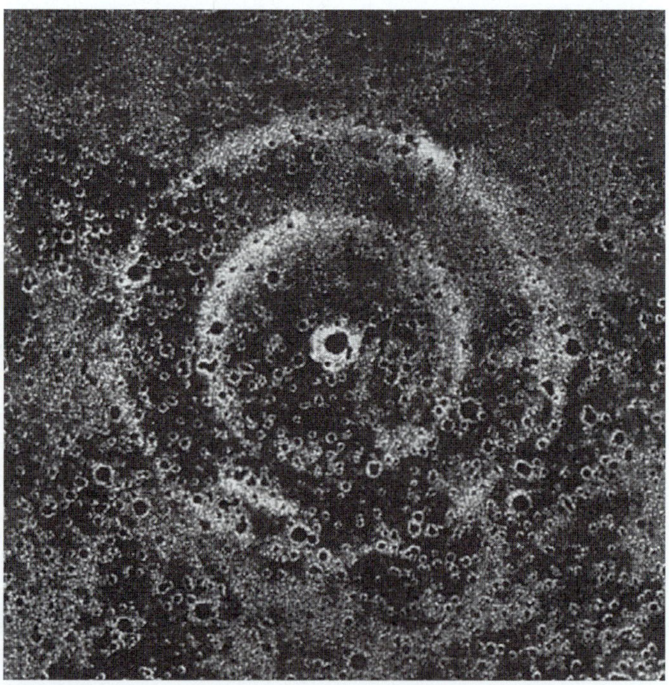

그림 18-23 1989년에 보인 초신성 1987A에 의한 빛 메아리 고리가 잘 보이도록 음화 영상을 특별히 처리했다. (영국–오스트레일리아 천문대)

은 예측했던 대로 별의 중심핵 붕괴에서 10^{46}J 정도의 총 에너지가 발생되었음을 보여 주었다. 또, 처음으로 천문학자들은 초신성 폭발에서 실제 중성자별이 생성되는 것을 관측한 것이다.

18.6 엑스선원 : 쌍성과 변광성

엑스선 망원경의 출현으로 고에너지(에너지가 1~100keV 영역에 있는 광자)의 우주가 우리 앞에 열렸다. 지구 궤도에 우후루(Uhuru), 아인슈타인, ROSAT 등이 은하의 엑스선원에 대한 풍부한 자료를 제공했다. 많은 엑스선원은 변광하며, 일부는 쌍성계이다. 몇몇 엑스선원은 블랙홀을 포함하고 있는 것 같다. 변광은 물질이 강착되는 과정에서 발생되므로 강착원반의 존재가 이러한 엑스선원들의 특징인 것 같다.

쌍성 엑스선원들이 다수 관측되어 왔다(표 18-4). 그들은 두 가지의 일반 범주, 즉 질량이 큰 엑스선 쌍성(High Mass X-Ray Binary, 간략히 HMXRB)과 질량이 작은 엑스선 쌍성(Low-Mass X-Ray Binary, LMXRB)으로 대별된다. 이때 질량이 크고 작은 것의 기준은 동반성의 질량이 엑스선원 자체의 질량보다 크거나(HMXRB) 작은(LMXRB) 경우를 말한다. LMXRB에서는 질량이 작은 만기형의 동반성이 포함되어 있으며, 이 항성의 가시 광도는 엑스선 광도보다 훨씬 작다. 이들의 궤도 주기는 수 시간에서 수 일의 값을 갖는다. HMXRB는 조기형 거성 또는 초거성으로 되어 있으며, LMXRB보다는 은하면에 더 집중되어 있다. 이들의 궤도 주기는 수 일에서 수백 일에 이른다.

표 18-4에 있는 엑스선원들의 엑스선 광도는 10^{29}~10^{31}W의 값을 갖는다. 이 중에서 허큘리스자리 X-1, 센타우루스자리 X-3, 소마젤란운 X-1은 짧은 주기의 펄스를 보이는 엑스선 펄스들이다. 이 쌍성계에는 물질을 끌어들여서 엑스선을 방출케 하는 자기장을 갖고 있는 중성자별이 들어 있다. 자기장이 유입되는 물질(아마도 동반성의 항성풍에서 오는)을 중성자별 표면의 작은 부분(hot spot)으로 접속하여 그 부분을 높은 온도로 가열한다. 따라서 엑스선복사가 일정한 방향으로 방출되고 중성별의 자전 주기에 따라 그 밝기가 된다.

일부 쌍성계(센타우루스자리 X-3, 소마젤란운 X-1, 돛자리 X-1, 컴퍼스자리 X-1, 허큘리스자리 X-1)는 엑스선 영역에서 식 현상을 보이는데, 이는 엑스선원이 정상별 뒤에 가려지기 때문에 생긴다. 보이는 항성(엑스선원이 아닌) 빛의 분광학적 분석을 이용하여, 도플러이동의 변화를 관측하면 궤도주기도 구할 수 있다. 이러한 주기는 대체로 수 일이 된다. 이처럼 짧은 주기는 반성 궤도의 긴 반지름이 주성의 궤도보다 단지 수 배에 이를 뿐이라는 것을 암시한다. 그러므로 두 천체 사이의 거리를 결정할 수 있으면, 케플러 제3법칙으로부터 총 질량(정상별과 엑스선원)을 알아낼 수 있다. 질량-광도의 법칙을 이용하여 정상별의 광도로부터 질량에 대한 정보를 얻으면, 엑스선원의 질량 또한 결정할 수 있다. 그리고 그 질량이 중성자별의 상한값인 태양질량의 3배보다 충분히 크게 나오면, 그 엑스선원은 블랙홀일 것이다.

HMXRB의 경우, 중성자별은 찬드라세카 한계인 $1.4M_{\odot}$에 가까운 질량을 가진다. 따라서 이러한 별들은 극도로 진화된 별의 중심 축퇴핵의 붕괴에서 생성되거나, 축퇴 왜성으로 강착하는 물질에서 형성되었을 것이다. 대부분 LMXRB는 수 시간의 궤도주기를 가지므로, 이들은 아마도 각각 태양 정도의 질량을 가진 만기형 왜성의 동반성과 엑스선원으로 이루어진 것 같다. 물질을 끌어들이는 천체(중성자별)는 동반성의 로시잎사귀에서 흘러오는 물질을 끌어들인다. 어떤 경우, 엑스선원은 아주 두꺼운 강착원반을 가지며, 이 원반의 기하학적

표 18-4 쌍성 엑스선원

이름	거리[kpc]	쌍성 주기[일]	엑스선 광도[W](2~11keV)	가시 항성의 분광형	엑스선 쌍성의 종류
백조자리 X-1	2.5	5.6	2×10^{30}	O9.7 Iab(HDE226868)	HM X RB
센타우루스자리 X-3	8	2.087	4×10^{30}	O6.5 II-III	HM X RB
소마젤란운 X-1	65	3.89	6×10^{31}	B0 I	HM X RB
돛자리 X-1	1.4	8.97	1.4×10^{29}	B0.5 Ib	HM X RB
허큘리스자리 X-1	5	1.70	1.0×10^{30}	A9-F0(HZ Her)	HM X RB
전갈자리 X-1	0.7	0.787	2.0×10^{31}	?(V818 Sco)	HM X RB

구조와 세차 운동 때문에 엑스선 방출이 복잡하게 변주된다. 이제 색다른 몇 개의 엑스선원을 자세히 살펴보기로 하자.

18.6.1 백조자리 X-1

백조자리 X-1(Cygnus X-1)은 블랙홀의 강력한 후보로서 약 2×10^{30}W의 엑스선을 방출한다. 백조자리 X-1은 0.001초보다 빠르게 깜박이는 것이 관측되었다. 이처럼 빠른 변광은 엑스선원이 밀집된 천체임을 암시한다. 1971년, 전파 천문학자들은 백조자리 X-1로부터 전파 폭발을 관측하여 엑스선 천문학자들보다 그 위치를 더 정확하게 확인할 수 있었다. 백조자리 X-1이 있음직한 가장 그럴듯한 위치에 O형 초거성(그림 18–24)이 놓여 있다. 이 별은 HDE(Henry Draper Extension) 226868이며, O9.7I 분광형으로, 대략 31,000K의 표면온도를 가진 초거성이다.

광학 관측에 의하면 이 청색 초거성의 흡수선들이 5.6일의 주기로 도플러이동을 하고 있음이 알려졌다. 따라서 이 별은 엑스선원(질량이 크지만 광학적으로 안 보이는 동반성)과 함께 5.6일마다 이들의 질량중심의 둘레를 돌고 있다. 그러나 백조자리 X-1의 질량을 구하는 것은 매우 어렵다. 그 까닭은 질량함수(12.3.2항 참조)에서 각각의 질량을 구하는 데 필요한 정보가 없기 때문이다. 보이는 동반성의 스펙트럼에서 도플러이동을 관측할 수 있지만, 엑스선원의 속도를 구할 수는 없다. 그리고 백조자리 X-1은 식 현상이 관측되지 않으므로, 그 궤도 기울기도 모른다. 그러므로 각각의 질량을 결정할 수가 없다.

이러한 문제점의 실상을 다음에서 알아볼 수 있다. 질량 M_x의 엑스선원과 질량 M_c인 동반성에 대한 광학 질량함수는

$$f(M_x, M_c) = \frac{(M_x \sin i)^3}{(M_x + M_c)^2} = \frac{P(V_c \sin i)^3}{2\pi G} \qquad (18\text{–}4)$$

이다. 여기서 i는 궤도 기울기, P는 궤도주기, $V_c \sin i$는 광학 동반성의 투영된 속도이다. 질량함수는 M_x가 가질 수 있는 최소값이라는 점에 유의하자. 백조자리 X-1은 $V_c \sin i = 76 + 1\mathrm{kms}^{-1}$이므로 $f(M_x, M_c) = 0.25 \pm 0.01M_\odot$이 된다. 만일 초거성의 질량이 $33M_\odot$이라면, 백조자리 X-1은 $16M_\odot$ 정도의 큰 질량을 가진다(그림 18–25). 중성자별의 한계 질량이 태양 질량의 3배임을 감안한다면 백조자리 X-1은 블랙홀임이 틀림없다.

엑스선은 블랙홀 자체에서 나오는 것이 아니라, 그 주변에 형성된 강착원반의 물질에서 방출된다는 사실에 주목하자. 청색 초거성에서 항성풍으로 불어나오는 질량은 블랙홀을 향하여 떨어진다. 이러한 물질이 갖는 각운동량 때문에 낙하되는 질량은 원반 형태를 만들게 되고, 이 원반은 조석력과 중력 퍼텐셜에너지가 열에너지로 전환되어 가열된다. 이때 원반의 일부는 수백만 도에 이르게 되며, 여기서 엑스선이 방출된다.

그림 18–24 청색 초거성 HDE 226868
백조자리 X-1이 이 별 주위를 돌며 궤도 운동하고 있다. (J. Kristian)

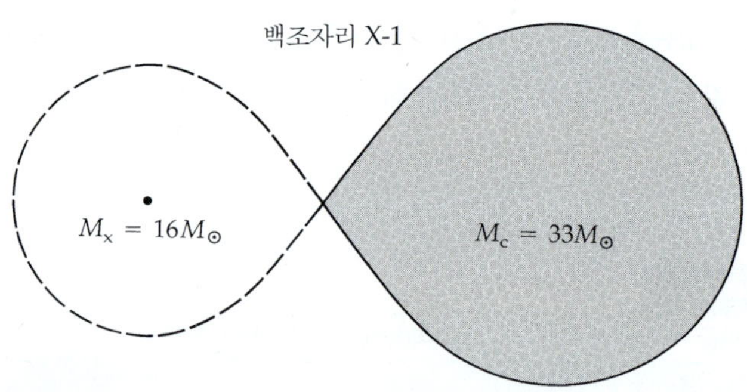

그림 18–25 백조자리 X-1 쌍성계의 개략도
이것의 광학 동반성은 로시잎사귀를 채우고 있다. 강착 원반은 이런 척도에서는 보이지 않는다. (J.E. McClintock)

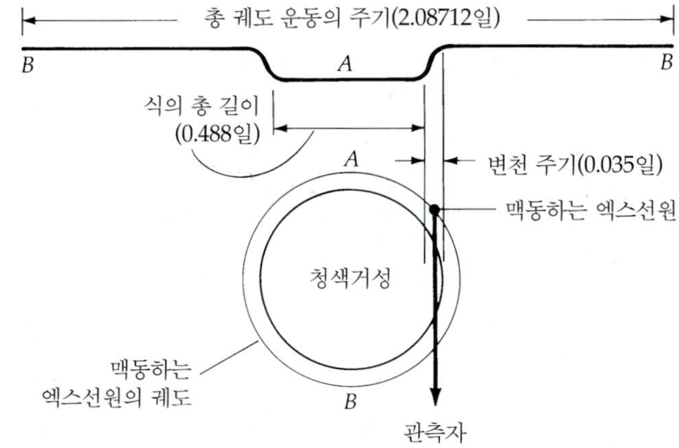

그림 18-26 센타우루스자리 X-3 쌍성계의 모형
(H. Gurskey)

18.6.2 센타우루스자리 X-3

엑스선 방출은 블랙홀 주변 강착 원반에서뿐만 아니라, 중성자별로 강착되는 물질에서도 방출될 수 있다. 그 예가 센타우루스자리 X-3이다(축소하여 Cen X-3). 우후루 위성은 이 엑스선원이 4.84초마다 펄스를 낸다는 것을 밝혔다. 또, 장기 관측에 의하면 엑스선의 식 현상이 2.087일마다 일어나며, 대략 0.5일간 지속되는 것으로 알려졌다. 따라서 센타우르스자리 X-3는 우리의 시선 방향에 그 궤도면이 놓여 있도록 기울어져 있음을 알았다. 엑스선원이 있는 위치에 어두운 별 하나가 센타우루스자리 X-3과 같은 주기로 밝기 변화를 하고 있다. 이 별은 약 8kpc 떨어져 있는 청색 거성으로 밝혀졌다.

이러한 모든 정보는 센타우루스자리 X-3 쌍성계의 단순 모형과 잘 부합된다(그림 18-26). 센타우루스자리 X-3 자체가 415kms^{-1}로 청색 거성 주위를 거의 원 운동을 하고 있다. 이 궤도 반지름은 대략 11 × 10^{6}km이다. 이처럼 가까운 거리에서는 거성으로부터 흘러나오는 질량은 엑스선원으로 끌려들어가게 된다. 대략 2일마다 엑스선원은 지구에서 보았을 때 거성 뒤로 지나게 되어 엑스선 식 현상이 일어난다. 이 식 현상에서 구한 센타우루스자리 X-3의 질량은 1.5$M_\odot$로 추정되었으며, 이는 센타우루스자리 X-3가 초신성 폭발에서 생긴 질량이 적은 중성자별임을 알게 해 준다.

센타우루스자리 X-3가 엑스선 펄서라는 사실은 중성자별 모형을 지지하는데, 이는 전파 펄서의 모형으로 자기장을 가진 중성자별을 고려한 것과 유사하다. 엑스선 펄서는 강한 자기장을 따라 중성자별의 자기극 영역으로 들어오는 강착 물질에서 발생될 것이다.

18.6.3 엑스선폭발체와 감마선폭발체

엑스선폭발체(burster)는 엑스선이 짧게, 그러나 아주 강하게 폭발적으로 방출되므로 엑스선원과 구별된다(그림 18-27). 이러한 폭발은 수 시간 또는 수 일에 해당되는 정규적인 간격으로 일어날 수 있다. 어떤 것들은 기관총처럼 연속적으로 급히 발사되어 하루에 수천 개의 폭발을 내는 것도 있다. 10초의 엑스선 폭발이 방출하는 에너지가 태양이 전 파장에 걸쳐 1주일 동안 방출하는 에너지에 해당한다. 일반적으로, 엑스선폭발체는 LMXRB들이고, 은하중심 쪽에 모여 있다. 몇몇 엑스선폭발체에 대응되는 광학폭발체도 관측되었다. 대략 10개의 폭발체가 구상성단에서 발견되었고 이는 전체 폭발체의 30%에 해당된다.

오늘날, 중성자별의 모형이 엑스선폭발체의 성질을 가장 잘 설명하는 것으로 보인다. 이 폭발체는 1초보다 짧은 시간 내

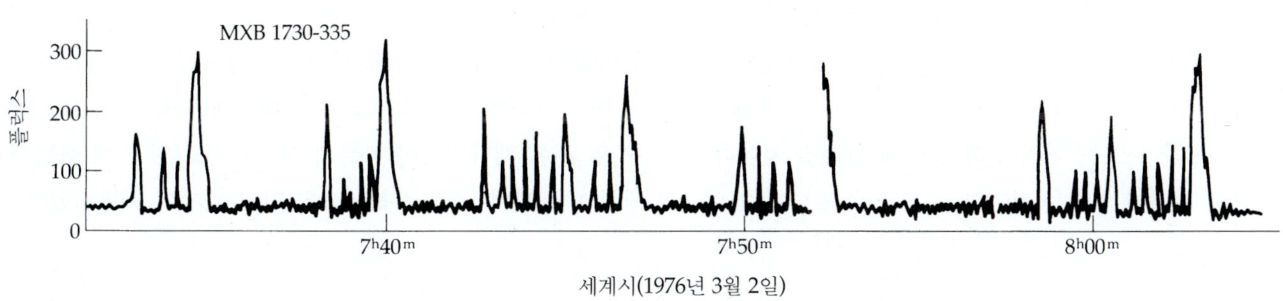

그림 18-27 엑스선폭발체의 관측
급격한 엑스선폭발체, MXB 1730-355는 대략 10분마다 연속적으로 폭발을 반복한다. (W. Lewin)

에 극대로 밝아져 약 10초 동안 최대 밝기를 유지한다. 폭발과 폭발 사이의 간격은 약 2시간이며, 흑체의 유효온도는 3 × 10^7K이다. 이 폭발체는 은하의 중심 근처에 집중되어 있는 것으로 나타나는데, 만일 우리로부터 10kpc 떨어져 있다면, 하나의 폭발의 최대 밝기는 수 10^{31}W가 된다. 유효온도 3 × 10^7K의 흑체가 2~3 × 10^{31}W를 방출하려면, 반지름이 약 9km이어야 한다. 이것은 폭발체가 실제 쌍성계에 있는 중성자별이라는 것을 암시하며, 그 동반성은 질량이 적은 항성으로 로시잎사귀를 채우고 있다. 이 모형은 신성의 모형과 유사하나 물질이 백색왜성이 아닌 중성자별로 떨어지며, 온도가 훨씬 높기 때문에 에너지가 가시광선 대신 엑스선으로 나온다는 점이 다르다. 다시 말하면, 엑스선 폭발체는 쌍성계에서 약한 자기장을 가지고(≈10^4T) 빠르게 물질을 끌어들이는(≈$10^{-10}M_\odot$/년) 중성자별에서 발생하는 열핵반응에 의한 섬광에 의한 것이다.

감마선폭발체는 지상에 핵폭발 감시를 위해 고안된 위성에 의해 우연히 발견되었다. 이는 0.1~10초까지 지속되는 순간적인 폭발이며(그림 18–28), 하늘 여기저기에서 산발적으로 일어난다. 한 폭발체에서 한 번 이상 폭발이 일어난 것이 관측된 경우는 매우 드물다. 그와 같은 경우는 대마젤란운에 있는 초신성 잔해와 관련된 것으로 알려져 있다. 일반적으로, 감마선폭발체의 위치가 정확히 알려져 있지 않기 때문에[위치에 대한 오차 박스는 수십 제곱각분(arcmin^2)] 대응되는 광학 천체를 찾아내는 것이 매우 어렵다.

컴프턴 감마선 천문대가 감마선폭발체를 검출하기 위한 특별한 시도(폭발과 순간 방출체 실험, Burst and Transient Source Experiment, BATSE)를 했다. 전형적으로 BATSE는 하루에 한 폭발체에 대한 관측을 수행하여 지금까지 수천 개에 대한 기록을 모았다. 놀랍게도 이러한 폭발체들은 하늘에 등방하게 분포되어 있었다. 이는 이러한 폭발체들이 아주 가까운(국지적) 거리에 있거나, 또는 아주 먼(우주적) 거리에 있음을 암시한다. 그렇다면 그것들의 정체는 무엇인가? 그 해답은 아직 우리가 잘 모르는 거리에 따라 크게 달라질 것이다. 만일 국지적인 거리에 있는 천체라면, 수백 kpc 떨어져 있으며 감마선 펄서처럼 활동하고 있는 중성자별들의 무리로 구성된 것일 수 있다. 만일 우주적인 거리에 있는 것이라면, 이 방출원은 우주에서 가장 강력한 파워를 가져야만 하고 그 물리적인 기작은 아직 모르는 것일 것이다. 감마선 폭발체에 대한 수수께끼의 해결이 현대 천체물리학의 중요한 과제이다.[6)]

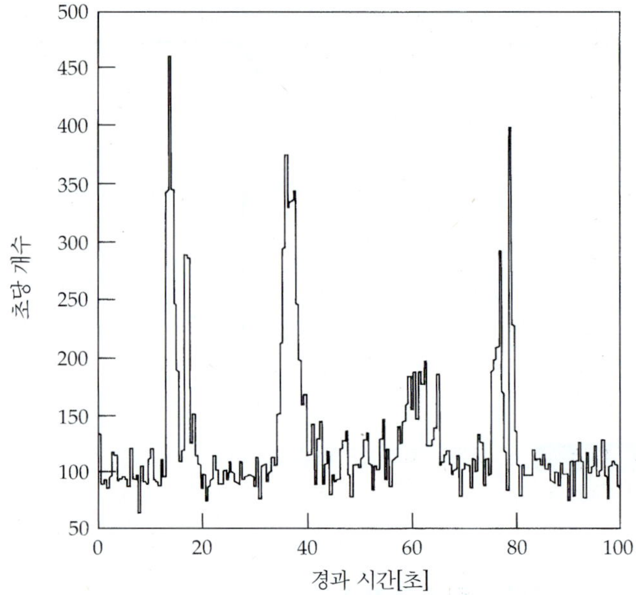

그림 18–28 파이오니어 금성 탐사 위성으로 관측된 감마선폭발체 GB 800709 대략 1분 동안에도 잘 구별되는 개개의 스파이크가 연속으로 나타나는 점에 유의하라.

최근의 관측을 통해 감마선폭발체에 대한 수수께끼를 해결할 수 있을지도 모르겠다. 1997년 2월에 이탈리아–네덜란드 엑스선 위성 벱포삭스(BeppoSAX)가 한 감마선폭발체의 위치를 상당히 정확하게 집어내어, 라팔마에 있는 천문학자가 어두워지고 있는 이 천체의 광학 대응체를 찾아내었다. 허블 우주망원경도 이 천체의 관측에 나서서, 그 주변에 퍼진 모양을 갖고 있는 점광원(point source)을 분해해 볼 수 있었다. 여전히 이 천체의 거리에 대한 강력한 증거는 없었다. 그리고 1997년 5월 벱포삭스는 또 하나의 폭발체를 집어내었고, 팔로마 산 천문대의 천문학자가 광학 대응체를 확인할 수 있었다. 수 일 후에 켁망원경이 빠르게 어두워지고 있는 이 폭발체의 광학 대응체에 대한 스펙트럼을 얻기 위하여 작동되었다. 이

6) 감마선폭발체(GRB)는 대부분 먼 외부은하에 오는 것이며, 폭발의 기간이 2초 미만인 것은 짧은 폭발체(short burst), 2초 이상인 것은 긴 폭발체(long burst)로 분류된다. 잔유휘광(afterglow)의 스펙트럼에 의하면 long GRB는 폭발 후 블랙홀이 형성되는 초신성 Ib형 또는 Ic형이라고 추정되고 있으며, short GRB는 중성자별–중성자별의 근접쌍성계에서 궤도의 붕괴에 의한 폭발이라는 가설이 가장 유력하다. (역주)

스펙트럼에는 퀘이사(24.4절 참조)의 스펙트럼에 나타나는 은하 간 구름에서 발생되는 좁은 흡수선들이 보였다. 스펙트럼 선들의 적색이동을 통하여, 이 천체의 거리는 수 Gpc (분명히 우리은하 밖)으로 추정되었다. 그러므로 감마선폭발체는 수 초 동안에 현재 알려진 어떤 현상보다도 더 많은 에너지를 우주로 방출하고 있다.

핵심 수식과 개념

- 종족 I 세페이드 변광성에 대한 P-L 관계

$$M_v = -2.76(\log P - 1.0) - 4.16$$
$$M_v = -2.81\log P - (1.43 \pm 0.1)^{7)}$$

- 쌍성계 엑스선원에 대한 질량함수

$$f(M_x, M_c) = \frac{(M_x \sin i)^3}{(M_x + M_c)^2} = \frac{P(V_c \sin i)^3}{2\pi G}$$

- 팽창껍질의 거리

$$d[\text{pc}] = \frac{V_r[\text{kms}^{-1}]}{4.74\mu[''/\text{년}]}$$

문제

1. 주기가 10일, 평균 반지름이 대략 $100R_\odot$, 동경속도가 15kms^{-1}인 세페이드 변광성을 고려하자. 이 변광성의 반지름 변화 $\Delta R = R(2) - R(1)$은 얼마인가?

2. 그림 18–2에 그려진 전형적인 맥동성의 변화 모양에 대하여 설명하고, 각 물리량들의 상호관계를 기술하시오.

3. 가상의 은하 내에 있는 세페이드 변광성의 주기는 10일, 평균 겉보기안시등급은 18로 관측되었다. 이 별이 종족 I 인지 종족 II인지는 알 수 없다.

(가) 이 은하까지 두 가지의 가능한 거리를 구하시오(단, 성간소광 무시).

(나) 이 두 거리의 비는 얼마인가?

(다) 다른 은하에서라면 이 거리의 비가 변하겠는가? 설명해 보시오.

(라) 다른 주기의 세페이드 변광성의 경우라면, 이 거리의 비가 달라질 것인가?

4. 망원경의 한계등급을 22라 하면, 다음 별들을 볼 수 있는 최대 거리는 얼마인가?

(가) 거문고자리RR형 변광성

(나) 고전세페이드

(다) 처녀자리W형별

(라) 보통 신성

(마) 왜소신성

(바) 초신성

이 거리를 우리은하의 지름과 비교하시오. (힌트 : 표 18–1~표 18–3을 참조)

5. 독수리자리 신성(V603 Aql)의 폭발이 1918년 6월에 일어났다. 이때의 밝기가 −1.1등급이 였다. 스펙트럼의 흡수선은 $1{,}700\text{kms}^{-1}$의 속도에 해당하는 도플러이동을 나타냈다. 1926년, 이 별은 각지름이 16″인 희미한 껍질로 둘러싸여 있었다. 독수리자리 신성의 거리를 pc으로 구하고, 최대 밝기에서의 절대등급을 구하시오.

6. 처음에 절대등급이 각각 5.0등급, 2.0등급이었던 별이 초신성으로 변했다면, 밝기는 각각 얼마나 변했는가?(최대 밝기에서 초신성의 절대 안시 등급은 약 −18.0등급이다.)

7. 제10장을 참조하여, 가장 활동적인 태양의 플레어가 방출하는 에너지를 와트(watt) 단위로 구하시오. 제13장을 참고하여 이 양을 다음 분광형의 별이 방출하는 전형적인 에너지의 양과 비교하시오.

---

7) 히파르코스 자료 (역주)

(가) F (나) G (다) K (라) M

그와 같은 플레어가 발생하는 동안 각 별의 밝기는 어떤 비율로 증가하는가? 어떤 별이 플레어별로 관측될 수 있는가?

8. 확장된 대기를 가지고 자전하는 별을 생각해 보자. 별의 대기가 자전과 팽창을 함께 하고, 대기가 별보다 더 느리게 자전할 때 관측되는 스펙트럼선의 윤곽을 그리시오(그림 18-9 참조).

9. 쌍성계에 있는 백색왜성이 물질을 충분히 끌어 모아 찬드라세카 한계($1.4M_\odot$)보다 질량이 커져서 중성자별의 크기(반지름 $\approx 10^4$m)로 붕괴되었다. 이와 같은 붕괴에서 발생되는 운동에너지를 계산하시오. 이를 초신성 폭발에 해당되는 대략 10^{44}J의 값과 비교하시오. 이때 요구되는 에너지 전환의 효율성에 대해 논하시오.

10. 어떤 접촉 쌍성계가 적색거성과 중성자별로 구성되어 있다. 중성자별은 질량이 $1M_\odot$이며, 반지름은 10^4m이다. 이 쌍성계는 엑스선으로 10^{31}W를 방출한다. 이러한 광도를 내기 위하여 적색거성에서 중성자별로 흘러가는 질량 흐름률(해마다 태양 질량의 단위로)을 구하시오. 끌려 들어오는 가스 입자들의 중력 퍼텐셜에너지 변화의 절반이 엑스선으로 전환되며, 두 별 사이의 거리는 중성자별의 반지름보다는 훨씬 크다고 가정한다.

11. 항성풍에 의한 광도는 항성풍에 의해 나가는 운동에너지의 시간적 비율이 된다.

$$L_w = \frac{1}{2}\frac{dm}{dt}v^2$$

이 책에 주어진 값들을 이용하여 다음 천체들의 항성풍 광도를 구하시오.

(가) 황소자리T형별

(나) M형 거성

(다) M형 초거성

이들을 비교하시오.

12. 제II형 초신성을 일으키는 또 다른 기구로 제안된 것은 무거운 원소, 특히 실리콘의 폭발적인 핵연소이다. 질량이 큰 적색 초거성 모형에 의하면 항성 내부 깊숙이 주로 ^{28}Si로 이루어진 $2M_\odot$ 정도의 껍질층이 존재하는 것으로 예측된다. 이 껍질층은 일단 점화 온도에 도달하기만 하면, 수분의 일 초 내로 전 층이 핵융합되어 버린다고 알려져 있다. 문제를 간단히 하기 위하여, 껍질층의 질량이 $2M_\odot$, 절반은 ^{4}He, 나머지 절반이 ^{28}Si로 되었다고 하자. 핵반응은 $^{28}\text{Si} + {}^4\text{He} \rightarrow {}^{32}\text{S} + \gamma$이다. 이 껍질층의 연소에 의해 방출되는 총 에너지를 계산하고 초신성 폭발에서 방출되는 10^{44}J과 비교하시오. (원자핵의 질량은 ^{28}Si의 경우 27.9769amu, ^{32}S는 31.9721amu이고, ^{4}He은 4.0026amu이다.)

13. 온도가 높은 가스구름이 온도가 더 높은 별 주위로 구형의 껍질형태로 떨어질 경우, 그림 18-9와 유사한 그림을 그려 보시오.

14. O형 초거성의 질량은 $15 \sim 40M_\odot$의 범위에 있다. 이 범위에 있는 동반성을 가진 경우, 백조자리 X-1의 질량함수를 풀어 엑스선원의 질량을 구하시오.

15. (가) 18.5.5항 정보를 사용하고, 일정한 팽창률을 가정하여 초신성 1987A에서 팽창하고 있는 성운의 고유운동을 계산하시오.

(나) 성운의 각지름이 1″가 되려면 얼마의 기간이 걸리겠는가? 대략 어느 날에 될 것인가?

16. (가) 성간소광을 무시할 때, 지구에서 1,000pc 떨어진 곳에서 제II형 초신성 폭발이 일어났다면, 최대 밝기에서 겉보기등급은 얼마나 되겠는가? 이 결과를 금성의 겉보기등급($m = -3$)과 비교하시오.

(나) 성간소광을 무시할 때 제II형 초신성이 맨눈으로 겨우 보인다면(한계등급은 $m = 6$), 초신성은 얼마나 먼 거리에서 폭발했는가? 이 결과를 우리은하의 지름과 비교하시오.

(다) 우리은하 내에서는 초신성 폭발이 평균 25~50년마다 한 번씩 일어나는 것으로 계산된다. 우리은하에서 맨눈으로 관측된 마지막 초신성이 거의 400년 전에 일어났다는 사실을 감안하여 (나)의 결과에 관해 논하시오.

(라) 성간소광을 무시할 때 제II형 초신성이 16인치 망원경으로 겨우 보인다면 한계등급은($m = 14$), 초신성은 얼마나 먼 거리에서 폭발하였는가? 이 결과를 안드로메다은하까지의 거리(0.7Mpc)와 가장 가깝고 거대한 은하단인 처녀자리은하단까지의 거리(15.7Mpc)와 비교하시오.

17. 나선은하 NGC 925는 허블우주망원경의 핵심과제인 외부 은하 거리척도를 위한 대상 은하이다. 다음은 선정된 세페이드 변광성들의 겉보기 V 등급이다. NGC 925 은하까지의 거리지수를 구하고 성간소광이 $A_V = 0.42$일 때 거리를 구하시오.

세페이드 변광성 번호	주기[일]	V
5	48.5	23.68
8	37.3	24.67
15	30.1	24.85
36	20.2	25.35
77	10.8	25.90

Chapter 19

은하 회전 : 항성운동

우리 태양계는 은하수은하(Milky Way Galaxy)라는 회전 나선은하 안에 있는 수많은 항성 중의 하나이다. 이 장에서는 우리은하에 속한 별들, 특히 태양 근방의 별들의 관측 가능한 운동을 설명하고, 은하의 회전을 증명하여 그 특성을 정량적으로 밝히고자 한다. 이렇게 해서 우리은하 전체의 질량과 그 내부에서의 질량의 분포를 구한다. 항성운동의 관측적 특성에서부터 시작하여 우리은하중심에 대한 태양 고유의 회전속도와 은하의 차등회전을 조사하고자 한다.

19.1 항성운동의 성분

항성운동은 공간을 지나가는 별들의 속도로 결정된다. 속도는 벡터로서 서로 수직인 2개의 성분으로 분해된다. 즉 시선 방향의 시선속도와 천구면상의 접선속도의 두 성분이다. 비록 속도 벡터는 지구에 대한 상대 속도로 관측되지만, 관례적으로 태양계의 질량중심(또는 어떤 다른 기준점)에 대한 벡터로 나타낸다.

19.1.1 시선속도

별의 **시선속도**(radial speed) v_r란, 별이 다가오거나 멀어져 가는 속도이다. 그러므로 이것은 분광선의 도플러이동으로부터 쉽게 구할 수 있다. 도플러이동을 결정하기 위하여, 실험실에서 만든 비교 스펙트럼을 별의 스펙트럼의 옆에 놓이도록 사진을 찍어서 두 스펙트럼의 선들의 상대적 위치를 측정한다(그림 19-1). 측정된 도플러이동 $\Delta\lambda = \lambda - \lambda_0$를 가지고, 도플러 공식[식 (8-13)]으로부터 그 별의 시선속도를 계산할 수 있다.

$$v_r = \frac{\Delta\lambda}{\lambda_0} c \qquad (19\text{-}1)$$

여기서 c는 빛의 속도이며, λ는 측정된 파장이고, λ_0는 정지 상태에서의 파장이다. $\lambda > \lambda_0$일 때는 스펙트럼은 적색이동이 된 것으로 v_r는 후퇴의 시선속도이고, $\lambda < \lambda_0$일 때는 스펙트럼은 청색이동이 된 것으로 그 별은 접근하고 있는 것이다. 이것을 태양에 대한 운동으로 바꾸려면 지구의 공전 속도($\approx$ 30kms^{-1})의 시선 방향 성분을 보정해야 한다.

시선속도는 스펙트럼을 얻을 수 있다면 언제나 결정할 수 있는 정보이다. 여기서 별까지의 거리는 관계가 없다. 다만 망원경에 분광기를 강착해서 그 스펙트럼을 얻을 수 있을 만큼 밝은지가 문제이다. 우리는 현재 별의 시선속도를 약 10ms^{-1}

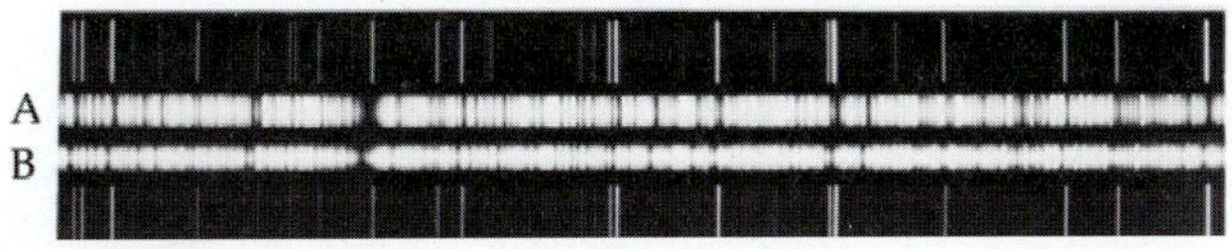

그림 19-1 별 아크투루스의 도플러이동

2개의 스펙트럼, A와 B는 서로 6개월 간격을 두고 찍은 것이다. 스펙트럼 A는 $+18\mathrm{kms}^{-1}$의 속력에 해당하고, 스펙트럼 B는 $-32\mathrm{kms}^{-1}$의 속력에 해당한다. 도플러이동의 차이는 지구의 궤도 운동으로 생긴 것이다. 상하에의 밝은 선들은 정지좌표계에서의 비교 스펙트럼이다. (팔로마 천문대, 캘리포니아 공과 대학)

의 정밀도로 측정할 수 있다.

19.1.2 고유운동

천구면 상에서 별의 운동을 **고유운동**(proper motion) μ(″/년)이라고 하며, 보통 초(각도)를 단위로 하는 1년 동안에 이동한 각거리로 표시한다. 시선에 수직인 방향의 속도가 일정하다면 고유운동은 별의 거리가 가까울수록 더 클 것이다. 이것은 삼각시차(11.1.1항 참조)와 명백히 유사한 관계를 이룬다. 아주 먼 별들은 측정될 수 있을 만큼의 고유운동을 나타내지 못하므로, 이런 별들은 (가까운 별들의) 고유운동 측정의 기준별 또는 배경 별로 사용된다. 대부분 고유운동은 매우 작다(표 19-1). 가장 크다고 알려진 것이 바너드별(Barnard Star)로, 그 고유운동은 유별나게 커서 10″/년이나 된다(그림 19-2).

시차 궤도(parallax orbit)의 주기적인 변화에 비하여 고유운동은 계속해서 누적되는 이점을 가지고 있으므로, 여러 해의 간격을 두고 측정했을 때는 각변위(angular displacement)가 축적되어서 쉽게 측정할 수 있다. 수십 년 이상의 간격을 두고 측정하면 ±0.003″/년의 정확도까지 얻을 수 있다. 그러나 이때는 기준이 되는 배경 천체의 선정에 세심한 주의를 해야 한다. 우리은하는 회전하기 때문에, 외부은하의 기준계가 이상적이다. 고유운동의 관측은 여러 해 간격으로 하는 것이므로, 연주시차의 관측 때와 마찬가지로 주의가 필요하다. 우선 항성시차와 광행차에 대한 보정을 해야 한다. 고유운동의 측정은 어렵지만, 우리은하의 구조를 알아내는 데에 중요한 열쇠가 되기 때문에 중요한 가치가 있는 것이다.

19.1.3 접선속도

별의 고유운동은 시선에 대하여 수직인 방향의 속도인 **접선속**

표 19-1 고유운동이 큰 별들

이름	안시(V)등급	연간 고유운동[″]
바너드별	9.54	10.34
그룸브리지 1830(Groombridge 1830)	6.45	7.05
라카이유 9352(Lacaille 9352)	7.34	6.90
백조자리 61	4.84	5.22
랄란드 21185(Lalande 21185)	7.49	4.77
인도인자리 ε	4.69	4.70
센타우루스자리 α^1	0.0	3.68
아크투루스	−0.04	2.28

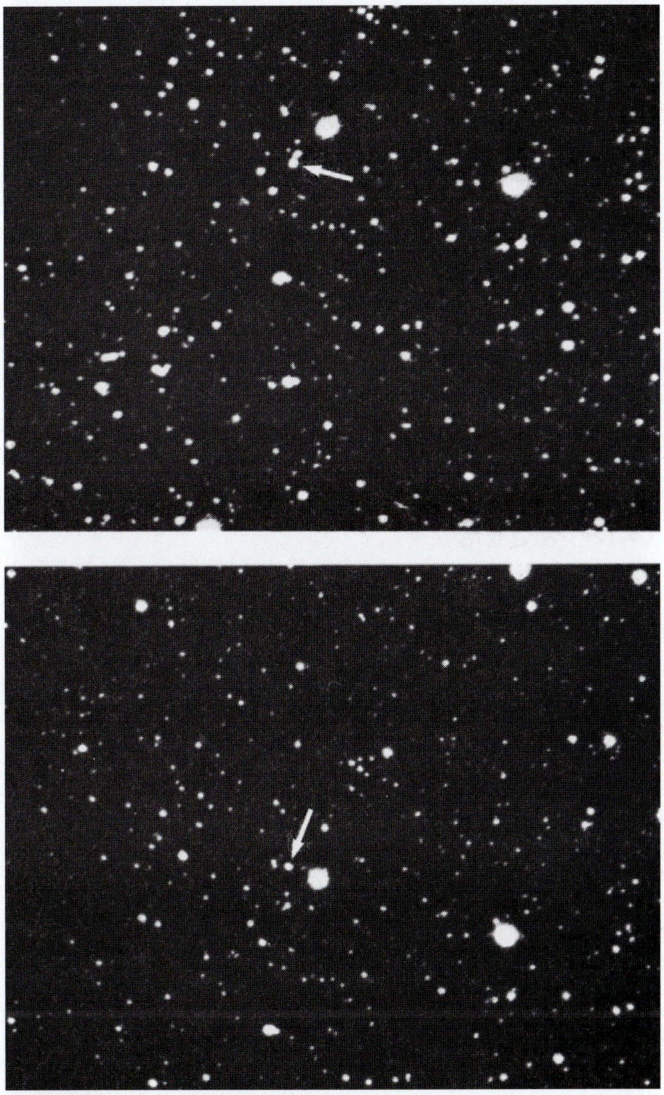

그림 19-2 바너드별의 고유운동

화살표로 가리킨 바와 같이 바너드별은 1894년 8월 24일(위)에서 1916년 5월 30일(아래)까지에 상당히 큰 고유운동을 보여 주고 있다. (여키스 천문대)

도(tangential speed) v_t로부터 생겨난다. 측정된 고유운동의 각속도를 시선을 가로지르는 선속도(kms^{-1} 단위)로 바꾸려면 그 별까지의 거리를 알아야 한다. 다음과 같은 관계가 있기 때문이다.

$$v_t = d \sin \mu \approx \mu d \tag{19-2}$$

위의 식 (19–2)의 마지막 부분은 μ가 매우 작을 때에 유효하다(5×10^{-5}라디안/년 이하). 일반적으로 d는 파섹(pc)으로, μ는 ″/년으로 주기 때문에, 여기서 단위를 잘 기억해야 한다. 식 (19–2)에서는 μ를 라디안/년으로 하면 v_t는 pc/년으로 되고, μ를 ″/년으로 주면 v_t는 AU/년이 된다. 그 어느 경우나 d는 pc 단위를 쓴다. 여기서 적당한 환산 인자(AU → km, 년 → 초)를 적용하면

$$v_t = 4.74\left(\frac{\mu''}{\pi''}\right)\text{kms}^{-1} \tag{19-3}$$

을 얻는다. 여기서, 거리를 알아내기 위한 시차 π''는 각의 초 단위 ″로, 고유운동은 ″/년의 단위를 쓴 것이다. 예를 들어서 거리는 100pc, 고유운동은 0.1″/년이라면 그 접선속도는 $47.4kms^{-1}$가 된다.

19.1.4 공간운동

별의 태양에 대한 **공간속도**(space velocity) **V**를 서로 수직인 2개의 성분으로 분해한다(그림 19–3). 즉 (1) 시선속도, 그 크기는 v_r, (2) 접선속도, 그 크기는 v_t이다. 피타고라스의 정리(그리고 벡터 가법)에서

$$\mathbf{V}^2 = v_r^2 + v_t^2 \tag{19-4}$$

를 얻는다. 여기서 다시 주의할 것은 식 (19–4)의 모든 속도는 다 같은 단위여야 한다는 점이다. 때문에 우리는 그 별까지의 거리를 알아야 한다[식 (19–3)]. 공간속도의 방향과 시선 방향이 이루는 각 θ는

$$\tan \theta = \frac{v_t}{v_r}$$

에서 구한다. 그러므로 이 두 성분을 합해서[식 (19–4)] 별의 공간에서의(태양에 대한) 속도와 방향이 구해진다. 태양 근방의 별들의 공간속도는 평균 $25kms^{-1}$ 정도이다.

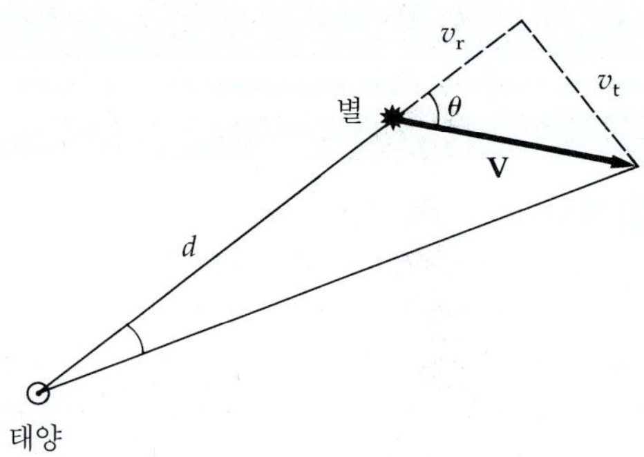

그림 19–3 공간속도의 성분
별의 공간속도 **V**는 지구의 관측자에 대한 시선 성분 v_r과 접선 성분 v_t로 분해된다.

19.2 국부표준정지좌표계

우리은하에는 물리적으로 의미 있는 두 종류의 좌표계가 있다. 첫째는 **은하중심좌표계**(galactocentric system)인데, 은하의 중심핵에 원점을 두고 기준면으로는 은하면을, 기준축으로는 은하 회전축을 잡은 것이다. 그러나 우리는 두 번째 좌표계, 즉 **국부표준정지좌표계**(Local Standard of Rest, LSR)에 주로 관심을 갖는다.

LSR를 정의하는 한 방법은 **역학적 LSR**에 의한 것이다. 이 좌표계는 순간적으로 태양에 중심을 두고, 우리은하중심의 둘레를 그 위치에 알맞은 속도로 원 궤도를 그리며 움직이는 것이다. 그러므로 태양 근방에서 원 궤도 운동을 하는 모든 별들은 역학적 LSR 내에서는 실질적으로 정지하고 있는 셈이다. 태양 근방에서 원 궤도 운동으로부터 벗어난다면, 그것은 역학적 LSR에 대한 특이운동으로 나타날 것이다.

태양의 은하중심에 대한 회전운동의 궤도는 완전한 원이 아니다. 그러므로 LSR에 대하여 허큘리스자리 방향(l = 56°, b = 23°)으로 $19.5kms^{-1}$의 속력을 가진 태양운동(solar motion)이 일어난다. 천구 상에서 태양은 **태양향점**(solar apex)을 향하며, **태양배점**(solar antapex)에서 멀어지는 운동을 한다(그림 19–4A). 태양운동의 성격과 크기는 허셜이 1783년에 통계적인 방법으로 처음 밝혀낸 것이다. 이제 그의 분석을 현대적인 용어로 설명해 보자.

태양 근방의 별들은 LSR에 대하여 **특이운동**(peculiar motion)을 나타낸다. 별들은 마치 굼뜨게 움직이는 벌 떼와 같이 모여 있다. 만일 태양이 LSR에 대하여 정지해 있다면,

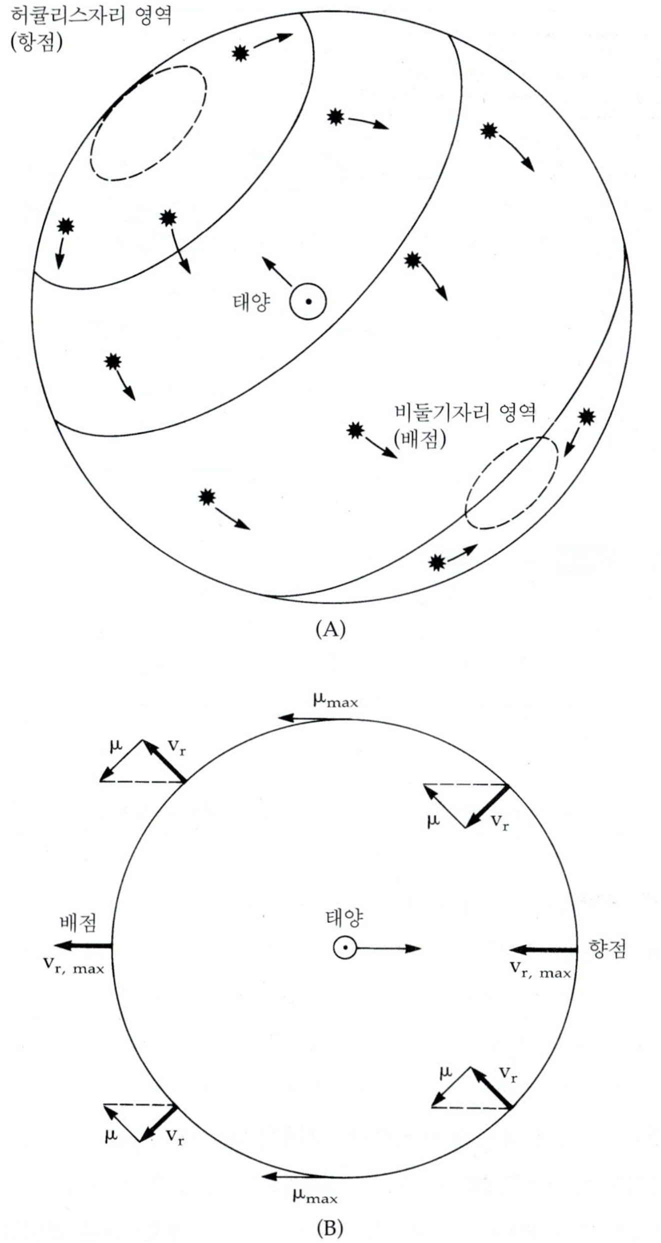

그림 19-4 태양운동

(A) 허큘리스 방향, 즉 운동의 향점에 있는 별들에 대한 태양의 운동 때문에 별들이 비둘기자리의 배점을 향해서 흘러가는 것처럼 보인다. (B) 반영된 태양운동. LSR에 대한 태양의 운동이 천구 상에 있는 별들에 영향을 끼친다. 즉 태양운동이 향점으로 향하고 배점에서 물러나는 별들의 운동으로 반영된다.

이 별들의 특이운동을 평균하면 태양에 대하여 0이 될 것이다. 그러나 만일 태양이 LSR에 대하여 움직이고 있다면, 각각의 별은(자체의 특이운동에 추가하여) 천구 상의 위치에 따라 결정되는 양만큼 태양운동을 반영할 것이다(그림 19–4B). 태양향점과 태양배점에서 90°만큼 떨어진 대원상의 별들은 평균해서 태양배점을 향하는 가장 큰 고유운동을 나타낼 것이다. 그러므로 고유운동의 평균(약 50pc까지)은 태양향점과 배점의 위치를 알려 준다. 태양의 향점과 배점 근처의 별들의 시선속도를 평균해서 태양운동의 속도를 결정한다. 접근해 오는 시선속도의 평균은 태양향점에서 가장 크고(향점을 결정하는 또 하나의 방법), 후퇴하는 시선속도의 평균은 태양배점에서 가장 크다(배점을 결정하는 또 하나의 방법).

결과적으로 태양향점과 배점에서는 평균 고유운동이 0이 된다. 고유운동을 측정하는 데 사용된 별들은 비교적 가까운 거리에 있는 것들이지만, 시선속도를 측정하는 데 사용된 별들은 보다 먼 거리에 있는 것들을 포함한다. 그러므로 각각의 샘플에서 얻은 태양향점의 위치가 서로 다르게 나타날 것이다. 그러나 실제로는 두 위치가 거의 같다.

19.3 운동성단

우리는 11.2.1항에서 간단히 **운동성단**(moving stellar cluster)을 설명했었다. 이러한 성단은 중력으로 구속된 별들의 집단으로 우리은하 속을 여행하고 있다. 성단의 구성원들은 자유롭게 임의운동을 하는 대신 완벽하게 묶여서 함께 움직이므로, 성단의 별들은 LSR에 대하여 똑같은 특이운동을 나타낸다. 이러한 성질을 이용하여 어떤 별이 주어진 성단의 구성원인가의 여부를 가려낼 수 있다. 우연한 관측적 오차에 의하여 성단 구성원이 아닌 소수의 별들이 성단 구성원으로 끼어들기도 한다. 그러므로 식 (19–3)에 의하면 약 500pc 이내의 성단에만 운동성단의 방법을 적용할 수 있다.

천구 상에서 조그마한 입체각을 이루는 작거나 먼 성단을 생각해 보자. 이 성단의 LSR에 대한 시선속도 v_r와 고유운동 μ''는 1개의 별을 연구(태양운동을 보정한 것)하여 구할 수 있다. 성단에 속하지 않은 별들이 포함될 가능성에 의한 오차를 방지하기 위해서 우리는 여러 별의 평균값을 취하고 있다. 그러나 성단의 공간운동의 방향은 알려져 있지 않다. 시차 측정을 하기에는 너무 멀기 때문이다. 그러므로 우리는 식 (19–3)으로 그 성단의 거리를 얻을 수 없다. 그래서 이런 경우에는 어떤 다른 거리 추산법이 사용되어야 한다.

천구 상에서 큰 입체각을 이루는 성단(보통 가까이 있는 성단)의 경우에는, 사정이 훨씬 수월해진다. 이러한 경우(그림 19-5와 19-6)에는 성단에 속하는 모든 별들이 같은 공간 방향으로 움직이므로, 그들의 고유운동은 천구 상에서 한 점을 향하여 수렴(또는 한 점으로부터 발산)하는 것으로 나타난다. 우리는 이 점을 **수렴점**(convergent point)이라고 한다. 이러한 현상은 별들의 평행 운동이 투시 효과에 의해서 하늘의 한 점으로부터 발사되는 것처럼 보이는 데서 생기는 것이다. 또한 성단의 시선 방향의 속도도 성단 구성원 중 1개의 별에 대한 시선속도를 구하기만 하면 알 수 있다. 그뿐 아니라 다시 그 성단의 공간운동의 방향까지도 알 수 있다. 성단의 별들의 고유운동을 연장하면, 성단의 수렴점에서 서로 교차하게 된다(그림 19-6). 수렴점과 성단 안의 한 별 사이의 각거리 θ는 곧 그 별의 시선 방향과 공간속도 **V** 사이의 각도와 똑같다(그림 19-5). 그러므로

$$\mathrm{V} = \frac{v_r}{\cos\theta} \tag{19-5}$$

가 되는데, $v_t = \mathbf{V}\sin\theta$ 임을 이미 알고 있으므로, 식 (19-3)과 식 (19-5)를 이용하여 다음과 같이 시차를 구할 수 있다.

$$\pi'' = \frac{4.74\mu''}{v_r \tan\theta} \tag{19-6}$$

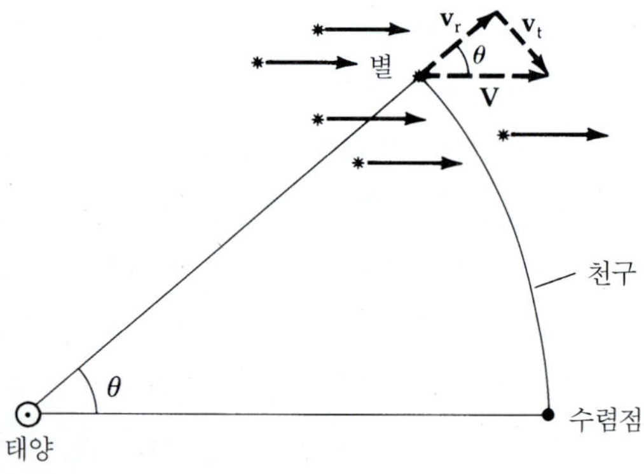

그림 19-5 운동성단의 기하학
성단이 공간속도 V로 움직일 때 별들의 고유운동은 천구 상의 수렴점으로 향하고 있는 것처럼 보인다.

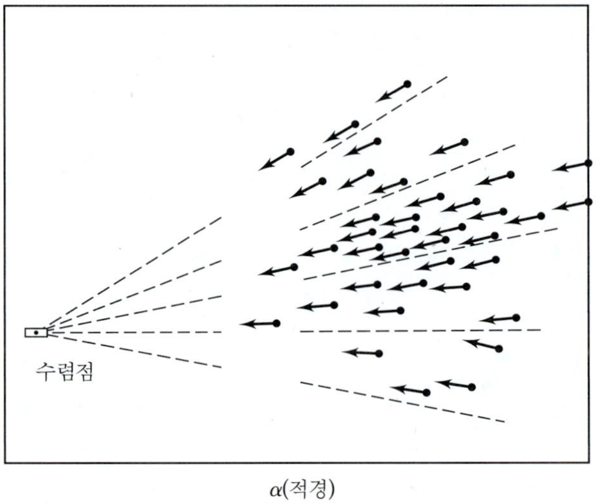

그림 19-6 히아데스성단의 운동
태양에 가까이 있는 이 성단에서는 정확히 측정된 집단 고유운동이 한 수렴점(사각형 안의 한 점)에서 만나고 있다. 자료는 1908에서 1954년까지 관측된 것이다(O. Struve, B. Lynds, and H. Pillans, Elementary Astronomy, Oxford University Press, 1959).

이를 **운동성단 시차**(moving-cluster parallaxes)라고 한다. 일단 성단의 거리가 알려지면, 개개의 별의 거리도 알 수 있다.

히아데스(Hyades)성단 속의 약 40개 별의 시선속도를 측정하여 이 성단의 시선속도는 39.1kms^{-1}, 수렴점의 위치는 RA = 95.3°, DEC = 7.2°임을 얻었다. 그리고 히아데스성단의 거리지수가 $m - M = 3.23$, 따라서 그 거리는 44.3pc임을 알았다. 이 결과는 삼각 시차법으로 얻은 거리지수 $m - M = 3.25$와 거의 완전히 일치한다. 그래서 히아데스성단의 거리를 1pc보다 약간 작은 오차, 즉 약 2%의 정밀도로 알게 된 것이다. 이것은 태양계 밖의 거리 측정으로서는 놀랄 만한 것이다(최근 히파르코스 위성이 히아데스성단과 몇몇 산개성단을 관측하였으므로 이러한 거리지수의 값들은 개정될 것이다).[1]

일단 성단의 거리를 정확히 구하면 그 성단의 H-R도의 절대적인 눈금을 매길 수 있다(13.3.7항 참조). 그리고 44.3pc의 히아데스성단의 거리(운동성단의 방법으로 구한)는 이제 약 100pc 이상의 모든 거리(우주의 한계 거리까지도)를 결정하는 데에 기준 척도가 된다. 100pc 이하의 거리는 삼각 시차에

1) 히파르코스 위성 자료를 분석하여 구한 히아데스성단의 거리는 46.34 ± 0.24pc이다(Perrymann et. al., 1998, Astronomy and Astrophysics, 331, 81). (역주)

의해서 구한다. 히아데스성단의 H-R도와 주계열 맞추기 방법을 이용하여 천문학자는 거리 159pc의 게자리의 프레세페(Praesepe, 벌집)성단과 거리 2,330pc인 페르세우스자리의 이중 성단(페르세우스자리 h와 χ)까지도 거리척도를 약 10%의 정밀도로 연장할 수 있었다. 제22장에서는 이 거리척도가 어떻게 외부은하의 천체와 우주까지도 연장되는가를 배우게 될 것이다.

19.4 은하 회전

19.4.1 은하의 차등회전

은하중심의 둘레를 완전한 원 궤도를 그리며 돌고 있는 태양 근방의 별들은 LSR 내에서 정지해 있을 것이다. 그러나 이 말은 우리은하 안에서 태양 근방이 **강체회전 운동**(ω = 일정, 즉 은하중심 둘레의 각속도가 일정)을 하고 있는 경우에만 성립한다. 강체를 이루고 있는 입자들은 상호 간에 일정한 거리를 유지하므로, 모든 입자들이 강체의 중심 둘레를 같은 주기로 돌게 된다. 강체회전의 경우에는 회전 각속도는 $\omega = v/r$는 상수다(여기서 v는 원 궤도속도, r는 궤도 반지름). 태양 근방의 별들이 식 (14–6)을 만족하면서 강체처럼 회전한다면, $v \propto r$이다. 만약 태양이 대략적으로 케플러 법칙에 따라 운동한다면, 이때는 $v \propto r^{-1/2}$이므로, 회전 각속도 $\omega \propto r^{-3/2}$는 상수가 아니다. 궤도의 회전 각속도가 은하중심으로부터 거리의 함수로 $\omega = \omega(r)$이며, 이것을 **차등은하회전**(differential galactic rotation)이라고 한다.

더 구체적으로 강체 운동과 케플러식 운동의 차이를 설명해 보자. 우리은하의 대부분의 질량이 그 중심에 모였다고 생각하자. 이때는 케플러의 제3법칙이 적용된다.

$$P^2 = \left(\frac{4\pi^2}{GM}\right)R^3$$

R는 중심까지의 거리이고, 이곳에서 하나의 질점이 원운동 속도 V, 주기 P로 운동한다. 이때

$$P = \frac{2\pi R}{V}$$

이므로, 케플러 운동은

$$\frac{4\pi^2R^2}{V^2} = \frac{4\pi^2}{GM}R^3$$

이고, 따라서

$$V = \left(\frac{GM}{R}\right)^{1/2} \propto R^{-1/2}$$

이 된다.

이와는 대조적으로 전체적으로 균일한 밀도 ρ를 가진 구의 질량을 생각해 보자. 중심으로부터 거리 R에서의 구심 가속도 a는

$$a = \frac{V^2}{R} = \frac{GM(R)}{R^2}$$

인데, 반지름 R 이내에 든 질량 $M(R)$은

$$M(R) = \frac{4\pi R^3\rho}{3}$$

이다. 그러므로

$$\frac{V^2}{R} = \frac{G}{R^2}\left(\frac{4\pi}{3}R^3\rho\right)$$

이 된다. 따라서

$$V = \left(\frac{4\pi G\rho}{3}\right)^{1/2} R \propto R$$

이 되어 강체회전과 같아지게 된다.

1927년에 오오트(Jan Oort, 1900~1992)가 이룩한 빛나는 연구를 따라 이러한 차등은하회전의 효과(특히 태양 근방에서)를 유도해 보자. 뒤에서 이 효과가 실제로 관측 가능함을 알게 될 것이다.

첫째로, 간단하게 은하면 상에서 원 궤도를 그리는 은하 회전을 가정하자(그림 19–7). 여기서 R은 별의 은하중심으로부터의 거리, R_0는 태양의 은하중심으로부터의 거리, d는 별에서 태양까지의 거리, Θ는 별의 원 궤도속도, Θ_0는 LSR의 원 궤도속도, l은 별의 은경, α는 별까지의 시선과 그 궤도 운동 속도 사이의 각도, ω는 별의 은하 회전 각속도, w_0는 LSR의 은하 회전 각속도라고 한다.

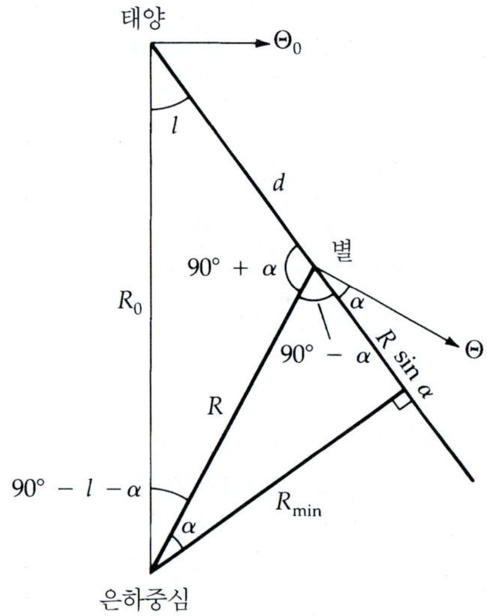

그림 19-7 은하 회전의 기하학
태양과 은하중심 그리고 한 별이 은하 평면상에 있다. 모든 운동은 원운동이라고 가정한다.

우선 별의 LSR에 대한 시선속도 v_r에서부터 시작하자. 그림 19-7에서

$$v_r = \Theta \cos \alpha - \Theta_0 \sin l \tag{19-7}$$

이며, sine 법칙(부록 9의 수학적 연산)에서

$$\frac{\sin l}{R} = \frac{\sin(90° + \alpha)}{R_0} = \frac{\cos \alpha}{R_0} \tag{19-8}$$

이 된다. 그런데 $\omega = \Theta/R$(그리고 $\omega_0 = \Theta_0/R_0$이므로), 식 (19-7)과 (19-8)에서

$$v_r = R_0(\omega - \omega_0) \sin l \tag{19-9}$$

을 얻는다. 강체회전에서는 $\omega = \omega_0$이므로, $v_r = 0$이 되겠지만, 은하의 차등회전에서는 별은 유한한 시선속도를 가진다.

별의 LSR에 대한 접선속도 v_t는 어떠한가? 다시 그림 19-7에서

$$v_t = \Theta \sin \alpha - \Theta_0 \cos l \tag{19-10}$$

이며, sine 법칙에 따라

$$\frac{\sin l}{R} = \frac{\sin(90° - l - \alpha)}{d} = \frac{\cos(l + \alpha)}{d}$$

$$= \frac{(\cos \alpha \cos l - \sin \alpha \sin l)}{d} \tag{19-11}$$

가 된다. 여기서 마지막 등식은 $\cos(x + y) = \cos x \cos y - \sin x \sin y$를 따랐다. $\sin \alpha$에 대해서는 식 (19-11)을 풀고, $\cos \alpha$에 대해서는 식 (19-8)을 써서 식 (19-10)을 고치면

$$v_t = R_0(\omega - \omega_0)\cos l - d\omega \tag{19-12}$$

를 얻는다.

오오트 공식(Oort formula)인 식 (19-9)와 (19-12)는 같은 평면상의 동심 원 궤도에 대한 것이다. 이것을 앞으로(19.4.3항과 제20장) 더 철저하게 배울 것이다. 그러나 여기서는 $d \ll R_0$인 태양 근방에 국한해서 다루기로 한다. 그렇게 하려면 정칙 함수에 적용되는 근사식을 사용해야 한다.

만일 $f(x)$가 매끈하게 변하는 곡선이라면, 어떤 점 $x = x_0$에 가까운 곡선상의 값을 다음의 테일러 전개를 써서 구할 수가 있다.

$$f(x) = f(x_0) + \left(\frac{df}{dx}\right)_{x0}(x - x_0) + \frac{1}{2}\left(\frac{d^2f}{dx^2}\right)_{x0}(x - x_0)^2 + \cdots\cdots$$

위에서 $(df/dx)_{x0}$는 x_0에서의 곡선의 경사이고, $(d^2f/dx^2)_{x0}$는 곡률, 즉 그 경사의 변화율이다. $x - x_0$이 작은 양임을 기억하자. 곡률이 무시할 수 있을 만큼 작을 때는, $(df/dx)_{x0}$ = 일정하므로, 첫 번째의 두 항으로 $f(x)$를 근사할 수 있다. 태양의 근방에서는 ω의 값이 근사적으로 ω_0와 같으므로, 1차 근사는

$$\omega - \omega_0 \approx \left(\frac{d\omega}{dR}\right)_{R_0}(R - R_0) \tag{19-13}$$

이 된다. 여기서 $(d\omega/dR)_{R_0}$는 거리 $R = R_0$에서 산출된 거리에 대한 궤도 운동 각속도의 변화율이다. 역사적 관습으로 오오트의 상수 A는 다음과 같이 정의된다.

$$A \equiv -\frac{R_0}{2}\left(\frac{d\omega}{dR}\right)_{R_0} \tag{19-14}$$

시선속도[식 (19-9)]는

$$v_r = -2A(R - R_0) \sin l \tag{19-15}$$

이 된다. 그러나 작은 d에 대해서는 그림 19-7에서 $R_0 - R \approx d\cos l$이므로, 식 (19-15)는 최종으로 다음의 형태가 된다.

$$v_r = Ad\sin 2l \qquad (19\text{-}16)$$

여기서 $\sin 2l = 2\sin l\cos l$의 등식을 사용하였다. 접선속도의 식 (19-12)는, 만일 같은 근사식[식 (19-13)]과 $R_0 - R \approx d\cos l$을 가정하고, d^2 또는 그보다 작은 항을 무시한다면, 다음의 식이 된다.

$$v_t = d(A\cos 2l + B) \qquad (19\text{-}17)$$

여기서 **오오트 상수** B는

$$B \equiv A - \omega_0 \qquad (19\text{-}18)$$

로 정의했고, 등식 $\cos^2 l = (1/2)(1 + \cos 2l)$을 사용하였다.

식 (19-16)과 식 (19-17)로 주어진 시선속도와 접선속도를 은경에 대하여 그래프로 그려 넣으면, 그 결과의 곡선은 이중 사인곡선(double-sinusoids, 360°가 아니고 180°를 주기로 하는 곡선)이 된다. 그림 19-8은 관측된 별의 운동을 이런 식으로 찍어 넣은 그림으로, 우리은하가 차등회전하는 것을 확실하게 보여 준다. 그림 19-9는 그림 19-8에서 보여 준 결과의 물리적 원인을 설명해 준다. A는 양수이기 때문에 각속도 $\omega(R)$는, 태양 근방에서는 R이 커짐에 따라 감소한다. $\omega(R)$는 상당히 빠르게 감소하기 때문에 다음과 같은 효과가 관측된다. (1) $R < R_0$인 별들은 은하중심 둘레를 LSR보다 빠르게 운동한다. (2) $R > R_0$인 별들은 LSR보다 느리게 움직인다. 그러므로 이 두 가지 경우의 별들은 모두 l이 커지는 방향을 향하여 움직이는 것으로 보인다. 그래서 안쪽으로 중심에 더 가까운 별들은 LSR를 앞질러 지나가고, 바깥쪽으로 멀리 있는 별들은 LSR보다 뒤처지게 된다. 그림 19-9는 이러한 운동의 결과로 나타나는 별들의 LSR에 대한 겉보기 운동을 보여 준다.

19.4.2 LSR의 특성

LSR은 우리은하의 중심으로부터의 거리 R_0와 원 궤도 운동의 속도 Θ_0로 특성이 표시된다. 이러한 인수는 어떻게 결정하는가? 은하의 차등회전이 별들의 운동에 나타나는 효과(그림 19-8)는, 예를 든다면 식 (19-16)과 (19-17)을 써서 계산하

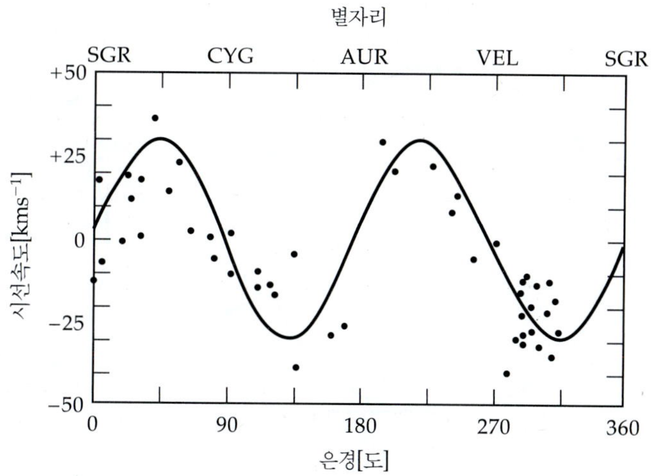

그림 19-8 관측된 은하의 회전
가까운 세페이드 변광성들의 시선속도를 은하 경도의 함수로 찍어 넣었다. 이들은 LSR에 대한 운동이다. 실선으로 된 곡선은 오오트의 모형에서 예측된 것이다.

여 오오트 상수 A와 B를 구해서 알아낼 수도 있다. 시선속도는 먼 거리까지도 관측할 수 있으므로, $A = 15\text{kms}^{-1}\cdot\text{kpc}^{-1}$의 값은 B형별과 세페이드 변광성(18.2절)으로부터 구할 수가 있다. 고유운동의 자료는 그보다는 덜 정확하게 $B = -10\text{kms}^{-1}\cdot\text{kpc}^{-1}$를 제공한다. 이 값에서 식 (19-18)을 이용하여 $\omega_0 = \Theta_0/R_0 = A - B = 25\text{kms}^{-1}\cdot\text{kpc}^{-1}$를 얻는다. 물론, R_0와 Θ_0의 값을 각각 따로 구해야 다른 미지의 수치를 구할 수 있다. 최근의 관측으로는 $A = 14\text{kms}^{-1}\cdot\text{kpc}^{-1}$, $B = -12\text{kms}^{-1}\cdot\text{kpc}^{-1}$, 따라서 $A - B = 26\text{kms}^{-1}\cdot\text{kpc}^{-1}$의 값이 제시되었다.

다음 절에서 A와 R_0가 결합된 AR_0의 값을 우리은하 내의 중성 수소(HI)와 일산화탄소(CO)의 전파 관측으로부터 얻을 수 있음을 알게 될 것이다. A의 값을 사용하면 $R_0 \approx 8.5\text{kpc}$, $\Theta_0 \approx 220\text{kms}^{-1}$의 값을 얻는다. 만일 어떻게 해서든지 우리은하의 $\omega(R)$과 또 그로부터 $(d\omega/d_R)_{R_0}$를 구할 수 있다면, 식 (19-14)에서 R_0를 얻을 수 있을 것이다. 그러나 불행하게도 $\omega(R)$를 알려면 그전에 R_0를 알고 있어야 한다. 우리가 여기에 쓴 값들은 1985년에 국제천문연맹(International Astronomical Union)이 R_0와 Θ_0의 값으로 채택하도록 권유한 값이다(그 이전의 값은 $R_0 = 10\text{kpc}$, $\Theta_0 = 250\text{kms}^{-1}$였다). 최근에 은하중심의 운동의 관측에서는 $7.1 \pm 1.2\text{kpc}$란 값을 얻기도 하였으나, 우리는 그대로 8.5kpc의 값을 쓰기로 한다.

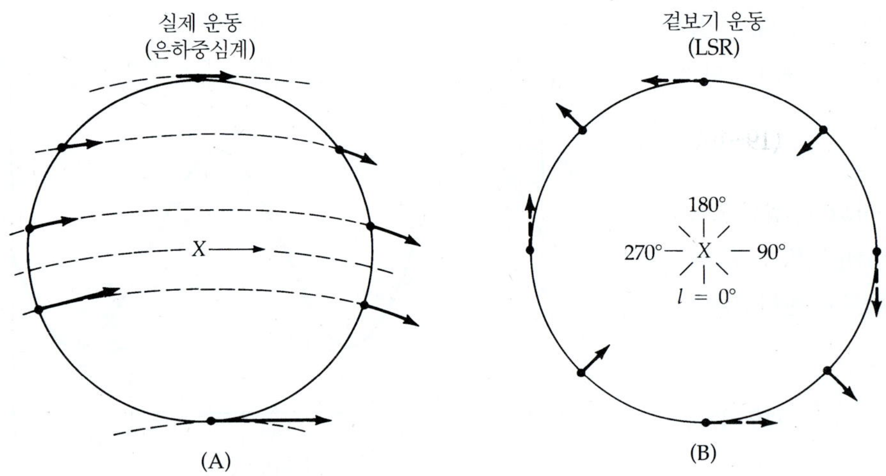

그림 19-9 은하의 차등회전
(A) 별들과 LSR(X)은 은하중심 둘레를 먼 거리일수록 작은 회전 속도로 돈다. (B) LSR에 대하여 별의 시선 운동은 이중 사인곡선으로 나타낼 것이 예측된다.

은하의 차등회전 운동을 더 잘 이해하기 위해서 질량 $M_G = 1.5 \times 10^{11} M_\odot$ 둘레를 케플러 궤도 운동을 하는 LSR에 대한 오오트 상수를 유도해 보자. 이때

$$\omega^2 R = \frac{GM_G}{R^2}$$

즉

$$\omega(R) = \left(\frac{GM_G}{R^3} \right)^{1/2} \quad (19\text{–}19)$$

이다. 식 (19–19)를 R에 대하여 미분하면

$$\frac{dw}{dR} = -\frac{3}{2}\frac{(GM_G)^{1/2}}{\mathrm{R}^{5/2}} = -\frac{3\omega}{2R}$$

이 된다. 그러므로 오오트의 상수는 식 (19–14)에 의하여

$$A = \frac{3}{4}\omega_0 = 19\mathrm{kms^{-1} \cdot kpc^{-1}} \quad (19\text{–}20a)$$

이며, 끝으로 식 (19–18)에 의하여

$$B = A - \omega_0 = -\frac{1}{4}\omega_0 = -6.5\mathrm{kms^{-1} \cdot kpc^{-1}} \quad (19\text{–}20b)$$

가 된다. R_0 = 8.5kpc의 값을 식 (19–19)에 적용해서 식 (19–20)을 얻었음을 유의하자. 케플러 궤도를 가정하고 계산한 A와 B의 값이 관측값과는 맞지 않는다. 이유는 무엇일까? 우리은하가 한 점에 질량이 집중된 질점이 아니기 때문이다.

19.4.3 우리은하의 회전곡선

은하의 차등회전의 결과로 $\omega = \omega(R)$이므로, $\Theta = \Theta(R)$가 된다. 후자의 관계를 우리은하의 **회전곡선**(rotation curve)이라고 한다. 우리은하 근방에 있는 다른 은하들의 회전곡선은 이들 은하 속의 HI 구름의 시선속도를 측정해서 구한다. 그러나 우리은하에 대해서는 문제가 좀 더 복잡하게 얽혀 있다.

다시 그림 19–7로 돌아가 보면, 주어진 은하 경도에서 관측할 때 최대의 시선속도 $v_{r,\mathrm{max}}$은 시선이 은하중심에 가장 가까운 점(R_{min})을 지날 때에 일어난다는 것을 알 수 있다.[2]

이 점에서 시선 방향이 궤도에 접선을 이루며, 따라서 그림 19–7에서

$$R_{\mathrm{min}} = R_0 \sin l \quad (19\text{–}21)$$

이다. 이제 식 (19–9)를 일반적인 형태로 바꾼다면

$$\Theta(R_{\mathrm{min}}) = v_{r,\mathrm{max}} + \Theta_0 \sin l \quad (19\text{–}22a)$$

$$\omega(R_{\mathrm{min}}) = \omega_0 + \frac{v_{r,\mathrm{max}}}{R_0 \sin l} \quad (19\text{–}22b)$$

를 얻는다. 여기서 $v_{r,\mathrm{max}}$가 관측된 값이면, R_{min}은 식 (19–21)에서 구할 수 있다. 식 (19–22)에서 R_0, Θ_0, ω_0 중에서 적어도

2) 우리은하의 차등회전에 의한 각속도 $\omega(R)$는 R이 작을수록 커지므로 식 (19–9)에서 R_{min}에서 시선속도가 최대가 된다. (역주)

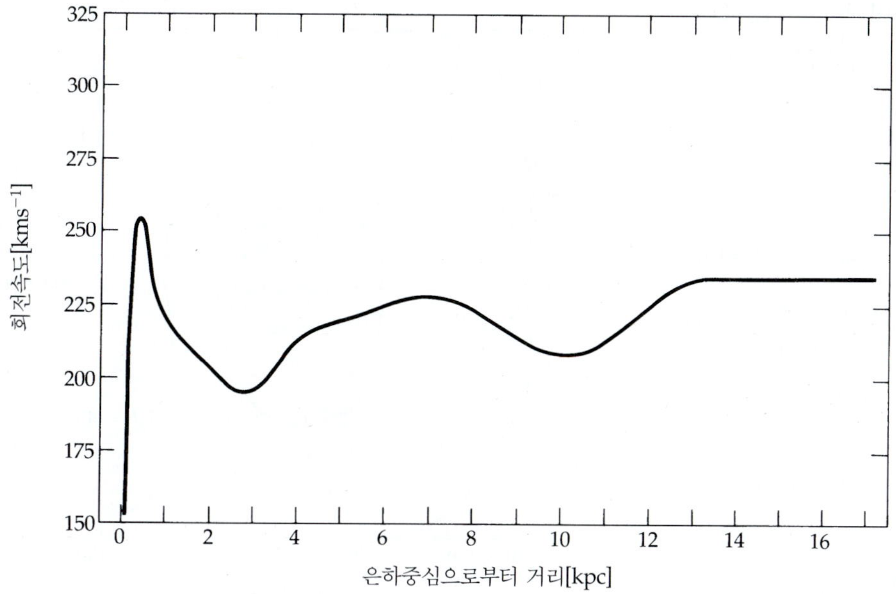

그림 19-10 은하의 회전곡선
주로 CO의 관측에 의한 것이다. 여기서 거리의 척도는 태양의 은하중심까지의 거리를 8.5kpc로 잡은 것이다. 14kpc 밖에서 곡선이 편평해지는 모습에 주의하자. (D.P. Clemens)

2개를 알아야만 회전곡선을 구할 수 있음에 주의하자. 만일 우리가 가까운 ($d \ll R_0$) 천체에만 국한해서 생각한다면, 식 (19-15)와 식 (19-21)에서

$$v_{r,\max} = 2\,A\,R_0\,(\sin l)(1 - \sin l) \qquad (19\text{-}23)$$

을 유도할 수 있다. 그리고 은경이 90°에 가까운(그러나 그보다 작은) 곳과 270°에 가까운(그러나 그보다 큰) 곳에서 관측을 하면, 시선은 R_0보다 안쪽에 있는 궤도에 대해서만 접선을 이루기 때문에 AR_0의 결합된 값을 얻을 수가 있다.

식 (19-23)은 수 kpc의 거리에만 유용하고, 먼 거리의 별의 연구에는 성간 차폐(15.1절)가 심한 지장을 준다. 다행히 H I과 CO는 전파 기술에 의하여 훨씬 먼 거리까지도 볼 수 있는데, 그때는 식 (19-22)를 써야 한다. H I과 CO 구름은 나선팔을 따라 나열되어 있기 때문에, 시선이 나선팔에 접하는 곳은 불과 몇 군데밖에 없다. 그러므로 이들의 관측에서 제20장에서 다룬 바와 같이 $v_{r,\max}$을 구해야 한다. 또한 CO 분자운에서 나오는 방출선들과 분자운과 연결된 밝은 별들에서 얻은 자료를 함께 이용해서 태양 궤도 밖($R > R_0$)의 회전곡선도 결정한다. 광학적 자료와 전파 관측의 자료를 합쳐서 우리은하의 회전곡선을 추산할 수 있다(그림 19-10). 이들의 자료에 의하면, 원 궤도 운동을 가정한다면, $A = 17.7\text{kms}^{-1}\cdot\text{kpc}^{-1}$, $B = -8.1\text{kms}^{-1}\cdot\text{kpc}^{-1}$이다.

실제 은하의 회전곡선은 단순한 케플러 운동에서 예측되는 것과는 다르다. 은하중심 근처에서부터 300pc까지는 곡선이 급하게 올라갔다가 그로부터는 다시 떨어져서 3kpc에서 바닥을 이룬다. 그리고 다시 태양의 위치 가까이까지 천천히 올라간다. CO 관측을 이용하여 우리은하 바깥쪽의 회전곡선을 볼 수 있다. 태양 바깥쪽에서는 회전곡선이 올라가서 18kpc 지점에서는 거의 300kms^{-1}에 도달한다.[3)]

이 곡선은 무엇을 말하는가? 바깥쪽 부분에서조차도 우리은하가 케플러 운동방식으로는 회전하지 않기 때문에, 많은 양의 물질이 태양 궤도 밖에도 있다는 것을 의미한다. 18kpc까지의 회전곡선에서 우리은하의 질량을 계산하면 $3.4 \times 10^{11} M_\odot$이 된다[식 (14-6)]. 그러므로 적어도 태양 궤도 안쪽에 있는 질량 만큼의 질량이 그 바깥쪽에 있다. 그런데 그 물질의 대부분은 눈에 보이지 않는 것이다. 즉 우리은하는 거대한 질량의 빛을 내지 않는 암흑물질의 헤일로(halo)를 가지고 있는 것이다(그것은 우리은하와 같은 부류의 외부 은하도 마찬가지이다).

아주 개략적으로 말한다면, 우리은하의 회전곡선은 그 중심부분의 바깥쪽에서는 편평하다고 말할 수 있다. 이러한 편평한 회전곡선에서는 $A = -B$라야 한다. 그리고 현재의 오차

3) 그림 19-10에 의하면 대략 13kpc 밖에서 회전속도가 230kms^{-1}로 일정해지는 것을 볼 수 있다. 18kpc에서 300kms^{-1}에 도달한다는 저자들의 주장은 4판에서 미처 수정하지 못한 오류로 보인다. (역주)

범위에서는 그 값은 각각 13kms^{-1}·kpc^{-1}이어야 한다. 그러나 이 편평한 회전곡선이 오오트 상수를 구한 국부적인 영역에도 적용될지 아닐지는 분명치 않다.

19.4.4 고속도 별

이제 별의 운동에 대한 학습을 완결시키기 위해서 다시 태양 근방으로 돌아가 보자. 태양 근방의 별들은 LSR에 대하여 모든 가능한 방향으로 운동하고 있는 것이 관측되었다(앞 절에서 살펴보았던 태양운동을 생각해 보자). 이 별들은 은하중심의 둘레를 원 궤도 운동이 아니라 이심률이 큰 타원 궤도 운동을 하고 있어서, LSR에 대해서는 정지해 있을 수 없다. 이 별들의 은하중심에 대한 특이운동을 서로 수직인 3개의 성분으로 분해한다. (1) Π, 밖을 향하는 은하동경 방향(l = 180° 방향)의 속도, (2) Θ, 앞에서와 같이 l = 90° 방향의 속도, (3) Z, 은하면에 수직인 방향(b = +90° 방향)의 속도이다. 그러면 LSR에 대한 운동의 세 가지 성분은 (Π, $\Theta - \Theta_0$, Z)가 되며, 그 한 예로서 이러한 성분 표시법에서는 태양운동이 kms^{-1} 단위로 (−10.4, 14.8, 7.3)이 된다. 즉 태양은 LSR에 대해서는 은하중심을 향해서 안쪽으로, 앞쪽으로는 백조자리 쪽을 향해서, 그리고 은하면에서 위쪽으로 오르는 방향으로 운동하고 있는 셈이다.

그림 19-11에서 은하면 내에서의 몇 가지 유형의 별들의 운동(Π, $\Theta - \Theta_0$) 을 도식적으로 표시해 놓았다. 여기서 명확히 볼 수 있는 것은 젊은 별들은 LSR에 대하여 거의 정지해 있는 반면, 좀 늙은 별들은 LSR에 대하여 좀 더 빨리 움직이고 있으며, 가장 늙은 종족 II의 별들은 LSR에 대하여 매우 빠른 운동을 하고 있다는 사실이다. 별의 운동의 Z 성분도 역시 비슷하여 늙은 별일수록 더 빨리 운동하며, 은하면 밖으로 더 먼 곳까지 움직인다. 이 현상은 별의 기원과 관련되어 있다. 즉 젊은 별들은 나선팔에서 탄생하였고, 은하면 상에서 거의 원에 가까운 궤도를 돌고 있는데, 더 늙은 원반 종족이나 종족 II의 별들은 은하면에서 먼 곳에서 탄생한 것이다(어떤 별들은 은하의 헤일로에서 생겼다).

우리는 다른 이심률과 긴 반지름을 가지는 궤도 운동을 하는 별들의 속도곡선을 계산할 수 있다(그림 19-12). 이러한 계산에 의하면 젊은 별들과 태양은 은하중심으로부터의 거리가 $R \approx R_0$인 거의 원형의 은하 회전 궤도를 그리지만, 매우 늙은 별들(준왜성까지 포함해서)과 구상성단들은 $R_0/2 \leq R \leq R_0$(여기서 R은 긴 반지름을 표시한다)인 매우 길게 늘어난 궤도를 그리면서 운동함을 알 수 있다.

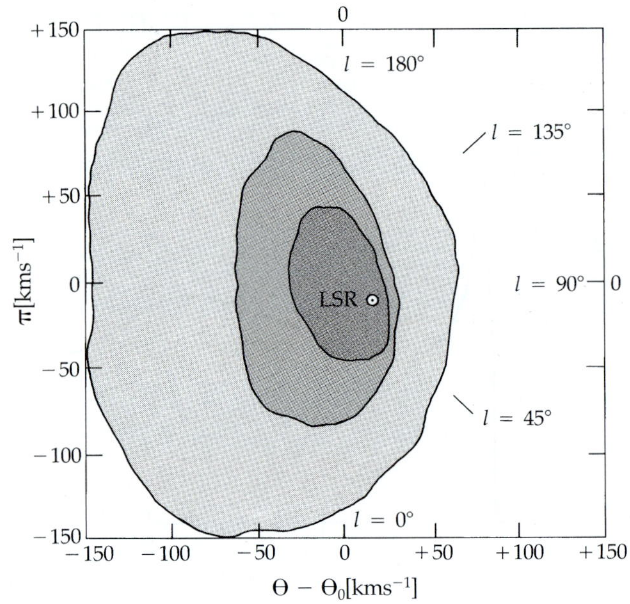

그림 19-11 은하면 상의 별의 운동
태양 근방 별들의 LSR에 대하여 관측된 속도를 찍어 넣었다. 가장 짙은 영역이 A형 별, 다음으로 짙은 영역이 늙은 K형 별, 엷은 영역이 매우 늙은 원반형과 종족 II의 별들을 나타낸다.

별의 속도는 은하 회전의 방향(l = 90°)을 회피하는 것 같이 보이며, 이 방향으로 약 65kms^{-1}보다 빨리 운동하는 별들은 드물다. 이 효과는 은하면 상에서 LSR에 대하여 65kms^{-1} 이상의 속도를 가지는 이른바 **고속도 별**에 대하여 가장 현저하게 나타난다(큰 속도로 운동하는 별들은 매우 긴 타원 궤도를 가진다). 여기에는 서로 관계없는 두 가지의 현상이 포함되어 있다. 총 속도가 우리은하의 중심에 대하여 450kms^{-1}(태양 궤도에서 은하를 이탈하는 이탈속도)보다 큰 별은 우리은하에서 이탈해 나갈 것이다. 그러므로 $\Theta - \Theta_0 \geq$ 65kms^{-1}의 속도를 가진 별들의 결핍이 생긴다.[4] 사실 고속도 별들은 우

4) 1927년에 오오트는 65kms^{-1}보다 빠르게 움직이는 별이 드물다는 관측 사실에서 은하의 이탈속도가 300kms^{-1}일 것이라고 추정하였다. 그러나 실제 태양 부근에서 $\Theta \approx$ 500kms^{-1}인 별들도 다수 관측되므로 은하의 이탈속도는 이보다 크다고 생각된다. 그러므로 $\Theta >$ 285kms^{-1}의 속도를 가진 별들의 결핍은 이탈속도 때문이라기보다는 그처럼 빠른 속도의 별의 수가 실제로 적기 때문일 수도 있다(Carroll & Ostlie, An Introduction to Modern Astrophysics, p. 908). (역주)

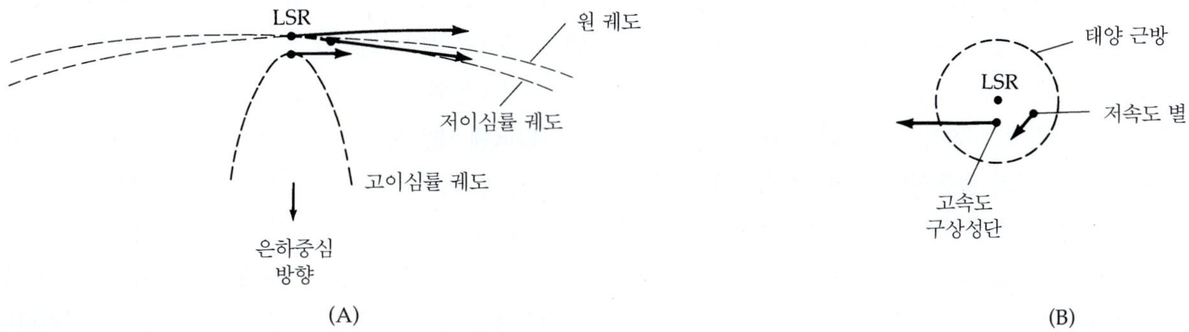

그림 19-12 고속도 천체들
(A) 3개의 은하 궤도를 그렸다. 즉 LSR의 원 궤도, 태양 근방의 A형 별의 저이심률 궤도, 원은하중심점을 지나는 구상성단의 고이심률 궤도. (B) 이들 태양 근방의 천체들은 LSR에 대하여 각각 저속도 A형 별과 고속도 구상성단으로 관측된다.

리은하 속을 극히 빠른 속도로 운동하기 때문에 나타나는 것이 아니고, LSR보다 훨씬 느리게 운동하기 때문에 생기는 것이다.[5)] 긴 타원 궤도 상에서 **원은하중심점**(遠銀河中心點, apogalaction, 은하중심에서 가장 먼 점) 근방을 느리게 운동하는 별은 LSR에 대해서는 빠르게 운동하는 것으로 관측된다(그림 19-12)[**근은하중심점**(近銀河中心點, perigalacticon)은 은하중심에서 가장 가까운 점이다]. 예를 들면, LSR(Θ_0 = 220kms^{-1}로 운동하는)은 원은하중심점(태양 근방에 있는)에서 Θ = 120kms^{-1}로 운동하는 별에 대해서는 100kms^{-1}의 속도로 멀어지는 것으로 관측된다. 이러한 고속도 천체들에는 거문고자리RR형별들과 고은위(즉 b가 큰)의 고속도 H I가스운들이 포함된다.

핵심 수식과 개념

• 접선속도

$$v_t = 4.74\mu'' d = 4.74\left(\frac{\mu''}{\pi''}\right)\mathrm{kms^{-1}}$$

• 운동성단의 거리

$$\pi'' = \frac{4.74\mu''}{v_r \tan\theta}$$

• 오오트 공식

$$v_r = Ad\sin 2l$$
$$v_t = d(A\cos 2l + B)$$
$$B \equiv A - \omega_0$$

문제

1. 비교 스펙트럼의 Fe I 방출선(441.5nm와 444.2nm)이 임의의 기준점으로부터 각각 15.00mm, 15.45mm인 곳에 있다. 만약 별의 스펙트럼의 Ca I선(정지 파장이 442.5mm)이 15.27mm에 있는 것으로 측정되었다면,
(가) Ca I선의 관측된 파장은 얼마인가?
(나) 이 별의 시선속도는 얼마인가?

2. 단위를 적당히 바꾸어 식 (19-2)에서 (19-3)을 유도하시오.

3. 천구 상에서 태양배점으로부터 90°가 되는 점에 위치한 별이 태양으로부터 10pc의 거리에 있으며 LSR에 대하여

5) 즉 l = 270°방향으로 빠른 속도로 뒤처지기 때문에 $\Theta - \Theta_0$가 음의 방향으로 큰 값을 갖는다. (역주)

정지하고 있다. 태양에서 보았을 때

(가) 이 별은 10년 동안 천구 상에서 몇 초의 각도를 움직인 것으로 보이겠는가?

(나) 이 별은 어떤 방향으로 움직여 보이겠는가?

4. 황소자리 δ별은 황소자리 운동성단의 일원이다. 이 별의 고유운동은 0.115″/년, 시선속도는 $+38.6\text{kms}^{-1}$이며, 이 성단의 수렴점으로부터 29°.1의 거리에 있다.

(가) 이 별의 시차는 얼마인가?

(나) 이 별의 거리는 몇 pc인가?

(다) 같은 성단의 구성원인 어떤 별이 수렴점으로부터 20° 만큼 떨어져 있다. 이 별의 고유운동과 시선속도는 얼마인가?

5. 황소자리 δ별의 고유운동의 가능한 오차가 ±0.005″/년이라고 가정하자. 만일 이 별의 삼각 시차를 별도로 측정한다면(오차는 ±0.005″), 이들 두 가지 종류의 시차에서 계산한 거리의 부정확도는 pc로 얼마인가? 위의 4번 문제에 주어진 자료를 사용하시오.

6. 우리은하의 질량이 1.5×10^{11}배의 태양질량이며, 모든 질량이 은하중심의 한 점에 모여 있다고 가정하자.

(가) 이 케플러 궤도 운동에 대하여 Θ와 R의 두 축을 따라 적당한 단위와 전형적인 값을 취하여 그 회전곡선을 그리시오.

(나) R = 5, 8.5, 20kpc에서의 회전주기를 각각 계산하시오.

(다) R = 8.5kpc로부터의 이탈속도는 얼마인가?

7. 이심률이 0.8, 긴 반지름이 7kpc인 은하 궤도를 따라 운동하는 별이 은하면 내에서 태양 근방을 우리은하 바깥쪽을 향하여 움직이고 있다고 하자. 이 별의 LSR에 대한 속도는 얼마인가? 우리은하를 점질량으로 가정하시오(케플러 운동).

8. 그림 19−10을 이용하여 회전곡선이 뻗히고 있는 거리까지의 우리은하의 내부 질량을 계산하시오. (힌트 : 우리은하를 점질량으로 취급할 수 없으므로, 이 운동은 케플러 운동이 아니다.)

9. 별 BS 1828은 위치각 48°(북에서 동으로)를 향하는 0.24″/년의 고유운동과 0″.012의 시차를 가진다. Hβ선(λ_0 = 486.1nm)은 λ = 485.9nm에 나타난다. 이 별의 공간 운동 속도의 크기는 얼마이며, 이 속도는 시선에 대하여 (태양에서 멀어지는 방향) 얼마의 각을 이루는가?

10. 태양으로부터 4kpc의 거리에, 은경 60°인 위치에 있으며, 은하중심의 둘레를 원 궤도 운동을 하는 별의 고유운동(LSR에 대한)을 ″/년의 단위로 구하시오. 그림 19−10의 회전곡선을 이용하시오. (답은 작다고 생각하시오.)

11. 수렴점에서 히아데스성단의 중심까지의 거리는 29°.9이며, 성단의 시선속도는 39.1kms^{-1}이다. 이 정보와 이 장의 자료들을 써서 히아데스성단까지의 운동성단 거리를 계산하시오. 만일 시선속도 결정에서 오차가 $\pm 0.2\ \text{kms}^{-1}$라면, 이 계산의 거리 오차는 얼마인가?

12. 식 (19−3)과 (19−5)를 사용하여 운동성단의 시차에 대한 식 (19−6)을 유도하시오.

13. 14.5절과 19.4절에서 우리은하의 헤일로는 빛을 내지 않는 물질을 포함하고 있다고 이야기했다. 우리가 그것을 보지 못한다면 그런 물질이 존재한다는 사실을 어떻게 알 수 있는가?

14. 바너드별의 시선속도는 -108kms^{-1}, 고유운동은 10.34″/년, 시차는 0.546″이다.

(가) 바너드별의 거리는 pc로는 얼마이며, km로는 얼마인가?

(나) 바너드별의 접선속도는 얼마인가?

(다) 바너드별의 공간속도는 얼마이며, 공간속도의 시선방향에 대한 각은 얼마인가 ?

(라) 바너드별이 태양에 가까이 왔을 때 그 거리는 pc와 광년으로 각각 얼마인가? 이 거리와 현재의 센타우루스자리 α별의 거리를 비교해 보시오.

(마) 바너드별이 태양에 가장 가까운 점까지 오려면 몇 해가 걸리겠는가?

(바) 바너드별은 현재 9.54등급의 겉보기등급을 가지고 있다. 그 별이 가장 가까이 왔을 때의 겉보기등급은 얼마일까?

15. 균일한 밀도를 가지는 질량분포를 가정하고 태양 궤도 안($R < R_0$)에서 회전곡선을 계산하시오. 이 모형을 실제 회전곡선과 비교하시오.

16. 은경 l = 45° 방향에서 $v_r = +30\text{kms}^{-1}$가 관측된다. R과 d은 얼마인가 ?

17. 어떤 질량분포에 대하여 $v(R)$이 상수가 되는가?

20 Chapter

우리은하의 진화

지금까지 우리는 우리은하 물질의 두 주요 성분인 별과 성간매질의 물리적 특성을 기술하였다. 이 장에서는 우리은하 구조의 거대한 디자인 속에 그것들을 함께 묶어서 살펴보기로 한다. 우리은하는 나선 구조를 가졌으며, 그러한 전반적인 나선 패턴에 다양한 불규칙 성분들이 포개져 있다는 것을 보게 될 것이다. 이 나선적 특징의 배후에는 역학적 진화의 실상이 숨어 있을 것이고, 그 진화에는 별과 기체와 티끌들의 진화가 연계되어 있을 것이다.

20.1 전파 연구에서 밝혀진 우리은하의 구조

우리은하의 구조를 알아볼 수 있는 지도를 만들 성간매질에서 나선팔이 지나가는 길을 구별해 내는 기술이 필요하다. 전통적인 방법은 H I의 21cm선을 이용하는 것이다. 다음에 설명하겠지만 그 방법에는 아주 심각한 제한이 따른다. 최근에는 CO 분자구름의 분포를 조사하여 21cm 관측의 한계를 보완해 주고 있다. 사실 지금까지의 관측적 증거에 의하면 거대 분자구름의 분포가 H I 구름보다 나선팔의 모양을 더 잘 보여준다.

20.1.1 21cm 자료와 나선 구조

중성수소(H I)의 초미세 천이로부터 나오는 21cm 전파선의 선윤곽을 은하의 차등회전에 의한 시선속도의 은하중심 거리에 따른 변화와 결부시켜 보면, 은하면 내에 있는 **나선팔 구조**를 밝혀낼 수 있다. 만약 은하 회전곡선이 알려져 있다면 수소가 집중된 곳까지의 거리는 도플러이동의 영향을 받는 21cm 선의 윤곽에서 결정할 수가 있다. 이 과정에서 회전곡선이 결정적인 요소이다. 이 거리 측정에는 2개의 가정이 내재되어 있다. (1) 은하의 차등회전과 (2) 은하면 근방의 기체에 대한 원 궤도 운동이다.

21cm 파장에서는 성간소광이 크지 않기 때문에, 방출선은 우리은하 전체에 걸쳐서 관측이 가능하다. 그러므로 태양 근방을 넘어선 은하의 먼 곳까지의 탐사도 가능하다. 주어진 시선 방향에서 관측된 21cm선의 윤곽은 선폭이 상당히 좁고 형태가 명확한 도플러이동된 몇 개의 봉우리(peak)들을 보여 준다. 나선팔들에 집중되어 있는 수소가 그러한 형태의 선윤곽을 나타낸다(그림 20-1). 주어진 은경(l) 방향에서 검출한 21cm 전파복사의 선윤곽에는 도플러 효과의 영향으로 중심 주파수를 달리하는 몇 개의 봉우리(peak)들을 볼 수 있다. 이 봉우리들이 나타나는 주파수 값들, 즉 시선속도 값들은 시선 방향의 은경이 변함에 따라 체계적으로 변한다. 이는 은하의

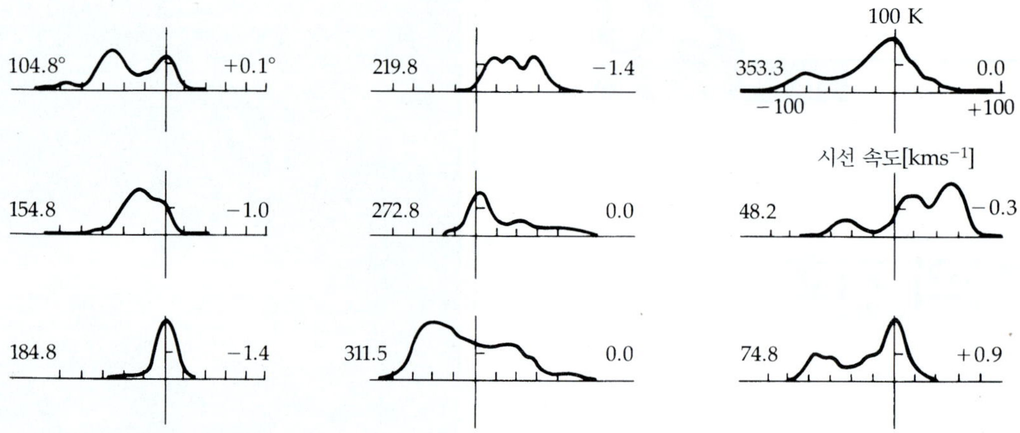

그림 20-1 은하면에서의 수소 21cm선의 선윤곽

이 방출선들은 은하 원반면에 퍼져 있는 여러 영역에서 온 것이다. 각 영역의 은경은 각각의 선윤곽의 왼쪽에, 은위는 오른쪽에 표시하였다. 복사선속은 안테나온도의 단위로 매겨 놓았다. (F.J. Kerr and G. Westerhout)

회전속도가 은하중심 거리의 함수이기 때문이다. 그리고 각각의 봉우리는 주어진 시선이 뚫고 지나는 나선팔에서 비롯한 것이다. 관측된 도플러이동은 나선팔의 해당 부분의 시선속도에 의한 것이므로 제19장의 회전 공식을 적용하면, 나선팔까지의 거리를 구할 수 있다. 여기서 원 궤도를 가정하였으므로 거리는 비대칭적 운동에 의한 불확실성을 가진다. 더 실제적인 결과는 원 궤도에 대한 수정을 가해야 얻을 수 있다.

21cm선의 윤곽 하나를 해석함으로써 이러한 연구 절차를 좀 더 구체적으로 설명하겠다(그림 20-2). 이 윤곽은 $l = 48°$인 시선 방향의 것으로 3개의 도플러 봉우리로 구성되어 있다. 각 봉우리가 나타나는 시선속도는 각각 55, 15, -50kms^{-1}에 해당한다. 태양의 은하중심으로부터의 거리를 R_0로 표시했다. 양의 시선속도는 후퇴를 의미한다. 이 시선 방향에는 후퇴하는 수소 구름 3개(A, B, C)와 접근하는 하나가 있다. 은하 회전 공식(19.4절)에서 후퇴하는 구름은 $R < R_0$에, 접근하는 구름은 $R > R_0$임을 알 수 있다. 식 (19-16)이 근사식이라는 것을 생각해서 계산하면 최대 시선속도는 57kms^{-1}이다. 따라서 구름 A는 시선속도가 55kms^{-1}로서 시선의 접점(tangent point)에 매우 가깝다. 구름 D는 우리에게 접근하는 것으로서 (-50kms^{-1}), 그림 20-2에서 보는 바와 같이, $R > R_0$에 있음을 알 수 있다. 15kms^{-1} 봉우리에는 이중 구조의 구름이 있다는 짐작이 간다(구름 B와 구름 C). 은위 방향으로 훑어보면 구름 B는 접점($R = R_0$ 근처) 너머에 있고, 구름 C는 태양에 매우 가까이 있음을 알 수 있다.

북반구와 남반구 양쪽의 21cm 관측자료를 결합하면 우리 은하의 나선팔 내의 중성수소 분포의 구조를 대체적으로 그려낼수가 있다(그림 20-3). 그 나선 구조는 우리은하중심 방향($l = 0°$)과 반대 방향[반중심(anticenter) 방향, $l = 180°$] 근방

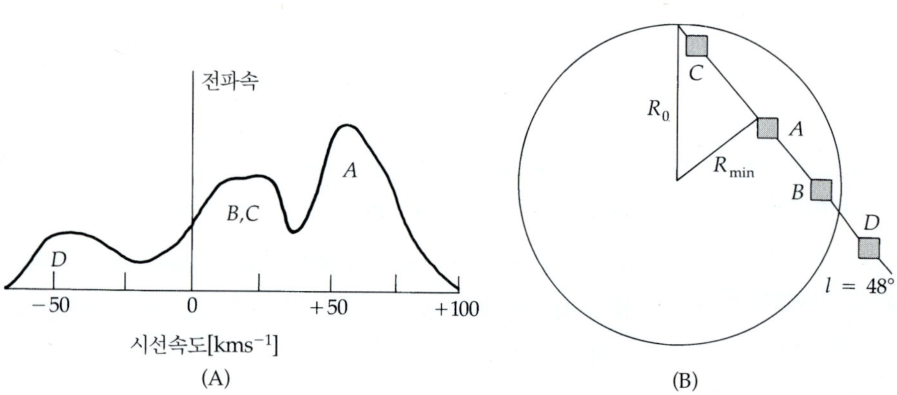

그림 20-2 선윤곽과 도플러이동

(A) 은경 48° 방향에 있는 몇 개의 H I 구름에서 생기는 선윤곽. (B) 그림 (A)에 있는 선윤곽을 만드는 시선 방향에 놓인 성간구름의 위치

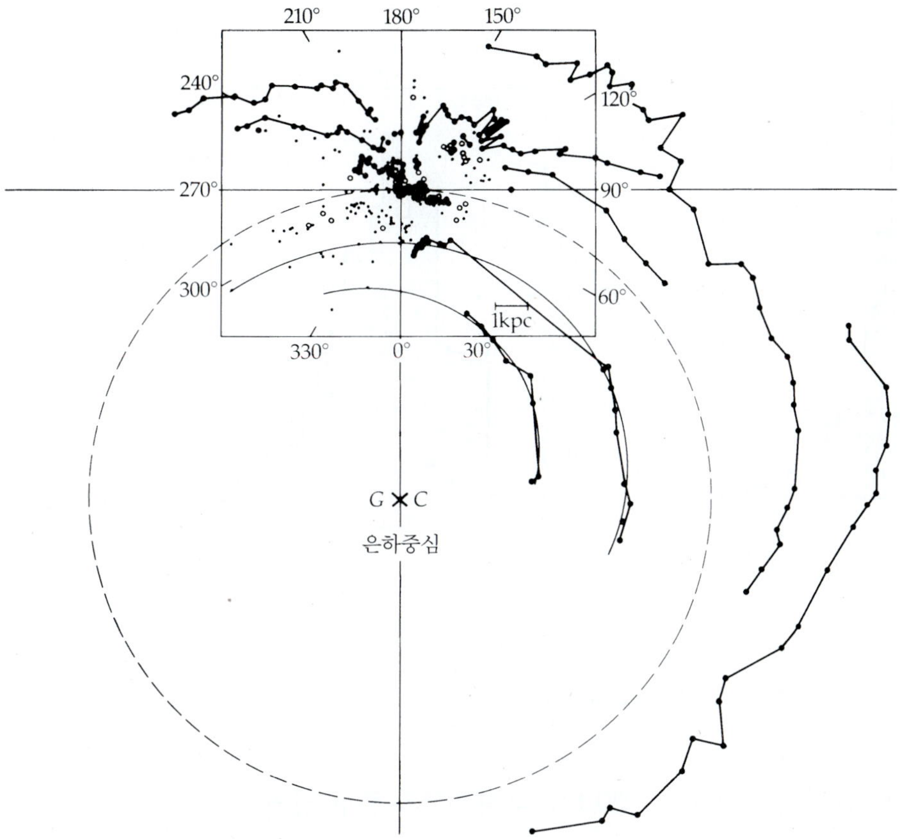

그림 20-3 21cm 관측으로 본 우리은하의 구조
점들을 연결한 선들은 전파자료에서 얻은 것이며, 그들은 나선팔의 구조를 이룬다. 사각형 안에 있는 연결하지 않은 점들은 H II 영역처럼 광학적인 나선팔의 추적자들이다. (H. Weaver)

에서는 명확하게 밝혀지지 않는다. 원 궤도 운동을 하는 수소 구름들이 이 방향에 있어도 그들은 관측자에 대한 상대운동이 없으므로 21cm선의 윤곽에는 단 하나의 봉우리만 나타나게 마련이다. 그러므로 이러한 구름들의 거리는 이 방법으로 구할 수 없다. 또한 태양보다 은하중심 쪽에 더 가까운 수소 구름의 거리를 결정하는 것에도 불확실성이 따른다. 후퇴의 최대 시선속도($v_{r,\max}$)는 시선 방향이 은하중심에 가장 가까운 점(접점)을 지날 때에 나타나고, 접점보다 태양에 가까운 구름과 접점 너머의 구름은 같은(최대 시선속도보다 작은) 후퇴 속도를 갖는다(그림 20-2에서 구름 B와 C의 경우). 이 불확실성을 명확하게 해소하기가 어렵다.

20.1.2 우리은하 내의 기체 분포

중성수소는 은하면에 집중되어 있다. 만일 이 기체층의 두께를 은하면으로부터 밀도가 절반이 되는 점(기체의 개수밀도가 은하면, 즉 $b = 0°$의 값의 절반으로 떨어지는 곳)까지의 거리로 정의한다면, 수소층의 두께는 80~250pc의 폭을 갖는 것으로 해석된다. 작은 쪽의 값은 태양과 은하중심 사이의 구역에 해당하는 것이다. 이 두께는 차츰 증가해서 태양 근방($R = R_0$)의 나선팔에서 250pc에 이르고, $R > R_0$에서는 수백 pc까지 부풀어 올라서 R = 30kpc에서는 거의 2kpc에 달한다. 중성수소의 은위에 따른 분포(그림 20-4)는 $R < R_0$ 영역(b =

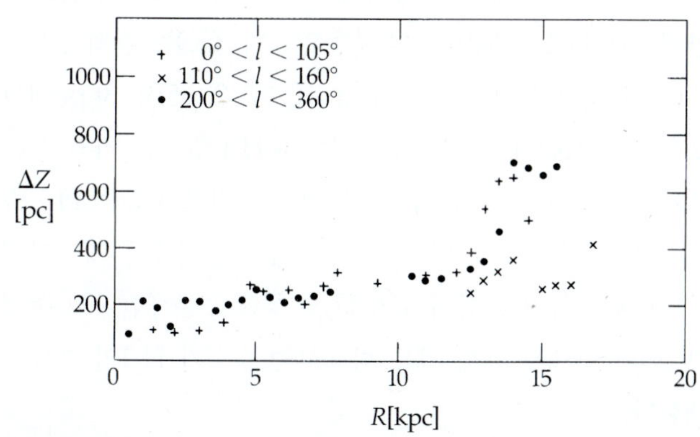

그림 20-4 우리은하 원반 내 기체 층의 비틀림
21cm 관측에서 기체는 원반의 가장자리 가까이에서 약 600pc의 높이까지 퍼져나간다. (H. Van Worden)

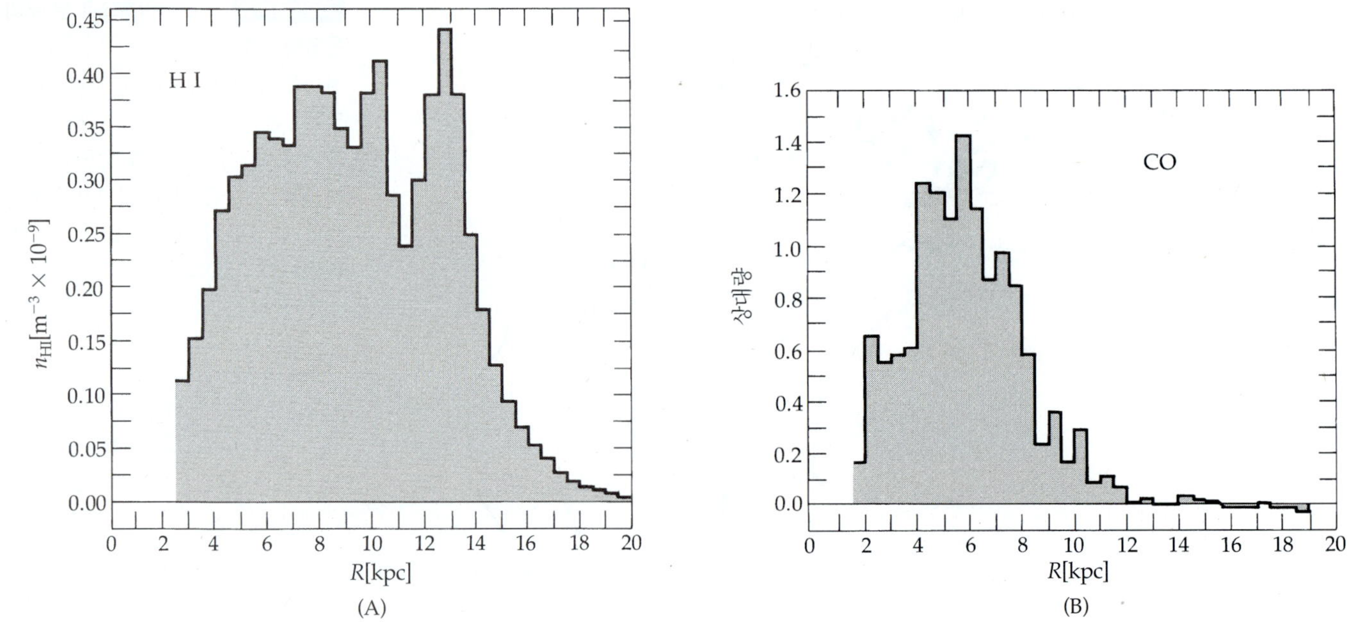

그림 20-5 우리은하 원반 내의 기체 분포

(A) 거리의 함수로서의 H I의 체적 밀도, (B) CO의 상대적 밀도 분포 (M. Gordon and B. Burton)

0° 부근)에서는 매우 편평한 기체층을 이루며, $R = R_0$ 너머에서는 l = 180°쪽에서 b = 0°에 대하여 서로 반대쪽으로 휘어져 있다. 이것이 우리은하 **원반의 비틀림**(galactic warp)이며 봉우리 사이의 간격이 약 3kpc이 된다.

H I 분포를 알아보는 또 하나의 방법은 그 부피 밀도를 조사해 보는 것이다. 태양 궤도($R = R_0$) 밖에서는 밀도가 12~14kpc 사이에서 극대를 이루며 R = 20kpc 너머에서는 급속히 떨어진다(그림 20-5A). 태양 궤도 안쪽에서는 분포가 R = 4kpc부터 일정하다. 대부분의 H I 기체는 태양 궤도 밖에 있는데, 적어도 기체 총 질량의 80%가 그렇다. CO의 분포는 일반적으로 H I의 분포을 따르지 않는다. CO는 은하중심으로부터 6kpc에서 가장 밀도가 높다(그림 20-5B). 8kpc에서 밖으로 가면 CO의 밀도는 떨어지는데 H I 밀도는 거의 같은 상태에 있다. CO층은 125pc의 두께를 가진다. CO는 H_2, 즉 수소 분자의 존재를 의미하므로 우리은하중심에서 태양까지의 거리 내에 약 93%의 수소가 H_2의 형태로 존재한다고 추정된다. 이와 반대로 태양 궤도 밖에서는 수소가 H I의 형태로 존재한다.

20.1.3 우리은하의 중심 영역

만일 기체 운동이 은하면 상에서 완전한 원 궤도를 그린다면 l = 0°근방에서는 시선속도(도플러이동된 방출선의 윤곽)가 관측되지 않을 것이다. 따라서 21cm 방출선의 윤곽은 시선속도가 0인 단일 강도의 봉우리로 나타날 것이다. 그러므로 기체 구름의 거리 결정이 불가능하다. 그렇기는 하나, 이 영역에 있는 기체 구조는 l = 0° 전후의 은경 방향에서 나타나는 모습을 외삽하여 대략적으로 추정할 수 있다.

우리은하중심 방향의 몇 도(°) 안에서 관측되는 21cm 선의 윤곽은 굉장히 복잡한데, 그것은 주로 특이한 기하학적인 또 속도 분포상의 섭동 때문에 생기는 것이다. 관측된 주요 특징은 $-50kms^{-1}$에 나타나는 예리한 봉우리이다. 이것은 은하중심으로부터 밖으로 움직이고 있는 물질에 의한 것으로, **팽창 팔** 또는 **3kpc 팔**이라고 한다. 중심에서 2,000pc 안에는 얇은 기체의 원반이 은하면에 대하여 40°의 경사를 이루고 있다. 이 원반은 두께가 100pc이고 $360kms^{-1}$의 최대 회전속도를 가지고 있다. 이것은 $10^7 M_\odot$의 H I를 포함하고 중심에 막대 구조를 가지고 있다. 한편 여기서는 분자의 분포가 H I 분포를 따르고 있어서 우리은하의 가장 중심 부분에서와 같은 기울어진 원반 구조를 보인다. 원반은 $10^9 M_\odot$ 내지 $10^{10} M_\odot$의

H_2를 포함한다. 원반의 바깥에 위치한 물질의 회전 운동에서 결정된 원반의 총 질량은 $10^{10}M_\odot$의 수 배에 지나지 않는다.

20.1.4 고속도 수소 구름

제19장에서 은하중심 둘레를 이심률이 큰 타원 궤도를 그리며 운동하는 별들이 우리에게는 고속도 별로 관측된다는 이야기를 했다. 고은위($|b| \geq 10°$) 지역에서 방출되는 21cm선의 윤곽으로 은하면에서 멀리 떨어진 수소 구조물을 알아냈다. 이 기체 구조물은 개별적인 구름의 형태를 이루면서 분포하는데, 세 가지 속도 범주로 구분된다. (1) **고속도 구름** : 태양에 대하여 70~120kms^{-1}의 속도를 가진다. (2) **중간 속도 구름** : 속도는 30~70kms^{-1}이다. (3) **초고속도의 구름** : l = 0~180° 사이에서 은위가 음수인 지역에 있으며 120kms^{-1} 이상의 속도를 가진다. 이 구름의 거의 전부가 접근하는 시선속도(음수의 속도)를 가졌는데, 그들은 l = 120°, b = 40°, l = 60~200°, b = 10~80°의 영역에 보인다.

이렇게 고속도로 운동하는 기체의 정체는 열띤 논의의 대상이 되어 왔지만 아직도 해결되어야 할 문제가 남아 있다. 이 고속도 H I 구름 중에서 가장 두드러진 것을 **마젤란 계류**(Magellanic Stream)라고 부른다. 그것은 마젤란운(우리은하의 두 동반 은하, 제23장 참조)을 둘러싸고 은하의 남극 가까이까지 긴 끄나풀처럼 뻗었다가 l = 90° 근방의 은하면으로 이어진다. 남극에서 약 30°되는 곳에서 계류의 줄기가 여러 개의 구름 조각으로 나뉜다—그것의 끝이 앞에서 이야기한 고속도 구름으로 나타나는 것 같다(그림 20-6). 대부분의 모형은 그 계류를 우리은하의 조석력에 의해 마젤란운으로부터 끌려나온 기체의 흐름으로 본다.

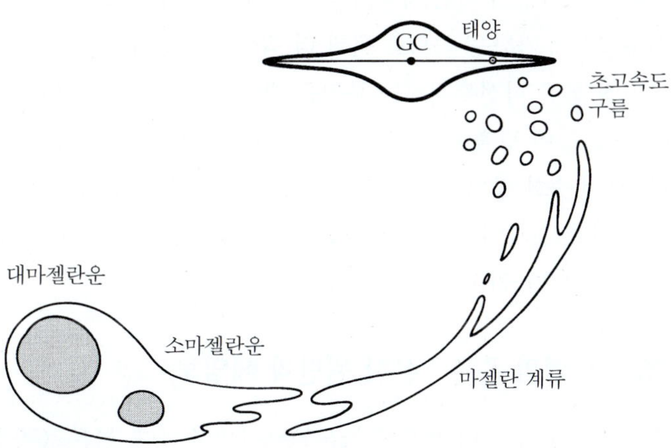

그림 20-6 초고속도 구름(VHVC)의 모식도
마젤란 계류가 대마젤란운(LMC)와 소마젤란운(SMC) 사이의 다리를 형성하고, 그 끝쪽에서는 여러 개의 구름으로 쪼개진다. 우리은하에 가까운 지역에서 초고속도 구름을 형성한다. (R.J. Cohen)

20.2 우리은하 내의 별과 기체의 분포

우리은하 내부의 종족들을 연령, 금속함량과 운동 상태에 따라 구분한다. 기본적으로 종족 I과 II로 대별하지만, 이는 현실을 너무 간단하게 본 것이다. 불행히도 전통적인 세부 분류는 여러 가지 역사적인 이유로 해서 불합리한 점이 많다. 표 20-1에 세부 분류를 정리해 놓았다. 별의 종족에 관한 천문학적인 분류는 최근에 큰 변화를 겪고 있지만, 대부분의 천문학자는 아직도 표 20-1의 분류를 쓰고 있다. 이 책에서는 점차적으로 이 전통적인 분류에서 이탈해 나가기로 한다. 중요한 점은 금속함량의 연령과의 관계이다—젊은 천체일수록 높은 금속함량을 가졌다는 것이다. 그런데 우리은하의 비슷한 부분에 있는 천체들이 지금은 다른 양의 금속함량을 가지고 있다는 데에서 혼란이 오는 것이다.

별의 금속함량은 그들이 생겨난 모체인 기체에서의 중금속의 고농도화(enrichment)의 정도를 표시하는 것이다. 이전에 생각했던 것과는 다르게 금속함량이 종족의 매끈한 함수가 아니다. 극단 헤일로 종족 II(표 20-1)라는 별들과 일부의 중간 종족 II의 별들은 금속함량이 매우 낮다. 그러나 은하의 핵이나 일부 원반의 별들은 금속이 풍부하다. 우리은하 일생의 초기 단계에서 큰 질량의 별들의 탄생률이 높았기 때문일 것이다. 금속이 풍부하다는 것은 상대적 개념이다. 보통 종족 II 별들의 금속함량이 태양의 금속함량의 약 1%이며, 금속이 풍부한 종족 II의 별들의 경우 10% 또는 그 이상으로 올라간다.

별의 연령은 별 내부구조의 모형에서 계산된 등연령곡선에서 구하고, 금속함량은 고분산 분광 관측과 별의 대기 모형에서 결정할 수 있다. 가장 새로운 금속함량의 측정은 수소에 대한 철의 비율을 태양의 Fe/H와 비교한 값, 즉

$$\left[\frac{\mathrm{Fe}}{\mathrm{H}}\right] = \log\left(\frac{N_{\mathrm{Fe}}}{N_{\mathrm{H}}}\right) - \log\left(\frac{N_{\mathrm{Fe}}}{N_{\mathrm{H}}}\right)_{\mathrm{solar}} \qquad (20\text{-}1)$$

으로 구한다.

표 20-1 전통적인 별 종족의 일반적 특성

	종족				
	극단 종족 I	늙은 종족 I	원반 종족 II	중간 종족 II	헤일로 종족 II
대표적 천체	성간 티끌과 기체 O형별과 B형별 초거성 황소자리T형별 젊은 산개성단 고전세페이드 O성협 H II영역	태양 강한 선 별 A형별 Me 왜성 거성 늙은 산개성단	약한 선 별 행성상성운 은하 팽대부 신성 거문고자리RR형별 ($P < 0.4$일)	고속도 별 ($Z > 30\text{kms}^{-1}$) 장주기 변광성 ($P < 250$일)	구상성단 극단 저금속성 (준왜성) 거문고자리RR형별 ($P > 0.4$일) 종족 II 세페이드
특성					
$\langle\lvert z\rvert\rangle$, pc	120	160	400	700	2000
$\langle\lvert Z\rvert\rangle$, kms^{-1}	8	10	17	25	75
분포	나선팔에 극단적인 누더기 모양으로	누더기 같이	고르게	고르게	고르게
연령[10^9년]	<0.1	0.1~10	3~10	≈ 10	≥ 10
가장 밝은 별[M_{vis}]	−8	−5	−3	−3	−3
은하중심 집중도	없음	약간	상당히	강하게	강하게
은하 회전 궤도	원형	거의 원형	약간 타원형	타원형	매우 긴 타원

20.2.1 나선팔 : 나선추적체

중성수소와 일산화탄소의 방출선으로 나선 구조를 우리은하의 상당한 부분에 걸쳐서 개략적으로 추적할 수 있다. 그러나 나선팔에는 그 밖의 젊고 금속이 풍부한 **종족 I**의 다양한 천체들이 모두 들어 있다. 기체와 티끌은 항상 함께 발견되며, 둘 다 우리은하의 나선팔에 존재한다. 젊은 황소자리T형별들은 보통 그들이 태어난 모체인 기체와 티끌에 둘러싸여 있다. 이 별들은 그렇게 밝지 않아서, 설사 무리를 이루고 있다고 해도 매우 먼 거리까지 보일 수는 없다. 이 별들은 대표적인 종족 I 천체이지만, 광도가 낮아서 나선팔의 좋은 추적 천체는 아니다. 조기형의 별들은 종족 I이기 때문에 이런 별들을 포함하는 젊은 **산개성단**이 나선추적체가 될 수 있다. 이들 성단에서는 몇몇 별은 진화해서 상단 주계열에서 이탈해 나갔다.

큰 질량의 별들은 매우 빨리 진화하며 주계열의 OB형별로도 보이거나, 태어난 기체와 티끌에 둘러싸여 있을 수도 있다. 이러한 별로부터 방출되는 자외선복사는 주변 기체를 이온화해서 H II 영역으로 보이게 한다(15.2.2항). H II 영역은 밝게 빛을 내는데, 몇 개의 밝고 고온인 별들을 포함하고 있어서 그 별들의 자외선복사가 가시광선으로 전환되기 때문이다. H II 영역과 주위 기체를 전리시켜 빛을 내게 하는 OB성협이 모두 종족 I의 천체로서 나선추적체들이다(그림 20-7A). H II 영역에서 나오는 전파 재결합선(15.2.2항)으로부터 우리는 해당 H II 영역의 시선속도와 거리를 측정할 수 있다. 21cm선에서 얻은 시선속도로 나선 구조를 추적했던 것과 같은 방식으로, 전파 재결합선의 시선속도에서도 나선 구조를 추적한다. 그 결과 H I과 H II 영역의 분포를 상호 비교할 수 있다. H I과 H II로 밝혀지는 나선팔의 모양은 비슷하지만, 큰 규모의 분포에 있어서는 뚜렷한 차이가 나타난다. 중성수소보다 H II가 은하중심에 가까운 쪽으로 훨씬 더 집중되어 있다.

가장 좋은 나선추적체는 무거운 별이 탄생하고 있는 GMC이다. 그들이 방출하는 밀리미터선에서 시선속도를 측정하여 H I과 비슷한 방법으로 그들의 위치를 결정할 수 있다. GMC 탐사 관측 결과에 주요 나선팔들 중 몇 개의 윤곽을 잘 드러나 있다(그림 20-7B).

20.2.2 별의 종족 : 은하 원반과 헤일로

우리 태양은 금속이 풍부한 늙은 종족 I에 속한다. 늙은 종족 I의 천체들은 비록 엄격하게 나선팔에 국한되어 있지는 않지만 그래도 은하면 가까이 자리하며, 우리은하 전체에 걸쳐서 비균일적으로 분포한다. 상단 주계열성들이 이미 거성이나 변광

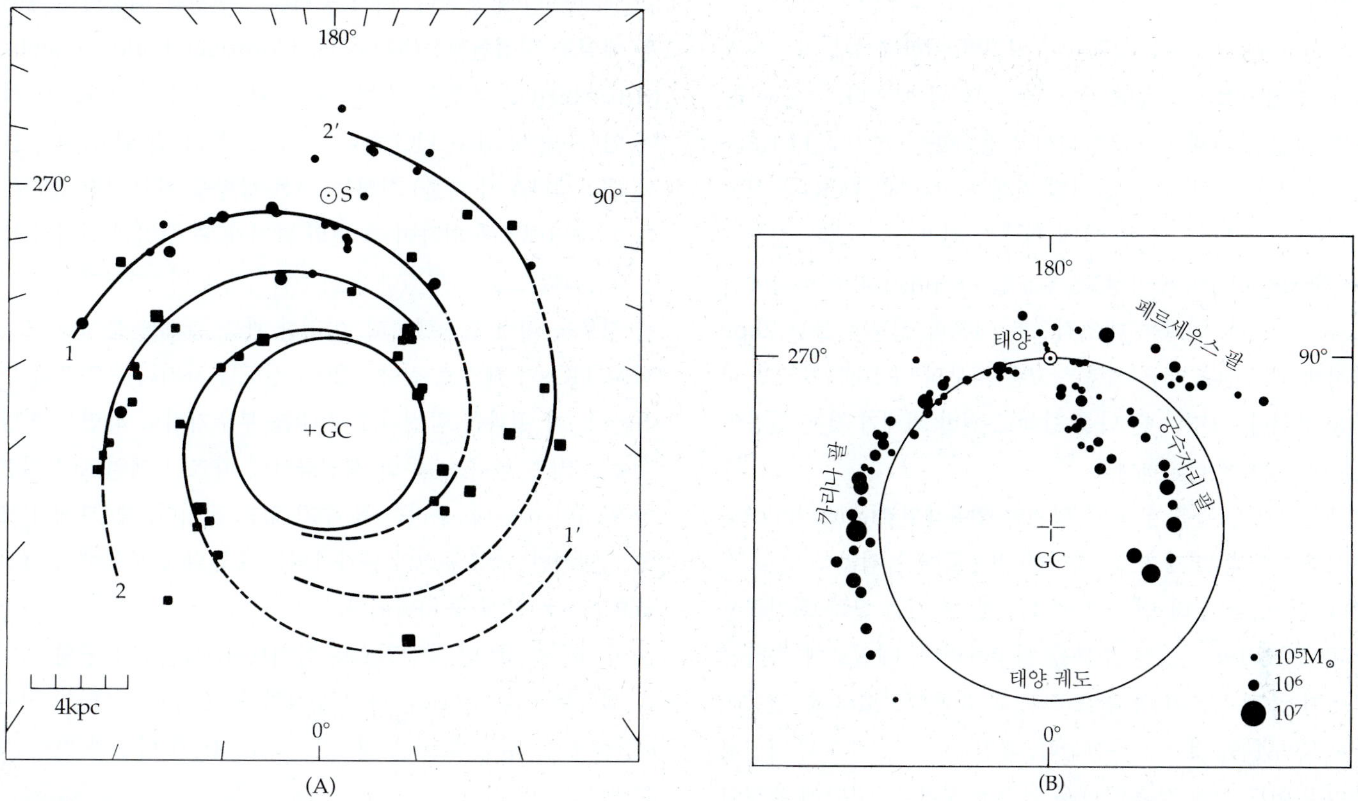

그림 20-7 우리은하 내의 나선팔들

(A) 종족 I의 나선추적체에 의한 나선 구조이다. 표시된 것은 가시광(원)과 전파(사각) 관측에서 얻은 H II 영역의 위치이다. (Y.M. Georgelin, Y.P. Georgelin, and J.P. Sivan) (B) 거대분자구름(GMC)의 CO 관측에서 얻은 나선팔이다. 각 구름의 질량은 기호의 크기로 나타내었다. 3개의 잘 구분되는 팔인 카리나, 페르세우스, 궁수자리의 팔을 주의하자. (R.S. Cohen, D.A. Grabelsky, J. May, L. Bronfman, H. Alvarez, and P. Thaddeus)

성의 단계로 진화한 성단들도 늙은 종족 I에 포함된다. 늙은 산개성단이 이 종족의 표준 천체이다. 이들 천체가 기체와 더불어 우리은하의 **얇은 원반**을 이룬다.

우리은하에서 금속이 풍부한($Z \approx 0.25Z_{\odot}$) 종족 II의 별들이 별들의 총 질량의 대부분을 차지하며 **두꺼운 원반**을 이루고 있다. 대표적인 원반별들도 은하면에서 상당히 먼 곳에 있을 수도 있다. $\langle|z|\rangle$가 별들의 은하면으로부터의 평균 거리를 의미하고, $\langle|Z|\rangle$는 은하면에 수직 방향 속도의 평균 성분이다. 이 수직 속도 성분이 크면 클수록 별들은 은하면에서 더 멀리 떨어져 있다고 생각된다. 두꺼운 원반의 별들의 $\langle|z|\rangle$는 은하면에 대하여 400~800pc이고, $\langle|Z|\rangle$는 20~30kms^{-1}이다. 금속함량 [Fe/H] = −0.6인 별들은 은하면에서 2kpc의 높이까지 도달하기도 한다. 이들은 상당히 고르게 분포하며 나선 구조를 보이지 않는다.

은하 헤일로(galactic halo)가 원반과 나선팔을 둘러싸고 있으며, 은하면 위로 멀리 퍼져 있으나 여전히 은하중심 쪽으로의 집중을 보인다. 이 영역에 있는 천체는 나이가 많으며 금속함량이 낮은 별들과 또 금속이 풍부한 **종족 II**로서, 구상성단, 낱별, 거문고자리RR형별들을 포함한다. 이들의 궤도는 긴 타원형이며, 은하면에 수직한 방향의 속도 성분이 크다. 예를 들면, 금속이 적은([Fe/H] < −1) 구상성단들은 은하중심 둘레에 구형 분포를 이루고 있다. 그들은 타원 궤도를 따라 은하의 핵으로부터 10~12kpc의 먼 거리까지 달려 나온다. 이들 성단은 약 100~150kms^{-1}의 궤도속도를 가지고 원반으로 뛰어들기도 하고 뛰어나가기도 한다. 이들이 원반을 통과할 때, 한때는 그들이 가졌던 기체나 티끌을 말끔히 털어 버리게 된다. 이와는 반대로 금속이 풍부한([Fe/H] > −1) 구상성단들은 척도 높이가 약 1kpc인 원반과 같은 분포를 이루고 있다. 전체적으로 볼 때 헤일로 속에 있는 금속이 적은 별들은 장축과 단축의 비가 0.6인 찌그러진 편평한 회전 타원체를 이루며 분포한다.

헤일로에도 기체가 포함되어 있지만 원반에서보다는 훨씬 적다. 중성수소는 고속도 구름으로 나타나 보인다. 그렇지 않으면 헤일로 기체는 이온화되어서 은하면의 상하로 H I보다 더 멀리까지 뻗쳐 있다. 전리된 기체는 고온(80,000K)과 저온(10,000~20,000K)의 두 가지 형태로 관측된다. 고온 성분은 z가 1~3kpc 사이에 가장 큰 밀도를 가지며, 10kpc 바깥에서도 볼 수 있다. 이와는 대조적으로 저온의 성분은 불과 2kpc까지에 분포한다. 저온 성분은 고온 성분의 약 10배 이상의 질량을 가졌다. 그러나 둘 다를 합해도 원반 기체가 갖는 질량의 1% 내지 2%에 불과하다.

헤일로에는 관측이 되지 않지만 **암흑헤일로**(dark halo)를 형성하는 암흑 천체 또는 희미한 천체들이 틀림없이 있을 것이다. 태양으로부터 먼 거리에서의 볼 수 있는 은하 회전곡선(그림 20-8)의 편평한 부분을 설명하려면, 헤일로에 속하는 보이지 않는 성분이 꼭 필요하다. 그 암흑헤일로의 총 질량은 $2 \times 10^{11} M_\odot$인 것으로 추산된다. 헤일로에 저질량의 주계열성들이 있어도 실제 검출은 매우 어려울 것이다. 그 밖에 행성이나 소행성과 같은 작은 천체들도 존재할 것이다. 다른 나선은하들의 회전곡선의 관측에서도 많은 질량의 암흑물질이 멀리 퍼져 있는 것으로 추정된다.

천문학자들은 이러한 보이지 않는 물질을 **암흑물질**(dark matter)이라고 부른다. 문제는 '그것이 무엇인가' 하는 것이다. 암흑물질을 검출하기 매우 어렵기 때문에, 우리는 아직도 그 정체를 알지 못한다. 미시 중력렌즈 현상을 이용하여 **무거운 헤일로 밀집천체**들(Massive Compact Halo Objects, MACHOs)의 검출을 겨냥한 재치 있는 관측 프로젝트가 하나 있다. 만약 MACHO 하나가 지구로부터 먼 별을(예를 들어 대마젤란운에 속한) 향하는 시선 방향을 가로질러 통과한다면, 중력렌즈에 의하여 그 별의 밝기가 수 주일에 걸쳐서 특징적인 패턴으로 밝아졌다가 어두워지게 된다. 지금까지 그러한 경우를 여럿 검출했는데, 이러한 관측 결과를 분석해 보면 MACHOs가 헤일로 질량의 20% 정도를 차지하는 것으로 드러난다. 이 결과는 감질나게 기대를 부추기기도 하면서 절망감을 주기도 한다. 은하의 회전곡선에 따르면 헤일로에 질량이 있어야 하는데, 우리는 볼 수가 없는 것이다. 제4부에서 보게 되겠지만, 암흑물질의 불가사의는 오늘날 천문학에서 가장 당혹스러운 문제 중 하나이다.

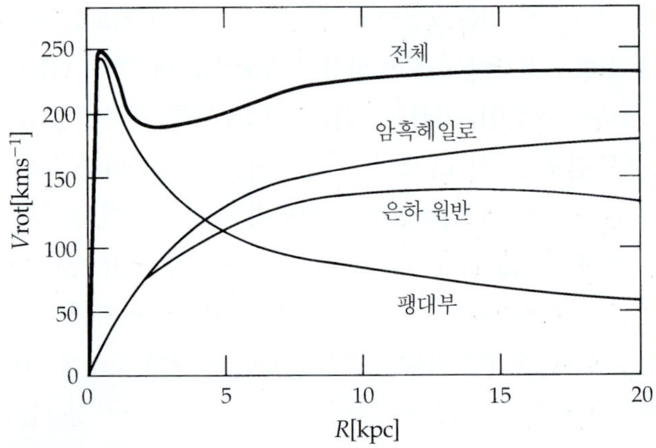

그림 20-8 우리은하의 질량 분포 모형

각 성분에 해당하는 회전곡선으로 표시된 것. 우리은하중심에서 태양까지의 거리는 8.5kpc로 가정되었다. 전체라고 표시한 곡선이 관측된 회전곡선과 일치해야 한다. (P.C. van der Kruit)

이 개념을 좀 더 정량적으로 살펴보자. 헤일로가 구형 대칭의 질량분포를 가지고 있다고 생각하자. 중심으로부터의 거리 r 안에 있는 질량 $M(r)$은 원 궤도 속도 $v(r)$과 다음과 같이 연결된다.

$$\frac{GM(r)}{r^2} = \frac{v(r)^2}{r} \tag{20-2}$$

또는

$$M(r) = \frac{rv(r)^2}{G} \tag{20-3}$$

이다. 이제 질량보존식을 적용하여 $M(r)$과 밀도 분포 $\rho(r)$을 연결시켜 보자.

$$\frac{dM(r)}{dr} = 4\pi r^2 \rho(r)$$

$\rho(r)$에 대하여 풀어보면

$$\rho(r) = \frac{1}{4\pi r^2}\frac{dM(r)}{dr} \tag{20-4}$$

원 궤도속도가 $v(r) = v_0$로 상수라고 하고 식 (20-3)을 r에 대하여 미분하면

$$\frac{dM(r)}{dr} = \frac{v_0^2}{G} \tag{20-5}$$

이 된다. 식 (20−5)를 식 (20−4)에 넣어주면

$$\rho(r) = \frac{v_0^2}{4\pi G}\,\frac{1}{r^2} \qquad (20-6)$$

이 된다. 그러므로 헤일로에서 밀도 분포는 $1/r^2$으로 떨어진다. 이것은 물리적으로 무엇을 의미할까? 만약 헤일로에 물질의 구각들을 더한다고 하면, 각각의 구각이 같은 질량을 가진다는 뜻이다. 은하의 먼 외곽 지역에서도 회전속도가 편평하므로 은하의 총 질량에 많은 양의 질량이 더해져야 한다.

20.2.3 중앙팽대부와 은하핵

우리은하의 광시야 사진(그림 14−1 참조)을 보면 우리은하도 다른 나선은하와 같이 **중앙팽대부**(central bulge)를 가졌음이 확실하다. 이 팽대부에는 반지름이 약 2kpc인데 중원소가 풍부한 별들, 특히 만기형의 M 거성, 종족 I의 K 거성, 그리고 소수의 금속이 풍부한 거문고자리RR형별들이 혼재한다. 12μm의 IRAS 관측에 의하면 팽대부의 강한 방출원이 AGB 별들이라고 한다. 팽대부의 총 질량은 약 $10^{10}M_\odot$이다(그림 20−8).

팽대부의 가장 중심에 **은하핵**이 있다. 이것은 M 31, 즉 안드로메다은하의 항성과 같은 모양의 핵과 유사하다. 안드로메다은하의 중심핵의 스펙트럼을 보면 그것 역시 금속이 풍부한 거성과 다수의 저질량 왜성으로 되어 있음을 알 수 있다. 적외선 관측으로 이러한 별들이 우리은하의 핵에도 있음을 확인할 수 있다. 적외선 관측과 전파 관측의 자료는 매우 젊은 M형과 O형 초거성의 존재도 암시한다. 기체는 분자구름과 H II 영역의 형태로 존재한다. 이 지역의 기체가 겪는 운동을 보면 중심에 질량이 고도로 집중된, 어쩌면 블랙홀이 있는 것 같다. 우리은하의 맨 중심에는 지름이 140AU 이하의 응축된 전파원이 있다.

핵에서 나오는 연속 전파 방출을 관측해 보면 정확히 중심 방향에 강한 전파원이 있음을 알 수 있는데, 이것을 **궁수자리 A**(Sagittarius A, 약자로 Sgr A)라고 부른다. Sgr A의 주변과 은하 적도를 따라 전파원들이 길게 늘어서 있다(그림 20−9). 다른 여러 파장대역에서 관측해 보면, 이들 전파원에서 H II 영역의 특성을 감지할 수 있다. 이 영역이 약 90pc × 260pc의 범위를 차지한다. OB형별로부터 나오는 자외선 에

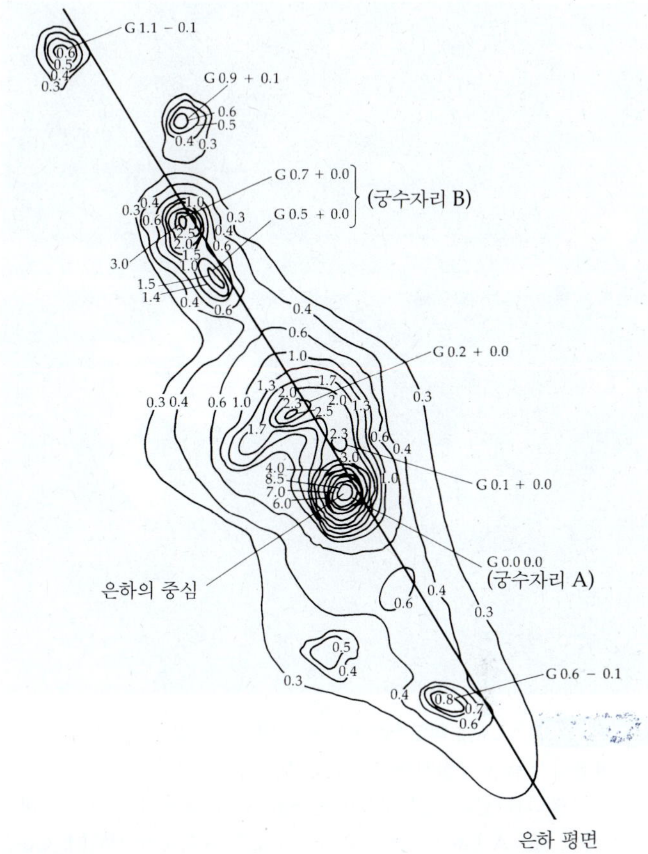

그림 20−9 우리은하중심 전체의 전파지도

Sgr A와 Sgr B가 2개의 주요 영역이다. 파장 3.75cm로 관측한 것으로 이 복사 방출의 대부분은 열복사이다. (D. Downes, A. Maxwell, and M.L. Meeks)

너지로 이 H II 영역의 전리상태를 유지하려면 적어도 2 × 10^{33}W의 광도가 필요하다.

Sgr A는 여러 개의 전파원의 복합체로 되어 있다. 동(East), 서(West)와 A*이다. **Sgr A East**는 비열 전파원으로 보통 초신성의 잔해로 해석되고 있다. **Sgr A West**는 H II 영역과 같은 전파스펙트럼을 가지고 있다. Sgr A West 속에 지름 0″.1 이하의 점과 같은 비열 복사 전파원이 있는데, 이것이 우리은하의 핵(core)을 표시하는 것 같다. 이것이 곧 **Sgr A***이다. Sgr A West의 열복사 방출은 우리은하의 내부 3pc에서 나오는데, 그 대부분의 전파 방출은 은하중심의 산맥과 같이 생긴 전파원을 따라 놓여 있으며, 특이한 나선과 같은 구조를 이룬다(그림 20−10).

은하중심 영역에서는 강한 2.2μm 복사가 방출되는데, 그것은 은하의 핵에 들어 있는 모든 늙은 종족 I의 별들(주로 K

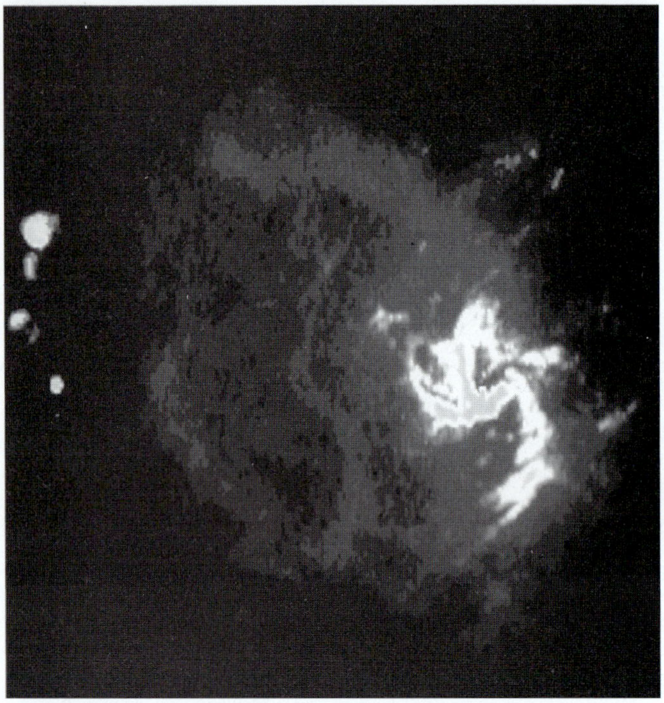

그림 20-10 VLA에 의한 Sgr A의 6cm와 20cm의 고분해 영상
2개 파장의 관측을 결합하여 세부적인 모습(분해능은 1″.3 × 2″.5)과 산란방출이 잘 나타난다. 열복사를 내는 Sgr A West의 나선 형태와 비열적 복사인 Sgr A East의 구각 모양의 구조를 유의하자. (W.M. Goss, R.D. Ekers, J.H. van Gorkom, and U.J. Schwarz, NRAO)

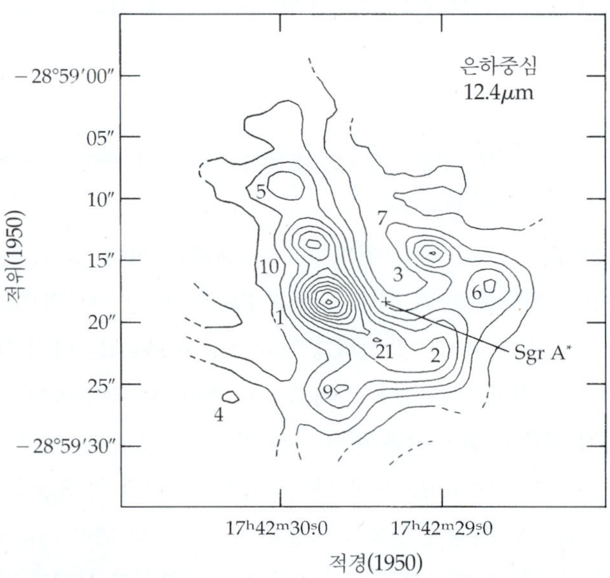

그림 20-11 12.4μm 복사로 그린 우리은하의 중심지역 지도
각각의 복사원에 번호를 매겼다. 그 어느 것도 Sgr A*의 위치와는 일치하지 않는다. 분해능은 1″.3 × 2″.3이다. (D.Y. Gezara, R. Tresch-Fienberg, G.G. Fazio, W.F. Hoffmann, I. Gatley, G. Lamb, P. Shu, and C. McCreight; NASA)

거성)에서 나오는 2.2μm 복사가 합쳐진 것이다. Sgr A를 둘러싼 영역은 2.2μm 복사원으로 차 있으며, 이 적외선의 집단은 연속 전파 복사의 산맥과 일치한다. Sgr A*가 아니라 IRS 16이라는 근적외선원이 실제 은하중심일 수도 있다. 같은 영역의 10μm 관측 결과(그림 20-11) 늙은 종족 I과 고광도의 O형별에서 오는 복사로 가열된 티끌이 방출하는 적외선복사가 보인다. 10μm 사진에서 복사가 뭉쳐 있는 곳이 O형별들이 새로 탄생한 위치일 것이다. 이러한 영역의 지름은 밀집 H II 영역의 크기에 해당하는 수 pc보다 작다. 거기에서 나오는 2~20μm 대역의 총 광도가 대략 $10^6 L_\odot$이다. 원적외선 관측에 의하면 Sgr A는 10μm보다 40~300μm 사이에서 더 강하게 복사를 방출하여 그 광도가 약 $10^8 L_\odot$이나 된다. 이 방출도

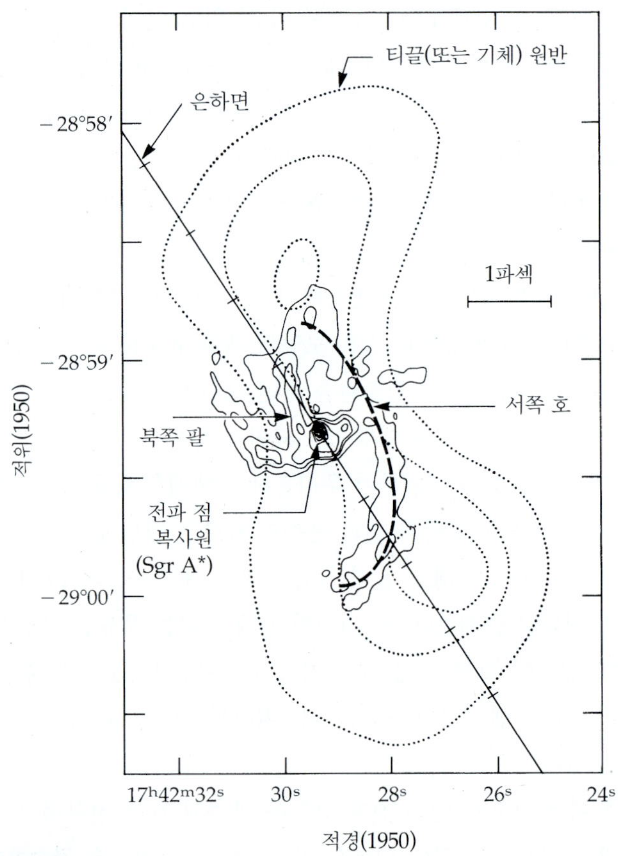

그림 20-12 우리은하중심의 중앙 10pc 내의 기체와 티끌 분포에 대한 모식도
실선의 등고선은 2cm의 열적 연속복사이다. 점선 등고선은 따뜻한 티끌에서 나오는 원적외선복사의 것이다. 은하면에는 매 pc마다 표시를 넣었다. Sgr A*의 위치를 Sgr A West 안에 표시해 놓았다. (M.K. Crawford, R. Genzel, A.I. Harris, D.T. Jaffe, J.H. Lacy, J.B. Lugten, E. Serabyn, and C.H. Townes)

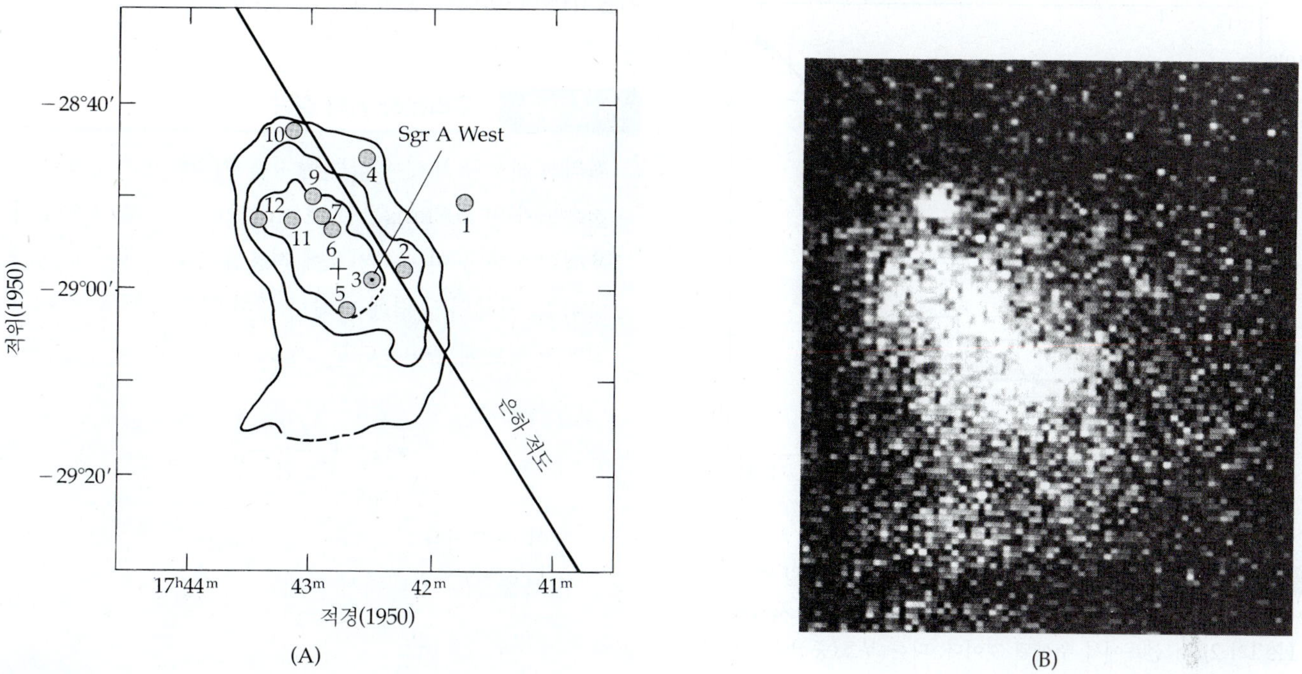

그림 20-13 우리은하중심으로부터의 엑스선 방출
(A) 이 그림은 개개의 복사원(원)과 산란복사(등고선)를 보여 준다. +는 산란복사의 중심을 표시한다. (B) 컴퓨터 작업으로 증강시킨 엑스선 복사의 영상이다. (M. Watson, R. Willingale, J. Grindley, and P. Hertz)

역시 OB형별에 의하여 가열된 티끌에서 오는 것이다.

[Ne II]의 12.8μm 적외선 방출선은 은하핵 내의 전리된 기체로부터 온다. 그리고 전파 재결합선의 도플러이동으로부터 은하중심핵에 대한 정보를 끌어낼 수가 있다. 전리 기체가 약 1.5pc인 반지름 안에 집중되어 있으며, 약 200kms^{-1}의 회전운동을 하고 있음을 알 수 있다. 이들 이온화 영역들은 지름이 0.5pc 이하이며, 수 태양질량의 이온화 물질을 포함한다. 이들은 은하중심의 둘레를 우리은하의 주회전축에 대하여 45°의 경사를 이루는 축을 가지고 궤도 운동을 하고 있는 것 같다. 그러므로 은하중심핵은 Sgr A 분자구름군 안에서 회전하는 전리 기체의 원반을 포함하고 있는 것이다(그림 20-12).

아인슈타인 엑스선 관측소에서 은하중심부를 엑스선으로 촬영하였다. 그 영상을 보면 은하중심에서 100pc 이내에서 방출되는 파장 0.6nm 이하의 엑스선 방출이 적지 않다. 이 엑스선 방출은 약한 엑스선원(10^{27}~10^{28}W)의 복합체들로 이루어져 있으며, 복합체들은 엷게 엑스선을 방출하는 헤일로 속에 들어 있다(그림 20-13). 그 개개의 엑스선원은 은하 적도면의 바로 남쪽에 길게 늘어서 자리 잡고 있다. 적외선원의 집단과 같은 위치이다. 엷게 퍼진 엑스선 복사는 고온의 코로나와 같은 기체에서 나온다.

마침내 은하핵으로부터 감마선이 검출되었다. 특히, 511keV의 에너지를 가지는 선의 광도가 10^{31}W로 관측되었는데, 이는 양전자-전자의 쌍소멸에 의한 결과이다. 감마선 광도가 시간에 따라 변한다. 감마선 복사는 은하중심이 아니라 그 부근에 위치한 지름이 0.3pc보다 작은 방출원에서 나오고 있는 것처럼 보인다.

20.2.4 우리은하 내의 질량 분포

중성수소와 전리 수소는 우리은하의 총 질량의 5~10%밖에 안 된다는 사실을 기억해 두자. 평균해서 전체 수소의 약 1%만 전리되어 있다. 그러나 그 백분율은 은하중심으로부터의 거리에 따라 변한다. 예를 들면 은하 팽대부 너머에 중심에서 약 4kpc 되는 곳에 이온화된 기체의 고리가 있는데, 이 지역에서는 이온화 기체의 집중률이 약 10%이다.

점질량의 둘레를 태양이 케플러 궤도를 따라 공전한다는 가정에서 도출한 결과가 우리은하의 총 질량에 관한 첫째 근

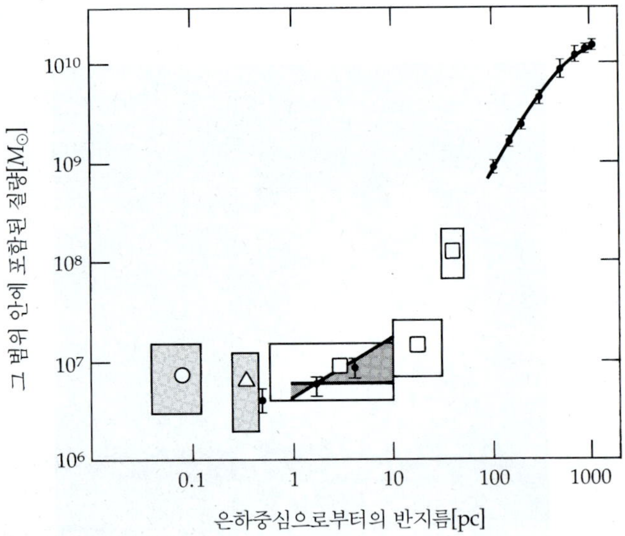

그림 20-14 원 운동의 가정 하에서 얻은 우리은하중심의 질량 분포 0.5pc에 있는 채워진 원은 북쪽 팔의 것이다. 큰 빈 원(오차 사각형 속의)은 He I의 2μm 선폭에서 추산된 것이다. 다른 부호(중심에서 바깥으로의 순서로)는 아래와 같다. 삼각형은 [Ne II]에서, 채워진 원은 가장 빠른 속도의 [Ne II]에서, 빈 사각형들은 [O I], [C II], CO와 같은 선들의 관측에서 얻었다. 100pc 밖에 있는 채워진 원들은 21cm 회전곡선 관측에서 얻은 것이다. (J.B. Lugten, R. Genzel, M.K. Crawford, C.H. Townes)

사값이다. 이러한 계산으로는 $1.5 \times 10^{11}M_\odot$의 값이 나온다. 그러나 최신 은하 회전곡선에서는 회전속도가 20kpc 지점에서 300kms^{-1}까지 오르는 것을 볼 수 있다.[1] 이 회전곡선에 의하면 20 kpc 이내의 질량이 $3.4 \times 10^{11}M_\odot$인 것으로 나타난다. 그러므로 태양 궤도 밖에도 적어도 그 안에 있는 것만큼의 질량이 존재한다는 것이다. 우리은하는 빛을 내지 않는 큰 질량의 헤일로를 가지고 있으나, 물질의 정체는 현재 알려지지 않고 있다.

은하의 핵(nucleus)은 우리은하 내에서 가장 밀도가 크게 뭉쳐져 있을 것이다(그림 20-14). 전파와 적외선 관측에 의하면, 은하중심핵 근처가 빠른 회전 운동을 한다는 사실을 알 수 있다. 이 회전 운동은 중심핵에 가까이 갈수록 증가한다. 이 부분의 속도가 매우 크기 때문에 이렇게 빨리 회전하는 기체를 함께 붙잡아 두려면 엄청나게 큰 질량이 필요하다. 즉 태양의 수백만에 이르는 질량이 핵에 있어야 한다. 이 만한 질량이 지름 0.04pc 이내에 뭉쳐져 있는 것이다.

개념 적용 우리은하 핵의 질량

적외선 관측을 통해 우리는 반지름 10^{16}m 이내 지역의 회전속도가 약 200kms^{-1}인 것으로 밝혀졌다. 펼서에서 사용했던 이론을 이 관측자료에 적용하여 회전하는 구의 질량이 그 자체의 중력에 의해서 묶여 있다고 하자. 그러면 천체의 적도에서의 속도 V_{eq}가

$$V_{eq} = \left(\frac{GM}{R}\right)^{1/2}$$

와 같이 주어진다.

이 식을 질량에 대해서 풀면

$$\begin{aligned} M &= \frac{RV_{eq}^2}{G} \\ &= \frac{(10^{16}\text{m})(200 \times 10^3\text{ms}^{-1})^2}{6.7 \times 10^{-11}\ \text{N}\cdot\text{m}^2\text{kg}^{-2}} \\ &= 6 \times 10^{36}\text{kg} = 3 \times 10^6 M_\odot \end{aligned}$$

이다.

이 질량은 어떤 형태일까? 하나의 가능성은 중심에 $2\sim4 \times 10^6M_\odot$인 점질량(초대질량블랙홀) 속에 갇혀 있는 것이다. 그렇지 않으면 2pc 내에 $10^6M_\odot$가 들어 있는 대단히 밀집된 성단으로 묶여 있을 것이다. 외부 은하들도 그 핵 부분에 비슷한 질량의 집중되어 있다. 이러한 관측 사실이 블랙홀일 가능성을 간접적으로 지지한다.

20.3 은하 구조의 진화

우리은하와 같은 은하들이 왜 나선 구조를 나타내는가? 나선팔은 얼마나 안정된 구조인가? 나선 구조가 섭동으로부터 생길 수는 있다. 그래서 어떤 밀도의 불규칙성이 은하의 차등회

1) 최신 관측자료에 의하면, 20kpc에서 회전속도는 $v_{rot} \approx 220$kms^{-1}이고, 그 바깥에서는 거의 일정하다(Y. Sofue et al., 2009, Publication of the Astronomical Society of Japan, 61, 227). (역주)

전에 의해서 나선 형태로 끌려들어간다. 그러나 이러한 설명의 어려운 점은 그러한 형태는 다만 짧은 기간(약 5 × 10^8년) 밖에 지속되지 못하고, 차등회전에 의하여 다시 찢어져 떨어져 나간다는 데에 있다. 또 하나의 문제는, 최초의 나선형과 같은 변형은 전 은하에 걸쳐서 생기지 않고, 은하의 조그마한 부분밖에 차지하지 못한다는 것이다. 그럼에도 불구하고 나선 구조가 은하면 전체에 퍼져 있고, 또한 나선은하가 흔하게 관측되기 때문에 그들이 실제로 안정된 상태에 있다고 생각된다.

20.3.1 밀도파 모형과 나선 구조

이 문제에 대한 가장 유망한 접근법은 린(C.C. Lin, 1916~)과 슈(Frank H. Shu, 1943~) 등의 여러 학자들에 의해서 발전된 **밀도파 모형**(density wave model)이다. 이 모형에서는 은하의 나선 구조를 중력 불안정에서 비롯한 파동의 패턴으로 생각한다. 이 밀도파는 그 파형이 고정된 상태로 별이나 성간물질 사이를 그대로 움직여 간다. 밀도파가 은하 물질보다 느린 속도로 회전한다. 밀도파의 존재는 물질의 분포가 균일하지 않다는 것을 뜻한다. 그러므로 중력 퍼텐셜이 은하 원반 상의 위치에 따라 다르게 된다. 별이나 성간물질은 중력 퍼텐셜이 낮은 곳에 집중되고, 이러한 물질 집중도의 차이가 다른 별들과 기체구름의 궤도에 영향을 끼친다.

밀도파는 스스로 유지되는 현상이며 안정적이다. 밀도파에 의해서 생겨난 나선의 패턴은 물질에 묶여 있는 것이 아니고, 물질을 관통하여 지나가는 것이다. 이 이론에 따르면 패턴의 각속도는 물질의 각속도와는 상당히(1/2만큼이나) 다를 수가 있다. 그래서 나선팔에 집중된 기체와 티끌에서 생겨난 별들은 마침내 그 나선팔로부터 빠져나온다. 중력 퍼텐셜의 극소 부근에 집중된 기체가 주로 나선팔의 패턴을 결정한다. 나선팔을 이루는 기체는 항상 변하는 것으로서, 어떤 것은 별의 형성으로 소비되고, 또 어떤 것은 여러 형태의 질량 손실로 별에서 분출되기도 한다. 원 궤도에서 크게 벗어나는 궤도를 도는 별들은 급변하는 중력에 끌리게 된다. 밀도파가 확실히 별들의 운동에 영향을 끼치지만 체계적이지 않기 때문에 이들 타원 운동의 별들에 대해서까지 그 구조가 유지되지는 않는다.

밀도파 모형에서는 은하면을 휩쓸고 지나가는 2개의 팔을 가진 나선형의 밀도파를 가정한다. 그러나 이 모형은 밀도파의 기원과 장기간의 지속 이유를 아직 설명하지 못한다. 은하 원반에 있는 기체는 이 밀도파의 등에 쌓인다. 압력과 밀도가 증가함에 따라 기체가 갑자기 가열되면 밀도파의 전면을 따라 충격파(shock-wave)가 형성된다. 이 충격파가 기체구름의 응축을 유발해서 거대한 분자구름의 복합체를 만든다. 그리고 그로부터 젊은 별과 H II 영역이 형성된다. 이러한 압착이 기체로부터 티끌을 만들어 내어서 충격파 전면을 따라 얇은 티끌의 줄이 형성된다. 밀도파에 의해 성간물질이 압축되어서 나선팔에 연결된 패턴이 만들어진다. 새로 형성된 OB형별들의 짧은 생존 기간 동안에 밀도파는 짧은 거리밖에 움직이지 못한다. 그래서 OB형별들이 지속되는 동안은 뚜렷한 나선팔의 표지가 된다. 밀도파가 움직여 나감에 따라 더 많은 별들이 형성되도록 유도한다. 그리고 새로 태어난 별들은 급속히 사라져 버리는 별들을 대신하게 된다. 이처럼 밀도파에 의한 지속적인 파멸과 창생에 의해서 나선팔은 지속되는 것이다.

이 밀도파 모형이 관측되는 나선팔 구조를 얼마나 잘 묘사하는가? 첫째, 이 모형은 다른 은하들이나 어쩌면 우리은하에서 보는 바와 같은 2개 내지 4개의 팔을 가진 나선은하 형태의 대체적인 모습을 그려 낸다. 둘째, 그 모형은 은하 회전의 전면에 있는 나선팔의 지속성을 설명한다. 셋째, 그것은 나선팔의 일반적인 특성을 예측한다. 그러므로 밀도파 모형은 나선 구조의 두드러진 모습을 설명하는 데 꽤 성공했다. 그러나 이 모형은 다른 몇 가지 점에서 실패하고 있다. 우선 밀도파의 기원을 설명하지 못한다. 또한 무엇이 그것을 유지하는지 명백히 밝히지 못한다. 밀도파가 성간매질 속을 물결치며 흐를 때, 파동들은 에너지를 잃고 약 10^9년 안에 사라질 것이다. 그러나 나선은하의 존재 빈도가 증명하듯이, 그들은 이 이상의 긴 시간 동안 지속되어야만 한다. 그러므로 어떤 장치(mechanizm)가 지속적으로 에너지를 공급하여 나선 구조를 유지해야만 할 것이다.

20.3.2 은하의 과거

이제 우리은하의 현재 구조를 그 역사적인 전후 관계에서 밝혀 보기로 하자. 결정적인 단서는 은하 물질의 화학조성과 역학에 있다. 은하 진화의 과정에서 화학과 역학이 서로 연결되기 때문이다.

앞에서 종족 I과 종족 II 항성의 화학조성이 중원소의 함량비에 있어서 큰 차이가 있음을 이야기 하였다. 일반적으로 종족 II 별은 종족 I 별의 금속함량비의 1% 정도를 가지고 있다. 그러나 금속함량비를 단순히 두 무리만으로 나눌 수는 없다. 오히려 함량비의 분포가 철과 수소의 질량비에 있어서는 약 3%내지 0.1% 이하까지 걸쳐 있다. 그래서 비록 두 종족으로 나누는 것이 1차적으로는 유용한 분류이긴 하지만, 실제로는 종족의 연속적인 계열이 있는 것이다. 모든 천체가 다 그런 것은 아니지만, 일반적으로 금속함량비가 낮을수록 은하 원반으로부터 더 높은 곳에 있다.

이러한 관측 사실의 해석은 성간매질의 재순환(recycling)이란 기본 개념에 의해 가능하다. 첫째, 별들은 성간매질의 구름에서 태어난다. 별들의 대기 원소 함량비가 그들이 생겨난 모체인 기체의 함량비를 반영한다. 둘째, 별들의 우리은하 둘레의 궤도 운동은 모체인 기체와 티끌로부터 그대로 이어받은 것이다. 셋째, 큰 질량의 별들은 빨리 진화하여 중원소가 풍부해진 물질을 성간매질 속으로 뱉어 낸다. 그래서 새로운 별들 특히 큰 질량의 별들이 탄생하는 한, 원반의 성간매질 내의 중원소 함량비는 우리은하가 늙어감에 따라 점차 증가한다. 가장 간단한 모형에 있어서는 중원소 함량비가 시간의 단순 증가함수로 증가한다.

우리은하의 연령 추정은 헤일로 속의 가장 늙은 별을 찾으면 된다. 금속이 적은 구상성단 별들에 대한 이론적인 모형을 그들의 H-R도와 비교해 보면, 가장 늙은 별의 연령이 170억 년임을 알게 된다.[2] 구상성단은 우리은하의 가장 늙은 별들을 포함하고 있기 때문에, 헤일로는 우리은하 탄생의 화석 유물이라고 할 수 있다. 헤일로 속에서 구상성단은 매우 긴 타원 궤도를 그리며 돈다. 그들은 궤도의 가장 바깥 끝에서는 헤일로 속을 천천히 운동하며, 은하핵 속이나 부근에서는 잠깐 동안 휘감고 간다. 이런 별들은 그들이 생겨난 모체 구름의 운동을 보여 준다. 그러므로 우리은하는 최초의 거대한 기체구름 — 반지름이 적어도 100kpc되는 — 에서 탄생했을 것이다.

구름이 응축하여 은하를 형성하는 데에 비리얼정리를 적용하면

$$T_{\text{virial}} = \frac{GMm_p}{kR}$$

인데, 여기서 T_{virial}은 예측되는 비리얼 온도, M은 총 질량, R는 초기의 반지름, m_p는 양성자(기체는 모두 수소라고 가정)의 질량이다. 은하의 경우에 편리한 단위로는

$$T_{\text{virial}} \approx 10^6\text{K}\left(\frac{M_{12}}{R_{50}}\right)$$

인데, T_{virial}은 절대온도(K), R_{50}는 50kpc의 단위로서의 값, M_{12}은 $10^{12}M_\odot$를 단위로 한다. 이들의 단위값을 그대로 쓰면 $T_{\text{virial}} \approx 10^6$K가 된다. 실제로 우리은하 원반은 이보다 훨씬 차가우므로 응축 과정에서 에너지가 소실되었을 것이 틀림없다.

자유낙하 시간[식 (15−10)]으로부터 은하의 응축에 걸린 시간 척도를 추산할 수가 있다. 자유낙하 시간을 초의 단위로 계산하면

$$t_{ff} = 6.64 \times 10^4\text{s}\left(\frac{\text{kgm}^{-3}}{\rho_0}\right)^{1/2} \approx 10^5\text{초}\left(\frac{\text{kgm}^{-3}}{\rho_0}\right)^{1/2}$$

이다. 급속한 응축은 자유낙하 시간의 척도에서 이루어진다. 응축과정에서 에너지를 잃으려면 냉각 시간은 자유낙하 시간과 같아야 한다. 초기 반지름 100kpc를 갖는 $10^{12}M_\odot$에 대해

$$t_{ff} \approx 10^5\text{s}\left(\frac{\text{kgm}^{-3}}{\rho_0}\right)^{1/2} \approx 10^5\text{s}\left(\frac{1}{10^{-22}}\right)^{1/2}$$
$$\approx 10^{16}\text{s} \approx 10^8\text{년}$$

이다. 이 원시은하 구름은 필시 교란 상태에서 멋대로 움직이며 돌고 있었을 것이다. 처음에는 느리게 그러다가 나중에는 구름의 자체 중력으로 빠르게 서로 끌어당겨서 중심부는 바깥쪽보다 더 빠르게 뭉쳤을 것이다. 구름 전체에 걸쳐 곳곳에 서로 크기가 다른 개개의 교란 소용돌이가가 생겼다가 깨지고 죽어 없어진다. 응축 과정에서 충격파가 생기고 에너지가 소모된다. 즉 운동에너지가 열에너지로 변환된다. 결국 소용돌

2) 2002년 허블우주망원경을 사용하여 가장 늙은 천체 중 하나인 구상성단 M4에 속한 백색왜성들을 관측하여 이 성단의 나이가 127 ± 7억 년인 것으로 추정하였다(Hansen et al., 2002, Astrophysical Journal, 574, L155). 이것은 2006년 WMAP 우주배경복사 관측 결과에서 추정한 우주의 나이 140억 년과 모순되지 않는다. (역주)

이가 단단하게 뭉쳐서 서로 끌어당기기에 충분한 질량을 가지게 된다. 이들은 수백 파섹의 크기일 것이고, 이것이 구상성단의 발단인 것이다. 이러한 과정이 170억 년 전에 일어나서 빨리 진행되었다.[3] 그리고는 헤일로 별이 형성되는 데는 20억 년도 안 걸렸을 것이다.

히파르코스(Hipparchos) 위성의 초기 관측 결과에 의하면 위에서 기술한 연대가 수정되어야 할 것 같다. 구상성단의 거리가 실제보다 10% 내지 15% 더 가깝게 추정되었으므로, 성단의 별들이 더 밝아야 한다. M-L 관계에서 이 별들은 더 젊어야만 하므로, 성단들의 나이가 160억~180억 년이 아니고 대략 130억~140억 년이 되어야 한다.

모든 기체가 최초의 구상성단 형성에 전부 소모되지는 않았다. 구름이 수축함에 따라 물질은 천천히 원반을 향하여 떨어졌다. 본래의 구름은 작은 자전 각운동량을 가졌으므로, 수축함에 따라 각운동량의 보존 때문에 회전축 둘레를 차츰 빠르게 돌게 되었다. 원반의 형성과 더불어 밀도는 더 증가했고 더 많은 별들이 만들어졌다. 단계적으로 별 탄생이 진행됨에 따라 각 단계의 대표적 별들이 현재의 원반에서 각각 다른 거리에 남게 되었다. 마지막까지 남은 기체와 티끌이 현재 우리가 보는 얇은 원반 층에 정착하였다. 그리고 어떻게 해서인지 밀도파가 나타나서 나선팔의 형성을 유도했다. 이러는 동안에 큰 질량의 별들이 중원소를 만들어서 성간매질 속으로 불어 보냈다. 이렇게 별들이 계속해서 태어났으므로 늦게 태어난 별들은 더 큰 중원소 함량비를 가지게 된다. 중원소 함량비의 이와 같은 증가는 오늘도 우리은하의 원반 속에서 계속되고 있다.

20.4 우주선과 은하 자기장

기체나 티끌 이외에도 성간매질을 채우고 있는 것이 있다. 높은 속도로 움직이는 입자들로서 광자와 물질이 있다. 거의 상대론적인 속도를 가지는 입자를 **우주선**(cosmic rays)이라 부르는데, 이들은 은하의 자기장에 단단히 묶여 있다.

20.4.1 우주선의 관측

우리은하 내에서의 우주선의 역할을 논하기 전에 우선 그 성질부터 조사하자. 우주선은 광선이 아니고 고에너지의 하전입자로서 원자에서 전자가 떨어져 나간 핵이거나 전자 또는 양성자이다. 그들 입자가 거의 빛의 속도를 가지고 운동할 때 우주선이라고 부르는데, 10^{20}eV에 이르는 큰 운동에너지를 가진다. 제10장을 보면 태양은 플레어 속에서 저에너지(수십에서 수백 MeV)의 우주선을 방출한다. 태양은 또한 태양계 밖에서 오는 우주선의 플럭스를 변조(modulation)하기도 한다. 행성 간 자기장과 태양풍이 10^9eV(1GeV) 이하의 에너지를 가진 입자들의 진로를 심하게 교란한다. 변조의 정도는 태양의 활동에 따라 다르며, 그 때문에 은하의 저에너지 우주선의 본래 특성까지도 흐려지게 한다. 하지만 입자의 에너지가 작을수록 입자의 개수가 급속히 증가한다는 것은 알 수 있다. 태양계 밖에서 오는 우주선의 관측 데이터는 대부분 수 GeV 이상의 에너지를 가진 입자에 관한 것이다. 10^{20}eV의 고에너지를 가지는 단일 입자들이 관측되었으나, 그런 것들은 지극히 드물다.

1차 우주선의 화학조성(표 20-2)은 입자들의 기원과 지나온 공간적 경로에 대한 정보를 제공해 준다. 별의 내부에서는 수소핵(양성자)이 단연 가장 많은 성분인 것처럼 모든 우주선의 핵에서도 양성자가 약 90%를 차지한다. 그리고 약 9%가 헬륨이고, 나머지는 무거운 원소로 나누어진다. 이른바 가벼운 핵–리튬, 베릴륨, 붕소에 많은 관심이 쏠린다. 이들 원소는 별의 대기에는 거의 없어서, 그 함량비가 헬륨함량의 10^{-7}이다. 그러나 우주선 속에서는 가벼운 핵의 헬륨핵에 대한 비가 1 : 100이나 된다. 우주선에서 이들 핵의 비율이 높은 이유는

표 20-2 1차 우주선

입자군	전하	평균원자량	세기[개 $m^{-2} \cdot s^{-1} \cdot sr^{-1}$]
양성자	1	1	1300
알파 입자(^{3}He, ^{4}He)	2	4	94
가벼운 핵(Li, Be, B)	3~5	10	2
중간핵(C, N, O, F)	6~9	14	6.7
무거운 핵	≥10	31	2
매우 무거운 핵	≥20	51	0.5

3) 최신 우주론에 의하면 우주의 나이가 140억 년이므로, 대략 130억 년 전에 구상성단이 형성되었을 것이다. (역주)

1차 우주선 입자들이 성간물질과 충돌하기 때문이다. 충돌 과정에서 무거운 핵들이 깨져서 가벼운 핵으로 변하는데, 이 과정을 **파쇄**(spallation)라고 한다. 가벼운 핵, 즉 2차(secondary) 핵의 관측에서 1차 우주선이 통과해 온 물질의 양을 추정할 수가 있다. 성간매질의 밀도와 우주선의 수명은 철저하게 연관되어 있기 때문이다. 최근 자료에 의하면 성간매질의 평균 밀도는 약 10^5atoms·m^{-3}이고 우주선의 평균 수명은 수백만 년에서 수천만 년이다.

어떤 방향에서 우주선이 오는가? 관측에 의하면 대체로 모든 방향에서 고르게 오는 것으로 나타난다. 즉 등방하다. 이 사실은 반드시 우주선원이 공간에 무작위적으로 고르게 분포되어 있다는 것을 의미하는 것은 아니고, 오히려 은하 자기장이 우주선의 진로를 휘게 해서 직선 경로로 나가지 못하게 하기 때문에 생기는 것이다. 사실 이러한 고에너지 입자들은 자기력선을 따라 나선 운동을 하는데, 그 나선 운동의 반지름은 자기장의 세기와 입자의 에너지 두 가지에 의해서 결정된다.

20.4.2 우주선의 근원과 가속

만일 우주선이 등방하게 태양계에 도착한다면, 어떻게 우주선원의 위치를 결정하고 또 그것이 우주선원임을 확인할 수 있을까? 한 가지 단서는 입자들이 고에너지를 가졌다는 것이다. 그러므로 우리는 고에너지 현상을 찾아야 한다. 그러나 우주선원에 대한 더 직접적인 증거가 있다. 우주선의 한 성분은 전자이고 이것이 우주선 입자 전체의 약 1%를 이루기 때문이다. 우주선 전자는 직접적으로 관측되었다. 우주선 양전자의 개수가 전자의 1/10밖에 안 된다는 사실이 이들 전자가 1차 입자이고 가벼운 원자핵과 같은 2차 입자가 아님을 말해 준다. 이 결론은 전하의 보존 때문에 1차 우주선의 양성자가 성간매질과 충돌할 때 전자보다도 더 많은 양전자가 생성된다는 사실에 근거한 것이다.[4)]

고에너지 전자들이 자기장 내에서 운동할 때 전파 영역의 싱크로트론복사를 내기 때문에 먼 거리에서도 우주선 전자의 관측이 가능하다. 제18장에서 배운 바와 같이 게성운과 같은 초신성 잔해들은 상대론적인 전자의 존재를 전제로 하는 강한 싱크로트론복사원들이다. 그뿐만 아니라 초신성은 우주선을 만들 만큼 충분한 크기의 에너지를 생산한다. 또 다른 우주선원은 펄서로 관측되는 회전하는 중성자별일 것이다.

우리은하 내의 우주선의 수명에는 한도가 있다. 어떤 입자들은 은하를 탈출하여 사라지고, 또 어떤 입자들은 성간매질과의 충돌에서 파쇄되어 버린다. 우주선의 에너지 밀도와 총 에너지가 어느 정도 일정하게 유지된다고 하면, 그 공급도 일정하게 지속되어야만 한다. 우리은하에서 초신성 폭발이 매 50년에 한 번씩 일어난다면, 초신성이 우주선의 공급을 유지할 수 있을 것이다. 다른 외부은하에서의 초신성 관측의 통계로 본다면 이만한 초신성의 폭발 빈도는 합리적인 추측이라고 하겠다. 또 하나의 우주선원은 강한 싱크로트론 복사를 방출하는 활동은하핵이다. 가장 높은 에너지의 우주선(10^{18}eV 이상)은 우리은하 밖에서 올 가능성이 크다. 즉 외부 전파은하와 퀘이사들은 이만큼 굉장한 양의 에너지를 내는 것으로 관측된다(제24장 참조).

하전입자들이 우주선 수준의 에너지나 속도를 얻으려면 매우 힘차게 가속되었어야만 한다. 우주선 가속의 대부분은 초신성 폭발이 성간매질을 밀고 지나갈 때 생기는 충격파에서 일어난다(10^{18}eV 이하의 에너지). 하전입자들이 자기력선이 수렴하는 성간 공간에서 효과적으로 가속되어 우주선으로 만들어질 것이다.

20.4.3 은하자기장

은하자기장의 존재는 전파원에서 오는 복사의 패러데이회전의 관측으로 증명된다. 이러한 전파원은 펄서(제17장)와 같은 우리은하 내의 전파원과 외부은하의 전파원을 포함한다. 패러데이회전(Faraday rotation)은 선형 편광된 복사가 자기장을 띤 플라스마를 통과할 때, 편광면이 회전하는 현상이다(17.2.2항 참조). 만일 전자 밀도와 복사가 통과한 거리를 알면 평균 자기장의 세기를 계산할 수 있다. 자기장 세기의 가장 정확한 최신 추산값은 약 0.5nT이다. 패러데이회전의 관측 이전에도 우리은하 원반부에 자기장의 존재는 이미 알려져 있었다. 성간 편광(제15장)과 우주선의 관측자료에 기초해서 자기장의 존재를 예상하고 있었다.

은하자기장의 또 다른 탐사방법은 강한 전파원을 향한 시

4) 즉 양성자의 충돌에서 만들어지는 2차 전자의 수가 양전자의 수보다 작으므로, 대부분의 우주선 전자는 1차 입자이어야 한다는 것이다. (역주)

선 방향에 놓인 성간구름에 의해서 생기는 21cm 흡수선의 제만효과와 관련된다. 자기장은 바닥 상태에 있는 수소의 스펙트럼선을 3개의 성분으로 분리시킨다. 이 중 2개의 선(반대방향으로 원형 편광된) 사이의 진동수의 차이는 시선상의 자기장 세기에 직접적으로 비례한다.

$$\Delta\nu = 2.80 \times 10^2\text{Hz}\left(\frac{B}{T}\right)$$

여기서 B는 자기장의 세기를 재는 단위인 테슬라를 의미한다. 제만효과에서 관측된 자기장의 세기는 패러데이회전에서 얻는 결과와 일치하여 약 0.1~1.0nT의 범위에 있다.

자기장의 방향은 대체적으로 나선 구조의 축 방향을 따른다(즉 나선팔을 따라서). 이러한 평균 자기장에 우리 근방의 국부적 자기장이 겹치는데, 대부분의 관측에서 국부 자기장이 우세하게 나타나서 평균 자기장의 세기와 방향을 정확히 알아내는 데 어려움을 준다. 국부적으로 태양에서 500pc 이내의 공간에서는 자기장이 교란을 가진 것으로 생각되는데, 아마 나선팔을 따르는 평균 자기장을 축으로 하는 용수철 형을 이룬 듯하다. 우주선은 자기력선 둘레를 나선을 그리면서 운동하므로 그들은 은하자기장에 긴밀하게 연결된다. 그래서 자기장이 수렴되는 곳에서는 입자가 가속되는데, 그것은 태양에서 오는 하전입자가 지구의 자기권에서 겪는 것과 같은 이치이다.

핵심 수식과 개념

• 금속함량비

$$\left[\frac{\text{Fe}}{\text{H}}\right] = \log\left(\frac{N_{\text{Fe}}}{N_{\text{H}}}\right) - \log\left(\frac{N_{\text{Fe}}}{N_{\text{H}}}\right)_{\text{solar}}$$

• 은하 헤일로에서 밀도의 분포 (편평한 회전곡선의 경우)

$$\rho(r) = \frac{v_0^2}{4\pi G}\frac{1}{r^2}$$

• 비리얼 온도

$$T_{\text{virial}} = \frac{GMm_p}{kR}$$

문제

1. 아래의 그림은 우리은하에서 중성수소의 밀도가 극대가 되는 지역을 나타낸다. 그림에서 우리 태양은 ⊙로 표시되어 있다. l = 50°, 110°, 230°의 방향에서 관측했을 때에 예측되는 21cm선의 윤곽을 그리고 윤곽의 특정 부위에 해당하는 나선팔을 지적하시오. 시선속도의 자세한 계산은 하지 말고 속도의 부호와 최대값의 상대적인 위치만을 바르게 표시하는 것으로 충분하다.

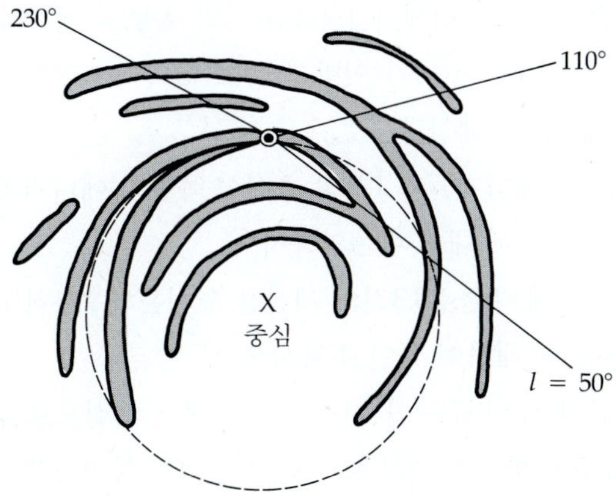

2. 종족 I과 종족 II의 별을 구분하는 세 가지 중요한 물리적 특징을 들어보고, 그러한 차이점들을 우리은하의 진화 과정의 관점에서 설명하시오.

3. 우리은하를 구성하는 천체들은 대개 5개의 큰 종족으로 분류된다.

(가) 이들 종족은 각각 무엇인가?

(나) 각 종족을 구성하는 천체의 대표적인 예를 하나씩 제시하시오.

(다) 우리은하를 측면에서 본 단면도를 그리고, 이 다섯 개의 종족이 위치하는 곳을 표시하고, 그 이름들을 명시하시오.

4. (가) 태양과 같은 별이 태양에서 은하중심까지의 거리, 즉 8.5kpc에 있다면 몇 등급으로 보일까?
   (나) 우리은하는 4×10^{11}개의 별을 포함하고 있다. 만일 이 별들이 모두 태양($M_B = 4.7$)과 같다고 가정한다면 우리은하 전체의 절대등급은 얼마인가? 이 결과를 태양의 겉보기등급과 비교해 보자.
5. 어떤 특별한 구상성단이 은하중심에서 가장 먼 궤도상의 위치(원은하중심점)에 있을 때, 그 중심으로부터의 거리가 10^4 pc이다. 이 구상성단의 은하 공전주기는 얼마일까? 여기에 유일한 해답을 얻으려면 어떠한 가정이 필요한가? 그 가정에 어떤 물리학적 정당성을 줄 수 있겠는가? (힌트 : 1pc = 2×10^5AU, 우리은하의 질량 = $10^{12}M_\odot$)
6. 아래의 그림을 참조하면 별들이 충돌하는데 평균 시간 간격을 유도해 낼 수 있다. 만일 반지름이 R인 똑같은 별들이 평균 개수밀도 N(단위체적당 별의 수)으로 공간에 흩어져 있고, 한 별이 V의 속도로 운동하면서 단위시간당 체적 $\pi R^2 V$를 쓸고 지나간다고 하자. 그러면 이 체적에 포함되는 별들의 수는 평균해서 $\pi R^2 VN$이고 시간 $T = 1/(\pi R^2 VN)$ 사이에는 그 별이 다른 별과 평균적으로 한 번 충돌할 것이다. 각 충돌 사이의 평균 거리는 바로 $L = VT = 1/(\pi R^2 N)$이 된다. 이것을 우리는 평균자유행로라 부른다. 다음의 각 경우에 대하여 평균 충돌시간과 평균자유행로를 계산하시오.
   (가) 태양 근방에서 $V = 20\text{kms}^{-1}$, $N = 0.1$개$\cdot\text{pc}^{-3}$, 별의 반지름은 $R = R_\odot$로 하자.
   (나) 은하핵에서는 $V = 1{,}000\text{kms}^{-1}$이고 10^9개의 별(반지름이 $R = 10R_\odot$)이 반지름 5pc의 구 안에 들어 있다. 계산 결과에 대하여 간단히 논의하시오.

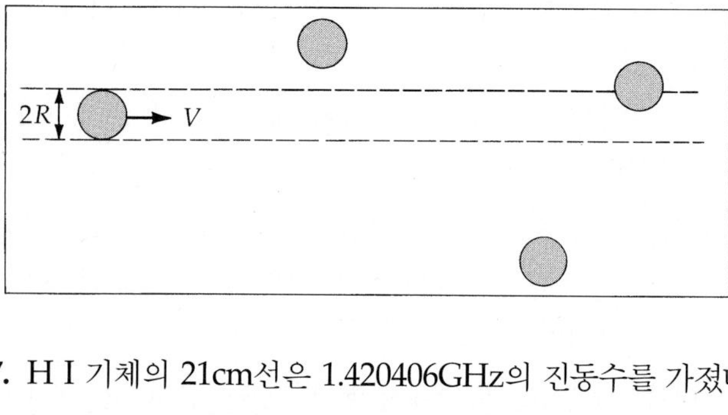

7. H I 기체의 21cm선은 1.420406GHz의 진동수를 가졌다. $b = 0°$, $l = 15°$에 위치한 구름이 방출한 21cm선의 진동수가 1.420123GHz로 관측되었다. 그림 19–10을 써서 이 구름의 위치가 될 수 있는 두 지역의 거리를 대략적으로 구하시오. 단, 은하중심 둘레의 원 운동만을 가정하시오.
8. 21cm 방출선을 이용하여 다음과 같이 주어진 은경(l)의 시선을 따라 H I 기체의 최대 속도[국부표준정지좌표계(LSR)에 대한]를 관측하였다. 즉 (1) 123kms^{-1}, $l = 15°$, (2) 95kms^{-1}, $l = 30°$, (3) 64kms^{-1}, $l = 45°$, (4) 29kms^{-1}, $l = 60°$, (5) 7.5kms^{-1}, $l = 75°$이다. 은하중심 둘레의 원 운동을 가정하시오.
   (가) 이 자료를 써서 우리은하의 내부($R < R_0$)의 회전속도를 계산하고 대강의 형태를 그려보시오.
   (나) 우리은하 내부의 질량 분포가 구대칭이라는 근사를 써서 태양 궤도 이내의 질량을 태양질량의 단위로 구하시오.
   (다) 같은 근사를 써서 은하중심으로부터 6kpc와 8.5kpc 사이에서 질량밀도가 어떻게 R에 의존되는지 구하시오(대략적인 비례관계를 찾으시오).
9. 밝은 전파원의 스펙트럼에서 중성수소 구름들에 의해서 생긴 몇 개의 21cm 흡수선을 관측하였다. 이 선들의 도플러이동을 이용하여 전파원까지 거리의 최소값을 어떻게 측정할 수 있는지를 정성적으로 논하시오. 한 시선 방향의 두 위치가 동일한 시선속도를 보일 수 있다. 최소값을 추정하는 데 있어서, 어떠한 상황이라면 거리추정의 이와 같은 불확정성을 배제할 수 있는지 설명하시오.
10. 어떤 천문학자들은 팽창하는 기체 고리가 우리은하중심 가까이에서의 격렬한 폭발의 증거라고 생각하고 있다.
   (가) 3kpc 팔은 약 $10^8M_\odot$의 질량을 가지며 약 50kms^{-1}의 속도로 팽창하고 있다고 생각된다. 이 팔의 운동에너지를 계산하시오.
   (나) 천문학자들은 질량이 $10^7M_\odot$이며 은하중심에서 200pc의 거리에서 150kms^{-1}의 속도로 팽창하는 분자 기체의 고리가 있다고 믿고 있다. 이 고리의 운동에너지를 계산하시오.
   (다) 위의 에너지들과 1개의 초신성 폭발의 에너지를 비교하고 그에 대하여 논의하시오.
11. 자유낙하에 대한 20.3절의 계산을 원시은하수은하(proto-Galaxy)에 대하여 확인해 보시오.
12. 우리은하 내의 우주선 전자를 어떻게 간접적으로 관측할 수 있을지 생각해 보시오. 그리고 우주선 양성자에 대해서

도 같은 생각을 해 보시오. (힌트 : 이러한 고에너지 입자들이 어떻게 복사를 방출할 것인가를 고려해 보라.) 이러한 측정으로 우주선이 헤일로를 포함하여 우리은하 전체에 걸쳐서 존재한다는 것을 알 수 있다.

13. 관측된 우리은하 내의 나선 형태는 차등회전 운동으로 팔이 감겨 들어가면서 생기는 것이 아니다. 이것을 보여 주기 위해서 그림 20−8의 회전곡선을 이용하여 차등회전이 뚜렷한 나선 모양을 매끈하게 없애 버리는 데 걸리는 시간을 추산해 보시오.

(가) R = 5kpc에 있는 별, R = 8.5kpc에 있는 태양, R = 20kpc에 있는 별에 대하여 각각의 회전(공전)주기를 구하시오.

(나) R = 5kpc에 있는 별이 태양이 은하중심 둘레를 도는 것보다 한 바퀴를 더 돌려면 얼마나 걸릴까? 이 부분의 나선팔은 이렇게 해서 이전의 형태에서 한 바퀴를 더 감아 들어갈 것이다. (힌트 : 1.1절에 있는 항성주기와 회합주기와의 관계를 보고 그와 비슷한 방법을 쓰라.)

(다) 태양이 R = 20kpc 거리에 있는 별이 은하중심을 도는 것보다 한 바퀴를 더 돌려면 얼마나 걸릴까?

(라) (나)과 (다)에서 얻은 결과를 우리은하의 연령과 비교해 보시오. 차등회전과는 다른 어떤 방식에 의해서 나선의 형태가 생겨야 하는 이유를 변론해 보시오.

14. 그림 20−8을 이용하여 우리은하의 (1) 중앙팽대부, (2) 원반, (3) 암흑헤일로, (4) 은하 전체의 질량을 추산하되 다음과 같이 주어진 특정한 은하중심으로부터 반지름 안쪽에 포함된 질량[$M(r < r_\odot)$]을 각각 구하시오.

(가) $r_\odot$ = 3kpc

(나) $r_\odot$ = 8.5kpc(은하중심에서 태양까지의 거리)

(다) $r_\odot$ = 20kpc

그리고 우리은하 내의 질량 분포를 빛을 내는 물질과 빛을 내지 않는 물질에 관련하여 설명하시오.

15. 20.2.2항에서 별이 [Fe/H] < −1이면 금속이 적고, [Fe/H] > −1이면 금속이 풍부하다고 이야기하였다. [Fe/H] = −1인 경계값에서의 상대적 함량비 N_{Fe}/N_H를 계산하시오. (힌트 : 표 10−1을 보시오.)

16. (가) 비열 전파원 Sgr A*가 우리은하의 중심핵을 나타내고 있는 것 같은데(20.2.3항 참조), 이 크기는 0″.1가 못 된다. 이것에 해당하는 길이는 얼마나 될까?

(나) 은하핵의 감마선 광도 변화의 시간 척도로부터 천문학자들은 은하핵의 감마선원의 크기가 0.3pc 이하라고 추산한다. 그 감마선 방출원의 각지름은 얼마인가?

17. 어떤 나선은하들은 중심에서부터 거리가 100pc까지 편평한 회전곡선을 가지고 있다. 만약, 우리은하가 그러한 회전곡선을 가지고 있다면, 은하의 총 질량은 얼마인가? (힌트 : 쌍성에 적용하는 케플러 제3법칙을 이용하시오.)

PART 4 우주
The Universe

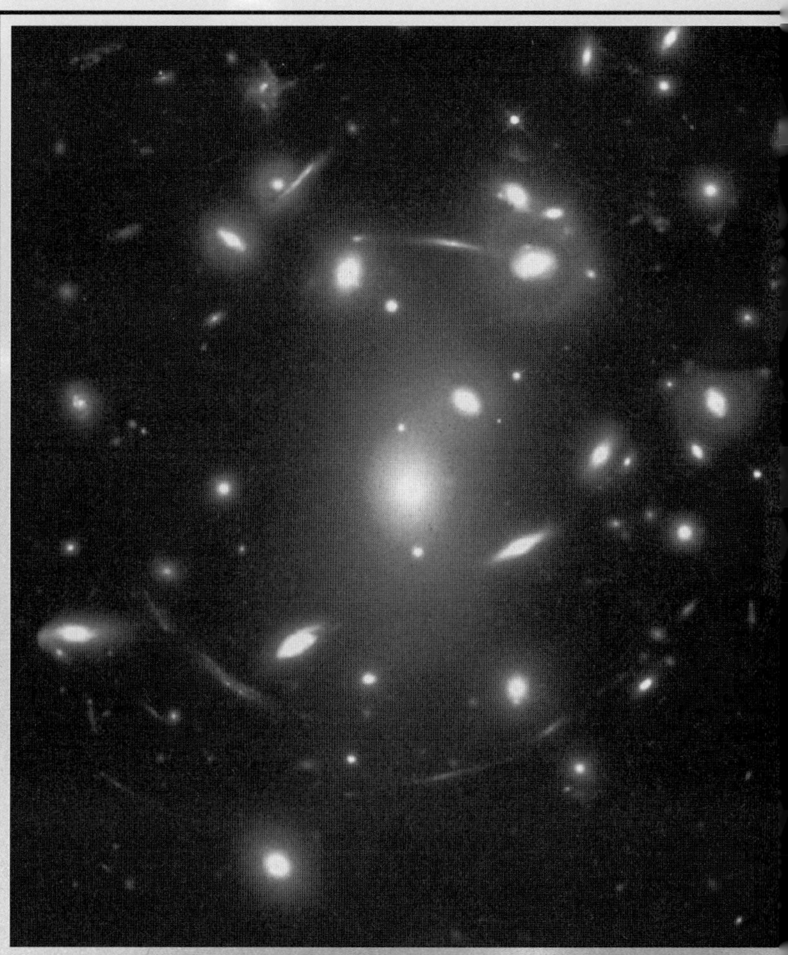

▲ 중력렌즈 현상이 나타나는 A2218 은하단(허블우주망원경)
(NASA)

21
Chapter

은하수 너머의 은하들

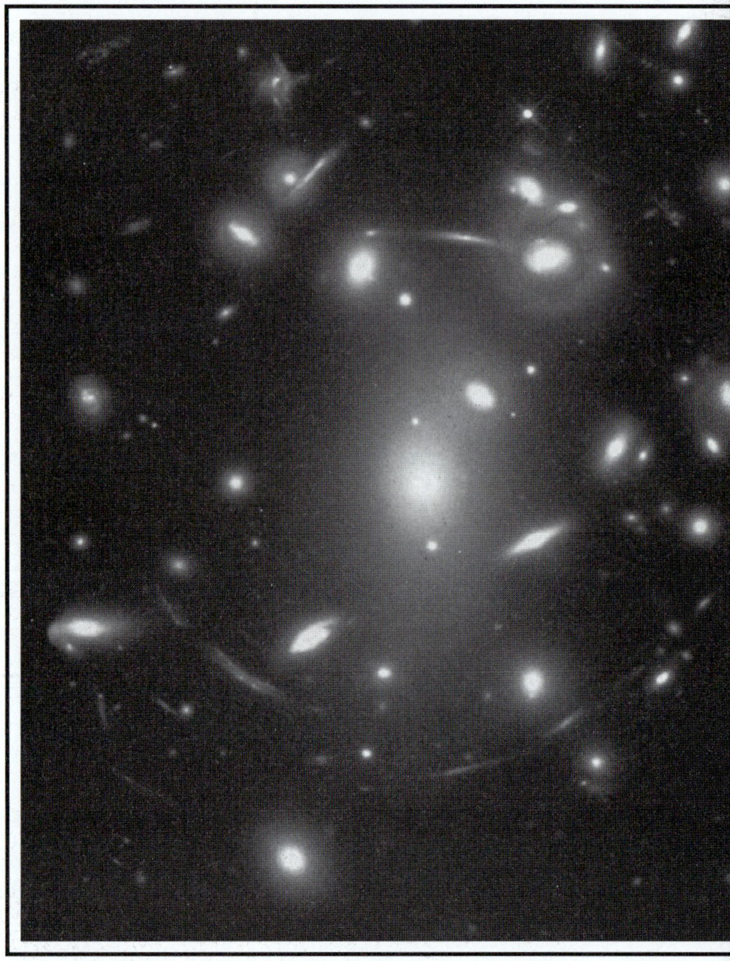

은하들은 우주에서 가장 거대한 천체이다. 은하들은 별, 가스, 먼지를 포함하며 망원경으로 관측 가능한 천체들 중 가장 커다란 천체이다. 우리은하에는 별이 약 10^{11}개 들어 있다. 우리은하도 거대하지만 이보다 조금 더 큰 은하들은 더 많은 별들을 가지고 있다. 왜소은하들은 대부분 거대 은하에 비하여 별들의 수가 1% 미만이다. 우주를 인식할 때, 우리는 보통 은하들로 이루어진 우주를 생각하게 된다. 그러나 1924년 관측적 증거가 나온 이후에 비로소, 은하들을 우리은하 밖에 있는 별들의 광대한 집합으로서 인식하게 되었다. 이 장은 일반적인 은하들의 내부 질량 분포와 이에 의해 영향을 받는 물리적 상태, 전체 질량에 대한 가스와 먼지의 양, 포함된 별들의 종족 등에 관하여 다룬다. 가끔 '정상은하' 같은 것은 없다는 언급을 듣게 될 것인데, 아마도 그것은 엄밀히 말하면 사실일 것이다. 그러나 활동은하핵(Active Galaxy Nuclei, AGNs)을 가지고 있는 부류는 대부분의 다른 은하들과 매우 다르므로, 후자에게 '정상(normal)'이라는 용어가 적용되는 것은 당연하다. 이 장에서는 정상은하들을 다룬다.

먼저 관측 결과를 제시하여 은하를 배우게 될 것이다. 정보의 대부분은 전자기파인 가시광, 전파, 적외선, 엑스선 창을 통해 얻어지며, 대부분의 관측은 은하의 상과 분광학적 특성과 관련되어 있다. 우선 관측 결과를 소개하고, 이를 기초적인 이론으로 해석한 다음, "은하란 무엇인가?" 하는 질문을 검토하게 될 것이다.

21.1 가시광선에서 보이는 은하

우리는 다른 어떤 기술보다 가시광선 관측으로 은하와 우주에 관해 많은 것을 배울 수 있었다. 이는 부분적으로 역사적 우연의 결과이다. 인간은 망원경의 도움을 받아 은하의 육안 관측을 200년 이상 해 왔다. 첫 번째 사진을 찍은 것이 100년 전이었다. 그에 반하여 다른 전자기 스펙트럼의 창은 1950년대에 이르러 비로소 중요한 결과를 산출하기 시작하다가, 최근 10~20년 동안에 완숙에 이르게 되었다.

그러나 가시광선 창의 중요성은 역사성 때문만이 아니다. 대부분의 은하들에서 에너지 방출의 주요 원천인 별빛은 일반적으로 주로 가시 창 안에 있다. 게다가 원자들의 전자 천이는 일반적으로 수 전자볼트 정도의 에너지를 가지므로 가시 광자의 에너지 범위 안에 있다. 이러한 연유에서 희박한 가스들은 주로 가시 창 안에서 선복사를 방출하게 된다. 별과 가스가 은하의 지배적인 구성원이므로 가시 관측이 은하를 이해하는 데 기초를 제공할 수밖에 없었다.

가시광선 관측과 함께 오늘날 천체물리학자들은 다른 종류의 관측에도 주목한다. 하나의 예를 들어 이 점을 확실히 하고자 한다. 특히 적외선, 전파, 엑스선 등을 이용한 관측이 새로

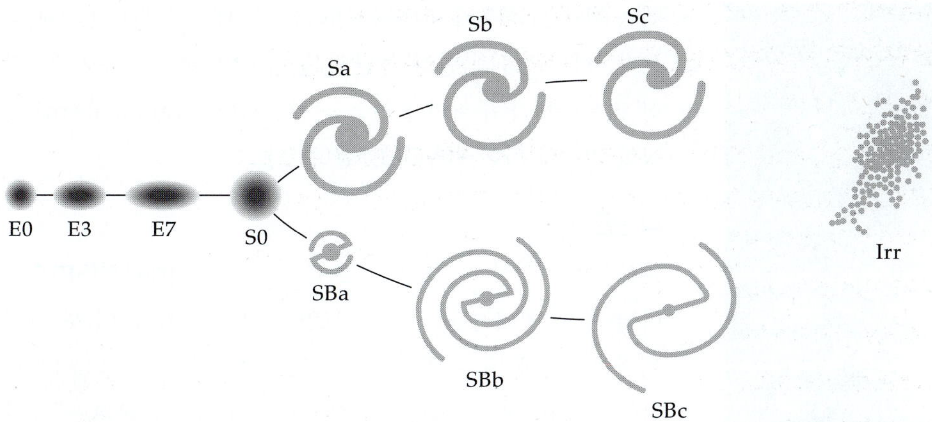

그림 21-1 허블의 소리굽쇠형 분류체계 이 그림은 나선은하, 불규칙 은하, 타원은하의 분류체계를 보여 준다. 나선은하는 나선이 단단히 감긴 정도와 중앙 팽대부/원반의 비율에 따라 형태를 분류한다. '정상'과 '막대' 양쪽 계열에 다 적용된다. 허블은 은하들이 이 도표의 왼쪽에서 오른쪽으로 진화한다고 잘못 생각하였다.

운 정보를 제공한다. 활동은하핵은 우리가 관측할 수 있는 가장 강력한 현상을 자아내는 장본인이다. 물론 우주의 기원에는 못미치지만 말이다. 그것의 몇몇 특징들은 가시광 관측으로도 규명되지만, 전파 제트의 분출과 퍼진 전파원의 형성 같은 현상과 관련된 복잡한 물리적 과정에 대한 이해와 엑스선과 적외선 관측으로부터 측정되는 전체 에너지의 종합이 활동성은하핵의 본성을 이해하는 관건이다.

21.1.1 은하의 가시광 영상

은하의 상을 관측함으로써 은하에 대한 가장 기초적인 이해를 하게 된다. 타원 또는 나선 형태 같은 대부분의 기초 용어들은 먼저 사진건판의 조사로부터 만들어졌다. 은하가 가끔 2개, 3개 등의 쌍으로 나타난다는 사실도 사진 조사하여 금방 알게 되었다 — 부유은하단에 이르기까지.

사진으로부터 얻은 방대한 자료들은 최근 CCD카메라[CCD(charge-coupled device) 전하결합소자] 같은 디지털화된 상에 의해 증가되어 왔다. 이러한 새로운 기술은 감도를 거의 100배 증가시키고 더 큰 작동 범위를 제공하였다. 또한 관측자료를 컴퓨터로 연구하기 위해 아날로그에서 디지털로 전환시켜야 할 필요가 없어졌다. 이러한 까닭에 색이나 등급을 측정하기 위해 CCD를 사용하는 것이 사진 감광유제를 사용하였을 때보다 훨씬 간단한 과정이 되었다.

그러면 광학적 상이 제공하는 기초 자료를 살펴보자. 이는 은하의 형태적인 분류체계, 은하 측광학과 색깔 등의 정보가 포함될 것이다.

분류체계

허블(Edwin Hubble, 1889~1953)은 단순히 외형에 기초를 두어 은하 연구를 개척하였다. 대부분의 은하들은 3개의 큰 범주로 분류할 수 있다. 즉 **타원**(elliptical), **나선**(spiral), **불규칙**(irregular)이다. 그림 21-1은 '소리굽쇠형' 도표라고 이름 지어진 것으로, 허블의 분류체계를 보여 준다. 막대 또는 정상 나선을 각각 Sa에서 Sc까지 분류하므로, 구조의 유사한 진행을 보여 도표를 갈라지게 하였다. 허블은 분류 순서가 일반적으로 진화 순서를 의미한다고 생각했다. 이러한 까닭으로 Sc 은하들은 '만기'형('late'-type) 나선으로 Sa 은하들은 '조기'형('early'-type) 나선으로 부르게 되었다. 허블은 S0 집단 — 그의 생각으로는 그것은 타원은하에서 나선은하로 진화하는 경계점이었다 — 도 있을 것으로 기대하였으나 실제로 어떤 것도 발견하지 못하였다. S0 은하들은 샌디지(Allan Sandage, 1926~)에 의해 보충되었는데, 그 또한 허블의 독창적 생각 위에서 이를 발전시켰다. 허블 체계에 대한 또 다른 주요 확장은 드보쿨레르(Gérardde de Vaucouleurs, 1918~1995)로부터 나왔는데, 그는 분류체계가 이산적으로 구분된 집단들이 아니라 연속적임을 강조하였고, Sc보다 만기형인 나선 집단으로 Sd와 Sm을 추가했다. 후자는 '마젤란'형 나선이다. 대마젤란운이 불규칙 구조가 아니라 뚜렷한 막대나선 구조를 가졌다는 것이 종종 대마젤란운의 사진을 본 학생들을 놀라게 한다. 그림 21-2와 21-3에 몇몇 은하의 사진을 제시하였다.

타원은하

타원은하(E라고 나타냄)는 단축회전타원체(oblate spheroid)의 모양을 한다. 타원은하는 납작한 타원형(oblate), 길쭉한 타원형(prolate), 삼축정계(triaxial) 등의 다양한 형태를 가지고 있다. 그들은 하늘에 빛나는 타원형의 원반으로 나타난다

그림 21-2 타원은하의 예
M32는 E2형이고 안드로메다은하의 동반 은하이다. (미국 국립 광학 천문대)

(그림 21-2). 빛이 타원반에 고르게 분포하며 표면밝기는 중앙에서 바깥으로 갈수록 대략 $\log I(r) \propto r^{-1/4}$꼴로 감소한다. 타원은하는 천구에 투사된 상의 찌그러진 정도에 따라 분류된다. a, b가 외관상 타원의 긴 반지름, 짧은 반지름이라고 할 때 $10(a-b)/a$를 관측된 타원율(ellipticity)로 정의한다. 실제 타원율은 주어진 은하의 주축 방향이 결정되지 않아 알아낼 수 없다. 타원율이 증가함에 따라 E1~E7로 표기하며, E0 은하는 거의 원형이다. E7이 관측된 가장 편평한 것이다. E 은하는 회전축을 가지고 있지 않다. 즉 타원은하 내의 별들은 다양한 경사(inclination)를 가진 궤도를 돈다. 관측된 타원율을 통계적으로 분석해 보면 실제 타원율이 E0에서 E7까지 고르게 분포할 것으로 예상된다.

시디은하

부수적인 유사 집단으로 **cD 은하**(cD galaxies)가 있는데, 이는 모건에 의해 소개되었다. 역사적으로 *c*는 천문학적인 명명으로 초거성을 나타내고 *D*는 확산을 나타낸다. 이들은 표면상으로 타원으로 보이나 넓게 확장된 외곽부를 가지며 다중핵을 보이는 경우가 흔하다. 지름은 수 메가파섹(10^6pc)에 이른다. 시디은하는 원래 성단의 중심부에 위치한 초거대 '정상' 타원은하가 주위의 은하들을 잡아먹어서(cannibalism) 성장한 것이라 믿어진다(23.1.5항 참조).

나선은하

나선은하는 정상나선(**S** 또는 **SA**로 표시)과 **막대나선(SB)**으로 나뉜다. 두 형태는 모두 나선 모양의 팔을 가지며, 이 두 팔이 회전축의 중심부 부근에서 대칭으로 뻗어나간다. 정상나선은하(그림 21-3A)의 팔은 중심핵으로부터 직접 나온다. 막대나선은하의 물질막대가 중심을 가로지르며(그림 21-3B), 팔은 막대의 끝에서부터 나온다. 막대든 정상이든 나선은하는 팔이 얼마나 단단하게 감겼는가, 얼마나 누더기같이 쪼개져 있는가와 중심핵의 상대적인 크기에 따라 다시 분류된다. Sa형의 정상나선은하는 중심핵 주위를 단단히 감고 있지만 매끈하고 잘 정의되지 않는 팔을 가진다. 그렇지만 거의 원형이다. 중간의 Sb 은하는 좀 더 열린 팔을 갖고 종종 부분적으로 H II 영역의 작은 구역과 종족 I의 성협으로 분해된다. Sc 은하는 일반적으로 중심핵이 작으며, 나선팔은 펼쳐져 있고 별의 집단으로 잘 분해된다. 늙은 종족과 젊은 종족이 둘 다 나선은하에 존재하나 Sa형에서 Sc형으로 갈수록 젊은 별인 종족 I의 비율이 증가한다. 막대나선은하들도 SBa, SBb, SBc와 같은 계열을 보여 준다.

두 가지 형태의 은하들이 왜 존재할까? 헤일로의 질량이 다른 나선은하들의 동역학을 연구했던 오스트라이커(J.P. Ostriker, 1937~)와 피블스(R.J.E. Peebles, 1935~)가 그 답을 제시하였다. 원반은하의 헤일로가 충분히 무겁지 않으면, 막대구조의 불안정이 유발된다. 우리는 여기서 가시광선 영역에서는 그 존재가 드러나지 않지만 동역학적 효과를 나타내는 질량이 상당히 큰 구형 성분을 보통의 나선은하들이 가지고 있다는 증거를 볼 수 있다. 이것은 암흑물질에 관한 질문의 일부일뿐이다. 암흑물질 문제가 은하와 우주에 대한 토론 전반에 걸쳐서 차츰 중요시되고 있다.

나선팔의 발달 정도는 은하의 광도와 관련이 있다. 별의 광도계급과 유사하게 은하의 광도계급도 I, II, III, IV, V로 분류된다. I이 가장 밝고, V가 가장 어두운 부류이다. 예를 들어 ScI 은하는 중심핵이 작고 나선팔이 널리 잘 발달된 매우 밝은 은하이다. 은하의 광도계급은 질량과도 관계가 있다. 그러

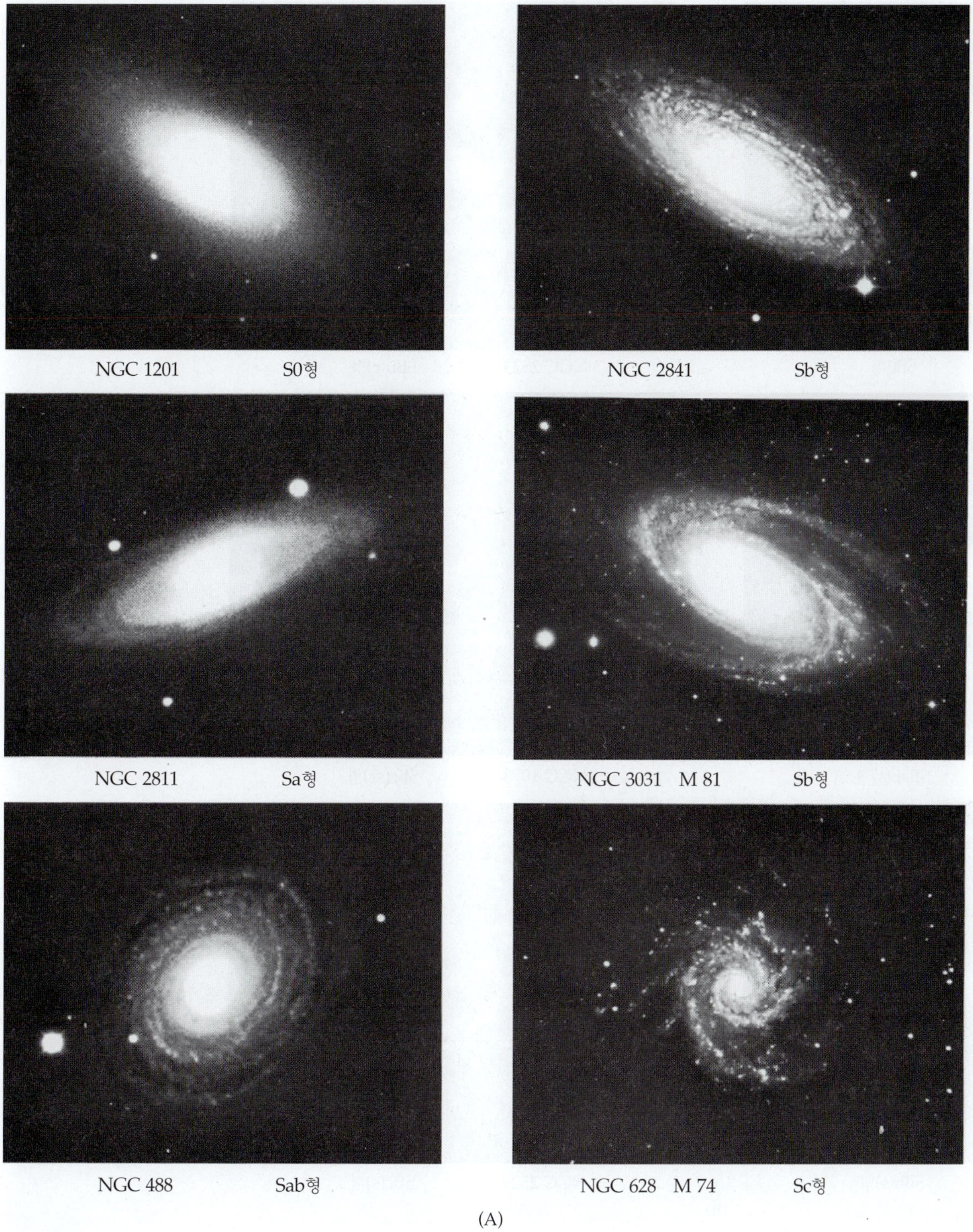

그림 21-3 나선은하들의 유형
(A) 정상나선은하. (B) 막대나선은하(다음 페이지) (팔로마 천문대, 캘리포니아 공과 대학)

므로 같은 형태의 은하들 중에서 계급 I의 은하가 질량이 가장 크고 V가 가장 작다.

S0 은하

S0 은하는 타원은하 E7과 나선은하 Sa의 중간에 해당한다. 이들은 E7 은하보다 더 편평하고 또 회전타원 구형의 중심핵팽대부뿐 아니라 얇은 원반을 가진 점에서 타원은하와는 구별된

NGC 2859 SB0형

NGC 2523 SBb(r)형

NGC 175 SBab(s)형

NGC 1073 SBc(sr)형

NGC 1300 SBb(s)형

NGC 2525 SBc(s)형

(B)

그림 21-3 나선은하들의 유형(계속)

다. 옆에서 본다면(edge-on), 이들은 때때로 볼록렌즈 모양을 하므로 **렌즈형은하**라고도 부른다. 표면밝기가 $r^{-1/4}$법칙을 따라 변하는 은하의 구형 성분에 비하여 원반 성분은 $I(r) = I_0\exp(-\alpha r)$로 더 천천히 감소한다. 여러 면으로 보았을 때 S0 은하는 나선은하를 닮았지만 종족 I 별을 포함하진 않는다. S0 은하는 더 편평하고 원반을 가지므로, 옆에서 보면 타원은하와는 상대적으로 쉽게 구분되지만 Sa 은하와는 구별이 쉽지 않다. 반면에 정면으로 본(face-on) S0는 나선팔이 뚜렷한 Sa와는 쉽게 구분되지만, 나선팔을 전혀 갖지 않은 E0와는 구분하기 어렵다. E와 S0 은하들을 정확히 구분하려면 S0의 회미한 외곽 원반을 관측할 수 있어야 한다. 따라서 S0 은하를 찾는 것은 은하의 거리뿐 아니라 관측자료의 질에 의존한다.

S0 은하가 생성될 수 있는 한 가지 방법은 조기형 나선은하가 다른 은하와의 조석작용에 의해 가스와 티끌이 제거되는 것이다. 은하들이 서로 관통하여 충돌하는 경우에도 별들은 거의 충돌하지 않지만 가스는 제거되는 경향이 있다.

불규칙은하

그 이외의 은하들은 대칭적이거나 규칙적인 구조를 보이지 않기 때문에 **불규칙은하**로 분류된다. 하지만 불규칙은하도 2개의 독특한 군으로 구분된다. **불규칙은하 I**(Irr I)형의 은하들은 OB형별, H II 영역과 많은 종족 I 성분을 분명히 가진다. **불규칙은하 II**(Irr II)의 분류 기준은 불분명한 편인데, 주로 생김새가 아주 특별한 은하들을 포함한다. 이들 은하들은 뚜렷한 형태가 없고, 별들을 분해해 볼 수 없다. 이 부류의 은하들은 성간티끌에 의한 흡수의 흔적이 확실하고, 가스 성분에서 비롯한 방출선이 많이 보인다. 특이은하 M82가 Irr II(그림 21–4)의 대표격이다. 티끌 물질이 은하의 별빛을 사방에서 차단하여 마치 폭발이 일어난 것처럼 보이게 한다. 그러나 실제의 폭발은 아니다.

왜소은하

표준 분류체계가 우주에 존재하는 대부분의 은하들에 적용되지 못한다는 점을 기억해 둘 필요가 있다. 우리가 보통 사진으로 보는 은하들은 자연히 쉽게 알아볼 수 있는 것들이다. 그들은 가장 밝고 눈에 띄는 천체이다. 하지만 왜소은하들의 수가 우리에게 친숙한 거대은하들의 수를 훨씬 초과한다. 왜소은하들은 다양한 형태를 가진다. 그러나 가장 흔한 형태는 타원형이고 가스가 거의 없는 이른바 **왜소타원은하**(dwarf elliptical) 혹은 **dE**이다. 이들과 실제 타원은하 사이의 분명한 차이는 크기가 아니라 dE에는 밝은 핵 영역이 없다는 것이다. 이 부류의 은하들이 우주에서 가장 많은 수를 차지한다. 왜소은하의 다른 주요 형은 **dIrr** 혹은 **왜소불규칙은하**(dwarf irregular)이다. 왜소나선은하는 없다는 점에 유의하자. 이것은 은하의 형성과 진화에 관련된 중요한 단서이다. 나선팔은 $m \geq 10^9 M_\odot$인 시스템에서만 가능한 물리적 과정인 것으로 보인다.

왜소은하들은 정상은하들보다 수가 많지만, 질량면에서는 정상은하들이 월등하다. 따라서 우리 논의의 대부분은 거대은하에 머물러야 타당할 것이다.

그림 21–4 불규칙은하 M82 (릭 천문대)

특이은하

끝으로 우리는 지금까지 논의된 어떤 유형으로도 분류되지 않는 **특이은하**(peculiar galaxy)로 불리는 은하들을 보게 된다. 기상천외한 고리은하(ring galaxy)(그림 21–5)와 다른 은하와의 조석붕괴(tidal disruption)를 겪고 있는 은하들이 좋은 예이다.

관측되는 은하 형태의 비율

관측된 은하의 약 77%가 나선은하이고, 20%가 타원은하, 3%가 불규칙은하이다. 그러나 이러한 표본에서는 매우 먼 거리에서도 관측되는 밝은 나선은하가 지배적이다. 주어진 공간 부피 내에서 상대적인 숫자는 상당히 다르다. 9.1Mpc까지의 공간 내부를 관측한 결과는 나선은하가 33%, 타원은하가 13%, 불규칙은하가 54%인 것으로 나타난다. 불규칙은하들은 많은 수가 왜소은하처럼 광도가 매우 낮고 질량이 작은 은하이다.

21.1.2 은하의 측광 특성

적분색(integrated color)

은하로부터 오는 빛은, 가장 밝고 뜨거운 별들에서부터 어둡지만 훨씬 더 많은 차가운 별들까지, 모든 별들로부터 온다. 우리는 은하의 색깔로부터 그 은하를 구성하는 별의 종류를 추측할 수 있다. 은하의 유형과 그 은하의 색 사이에 직접적인 상관관계가 존재한다. 타원은하는 나선은하에 비해 더 붉은

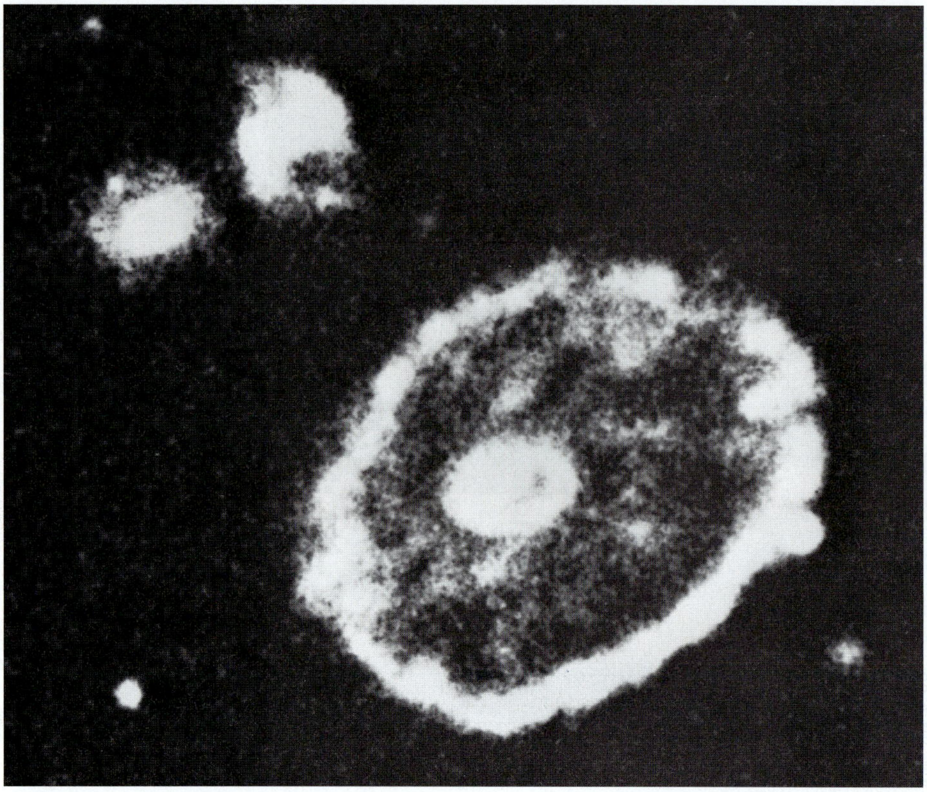

그림 21-5 고리은하
마차바퀴 은하라고 불리는 이 천체는 큰 나선은하(지금의 고리)와 다른 은하와의 충돌의 결과일지도 모른다. (영국 왕립 천문대, 에든버러)

경향이 있고, 나선은하가 불규칙은하보다 더 붉다. 나선은하는 중심핵팽대부가 크고 나선팔의 구조가 약할수록 더 붉게 보인다. 은하의 형태학적 분류에 따른 색지수($B - V$)가 표 21-1에 제시되어 있지만, 특히 나선은하의 경우 외곽부가 중심핵팽대부 영역과 색이 다르다.

푸른 불규칙은하로부터 붉은 타원은하에 이르는 색의 변화는 은하를 구성하는 성족을 반영한다. 일반적으로 얘기해서, 늙은 종족 I은 타원은하에 많고, 젊은 종족 I은 불규칙은하에 많다. 두 종족이 섞여 있는 나선은하의 경우에는 나선팔(젊은 종족 I)의 크기에 대한 팽대부(늙은 종족 I)의 상대 크기에 의해 결정된다. 종족 II는 주로 구상성단과 은하 헤일로에 존재하지만, 큰 은하들에게는 주요 구성원이 되지 못한다.

크기

단순한 삼각시차법으로부터 천체의 거리를 알아내고 천구 상

표 21-1 은하의 기본적 특징

	타원은하	나선은하	불규칙은하 I
질량[$M_\odot$]	$10^5 \sim 10^{13}$	$10^9 \sim 4 \times 10^{11}$	$10^8 \sim 3 \times 10^{10}$
절대등급	$-9 \sim -23$	$-15 \sim -21$	$-13 \sim -18$
광도[$L_\odot$]	$3 \times 10^5 \sim 10^{11}$	$10^8 \sim 2 \times 10^{10}$	$10^7 \sim 10^9$
$M/L[M_\odot/L_\odot = 1]$	100	2~20	1
지름[kpc]	1~200	5~50	1~10
종족 성분	II와 늙은 I	I (팔), II와 늙은 I(전체)	I, 약간의 II
티끌의 존재	거의 없음	있음	있음

		Sa	Sb	Sc, Sd	
색지수($B - V$)	+1.0	+0.9	+0.4~0.8	+0.4~0.6	+0.3~0.4
M_{HI}/M_T[%]	거의 0	2 ± 2	5 ± 2	10 ± 2	22 ± 4
분광형	K	K	F~K	A~F	A~F

의 각크기가 결정되면 그 천체의 실제 크기를 쉽게 계산할 수 있다. 각지름이 주어지면 $a_{rad} = s/d$의 관계로부터 지름을 구할 수 있다. 여기서 a_{rad}는 라디안 단위로 잰 각지름, s는 지름, d는 거리이다. 거리를 어떻게 구하는지에 대한 논의는 다음 장으로 미루도록 하겠다. 여기서는 일단 거리 구하는 것이 가능하다고 가정하자.

은하의 크기를 계산하는 데 있어서 하나의 걸림돌은 은하의 '가장자리(edge)'에 대한 정의가 분명하지 않다는 점이다. 따라서 각기 다른 정의는 서로 다른 지름을 이끌어 낸다. 원반부나 회전타원체 성분(spheroidal component)에서 빛의 세기가 천천히 감소하기 때문에 개개인에 따라서 E형 은하와 S형 은하를 누군가는 '항상' 좀 더 어두운 부분까지 볼 수 있고, 그래서 그는 은하를 좀 더 크게 볼 것이다. 일반적으로, 천문학자들은 관측된 밝기의 한계 수준을 이용하여 은하의 가장자리를 판단한다. 이렇게 지정된 세기의 윤곽선은 **등광도수준**(isophotal level)이라고 하며, 은하 사진에 그려진다. 이 등광도수준은 은하의 겉보기 각크기를 결정한다. 이러한 작업은 오늘날 CCD사진을 이용하고 컴퓨터로 영상 처리를 함으로써 상대적으로 쉽게 수행된다.

왜소타원은하와 작은 불규칙은하는 대개 가장 작은 은하로, 어떤 것은 지름이 불과 3,000pc 정도이다. 모든 형태의 은하의 전형적인 지름은 약 15kpc이다. 거대타원은하는 60kpc 크기인 것도 있다. 가장 큰 cD 은하는 지름이 2Mpc에 이르는데, 이는 우리은하에서부터 안드로메다은하까지의 거리보다 더 크다.

광도

만약 은하의 거리와 (겉보기등급에 의해 로그함수로 측정된) 플럭스를 안다면, 광도(절대등급)를 계산할 수 있다. 그러나 계산된 절대등급이 정확하게 은하의 출력량을 측정한다는 것을 확실하게 하기 위해서 몇 가지가 고려되어야 한다. 하나는 앞에서 언급된 크기의 문제와 연관된다. 은하의 가장자리를 어떻게 결정할 것인가? 우리는 반지름을 주어진 등광도곡선에서 제한할 필요가 있다.

또한 은하의 절대등급에 대해서 세 가지 보정이 이루어져야 한다. 여기서는 제2의 밝은 은하 기준목록(Second Reference Catalogue of Bright Galaxies)에서 주어진 보정을 간략하게 설명하도록 하겠다.

첫 번째 보정은 우리은하 내에서의 먼지 차폐(dust obscuration)에 의한 것이다. B등급 체계에서 은하북극에서의 총 소광량은 $A_B = 0.19$등급이고, 은하남극에서의 총 소광량은 $A_B = 0.21$등급이다. 주어진 은경(l)과 은위(b)에서의 소광에 대한 일반식은 다음과 같다.

$$A_B = 0.19(1 + S_N \cos b)|C| \qquad (b > 0)$$

그리고

$$A_B = 0.21(1 + S_S \cos b)|C| \qquad (b < 0)$$

여기서

$$\begin{aligned} S_N(l) = 0.1948 \cos (l) \\ + 0.0725 \sin (l) + 0.1168 \cos (2l) \\ - 0.0921 \sin (2l) + 0.1147 \cos (3l) \\ + 0.0784 \sin (3l) + 0.0479 \cos (4l) \\ + 0.0847 \sin (4l) \end{aligned}$$

그리고

$$\begin{aligned} S_S(l) = 0.2090 \cos (l) \\ - 0.0133 \sin (l) + 0.1719 \cos (2l) \\ - 0.0214 \sin (2l) - 0.1071 \cos (3l) \\ - 0.0014 \sin (3l) + 0.0681 \cos (4l) \\ + 0.0519 \sin (4l) \end{aligned}$$

C는 북반구와 남반구에서 모두 다음과 같이 주어진다.

$$C = \csc[b + 0.25° - 1°.7 \sin (l) - 1°.0 \cos (3l)]$$

두 번째 보정은 관측하는 은하 내부의 소광에 의한 것이다. E 은하는 성간티끌이 거의 없기 때문에 이 보정은 오직 S 은하의 경우에만 취해진다. 이는 영상의 경사각 i에 대한 함수인데, 관측된 영상의 타원율에 의해 추정될 수 있다(극 위에서 본 나선은하는 원형으로 가정한다). 그 식은

$$A_B(i) = 0.70 \log \sec (i)$$

이다. 경사는 아래의 식으로부터 구할 수 있다.

$$\cos^2 i = \frac{(b/a)^2 - \alpha}{1 - \alpha^2}$$

표 21-2 선택된 은하

이름	다른 이름	α(2000)	δ(2000)	비고
안드로메다은하	M31, NGC 224	$0^h42.7^m$	+41°16′	SbI-II
검은눈은하(Black Eye)	M64	$12^h56.7^m$	+21°41′	SabII
센타우루스A은하(Centaurus A)	NGC 5128	$13^h25.5^m$	−43°01′	전파원
백조자리A은하(Cygnus A)		$19^h59.4^m$	+40°43′	전파원
화로자리A은하(Fornax A)	NGC 1316	$3^h22.7^m$	−37°12′	전파원
호그의 천체(Hoag' s object)		$15^h17.2^m$	+21°35′	방추형과 나사형
마페이 I 은하 (Maffei I)		$2^h36.3^m$	+59°39′	가장 가까운 거대타원은하?
쥐은하(The Mice)	NGC 4676a/b	$12^h46.1^m$	+30°44′	충돌 쌍은하
바람개비은하(Pinwheel)	M33	$1^h33.9^m$	+30°39′	ScII-III
멕시코모자은하(sombrero)	M104	$12^h39.9^m$	−11°37′	옆이 보이는 Sa/b
스테판오중은하(Stephan' s Quintet)	NGC 7317-20	$22^h36.0^m$	+33°58′	기이한 적색이동?
소용돌이은하(Whirlpool)	M51	$13^h29.9^m$	+47°12′	SbcI-II

여기서 b/a는 관측된 축 길이의 비율이고 α는 같은 형태의 은하를 옆에서 바라보았을 때의 축의 비율이다.

세 번째 보정은 K-보정이라 불리는데, 방출된 빛이 적색이동에 의해 필터 대역 밖으로 이동하기 때문에 필요하다. 이 보정은 은하의 형태에 따라 달라진다. 허블 분류를 단위로 사용하면 표준식은 아래와 같다.

$$10^4 \times K_B(cz)$$
$$= 0.15cz \qquad \text{(E와 S0형)}$$
$$= [0.15 - 0.025(\text{형태} - \text{S0})]cz \qquad \text{(Sa–Sb형)}$$
$$= [0.075 - 0.010(\text{형태} - \text{Sb})]cz \qquad \text{(만기형)}$$

여기서 cz는 적색이동(kms^{-1})이다.[1)]

절대등급은 왜소타원은하의 경우 −8등급($2 \times 10^5 L_\odot$)에서부터 초거대은하의 −25등급($2 \times 10^{12} L_\odot$)까지의 범위에 있다. 외부에서 본 우리은하는 대략 −21등급($2 \times 10^{10} L_\odot$)의 절대등급을 가질 것이다.

은하의 질량(1단계)

은하의 질량을 측정할 수 있는 방법 중 한 가지를 고찰해 보자. 은하의 에너지 방출량인 광도를 알고 있으므로 간단한 계산을 수행할 수 있다. 은하의 광도가 $10^{11} L_\odot$이고 각각의 별이 평균적으로 태양과 같이 그 질량에 해당하는 만큼의 빛을 낸다면, 은하의 질량은 $10^{11} M_\odot$일 것이다. 보다 나은 측정을 위하여 은하 형태에 따르는 가스(최대 30%)와 먼지(최대 5%)의 양에 대한 보정을 할 수 있다. 여기서의 이 방법은 중요하다. 은하의 구성 천체들이 $1M_\odot$에 대해 $1L_\odot$을 방출하고 있다는 가정을 하였다는 것에 주목하자(태양계의 사례처럼). 이 방법은 광도에 기초한 계산으로, 그 결과는 광도에 매우 근사하게 따른다. 따라서 은하는 $10^5 \sim 10^{13} M_\odot$의 범위에 있다.

표 21-1은 은하의 기본 관측자료를 요약한 것이다. 세 가지 주요 형태에 따른 질량, 광도, 색, 지름, 종족 형태를 확인할 수 있다. 표 21-2는 가장 흥미로운 은하 몇 개에 대한 위치를 제시하고 있다.

21.1.3 은하의 가시광 영역 스펙트럼

우리는 앞에서, 은하를 다른 색(파장)에서 조사하면 중요한 정보를 얻을 수 있다는 것을 보았다. 은하의 다른 부분들은 다양한 파장으로 다른 양의 빛을 방출한다. 그러므로 전체 가시광 영역의 창을 스펙트럼으로 분리해 내는 관측이 가장 중요한 도구가 된다. 광학 분광학의 역사는 사진의 역사와 유사하다. 첫 번째 스펙트럼 사진은 최초의 사진 영상과 매우 비슷한 시기에 얻어졌고, 현대의 경향은 스펙트럼을 얻기 위해 CCD를 이용한다.

분광형

대부분의 분광 관측에 있어서, 오직 중심핵 영역으로부터의 정보를 저장함으로써 은하를 하나의 천체처럼 다룬다. 은하 4개

1) 여기서 은하의 형태에 수를 부여한 Numerical Hubble Stage T를 사용하는데, S0 = 0, Sa = 1, Sab = 2, Sb = 3, Sbc = 4, Sc = 5, Scd = 6, Sd = 7, Sdm = 8, Sm = 9, Im = 10에 해당된다. (역주)

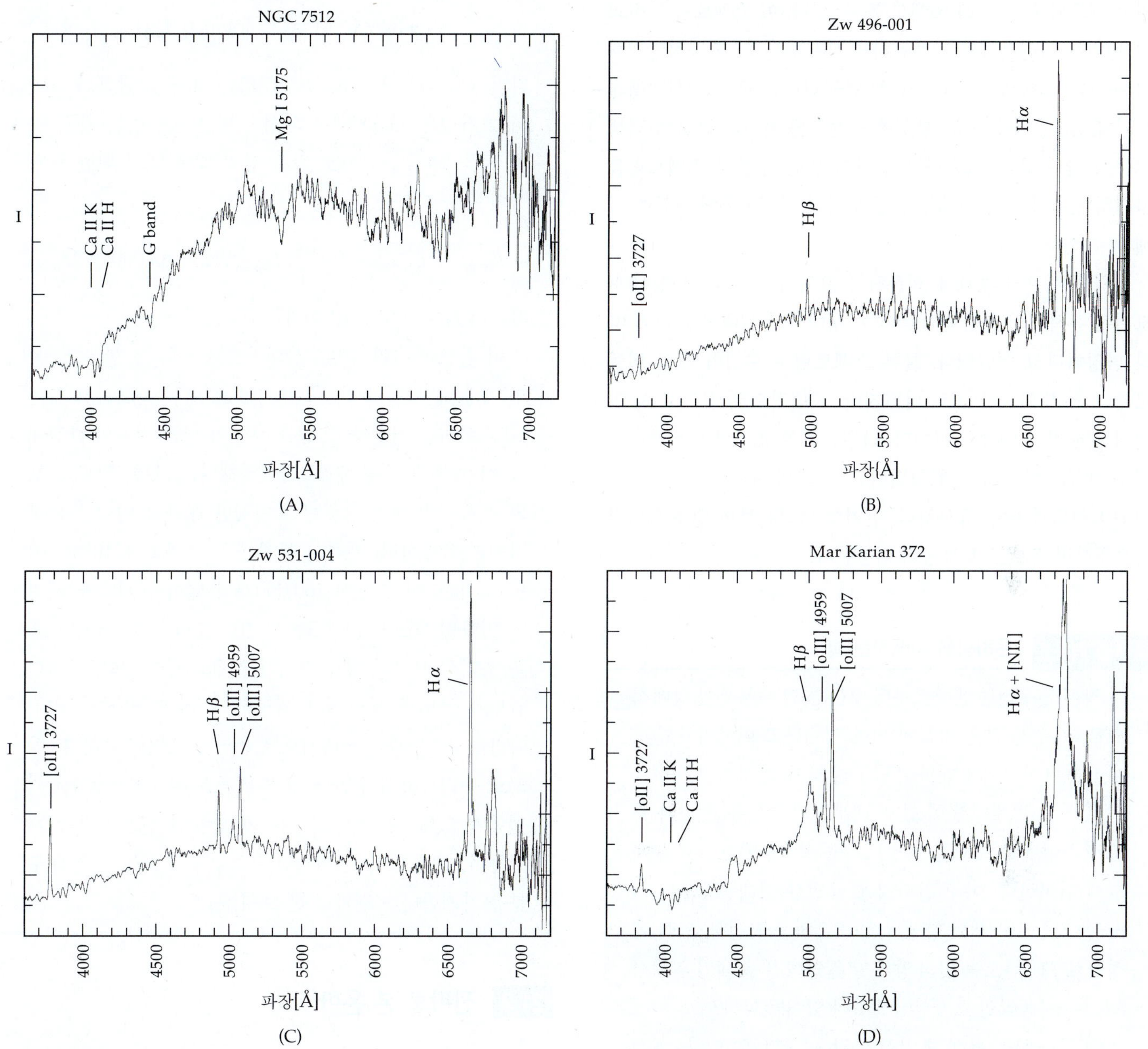

그림 21-6 은하 스펙트럼의 예

(A) 타원은하의 전형적인 스펙트럼. 방출선은 없고 이온화된 칼슘, 중성 마그네슘, CN 분자(G 밴드 영역)의 흡수선의 특징이 두드러진다. 긴 파장 영역과 비교했을 때 K선과 H선보다 짧은 파장의 연속복사가 상당히 약하다는 점을 주목하자. 이것이 4,000Å의 불연속이다. 또한 K선과 H선이 4,000Å(400nm)보다 긴 파장에서 보인다. 393~396nm에서 방출되었지만 관측 파장이 적색이동($v \approx 7{,}200\text{kms}^{-1}$)되었다. (B) 만기형 나선은하의 전형적인 스펙트럼. E형 은하의 경우에 비교하여 조기형 분광형의 항성으로부터 온 연속복사이므로 4,000Å의 불연속은 보이지 않고 (A)에서 보였던 E형 은하의 두드러진 흡수선 특징이 매우 약하거나 없다. 그러나 미약한 별 형성의 흔적인 수소의 두 가지 선, Hα와 Hβ, 그리고 금지선 [O III] 372.7 방출선을 볼 수 있다. (C) 별이 활발하게 형성되고 있는 은하의 스펙트럼. (B)와 유사하지만 [O III] 495.5선과 500.7선이 보임을 주목하자. (D) 세이퍼트(Seyfert)1.5형 활동은하핵의 스펙트럼. 허용된 방출선들의 선폭이 극단적으로 넓다는 사실에 주목하자. 또한 K와 H의 흡수선들이 나타날 정도로 충분히 많은 별들이 이 은하의 스펙트럼에 포함되어 있다. 긴 파장 대에서의 탐지기 반응이 낮기 때문에 4개의 스펙트럼 모두에서 스펙트럼의 붉은색 부분 가장자리에 더 많은 잡음이 있다. 붉은 영역에서 마루와 골 사이의 겉보기 차이는 적은 잡음을 보이는 스펙트럼의 푸른 부분에 비해 뚜렷하지 않다.

의 스펙트럼을 그림 21−6에서 볼 수 있다. 이 스펙트럼은 비교적 평범한 타원은하와 나선은하를 비롯하여 더 활동적인 2개의 은하의 스펙트럼이다. 이러한 분광관측은 은하 중심핵팽대부의 활동, 동역학, 주된 항성종족 성분뿐 아니라 은하의 적색이동도 알려 준다(22.2.1항). 은하의 많은 부분의 스펙트럼을 자세히 관측하면 은하 내부 운동과 다른 항성종족에 대하여 이해할 수 있다.

분광형은 은하 형태에 의존하는 은하의 한 가지 특성이다. 모건은 은하핵의 분광학적 특징이 팽대부의 상대적 크기에 따라 다양하다고 언급했다. 물론 스펙트럼은 수십억 개의 별들로부터 온 빛의 적분으로 나타나지만, 상대적으로 적은 수의 거성이 지배적인 영향을 끼친다. 타원은하와 조기형 나선은하의 경우 대부분의 거성은 K형별이고, 은하의 분광형은 적색 편이된 K형별과 매우 유사하다. 만기형 나선은하의 경우 G형별 혹은 F형별 쪽으로 분광형이 이동한다.

개념 적용 **은하광을 지배하는 별**

이 장에서 우리는 은하로부터 오는 빛의 대부분이 상대적으로 그 수가 적은 거성에 의한 것이라고 이야기하였다. 이러한 아이디어에 대하여 탐구해 보자. 전형적인 은하에는 10^{10}~10^{11}개의 별이 있다. 대부분의 별들은 질량과 광도가 작아질수록(M형 왜성) 그 숫자가 증가하면서 주계열에 위치한다. 아주 간단하게 균일한 절대등급 M_V = +8을 갖는 10^{10}개의 항성이 있는 은하를 가정하자. 이 왜성들로부터 나오는 빛의 양과 같은 양의 빛을 내기 위해서 M_V = −4등급인 초거성이 얼마나 있어야 할까?

식 (11−5)를 통해 초거성의 값을 구할 수 있다. 왜성의 전체 밝기는

$$l_{\text{dwarf}} = 10^{10} \times l_{+8}$$

이고, 초거성의 전체 밝기는

$$l_{\text{giants}} = N \times l_{-4}$$

이다. 여기서 N은 우리가 찾아야 할 숫자이다. 식 (11−5)에 필요한 값들을 대입하면 다음과 같은 값을 구할 수 있다.

$$+8 - (-4) = 2.5 \log (l_{-4}/l_{+8})$$

따라서 $(l_{-4}/l_{+8}) = 6.3 \times 10^4$이다. 바꾸어 말하면 하나의 초거성은 63,000개의 왜성이 방출하는 양과 같은 양의 빛을 낸다. 그러므로 같은 양의 빛을 내기 위한 초거성의 수는 다음과 같다.

$$l_{\text{dwarf}} = l_{\text{giants}} = 10^{10} \times l_{+8} = N \times 63{,}000 \times l_{+8}$$

따라서 $N = 1.6 \times 10^5$이다.

이 정도의 수가 정말 '상대적으로 적다'고 할 수 있을까? 10kpc에 걸쳐서 균일한 밀도로 별이 분포하고 있는 E0형 은하를 가정하고, 별들 사이의 평균 거리의 관점에서 이 질문에 답을 해 보도록 하겠다. 균일한 밀도 분포의 가정은 명백히 그릇된 것이지만 대략의 어림값을 찾기에는 유용하다. 은하의 부피는 $V = 4.2 \times 10^{12}\text{pc}^3$이 될 것이다. 이 공간에 160,000개의 별이 균일하게 채워져 있다면 $1(\text{pc})^3$ 안에 3.8×10^{-8}개의 별이 있거나 혹은 초거성 사이의 평균 거리가 약 300pc가 된다. 이처럼 밀도가 균일한 모형에서 왜성은 3.5pc씩 떨어져 있다. 따라서 초거성은 '상대적으로 적다'고 말할 만 하다. 참고로 우리은하의 원반에 있는 별들은 평균적으로 1pc씩 떨어져 있다. 우리의 모형은 꽤 단순하지만 가장 밝은 별들이, 비록 그 수는 적지만 은하로부터 오는 빛의 대부분을 차지한다는 결과를 잘 보여 준다.

21.2 전파로 본 은하

광학 관측과 비슷한 방법으로 전파망원경을 이용할 수 있다. 광대역 연속전파 관측 결과는 광학에서 광대역 색(11.4.1항 참조)과 비슷하다. 구경합성 상은 CCD 상과 비슷하며, 우리는 스펙트럼을 완성하기 위하여 전파 영역의 주파수를 훑게 된다.

21.2.1 연속전파

은하의 연속전파 관측은 대부분 싱크로트론복사를 측정하는 것이다. 이로부터 우리는 관측된 은하에는 자기장과 고에너지 입자가 존재함을 알 수 있다.

일반적으로 전파 방출 특성에 의하여 은하들을 2개의 집단

으로 분리할 수 있다. 하나는 세이퍼트은하, 전파은하, 퀘이사 등을 포함하는 활동은하핵 집단이다. 이 천체들은 중심핵 영역으로부터 비롯된 강력하고 격렬한 현상들을 보인다. 비록 많은 수의 은하들이 전파망원경으로 검출되지만, 전파은하라는 용어는 전파의 출력이 $10^{33}Js^{-1}$ 이상인 활동은하핵의 특수 집단에 적용한다. 이러한 천체들은 제24장에서 다룰 것이다. 이 장에서는 두 번째 집단인 보통의 은하들에 대하여 관심을 가질 것이다.

보통 만기형 은하들만이 전파 광도가 낮은 방출원 집단으로서 관측된다. 상대론적 전자와 정렬된 자기장의 생성 과정을 고려할 때 이것은 별로 놀라운 일이 아니다.[2] 가장 적절한 후보는 젊은 종족 I의 천체들이다.

21.2.2 선복사와 중성수소 함량

가장 널리 관측되는 전파 방출선의 예는 중성수소로부터 방출되는 21cm선이다. 이 방출선은 주변 은하의 H I 함유량에 대한 많은 정보를 제공해 주는데, 여기에는 은하 내의 수소 총량, 은하 총 질량에 대한 수소질량의 비, 중성수소의 분포, 은하중심으로부터 거리 함수로 주어지는 회전곡선, 은하의 시선속도 등이 포함된다. 물론 가장 완벽한 자료는 전파망원경으로 분해되는 은하들에 의한 것이다.

예상되는 바와 같이 은하 내 수소의 총량은 1차적으로 은하 크기에 대한 함수이다. 한편 은하 총 질량에 대한 수소 총량의 비(M_{HI}/M_T)는 은하 형태(표 21–1)에 의존한다. 중성수소의 형태로 있는 총 질량의 백분율은 은하 내의 진화와 관련된다. 별에 비해 상대적으로 적은 수소는 원래 가스 대부분이 이미 별로 응축되었음을 의미한다. 나선은하와 불규칙은하로부터 얻은 자료는 HI 질량이 렌즈형은하에서는 단지 3%, 불규칙은하에서는 22%로 총 질량 중에서 작은 비율을 차지하고 있음을 보여 준다. 따라서 불규칙은하는 Sa 은하에 비해 총 질량에 대하여 상대적으로 HI 가스를 많이 가지고 있다.

현재의 별의 생성률은 수소의 양과 밀도에 모두 의존한다. Sc 나선은하나 불규칙은하는 Sa 나선은하에 비해 반드시 젊은 것이 아니라 발달 과정이 다른 것이다. 예를 들면, 종족 II의 별들은 높은 M_{HI}/M_T비를 가지고 있는 불규칙은하에서도 관측된다.

Sc 나선은하나 불규칙은하에서는 많은 경우에 수소 확장 영역이 광학적인 은하 크기의 거의 2배가 된다. 예를 들면, 마젤란은하에 대한 연구는 두 은하 사이의 수소가 우리은하로의 다리이자 두 은하를 둘러싸는 외피 형태로 존재하고 있음을 밝혔다(그림 20–6 참조).

21.3 은하의 적외선 관측

적외선 관측이 수행된 것은 20년이 넘었지만 1980년대 중반에 아이라스(Infrared Astronomy Satellite, IRAS)와 함께 발달하기 시작하였다. 이 위성은 12, 25, 50, 100μm 파장에서 전 하늘의 96%를 관측하였고, 대략 25,000개의 은하가 관측되었다. 연속전파와 21cm선 관측 사례에서와 같이 IRAS 관측 결과 역시 은하 형태에 상당히 민감하다. 극히 소수의 E, S0 은하들만이 IRAS 목록에 올라 있다.

활동은하핵들이 종종 적외선 영역에서 높은 광도를 나타내

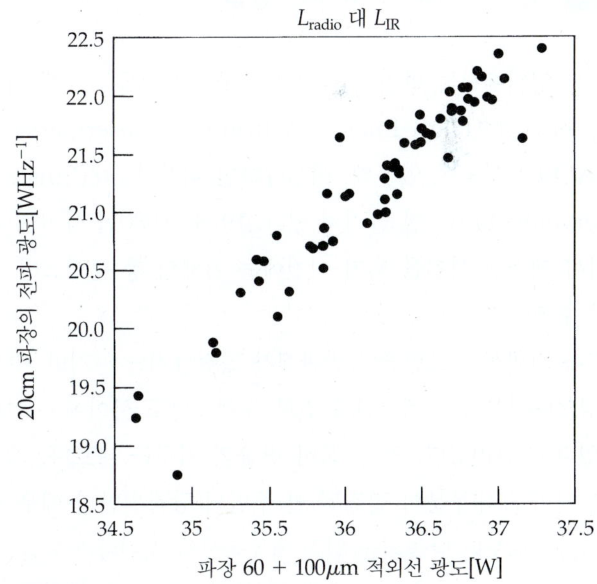

그림 21–7 전파/적외선 광도의 상관관계
은하의 원적외 IRAS 광도는 20cm 전파 광도와 매우 밀접한 상관관계를 가지고 있다. (N. Duric)

2) 싱크로트론복사를 방출하는 상대론적 전자는 초신성 잔해 충격파가 자화된 성간물질을 통과하면서 생성된다(20.4.2항 참조). 한편, 차등회전하는 원반에서 다이너모 과정에 의하여 자기장이 증폭되고 정렬된다. 그러므로 젊고 무거운 종족 I별들이 많은 만기형 은하들이 주로 전파를 방출한다. (역주)

지만 '정상'은하 또한 적외선 영역에서 관측된다. 후자의 주된 방출 기구는 별빛에 의해 가열된 성간티끌로부터 오는 열복사이다. 그러므로 IRAS 관측으로 티끌의 조성 및 분포에 대한 정보뿐 아니라 항성 종족에 대한 정보도 얻을 수 있다. 단순하지만 유용한 모형은 2개의 분리된 티끌 조성을 포함하고 있다. 하나는 새털구름(cirrus)이라고 불리는 성글고 확산된 구름이고 다른 하나는 H II 영역 등과 관련된 보다 활동적인 성분으로 별 형성과 관련되어 있다.

1985년 헬로(G. Helou), 소이퍼(B.T. Soifer), 로완 로빈슨(M. Rowan-Robinson)은 원적외선 방출량과 전파 싱크로트론 방출량 사이에 뚜렷한 상관관계가 있음을 밝혔다. 그림 21-7은 광도 범위 1,000배에 걸쳐서 적외선 플럭스로부터 2배 정도의 오차 범위 내에서 전파 플럭스밀도를 예측할 수 있음을 보이고 있다. 둘 사이의 방출 기구가 다르다. 한쪽은 열전자에 의한 것이고 다른 한쪽은 상대론적 전자에 기인한 비열적 싱크로트론 방출이다. 그럼에도 이러한 밀접한 상관관계가 성립한다는 사실은 이해하기 쉽지 않다.[3)]

21.4 정상은하로의 엑스선 방출

엑스선 영역에서는 발전된 적외선 연구인 IRAS 위성에 필적하는 히오-비(High Energy Astronomy Observatories, HEAO-B) 위성이 있는데, **아인슈타인 위성천문대**(Einstein observatory)로 더 잘 알려져 있다. 1978~1980년 사이에 이 위성이 엑스선 사진을 찍기 이전에는 천체의 총 플럭스만 측정할 수 있었다.

비록 적외선 자료만큼 상관관계가 밀접하지는 않지만, 만기형 정상나선은하의 엑스선과 전파 플럭스밀도 사이에도 연관이 있다고 알려졌다. 역시, 복사 방출의 기구는 다르다. 엑스선은 아마도 대부분이 밀집된 별 주변의 강착원반의 매우 뜨거운 가스로부터 방출되는 열적 제동복사일 것이다.[4)]

그림 21-8은 가시광선 영역, 전파 영역(21cm), 적외선 영역, 엑스선 영역에서의 안드로메다은하 사진이다. 각각 다른 방출원으로부터 다른 광자 집단이 나온다는 것을 알 수 있다. 별과 가스로부터 오는 청색 가시광선은 꽤 넓게 분포되어 있다. 엑스선은 다른 것들과는 매우 다른 분포를 보인다. 엑스선은 상대적으로 적은 수의 불연속적인 방출원으로부터 온다. 전파와 적외선 광자의 분포는 매우 유사하다. 둘 다 고리에서 강하고, 원반부에서 널리 퍼진 방출을 보인다. 그러나 중심핵은 IRAS 자료에서 더 뚜렷하게 나타난다.

21.5 고려해 볼 만한 기초적 이론 사항

은하들은 우주에서 가장 두드러진 요소이므로 개개 은하들을 생성시키고, 진화의 과정 동안 그 특성을 유지시키는 중요한 물리적 과정이 있을 것이다. 이론천문학자의 목표는 가장 최소한의 기본적 가정으로부터 시작하여 은하의 기원과 진화를 앞서 관측에서 논의된 것과 물리법칙 둘 모두와 정확히 일치하는 방향으로 설명하는 것이다.

이 단원에서는 관측 결과의 해석에 대한 몇 가지 관점을 논의할 것이다. 첫째, 물리적 관점으로 은하의 형태학적 분류체계를 조사할 것이고, 나선은하에서의 별 탄생의 역할에 대하여 상세히 설명할 것이다. 둘째, 비리얼정리를 소개하고 개개의 은하에 적용할 것이다(제23장에서는 은하단에 적용할 것이다). 마지막으로 은하의 질량을 다시 한번 더 다룰 것이다. 은하 생성에 대한 이론은 제26장에서 보다 자세히 다룰 것이다.

21.5.1 분류체계의 의미

은하의 형태 분류는 중요한가? 과학에서 형태학적인 구분은 그것의 근간을 이루는 물리적 차이가 반영될 때 유용하다. 3개의 주요한 관측 사실을 검토해 보자.

(1) 은하의 색은 은하의 형태에 크게 의존한다.
(2) 중심핵 영역의 적분한 스펙트럼형은 은하의 형태에 크게 의존한다.
(3) 은하의 회전타원체 성분은 $r^{-1/4}$법칙을 따르고, 원반성분

---

3) 이러한 전파-적외선 광도의 상관관계는 별 생성이 활발한 지역에 기인한다고 알려져 있다. 새로 태어난 무거운 별들은 두꺼운 먼지껍질에 싸여 있어서 다량의 적외선을 방출하며, 짧은 생애를 마치고 초신성으로 폭발하여 우주선 전자를 가속한다. (역주)

4) 은하의 엑스선 방출원은 주로 엑스선 쌍성(18.6절)과 초신성 잔해(15.2.3항)이다. 최근 엑스선 위성 관측에서 초신성 잔해의 엑스선이 열적 제동복사뿐 아니라 10^{14}eV에 이르는 우주선 전자가 방출하는 싱크로트론복사라는 것이 밝혀졌다. 이로부터 전파-엑스선 광도의 상관관계를 설명할 수 있다. (역주)

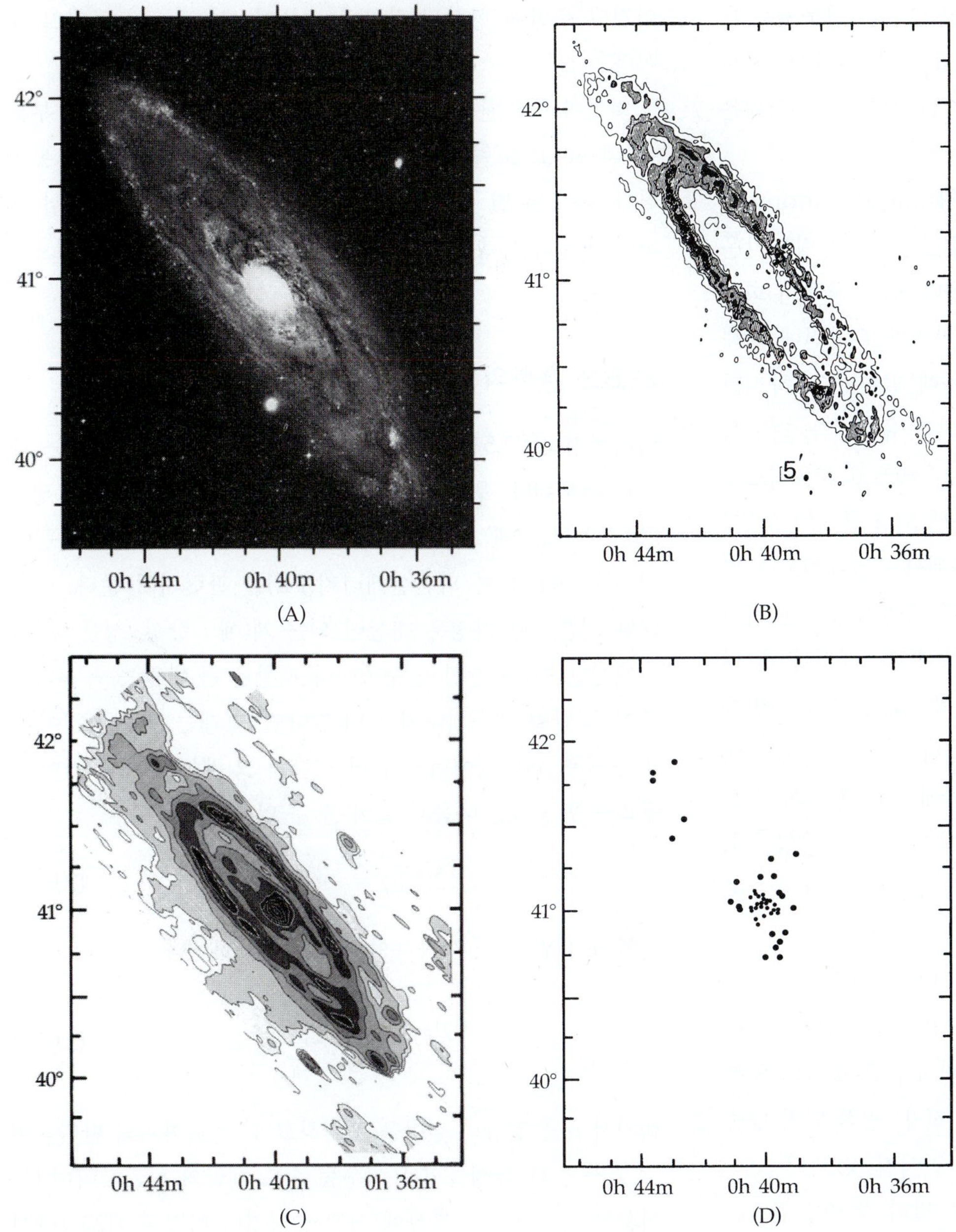

그림 21-8 여러 파장대에서 본 안드로메다은하, M31
(A) 청색 가시광. (B) 21cm 전파. (C) 60μm. (D) 0.5~4.5keV (G. Walker) (Astronomical Observations; Cambridge)

은 지수분포를 따른다—특정한 은하 형태와 무관하게.

첫 번째와 두 번째 사실은 주어진 은하의 형태가 같으면 항성종족의 진화 단계도 같음을 시사한다. 뿐만 아니라 형태 변화에 따라 항성종족의 변화도 있음을 암시한다. 세 번째 사실은 각각의 모은하가 다른 진화의 역사를 거쳐 왔음에도 불구하고 원반부의 별과 중심핵팽대부의 별들이 각각 동일한 역학적 상태에 다다라 있음을 나타낸다. 다시 말하면, 모든 원반부에서 일어나고 있는 역학적 과정은 근본적으로 같으며, 이것은—중심핵팽대부이든 타원은하이든—회전타원체 성분에서도 마찬가지이다.

그러므로 분류체계가 매우 유용하다는 사실은 명백하다. 2개의 주된 분류 범주는 원반/중심핵팽대부의 비율과 나선팔이 감긴 정도이다. 우리는 왜 이 두 관측량이 역학적 상태와 은하 내에 항성종족의 진화 단계를 정확하게 나타내는지 완전하게 이해하지 못하고 있다. 하지만 은하 형태 분류에 대한 중요한 물리적 근거가 있음은 부인할 수 없는 사실이다.

은하의 진화에 대하여 좀 더 이야기할 수 있을까? 왜 우리는 분류체계를 진화 단계로서 생각하지 않는 것일까? 비록 S

은하가 젊은 별들을 가지고 있고 E 은하는 늙은 별들만을 가지고 있지만, S 은하도 늙은 별을 가지고 있다. 따라서 두 은하 모두 '늙었다'고 볼 수 있다. 타원은하에서의 가스 결핍은 새로운 별의 형성을 막는다.

은하의 형성은 아마도 주로 **각운동량**(angular momentum)에 의존할 것이다(실제로는 단위 질량당 각운동량). 각운동량이 클수록 은하는 더 편평해질 것이다. 이는 중력이 회전축 방향으로 가스를 수축시킴에 따라 가스가 은하면에 대해 수직 방향으로 운동량을 전달하기 때문에 일어난다. 하지만 은하의 적도면에 있는 가스는 회전에 의해 유지된다. 타원은하에서는 가스가 별로 응축되는 것이 보다 빠르고 효율적으로 일어나고, 따라서 별이 구형으로 분포하게 되고 중심핵으로의 별 집중도가 높아진다. 반대로 나선은하에서는 상대적으로 별 형성이 더 천천히 일어나고, 따라서 나중 세대의 별들은 점점 더 편평해진 가스원반에서 생겨난다. 그 결과 2개의 분포 형태가 생긴다. 천천히 회전하는 계는 구형으로 분포하는 별을 포함하고, 빠르게 회전하는 부분은 편평하고 원반 같은 형태로써 별, 먼지, 가스를 포함한다. 은하면에 있는 먼지와 가스는 **밀도파**(density wave)의 영향을 받아 나선팔을 형성한다. 난류와 자기장 또한 은하의 최종 형태를 결정하는 데 중요한 역할을 한다.

적외선, 전파, 엑스선 광도 간의 상관관계가 정상은하에 대해서 시사하는 바는 무엇인가? 오직 만기형 은하에서만 이러한 상관관계를 볼 수 있기 때문에 방출원이 젊은 종족의 일부라는 것을 알고 있다. 어떻게 상대론적 전자, 열적 먼지 방출원, 수축하는 천체 주변의 강착원반을 관련시킬 것인가?

이러한 질문에 대한 규범적인 해답은 별의 생성이 원반은하의 에너지 변화에 얼마나 중요한 요인인지를 보여 준다. 이 시나리오에서 별 생성률의 증가는 성간먼지의 에너지를 증가시키고, 이것은 다시 적외선 영역으로 재복사하여 적외선 광도를 증가시킨다. 별 생성률의 증가는 또한 초신성의 수를 증가시키고, 이것은 싱크로트론 전자의 근원이 된다. 전자는 상대론적인 속도로 가속되어야만 하는데, 성간매질에는 전자를 효과적으로 가속시키는 충격파를 발생시킬 수 있는 여러 기작들이 있다. I형 초신성은 중력붕괴한 밀집 천체를 생성하는데, 이것의 주변에 형성된 강착원반이 엑스선 광도의 근원일 것이다.[5]

몇몇의 이론천문학자들은 이러한 시나리오의 부족한 부분을 메우려고 노력하고 있지만, 대부분의 기본 가정에는 동의한다. 아무튼 별 생성률은 적외선, 전파, 엑스선 영역에서 은하가 방출하는 총 에너지를 어느 정도 조절하고 있는 것으로 보인다.

21.5.2 은하의 에너지론 — 비리얼정리

비리얼정리(P2.5절 참조)는 천체물리학의 문제를 다루는 데 널리 사용된다. 우리는 별의 생성(15.3절 참조)과 은하의 생성(20.3절 참조)에 그것을 이미 이용한 바 있다. 이것은 운동에너지(KE)와 중력 퍼텐셜에너지(PE)를 관련지어 준다. 이에 대한 기본적인 가정은 대상이 되는 계(예 : 항성, 성단, 은하, 산개성단 등)가 안정 — 수축이나 팽창을 하지 않는 — 하다는 것이다. 만일 운동에너지가 더 크다면 그 계는 팽창할 것이다. 또는 중력 퍼텐셜에너지가 더 크다면 그 계는 수축할 것이다. 우리는 방정식을 다음과 같이 쓸 수 있다.

$$2\langle \mathrm{KE} \rangle = -\langle \mathrm{PE} \rangle \qquad (21-1)$$

은하의 경우, 이것은 다음의 식으로 구체화된다.

$$\langle v^2 \rangle = \frac{2}{5}\frac{GM}{r_h} \qquad (21-2)$$

여기서 r_h는 질량의 절반을 포함하고 있는 곳까지의 반지름이고, $\langle v^2 \rangle$은 각 항성들의 특이운동 속도 제곱의 평균값이며 (특이운동 속도는 속도분산에 의해서 생기며 이것은 제23장에서 논의될 것이다), M은 은하 전체의 질량이다.

따라서 은하의 총 에너지는 TE = KE + PE가 되며, 이것이

$$\mathrm{TE} = -\mathrm{KE} = \frac{1}{2}\mathrm{PE} \qquad (21-3)$$

가 되는 것을 알 수 있다. 초기 상태에서 정지해 있고 넓게 퍼진 구름에서 은하가 생성되는 과정을 생각해 보자. 이러한 상태에서는 TE = KE = PE = 0이 된다. 구름이 중력에 의해

5) 초신성 Ia형은 백색왜성이 찬드라세카 한계질량보다 커져서 중력붕괴할 때 급격한 핵융합 반응이 일어나 폭발하는 것인데, 별 전체가 폭발하여 밀집천체를 남기지 않는다(제18장). 반면, 핵붕괴 초신성(II, Ib, Ic 형)이 폭발하면 엑스선을 방출하는 강착원반을 가지는 밀집천체(중성자별, 블랙홀)가 생성된다. (역주)

수축할 때 KE는 증가하고 PE는 감소한다(PE는 음수가 된다). 식 (21−3)에서 알 수 있듯이 최종 평형상태에서는 전체 에너지는 음수가 되며(따라서 그 계는 속박된 계가 된다), 퍼텐셜에너지의 절반은 운동에너지로 바뀌고 나머지 절반은 복사의 형태로 빠져나간다.

우리는 비리얼정리로부터 은하에 관하여 몇 가지 중요한 사실을 알 수 있다. 그중의 한 가지는 어떤 대상은 은하에 속해 있고 어떤 대상은 영구히 은하의 일원이 되지 않을 것인지를 판단할 수 있다. 예를 들어 만일 우리가 은하중심에 대해서 비정상적으로 매우 빠른 속도를 가진 별을 발견했을 경우, 그 별의 운동에너지를 통해 그 별이 영원히 은하에 속해 있는 것인지 아니면 배경에 속해 있는 별인지를 판단할 수 있다. 전형적으로 은하 내에서 속도의 분산은 대략 300kms^{-1}의 범위를 가진다. 따라서 주어진 어떤 천체 — 예를 들어 항성, 성단, 기체 구름 등 — 에 운동에너지가 더해진다면 그 천체는 은하로부터 '증발'할 수 있다.

또 식 (21−2)에서 주어진 은하의 속도분산으로부터 은하의 질량을 추정할 수 있다는 점에 주목하자. 이것은 다음 절에서 논의된다.

21.5.3 은하의 질량(2단계)

우리는 21.1절에서 광도에 기초한 방법으로 은하의 질량을 추정하는 방법을 알았다. 이제 역학적인 방법을 도입해 보자. 한 가지 방법은 식 (21−2)이다.[6] 두 번째 방법은 은하중심으로부터의 거리에 대한 함수로 속도, 즉 회전곡선을 찾아내는 것이다. 따라서 이 방법은 은하의 몇 개의 지점에서 스펙트럼을 관측할 수 있을 정도로 은하가 충분히 밝고 가까워야 한다. 망원경에 분광기의 슬릿이 은하의 지름을 가로지르도록 놓고, 시선 방향에 따라 도플러이동을 연속적으로 측정한다. 시선 방향으로부터 은하의 기울기를 알면 시선속도를 은하의 회전 속도로 바꿀 수 있다.

이러한 방법은 간단히 생각하면 케플러 제3법칙을 연상케 한다. 비록 케플러 제3법칙은 원칙적으로 무거운 태양 주위에 아주 가벼운 행성이 있을 때 성립하지만, 중심에 질량이 강하게 집중되어 있는 경우에도 적용될 수 있다. 즉 외부 은하에도

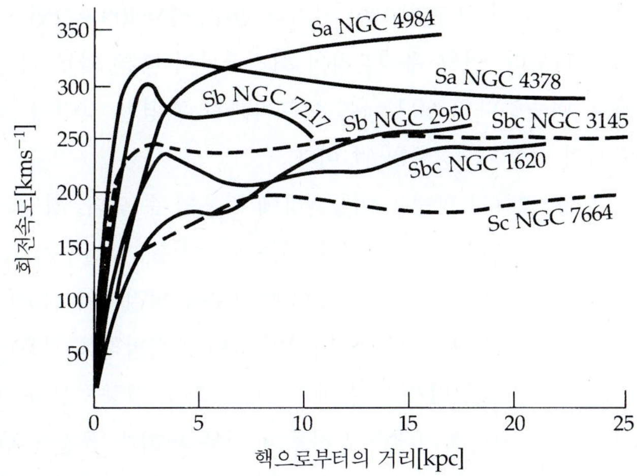

그림 21-9 나선은하의 회전곡선

은하의 중심에서 멀리 떨어진 부분은 편평하다는 사실에 주의하라. (V. Rubin, W.K. Ford Jr., and N. Thonnard)

적용될 수 있을 것이다. 사진에 의하면 빛이 은하의 중심에 집중되어 있는 것으로 보이며, 따라서 질량도 마찬가지(?)일 것이다. 우리는 회전속도와 거리와의 관계 $V(r)$를 케플러의 $P^2 = a^3$ 법칙으로부터 추정할 수 있다. a는 r과 같은 양이고, 궤도주기 P는 다음과 같다.

$$P = \frac{2\pi r}{V}$$

V와 r를 케플러의 공식에 대입해서 정리하면, 은하중심핵으로부터의 거리가 늘어남에 따라 V가 줄어드는 다음의 관계식을 알 수 있다.

$$V(r) \propto r^{-1/2} \qquad (21-4)$$

관측으로부터 우리는 나선은하의 회전곡선의 특징을 알 수 있다(그림 21−9). 중심핵에서 바깥으로 나가면서 회전곡선이 처음에는 급격하게 상승하고 있다. 이것은 팽대부가 질량이 밀집된 지역의 안쪽에 있기 때문이며, 케플러 법칙으로부터 예상되는 자연스러운 결과이다. 놀라운 사실은 중심으로부터 멀리 떨어진 곳에서는 회전곡선이 거의 편평하면서 결코 내려가지 않는다는 점이다. 이러한 사실은 질량의 많은 부분이 중심부분에 있지 않고 헤일로 부분에 있다는 것을 알려 준다. 질량

6) 비리얼정리에서 유도된 식 (21−2)는 타원은하와 같이 별들이 임의운동을 하는 계에 적용할 수 있다. 다음에 소개하는 회전곡선을 이용하여 질량을 구하는 방법은 나선은하에 대하여 적용한다. (역주)

의 함수 $M(r)$이 상수가 아닌 거리의 함수, 즉 $M(r) \propto r$인 것으로 생각된다. 만약 우리은하의 회전곡선이 다른 외부 나선은하와 비슷하다면 60 kpc에 이르기까지 편평할 것이며 그곳까지의 질량은 $7 \times 10^{11} M_\odot$이다.

또 다른 역학적 방법은 이중은하에 적용될 수 있다. 쌍성의 경우와 마찬가지로 우리가 거리, 궤도의 각지름, 공전주기, 질량중심의 상대적 위치를 알고 있다면 질량을 결정하기 위하여 케플러 제3법칙(1.4.2항 참조) 형식의 뉴턴 중력법칙을 적용할 수 있다. 그러나 우리가 두 은하의 궤도, 주기, 질량중심의 상대적 위치를 관측하기에는 은하들이 너무 느리게 공전을 한다. 따라서 이중은하 각각의 질량을 알 수는 없다. 우리가 측정할 수 있는 것은 시선 방향 속도와 두 은하 사이의 거리일 뿐이다. 이중은하의 궤도가 우리가 보는 방향에 대하여 얼마나 기울어져 있는지 모르며, 실제 속도 또는 자신의 쌍에 대한 속도도 알 수 없다. 만일 궤도가 거의 원 모양을 하고 있고 시선 방향에 대해 임의의 방향으로 운동하고 있다면 많은 양의 관측자료를 수집함으로써 평균적인 질량을 추정할 수 있을 것이다. 대부분이 나선은하인 이중은하 279개의 21cm선 도플러이동을 관측함으로써 시선속도를 결정하였다. 이 결과로부터 나선은하의 평균적인 질량은 $10^{12} M_\odot$임을 알 수 있다 (허블상수가 $H_0 = 75 \text{kms}^{-1}\text{Mpc}^{-1}$이라고 했을 때, 22.2절 참조).

은하의 질량을 추정하는 데 두 가지의 매우 다른 방법을 사용하였다. 한 가지는 광도를 이용하여 질량-광도의 비가 태양 단위로 1이 된다는 것을 이용한 것이다. 이것은 우리가 태양 질량 정도의 물질을 모은다면 그것은 대략 태양 정도의 광도를 가질 것이라는 사실을 의미한다. 명백하게 이것은 사실이 아니다. 성간먼지, 행성, 혜성, 소행성 같은 어두운 천체들의 존재는 은하의 광도는 증가시키지 않으면서 질량을 증가시킨다. 하지만 만약 우리의 태양계가 전형적이라면, 항성에 비해서 이러한 어두운 천체들이 질량에 기여하는 부분은 매우 적을 것이다.

속도분산, 회전곡선, 이중은하의 속도 차이를 이용하는 역학적 기법은 광도의 추정값을 증가시키지 않으면서 은하의 질량의 추정값을 현저하게 올려 준다. 따라서 역학적 방법에 의한 M/L비는 태양계의 값보다 5배에서 30배가량 더 높다. 이 사실은 정상나선은하와 막대나선은하의 차이가 질량이 크지만 광도는 없는 헤일로의 존재 혹은 결핍에 의한 것이라는 우리의 가설과 일치한다.

이러한 M/L비의 새로운 측정값은 우리가 은하를 이해하는 데 매우 심각한 문제가 있음을 알려 준다. 어떤 종류의 천체가 빛을 내지는 않으면서 은하 내의 별보다 질량이 5~30배나 많을 수 있을까? 먼지, 소행성, 혜성, 갈색왜성, 블랙홀 등일까? 먼지는 아닐 것이다. 왜냐하면 헤일로는 투명한데 먼지는 그렇지 않다. 이 모든 것들은 우리가 알고 있는 별의 탄생과 진화 이론과 맞지 않는 결과를 준다.

이러한 모든 분석이 끝난 후에 우리는 '은하란 무엇인가?'라는 질문에 대답할 수 있을까? 은하란 우리에게 익숙한 현상—우리가 이해할 수 있는 궤도를 도는 별, 우리가 이해할 수 있는 방출원에서 나오는 많은 종류의 전자기복사, 탄생과 종말의 진화 경향 등—들을 관측할 수 있는 자체 중력계일 것이다. 은하에 관하여 현재 확실히 이해하지 못하고 있는 대부분의 사실들은 앞으로 관측자와 이론가들이 좀 더 연구한다면 이해하는 것이 가능할 것으로 보인다. 가장 풀기 어려운 수수께끼는 암흑물질의 이해이다. 우리는 다음 장에서 이 문제가 더욱 어려워지고 그에 대한 해답은 더욱 생소해진다는 것을 보게 될 것이다. 암흑물질은 우주를 이해하는 데 가장 중요하다.

핵심 수식과 개념

- 타원은하
  1. 늙은 별이 많고
  2. 먼지나 가스가 거의 없고
  3. 현재 별 생성이 일어나지 않고
  4. $\log I(r) \propto r^{-1/4}$의 관계를 보인다.

- 나선은하
  1. 젊은 별, 늙은 별이 모두 있고
  2. 20~30%의 먼지와 가스가 있고(질량 기준)
  3. 별 생성이 이루어지고 있고—주로 나선팔에서
  4. 중심핵팽대부에서는 $\log I(r) \propto r^{-1/4}$의 관계를 보이고

5. 원반부에서는 $I(r) = I_0 \exp(-\alpha r)$의 관계를 보인다.

은하의 질량 범위는 $10^5 \sim 10^{13} M_\odot$이다.

은하의 광도 범위는 $3 \times 10^5 \sim 10^{11} L_\odot$이다.

보통의 은하는 일반적으로 별 생성량과 관련된 연속전파 방출량이 $10^{33}\mathrm{Js}^{-1}$보다 작다.

은하의 전파광도와 적외선 광도 사이에는 강한 상관관계가 있다.

은하의 회전곡선과 이중은하의 궤도 운동 속도를 분석하여 암흑물질의 존재를 추론할 수 있다.

문제

1. 우리은하와 안드로메다은하(M31)는 국부은하단에서 가장 많은 질량을 차지하고 있다. 이 2개의 은하가 서로 쌍을 이루고 원 궤도를 돌고 있다고 가정하고 다음을 계산하시오.

(가) 우리은하로부터 두 은하의 질량중심까지의 거리

(나) 궤도주기

M32와 M31 쌍에 대해서도 같은 계산을 해 보시오.

2. 그림 21−9의 회전곡선을 이용하여 NGC 7664와 NGC 4378의 질량을 계산하시오.

3. 태양의 우리은하에 대한 궤도 반지름은 8.5kpc이다. 지금으로부터 1억 1천만 년이 지나면 태양은 우리은하의 반대쪽에 있을 것이다. 근처의 은하들은 먼 배경 은하에 대해서 상대적으로 이동한 것처럼 보일 것이다(은하 시차). 그렇다면 은하 시차가 1″.0인 은하까지의 거리에 해당하는 'galsec'는 몇 pc일까?

4. 이 장에 있는 사진과 그림을 근거로 하여, 가상적인 (가) E형 은하, (나) S0형 은하의 $I(r)$와 r의 그래프를 그리시오. 어떠한 종류의 가정을 세워야 하는가? 당신의 두 번째 그림과 Sa형 은하의 그림은 어떻게 달라지는가? 당신은 2개의 축 혹은 1개의 축을 log로 잡아야 할 것인가?

5. 지름 30,000pc인 은하의 각지름과 거리(Mpc단위)의 그래프를 그려라. 각지름이 4″인 때의 거리는 얼마인가?

6. 문제 5의 자료를 이용하여 각각 10, 100, 1,000Mpc 떨어진 은하의 형태를 분류할 수 있는지 논의하시오. 해상도를 1″로 가정하시오. 어떤 형태의 은하가 분류하기 쉬운지 설명하시오. 어떤 형의 은하가 어려운지도 설명하시오.

7. 은하 형성에 관한 수축하는 가스구름 모형의 관점에서, 헤일로 별(종족 II)들은 낮은 금속함량을 가지고 있고, 높은 금속함량을 가지는 원반 종족 천체(종족 I)들은 얇은 원반을 이루고 있다는 관측 사실을 논의하시오.

8. 많은 양의 먼지가 존재한다고 하더라도 21.5.3항에서 논의된 역학적 방법들을 사용하여 구한 M/L비의 높은 값을 설명할 수 없음을 정성적으로 보이시오.

9. M/L비를 10 정도로 하기 위해서는 질량이 $10^{-3} M_\odot$ 정도인 갈색왜성이 몇 개나 필요한가?

10. 최근에 허블우주망원경이 Westphal 1이라고 불리는 은하를 관측했다고 가정하고, 위치 $l = 20°$, $b = 30°$, 각지름 6″ × 4″, 적색이동 $cz = 12{,}500\mathrm{kms}^{-1}$, B필터 겉보기 등급 16.5인 Sc형 은하라면 그 은하의 절대등급 M_B는 얼마인가?

11. 바람개비은하[M33, 삼각형자리(Triangulum)은하라고도 불린다]는 지름이 690kpc이며, 정면으로 보기에 Sc형의 나선은하로 보인다.

(가) M33이 1″로 보이기 위해서는 지구로부터 얼마나 떨어져 있어야 하는가?

(나) 만일 회전곡선이 Sc형 은하인 NGC 7664(그림 21−9)와 같다면 M33의 중심에서 10kpc 떨어진 거리에 있는 별의 공전주기는 얼마인가?

(다) (나)문제에서의 별의 속도는 pc/년 단위로 얼마인가?

(라) 100년 동안 그 별이 움직인 각거리는 초(″) 단위로 얼마인가?

(마) 만일 천문학자들이 관측할 수 있는 분해능이 0″.01이라면 M33 내의 별의 고유운동을 관측하는 데 얼마의 시간이 걸리겠는가?

12. 타원은하 부근에 있는 별을 관측하여 타원은하의 일원인지, 그 은하로부터 탈출한 별인지, 아니면 우리은하의 배

경별인지를 결정하고 싶다. 그 별의 스펙트럼을 관측하여 656.9nm 파장에서 Hα선(λ_0 = 656.3nm)을 발견하였다. 그 타원은하의 질량은 $10^{12}M_\odot$이고 반지름 100kpc이다. 어떤 결론을 내릴 수 있는가?

13. 은하의 암흑물질로서 몇 가지 가능성(먼지, 혜성, 소행성, 갈색왜성, 블랙홀 등)이 이 장에서 제안되었다. 각각의 천체 종류들이 암흑물질로서 부적당한 이유를 설명하시오.

14. NGC 5055 은하는 Sbc II-III 형으로 분류되었다. B필터 겉보기등급은 9.30이고 은경 l = 106°, 은위 l = 75°에 위치한다. 적색이동은 550kms^{-1}이고, 관측된 축비는 b/a = 0.60이다. Sbc형 은하의 경우 옆에서 본 축비는 α = 0.13이다. 21.1.2항에서 논의된 보정 식을 적용하면, 이 은하의 평면(face-on) B필터 절대등급은 얼마인가? K 보정이 실제로 고려되어야 하는가?

22

Chapter

허블법칙과 거리 눈금

우리는 3차원의 우주 공간에 살고 있다. 그러나 천문학자들은 2개 차원만을 쉽게 측정할 수 있을 뿐이다. 즉 하늘에서 천체의 동서 및 남북의 좌표이다. 역사상 천체물리학의 가장 중요한 업적은, 제3의 차원 — 거리 — 의 측정을 극적으로 확대할 새로운 방법이 발견되었을 때 이루어졌던 지식의 큰 도약이었다고 해도 과언이 아니다.

20세기 이전에 거리 측정에 관한 가장 중요한 업적은 (1) 코페르니쿠스와 케플러가 태양계의 크기와 역학을 밝힌 것과 (2) 베셀이 별의 시차를 처음으로 측정하여 우주가 태양계의 부피보다 훨씬 크다는 사실을 알려 준 것이다. 우리는 이제 이들보다 더 중요한 2개의 방법을 알아본다. 즉 (3) 세페이드 변광성의 주기-광도 관계의 방법과 (4) 허블법칙이다. 이 두 법칙은 우주의 엄청난 크기와 역학을 충분하게 이해하는 데 우리의 길잡이가 되었다.

22.1 세페이드의 주기-광도 관계

우리는 제18장에서 세페이드를 소개하였다. 여기서는 은하들과 우주를 이해하는 데 그들의 중요성을 논하기로 한다.

리비트는 1912년에 소마젤란운(Small Magellanic Cloud, SMC) 안의 세페이드 변광성에 대해 **주기-광도**(P-L) **관계**(period-luminosity relation)를 발견했다. 오늘날 우리는 SMC가 은하수의 둘레를 도는 작은 이웃 은하임을 알고 있지만, 그 당시 그녀는 그것을 몰랐었다. 그러나 그녀는 SMC의 별들이 모두 지구에서 거의 같은 거리에 있다고 옳게 가정하였는데, 이것은 그녀의 발견에 결정적 요인이 되었다. 왜냐하면 변광성이 모두 거의 같은 거리에 있다면 주기-광도 관계가 주기-겉보기등급 관계가 되기 때문이다. 섀플리는 P-L 관계의 눈금을 결정함으로써 그 관계를 쓸모 있게 만들었고, 우리은하의 크기와 형태를 조사하는 데 그것을 이용했다.

허블은 윌슨 산의 100인치 망원경으로 안드로메다자리의 큰 성운 속에서 세페이드 변광성을 탐색하고 그 결과를 1924년에 발표하였는데, 이것은 그의 큰 발견들 가운데 최초의 것이 되었다. 왜냐하면 그는 안드로메다성운의 세페이드들이 우리은하나 SMC 속의 그것들 보다 훨씬 더 멀리 떨어졌으므로 안드로메다성운은 또 다른 하나의 은하임을 밝혀냈기 때문이다. 이러한 나선형 성운의 정체에 관한 오랜 논쟁은 이제 끝났다. 즉 그들은 섀플리가 전에 논의한 것처럼 우리은하의 일부분이 아니라는 것이다. 이와 동시에 우주의 거대한 규모가 명백히 드러나게 되었다. 안드로메다 성운과 비슷한 나선 성운들은 사진에서 찍힐 수 있는 가장 어두운 한계에 이르기까지 여러 개가 알려졌다. 우주의 관측은 이제까지 불과 100만 광년의 범위로부터 수십억 광년 이상으로 확대된 것이다.

22.2 허블법칙

바로 앞 장에서 광학적 분광학의 중요한 결과를 알아보았지만 가장 중요한 결과인 허블법칙은 이 장으로 미루었던 셈이다. 그 까닭은 그 법칙의 의의가 매우 깊기 때문이다. 대다수의 발견이 그렇듯이 허블의 발견도 그 이전의 천문학자들 — 이 경우는 슬라이퍼(V. Slipher, 1875~1969)와 룬드마크(K. Lundmark, 1889~1958) — 의 업적에 바탕을 두고 있다. 슬라이퍼는 1912년까지 알려진 나선형 성운의 스펙트럼에서 도플러이동이 우리은하 별들의 최대 속도인 300kms^{-1}를 가끔 웃도는 것을 알게 되었다. 허블이 나선형 성운이 외부은하라는 것을 제시하기 이전에는, 이러한 큰 시선속도는 나선형 성운의 정체에 관한 논쟁에서 주요 논점의 하나였다.

오늘날 **허블법칙**으로 불리게 된 관계식을 발표한 1929년 논문에서 허블은, 나선은하들을 이용해서 가정된 정지 기준계에 대한 태양의 운동을 결정하는 룬드마크 이래의 오랜 전통을 따르고 있다. 태양운동의 해답에는 방향뿐만 아니라 거리에도 의존하는 항이 들어 있다. 허블의 발견은 이 거리 항의 계수가 확실히 0이 아님을 밝혀낸 것에 해당한다.

거리 d의 어느 은하를 생각하여 이 은하가 파장 λ_0인 스펙트럼선을 방출할 때 이것이 더 긴 파장 λ로 관측되었다면 적색이동은

$$z = \frac{\lambda - \lambda_0}{\lambda_0} = \frac{\Delta\lambda}{\lambda_0} \tag{22-1}$$

로 정의된다. 만일 천체가 접근한다면 $\Delta\lambda$는 음수가 되어 청색이동이 나타날 것임에 유의하라. 만약 이 파장 변화를 속도로 인한 도플러이동으로 해석한다면 관측된 은하의 후퇴 속도는

$$v = c\left(\frac{\Delta\lambda}{\lambda_0}\right) = cz \tag{22-2}$$

이다. 여기서 c는 광속도이다. 허블은 은하의 겉보기등급을 써서 그 상대적 거리를 측정하여

$$cz = H_0\, d \tag{22-3a}$$

의 관계를 발견했다. 여기 H_0는 **허블상수**이다.[1] 식 (22-3a)와 식 (22-2)를 비교하여 허블법칙의 다른 형식

$$v = H_0\, d \tag{22-3b}$$

를 얻는다. 허블법칙은 보통 여러 방식으로 설명된다. 그림 22-1은 은하들의 사진과 넓은 범위에 걸친 적색이동을 나타내는 스펙트럼을 함께 보여 준다. 그림 22-2는 이 은하들에 대해서 v–d의 그래프를 직접 만든 것이다. 대각선의 기울기가 허블상수 H_0임을 유의하라.

22.2.1 적색이동, 거리, 우주의 나이

이 단순한 수식 (22-3b)이 그렇게 중요한 까닭은 무엇일까? 여기에는 많은 답이 있다. 첫째, 그것은 새로운 거리 측정 방법이기 때문이다. 허블은 다른 방법으로 결정된 거리를 써서 그의 법칙을 발견하여 거리의 눈금을 정했는데, 일단 눈금이 정해지면 거꾸로 은하의 적색이동으로부터 그 거리를 가늠할 수 있는 것이다. 앞의 식 (22-3a)를 고치면

$$d = \frac{cz}{H_0} \tag{22-3c}$$

이고, 가령 $z = 0.1$일 때

$$d = (0.1)\frac{3 \times 10^5\text{kms}^{-1}}{50\text{kms}^{-1}\text{Mpc}^{-1}} = 600\text{Mpc}$$

이다. 혹은 $H_0 = 100\text{kms}^{-1}\text{Mpc}^{-1}$이라면 $d = 300\text{Mpc}$이다.
둘째, 허블법칙이 중요한 점은 거의 모든 은하들이 적색이동된 스펙트럼을 가지고 있다는 것이다. 청색이동은 오직 이웃의 몇 개 은하들인데, 그것은 그들의 특이운동이나 지구 자체가 우리은하 중심 둘레를 돌고 있기 때문에 나타난다. 그러므로 은하들은 서로가 멀어져 가고 있다. 즉 우주는 팽창하고 있는 것이다. 셋째, 멀리 있는 은하들이 가까운 은하들보다 더 빨리 멀어져 가고 있다. 이 효과는 가속이 아니라 균일한 팽창을 말

1) 원서에서는 허블상수를 H로 표기하였으나(22.2.3항 참조), 25장에서 허블인자 $H(t) = \frac{\dot{R}}{R}$를 식 (25-14)에서 정의할 것이다. 보통 허블인자의 현재 값인 허블상수는 H_0으로 표기한다. (역주)

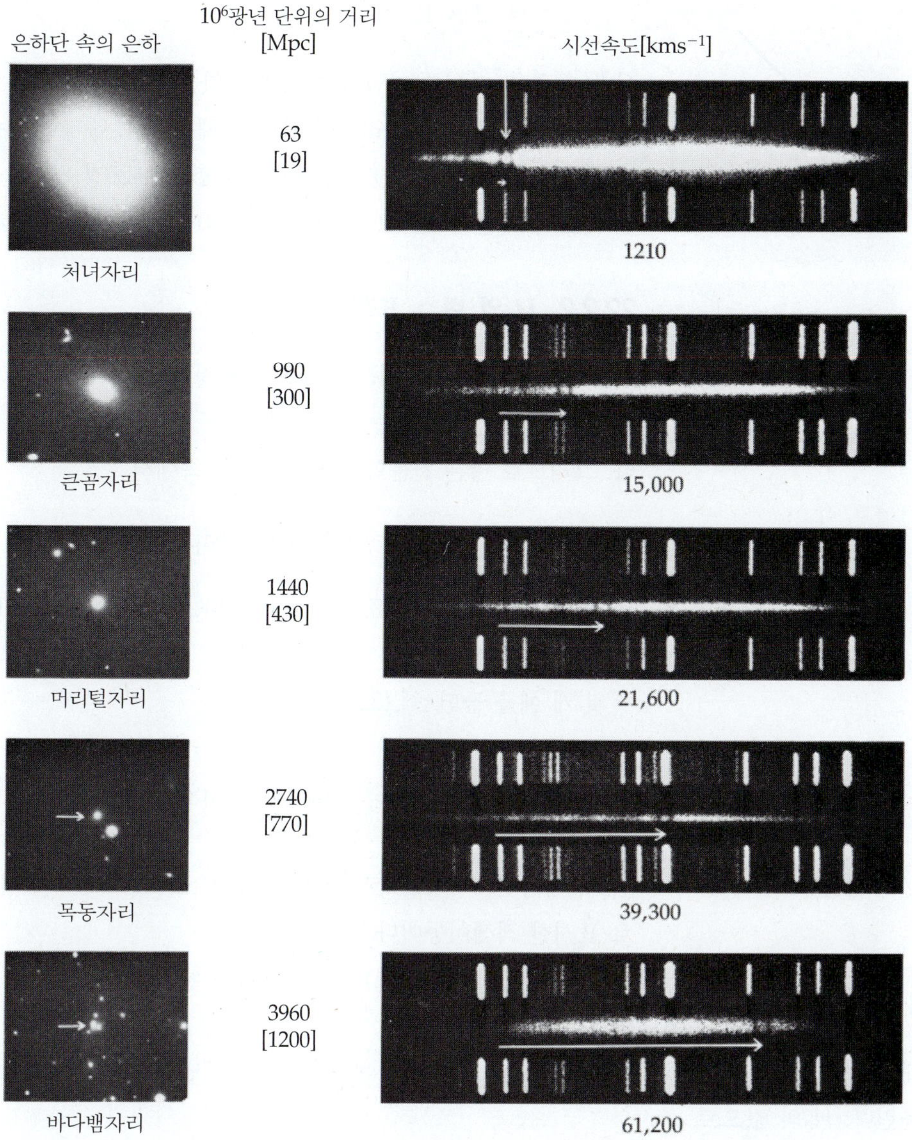

그림 22-1 은하의 적색이동과 거리
왼쪽 스펙트럼의 흰 화살표는 Ca의 H와 K선에 대한 적색이동을 나타낸다. 거리는 허블상수 $50kms^{-1}Mpc^{-1}$를 기준으로 하였다. (팔로마 천문대, 캘리포니아 공과 대학)

한다.

허블의 발견 이전에는 우주의 역학에 관한 거의 모든 철학 사상은 우주가 (팽창도 수축도 아닌) 정지 상태에 있다는 관점을 견지하고 있었다. 사실 1916년의 아인슈타인의 일반상대론은 그러한 정상우주론을 살리기 위해서 유명한 우주상수(Λ)를 도입하여 손질되었던 것이다(25.2.2항 참조). 아인슈타인은 그의 방정식이 역학적으로 능동적인 우주를 잘 나타내고 있음을 알았지만, 그 당시에는 그것이 가능하다고 믿을 수 없었던 것이다.

여기서 강조해야 할 것은 식 (22-3c)이 작은 z를 가지는 이웃의 은하들에게만 적용된다는 사실이다. z가 약 0.8을 넘는 경우에는 적색이동을 거리로 환산하는 데 우주론적 효과가 중요해진다. 평탄한 우주의 경우에 올바른 관계식은

$$d = \frac{c}{H_0}\,\frac{z(1 + z/2)}{(1 + z)^2} \qquad (22\text{-}3d)$$

이다.[2]

이번에는 허블법칙 식 (22-3b)을 일정한 속력의 운동에 대한 거리-시간 관계

$$d = Vt$$

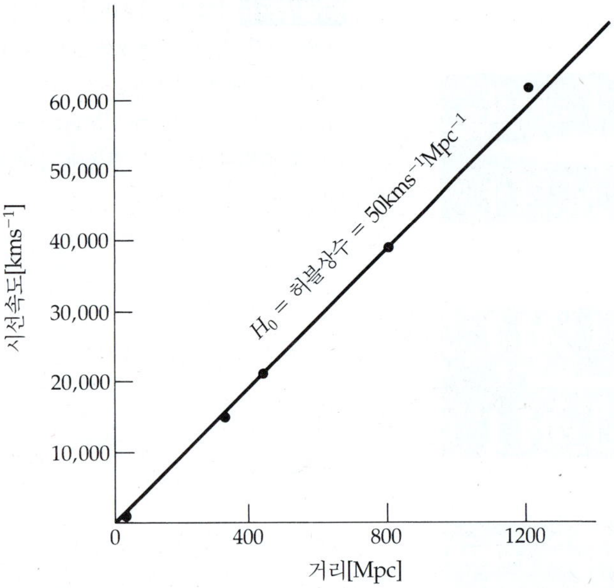

그림 22-2 허블법칙
여기에 나타난 은하들은 그림 22-1에 보여 준 은하들이다.

즉

$$t = \frac{d}{V}$$

와 비교해 보자. 식 (22-3b)는 $1/H_0 = d/V$이므로

$$t_H = \frac{1}{H_0} \qquad (22\text{-}4)$$

로 된다. 여기서 t_H는 팽창이 시작한 이래의 시간, 즉 우주의 '나이'에 해당하여 흔히 **허블시간**으로 불린다. H_0의 값으로 50kms^{-1}Mpc^{-1}을 쓰고 모든 것을 동일한 단위로 환산하면

$$t_H = \frac{1}{H_0} = \frac{1}{50\text{kms}^{-1}\text{Mpc}^{-1}}$$

$$= 6 \times 10^{17}\text{s}$$

$$= 2 \times 10^{10}\text{년}$$

이다. 우주의 나이를 가늠하는 이 단순한 방법은 정확하지 못하다. 팽창의 감속을 고려하지 않았기 때문이다. 특정한 우주 모형에 대해 보다 정확한 계산을 할 수 있다(제25장 참조). 그런 대표적 계산은 식 (22-4)의 약 60~70%의 나이값을 준다.

22.2.2 H_0의 변수 표현

허블상수의 여러 평가에는 상당한 불확정성이 있기 때문에 흔히 쓰이는 방정식들에는 이에 해당하는 불확정성을 갖게 된다. 그러므로 많은 천문학자들은 방정식 속에서

$$H_0 = 100\,h\,\text{kms}^{-1}\text{Mpc}^{-1}$$

로 정의되는 h의 변수 표현을 쓰고 있다. h는 $0.5 < h < 1.0$의 변수이다.

몇 개 예를 들면, 식 (22-3c)는

$$d = \frac{cz}{H_0} = 0.01vh^{-1}\text{Mpc} \qquad (22\text{-}5)$$

이고, 여기서 $v = cz$으로 상징적인 속도로 10^3kms^{-1}의 단위로 표시한 적색이동이다.[3)]

마찬가지로, 식 (22-4)는

$$t = \frac{1}{H_0} = 1\,h^{-1} \times 10^{10}\text{년} \qquad (22\text{-}6)$$

이다. 이런 새로운 수식은 계산을 간단하게 만든다. 식 (22-6)의 표현은 뜻이 특히 분명해진다. $h = 1$일 때($H_0 =$ 100kms^{-1}Mpc^{-1}), t는 구상성단의 추정 연령보다 짧은 1×10^{10}년에 불과한 데에 유의하라.

2) 사실 식 (22-3c)는 대략 $z < 0.08$인 가까운 은하에만 적용할 수 있다. $0.08 \le z \le 2$에서는 상대론적 도플러 효과의 공식을 사용하여 $d \approx \frac{c}{H_0}\frac{(1+z)^2-1}{(1+z)^2+1}$로 거리를 근사적으로 구할 수 있다. 일반적으로 우주상수가 $\Lambda = 0$인 평탄한 우주($\Omega_0 = 1$)에서 고유거리(proper distance)에 대한 수식은 $d = \frac{2c}{H_0}\left(1 - \frac{1}{\sqrt{1+z}}\right)$가 된다. 그러나 관측천문학에서 거리지수[$m - M = 5\log(d_L/10\text{pc})$]로부터 구하는 광도거리(luminosity distance)는 평탄우주에서는 $d_L = d\cdot(1+z)$의 수식으로 표시된다. 원서에 주어진 식 (22-3d)는 어떻게 유도되었는지 그 근거를 찾을 수 없었다. (역주)

3) 즉 v가 도플러 효과를 주는 속도라기보다는 적색이동을 상징적으로 표현하는 물리량이라는 의미이다. (역주)

22.2.3 우주팽창의 물리적인 뜻

위에서 계산된 허블시간은 모든 은하들이 감속이 없이 등속으로 팽창의 시초에 뭉쳐져 있던 과거로 소급한 시간이다. 우리는 이때 있었던 사건을 **대폭발**(Big Bang)이라 부른다. 유의할 것은 대폭발이 어떤 장소가 아니라, 어떤 시기에 일어났다는 점이다. 왜냐하면 우주의 모든 부분이 대폭발 시기에 서로 함께 있었기 때문이다. 그때부터 우주는 팽창해 왔다. 그러나 '빈' 공간으로 향해서가 아니라, 공간 그 자체가 시간이 지남에 따라 늘어난 것이다. 은하들은 단지 이 팽창을 보여 주는 빛나는 표식이 될 뿐이다. 따라서 은하들의 적색이동은 흔히 도플러이동이라고 불리지만 사실은 그것이 아니다. 적색이동은 우주 역사의 서로 다른 시기에서 은하들의 거리가 다른 데서 유래한다.[4] 또한 관측된 팽창은 우리가 우주의 중심에 있음을 뜻하는 것도 아니다. 팽창이 균일하면 다른 은하에 사는 관측자도 같은 허블법칙을 관측할 것이기 때문이다.

끝으로 H는 사실 상수가 아니라는 것을 알아야 한다. 은하들이 서로 미치는 중력효과 때문에 H는 시간에 따라 달라져야 한다. 일반적으로 H는 우주의 나이와 더불어 감소한다. 이 장에서 말한 H는 실제로 현재의 값이고, H_0로 쓰는 것이 통례이다.

22.2.4 허블상수의 계산

적색이동 z가 잘 측정되기 때문에 H_0를 알아내는 문제는 결국 거리 d를 정확하게 알아내는 데 있다. 가시광에서의 은하의 적색이동 측정의 오차는 표면밝기가 낮은 은하의 경우 $\approx 100\text{kms}^{-1}$에서, 전파망원경으로 21cm 파장에서 관측되는 만기형 천체의 경우 $\approx 1\text{kms}^{-1}$에 걸쳐 있다. 그렇다면 H_0의 값은 얼마인가? 1980년대에서 1990년대에 이르기까지의 관측에서는 $50\text{kms}^{-1}\text{Mpc}^{-1}$ 내지 $100\text{kms}^{-1}\text{Mpc}^{-1}$으로 추정되었다.[5]

22.3 은하의 거리 — 거리 눈금

22.3.1 눈금의 사다리

거리척도(눈금)의 중요성을 알았으므로 이제 그것이 어떻게 확정되고 그 오차가 우주의 지식에 어떤 영향을 주는지 알아보자. 거리 눈금은 행성이나 이웃 별들의 직접적 거리 측정에서부터, 가장 먼 은하들에 대한 희미한 방법에 이르기까지 여러 방법으로 연계되어 있다. 은하들에 대해서는 천체의 밝기와 복사강도의 역제곱법칙에 관련된 간접적 방법을 일반적으로 쓰지 않을 수 없다. 여기서 목적은 가장 먼 거리에서도 볼 수 있는 가장 밝은 천체들에 대해 눈금을 확립하는 데 있다.

이런 눈금 확정의 과정은 국부적으로 태양계부터 시작해서 단계적으로 우리은하(표 22−1, 그림 22−3), 가장 가까운 은하들(**국부은하군**, Local Group, 23.1.2항 참조)을 거쳐, 보다 먼 은하들로 올라간다. 국부은하군 안의 은하들에 대한 거리표지 천체로는 절대등급 0보다 밝은 천체를 쓸 수 있다. 산개성단, 주계열 맞추기 등의 방법은 가까운 이웃 은하들에게조차 쓸 수 없지만, OB형별, 고전세페이드 등 밝은 천체의 눈금 교정을 가능케 한다. 표 22−1의 후반에 실린 방법들은 거리지수가 큰 은하들의 거리를 알려 주긴 하지만, 거리표지 천체들이 전반의 것들에 비해 신뢰도가 상당히 떨어진다. 전반에 실린 방법들이 갖는 장점은 천체들이 아주 밝아서 거리지수의 도달 한계가 크다는 데 있다. 이 밝은 천체들은 국부은하군 너머 처녀자리은하단과 같은 큰 은하단들까지의 거리를 알려 준다. 이들 은하단의 통계로부터, 우리는 은하단에서 가장 밝은 은하의 광도(절대등급)와 은하단 안의 광도함수에 관해서 지식을 얻게 되었다. 은하단에 따라 다소의 변동은 있으나 통계 결과는 거리의 제1근사값을 줄 수 있을 만큼 훌륭하다. 어떤 광도에서는 뚜렷한 그룹이 나타난다. 예를 들어, 큰 은하단의 가장 밝은 은하들은 거의 언제나 거대 타원은하인 것이다.

어떤 종류의 은하들이 유용한 표준이 될 수 있을까? 그 후보가 되는 은하는 흔히 초거대급(supergiant) 나선은하로, 작

4) 즉 다른 거리에 있는 은하들에서 방출된 빛은 유한한 빛의 속력 때문에 과거 다른 시점에서 은하들의 모습을 담고 있다. 과거에서 온 빛의 파장은 우주의 팽창과 더불어 길어지므로 $1 + z = \lambda_{관측}/\lambda_{방출} = R_{관측}/R_{방출}$의 관계를 가진다. 우주의 척도인자 $R(t)$의 정의는 식 (25−6)을 참조하고, 우주론적 적색이동의 정의는 식 (25−10)을 참조하시오. (역주)

5) 2009년 허블우주망원경의 관측 결과를 이용하여 발표된 최신값은 $H_0 = 74 \pm 3.6\text{kms}^{-1}\text{Mpc}^{-1}$이다. (역주)

표 22-1 거리표지 천체

천체	M_V	종족	방법	눈금의 기준
이웃의 별	$>0^m$	원반	삼각시차	AU의 레이더 측정
산개성단	–	I	주계열 맞추기	삼각시차 운동성단 이웃 별의 주계열
하부 주계열성 (A-M)	$>0^m$ $0^m \sim -6^m$	원반	분광시차	삼각시차 산개성단 C-M도
OB형별		I	분광시차	산개성단 C-M도 통계시차
초거성	-6^m, -7^m	I	분광시차	산개성단 C-M도
거문고자리RR형별	$+0.^m5$	II	광도곡선→ 주기	통계시차 구상성단
고전세페이드	$-0.^m5 \sim -6^m$	I	P-L 법칙	통계시차 산개성단 C-M도
처녀자리W형별 (종족 II 세페이드)	$0^m \sim -3^m$	II	P-L 법칙	통계시차 산개성단 C-M도
구상성단	$-5^m \sim -9^m$	II	적분등급	거문고자리RR형별 C-M도
신성	-8^m	원반	최대 광도	외각의 팽창률
H II영역	-9^m	I	각지름	이웃 은하
초신성	$-16^m \sim -20^m$	I과 II	최대 광도	이웃 은하
은하단의 가장 밝은 은하	-21^m	I과 II	적분등급 (1) 제일 밝은 은하 (2) 5번째 밝은 은하 (3) 10번째까지의 평균	이웃 은하
은하들	–	I과 II	허블상수와 적색이동(우주의 팽창)	가장 가까운 은하단들의 도플러이동

※ C-M = 색깔–등급(H-R), P-L = 주기–광도
통계시차는 별들의 그룹에 대해서 그들의 고유운동의 한 성분을 사용하여 평균을 취한 것으로 태양운동에 무관하고, 별들의 특이 속도가 제멋대로이도록 선정되었다.

은 핵심부와 벌어진 나선팔을 가진, 이른바 ScI 은하들이다. M101이 ScI의 좋은 예이다. 여러 팀의 연구자들이 이런 은하의 절대등급을 약 −21.2, 즉 $25 \times 10^9 L_\odot$로 확정하였다. 먼 은하단 속에서 이들은 그 높은 광도와 특유한 형태로 비교적 쉽게 알아 볼 수 있다. 오늘날의 망원경으로 이들은 약 400Mpc에 이르기까지 표준촉광의 구실을 하고 있다. 거대한 타원은하도 이용된다. 역시 그 광도는 다른 방법으로 거리가 알려진 가까운 은하나 은하단을 써서 확정된다. 거리 피라미드(그림 22−3)의 아랫단들이 결과에 가장 큰 영향을 미친다는 데 유의하라.

22.3.2 최선의 현대 거리결정법

허블우주망원경의 광학적 문제점이 성공적으로 해결됨에 따라서 허블상수 값의 불확정성의 일부를 해결하는 데 관심과 희망이 되살아났다. 최근에 개발된 기술이나 허블우주망원경의 성능을 전가동하여 얻어진 여러 방법을 다음에 자세히 알아보기로 한다. 특히 외부은하의 연구에 쓰일 천체들이 가져야 할 특성을 살펴보면 다음과 같다.

(1) 먼 거리에서도 볼 수 있도록 밝을 것
(2) 소속하는 은하 안의 수많은 별의 배경에서 쉽게 구별될 것
(3) 소속하는 은하에 무관한 특성의 '표준촉광(standard candle)'으로 믿을 만한 눈금교정이 가능할 것

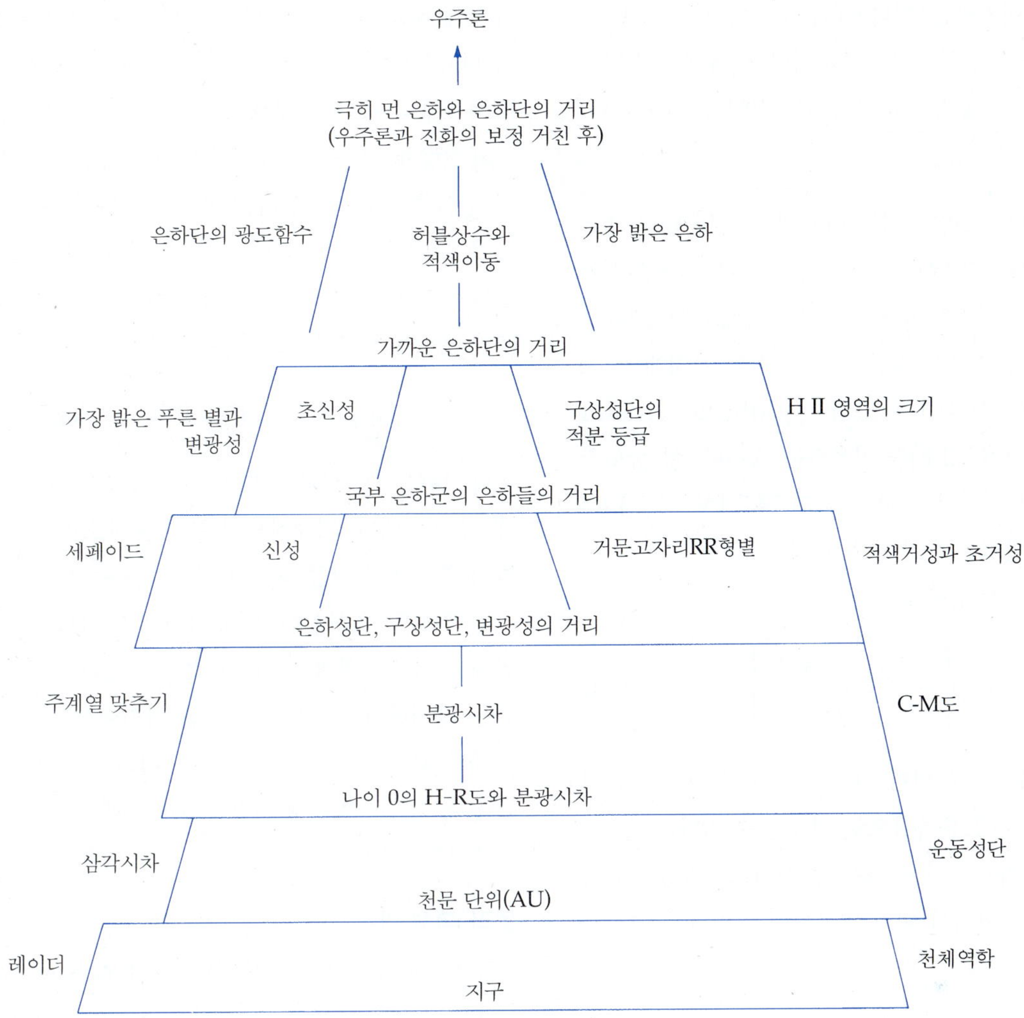

그림 22-3 거리 눈금의 피라미드
(P.W. Hodge)

(4) 천체의 특성에서 기인되는 거리의 편차가 작을 것

세페이드 변광성

18.2절에서 세페이드의 P-L 관계를 관측하고 그 물리적 근거를 알아보았다. 변광주기를 관측해서 그 절대등급을 알아내서, 그가 소속하는 은하의 거리지수($m - M$)를 통하여 그 은하의 거리를 결정하는 것은 외부은하 거리 측정의 기본방법이다.

변광성을 자세히 조사해 보면 H-R도 위의 세페이드 불안정띠가 실제는 폭을 가진 띠가 되므로, P와 L은 서로 정확한 함수가 아님을 알게 된다. 이 별들의 이론적 진화경로는 거의 수평으로 경로를 급속히, 별의 밝기에 따라 다른 속도로 지나기 때문에 불안정띠가 고르게 메워지지 않는다. 관측에 의하면 이 구역이 위가 아래보다 굵은 쐐기와 흡사하다는 인상을 준다. 이런 점을 고려해서 P-L 관계가 아니라 P-L-C 관계로 확대하여 색지수의 항을 추가하여 수정하게 되었다. 그 정확한 형태는 이론의 여지가 있지만, 피스트(M.W. Feast)와 워커(A.R. Walker)는

$$\langle M_V \rangle = -3.53\log_{10}P + 2.31[\langle B_0 \rangle - \langle V_0 \rangle] - 2.13 \quad (22\text{–}7)$$

을 제안하였다. 여기서 ⟨ ⟩는 평균을 뜻하는데, 플럭스의 평균을 취하여 등급으로 고친다. 0첨자는 적색화를 보정한 색지수를 의미한다.

불행히도 지상관측으로는 거리 약 4Mpc까지밖에 세페이드를 확인할 수 없다. 제23장에서 논하게 될 이유 때문에 이것으로는 H_0을 믿을 만하게 결정할 수 없다. 개선된 허블우주망원경은 세페이드의 관측거리를 적어도 20Mpc까지 늘리는 데

도움이 될 것이다. 여기에는 처녀자리은하단이 포함된다. 그러나 이것으로도 충분치 않으므로 1차적인 세페이드 방법을 다음에서 논할 2차적인 방법으로 확장하는 것이 필요하다.

구상성단

늙은 종족 II의 별이 은하마다 별로 다르지 않다는 데는 충분한 이유가 있다. 은하마다 금속함량이 아주 다르기 때문에 종족 I의 별에 대해서는 이러한 추정이 성립하지 않는다. 그래서 종족 II의 별에서 표준촉광을 찾을 좋은 기회를 가지게 된다. 가장 좋은 방법은 구상성단 광도함수(globular cluster luminosity function, GCLF)를 이용하는 것이다. 이 광도함수는 별이나 은하의 그것과는 아주 달리(14.2.1항 및 23.1.4항), 약한 광도에서 별의 개수가 계속 늘어난다.

GCLF는 대략 가우스 함수로

$$\phi(M) = A \exp\left[-\frac{(M - M_0)^2}{2\sigma^2}\right] \qquad (22\text{-}8)$$

나타낸다. 여기서 A는 은하마다 다른 규격인자이며, 전환점 M_0는 상수로 보이므로 표준촉광으로 이용할 수 있다.

국부은하군, 사자자리은하군, 화학로자리(Fornax)은하단, 처녀자리은하단 등에 대해서 여러 연구들이 데이터를 수집하였다. B 필터에서 전환점의 절대등급은

$$\langle M_0 \rangle = -6.6 \pm 0.26 \qquad (22\text{-}9)$$

로 여러 연구 결과가 일치하였다.

신성

신성은 매우 밝고(최대광도 $M_V^{\max} \approx -10$), 늙은 종족에 속하므로, 표준촉광으로 유용하다(18.5.1항). 그 방법은 코엔(J.G. Cohen)이 발견한 최대광도와 감소율 사이의 다음과 같은 관계를 이용하는 것이다.

$$M_V^{\max} = -9.96 - 2.31 \log \dot{m} \qquad (22\text{-}10)$$

여기서 $\dot{m}$은 처음 2등급에 걸친 평균 감소율(등급/날)이다. 이는 우리은하 신성에 대해서 좋은 식이고, 다른 은하에서도 아마 적용될 것으로 짐작된다.

초신성 Ia

초신성은 모두 동일하지 않다(18.5.2항). 폭발 전 별의 몇 가지 유형에 따라 초신성의 밝기가 다르다. 그러나 스펙트럼에 H나 He의 선이 없는 Ia형 초신성은 우주 전반에 걸쳐서 균일한 모체로부터 유래한 것으로 짐작된다. 즉 이들은 찬드라세카 한계질량에 가까운 탄소–산소 백색왜성으로 추정되고 있다. 만일 이들이 근접쌍성계를 이루고 있다면, 동반성으로부터 물질을 끌어들여 한계질량을 넘게 되면, 붕괴하여 열핵반응을 돌발시켜서 엄청나게 밝은 초신성으로 폭발하는 것이다. 그 최대광도의 최선의 추정값은

$$M_B = -18.33 \pm 0.11 + 5 \log h \qquad (22\text{-}11)$$

이다. Ia형 초신성의 광도곡선은 ^{56}Ni와 ^{56}Co의 방사성 붕괴에 의한 것이다. 최대광도의 분산은 작으며, 그 분산은 폭발한 별의 중심핵의 질량 차이에 기인하는 듯하다.

명백하게, 초신성은 거리 결정에 있어서 독특한 기회를 제공해 준다. 그 최대광도는 소속하는 은하 전체 밝기의 상당한 몫을 차지한다. 그래서 극히 먼 거리에서도 볼 수 있다. 주로 문제가 되는 것은 폭발의 발생을 미리 예고할 수 없기 때문에, 관측자가 많은 망원경 시간을 허비하게 되고 폭발의 시작부터 최대광도까지의 짧은 시간을 놓치기 일쑤인 것이다.

툴리-피셔 관계

툴리(R. Brent Tully, 1940~)와 피셔(Richard Fisher, 1950~)는 나선은하의 절대등급(청색)과 은하의 H I 21cm 방출선의 주파수 폭 사이에 밀접한 연계가 있음을 알아냈다. 21cm선의 폭이 넓을수록 은하의 광도는 크다는 것이다. 21cm의 방출선은 나선은하 원반부의 중성수소에서 유래하고, 은하 회전(통상 100kms^{-1} 내지 300kms^{-1})으로 폭이 늘어난다. 그래서 툴리–피셔(Tully-Fisher, TF) 관계는 사실상 회전속도와 광도 사이의 관계이다. 이것은 물론 물리적으로 이치가 맞는 이야기로, 기체분자가 궤도 운동을 하는 최대 회전속도는 궤도 안쪽에 든 질량으로 정해지고, 은하의 광도는 별의 총 개수에 따라서 질량으로 정해지기 때문이다.

이 방법의 성공은 적절한 보정에 크게 달려 있다. 첫째는 21cm의 회전 선폭 W_R을 은하면 경사에 대해서 보정해야 한다. 또한 21cm선의 윤곽이 상자 모양이 아니기 때문에 선폭을 재는 데 일관된 방식으로 해야 한다. 선폭을 정상, 중간, 20% 높이, 혹은 다른 곳에서 잴 것인가? 여기에 또 추가해서 원래 청색에서 발견되었던 T-F 관계가 그 은하 속에 든 먼지

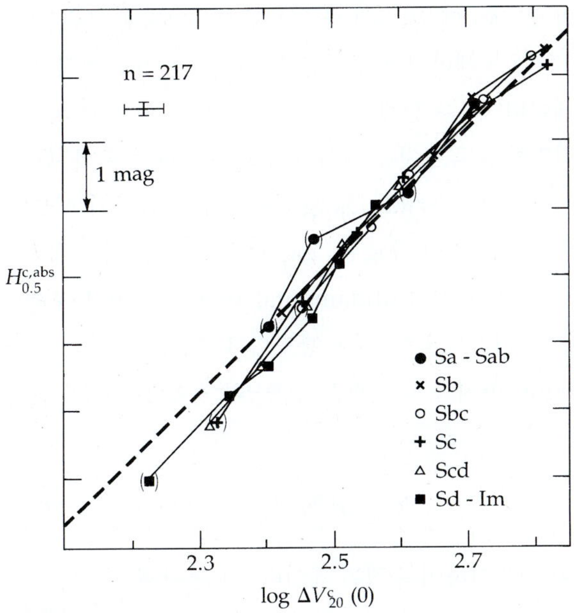

그림 22-4 적외선부의 툴리-피셔 관계
200개 이상의 나선은하들의 적외선역 절대등급과 회전속도를 그래프로 만들었다. 파선은 모든 값의 평균이다. (M. Aaronson)

에 영향을 받는다는 것도 알려졌다. 그래서 적외선 부분에서 측정하면 훨씬 낫다[Infrared TF(IRTF) 방법, 그림 22-4]. I와 H 파장역(1.66μm)에서 눈금이 조정된 관계는

$$M_I = -8.72(\log W_R - 2.50) - 20.94 \pm 0.10 \quad (22\text{-}12)$$
$$M_H = -9.50(\log W_R - 2.50) - 21.67 \pm 0.08 \quad (22\text{-}13)$$

여기서 회전 선폭 W_R은 kms^{-1}의 단위로 나타내었다.

행성상성운의 광도함수

행성상성운은 매우 밝은 천체로서 특별한 종족이나 은하의 별 생성구역에 무관한 천체이므로, 타원은하나 나선은하의 가려지지 않은 곳에서 찾아볼 수 있다. 이 천체는 그 빛의 약 15%를 λ5007선에서 방출하기 때문에 이 파장에서 좁은 파장역을 투과시키는 필터를 사용하여 중심별의 연속스펙트럼을 억제하고 성운의 빛을 돋보이게 할 수 있다. 대체로 행성상성운의 겉보기등급은 λ5007선의 플럭스를 사용하여 다음 식에서 추정할 수 있다.

$$m_{5007} = -2.5\log(F_{5007}) - 13.74 \quad (22\text{-}14)$$

행성상성운의 광도함수(Planetary Nebula Luminosity Function, PNLF)가 거리 측정에 유용한 이유는 주로 광도함수가 광도 M^*에서 지수함수적으로 감소하는 데에 있다. 그래서 여러 은하들에 대해서 광도함수를 다음 식에 맞도록 해서 M^*를 결정하여 서로 비교할 수 있다.

$$N(M) \propto e^{0.307M}(1 - e^{3(M^*-M)}) \quad (22\text{-}15)$$

여기서 $M^* = -4.47$등급이다.

$D_n - \sigma$ 관계

이 방법은 린든-벨(D. Lynden-Bell), 페이버(S. M. Faber), 버스타인(D. Burstein), 데이비스(R. L. Davies), 드레슬러(A. Dressler), 텔레비치(R. J. Terlevich), 웨게너(G. Wegener)에 의해서 마련된 방법(LFBDDTW)이다. 그들은 광도와 표면밝기에서 오는 정보를 교묘하게 합쳐서 1개의 양 D_n을 찾았다. D_n의 정의는 타원은하의 등광도 지도에서 원의 지름으로, 그 원 내부의 적분된 표면밝기가 B 필터에서 20.75등급/(″)^{2}가 되는 것이다. 속도분산 σ는 은하핵으로부터의 거리에 따라 달라지므로 구경 효과의 보정이 필요하다. D_n와 σ가 알려지면 거리(상징적 속도의 단위로 주어진)는

$$\log R_e = 1.20\log\sigma - \log D_n + \log\left(\frac{1 + 7/4\cdot z}{1 + 7/4\cdot z_{\text{Coma}}}\right) + 1.411 \quad (22\text{-}16)$$

로 주어진다. 여기서 σ는 kms^{-1}, D_n은 0.1″를 각각 단위로 하고 있다.[6] 우주론적 보정항은 이 관계가 평균 적색이동이 약 7000kms^{-1}인 머리털자리 은하단에서 눈금이 조정되었기 때문에 포함되었다.

표면밝기의 요동

지금까지 타원은하의 빛의 분포는 매끈한 것으로 강조해 왔지만, 만약 충분한 분해능으로 관측한다면 아마도 거대한 구상성단처럼 개개의 별들이 모인 것처럼 보일 터이다. 별들의 개별성은 타원은하의 표면밝기를 흩어진 알맹이들처럼 만드는데, 이것을 표면밝기의 요동이라 한다. 은하의 별들을 분해할 수 없더라도, 밝기는 화소(pixel)마다 달라지는데, 하나의 화소에 들어오는 빛은 몇몇 거성들이 공급하고, 그 개수는 통계

6) 여기서 거리는 $R_e = H_0 d$로서 은하의 거리 d에 허블상수를 곱하여 kms^{-1}의 단위로 표시한 것이다(Lynden-Bell et al., 1988). 식 (22-16)은 우주상수가 0이고 평탄한 우주($q_0 = 0.5$)에서 유도한 식이므로, 2009년 현재 표준 모형인 가속팽창우주($q_0 = -0.58$)에서는 수정되어야 한다. (역주)

적 변동을 하기 때문이다. 밝기의 대부분을 담당하는 별들의 그룹이 요동 등급 $\bar{m}$을 가진다고 하자. 거리가 다른 두 은하는 화소의 평균 밝기로 분간할 수가 없다. 왜냐하면 표면밝기는 거리에 무관하기 때문이다. 어느 한 화소에서 빛을 담당하는 별의 개수는 d^2에 비례하지만, 빛의 강도는 d^{-2}에 비례하기 때문이다. 그러나 더 먼 은하는 더 매끈하게 보이므로, 표면밝기의 요동을 거리 측정에 이용할 수 있을 것이다.

물론 은하 표면밝기의 요동을 측정할 구역은 은하 내부의 티끌의 얼룩과 같은 다른 요인들이 없어야만 한다. 성간티끌의 영향을 검토하는 좋은 방법은 청색 필터를 사용하는 것인데, 청색 빛이 티끌의 영향을 가장 많이 받기 때문이다. 관측할 구역이 결정된 다음에는 적외선 파장으로 관측하는 것이 가장 좋은데, 그것은 밝기의 대부분을 담당하는 저온의 거성들은 긴 파장에서 가장 밝기 때문이다. 평균 등급이 $\bar{m}$인 별 하나에 대해서 광자가 5개 내지 10개 측정될 만큼 노출시간을 충분히 길게 잡아주는 것이 중요하다. 공식적으로 평균 광도 $\bar{L}$은

$$\bar{L} = \frac{\Sigma n_i L_i^2}{\Sigma n_i L_i}$$

로 정의된다.[7] 톤리(J. Tonry)는 이 방법의 눈금을 교정하였고, M31, M32, NGC 205 은하들의 관측에서 I 밴드에서 절대등급이

$$\overline{M}_{\mathrm{I}} = -4.84 + 3.0(V - I) \qquad (22\text{–}17)$$

의 관계를 가진다는 것을 알아냈다. 여기 $(V - I)$색은 은하 전체의 색지수이다.

타원은하의 더 나은 이해

타원은하를 좀 더 알아보도록 하자. 만약 우리가

(1) 모든 타원은하가 동일한 표면밝기를 가졌고
(2) 그 광도가 반지름 제곱에 비례($L \propto R^2$)하며
(3) 동일한 M/L을 가지고
(4) 비리얼정리($\sigma^2 \propto M/R$)가 성립한다는

단순하고 타당한 가정을 한다면, 페이버와 잭슨(R.E. Jackson)의 관계($L \propto \sigma^4$)에 바로 도달할 수 있다. 은하의 광도는 별의 총 개수에, 따라서 중력 퍼텐셜에너지에 관련되며, 속도분산은 운동에너지에 관련된다. 그러므로 비리얼정리에 의하면 페이버–잭슨 관계를 이해할 수 있다. 원칙적으로 이 관계를 적당한 눈금조정을 거쳐서 거리 측정에 이용할 수 있다. 그러나 조르고브스키(S. Djorgovsky)와 LFBDDTW 그룹은 타원은하들이 $(\log I_e, \log R_e, \log \sigma)$를 3축으로 하는 3차원 공간에서 한 기본평면(fundamental plane) 안에 분포한다고 주장한다. 여기서 I_e는 은하 광도의 1/2를 포함하는 반광도(half-light) 반지름 R_e 안에서의 표면밝기이다. 기본평면의 방정식은

$$R_e \propto \sigma^{1.36} I_e^{-0.85} \qquad (22\text{–}18)$$

이다. 이것에 의하여 수정된 페이버–잭슨 관계

$$L \propto \sigma^{2.7} I_e^{-0.7}$$

가 유도된다. 타원은하들은 이 공간에서 2차원 평면을 차지하기 때문에 3개 관측값 가운데 2개만 독립변수가 된다. D_n의 정의로부터 이 평면은 단면이 거의 시선에 들어오기 때문에 본래의 F-J 관계보다 훨씬 더 예민한 광도표지가 되고, 따라서 더 나은 표준촉광이 된다. $D_n - \sigma$ 관계는 그럴듯하게 보이기는 하지만, 개별적인 은하에 대해서는 아직 신뢰성이 부족해서 많은 타원은하들을 써서 은하단 평균을 정하는 데 사용하는 편이 좋다.

이러한 논의는 물리적 관점에서 오늘날 관측된 타원은하들의 상태는 거의 다 비리얼정리로 결정되며, 은하가 태어난 개별적 사정에는 무관하다는 결론이 나온다. 앞서 기술한 다른 거리결정법 가운데 IRTF가 기본평면 방법과 가장 비슷한데, 그것은 운동 및 퍼텐셜에너지가 비리얼정리에 기여하는 것을 간접적으로 측정하기 때문이다. 그러나 나선은하는 타원은하처럼 그 경향성을 예측하기 쉽지 않다. 태어난 시기의 물리적 과정이 나선은하들의 오늘날 상태에 크게 영향을 준 것으로 보인다

22.3.3 H_0 값의 해결?

앞의 절에서 열거된 강력한 방법으로 마침내 H_0 값의 2배에

7) 표면밝기의 대부분을 차지하는 거성들의 평균 광도가 $\bar{L}$, 그에 해당하는 절대등급이 $\overline{M}$이고, 관측된 겉보기등급이 $\bar{m}$가 된다. 은하의 표면밝기의 분산(σ)은 거리 d와 $\overline{M}$, $\bar{m}$에 의하여 결정된다. (역주)

걸친 불확실한 범위를 좁힐 수 있을까? 역사를 본다면 H_0의 확실치 않은 범위는 두 그룹에 의해서 지배되어 왔다. 샌디지와 탐만(G. Tammann)은 H_0의 값을 50에서 60kms^{-1}Mpc^{-1} 사이에 있다고 보고했는데, 드보쿨레르는 90~100kms^{-1}Mpc^{-1}로 하였다. 두 그룹이 각각 보고한 오차의 범위가 작았기 때문에 다른 그룹의 값은 가능한 범의를 크게 벗어난 것으로 여겨졌다.

현재의 상황은 양극화가 완화되었다. 발표된 H_0의 값은 거의 연속된 값으로 45~90kms^{-1}Mpc^{-1} 사이에 있다. H_0의 관측값이 여전히 일치하지 않는 데는 근본적으로 세 가지 이유가 있다. 첫째는 대부분의 거리 측정법이 눈금조정에 사용할 수 있는 가까운 천체가 부족하다는 것이다. 예를 들면, 가장 가까운 세페이드는 태양에서 약 200pc 거리에 있어서 별의 시차를 이용하여 직접 눈금교정을 하기가 사실상 불가능하다. IRTF관계의 경우 세페이드와 거문고자리RR형별로 정확한 거리가 얻어진 은하가 15개 정도 있는데, 이들은 10Mpc를 넘지 못한다. $D_n - \sigma$ 관계의 경우 국부은하군 안에는 유용한 은하가 없고, 20Mpc 안에 눈금조정이 잘된 5, 6개의 은하단이나 은하군이 있을 뿐이다. 둘째 이유는 우주의 팽창(허블팽창)이 50~100Mpc 거리까지는 균일하지 않다는 데 있다. 이것은 특이운동의 결과인데, 제23장에서 더 논하기로 한다. 특이운동에 대한 보정은 연구그룹마다 다른 가정을 택하고 있다. 마지막으로 여러 방법들 간에는 체계적인(systematic) 차이가 있다. Ia형 초신성을 쓰는 방법과 ScI 은하의 광도를 비교하는 방법 등은 작은 H_0의 값을 선호하는데, IRTF, $D_n - \sigma$, GCLF, PNLF, 표면밝기 요동 등의 방법은 보다 큰 값을 선호한다. 이 분야의 연구자 대다수는 아직까지 확실한 답은 얻지 못했다는 사실을 인정한다. 그러나 80~85kms^{-1}Mpc^{-1} 범위의 H_0의 값을 이 시점에서 선호한다고 하는데, 그러면 우주의 나이가 지나치게 짧아지는 문제가 있다. 우주의 나이문제의 해결에 대해서는 26.5절에서 다루기로 한다.

개념 적용 **세페이드와 허블우주망원경**

세페이드의 지상에서 측광관측은 약 4Mpc 거리까지로 한정된다. 이 짧은 거리 범위는 H_0를 결정하기 위한 눈금보정의 능력을 제한한다. 허블우주망원경이 여기서 어떻게 도움이 될 수 있는지 자세히 알아보자.

허블우주망원경의 측광관측은 $V \approx 27$등급까지 정확하다. 광도가 낮은 단주기 세페이드의 경우, 주기가 10일인 별에 대하여 $B - V \approx +0.5$를 채택하여 거리 범위를 계산한다. 식 (22–7)에 의하면 이 변광성의 평균 절대등급은 $\langle M_V \rangle \approx -4.6$이다. 허블우주망원경의 거리지수 한계는 $m - M = 31.6$이므로, 식 (11–6)에 의하면 한계거리는 21Mpc에 해당한다.

허블우주망원경으로 관측이 가능한 우주 공간의 부피는 지상관측의 그것보다 약 150배나 크다. 이 범위 안에는 국부초은하단의 관측 가능한 수천 개 은하들이 거의 대부분 포함된다(23.2.1항 참조). 장주기의 밝은 세페이드의 경우는 관측이 가능한 부피가 이보다 더 커진다.

핵심 수식과 개념

- 고전세페이드의 주기–광도(P-L) 관계는 외부은하의 거리측정에 근본이 된다.
- 허블법칙 $v = H_0 d$는 은하의 거리를 계산하는 방법을 제공하고, 우주가 균일하게 팽창하고 있음을 나타낸다. 우주의 나이는 대략 $t_H \approx 1/H_0$로 주어진다.
- 허블우주망원경은 외부은하의 거리 측정에 관한 개선된 자료를 제공한다. 오늘날 최선의 거리결정방법은 다음 방식으로 절대등급을 정한다. 개선된 P-L 관계는 (색지수의 항을 추가한) P-L-C 관계인데, 그 하나의 형태는

$$\langle M_V \rangle = -3.53 \log_{10} P + 2.31[\langle B_0 \rangle - \langle V_0 \rangle] - 2.13$$

이다.

- 구상성단 광도함수 $\phi(M)$의 극대는 B 필터의 절대등급

$$\langle M_0 \rangle = -6.6 \pm 0.26$$

에 자리한다.

- 신성의 최대광도는 감소율($\dot{m}$, 처음 2등급에 걸친)에 의하여 결정된다.

$$M_V^{\max} = -9.96 - 2.31 \log \dot{m}$$

- Ia형 초신성의 최대광도는

$$M_B = -18.33 \pm 0.11 + 5 \log h$$

이다.

- 적외선 툴리-피셔(T-F) 관계는 (W_R은 21cm의 회전 선폭)

$$M_I = -8.72(\log W_R - 2.50) - 20.94 \pm 0.10$$
$$M_H = -9.50(\log W_R - 2.50) - 21.67 \pm 0.08$$

- 행성상성운의 광도함수가 지수함수적으로 급격히 감소하는 점에서 관측된 λ5007[O III] 의 강도에서 겉보기등급을 다음과 같이 환산한다.

$$m_{5007} = -2.5 \log F_{5007} - 13.74$$

m_{5007}을 절대등급 $M^* = -4.47$등급과 비교하여 거리를 구한다.

- 타원은하의 $D_n - \sigma$ 관계는 은하 내부의 별들의 속도분산(σ)과 적분된 B 필터에서 등광도 밝기가 20.75등급/(″)²가 되는 원의 지름 D_n 사이에 강한 상관관계가 있다는 것을 보여 준다. 속도의 단위로 나타낸 은하의 거리는 다음 식에서 구한다.

$$\log R_e = 1.20 \log \sigma - \log D_n + \log\left(\frac{1 + 7/4 \cdot z}{1 + 7/4 \cdot z_{\text{Coma}}}\right) + 1.411$$

- 타원은하 영상에서 표면밝기의 화소들의 통계적 요동은 다음과 같은 평균 절대등급을 가지는 거성별들에 기인한다.

$$\overline{M}_I = -4.84 + 3.0(V - I)$$

- 타원은하들은 $\log I_e$, $\log R_e$, $\log \sigma$를 3축으로 하는 3차원 공간에서 2차원의 기본평면 위에 분포한다는 것이 밝혀졌다. 타원은하의 성질에 대한 단순한 가정을 취하면, 이 기본평면으로부터 페이버-잭슨 관계인 $L \propto \sigma^4$를 설명할 수 있다. 나선은하의 경우 오늘날의 상태는 태어날 당시의 물리적 상태에 크게 영향을 받는 데 반해서, 타원은하는 비리얼정리 같은 보다 근본적인 에너지 문제에 의하여 주로 영향을 받는 것 같다.

문제

1. 우리은하와 마젤란운 사이의 거리는 대략 50kpc이다. 마젤란운에 있는 다음 별들의 관측된 겉보기등급을 구하시오.
(가) 주기가 0.5 일인 거문고자리RR형 변광성
(나) 맥동주기가 100일인 고전세페이드
(다) 10일 주기의 종족 II 세페이드

2. 다음 천체의 거리를 알아내는 데 가장 유용한 거리 측정 방법은 무엇인가?
(가) 플레이아데스성단
(나) 우리은하의 구상성단
(다) 대마젤란운
(라) M31(안드로메다은하)
(마) 처녀자리은하단
(바) 허큘리스자리은하단
(사) 우리 태양
(아) 우리은하의 중심부

3. 별의 Ca II K 흡수선은 정지 파장이 393.3nm이다. Ca II K선이 410.0nm로 관측되었다. 다음을 가정할 때 그 은하의 거리를 구하시오.
(가) $H_0 = 50\text{kms}^{-1}\text{Mpc}^{-1}$
(나) $H_0 = 100\text{kms}^{-1}\text{Mpc}^{-1}$

4. 다음의 경우 우주의 계산된 나이 식 (22-4)는 어떻게 변할까?
(가) 팽창이 감속될 때(H가 시간에 따라 감소)
(나) 팽창이 가속될 때(H가 시간에 따라 증가)
(다) 위의 두 경우 어느 쪽인지를 결정할 수 있는 관측은

무엇인가?

5. 가장 가까운 은하들은 대개 허블법칙을 따르지 않는다. 그 까닭은 무엇일까?

6. 쉽게 얻을 수 있는 탄성 물질을 써서 허블법칙을 교실에서 설명할 수 있는 시범을 고안해 보시오.

7. 식 (22−3d)를 적색이동 $z = 5$까지 그래프를 만드시오.

8. 먼 은하의 절대등급을 얻기 위해서 $m - M = 5\log d - 5$가 흔히 쓰인다. 거리 d는 허블법칙으로 보통 가늠된다. 이 식을 22.2.2항에서처럼 h를 써서 나타내라.

9. 표 22−1은 거리표지 천체의 종류를 나타낸 것이다. 이 각각에 대해 한계등급이 +25인 망원경이 검출할 수 있는 최대 거리는 얼마인가? (허블우주망원경은 이 한계등급까지의 천체를 검출할 수 있다.)

10. 작은 z값에 대하여 식 (22−3d)는 식 (22−3c)가 됨을 보이시오.

11. 비교적 가까운 은하들에서 수소의 발머 α선은 가시광 밖으로 적색이동된다.

(가) 이 선이 전자파 스펙트럼의 적외부($\lambda > 720$nm)로 변하게 될 적색이동은 얼마인가?

(나) 이 적색이동은 어떤 거리에 해당되는가? 답을 허블변수 h로 나타내시오.

(다) 이 적색이동은 허블상수가 $H_0 = 100\text{kms}^{-1}\text{Mpc}^{-1}$과 $H_0 = 50\text{kms}^{-1}\text{Mpc}^{-1}$인 경우 각각 어떤 거리에 해당하는가?

12. 비교적 먼 은하(그리고 퀘이사, 제24장 참조)에서 수소의 라이먼 α선(Lα)은 자외선에서 가시광으로 적색이동될 수 있다.

(가) Lα선이 자외부에서 가시광($\lambda \approx 390 \sim 720$nm)으로 변하게 되는 적색이동은 얼마인가?

(나) 평탄한 우주에서 이 적색이동의 범위에 해당하는 거리의 범위를 구하고 h를 써서 답하시오.

(다) $H_0 = 100\text{kms}^{-1}\text{Mpc}^{-1}$과 $50\text{kms}^{-1}\text{Mpc}^{-1}$ 인 경우 이 적색이동에 해당되는 거리를 구하고, 이 거리를 우주의 나이와 비교하시오.

13. 고전세페이드에 대해서 만약에 P-L 관계의 기울기가 3% 만큼 불확실하다면, 식 (22−7)에서 얻어지는 거리의 오차를 추산하시오.

14. 대마젤란운(LMC)에서 $V = 10.8$의 신성이 보였는데, 첫 2등급에 대해서 최대 감소율이 $\dot{m} = 0.1$등급/날이었다면 LMC의 거리는 얼마인가?

23

Chapter

우주의 거대구조

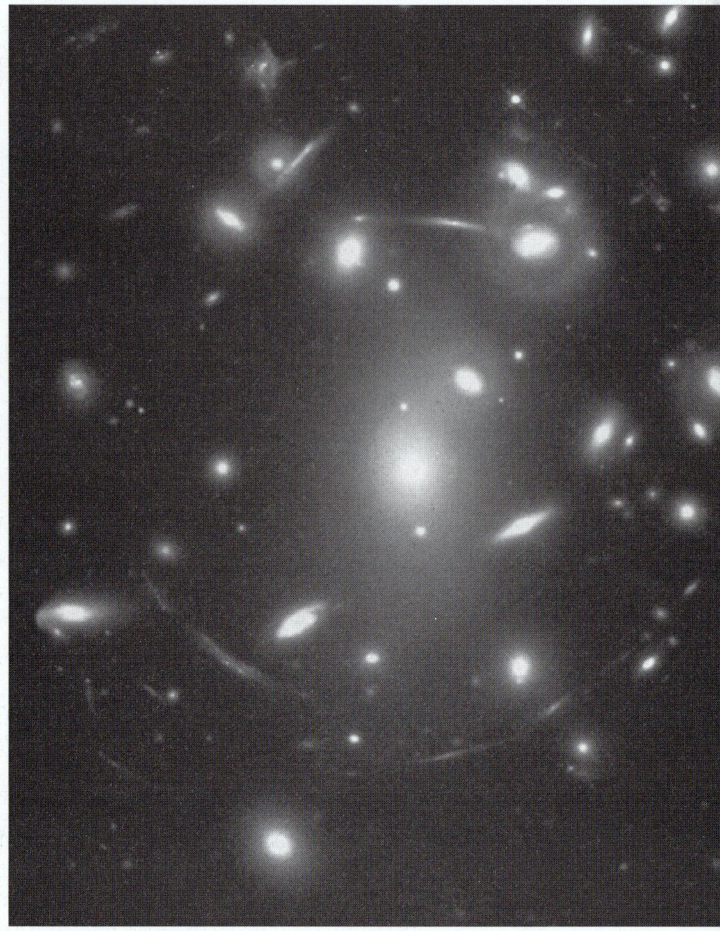

우리는 지금까지 우주 물질 분포의 거대한 구조를 암시하는 언급을 했을 뿐이다. 최근의 관측은 은하들이 균질한 분포의 배경 속에서 구형의 집단으로 뭉쳐 있다는 기존의 생각을 바꿔서, 광범한 빈터들 가운데서 줄기모양의 초은하단들이 꾸불거리는 양상으로 바꾸어 놓았다. 이 장에서 다루는 우주의 거대구조는 우주 진화의 초기 단계가 그대로 남겨진 화석인지도 모른다.

23.1 은하들의 집단

대다수의, 아마도 모든 은하들은 어떤 종류의 집단에 소속한다. 우리은하는 국부은하군의 주요한 멤버의 하나이고, 이 집단은 부유한 처녀자리은하단을 포함하는 국부초은하단의 일부분을 이루고 있다.

23.1.1 은하단의 종류

은하단을 분류하는 데 여러 방법이 있으나, 가장 간단한 것은 은하수들이 많이 들어 있는 은하단을 '규칙'과 '불규칙'의 두 가지로 분류하는 에이벨(George Abell)의 방법이다. **규칙은하단들**은 구대칭성과 높은 중심 집중도를 가진 거대한 집단이다. 이 은하단들은 수천 개의 은하들을 가지는 경우가 많고, 그중 약 1,000개는 절대등급 −15보다 밝다. 규칙은하단의 멤버는 거의 모두가 타원은하 내지는 S0 은하이다. **불규칙은하단들**은 모든 종류의 은하들을 포함하고 있다. 이 은하단들에는 다음과 같은 집단들이 있다.

(1) 작은 집단(예컨대 우리 국부은하군)
(2) 작은 무리들의 느슨한 집단(여러 개의 분포중심이 있다.)
(3) 상당히 큰 느슨한 집단

은하단에 속하는 은하들의 광도함수(적분된 등급의 단위 범위 당 은하 개수)는 어두운 은하들이 두드러지게 많음을 알려 준다.

23.1.2 국부은하군

우리은하와 안드로메다은하(M31)가 최소한 20개의 은하들을 포함하는, 이른바 국부은하군이란 작은 집단을 지배한다(표 23−1). 나머지 은하들은 어둡고 질량이 작으며, 이들은 2개의 가장 큰 나선은하의 어느 한쪽에 집중하는 것처럼 보인다. 이 군 속에는 3개의 주된 나선은하(우리은하, M31, M33)를 비롯하여 왜소타원은하, 불규칙은하에 이르는 다양한 종류의 은하가 들어 있다. 대다수는 광도와 질량이 작은 왜소은하들이

표 23-1 국부은하군의 주요 구성원

이름	형	M_v	거리[kpc]	$m-M$	질량[$M_\odot$]	시선속도[$\mathrm{kms^{-1}}$]
M31 = NGC224	Sb	−21.1	690	24.6	3×10^{11}	−267
우리은하	SBb	−21	8.5	14.7	4×10^{11}	–
M33 = NGC598	Sc	−18.9	690	24.6	4×10^{10}	−190
LMC*	Irr I	−18.5	50	18.6	6×10^{9}	+275
SMC*	Irr I	−16.8	60	19.1	1.5×10^{9}	+163
NGC205	E6p	−16.4	690	24.6	–	−239
M32 = NGC221	E2	−16.4	690	24.6	2×10^{9}	−220
NGC6822	Irr I	−15.7	460	24.2	1.4×10^{9}	−34
NGC185	dE0	−15.1	690	24.5	–	−270
NGC147	dE4	−14.8	690	24.5	–	–
IC1613	Irr I	−14.8	740	24.5	4×10^{8}	−235
화로자리	dE3	−13.0	188	21.4	2×10^{7}	−73
조각실자리	dE3	−11.7	84	19.7	3×10^{6}	–
사자자리 I	dE3	−11.0	220	21.8	3×10^{6}	–
사자자리 II	dE0	−9.4	220	21.8	10^{6}	–
작은곰자리	dE6	−8.8	67	19.5	10^{5}	–
용자리	dE3	−8.6	67	19.6	10^{5}	–

* LMC = 대마젤란운, SMC = 소마젤란운

다. 국부은하군은 최대 길이가 약 1Mpc이다(그림 23-1).

국부은하군의 중요성은 가장 가까운 집단일 뿐만 아니라, 그 속의 개개 은하의 연구에서 은하의 특성에 관한 많은 지식이 얻어진다는 사실에 있다. 우리는 이 지식을 더 먼 은하들에 확대 적용할 수 있다. 또 국부은하군의 은하들은 거리척도의 눈금을 매기는 기준 천체로도 쓰인다. 끝으로 지적할 것은 다른 은하군들과 비교할 때, 국부은하군에는 은하의 수가 많지 않으며, 무거운 은하들이 적다는 사실이다.

23.1.3 다른 은하단

다른 은하단은 조밀한 무리로부터 느슨한 집단에 이르기까지 다양하다. 몇 가지가 표 23-2에 실려 있다. 화로자리은하단은 우리에 비교적 가깝고 총수는 16개에 불과하지만 다양한 종류의 은하들을 가지고 있다. 거대한 머리털자리은하단은 7Mpc를 넘는 공간에 흩어진 수천 개 은하들을 가지고 있다. 이런 관측에서부터 대표적인 은하단에는 $M = -16$보다 밝은 은하들이 약 100개 정도 있고, 이웃 은하단과 수천만 광년이나 떨어져 있음을 알게 된다. 에이벨의 분류에 따르면, 머리털자리은하단(그림 23-2)은 규칙적 은하단이다. 2개의 크고 밝은 타원은하가 중심 가까이에 있고 다른 은하들이 그 둘레에 집중된 것처럼 보인다. 은하들의 수가 많은 다른 규칙은하단(예컨대 A2199)은 cD은하들이 주류를 이룬다. cD은하란 넓게 퍼진 헤일로를 가진 초거대 타원은하를 말한다. 불규칙은하단의 예는 국부은하군, 허큘리스자리은하단(그림 23-3), 처녀자리은하단 등이다. 처녀자리은하단 안의 가장 밝은 205개 은하들 중 제일 밝은 4개는 거대한 타원은하이지만 타원은하는 전체의 19%에 불과한데 나선은하는 68%에 이른다. 처녀자리은하단은 하늘에서 약 7° 범위에 걸치며 거리가 15.7Mpc이므로, 그 지름이 2Mpc 정도로 추정된다.

가장 널리 쓰이는 은하단의 목록은 에이벨이 만든 목록이다. 그는 팔로마 전천 성도(Palomar Sky Survey)를 조사하여 2,712개의 은하단을 발견했다. 그의 부유도 분류는 은하단에서 세 번째로 밝은 은하를 택하고, 이 은하 밝기에서 2등급 이내에 드는 은하들의 개수를 기준으로 택한 것이다. 부유도 계급(richness class) 1인 은하단은 위의 조건을 만족하는 50~79개 은하를 가진 은하단이고, 오직 1개가 알려진 부유도계급 5인 은하단은 최소 300개 은하들을 가졌다. 모든 은하 수 헤아리기는 은하단의 거리(열 번째로 밝은 은하로부터 판단되는)에 알맞은 각지름 범위 안에서 실행된다. 따라서 모든 은하단에 대해 동일한 부피를 조사하도록 한 것이다. 이 조사 이전에 알려졌던 많은 은하단들은 고유명—머리털자리, 허큘리

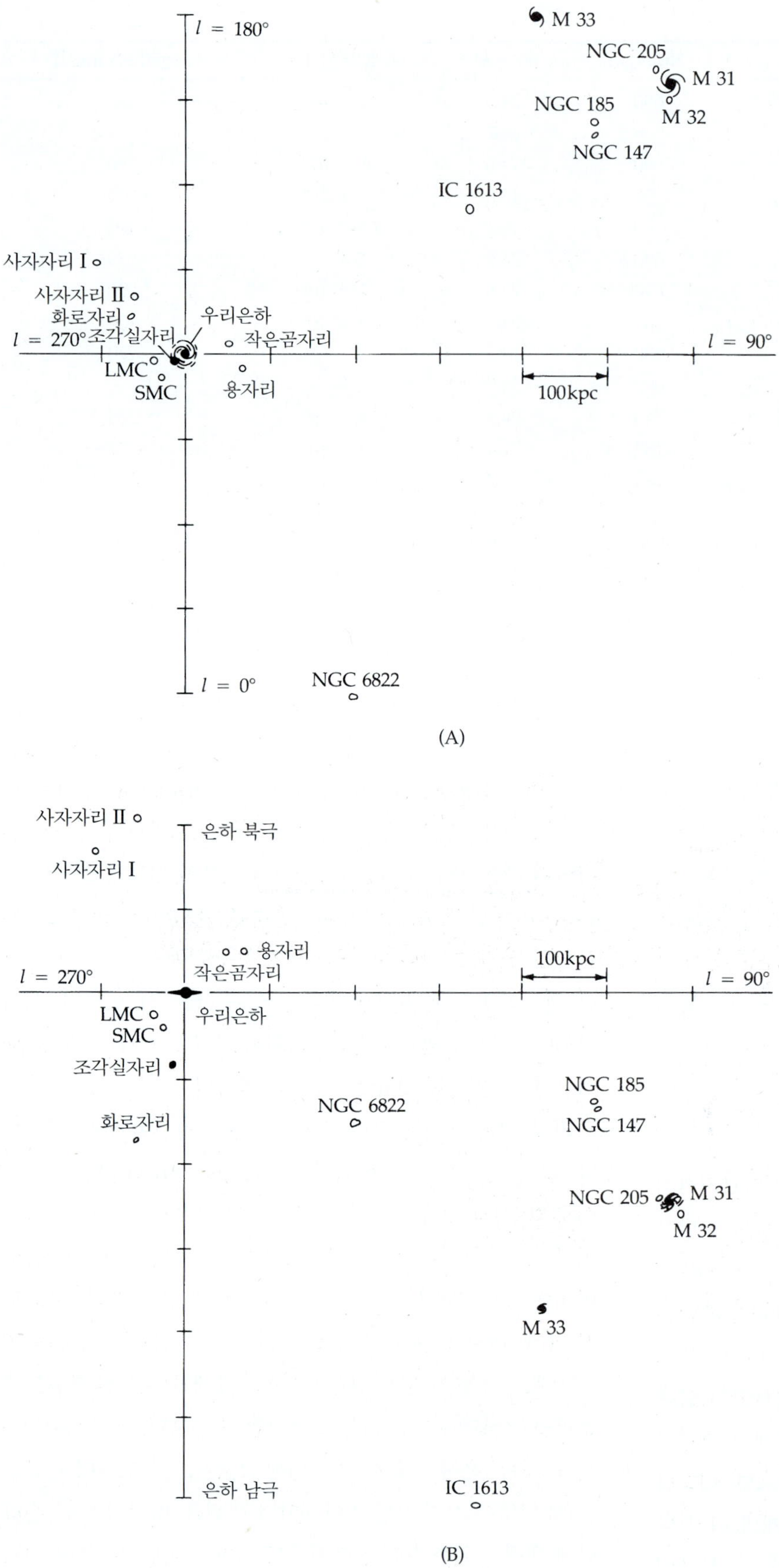

그림 23-1 국부은하군
(A) 우리은하면에 투영한 평면도. (B) 측면도. 우리은하와 M31 둘레에 집중된 것에 유의하라.

표 23-2 선택된 은하단

이름	Abell #	α(2000)	δ(2000)	적색이동(cz, kms^{-1})	비고(SC = 초은하단)
페르세우스자리	426	$3^h18.6^m$	+41°32′	5,460	Perseus SC
바다뱀자리	1060	$10^h36.9^m$	−27°32′	3,000	Hydra-Centaurus SC
처녀자리		12^h30^m	+12°23′	1,200	Local SC(국부초은하단)
센타우르스자리		12^h50^m	−41°18′	3,200	Hydra-Centaurus SC
머리털자리	1656	$12^h59.8^m$	−27°59′	6,647	Coma / A1367 SC
북쪽왕관자리	2065	$15^h22.7^m$	+27°43′	21,600	
허큘리스자리	2151+2152	$16^h05.2^m$	+17°43′	11,200	Hercules SC
	2199	$16^h28.6^m$	+39°31′	9,200	A 2197/2199 SC

스자리, 페르세우스자리, 북쪽왕관자리—을 가졌지만, 문헌에서는 흔히 에이벨 번호가 쓰인다. 예컨대 머리털자리은하단은 A1656과 같다. 이야기가 나온 김에 처녀자리은하단은 에이벨 목록에는 없음을 유의하기 바란다. 그 이유의 하나는 그것이 너무 가까이 있기 때문이다. 에이벨은 큰 각지름을 가진 극히 가까운 은하단들을 제외했던 것이다. 뿐만 아니라, 처녀자리은하단은 부유도가 부족할지도 모른다.

그림 23-2 머리털자리은하단의 중심부
(미국 국립 광학 천문대)

23.1.4 은하단과 은하 광도함수

태양 주변의 별들의 밝기에 따른 개수 분포를 광도함수로 나타낸다. 즉 주어진 광도(또는 절대등급) 범위 안에 특정한 개수의 별들이 들어 있다. 광도함수의 근본적 특징은 광도가 큰 OB형 별들이 낮은 M V 별들보다 그 수효가 적은 것이다(14.2.1항 참조). 이와 비슷한 계층분포가 은하단 안의 은하들에 대해서도 존재한다. 국부은하군에서 가장 밝은 은하는 3개

그림 23-3 허큘리스자리은하단의 중심부
(팔로마 천문대, 캘리포니아 공과 대학)

(우리은하, M31, M33)에 불과하고 대다수는 왜소한 낮은 광도의 은하들이다. 그래서 은하들도 별들과 어느 정도 비슷한 광도함수를 가진다.

은하단은 은하들의 광도함수를 결정하는 직접적인 방법을 마련해 준다. 왜냐하면 넓은 범위의 은하들을 모두 동시에 볼 수 있기 때문이다. 우리는 어느 특정한 겉보기등급의 범위에 속하는 은하의 개수를 밝은 끝에서 어두운 끝까지 헤아릴 수 있다. 은하단의 모든 은하들은 거의 같은 거리에 있기 때문에 겉보기등급의 그래프는 은하단의 거리가 알려지기만 하면 개수–절대등급의 그래프로 해석할 수 있다. 에이블은 이 과정을 역으로 사용하여 관측된 광도함수를 맞추는 방법으로 은하단의 거리를 결정할 수 있을 것이라 생각했다. 그러나 실제는 잘 맞지 않았다. 여기서 주된 결함은 왜소은하들이 먼 거리에서 매우 어둡기 때문에 실제보다 더 적게 헤아려지는 것이다. 에이벨은 몇 개 은하단의 광도함수를 결정하여, 밝은 은하들의 개수는 광도가 증가할수록 매우 급격하게 감소함을 발견했다(그림 23–4). 이런 현상은 은하단 속에 높은 광도의 은하보다 낮은 광도의 은하가 훨씬 더 많다는 사실을 알려 준다.

광도함수의 개념을 좀 더 자세히 살펴보자. 왜냐하면 우리가 은하단의 광도함수를 알게 되면,

(1) 은하단 속의 관측되지 않은 왜소은하의 개수

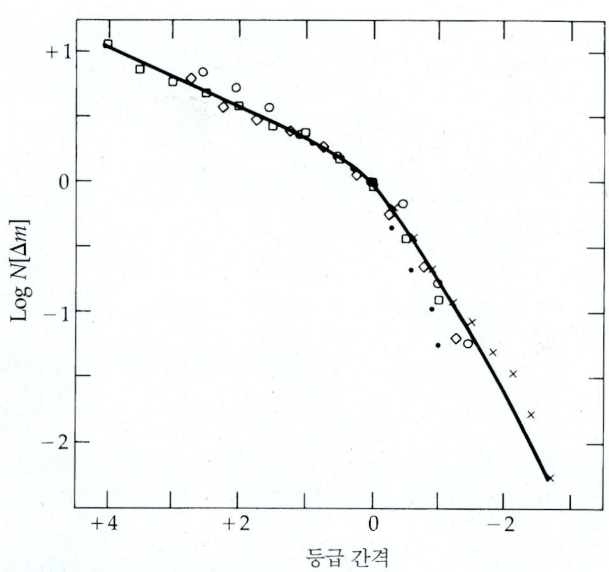

그림 23–4 은하들의 광도함수

등급 간격당 은하 개수와 등급 간격의 관계. 0점은 임의로 택함. (G. Abell)

(2) 은하단 안의 질량 분포

(3) 은하단의 거리

등을 결정할 수 있기 때문이다. 기본적으로 광도함수는 광도(또는 절대등급)의 단위 간격당, 단위 부피당의 은하 개수를 준다. 그 정확한 함수형은 여러 형태로 나타낼 수 있다. 쉑터(Paul Schechter)는 유용하면서 다양한 은하단 샘플에 적절하게 보이는 해석적 함수형

$$\Phi(L)dL = \Phi^*\left(\frac{L}{L^*}\right)^{\alpha}\exp\left(-\frac{L}{L^*}\right)d\left(\frac{L}{L^*}\right) \quad (23\text{–}1)$$

을 은하의 광도함수로 제안하였다. 여기서 $\Phi(L)dL$은 $L \sim L + dL$에 드는 은하의 개수밀도, Φ^*는 규격화 상수, L^*은 함수의 기울기가 급격히 변하는 특성적 광도($M_B = -19.4$), α는 광도가 $L < L^*$인 영역에서 $\log\Phi$대 $\log L$ 그래프의 기울기를 준다. 전형적인 부유은하단의 경우 $\alpha = -5/4$이고

$$\Phi^* = 0.005\left(\frac{H_0}{50\text{kms}^{-1}\text{Mpc}^{-1}}\right)^3 \text{Mpc}^{-3}$$

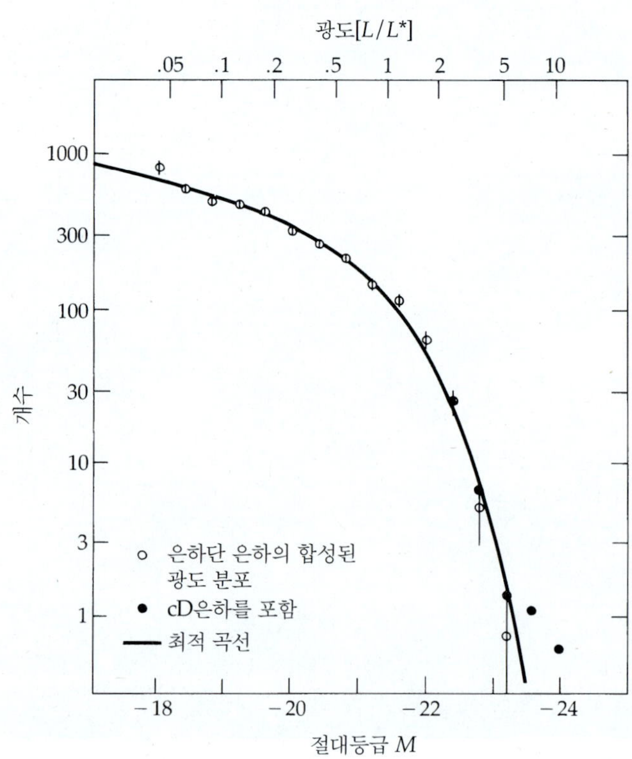

그림 23–5 쉑터의 광도함수

(P. Schechter)

이다(그림 23-5).

이들 은하단의 질량은 추정하기 어렵다. 그 속의 물질을 모두 볼 수는 없으므로 관측된 은하들의 총합은 은하단 질량의 하한값을 준다. 한편, 은하단이 중력으로 속박되었음을 가정한다면 멤버들의 운동은 은하단 질량의 상한값을 준다. 실제 값은 이 두 한계 사이에 있을 것이다. 질량의 범위는 10^9~$10^{15}M_\odot$에 걸쳐 있다. 그러나 모든 은하단이 속박되어 안정한지 혹은 불안정하여 팽창하고 있는지 알 수는 없다. 만일 은하단이 안정하지 않다면, 질량의 추정값은 범위의 하단 쪽으로 떨어질 것이다.

23.1.5 은하의 잡아먹기

은하단에 관해 두드러진 사실은 그 속의 은하들의 크기에 비해서 은하들이 서로 꽤 가깝게 분포한다는 것이다. 은하들 사이의 간격을 행성이나 별들의 간격과 비교해 보자. 태양계 안에서 행성들은 그들 지름의 약 10^5배 거리로 서로 떨어져 있다. 우리은하 안에서는 별들이 그들 지름의 약 10^6배 거리에 서로 흩어져 있다. 그러나 은하단에서는 은하의 평균 지름의 불과 100배 정도로 서로 떨어져 있다. 은하들이 상대적으로 이처럼 서로 가깝다면, 가장 무거운 은하(초거대 타원은하)가 가장 가벼운 은하(불규칙 및 왜소은하)의 10^7배 이상 무겁다는 또 하나의 사실을 생각해 보자. 가장 큰 은하들은 조석력으로 작은 은하들을 깨뜨려서 그 조각들을 끌어 삼킬 수 있다. 이렇게 큰 은하가 작은 은하를 탐식하는 것을 은하의 잡아먹기(cannibalism)라고 부르게 되었다.

어떤 관측이 이런 아이디어를 뒷받침하고 있을까? 어떤 학자들은 초거대 타원은하(cD은하)를 특별한 계급의 은하로 지적하고 있다. 그들의 독특한 특성은

(1) 지름 1Mpc에 이르는 광범한 헤일로
(2) 때때로 다중 은하핵
(3) 은하단 중심부에 위치

등이다. 이런 관측된 특성과 아울러 은하단 내부에서 이들의 운동에 대한 이론적 계산은 cD은하가 은하의 잡아먹기로 생겨난 것을 가리키고 있다. 즉 은하단 중심부에서 서로 가까운 만남, 또는 다른 멤버로부터 조석력으로 끌어들인 물질의 낙하에 연유한다는 것이다. 동역학적 마찰도 한몫을 할 수 있다. 이런 과정들은 모두 성장하는 은하들이 은하단의 중력 퍼텐셜의 골짜기 중심부에 자리하고, 따라서 다른 은하로부터 떨어져 나온 물질이 여기서 뭉치게 됨을 가정하고 있다.

다음 관측은 이런 생각을 뒷받침하고 있다.

(1) cD은하는 사실 자신의 지름에 근사한 200kpc 이내인 은하단 중심부인에 위치한다.
(2) cD은하의 안쪽 부분의 측광관측은 타원은하들과 같은 특성을 보여 준다.

이 관측은 cD은하가 한때는 타원은하였다가 물질이 첨가되어 광범한 헤일로를 만들게 되었다는 각본을 뒷받침해 준다.

cD은하들의 적어도 50%는 1개 이상의 은하핵을 가진다. 이것은 다른 은하들의 잡아먹기의 잔해들일까? 최근의 관측은 그것을 시인하는 것 같다. 도플러이동의 자료에 의하면 cD은하의 은하핵들은 약 1,000kms^{-1}의 상대 속도로 움직이고 있다. 이에 비하여 cD은하 속의 별들은 약 300kms^{-1}의 속도로 궤도 운동을 하고 있다. 그러므로 cD은하의 은하핵들은 별들과 같은 운동을 하지 않는다. 그들은 훨씬 더 빨리 움직여서 은하중심에서 훨씬 멀리 떨어진 곳까지 달려간다. 그래서 은하핵은 보통의 타원은하가 cD은하에 접근하여 그 속을 뚫고 지나간 것인지도 모른다. 동역학적 마찰은 그들의 궤도 운동 에너지를 감소시켜서 cD은하에 붙들리게 된 것이다.

은하들이 실제로 병합하지 않더라도 가깝게 만나서 조석력을 서로 작용할 것은 확실하다. 이러한 상호작용은 어떤 전반적인 효과를 나타낼 것이다. 첫째로, 지구의 조석 팽창부(tidal bulge)처럼 각 은하의 양쪽으로 물질이 볼록 튀어나오게 될 것이다. 둘째로, 은하들은 회전하기 때문에 그 물질은 가까운 만남에서 각운동량을 보존하므로 원호의 모양으로 밖으로 흘러나올 것이다. 그래서 조석력을 서로 미치는 두 은하는 조석의 다리로 이어지고, 서로 반대 방향으로 조석 꼬리들을 밖으로 뻗을 수 있을 것으로 기대된다. 이렇게 서로 작용하는 은하들이 관측된 일이 있을까? 허블의 표준형에 들지 않는 이상한 형태를 가진 많은 은하들이 조석 상호작용의 어떤 특성을 보이고 있다. 좋은 실례는 NGC4038과 NGC4039의 쌍이다(그림 23-6). 여기에는 두 은하 사이의 물질의 다리와 서로 반대로 뻗은 꼬리가 보인다. 이러한 만남의 컴퓨터 모의실험은 중력 상호작용 때문에 비슷한 구조가 나타나는 것을 보여 준다.

그림 23-6 조석력을 서로 미치고 있는 은하들
NGC4038과 4039는 조석력으로 물질이 흘러나오는 꼬리를 만든다. (팔로마 천문대, 캘리포니아 공과 대학)

그림 23-7 은하 M82(위)와 M81(아래)
M82의 활동은 조석 상호작용의 결과일지도 모른다. (미국 국립 광학 천문대)

특이은하 M82에는 M81과의 조석작용으로 별의 형성 과정이 유발되었을 가능성이 있다(그림 23-7).

23.2 초은하단

우주에는 은하단보다 높은 계층의 구조가 있을까? 즉 은하단의 집단인 **초은하단**(supercluster)이 존재할까? 여러 해 동안 천문학자들은 초은하단의 실재에 대하여 극히 회의적이었다. 관측이 그 현실성을 실감나게 하기 이전에는 배경—집단에 속하지 않는 은하들의 균질한 분포—속에 대체로 구형으로 된 은하들의 무더기가 존재한다는 것이 표준적인 견해였다. 이러한 생각은 최근 100Mpc 정도의 긴 줄기로 이루어진 초은하단들이 존재한다는 것으로 급속하게 바뀌게 되었다. 초은하단들 사이에는 은하들처럼 빛나는 물질이 없는 거대한 빈터가 가로놓여 있다. 초은하단들은 우주의 궁극적인 조직을 이루기 위해서 서로 이어져 있는지도 모른다.

23.2.1 발견

허블이 1924년에 우주가 은하들로 채워져 있음을 밝히고나자, 은하단들이 존재한다는 것도 알려졌다—그들은 그렇게 뚜렷하였던 것이다. 허블이 자료를 수집하는 과정에서 어떤 은하단은 수백 개의 은하들로 한 사진건판에 나타나기도 했다. 당시 몇몇 천문학자들은 그보다 더 큰 구조—당시의 용어로 은하단의 구름—가 존재할지도 모른다고 생각했다. 오늘날 여러 은하단을 포함하는 집단을 초은하단으로 부르지만 말이다. 예를 들어 섀플리는 은하면 북반구에 남반구보다 더 많은 은하와 은하단이 보인다고 지적하였다. 또한 톰보는 명왕성을 찾는 동안에 오늘날 페르세우스초은하단으로 알려진 구역에서 서로 연관된 듯 보이는 수많은 은하단들의 집단에 유의하였다. 그런데도 허블은 그의 사진 탐사가 대역적(large-scale) 균질성을 밝힌 것으로 생각했고, 그의 높은 명성 때문에 대다수의 천문학자들도 같은 견해를 가졌던 것이다.

1950년대에 들어 팔로마 천문대의 슈미트 망원경과 같은 망원경에 의한 넓은 시야의 탐사가 새로 시작되어 은하들의 2차원 분포(당시 적색이동은 거의 알려진 것이 없었다)의 탐사를 확대하는 길이 열렸다. 그 결과, **팔로마 천문대 전천 성도**가 만들어졌고, 이는 은하단의 연구에 극히 중요한 길잡이가 되었다. 에이벨과 츠비키(Fritz Zwicky)는 은하단의 목록을 만들었고, 셰인(Donald Shane)과 비르타넨(Carl Wirtanen)은 은하 계수의 통계를 조사하였다. 그들은 12년에 걸친 조사에서 북반구 하늘의 1°/6 사방 구역들 속에 약 100만 개의 19등급보다 밝은 은하들을 헤아렸다. 그 지도(그림 23-8)는 은하단들이 사슬처럼 엉킨 모습을 밝혀냈다. 이것은 대폭발이 남긴 흔적이었다. 그러나 이 지도는 3차원 구조를 2차원에 투영한 것이므로, 보이는 사슬 형태가 모두 실제는 아닌 데 유의할 필요가 있다.

츠비키의 것을 제외한 이러한 모든 분석은 보다 큰 구조의 존재를 결론지었다. 그러나 츠비키의 은하단들에는 더러 여러 집단으로 된 것이 있었다. 많은 천문학자들은 초은하단이 존재한다고 믿었는데, 그들은 암암리에 그것이 구 대칭성을 가진 것으로 가정하고 있었다. 부유은하단이 은하군이나 단독은하들로 둘러싸여 있다는 **중심핵-헤일로** 모형이 제안되었다.

이 모형이 제안된 이유의 하나는 이와 비슷한 용어로 **국부 초은하단**(Local Supercluster)을 기술한 드보쿨레르의 끈질긴 연구가 있었기 때문이다. 그 주인 격인 은하단은 처녀자리 은하단이고, 그 변두리의 성분 하나가 국부은하군이다. 국부 초은하단은 엄격한 구형 구조를 가지고 있지 않다. 왜냐하면 드보쿨레르는 은하들이 집중된 평면(초은하면)을 규정하였기 때문이다.

극히 거대한 구조를 찾는 다음의 주요 단계는 1970년대에 들어 영상 증배관이 널리 쓰이게 된 데서 비롯되었다. 이 장치를 쓰면 미약한 빛의 신호를 10^3~10^5배로 증대시킬 수 있다. 여러 그룹의 연구자들이 하늘의 비교적 넓은 구역에서 통계적으로 완전한 적색이동 조사를 하는 데 새로운 방식으로 이 장치를 이용했다. 그레고리(S. Gregory), 톰슨(L. Thompson), 티프트(W. Tifft) 등이 3차원의 위치를 써서 외부 초은하단의 존재를 최초로 실증한 선구자들이다. 그들은 머리털자리은하단과 A1367 은하단(하늘에서 약 20° 떨어졌음)이 작은 은하들과 작은 성단들로 이루어진 다리로 연결된 것을 밝혔다. 그들은 은하들의 소속에 대해 미리 알 수 없었으므로 은하단의 전방과 후방에 있는 은하들도 조사했다. 이리하여 그들은 그 전방의 큰 구역이 두드러지게 빈 곳이었다는 뜻밖의 발견을

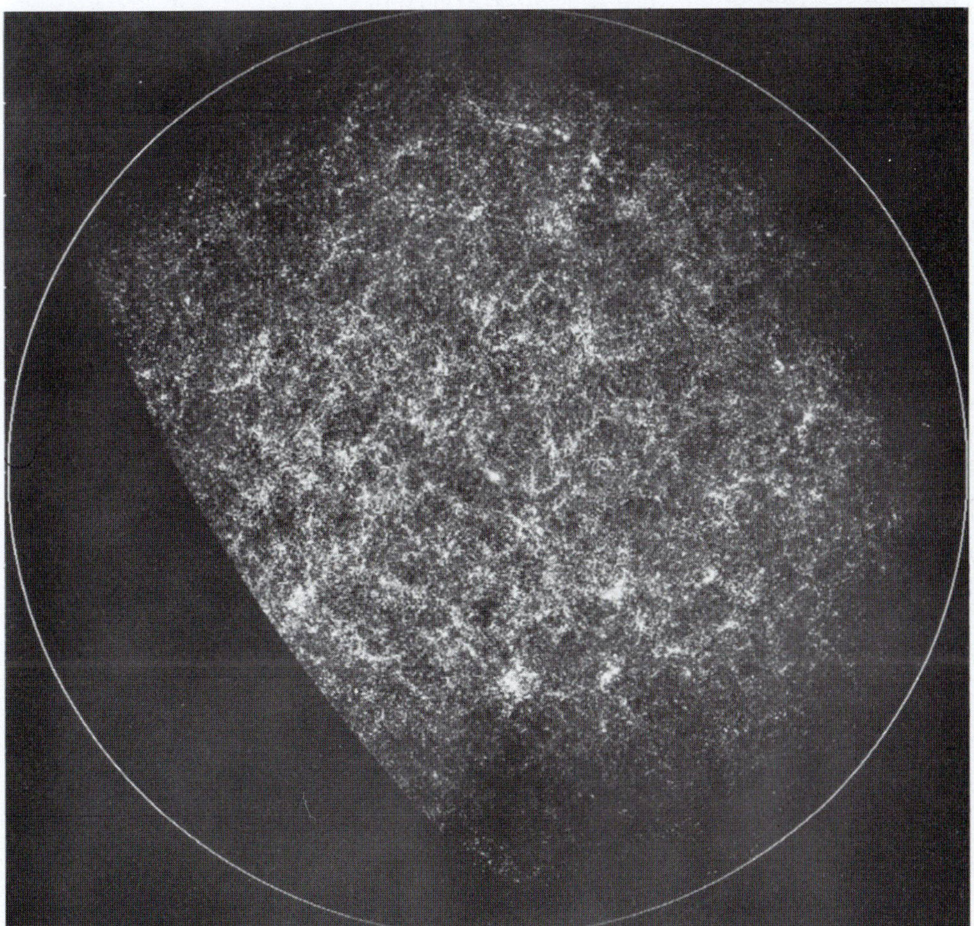

그림 23-8 은하들의 집단
100만 개를 넘는 은하들의 이 사진은 2차원상에서 실오라기 구조의 분포를 보여 준다. (P.J.E. Peebles)

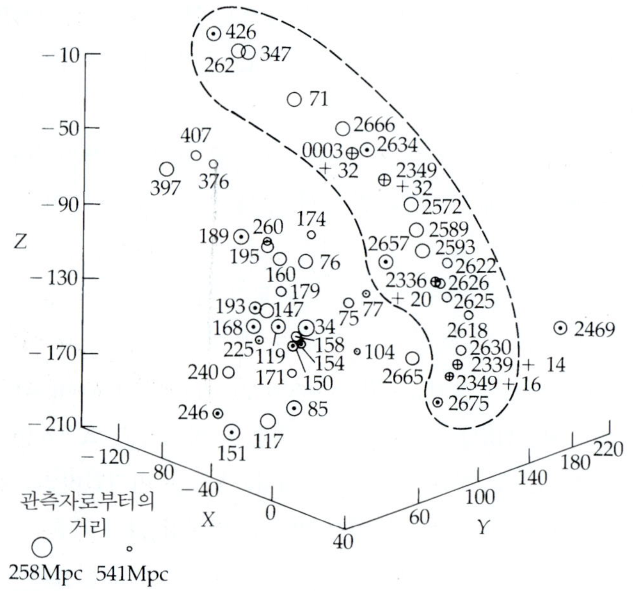

그림 23-9 페르세우스-페가수스 초은하단 줄기
원은 에이벨 은하단들의 투영된 위치, 파선은 줄기의 윤곽을 나타낸다. (J. Burns and D. Batuski)

하게 된 것이다. 곧 이어서 다른 초은하단들이 발견되었다. 친카리니(G. Chincarini), 루드(H. Rood), 타렌기(M. Tarenghi)들이 협력해서 두 번째 초은하단 — 허큘리스자리 — 을 발견했다. 곧 이어서 페르세우스자리와 남쪽의 히드라-센타우루스 구역에서도 각각 발견되었다. 이 모든 초은하단 조사에서는 빈 구역들도 발견되어 빈터(void)라고 널리 불리게 되었다.

그 후 10년 동안에 더 많은 빈터와 초은하단의 예들이 밝혀졌다. 커슈너(R. Kirshner), 외믈러(A. Oemler), 쉑터, 섹트만(S. Shectman)들은 목동자리에서 훨씬 더 큰 빈터(10^5~10^6Mpc^3)를 발견했다. 바추키(D. Batsuki)와 번즈(J. Burns)는 에이벨 은하단들을 분석하여 초은하단과 빈터로 추정된 것들의 목록을 만들었다. 그 가운데 한 빈터는 은하면 북반구의 많은 부분을 차지하고, **목동자리 빈터**를 작은 한 구석에 포함한다! 그들은 현재까지 알려진 최대의 구조도 발견했다(그림 23-9). 이 초은하단은 길이가 약 10억 광년에 달하고, 페르세우스자리초은하단은 작은 일부분으로 이 속에 포함된다.

툴리와 피셔는 국부초은하단의 3차원 구조(그림 23-10)를 철저하게 조사하였다. 여기에는 수많은(2,200개 이상) 만기형 은하의 21cm 적색이동이 쓰였다. 그들이 발견한 것은 중심면 아래위로 뻗은 줄기 — 가느다란 엽궐련 형의 구름들 — 를 가진 2개의 주된 구름으로 나눠지는 풍요로운 소용돌이 같은 구조였다. 이 초은하단의 대부분은 빈 공간이다. 눈에 보이는 은하들의 98%는 전체 부피의 5%에 불과한 공간을 메우는 11개의 구름들에 집중되어 있다. 게다가 구름들은 원반구조 — 두께의 약 10배의 폭을 가진 우주의 빈대떡 — 를 나타내고 있다. 처녀자리은하단은 그림 23-10에서 가장 짙은 은하 집단이다. 이 그림에서 우리의 위치를 중심으로 두었기 때문에 오해의 여지가 있지만, 처녀자리은하단은 명백히 국부초은하단의 중심은 아니라는 점에 유의하자. 이 은하단은 국부초은하단의 지배적 존재가 아닌지도 모른다.[1)]

그림 23-11과 그림 23-12는 각각 머리털자리와 허큘리스자리 구역의 은하들의 **쐐기 그림** 혹은(3차원으로 생각하면) **원뿔 그림**이다. 이런 그림에서는 적색이동을 거리의 축으로 쓰고, 빈터와 초은하단은 이 적색이동 공간에서 각각 빈 구역과 밀집된 구역으로 나타난다.

거대구조의 통계를 연구하는 데 쓰이는 한 방법은 n점 상관함수를 이용하는 것이다. 실제로는 2점 상관함수보다 높은 차수의 것은 쓰이는 일이 드물다. 그 정의는

$$\delta P = n[1 + \zeta(r)]\,\delta V$$

인데, n은 은하들의 체적당 평균 개수, $\zeta(r)$ — **2점 상관함수** — 는 은하가 체적 δV 속에 있을 초과 확률(무작위 분포에 상대적으로)을 나타낸다. 일반적으로, $\zeta(r)$는

$$\zeta(r) = 4.7\mathrm{h}^{-1} r^{-1.8}$$

의 형태를 가진다. 이 식은 r = 2~25Mpc 범위에서 일반적으로 성립한다. 이 상관함수의 매끈한 함수형은 특정한 길이의 척도가 없음을 뜻하고, 거리의 큰 범위는 은하단보다 훨씬 더 큰 규모에서 무작위가 아닌 분포가 있음을 알려 준다. 상관함수는 퀘이사, 전파은하, 부유은하단 등 여러 천체에서 그 집단 경향을 알기 위해서 구할 수 있다. 제26장에서 $\zeta(r)$는 은하 형성의 이론적 모형을 구별하는 데에 쓸 수 있음을 알게 될 것

1) 최신 관측자료에 의하면 처녀자리은하단은 거의 국부초은하단의 중심에 있으며, 밀도와 질량이 가장 큰 집단이다(E. Einasto et al., 2007, Astronomy & Astrophysic, 476, 697). (역주)

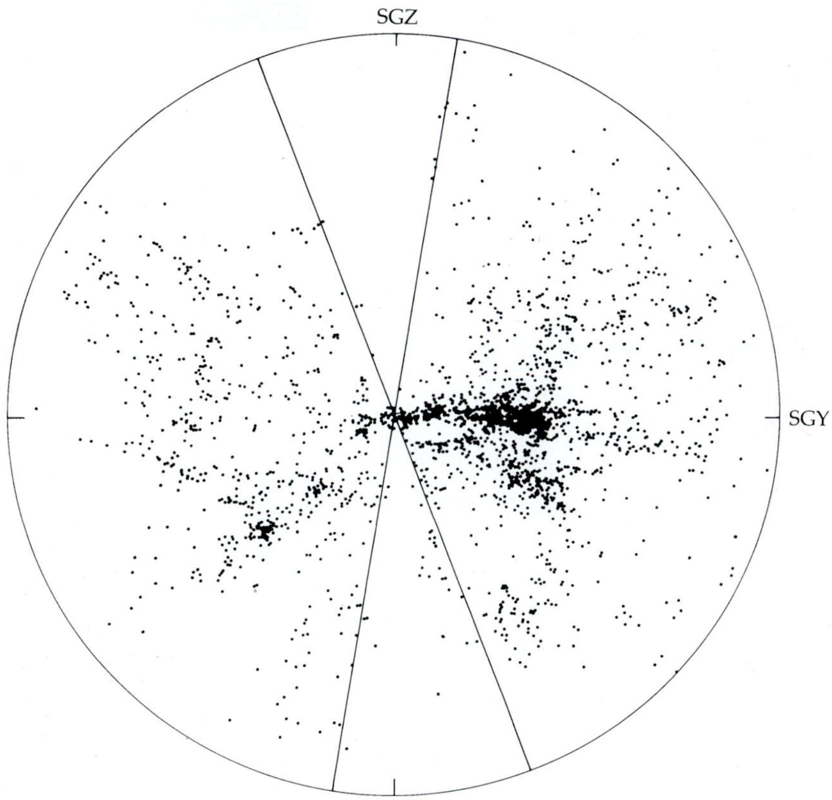

그림 23-10 국부초은하단
이 은하지도는 국부초은하단을 위에서 내려다 본 것으로, 대략 우리은하면에 해당하는 평면도이다. 1개의 점이 하나의 은하를 나타낸다. 쐐기 부분은 우리은하의 티끌로 차단되는 하늘의 구역(회피대)을 나타낸다. (R.B. Tully)

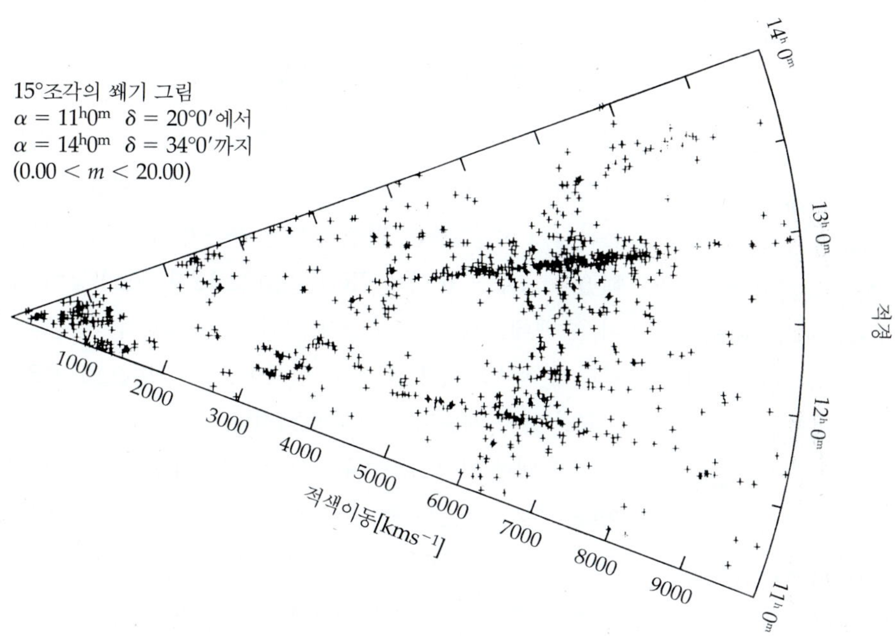

그림 23-11 머리털자리초은하단
이 쐐기 그림은 국부초은하단(정점 근방의 밀집 부분)과 머리털/A1367 초은하단(적색이동 약 7,000kms^{-1})을 포함한다. 빈터의 구역과 부유 은하단들의 내부의 높은 속도분산으로 길죽하게 나타나는 데 유의하라.

이다.

10년간의 관측을 바탕으로 거대구조의 몇 가지 특징을 들어보자.

(1) 초은하단은 구형이 아니다. 납작한 구조가 지배적이고—대다수는 느슨하게 구부러진 줄기—그러나 어떤 것은 빈대떡 모양을 가졌다.

(2) 모든 부유은하단들은 초은하단 속에 있다.

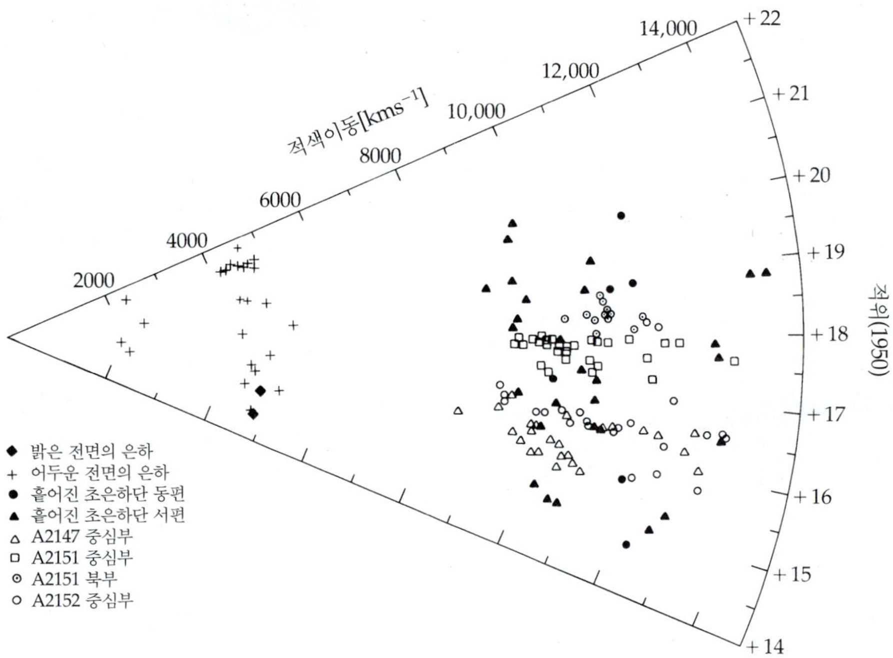

그림 23-12 허큘리스자리초은하단 이 쐐기 그림은 초은하단과 전면의 은하들 사이에 큰 빈터를 보여 준다(M. Tarenghi, W.G. Tifft, G. Chincarini, H.J. Rood, and L.A. Thompson)

(3) 모든 은하들의 적어도 95~99%(아마 100%)는 초은하단 속에 있다.

(4) 빈터는 대개가 구형이다.

(5) 빈터는(적어도) 밝은($M < M^*$) 은하를 갖지 않는다.

지오바넬리(R. Giovanelli), 헤인즈(M. Haynes), 친카리니(G. Chincarini) 등에 의한 페르세우스자리초은하단에 관한 중요한 발견은 초은하단이나 그 구성 은하들의 형성과 진화에 대해서 새로운 연구방법을 약속해 준다. 그림 23-13은 은하들의 형태별 분포에서 보이는 초은하단 구역을 나타고 있다. 맨 위 두 그림은 모든 은하 형태 및 타원과 S0은하로 정해지는 초은하단을 보여 준다. 아래 그림들은 나선은하 만기형에서 불규칙은하에 이르는 분포를 나타낸다. 명백히 초은하단의 줄기모양은 조기형에서 두드러지고 만기형에서는 거의 없어져 버리는 것을 알 수 있다.

우리는 허블과 휴메이슨(Milton Humason 1891~1972) 시절부터 은하단 속에서 이와 비슷한 형태별 분리가 일어나는 것을 알고 있었다. 그들은 타원은하가 흔히 은하단의 밀집된 중심부에 자리하는 사실을 알아냈다. 이번의 발견은 밀도와 형태의 연관성을 훨씬 더 큰 규모로 확장하는 것이다. 불행히도 이것이 형성 과정이 초은하단 전체에 걸쳐서 상관됨을 알려 주는 것인지, 또는 국부적 고밀도 구역의 연쇄로 생긴 결과에 지나지 않은 것인지는 아직 알 수 없다. 여하튼 은하가 어떻게 태어나서 어떻게 진화하는지에 대해서 중요한 실마리를 얻은 셈이다.

23.2.2 특이운동과 거대끌개

제22장에서 논의되었던 1차적, 2차적 표준촉광을 이용하는 방법과 그 정확성이 향상됨에 따라서 1980~1990년대에는 초은하단이 허블흐름에 어떤 영향을 주는지 탐구하는 것이 가능해졌다. $D_n - \sigma$ 관계, IRTF방법(22.3.2항 참조) 등이 이용되어, 수백에 이르는 은하들의 거리가 은하의 적색이동과는 무관하게 측정되었다. 이것과 적색이동의 방법으로 얻은 것을 비교한 결과 계통적 차이가 밝혀졌다.

이에 대한 가장 으뜸가는 설명은 **무더기 운동**(bulk motion)이다. 국부은하군은 국부초은하단의 중심 구역($l = 284°$, $b = 74°$, 처녀자리 근방)을 향해서 약 250kms^{-1}로 떨어지고 있는 것 같다. 또 국부초은하단 전체는 $l = 307°$, $b = 9°$를 향해서 약 570kms^{-1}로 떨어지고 있다. 이런 운동에 필요한 중력 퍼텐셜은 그 중심의 근원이 극히 무거운—약 $5 \times 10^{16} M_\odot$이나 되는 덩어리라야 한다. 이 **거대끌개**(Great Attractor, GA)는 불행하게도 우리은하면의 방향에 있기 때문에 찾기가 매우 어렵다. 그러나 크라안-코르테베그(R. Kraan-Korteweg), 워우

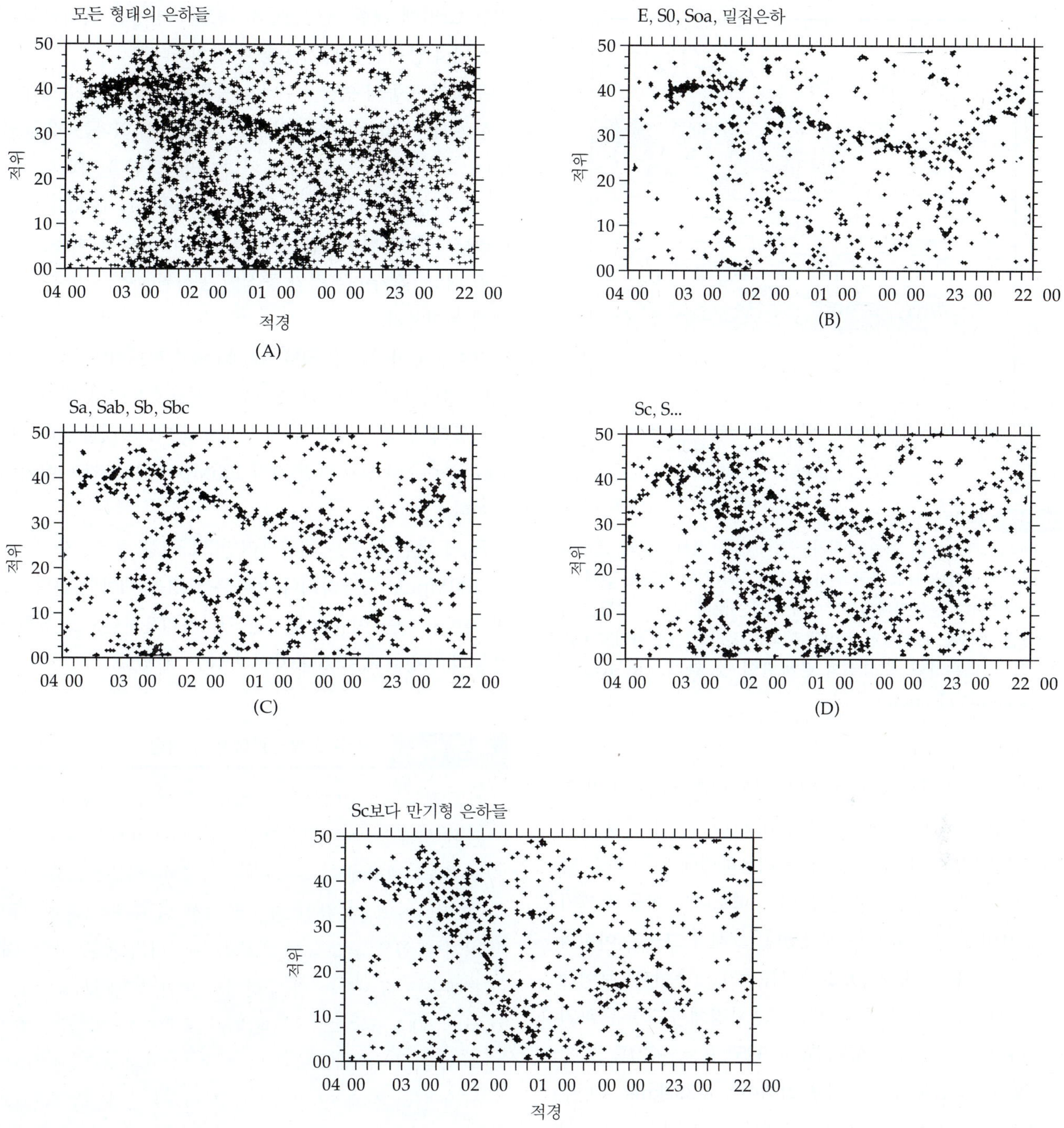

그림 23-13 페르세우스자리초은하단의 은하의 형태에 따른 분리

제일 위 첫 그림은 이 구역의 모든 형태의 은하들의 위치를 나타냈다. 그림 상반부에 느슨하게 구부러진 줄기가 페르세우스자리초은하단이다. 둘째 그림은 E, S0 은하들을 나타낸다. 세 번째 그림은 Sa에서 Sbc 은하들, 네 번째는 Sc, 다섯 번째는 Sc보다 만기형 은하들이다. 초은하단의 줄기가 은하 형태에 따라 다르게 나타나는 데 유의하라. 조기형이 가장 뚜렷이, 만기형은 아주 흐릿하게 초은하단의 줄기 모습을 나타낸다.

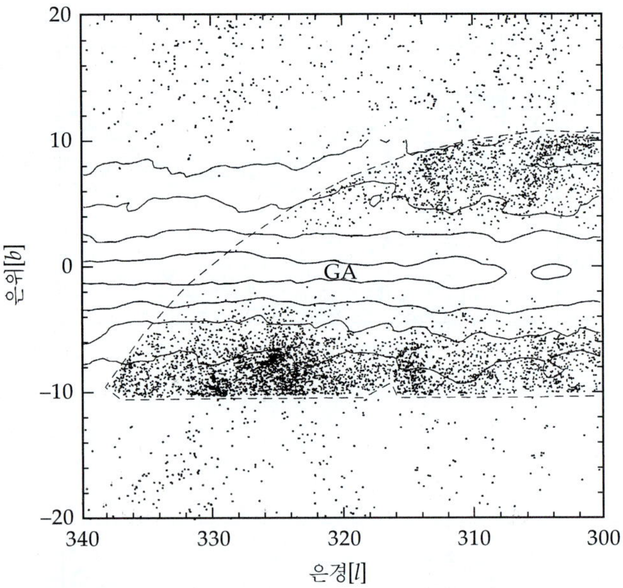

그림 23-14 제안된 거대끌개(GA)
GA는 거대한 끄는 자의 예측된 위치를 표시한다. 실선은 은하 소광의 등강도 곡선을 나타낸다. 소광구역 아래위($|b| > 10°$)의 점들은 전에 알려졌던 은하들이다. 은하면에서 10° 이내에 있는 보다 밀집된 점들은 최악의 소광을 피하여 새로 발견된 어두운 작은 은하들인데, 아마도 GA를 형성하는 초은하단 중심부의 은하단인 것 같다. (R. Kraan korteweg and P. Henning)

트(P. Woudt), 카야트(V. Cayatte), 페어올(A. Fairall), 발코우스키(C. Balkowski), 헤닝(P. Henning) 등은 그 정체를 찾았다고 믿고 있다. 이 연구자들은 우리은하면에 있는 티끌 알갱이들이 그 뒤에 있는 은하들을 여느 때보다도 어둡고 크기가 작게 보이게 만들 것으로 짐작했다. 그래서 그들은 이전의 기록보다도 어둡고 작게 (0″.2 각지름까지 낮추어서) 보이는 은하들의 사진건판을 수색하였다. 그런 과정에서 그들은 과거 연구된 바가 드문 은하단 A3627(l = 325°, b = −7°)를 그 진범으로 밝혀냈다. A3627은 평균 적색이동 4,882kms^{-1}와 추정 질량 $2.5 \times 10^{15}h^{-1}M_{\odot}$를 가지고 있는데, 그것은 예언되었던 자리에 가깝게 큰 초은하단의 주봉처럼 자리하고 있었던 것이다(그림 23-14).

앞서 언급한 무더기 운동은 우리 국부은하군이 우주의 평균 물질에 대한 특이운동을 알아내는 다른 방법과도 모순되지 않는다. 우주배경복사에는 상당한 쌍극성 성분이 알려져 있는데(25.3절), 우리가 움직이는 방향에서는, 그 반대 방향보다도, 배경복사(CBR)가 약간 밝고, 보다 높은 온도를 가진다. 이러한 CBR에 대한 특이운동의 속도나 방향은 은하들의 관측에서에서 알려진 무더기 운동과 일치한다.

무더기 운동의 연구로부터 허블흐름, 따라서 허블상수를 상당한 보정이 없이는 직접적으로 결정할 수 없다는 것을 알 수 있다. 그림 23-15는 우리가 처녀자리은하단을 향하여 운동하는 것을 반영한 국부 속도 장(local velocity field)의 모형을 나타냈다. 일정한 적색이동의 곡선들이 등방한 허블흐름에서처럼 태양, 즉 우리은하가 중심인 동심원(파선의 반원)이 아닌 데에 유의하자.

특이운동의 진폭은 500~600kms^{-1} 정도이다. 그래서 예를 들어 처녀자리은하단 거리에서는 허블흐름에서 벗어남이 적색이동의 상당한 부분을 차지하게 된다. 이것을 적색이동의 10% 수준으로 줄이려면 거리 100Mpc 정도까지 나아가야 할 것이다.

H_0에 관한 논쟁을 해결하려면(22.3.2항 참조) 거리 측정법을 100Mpc로 확장하거나 올바른 보정을 해야만 한다. H_0 값의 차이가 나는 이유의 일부는 처녀자리은하단으로 향한 낙하 운동의 보정값이 17%나 차이가 나는 데 있다.

개념 적용 **순수 허블흐름에서의 이탈**

제22장과 이 장에서 허블흐름, 즉 우주의 팽창 측정에 관한 문제를 논했지만 그림 23-15를 자세히 보고 문제점을 더 생각해 보자. 파선은 순수한 허블흐름을, 실선은 처녀자리은하단의 질량에 대한 한 모형에 의한 여러 지점에 있는 은하들의 적색이동을 나타낸다. 처녀자리 은하단을 표시하는 점 앞뒤에서 보면, 1,500kms^{-1}의 곡선은 500kms^{-1}의 곡선보다 우리에게 더 가깝다. 이것은 우리의 예측과 전혀 다르다! 그러나 조금 생각하면 이런 일이 쉽게 일어날 이유를 알 수 있다. 은하단보다 가까이 있는 은하들은 우리로부터 높은 적색이동 쪽으로 가속되고, 그 반대 쪽 은하들은 우리에게로 가속되어 적색이동이 낮아지기 때문이다. 은하단 방향에 보이는 적색이동 500kms^{-1}인 두 은하를 예로 보면, 그들은 엄청나게 다른 거리, 4.5Mpc와 17.5Mpc에 각각 있음을 알 수 있다! 국소적 허블흐름이 국부초은하단 내부에서의 가속도로 인하여 왜곡되는 일이 다루기 극히 어려운 문제인 것을 명백하게 알 수 있다.

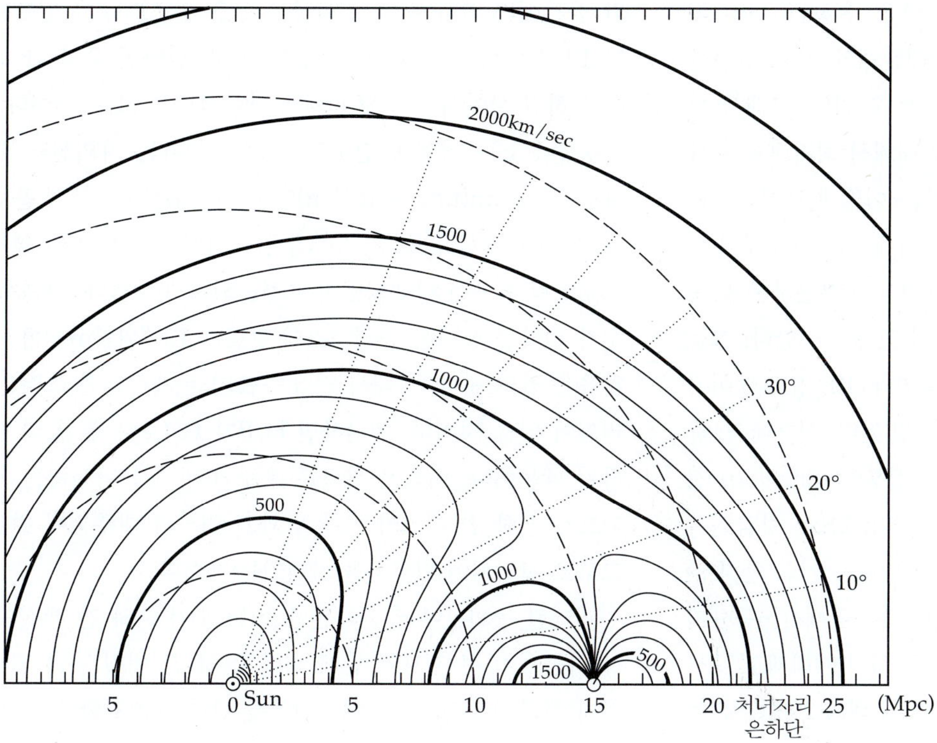

그림 23-15 국부 속도 장의 모형
우리은하가 처녀자리은하단을 향하여 낙하운동하기 때문에 일어나는 왜곡된 상태. 파선은 순수한 허블흐름으로 예기되는 속도 장을 나타낸다. (J. Tonry and M. Davis)[2)]

23.2.3 빈터는 무엇인가

초은하단의 역학과 자세한 구조의 관측은 앞으로 개선될 것이 확실하다. 그러나 빈터에 관한 몇 가지 근본적 의문들이 그것을 유난히 신비롭게 만든다. 첫째, 자명한 의문은 '빈터는 정말 비어 있는가?' 이다. 이런 단순하게 보이는 의문을 관측으로 답하기는 어렵다. '빈' 터라고 할 때 다만 은하가 없다는 뜻일까? 그 속에 암흑물질이 들어 있을까? 목동자리 빈터를 깊숙이 찾아본 결과 약 12개 정도의 은하들이 발견되었는데, 그 모두가 스펙트럼에 방출선들이 있는 특이한 은하들이었다. 그러나 이와 비슷한 탐색에서 머리털자리 빈터의 경우에는 은하가 없었다. 이런 차이는 수효가 적은 표본의 통계와 부피의 차이에 연유하는지도 모른다.

빈터의 기체성분에 대해서도 탐색되었다. 가능한 기체는 아마 방출선(가시광선이나 21cm)이나 먼 은하나 퀘이사의 빛 속의 흡수선으로 검출될 것으로 추측되었지만 그 어느 탐색도 결정적인 결과는 못 된다.

또 다른 흥미 있는 문제는 빈터의 형태에 관한 것이다. 하나의 가능성은 해면의 형태인데, 이 경우 빈 구역이 서로 연결되어 그 관통거리(경계에 부딪치지 않고 움직일 수 있는 거리)는 꽤 길다. 두 번째 가능성은 거품의 형태로 빈 구역이 연속된 경계로 갇혀 있는 것이다. 이 문제는 아직 해결되지 않았지만, 물리적 과정이 다르면 다른 형태가 생길 것이므로 빈터의 형태는 형성 이론의 중요한 관측 테스트가 될 것이다.[3)]

23.3 회피대 뒤에 무엇이 있을까

그림 23-14는 천문학에서 중요한 문제를 보여 주고 있다. 우리는 은하수 면의 방향에 어떤 천체들이 있는지 잘 모른다. 이 **회피대**(Zone of Avoidance)는 하늘의 대략 20%를 차지한다. 대개 실제 응용에서는 가려진 천체가 일반적으로 가려지지 않은 천체와 같은 성질일 것으로 가정할 수 있다. 예를 들어 은하 안의 구상성단이나 먼 퀘이사가 얼마나 많은 수효가 가려졌는지 추정할 수 있다. 가려진 천체의 특성이 중요한 경우도 소수 있는데, 예를 들면 무더기 운동을 알아볼 때이다. 간단한

2) 그림 23-15는 처녀자리은하단의 거리를 15Mpc로, 우리은하가 처녀자리은하단으로 향하는 속도를 Vinfall = $400 kms^{-1}$로, 허블상수를 H_o = $100 kms^{-1}Mpc^{-1}$로 가정하고 계산한 결과이다. (역주)

3) 최신 관측우주론의 표준 모형에 의하면 우주의 거대구조는 줄기구조(filament)가 모여서 '우주의 거미집(cosmic web)'을 이루고 있으며, 줄기구조 사이의 빈 공간이 빈터가 된다. 그러므로 '해면구조'냐 또는 '거품구조'냐 하는 것이 더 이상 논의되지 않는다. (역주)

계산으로 거리 1Mpc에 있는 질량 $10^{12}M_\odot$인 은하는, 거리 50~100Mpc에 있는 질량 $10^{16}M_\odot$의 거대끌개와 거의 비등한 중력으로 우리은하를 가속한다는 것을 알 수 있다. 그래서 허블흐름을 보정하려면, 가까운 은하들에 대해서 회피대를 조사하는 일이 매우 중요하다. 이러한 조사는 어떻게 해야 할까? 그 답은 여러 방법을 연결해서 쓰는 데에 있다. 마페이(P. Maffei)는 1960년대 말에 광학적 조사에서 국부은하군에 속하지 않은 가까운 두 은하의 빛이 가려져 있음을 알았다. 그들은 거리 2~5Mpc에 있는 것으로 추정되었다. 10° 정도 떨어져 있는 은하 IC 342도 이 은하군의 멤버인 것 같다. 최근에 또 하나의 구성원으로 추정되는 Dw1이 드윙겔루(Dwingeloo) 전파망원경에서 21cm 방출선으로 발견되었다. 21cm 방출선은 가시광과는 달리 은하면에서 성간소광의 영향을 거의 받지 않기 때문에 아주 적절한 관측수단이 된다. B등급에서 6등까지 소광된 은하의 형태를 알아보기는 매우 어렵지만 대체로 나선은하인 듯하다. 이 은하군 전체는 모두 10개 내지 20개의 은하들로 이루어졌는데, 우리은하나 M31보다 더 많은 질량을 포함하고 있다.

가까운 은하들이나 은하군이 우리은하의 운동에 미치는 효과를 가늠하기는 매우 어렵다. 가속도 벡터의 방향이나 크기는 10^8년 내지 10^9년의 시간 규모로 변하지만, 거대끌개로부터의 영향은 무려 10^{10}년에 걸치는 기간 동안 거의 일정할 것이다.

23.4 은하 간 매질

은하들 사이의 공간은 비어 있을까, 아니면 성간물질과 유사한 은하 간 매질이 존재할까? 만일 은하 간 매질이 존재한다면, 그것은 가스와 먼지(티끌) 모두를 포함할 것이다. 가스(아마도 수소)는 중성이거나 전리되었을 것이다. 우리는 은하 간 매질을 두 구역—은하단들 사이와 은하단 내부—에서 찾을 수 있을 것이다.

첫째 은하단들 사이 구역을 고려해서 은하 간 티끌의 가능성을 알아보자. 이런 먼지가 우리은하 안의 성간티끌과 닮았다면 원거리의 은하로부터 오는 빛을 어둡게 또 붉게 할 것이다. 이러한 소광과 적색화의 효과를 찾아보았으나 발견되지 않았다. 그 값은 Mpc당 4×10^{-4}등급 이하였다. 그래서 은하 간 공간에는 그다지 많은 티끌이 있을 수 없고, 그 밀도는 4×10^{-30}kgm^{-3} 이하라야만 한다. 달리 말하면 은하 간 티끌은 은하단 사이의 거리에 걸쳐서 광학적으로 엷은 것이다.

중성수소는 어떻게 검출될까? 수소원자는 자외선—특히 파장 121.6nm(nm = 10^{-9}m)인 라이먼 α선—을 잘 흡수한다. 이런 자외선 흡수가 크고 작은 적색이동을 가진 먼 천체의 스펙트럼 속에서 탐색되었지만 검출되지 못하였다. 자외선 흡수가 없다는 사실은 중성수소의 밀도가 10^{-9}원자m^{-3}를 넘지 않음을 알려 준다. 그래서 만약 수소가 존재한다면 그것은 전리되어 있을 것이다. 왜냐하면 H II가 H I보다 훨씬 더 투명하기 때문이다. 이러한 관측은 우주의 과거를 탐색하는 것이 되므로 은하 간 가스가 우주의 과거 역사의 대부분에 걸쳐서 고도로 전리되어 있었음을 가리키는 셈이다.

이러한 논의로부터 전리된 수소(H II)가 은하 간 매질의 가장 가능성이 큰 후보로 남게 된다. 은하 간 매질은 큰 밀도를 갖지 못하므로 전리 수소는 전자를 만나서 재결합하는 데 꽤 오랜 시간이 걸리게 될 것이다. 불행하게도 밀도가 낮은 전리기체를 검출하기는 쉬운 일이 아니다. 만일 그것이 수천만 도에 이르는 고온일 경우, 우리는 엑스선이나 자외선의 방출을 기대할 수 있다. 가까운 초은하단들의 엑스선 관측에서 15개의 광원들(sources)이 나타났는데, 이들은 아마도 7개의 초은하단으로 뭉쳐 있는 것 같다. 이 광원들은 부유은하단 안의 밀집된 좁은 구역으로 되어 있다. 이것은 초은하단의 고온기체가 덩어리로 뭉쳐 있다는 것을 알려 준다.

최근의 엑스선 관측은 이런 생각을 뒷받침하고 있다(그림 23-16). 현재까지 최소한 40개의 은하단들이 엑스선을 방출하고 있는 것이 알려졌다. 은하단의 엑스선 광도는 10^{36}~10^{38}W에 이르고 있다. 엑스선을 방출하는 중심부의 크기는 50kpc~1.5Mpc이다. 풍요한 은하단일수록 엑스선 광도가 커지는 경향이 보인다. 특히 엑스선 광도와 은하단의 멤버 은하들의 속도분산(σ) 사이에는 $L_x \propto \sigma^4$의 관계가 있는 것처럼 보인다. 이 엑스선 방출에 대해 어느 정도 확인된 모형은 엑스선이 고온의 전리기체로부터 나온다는 것이다. 이런 모형이 엑스선 관측의 결과를 설명하면서 기체의 온도 10^7~10^8K와 약 1,000이온m^{-3}의 밀도를 요구한다. 그러므로 은하단 속에 은하 간 기체가 존재한다는 증거가 있는데, 그 기체의 총 질량은 은하단을 구성하는 은하들의 별의 총 질량의 20~30배에 이른다. 은하단들 사이에는 많은 기체가 존재하는 증거를 아직

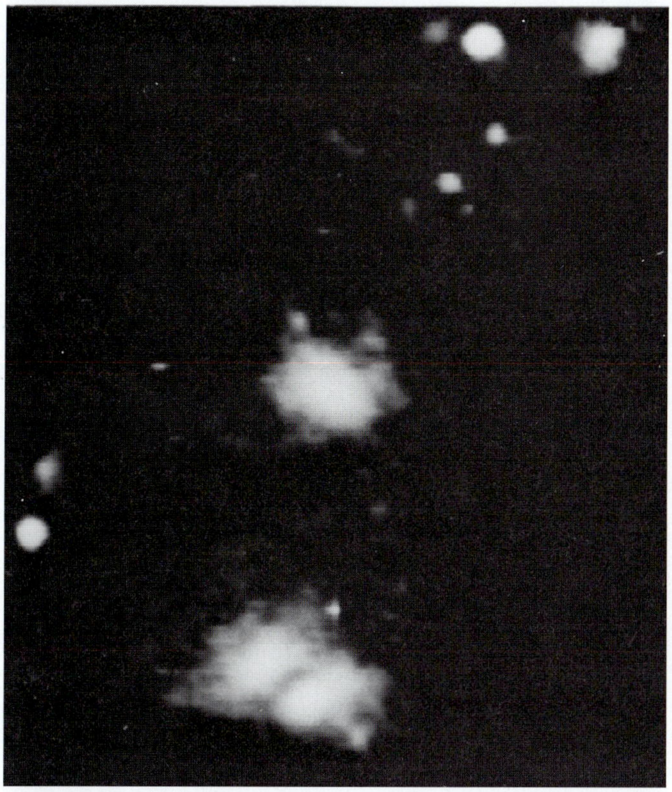

그림 23-16 초은하단들의 엑스선 방출
가운데 은하단은 아래 이중 은하단으로부터 약 6Mpc 거리에 있다. (C. Jones and W. Foreman)

까지 얻지 못하고 있다.[4)]

마지막으로 온도가 10^4~10^7K의 전리기체(플라스마)에서는 희소한 원소들이 내는 스펙트럼선들이 지배적이므로 방출하는 기체의 물리적 특성을 알아내는 데 이용된다. 특히 Ne, Si, Fe, S, Ar 등 원자들의 내부(inner-shell) 천이에서 유래하는 복사가 매우 강하다. 은하단의 기체에서 방출되는 엑스선 분광관측은 거의 모든 경우에 고도로 전리된 Fe의 스펙트럼선(주로 7KeV 방출선)을 보여 준다. 철의 방출선은 엑스선 복사가 싱크로트론복사가 아니라 열적 제동복사라는 것을 확인시켜 준다. 복사 방출의 이론적 모형은 태양의 경우의 약 1/2 정도의 철의 함유량(수소에 대한)을 요구한다. 그러므로 은하간 기체는 별 내부에서 합성되어 은하 밖으로(아마도 초신성 폭발에 의하여) 방출된 것임에 틀림없다.

23.5 질량 — 제3회전 : 행방불명(?)의 질량

제21장에서 개개의 은하들에 비리얼정리를 적용하였다. 은하단에 적용하면 아마도 더 놀라울 것이다. 천체물리학에서 비리얼정리를 적용하는 거의 모든 경우에서처럼 여기서도 동일한 가정을 한다. 즉 은하단은 팽창이나 수축이 없는 정상 상태에 있다는 가정이다. 은하단에 적용해서 은하들의 적색이동의 높은 속도분산을 써서 운동에너지를 추정하여 비리얼정리에 대입하면 은하단의 질량이 놀랄 정도로 크게 나온다.

행방불명의 질량을 조사하는 데 가장 유용한 양은 M/L(M, L은 태양 단위)이다. 개개은하의 경우 $M/L = 50$까지 되고 이중 은하에서는 $M/L = 100$이다. 은하단에 비리얼정리를 적용하면 흔히 M/L이 300~500에 이른다! 이것은 계의 특징적 크기를 나타내는 R_e가 늘면 역학적 방법으로 얻어지는 M/L도 그만큼 늘어난다는 사실에 확실한 증거가 된다. 은하단의 기체의 질량을 별들의 질량에 얹어 보아도 비리얼 질량의 약 20%에 불과하다.

23.6 요약

이 모든 것은 무엇을 뜻하고 있을까? 은하단, 빈터, 초은하단의 연구는 은하의 형성과 진화를 아는 데 유일한 기회를 마련해 준다.

비리얼정리에 의해 얻어지는 높은 M/L값은 이런 구조 속에 우리가 직접 검출할 수 없는 중력적 특성의 중요한 요소가 있음을 말하고 있다. 명백히 암흑물질은 보통 은하와 공존할 수 있는 것이다. 이는 구조 속에 퍼져 있어서 M/L을 1보다 좀 크게 할 것이다. 그러나 R_c와 더불어 M/L이 늘어나는 것은 암흑물질이 이중 은하, 작은 은하군, 은하단들 사이의 공간에도 존재함을 알려 준다. 그러므로 암흑물질은 빛을 내는 물질과는 좀 다르게 집단을 이루는 셈이다. 암흑물질은 초은하단 둘레에도 모여 있을까? 빈터를 메우고 있을까? 암흑물질이 보인다면 빛내는 물질에서 보이는 거대구조와 같은 윤곽을 그리게 될 것인가? 아니면 다른 구조를 나타낼 것인가? 혹은 아마도 고르게 퍼져 있는 것일까? 암흑물질이 어떻게 분포되든

4) 은하단 밖에 있는 은하 간 매질은 주로 줄기구조를 채우고 있는 WHMI(Warm Hot Intergalactic Medium, T~10^5−10^7K)과 라이먼알파 구름(T~10^4K)에서 검출되었다. 빈터는 광전리된 저밀도 기체로 채워져 있다고 추정한다. (역주)

간에, 그것이 보통의 물질보다 훨씬 더 많다는 것은 명백하다.

또 다른 문제는 은하단 내부의 공간에서 엑스선을 내는 기체 속에 Fe의 스펙트럼선이다. 우주는 별 내부에서만 Fe을 만들 수 있다. 따라서 은하단의 은하들 속의 별들은 많은 양의 기체를—아마도 별 자체 질량과 같을 정도로—공급했을 것이다. 이 기체는 어떻게 해서인가 개개의 은하를 떠나 은하단 중심부에 모여서 운동학적 온도를 10^7K 정도로 높이기에 충분한 에너지를 공급했을 터이다. 이 과정들을 이해하기는 쉽지 않다.

관측이 이론을 개선하는 데 얼마나 진척을 보였을까? 2점 상관함수의 중요한 이용은 은하 형성의 이론적 모형을 검증하는 데 있다. 예를 들어, 어떤 이론은 초은하단과 빈터의 형성을 정성적으로 예언할 수 있지만, 관측된 $\xi(r)$의 함수형을 맞추지 못한다. 제26장에서 우리는 오늘날의 가장 그럴듯한 모형을 대략 살펴볼 것이다. 그 모형이 성공하려면 은하단, 빈터, 초은하단의 현재 관측 결과와 들어맞아야 한다.

거대구조의 연구에서 가장 흥미 있는 부분은 결국 빈터나 초은하단의 규모에서 물질의 원시적 분포 상태를 보게 된다는 것이다. 이보다 작은 규모에서는 혼합이 일어났다. 예를 들어 500kms^{-1}로 움직이는 은하는 허블시간 동안에 약 5Mp의 거리를 달린다. 은하단 중심부는 이보다 작기 때문에 은하는 은하단을 몇 번이나 가로질러 달렸을 것이다. 그러므로 은하단 안에서는 그 은하의 현재 위치를 본래 위치와 직접 관련시킬 수 없다. 이와 대조적으로 초은하단은 혼합 거리의 크기보다 크다. 그러므로 초은하단 속의 은하의 현재 위치는 그 본래 위치와 근사하다. 달리 말하면 우리는 원시적 물질 분포의 '화석'을 보고 있는 셈이다. 예를 들어, 은하의 성질이 초은하단 안에서 차이가 있다면 그 차이는 형성 과정의 물리적 특성에 연유했을 것이다.

우리가 보는 모든 구조가 중요할까? 우리는 빈터가 초은하단의 존재의 필연적 결과라고 생각할지도 모른다. 그러나 그렇지만은 않다. 우주는 초은하단들 사이에 은하들이나 작은 은하군이나 은하단들이 균일한 바닷물처럼 펴져 있게끔 자신을 형성하였을 수도 있다. 이런 아이디어의 혼합물은 오랫동안 표준적인 작업가정이 되어 왔었다. 빈터와 초은하단 모두가 은하의 기원과 진화를 이해하는 데 중요한 실마리라고 하는 것이 옳을 것이다.

핵심 수식과 개념

- 은하단은 작은 것으로는 국부은하군에서 수천의 은하를 거느린 부유한 것에 이르는 다양한 범위에 있다. 규칙적 은하단은 구 대칭성, 중심 집중도를 갖추고, 조기형 은하들이 집단의 큰 비율을 차지한다. 불규칙 은하단은 대칭성이 없고, 여러 질량 집중과 나선은하들을 더 많이 가진다.

- 은하의 광도함수는 어두운 은하들의 수효가 증가하는 추세를 보인다. 쉑터의 광도함수는

$$\Phi(L)dL = \Phi^*\left(\frac{L}{L^*}\right)^{\alpha}\exp\left(-\frac{L}{L^*}\right)d\left(\frac{L}{L^*}\right)$$

  이다.

- 광범하고 통계적으로 완전한 적색이동 탐사에서 초은하단과 빈터의 존재가 확인되었다. 초은하단은 줄기 또는 얇은 막 같은 형태를 가진다. 빈터는 구형을 이루는 경향이 있고, 우주공간의 95% 이상이 빈터에 들어 있고, 그 속에는 빛나는 물질이 없는 것처럼 보인다.

- $D_n - \sigma$ 관계, IRTF방법 등의 거리 측정법으로, 초은하단들 사이에 무더기 운동이 알려졌다. 우리은하 근방에서 가장 중요한 효과는 무거운 초은하단 거대끌개에서 유래한다. 그 일부는 은하면의 회피대에 가려져 있다.

- 은하 집단의 규모를 확대해가면 M/L은 계속 늘어나서 100을 넘어선다.[4] 그러므로 암흑물질이 은하들에게만 국한되지 않고, 은하단까지 가득 채우고 있다는 것을 의미한다. 암흑물질은 빈터도 채우고 있을 것이다.

4) M/L은 계의 질량에 따라 증가하는 경향을 보이는데, 은하에서 수십에서 시작하여 은하단에서 100~500으로 최대를 이루고 초은하단에서는 더 이상 증가하지 않는다. 은하단은 비리얼화된 가장 큰 집단이며, 은하단이 모여서 만드는 초은하단은 비리얼화되지 않은, 즉 중력적으로 구속되지 않은 상태로 집단을 이루고 있는 구조이다. (역주)

문제

1. 허큘리스자리초은하단에 대해서 횡단 시간을 계산하고, 이것을 우주의 나이($\approx 15 \times 10^9$년)와 비교하시오.

2. (가) 온도 10^7K의 저밀도 수소는 엑스선을 생산함을 보이시오. 최대 강도의 파장은 얼마인가?

(나) 은하단 속의 고온기체의 질량과 은하 속의 그것을 비교하시오.

3. 이 장에서 은하 간 공간에서 티끌의 밀도는 $4 \times 10^{-30}\text{kgm}^{-3}$ 이하임을 알았다. 이것의 10배가 존재한다고 가정하면 은하 간 소광량은 Mpc당 얼마나 되겠는가? 이것은 우리가 처녀자리은하단을 관측하는 데 어떤 영향을 주는가?

4. 우리은하와 같은 나선은하가 조석 작용으로 파괴되려면 cD은하에 얼마나 가까이 가야 하겠는가?

5. 은하단에 대해 자유낙하 시간을 계산하고, 이것을 우주의 나이($\approx 15 \times 10^9$년)와 비교하시오. 무슨 결론을 지을 수 있는가?

6. 부유은하단 속의 은하들의 광도 함수는 근사적으로 $L < L^*$이면 $\Phi(L) = \Phi^*(L/L^*)^{-5/4}$이고, $L > L^*$이면 $\Phi^* = 0$이다. 여기서 $\Phi^* = 0.005\text{Mpc}^{-3}$($H_0 = 50\text{kms}^{-1}\text{Mpc}^{-1}$이라면), 광도의 척도 $L^* \approx 10^{10}L_\odot$이며, $L_{\min} \approx 10^3 L_\odot$이다.

1Mpc^{3}당 은하의 개수는

$$N_{\text{gal}} = \int_{L_{\min}}^{L_{\max}} \Phi(L)\, dL$$

1Mpc^{3}당 총 광도는

$$l_{\text{gal}} = \int_{L_{\min}}^{L_{\max}} \Phi(L) L\, dL$$

이다.

(가) 대다수의 은하들은 하한에 가까운 광도를 가진다는 것을 보이시오.

(나) 은하단 광도의 대부분은 무거운 은하들에 유래함을 보이시오.

7. 은하단의 소속 은하들에 대해서는 시선속도만 관측할 수 있다. 적분으로 그 평균값을 구하고, $\langle v^2 \rangle$과 $\langle v_r^2 \rangle$의 관계를 결정하시오.

8. 초은하단의 존재는 허블법칙에 어떻게 영향을 주는가? 국부(처녀자리)초은하단 안의 은하들을 써서 허블상수를 결정할 때 어떤 위험성이 있는가?

9. 중심부의 cD은하에게 잡혀 먹힌 은하의 운동에너지는 어떻게 되는가? 이것을 cD은하의 확장된 헤일로에 연결시켜 논하시오.

10. 집단의 특성적 크기가 늘면 M/L이 느는 증거를 논하시오. 이것은 암흑물질 분포에 관해서 무엇을 의미하는 것일까?

11. 처녀자리은하단(D = 15.7Mpc)의 천문학자가 우리 국부은하군을 관측한다고 상상하자.

(가) 국부은하군이 천구 상에서 보이는 각지름은 몇 도인가?

(나) 우리은하는 얼마나 크게 보이겠는가?

(다) 우리은하의 겉보기안시등급은? 이것을 우리 육안의 한계등급 $m = +6$과 비교하시오.

(라) $m = +20$의 천체를 검출할 수 있는 망원경이 있다면, 지구의 천문학자는 표 23-1의 국부은하군의 은하들을 모두 검출할 수 있을까?

(마) (라)의 답에 근거하여 관측의 선택 효과가 먼 은하단을 이해하는 데 주는 영향을 설명하시오.

12. 다른 은하의 신성과 초신성의 최대밝기 관측은 거리의 표지로서 중요하다(그림 23-3, 표 22-1).

(가) 처녀자리은하단(D = 15.7Mpc)의 은하 속의 신성 또는 초신성을 한계등급 $m = +23$인 지구의 중형 망원경으로 관측할 수 있을까?

(나) 이것으로 북쪽왕관자리은하단($cz = 21{,}600\text{kms}^{-1}$가정)의 은하 속의 신성 또는 초신성을 관측할 수 있을까? $H_0 = 50\text{kms}^{-1}\text{Mpc}^{-1}$를 가정하시오.

13. 그림 23-11에서 $cz = 5{,}500\text{kms}^{-1}$($H_0 = 50\text{kms}^{-1}\text{Mpc}^{-1}$ 가정) 근처에 있는 빈터의 실제 크기를 구하시오. 이 크기를 국부은하군, 처녀자리은하단의 크기, 국부은하군과 처녀자리은하단 사이의 거리와 비교하시오.

24 Chapter

활동은하와 퀘이사

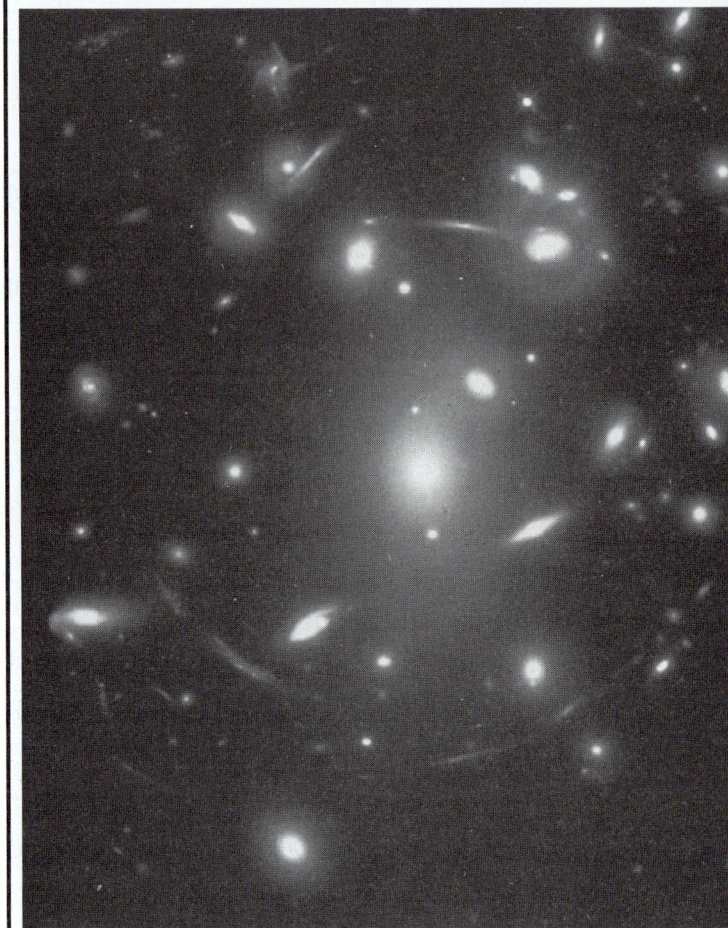

이 장에서는 먼 우주에 있는 활동은하와 퀘이사의 위용과 위력을 알아본다. 내부에 엄청난 에너지를 방출하는 큰 질량의 블랙홀을 지니고 있을지도 모르는 은하에 대해서 말이다. 즉 우리는 다양한 이름으로 불리는 몇 부류의 특이한 은하들을 살펴볼 것이다. 그러나 각각의 부류를 좀 더 자세히 살펴보면, 소수의 기본 모형들로 이들 모두를 설명할 수 있음을 알게 된다.

어떤 부류에서는 대부분의 활동(activity)이 은하 원반의 거의 전역에 걸쳐 일어나고 있다. 또, 가장 강력한 부류에서는 활동이 중심부의 극히 작은 부분에 국한되어 있다. 그렇다면 대부분의 은하에서 그 중심부에 전파은하(radio galaxy)나 퀘이사를 설명하는 것과 유사하지만 에너지는 적은 활동핵이 포함되어 있다고 해도 좋지 않을까?

24.1 복사 기구

정상적인 은하에서는 복사의 대부분이 열적 방출이다. 즉 별빛, 열적 전파 및 성간티끌에서 오는 적외선복사가 정상은하 광도의 대종을 이룬다. 그러나 활동은하는 분자메이저와 싱크로트론복사와 같은 비열적 복사 과정을 보이거나, 특이하게 큰 에너지를 가진 열적 복사 과정을 보여 준다. 활동성의 주요 지표는 은하의 스펙트럼에서 나타나는 강한 방출선이다.

24.1.1 방출선

제8장과 제15장에서 논의된 바와 같이, 방출선은 전자가 들뜸 상태에서 속박–속박 천이를 통하여 낮은 상태로 가라앉을 때 만들어진다. 방출선이 종종 전리된 원자로부터 나오는데, 이 경우에는 전자가 일단 재결합 과정을 거친 뒤 낮은 에너지 상태로 떨어지게 된다. 대부분의 천체에서 가스원자들이 바닥상태 부근에 있기 때문에, 스펙트럼 상의 방출선을 해석하는 주요한 목적은 가스를 들뜨게 하고, 이온화시키는 기구(mechanism)가 무엇인가를 이해하는 데 있다.

이러한 기구들 중에 우리는 두 종류를 알고 있다. 하나는 충돌에 의한 것이다. 여기서 우리는 가스구름과 가스구름 간의 충돌이나 성간 충격파를 일으키는 다양한 방법들을 찾아볼 필요가 있다. 다른 하나는 여러 종류의 복사 과정을 포함한다. 일반적으로 복사 과정은 천이를 일으키거나 이온화시키는 데 충분한 에너지를 가진 고에너지 광자의 방출원을 필요로 한다. 싱크로트론복사가 일반적으로 이런 고에너지 광자의 원천이 된다. 그러나 제8장에서 본 빈의 법칙에 의해 우리는 매우 높은 온도를 가진 흑체복사에 의해서도 광전리를 시킬 수 있는 많은 자외선이 방출될 수 있다는 것을 안다.

표 24-1 주요 방출선

방출선	λ_0[nm]	방출선	λ_0[nm]
H I(Ly-α)	121.6	Hβ	486.1
N V	124.0	[O III]	495.9
C IV	154.9	[O III]	500.7
[C III]	190.9	[N II]	654.8
Mg II	279.8	Hα	656.3
[O II]	372.7	[N II]	658.4
[Ne III]	386.8	[S II]	671.7
Hδ	410.2	[S II]	673.1
Hγ	434.1		

성간에 존재하는 대부분의 원소는 지구상에도 풍부하기 때문에, 실험실 안에서도 우리는 천문학에서 중요한 많은 방출선을 만들어 낼 수 있다. 그러나 그중 몇몇 중요한 것은 실험실 안에서 얻을 수 없다. 이들은 준안정(metastable) 상태에서 나오는 **금지선**(forbidden line)들이다(15.2.4항). 지구상에서는 아무리 완벽한 진공을 만든다 해도 그 안의 밀도는 우주에서보다 월등하게 높다. 그리고 이러한 고밀도의 조건에서는 준안정상태로 들떠 있던 전자가 광자를 방출하기 전에 충돌에 의해 안정된 상태로 가라앉게 된다. 따라서 지상에서는 준안정상태에서 비롯하는 방출선을 볼 수 없다. 이 까닭에 금지선이라 부르지만, 천체물리학적 환경에서는 금지천이의 방출선이 당연히 관측될 수 있다.

표 24-1에 가장 자주 관측되는 방출선들을 정리해 놓았다. 이 중 대괄호로 묶은 것은 금지된 것들(전기사중극자, 자기쌍극자, 또는 자기사중극자 천이에서 방출되는)이고, 한쪽 대괄호로 묶인 것은 부분적으로 금지된 것들(전기쌍극자 천이에 의한 것)이다. 물론, 괄호가 없는 것은 허용천이선을 나타낸다. 표에는 IUE 위성, 허블우주망원경과 지상의 망원경으로 관측할 수 있는, 퀘이사와 같은 높은 적색이동 천체들에서 관측되는 자외선도 포함되어 있다. 표에는 파장의 단위가 나노미터(nm)로 되어 있지만, 관습적으로 천문학에서는 옹스트롬(Å)을 쓴다. 예를 들어, [O III] 500.7nm는 5007Å이 된다.

24.1.2 싱크로트론복사

우리는 제15, 제18장에서 이미 싱크로트론복사에 대해서 공부했다. 이 과정의 필요한 조건은 자기장과 상대론적으로 운동하는 전자이다. 활동은하를 이해하는 데 있어서 가장 큰 수수께끼는, 수축된 밀집천체에 의한 전자의 가속 기구를 은하 중심부의 상황에서 어떻게 마련할 수 있느냐이다.

일반적으로 비열적 방출에 의한 플럭스 F는 다음과 같이 표시된다.

$$F(\nu) = F_0\nu^{-\alpha}$$

따라서

$$\log F(\nu) = -\alpha \log \nu + \text{상수}$$

이다. 그러므로 이 식을 로그-로그 그래프로 그리면, 그 기울기로부터 α를 구할 수 있다.

전파은하와 퀘이사들은 비슷한 싱크로트론복사의 특성을 보인다. 이들의 스펙트럼은 두 형태의 특징을 가지는데, 대부분의 파장대에서 α는 0.7~1.2의 값을 가진다. 낮은 주파수에서는 종종 스펙트럼 강도가 낮아지는(turn down) 현상이 나타나는데, 이것은 싱크로트론 자기흡수 현상(synchrotron self-absorption)에 의한 것이다. 이는 이 주파수 영역에서 광학적으로 두꺼워지기 때문에 생기는 현상이다. 밀집 방출원에서는 이 스펙트럼이 α = 0.4로 편평해진다. 주파수에 따라 강도가 천천히 감소하기 때문에 밀집 방출원은 고주파수 탐사에서 쉽게 발견된다. 더 자세한 논의는 24.3.3항을 참조하기 바란다.

24.2 온건한 활동은하

24.2.1 활동성의 서막

대부분의 은하 스펙트럼에서는 흡수선이 지배적으로 나타나지만, 은하핵에서는 Hα나 [O II] 372.7 방출선이 종종 발견된다. 분광사진기의 슬릿이 나선은하의 원반 부분의 빛도 받아들이게 되어서 방출선을 내는 H II 영역이 은하핵의 방출선에 기여하기 때문이다.

은하핵과 원반으로부터의 방출을 서로 분해하기는 그리 쉽지 않다. 하지만 좀 더 활동적인 부류의 은하에서는, H II 영역의 아주 강한 스펙트럼선들이 별빛의 스펙트럼을 압도한다. H II 영역은 별들이 새로 태어난 지역이다. 따라서 이런 종류의 은하는 활발한 별 탄생 사건을 경험하는 중이라고 생각된다. 겉보기에 H II 영역의 것과 비슷하게 보이는 또 다른 형태의 강한 방출스펙트럼이 인지되었다. 헤크먼(Timothy

Heckman)이 이러한 것들을 LINER(Low Ionization Nuclear Emission Region, 저전리 핵 방출선 지역)라고 명명하였다. 이름이 의미하듯이 이 방출선은 원반에서는 나타나지 않으며, 이온화에너지는 상대적으로 작다. 예를 들어 [O II] 선이 [O III] 선보다 상대적으로 강하다.

24.2.2 폭발적 별 생성 은하(Starburst Galaxy)

천문학에서는 외관 때문에 가끔 속을 수 있다. 특히 하늘에 이차원적으로 투영되어 보이는 먼 거리 천체에 대하여 더욱 그러하다. 가까이 있는 M82(NGC3034) 은하가 이 점을 가장 극적으로 보여 준다. 이것의 가시 영역에서의 외관 때문에, 사람들은 한때 이것을 폭발 중인 은하라고 생각했다(그림 21-4). 불규칙 II 은하인 M82는 전파원이긴 하지만 10^{32}W 정도를 방출하므로 강력한 편은 아니다. 이 은하를 Hα로 찍으면 은하면 위로 3~4kpc까지 뻗은 필라멘트를 볼 수 있다. 이 은하의 스펙트럼은 역시 물질들이 약 100kms^{-1}의 속도로 중심에서부터 분출되고 있음을 보여 준다.

M82의 핵 영역은 우리은하의 그것보다 훨씬 크며 10^{37}W 정도의 강한 적외선을 방출한다. 성단들과 거대한 H II 영역들이 그 핵 영역을 지배하며 그 내부에 작은 비열적 방출원이 있다. 먼지의 덩어리와 필라멘트 구조물 들이 가시광을 차단하여 사람들은 그 외관이 폭발에 의한 고속 분출에 기인한 것이라고 착각하였다.

최근의 엑스선 관측은 이 은하의 중심핵이 연엑스선(soft X-ray) 밴드에서 총 출력 3 × 10^{33}W를 가진 덩어리 구조를 하고 있음을 보인다. 가장 그럴 듯한 방출원의 후보는 무거운 종족 I 천체인 엑스선 쌍성(예 : 백조자리 X-1), OB형별, 그리고 초신성 잔해 등이다. 이런저런 관측은 10^7~10^8년 전 중심핵 영역에서 별이 폭발적으로 생성되었으며, 이러한 폭발적인 별 생성이 현재까지 계속되고 있음을 알려 준다. M82는 나선은하인 M81(그림 23-7) 가까이에 있다. 그들 사이의 조석 작용이 별 탄생에 필요한 기체와 먼지를 많이 가지고 있는 M82에서 별 생성을 유발했을 것이다.

24.3 활동은하핵(AGNs)

전체적으로 대부분의 활동은하는 다음과 같은 특징들을 보여 준다. (1) 10^{37}W 이상의 높은 광도, (2) 정상은하에 비해 많은 양의 자외선, 적외선, 전파, 엑스선 플럭스를 비열적으로 방출, (3) 밝기가 급격히 변하는 작은 영역[최대 수 광월(light-month)의 크기], (4) 핵 영역과 거대 규모 구조 간에 뚜렷하게 나타나는 밝기의 대조, (5) 폭발적 외형 혹은 제트 형태의 분출, (6) 때때로 나타나는 넓은 방출선 등이다. 우리은하의 핵도 이러한 특징들 중 몇 가지를 지녔다. 그러나 우리은하 핵의 총에너지는 10^{35}W로 활동은하의 핵과 같이 높은 에너지를 내지는 못한다. 위의 특징을 가지는 활동성 핵을 가진 은하를 활동은하핵(Active Galaxy Nuclei, AGNs)이라고 부른다. 잘 알려진 몇 개의 활동은하핵이 표 24-2에 나와 있다.

표 24-2 잘 알려진 활동은하핵

이름	α(1950)	δ(1950)	z	m_v	특징
I Zwicky 1	$00^h51^m00^s$	+12°25′	0.061	14.3	제1형, 1.5형 세이퍼트은하
NGC 1052	$02^h38^m37^s$	−08°28′	0.005	13.5	LINER
NGC 1068	$02^h40^m07^s$	−00°14′	0.003	10.5	제2형 세이퍼트은하
3C 120	$04^h30^m32^s$	+05°15′	0.033	14.6	전파은하
Mrk 79	$07^h38^m47^s$	+49°56′	0.020	13.4	제1형, 1.5형 세이퍼트은하
Ark 160	$08^h17^m52^s$	+19°31′	0.019	17.5	LINER
OJ 287	$08^h51^m57^s$	+20°18′	–	14.0	BL Lac 천체
NGC 4151	$12^h08^m01^s$	+39°41′	0.003	12.0	제1형, 1.5형 세이퍼트은하
3C 273	$12^h26^m33^s$	+02°20′	0.158	12.8	퀘이사
3C 351	$17^h04^m03^s$	+60°49′	0.371	15.3	퀘이사
BL Lac	$22^h00^m40^s$	+42°02′	0.069	14.5	BL Lac 천체
3C 445	$22^h21^m15^s$	−02°21′	0.057	15.4	전파은하

24.3.1 세이퍼트은하

1943년에 세이퍼트(Carl Seyfert, 1911~1960)는 이상하리만큼 넓은 방출선을 가진 6개의 나선은하를 구분하였다. 가시영역으로 볼 때 그러한 은하들은 이상하게 밝은 핵을 가지고 있다(그림 24-1). 오늘날 이들을 **세이퍼트은하**라고 부르며, 현재까지 90개 정도가 알려져 있다.[1] 몇 개의 가까운 세이퍼트은하는 활동은하의 성질을 알 수 있는 단서를 제공하고 있다. 이러한 단서는 넓은 방출선과 부분적인 싱크로트론 연속복사에서 얻어진다.

세이퍼트은하의 사진들은 그들이 대부분 나선은하임을 보여 준다. 80개 정도의 세이퍼트은하를 자세히 연구한 결과, 단지 5~10%만이 타원은하일 가능성이 있음이 밝혀졌다. 몇몇 세이퍼트은하는 각크기가 작아서 분류하기 어렵지만, 퍼진 전파은하가 모두 타원은하라는 사실과는 뚜렷한 대조를 이룬다. 전체적으로 정상 혹은 막대 나선은하의 1% 정도가 세이퍼트은하이다. 아마 모든 나선은하는 활동 기간 중 1%의 시간만을 세이퍼트 단계를 거치는 것일 수도 있다.

그림 24-1 페르세우스자리의 세이퍼트은하 NGC 1275 (미국 국립 광학 천문대)

세이퍼트은하가 정상은하와 구별되는 것은 스펙트럼의 성질에서이다. 우리는 칼 세이퍼트가 최초로 분류한 그룹이 동질적이지 않았음을 알고 있다. 위드먼(Daniel W. Weedman)은 유용한 분류 방법을 제시했다. 그에 의한 분류 유형 1은 대개의 사람들이 세이퍼트라고 생각하는 종류를 말한다. 이들은 수소 발머선과 같은 허용천이선을 가지는데, 선폭이 극도로 넓다. 넓은 선폭이 도플러 효과에 의한 것이라면 이것은 5,000~10,000kms^{-1}의 속력에 해당되는 것이다. 반면 O II, O III, N II, S II 등의 이온이 방출하는 금지선은 적당히 넓은 편인데, 이것은 200~400kms^{-1}에 해당된다.

제2형 세이퍼트은하는 좁은 선만을 가진다. 그러나 이것은 제1형에 비해 상대적으로 좁다는 뜻이고 정상적인 은하보다는 넓다. 속력이 200~400kms^{-1}의 범위이고 1,000kms^{-1}에 이르는 경우도 있다. 흥미로운 점은 제2형 세이퍼트은하에서는 허용천이선이 금지선과 같이 좁은 선폭을 가진다는 사실이다.

세이퍼트은하의 표준 모형에서는 광자 방출원이 광전리된 아주 작은 중심부로서, 핵 영역에서 광자가 밖으로 나갈 때 두 가지의 다른 가스 영역과 만나게 된다. 이때 안쪽에 있는 가스 영역을 **넓은 선폭 영역**(Broad Line Region, BLR)이라 부른다. 변광에 관한 연구로부터 우리는 BLR의 크기는 최대 10^{14}m(1광년의 1/100)라고 믿고 있다(24.4.4항). 넓은 선과 연속선의 큰 변화가 수 주일 또는 몇 달의 주기를 가지고 탐지된다. BLR 밖에는 약 10^2~10^3배 정도의 넓은 지역에 걸쳐 **좁은 선폭 영역**(Narrow Line Region, NLR)이 존재한다. 좁은 선에서는 변화의 증거가 별로 나타나지 않는다.

넓은 금지선이 나타나지 않는 것으로 보아 BLR는 틀림없이 어떤 임계 밀도보다 큰 밀도를 가지고 있다. 이는 밀도가 약 10^{13}~10^{15}이온/m^{3}일 것임을 암시한다. BLR 안의 총 가스량은 30~50$M_\odot$ 정도인데 관측된 도플러이동을 보았을 때, 굉장한 혼돈 상태에 있음에 틀림이 없다.

NLR 안에는 허용된 천이선을 만드는 광자의 생성을 방해하는 것이 없기 때문에 좁은 금지선과 더불어 좁은 허용천이선을 가진다. 현대적 분류체계에서는 허용천이선이 넓은 것과 좁은 것을 함께 가지고 있는 것들은 제1.5형으로 새로이 분류

1) 1988년 발표된 세이퍼트은하 목록(Lipovetsky et al.)에는 959개가 수록되어 있다. (역주)

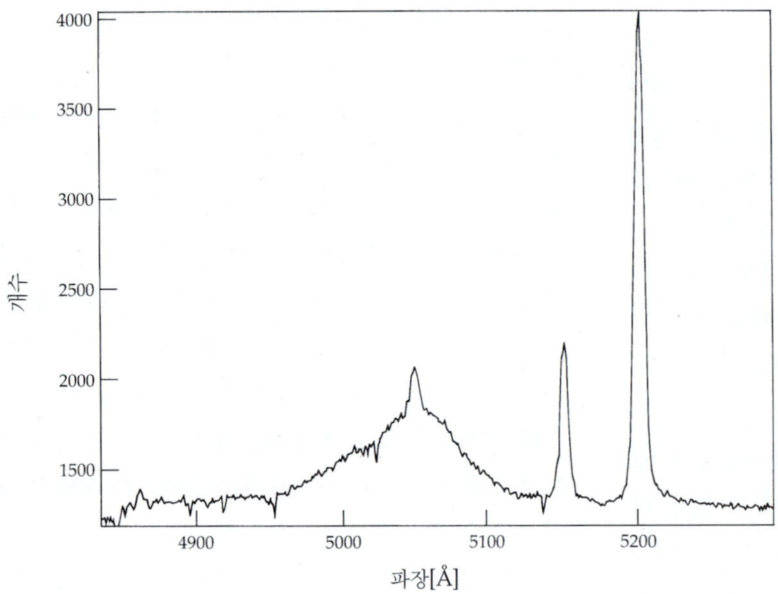

그림 24-2 제1.5형 세이퍼트은하 마카리안 79의 스펙트럼
좁은 [O III] 선과 넓은 선폭의 Hβ에 주목하라.

되었다. 이러한 분류체계에서는 대부분이 제1.5형이 되고 제1형 세이퍼트은하는 많지 않다. 그림 24-2는 Hβ/[O III] 영역에서 넓은 성분과 좁은 성분을 다 가진 제1.5형 세이퍼트은하를 보여 준다. 금지선에서의 선폭의 작은 변화는 NLR의 밀도가 핵 영역으로부터의 반지름에 따라 줄어듦을 나타낸다. 다른 종류의 원자로부터 생기는 금지선의 임계밀도는 원자의 종류에 따라 다른데, 밀도가 최소인 영역으로부터 생기는 선들은 좀 더 좁은 선폭을 보여 준다.

BLR, NLR은 간단한 두 영역 모형이 암시하는 것보다 더 복잡하다. 이러한 복잡성의 예로 4개의 활동은하핵이 1~4년의 시간에 제1.5형에서 제2형 세이퍼트은하로 변하는 것을 볼 수가 있다. 어떻게 이러한 일이 일어날 수 있는가? 가장 간단한 설명은 NLR 안쪽의 먼지구름이 우리의 시선 방향을 가로질러 BLR과 같은 방향에 놓이면 된다. 이것은 BLR의 작은 크기로 보아 가능하다. 이러한 먼지 모형은 두 경우에 모두 Hα의 넓은 성분이 완전히 없어지지 않는다는 사실로부터 강력하게 지지된다. 대부분의 세이퍼트의 분광학적 분류는 Hβ와 [O III] 선의 모양(즉 선폭)에 의하여 결정되는데, 먼지에 의해 Hβ의 넓은 선폭 성분은 더 붉은 Hα 광자보다 더 잘 소광되기 때문이다.

그 밖에도 세이퍼트의 연속스펙트럼은 별빛, 비열적 복사, 먼지에서 나온 적외선복사들의 복합적 효과를 보여 준다. 그 전체 에너지 방출은 10^{37}~10^{38}W이다. 그들의 광도는 수 일이나 수 개월에 걸쳐 변하는데, 때로는 상당량이 변하기도 한다. 세이퍼트는 강한 전파원은 아닌 것 같다. 정밀한 전파 관측에서 관측된 세이퍼트은하의 절반가량에서만 전파가 검출되었다.

그러면 이런 모든 활동성의 궁극적인 원인은 무엇인가? 활동은하핵의 총 광도를 생성할 뿐 아니라 BLR의 가스가 매우 높은 속도를 가지기 위해서 BLR의 크기는 매우 작으면서도 강력해야 한다. 더욱이 몇 시간 또는 몇 분 간격으로 일어나는 빛의 변동이 최근 관측되면서 활동은하핵의 크기가 제한된다는 것도 알려졌다. 이 논의는 24.5.1항에서 퀘이사의 에너지원과 함께 다루어질 것이다.

나선은하의 최근 조사는 세이퍼트에 대하여 흥미로운 결론에 도달하였다. 이들의 대부분이 근접한 쌍은하계에 속한다는 것이다. 상호 간의 조석이 짧은 시간 동안 세이퍼트의 현상을 초래하는 것 같다.

24.3.2 BL Lac 천체

활동은하의 다른 한 형태는 첫 번째로 발견된 천체인 도마뱀자리BL의 이름을 따서 **BL Lac 천체**라고 불린다. 집단으로서 BL Lac 천체는 다음의 특징을 가진다.

(1) 전파, 자외선, 가시 파장에서의 빠른 변광
(2) 방출선의 부재
(3) 적외선 영역에서 대부분의 에너지가 나오는 비열적 연속

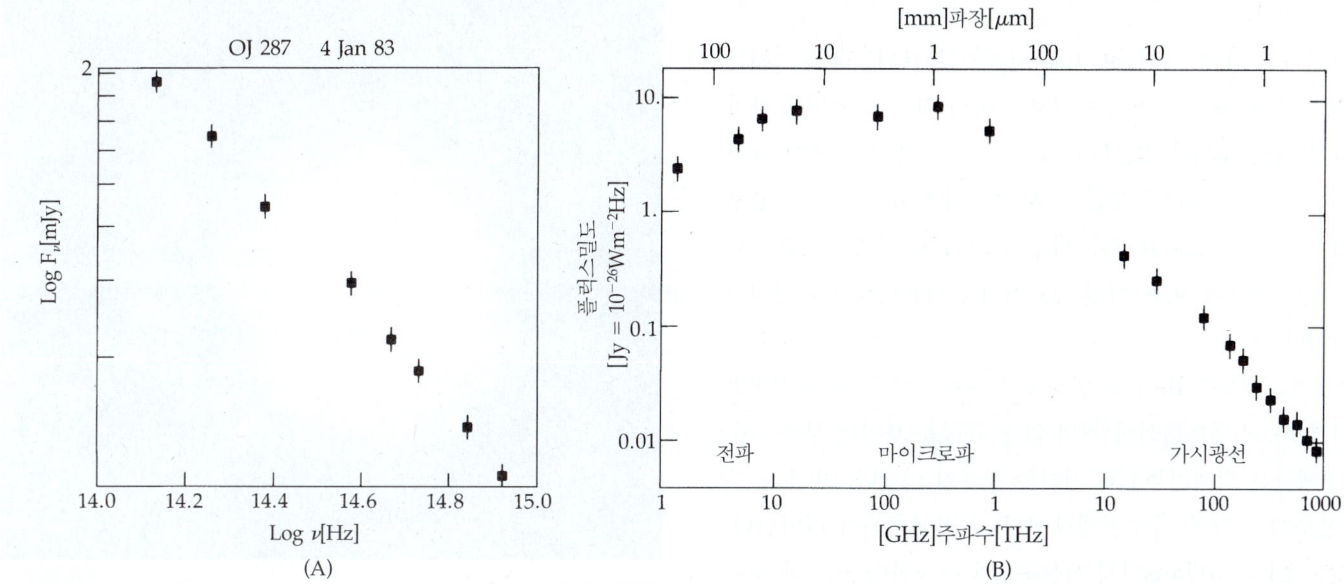

그림 24-3 OJ 287의 스펙트럼
(A) 적외선-가시광 연속스펙트럼. (R. Smith) (B) 1983년 3월의 전파에서 가시광에 이르는 스펙트럼. (T. Balonek)

복사(그림 24-3)
(4) 강하고 빠르게 변하는 편광

또한 BL Lac 천체는 거의 구조가 보이지 않는 별과 비슷한 모습을 보인다. BL Lac 천체에서 나오는 전파는 밀집되어 있거나 또는 약간 넓게 퍼져 있다. 넓은 영역에서 방출되는 전파는 핵의 강한 복사에 비해 대조적으로 매우 약하다(단지 전체 에너지의 수 퍼센트 정도).

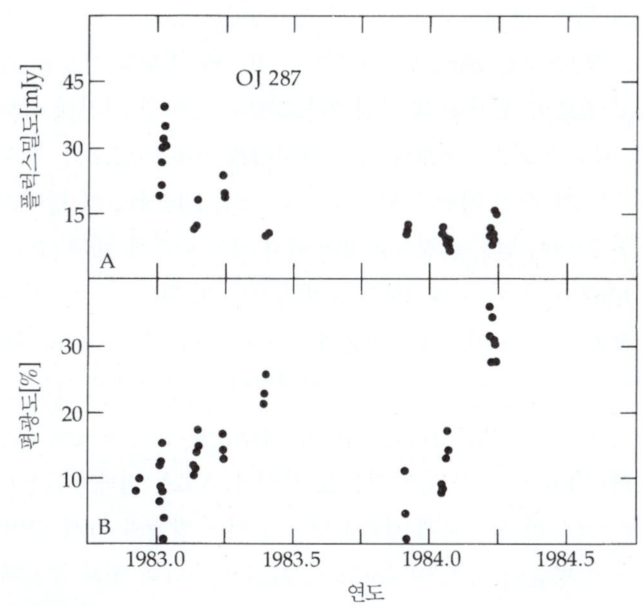

그림 24-4 OJ 287의 변화
(A) 밝기의 변화. 1983년 초의 큰 폭발에 주목하라. (B) 선형 편광의 변화 (P. Smith)

BL Lac 천체와 다른 활동은하와의 가장 큰 차이는 BL Lac 천체의 복사 방출이 매우 변덕스럽게 변한다는 점이다(그림 24-4). 예를 들어, 하버드 천문대의 장기간 사진 관측에 의하면 도마뱀자리BL 자체는 안시등급 14에서 16등급까지 심하게 변하며 때때로 13등급보다 밝게 폭발하기도 한다. 이러한 변동성은 BL Lac 천체에서는 가시 영역에서의 방출이 약 20배 정도나 변함을 의미한다. 관측자들은 밤 사이의 광도의 변화가 10~30%나 됨을 주목했다. 몇 개의 BL Lac 천체는 광도가 100배 변하기도 한다.

BL Lac 천체에 대한 큰 수수께끼는 그것들의 에너지 변동이 스펙트럼에 방출선이 거의 없는 천체에서 발생하고 있다는 점이다. 앞에서 거론했듯이 활동은하의 표준 모형은 자외선 영역에서 싱크로트론복사를 방출하여 핵 근처의 기체들을 이온화시키고 재결합을 통하여 방출선을 만든다. 만일 BL Lac 천체가 그런 기작으로 에너지를 방출한다면 방출선은 어디에 있는가? 약한 연속(스펙트럼)복사를 하는 몇몇의 BL Lac 천체에 대하여 방출선이 보이고 아마 그것들도 핵으로부터의 비열적 에너지를 방출할 것이다. 여기서의 힌트는 방출선이 일반적으로 존재하나 때때로 연속복사에 잠겨서 보이지 않게 된다는 것이다.

현재까지 약 40개의 BL Lac 천체가 분류되었다.[2] 그것들은 모두 같은 종류의 천체는 실제로 아닐 것이다. 몇몇은 아마 은하의 핵일 것이다. BL Lac 그 자신처럼 몇 개는 아마 은하와 같이 주위의 희미한 부분을 보인다. 다른 것들은 마치 겉부분이 없는 점상으로 보인다. 다수의 BL Lac 천체들이 은하단에서 발견되는데, 이는 이것들도 역시 은하들이라는 간접적인 증거이다.

끝으로, 대부분 BL Lac 천체들의 경우에 좋은 거리 결정방법이 없다. 스펙트럼선이 거의 없는 특징을 보이는 부류로서, 이 천체들은 적색이동으로 거리를 정하기 어렵다. BL Lac 주위 성운계의 약한 흡수선에서 0.07의 적색이동이 나타난다. 이것은 $2.1 \times 10^4 \mathrm{kms}^{-1}$의 시선속도에 해당한다. 이러한 성운계(nebulosity)는 밝은 은하의 것과 비슷한 스펙트럼을 가지고 있다.

그림 24-5 활동성 타원은하 M87
가까운 전파은하 (미국 국립 광학 천문대)

24.3.3 전파은하

겉보기등급이 11등급보다 밝은 나선은하의 대부분이 전파연속복사를 방출하는데, 전형적인 광도는 10^{33}W이다. 극소수의 외부 은하 전파원이 예외적으로 10^{37}W 정도의 강한 에너지를 방출한다. 우리는 10^{33}W 이상의 전파 에너지를 내는 그런 은하들을 **전파은하**(radio galaxy)라 부른다. 전파가 약한 은하들이 정상이다는 뜻이 아니라, 전파은하에 비해 정상은하는 상대적으로 약한 전파원이라는 것이다.

전파은하는 두 종류로 나뉘는데, 밀집(compact)된 것과 퍼진(extended) 것이다. **퍼진 전파은하**는 전파 방출 영역이 그 은하의 가시 방출 영역보다 큰 것이고, **밀집 전파은하**는 전파 방출 영역이 가시 방출 영역과 비슷하거나 좀 더 작은 것이다. 밀집 전파은하는 주로 매우 작은 핵이 전파원이며, 지름이 수 광년밖에 안 된다. 반면, 퍼진 전파원은 가끔 핵을 가운데 두고 양쪽으로 대칭된 위치에 수백만 pc 정도 떨어진 두 장의 떡잎 구조와 같은 거대한 2개의 로브(lobe)를 보인다. 이러한 전파원을 고전적 이중 구조(classical double)라 부르는데, 2개의 전파 성분은 가시 영역의 은하로부터 잘 분리되어 있으며 크기도 매우 크다. 일반적으로 핵 역시 전파원이며, 이 2개의 전파 성분은 전파를 방출하는 핵을 중심으로 일직선을 이루고 있다.

M87은 대표적인 전파은하이다(그림 24-5). 큰 타원은하인 이것은 처녀자리은하단(Virgo cluster)의 중심에 있으며 20Mpc 정도 떨어져 있다. 지름이 1.5광월밖에 안 되는 하나의 전파원이 다수의 다른 밀집 전파원들과 함께 M87의 핵에 존재 한다. 핵에서부터의 가시 제트(jet)가 6,000광년까지 뻗치고 있다(그림 24-6A). 이 제트는 10^{34}W 정도의 광도를 가지고 있으며, 편광된 빛을 방출하고 있다. 상세한 사진에 의하면, 제트는 최소한 6개의 작은 덩어리를 가지고 있으며, 각각 그 크기가 수십 광년을 넘지 않는다(그림 24-6B). 이 덩어리들은 22년이 넘도록 강도와 편광에서 심한 변화를 보여 왔다.

M87 역시 가시 영역에서의 방출보다 약 50배의 엑스선을 방출한다. 은하 전체에서 방출하는 엑스선 광도는 5×10^{35}W 정도이다. 제트 역시 엑스선을 방출한다. 아인슈타인 천문 위성에 의한 고해상 관측은 제트가 엑스선을 강하게 분출하는 덩어리(knot)를 가지고 있음을 보인다. VLA 전파망원경은 M87 제트를 상세하게 관측하였으며 전파 방출과 가시 영역, 엑스선 방출이 서로 일치하고 이 제트가 하나의 전파 로브까

2) BL Lac 천체는 약 100여 개가 발견되었고, 70여 개가 모은하(host galaxy, 주로 타원은하)를 가지고 있는 것으로 관측되었다. 한편, 높은 적색이동을 가지면서 강한 방출선을 보이는 가시광격변체(Optically Violent Variables, OVV)가 소수 발견되었는데, BL Lac 천체와 OVV 천체를 통틀어 블레이저(Blazars)라고 한다. (역주)

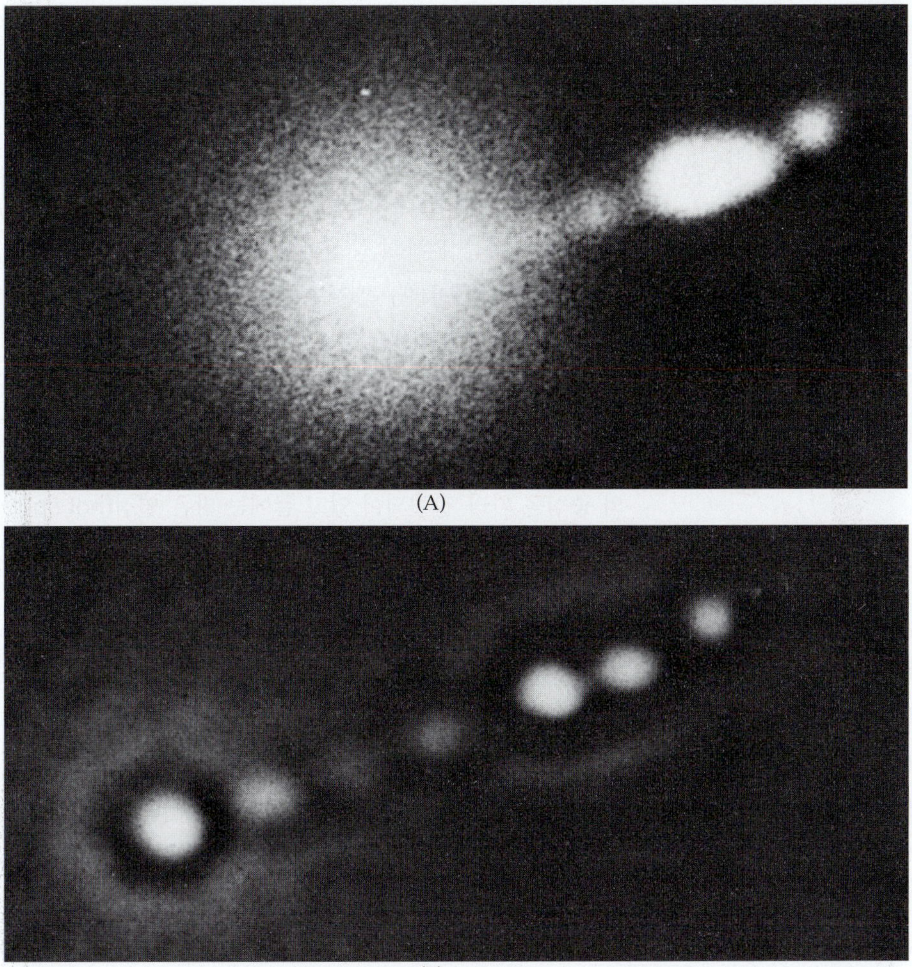

(A)

(B)

그림 24-6 M87의 제트
(A) 최대한으로 상세한 이미지를 얻기 위해 특별 노출로 촬영한 은하와 제트의 사진(음화). (B) 제트 내의 구조를 얻기 위해 컴퓨터로 처리한 화상 (H. Arp. and J. Lorre)

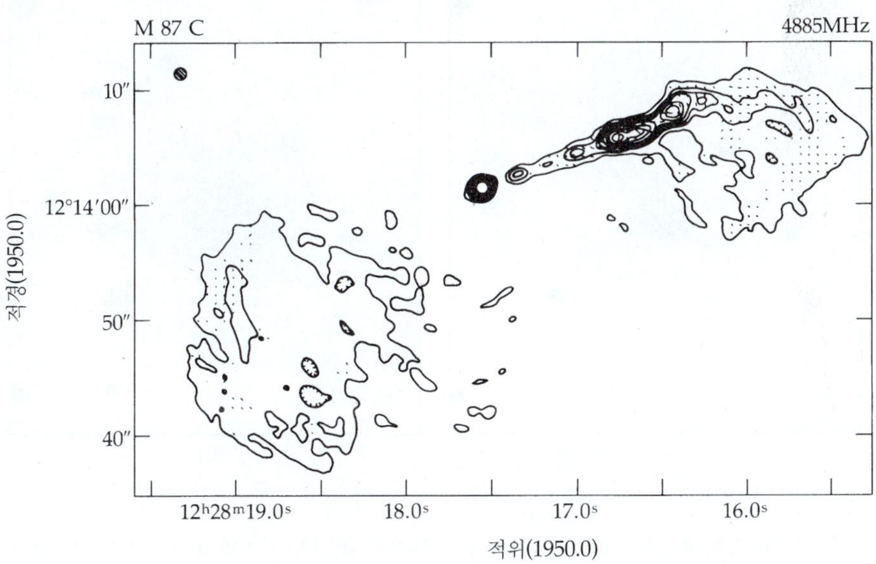

그림 24-7 M87의 전파 방출
5GHz에서 만들어진 VLA 지도. 오른쪽 위로 뻗힌 제트를 주목하라. (F. Owen and P. Hardee, 미국 국립 광학 천문대)

지 이어짐을 확인하였다(그림 24-7). 따라서 제트는 전체적으로 전파에서 엑스선까지 넓은 주파수 영역의 에너지를 방출하며 제트의 각각의 덩어리들은 같은 에너지의 스펙트럼을 만든다. 최근의 적외선 관측은 600nm의 파장에서 스펙트럼의 기울기의 급격한 변화를 보였다. 기울기가 급격하게 변화는 영역의 전후에서의 방출은 비열적이다.

M87의 제트 덩어리에서 스펙트럼의 기울기는 꺾이기 이전 전파 영역에서는 0.6이며, 꺾인 이후 가시광선에서는 1.7이다. 상대론적 전자에 의한 싱크로트론복사에서 급격한 스펙트럼 지수의 변화는 아마 가속된 전자의 에너지 스펙트럼의 갑작스런 변화에 기인했을 것이다.[3)] 덩어리의 평균 자기장의 세기는 약 10^{-7}T이다.

허블우주망원경은 M87의 고해상도 광학 영상과 분광관측 자료를 추가하였다. 뚜렷하게 형체가 보이는 지름이 65광년인 강착원반이 제트에 거의 수직으로 놓여 있는 것이 발견되었다. 원반의 스펙트럼을 통해 태양질량의 30억 배가 필요할 정도로 매우 빠르게 회전하고 있다는 것을 알게 되었다. 관측된 원반의 방향은 활동은하핵의 표준 블랙홀 모형에서 예측하는 것과 일치한다. 왜냐하면 원반의 축을 따라 가스가 분출되기 때문이다. 이러한 관측 결과들이 한결같이 초거대 질량의 블랙홀의 증거로서 해석되는 것은 아니다. 그러나 대부분의 천문학자들은 초거대 질량 천체의 정체가 수십억 개의 중성자별 혹은 백색왜성 들의 군집일 것이라고는 생각하지 않는다.

다른 타원은하도 중심핵 제트(nuclear jet)를 가지고 있다. 사실상 전파 제트는 일반적이어서, 낮은 광도의 전파은하들은 대부분 중심핵 제트를 가지고 있다.

퍼진 전파은하는 은하의 중심과 일직선인 이중 로브 구조를 가지고 있다. 이런 전파구름은 지름이 50~1,000kpc 정도로 매우 크다. 퍼진 전파은하는 구조에 따라 크게 세 종류로 나뉜다.

(1) 고전적 이중 구조(예 : 백조자리 A) : 가장 높은 광도, 은하의 중심을 따라 정렬되어 있고 끝에는 밝은 열점(hot spot)이 있는 로브
(2) 넓은 각도의 꼬리, 또는 휘어진 꼬리(예 : 센타우루스 A) : 중간 정도의 광도, 핵을 경계로 휘어진 꼬리 모양의 로브
(3) 좁은 꼬리 전파원(예 : NGC 1265) : 가장 낮은 광도, U자형, 은하단 내에서의 빠른 움직임. 대부분의 퍼진 전파원이 여기에 속함.

하늘에서 가장 강한 전파원이고 가장 먼저 발견된 백조자리 A는 퍼진 전파은하의 전형인 고전적 이중 구조의 좋은 예이다. 전파 영역의 복사는 10^{38}W이며, 이 에너지는 가시 은하

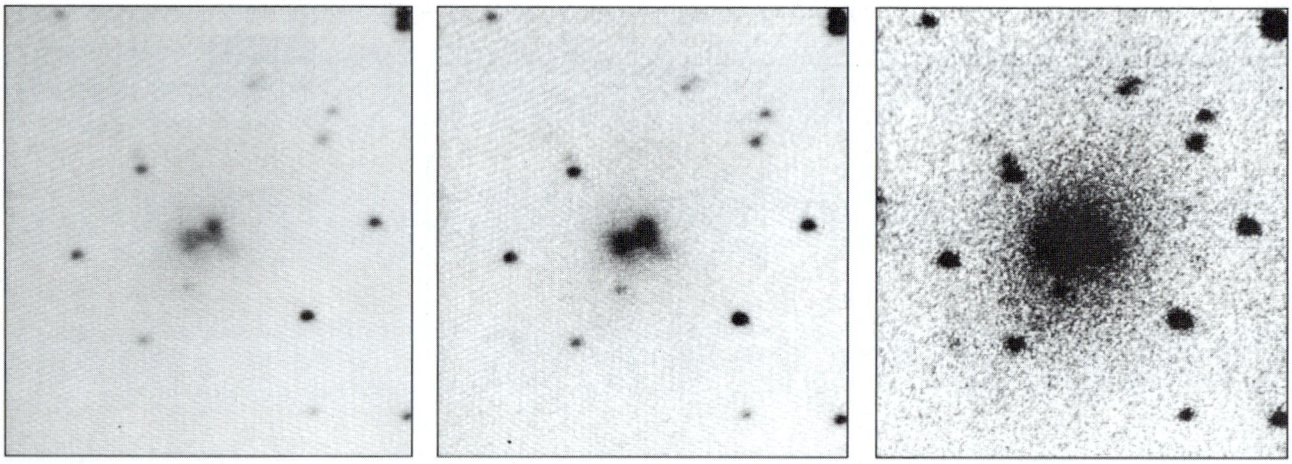

(A) (B) (C)

그림 24-8 백조자리 A의 CCD 음화상 사진
가장 좋은 시상조건에서 만들어진 이 화상들은 다음을 보여 준다. (A) 중심핵 안에 있는 보다 밝은 특징들. (B) (A) 사진과 유사하지만 보다 낮은 플럭스에서 본 모습. (C) 은하의 헤일로를 드러내는 가장 낮은 플럭스에서 본 모습 (L.A. Thompson)

3) 즉 전자의 에너지 스펙트럼[$N(E) \propto E^{-p}$]에서 기울기 p가 특정한 에너지에서 꺾이면, 싱크로트론복사 스펙트럼[$F(\nu) \propto \nu^{-\alpha}$]의 기울기 α도 따라서 꺾이게 된다. 이때 $\alpha = (p-1)/2$이다. 식 (P6-16)과 (P6-17)을 참조하라. (역주)

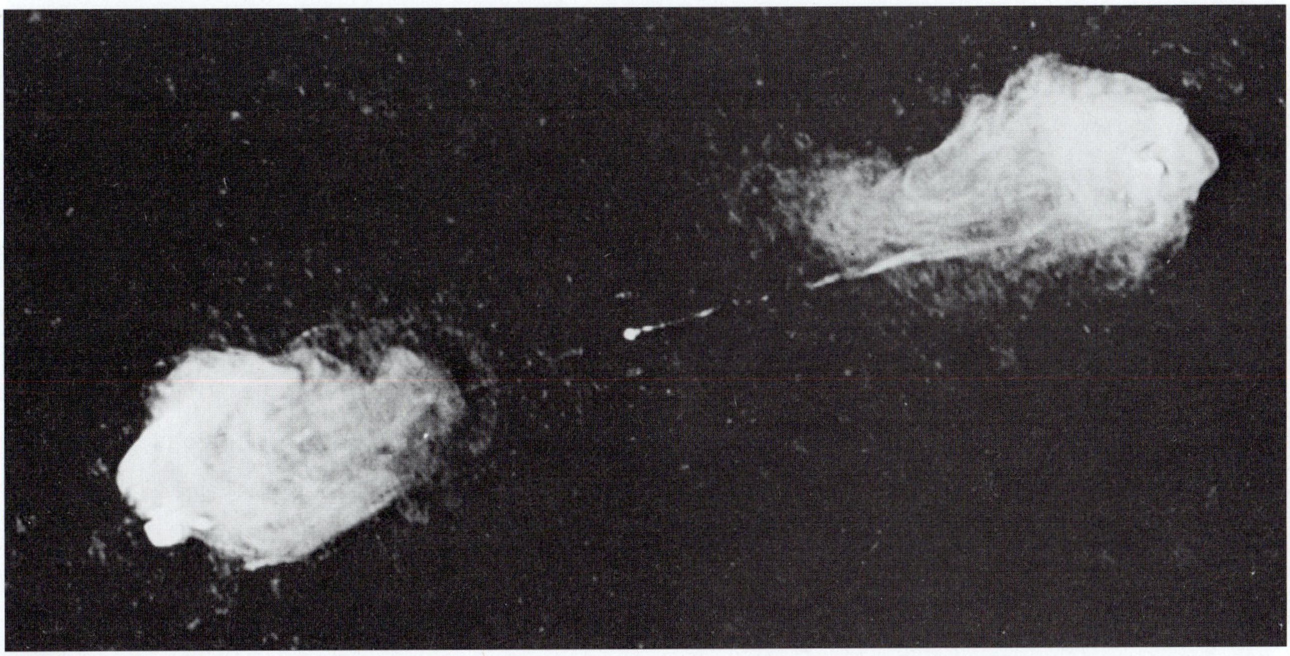

그림 24-9 백조자리 A의 전파 지도
이 놀라운 영상은 로브의 필라멘트 구조와 오른쪽 로브까지 뻗은 좁은 제트를 잘 보여 준다. (R.A. Perley, J. W. Dreher, and J. J. Cowan, 미국 국립 전파 천문대)

의 양편에 위치한 2개의 거대한 로브 또는 떡잎 모양의 지역에서 나온다(그림 24-9). 각각의 돌출부는 지름이 17kpc이고, 중심의 은하로부터 50kpc까지 펴져 있다. 이들은 전파복사를 10^7~10^9년 동안 유지하기 위해 10^{53}J의 에너지를 가진 고에너지의 전자구름과 자기장을 가져야 한다. 백조자리 A의 중심 은하는 은하면에 먼지띠(dust lane)를 가진 타원은하이다. 이 은하는 방출선과 싱크로트론 연속복사 스펙트럼을 가진 활동성 핵 영역(아마도 2개의 핵을 가진)을 가지고 있다. 중심에서 8kpc 밖의 스펙트럼은 별들의 스펙트럼이 중첩된 것과 같다.

VLA는 백조자리 A(그림 24-9)의 뛰어난 전파 영상을 만들었는데, 중심의 타원은하가 그의 로브 중 하나와 연결되는 바늘 모양의 제트를 보인다. 전파지도(radio map)는 로브에 작고 밝은 방출점(spot)을 가진 다발 모양의 구조를 보여 준다. 밝은 반점(patches)들이 제트를 따라 나타나는데, 제트는 로브의 거의 끝까지 곧게 뻗어 나가는 구조를 유지한다. 또한, 로브의 필라멘트 구조는 복사를 방출하는 기체가 전체 부피의 3~30%뿐임을 의미한다. 그리고 그 내부에 강한 전파 복사의 '열점'이 있다.

센타우루스 A(NGC 5128)는 또 다른 퍼진 전파원이며, 백조자리 A와 비슷하다. 이것은 불규칙한 먼지띠에 의해 양분되어 보이는 E2 은하이다. 4Mpc 떨어진 곳의 센타우루스 A는 가장 가까운 활동은하이다. 가시 영역에서 M33보다 밝다. 전파망원경으로 보면 센타우루스 A는 지름이 각각 200kpc와 400kpc의 큰 2개의 로브를 가지고 있다. 이 떡잎부의 모양은 핵에서부터 휘어져 있으며 꼬리 모양을 하고 있다. 중심핵 가까이에는 또 다른 쌍의 전파 로브가 가시 은하(optical galaxy)의 가장자리에 위치하고 있으며, 각각 지름이 10kpc 정도이다. 안쪽과 바깥쪽 로브들이 거의 정확하게 일렬로 배열되어 있다.

센타우루스 A의 핵은 안쪽 전파 로브 하나에 직접적으로 연결되어 있다. 아인슈타인 엑스선 천문 위성은 핵에서 북동쪽으로 방출되는 엑스선 제트를 관측하였으며, 이것은 최소한 7개의 덩어리들로 구성되어 있다. VLA도는 20cm 파장에서 중심핵으로부터 한쪽 로브까지 연결된 제트를 따라 전파 복사를 확인하였다(그림 24-10). 이 제트는 엑스선을 방출하는 덩어리와 일치하는 덩어리 구조를 가지고 있다. 따라서 센타우루스 A와 M87은 전파와 엑스선을 방출하는 제트를 가지고 있다는 점에서 비슷해 보인다. 새로운 고해상(24pc × 7pc 빔 크기) 관측은 Cen A 제트의 700pc 안쪽에 새로운 구조가 있

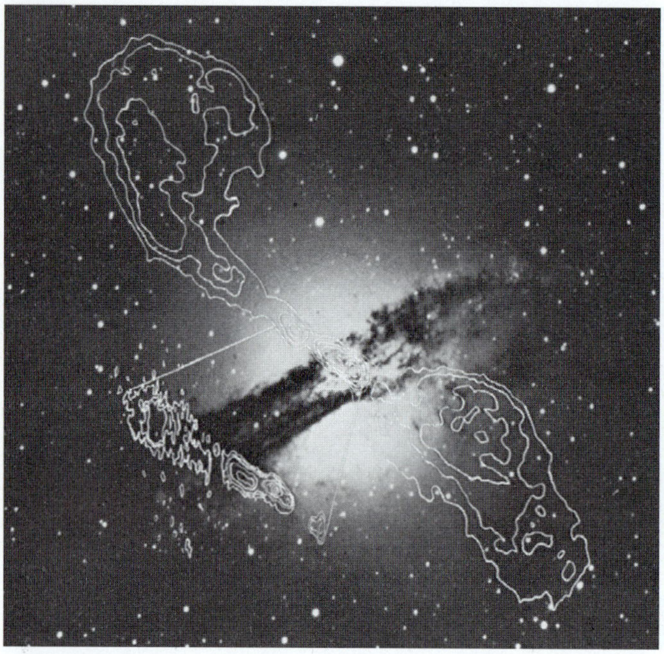

그림 24-10 센타우루스자리 A의 핵 영역
핵에서 전파 방출을 보여 주는 VLA 지도, 왼쪽의 바깥 로브까지 뻗쳐 있는 제트를 가진 안쪽 로브가 광학 사진 위에 겹쳐져 있다. (J. Burns, 미국 국립 전파 천문대)

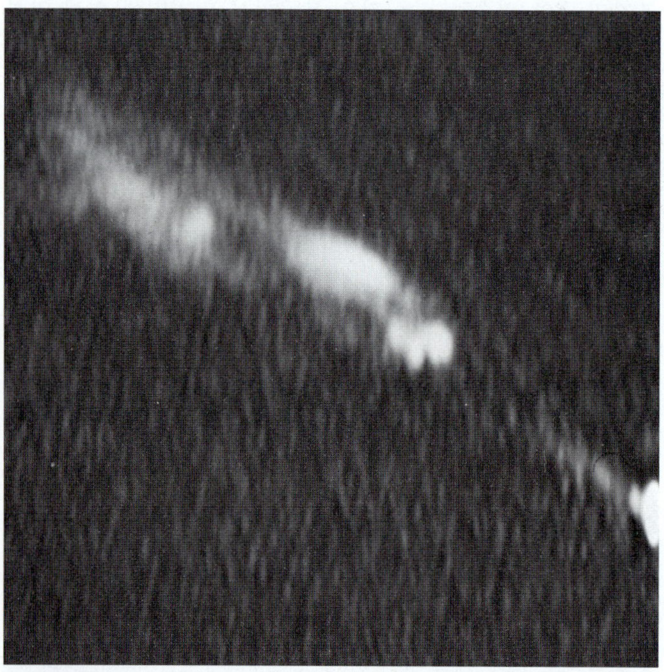

그림 24-11 Cen A 제트의 고해상 이미지
이 그림은 오른쪽에 있는 핵과 왼쪽으로 뻗쳐 있는 700pc의 제트를 보여 준다. 제트의 양 측면을 따라 번갈아 나타나는 주연증광 효과에 주목하라. (J. Burns, D. Clarke, E.D. Feigelson, and E.J. Schreier, 미국 국립 전파 천문대)

음을 밝혔다(그림 24-11). 전파 방출은 제트의 양쪽으로 주연증광(limb brightening)을 보이는데, 중심이 밝은 M87 제트와 대조적이다. 전파를 방출하는 얇은 필라멘트는 혹(knot)으로부터 방사되는데, 그들은 핵에서 돌출부로 향하는 제트를 따라 물질이 흐를 것으로 추정되는 방향을 따라 나타난다.

많은 전파은하는 가시 은하 밖으로 멀리까지 뻗친 로브 형태나 흐름의 형태로 나타나는 복사를 가지고 있다. 로브는 서로 수백만 광년 떨어져 있으며 하나의 지름이 수천 광년이다. 이 퍼진 전파 로브에 대하여 우리를 성가시게 하는 문제는 그들이 가지고 있는 거대한 양의 에너지이다. 대표적인 로브의 광도는 10^{36}~10^{37}W인데, 그것과 관련된 가시 타원은하의 에너지는 고작 10^{35}W이다. 만일 이것이 싱크로트론복사라면 로브부분은 뒤엉킨 자기장(1nT)과 고속 전자의 에너지 저장소이어야 한다. 그러면 전형적인 로브는 10^{52}J 이상의 에너지를 가지고 있다. 제트는 중심핵으로부터 입자와 에너지를 로브로 이동시키는 통로이다. 로브와 제트는 비열적 복사를 방출하므로 싱크로트론 과정일 것이라 추정된다. 핵은 고에너지 입자를 공급한다. 이것들은 일정한 입자의 빔으로 분출되거나 또는 이온화된 덩어리로 자기선을 따라 밀려 나간다. 따라서 입자의 절반은 한쪽 방향으로 나머지 절반은 반대편으로 움직인

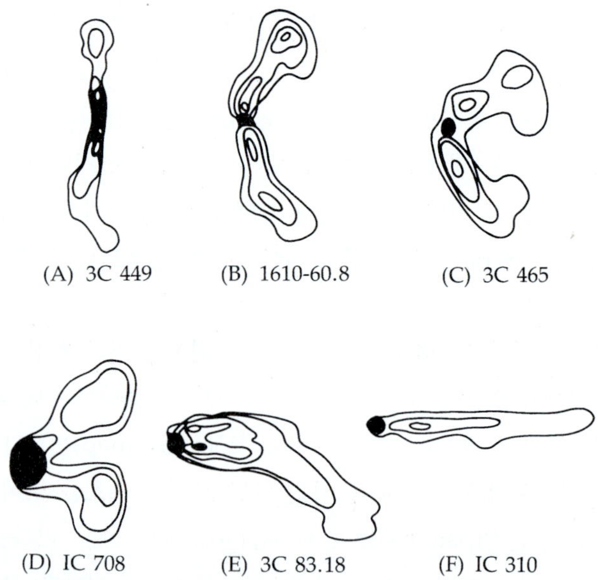

그림 24-12 전파은하의 굽어진 계열(bending sequence)
꼬리의 위치는 국부적 은하 간 매질을 운동하는 은하의 속력과 그 매질의 밀도에 의해 영향을 받는다. (G. Miley)

4) 제트는 전자-이온 또는 전자-양전자로 이루어진 플라즈마이며, 이온화되었지만 전기적으로 중성이다. 그러므로 입자들이 전하에 따라서 반대방향으로 움직인다는 설명은 맞지 않는다. (역주)

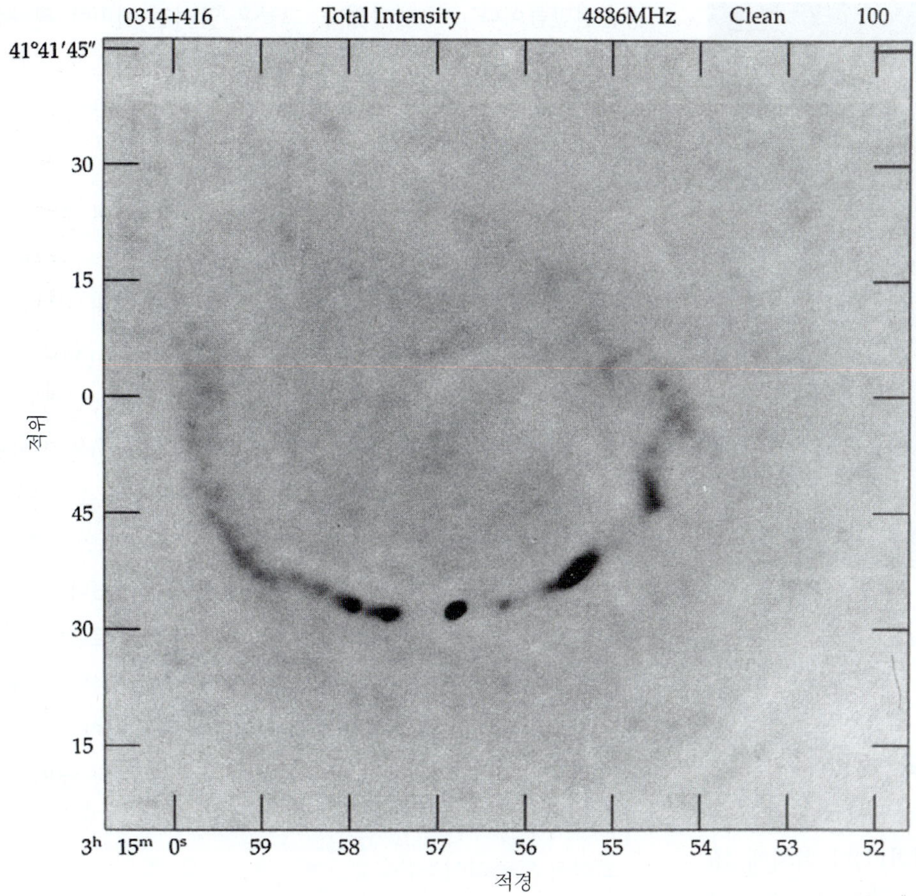

그림 24-13 머리-꼬리 은하 NGC 1265의 VLA 지도

가장 검은 부분이 가장 큰 플럭스를 나타내는 것에 유의하라. (F. Owen, J. Burns, and L. Rudnick, 미국 국립 전파 천문대)

다(전하에 따라서)[4]. 만일 중심핵의 기작이 활동적이고 안정되어 있다면 이온화된 물질들의 큰 로브는 제트의 끝 부분에서 만들어질 것이다. 핵으로부터의 반복되는 폭발(burst)은 변광을 설명할 수 있다. 제트의 존재가 폭발 시에 고속 전자들이 핵으로부터 은하 간 매질로 뿜어져 나와 거기에 쌓여서 로브가 형성되었음을 시사한다.

퍼진 전파은하는 고전적 선형 이중 구조에서부터 핵방출이 꼬리의 한 끝에 모여진 구조까지 다양한 굽어진 계열을 보여주고 있다(그림 24-12). 이러한 연속적인 형태는 은하단들이 고온의 전리 기체를 가지고 있음을 강하게 암시한다. 이 매질 안에서 빠르게 운동하는 은하가 고속 전자와 같은 물질을 제트로 쏘았다고 상상해 보자. 은하 밖으로 흐르는 이 물질들은 은하단 내 매질에 의해 감속되고, 결국 움직이는 은하는 그것들을 뒤로 하며 이동한다. 은하가 움직임에 따라 전파영역의 흔적은 뒤에 남겨지게 된다. 이들에 대한 화석 기록이 그림 24-13에 보인다. 전파은하의 굽어진 계열은 은하단 내에 고밀도의 기체가 있음을 보여 준다. 머리와 꼬리가 있는 은하(head-tail galaxy)들의 발견은 은하단 내 물질이 존재함을 받아들이도록 했다. 이는 엑스선 관측으로 이 은하단 내 물질의 존재가 확실시 되기 전이었다. 엑스선 관측 결과 이들의 밀도는 10^{-24}~10^{-27}kgm^{-3}이고, 온도는 10^7K로 매우 뜨거운 것으로 나타났다.

요약하면, 광범위한 전파은하 관측에 따르면, 적어도 50%의 상대적으로 높은 광도를 가지는 고전적 이중 구조는 한쪽에만 제트를 가지는 경향을 보인다. 낮은 광도의 전파은하의 80~90%가 제트를 보이는데, 아마 모든 전파은하들이 제트를 가질 것이다. 이 제트들은 양 방향이며 덩어리지고 또 수 kpc까지 잘 배열되어 있다. 이 우주 전파 제트의 물리는 현대 천체물리학의 풀리지 않는 중요한 문제들 중 하나이다.

24.4 퀘이사 : 발견과 서술

1950년대 후반에 전파 천문학자들은 알려져 있는 어떤 가시영역의 천체들과 연결시키지 못한 많은 전파원으로 가득 찬 목

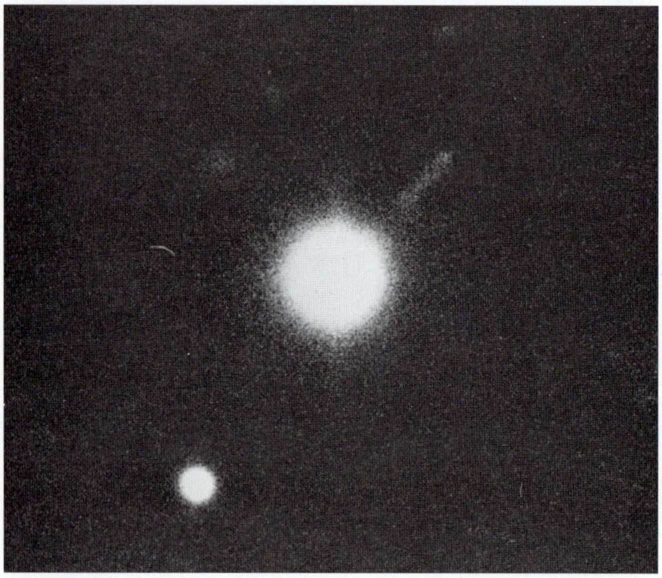

그림 24-14 퀘이사 3C 273.
제트에 주목하라. (팔로마 천문대, 캘리포니아 공과 대학)

록을 편집하였다. 1960년에 매슈즈(Thomas Matthews)와 샌디지는 전파원과 광학원의 연관성을 추적하면서 3C 48 전파원(3C는 세 번째 케임브리지 목록을 의미한다)의 위치에 16등급의 어두운, 별과 비슷한 천체가 있음을 발견하였다[그래서 **준항성체**(quasistellar object) 또는 **퀘이사**(quasar)라 한다]. 이 천체는 동정(同定)되지 못한 넓은 방출선을 가지고 있으며, 보통의 주계열성보다 많은 자외선을 방출하였다.

3C 48은 이와 비슷한 특징을 가진 13등급의 준항성체인 3C 273 전파원이 발견된 1963년까지 이러한 특성을 가지는 유일한 천체였다(그림 24-14). 3C 273의 방출선은 3C 48의 방출선만큼이나 수수께끼였다. 그들은 알려진 어떠한 원자선 스펙트럼과도 일치하지 않았다. 왜 그랬을까?

24.4.1 방출선의 특성

스펙트럼이 적색이동에 의한 것으로 인식된 최초의 준항성체가 3C 273이었다. 3C 273 방출선의 스펙트럼은 수소 발머선의 특성과 비슷하지만 이들은 정상적인 발머선이 적색 쪽으로 크게 이동된 것처럼 보였다(그림 24-15). 슈미트(Maarten Schmidt, 1929~)가 직접 그것을 발머선으로 분류하였으며, 그는 적색이동을 계산하여 $z = 0.158(z = \Delta\lambda/\lambda_0)$을 알아냈다. 큰 값의 z를 받아들이면서 다른 선들도 식별할 수 있었다. 대부분의 방출선은 선폭이 넓은 특징을 가지고 있었는데, 이는 가스 성운과 활동은하에서 보이는 것과 유사하였다.

대부분의 준항성체는 3C 273에서와 같이 스펙트럼에 넓은 방출선들이 보인다. 이러한 선들의 두드러진 특징은 큰 폭으로 적색이동되어 z값이 0.06~4.0에 이른다는 것이다. 예를 들어 정상적으로 121.6nm의 라이먼선의 경우는 가시 영역까지 이동되었다.

고전적 도플러이동은

$$z = \frac{\Delta\lambda}{\lambda_0} = \frac{v}{c}$$

이지만, 적색이동이 1보다 클 경우에는 상대론적인 도플러이동식을 사용해야 함에 유의하라. 위의 식을 그대로 받아들이면 $z > 1$인 경우에 광원이 빛보다 빨리 움직인다는고 오해될 수 있다. 상대론적 도플러식의 한 형태는

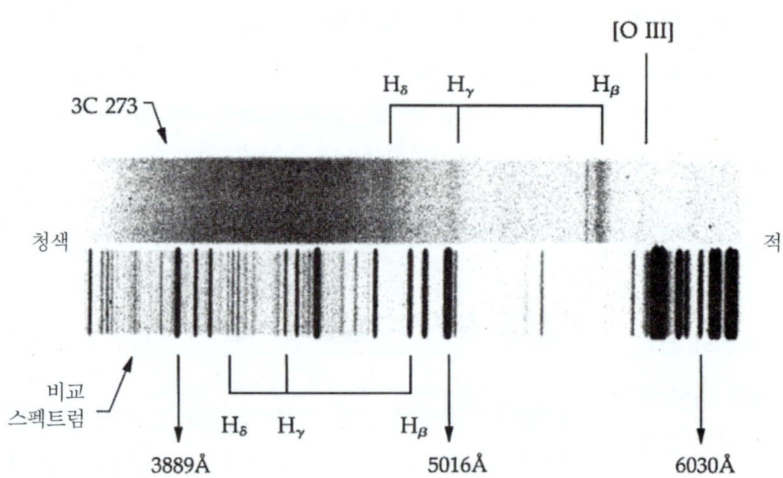

그림 24-15 3C 273의 스펙트럼
아래쪽의 비교 스펙트럼에는 표준 파장이 제시되어 있다. 이것은 음화이므로 방출선이 검게 나타나 있다. (M. Schmidt)

$$z = \frac{\Delta\lambda}{\lambda_0} = \left(\frac{1 + v/c}{1 - v/c}\right)^{1/2} - 1 \qquad (24\text{–}1)$$

이다. 여기서 $\Delta\lambda = \lambda - \lambda_0$이다. λ_0은 원래(실험실에서의) 파장이며 v는 시선속도, c는 광속이다. $v/c \ll 1$인 경우에 이 식은 고전적 형태와 동일해진다.

준항성체의 속도 v를 알기 위해 상대론적 도플러이동식을 사용하자. 예를 들어 $z = 2$이면

$$z = 2 = \frac{\Delta\lambda}{\lambda_0} = \left(\frac{1 + v/c}{1 - v/c}\right)^{1/2} - 1$$

이고, 그러므로

$$\frac{1 + v/c}{1 - v/c} = 3^2 = 9$$

$$\frac{v}{c} = \frac{8}{10} = 0.8$$

이다. 일단 퀘이사의 방출선들이 동정되면 H II 영역에서와 똑같은 방법으로 해석될 수 있다. 이 과정은 강한 자외선이나 엑스선 광자의 플럭스가 저밀도의 투명한 가스를 이온화시켰음을 가리킨다. 그 내부에서 기체는 약 1,000kms^{-1} 정도의 고속으로 움직이는—방출선의 넓이를 설명하기 위함—구름이나 필라멘트이다.

24.4.2 흡수선 스펙트럼

퀘이사의 방출선이 처음으로 '퀘이사'라는 존재를 인식하게 했고 아직도 큰 특징으로 남아 있지만, 흡수선 역시 많은 관심을 끌고 있다. 아마도 방출선의 적색이동이 2.2보다 큰 퀘이사는 모두 강한 흡수선을 가지고 있는 것 같다. 흡수선의 적색이동은 방출선의 그것보다 대개 작거나 같다.

흡수선을 측정하기 위해서는 매우 구체적인 조건이 만족되어야 한다. 첫째로, 연속복사를 내는 방출원이 있어야 한다. 둘째, 그 방출원과 관측자 사이에 방출원에서 출발한 광자를 흡수할 수 있는 매질이 있어야 한다. 흡수선은 방출원 자체보다 흡수 매질에 대해서 더 많은 정보를 알려 준다. 퀘이사는 관측자로부터 굉장히 먼 거리에 떨어져 있기 때문에 흡수 매질은 퀘이사의 근처에서부터 은하 간의 공간 어디에라도 있을 수 있다.

천체물리학적 상황에서 우리는 방출원과 흡수 매질 사이의 속도 차이를 흔히 볼 수 있다. 이것의 가장 좋은 예는 매질이 방출원으로부터 멀어지는 방향으로 움직이는 경우이다(팽창하는 껍질 모형). 이러한 경우 스펙트럼선이 잘 알려진 P-Cygni 선윤곽을 가지게 되는데, 이것은 흡수선이 방출선의 푸른색 쪽에서 발견되는 현상이다(그림 18–10). 퀘이사의 많은 흡수선들이 P-Cygni 특성을 가진다.

웨이만(R.J. Weymann)은 퀘이사에서 흡수선 구조를 분류

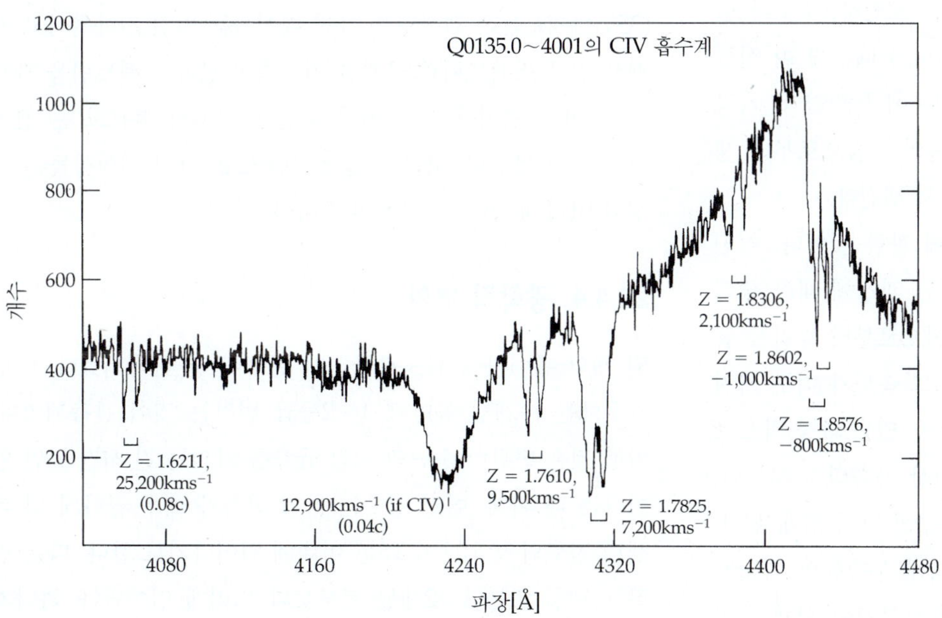

그림 24-16 퀘이사 0135.0–4001의 CIV 흡수선
네 종류의 흡수선 중 3개가 나타나 있다. A형은 관측된 파장 4,230Å에서 보이고, B형은 $z \approx 1.86$에 좁은 간격의 쌍흡수선으로 보인다. z = 1.62, 1.76, 1.78, 1.83에 4개의 C형이 존재한다. D형은 (라이먼알파숲) Ly-α선보다 짧은 파장에서만 보인다(여기서는 3,470Å에까지 적색이동이 되었다). (R. Weymann)

하는 방법을 고안했다. 그림 24-16은 퀘이사 0135.1-4001의 스펙트럼에 나타난 네 종류 중 세 가지를 보여 준다. 그 종류들은 다음과 같다.

A형 : 넓은 흡수선(BAL) 퀘이사 이 스펙트럼에는 굉장히 넓은 골짜기 모양의 흡수선이 나타난다. 추정되는 분출 속도는 0.1*c*에 달한다.

B형 : 낮은 속도의 예리한 선 이 스펙트럼에는 흡수 영역과 방출 영역 간에 3,000kms^{-1}에 달하는 속도 차이가 나타난다. C IV 선에서 가장 흔히 발견된다.

C형 : 예리한 금속선 이 종류는 퀘이사와 물리적으로 관련성이 없다.

D형 : 라이먼알파숲(Lyman-α forest) 날카로운 라이먼 α선이 다수 모여있다. 그러나 퀘이사와 물리적 연관성은 없다. 가끔 상이한 적색이동을 가지는 많은 흡수선들이 관측되기도 한다.

우리는 어떻게 흡수선의 종류들을 해석할 수 있을 것인가? 넓은 흡수선 모형은 흡수하는 가스가 퀘이사 근처에 놓여 있어야만 가능하다. 한 모형은 퀘이사 핵 영역 1kpc 안에 이미 존재하는 성간구름을 가정하며, 이들은 옆에서 보이는 나선은하에 묻혀 있다. 빠른 속도, 낮은 밀도의 바람이 이 구름을 가속시킨다. 따라서 연속적인 변위의 속도를 가지고 밖으로 밀려 나오는 원자의 흐름이 존재하며, 이것이 넓은 영역의 파장이 흡수한다.

B형과 C형은 모두 금속의 좁은 선들을 보인다. 수소나 헬륨보다 무거운 원소는 별 안에서만 생성되기 때문에 이 선들은 은하 안에서 생긴 물질로부터 발생했음에 틀림없다. 가장 작은 속도 차이를 보이는 계는 모은하 속의 구름으로부터 생기거나 또는 같은 은하단 속의 은하 속에서 생긴다.

가장 흥미 있는 논쟁은 좁은 금속선에 관한 것이다. 어떤 이들은 **선잠김**(line locking)이라고 불리는 과정에 대한 증거가 있다고 믿는다. 한 원자가 어떤 방출선으로부터 광자를 흡수하여 밖으로 가속된다고 생각해 보자. 그 속도가 너무 커지면 방출선의 광자가 원자에 의해 흡수될 수 있는 파장 밖으로 도플러이동을 하기 때문에 원자는 더 이상 가속되지 않는다. 원자의 속도가 줄어들면 그것은 다시 흡수를 하기 쉽게 된다. 따라서 흡수선과 가스의 방출 성질에 의해 분출류의 속도가 고정되어 잠긴다. 그러나 모든 전문가가 선잠김이 실제로 일어난다고 믿지 않기 때문에 논쟁이 일어나고 있다.

라이먼알파숲은 60kms^{-1}보다도 작은 속도분산을 나타낸다. 따라서 흡수하는 구름은 10^{5}K보다도 낮은 온도를 가져야만 한다. 퀘이사와 구름 사이의 큰 속도 차이는 이러한 구름들의 대부분이 퀘이사의 모은하 또는 은하단조차도 완전히 무관하다는 것을 의미한다. 예를 들어, 퀘이사 PHL 938의 스펙트럼은 1.955의 방출 적색이동을 가지고, 1.949, 1.945, 0.613의 흡수 적색이동을 가진다. 계산에 의하면 적색이동 $z = 2.0$의 퀘이사로부터 온 빛은 퀘이사와 지구 사이를 지나는 데 10개 또는 20개의 초은하단을 가로질렀다고 한다. 그 중간에 위치한 은하들의 변두리의 가스구름들은 60~70%의 라이먼알파계를 설명하는 가장 좋은 방법으로 보인다. 나머지는 은하를 구성하지 않는 원시적인 가스구름에 의한 것으로 보인다.

24.4.3 연속방출

전파에서 엑스선까지 전파장의 관측 결과를 종합해 보면, 퀘이사의 연속복사는 전파은하처럼 비열적이다. 마찬가지로 스펙트럼 지수 α를 비교하면 $\alpha \approx 0.5$를 기준으로 하여 '급하고', '편평한' 의 2개의 범주로 나뉜다. 스펙트럼 지수는 0.0~1.6까지 다양하다. 따라서 싱크로트론복사가 퀘이사 연속복사의 원천일 것이다.

퀘이사의 편광도를 조사하면 두 그룹으로 나뉜다. 대부분의 퀘이사는 3% 이하의 작은 편광도를 가진다. 광학적으로 밝은 퀘이사 중 단지 1% 정도만 3% 이상의 높은 편광도를 가진다(35%까지). 높은 편광도를 가진 퀘이사는 밀집 전파원이고 편평한 전파 스펙트럼과 급격한 기울기의 광학 스펙트럼을 가지며, 광학 영역에서 수 일에서 수년에 걸쳐서 빠르고 큰 진폭의 변화를 보인다. 따라서 높은 편광도를 가진 퀘이사들은 특성이 BL Lac 천체와 많이 비슷하다.

24.4.4 광학적 변화

몇 개의 퀘이사에서는 광학적인 변광이 잘 관측되었다. 어떤 경우에는 수개월 동안에 1~2등급 변하는 것이 관측되었다. 어떤 것은 변광이 수년의 시간 규모를 가지는 긴 시간 동안 일어나는 데 비해, 어떤 경우는 밝기 변화가 매우 급하게 몇 퍼센트 정도의 범위에서 15분 이내에 일어나기도 한다. 다른 변화는 며칠 또는 1~2개월 정도보다 느리게 일어난다. 하나의 현상으로 3C 446은 1년 이내에 광도가 20배나 변하며 크기의 변화도 연속적으로 나타난다. 전파 영역에서 알아볼 수 있을 만큼 변하는 퀘이사는 역시 광학 영역에서도 변한다. 광학적인 변광과 편광 사이에는 강한 상관관계가 있다. 사실 밝기의 변화가 가끔 편광의 변화를 동반한다. 이는 빛의 편광된 성분이 변광을 일으키는 요인임을 의미한다. 알려진 퀘이사의 20%가 전파 영역과 더불어 광학 영역에서 수 일에서 수 주에 걸쳐서 빠른 변화를 한다.

광학적인 변화는 퀘이사 크기의 한계를 결정하는 데 매우 중요하다. 어떤 천체가 주기 t로 변화한다면, 그 천체의 반지름은 $t \times$ 광속보다 작거나 같다. 즉 $R \leq ct$이다. 만일 이러한 한계 크기가 없다면, 동일한 방출원 내의 다른 곳에서의 폭발은 평균화되어 약간의 전체적인 변화로 나타날 것이다. 전체적인 상당한 정도의 변화가 관측이 되기 위해서는 폭발이 동시에 일어나야 한다. 어느 한 지역으로부터의 신호는 변동주기 내에 다른 모든 지역의 거리를 여행해야 함을 의미한다. 더욱이 만일 ct보다 큰 반지름을 가진 천체가 전체적인 규모의 변광을 일으킨다면, 이러한 변광 특성을 완만하게 만들 것이다. 만일 ct가 1광월이나 천체의 지름이 1광년이라면 가장 먼 점으로부터 온 빛은 관측자 가장 가까운 점에서 온 빛보다 1년 늦어질 것이고, 따라서 이것이 한 달 정도의 시간 규모 변화를 감추어 버릴 것이다.

퀘이사의 변광이 수 일에서 1개월보다 작은 시간 규모로 관측되었다는 사실은 이 천체의 반지름이 1광일, 10^{13}m 정도임을 암시한다. 퀘이사 전부분이 변광에 참여하지는 않더라도, 2배 또는 그 이상의 변광이 관측되었다는 사실은 그 천체로부터의 총 복사의 상당한 부분이 변광에 참여하고 있음을 의미하고 있다. 따라서 이러한 복사가 나오는 영역의 크기는 제한된다.

24.5 퀘이사와 관련된 문제

퀘이사의 주요 특징은 큰 적색이동이다. 이것에 대한 가장 자연스러운 설명은 우주론적인 것, 즉 우주의 팽창에 의한 것이다. 만일 그렇다면, 엄청난 적색이동은 그들이 우리로부터 매우 멀리 떨어져 있고 엄청나게 많은 에너지를 소비해야 함을 의미한다. 예를 들어, 3C 273의 적색이동 0.16이 우주 팽창 때문이라면 이것은 우리로부터 $480h^{-1}$Mpc 떨어져 있음을 의미한다. 이 거리에서 겉보기등급 13등급으로 보이려면 3C 273은 약 10^{40}W, 가장 밝은 은하의 40배의 에너지를 방출해야 한다. 전형적인 퀘이사는 정상나선은하의 1,000배의 에너지를 방출하는데, 대부분 적외선 영역에서 복사한다.

퀘이사는 막대한 비율로 에너지를 방출할 뿐 아니라 에너지의 방출은 퀘이사의 중심부인 수 광시, 수 광일, 기껏해야 지름 수 광년보다 작은 영역에서 이루어진다. 2개의 증거가 작은 부피에서 에너지가 나옴을 지지한다. 첫째는 수 일~수 년에 걸친 변광이다. 에너지를 방출하는 영역의 크기는 빛이 변광주기 동안에 지나간 거리보다 클 수 없다. 따라서 이 영역은 수 광년보다 클 수 없다. 둘째는, VLBI 관측은 몇몇 퀘이사에서 지름이 수십 광년보다 크지 않은 전파 구조가 있음을 밝혔다(적색이동이 우주의 팽창에 의한 것이라 가정했을 때).

그렇다면 이것은 퀘이사의 에너지 문제를 정의하게 한다. 단지 수 광년 지름의 크기에서 어떻게 은하의 100배의 에너지를 만들 수 있겠는가?

24.5.1 에너지원

거의 모든 퀘이사의 연속스펙트럼은 싱크로트론복사이다. 즉 고속 전자가 자기장 안에서 나선 모양으로 운동할 때 방출되는 복사이다. 이런 전자들이 전자기 복사를 방출하면서 에너지를 잃고 속력이 느려지면 이들은 차츰 더 낮은 에너지를 낸다. 이런 고속 전자의 에너지 감소는 고에너지 전자가 최소한 매년 공급되어야 함을 의미한다. 퀘이사의 중심 에너지원은 해마다 최소한 10^{43}J 이상의 에너지를 가진 고속 전자구름을 밖으로 방출시켜야 한다. 퀘이사의 나머지 부분은 전자의 에너지를 다른 형태로 변환시키는 변환기처럼 행동한다. 퀘이사 중심부에는 어떤 에너지원이 있겠는가?

현재까지 가장 그럴듯한 퀘이사의 모형은 $10^7 \sim 10^9 M_\odot$의 초대질량블랙홀(supermassive black hole)을 포함하는 것이다. 이 모형은 쌍 엑스선원(제17장)에서부터 시작되었는데, 거기에서는 정상별에서부터 나온 물질들이 블랙홀로 떨어지기 전에 강착원반을 그 주위에 만든다. 퀘이사 모형에서는 고밀도 은하핵의 초대질량블랙홀이 지나가는 별을 조석 작용으로 분쇄시킴으로써 에너지를 얻는다. 이 별의 물질들이 강착원반을 만들고 블랙홀로 나선을 그리며 떨어지면서 복사를 내놓아

퀘이사에 에너지를 공급한다. 이온화된 기체의 분출류가 원반의 회전축을 따라서 생길 것이며, 이들은 핵으로부터 제트의 형태로 보인다(24.3.3항 참조).

모형 계산은 밝은 퀘이사의 광도인 $10^{12}L_\odot$가 1년에 $1M_\odot$이나 그 이하의 물질이 떨어지면서 발생될 수 있음을 보여 준다. 이 모형의 특징은 초대질량블랙홀이 단지 수 광년($10^8M_\odot$ 블랙홀의 슈바르츠실트 반지름 3×10^8km, 즉 2AU)의 지름을 가진 공간에서도 퀘이사 정도의 광도를 쉽게 만들 수 있다는 것이다. 그리고 이것은 중력에너지를 복사에너지로 매우 효율적으로 전환한다.

개념 적용 **블랙홀**

블랙홀로 떨어지는 물질들이 어떻게 활동은하핵의 활동에 필요한 에너지를 공급해 줄 수 있을까? 블랙홀이라면, 주위에 있는 물질들을 모두 흡수하지 않을까? 어떻게 블랙홀이 물질을 방출할 수 있을까? 두 번째 질문에 대한 대답은 'No'이다. 오직 슈바르츠실트 반지름 내의 물질만이 모두 블랙홀로 빨려 들어가게 될 것이다. 만일 태양이 블랙홀로 바뀐다고 하더라도 지구는 정상 궤도상에 존재하게 된다. 식 (17-7b)로부터, 우리는 $10^9M_\odot$의 블랙홀이 갖는 슈바르츠실트 반지름이 3×10^9km라는 사실을 알 수 있다(이는 천왕성의 궤도의 크기와 유사하다). 넓은 선폭 영역 내의 가스들은 이보다 10~100배 멀리까지 펼쳐져 있다. 안쪽의 강착원반의 가스는 블랙홀로 빨려 들어가며 에너지를 방출한다. 방출하는 에너지의 양은 다음과 같이 계산될 수 있다. 무한히 떨어진 곳에 있던 질량 m을 슈바르츠실트 반지름으로 가져왔을 때 퍼텐셜에너지는

$$PE = -\frac{GMm}{R}$$

이다. 따라서 $1M_\odot$의 물질이 $10^9M_\odot$의 블랙홀로 빨려 들어가게 된다면, 우리는 8×10^{46}J의 에너지를 얻어낼 수 있을 것이다. 만일 이것이 빛으로 변환된다면, $1M_\odot$/년의 광도는 $L \approx 2.5 \times 10^{39}\text{W} = 6 \times 10^{12}L_\odot$이다 — 이는 활동은하핵의 에너지원으로써 충분한 값이다. 그러나 이 에너지가 모두(100%) 빛으로 전환되는 것은 아니다. 발생하는 에너지 중 일부는 복사에너지의 형태로 기체에 직접 흡수되거나 또는 다양한 자기적, 유체역학적 과정을 통하여 기체의 운동에너지로 변환되게 마련이다. 따라서 블랙홀 주위의 기체의 외부로의 흐름이 나타나게 된다. 초대질량블랙홀로 떨어지는 대략적인 $1M_\odot$/년의 질량유입은 활동은하핵의 활동을 설명할 수 있는 정도의 크기이다.

24.5.2 초광속운동

VLBI 전파 관측은 몇 개의 퀘이사에 대해 새로운 수수께끼를 던져주었다. 이들 퀘이사의 일부분은 광속보다 빨리 움직이는 것처럼 보인다. 이렇게 빛보다 빠른 것처럼 보이는 운동을 **초광속운동**이라 한다.

좋은 예가 3C 273이다. 이것이 약 100pc이나 되는 광학 제트를 가지고 있음을 기억하라. 전파복사는 주로 그 퀘이사의 몸체인 3C 273B와 제트(3C 273A)의 끝 부분 근처에서 나온다. 따라서 3C 273은 전파 제트를 분출하는 핵을 가지고 있다. 1977년부터 1980년까지의 연속된 관측 결과 전파원의 중심 봉우리에서부터 일정하게 멀어지는 덩어리를 보이고 있었다(그림 24-17). 3년 동안 멀어진 총 각거리는 0″.002이다. 팽창은 이 시간 동안 일정한 속도로 일어난 것처럼 보였다. 만일 3C 273이 적색이동이 나타나는 만큼 멀리 있다면, 관측되는 이탈 각속도는 거의 광속의 6배에 해당한다.

초광속운동을 하는 전파원은 모두 같은 특징 — 한쪽으로 나가는 약한 제트와 함께 강한 중심 전파원을 가진 구조 — 을 보인다. 따라서 이들은 센타우루스 A처럼 한쪽 방향의 제트를 가진 전파은하와 닮았다. 이러한 제트들은 핵으로부터 광속에 가까운 속도로 분출되는 전자들이라고 생각된다. 그것들은 상대론적 제트일 것이다. 이와 같은 과정이 초광속운동 천체에서도 일어날 것이다. 3C 273에서 제트는 거의 우리를 향하고 있다(우리의 시선 방향에서 10°가량 기울어져 있다). 움직이는 덩어리는 제트를 따라 바깥으로 흐르는 물질들의 덩어리이다. 이 덩어리는 결코 광속 이상으로 움직일 수 없으나 단지 그렇게 보일 뿐이다. 겉보기 초광속운동은 상대론적 제트가 거의 우리를 향하고 있고 유한한 광속에 의해 생기는 착시 현상이다.

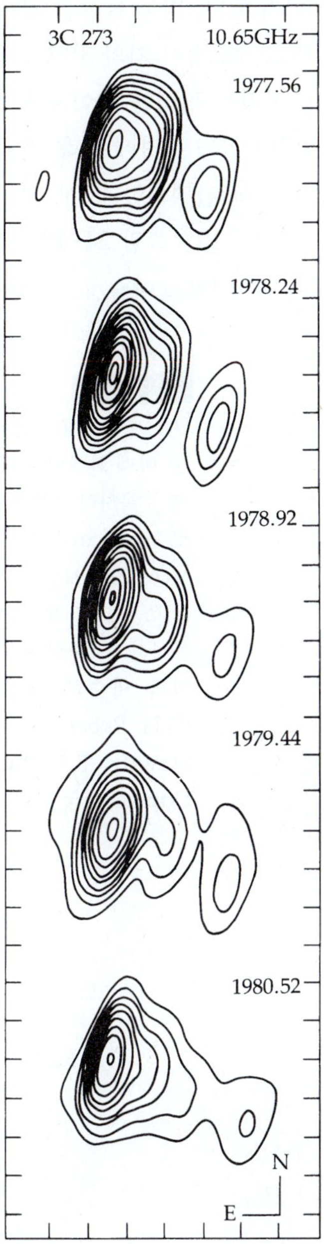

그림 24-17 3C 273의 운동
10.65GHz에서의 고해상 전파 지도는 핵으로부터 멀어져 가는 물질의 덩어리를 보여 준다. (T.J. Pearson, S.C. Unwin, M.H. Cohen, R.P. Linfield, A.C.S. Readhead, G.A. Seielstad, R.S. Simon, R.C. Walker, 오웬스 밸리 전파 천문대와 미국 국립 전파 천문대)

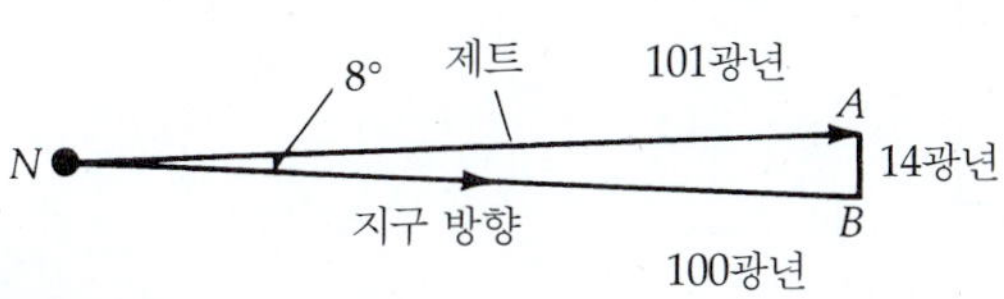

그림 24-18 초광속운동과 관련된 기하

이 효과를 이해하기 위하여 광속 가까이 움직이는 물질의 덩어리를 방출하는 제트를 생각해 보자. 제트가 우리의 시선 방향에 대해 8° 정도의 작은 각도로 열려 있다고 생각해 보자(그림 24-18). 핵(점 *N*)에서 방출된 덩어리가 점 *A*에 도착하는 데 101년 걸린다고 가정해 보자. *N*에서 방출된 빛은 100년 후에 점 *B*에 도착한다고 가정하자. *A*와 *B* 사이의 거리는 14광년이나(8° 각으로 벌어져 있으므로), *B*에서의 빛은 덩어리가 *A*에 도착하여 방출한 빛보다 1년 앞선다(빛이 *N*에서 *B*까지 가는 데 100년이 걸리나, 덩어리가 *N*에서 *A*까지 가는 데 101년이 걸린다). 오랜 시간 후에 *B*에서의 빛이 우리에게 도착하고, *A*에서의 빛은 1년 후에 우리에게 도착한다. 관측자에게는 광원이 1년 동안에 *B*에서 *A*로 14광년을 움직인 것처럼 보인다. 따라서 횡단 속도는 $14c$로 보인다. 그러나 이것은 실제 물리적인 움직임은 아니다. 초광속운동은 단지 겉보기운동일뿐이다. 시선 방향에서 제트의 각도가 작으면 작을수록 이러한 초광속운동이 더 빠른 것으로 보인다.

중요한 점은 시선 방향으로 가까이 배열된 상대론적 선형운동은 빠른 플럭스밀도의 분출, 초광속운동, 제트 방출의 세기 등에 대한 간단한 설명을 제공해 준다는 것이다. 물리적으로 이런 모형은 빔의 속도가 광속에 매우 접근해야 하는데($0.99c$ 혹은 그 이상), 즉 다음으로 정의된 로렌츠인자

$$\gamma = \frac{1}{\sqrt{1 - \beta^2}}$$

가 10 정도는 되어야 한다. 여기서 $\beta = v/c$이다. $\beta = 1$이며, 시선 방향에 대하여 각도가 작다면, 눈에 보이는 횡단 속도는

$$v = \frac{2c}{\sin \theta}$$

이다. 앞의 예에서처럼 $\theta = 8°$일 때 겉보기 횡단 속도는 7배 증가한다. 마찬가지로 **상대론적 빔**(beam) 효과는 플럭스를 전진하는 방향으로 좁은 지역에 집중시켜서 관측되는 플럭스를 증가시킨다. $\gamma > 1$인 빔에 대하여 플럭스가 γ^3에 비례하므로 $\gamma = 10$ 정도라면 플럭스는 빔이 아닐 때의 신호보다 10^3배나 커진다.

24.5.3 이중 퀘이사와 중력렌즈

퀘이사에 관련된 또 하나의 착시효과는 강한 중력장 내에서

빛이 휘기 때문에 나타나는 것이다. 일반상대론에 의해 예측된 결과로서 태양에 가깝게 지나가는 빛이 휘는 현상으로 검증되었다. 무거운 질량체는 일반적으로 완전하지는 않지만 빛의 상을 맺을 수 있다. 최근 퀘이사의 관측에 의하여 우주론적인 규모에서 중력렌즈 효과가 확인되었다.

퀘이사는 다른 퀘이사와 거의 함께 존재하지 않는다. 그런데 0957 + 561A와 0957 + 561B라고 불리는 2개의 퀘이사는 단 6″ 정도 떨어져 있다. 더욱 놀라운 것은 그들이 분광선의 위치와 세기 등 스펙트럼이 거의 같고 그들의 적색이동은 $z = 1.41$로 같다. 이것은 이러한 퀘이사가 쌍둥이가 아니라 지구와 퀘이사 사이에 있는 은하에 의해 만들어진 동일 퀘이사의 광학적 영상이라고 판명되었다. 시상이 특별히 좋은 날 찍은 사진에서도 퀘이사 B는 그림 24-19A에서 보는 것처럼 약간 '흐릿한' 것이 붙어 있다. 이렇게 흐릿한 것은 잘 분해되

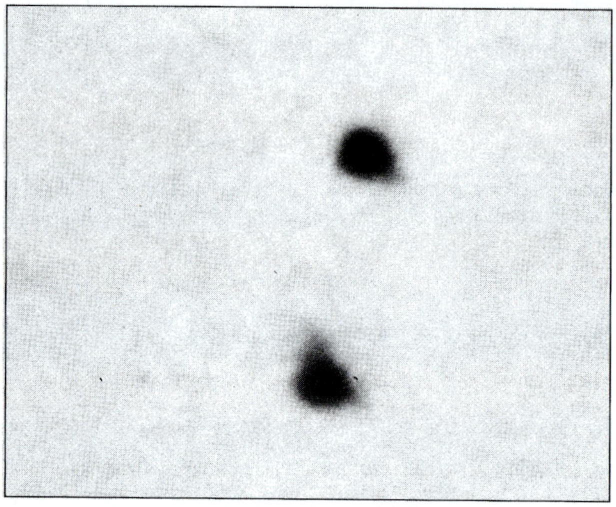

(A)

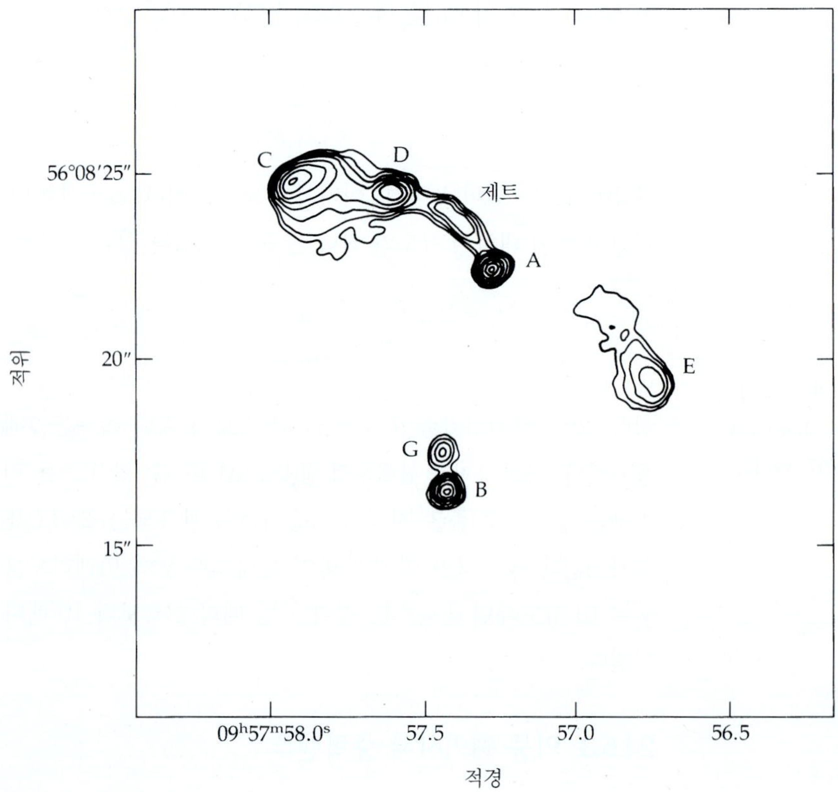

(B)

그림 24-19 퀘이사 쌍

(A) 시상이 좋은 밤에 찍은 광학 음화상. 아래 화상에 붙어 있는 흐릿한 부분에 주목하라. (A. Stockton) (B) VLA로 만든 6cm에서의 전파 지도. 퀘이사 쌍(A, B)이 보인다. A는 2개의 로브(C, D)로 흐르는 제트를 가지고 있음에 주목하라. G(중력렌즈)는 활동성 타원은하와 비슷한 성질을 가지고 있다. (D.H. Roberts, P.E. Greenfield, J.N. Hewitt, B.F. Burke, and A.K. Dupree, 미국 국립 전파 천문대)

지 않는 희미한 은하로 판명되었다. 즉 중력렌즈였다. 그러나 그 은하가 질점이 아니라 퍼진 질량을 가지고 있으므로 마치 불완전한 렌즈처럼 작동하여 3개까지의 상을 가지는 복잡한 형태를 만들어 낸다. 특이한 위치에 의해서 퀘이사와 우리은하 사이의 타원은하(cD, 태양 질량의 10^{12}배)에 의한 중력 렌즈에 의해 형성된 3개의 상 중에서 2개의 상을 우리는 볼 수 있다(그림 24–19B).

이러한 발견이 갖는 중요한 의미가 세 가지 있다. 첫째, 일반상대론의 또 다른 확증을 제공한다. 둘째, 퀘이사는 은하보다 멀리 있고, 이것의 적색이동은 우주론적이다. 셋째, 은하 주변의 차가운 가스는 퀘이사의 흡수선 스펙트럼을 만든다. 이러한 상황은 다른 퀘이사의 경우에도 마찬가지일 것이다.

24.5.4 활동은하핵의 통합 모형

지금까지 세이퍼트은하, BL Lac 천체, 전파은하, 퀘이사의 관측들을 살펴보았다. 가시광 영역에서는, 퀘이사가 좀 더 밝게 보이고, 세이퍼트은하와 유사하지만 멀리 있는 것처럼 보인다. 그리고 BL Lac 천체는 방출선이 없는 퀘이사처럼 보인다. 긴 파장 영역에서, 전파은하와 전파를 많이 방출하는 퀘이사들은(radio loud quasars) 매우 비슷하다. 마찬가지로 전파를 적게 방출하는 퀘이사들과 세이퍼트은하는 매우 유사하다. 이러한 종류의 천체들이 겪는 물리적 과정은 똑같을 것이라는 견해가 점점 늘어나고 있다. 그러므로 이러한 견해들이 활동은하핵에 관한 하나의 모형을 만들어 내었다. 이 모형의 기본 요소는 강착원반으로부터 초대질량블랙홀로 떨어지는 가스이다. 거대한 양의 중력 퍼텐셜에너지는 직접적으로 광자로 바뀔 수 있으며, 간접적으로 밖으로 흘러나가는 가스의 운동으로 변환될 수 있다. 싱크로트론 연속복사는 강착원반 근처에서 만들어지며, 아마도 일반적으로 전파 영역에서 엑스선 영역 파장까지 넓은 범위에 걸쳐 있을 것이다. 선폭이 넓은 혹은 좁은 광학적 방출선은, 연속복사를 방출하는 중앙의 방출원에 의해 전리된 가스와 전자가 재결합되었을 때 형성된다. 강착원반의 축과 나란한 빔(beam)은 제트를 형성한다.

무엇이 이 활동은하핵을 지구에서 보았을 때 하나의 특별한 유형의 천체로 분류하게 만들었을까? 이 질문에 대한 대답은 기본적으로 (1) 강착원반 축과 우리의 시선 방향의 관계와 (2) 핵 근처에 있는 가스와 먼지의 양 때문인 것처럼 보인다. 우리가 만일 활동성 핵을 그것의 축을 따라(즉 제트를 따라) 본다면 그 은하를 BL Lac 천체로 관측하게 될 것이다. 축을 따라서 집중된(beamed) 연속적 복사가 매우 강하여 선 복사를 덮어버렸을 것이다. 만일 강착원반의 평면과 나란하게 활동성 핵을 본다면, 평면에 놓인 먼지구름은 큰 선폭 영역을 가려버리게 될 것이다. 따라서 우리는 오로지 좁은 선폭 영역만 보게 될 것이다.[5] 기울어진 각도에서 보게 된다면 좁은 선폭 영역과 넓은 선폭 영역 모두를 볼 수 있을 것이다. 활동은하핵 근처의 먼지와 가스의 양은 모은하(host galaxy)의 형태 유형과 밀접한 관련이 있을 것이다. 타원은하는 먼지나 가스구름이 거의 없을 것이므로, 나선은하의 핵에서 생성된 제트에 비하면 더 좁고 강력하게 뿜어져 나오는 제트가 생성될 것이다. 가장 강력한 전파은하의 모은하는 타원은하이며, 나선은하는 상대적으로 약한 전파원을 만드는 경향이 있다는 사실은 가스가 AGN의 형태에 미치는 효과에 대한 기대와 매우 잘 맞아떨어진다.

통합 모형을 뒷받침하는 가장 강력한 증거는 제1.5, 제2형 세이퍼트은하들의 관측에서 찾을 수 있다. 소수의 은하들이 이 두 가지 유형 사이에서 바뀌는 것이 관측되었다. 그것은 아마도 핵 근처 먼지 구름의 움직임에서 오는 것 같다. 그리고 제2형 세이퍼트은하는 간혹 편광된 넓은 선(즉 먼지에 반사된)을 살짝 보이기도 한다. 매우 특이한 천체인 Arp 220에 관한 새로운 관측은 통합 모형에 관한 우리 이해의 폭을 넓혀 주었다. 이 천체는 IC 4553이라고 알려졌으며 지금껏 관측된 은하 중 가장 밝을 것이다. 이 은하 전체에서 전체 에너지의 98%에 해당하고, 총 퀘이사 밝기에 비교할 만한 매우 밝은 적외선복사의 증거를 보이는데, 아마도 폭발적 별 생성에 의한 것으로 추정한다. 또한 활동은하핵 중심부를 둘러싸고 있는 작은 지역으로부터의 광학, 적외선, 전파복사를 보여 준다. 게다가 적외선과 전파 영역에서의 영상은 2개의 핵이 존재한다는 사실을 보여 준다. 이 2개 모두 활동은하핵이다. 이러한

5) 활동은하핵의 최신 통합 모형은 초대질량블랙홀과 그 주변의 강착원반, 바깥쪽에 이를 둘러싸고 있는 먼지고리(dust torus), 그리고 강착원반 축 방향의 제트로 이루어진다. 먼지고리의 면은 강착원반의 면에 나란하여, 시선 방향이 일치하면 안쪽에 강착원반 가까이에 있는 BLR을 가릴 수 있다(제2형 세이퍼트). 바깥쪽에 축 근처에 있는 NLR은 먼지고리에 의하여 가려지지 않으므로 모든 활동은하핵에서(즉 시선 방향에 무관하게) 좁은 방출선을 볼 수 있다. (역주)

활동성에 더하여, Arp 220은 또한 **메가메이저**(megamasers, 왜냐하면 이것의 OH 메이저 방출선은 은하 분자 메이저의 광도보다 적어도 10,000배가 밝기 때문에)라는 새로운 종류의 천체의 전형적인 예이다. 다른 매우 밝은 적외선 은하들도 알려졌다. 이러한 유형을 제2형 세이퍼트은하와 비슷하게 '제2형 퀘이사'라고 하는데, 먼지가 많은 나선은하이고, 전파를 적게 방출하고, 넓은 방출선이 나타나지 않는다.

우리는 점차 Arp 220의 두 핵에 의해서 특징지어지는 활동은하핵 사이의 또 다른 물리적 연관성을 깨닫게 되었다. 활동은하핵의 주변을 연구하면, 보통보다 훨씬 자주 근접한 동반천체를 보게 된다. 즉 Arp 220의 경우와 같이 근접 동료끼리 서로를 잡아먹는 천체들의 사건을 관측하였다. 아마도 활동은하핵들은 근접한 중력적인 조우에 의한 섭동의 결과로 생성되는 것 같다. 동반은하에 관한 추가적인 정보는 퀘이사의 모은하에 관한 허블우주망원경 연구로부터 알려졌다. 처음 발견되었을 때 퀘이사는 제대로 분해되지 않은 별과 같은 상을 나타내었다. 시간이 지나며, 200개 이상의 퀘이사에 관한 지상 관측에 의하여 그들은 모은하 안에 깊숙이 파묻혀 있다는 것이 관측되었다. 또한 은하 안에 포함되어 있지 않는 퀘이사들의 종족이 있다는 통계적으로 납득할 만한 증거도 없다. 이러한 관측은 매우 어렵다. 왜냐하면 그들의 먼 거리 때문에 은하의 각크기가 매우 작고, 거대한 밝은 핵과 그것을 둘러싸고 있는 희미한 가스와 별들 간의 빛의 세기 차이가 매우 크기 때문이다. 허블우주망원경에 의한 소수의 퀘이사의 관측자료는 퀘이사의 모은하가 타원은하인 경향이 있고 서로 간에 영향을 미친다는 강한 상황적인 증거를 보인다. 왜냐하면 각각의 영상들은 퀘이사의 근처에 매우 가까이 적어도 하나의 은하가 있다는 것을 보여 주기 때문이다.

핵심 수식과 개념

- 다양한 은하들의 은하핵 안에서 비범한 활동이 전개된다. 이러한 활동은하핵들은 다음과 같은 것을 포함한다.
  - 세이퍼트은하
  - LINERS(저전리 핵 방출선 지역)
  - 전파은하
  - BL Lac 천체
  - 분자 메가메이저
  - 퀘이사
- 활동은하핵은 다음과 같은 관측적 특징들을 보인다.
  - 좁은 지역으로부터의 높은 광도
  - 빠른 변광
  - 폭이 넓거나 좁은 방출선 복사
  - 비열적 복사
  - 전파방출
  - 제트
  - 근접한 동반 은하
- 활동은하핵의 통합 모형은 강착원반을 가스의 공급원으로 하는 초대질량블랙홀의 존재를 가정한다. 지구에서 관측되는 활동은하핵들의 유형은, 모은하(host galaxy) 형태와 블랙홀 주변의 강착원반을 바라보는 관측자의 시선 방향의 경사각에 의해 결정된다.
- 퀘이사의 스펙트럼에 나타나는 라이먼알파 흡수선은 관측자와 퀘이사 사이에 끼어든 우주 공간의 은하와 가스를 연구하는 데 도움을 준다.
- 활동은하핵의 전파방출선 지역의 겉보기 초광속운동은 상대론적 빔효과로 설명이 가능하다.
- 몇몇 퀘이사는 시선 방향에 끼어든 은하들이 있을 때 다중 영상을 갖는 것으로 관측되었다.

문제

1. 특수상대론은 어떠한 물체도 광속보다 더 빨리 이동할 수 없다고 한다. 고전적인 도플러 식은 적색이동 z가 1보다 클 때 광속보다 커질 수 있다고 우리를 오도한다.
(가) 제8장을 참조해서 v와 z 사이에 정확한 상대론적 관계

를 유도해 보시오. 그 결과를 $v = f(z)$의 형태로 표현하시오.

(나) 3개의 칸을 가진 표를 작성해 보시오. 첫째 칸에는 0 ~3.0까지의 대표적인 z의 값을 5개 쓰고, 둘째 칸에는 $(v/c)_{cla}$이라고 쓰고 z의 5개의 값에 대해 비상대론적 이론으로 계산한 결과를 쓰시오. 마지막 칸에는 $(v/c)_{rel}$를 쓴 뒤 (가)에서 얻은 식을 사용하여 계산하시오.

2. 전파원 센타우루스 A에 관련된 광학적 은하가 우리은하와 같은 크기라고 가정할 때 센타우루스 A의 전파와 광학적 복사 방출 지역을 크기의 비례로 그리시오. 이때 다양한 성분들의 차원과 상대적 위치를 명확하게 나타내시오.

3. 전파은하 백조자리 A는 10^3MHz의 주파수에서 $2.18 \times 10^{-23}\text{Wm}^{-2}\text{Hz}^{-1}$의 전파 플럭스밀도를 가진다고 관측되었다(주파수폭 $\Delta\nu$의 단위는 1Hz임을 기억하라). 이 은하의 적색이동은 $\Delta\lambda/\lambda_0 = z = 0.170$이다.

(가) 전파복사가 10^3MHz에서 수신되었다면, 백조자리 A에 의해서는 어느 주파수에서 방출되었겠는가?

(나) 백조자리 A까지의 거리는 얼마인가? (허블상수 $H_0 = 50\text{kms}^{-1}\text{Mpc}^{-1}$을 사용하시오.)

(다) 이 전파원의 10^3MHz에서 전파 광도(WHz^{-1})는 얼마인가?

(라) 백조자리 A의 전파 광도의 총량을 알아내기 위해서는 우리는 (다)에서 얻은 결과에 우리의 수신 장치의 주파수 폭 $\Delta\nu$를 곱해야 한다. $\Delta\nu = 10^4$Hz라 가정하고 전파 주파수에서 1초당 방출되는 에너지를 계산하시오.

(마) 이 정도의 광도를 공급하려면 최소한 1초당 얼마만큼의 수소가 헬륨으로 전환되어야 하는가? 태양질량의 단위로 답하시오.

(바) 백조자리 A가 이러한 비율로 10^8년 동안 계속 방출한다면 얼마만큼의 수소가(태양질량으로) 헬륨으로 전환되어야 하는가? 이 결과를 우리은하의 질량($\approx 10^{12}$태양질량)으로 바꾸어 표현하시오.

4. 3C 9는 적색이동이 2.0이고 겉보기안시등급이 18.2인 준항성체이다. 적색이동의 우주론적 해석을 이용하여 다음 질문에 답하시오.

(가) 후퇴 속도는 얼마인가?

(나) 3C 9까지의 거리는 얼마인가?

(다) 우리은하의 광도와 비교해 볼 때 이것의 고유 광도는 얼마인가?

(라) 3C 9가 두 달 간격의 광도 변화를 일으킨다면 방출 영역의 최대 크기는 얼마인가?

5. (가) 퀘이사 3C 273은 0.16의 적색이동을 나타낸다. 이것의 거리는 얼마인가?

(나) 3C 273의 안시등급이 12.8이다. 안시등급에서의 플럭스밀도는 얼마인가? 그리고 안시등급에서의 광도는 얼마인가?

(다) 3C 273 주변의 희미한 부분은 각지름이 15″이다. 이것의 선형적인 크기는 얼마인가?

(라) 희미한 부분의 절대등급은 −25이다. 이것의 광도는 얼마인가?

6. 퀘이사 PKS 1402 + 044는 적색이동이 3.2이다. 이것의 거리는 얼마인가? 단, $z > 1$의 사실에 유의하라.

7. Cen A의 전파 제트의 관측에 의하면 그 스펙트럼 지수가 0.5이다. 제트에서 가장 강한 덩어리의 20cm 플럭스밀도는 2.3Jy(잰스키, $1\text{Jy} = 10^{-26}\text{Wm}^{-2}\text{Hz}^{-1}$)이고, 이 방출이 싱크로트론복사라면 2.2$\mu$m에서의 플럭스밀도는 얼마이겠는가?

8. (가) $10^6 M_\odot$을 가진 블랙홀 옆을 별이 통과해 갈 때, 어느 거리에서 별이 조석 영향으로 부스러지겠는가?

(나) 중심핵에 $10^6 M_\odot$의 블랙홀을 가진 퀘이사가 10^{39}W의 일률을 내려면 질량 낙하의 연간율은 얼마가 되어야 하는가?

9. Cen A에서 전파 제트와 가장 안쪽에 있는 로브는 각거리 4′만큼 떨어져 있다.

(가) 이들의 물리적인 거리는 얼마인가?

(나) 상대론적인 전자가 제트로부터 로브까지 이동하는 데는 얼마만큼의 시간이 걸리겠는가?

10. 퀘이사 1059 + 703은 0.089의 적색이동을 나타낸다.

(가) 적색이동이 우주론적이라면 퀘이사까지의 거리는 얼마인가? 허블상수 H_0의 불확실성을 고려하면 거리의 범위는 얼마인가?

(나) 퀘이사 주변의 희미한 부분은 9″ × 16″의 각 크기를 가진다. 이것의 물리적인 크기는 얼마인가? 이것을 대표적인 나선은하와 비교해 보면 어떠한가?

(다) 1059 + 730에서 관측된 초신성은 겉보기안시등급이 19.6이다. 이 값을 이용해서 퀘이사까지의 거리를 구하시오. 이 결과를 (가)에서 계산된 결과와 비교하시오.

11. 밝기가 변하는 물체의 크기는 광속 × 변광주기보다 클 수 없다. 다음 두 가지를 고려하여 이 주장을 비판적으로 검토하시오.

(가) 2개의 비구형 기하 구조

(나) 특수상대론의 영향(관측된 변광의 시간 간격은 관측 진동수에 반비례함을 주목하시오.)

12. 퀘이사 NRAO 140($z = 1.26$)은 0″.00015/년의 각속도로 움직이는 밀집된 전파 성분을 가진다. 이 성분의 겉보기 속도는 빛의 속도의 몇 퍼센트인가? (상대론적인 시간지연을 보정하기 위해서 위의 답에 $1 + z$를 곱하시오. 허블상수는 50kms^{-1}Mpc^{-1}을 사용하시오.)

13. 어떤 퀘이사는 수소의 라이먼 $\alpha(\lambda_0 = 121.6\text{nm})$ 방출선을 가지는데, 이것은 581.2nm에서 관측된다. 허블상수를 50kms^{-1}Mpc^{-1}으로 할 때, 퀘이사까지의 적색이동과 거리를 계산하시오. 퀘이사는 우리로부터 얼마만큼의 속도로 멀어지는가?

14. 어떤 적색이동에서 라이먼 α선이 370nm보다 긴 파장의 광자에 민감한 가시광선 탐지기로 들어오겠는가?

15. 제1형 세이퍼트은하, 제2형 세이퍼트은하, LINER 천체, 전파은하, BL Lac 천체, 그리고 퀘이사가 모두 연관되어 있고 활동은하핵이라고 불리는 하나의 종류로 취급될 수 있는 증거들을 제시하고 논의하시오. 우리가 이런 것들을 관측할 때 이들을 다른 종류로 볼 수 있게 하는 물리적 현상이나 조건은 무엇인가?

16. 먼지구름이 1년 안에 전형적인 세이퍼트은하의 BLR를 숨기려면 얼마나 빨리 움직여야 하는가? 이때 구름은 은하의 중심핵 주위를 원 운동 한다고 가정하시오.

17. 먼 퀘이사 주위 모은하의 별들로부터 방출을 탐지하는 데 관련된 관측 상의 어려움을 이해하기 위해, 크고 밝은 은하($M = -21$, $R = 50$kpc)가 다음과 같은 적색이동에서 가질 겉보기등급과 각크기를 계산하시오. (단, K-보정은 무시하시오.)

(가) $z = 0.1$ (나) $z = 1.0$

(힌트 : $H_0 = 50$kms^{-1}Mpc^{-1} 사용)

18. 그림 24-15를 사용하여 퀘이사 3C 273의 적색이동을 결정하시오. 그 측정치는 알려진 값 $z = 0.158$과 얼마나 잘 일치하는가?

19. 표 24-1에 나와 있는 방출선 중에 어느 것이 다음과 같은 적색이동을 가지는 퀘이사의 스펙트럼의 가시 영역(390~720nm)에서 관측될 수 있는가?

(가) $z = 0.1$ (나) $z = 1.0$ (다) $z = 4.0$

20. (가) $10^7 M_\odot$블랙홀의 슈바르츠실트 반지름을 계산하시오.

(나) 슈바르츠실트 반지름 안의 평균 밀도는 얼마인가?

25 Chapter

우주론 : 대폭발과 그를 넘어서

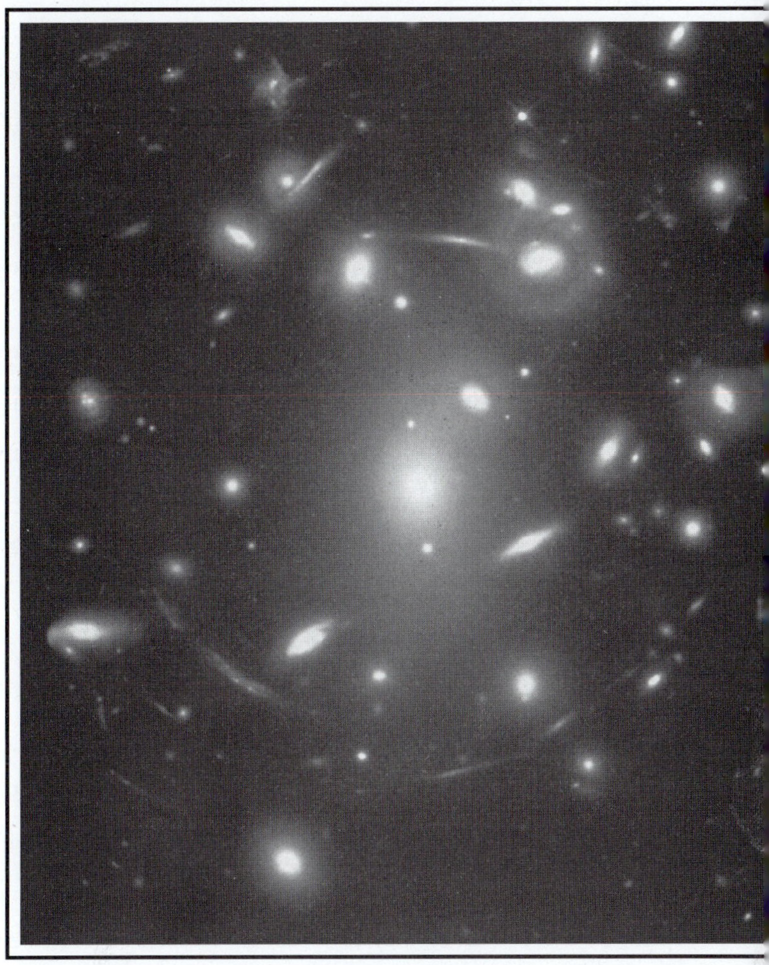

이 장에서 우리는 1920년대 허블의 위대한 발견 이후에 닥쳐온 우주에 관한 가장 중요한 2개의 새로운 개념을 알아보게 된다. 그중 하나는 이론적인 것으로, 일반상대론에 기반을 둔 우주 모형의 발전이다. 다른 하나는 관측적인 것으로, 마이크로파 배경복사의 발견으로 알게 된 우주의 기원이 상상할 수 없는 열과 격동의 도가니였다는 사실이다.

25.1 일반상대론

우주론은 우주의 과학을 뜻한다. 우주론자는 혜성, 행성, 항성 등의 세부에 관해 별로 관심이 없다. 은하와 같은 거대한 천체 집단이라 하더라도 물질의 소재를 가리키는 표식으로 그들의 운동, 분포, 개수 등을 알려 주는 것으로 생각될 뿐이다. 우리는 우선 우주의 이론적 모형에 관심을 기울일 것이고, 이 장의 마지막 부분에서 이러한 이론들이 관측 사실과 어떻게 부합하는지 이야기하기로 한다.

우리는 **상대론적** 우주론, 즉 아인슈타인의 상대성이론에 의지하는 우주 모형에 관심을 집중하기로 한다. 아인슈타인의 특수(1905년) 및 일반(1915년) **상대성이론**(상대론)의 등장과 더불어 이론적 우주론이 비로소 진정한 자연과학이 되었다. 아인슈타인은 특수상대론에서 시간과 공간을 통합한 4차원 시공간 연속체를 써서 균일운동을 하는 모든 물체의 올바른 운동 이론을 유도했다. 일반상대론(GR)은 뉴턴 법칙을 대치하는 중력 이론이다. 이 기하학에서는 시공간의 곡률은 우주의 물질과 에너지의 함유량이 만들어 낸다. 아인슈타인은 뉴턴의 견해와 달리 중력을 힘으로 보지 않고 시공간의 곡률의 표현으로 보았다. 일반상대론은 확실히 개선된 이론이기는 하지만, 극단적으로 강한 중력장을 제외하면 입자의 운동은 모두 뉴턴역학 계산으로 잘 설명된다.

25.1.1 특수상대론

특수상대론이 가져온 진전의 하나는 다음의 수식으로 잘 표현된다.

$$dl^2 = c^2dt^2 - dx^2 - dy^2 - dz^2 \qquad (25-1)$$

우변에 3개의 표준적 직각 좌표(극, 원주 등의 좌표로 대신할 수 있다)의 무한소 증분에 더하여 시간 좌표의 그것이 공간 좌표의 그것과 동등한 역할을 하고 있음을 보게 된다. 이 식이 피타고라스 정리와 닮은 데 유의하라. 그런 관점에서 보면 dl은 4차원 공간에서 두 점 사이의 간격에 해당한다. 우리는 이

4차원 공간을 **시공간**으로 부른다. 특수상대론은 임의의 두 사건에 대한 dl^2이 **관성계** 안에서 움직이는(즉 가속되지 않는 운동) 모든 관측자에게 동일함을 가정한다. 우변에서 부호의 차이는 시간 좌표가 공간 좌표와 정확하게 같지는 않다는 것을 뜻한다. 만일 제곱근을 취한다면, 시간과 공간의 좌표는 허수 i의 인자만큼 달라질 것이다. 그러나 이론 속에서 시간은 4차원 우주의 한 성분으로 공간과 같은 중요성으로 자리한다.

특수상대론은 성공적으로 실증되었다. 그러나 가속되지 않는 물체에 한정되므로 우주론에서의 이용 가치는 제한된다. 그러므로 우주의 역학을 지배하는 중력은 입자를 가속하기 때문에 특수상대론의 테두리를 벗어나게 된다. 그래서 우리는 중력을 포함하는 상대론이 필요하고, 이는 일반상대론의 영역에 드는 것이다.

특수상대론은 제P3장에서도 논의되었다.

25.1.2 뉴턴적 우주론

상대론적 우주론에 앞서 뉴턴의 우주 모형에 운동방정식을 적용해 보자. 이 방정식은 상대론적인 것과 유사하면서도 이해하기가 좀 더 쉽다. 우주가 무한하고 균질하며 빛의 속도는 무한대, 따라서 보편적 시간(절대 시간)을 모든 관측자에게 적용할 수 있다고 가정해 보자.

만일 물질의 분포가 균질하다면(우리의 가정처럼) 어떤 점에서의 운동은 그 점보다 안쪽에 있는 물질에만 의존한다는 사실을 뉴턴은 증명했다.[1)] 우주를 이루는 물질이, 서로 작용하지 않는 기체라고 하자(따라서 압력 = 0). 그러면 시험입자의 운동 방정식은

$$\frac{d^2R}{dt^2} = -\frac{GM(R)}{R^2} \text{ (구 대칭)} \qquad (25\text{–}2)$$

으로 주어진다. 여기서 $M(R)$는 R 이내의 질량으로,

$$M(R) = 4\pi\int_0^R \rho(r)r^2\,dr = \frac{4}{3}\pi\rho R^3$$

와 같이 주어진다. 여기서 $\rho(r) = \rho =$ 상수이기 때문이다. 식 (25–2)에 dR/dt를 곱하면

$$\frac{dR}{dt}\frac{d^2R}{dt^2} = -\frac{GM(R)}{R^2}\frac{dR}{dt} \qquad (25\text{–}3)$$

이 된다.

이 식을 t로 적분하면,

$$\int_0^t \frac{dR}{dt}\frac{d^2R}{dt^2}dt + \int_0^t \frac{GM(R)}{R^2}\frac{dR}{dt}dt \equiv 0$$

이 된다. 이 적분에서 다음을 유의하라.

$$\frac{d}{dt}\left[\frac{1}{2}\left(\frac{dR}{dt}\right)^2\right] = 2\frac{1}{2}\frac{dR}{dt}\frac{d^2R}{dt^2} = \frac{dR}{dt}\frac{d^2R}{dt^2}$$

그래서

$$\frac{1}{2}\left(\frac{dR}{dt}\right)^2 - \frac{GM(R)}{R} = \epsilon = \text{상수}$$

이다. 그러나 $M(R) = (4/3)\pi\rho R^3$이므로

$$\frac{1}{2}\left(\frac{dR}{dt}\right)^2 - \frac{4}{3}\pi G\rho R^2 = \epsilon$$

이 식을 R^2으로 나누고 2를 곱하면

$$\left(\frac{1}{R}\frac{dR}{dt}\right)^2 - \frac{8\pi}{3}G\rho = \frac{2\epsilon}{R^2}$$

$$\left(\frac{1}{R}\frac{dR}{dt}\right)^2 = \frac{8\pi}{3}G\rho + \frac{2\epsilon}{R^2}$$

$$\frac{1}{R}\frac{dR}{dt} = \left(\frac{8\pi}{3}G\rho + \frac{2\epsilon}{R^2}\right)^{1/2} \qquad (25\text{–}4)$$

을 얻는다.

이 방정식은 무엇을 말하는가? 반지름 $R > 0$임에 유의하고 처음에 $(dR/dt)/R > 0$(팽창)이면(초기 조건)

$\epsilon = 0$이면 $(dR/dt)/R$는 항상 > 0
$\epsilon > 0$이면 $(dR/dt)/R$는 항상 > 0
$\epsilon < 0$이면 $(dR/dt)/R$는 언젠가는 0, 이후 < 0, 즉 수축으로 바뀐다(그림 25–2).

1) 일반적으로 구형대칭의 물질 분포와 그 중심을 가정할 때 적용할 수 있는 정리이다. 그렇다고 해서 우주에 중심이 있다는 것을 의미하는 것은 아니다. 여기서는 단지 균일한 밀도를 가지는 우주 공간에서 임의의 점을 중심으로 하는 구각을 설정하여 논의를 전개하고 있다. (역주)

식 (25–4)은 이탈속도 방정식의 에너지 형식과 마찬가지다. 앞에서

$$V_{esc} = \left(\frac{2GM}{R}\right)^{1/2}$$

이었음을 상기하면

$$\frac{V_{esc}}{R} = \left(\frac{8\pi}{3}G\rho\right)^{1/2}$$

이므로, 이것은 $k = 0$일 때의 식 (25–4)이다.

우리는 동역학적 우주를 나타내는 식을 고전적 방식으로 얻은 셈이다. 만약 ρ가 작으면 이 모형은 영원히 팽창한다. 그러나 ρ가 어느 한계값보다 크면 팽창 속도는 V_{esc}보다 작고 우주는 마침내 한 점으로 무너져 버린다.

25.2 아인슈타인의 일반상대론

아인슈타인은 1915년에 일반상대론에서 시공간과 우주의 물질 사이의 작용으로 중력을 대치하였다. 그는 뉴턴이 질량을 정의하는 데 2개의 다른 방식 — 뉴턴 제2법칙과 중력법칙 — 을 쓴 데에 유의하였다. 크기가 알려진 힘을 물체에 작용시켜서 물체의 가속도를 재는 경우를 생각해 보자. 힘과 가속도가 알려졌을 경우 뉴턴 제2법칙은 그 물체의 질량 — **관성 질량** — 을 결정한다. 이번에는 같은 물체의 무게를 달아 보자. 무게는 물체에 작용하는 중력에 해당하는 힘이다. 이렇게 해서 결정된 질량은 **중력 질량**이라고 불린다. 뉴턴은 물체의 관성 질량과 중력 질량은 동일하다고 믿었다. 그는 갈릴레오의 낙하 물체의 실험과 그 자신의 세심한 실험으로부터 그것을 알게 되었다. 이런 실험의 결과는 지구 가까이에서 모든 물체가 같은 가속도로 떨어진다는 사실을 나타내고 있다.

중력 질량과 관성 질량의 동일함은 실험적으로 극히 높은 정밀도로 실증되고 있다. 실험방법의 감도의 한계에 이르기까지 그 차이를 검출할 수 없었다. 현재까지 가장 좋은 실험은 모스크바 대학의 브래진스키(V. B. Braginsky)와 파노프(V. I. Panov)에 의해서 실시되었는데, 그들은 금과 백금의 관성 및 중력 질량이 10^{12}의 1에 이르는 정밀도로 동일함을 알아냈다.

아인슈타인은 이 동일성이 우연한 것이 아니다라고 생각하였다. 그는 이것이 우주에 관한 근본적 사실로 생각하여 **동등 원리**로서 일반상대론에서 특별한 자리를 차지하게 하였다. 그가 이 원리를 설명하는 데 이용한 실례는 다음과 같다. 지상에서 우주선 안에 있다고 가상하고 그 속에서 물체를 떨어뜨려서 그 가속도를 재면 물체는 모두 같은 가속도 9.8ms^{-2}으로 떨어질 것이다. 다음은 모르는 사이에 우주선이 순간적으로 우주 공간으로 옮겨가 일정한 가속도 9.8ms^{-2}으로 올라간다고 가상하자. 앞의 실험을 계속해서 하면 낙하 물체의 가속도는 변치 않고 여전히 9.8ms^{-2}이다. 창 밖을 보고 비로소 우리는 로켓이 지구를 떠났음을 알게 된다. 즉 실험만으로는 중력 질량과 관성 질량을 구별할 수 없다는 것이다.

동등 원리는 국소적으로 중력을 없애는 방법을 마련해 준다. 고층 빌딩의 승강기 속에 있는 사람은 승강기가 자유낙하할 때 자신의 무게가 없어진 것을 느낀다. 중력이 없어진 것이다! 큰 질량으로부터 멀리 떨어진 우주 공간으로 갔을 때도 상황은 마찬가지로 우리는 무중력 상태에 놓이게 된다. 승강기가 지면에 충돌할 때 급격하게 중력이 다시 나타나지 않느냐고 트집을 잡을지도 모른다. 그러나 승강기가 부딪치지 않게 지구 속에 긴 터널을 뚫었다고 하면, 승강기는 지구의 한쪽 끝에서 다른 쪽 끝 사이를 약 84분마다 자유낙하를 되풀이하게 될 것이다. 이 왕복 운동에서 승강기 안의 사람은 아무런 가속도도 느끼지 못한다. 2개의 실험입자 하나씩 터널 양 끝에서 떨어뜨리면 이들은 각각 주기 84분의 단진동을 하는 데 유의

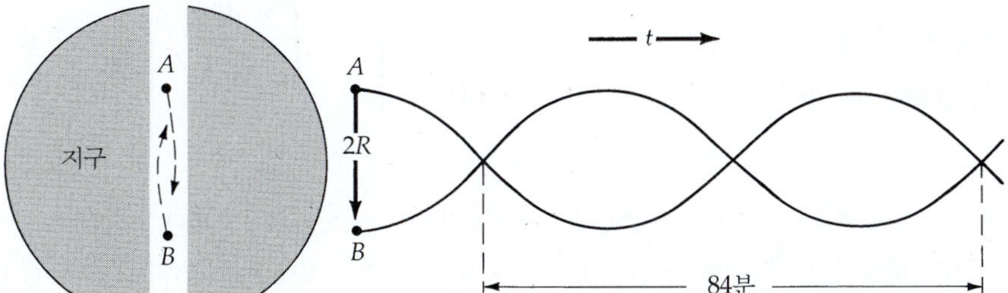

그림 25–1 지구를 뚫고 떨어지는 두 질량의 운동
한 진동에 약 84분이 걸린다.

하라. 두 실험입자의 경로는 서로 상대적으로 제각기 구부러져 있다(그림 25−1). 그러므로 이 실험은 지구 내부의 시공간이 구부러졌음을 알려 준다. 아인슈타인의 일반상대론에 의하면 질량(에너지)의 분포는 시공간의 기하학을 결정한다. 무거운 물질은 그 주변의 시공간을 구부러뜨린다. 그 구부러짐(곡률)은 가속 운동으로 나타난다. 뉴턴은 중력이 가속 운동을 일으킨다고 하였을 것이다. 달리 말하면 시공간의 곡률은 질량−에너지의 밀도에 비례한다. 그러므로 우주의 모형은 우주를 이루는 물질의 종류와 함량을 적절하게 추정하여 결정된다. 그 다음에 일반상대론의 방정식은 그 모형의 진화하는 모습을 결정한다.

25.2.1 기하학적 결과

아인슈타인은 기본적 이론을 만들었지만 우주의 역학적 행동을 추구하지 않았다. 이 일은 러시아의 수학자 프리드만(A. Friedmann, 1888~1925)이 시작하였으나 잘 알려지지 않았다. 허블이 우주의 팽창을 관측한 뒤에 비로소 세상의 관심을 끌게 되었다.

일반상대론(GR)을 더 자세히 알아보기로 하자. 다른 접근법을 제P7장에서 논의했었다. 식 (25−1)을 일반화하면

$$dl^2 = \sum_{\mu=1}^{4}\sum_{\nu=1}^{4} g_{\mu\nu}\,dx^\mu\,dx^\nu \qquad (25\text{-}5)$$

와 같다. 이것은 시공간의 계량(metric)이라는 $g_{\mu\nu}$의 행렬에 대한 텐서(tensor) 방정식이다. 식 (25−5)에서 $g_{\mu\nu} = 0(\mu \neq \nu)$, $g_{11} = g_{22} = g_{33} = -1$, $g_{44} = +1$로 하면 식 (25−1)을 얻을 수 있음을 알게 된다. 이와 같은 특수상대론의 평탄 계량과 다를 때는 구부러진 시공간을 나타낸다. 예를 들면 중성자별 표면 가까이에서는 계량의 각 성분은 평탄할 때보다 약 10% 어긋난다.

프리드만의 모형을 알아보기 위해서 우리는 우주가 등방성과 균질성을 가졌다고 가정해야 한다. 이것은 극히 중요한 가정이므로 **우주론원리**라고 일컫는다. 이런 가정에서부터 출발하지 않고는 어떠한 이론적 진전도 불가능하다. 우리는 또 광속도가 유한하고 일정함(보편적 시간이 없음)을 가정해야 한다.

이제 우주의 특별한 계량을 쓸 수 있다. 위의 가정 아래 로버트슨−워커(Robertson-Walker)의 계량이라고 불리는 아주 일반적 표현

$$dl^2 = c^2dt^2 - R(t)^2\left[\frac{dr^2}{1-kr^2} + r^2(d\theta^2 + \sin^2\theta d\phi^2)\right] \qquad (25\text{-}6)$$

이 얻어진다. 이 식에서 r은 동행 좌표(comoving coordinate)로, 은하들에 고정되고 차원이 없다.

또 k는 형식적으로는 자유인자로, 각각 +, 0, −의 공간 곡률을 나타내는 +1, 0, −1의 값을 가진다. 척도인자 $R(t)$는 길이의 차원을 가진 스케일의 크기이고, 시간에 따라 변할 때 동적인 우주를 나타낸다.[2)]

거리와 좌표

식 (25−6)의 r은 두 점 사이의 측정 가능한 거리가 아니다. 거리를 알려면 다음의 적분을 해야 한다.

$$l = \int_0^r dl = R(t)\int_0^r \frac{dr}{\sqrt{1-kr^2}} = \begin{cases} R\sin^{-1} r, & k = +1 \\ Rr, & k = 0 \\ R\sinh^{-1} r, & k = -1 \end{cases} \qquad (25\text{-}7)$$

여기서 좌표계는 평면 $\theta = \phi = 0$으로 회전하였지만 일반성은 잃지 않았다.

다음에 광자의 경로를 알아보자. 그들은 $dl^2 = 0$으로 정의되는 0−측지선(null geodesics)을 따라 간다. 식 (25−6)에서

$$\int_0^r \frac{dr}{\sqrt{1-kr^2}} = c\int_{t_1}^{t_0} \frac{dt}{R(t)} \qquad (25\text{-}8)$$

를 알 수 있다. 식 (25−7)을 쓰면

$$\begin{Bmatrix} \sin^{-1} r \\ r \\ \sinh^{-1} r \end{Bmatrix} = c\int_{t_1}^{t_0} \frac{dt}{R(t)} \qquad (25\text{-}9)$$

2) 원서와는 다르게 $R(t)$를 무차원의 척도인자로 정의하고, 대신 동행 좌표 r은 길이의 차원[Mpc]을 가지는 것으로 정의하는 경우도 있다. 그러한 경우 현재의 척도인자를 $R_0 = 1$로 놓으면, 임의의 시간에서 척도인자는 $R(z) = \frac{R_0}{1+z} = \frac{1}{1+z}$가 된다. 이때 곡률인자는 길이 제곱의 역수의 단위, 즉 $[k] = \text{Mpc}^{-2}$을 가지게 된다. (역주)

이 성립한다. 여기서 t_0는 광자의 검출 시각, t_1은 그 발사 시각이다.

다음에는 2개의 중요한 수식을 도입한다. 첫째 수식은 르메트르(Lemaitre) 방정식으로 알려진

$$1 + z = \frac{R_0}{R_1} \tag{25-10}$$

인데, 여기서도 첨자 1, 0은 각각 광자의 발사와 도착을 뜻한다. 둘째 수식은 우주의 기하학적 동역학을 나타낸다(점은 시간적 도함수를 표시함).

$$\left(\frac{\dot{R}}{R}\right)^2 + 2\frac{\ddot{R}}{R} = -\frac{kc^2}{R^2} \tag{25-11}$$

이제 우리는 우주 모형을 자세하게 알아볼 수 있다. 예컨대 식 (25−11)을 적분하면 $R(t)$를 얻고, 이는 관측된 적색이동과 좌표 r과 식 (25−10), (25−9)로 맺어진다. 특별한 경우로서 식 (25−11)의 평탄 공간 때의 해를 살펴보자. 이때 $k = 0$이므로

$$R(t) = R(t_0)\left(\frac{t}{t_0}\right)^{2/3} \tag{25-12}$$

이다. 이것은 매우 중요한 결과이다. 이 모형의 팽창은 멱함수(power-law)의 형식을 따르고 있다. 그림 25−2는 3개의 모형에 대한 $R(t)$를 나타내는데, 우리는 멱함수 팽창이 다른 두 모형에서도 우주 초기에 근사적으로 이루어지는 것을 볼 수 있다.

또 하나의 순 기하학적 결과를 살펴보자. 식 (25−7)의 우변은 $r \ll 1$일 때 모두 Rr와 근사한 것을 유의하라. 그러므로

$$l = R(t)r$$

즉 말로 하면 측정 가능한 거리는 우주의 스케일인자에 좌표거리를 곱한 것과 같다. 그런데 속도는 바로 거리의 시간적 도함수이므로

$$v = \dot{l} = \dot{R}r$$

이다. 그러나

$$\dot{R}r = \frac{\dot{R}}{R}l$$

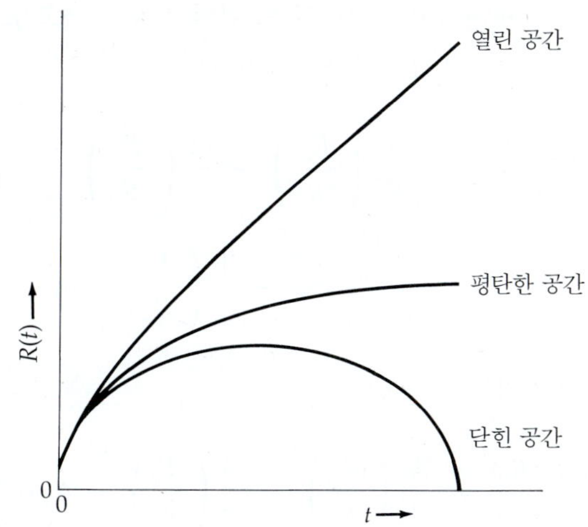

그림 25-2 우주 모형의 동역학
균질 등방 모형에서는 거리가 전체적 기하학(열린, 평탄, 닫힌 공간)에 의존해서 시간적으로 변한다.[3)]

이므로

$$v = \frac{\dot{R}}{R}l \tag{25-13}$$

이다. 허블인자 $\dot{R}/R$는 허블상수 H_0처럼 t^{-1}의 차원을 가진다. 사실

$$H(t) = \frac{\dot{R}}{R} \tag{25-14}$$

는 시간의 함수이다. 그러므로 식 (25−13)은 등방·균질성만을 가정해서 유도된 허블법칙을 표현한 것이다. 이것은 $r \ll 1$일 때 성립하는 근사식이므로, 먼 거리에서는 허블법칙의 단순한 관계가 성립하지 않을지도 모른다. 이것은 여러 모형을 구별하는 중요한 방법이 될 수 있다.

25.2.2 아인슈타인의 중력장 방정식의 해법

앞서 기술한 시공간과 그 속의 물질 사이의 상호작용은 아인슈타인의 중력장 방정식에서 유래한다. 이 방정식은 $g_{\mu\nu}$와 그 도함수로 만들어진 텐서와 또 다른 텐서 — 물질을 표현하는 스트레스–에너지 텐서 — 를 등식으로 이은 것이다. 간단히 말하면, 물질의 존재는 시공간을 구부린다는 뜻인데, 이 구부러진 공간 안에서 입자의 구부러진 운동을 힘 — 이 경우 중력 — 으로 인한 가속도로 해석하는 것이다.

3) 원서의 그림 25-2에서 평탄한 공간에서 척도인자 R이 먼 미래에 일정한 상수로 수렴하는 것처럼 나타낸 것은 오류이다. 식 (25-12)에 의하면 $R(t) \propto t^{2/3}$으로 무한히 증가한다. (역주)

중력장 방정식에서 로버트슨-워커 계량을 쓰고 $\mu = \nu$인 방정식만 고르면, 3개 공간적 방정식은

$$\frac{8\pi GP(t)}{c^4} = -\frac{k}{R_0^2}\left(\frac{R_0}{R}\right)^2 - \frac{2}{c^2}\left(\frac{\ddot{R}}{R}\right) - \frac{1}{c^2}\left(\frac{\dot{R}}{R}\right)^2 + \Lambda \quad (25\text{–}15)$$

그리고 시간적 방정식은

$$\frac{8\pi GU(t)}{c^4} = \frac{3k}{R_0^2}\left(\frac{R_0}{R}\right)^2 + \frac{3}{c^2}\left(\frac{\dot{R}}{R}\right)^2 - \Lambda \quad (25\text{–}16)$$

로 된다. 여기 $P(t)$와 $U(t)$는 스트레스-에너지 텐서의 해당하는 성분—물리적으로 측정 가능한 우주의 압력과 내부에너지—이다. R_0는 R의 현재 값, Λ는 우주상수(cosmological constant)이다. Λ는 형식적으로 미분방정식을 풀 때 나오는 적분상수이다. 아인슈타인은 GR를 도입할 때 허블법칙을 몰랐기 때문에, 정지한 모형을 얻기 위해 Λ를 도입했다. 그렇지만 그 이후 오랫동안 $\Lambda = 0$이라고 생각되었다(그러나 다른 가능성에 대해서는 제26장을 참조).

식 (25–15)와 식 (25–16)에서

$$\frac{\ddot{R}}{R} = -\frac{4\pi G}{c^2}\left(P + \frac{U}{3}\right) + \Lambda\frac{c^2}{3} \quad (25\text{–}17)$$

그리고

$$\frac{d}{dt}(UR^3) = -P\frac{d(R^3)}{dt} \quad (25\text{–}18)$$

으로 변형된다. 식 (25–18)은 열역학 제1법칙의 형태임에 유의하자. $\Lambda = 0$, $P = 0$, $U = \rho c^2$을 가정하면, 두 식은

$$\frac{\ddot{R}}{R} = -\frac{4\pi G\rho}{3c^2} \quad (25\text{–}19)$$

그리고

$$\frac{d}{dt}(\rho R^3) = 0 \Rightarrow \rho_0 R_0^3 = \rho R^3 \quad (25\text{–}20)$$

으로 된다. 감속 방정식 (25–19)와 25.1.2항의 뉴턴적 결과가 유사한 데 유의하라. 두 경우 모두에서 밀도 ρ에 의하여 팽창이 느려지고, ρ가 충분히 크다면 팽창은 멈춘다. 또 식 (25–20)은 우주 전체로서 **질량의 보존**을 나타내는 데 유의하자.

개념 적용 0이 아닌 우주상수란?

일반상대론과 우주론의 흥미로운 점은 우리가 물리적 현상을 이해하는 범위를 넓혀 주는 데 있다. 그 좋은 예로서 프리드만 방정식 (25–16), 즉 아인슈타인의 중력장 방정식의 한 성분과 우주상수 Λ의 의미를 좀 더 깊이 생각해 보자. 본문에서 보듯이 Λ는 우변에 놓여서 우주의 기하학적 성질의 일부처럼 보인다. 왜냐하면 곡률의 전체적 특성을 알려 주는 k, 곡률의 크기를 알려 주는 R과 자리를 같이 하기 때문이다.

최근의 경향은 Λ가 다른 함수와 곱해지지 않고 홀로 서 있기 때문에, 이를 식 (25–16)의 좌변에 옮겨놓는 것인데, 그렇다면 우리는 Λ를 어떻게 해석해야 할까? U와 동반한다면 에너지 밀도와 흡사한데, 질량은 이미 U에 포함되었으므로, Λ는 진공 에너지 밀도라고 할 것이다. 아인슈타인의 생각에 따른다면, 우주가 정지 상태에 있다는 생각이 잘못되었으니 Λ는 필요 없고, 그 값은 0이라고 할 것이다. 이는 우리 직관에도 그럴 듯하게 '느껴'진다. 진공이 에너지 밀도를 가지다니? 식 (25–16)의 각 항은 $\dot{R}$에 기여하고 있는 것이 명백하다. 질량이 팽창에 영향을 주듯이 진공 역시 우주 팽창률에 기여하는 것일까? 이처럼 0이 아닌 Λ의 값은 우리 직관에 거슬린다. 이보다 더 놀라운 일은 Λ의 부호가 −또는 +로 되어 우주 팽창을 감속하거나 가속(마치 용수철처럼)할 수 있다는 사실이다. 한편 허블상수, 관측된 물질밀도, 우주의 나이 등의 값이, $\Lambda = 0$이라면 서로 모순되기 때문에 제26장에서 0 아닌 Λ에 대해서 더 관심을 가지게 될 것이다.

중력장 방정식 뒤에 숨은 전반적인 철학에 관해서 좀 더 생각해 보기로 하자. 우리는 보통 질량의 존재는 시공간에 곡률을 만들어 낸다고 말하는데, 왜 이 생각을 거꾸로 해 보지 않을까? 즉 시공간의 곡률이 질량으로 나타나는 것이 아닐까? 만약 시공간을 어떤 한 방법으로 구부리면 전자가 얻어지고, 또 다른 방법으로 하면 뮤온이 얻어지는 것이 아닐까? 마찬가지로 시공간의 곡률을 직접 변화시키는 물리 과정을 설명한다면, 그 부산물로

우주의 물질밀도(Λ 성분도 포함)의 변동을 얻게 되지 않을까? 바로 이런 일이 일어나는 것을 제26장에서 볼 것이다. 급팽창이론은 우주를 매우 평탄하게 만들어, 따라서 물질밀도를 임계밀도(25.2.3항 참조)에 극히 가깝게 만들 것이다.

25.2.3 우주 모형

우주의 행동양식을 기술하는 여러 가지의 가능한 이론적 모형이 있음을 알았다. 이런 우주 모형의 어떤 특성들은 기하학적 논의만으로 설명되는 것도 있고, 또 어떤 특성들은 기하학과 물질 함량의 상호작용으로 나타나기도 한다.

가장 큰 기하학적 차이는 k의 값으로 결정된다. 이 양은 우주의 형태를 수학적으로 지배한다. $k = +1$의 경우 기하학은 국소적으로 구면과 비슷하다. 예를 들어 삼각형의 내각의 합이 180°보다 크다. 그런데 $k = -1$이면 기하학은 안장(saddle)면에서처럼 삼각형의 내각의 합이 180°보다 작다. $k = 0$이면 우주는 평탄하다. 그림 25-2는 세 가지 종류의 가능한 우주 모형들에 대한 함수 $R(t)$를 나타낸 것이다. 열린 우주는 영원히 팽창한다. 닫힌 우주는 장차 팽창을 멈추고 **대함몰**(Big Crunch)로 붕괴한다. 평탄한 우주는 다른 두 경우 사이에서 평형을 이룬다. 팽창의 초기에서 세 모형은 아주 비슷하게 행동한다. 즉 모두 멱함수($R \propto t^{\alpha}$)를 따라 팽창하여 서로 구별하기 어렵다. 오늘날 우리는 초기 팽창의 상황에 놓인 것처럼 보인다. 그래서 어느 우주 모형이 맞는지 분간하기 힘들다.

국소적으로 안장면의 형태를 가진 열린 우주의 대국적 특성을 그려 보기는 힘들겠지만 닫힌 우주는 상상하기 그리 어렵지 않을 것이다. 부풀고 있는 풍선을 생각해 보자. 공기가 들어가는 구멍의 부분을 무시하고 풍선의 2차원의 표면이 3차원으로 구부러져 나가는 것을 생각하면, 이것은 바로 4차원 시공간에서 3차원 공간이 팽창하는 과정의 비유가 된다. 풍선 표면에는 중심이라 할 곳이 없고 그 균일한 팽창은 표면에 그려진 가상의 은하들에 대한 허블법칙을 모사해 준다. 풍선표면에서 사는 여행가는 영원히 걸어가도 표면에서 떠날 수가 없다. 그러나 다른 방향으로부터 처음 출발점으로 우연히 되돌아올 수도 있다. 또 풍선에 그린 삼각형은 그 내각의 합이 180°보다 크다는 사실에 유의하라. 풍선 위에 경위도를 새겼다고 하자. 북극에 있는 관측자가 1미터 막대자를 바라보는 각도는 막대자가 멀어짐에 따라 작아질 것이지만, 그것은 막대자가 적도에 다다를 때까지의 이야기이다. 그 후, 막대자가 남극에 가까워지면 각도는 늘어날 것이다.

풍선의 비유는 실제 우주에 여러 모로 적용된다. 가장 이해하기 힘든 것은 우주에 중심이 없다는 사실이다. 우리는 공간에서 모든 것이 유래한 한 점을 찾을 수는 없다. 우주는 시공간 자체를 팽창시키고 있으므로 관측 가능한 우주의 모든 점이 시초의 특이점으로부터 유래한다. 원칙적으로 순전히 기하학적 측정만으로 우주의 형태를 결정할 수 있다. 하지만 이것을 실행하기는 매우 어려운 일로 판명되었다. 은하들의 등급, 지름, 표면밝기 등을 적색이동의 함수로 조사하는 테스트 방법이 고안되었는데, 만일 은하들이 균일한 특성을 가졌다면 이 방법으로 우주 모형을 가려내는 일이 성공했을지도 모른다. 그러나 은하들은 아주 다양하고, 또 특성이 시간적으로 어떻게 변하는지 잘 알려지지 않았다. 그래서 적색이동이 큰 은하들을 관측하여 우주의 과거를 거슬러 올라가면, 기하학적 측정만으로는 우주 모형이 혼란스러워질 뿐이었다.

끝으로 H_0가 식 (25-14)에 의하여 기하학적 특성과 관련된 사실을 다시 생각해 보자. 우리는 H가 변하는 것을 알고 있으니 우주 팽창의 감속을 알아볼 방도가 있을 것이다. 감속 인자 q_0는 순전히 기하학적으로

$$q_0 = -\frac{\ddot{R}_0}{R_0 H_0^2} \qquad (25\text{-}21)$$

으로 정의된다.

물리적 특성

식 (25-15)에서 (25-20)까지는 우주의 기하학적 특성을 압력, 밀도, 에너지 함유량 등의 중요한 물리적 특성과 관련짓고 있다. 그러므로 우리는 원칙적으로, 이를테면 우주의 평균 밀도를 정확히 측정하여 올바른 우주 모형을 결정할 수 있다. 그 방법은 식 (25-14)와 (25-21)과 유사한 방정식을 밀도를 써서 표현하는 것이다. 시초의 팽창 속도에 대한 엄밀한 이론적 제한이 없으므로 허블상수의 현재 값에 대해서도 그렇다. 그러나 우주는 우주를 평탄하게 하는 오늘날 임계밀도 $\rho_c = 5 \times 10^{-27}\,\mathrm{kgm^{-3}}$에서 크게 어긋나지 않다는 것이 알려져 있으

므로

$$H_0 = \left(\frac{8\pi G}{3} \rho_c \right)^{1/2} \tag{25-22}$$

로 쓸 수 있다. 한편, 감속 인자는 식 (25–19)와 (25–21)에서

$$q_0 = \frac{4\pi G \rho_0}{3H_0^2} \tag{25-23}$$

으로 쓸 수 있다.[4] 만약 우리가 H_0와 q_0를 정확하게 잴 수 있다면, 우리는 우주의 평균 밀도(ρ_0)를 알게 될 것이다. 만일 $\rho_0 < \rho_c$면 우주는 열려 있고, $\rho_0 > \rho_c$이면 닫혀 있고, $\rho_0 = \rho_c$이면 평탄하다.

우주의 평균 밀도 대신

$$\Omega_0 = \frac{\rho_0}{\rho_c}$$

로 정의되는 밀도계수(density parameter)를 쓰면 우주의 닫히고 열림은 각각 $\Omega_0 > 1$과 $\Omega_0 < 1$로 가늠할 수 있다.

그런데 이 방법에는 암흑물질의 존재 때문에 난점이 있다. 즉 눈에 보이는 물질(은하)은 $\Omega_0 = 0.02 \sim 0.2$에 해당하지만 우리는 $\Omega_0 = 1$을 믿어야 할 이유가 있다(제26장 참조). 암흑물질이 우주의 평균 밀도에 얼마나 기여하고 있는지 정확하게 직접 가늠하기는 매우 어렵다. $\Lambda = 0$인 모형에서 $\Omega_0 = 2q_0$로 밀도계수와 감속 인자가 연결된다.

25.3 원시 화구

1964년에 뉴저지의 벨 전화 연구소의 과학자 펜지아스(Arno Penzias, 1933~)와 윌슨(Robert Wilson, 1936~)은 은하수로부터 오는 전파에 대해서 세밀한 연구를 시작하였다. 그들은 특수한 저잡음 전파 안테나에 귀찮은 전파 잡음을 검출했다. 전파 수신기는 은하수로부터 오는 전파 잡음이 극히 적은 파장 7.35cm(4,080MHz)에 맞추어 놓았는데도 잡음이 들어온 것이다. 뿐만 아니라 그 잡음의 세기는 방향, 시간, 계절 등에 무관하다는 것을 발견하였다. 그 전파 잡음은 3.5K의 흑체복사와 동등한 세기를 가졌다. 무엇일까?

이와 같은 시기에 프린스턴 대학의 한 그룹은 우주가 고온의 조밀 상태로부터 팽창하는 결과에 대해 연구하고 있었다. 광자는 이런 시기로부터 오늘날까지 이르는 동안 상당한 적색이동을 겪고, 또 우주 도처에 퍼져 있을 것이다. 또 초기 우주가 광자에게 불투명할 정도로 조밀했다면 광자는 흑체 스펙트럼의 분포를 하였을 터이다. 팽창으로 인한 적색이동은 흑체 스펙트럼의 온도를 낮추겠지만 그 형태를 변하게 하지 않을 것이다.

펜지아스와 윌슨은 프린스턴 대학의 그룹과 의논하여 그 잡음이 뜨거운 대폭발에서 유래하여 적색이동된 복사일 가능성이 많다는 결론을 내렸다. 이 결론은 프린스턴 대학 그룹과 다른 연구자들이 우주배경복사의 존재를 확인하고 그 스펙트럼이 2.7K의 흑체복사와 일치함을 발견함으로써 확실하게 굳어졌다(그림 25–3). 우리는 이것을 3-K 배경복사로 부르기로 한다. 그 발견은 뜨거운 대폭발 모형, 또는 **원시 화구**를 뒷받침한 것이다. 이는 오늘날 대다수의 천문학자가 표준적, 상대론적 모형으로 받아들이는 것이다(25.4절 참조).

흑체복사의 에너지 밀도는

$$u = aT^4 \tag{25-24}$$

인데, $E = mc^2$을 써서 이를 해당하는 질량밀도 ρ_r로 고칠 수 있다.

$$m = \frac{E}{c^2}$$

$$\rho_r = \frac{aT^4}{c^2} \tag{25-25}$$

여기서 에너지 밀도 상수 a는

$$a = \frac{4\sigma}{c}$$

이고 σ는 스테판–볼츠만 상수로 $5.6697 \times 10^{-8} \mathrm{Wm^{-2}K^{-4}}$이므로

4) 우주상수가 0이 아닌 현재의 표준 우주 모형에서 감속 인자는 $q(t) = \Omega_m(t)/2 - \Omega_\Lambda(t)$이고, 그 현재의 값은 $q_0 \approx -0.58(\Omega_m = 0.28, \Omega_\Lambda = 0.72, \Omega_0 = \Omega_\Lambda + \Omega_m = 1)$으로 음수의 값을 가지며, 우주의 팽창은 가속되고 있다. (역주)

$$a = \frac{4(5.6687 \times 10^{-8}\mathrm{Wm^{-2}K^{-4}})}{(2.998 \times 10^{8}\mathrm{ms^{-1}})}$$

$$= 7.564 \times 10^{-16}\mathrm{J \cdot m^{-3}K^{-4}}$$

이다. 식 (25–25)로부터 복사밀도는

$$\rho_r = \frac{(7.564 \times 10^{-16})(2.7^4)}{(2.998 \times 10^8)^2}\mathrm{kgm^{-3}}$$

$$= \frac{(7.564 \times 10^{-16})(53)}{(8.998 \times 10^{16})}\mathrm{kgm^{-3}}$$

$$= 4.5 \times 10^{-31}\mathrm{kgm^{-3}}$$

이 된다. 이 밀도는 빛을 내는 물질밀도 $\rho_m \approx 4 \times 10^{-28}\mathrm{kgm^{-3}}$ 보다 훨씬 적다는 데 유의하여라. 그러므로 우주는 오늘날 물질이 지배하는 **물질시대**(matter era)에 있는 셈이다.

그러나 우주가 언제나 물질이 우세한 시대는 아니다. 과거로 거슬러 올라가면서 우주의 수축을 생각해 보자. 물질밀도는 길이가 $R(t)$와 같이 변하므로

$$\rho_m \propto R^{-3} \qquad (25\text{–}26)$$

와 같이 증가한다. 한편 복사밀도는 식 (25–25)에서처럼 T^4에 비례한다. 광자의 파장은 $R(t)$에 비례하므로

$$\lambda \propto R$$

이다. 또 광자의 에너지는 $E = h\nu = hc/\lambda$이므로

$$E = h\nu \propto R^{-1}$$

이다. 그래서 흑체복사에 대해서

$$T \propto R^{-1}$$

이다. 따라서

$$\rho_r \propto R^{-4} \qquad (25\text{–}27)$$

이다. 우주의 과거 어느 시기에서는 복사 에너지의 밀도가 물질의 그것보다 커서 우주가 복사로 지배되는 **복사시대**(radiation era)가 있다.

우주의 복사와 물질을 비교하는 또 하나의 방법은 광자의 개수와 양성자 또는 중성자의 개수와의 비를 계산하는 것이다. 흑체복사는 최대파장

$$\lambda_{\max} = \frac{2.9 \times 10^{-3}\mathrm{m}}{T/\mathrm{K}}$$

에서 가장 강하다. 광자의 에너지는 $E_{\mathrm{ph}} = hc/\lambda$이므로 $\lambda = \lambda_{\max}$에서는

$$E_{\mathrm{ph}} = \frac{hcT}{2.9 \times 10^{-3}\mathrm{m}}$$

이다. 여기에 $h = 6.6 \times 10^{-34}\mathrm{J \cdot s}$, $c = 3 \times 10^8\mathrm{ms^{-1}}$, $T = 2.7\mathrm{K}$를 넣으면 흑체복사 곡선의 최고봉에서의 광자에너지는

$$E_{\mathrm{ph}} = \frac{(6.6 \times 10^{-34})(3 \times 10^8)2.7}{(2.9 \times 10^{-3})}\mathrm{J/광자}$$

$$= 2.0 \times 10^{-22}\mathrm{J/광자}$$

이다. 흑체복사를 이루는 광자는 다양한 에너지를 갖지만, 위의 최고값을 대표값으로 치면 $1\mathrm{m^3}$당 2.7K의 우주복사 $4 \times 10^{-14}\mathrm{J}$을 만드는 데 소요되는 광자의 개수는

$$n_{\mathrm{ph}} = \frac{4 \times 10^{-14}\mathrm{Jm^{-3}}}{2.0 \times 10^{-22}\mathrm{J/광자}}$$

$$= 2 \times 10^8\mathrm{광자m^{-3}}$$

이다.

다음에 물질을 생각해 보자. 핵자(양성자나 중성자) 1개의 질량은 $1.7 \times 10^{-27}\mathrm{kg}$이다. $1\mathrm{m^3}$당 $4 \times 10^{-28}\mathrm{kg}$의 물질은

$$n_{\mathrm{nu}} = \frac{4 \times 10^{-28}\mathrm{kgm^{-3}}}{1.7 \times 10^{-27}\mathrm{kg/핵자}}$$

$$= 2 \times 10^{-1}\mathrm{핵자m^{-3}}$$

와 동등하다. 두 개수의 비는

$$\frac{n_{\mathrm{ph}}}{n_{\mathrm{nu}}} = \frac{2 \times 10^8}{2 \times 10^{-1}} = 10^9$$

이다. 즉 우주에 핵자의 개수에 비하여 10억 배나 많은 광자가 있는 셈이다.

우주 흑체복사의 특성의 하나는 부피의 팽창을 고려하면 광자의 총 수가 불변한다는 데 있다. 마찬가지로 핵자의 총 수도 불변한다. 그러므로 위에서 계산한 광자와 핵자의 개수 비는 우주가 팽창해도 일정하게 남아 있다.

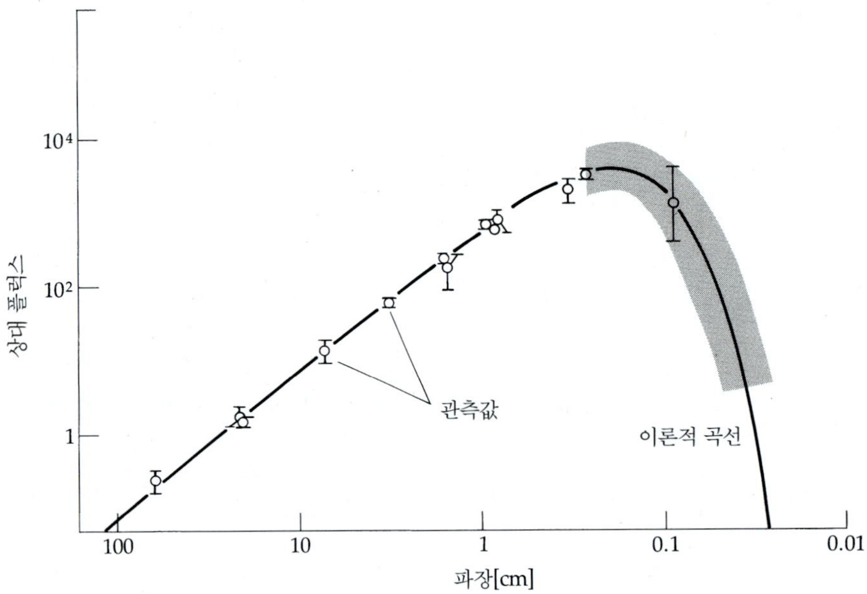

(A)

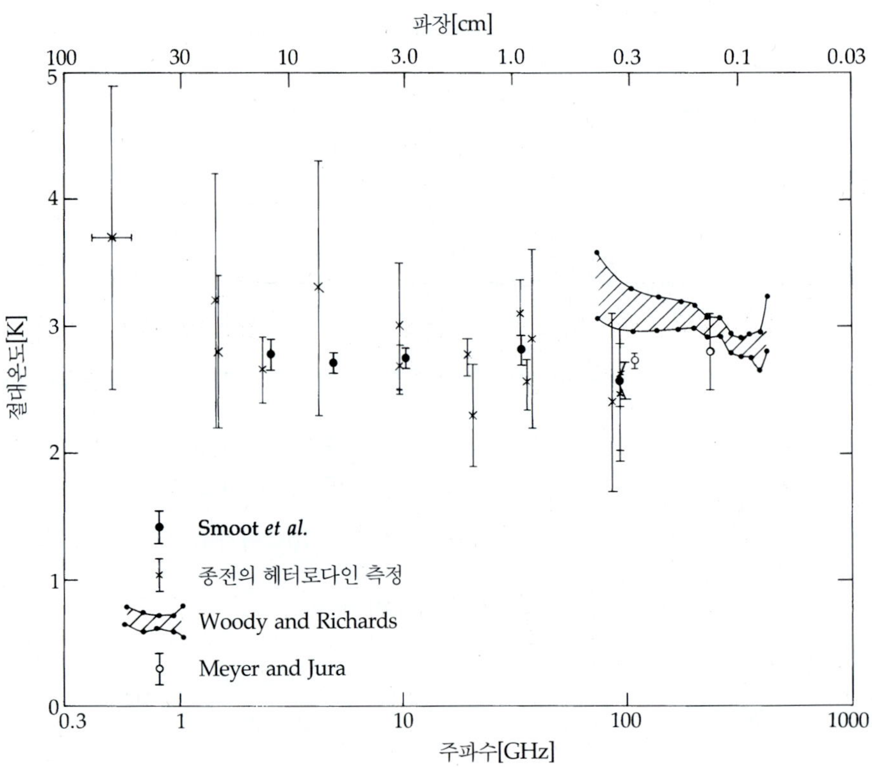

(B)

그림 25-3 우주배경복사의 스펙트럼
(A) 분광관측 : 어두운 부분은 적외선 관측. 실선은 3K 흑체복사. (P.J.E. Peebles). (B) 전파 영역에서 측정한 배경복사 온도의 비교 (G.F. Smoot et al. 1985, Astrophysical Journal, 191, L23)

복사지배와 물질지배의 두 경우에 대해서 운동 방정식을 고쳐 써보자. 이와 같이 하려면 표본 체적 V에 대해서 에너지 보존을 이용한다. 우리는 열역학 제1법칙을 써서

$$dE + PdV = 0$$

여기서 P는 압력, E는 체적 V 속에 든 에너지, 즉 $E = \rho c^2$이다. $V \propto R^3(t)$이므로

$$\frac{dE}{dt} + P\frac{dV}{dt} = 0$$

에서(시간 미분을 점으로 표시하여)

$$\frac{d(\rho c^2 R^3)}{dt} + P\frac{dR^3}{dt} = 0$$

$$c^2R^3\dot{\rho} + 3\rho c^2R^2\dot{R} + 3PR^2\dot{R} = 0$$

$$\dot{\rho} = -3\left(\rho + \frac{P}{c^2}\right)\frac{\dot{R}}{R}$$

$$\dot{\rho} = -3\left(\rho + \frac{P}{c^2}\right)H \qquad (25-28)$$

$P = 0$(상호작용이 없는 물질), 물질지배($E_{\text{mat}} = \rho_{\text{mat}}c^2 > E_{\text{rad}} = \rho_{\text{rad}}c^2$)를 가정하면

$$\dot{\rho} = -3\rho H$$

이다. 평탄한 우주(임계가 되는 우주)의 경우

$$H = \left(\frac{8\pi G\rho}{3}\right)^{1/2}$$

이므로

$$\dot{\rho} = -3\rho\left(\frac{8\pi G\rho}{3}\right)^{1/2} = 3\rho^{3/2}\left(\frac{8\pi G}{3}\right)^{1/2}$$

$$\rho^{-3/2}\dot{\rho} = -(24\pi G)^{1/2}$$

이 식을 시간에 대하여 적분하면

$$\rho^{-3/2}d\rho = (24\pi G)^{1/2}dt$$

$$2\rho^{-1/2} = (24\pi G)^{1/2}t$$

$$t = \left(\frac{1}{6G\pi\rho}\right)^{1/2} \text{(물질지배시대)} \qquad (25-29)$$

이다. 이 방정식은 물질이 지배하는 압력 0인 모형에서 밀도와 시간 사이의 관계, 즉 $\rho(t)$를 준다.

이제 식 (25–28)에서 복사지배의 경우에 어떻게 되는지를 알아보자. 그때는

$$P_r = \frac{1}{3}\text{(에너지 밀도)} = \frac{1}{3}U = \frac{1}{3}\rho_r c^2$$

여기서 T, ρ_r, P_r는 각각 복사의 온도, 밀도, 압력이다. 식 (25–28)은

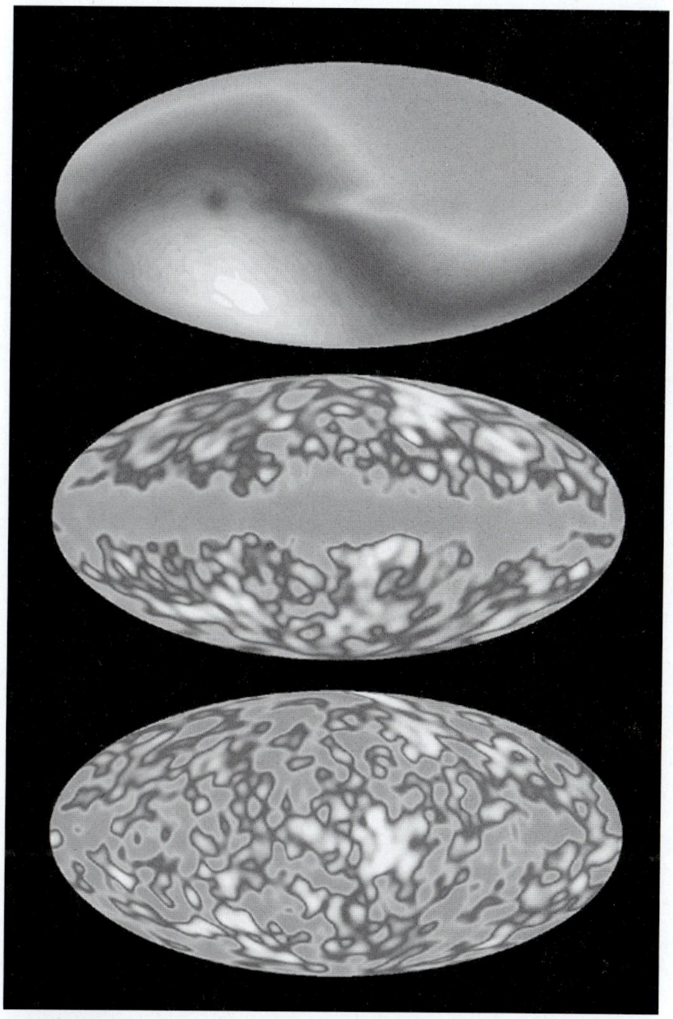

그림 25-4 COBE가 본 마이크로파 배경복사의 모습
광자 분포의 균질한 바탕에 유의하라. 쌍극자 효과는 지구의 특이운동으로 일어난다.

$$\dot{\rho}_r = -3\left[\rho_r + \frac{1}{3}\rho_r\right]H = -4H\rho_r$$

$$= -4\left(\frac{8\pi G\rho_r}{3}\right)^{1/2}\rho_r$$

이고, 따라서

$$\rho_r^{-3/2}\dot{\rho}_r = -\left(\frac{128\pi G}{3}\right)^{1/2}$$

이다. t로 적분하면

$$2\rho_r^{-1/2} = \left(\frac{128\pi G}{3}\right)^{1/2}t$$

또는

$$t = \left(\frac{3}{32\pi G\rho_r}\right)^{1/2} \text{(복사지배시대)} \qquad (25\text{–}30)$$

이다. 다음에 온도와 시간의 관계는

$$P_r = \frac{1}{3}\rho_r c^2 = \frac{E}{3} = \frac{aT^4}{3}$$

그래서

$$\rho_r = \frac{aT^4}{c^2}$$

이므로, 식 (25–30)은

$$T = \left(\frac{3c^2}{32\pi Gat^2}\right)^{1/4} \qquad (25\text{–}31)$$

이다. 상수값을 넣으면

$$T(K) \approx 1.5 \times 10^{10}K\left(\frac{t}{s}\right)^{-1/2} \qquad (25\text{–}32)$$

로 된다. 이 식은 복사지배의 우주에서 시간 t와 온도 T의 관계를 준다. 그래서 우주의 진화에 따른 열적 역사를 추적해 갈 수 있다.

1989년 말에 우주배경복사의 스펙트럼과 그 균일성을 더 잘 알아보기 위한 새로운 위성이 발사되었다. 이 우주배경탐사선(Cosmic Background Explorer, COBE)이 얻은 최초의 결과는 종전의 지상 관측을 극적으로 확인해 주었다(그림 25–4, 25–5). 스펙트럼은 온도 2.726K의 흑체복사의 그것과 구별할 수 없었고 그 강도의 분포는 극히 매끄러웠다. 큰 규모(1radian)와 작은 규모(10^{-3}radian)에서 $\Delta T/T$(비등방도, anisotropy)의 측정값은, 우리의 무더기 운동(23.2.2항 참조)으로 인한 쌍극 효과를 제거하면 3×10^{-5} 이하로 작았다.

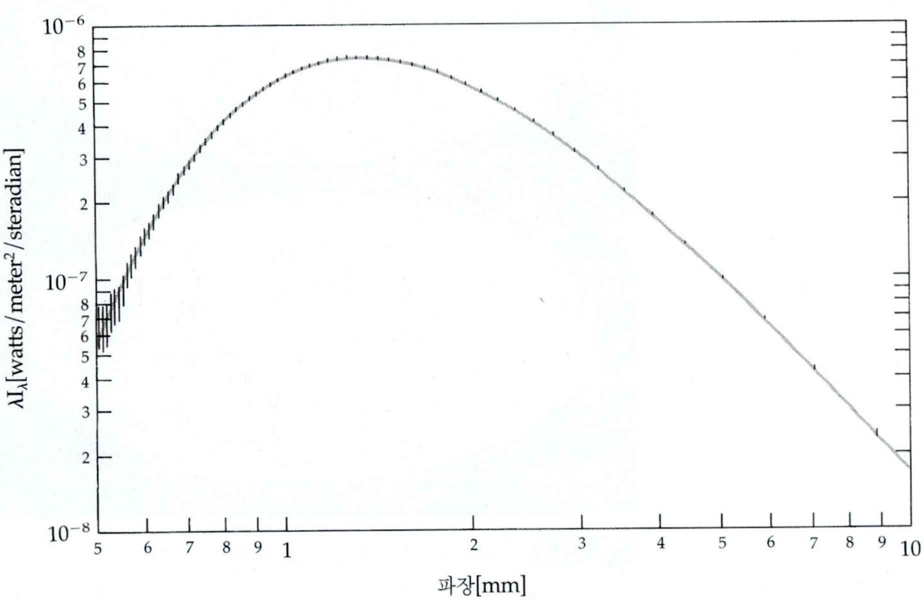

그림 25-5 COBE가 측정한 우주배경복사의 스펙트럼

배경복사가 특성온도 $T = 2.726 \pm 0.005$K의 흑체복사임을 보여 준다.

COBE가 배경복사 스펙트럼을 확인한 주된 의의는 뜨거운 대폭발의 본질을 확증해 주었다는 데 있다. 즉 그 스펙트럼이 흑체복사의 그것과 다르지 않을까 하는 생각이 종전에 있었지만, 이제 그런 가능성이 제거되고 말았다. 이와 못지않게 중요한 것은 복사의 매끄러움에 있다. 그러나 검출이 가능한 최소 강도에서는 비등방도가 보이기 시작한다.[5)]

25.4 표준 대폭발 모형

이 장에서 도입된 개념들을 종합하여 우주의 기원과 진화에 관한 모순 없는 이론적 틀을 만들어 낼 수 있을까? 그 답은 대체로 긍정적인 것이지만 우리는 다음 장에서 그 모형이 불완전함을 알게 될 것이다.

우주의 기원은 극도로 응축된 초기 상태로부터의 대폭발로 생각할 수밖에는 없을 것 같다. 우주배경복사의 존재는 극히 뜨거운 초기 우주를, 또 관측된 팽창은 극히 조밀한 초기 우주를 요구하기 때문이다.

우주의 극히 초기 단계에서는 이 장에서 설명한 묘사가 아주 완전하다고 할 수 없다. 그러나 팽창이 아마도 $R(t) \propto t^{2/3}$ 형 또는 최소한 이에 가까운 멱함수를 따를 것임을 알았다. 복사우세 시대에는 물질 성분의 온도가 복사 온도와 같도록 규제받는다. 그 까닭은 전자와 원자핵이 결합하여 중성원자가 아직 되지 못한 데 있다. 자유전자는 쉽게 배경복사의 광자를 산란하므로 그 꾸준한 상호작용이 두 성분을 맺어 놓기 때문이다. 그러나 온도 T가 식 (25–32)에 따라 내려가면 마침내 약 3,000K에 이르러 갑자기(우주적 시간 규모로 보아서) 전자와 원자핵은 결합해서 원자를 이루게 된다. 수소원자는 광자와 작용하는 비율이 자유전자와 작용하는 경우보다 훨씬 낮으므로 물질과 복사 사이의 결합이 사라진다.

오늘날 관측되는 마이크로파 영역의 광자는 두 측면을 보여 준다. 그 하나는 광자의 연속적 흑체복사 분포이다. 흑체의 특성온도는 낮아진다. 다른 하나는 광자의 공간 분포가 자유전자의 마지막 산란이 일어났던 당시의 물질의 분포를 가리키고 있다는 것이다. 그러나 다음 장에서 이 공간 분포가 문제를 일으키는 것을 알게 될 터이다.

복사와 물질 사이의 상호작용의 단절은 언제 일어났을까? 이때 온도와 오늘날의 온도의 비는

$$\frac{T_d}{T_0} \propto \frac{3000\text{K}}{3\text{K}} = 1000$$

이고, 팽창하는 복사의 특성은

$$T \propto \frac{1}{R}$$

이므로

$$\frac{R_0}{R_d} = 1000$$

이다. 즉 작용 분리시기에 우주는 오늘날 크기의 1000분의 1이었고, 이는 우주 나이 약 700,000년에 해당한다.[6)]

핵심 수식과 개념

- 광속도가 무한히 큰, 무한한 우주의 경우의 뉴턴식 기술방식은 세 가지 모형 — 열린, 임계, 닫힌 — 로 나타낼 수 있다.
- 일반상대론의 4차원 우주 역시 3개의 모형으로 나타나는데, $k = -1$이면 열린 우주, $k = 0$이면 평탄한 우주, $k = +1$이면 닫힌 우주가 된다.

5) 2001년 NASA가 궤도에 올린 WMAP(Wilkinson Microwave Anisotropy Probe) 위성에 의하여 우주배경복사 비등방도의 전천 지도가 더욱 상세하게 만들어졌다. 2009년에는 ESA(유럽우주국)가 WMAP보다 더 좋은 분해능과 감도를 가진 플랑크 위성을 성공적으로 궤도에 진입시켰다. 플랑크 위성의 과학적 목표 중에 하나는 우주배경복사의 편광도를 측정하여 급팽창이 시공간에 남긴 흔적을 찾는 것이다. (역주)

6) 좀 더 정확하게 말하면 $T_d/T_0 = 3000\text{K}/2.7\text{K} \approx 1{,}100$이고, 최신 우주 모형에 의하면 재결합 시기는 우주의 나이 약 40만 년에 해당한다. (역주)

- 로버트슨-워커 계량은 균질 등방 모형에 적용되고, 다음과 같은 시공간의 간격을 준다.

$$dl^2 = c^2dt^2 - R(t)^2\left[\frac{dr^2}{1 - kr^2} + r^2(d\theta^2 + \sin^2\theta d\phi^2)\right]$$

이것을 적분하면 거리를 척도인자로 나타내는 식

$$l = \int_0^r dl = R(t)\int_0^r \frac{dr}{\sqrt{1 - kr^2}}$$

$$= \left\{\begin{array}{r} R\sin^{-1}r, k = +1 \\ Rr, k = \ \ 0 \\ R\sinh^{-1}r, k = -1 \end{array}\right\}$$

을 얻는다.

- 관측이 가능한 양인 적색이동 z는 척도인자와 르메트르 방정식

$$1 + z = \frac{R_0}{R_1}$$

으로 나타낸다.

- 임계 밀도를 가진 우주($k = 0, \Lambda = 0$)에서는 $R(t) \propto t^{2/3}$와 같이 비례한다.

- 아인슈타인의 중력 방정식은 시공간의 곡률을 스트레스-에너지-운동량 텐서와 관계를 나타낸다. $\Lambda = P = 0, U = \rho c^2$일 때

$$\frac{\ddot{R}}{R} = -\frac{4\pi G\rho}{3c^2}$$

$$\frac{d}{dt}(\rho R^3) = 0 \Rightarrow \rho_0 R_0^3 = \rho R^3$$

- 임의의 시간에 허블인자와 감속 인자는

$$H = \frac{\dot{R}}{R} \qquad \text{그리고} \qquad q = -\frac{\ddot{R}}{RH^2}$$

로 연결된다(H_0과 q_0은 현재의 값을 나타낸다).

- 이를 에너지 밀도의 함수로 쓰면

$$H = \left(\frac{8\pi G}{3}\rho_c\right)^{1/2} \qquad \text{그리고} \qquad q = \frac{4\pi G\rho}{3H^2}$$

이 된다.

- 초기 우주에서는 에너지 밀도가 복사에너지($U = aT^4$)에 의하여 지배되므로, 온도의 4제곱에, 따라서 R^{-4}에 비례한다. 이 복사는 오늘날 우주배경복사로 관측된다. 반면에 기체의 에너지 밀도는 부피에 반비례, 즉 R^{-3}에 비례한다.

- 배경복사의 광자의 개수밀도와 우주 안의 핵자의 개수밀도의 비는 $n_{ph}/n_{nu} = 10^9$이다.

- 초기 복사우세시대에서 배경복사의 온도는 시간에 따라 대략

$$T(K) \approx 1.5 \times 10^{10}K\left(\frac{t}{s}\right)^{-1/2}$$

로 변한다.

- COBE 위성은 오늘날 배경복사의 온도를 $T_0 = 2.726\text{K} \pm 3\%$로 측정하였다. 우리은하의 국부적 운동 때문에 배경복사의 천구 상의 분포에는 쌍극자 성분이 들어 있다.

- 오늘날 우주의 크기는 배경복사가 분리되었을 시기의 약 1,000배 정도로 크다(즉 $R_0/R_d \approx 1000$).

문제

1. 우리은하의 대략 부피는 kpc^3로 얼마인가? 은하들 사이의 빈 공간이 없어지려면 우주의 크기는 길이로 얼마나 줄어들어야 할까? 이 시기는 은하의 형성에 알맞은 시기인가?

2. 흑체복사의 세기에 대한 플랑크의 법칙(제8장)은

$$I_\lambda = \left(\frac{2hc^2}{\lambda^5}\right)\frac{1}{\exp(hc/\lambda kT) - 1}$$

이다. 우주의 척도인자 $R(t)$가 팽창함에 따라 $I_\lambda \propto R^{-5}$, $\lambda \propto R$로 변한다.

(가) 흑체복사의 법칙이 유효하려면 $T \propto R^{-1}$이어야 함을 보이시오.

(나) 관측된 배경복사 온도 2.7K의 흑체복사 곡선이 최대를 이루는 λ는?

3. 허블상수 $H_0 = 50 \pm 5\text{kms}^{-1}\text{Mpc}^{-1}$이 관측되었다면, 허

블 시간($t_0 \approx H_0^{-1}$), 우주의 크기($r_{\text{hor}} \approx cH_0^{-1}$), 임계밀도 ($\rho_0 \propto H_0^2$)의 각 허용 범위를 구하시오.

4. 다음 그림은 우주를 팽창하는 풍선으로 비유한 그림이다. 공간 전체는 둥근 풍선의 표면으로, 은하들은 표면 위에 그린 점으로 나타낸다. 풍선의 반지름은 $R(t)$ — 우주의 반지름 — 에 해당한다.

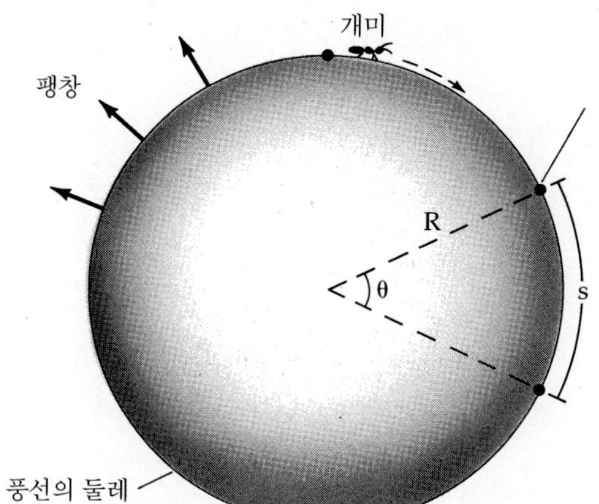

(가) 풍선이 부풀어도 점들은 서로 일정한 각거리(Θ)에 머문다. 풍선이 일정한 율로 부풀 때 $\Delta s/\Delta t = (1/R)(\Delta R/\Delta t)s$임을 보이시오. 여기서 s는 표면의 두 점 사이의 거리, $\Delta s/\Delta t$는 점들이 서로 멀어지는 속도이다(이것은 허블법칙임에 유의하시오).

(나) 먼 은하로부터 오는 광자를 풍선 표면을 속도 1로 기어가는 개미로 나타내자. 균일한 우주 팽창($\Delta R/\Delta t$ = 상수)의 경우, 어느 거리 s 너머에서는 개미가 우리은하에 다다를 수 없음을 보이시오. 이 거리를 지평선 거리라고 한다.

(다) 풍선의 팽창이 감속[$R(t)$의 증가가 느려짐]될 때 일어날 효과를 논하시오.

5. 팽창하는 가스 공이 균일한 질량밀도 ρ, 총 질량 M, 반지름 $R(t)$를 가지고 있다. 이 공의 표면에 있는 기체 입자는 반지름 방향으로 바깥쪽으로 움직이며, 다음과 같은 활력 방정식을 따른다.

$$\frac{1}{2}v^2 = \frac{GM}{R} + \text{상수}$$

여기서 $v = (\Delta R/\Delta t)$는 반지름 방향의 속도이다.

(가) 이 방정식은 다음과 같은 형태로 쓸 수 있음을 증명하시오.

$$\left[\frac{1}{R}\left(\frac{\Delta R}{\Delta t}\right)\right]^2 = \frac{8\pi G\rho}{3} + \frac{2(\text{상수})}{R^2}$$

이 식이 우주의 팽창을 지배하는 방정식이다. 또 이 방정식은 이 장에서 다루었던 세 가지의 우주 모형을 서술하고 있음에 유의하시오.

(나) 활력 방정식의 지식으로부터 상수는 양수, 0, 음수 중 어느 값이나 될 수 있음을 증명하시오. 각 경우에 대하여 R와 t의 근사적 그래프를 그려서 $R(t)$의 진화를 나타내고, 결과에 대해서 자세히 설명하시오.

6. 현재의 우주는 물질지배의 우주임을 증명하시오. 과거 복사가 지배했던 우주가 있었음을 논하시오. (힌트 : 3K의 배경복사 참조)

7. 평탄한 우주의 경우($t = 0$, $\Lambda = 0$), 우주의 나이 t_0는

$$t_0 = \frac{2}{3}H_0^{-1}$$

로 표시됨을 증명하고, t_0의 값을 H_0의 불확정성 범위 내에서 추산하시오.

8. 식 (25–15)로부터 식 (25–17)의 유도 과정을 제시하시오.

9. 식 (25–16)로부터 식 (25–18)의 유도 과정을 제시하시오.

10. 이 책에서 제시한 임계 질량밀도의 값을 써서 식 (25–22)와 식 (25–23)의 값을 구하시오.

11. 한 친구가 어떤 지방의 중학교에서 우주론 강의를 준비하고 있다. 그는 은하들은 구슬로, 은하들이 차지하는 공간을 큰 보자기로 정하고, 한 움큼의 구슬을 펴서 보자기 한가운데 놓았다. 그리고 그는, 그 구슬더미를 내려쳐 구슬을 사방으로 분산시킴으로써 빅뱅 우주의 팽창을 설명하고자 하였다. 이때 밖으로 흩어져 가는 구슬의 운동은 우주가 팽창하는 모습을 보여 준다. 이 시범 실험에 대하여 어떻게 생각하는지 논평하시오. 이 실험은 우주 팽창의 좋은 비유가 되는가? 더 좋은 실험을 생각해 보시오. 이 친구는 실험 후에 구슬을 잃어버렸을까?

12. 우주배경복사 온도가 태양중심의 온도와 일치하는 때는 우주 역사의 어느 시점에서 일어나게 되는가? 또한 태양의 표면온도와 일치하는 때는?

26

Chapter

새로운 우주론

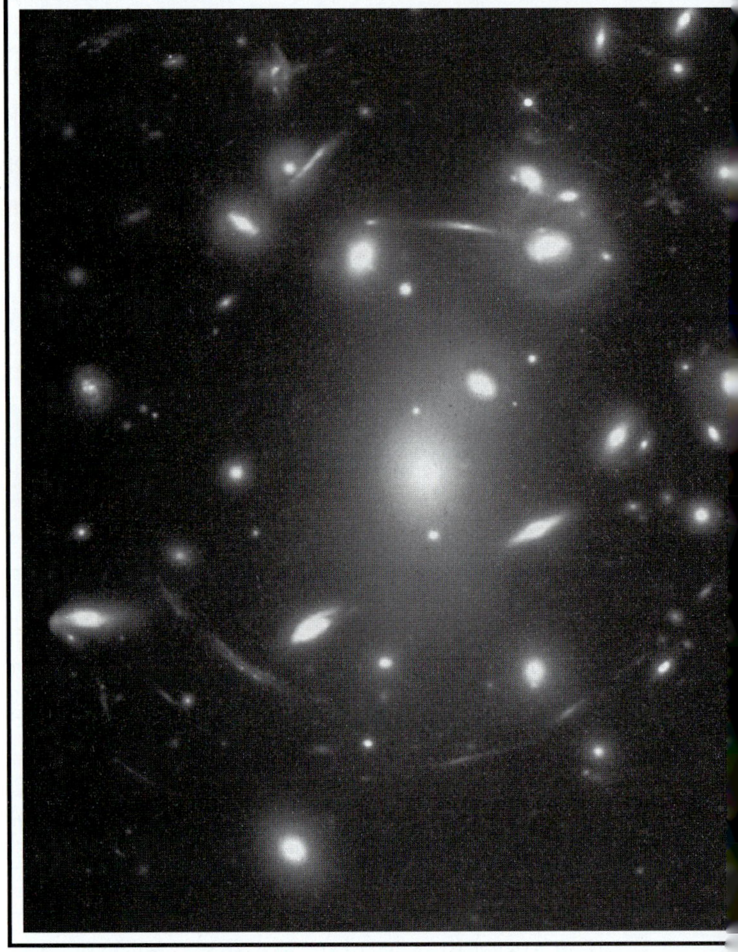

우주론의 연구는 최근 10~20년 동안에 근본적인 변혁을 겪었다.[1] 입자 물리학과 우주의 거대구조를 아울러 생각하면 우주가 과거에 극도로 급속한 팽창의 기간을 가졌음에 틀림없다. 이 급팽창 모형은 달리 해결할 수 없었던 여러 문제들을 해결하였다.

천문학은 인간에게 아마도 가장 심원한 철학적 문제를 제공하고 있다. 여기에는 '생명은 어떻게 발생하였을까?' 그리고 '별이나 행성은 어떻게 해서 형성되었을까?' 등이 포함된다. **우주론**으로 불리는 천문학 분야는 이러한 문제를 '우주는 어떻게 태어났을까?', 또 '우주는 어떻게 끝날 것인가?' 등으로 확대한다. 최근에 이르기까지 마지막 두 문제는 우주의 기원이 뜨거운 대폭발에서 비롯되었다는, 어쩌면 단순한 설명과 우주가 열려 있는지 닫혀 있는지를 가늠하기 위하여 허블상수 H_0와 감속 인자 q_0를 구하는 문제로 귀착시켰던 것이다.

이 장에서는 2개의 주제가 중요하다. 하나는 우주의 초기 단계에 영향을 주었던 다양하고 복잡한 물리적 과정들이다. 양자 중력(quantum gravity), 과다한 차원(extra dimension), 상전이(phase transition), 대칭성의 깨어짐(symmetry breaking) 등, 색다른 개념들이 우주의 초기에 등장하여 오늘날 관측 가능한 결과들을 남겼을지도 모른다. 이런 과정들 가운데 어떤 것은 확률적(random) 특성을 지니고 있다. 즉 '구역(domains)', '거품(bubbles)' 들이 여러 곳에 형성될 가능성이 있다. 우리가 관측할 수 있는 우주가 유일한 것이 아닐지도 모르며, 다른 '우주들' 은 아주 다른 성질의 것들인지도 모른다.

둘째 주제는 철학에 극히 중요한 요소를 덧붙인다. 즉 우주의 거시적 구조와 원자보다 작은 입자들의 미시적 세계 사이의 밀접한 관련을 이해함으로써, 우리는 비로소 우주를 이해할 수 있다는 것이다. 예컨대, 초은하단이나 빈터의 형태나 크기가 암흑물질을 이루는 입자의 성질 — 이를테면, 입자가 '뜨거운' 것인지 '차가운' 것인지 — 에 따라 결정된다는 것이다.

26.1 종래 모형의 문제점

우주의 여러 국면 가운데 문제를 일으키는 것 네 가지를 살펴보자. 이것들은 오늘날의 관측 결과가 지금까지 설명한 우주 모형과 잘 부합되지 않기 때문에 문제가 된다.

1) 원서의 4판 개정판이 출간된 1997년 이후 10년간에도 우주론에 큰 변화들이 있었다. 대표적 예로서 1998년 'High-z Supernova Search' 와 2003년 'Supernova Cosmology Project' 가 먼 외부은하의 초신성 Ia형을 관측하여 우주의 팽창이 가속되고 있으며, 이를 설명하기 위하여 암흑에너지가 필요하다는 제안 등을 들 수 있다. 2003년에는 WMAP 위성의 우주배경복사 관측자료와 그 밖의 다양한 관측사실을 두루두루 설명할 수 있는 '일치모형(concordance model)' 을 발표하였다. 2009년 최신의 우주론적 인자들은 다음과 같다 — $H_0 = 74 \mathrm{kms^{-1}Mpc^{-1}}$, $\Omega_b = 0.046$, $\Omega_m = 0.23$, $\Omega_\Lambda = 0.72$. (역주)

(1) 등방성과 균질성

첫째 문제는 인과성(causality)의 문제이다. 유한한 광속도 때문에 우주의 나이가 t일 때 ct보다 멀리 떨어진 두 지역은 서로 소식이 오갈 수 없다. 거리가 ct 이내에 있는 지역들은 지평선 안에 있다고 말한다. ct보다 멀리 있는 지역들은 지평선 밖에 있는 것이다. 현재 우주의 멱함수 팽창을 재결합시기 이전까지 적용하면, 배경복사의 마지막 산란면 상에서 지평선 크기에 해당하는 각지름은 1도 정도에 불과하다. 그러므로 우주배경복사 전천 지도는 여러 영역들(domains)을 포함하고 있다. 배경복사가 마지막으로 산란되기 이전에 각 영역이 가지고 있었던 초기 온도에 대한 정보를 서로 교환할 수 없었으므로, 각 영역은 다른 온도를 가져야 한다. 결과적으로 배경복사의 하늘에는 '얼룩'이 져야 한다. 즉 거시적인 비등방도가 있어야 한다. 그러나 그렇지 않다. 관측된 배경복사의 천구 상의 분포는 놀랄 만큼 균질하며 거시적 비등방성이 없다.

어떻게 우주는 균일한 온도를 가질 수 있을 정도로 작은 영역으로부터 성장하였는가?

(2) 평탄성

밀도계수 Ω는 0에서 $+\infty$에 이르는 무한한 범위의 값을 가질 수 있다. 이 범위에서 유일한 '마술'의 값은 정확하게 1이 되는 경우이다. 이 값을 가진 우주는 **임계밀도**의 상태에 있다. 즉 열린 경우와 닫힌 경우 — 영원한 팽창과 궁극적 수축 — 사이에서 정확하게 균형을 잡고 있는 것이다.

오늘날 밀도계수의 값은 얼마일까? 빛을 내는 물질의 광학적 관측은 Ω_0가 0.02에서 0.20 사이에 있음을 알려 준다. 은하단의 높은 M/L의 값은 암흑물질을 포함시킬 때 Ω_0의 값을 1에 가깝게 한다. 이 값들은 모두 1에 놀랄 만큼 가깝다. 이는 우주의 팽창이 Ω의 값을 1에서 차츰 멀어지게 하는 것을 생각하면 명백하다. 그래서 오늘날 Ω가 1에 가깝다면, 과거에는 훨씬 더 가까웠을 것이다. 계산에 따르면 우주의 나이 10^{-35}초일 때 Ω가 10^{55}분의 1만큼 1에서 어긋나면 우주는 벌써 붕괴해 버렸거나, 아니면 은하들이 너무 멀리 떨어져서 오늘날의 밀도가 관측 하한값의 1/10 정도로 낮아질 것이다.

그러므로 우주가 이처럼 임계밀도에 가깝다면 마땅히 그럴 이유가 있어야 한다.

왜 우주는 임계밀도를 가지는가?

(3) 바리온 수

대폭발 당시의 입자 충돌의 에너지에 비하면 우주는 오늘날 극히 낮은 에너지 상태에 있다. 오늘날 최대의 입자 가속기로도 대폭발 당시에 버금갈 강력한 충돌을 마련하지 못한다.[2)] 오늘날의 저에너지 우주에서는, 입자와 반입자 사이에 고도의 대칭성이 존재한다. 만일 에너지 밀도가 입자와 반입자를 생성할 만큼 크다면 입자와 반입자 쌍이 태어난다. 마찬가지로 1개의 입자를 완전히 소멸시키려면 반드시 1개의 반입자와 함께 소멸시켜야 한다. 만약 이 대칭성이 우주 초기에 존재했다면, 오늘날 입자와 반입자는 서로 같은 수효만큼 있을 것이다.

관측에 의하면 γ선의 배경이 (예컨대 마이크로파에 비하여) 극히 낮다. 그러나 반입자의 개수가 입자의 개수와 같았다면, 우주 안의 입자–반입자 쌍의 연속적 소멸로 생기는 극히 높은 에너지의 광자는 쉽게 검출될 복사배경을 만들어 낼 것이다.

이와 관련되어 설명이 필요한 것은 핵자와 광자의 극히 작은 개수의 비율 $n_{\text{nu}}/n_{\text{ph}} = 10^{-9}$이다(25.3절 참조). 우주 안의 광자는 그 대다수가 배경복사를 이루고 있는데, 이에 비하면 핵자는 극히 희소하다.

우주는 어떻게 해서 입자와 반입자 사이에 비대칭성을 만들었으며, 핵자는 왜 이처럼 희소할까?

(4) 종족 III의 별들

우리은하에는 두 가지 별의 종족이 있다. 종족 I은 보다 젊은 별들이고, 중원소를 비교적 많이 포함하고 있다. 보다 늙은 종족 II의 별들은 금속함량이 더 적지만 0은 아니다. 우주의 핵합성(26.2절 참조)에서는 He보다 무거운 원소(이들은 오직 항성핵합성으로만 생산된다)를 그다지 생산하지 않으므로 1 세대의 별, 즉 종족 III의 별들은 금속함량이 0이어야 할 것이다.[3)]

---

2) 2008년 CERN에서 가동을 시작한 LHC(Large Hadron Collider)는 양성자를 7TeV = 7×10^{12}eV까지 가속시킬 수 있다. 반면 급팽창이 일어날 당시 우주에서 평균적인 상호작용 에너지는 대략 10^{24}eV에 이른다. (역주)

3) 우주 거대구조의 형성에 관한 컴퓨터 시뮬레이션에 의하면 우주의 나이가 수억 년에 이르렀을 때 첫 별들이 생성되었다고 한다. 이 1세대 별들은 수소와 헬륨으로만 구성되어 주로 수백 $M_\odot$의 무거운 별로 태어나는데, 그 수명이 짧아서 수백만 년 안에 초신성으로 폭발하여 사라졌다고 추정한다. 그러므로 오늘날 금속함량이 0인 종족 III의 별이 남아 있을 수 없다. (역주)

왜 종족 III의 별들이 보이지 않을까?

지금까지 언급한 이 네 가지 문제점들을 이 장의 나머지에서 논의하기로 한다. 우리는 이 모두에 대한 해답을 가지고 있지는 않으나, 급팽창이론의 가장 최근의 형식은 그 대다수를 해결하고 있다.

26.2 우주의 핵합성

우리는 우선 '초기 우주를 이해하려는 인간이 얼마나 주제 넘는 것일까?' 하고 생각한다. 우주의 허블나이가 100억 년인지 200억 년인지도 가늠하지 못하는 주제에, 우주의 나이 1초 때의 상황을 알고 있다고 주장하다니… 그 말을 믿을 수 있을까? 그럼에도 불구하고 우리는 우주의 원시시대에 관한 가장 성공적인 사후(事後) 선언(postdictions) — 우주 탄생을 예언하기란 힘든 일이겠지만 — 을 해보고자 하는 것이다. 그것은 오늘날 이론과 관측 사이의 밀접한 대응에 힘입어, 이 이론을 과거의 보다 높은 에너지의 시대로 소급 적용할 확신을 가지고 있기 때문이다.

천체물리학에서 핵반응들은 주로 두 영역에 국한되어 있다. 그 하나는 제16장에서 이미 설명한 바와 같이 별을 빛나게 하는 연속적 과정이다. 둘째는 별이 태어나기 이전의 우주 초기에 핵융합 반응이 우주 도처에서 들끓던 짧은 시기에 유래한다. 핵융합 반응은 가벼운 원소로부터 더 무거운 원소를 만들기 때문에 우리는 이들 두 과정을 각각 **항성핵합성**과 **우주의 핵합성**으로 부른다.

정성적으로 말해서 핵융합에는 핵자의 운동에너지가 쿨롱 장벽(coulomb barrier)을 뚫을 만큼 높은 온도와 높은 밀도가 필요하다. 핵자들이 충분히 가까워지면 — 10^{-15}m, 즉 1페르미(fermi, f) 정도 — 강핵력의 끄는 힘이 전자기력의 척력을 이기게 된다. 초기 우주는 확실히 이 조건을 만족한다. 흥미로운 일은 온도와 압력이 너무 높아서 핵반응이 일어나지 않던 시기가 있다는 사실이다. 예를 들어 양성자(수소원자핵)를 융합해서 α입자(헬륨원자핵)를 만드는 과정에서 **중양자**(deuteron)가 안정성을 유지해야 한다. 이것은 수소의 무거운 동위원소(중수소)의 원자핵으로 양성자와 중성자로 이루어졌는데, 뒤따르는 과정에서 2개의 양성자가 중수소에 추가로 충돌하여 ^{3}He, 다음에 ^{4}He이 만들어진다. 그러나 중수소는 고에너지의 γ선에 의해서 쉽게 깨어져 **광분해**(photodissociation)가 된다. 그래서 우주의 나이 약 1초 이전에는 양성자 2개가 융합하여 중수소, 양전자, 광자를 각각 1개씩 만들지만, 보다 더 안정한 ^{4}He 원자핵이 형성되기 이전에 중수소가 깨지고 만다. 따라서 융합 반응은 우주가 10^{10}K보다 꽤 낮은 온도로 '냉각'될 때까지는 일어날 수 없다.

우주의 나이 10^2초 될 무렵에는 온도가 약 10^9K로 떨어져서 중수소를 광분해할 만큼 에너지가 높은 광자는 극히 드물

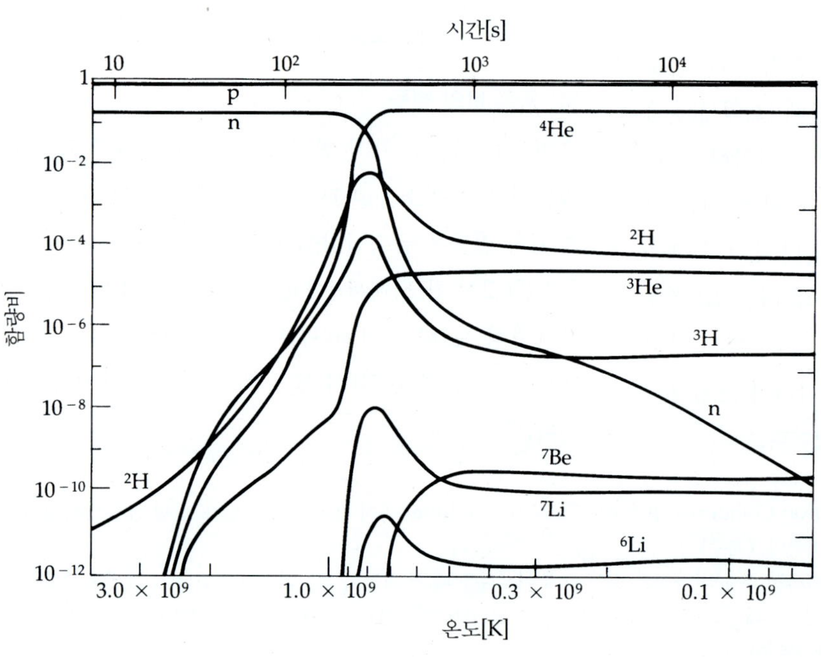

그림 26-1 대폭발 우주에서의 핵합성
위축은 우주의 나이, 아래 축은 온도, 수직축은 전 질량에 대한 함량비를 나타낸다. (R.V. Wagoner)

게 된다. 우주의 핵합성은 이 단계에서 본격적으로 시작된다. 수소와 질량수 4 이하인 헬륨의 모든 동위원소가 생산되지만, '병목(bottleneck)' 현상 때문에 이보다 무거운 원소는 많이 만들어지지 않는다. 이 '병목'은 질량수 5와 8인 안정한 원자핵이 없는 데 유래한다. ^{7}Li과 ^{7}Be의 미소량이 생산될 뿐이다.

우주가 계속 팽창하고 냉각함에 따라 온도와 밀도가 계속 떨어진다. 그래서 수소보다 무거운 원자핵이 어느 정도 생산되어서 무거운 핵합성에 대한 땔감이 마련되었더라도, 밀도와 온도의 저하 때문에 쿨롱장벽보다 높은 에너지의 입자들을 공급할 수 없게 된다. 우주의 나이 10^3초 될 무렵 우주는 핵융합 반응을 멈춘다. 그림 26-1은 우주의 핵합성 과정에서 시간이 흐름에 따라 중수소(^{2}H), ^{3}He, ^{4}He, ^{7}Li, ^{7}Be(전체 질량밀도에 대한 비율)이 축적되는 모양을 나타낸 것이다.

이론적 계산 결과들은 서로 모순된 일이 거의 없다. ^{4}He는 질량 비율이 약 25%, ^{2}H와 ^{3}He은 수소의 약 10^{-4}, Li과 Be은 모두 수소의 10^{-9}~10^{-10}이다.

이들 원자핵의 존재 비율의 관측을 복잡하게 만드는 것은 항성핵합성의 효과가 더해지기 때문이다. ^{4}He는 항성핵합성의 주된 산물이다. 또 ^{2}H와 ^{3}He는 생산될 뿐만 아니라 별의 외층과 내부의 상황 변동에 따라 소멸되기도 한다. 이론적인 모형 계산에서 이런 효과가 가려내지면 그 결과는 원시우주 모형이 예측하는 바와 극히 가깝고 불확실한 변수들에 그다지 예민하지 않다.

우주의 원소의 함량비에 대한 이론과 관측이 잘 일치한다는 사실에서 우주의 나이 1초~10^3초 사이의 상황에 관해서 상당히 많이 알고 있다고 생각한다. 그러므로 우주의 대폭발이 정확히 언제 일어났는지는 모르지만, 우리는 발생 과정들을 상당히 정확하게 알고 있다고 말할 수 있다. 우리가 아는 물리학의 법칙을 우주 초기까지 소급하여 적용할 수 있다는 것처럼 보인다. 물론 우리가 성공한 까닭은 오늘날 원자핵 연구에서 도달할 수 있는 에너지를 초과하는 우주의 극히 초기까지 다다르지 않았기 때문이다. 이 장 나머지에서 보다 높은 에너지를 가진 초기 우주로 거슬러 올라갈수록 확실성은 점점 더 떨어지게 될 것이다. 여기서도 우리는 거시적 영역과 미시적 영역 사이의 밀접한 관련성을 보게 된다. 만약에 지구상에 보다 더 크고 강력한 가속기를 만들어 기본입자들의 내부적 행동을 더 깊숙이 뚫어 볼 수 있다면, 우리는 우주 전체를 더 잘 이해할 수 있을 것이다. 어느 단계에 이르러 더 큰 가속기를 만들 수 없을 때, 마침내 우리는 우주 그 자체를 궁극의 입자 가속기로 받아들일 수밖에 없는 것이다![4]

개념 적용 우주의 He 함량비

우주의 핵합성으로 만들어지는 ^{4}He의 함량비를 계산해 보자. 26.2절에서 온도가 10^{10}K 훨씬 아래로 내려가기까지 핵합성이 시작하지 않는다고 했다. 이 임계온도 이상에서는 양성자와 중성자가 지속적으로 중성미자와 전자-양전자 쌍을 동반하는 반응으로 서로 변환한다. 이 온도 이하로 내려가면 중성미자가 이 과정으로부터 탈락하여, 쌍소멸에 의하여 모든 양전자가 없어지고 극소수의 전자만 남는다. 중성자와 양성자의 개수 비는 볼츠만의 식 (13-8)을 써서

$$\frac{n_n}{n_p} = \exp\left[-\frac{(m_n - m_p)c^2}{kT}\right]$$
$$= \exp\left(-\frac{1.5 \times 10^{10}}{T}\right) = 0.22$$

가 된다. 보다 고온의 초기에서는 지수인자가 극히 0에 가까워 양성자와 중성자는 동수만큼 있다. 그렇지만 온도가 10^{10}K일 즈음에는 100개 양성자마다 22개의 중성자가 존재한다. 우주의 온도가 10^9K로 내릴 때까지는 광분해 때문에 중성자는 양성자와 결합하지 않으나, 자유로운 중성자는 약 636초의 반감기로 붕괴한다. 식 (25-32)에 의하면 온도가 10^9K에 이를 시기의 우주의 나이는 t = 225초가 되고, 식 (4-3)에서 의하면 약 32%의 자유 중성자가 붕괴하여 양성자가 될 것으로 추정된다. 결국 105개 양성자마다 17개의 자유 중성자가 남게 되는 셈이다. 남은 모든 중성자가 양성자와 결합해서 중수소가 되어 ^{4}He을 만든다는 합리적인 가정을 하면, 88개 ^{1}H에 대해서 8개 내지 9개의 ^{4}He이 생긴다. ^{4}He은 ^{1}H

4) 우주에서 날아오는 고에너지 입자인 우주선의 관측된 최대 에너지는 3×10^{20}eV에 이른다. 이러한 초고에너지 우주선의 기원은 아직 알려지지 않았으나, 제24장에서 소개한 활동은하핵 중에서 비교적 가까운 것(수백 Mpc)일 것으로 추정된다. (역주)

질량의 4배나 되므로 ^{4}He핵은 28%의 질량비를 가진다. 이런 간단한 계산으로도 더 세밀한 계산에서 얻어지는 값 25%에 매우 가까운 값을 얻어 낸 것이다.

26.3 입자 물리학

입자들은 오늘날 우주의 조건에서 자연의 4개 힘에 영향을 받고 있다. 힘은 **강핵력**, **전자기력**, **약핵력**, **중력**이다. 그들의 주요 특성은 표 P4-1에 실었다. 원자핵 사이의 힘은 매우 강하지만 극히 제한된 범위, 즉 원자핵의 크기 정도에서만 작용한다. 중력은 가장 약한 힘이지만 그 작용 범위가 무한히 크고 음(−)의 질량이 없으므로 우주의 구조나 역학에서 지배적으로 작용한다. 오늘날 우리는 전자기력과 약핵력이 보다 높은 에너지에서는 구별이 없어짐을 알고 있다. 이 두 힘이 다르게 작용하는 것은 온도와 에너지가 비교적 낮은 오늘날의 우주에 한정된다. 우리는 전자기-약력과 강핵력, 그리고 마침내는 중력까지도 통일하려는 현재의 시도를 이해함으로써, 입자 물리학의 앞날을 어느 정도 예언할 수 있다.

대통일이론(GUT)은, 강핵력과 이미 통일된 전자기-약력을 통일하여, 표준모형 이론의 애매한 부분 몇 가지를 제거하였다. 이들 힘은 극히 고온에서 동일한 힘이 되고 만다는 사실을 기억하라. 이런 이론에서는 쿼크, 반쿼크, 렙톤, 반렙톤이 서로 탈바꿈한다. GUT는 전하가 양자화되는 이유를 쉽게 설명하기도 한다. 전하는 표준모형에서 자유로운 변수의 하나였다.

GUT 이론들의 대다수는 우주론에 관해서 극히 중요한 예측을 한다. 첫째 예측은 양성자는 아마도 약 10^{32}년의 반감기로 붕괴한다는 것이다. 우주의 지금 나이는 약 10^{10}년에 불과하므로, 인류에게 당장 영향을 끼칠 일은 아니다! 그러나 철학적인 관점에서 볼 때, 이러한 사실은 물질을 이루는 원소들이 영속하는 것이 아니라 실은 일시적으로 거쳐지나가는 존재임을 알려 준다. GUT의 문제점 중 하나는 양성자 붕괴를 아직 실험으로 검출하지 못했다는 것이다. 이 실험은 몇몇 GUT 이론들을 배제할 만큼 강력한 것이었는데도 말이다.

둘째 예측은, 더 직접적으로 대다수의 GUT 이론들이 중성미자가 질량을 가졌다는 것이다. 추정되는 중성미자의 정지질량은 30eV 이하이다. 우주에는 엄청나게 많은 수의 중성미자가 있다고 생각되므로, 그 질량이 몇 혹은 몇십 eV 범위에 든다 해도 이는 행방불명의 질량, 즉 암흑물질의 문제를 쉽게 해결할 수 있다.

마지막으로 흥미 있는 예측은 GUT가 막대한 수의 **자기홀극**(magnetic monopole)을 요구하는 데 있다. 이 입자들은 상당히 무겁기 때문에 역시 암흑물질에 크게 기여하게 된다. 자기홀극이란 무엇일까? 인간의 경험에서 모든 자기적 현상은 쌍극(dipole)—남북극의 쌍—으로부터 비롯되었다. 두 극을 가진 단순한 막대자석을 둘로 쪼개도 두 극이 분리되는 대신에 두 극을 가진 2개의 막대자석이 생겨난다. 자성을 띤 입자는 분리할 수 없는 작은 회전하는 막대자석처럼 생각할 수 있다. 그러므로 만일 자기홀극이 있다면, 그 특성은 종래 알려진 것과는 아주 다를 것이다. GUT가 엄청난 수의 자기홀극의 존재를 예언한다면, 그것은 이미 쉽게 발견되었을 뿐만 아니라 (하지만 아직 발견되지 않았다) 우주는 그들의 지배 밑에 놓였을 것이다. 이것은 26.1절에서 언급한 네 가지 문제에 추가되어야 할 문제이다.

왜 우리는 자기홀극을 지금까지 보지 못했을까?

여기서 언급해야 할 또 하나의 입자는 힉스보존(Higgs boson)이다. 힉스보존은 발견되지는 않았지만 이론적으로 예측된 성질에 관해서 이견들이 많다. 힉스보존은 자발적 대칭성 파괴를 일으키는데, 이는 뒤에서 알게 되듯이 급팽창의 원인이 된다. 힉스보존은 다른 모든 입자와의 상호작용으로, 입자들에게 무엇보다도 가장 근본적인 특성인 **질량**을 만들어 준다.

입자이론은 초대칭성(supersymmetry)이라는 개념을 도입해서, 보존(boson)과 페르미온의 짝을 질 때에 적용한다. 보존의 짝이 되는 초대칭적 입자의 이름은 보존의 이름 끝에 이노(-ino)를 붙여서 부른다. 예를 들어 포티노(photino)는 광자(photon)의 짝이 되는 가설적인 초대칭적 페르미온이다. 기타 Z, W, 글루온, 힉스보존 등에 대해서 각각 지노(Zino), 위노(Wino), 글루이노(gluino), 힉시노(Higgsino)로 불리는 짝들이 있다. 페르미온의 초대칭적 입자의 이름은 페르미온의 이름 앞에 s를 붙여서, 예컨대 스쿼크(squark), 슬렙톤(slepton)이라고 부른다. 우리는 아직까지 초대칭적 입자를 실험으로 검출하지 못하고 있다.

26.4 급팽창이론

다행히도 우리는 오늘날 우주론의 문제점들을 대부분 해명하는 놀라운 이론을 가지게 되었다. 이것은 본래 제안자 구스(Alan Guth, 1947~)에 의하여 **급팽창이론**(inflation theory)으로 불리게 되었는데, 그 까닭은 곧 알게 되겠지만 경제학과는 아무 관계가 없다. 그 후 알브레히트(A. Albrecht), 슈타인하르트(P. Steinhardt), 린데(A. Linde)에 의해서 중요한 개선이 이루어졌다.

급팽창을 설명하기 전에 잠시 대칭성과 상(相, phase)전이에 관해서 생각해 보자. 이런 현상은 현대물리학—급팽창을 포함해서—에서 오묘한 설명이라고 할 수 있다. 대칭성이란 매우 중요한 개념이어서, 그것만으로도 어떤 입자의 존재를 확신을 가지고 예언할 수 있다. 그 실례는 **톱쿼크**(top quark)인데 그 존재는 1994년까지 검출된 바 없으나 **보텀쿼크**(bottom quark)의 대칭성과 쿼크–렙톤의 3개 세대를 유지하기 위해서 존재해야만 한다.

이런 개념은 비유를 통하여 쉽게 이해될 수 있을지 모른다. 우주가 수소와 산소—장차 물 분자로 변하는—만으로 이루어진 뜨거운 가스로부터 시작했다고 상상해 보자. 이 우주의 극히 초기에는 온도가 아주 높아서 물질의 상은 기체 상태이고 분자가 생성되었다 해도 곧 분해되고 말 것이다. 이 단계에서는 우주가 높은 대칭성을 가진다. 즉 특정한 방향이 있을 수 없다. 우주가 냉각됨에 따라 분자들이 안정하게 된다. 처음에는 분자들이 기체 상태에 있지만 $T = 373$K(100°C) 될 때 상 변화가 일어난다. 즉 이 온도 이하에서 상은 액체가 된다. 두 번째의 상 변화가 100°C 더 내려가면 일어난다. 이 마지막의 얼음 상태는 특히 유용하다. 왜냐하면 얼음은 여러 비대칭성—60°의 분자 회전 대칭성과 방향에 따른 굴절의 차이—을 나타내기 때문이다. 얼음은 그 밖에 다양한 깨진 금을 갖기도 한다. 이는 위상 기하학적(topological) 결함으로 생각할 수 있는데, 여기에는 거품(거의 점 모양의)이나, 선상 또는 면상의 결함(금)이 포함된다.

이야기를 급팽창 우주로 돌리면 우주의 나이 $t = 10^{-35}$초 무렵에, 강핵력이 전자기–약력에서 갈라지는 중요한 상전이가 일어난다. 이 대칭성의 깨어짐은 힉스입자에 의해서 일어난다. 임계온도에서 새로운 상의 '거품'들이 (서로 다른 '우주'들을 만들기 위해서일까?) 기존의 상 안에서 태어나서 성장한다. 그러나 이 성장은 여느 때의 팽창처럼 멱함수(즉 t^n)가 아니라 지수함수적(즉 $e^{t/\tau_{inf}}$)으로 늘어난다.

이 지수함수적 팽창—급팽창—동안에 우주는 약 10^{-35}초마다 크기가 2배로 늘어나서 $t = 10^{-32}$초 무렵에 급팽창이 끝날 때까지, 약 10^{-23}cm 크기에서 약 10cm 크기로 성장한다.[5] 공간 그 자체는 이 기간 동안에 광속도보다 훨씬 빠르게 늘어난다(물론 시공간 안에서 정보가 한 점에서 다른 점으로 전달되는 속도는 광속도를 넘지 않으므로 인과성에 어긋나지 않는다). 그래서 하나의 작은 구역의 열적 특성이 수많은 구역들(크기 ct)에 고루 퍼지게 되고, 따라서 우주배경복사의 거시적인 균질성을 설명할 수 있다(등방성 문제).

급팽창 이론은 GUT를 써서 자기홀극 문제를 해결한다. 여기에는 자기홀극이 구역들 사이의 벽면에서만 생긴다는 사실이 이용된다. 그러므로 우리가 관측할 수 있는 우주 전체에 오직 1개 정도의 자기홀극이 존재할 수 있다. 자기홀극은 시공간의 결함[얼음 속의 금(결점)]처럼 나타난다.

급팽창 모형은 또 우주가 왜 이처럼 평탄한지, 다시 말해서 Ω_0가 왜 이처럼 1에 가까운지를 우주의 급속한 팽창으로 아주 자연스럽게 설명한다. 여기서 우리는 우주의 밀도와 곡률 사이의 관계를 잘 이해해야 한다. 밀도가 임계값에서 많이 어긋날수록 우주 공간의 곡률은 커진다. 달리 말하면 우주가 보다 평탄할수록 밀도는 보다 임계값에 가까워진다(평탄성 문제). 여기서 또 다른 비유—부풀고 있는 풍선—를 들어 보자. 처음에는 풍선이 아주 작고 표면의 특정한 넓이는 상당히 큰 곡률을 보여 준다. 풍선이 팽창함에 따라 그 부분의 곡률은 차차 줄어든다. 이와 마찬가지로 우주도 급팽창에 의한 엄청난 팽창 때문에 평탄해질 수밖에 없는 것이다.

급팽창 기간의 온도의 역사를 생각해 보자. 급팽창 이전의

5) 급팽창이론은 아직 완성되지 않았으며, 다양한 종류의 모형들이 있다. 널리 인용되는 모형에서는 급팽창 시간이 $\tau_{inf} \approx 10^{-36}$초이고 급팽창의 지속시간이 10^{-34}초라면 척도인자가 10^{43}배[$\approx R(10^{-34})/R(10^{-36}) = \exp(10^{-34}/10^{-36}) = e^{100}$] 증가한다고 한다. 이때 당시 우주의 지평선 거리는 6×10^{-28}m에서 10^{16}m로 증가하게 된다. 지금 우리가 관측할 수 있는 우주의 지평선 거리(14.5Gpc)에 해당하는 거리는 당시 1m에 불과하므로, 지평선 문제(등방성 문제)가 해결된다. (역주)

짧은 시간 동안 우주는 아주 높은 온도(약 10^{27}K)를 가졌을 것이 확실하다. 온도가 내려감에 따라 오늘날의 우주로 발전하게 될 새로운 상의 작은 거품(구역)은 과냉각(supercool) 상태가 된다[여기서도 물의 비유가 적절하다. 그 까닭은 물이 0°C 이하의 온도에서도 얼지 않고 액상에 머무는 과냉각 상태가 되는 때가 가끔 있다. 또한 운동하는 액체분자가 같은 온도에서 느리게 진동하는 얼음분자보다 더 많은 에너지를 가진 만큼 물이 얼 때는 열량(잠열)을 방출하기 때문이다]. 급팽창이 끝날 때 잠열이 방출되어 엄청난 양의 뜨거운 물질(입자)과 복사(광자)가 만들어진다. 사실 오늘날 보는 우주배경복사는 바로 이 불덩어리가 식은 잔재와 다름없다. 그러므로 오늘날 관측되는 모든 물질과 복사는 이 불덩어리에서 유래한다.[6]

26.5 은하의 형성

오늘날 보는 은하, 은하단, 초은하단과 같은 물질의 덩어리는 어떻게 해서 형성되었을까? 우주의 뜨거운 대폭발 모형에서 보면 기원이 될 물질은 H와 He을 성분으로 하는 팽창하는 기체 뿐이었다. 분리 시기 이전에는 물질(기체)이 복사에 꽉 붙잡혀 있다. 이것은 배경복사의 광자가 자유전자에 의해서 톰슨(Thomson) 산란되기 때문이다. 온도가 약 3,000K 아래로 내려가면, 전자는 양성자와 α입자와 결합해서 중성의 수소원자와 헬륨원자가 된다. 그러면 배경복사의 광자와 상호작용할 단면적이 훨씬 줄어들어 작용이 끊겨서(분리 시기) 물질은 복사의 멍에로부터 벗어나서 자유로워진다.

26.5.1 요동

은하의 형성 과정을 추적하는 주목적은 기체 속에서 작은 덩어리가 태어나서 그 후 밀도가 자라나는 과정을 이해하는 데 있다. 요동(perturbation)으로 불리는 이 덩어리는 매질 속을 전파하는 파동처럼 행동한다. 파동은 밀도가 평균보다 높고 낮은 서로 보충적인 구역들을 가지고 있다(소밀파). 한 구역의 밀도를 **밀도 요동비**(density contrast) $\Delta\rho/\rho$를 써서 규격화하기로 하자. 어느 특정한 조건 아래서는 평균보다 조금 밀도가 높은 구역에서 중력효과 때문에 평균보다 느리게 팽창하여 밀도 요동비는 시간과 함께 늘어난다. 평균보다 낮은 밀도의 구역에서는 팽창이 평균보다 더 빠르고 밀도는 평균보다 더 빨리 감소한다. 그러므로 팽창우주에서 중력효과는 원시적 밀도 요동비를 증폭시킨다.

어떤 조건 아래서 요동이 성장할까? 붕괴하는 기체구름의 일반적 문제는 금세기 초엽에 진스(James Jeans, 1877~1946)에 의하여 설명되었다. 문제는 기체구름 속의 압력 기울기가 중력의 지배 하에 놓이게 될 시기는 언제인가에 있다. **진스길이** l_J로 불리는 길이척도는 두 힘의 지배가 바뀌는 임계가 되는 길이로, l_J보다 긴 파장의 요동에서는 중력이 지배하여 요동이 자라고, 그 반대의 경우에는 압력 기울기가 우세하여 요동은 자라지 않고 음파처럼 진동한다.

또 하나의 중요한 길이는 감쇄길이 l_D로, 이보다 짧은 파장의 요동은 점성과 열전도로 에너지를 잃어 감쇄되고 만다.

요동에는 두 가지 종류가 있다. 그 하나는 **단열요동**(adiabatic perturbation)으로 물질밀도와 복사온도가 함께 요동하여, $\Delta\rho/\rho = 3\Delta T/T$인 관계가 있다. 또 다른 종류는 **등온요동**(isothermal perturbation)으로 물질의 요동을 보충할 복사의 요동이 없는(따라서 T는 일정)데서 그 용어가 유래했다.

만일 등온요동이 지배할 경우, 은하 형성의 역사는 다음과 같다. 복사시대에는 요동이 감쇠되거나 증폭되지 않는다. 분리시기에 이르러 진스길이가 10^5~$10^6 M_\odot$ 정도를 내포할 크기에 해당한다. 이보다 큰 요동은 그 후 $\Delta\rho/\rho \propto t^{2/3}$로 성장한다. 이때 l_J는 구상성단의 질량을 포함할 정도의 크기에 해당한다. 가장 단순한 각본은 구상성단들이 중력으로 뭉쳐서 은하가 되고, 은하가 모여서 은하단이 된다는 것이다. 이것은 상향적(bottom-up) 이론의 한 예로서 작은 구조가 모여서 보다 큰 구조가 생성된다.

단열요동의 경우 역사는 좀 더 복잡하다. $l > l_J$인 훨씬 긴 파장의 요동은 복사시대와 물질시대에서 모두 성장하지만, 중간 크기의 요동은 처음에 성장하다가 진동하는 기간을 거쳐서

6) 급팽창에 의하여 엄청나게 늘어난 부피 때문에 이전에 존재했던 입자와 복사의 밀도(즉 온도)는 급팽창 이후 무시할 정도로 작아진다. 급팽창의 과정에서 방출된 잠열(진공에너지)에 의하여 생성된 입자–반입자는 나중에 쌍소멸을 통하여 대부분 사라지고, 단지 1/10^9의 입자만 남아서 오늘날 관측되는 물질이 된다. (역주)

다시 성장한다. 그 까닭은 l_J가 복사시대에 증가하지만 분리시기에 이르러 갑자기 줄어들기 때문이다. 훨씬 긴 파장의 단열 요동은 우주의 역사를 통해 항상 성장하므로 작은 기체구름들이 중력붕괴하여 은하를 형성하기 이전에 큰 기체구름들은 큰 집단을 이루게 된다. 이것을 하향적(top-down) 모형이라고 한다.

1992년까지는 우주의 구조가 될 요동을 관측할 수 없었다. 그 이전에 우주배경복사(CBR)의 관측은 다음과 같은 세 가지 특성을 강조하였다.

(1) 배경복사가 흑체복사라는 점
(2) 우리은하의 CBR에 대한 국부적 운동을 뜻하는 쌍극성 신호
(3) CBR에 다른 구조의 부재, 특히 은하, 은하단의 '씨앗'에 대응할 요동의 부재

등이다. 그러나 COBE는 2년에 걸친 관측자료에서, 약 10°의 방향분해능을 가지고 $\Delta T/T \approx 10^{-5}$수준의 통계적 요동을 확인하였다. 더 최근에는 데네리프(Tenerife) 실험에서 10GHz와 15GHZ 지상관측에서 처음으로 CBR 안에 개별적 요동을 엿볼 수 있었다.[7] 지상관측은 약 5°의 분해능을 가졌기 때문에 이 요동들은 오늘날 약 500Mpc, 즉 망원경으로 보이는 초은하단보다 좀 더 클 정도의 구조이므로, 그 차이는 설명이 어렵지는 않을 것이다. 아마도 초은하단에는 은하 분포에서 두드러지지 않은 헤일로가 붙어 있는지도 모른다.

26.5.2 거대구조와 이론의 관련

우주의 거대구조를 관측하는 일은 감동적인 측면이 있다. 최대의 초은하단이나 빈터를 발견하는 천문학자에게는 명성이나 재물(그럴 리는 없겠지만!)이 찾아올 수 있다. 이러한 발견은 그저 야단법석으로만 끝나는 일이 아니라, 훨씬 더 중요한 학문적 소득을 가져오게 된다. 왜냐하면 중요한 종류의 극단적인 천체가 알려지면, 관련된 이론들도 극한 상황까지 추궁되어 잘못된 아이디어들이 금방 드러나기 때문이다. 여느 분야와는 달리, 특히 우주론에서 이런 경우를 흔히 만나게 된다. 예를 들어 어떤 이론이 은하단은 잘 만들어 낼 수 있는 반면 초은하단은 만들 수 없다면, 그 이론은 마땅히 폐기되어야 할 것이다.

은하의 형성과 관련하여 관측자가 해야 할 일은 초은하단이나 빈터의 전형적 크기뿐만 아니라 이들의 최대 크기도 알아내는 일이다. 그리고 모든 은하들이 그보다 큰 구조에 포함되는지의 여부를 밝히는 일이다. 현재까지 알려진 사실로 미루어 은하들은 모두 그보다 큰 규모의 구조에 속하는 것 같다. 실제로 산재하는 고립된 은하들이 있다 해도, 그 수나 광도는 그다지 크지 않다. 그래서 거대구조를 낳게 하는 물리적 과정은 매우 효율적이었던 것으로 보인다.

관측 결과는 현존 이론에 어떤 제약을 줄까? 이론적 모형들의 일부는 해석적으로 다룰 수 있지만, 문제가 복잡한 만큼 많은 입자나 구역들을 다루는 컴퓨터 모형을 쓰는 것이 필수적이다. 대개의 수치계산 코드는 은하들을 무충돌 입자들로 나타낸다. 즉 이들은 n-체 수치실험인데, 유체역학적 또 자기유체역학적 수치실험도 뒤따를 것이 틀림없다.

$\Omega_0 = 1$임을 믿을 만한 중요한 이론적 근거가 있으므로(급팽창이론), 우주의 성분의 약 90%는 암흑물질이어야 할 것이다.[8] 수치실험은 암흑물질에 관해서 근본적 가정을 세워야 한다. 그 한 가지 방법은 뜨거운 것(hot dark matter, HDM)과 차거운 것(cold dark matter, CDM)으로 나누는 것이다. 뜨거운 입자란 우주의 지평선 안으로 들어올 때 상대론적 속도로 빠르게 움직이고 있는 입자들이다. 현재 HDM의 유일한 후보는 중성미자이다. 현재 중성미자는 질량이 0인 것 같지만 만약에 작은 질량을 갖더라도, 중성미자는 암흑물질의 전부

---

7) WMAP 위성은 각분해능 $< 0.3°$과 온도 감도 $\Delta T \approx 20\mu K(\Delta T/T \approx 10^{-5})$으로 음파와 같은 요동이 진동하면서 만들어 낸 우주배경복사의 비등방도를 측정하였다. 이 비등방도의 천구 상의 분포와 우주 거대구조 상의 은하분포의 상관관계로부터 지금 관측되는 거대구조를 만들었던 요동의 씨앗들과 마지막 산란면에 남아 있는 흔적이 관련되어 있다는 것을 추정할 수 있다. (역주)

8) 원시 핵합성 이론에 의하면 바리온 물질의 양은 $\Omega_b \approx 0.02 - 0.04$에 불과하고, 은하단의 관측에서 추론한 암흑물질의 양이 $\Omega_{cdm} \approx 0.2 - 0.3$에 불과하여, 급팽창 이론에서 예측하는 총 밀도계수 $\Omega_0 = \Omega_b + \Omega_{cdm} = 1$을 만들 수 없다는 것이 우주론의 중요한 문제가 되었다. 이것은 1998년 초신성 Ia를 이용하여 외부은하의 거리를 결정하게 됨에 따라 우주의 팽창이 가속되고 있다는 것을 발견함으로써 해결되었다. 가속 팽창을 유도하는 암흑에너지의 밀도가 $\Omega_\Lambda = 0.7$이 필요하게 되어, $\Omega_0 = \Omega_b + \Omega_{cdm} + \Omega_\Lambda \approx 1$이 되어 급팽창 이론과 잘 부합한다. WMAP 위성을 이용한 우주배경복사 비등방도의 관측에 근거하여 2008년 발표한 논문에 의하면, 우주 구성분의 밀도계수는 각각 $\Omega_\Lambda = 0.72$, $\Omega_{cdm} = 0.23$, $\Omega_b = 0.046$으로 추정된다. (역주)

또는 대다수를 차지할 만큼 수효가 많다.[9] HDM 대신 CDM를 쓰는 대안은 더 많은 가능성이 있는데, 미발견의 가상적 입자들이 여기에 포함되며, 질량은 있으나 보통물질과 상호작용이 없으므로 통틀어 WIMP(약하게 작용하는 질량 있는 입자, Weakly Interacting Massive Particle)라고 한다.

HDM 모형에서는 입자들이 먼 거리까지 운동하므로, 긴 줄기나 실오라기 모양의 초은하단 같은 거대구조와 커다란 빈터를 비교적 쉽게 만든다. 그러나 은하들을 만들기가 더 어려워서, 대개의 이론가들은 CDM 모형을 좋아한다.

CDM 모형에서는 암흑물질이 느리게 움직이므로, 은하단이나 개개 은하의 헤일로에 중력으로 속박되기 쉽다. 어떤 CDM 모형은 편파적 은하 형성(biased galaxy formation)을 가정한다. 지금까지 우리는 밀도 요동의 진폭에 대한 스펙트럼을 언급하지 않았지만 그 대부분은 평균값의 1σ 범위 안에 들어 있는 것이 당연하다. 편파적 은하 형성은 가장 극단적인 요동만이 밝은 대형 은하를 만들 때 일어난다. 이런 $3\sim4\sigma$의 요동은 서로 상관되기가 쉽다. 즉 평균보다도 서로 더 가까이 자리한다. 이 모형의 검증은 다수의 왜소은하들의 분포를 관측해서 얻어질 것이다. 이들은 1σ 요동에서 비롯되었으므로 보다 느리게 붕괴하여 보다 널리 분포했을 것으로 생각된다. 아마도 왜소은하들은 빈터 속에 비교적 흔하게 분포될 것 같다.

암흑물질이 HDM인지 또는 CDM인지에 더불어, 그것이 바리온(baryon)인지 아닌지도 우리의 관심사이다. 중성미자는 렙톤이므로 HDM은 바리온이 아니다. 바리온이라면 '약하게 작용'하지 않을 것이므로 가설상의 입자인 WIMP들도 역시 바리온이 아니다. 암흑물질이 비(非) 바리온의 특성을 가졌다는 근거의 하나는 CBR 요동의 진폭이 극히 작다는 것이다. 관측된 CBR 요동의 진폭은 오늘날의 거대구조를 만들기에 너무 작고, 또한 질량(즉 중력)을 지배하는 암흑물질의 요동보다도 작다. 배경복사의 광자는 바리온 물질과 상호작용하여 계속 '휘적거려지기' 때문에, 만약 암흑물질이 모두 바리온이었다면 CBR의 요동이 관측값과 비교하여 너무 커지게 될 것이다. 암흑물질이 바리온이 아니라면, CBR에 흔적을 거의 만들지 않으므로, 암흑물질 요동의 진폭은 CBR의 $\Delta T/T$보다도 훨씬 클 수 있다. 분리 시기가 지나면, 바리온 물질은 CBR에 관계없이 자유롭게 암흑물질이 만든 중력 퍼텐셜 우물에 빠져들어 그 요동의 진폭이 자라게 된다.

바리온이 아닌 암흑물질 성분은 간접적으로 관측할 수밖에 없다. 바리온 성분의 암흑물질을 찾는 것은, WIMP보다는 쉽겠지만 그 대신 엄청난 수의 천체들—목성들(즉 큰 행성들), 백색왜성, 중성자별, 블랙홀—등을 찾아야 한다. 이들은 MACHO(MAassive Compact Halo Object)로 총칭된다. 백색왜성의 질량-광도 비(M/L)는 10^4 이상이어서 이들을 많이 포함한 은하나 은하단의 M/L를 비리얼정리에서 추정되는 큰 값으로 끌어올릴 수 있다. 행성 같은 천체, 갈색왜성, 중성자별, 블랙홀 등은 더 큰 M/L 비를 가지기 때문에, 전체적인 M/L 값을 올리는 데 더욱 효과가 크다. 이런 천체들을 암흑물질 속에 포함시키는 데 문제점은 필요한 만큼 많은 수를 만들어 내고, 또 보통 별들이 흩어진 공간보다 훨씬 더 넓은 공간을 차지하게 할 이론적 · 관측적 근거가 없다는 데 있다. MACHO의 모형은 없더라도, 작은 암흑 천체가 별들을 가리는 엄폐를 관측하는 시도는 가능하다. 여러 연구자들이 마젤란운과 우리은하 중심부 등을 감시해 왔다. 엄폐는 아주 드물게 일어나는 현상이므로 별들이 밀집한 시야와 MACHO가 들어 있을 긴 시선 방향을 고른다. MACHO에 의한 엄폐는 일시적으로 지나가는 현상이고, 시간 대칭적이고 배경 별의 색에 영향을 주지 않는다. 이런 조건들은 별의 변광에 기인하는 '잡음'을 걸러내는 데 도움이 된다. 지금까지 엄폐의 후보 사례가 몇 개 있었으나, 그 암흑천체 중에서 몇 개가 MACHO인지, 또 이들이 은하 원반부와 헤일로 사이에 어떻게 분포를 하는지에 관해서 결정적인 이야기를 하기에는 너무 수가 적다.[10]

관측이 이론에 주는 제약은 빈터를 만드는 다른 방법에서

9) 1980~1990년대에는 거대구조의 형성에 관한 컴퓨터 시뮬레이션이 활발히 수행되었는데, HDM가 지배하는 우주 모형은 관측되는 은하와 은하단의 분포를 제대로 설명하지 못하여 배제되기 시작하였다. 그러므로 중성미자가 질량을 가진다 하더라도, 필요한 만큼의 DM를 모두 설명하기는 어려울 것이다. (역주)

10) 1993년에 시작한 MACHO 프로젝트는 마젤란운에 속한 별들의 밝기가 우리은하 헤일로에 있는 MACHO에 의한 미세중력렌즈 현상으로 일시적으로 밝아지는 현상을 관측하여, 백색왜성과 갈색왜성과 같은 천체들이 헤일로를 채우고 있는 암흑물질의 20% 정도를 설명할 수 있다고 발표하였다(2000년). 그러나 또 다른 연구 집단인 EROS2는 우리은하의 암흑물질에 MACHO가 차지하는 비율은 8%보다 작을 것이라고 발표하였다(2007년). (역주)

도 볼 수 있다. 중력은 밀도의 요동비를 증폭하여 시간이 갈수록 빈터를 보다 엷고 크게 만들 수 있다. 다른 가능성은 은하 형성 이전에 초중량급 종족 III의 천체가 폭발을 일으켜 공 모양의 구역을 비워서 부풀게 하는 것이다. 이는 밀도 요동비를 폭발적으로 증폭시키는 것이다. 그러나 대개의 폭발 모형은 약 10Mpc 이상의 지름을 가진 빈터를 만들기 어렵다. 그러므로 가장 큰 빈터의 크기를 알아내면 여러 이론을 판가름하는 데 유용할 것이다.

오늘날의 문제들은 내일의 이론으로 극복될지도 모른다는 것을 독자들은 유념하기 바란다. 우리는 어느 특정 모형을 지지하는 것이 아니라 그 현황과 앞으로 나아갈 방향의 일부를 보여 주고자 했다.

26.6 비우주론적 적색이동

지금까지는 은하와 퀘이사의 적색이동이 우주팽창의 결과라고 가정했다. 그러나 적색이동에는 순전히 허블의 팽창에 유래하지 않은 성분이 있다 — 즉 은하단 안에서의 무더기 운동이나 개별적 운동은 가까운 은하들의 적색이동에 중요한 영향을 준다(제24장). 그러나 일부 천문학자들은 비우주론적(noncosmological)인 효과가 훨씬 더 클 것이라고 굳게 믿으며, 은하나 퀘이사의 적색이동이 그 천체에 내재하는 어떤 물리 과정에 유래한다고 믿는다.

비우주론적 적색이동을 지지하는 학자들은 일부 퀘이사가 은하와 관련되어 있다는 — 천구 상에서 가까이 있다는 이유로 — 증거를 알아내고, 가능한 물리적 연관성을 찾고 있다. 그 논거는 퀘이사와 은하가 우연히 가깝게 보일 확률이 작다는 데 주로 의존하고 있다. 요컨대 $V = 19$등급보다 밝은 퀘이사는 평균해서 하늘의 1평방도 안에 2개 정도가 있다.

알프(Halton Arp, 1927~)의 연구에서 대표적인 예 2개를 들어 보자. 그 하나는 퀘이사 같은 천체($z = 0.044$)가 타원은하($z = 0.009$) 바로 앞에 자리하고 있었다. 그 근거는 퀘이사의 가장자리에 아마도 은하의 빛을 흡수하는 어두운 고리가 있기 때문이다. 알프는 이 퀘이사 같은 천체가 은하로부터 방출된 것으로 결론 내렸다. 그는 은하단 A1367 안에서 두 퀘이사가 한 은하 가까이(약 1′ 이내)에 자리하는 또 하나의 예를 찾았는데, 이런 일이 우연히 일어날 확률은 7×10^{-6}에 불과하다고 주장하였다. 두 경우에 퀘이사와 은하 사이의 물리적 연관성을 실증하는 일은 앞으로 숙제로 남아 있다.

표준적인 생각에 거슬리는 또 다른 예는, 티프트가 보통 은하들의 적색이동이 양자화되었다는 근거를 찾았다는 것이다. 알프의 방법이 적색이동이 큰 천체와 작은 천체가 이상하게 연관을 가진 경우를 찾았다는 데 있다면, 티프트의 방법은 은하들의 적색이동의 통계적 특성을 조사했다는 데 있다. 그는 원래 은하 회전곡선과 이중(쌍)은하 사이의 속도 차이에서, 72kms^{-1} 적색이동의 주기성을 알아냈던 것이다. 이중은하 샘플에서 은하 쌍이 만드는 궤도면이 시선 방향에 수직으로 보이는 경우가 많을 것이므로, 두 은하의 적색이동의 차이($\Delta z = \Delta V/c = (V_1 - V_2)/c$)는 0에서 봉우리를 이루는 가우스 분포가 될 것으로 기대되었다. 그러나 실제 관측된 샘플에서는 0은 제외되었고, Δz의 분포는 규칙적인 봉우리들을 가지고 있었다. 우리은하의 무더기 운동 또는 우주배경복사에 대한 특이운동에 관련된 보정을 거친 후에, 좀 더 먼 은하들에서 대하여 우주 전반에 걸친 효과가 있는지 연구가 확대되었다. 이런 방식으로 36kms^{-1}를 포함한 보다 짧은 주기도 여럿이 발견되었다.[11)]

중요한 것은 티프트의 결과가 다른 학자들에 의하여 재확인되었다는 것이다. 거스리(B. Guthrie)와 네이피어(W. Napier)는 가까이 있는 은하들의 샘플(티프트가 사용한 샘플과는 다른)을 조사한 결과, 동일한 양자화의 주기를 얻었다. 앞으로 이러한 분석 결과가 받아들여진다면, 이는 우주론에 혁신적인 영향을 가져올 것이다. 티프트가 제안한 설명은, '시간이 사실은 하나 이상의 차원을 가졌는지도 모른다'는 레토(A. Lehto)의 생각을 확대하는 것이다.

대다수의 천문학자는 현재까지의 증거가 비우주론적보다도 우주론적 해석을 더 강하게 뒷받침하는 것으로 믿고 있다. 연구자 대다수가 '표준적' 이론을 그 한계까지 추궁하는 것이 유용하겠지만, 우리 과학의 기반을 캐묻는 용감한 몇 사람이

11) 상세한 설명은 이 책의 범위를 벗어난 것이지만, 저자는 여기서 은하의 내부 운동에 의한 도플러 효과로 적색이동의 일정 부분을 설명할 수 있다고 주장하는 소수의 학자들의 견해를 소개하려고 시도한 듯하다. (역주)

나타나는 것도 중요한 일이다. 아마 지금 무대 옆에는 또 하나의 코페르니쿠스가 기다리고 있을는지도 모른다.

26.7 우주의 역사

우주가 어떻게 진화했는가에 관해서 오늘날 최상의 지식을 알아볼 차례가 되었다. 우주의 역사는 복잡하다. 여기에는 강핵력과 약핵력이 무대를 지배했던 시기가 들어 있다. 어느 시기에 어느 입자들이 어느 상호작용으로 무대를 지배했는지 알게 될 것이다. 전자기력은 우주팽창으로 입자 간 거리가 핵력의 짧은 유효거리보다 훨씬 길어진 후에 비로소 중요하게 된다. 물론 우주 전체의 곡률과 감속을 지배하는 것은 4개 힘 중에서 가장 약한 중력이지만, 초기 우주에서는 잠시 배경 뒤에 숨어 있다. 인력을 상쇄할 음(−)의 중력 전하(질량)가 없기 때문에, 중력은 무한히 긴 유효거리를 가지며 또한 항상 인력으로 작용한다.

우리는 이 역사를 시간의 단위로 따라갈 것이다.[12] 마찬가지로 온도, 밀도, 질량, 에너지 밀도, 또는 우주의 크기를 독립변수로 써서 따라갈 수도 있다. 크기보다도 지수를 쓰는 편이 나을지도 모른다. 이를테면 우주의 나이 $t = 10^{-36}$초 때는, 우주의 핵합성 시기인 $t = 10^2 \sim 10^3$초에서 오늘날에 해당하는 $10^{17} \sim 10^{18}$초보다 더 멀리 떨어져 있는 셈이 된다. 지수적으로 그렇단 말이다. 이것을 이해하려면 핵합성의 이전과 이후 사이에 우주의 크기가 각각 몇 번이나 2배로 늘어났는지를 비교해 보면 알게 될 터이다.

10^{-43}초 우리는 이 시기 이전에 우주를 채웠던 높은 에너지 속에서의 물리학을 실제로 이해하지 못한다. 아마도 중력은 양자화되었고 우리가 경험하는 시공간이 4차원이 아니라 더 많은 차원이었을지도 모른다. 후세에 은하들로 성장한 요동들은 중력이 양자화되었던 초기에 생겼던 양자적 요동에 유래했을지도 모른다.

10^{-36}초 GUT 시기가 끝난다. 강핵력은 전자기–약력과 분리하고 급팽창이 시작된다. 이 시기 이전에는 쿼크 및 반쿼크의 개수와 광자의 개수가 같다. 그러나 하전(charge)–패리티(parity) 보존법칙에 어긋나는 다양한 과정으로 대다수의 쿼크는 소멸된다. 오늘날 광자와 쿼크로 이루어진 바리온의 개수비는 $10^9 \sim 10^{10}$이므로, 쿼크는 10억 개 중 1개가 이 소멸에서 살아남는다. 반쿼크는 살아남은 것이 없다. 이것이 쿼크–반쿼크 비대칭성의 기원이고 또 바리온이 광자에 비해 극히 드문 까닭이다.[13] 급팽창이 진행되는 동안에 우주의 지평선은 6×10^{-28}m에서 10^{16}m로 증가한다.

10^{-34}초 급팽창이 끝난다. 현재 우리가 보는 우주의 크기(지평선 거리 = 14.6Gpc = 4.5×10^{26}m)는 급팽창이 끝난 당시에는 1m[= 4.5×10^{26}m(2.7K/10^{27}K)]에 불과하여, 당시의 지평선 거리(10^{16}m)에 비하여 매우 작다. 우주의 주성분은 광자, 쿼크, 반쿼크, 색을 가진 글루온 등이다. 유의할 것은 이 시기에 양성자가 안정하지 않아서 원소가 전혀(수소조차도) 없다는 것이다.

10^{-12}초 약핵력과 전자기력이 분리한다. 우주는 급팽창 이후 10^{22}배나 늙었고 그 사이에 일어난 사건이 거의 없어서 그 사이를 흔히 '사막'이라고 부른다.

10^{-6}초 **핵자의 형성시기.** 자유 쿼크와 반쿼크가 묶여서 양성자와 중성자, 그리고 그 반입자들을 만든다. 이후 쌍소멸에 의하여 반입자는 사라지고, $1/10^9$의 입자들만 남게 된다.[14]

1초 중성미자가 물질과 분리되고, 렙톤의 쌍소멸에 의하여 양전자가 사라진다.

$10^2 \sim 10^3$초 우주의 핵합성 시기이다. 핵자가 융합하여 약 25%의 바리온 물질이 He의 형태로 우주에 생기게 된다. 나머지 바리온은 거의 모두가 수소원자핵(양성자)이다. 중수소(D), 3헬륨(^{3}He), 리티움(Li) 등의 가벼운 원소가 극소량 만들어진다.

10^{12}초(5.5만 년) 전이시기. 복사시대에서 물질시대로 전이된다. 이전에는 복사의 에너지 밀도가 물질의 에너지 밀도보다

---

12) 여기서 원서의 내용이 최신 표준우주 모형과 다른 점들(특히 시간)에 대하여 일일이 주를 다는 대신에 본문을 직접 수정하였다. (역주)

13) 원서에서는 급팽창 시기에 쿼크–반쿼크 쌍소멸이 일어나 반물질이 사라진다고 설명하고 있다. 그러나 최신 이론에 의하면 우주의 나이 10^{-6}초에 쿼크와 반쿼크는 각각 바리온과 반바리온으로 바뀌고, 이후 바리온–반바리온 쌍소멸이 일어나 반물질이 사라진다. (역주)

14) 10^{-6}초(핵자 형성시기), 1초(중성미자 분리시기), 10^{12}초(전이시기), 2×10^{17}초(람다시대) 등은 역자가 추가한 사건들이다. (역주)

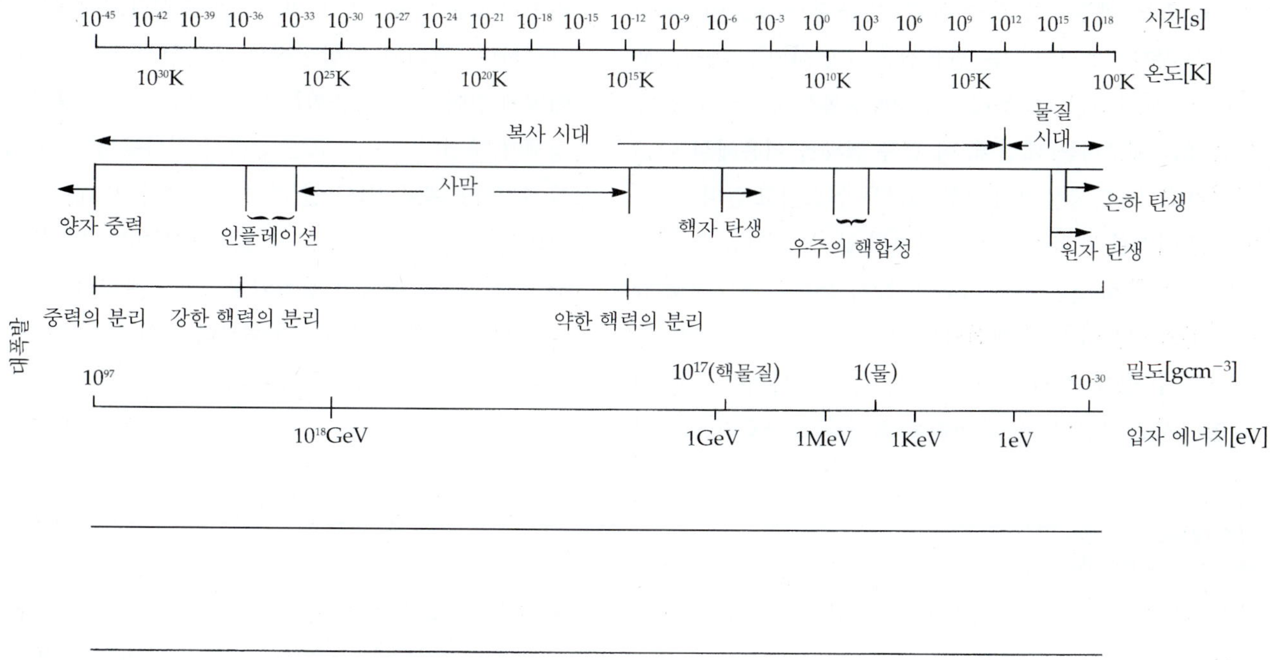

그림 26-2 우주의 역사

모든 수평축은 서로 부합한다. 역사는 왼쪽의 대폭발부터 오른쪽의 오늘날로 향해 진행한다.

더 높았다. 이 시기 이후 물질이 지배적이 된다.

10^{13}초(40만 년) **재결합 시기**. 분리 시기. 자유전자가 원자와 결합하여 중성원자를 형성하므로 광자와 핵자 사이의 작용이 단절한다. 이때 우주배경복사의 온도가 3,000K로 내려갔으므로 배경복사는 이미 적외선 영역으로 길어졌다. 이후에는 우주에 빛(가시광 영역의 복사)이 없으므로, 이 시기를 **우주의 암흑시대**(cosmic dark age)라고 한다.

10^{16}초 별, 은하, 행성이 생기기 시작한다. 1~10억 년 사이에 1세대 별(종족 III)들이 생성되기 시작하면서 빛이 생겨나서 암흑시대가 끝나고 **부흥기**(cosmic renaissance)가 시작된다. 1세대 별들은 주로 무겁고 뜨거운 별들로 수소를 이온화시킬 수 있는 자외선이 풍부하여 은하 간 물질들을 광전리시켰는데, 이를 **재이온화**(reionization)라 한다. 또한 이 시기는 활동 은하핵이 생성되기 시작한 시기이다.

2×10^{17}초(70억 년) 물질시대에서 **람다(Λ)시대**로 전이. 우주의 에너지 밀도에서 암흑에너지가 우세해지면서 감속하던 우주의 팽창이 가속되기 시작하는 시기이다.

4×10^{17}초(137억 년) 현재. 앞으로 시간이 더 지나면 은하들은 서로 계속 멀어지고 허블상수는 증가한다. 우주의 온도는 계속 낮아져서 절대 0도로 무한히 가까워진다. $\Omega_\Lambda \approx 0.72$, $q_0 = -0.58$이므로 우주의 팽창은 무한정으로 지속된다.

10^{40}초 양성자가 (아마도) 붕괴한다. 원자의 존재는 종말을 고한다.

그림 26-2는 오늘날에 이르는 역사의 여러 국면을 나타낸 것이다. 각 수평선들은 서로 부합하는 것으로 생각되어야 한다. 그러나 우리는 어느 하나나 주석을 붙여서 명확하게 하지 못했다. 우주의 역사는 하나의 그림으로 설명하기에는 너무나 복잡하다.

26.8 요약

우주 거대구조의 천문관측과 입자물리학의 이해 두 분야에서 이루어진 최근의 발전으로 우주를 이해하는 데 여러 문제가 해결되었다.[15] 급팽창이론은 놀랍게도 이런 여러 가지 문제를 해결하는 데 성공적이었다. 그것은 왜 우주 전체가 공통된 배경온도를 가지며, 왜 자기홀극이 드물고, 왜 우주의 밀도가 임계값에 놀라울 정도로 가까운지를 설명한다. 우리는 오늘날 일어나고 있는 과정에서 보는 물질-반물질 대칭성이, 우주 초기에 대부분의 물질이 모든 반물질을 소멸시키는 과정으로 사라졌음을 알게 되었다. 우리는 우주배경복사의 소규모 등방성의 문제를 해명하는 대신에, 이 관측 결과를 이용해서 이론을 제약하고, 또 암흑물질에 관한 정보를 얻으려고 한다.

우리는 이러한 해결이 유일한 것인지 알지 못한다. 또 제기된 문제가 모두 해결된 것도 아니다. 특히 암흑물질(그리로 암흑에너지)의 지식이 크게 개선되지 않고는 우주론을 이해했다고 주장할 수 없다. 실제로 이런 입자들을 검출하기는 극히 어려운 일인지도 모른다. 만일 바리온 물질과의 상호작용이 알려지지 않은 초대칭성 입자가 암흑물질의 주성분일 때는 더욱 그러하다. 우리는 실험실에서 초대칭성 입자— 'ino' —를 어떻게 잡아낼 수 있을까? 마찬가지로 우리는 종족 III의 별의 정체가 무엇인지 모르고는 진화의 역사를 잘 알고 있다고 말할 수 없다. 종족 III의 별 없이는 우주와 별 내부의 원자핵 합성의 결과가 서로 화해할 수 없기 때문이다. 마지막으로 우주의 거대구조가 어떻게 형성되었는지에 관해서 지식이 늘어났지만 아직 확신을 가지고 이해한다고 할 수는 없다. 초은하단이나 빈터를 만든 과정은 정확하게 무엇일까?

핵심 수식과 개념

- 표준 대폭발 우주론은 다음 네 가지 문제와 거슬린다.
  1. 배경복사의 높은 등방성
  2. 우주 물질밀도가 임계밀도에 극히 가까운 사실
  3. 반물질의 부족
  4. 종족 III의 별의 부재
- 첫 두 문제는 급팽창이론에 의하여, 우주의 극히 초기에 일어났던 초광속 우주팽창으로 설명된다.
- 우주 핵합성의 이론적 결과는 오늘날 관측 결과와 잘 부합하고, 우주의 나이가 수 분인 시기에 대한 우리의 이해가 타당하다는 것을 알려 준다. 우주의 불덩어리는 H와 He(약 25% 질량)을 만들었고, 다른 원소들은 거의 만들지 않았다.
- 자연의 네 가지 힘 가운데 약핵력과 전자기력은 이미 통합되었다. GUT(대통일이론)에 의하여 강핵력은 전자기-약력과 결국 통합될 가망이 크고, 앞으로 양성자는 붕괴될 것이다.
- 은하는 요동으로 불리는 작은 과밀도의 덩어리로부터 태어난 것으로 추정된다. 시초의 형태는 우주의 나이 10^{-36}초 때 양자적 요동으로 그 대다수는 감쇄 또는 진동을 하다가, 작용이 단절되는 시기(재결합 시기) 이후에 중력의 영향으로 뭉쳐진 물질 덩어리로 성장하게 된다. 극히 거대한 거리척도에서 요동이 존재한다는 증거는 우주배경복사 요동의 관측에서 얻어진다.
- 암흑물질은 어두운 밀집 천체인 MACHOs의 형태로 존재할 수도 있고, 혹은 비바리온으로 작용이 약한 고온입자(HDM 중성미자) 또는 저온입자(CDM)일 수도 있다.
- 우주의 긴 역사 속에는 힘과 입자들이 서로 분리되었던 시기와 급팽창 시기가 있었고, 그 후에 사건이 거의 없는 시기가 있었다.

문제

1. 크기의 대표값이 1μm인 티끌 입자가 은하 간 공간에 평균 밀도 10^{-27}kgm^{-3}(임계밀도)로 분포한다고 가정할 때

(가) 이 티끌의 개수밀도(개수/m^3)와 입자의 평균 간격을 구하시오.

(나) (가)의 답을 우리은하 안의 성간티끌의 그것과 비교하시오.

---

15) 최근 우주론 연구에서는 허블우주망원경의 은하 관측과 WAMP 위성의 우주배경복사 관측이 가장 두드러진 기여를 했다고 할 수 있다. 그밖에 초신성 Ia형, 활동은하핵, 은하 간 공간을 채우는 라이먼알파 구름, 중력렌즈 현상, SDSS(Sloan Digital Sky Survey)와 같은 은하탐사 프로젝트 등의 관측우주론의 발전이 '정밀우주론'의 탄생에 중요한 역할을 하였다. (역주)

(다) 이 가상적 은하 간 티끌은 안드로메다은하 극에 보이는 별들을 현저하게 적색화할 것임을 증명하시오. (이런 적색화는 실제 관측되지 않음.)

2. 만일 은하 간 공간이 $T = 10^6$K의 H II 플라스마로 가득 채워 있다면

(가) 양성자들의 평균 속도와 평균 운동에너지(입자당)를 구하시오.

(나) 이 개개의 운동에너지는 전자파의 어느 파장에 해당할까? 이런 복사가 지표에서 관측될 수 있을지 논하시오.

3. 전자는 대폭발에서 만들어지는 가장 가벼운 입자이다. 그들이 형성된 가장 최근의 시기는 언제인가?

4. 식 (25–21)과 그림 25–2를 써서 Ω가 1로부터 먼 값으로 진화한다는 이 장의 주장을 증명하시오.

5. 중수소(^{2}H)의 광분해가 일어날 임계온도는 10^{10}K이라 한다면 중수소의 결합에너지는 얼마인가?

6. 26.6절은 시간 단위로 잰 우주의 역사의 여러 단계를 나타냈다. 각 시기에 해당하는 밀도와 복사온도를 가늠하시오. 그 결과의 정확도를 논의하시오.

7. GUT와 급팽창 모형은 표준적 대폭발 모형의 여러 문제들을 해명하는 데 도움이 된다. 그 밖에 어떤 문제들이 남아 있을까?

COMET UPDATE

혜성에 관한 최신 정보[1)]

헤일–밥 혜성

헤일–밥(Hale-Bopp) 혜성은 가장 많은 사람들의 기억에 궤적을 남긴 혜성일 것이다(그림 U–1). 오랜 시간 관측이 가능했었기 때문이기도 하지만, 역사에 기록된 혜성 중 두 번째로 밝은 것이기 때문이다. 이 혜성은 일몰 후 어두운 밤하늘에 나타나 찬란하게 빛났다. 그렇다면 헤일–밥 혜성은 천문학자들에게도 놀라움을 안겨 주었을까?

첫째, 혜성의 꼬리에서 나트륨 기체가 발견되었다. 1997년 5월에 이르자, 헤일–밥 혜성은 3개의 꼬리를 보였다. 보통 발견되는 티끌 꼬리와 플라스마 꼬리가 있었고, 그 사이에 Na 기체로 이루어진 꼬리가 하나 더 있었다. 둘째, 안쪽 코마에서 나타나기 시작하여 꼬리로 옮겨가는 일련의 티끌 껍질들을 뿜어내었다. 이것은 대부분의 혜성에서 보통 일어나는 현상이지만, 헤일–밥 혜성 이전에는 거의 관측되지 않았던 것이다(그림 U–2). 이런 점으로 미루어 볼 때 티끌 꼬리는 사실상 동시에 방출된 고체 입자들이 만들어진 원통형의 티끌 껍질들이 중첩된 것이라고 할 수 있다. 각각의 껍질은 안쪽 코마에서 분출된 시간과 속도에 따라서 정의된다. 적외선 관측에 의하면 티끌의 일부는 감람석 알갱이들이다. 셋째, 분광관측으로 혜성에서는 최초로 DCN(cyanic acid with deuterium, 중수소를 포함한 시안산)을 검출하였다. 분석을 통하여 추정된 D/N의 비율은 10^{-3}이었다. 넷째, 핵의 크기는 지름이 대략 40km 정도로 추정하였고, 자전주기는 11.5시간이었으며, 감지할 수 있는 세차의 주기는 약 22일이다. 육안으로 보았을 때 가장 화려한 볼거리는 핵의 태양을 향한 쪽의 구멍에서 방출되는 껍질들이었다(그림 U–3). 방출할 때 핵이 자전하고 흔들리면서, 그 결과로 일련의 비대칭 껍질이 만들어진다.

그림 U–1 우주 왕복선에서 촬영한 헤일–밥 혜성 사진
지표면 상에서 보이는 줄무늬들은 사진을 장시간 노출한 결과이다. (NASA)

1) 1997년 원서의 4판이 개정될 당시의 최신 정보를 의미한다. (역주)

그림 U-2 헤일-밥 혜성의 적외선 사진으로 코마의 먼지 껍질들을 보여준다.
(Casey Lisse, Yan Fenandez, and Joseph Hora, 매릴랜드 대학교, 하와이 대학교 천문학 연구소)

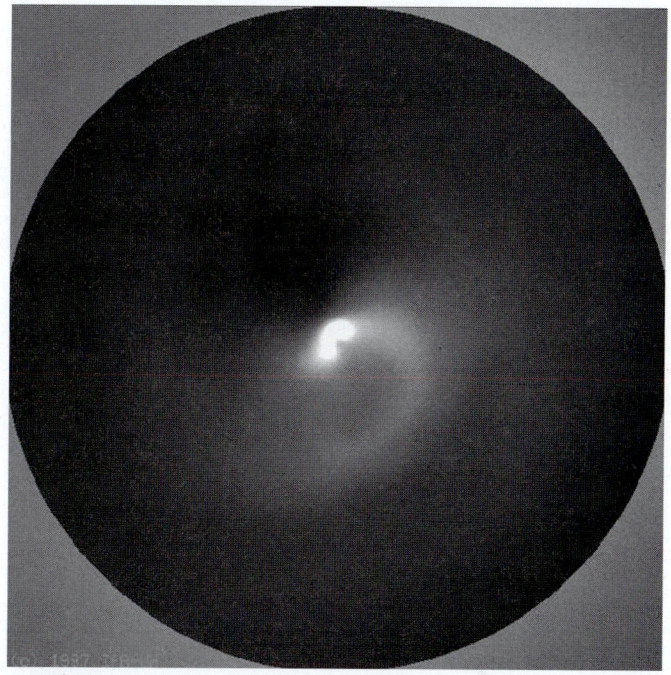

그림 U-3 마우나케아 천문대의 2.2m 망원경으로 촬영한 헤일-밥 혜성의 제트
(William D. Vacca, 하와이 대학교 천문학 연구소)

헤일-밥의 최신 정보를 보고자 한다면 다음 웹사이트를 방문해 보자(http://encke.jpl.nasa.gov).

히아쿠타케 혜성

ROSAT 엑스선 위성 관측소는 혜성에서는 처음으로 히아쿠타케(Hyakutake) 혜성이 방출하는 엑스선을 발견하였다. 이상하게도 엑스선에서 가장 밝은 지역은 핵에서 태양을 향하여 30,000km 앞쪽 지역이다. 그러나 이러한 엑스선을 방출하는 과정은 알려지지 않았다. 다만 혜성이 만드는 전하를 많이 띤 이온들과 태양풍의 상호작용에 의하여 만들어졌을 것으로 짐작할 수 있다. 소량의 구성 성분인 이온들은(O, C, Ne와 같은) 자유전자를 내부 궤도구각(inner shell)에 잡아들일 수 있어서, 100eV에서 2keV의 에너지를 가지는 방출선들을 만들 수 있다.

엑스선 방출의 모형에 관한 연구논문을 보고자 한다면 다음 웹사이트를 참조하자(http://hpcc.engin.umich.edu/HPCC).

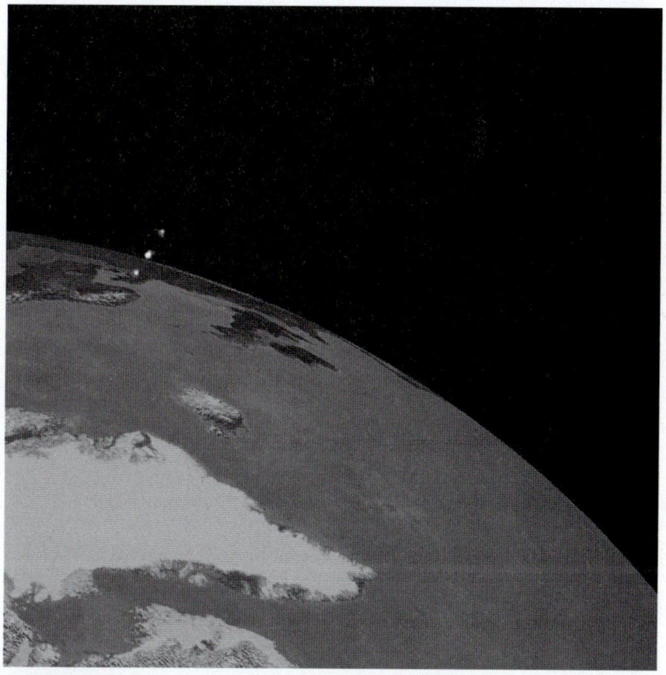

그림 U-4 밤중에 폴라 위성에서 촬영한 작은 혜성 꼬리의 영상(지구 위로 보이는 일련의 하얀 반점들) (L. Frank, J. Sigwarth, and NASA)

작은 혜성들과 지구

NASA의 폴라 위성은 지구 대기로 하루에 수천 개의 작은 혜성들이 쏟아진다는 것을 관측하였다. 위성 사진들은 지표에서 10,000~20,000km 상공의 대기로 돌진하는 혜성들이 대기와의 마찰로 사라지면서 만드는 '눈덩이'들을 보여 준다. 혜성이 뒤로 길게 남긴 흔적에 포함된 물 분자는 수소원자 1개가 해리되어 OH가 남게 되는데, 태양빛을 받은 OH분자들은 밝게 빛나게 된다(그림 U-4). 이것은 지구 대기에 지름이 대략 50km에 이르는 짧은 수명을 가진 '구멍'을 만들게 된다. 이러한 구멍들은 10여 년 전에 처음으로 관측되었으나 최근에 이르러 마침내 확인되었다. 혜성체들은 대략 집채만한 크기를 가지고 있고 수십 톤의 질량을 가진다. 이처럼 혜성들은 지구 대기의 상층부에 수증기를 유입시키는데, 과거(지구 내부에서 방출된 기체와 더불어) 지구 대기와 해양의 기원이었을 것이다(7.6.6항).

아이오와 대학교의 루이스 프랭크(Louis Frank) 교수는 지구의 오로라의 사진들에서 이런 '구멍'들을 발견하고는 최초로 앞서 설명한 이론을 제안하였는데, 최신의 관측들은 그의 주장을 뒷받침해 준다. 이처럼 관측으로 확인됨에 따라, 적어도 태양계의 내부에는 매우 작은 혜성체들의 집단이 존재한다고 추론하게 되었다. 그렇다면 다른 지구형 행성들에서도 이러한 '우주 강우'가 발생했을 수도 있다.

더 많은 영상자료와 최신 정보를 보기 위해서는 다음 웹사이트를 방문해 보자(http://smallcomets.uiowa.edu).

APPENDIX A 부록

APPENDIX 1 메시에 목록

표 A1-1

메시에 번호	NGC	적경(2000)	적위(2000)	별자리	크기[']	V[등급]	형태	이름
1	1952	5^h $34^m.5$	+22°01′	Tau	6 × 4	8.4:	Di	게 성운(Crab Nebula)
2	7089	21 33.5	−0 49	Aqr	13	6.5	Gb	
3	5272	13 42.2	+28 23	CVn	16	6.4	Gb	
4	6121	16 23.6	−26 32	Sco	26	5.9	Gb	
5	5904	15 18.6	+2 05	Ser	17	5.8	Gb	
6	6405	17 40.1	−32 13	Sco	15	4.2	OC	
7	6475	17 53.9	−34 49	Sco	80	3.3	OC	
8	6523	18 03.8	−24 23	Sgr	90 × 40	5.8:	Di	석호 성운(Lagoon Nebula)
9	6333	17 19.2	−18 31	Oph	9	7.9:	Gb	
10	6254	16 57.1	−4 06	Oph	15	6.6	Gb	
11	6705	18 51.1	−6 16	Sct	14	5.8	OC	
12	6218	16 47.2	−1 57	Oph	14	6.6	Gb	
13	6205	16 41.7	+36 28	Her	17	5.9	Gb	허큘리스 성운(Hercules Nebula)
14	6402	17 37.6	−3 15	Oph	12	7.6	Gb	
15	7078	21 30.0	+12 10	Peg	12	6.4	Gb	
16	6611	18 18.8	−13 47	Ser	7	6.0	OC	
17	6618	18 20.8	−16 11	Sgr	46 × 37	7:	Di	오메가 성운(Omega Nebula)
18	6613	18 19.9	−17 08	Sgr	9	6.9	OC	
19	6273	17 02.6	−26 16	Oph	14	7.2	Gb	
20	6514	18 02.6	−23 02	Sgr	29 × 27	8.5:	Di	세 갈래 성운(Trifid Nebula)
21	6531	18 0.46	−22 30	Sgr	13	5.9	OC	
22	6656	18 36.4	−23 54	Sgr	24	5.1	Gb	
23	6494	17 56.8	−19 01	Sgr	27	5.5	OC	
24		18 16.9	−18 29	Sgr	90	4.5:		
25	IC 4725	18 31.6	−19 15	Sgr	32	4.6	OC	
26	6694	18 45.2	−9 24	Sct	15	8.0	OC	
27	6853	19 59.6	+22 43	Vul	8 × 4	8.1:	Pl	아령 성운(Dumbbell Nebula)
28	6626	18 24.5	−24 52	Sgr	11	6.9:	Gb	
29	6913	20 23.9	+38 32	Cyg	7	6.6	OC	
30	7099	21 40.4	−23 11	Cap	11	7.5	Gb	
31	224	0 42.7	+41 16	And	178 × 63	3.4	S	안드로메다 은하(Andromeda Nebula)
32	221	0 42.7	+40 52	And	8 × 6	8.2	E	
33	598	1 33.9	+30 39	Tri	62 × 39	5.7	S	
34	1039	2 42.0	+42 47	Per	35	5.2	OC	
35	2168	6 08.9	+24 20	Gem	28	5.1	OC	
36	1960	5 36.1	+34 08	Aur	12	6.0	OC	
37	2099	5 52.4	+32 33	Aur	24	5.6	OC	

표 A1-1 (계속)

메시에 번호	NGC	적경(2000)	적위(2000)	별자리	크기[']	V[등급]	형태	이름
38	1912	5 28.7	+35 50	Aur	21	6.4	OC	
39	7092	21 32.2	+48 26	Cyg	32	4.6	OC	
40		12 22.4	+58 05	UMa		8:		
41	2287	6 47.0	−20 44	CMa	38	4.5	OC	
42	1976	5 35.4	−5 27	Ori	66 × 60	4:	Di	오리온 성운(Orion Nebula)
43	1982	5 35.6	−5 16	Ori	20 × 15	9:	Di	
44	2632	8 40.1	+19 59	Cnc	95	3.1	OC	프리세페 성단(Praesepe)
45		3 47.0	+24 07	Tau	110	1.2	OC	플레이아데스 성단(Pleiades)
46	2437	7 41.8	−14 49	Pup	27	6.1	OC	
47	2422	7 36.6	−14 30	Pup	30	4.4	OC	
48	2548	8 13.8	−5 48	Hya	54	5.8	OC	
49	4472	12 29.8	+8 00	Vir	9 × 7	8.4	E	
50	2323	7 03.2	−8 20	Mon	16	5.9	OC	
51	5194 − 5	13 29.9	+47 12	CVn	11 × 8	8.1	S	소용돌이 은하(Whirlpool Galaxy)
52	7654	23 24.2	+61 35	Cas	13	6.9	OC	
53	5024	13 12.9	+18 10	Com	13	7.7	Gb	
54	6715	18 55.1	−30 29	Sgr	9	7.7	Gb	
55	6809	19 40.0	−30 58	Sgr	19	7.0	Gb	
56	6779	19 16.6	+30 11	Lyr	7	8.2	Gb	
57	6720	18 53.6	+33 02	Lyr	1	9.0:	Pl	고리 성운(Ring Nebula)
58	4579	12 37.7	+11 49	Vir	5 × 4	9.8	S	
59	4621	12 42.0	+11 39	Vir	5 × 3	9.8	E	
60	4649	12 43.7	+11 33	Vir	7 × 6	8.8	E	
61	4303	12 21.9	+4 28	Vir	6 × 5	9.7	S	
62	6266	17 01.2	−30 07	Oph	14	6.6	Gb	
63	5055	13 15.8	+42 02	CVn	12 × 8	8.6	S	
64	4826	12 56.7	+21 41	Com	9 × 5	8.5	S	
65	3623	11 18.9	+13 05	Leo	10 × 3	9.3	S	
66	3627	11 20.2	+12 59	Leo	9 × 4	9.0	S	
67	2682	8 50.4	+11 49	Cnc	30	6.9	OC	
68	4590	12 39.5	−26 45	Hya	12	8.2	Gb	
69	6637	18 31.4	−32 21	Sgr	7	7.7	Gb	
70	6681	18 43.2	−32 18	Sgr	8	8.1	Gb	
71	6838	19 53.8	+18 47	Sge	7	8.3	Gb	
72	6981	20 53.5	−12 32	Aqr	6	9.4	Gb	
73	6994	20 58.9	−12 38	Aqr				
74	628	1 36.7	+15 47	Psc	10 × 9	9.2	S	
75	6864	20 06.1	−21 55	Sgr	6	8.6	Gb	
76	650 − 1	1 42.4	+51 34	Per	2 × 1	11.5:	Pl	
77	1068	2 42.7	−0 01	Cet	7 × 6	8.8	S	
78	2068	5 46.7	+0 03	Ori	8 × 6	8:	Di	
79	1904	5 24.5	−24 33	Lep	9	8.0	Gb	
80	6093	16 17.0	−22 59	Sco	9	7.2	Gb	
81	3031	9 55.6	+69 04	UMa	26 × 14	6.8	S	
82	3034	9 55.8	+69 41	UMa	11 × 5	8.4	Ir	
83	5236	13 37.0	−29 52	Hya	11 × 10	7.6:	S	
84	4374	12 25.1	+12 53	Vir	5 × 4	9.3	E	

표 A1-1 (계속)

메시에 번호	NGC	적경(2000)	적위(2000)	별자리	크기[']	V[등급]	형태	이름
85	4382	12 25.4	+18 11	Com	7 × 5	9.2	E	
86	4406	12 26.2	+12 57	Vir	7 × 6	9.2	E	
87	4486	12 30.8	+12 24	Vir	7	8.6	E	처녀자리 A(Virgo A)
88	4501	12 32.0	+14 25	Com	7 × 4	9.5	S	
89	4552	12 35.7	+12 33	Vir	4	9.8	E	
90	4569	12 36.8	+13 10	Vir	10 × 5	9.5	S	
91	4548	12 35.4	+14 30	Com	5 × 4	10.2	S	
92	6341	17 17.1	+43 08	Her	11	6.5	Gb	
93	2447	7 44.6	−23 52	Pup	22	6.2:	OC	
94	4736	12 50.9	+41 07	CVn	11 × 9	8.1	S	
95	3351	10 44.0	+11 42	Leo	7 × 5	9.7	S	
96	3368	10 46.8	+11 49	Leo	7 × 5	9.2	S	
97	3587	11 14.8	+55 01	UMa	3	11.2:	Pl	올빼미 성운(Owl Nebula)
98	4192	12 13.8	+14 54	Com	10 × 3	10.1	S	
99	4254	12 18.8	+14 25	Com	5	9.8	S	
100	4321	12 22.9	+15 49	Com	7 × 6	9.4	S	
101	5457	14 03.2	+54 21	UMa	27 × 26	7.7	S	
102								M101의 재관측
103	581	1 33.2	+60 42	Cas	6	7.4:	OC	
104	4594	12 40.0	−11 37	Vir	9 × 4	8.3	S	솜브레로 은하(Sombrero Galaxy)
105	3379	10 47.8	+12 35	Leo	4 × 4	9.3	E	
106	4258	12 19.0	+47 18	CVn	18 × 8	8.3	S	
107	6171	16 32.5	−13 03	Oph	10	8.1	Gb	
108	3556	11 11.5	+55 40	UMa	8 × 2	10.0	S	
109	3992	11 57.6	+53 23	UMa	8 × 5	9.8	S	
110	205	0 40.4	+41 41	And	17 × 10	8.0	E?	

: 근사치의 표시

형태 : 무정형 성운(diffuse nebula, Di), 구상성단(globular cluster, Gb), 산개성단(open cluster, OC), 행성상성운(planetary nebula, P1), 또는 은하(E 타원은하, Ir 불규칙 은하, S 나선은하). (sky Catalogue 2000.0, vol. 2, Sky Publishing Corp., 1985)

APPENDIX 2 별자리

표 A2-1 별자리

이름	이름의 소유격	약기	근사 위치			
			적도좌표		은하좌표	
			α	δ	l	b
			h	°	°	°
안드로메다(Andromeda)	Andromedae	And	1	+40	135	−25
공기펌프(Antlia)	Antilae	Ant	10	−35	270	+15
극락조(Apus)	Apodis	Aps	16	−75	315	−15
물병(Aquarius)	Aquarii	Aqr	23	−15	50	−60
독수리(Aquila)	Aquilae	Aql	20	+5	45	−15
제단(Ara)	Arae	Ara	17	−55	335	−10
양(Aries)	Arietis	Ari	3	+20	160	−35
마차부(Auriga)	Aurigae	Aur	6	+40	175	+10
목동(Boötes)	Boötis	Boo	15	+30	45	+65
조각칼(Caelum)	Caeli	Cae	5	−40	245	−35
기린(Camelopardalis)	Camelopardalis	Cam	6	+70	145	+20
게(Cancer)	Cancri	Cnc	9	+20	210	+35
사냥개(Canes Venatici)	Canum Venaticorum	CVn	13	+40	110	+80
큰개(Canis Major)	Canis Majoris	CMa	7	−20	230	−10
작은개(Canis Minor)	Canis Minoris	CMi	8	+5	215	+20
염소(Capricornus)	Capricorni	Cap	21	−20	30	−40
용골(Carina)	Carinae	Car	9	−60	270	−10
카시오페이아(Cassiopeia)	Cassiopeiae	Cas	1	+60	125	−5
센타우루스(Centaurus)	Centauri	Cen	13	−50	305	+10
세페우스(Cepheus)	Cephei	Cep	22	+70	110	+10
고래(Cetus)	Ceti	Cet	2	−10	170	−65
카멜레온(Chamaeleon)	Chamaelontis	Cha	11	−80	300	−20
컴퍼스(Circinus)	Circini	Cir	15	−60	320	0
비둘기(Columba)	Columbae	Col	6	−35	240	−25
머리털(Coma Berenices)	Comae Berenices	Com	13	+20	320	+85
남쪽왕관(Corona Australis)	Coronae Australis	CrA	19	−40	355	−20
북쪽왕관(Corona Borealis)	Coronae Borealis	CrB	16	+30	50	+50
까마귀(Corvus)	Corvi	Crv	12	−20	290	+40
컵(Crater)	Crateris	Crt	11	−15	270	+40
남십자(Crux)	Crucis	Cru	12	−60	295	0
백조(Cygnus)	Cygni	Cyg	21	+40	85	−5
돌고래(Delphinus)	Delphini	Del	21	+10	60	−25
황새치(Dorado)	Doradus	Dor	5	−65	275	−35
용(Draco)	Draconis	Dra	17	+65	95	+35

표 A2-1 (계속)

이름	이름의 소유격	약기	근사 위치			
			적도좌표		은하좌표	
			α	δ	l	b
			h	°	°	°
조랑말(Equuleus)	Equulei	Equ	21	+5	55	−30
에리다누스(Eridanus)	Eridani	Eri	3	−20	205	−60
화로(Fornax)	Fornacis	For	3	−30	225	−60
쌍둥이(Gemini)	Geminorum	Gem	7	+20	195	+10
두루미(Grus)	Gruis	Gru	22	−45	355	−55
허큘리스(Hercules)	Herculis	Her	17	+30	50	+35
시계(Horologium)	Horologii	Hor	3	−60	380	−50
바다뱀(Hydra)	Hydrae	Hya	10	−20	260	+25
물뱀(Hydrus)	Hydri	Hyi	2	−75	300	−40
인도인(Indus)	Indi	Ind	21	−55	340	−40
도마뱀(Lacerta)	Lacertae	Lac	22	+45	100	0
사자(Leo)	Leonis	Leo	11	+15	230	+60
작은 사자(Leo Minor)	Leonis Minoris	LMi	10	+35	190	+55
토끼(Lepus)	Leporis	Lep	6	−20	225	−20
천칭(Libra)	Librae	Lib	15	−15	345	+35
이리(Lupus)	Lupi	Lup	15	−45	325	+10
살쾡이(Lynx)	Lyncis	Lyn	8	+45	175	+30
거문고(Lyra)	Lyrae	Lyr	19	+40	70	+15
멘사(Mensa)	Mensae	Men	5	−80	290	−30
현미경(Microscopium)	Microscopii	Mic	21	−35	10	−40
외뿔소(Monoceros)	Monocerotis	Mon	7	−5	210	0
파리(Musca)	Muscae	Mus	12	−70	300	−10
직각자(Norma)	Normae	Nor	16	−50	330	0
팔분의(Octans)	Octantis	Oct	22	−85	305	−30
뱀주인(Ophiuchus)	Ophiuchi	Oph	17	0	30	+15
오리온(Orion)	Orionis	Ori	5	+5	195	−15
공작(Pavo)	Pavonis	Pav	20	−65	330	−30
페가수스(Pegasus)	Pegasi	Peg	22	+20	80	−25
페르세우스(Perseus)	Persei	Per	3	+45	145	−10
봉황새(Phoenix)	Phoenicis	Phe	1	−50	300	−70
화가(Pictor)	Pictoris	Pic	6	−55	260	−30
물고기(Pisces)	Piscium	Psc	1	+15	125	−45
남쪽물고기(Pisces Austrinus)	Piscis Austrini	PsA	22	−30	20	−50
고물(Puppis)	Puppis	Pup	8	−40	255	−5
나침판(Pyxis)	Pyxidis	Pyx	9	−30	255	+10
그물(Reticulum)	Reticuli	Ret	4	−60	270	−45
화살(Sagitta)	Sagittae	Sge	20	+10	50	0
궁수(Sagittarius)	Sagittarii	Sgr	19	−25	10	−15
전갈(Scorpius)	Scorpii	Sco	17	−40	345	0
조각가(Sculptor)	Sculptoris	Scl	0	−30	10	−80
방패(Scutum)	Scuti	Sct	19	−10	25	−5
뱀(Serpens)	Serpentis	Ser	17	0	20	+5
육분의(Sextans)	Sextantis	Sex	10	0	240	+40
황소(Taurus)	Tauri	Tau	4	+15	180	−30

표 A2-1 (계속)

이름	이름의 소유격	약기	근사 위치			
			적도좌표		은하좌표	
			α	δ	l	b
			h	°	°	°
망원경(Telescopium)	Telescopii	Tel	19	−50	350	−20
삼각형(Triangulum)	Trianguli	Tri	2	+30	140	−30
남쪽삼각형 (Triangulum Australe)	Trianguli Australis	TrA	16	−65	320	−10
큰부리새(Tucana)	Tucanae	Tuc	0	−65	310	−50
큰곰(Ursa Major)	Ursae Majoris	UMa	11	+50	160	+60
작은곰(Ursa Minor)	Ursae Minoris	UMi	15	+70	110	+45
돛(Vela)	Velorum	Vel	9	−50	260	0
처녀(Virgo)	Virginis	Vir	13	0	310	+65
날치(Volans)	Volantis	Vol	8	−70	280	−20
여우(Vulpecula)	Vulpeculae	Vul	20	+25	65	−5

APPENDIX 3

태양계 자료

표 A3-1 행성 궤도

행성	기호	회합주기[일]	항성 주기		긴 반지름		이심률	황도 경사각
			회귀년	일	AU	10^6km		
수성	☿	115.9	0.241	87.96	0.387	57.9	0.206	7.00°
금성	♀	583.9	0.615	224.70	0.723	108.2	0.007	3.39
지구	⊕	—	1.000	365.26	1.000	149.6	0.017	0.00
화성	♂	779.9	1.881	686.98	1.524	228.0	0.093	1.85
목성	♃	398.9	11.86	4333	5.203	778.3	0.048	1.31
토성	♄	378.1	29.46	10,759	9.54	1427	0.056	2.49
천왕성	⛢	369.7	84.01	30,685	19.18	2871	0.047	0.77
해왕성	♆	367.5	164.8	60,188	30.06	4497	0.009	1.77
명왕성*	♇	366.7	248.6	90,700	39.44	5913	0.249	17.15

* 명왕성은 2006년에 국제천문연맹이 왜소행성으로 분류하였으며 행성에서 제외되었다.

표 A3-2 행성 자전

행성	항성 자전주기	편평도	자전 적도면 경사각*
수성	58.65 days	0	0.0
금성	243 days	0	177.4
지구	$23^h\ 56^m 4.1^s$	0.0034	23.5
(달)	27.3 days	0.0006	6.7
화성	$24^h\ 37^m\ 22.6^s$	0.0052	25.2
목성	$9^h\ 50.5^m$	0.062	3.1
토성	$10^h\ 14^m$	0.096	26.7
천왕성	$17^h\ 14^m$	0.06	98
해왕성	$16^h\ 3^m$	0.02	29
명왕성	6.387 days	?	122

* 자전 적도면 경사각은 자전 적도면의 궤도면에 대한 경사를 나타내는데, 경사가 90° 이상인 때는 역방향의 자전을 의미한다.

표 A3-3 행성의 물리적 양의 재료

행성	질량 10^{24}kg	질량 ⊕ = 1	적도 반지름 km	적도 반지름 ⊕ = 1	평균 밀도 [kgm^{-3}]	표면 중력 [⊕ = 1]	반사율	이탈속도 [kms^{-1}]	온도[K] 흑체 평형 온도	온도[K] 관측값	온도[K] 태양직하점 흑체온도
지구형 행성											
수성	0.33	0.056	2,439	0.38	5.4×10^3	0.38	0.06	4.2	445	100–700	633
금성	4.87	0.815	6,052	0.95	5.2	0.91	0.76	10.3	325	700	464
지구	5.97	1.000	6,387	1.00	5.52	1.00	0.4	11.2	277	250–300	395
달	0.07	0.012	1,738	0.27	3.34	0.16	0.07	2.4	277	120–390	395
화성	0.64	0.107	3,393	0.53	3.9	0.39	0.16	5.1	225	210–300	319
명왕성	0.01	0.0018	1,120	0.18	0.5(?)	0.03	0.5	2.1	44	40	63
목성형 행성											
목성	1900	318	71,398	11.19	1.40	2.74	0.51	61	122	110–150	173
토성	569	95	60,000	9.41	0.69	1.17	0.50	36	90	95	127
천왕성	87	14.5	25,559	4.01	1.19	0.94	0.66	21	63	58	90
해왕성	103	17.2	24,800	3.89	1.66	1.15	0.62	24	50	56	72

표 A3-4 지구형 행성의 위성

행성	달	행성으로부터의 거리[10^3km]	항성주기 [일]	궤도이심률	궤도 경사 [도]	반지름 [km]	질량 [행성 = 1]	평균 밀도 [kgm^{-3}]
지구	달	384	27.32	0.055	5.1	1738	0.012	3300
화성	포보스(Phobos)	9.37	0.32	0.021	1.1	14 × 11 × 9	1.5×10^{-8}	1900
	데이모스(Deimos)	23.52	1.26	0.003	1.6	8 × 6 × 5	3.1×10^{-9}	2100

표 A3-5 목성의 위성

이름	번호	목성으로부터의 거리 10^3km	목성으로부터의 거리 목성의 반지름	궤도주기 [일]	반지름 [km]	질량 [행성 = 1]	평균 밀도 [kgm^{-3}]
메티스(Metis)	J16	128	1.79	0.29	10	5×10^{-11}	—
안드라스테아(Andrastea)	J14	129	1.80	0.30	20	1×10^{-11}	—
알마테아(Almathea)	J5	181	2.55	0.50	130 × 80	2×10^{-9}	3000
테베(Thebe)	J15	222	3.11	0.67	45	4×10^{-10}	—
이오(Io)	J1	422	5.95	1.77	1820	4.7×10^{-5}	3530
유로파(Europa)	J2	671	9.47	3.55	1570	2.6×10^{-5}	3030
가니메데(Ganymede)	J3	1070	15.10	7.16	2630	7.8×10^{-5}	1930
칼리스토(Callisto)	J4	1883	26.60	16.69	2400	5.7×10^{-5}	1790
레다(Leda)	J13	11,094	156	239	≈8	3×10^{-12}	—
히말리아(Himalia)	J6	11,480	161	251	85	5.0×10^{-9}	1000
리시테아(Lysithea)	J10	11,720	164	259	≈20	4×10^{-11}	—
엘라라(Elara)	J7	11,737	165	260	≈40	4×10^{-10}	—
아난케(Ananke)	J12	21,200	291	631(R)	15	2×10^{-11}	—
카르메(Carme)	J11	22,600	314	692(R)	20	5×10^{-11}	—
파시패(Pasiphae)	J8	23,500	327	735(R)	20	1×10^{-10}	—
시노패(Sinope)	J9	23,700	333	758(R)	20	4×10^{-11}	—

(R)은 역방향 자전을 의미함

표 A3-6 토성의 주요 위성

이름	토성으로부터의 거리 10^3km	토성으로부터의 거리 토성의 반지름	궤도주기 [일]	반지름 [km]	질량 [행성 = 1]	평균 밀도 [kgm^{-3}]
아틀라스(Atlas)	137.67	2.28	0.602	20 × 10	—	—
프로메테우스(Prometheus)	139.35	2.31	0.613	70 × 50 × 40	—	—
판도라(Pandora)	141.70	2.35	0.629	55 × 45 × 35	—	—
에피메테우스(Epimetheus)	151.42	2.51	0.694	70 × 60 × 50	—	—
야누스(Janus)	151.47	2.51	0.695	110 × 100 × 80	—	—
미마스(Mimas)	185.54	3.08	0.942	197	8.0×10^{-8}	1200
엔켈라두스(Enceladus)	238.04	3.95	1.370	250	1.3×10^{-7}	1200
테티스(Tethys)	294.66	4.88	1.888	524	1.3×10^{-6}	1200
텔레스토(Telesto)	294.67	4.88	1.888	17 × 14 × 13	—	—
칼립소(Calypso)	294.67	4.88	1.888	17 × 11 × 11	—	—
디오네(Dione)	377.42	6.26	2.737	560	1.85×10^{-6}	1400
1980 S6	377.42	6.26	2.737	18 × 16 × 15	—	—
레아(Rhea)	527.07	8.74	4.518	765	4.4×10^{-6}	1300
타이탄(Titan)	1221.86	20.25	15.945	2575	2.36×10^{-4}	1880
히페리온(Hyperion)	1481.00	24.55	21.277	205 × 130 × 110	3×10^{-8}	—
이아페투스(Iapetus)	3560.80	59.02	79.33	718	3.3×10^{-6}	1200
포베(Phoebe)	12,954	214.7	550.45	≈110	7×10^{-10}	—

표 A3-7 천왕성, 해왕성, 명왕성의 주요 위성

행성	위성	행성으로부터의 거리[10^3km]	궤도주기 [일]	반지름 [km]	질량 [행성 = 1]	평균 밀도 [kgm^{-3}]
천왕성	아리엘(Ariel)	191.8	2.52038	580	1.8×10^{-5}	—
	움브리엘(Umbriel)	267.3	4.14418	595	1.2×10^{-5}	—
	티타니아(Titania)	438.7	8.70588	805	6.8×10^{-5}	≈1500
	오베론(Oberon)	586.6	13.46326	775	6.9×10^{-5}	≈1500
	미란다(Miranda)	130.1	1.414	160	2×10^{-6}	—
해왕성	트리톤(Triton)	354.3	5.87683	1430	2.1×10^{-4}	—
	네레이드(Nereid)	5510	359	470	2.0×10^{-7}	—
명왕성	카론(Charon)	19.6	6.39	593	0.1	2100

4 APPENDIX 항성 자료

표 A4-1 가장 가까운 별들(5pc 이내)

별	α (1975)	δ (1975)	거리 [pc]	고유운동 ["/년]	A m_v	A M_v	A 분광형	B m_v	B M_v	B 분광형	C m_v	C M_v	C 분광형
센타우루스자리 α(α Centauri)	$14^{h}\ 38^{m}.0$	$-60°44'$	1.31	3.68	0.01	4.4	G2 V	1.4	5.8	K5 V	10.7	15	M5e V
바너드 별(Barnard's star)	17 56.6	+4 37	1.83	10.34	9.54	13.2	M5 V	안보이는 동반성					
볼프 359(Wolf 359)	10 55.3	+7 10	2.32	4.71	13.66	16.8	M6e V						
BD + 36° 2147	11 2.0	+36 8	2.49	4.78	7.47	10.5	M2 V	안보이는 동반성					
시리우스(Sirius)	6 44.0	−16 41	2.65	1.32	−1.47	1.4	A1 V	8.7	11.5	WD			
로이텐 726-8(Luyten 726-8)	1 37.7	−18 5	2.74	3.35	12.5	15.4	M5.5e V	12.9	15.8	M6e V			
로스 154(Ross 154)	18 48.3	−23 52	2.90	0.72	10.6	13.3	M4.5e V						
로스 248	23 40.7	+44 3	3.16	1.60	12.24	14.7	M5.5e V						
에리다누스자리 ε(ε Eridani)	3 31.8	−9 33	3.28	0.97	3.73	6.1	K2 V						
로이텐 789-6	22 37.2	−15 27	3.31	3.25	12.58	14.9	M5.5e V						
로스 128	11 46.4	+0 57	3.32	1.40	11.13	13.5	M5 V						
백조자리 61(61 Cygni)	21 5.8	+38 37	3.43	5.22	5.19	7.5	K5 V	6.02	8.3	K7 V	안보이는 동반성		
인도인자리 ε(ε Indi)	22 1.4	−56 53	3.44	4.69	4.73	7.0	K5 V						
프록시온(Procyon)	7 38.0	+5 17	3.48	1.25	0.34	2.7	F5 IV–V	10.7	13.0	WD			
BD + 59° 1915	18 42.5	+59 35	3.52	2.29	8.90	11.1	M4 V	9.69	11.9	M5 V			
BD + 43° 44	0 16.9	+43 53	3.55	2.91	8.07	10.3	M2.5e V	11.04	13.2	M4e V			
CD − 36° 15693	23 4.2	−36 0	3.59	6.90	7.39	9.6	M2 V						
고래자리 τ(τ Ceti)	1 42.9	−16 4	3.67	1.92	3.50	5.7	G8 Vp	안보이는 동반성					
BD + 5° 1668	7 26.1	+5 18	3.76	3.73	9.82	11.9	M4 V						
CD − 39° 14192	21 15.8	−38 58	3.85	3.46	6.72	8.7	M10 V						
CD − 45° 1841	5 10.6	−45 0	3.91	8.72	8.81	10.8	M0						
크루거 60(Kruger 60)	22 27.1	+57 34	3.94	0.87	9.77	11.8	M3 V	11.43	13.4	M4.5e V			
로스 614	6 28.1	−2 48	4.02	1.00	11.13	13.1	M4.5e V	14.8	16.8	?			
BD − 12° 4523	16 28.9	−12 36	4.02	1.18	10.13	12.0	M4.5e V						
만넨의 별(v. Maanen's star)	0 47.9	+5 16	4.28	2.98	12.36	14.3	WD						
볼프 424	12 32.1	+9 10	4.37	1.78	12.7	14.4	M5.5e V	12.7	14.4	M6e V			
CD − 37° 15492	0 3.9	−37 29	4.45	6.11	8.59	10.3	M3 V						
BD + 50° 1725	10 9.9	+49 35	4.61	1.45	6.59	8.3	M0 V						
CD − 46° 11540	17 26.8	−46 52	4.63	1.06	9.34	11.3	M4 V						
CD − 49° 13515	21 31.9	−49 7	4.67	0.81	9	11	Me V						
CD − 44° 11909	17 35.3	−44 18	4.69	1.14	11.2	12.8	M5 V						
로이텐 1159-16	$1^{h}\ 58^{m}.7$	+12 58	4.72	2.08	12.3	13.9	M7?						
BD + 15° 2620	13 44.5	+15° 2′	4.80	2.30	8.6	10.2	M2 V						
BD + 68° 946	17 36.6	+68 22	4.83	1.31	9.1	10.7	M3 V	안보이는 동반성					
로이텐 145-141	11 44.2	−64 42	4.85	2.69	11	12.5	WD						

표 A4-1 (계속)

별	α (1975)	δ (1975)	거리 [pc]	고유운동 ["/년]	A m_v	A M_v	A 분광형	B m_v	B M_v	B 분광형	C m_v	C M_v	C 분광형
로스 780	22 51.9	−14 24	4.85	1.12	10.2	11.8	M5 V						
에리다누스자리o^2(o^2 Eridani)	4 14.2	−7 42	4.87	4.08	4.5	6.0	K0 V	9.2	10.7	WD	11.0	12.5	M5e V
BD + 20° 2465	10 18.2	+20 0	4.95	0.49	9.4	10.9	M4.5 V	안보이는 등반성					

* BD는 BD 항성 목록(Bonner Durchmusterung)을 뜻한다.
CD는 CD 항성 목록(Cordoba Durchmusterung)을 뜻한다.

표 A4-2 25개의 가장 밝은 별들

달	α (1975)	δ (1975)	m_v	거리 [pc]	고유 운동 ["/년]	분광형	M_v
시리우스(Sirius, 천랑성), α CMa	6^h 44^m0	−16°41′	−1.5*	2.7	1.32	A1 V	+1.4
카노프스(Canopus, 노인성), α Car	6 23.6	−52 41	−0.7	55	0.02	F0 Ib	−3.1
센타우루스자리 α(α Centauri)	14 38.0	−60 44	−0.3*	1.3	3.68	G2 V	+4.4
아크투르스(Arcturus), α Lyr	14 14.5	+19 19	−0.1	11	2.28	K2 III	−0.3
베가(Vega, 직녀성), α Lyr	18 36.0	+38 46	0.0	8.1	0.34	A0 V	+0.5
카펠라(Capella), α Aur	5 14.8	+45 52	0.0*	14	0.44	G2 III	−0.7
리겔(Rigel), β Ori	5 13.3	−8 14	0.1*	250	0.00	B8 Ia	−6.8
프록시온(Procyon), α AMi	7 38.0	+5 17	0.3*	3.5	1.25	F5 IV–V	+2.7
아케르나(Achernar), α Eri	1 37.8	−57 22	0.5	20	0.10	B5 V	−1.0
센타우루스자리 β	14 02.1	−60 15	0.6*	90	0.04	B1 III	−4.1
알테어(Altair, 견우성), α Aql	19 49.5	+8 48	0.8	5.1	0.66	A7 IV–V	+2.2
베텔쥬스(Betelgeuse), α Ori	5 53.8	+7 24	0.8†	150	0.03	M2 Iab	−5.5
알데바란(Aldebaran), α Tau	4 34.0	+16 28	0.9*	16	0.20	K2 III	−0.2
남십자자리 α(α Crucis)	12 25.2	−63 00	0.9*	120	0.04	B1 IV	−4.0
스피카(Spica), α Vir	13 23.9	−11 01	1.0†	80	0.05	B1 V	−3.6
안타레스(Antares), α Sco	16 27.8	−26 22	1.0*†	120	0.03	M1 Ib	−4.5
폴룩스(Pollux), β Gem	7 43.8	+28 05	1.2	12	0.62	K0 III	+0.8
포말하우트(Formalhaut), α PsA	22 56.2	−29 45	1.2	7	0.37	A3 V	+2.0
데네브(Deneb), α Cyg	20 40.6	+45 11	1.3	430	0.00	A2 Ia	−6.9
남십자자리 β(β Crucis)	12 46.2	−59 33	1.3	150	0.05	B0.5 IV	−4.6
레굴루스(Regulus, α Leo)	10 7.0	+12 5	1.4*	26	0.25	B7 V	−0.6
큰 개자리 ε(ε Canis Majoris)	6 57.7	−28 56	1.5	240	0.00	B2 II	−5.4
카스트로(Casto), a Gem	7 33.0	+31 56	1.6	14	0.20	A1 V	+0.9
전갈자리 λ(λ Scorpii)	17 31.8	−37 5	1.6	96	0.03	B2 IV	−3.3
벨라트릭스(Bellatrix), γ Ori	5 23.8	+6 20	1.6	210	0.02	B2 III	−3.6

* 다중성의 겉보기등급을 나타내는데, 별들의 총 밝기에 대한 등급이다. 다른 자료는 가장 밝은 별의 겉보기 등급이다.
† 변광성을 표시한다.
먼 별의 거리는 분광학적 시차로부터 구하였다.

표 A4-3 분광형과 광도계급에 의한 별들의 특성

	M_v			$B-V$			T_{eff}[K]			BC	$R/R_\odot$			$M/M_\odot$		
분광형	V	III	Ib*	V	III	I	V	III	I	V	V	III	I	V	III	I
O5	−6.0			−0.32	−0.32	−0.32	50,000			−4.30	18			40		100
B0	−4.1	−5.0	−6.2	−0.30	−0.30	−0.24	27,000			−3.17	7.6	16	20	17		50
B5	−1.1	−2.2	−5.7	−0.16	−0.16	−0.09	16,000			−1.39	4.0	10	32	7		25
A0	+0.6	−0.6	−4.9	0.00	0.00	+0.01	10,400			−0.40	2.6	6.3	40	3.6		16
A5	+2.1	+0.3	−4.5	+0.15	+0.15	+0.07	8200			−0.15	1.8		50	2.2		13
F0	+2.6	+0.6	−4.5	+0.30	+0.30	+0.24	7200			−0.08	1.3		63	1.8		13
F5	+3.4	+0.7	−4.5	+0.45	+0.45	+0.45	6700	6500	6200	−0.04	1.2	4.0	80	1.4		10
G0	+4.4	+0.6	−4.5	+0.60	+0.65	+0.76	6000	5500	5050	−0.06	1.04	6.3	100	1.1	2.5	10
G5	+5.2	+0.3	−4.5	+0.65	+0.86	+1.06	5500	4800	4500	−0.10	0.93	10	126	0.9	3	13
K0	+5.9	+0.2	−4.5	+0.81	+1.01	+1.42	5100	4400	4100	−0.19	0.85	16	200	0.8	4	13
K5	+8.0	−0.3	−4.5	+1.18	+1.52	+1.71	4300	3700	3500	−0.71	0.74	25	400	0.7	5	16
M0	+9.2	−0.4	−4.5	+1.39	+1.65	+1.94	3700	3500	3300	−1.20	0.63		500	0.5	6	16
M5	+12.3	−0.5	−4.5	+1.69	+1.85	+2.15	3000	2700		−2.10	0.32			0.2		

* 광도계급이 Ia인 모든 별들의 절대안시등급은 −0.7등급이다.

BC는 복사 보정(bolometric correction)이다.

APPENDIX 5 원소명

표 A5-1 주기율표

원소	원소기호	원자번호	원자량*	원소	원소기호	원자번호	원자량*
수소(hydrogen)	H	1	1.008	이트륨(yttrium)	Y	39	88.9
헬륨(helium)	He	2	4.003	지르코늄(zirconium)	Zr	40	91.2
리튬(lithium)	Li	3	6.9	니오브(niobium)	Nb	41	92.9
베릴륨(beryllium)	Be	4	9.0	몰리브덴(molybdenum)	Mo	42	96.0
붕소(boron)	B	5	10.8	테크네튬(technetium)	Tc	43	(99)
탄소(cabon)	C	6	12.0	루테늄(ruthenium)	Ru	44	101.1
질소(nitrogen)	N	7	14.0	로듐(rhodium)	Rh	45	102.9
산소(oxygen)	O	8	16.0	팔라듐(palladium)	Pd	46	106.4
플루오르(fluorine)	F	9	19.0	은(silver)	Ag	47	107.9
네온(neon)	Ne	10	20.2	카드뮴(cadmium)	Cd	48	112.4
나트륨(sodium)	Na	11	23.0	인듐(indium)	In	49	114.8
마그네슘(magnesium)	Mg	12	24.3	주석(tin)	Sn	50	118.7
알루미늄(aluminum)	Al	13	27.0	안티몬(antimony)	Sb	51	121.8
규소(silicon)	Si	14	28.1	텔루르(tellurium)	Te	52	127.6
인(phosphorus)	P	15	31.0	요오드(iodine)	I	53	126.9
황(sulfur)	S	16	32.1	크세논(xenon)	Xe	54	131.3
염소(chlorine)	Cl	17	35.5	세슘(cesium)	Cs	55	132.9
아르곤(argon)	Ar	18	39.9	바륨(burium)	Ba	56	137.4
칼륨(potassium)	K	19	39.1	란탄(lanthanum)	La	57	138.9
칼슘(calcium)	Ca	20	40.1	세륨(cerium)	Ce	58	140.1
스칸듐(scandium)	Sc	21	45.0	프라세오디뮴(praseodymium)	Pr	59	140.9
티탄(titanium)	Ti	22	47.9	네오디뮴(neodymium)	Nd	60	144.3
바나듐(vanadium)	V	23	51.0	프로메튬(promethium)	Pm	61	(147)
크롬(chromium)	Cr	24	52.0	사마륨(samarium)	Sm	62	150.4
망간(manganese)	Mn	25	54.9	유로퓸(europium)	Eu	63	152.0
철(iron)	Fe	26	55.9	가돌리늄(gadolinium)	Gd	64	157.3
코발트(cobalt)	Co	27	58.9	테르븀(terbrium)	Tb	65	158.9
니켈(nikel)	Ni	28	58.7	디스프로슘(dysprosium)	Dy	66	162.5
구리(copper)	Cu	29	63.5	홀뮴(holmium)	Ho	67	164.9
아연(zinc)	Zn	30	65.4	에르븀(erbium)	Er	68	167.3
갈륨(gallium)	Ga	31	69.7	툴륨(thulium)	Tm	69	168.9
게르마늄(germanium)	Ge	32	72.6	이테르븀(ytterbium)	Yb	70	173.0
비소(arsenic)	As	33	74.9	루테튬(lutetium)	Lu	71	175.0
셀렌(selenium)	Se	34	79.0	하프늄(hafnium)	Hf	72	178.5
브롬(bromine)	Br	35	79.9	탄탈(tantalum)	Ta	73	181.0
크립톤(krypton)	Kr	36	83.8	텅스텐(tungsten)	W	74	183.9
루비듐(rubidium)	Rb	37	85.5	레늄(rhenium)	Re	75	186.2
스트론튬(strontium)	Sr	38	87.6	오스뮴(osmium)	Os	76	190.2

표 A5-1 주기율표(계속)

원소	원소기호	원자번호	원자량*	원소	원소기호	원자번호	원자량*
이리듐(iridium)	Ir	77	192.2	우라늄(uranium)	U	92	238.1
백금(platinum)	Pt	78	195.1	넵투늄(neptunium)	Np	93	(237)
금(gold)	Au	79	197.0	플루토늄(plutonium)	Pu	94	(244)
수은(mercury)	Hg	80	200.6	아메리슘(americium)	Am	95	(243)
탈륨(thallium)	Tl	81	204.4	퀴륨(curium)	Cm	96	(248)
납(lead)	Pb	82	207.2	버클륨(berkelium)	Bk	97	(247)
비스무트(bismuth)	Bi	83	209.0	칼리포르늄(californium)	Cf	98	(251)
폴로늄(polonium)	Po	84	(209)	아인시타이늄(einsteinium)	E	99	(254)
아스타틴(astatine)	At	85	(210)	페르뮴(fermium)	Fm	100	(253)
라돈(radon)	Rn	86	(222)	멘델리븀(mendeleevium)	Md	101	(256)
프란슘(francium)	Fr	87	(223)	노벨륨(nobelium)	No	102	(253)
라듐(radium)	Ra	88	226.1	로렌슘(lawrencium)	Lw	103	(256)
악티늄(actinium)	Ac	89	(227)	러더포듐(rutherfordium)	Rf	104	(261)
토륨(thorium)	Th	90	232.1	하늄(hahnium)	Ha	105	(260)
프로트악티늄(protoactinium)	Pa	91	(231)				

* 평균 원자량이 정밀히 측정되지 않은 원소는 가장 안정한 동위원소의 원자량 수를 ( ) 속에 기록하였다.

APPENDIX 6

단위의 확산

천문학자들은 전통적으로 cgs 단위계를 사용했고, 물리학자는 상당수가 SI 단위를 채용했다. 여기서는 기본적인 SI 단위를 썼고, 그것을 cgs 단위와 영국의 단위로 환산하는 것 중에서 몇 개의 유용한 것들을 제시하였다. SI는 국제단위계(System International)을 나타낸다.

SI 기본 단위
길이(length) : 미터(meter, m)
시간(time) : 초(second, s)
질량(mass) : 킬로그램(kilogram, kg)
전류(current) : 암페어(ampere, A)
온도(temperature) : 켈빈(kelvin, K)
광도(luminous intensity) : 칸델라(candela, cd)

SI 유도 단위	
힘(force) : 뉴턴(newton, N)	$1N = 1kg \cdot ms^{-2}$
일과 에너지(work and energy) : 줄(joule, J)	$1N = 1N \cdot M$
동력–전력(power) : 와트(watt, W)	$1W = 1J \cdot s^{-1}$
진동수(frequency) : 헤르츠(hertz, Hz)	$1Hz = s^{-1}$
전하(charge) : 쿨롱(coulomb, C)	$1C = 1A \cdot s$
자기 유도(magnetic induction) : 테슬라(tesla, T)	$1T = 1N \cdot A^{-1}m$
압력(pressure) : 파스칼(pascal, Pa)	$1Pa = 1N \cdot m^{-2}$

환산

길이

- 1km = 0.6215mi
- 1mi = 1.609km
- 1m = 1.0936yd = 3.281ft = 39.37in
- 1in = 2.54cm
- 1ft = 12in. = 30.48cm
- 1yd = 3ft = 91.44cm
- $1ly = 9.461 \times 10^{15}m$
- 1Å = 0.1nm
- $1pc = 3.086 \times 10^{16}m$

면적

- $1m^2 = 10^4cm^2$
- $1km^2 = 0.3861mi^2$
- $1in.^2 = 6.4516cm^2$
- $1ft^2 = 9.29 \times 10^{-2}m^2$
- $1m^2 = 10.76ft^2$

체적

- $1m^3 = 10^6cm^2$
- $1L = 1000cm^2 = 10^{-3}m^3$
- $1gal = 3.786L = 231in.^3$

시간

- 1h = 60min = 3.6ks
- 1day = 24h = 1440min = 86.4ks
- 1year = 365.24days = 31.56Ms

속도

- $1kmh^{-1} = 0.2778ms^{-1} = 0.6215mih^{-1}$
- $1mih^{-1} = 0.4470ms^{-1} = 1.609kmh^{-1}$

각과 각속도

- $\pi rad = 180°$
- 1rad = 57.30° = 206,265각초
- $1° = 1.745 \times 10^{-2}rad$
- $1revmin^{-1} = 0.1047rads^{-1}$
- $1rads^{-1} = 9.549revmin^{-1}$

질량

- 1g = 0.035oz
- 1kg = 1000g
- 1tonne = 1000kg = 1Mg

환산(계속)

밀도

$1\text{gcm}^{-3} = 1000\text{kgm}^{-3} = 1\text{kgL}^{-1}$

힘

$1\text{N} = 0.2248\text{lb} = 10^5\text{dyn}$

$1\text{lb} = 4.4482\text{N}$

압력

$1\text{Pa} = 1\text{Nm}^{-2}$

$1\text{atm} = 101.325\text{kPa} = 1.01325\text{bars}$

$1\text{atm} = 14.7\text{lb/in.}^2 = 760\text{mmHg}$

$1\text{torr} = 1\text{mmHg} = 133.32\text{Pa}$

$1\text{bar} = 100\text{kPa}$

에너지

$1\text{kW}\cdot\text{h} = 3.6\text{MJ}$

$1\text{BTU} = 778\text{ft}\cdot\text{lb} = 252\text{cal} = 1054.35\text{J}$

$1\text{eV} = 1.602 \times 10^{-19}\text{J}$

$1\text{erg} = 10^{-7}\text{J}$

동력-전력

$1\text{hp} = 550\text{ft}\cdot\text{lbs}^{-1} = 745.7\text{W}$

$1\text{BTUmin}^{-1} = 17.58\text{W}$

$1\text{W} = 1.341 \times 10^{-3}\text{hp} = 1\text{Js}^{-1} = 10^7\text{ergs}^{-1}$

자기 유도

$1\text{G} = 10^{-4}\text{T}$

$1\text{T} = 10^4\text{G}$

APPENDIX 7

상수와 단위

표 A7-1 천문 상수

천문 단위	AU	$= 1.496 \times 10^{11}$m
파섹(parsec)	pc	= 206,265AU
		= 3.26ly
		$= 3.086 \times 10^{16}$m
광년	ly	$= 6.324 \times 10^{4}$AU
		= 0.307pc
		$= 9.46 \times 10^{15}$m
항성년(sidereal year)	1 year	= 365.26days
		$= 3.16 \times 10^{7}$s
지구의 질량	$M_\oplus$	$= 5.98 \times 10^{24}$kg
지구의 적도 반지름	$R_\oplus$	= 6378km
지구의 공전 속도	$V_\oplus$	$= 30\text{kms}^{-1}$
태양의 질량	$M_\odot$	$= 1.99 \times 10^{30}$kg
태양의 반지름	$R_\odot$	$= 6.96 \times 10^{5}$km
태양의 광도	$L_\odot$	$= 3.90 \times 10^{26}$W
태양의 유효온도	T_{eff}	= 5780K
달의 질량	$M_☽$	$= 7.3 \times 10^{22}$kg
		$= 0.0123M_\oplus$
달의 반지름	$R_☽$	= 1738km
		$= 0.273R_\oplus$
달의 궤도 반지름	$d_☽$	$= 3.84 \times 10^{5}$km
항성월	$P_☽$	= 27.3days
삭망월		= 29.5days
은하계 중심으로부터 태양까지의 거리	R_0	= 8.5kpc
은하중심 둘레의 태양의 속도	V_0	$= 220\text{kms}^{-1}$
은하계의 지름(원반)		= 50kpc
은하계의 질량	M	$= 7 \times 10^{11}M_\odot$

표 A7-2 물리·수학 상수

광속도	$c = 3.00 \times 10^8 \mathrm{ms^{-1}}$
중력 상수	$G = 6.67 \times 10^{-11} \mathrm{N \cdot m^2 kg^{-2}}$
플랑크상수	$h = 6.623 \times 10^{-34} \mathrm{J \cdot s}$
볼츠만상수	$k = 1.38 \times 10^{-23} \mathrm{JK^{-1}}$
리드베르크 상수	$R = 1.097 \times 10^7 \mathrm{m^{-1}}$
스테판-볼츠만 상수	$\sigma = 5.67 \times 10^{-8} \mathrm{Wm^{-2}K^{-4}}$
빈의 법칙 상수	$\lambda_{max}T = 2.898 \times 10^7 \mathrm{ÅK}$
수소원자의 질량	$m_H = 1.67 \times 10^{-27} \mathrm{kg}$
전자의 질량	$m_e = 9.11 \times 10^{-31} \mathrm{kg}$
전자의 전하	$e = 1.60 \times 10^{-19} \mathrm{C}$
전자 볼트	$1\mathrm{eV} = 1.602 \times 10^{-19} \mathrm{J}$
1eV 상당 파장	$1\mathrm{eV} \rightarrow 1.24 \times 10^4 \mathrm{Å}$
$\pi = 3.1416$	
$e = 2.7183$; $\log_{10}e = 0.4343$	
원자질량단위	$\mathrm{amu} = 1.660539 \times 10^{-27} \mathrm{kg}$
양성자 질량	$m_p = 1.007277\mathrm{amu}$
중성자 질량	$m_n = 1.008655\mathrm{amu}$

표 A7-3 단위와 환산

테라(tera, T)	$= 10^{12}$
기가(giga, G)	$= 10^9$
메가(mega, M)	$= 10^6$
킬로(kilo, K)	$= 10^3$
헥토(hecto, h)	$= 10^2$
데카(deca, da)	$= 10$
데시(deci, d)	$= 10^{-1}$
센티(centi, c)	$= 10^{-2}$
밀리(milli, m)	$= 10^{-3}$
마이크로(micro, μ)	$= 10^{-6}$
나노(nano, n)	$= 10^{-9}$
피코(pico, p)	$= 10^{-12}$

온도

$K = °C + 273$

$°F = (9/5)°C + 32$

각도, 시간

$360° = 24h = 2\pi$ rad; $1\text{rad} = 57°17'45'' = 206,264.8$

$1° = 60' = 3600''$; $1° = 0.01745\text{rad}$

$= 4^m$ $1'' = 4.848 \times 10^{-6}\text{rad}$

$15° = 1^h$ 입체각 : 구 $= 4\pi \text{sr}$

APPENDIX 8

그리스 문자

알파	A	α	뉴	N	ν
베타	B	β	크사이	Ξ	ξ
감마	Γ	γ	오미크론	O	o
델타	Δ	δ	파이	Π	π, ϖ
엡실론	E	ϵ	로	P	ρ
지타	Z	ζ	시그마	Σ	σ
이타	H	η	타우	T	τ
시타	Θ	θ	입실론	Υ	υ
요타	I	ι	파이	Φ	ϕ, φ
카파	K	κ, $\varkappa$	카이	X	χ
람다	Λ	λ	프사이	Ψ	ψ
뮤	M	μ	오메가	Ω	ω

APPENDIX 9 수학적 연산

다음의 8개 절에서 천문학과 천체물리학에서 쓰이는 수학의 기초 방법을 간단히 복습한다. 즉 삼각법, 구면삼각법, 지수 표시법, 해석 기하학, 벡터 해석, 급수, 미적분학, 구적 공식들이다. 가장 유용한 결과는 상자와 표에 넣어서 손쉽게 이용할 수 있게 하였다.

A9.1 삼각법

A9.1.1 각도

그림 A−1은 단위 반지름의 원을 그린 것이다. 각도 θ는 세 가지 방법으로 표시된다. 가장 오래 되고 낯익은 방법은 원의 둘레를 360으로 등분하고, 그 한 몫을 도(°)라고 부르는 것이다. 각각의 도는 다시 60분(′)으로 나누고 각 분은 또 60초(″)로 나눈다. 그래서 원의 전체 둘레는 $360 \times 60 \times 60 = 1{,}296{,}000''$가 된다.

천문학적으로 지구는 한 번 자전하는 데 24시간(h)이 걸린다. 우리는 1시간을 60분(m)으로 나누고 1분을 60초(s)로 나누고 있다. 따라서 매 자전은 $24 \times 60 \times 60 = 86{,}400$s가 된다. 완전한 1자전($24^h$)이 원의 둘레(360°)에 해당하므로 $1^h = 15°$, $1^m = 15'$, $1^s = 15''$가 성립한다.

끝으로 우리는 단위(반지름이 1) 원의 둘레를 따라 단위 길이에 해당하는 각 θ를 라디안(rad)이라고 정의한다. 따라서 전원주 길이에 해당하는 각은 2π rad이 된다. 그러므로 $1\text{rad} = 360°/2\pi = 57.2958° = 206{,}264.81''$이다[라디안의 측도법은 각 면적(angular areas)으로 연장된다. 단위 반지름의 구의 표면적이 4π 스테라디안이 된다. 1스테라디안이 1평방라디안이므로 구면상에서 41,252.96평방도가 된다].

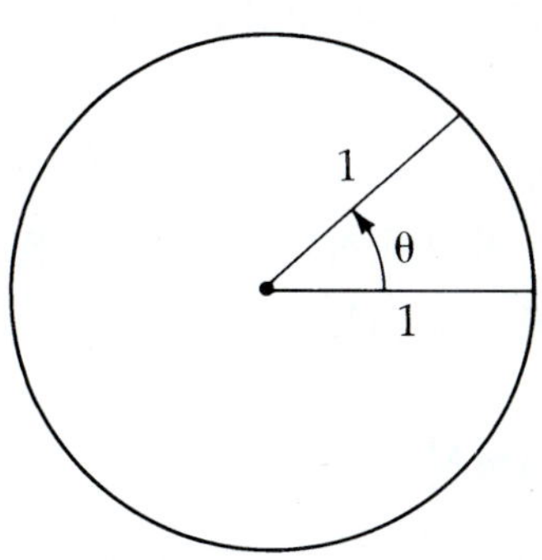

그림 A−1

A9.1.2 직각삼각형

그림 A−2의 삼각형 OHA는 정점 H에서의 각이 90°인 직각삼각형이다. 각 θ에 대하여 이 삼각형의 세 변을 a(옆변), o(맞변), h(빗변)로 표시했다.

기본 삼각함수는 사인과 코사인으로서

$$\sin\theta = \frac{o}{h} \qquad \cos\theta = \frac{a}{h}$$

로 정의한다. 종속함수인 탄젠트는

$$\tan\theta = \frac{o}{a} = \frac{o/h}{a/h} = \frac{\sin\theta}{\cos\theta}$$

가 된다.

이 삼각함수는 표 A9−1의 부호와 표 A9−2에 기입된 0°에서 90°까지 각각의 각도에 대한 특별한 값을 사용하면, 원 전체($0 \le \theta \le 360°$)에까지 확장할 수 있다. 다음의 실용적인 항

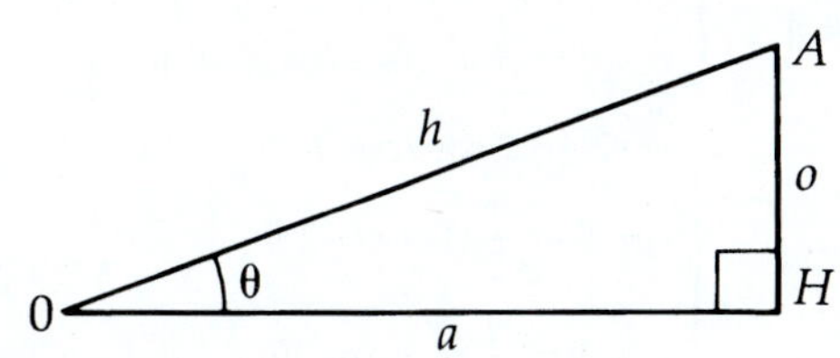

그림 A−2

표 A9-1

영역	sin	cos	tan
0°~90°	+	+	+
90°~180°	+	−	−
180°~270°	−	−	+
270°~360°	−	+	−

표 A9-2

각					
도[°]	Rad	sin	cos	tan	cot
0	0	0	1	0	∞
30	$\pi/6$	1/2	$\sqrt{3}/2$	$\sqrt{3}/3$	$\sqrt{3}$
45	$\pi/4$	$\sqrt{2}/2$	$\sqrt{2}/2$	1	1
60	$\pi/3$	$\sqrt{3}/2$	1/2	$\sqrt{3}$	$\sqrt{3}/3$
90	$\pi/2$	1	0	∞	0

등식의 확장이 필요하다.

$$\sin\theta = +\cos(\theta - 90°) = -\sin(\theta - 180°) = -\cos(\theta - 270°)$$
$$\cos\theta = -\sin(\theta - 90°) = -\cos(\theta - 180°) = +\sin(\theta - 270°)$$
$$\tan\theta = -\cot(\theta - 90°) = +\tan(\theta - 180°) = -\cot(\theta - 270°)$$

때로는 다음 3개의 역함수를 만날 때가 있다.

$$\text{cosecant} \rightarrow \csc\theta = \frac{h}{o} = \frac{1}{\sin\theta}$$

$$\text{secant} \rightarrow \sec\theta = \frac{h}{a} = \frac{1}{\cos\theta}$$

$$\text{cotangent} \rightarrow \cot\theta = \frac{a}{o} = \frac{1}{\tan\theta}$$

삼각법의 다음 공식은 매우 유용하게 쓰인다.

피타고라스 법칙
$$\begin{cases} \sin^2\theta + \cos^2\theta = 1 \\ 1 + \tan^2\theta = \sec^2\theta \end{cases}$$

가법감법공식
$$\begin{cases} \sin(\theta \pm \phi) = \sin\theta\cos\phi \pm \cos\theta\sin\phi \\ \cos(\theta \pm \phi) = \cos\theta\cos\phi \mp \sin\theta\sin\phi \end{cases}$$

배각공식
$$\begin{cases} \sin 2\theta = 2\sin\theta\cos\theta \\ \sin^2\theta = \frac{1}{2}(1 - \cos 2\theta) \\ \cos^2\theta = \frac{1}{2}(1 + \cos 2\theta) \end{cases}$$

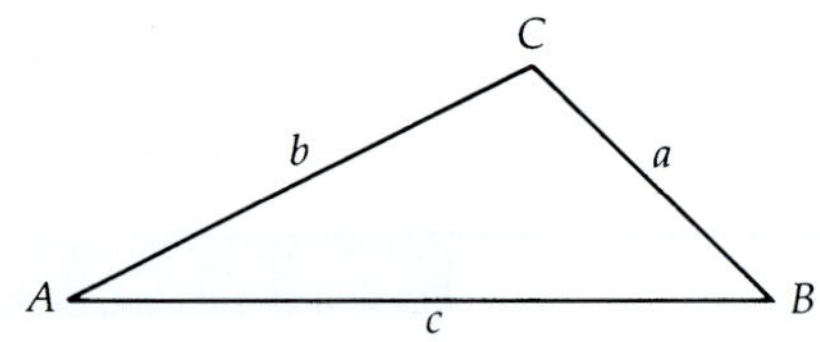

그림 A-3

A9.1.3 평면삼각형

그림 A-3은 일반적인 삼각형 ABC를 보여 주는데, 정점의 각이 A, B, C이고, 그에 대응하는 변이 a, b, c이다. 이러한 삼각형에 대하여 아래와 같은 공식을 얻는다.

면적 $= \sqrt{s(s-a)(s-b)(s-c)}$, 여기서 $s = \frac{1}{2}(a + b + c)$

사인법칙
$$\frac{a}{\sin A} = \frac{b}{\sin B} = \frac{c}{\sin C}$$

코사인법칙
$$\begin{cases} a^2 = b^2 + c^2 - 2bc\cos A \\ b^2 = c^2 + a^2 - 2ca\cos B \\ c^2 = a^2 + b^2 - 2ab\cos C \end{cases}$$

A9.2 구면삼각법

A9.2.1 구면삼각형

구의 중심을 통과하는 평면과 구가 만나서 생기는 원을 대원이라고 부른다. 구를 통과하는 평면이 구의 중심을 통과하지 않는 경우를 소원이라 부른다. 대원호가 서로 교차되어 만든 각을 구면각이라고 부른다. 그림 A-4에 보듯이, 호 AB, BC, CA는 대원호이고, 각 ABC, BCA, CAB는 구면각이다. 이러한 대원호와 구면각은 구면삼각형 ABC를 만든다. 참고로 대원호와 구면각을 점 A에 접하는 평면에 선을 그어 내리면 평면삼각형 ADE를 형성한다.

A9.2.2 코사인법칙

만일 그림 A-4와 같이 구면삼각형의 변을 a, b, c라 하면, 변의 길이와 구면각 CAB ≡ A는 다음과 같은 구면삼각형 공식을 만족한다.

$$\cos a = \cos b \cos c + \sin b \sin c \cos A$$

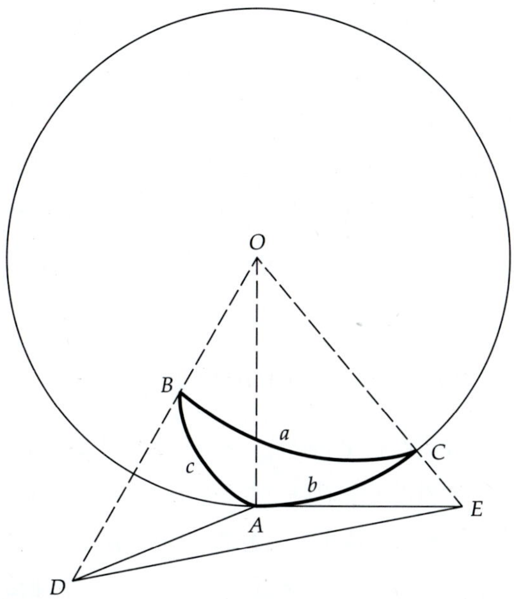

그림 A-4

참고로 구면삼각형의 변과 사이 각은 모두 각으로 표시된 값들이다.

코사인 공식은 두 변과 사이 각이 주어졌을 때 세 번째 변을 계산하는 데 사용할 수 있다. 만일 구면삼각형의 세 변을 알고 있다면 세 각의 크기를 순차적으로 구할 수 있다.

A9.2.3 사인법칙

구면삼각형에서 두 변과 마주보는 두 각 사이의 관계는 사인 공식으로 다음과 같이 주어진다.

$$\frac{\sin A}{\sin a} = \frac{\sin B}{\sin b} = \frac{\sin C}{\sin c}$$

그러나 평면삼각법과 유사하게 $\sin(180 - A) = \sin(A)$가 성립하므로, 각을 결정하는 것이 본질적으로 모호하다는 것을 알아야 한다.

A9.3 지수함수 표시법

A9.3.1 제곱과 제곱근

하나의 양수 a를 그 자체로 정수 m번을 곱하면 a의 m제곱(of a)이 된다.

$$a \times a \times a \times \cdots (m\text{번}) \cdots \times a = a^m$$

같은 수의 몇 제곱들을 서로 곱하면, 그 지수는 서로 더하면 된다 — $a^m a^n = a^{m+n}$. 만일 $a^0 \equiv 1$로 정의한다면 음수의 지수도 허용되고 이를 역수라 한다. 즉 $a^{-m} = 1/a^m \Rightarrow a^m a^{-m} = a^{m-m} = a^0 = 1$이다.

마찬가지로, $a^{1/m}$을 a의 m 제곱근이라고 정의한다. a의 m 제곱근을 m제곱하면 도로 a가 되기 때문이다. 즉 $(a^{1/m})^m = a^{m/m} = a^1 = a$이다. 제곱이나 제곱근을 다시 제곱할 때는 두 지수를 곱해야 한다. 이 결과는 어떤 실수 지수에 대해서도 다음의 공식에 의하여 일반화된다(반드시 정수이거나 유리수가 아니라도 좋음).

$$a^0 = 1 \qquad a^{-m} = 1/a^m$$
$$(ab)^m = a^m b^m$$
$$a^m a^n = a^{m+n} \qquad (a^m)^n = a^{mn}$$

정수 n의 계승(factorial)을 $n!$이라 하므로 그보다 작은 수 전부(1까지 내려감)와의 곱으로 정의한다 — $n! \equiv n(n-1)(n-2)\cdots(3)(2)(1)$, 그리고 $0! \equiv 1$로 정의하는 것이 관습이다. 다음의 간단한 예가 그 조작법을 설명해 준다.

$$3^4 = 3 \times 3 \times 3 \times 3 = 81$$
$$2^{-3} = \frac{1}{2^3} = 1/(2 \times 2 \times 2) = \frac{1}{8}$$
$$15^2 = (3 \times 5)^2 = 3^2 \times 5^2 = 9 \times 25 = 225$$
$$6^2 \times 6^3 = 6^{2+3} = 6^5$$
$$(\sqrt{2})^3 = (2^{1/2})^3 = 2^{3/2}$$
$$4! = 4 \times 3 \times 2 \times 1 = 24$$

A9.3.2 지수함수와 대수함수

바탕수(base) a가 주어졌을 때 지수함수의 공식은

$$y = a^x = \text{바탕수 } a\text{의 } x\text{제곱}$$

즉 우리가 선택하는 x(지수)의 모든 값에 대하여 y의 값을 얻는다. 그리고 만일 a와 y의 값을 알고 x의 값을 구하려면 이 관계를 역전시켜서 대수함수의 공식을 써야 한다.

$$x = \log_a y = y\text{의 값을 만드는 } a\text{의 지수}$$

예를 들어 $8 = 2^x$가 주어지면 우리는 $x = 3$임을 안다. $2^3 = 2 \times 2 \times 2 = 8$이기 때문이다. 그래서 $\log_2 8 = 3$이다.

제곱과 제곱근의 일반적인 성질에서 대수함수의 몇 개의 유용한 관계가 유도된다.

곱	$\log_a(xy) = \log_a x + \log_a y$
나눔	$\log_a(x/y) = \log_a x - \log_a y$
제곱	$\log_a(y^n) = n \log_a y$
바탕수의 바꿈	$\log_a y = (\log_a b)(\log_b y)$

이 책에서는 가장 흔하게 10진법의 바탕수 $a = 10$인 경우를 만난다. 이 바탕수를 가진 대수함수를 상용대수(common logarithms)라고 한다('log'로 씀). 모든 상용대수는 두 부분으로 되어 있다. 즉 한 정수(진수, characteristic)와 끝없이 계속되는 소수(가수, mantissa)이다. 예를 들면,

$$\log 33.7 = \log 10^{1.5276} = 1.5276$$

진수 ⟶ 1, 가수 ⟶ .5276

10의 제곱 표시를 쓸 때는 $33.7 = 3.37 \times 10^1$로서 진수가 1임을 바로 알 수 있다.

이 책에서는 자주 쓰이지는 않지만 미적분(A10.6절)에서 중요한 것이 바탕수가 $e \equiv 2.71828\cdots$인 지수함수이다. 이것을 자연(natural) 또는 네이피어(Naperian) 대수라고 하며, 'ln'으로 표시한다. 모두 실제적인 계산에서는 다음의 관계를 써서 바탕수를 10진법 체계(상용대수)로 바꾼다.

$$e^x = 10^{0.4343x}$$
$$\ln x = (2.3026) \log x$$

A9.4 해석 기하학

A9.4.1 좌표계

3차원 공간 속의 한 점의 위치를 표시하는 데 3개의 좌표계가 흔히 쓰인다. 가장 잘 알려진 것이 직교 데카르트 좌표계(x, y, z)이다. 원점 $O(x = 0, y = 0, z = 0)$에서 시작하여 x축을 따라 x 단위를 가고, y축에 평행하게 y 단위를 가서, z축에 평행하게 z 단위를 올라간다(그림 A-5).

원통좌표계(ρ, ϕ, z)에서는 원점에서 xy평면상의 x축과 각 ϕ를 이루며 ρ의 거리만큼 나가 다시 z축에 평행하게 z단위를 올라가 점을 찾는다(그림 A-5). 이 좌표는 직교좌표와 다음 관계로 연결된다.

$$x = \rho \cos \phi \qquad y = \rho \sin \phi \qquad z = z$$

끝으로, 구좌표(r, θ, ϕ)에서는 원점으로부터 z축에 대하여 각 θ를 이루며 거리 r를 간다. 이 운동을 xy 평면상에 투영시키면 x축에 대하여 각 ϕ만큼 기울고, 길이가 $\rho = r \sin \theta$(그림 A-5)가 된다. 이것은 직교좌표계와는 다음의 관계로 연관된다.

$$x = r \sin \theta \cos \phi$$
$$y = r \sin \theta \sin \phi$$
$$z = r \cos \theta$$

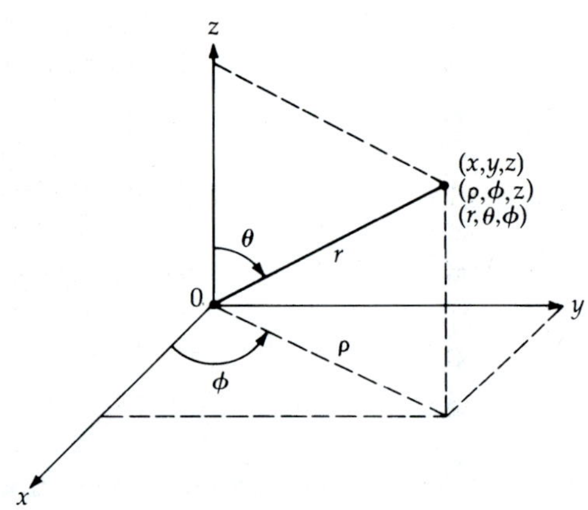

그림 A-5

A9.4.2 그래프

대수 식 $y = y(x)$로 y를 x의 함수로 정의한다. 그러므로 x의 각각의 값에 대하여 이 함수가 y의 값을 결정한다. 그래서 (x, y)의 짝을 얻는다. 이 함수의 특성을 잘 설명하기 위하여 각각의 (x, y)의 짝으로 2차원의 직교좌표 상의 점들로 그래프를 그린다. 그 결과는 하나의 곡선이 된다.

1차식 $y = mx + b$를 생각하자. 여기서, m과 b는 상수이다. $x = 0$일 때 $y = b$이고, $x = -b/m$일 때 $y = 0$이다. 그리고 x가 한 단위씩 증가함에 따라 y는 m 단위만큼씩 증가한다. 그래서 그래프의 경사(slope)는 m이다. 이 함수의 그래프는 그림 A-6의 직선이다.

이제 2차식 $y = ax^2 + bx + c$를 생각하자. 여기서 a, b, c는 모두 상수이다. $x = 0$일 때 $y = c$이고, 이 식의 2개의 0값($y = 0$일 때)은 다음의 2차식의 근의 공식으로 주어진다.

$$x = \frac{-b \pm \sqrt{b^2 - 4ac}}{2a}$$

이 함수의 그래프(그림 A-7)는 포물선이다.

그래프의 유용성은 복잡한 함수를 고려할 때 명확해진다. 그림 A-8은 삼각함수 $\sin x$, $\cos x$, $\tan x$를 보여 준다. 그림 A-9는 지수함수 $y = a^x$를 그린 것인데, 대수함수 $x = \log_a y$는 이 그림을 반시계 방향으로 90°만 돌리면 된다.

A9.4.3 원뿔함수

평면 극좌표(ρ, ϕ)에서 모든 중력적 궤도는 간단한 식 $\rho = d(1 + e)/(1 + e \cos \phi)$로 표시된다. 여기서, $\rho = d$는 원점($\phi = 0°$)에 가장 가까이 갔을 때의 거리이다. 이 함수의 그래프는 원뿔곡선(conic sections)이라는 여러 가지 모양의 곡선을 만들어 낸다(그림 A-10).

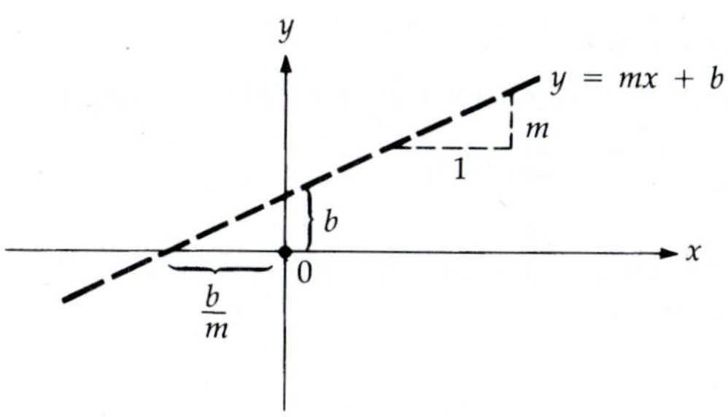

그림 A-6

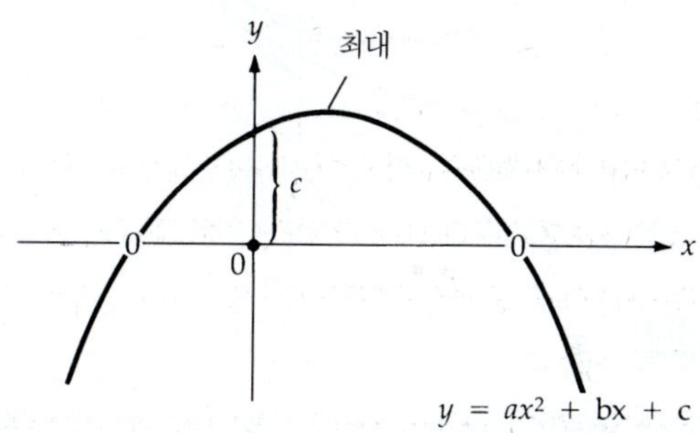

그림 A-7

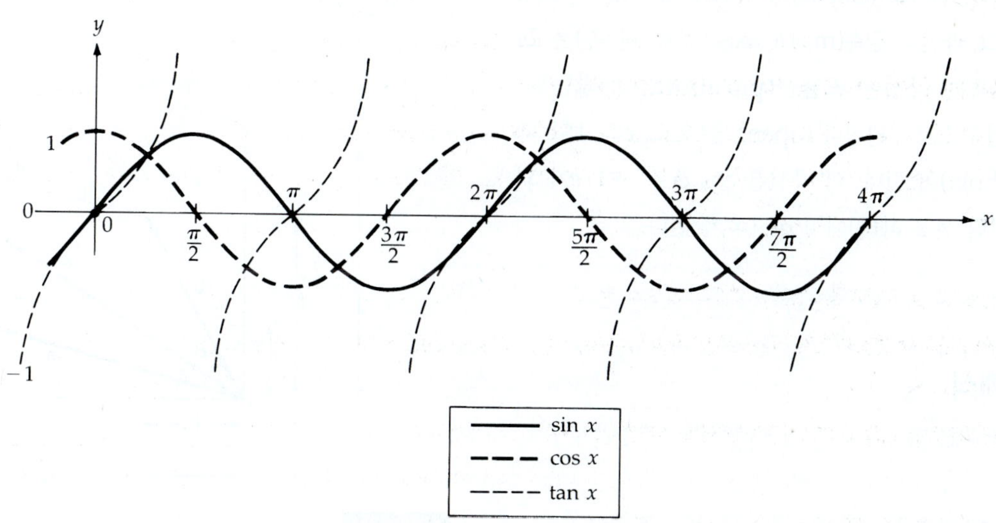

그림 A-8

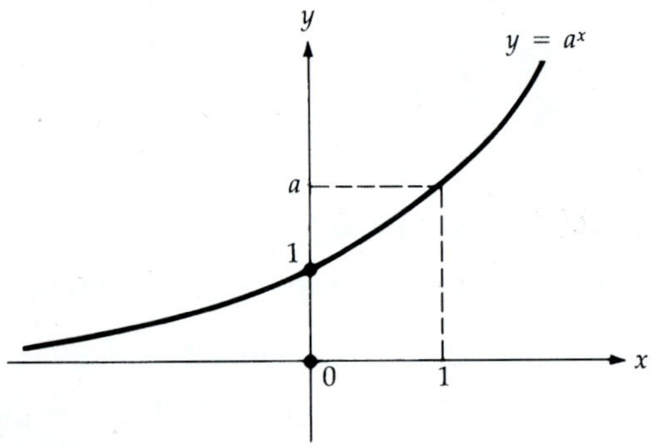

그림 A-9

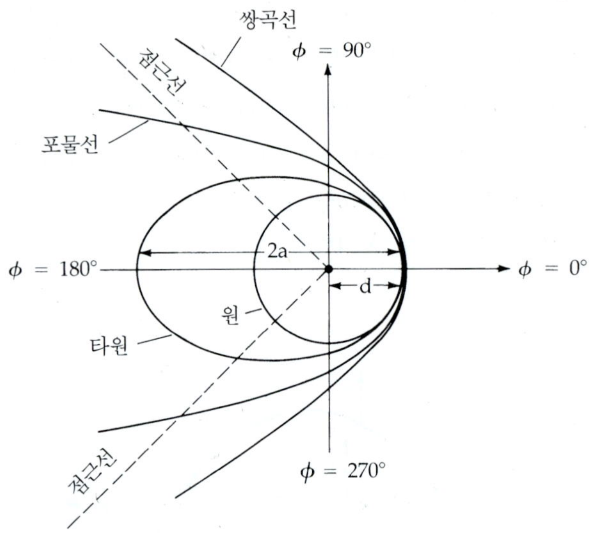

그림 A-10

$e = 0$일 때는 반지름 d인 원이 되고, e가 $0 < e < 1$의 범위에 있을 때에는 그 곡선은 타원(ellipse)이며, 보통 $d = a(1 - e)$로 쓴다. 그러므로 그 곡선의 장축(major axis, 가장 긴 축)은 $2a$이다. $e = 1$일 때는 곡선은 포물선(parabola)이 되는데, $\phi = 180°$에서 왼쪽으로 '열린다'(open). 끝으로, $e > 1$일 때는 쌍곡선(hyperbola)이 된다. 이 곡선은 $\cos \phi = -1/e$가 되는 두 각(점근선이란 선을 따라)에서 $\rho \to \infty$가 된다.

A9.5 벡터 해석

A9.5.1 벡터

벡터는 화살과 같다. 둘 다 크기(길이)와 방향을 가졌기 때문이다. 크기는 방향은 갖지 않는 스칼라로서 단순한 수이다(온도와 질량과 같이). 우리는 벡터를 고딕체 **c**로 쓰고 그 크기는 이탤릭체 글씨 c로 쓴다.

두 벡터는 그림 A-11에서 설명한 대로 벡터 가법의 평행사변형 규칙을 써서 $\mathbf{c} = \mathbf{a} + \mathbf{b}$와 같이 더한다. 반대로 1개의 벡터는 언제나 2개의 성분 벡터로 분해할 수가 있다. 편의상 좌표축을 따라 분해하고 벡터를 $\mathbf{c} = (c_x, c_y)$라고 쓴다. 이제 벡터의 가법을 그 성분을 써서 다음과 같이 쓸 수 있다.

$$c_x = a_x + b_x \qquad c_y = a_y + b_y$$

피타고라스의 정리와 그림 A-11에서 **c** 벡터의 크기는 $c = (c_x^2 + c_y^2)^{1/2}$임이 명확하다. **c**와 x축 사이의 각 α를 쓰면 **c**의 방향은 $\tan \alpha = c_y/c_x$로 주어진다. 끝으로 벡터의 가법의 결과로 c의 크기는 다음과 같이 쓸 수 있다.

$$\begin{aligned} c &= [c_x^2 + c_y^2]^{1/2} \\ &= [(a_x + b_x)^2 + (a_y + b_y)^2]^{1/2} \\ &= [(a_x^2 + a_y^2) + (b_x^2 + b_y^2) + 2(a_x b_x + a_y b_y)]^{1/2} \\ &= [a^2 + b^2 + 2(\mathbf{a} \cdot \mathbf{b})]^{1/2} \end{aligned}$$

[벡터의 내적(dot product)은 다음 절을 보라] 또는 코사인 법칙에서

$$c^2 = a^2 + b^2 + 2ab \cos \beta$$

여기서 β는 **a**와 **b** 사이의 가장 작은 각이다.

한 예로서 벡터 $\mathbf{a} = (1, 1)$과 $\mathbf{b} = (3, -4)$를 생각해 보자. 그들의 크기는

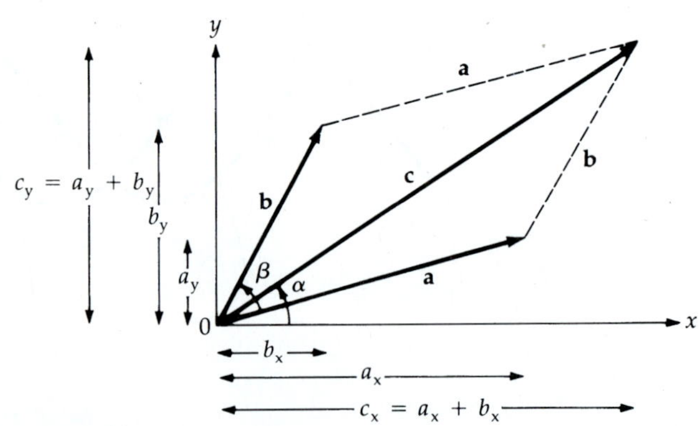

그림 A-11

$$a = (a_x^2 + a_y^2)^{1/2} = (1^2 + 1^2)^{1/2}$$
$$= (1 + 1)^{1/2} = (2)^{1/2} = \sqrt{2}$$
$$b = (3^2 + 4^2)^{1/2} = (9 + 16)^{1/2} = 5$$

그들의 벡터 합은

$$\mathbf{c} = \mathbf{a} + \mathbf{b} = (a_x + b_x, a_y + b_y)$$
$$= (1 + 3,\ 1 - 4) = (4, -3) = (c_x + c_y)$$

이며, c의 크기는

$$c = (4^2 + 3^2)^{1/2} = 5$$

이다(이 벡터에 대하여 A−11과 같은 그림을 그리고, **a**, **b**, **c**가 이등변삼각형이 됨을 보여라!).

A9.5.2 내적

3차원 직교좌표에서 벡터 **a**, **b**의 내적은 다음의 스칼라와 같이 정의한다.

$$\mathbf{a} \cdot \mathbf{b} \equiv a_x b_x + a_y b_y + a_z b_z$$

만일 ψ가 **a**와 **b** 사이의 가장 작은 각이라면, 쉽게 다음의 관계를 증명할 수 있다.

$$\mathbf{a} \cdot \mathbf{b} \equiv ab \cos \psi$$

그러므로 내적은 벡터 **a**의 **b** 방향으로의 성분의 척도이다(또는 그와 반대). 그래서 두 벡터가 서로 수직일 때, $\mathbf{a} \cdot \mathbf{b} = 0$ ($\psi = 90°$, 그림 A−12)이 된다.

앞의 절에서의 예 $\mathbf{a} = (1, 1)$, $\mathbf{b} = (3, -4)$를 생각해 보자. 여기서는

$$\mathbf{a} \cdot \mathbf{b} = a_x b_x + a_y b_y$$
$$= (1)(3) + (1)(-4) = 3 - 4 = -1$$

이다. 그러므로 각 ψ는

$$\cos \psi = \frac{\mathbf{a} \cdot \mathbf{b}}{ab} = (-1)/(\sqrt{2})(5)$$
$$= -\frac{\sqrt{2}}{10} = -0.1414$$

를 만족한다. 그러므로 표 A9−1에서 $\psi \approx 98°$이다.

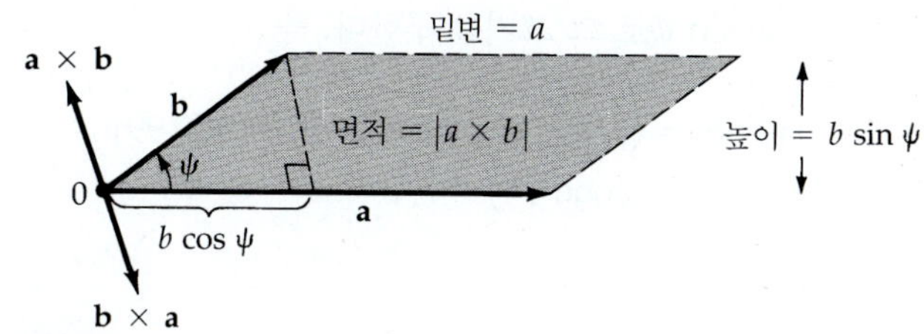

그림 A−12

A9.5.3 외적

벡터 **a**, **b**의 외적은 $\mathbf{a} \times \mathbf{b}$로 표시되는데, 이는 또 하나의 벡터로서 **a**와 **b** 양쪽에 수직인 벡터이다. 그 결과, 벡터의 방향은 오른손 규칙에 의하여 정해진다. 즉 "**a**의 방향으로 오른손의 손가락을 편 다음에 이 손을 **a**와 **b** 사이의 가장 작은 각(ψ)만을 **a**쪽으로 돌려본다. 그러면 엄지손가락은 외적 벡터의 방향을 가리킨다." 외적은 벡터의 성분으로 다음과 같이 정의된다.

$$\mathbf{a} \times \mathbf{b} \equiv (a_y b_z - a_z b_y,\ a_z b_x - a_x b_z,\ a_x b_y - a_y b_x)$$

외적은 본질적으로는 **a**의 **b**에 수직한 방향의 성분의 척도이다(또는 그와 반대). 그러므로 다음과 같이 주어진다.

$$|\mathbf{a} \times \mathbf{b}| \equiv ab \sin \psi$$

a와 **b**가 평행(또는 반평행)일 때는 $\mathbf{a} \times \mathbf{b} = 0$이다. 그리고 $\mathbf{b} \times \mathbf{a} = -\mathbf{a} \times \mathbf{b}$이다(오른손 규칙과 외적의 성분의 정의를 써서 검증하라).

그림 A−12은 2개의 벡터 **a**와 **b**의 내적과 외적의 몇 가지 성질을 설명해 준다.

$\mathbf{a} = (1, 1)$와 $\mathbf{b} = (3, -4)$의 외적의 계산으로 설명을 끝내겠다(앞의 절을 보라).

$$a_z = 0 = b_z\text{이므로, } \mathbf{a} \times \mathbf{b} = (0, 0, -4 - 3) = (0, 0, -7)$$

그러므로 $\mathbf{a} \times \mathbf{b}$는 z의 (−) 방향을 향하고(xy 평면에 놓인 **a**, **b** 양쪽에 수직이다), 그림 A−12의 평행사변형의 면적은 $|\mathbf{a} \times \mathbf{b}| = 7$이다. $\mathbf{a} \times \mathbf{b}$를 구하는 또 다른 방법은 아래와 같다. 첫째로 오른손 규칙을 써서 그 방향을 구하고, 다음에

$|\mathbf{a}\times\mathbf{b}| = ab\sin\psi$로 그 크기를 구한다. 즉

$$|\mathbf{a}\times\mathbf{b}| = (\sqrt{2})(5)\sin 98° = (1.414)(5)(0.99) = 6.999 = 7$$

A9.6 급수

$y = y(x)$의 함수 관계에서 x를 독립변수(또는 인수)라고 한다. 천문학과 천체물리학에 실제적으로 많이 적용되는 예들에 있어(특히, 미적분, 부록 A9.7절), 독립변수의 대단히 작은 값 $(0 \lesssim x \ll 1)$에 대한 어떤 함수값의 변화를 알 필요가 자주 있다. 이때는 이 함수를 x의 제곱의 **급수**로 전개한다. 유용한 급수 전개를 아래에 적어 놓았다(적용할 수 있는 x값의 정확한 범위도 같이 적었다).

세 가지의 간단한 예로 이들 급수를 이용하는 방법을 설명하겠다. 첫째, $\sqrt{e}$의 값을 구해 보자(근사적으로). 다음과 같이 하면 된다.

$$e^{1/2} = 1 + \left(\frac{1}{2}\right) + \left(\frac{1}{2}\right)\left(\frac{1}{2}\right)^2 + \left(\frac{1}{6}\right)\left(\frac{1}{2}\right)^3 + \cdots$$

$$= 1 + \frac{1}{2} + \frac{1}{8} + \frac{1}{48}\cdots$$

$$= \frac{79}{48} + \cdots \approx 1.65$$

둘째로, 별의 시차에 사용되는 대단히 좁은 삼각형을 생각해 보자. 짧은 변의 길이가 1AU, 옆변이 dAU이고 별을 정점으로 하는 각이 $\pi(\mathrm{rad}) \ll 1$이다. 그래서

$$\frac{1\mathrm{AU}}{d\mathrm{AU}} = \tan\pi(\mathrm{rad}) \approx \pi(\mathrm{rad}) \Rightarrow d(\mathrm{pc}) \approx \frac{1}{\pi''}$$

을 얻는다. 1rad은 206,265″이고 1pc는 206,265AU이기 때문이다.

끝으로, 조석 가속도(기조력)를 계산할 때는 2개의 큰 값 사이의 매우 작은 차이를 구해야 한다 — $GM/[r \pm (d/2)]^2$, 분모에서 r^2을 괄호 밖으로 내놓고 나머지 분모에 이항정리를 이용하면($d \ll r \Rightarrow x = d/2r \ll 1$이므로)

$$\left(1 \pm \frac{d}{2r}\right)^{-2} = 1 \mp 2\left(\frac{d}{2r}\right) + 3\left(\frac{d}{2r}\right)^2 \cdots$$

$$\approx 1 \mp \frac{d}{r} + \cdots$$

따라서 바로

$$\frac{GM}{\left(r - \frac{d}{2}\right)^2} - \frac{GM}{\left(r + \frac{d}{2}\right)^2}$$

이항정리	$(1 \pm x)^n = 1 \pm nx + \left(\frac{1}{2}\right)n(n-1)x^2 \pm \left(\frac{1}{6}\right)n(n-1)(n-2)x^3 + \cdots$	$(x^2 < 1$, 모든 n 값$)$
삼각함수	$\sin x = x - \left(\frac{1}{6}\right)x^3 + \left(\frac{1}{120}\right)x^5 - \cdots$	$(x^2 < 1)$
	$\cos x = 1 - \left(\frac{1}{2}\right)x^2 + \left(\frac{1}{24}\right)x^4 - \cdots$	$(x^2 < 1)$
	$\tan x = x + \left(\frac{1}{3}\right)x^3 + \left(\frac{2}{5}\right)x^5 + \cdots$	$\left(x^2 < \frac{\pi^2}{4}\right)$
지수함수	$e^x = 1 + x + \left(\frac{1}{2}\right)x^2 + \left(\frac{1}{6}\right)x^3 + \cdots$	$(x^2 < 1)$
대수함수	$\ln(1 + x) = x - \left(\frac{1}{2}\right)x^2 + \left(\frac{1}{3}\right)x^3 - \left(\frac{1}{4}\right)x^4 + \cdots$	$(x^2 < 1)$

$$= \frac{GM}{r^2}\left[\left(1-\frac{d}{2r}\right)^{-2}-\left(1+\frac{d}{2r}\right)^{-2}\right]$$

$$= \frac{GM}{r^2}\left[\left(1+\frac{d}{r}+\cdots\right)-\left(1-\frac{d}{r}+\cdots\right)\right]$$

$$\approx \frac{2GMd}{r^3}$$ 를 얻는다.

A9.7 미적분학

A9.7.1 도함수

함수 $y = (x)$의 x점에서의 **도함수**(또는 순간적인 경사)를 구하자. 그림 A-12에서 보여 주듯이 근접한 점 $x + \Delta x$를 선택하여 $y(x + \Delta x)$의 값을 구하고, Δx가 무한히 작게 되는 극한 $(\lim_{\Delta x \to 0})$에서 도함수를 다음과 같이 정의한다.

$$\frac{dy}{dx} \equiv \lim_{\Delta x \to 0} \frac{y(x+\Delta x) - y(x)}{\Delta x}$$

이 정의를 써서 2개의 간단한 도함수를 구해 보자. 먼저 $y(x) = x^2$를 생각하자.

$$y(x + \Delta x) = (x + \Delta x)^2 = x^2 + 2x(\Delta x) + (\Delta x)^2$$

따라서

$$\frac{dy}{dx} = \lim_{\Delta x \to 0} \frac{x^2 + 2x(\Delta x) + (\Delta x)^2 - x^2}{\Delta x}$$

$$= \lim_{\Delta x \to 0} 2x + \Delta x = 2x$$

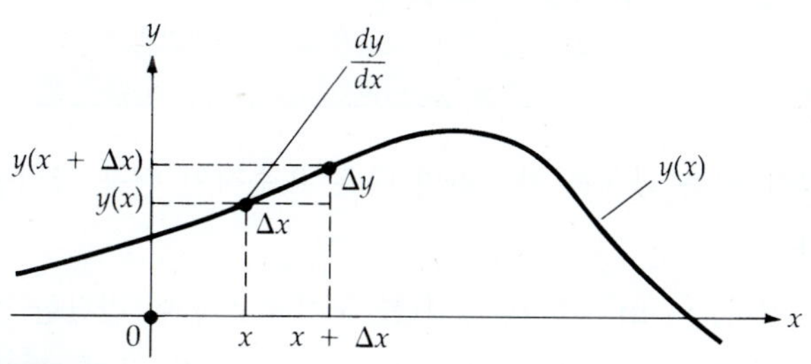

그림 A-13

즉 x^2의 x에서의 도함수는 $2x$이다.

다음에는 $y(x) = \sin x$를 생각해 보자. 이때는(각의 합의 식을 써서) $y = (x + \Delta x) = \sin(x + \Delta x) = \sin x \cos \Delta x + \cos x \sin \Delta x$이다. 그러나 Δx가 매우 작아서 $\sin \Delta x \approx \Delta x$, $\cos \Delta x \approx 1$이 되므로 급수 전개를 하면

$$\frac{dy}{dx} = \lim_{\Delta x \to 0} \frac{\sin x + (\Delta x)\cos x - \sin x}{\Delta x}$$

$$= \cos x$$

이렇게 $\sin x$의 도함수는 $\cos x$이다.

이러한 식으로 도함수에 대한 다음과 같은 유용한 공식을 확증할 수가 있다(여기서 a와 n은 상수이고, $u = u(x)$, $v = v(x)$이다.

정의	$\frac{da}{dx} = 0 \qquad \frac{dx}{dx} = 1$
선형성	$\frac{d(au)}{dx} = a\frac{du}{dx}$ $\frac{d(u+v)}{dx} = \frac{du}{dx} + \frac{dv}{dx}$
연쇄 규칙	$\frac{d(uv)}{dx} = u\frac{dv}{dx} + v\frac{du}{dx}$
제곱함수	$\frac{d(u^n)}{dx} = nu^{n-1}\frac{du}{dx}$
삼각함수	$\frac{d(\sin u)}{dx} = \cos u\frac{du}{dx}$ $\frac{d(\cos u)}{dx} = -\sin u\frac{du}{dx}$ $\frac{d(\tan u)}{dx} = \sec^2 u\frac{du}{dx}$
지수함수	$\frac{d(a^u)}{dx} = a^u(\ln a)\frac{du}{dx}$ $\frac{d(e^u)}{dx} = e^u\frac{du}{dx}$
대수함수	$\frac{d(\ln u)}{dx} = \frac{1}{u}\frac{du}{dx}$

예로서, $d(x \sin x)^2/dx$를 구하는 단계는 다음과 같다.

1. 이것은 $d(u^n)/dx$의 형임을 주의하여

$$\frac{d(x \sin x)^2}{dx} = 2(x \sin x)\frac{d}{dx}(x \sin x)$$

2. 연쇄 규칙을 적용하여

$$= 2(x \sin x)\left(x\frac{d(\sin x)}{dx} + \sin x\frac{dx}{dx}\right)$$

3. $dx/dx = 1$, $d(\sin x)/dx = \cos x$이므로

$$= 2(x \sin x)(x \cos x + \sin x)$$

4. 전개하여

$$= 2x^2 \sin x \cos x + 2x \sin^2 x$$

[벡터의 도함수는 그 성분들의 도함수를 가지고 정의된다는 것을 주의하라 — $d\mathbf{a}/dx = (da_x/dx, da_y/dx, da_z/dx)$]

A9.7.2 적분

함수 $y(x)$의 적분에는 부정적분과 정적분 두 가지가 있다. 부정적분은 $\int y(x)dx$로 표시되는데, 이는 '$y(x)$가 도함수가 되는 원래의 x의 함수'라고 생각하면 된다. $d(\sin x)/dx = \cos x$이므로 $\int \cos x\ dx = \sin x$이다. 그러므로 부정적분은 $\int [dy(x)/dx]dx = y(x)$이라는 뜻에서 역도함수이다.

정적분은 $\int_a^b y(x)\ dx$로 표시되는데, 이는 $x = a$와 $x = b$ 사이의 곡선 $y(x)$ 아래의 실면적(net area)이다(그림 A-14). $y(x) = df(x)/dx$라면, 정의에 의하여

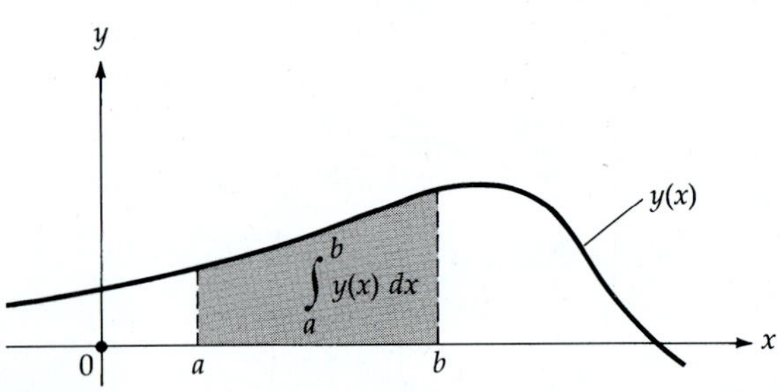

그림 A-14

$$\int_a^b y(x)\ dx = \int_a^b \left(\frac{df}{dx}\right) dx = f(x)\Big]_a^b$$

$$= f(b) - f(a)$$

이다.

일반적으로, 부정적분은 시행 착오법으로 구한다. 그러나 몇 개의 유용한 적분 결과를 표에 실어 놓았다(위의 도함수의 표 참조).

선형성	$\int ay(x)dx = a\int y(x)dx$ $\int (u + v)dx = \int u\ dx + \int v\ dx$
부분적분	$\int u\ dv = uv - \int v\ du$
제곱함수	$\int x^n\ dx = \frac{x^{n+1}}{(n+1)}$ ($n = -1$은 제외)
삼각함수	$\int \sin x\ dx = -\cos x$ $\int \cos x\ dx = \sin x$ $\int \sec^2 x\ dx = \tan x$
지수함수	$\int e^{ax}\ dx = \frac{e^{ax}}{a}$
대수함수	$\int \frac{(dy/dx)}{y(x)} dx = \ln y(x)$ $\int \frac{dx}{x} = \ln x$

다양한 적분 공식을 찾으려면 다른 표준적인 적분 공식집을 보라.

여기서, $\int (\sin^2 x)\ \cos x\ dx$를 구함으로써 이 간단한 적분표의 유용성을 설명해 보겠다. $u = \sin x$라 하자. 그러면

$du = \cos x\, dx$이고, 표에서 $\int u^2\, du = u^3/3$이다. 여기서 $u = \sin x$를 대입하면 곧 위의 적분의 답을 얻는다. $(1/3)\sin^3 x$이다. 만일 이것이 정적분 $\int_0^{\pi/2} (\sin^2 x) \cos x\, dx$라면

$$\int_a^{\pi/2} (\sin^2 x) \cos x\, dx = \left[\frac{1}{3} \sin^3 x\right]_0^{\pi/2}$$

$$= \frac{1}{3}\left[\sin^3\left(\frac{\pi}{2}\right) - \sin^3(0)\right]$$

$$= \frac{1}{3}(1^3 - 0^3) = \frac{1}{3}$$

이다. 벡터의 적분은 전혀 다른 적분이라는 것을 명심하라. 그것은 성분을 가지고 정의되는 적분으로서 $\int \mathbf{a}\, dx = \int [a_x(x), a_y(x), a_z(x)]\, dx = (\int a_x\, dx, \int a_y\, dx, \int a_z\, dx)$이다.

A9.8 구적 공식

길이, 면적, 체적과 같은 것은 **구적 공식**에 의해서 구한다. 그 전형적인 예가 반지름이 R인 원의 면적이 $A = \pi R^2$인 것이다. 부록 A9.8.1항에서 적분법을 써서 이들의 공식을 유도하는 법을 설명하였다. 그러나 다만 답만을 알고자 하는 사람은 바로 부록 A9.8.2항으로 넘어가면 된다.

A9.8.1 다중 적분

한 좌표계 내의 한 점에서 세 좌표의 미소한 변화를 시켜서, (1) 미소 길이, (2) 미소 표면적, (3) 미소 체적을 정의한다. 그리고 이들을 적당히 합치면(즉 적분하면) 길이, 면적, 체적을 얻는다.

직교좌표(x, y, z)에 미소한 연장을 (dx, dy, dz)라 하자. x축을 따라 $x = 0$에서 $x = L$까지의 거리는 바로 $\int_0^L dx = [x]_0^L = L$이다. 미소 면적은 $dx\, dy[(x, y, z)$에서의 xy 평면에서$]$, $dy\, dz$, $dz\, dx$이다. 그러므로 xy 평면에서 $0 \le x \le L$, $0 \le y \le W$ 사이에 있는 면적은 $\int_0^L dx \int_0^W dy = [x]_0^L [y]_0^W = LW$이다. 끝으로, (x, y, z)에서의 미소 체적은 $dx\, dy\, dz$였다. 따라서 $L \times W \times H$의 크기 직육면체의 체적은 곧 $\int_0^L dx \int_0^W dx \int_0^H dz = LWH$이다.

보통 극좌표계에서는 기본적인 미소 길이가 $(d\rho, \rho d\phi, dz)$이고, 미소 면적은 $(\rho\, d\rho\, d\phi, \rho\, d\phi\, dz, d\rho\, dz)$이며, 미소 체적은 $\rho\, d\rho\, d\phi\, dz$이다. 따라서 반지름이 $\rho = R$인 원의 둘레(circumference)는 $\int_0^{2\pi} R\, d\phi = R\int_0^{2\pi} d\phi = R[\phi]_0^{2\pi} = 2\pi R$이며, 이 원의 면적은 $\int_0^{R0} \rho\, d\rho \int_0^{2\pi} d\phi = [(1/2)\rho^2]_0^R\, [\phi]_0^{2\pi} = (R^2/2)(2\pi) = \pi R^2$이고, 직 원통(반지름 $\rho = R$, 높이 $z = H$)의 체적은 $\int_a^R \rho\, d\rho \int_0^{2\pi} d\phi \int_0^H dz = \pi R^2 \int_0^H dz = \pi R^2 H$이다.

구 좌표계에서는 기본적인 길이가$(dr, r\, d\theta, r \sin\theta\, d\phi)$이다. 그리고 기본적인 면적은$(r\, dr\, d\theta, r^2 \sin\theta\, d\theta\, d\phi, r\, dr \sin\theta\, d\phi)$이고, 기본적인 체적 요소는 $r^2\, dr \sin\theta\, d\theta\, d\phi$이다. 따라서 반지름 $r = R$인 구의 표면적은 $\int_0^\pi R^2 \sin\theta\, d\theta \int_0^{2\pi} d\phi = 2\pi R^2 \int_0^\pi \sin\theta\, d\theta = 2\pi R^2[-\cos\theta]_0^\pi = 4\pi R^2$이며, 체적은 $\int_0^R r^2\, dr \int_0^\pi \sin\theta\, d\theta \int_0^{2\pi} d\phi = [(1/3)r^3]_0^R\, [-\cos\theta]_0^\pi [\phi]_0^{2\pi} = 4\pi R^3/3$이다.

마지막 예로 이러한 기법을 더 복잡한 경우에 어떻게 연장하는지를 설명하겠다. 반지름이 $r = R$인 구에서 $0 \le \theta \le \theta_0$의 범위에 걸치는 표면적을 알고자 할 때를 생각해 보자. 이에 적당한 다중적분은 $R^2 \int_0^{\theta_0} \sin\theta\, d\theta \int_0^{2\pi} d\phi = 2\pi R^2[-\cos\theta]_0^{\theta_0} = 2\pi R^2(1 - \cos\theta_0)$이다. $\theta_0 = \pi/2$일 때는 이 면적은 $2\pi R^2$(구의 전체 표면의 반)이고, $\theta_0 = \pi$(전 표면)일 때는 당연히 $4\pi R^2$이 된다.

A9.8.2 유용한 구적 공식

부록 A9.8.1항에서 설명한 것과 비슷한 방법을 사용하면 비교적 간단하게 다음의 편리한 공식들을 증명할 수 있다.

평면

임의의 삼각형

$$\text{면적(넓이)} = \frac{1}{2}(\text{기선의 길이}) \times (\text{수직높이})$$
$$= \sqrt{s(s-a)(s-b)(s-c)}$$

$s = \dfrac{a+b+c}{2}$ 이며, 변의 길이는 a, b, c

평행사변형과 마름모꼴

면적(넓이) = (기선의 길이) × (수직높이)

사다리꼴

$$\text{면적} = \frac{a+b}{2} \times (\text{수직높이})$$

a와 b는 윗변과 아랫변이 길이

원

둘레 = 2π(반지름) = π(지름)

면적 = π(반지름)^2 = $\left(\frac{\pi}{4}\right)$(지름)^2

활꼴의 면적 = $\frac{1}{2}$(반지름)^2 $(\theta - \sin\theta)$

여기서, θ는 rad 단위의 중심각

부채꼴의 면적 = $\frac{1}{2}$(반지름)^2 θ

얇은띠의 면적 = $2\pi R(\Delta R)$

R는 반지름, ΔR는 반지름 방향으로 잰 띠의 폭 길이

타원

면적 = πab (a = 긴 반지름, b = 짧은 반지름)

입체

직육면체

체적 = abc (각 변의 길이가 a, b, c)

피라미드와 원추(원뿔)

체적 = $\frac{1}{3}$(밑변의 넓이) × (수직높이)

원기둥

체적 = $\pi R^2 H$ (R = 반지름, H = 높이)

구

표면적 = 4π(반지름)^2 = π(지름)^2

체적 = $\frac{4\pi}{3}$(반지름)^3 = $\frac{\pi}{6}$(지름)^3

구절단체의 표면적 = 2π(반지름) × (구절단체의 높이)

구절단체의 체적 = $\frac{\pi}{3}$(높이)^2 × (3 × 반지름 − 높이)

타원체

체적 = $\frac{4\pi}{3}$ abc (a, b, c는 3개의 반지름)

APPENDIX 10 천구

하늘의 지도를 그리려면 우리가 공부하는 천체 현상의 위치를 각각 표시해야 한다. 우리는 사건의 3차원 공간 내의 위치를 데카르트(직교) 좌표계, 극좌표계와 구면좌표계로 표시한다. 위치 천문학에서 우리의 주된 관심은 각으로 표시되는 위치이기 때문에 여기서는 구면좌표계만을 논하게 된다. 구의 표면에서는 원의 둘레나 반지름이 2π와 관련되지 않고 삼각형의 내각의 합도 180°가 넘는다. 그러므로 낯익은 평면 기하학이나 평면삼각법은 적용되지 않는다. 여기서는 구면 기하학과 구면 삼각법으로 대체되어야 한다. 이에 대한 가장 중요한 공식들은 부록 9에 실려 있다.

우선 임의의 반지름을 가진 구의 표면을 생각하자. 구의 중심을 지나는 어떤 평면이든 구의 표면을 자를 때는 대원을 그리게 된다. 그중에서 1개의 평면을 고른다 — 보통 자전축에 수직한 평면을 고른다 — 그리고 이 대원을 주권(主圈, primary circle)이라고 부른다. 또, 이 주권을 수직으로 교차하는 모든 대원을 부권(副圈, secondary circle)이라고 한다. 모든 부권들은 다만 2개의 점, 즉 극에서 서로 만난다. 그리고 주권과 주어진 부권(기준 권)과의 교점을 원점(point of origin)으로 잡는다. 그러면 좌표계 하나가 아래와 같이 구면 위에서 결정된다. 점 *A*의 위치는, (1) 원점에서 주권을 따라 편리한 방향으로 *A*를 지나는 부권과 주권과의 두 교점 중에서 *A*에 가장 가까운 교점까지의 각거리와, (2) 주권으로부터 부권을 따라 *A*점에 이르는 가장 짧은 각거리에 의해서 명확하게 기술된다. 천구 좌표로 가기 전에 지구의 표면을 이용하여 이들의 개념을 설명해 보자.

A10.1 지구의 경도와 위도

그림 A-15는 잘 아는 위도 경도의 지구 좌표계를 나타낸 것이다. 적도(equator)가 주권으로서 지구 자전축에 수직인 중앙 평면에 의해서 정의되며, 한편 지구 자전축은 지구 표면과는 북극과 남극에서 교차한다. 부권은 이 두 극을 지나는데, 극에서 극까지의 반원을 자오선(meridian)이라고 한다. 기준 반원인 본초 자오선(prime meridian)은 영국의 그리니치를 지나며 적도와 그 원점(경도 0°)에서 만난다. 경도(longitude)는 본초 자오선으로부터 주어진 자오선까지 적도를 따라 가장 짧은 각거리를 말하는 것인데, 그 각거리는 동쪽으로 또는 서쪽으로 0°에서 180°까지를 측정한 것이다. 날짜 변경선(International Date Line)은 바로 위도 180°E(또는 W)에 자리 잡고 있다. 위도(latitude)는 적도로부터의 북쪽 또는 남쪽으로의 각거리로서 자오선을 따라 0°(적도)에서 90°(극)까지를 재는 것이다. 적도에 평행인 평면은 지구 표면을 소원(small circle) — 위도 평행선(parallels of latitude)으로 자른다. 이 좌표계로 표시되는 개략적인 위치의 몇 개 예를 든다면, 뉴욕시(73°58′W, 40°40′N), 오스트레일리아의 시드니(151°17′E, 33°5′S)와 같다.

A10.2 지평좌표계

관측의 일차적 결과는 관측자의 위치에 따라 다르다. 그러므로 관측자 위주의 지평좌표계, 즉 방위각-고도(azimuth-

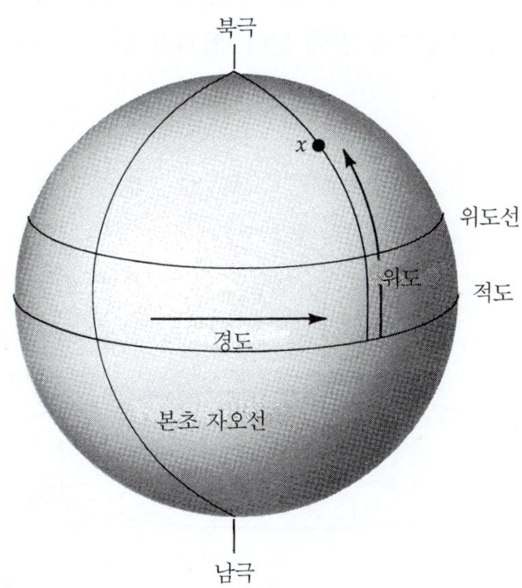

그림 A-15

altitude) 좌표계가 필요하다. 천구 상에서 관측자를 중심으로 하는 구면좌표계를 설정한다(그림 A-16). 머리 위로 수직하게 올라간 점이 천정(zenith)이고, 그 반대점(바로 발 아래의)이 천저(nadir)이다. 이 두 점이 축을 이룬다. 관측자를 지나며 이 축에 수직인 평면이 하늘과 만나는 곳이 천구의 지평선(celestial horizon)이다. 이 선상의 모든 점이 천정과 천저에서 90°의 거리에 있다. 그러나 자연적 또는 인공적인 장애물 때문에 실제로 보이는 지평선이 천구의 지평선일 경우는 드물다. 가장 근사한 지평선은 조용한 해면에서 관측하는 사람에게 보이는 것이다. 축에 평행하고 관측자를 지나는 평면이 천구면을 자르는 대원을 수직권(vertical circle)이라고 한다. 기준권은 관측자의 지평선상의 북점과 남점을 지나는 수직권이다. 이 원을 관측자의 천구 자오선(celestial meridian)이라고 한다. 지평선 상의 북점이 원점이고 동점(east point)과 서점(west point)은 각각 지평선 상에서 북점과 남점의 중간에 위치한다.

지평좌표계는 천체 현상의 위치를 그 순간의 방위각과 고도로써 정한다. 방위각(azimuth)은 북점에서 그 천체 현상을 포함하는 수직권의 발까지 지평선을 따라 동쪽 방향으로 측정한 각거리이다. 수직권의 발은 천체 현상에서 가장 가까운 지평선 상의 점이며, 방위각은 0°에서 360°까지이다. 고도(altitude)는 지평선에서 그 현상까지 수직권을 따라 위쪽으로 잰 가장 짧은 각거리이다. 이것은 0°(지평선)에서 90°(천정)까지이다. 한 천체의 고도의 여각이 천정 거리(zenith ditance, 90°−고도)이다. 관측자의 천구 자오선 상에 일어나는 2개의 현상이 특별히 관심을 끌게 된다. 천체가 천구 자오선을 서쪽으로 통과하는 것은 상자오선 통과(upper transit), 동쪽으로 통과하는 것을 하자오선 통과(lower transit)라고 한다. 유성이나 인공위성의 경우에는 서쪽에서 떠올라서 동쪽으로 넘어갈 수도 있는데, 그때는 또 다른 상자오선 통과의 기준이 필요하다. 일반적으로 상자오선 통과는 천구 자오선을 관측자가 볼 수 있게 통과하는 것을 말한다.

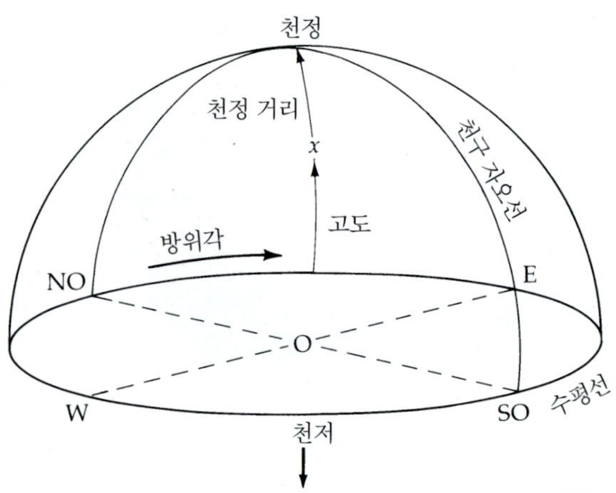

그림 A-16

A10.3 천구적도 좌표

이제 천문학에서 가장 중요한 좌표계 — 천구적도 좌표계(celestial equatorial system) — 를 언급할 차례이다. 천구의 중심은 지구중심에 놓여 있고 그 반지름은 한없이 크다는 것을 생각하자. 이 두 번째의 규정은 하늘의 모든 현상을 천구면에 그려 넣기 위해서이다. 어떤 별이든지(태양 제외) 지상에 있는 어느 두 사람에게도 완전히 평행한 방향, 즉 같은 방향에 보이기 때문이다. 구면좌표를 천구면에 투영시키는 방법에는 여러 가지가 있다. 지구의 회전이 현재 방법의 기초가 된다. 용어가 다르기는 하지만, 천구적도 좌표계의 좌표는 지상의 경도 그리고 위도와 거의 같다.

한 관측자가 볼 때, 천구의 겉보기 회전이 모든 별을 하루에 하늘을 한 바퀴씩 돌게 한다. 그러므로 각 별의 방위각과 고도는 시간과 더불어 계속해서 변화한다. 그러나 천구와 같이 회전하는 천구좌표계 — 천구적도 좌표계 — 로 좌표계를 변환하면 1년에 $1/10^4$밖에 안 되는 정확도로 별을 천구면에 고정시킬 수가 있다. 천구좌표가 $1/10^4$로 변화하는 주된 원인은 지구의 세차 운동이다. 이 세차 운동은 춘분 추분점을 1년에 약 50″만큼씩 서쪽으로 이동시키게 된다.

정지해 있는 천구를 상상해 보자. 그 중심에 위치한 지구가 하루에 한 번 그 축을 중심으로 동쪽으로 자전하고 있다. 지구의 자전을 정지시키고 지표상의 경도와 위도 좌표의 망(mesh)을 천구면에 투영한다고 생각해 보자. 그리고 지구의 적도면을 연장시켜서 천구적도(celestial equator)란 대원을 그리며 천구를 절단하고, 다시 지구의 회전축을 연장해서 북과 남의 천구의 극(celestial poles)에서 교차하게 하자(그림 A-17). 경도의 자오선들은 천구면에 시간권(hour circle)으로 그려지고 위도선들은 양 극에 대하여 동심원적인 소원들로 나타난다. 만일 지구를 다시 그 자전 상태로 돌아가게 한다면, 천

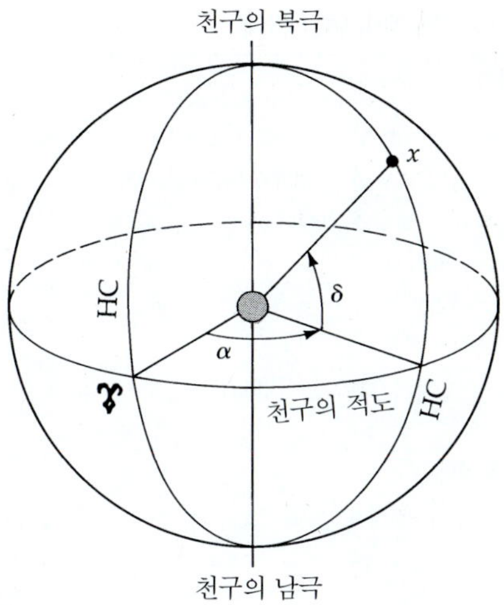

그림 A-17

구에 고정시킨 천구적도 좌표의 망이 지표상의 어느 관측자에게나 매일 서쪽으로 한 바퀴씩 도는 것으로 나타날 것이다.

천구적도 좌표계에서는 천구적도가 주권이며 시간권들이 부권이다. 천체의 위치는 적위(DEC 또는 δ)와 적경(RA 또는 α)으로 정한다. 적위(declination)는 지구의 위도와 같이 천구적도에서 천체를 지나는 시간권을 따라 천체까지의 최소의 각거리(각도의 도, 분, 초로 측정)이다. 천구적도와 천구북극과의 사이는 편이상 (+) 적위로 하고 천구적도와 천구남극 사이는 (−) 적위로 한다. 따라서 적위는 0°(천구적도)에서 90°(천구북극)이거나 −90°(천구남극)에 걸친다. 적경(right ascension)은 지구의 경도와 같이 기준 시간권(prime hour cicle, 아래를 참조)에서 천구적도를 따라 천체를 포함하는 시간권까지 동쪽으로 잰 각거리(시간의 시, 분, 초 또는 h, m, s로 측정한)이다. 적경은 $0^h0^m0^s$에서 $23^h59^m59^s$에 이른다. 어떻게 해서 적경에 시간 단위가 나오는가를 이해하기 위하여 기준 시간권이 정확하게 관측자의 지방 천구 자오선과 일치하는 경우를 생각하자. 지구는 360°를 24^h으로 자전하기 때문에 관측자의 천구 자오선은 1^h 후에는 기준 시간권의 동쪽 15°에 위치하게 된다. 그러므로 이 적경을 $1^h0^m0^s$라고 한다. 1°의 회전이 시간으로 4m 해당하고, 1분의 각도가 시간으로 4s에 해당하며, 1초의 각도는 시간으로는 1/15s에 해당한다.

적경의 원점은 춘분점(vernal equinox, ♈)이다. 역사적으로는 양자리(Aries)의 첫째 점이다. 이 원점은 천구에 고정되어 있고 천구 적도와 황도의 교점으로 정의된다. 황도(ecliptic,

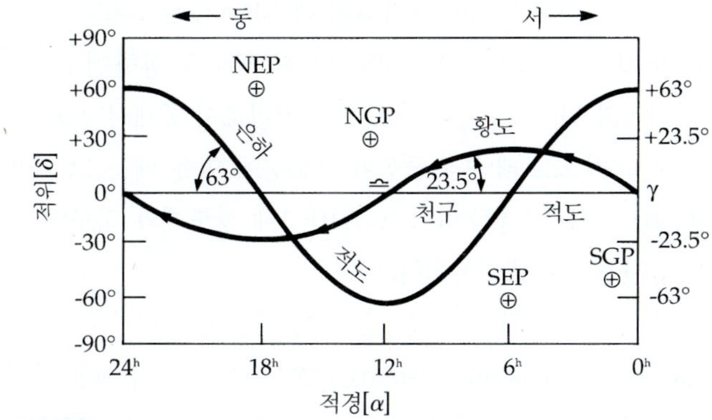

그림 A-18

태양이 1년 동안에 천구를 지나는 겉보기 경로)는 지구의 궤도 평면이 천구와 만나는 대원이다. 그림 A-18은 천구 적도와 사인 곡선으로 그려진 황도를 보여 주는 천구의 그림이다. 이 두 대원이 23°26.5′의 황도 경사(obliquity)각으로 서로 기울어져 있다. 그러므로 그 두 대원은 단 두 점−분점(equioxes)에서 교차한다. 태양이 황도를 따라서 동쪽으로 진행함에 따라 천구 적도를 춘분점(봄)에서 끊고 지나서 북쪽으로 운동했다가 다시 6개월 후에는 추분점(autumnal equinox, 가을)을 지나서 남쪽으로 간다. 정의에 의하여 춘분점의 적경, 적위는 (0^h, 0°)이다.

관측의 목적에 따라서 때로는 천구적도 좌표계를 쓰기도 하고 기준원(reference circle)으로써 지방 천구 자오선을 쓰기도 한다. 적위는 북쪽−남쪽의 각위치를 재는데, 시간각(hour angle)은 천체가 천구 자오선의 서쪽으로 얼마나 멀리가 있는지를 시간의 단위로 가르쳐 준다. 천체의 시간각은 시간과 관측자의 위치에 따라 결정된다. 상자오선 통과 때는 $0^h0^m0^s$이고, 2.5시간 후에는 $2^h30^m0^s$이 된다.

표 A10−1은 지평좌표계와 적도좌표계 사이의 변환식이다.

황도좌표계와 은하좌표계

태양계 내의 천체의 운동을 기술하는 데는 황도좌표계(ecliptic coordinate system)가 훨씬 편리하다. 여기서는 황도가 주권이며, 극은 황도북극(north ecliptic pole, 천구 북극에 가장 가까운)과 황도남극(south ecliptic pole)이다. 황도 경도, 즉 황경(Celestial longitude, λ)은 춘분점(원점)으로부터 황도를 따라 동쪽으로 잰 각거리(0°에서 360°까지)이다. 황도 위도, 즉 황위(Celestial latitude, β)는 황도에서 북황극을 향하여 (+)로 잰 각거리와 남황극으로 (−)로 잰 각거리로서 0°에서 ±90°까지이다. 그러므로 태양의 중심이 추분점에 있을 때는 그 좌표는$(\lambda, \beta) = (180°, 0°)$이다. 표 A10−1에 황도계와 적도계 사이의 변환관계를 표시하였다.

우리 은하계에 관련된 현상을 논할 때는 현대적인 은하좌표계(galactic coordinate system)를 쓰는 것이 편리하다. 여기서 주권은 은하수의 중심 평면으로 정의하고, 이를 은하적도(galactic equator)라고 한다. 은하계의 중심 방향(궁수자리 방향)은 은하적도 상에 있으며 원점이 된다. 은하 경도, 즉 은경(galactic longitude, l 또는 l^{II})은 은하중심 방향으로부터 은하적도를 따라 동쪽으로 재며, 0°에서 360°까지이다. 은하 위도, 즉 은위(Galactic latitude, b 또는 b^{II})는 은하 적도에서 은하 북극과 은하 남극 쪽으로 잰 각으로 0°에서 ±90°까지이다. 1958년 8월 이전에는 다른 은하좌표(l^{I}, b^{I})가 사용되었다는 것을 알아두어야 혼란을 피할 수 있다. 그러나 이 책에서는 이미 폐기된 이 좌표계를 이야기할 필요는 없을 것이다. 표 A10−1에 은하좌표와 적도좌표의 변환 관계를 실어 놓았다.

그림 A−18에서 황도좌표계와 은하좌표계의 극과 적도를 각각 표시하였다. 은하적도의 대원이 황도적도에 대하여 63° 기울어져 있다는 것을 알 수 있다. 세 가지의 서로 다른 좌표계가 천구를 각각 완전히 덮고 있음을 우리는 이미 알고 있다.

표 A10−1 천문 좌표계의 변환 관계

I. 지평−적도 좌표계

$\cos a \sin A = +\cos\delta \sin h,$

$\cos a \cos A = -\sin\delta\cos\phi + \cos\delta\cos h \sin\phi,$

$\sin a = \sin\delta\sin\phi + \cos\delta\cos h\cos\phi,$

$\cos\delta\sin h = \cos a \sin A,$

$\cos\delta\cos h = \sin a\cos\phi + \cos a\cos A\sin\phi,$

$\sin\delta = \sin a \sin\phi - \cos a\cos A\cos\phi,$

A = 방위각, 정남에서 서쪽으로 잰 각[1]

a = 고도,

ϕ = 관측자의 위도,

h = 지방 시간각 = 지방항성시 − α

α = 적경,

δ = 적위

II. 황도−적도 좌표계

$\cos\delta\cos\alpha = \cos\beta\cos\lambda,$

$\cos\delta\sin\alpha = \cos\beta\sin\lambda\cos\epsilon - \sin\beta\sin\epsilon,$

$\sin\delta = \cos\beta\sin\lambda\sin\epsilon + \sin\beta\cos\epsilon,$

$\cos\beta\cos\lambda = \cos\delta\cos\alpha,$

$\cos\beta\sin\lambda = \cos\delta\sin\alpha\cos\epsilon + \sin\delta\sin\epsilon,$

$\sin\beta = \sin\delta\cos\epsilon - \cos\delta\sin\alpha\sin\epsilon,$

α = 적경

δ = 적위

λ = 황경

β = 황위

ϵ = 황도 경사

$= 23°27'8.''26 - 46.''845T$

$- 0.''0059T^2 + 0.''00181T^3$

여기서 T는 1900년부터의 세기 단위의 시간

III. 은하−적도 좌표계

$\cos b^{\mathrm{II}}\cos(l^{\mathrm{II}} - 33°) = \cos\delta\cos(\alpha - 282.25°),$

$\cos b^{\mathrm{II}}\sin(l^{\mathrm{II}} - 33°) =$

$\cos\delta\sin(\alpha - 282.25°)\cos 62.6° + \sin\delta\sin 62.6°,$

$\sin b^{\mathrm{II}} =$

$\sin\delta\cos 62.6° - \cos\delta\sin(\alpha - 282.25°)\sin 62.6°,$

$\cos\delta\sin(\alpha - 282.25°) =$

$\cos b^{\mathrm{II}}\sin(l^{\mathrm{II}} - 33°)\cos 62.6° - \sin b^{\mathrm{II}}\sin 62.6°,$

$\sin\delta = \cos b^{\mathrm{II}}\sin(l^{\mathrm{II}} - 33°)\sin 62.6° + \sin b^{\mathrm{II}}\cos 62.6°$

l^{II} = 새 은경,

b^{II} = 새 은위,

α = 적경(1950.0),

δ = 적위(1950.0)

$l^{\mathrm{II}} = b^{\mathrm{II}} = 0$(은하중심) : $\alpha = 17^{h}\,42^{m}\,4$, $\delta = -28°55'$(1950.0),

$b^{\mathrm{II}} = +90.0°$, 은하북극 : $\alpha = 12^{h}\,49^{m}$

$\delta = +27°.4$(1950.0)

1) 그림 A−16에서 방위각은 정북에서 동쪽으로 잰 각으로 정의했었다는 것에 주의하자.

GLOSSARY

용어해설

ㄱ

가속도(acceleration) 시간에 따른 속도 변화율.

가우스(gauss, G) 자기장의 세기를 나타내는 물리적 단위, SI단위로는 테슬라(Tesla)이지만 천문학자들은 가우스를 더 많이 쓴다. (10^4가우스 = 1테슬라)

가위곱(cross product) 두 벡터에 수직한 벡터를 주는 벡터의 곱.

각거리(angular distance) 하늘의 두 천체가 겉보기로 떨어진 각 차이.

각력암(breccias) 암석과 광물 조각이 같이 결합된 것. 달 표면에 매우 흔하다.

각속도(angular speed) 천체의 움직임에 대한 각 변화율.

각운동량(angular momentum) 천체가 그들의 관성 때문에 자전이나 공전을 보존하려고 하는 경향에 대한 물리량.

각운동량 보존(conservation of angular momentum) 짝힘(torque)이 없다면 고립된 계의 각운동량은 일정하다는 원칙.

각지름(angular diameter) 물체의 겉보기 지름을 각으로 잰 값. 물체의 양 끝을 향하는 시선의 벌어진 각.

각차이(angular separation) 두 천체 사이의 관측된 각거리. 도, 분, 초 등으로 표시한다.

간섭계(interferometer) '전파간섭계' 참조.

갈릴레오위성(Galilean moons) 갈릴레오가 망원경으로 발견한 목성의 4대 위성(이오, 유로파, 가니메데, 칼리스토).

갈색왜성(brown dwarf) 온도가 낮고 광도가 작으며 매우 가벼운 천체(태양질량의 0.01~0.08배)이며, 이들은 결코 핵융합 반응을 일으킬 정도로 높은 온도에 이르지 못한다.

감마선(gamma ray) 엑스선보다 파장이 짧고 에너지가 높은 광자.

감마선폭발체(gamma-ray burster) 강력한 감마선을 돌발적으로 방출하는 폭발체. 그 발원체는 아직까지 확실히 밝혀지지 않았다.

강도(intensity) 매초 단위면적을 통하여 단위 입체각으로 통과하는 단위진동수의 복사에너지의 양.

강착원반(accretion disk) 주변 물질들이 떨어지면서 만든 원반. 각운동량 보존이 이러한 모양을 만들어 낸다.

강핵력(strong nuclear force) 자연계에 존재하는 네 가지 힘 중 하나. 두 원자핵이 매우 짧은 거리를 두고 함께 존재할 때 작용함.

개수밀도(number density) 단위 부피당 입자 수.

거대끌개(Great Attractor) 마이크로배경복사에 대한 국부은하단의 상대운동의 주된 원인이라고 생각되는 거대초은하단.

거대분자구름(giant molecular cloud) 큰 성간구름으로 크기는 수십 pc이고 10만 태양질량 정도의 질량을 가지고 있다. 은하 나선팔에 있으며, 질량이 큰 별이 생성되는 곳이다.

거대충돌 모형(giant impact model) 화성 크기의 천체가 갓 생겨난 지구와 충돌하여 달이 생겼다는 달의 기원에 관한 시나리오. 충돌한 천체로부터 방출된 물질은 지구 둘레에 원반을 만들고 이로부터 달이 형성되었다는 모형.

거문고자리RR형별(RR Lyrae stars) 하루보다 짧은 주기로 변광하는 거성의 집단. 주로 구상성단에서 발견되는 종족 II형의 별들임.

겉보기등급(apparent magnitude) 지상에서 측정한 별 혹은 천체의 겉보기 밝기를 나타내는 등급. 천체의 복사속에 대한 천문학적 척도

게성운(Crab nebula) 황소자리에 있는 초신성 잔해로 1054년 관측된 초신성에서 생겼다. 이 성운 안에 있는 펄서는 폭발한 별의 잔해로 보인다.

격변모형(catastrophic models) 질량이 큰 천체의 영향(흔히 별과의 충돌)으로 방출된 가스 물질을 집적(集積)시켜 행성을 생성하게 되었다는 태양계 기원의 한 모형.

겉보기태양시(apparent solar time) 진태양의 일일운동에 근거한 시간.

겉보기힘(fictitious force) 관측자 좌표계의 비관성성 때문에 나타나는 겉보기힘. 이 힘은 원심력이나 코리올리힘과 같이 뉴턴

의 제2법칙에 의한 것이 아님.

격변변광성(cataclysmic variable) 광도가 급격히 증가하는 변광성.

경입자시대(lepton era; light-particle era) 뜨거운 대폭발 모형에서 0.0001~4초 사이에 감마선이 충돌하여 전자와 같은 저질량의 입자를 생성했던 시기.

경험적인(empirical) 경험이나 관측에서 나온.

계량텐서(metric tensor) 시공간 기하학을 기술하는 수학체계.

고도(altitude) 지평선으로부터 수직으로 측정한 천체까지의 각거리.

고래자리유브이별(UV Ceti) 플레어별들 중의 하나.

고리은하(ring galaxy) 고리모양의 구조를 지닌 은하. 고리구조는 다른 은하와의 상호작용으로 생성된 것으로 추정.

고속도별(high-velocity stars) 태양에 대해서 60kms^{-1} 이상의 큰 속도를 가진 별. 궤도의 이심률이 크고, 종종 은하 평면에 대해 크게 기울어져 있다.

고속도성운(high-velocity clouds) 수백 kms^{-1}로 움직이는, 은하와 관련된 기체구름.

고유길이(proper length) 정지좌표에서 측정한 물체의 길이.

고유시간(proper time) 정지좌표에 있는 시계로 측정한 시간.

고유시차(secular parallax) 태양의 직선 운동에 대한 별의 고유운동을 관측하여 어떤 별 집단까지의 평균 거리를 측정하는 방법.

고유운동(proper motion) 천구에 투영되는 별의 각 이동 거리.

고지의 고원(upland plateaus) 금성 표면의 넓은 고지대.

공간(space) 물체들이 운동하고 어떤 사건들이 일어나는 3차원적인 지역.

공간 속도(space velocity) 시선 방향의 속도와 접선속도를 합친 물체의 총 속도.

공변좌표(comoving coordinates) 우주팽창이 위치좌표의 변화에는 무관하고 척도(크기)인자의 시간적 변화에만 좌우되는 좌표계.

공변원리(principle of covariance) 모든 물리법칙이 좌표계와 무관하게 기술되어야 한다는 가정하에 이루어진 일반상대성 이론의 기본원리.

공전(revolution) 한 천체가 다른 천체를 중심으로 혹은 공통 질량중심을 중심으로 그 둘레를 도는 것.

공전주기(orbital period) 공전 궤도를 한 바퀴 일주하는 데 걸리는 시간.

과학적 모형(scientific model) 물리학, 수학, 미학 등에 의해 추론되는 자연 세계에 대한 틀.

관성(inertia) 물체가 질량을 가지고 있기 때문에 물체에 작용하는 힘에 대하여 일으키는 저항.

관성질량(inertial mass) 크기를 아는 힘이 물체에 주어졌을 때 그 물체의 가속도를 측정하여 얻은 질량.

관성틀(inertia frame) 특수상대론에서 (가속되지 않은 계) 기준이 되는 어떤 계.

관측우주(observable universe) 빛으로 관측되는 우주의 일부분.

광구(photosphere) 밝게 보이는 태양의 표면. 태양으로부터 가시광이 방출되는 부분.

광년(lightyear, ly) 빛이 1년에 가는 거리. 약 9.5×10^{12}km.

광도(luminosity) 천체가 모든 파장에 걸쳐 총 단위 시간에 방출하는 복사에너지. 태양의 광도는 약 4×10^{26}W.

광도계급(luminosity class) 표면온도는 같으나 크기가 달라 나타나 별들의 광도 차이를 드러내기 위한 계급. 그 판정은 별의 스펙트럼에 나타난 흡수선의 폭을 바탕으로 한다. 거성은 왜성보다 선폭이 좁다.

광도곡선(light curve) 시간에 따라 별빛의 세기가 변하는 모습을 나타내는 그래프.

(별의) 광도함수[luminosity function (of stars)] 우리은하 내에서 광도 L을 가진 별들의 수를 기술하는 함수. 광도에 따른 별들의 갯수 분포를 나타내는 함수.

광들뜸(photo-excitation) 원자들 둘러싸고 있는 전자가 광자를 흡수함으로써 높은 에너지 준위로 천이하는 현상.

광메아리(light echo) 초신성의 가시광 폭발이 인근의 성간운에 의해 발생된 메아리.

광선(light rays) 빛의 파동이 진행하는 방향으로의 가상적인 선.

광자(photon) 빛 에너지의 불연속적인 양. 광자의 에너지 E와 주파수 f 사이에는 $E = hf$의 관계가 있다(h는 플랑크상수).

광전리(photoionization) 원자가 전리에너지 이상에 이르는 광자에 의해서 전리되는 현상.

광전측정기(photometer) 망원경의 초점에 위치한 빛에 민감한 검출기. 약한 빛의 복사속을 정밀하게 측정할 때 사용한다.

광학(optics) 빛의 반사나 굴절을 연구하는 학문.

광학광도(visual luminosity) 천체가 복사하는 전자기 스펙트럼 중에서 광학 영역에 해당하는 광도.

광학 복사속(visual flux) 천체가 복사하는 전자기 스펙트럼 중에서 광학 영역에 해당하는 복사속.

광학적 깊이(optical depth) 전자기복사가 매질을 통과하면서 흡수되는 정도를 나타내는 척도로서 광학적 깊이가 1일 때 빛의 강도가 $1/e$ 만큼 감소한다.

광해리(photo-dissociation) 분자 결합을 깨뜨릴 정도의 에너지를 빛으로 흡수하여 분자가 성분원자들로 분리되는 현상.

교점(node) 한 공전 궤도가 기준좌표계를 가로지르면서 만드는 천구 상의 교점. 예를 들면 달의 공전 궤도가 황도를 가로지르면서 만드는 두 교점을 들 수 있다.

구(矩, quadrature) 지구에서 본 행성이나 달이 태양으로부터 90°의 각거리에 떨어져 있을 때의 위치.

구경합성(aperture synthesis) 높은 분해능을 얻기 위해 전파 안테나를 최대한 넓은 범위에 배열하여 사용되는 간섭계 기술.

구덩이(crater) 보통 고체의 충돌이나 표면 분출로 생긴 움푹 파인 지형.

구덩이지형(cratered terrain) 구덩이가 많이 있는 영역으로 오래되고 거의 진화하지 않은 지형.

구면 기하학[spherical (closed) geometry] 유클리드 기하학의 대안으로 리만이 제시한 기하학. 직선상의 한 점을 지나는 평행선은 존재하지 않는다는 가정을 기초로 함. 구면에 그려진 삼각형의 세 내각의 합은 180°보다 항상 크다.

구상성단(globular cluster) $10^5 \sim 10^6$개 정도 되는 종족 II별(대략 태양질량인)이 중력으로 묶인 집단. 구대칭적으로 생겼으며, 우리은하 헤일로를 구성한다.

구상체(globule) 성간가스와 티끌로 이루어진 작은 암흑구름으로 일반적으로 밝은 성운과 함께 관측됨. 별이 생성되는 영역으로 추정된다.

구속-구속 천이(bound-bound transition) 원자나 이온의 두 구속 에너지 준위 사이에서 전자가 일으키는 천이.

구속-자유 천이(bound-free transition) 구속 상태에서 자유 상태로 옮아가는 전자의 천이.

구심 가속도(centripetal acceleration) 물체가 원 궤도의 중심 방향으로 받는 가속도.

구심력(centripetal force) 물체의 직선 운동을 곡선 운동으로 바꾸는 데 필요한 힘으로, 그 힘은 곡선의 중심 방향으로 작용한다.

국부집단(Local Group) 우리은하 근방에 중력적으로 묶여 있는 약 20개 은하들의 집단으로 우리은하수은하도 그 구성원이다.

국부초은하단(Local Supercluster) 국부집단이 속해 있는 은하들의 초은하단. 10^7pc에 걸쳐 퍼져 있고, 처녀자리은하단과 머리털자리은하단을 포함한다.

국부표준정지좌표계(local standard of rest) 태양 근방에 중심을 둔 좌표계로서, 이 좌표계에서는 태양에 이웃하는 별들의 평균을 속도가 0이 된다.

굴절(refraction) 빛이 공기와 유리와 같이 서로 다른 매질을 통과할 때 그 진행방향이 꺾이는 현상.

굴절망원경(refraction telescope) 렌즈를 이용하여 빛을 모으는 망원경.

궁수자리 A[Sagittarius A(Sgr A)] 은하의 중심에 있는 전파원. 서궁수자리A(Sgr A West)는 열적 전파원이고, 동궁수자리 A(Sgr A East)는 비열적 전파원으로 알려져 있으며, 궁수자리 A*(Sgr A*)는 은하의 중심에 있다고 생각되며 점광원으로 관측된다.

궁수자리팔(Sagittarius arm) 궁수자리 방향으로 은하중심에서부터 약 2,000pc 떨어진 곳에 위치한 나선팔 구조.

궤도 각운동량(orbital angular momentum) 공전하는 물체의 각운동량. 물체의 질량, 궤도 속도, 계의 질량중심에서 떨어진 거리와의 곱으로 표현된다.

궤도경사(orbital inclination) 물체의 궤도면과 어떤 기준면 사이의 각. 태양계 행성의 경우, 기준면은 지구 궤도면이다. 위성의 경우, 기준면은 보통 행성의 적도면이다. 쌍성의 경우, 기준면은 시선에 수직한 면이다.

규산염(silicate) 지구 표면에서 가장 흔하게 관측되는 규소와 산소, 그리고 약간의 다른 원소들로 구성된 광물.

균시차(equation of time) 평균태양시와 겉보기태양시 간의 차.

균질(homogeneity) 모든 부분에 물질의 분포가 연속적이고 균일함.

극광(aurora) 대기 중에 있는 원자나 분자가 자기권에서 온 강한 하전입자와 충돌하여 가시광선 영역에서 내는 방출 현상.

극대배열전파망원경(Very Large Array, VLA) 27개의 안테나를 Y자 모양으로 배열해 만든 하나의 거대한 전파 간섭계.

근일점(perihelion) 태양을 공전하는 천체가 태양에 가장 가까워지는 위치.

근점월(anomalistic month) 달이 공전 궤도의 근지점에서 출발하여 다시 제자리에 되돌아오는 데에 걸리는 시간, 27.55455일.

근지점(perigee) 지구의 위성이 그 궤도를 공전하면서, 지구에 가장 가까워지는 위치.

글루구(glueball) 다중 글루온입자로 구성된 가상 입자.

글루온(gluon) 강핵력을 전달하는 보손(boson).

금속부유성(metal-rich stars) 태양과 같이 금속 성분이 풍부한 별(총 질량의 약 1에서 2%).

금속부족성(metal-poor stars) 금속 성분이 태양보다 훨씬 적은 별.

금속수소(metallic hydrogen) 압력이 높아져서 전기를 통할 수 있을 정도의 수소 상태.

금속함량비(metal abundance) 수소와 헬륨을 제외한 모든 원소들의 총 함량비.

금지선(forbidden line) 확률이 매우 낮은 천이를 통해 일어나는 방출선.

급격한 이완(violent relaxation) 체계의 총체적 중력 퍼텐셜에너지의 변화로 야기된 이완 현상.

급경사(scarp) 편평한 면을 가로지르는 긴 연직 방향의 벽.

기울기(gradient) 최대의 변화율을 나타내는 스칼라장의 벡터 함수.

기조력(tidal force) 한 천체가 다른 천체의 양 끝에 작용하는 중력의 차이, 즉 차등 중력이 기조력임. 차등 중력 때문에 천체의 모양이 변형됨.

기준좌표계(reference frame) 위치나 운동이 기술되는 좌표계 또는 현상을 물리법칙으로 공식화할 수 있는 사고의 기본틀.

기체꼬리(gas tail) 혜성 꼬리의 일부로 이온과 분자로 이루어짐. 태양풍의 작용으로 생김. 태양의 복사압으로 밀려나가 생기는 티끌꼬리와 구별됨.

기체이탈(outgasing) 액체나 고체 물질에서 기체가 이탈하는 현상. 행성이 형성된 후 행성체에서 기체가 탈출하는 현상.

긴 반지름(semi-major axis) 타원의 장축 반지름. 타원의 중심에서 가장 먼 점까지의 거리.

길이수축(length contraction) 운동좌표계에서 물체의 길이가 상대론적 효과 때문에 운동방향으로 짧게 보이는 현상

깜빡임(scintillation) 지구 대기에 생긴 난류 때문에 별의 밝기가 급속히 변동하는 현상.

끈이론(string theory) 기본입자를 일차원적 실체로 보고 정립한 기본입자론.

ㄴ

나노미터(nanometer, nm) 10^{-9}m. 빛의 파장을 측정하는 단위.

나비도형(butterfly diagram) 태양 면에 나타난 흑점의 위도 분포의 시간적 변화를 보여 주는 도형.

나선성운(spiral nebula) 나선은하를 망원경으로 처음 관측했을 때 붙여진 이름.

나선은하(spiral galaxy) 우리은하와 같이 나선팔을 가지고 있다고 생각되는 은하.

나선추적체(spiral tracer) 나선팔에서 흔히 관측할 수 있는 천체들. 예를 들면 종족 I 세페이드, H II 지역, OB형별 등을 들 수 있다.

나선팔(spiral arm) 기체와 티끌 입자, 그리고 젊은 별들로 구성된 은하의 나선 구조. 은하중심 근방에서부터 휘감겨 나오는 것으로 보인다.

낙하유성(meteorite falls) 유성이 낙하하여 발견된 운석.

난류(turbulence) 불규칙적이고 격렬한 대류 운동.

난류점성(turbulent viscosity) 어떤 기체 혹은 유체 내에서 어느 한 부분의 난류가 다른 부분의 흐름에 영향을 미치게 되는 특성. 태양계 성운에서 각운동량이 전파되는 기작을 설명하는 데 중요한 역할을 함.

남자극점(south magnetic pole) 별이나 행성에서 자기의 북극에서 뻗어나온 자기력선이 모여들어가는 지점.

내합(inferior conjunction) 한 행성이 다른 행성의 안쪽에서 궤도 운동을 할 때 안쪽의 행성이 바깥쪽의 행성과 태양에 대하여 같은 방향으로 일직선상에 놓이는 상태.

내행성(inferior planet) 지구보다 태양에 더 가까이 돌고 있는 행성.

넓은 선 지역(broad line region, BLR) 폭이 넓은 방출선을 만드는 활동은하핵 주변의 기체로 이루어진 지역.

넓은 흡수선 퀘이사[broad absorption line(BAL) quasars] 스펙트럼 상에 매우 넓은 흡수골과 큰 적색이동을 보이는 퀘이사.

뉴턴(newton) 힘의 SI 단위.

뉴턴식 반사경(Newtonian reflector) 망원경의 경통 중앙에 45° 각도로 작은 거울을 설치하여 경통 밖으로 초점을 나오게 한 반사망원경.

느린 과정(slow process s-process) 베타 붕괴에 의해 만들어진 핵에 중성자가 천천히 달라붙어 중원소가 형성되는 과정.

능동광학(active optics) 피드백 과정을 통해 거울면의 형태를 조정함으로써 뚜렷한 화상을 정착시키는 광학 기법.

ㄷ

다이너모 모형(dynamo model) 행성(또는 별)의 자기장 생성 모형으로, 이 모형에 따르면 자기장은 행성 중심부에 있는 전도성 유체의 조직적인 운동에서 생성된다는 모형.

다이버전스(divergence) 벡터장에서 선속(플럭스)을 기술하는 벡터연산.

단열섭동(adiabatic perturbation) 우주 진화 초기에 복사/물질 혼합체 속에서 일어나는 복사와 물질의 작은 변화.

단절시대(decoupling era) 물질과 광자 간의 상호작용이 단절될 정도로 밀도가 낮아진 우주 역사의 어떤 시점.

단주기 혜성(short period comets) 주기가 200년보다 짧은 혜성들. 주기가 이보다 훨씬 긴 혜성들이 어쩌다 질량이 큰 행성과 조우하면서 궤도의 변화가 생겨 단주기 혜성으로 됨.

닫힌 기하학(closed geometry) '구면 기하학' 참조.

달(month) 달이 지구 둘레를 한 바퀴 공전하는 데 걸리는 시간. 정확한 시간은 기준점에 의존된다. 가장 흔히 사용하는 것은 삭망월(위상 기준)과 항성월(별 기준)이다.

달의 바다(mare) 고원지대보다 어둡고 부드럽게 보이는 달의 낮은 지대. 아마도 $3 \sim 3.5 \times 10^9$년 전에 용암에 의해 형성된 후 현무암으로 고화되었을 것이다.

달의 바다 현무암(mare basalts) 달의 바다 표면에서 발견되는 암석. 달 표면에서 가장 최근에 형성된, 즉 가장 젊은 암석으로 나이는 약 3.2×10^9년 정도이다.

달의 엄폐(lunar occultation) 달이 별이나 행성의 전면을 지나는 현상.

달의 위상(phases of the moon) 지구에서 볼 때, 달의 모양이 한 달을 주기로 변하는 모습. 삭일 때 달은 태양 방향으로 놓여 있어 보이지 않는다. 망일 때 달은 태양 반대 방향에 놓여 있어서 달의 표면을 모두 볼 수 있다.

달의 토양(lunar soil) 운석의 충돌로 인하여 달 표면에 형성된 미세한 입자들이 커다란 암편들과 함께 달의 토양을 구성하고 있다.

대(zone) 목성형 행성의 대기 중에서 압력이 큰 지역.

대규모 디자인 나선은하(grand design spirals) 나선팔 구조가 잘 발달한 나선은하.

대기(atmosphere) 행성을 둘러싸는 기체의 층 또는 항성의 외곽부. 또한 기압의 단위(atm). 1기압은 해수 표면의 대기압임.

대기량(air mass) 천정거리의 시컨트로 정의되는 지구 대기의 경로.

대기소광(atmospheric extinction) 대기를 통과하면서 빛의 세기가 약화되는 현상.

대기적색화(atmospheric reddening) 빛이 대기를 통과하는 과정에서 입자들이 푸른색을 붉은색보다 더 잘 산란하고 흡수하기 때문에 천체가 실제보다 더 붉게 보이는 현상.

대기탈출(atmospheric escape) 외기권에 있는 입자가 이탈속도를 능가하여 행성을 떠나는 과정.

대류(convection) 유체의 흐름에 의한 에너지 전달방식.

대류권(troposphere) 지구에서 대부분의 기상 현상이 일어나는 지표에서 고도 10km까지의 대기권.

대류권계면(tropopause) 지구의 대기권에서 대류권과 성층권의 경계면.

대륙이동(continental drift) 현재 대륙은 한때 연결된 땅덩어리였다가 쪼개져서 흩어졌다는 모형.

대마젤란운(Large Magellanic Cloud, LMC) 은하수에서 약 50kpc 떨어져 있는 불규칙한 형태의 작은 은하.

대물렌즈(거울)(objective) 망원경에서 빛을 모으는 주 렌즈 또는 거울.

대원(great circle) 구면상에 있는 두 점을 가장 가깝게 이은 선을 연장하여 그은 원.

대적점(Great Red Spot) 목성에 있는 크고 지속적이며 높은 압력을 띤 폭풍 소용돌이.

대통일이론(Grand Unification Theories, GUTs) 자연계에 있는 기본 입자와 네 가지 힘을 한 가지 입자와 한 가지 힘으로 통합하려 하는 물리 이론.

대폭발 모형(Big Bang Model) 우주 진화에서 우주가 뜨겁고 밀도가 높은 상태에서 갑작스럽게 팽창해서 차갑고 밀도가 낮은 상태로 되었다고 하는 우주 모형.

대함몰(Big Crunch) 닫힌 우주에서 우주가 특이점에서 끝나는 현상.

더러운 눈덩이 혜성 모형(dirty-snowball comet model) 혜성의 핵은 얼음 물질이 암석조각과 함께 섞여 얼어 있는 고체로 되어 있다는 혜성 핵의 모형. 혜성이 태양에 가까워지면 더러운 얼음 덩어리가 증발하여 혜성의 머리와 꼬리를 만들면서 기체를 분출한다.

데이모스(Deimos) 화성에 있는 2개의 달 중 작은 것으로 어둡고 표면에 많은 구덩이들이 있다.

도플러선폭 증대(Doppler broadening) 광원 내에 존재하는 원자와 분자의 무작위 운동으로 스펙트럼선폭이 증대되는 현상.

도플러이동(Doppler shift) 시선 방향으로 관측자나 전파원이 움직일 때 나타나는 파장의 변화. 운동이 관측자에게 접근하면 파장이 줄어들고(청색이동), 멀어지면 파장이 늘어난다(적색이동).

동위원소(isotope) 같은 수의 양성자를 가지고 있지만 중성자수가 다른 원자.

동주기 자전(synchronous rotation) 공전주기와 동일한 주기로 자전하는 위성의 자전운동. 이때 위성은 항상 한 면만 모행성 쪽으로 향하게 된다.

동지(winter solstice) '지점(至點, solstice)' 참조.

동평면상의(coplanar) 같은 평면에 놓인.

두 번째 준설(끌어올림)(second dredge-up) 질량이 큰 별이 적색거성으로 되면서 헬륨연소의 산물이 대류에 의해 별의 표면으로 올라오는 현상.

들뜸(excitation) 원자의 에너지 상태가 더 높은 준위로 올라가는 과정.

등가원리(principle of equivalence) 아인슈타인의 일반상대론의 근본 생각. 중력에 의한 가속과 다른 종류의 힘에 의한 가속을 구분할 수 없다. 즉 적당히 가속되는 좌표계에서는 중력을 없앨 수 있다는 원리.

등가폭(equivalent width) 선스펙트럼의 세기를 연속스펙트럼의 세기로 규격화해서 나타낸 척도.

등광도선(isophote) 디지털 상(image)에서의 등세기선.

등급(magnitude) 물체의 밝기를 천문학적으로 측정한 것. 등급이 클수록 빛이 흐리다.

등대 모형(lighthouse model) 펄서를 설명하기 위한 강한 자기장과 고속으로 회전하는 중성자별의 모형. 회전은 펄서에 주기를 갖게 하고 자기장은 전자기 복사를 내게 한다.

등방성(isotropic) 공간에서 모든 방향으로 균일함.

등세기선지도(contour map) 몇 가지 종류의 복사 세기가 하늘 전체에 걸쳐 얼마나 변했는지를 보여 주는 그림. 이 그림에 나오는 선은 같은 세기인 점을 이은 것이다. 가깝게 놓인 선들은 작은 거리에서 세기 변화가 급격하게 이루어짐을 뜻하고, 넓게 떨어져 있는 선들은 그보다는 천천히 변화함을 뜻한다.

등온섭동(isothermal perturbation) 복사장의 파동과는 관련 없는 초기 우주의 물질 성분만의 파동.

ㄹ

라디안(radian) 각의 측정 단위, 1라디안은 57.3도, 2π라디안은 360도.

라이먼 계열(Lyman series) 수소원자에서 가장 낮은 에너지 준위(기저 상태)에서 시작되거나 끝나는 모든 천이. 스펙트럼에서 자외선 영역에 해당하는 에너지 변화를 수반한다. 또한, 이 천이와 관련되는 흡수 또한 방출선이 나타난다.

라이먼알파선(Lyman-alpha line) 라이먼 계열의 첫 번째 선.

라이먼알파숲(Lyman-alpha forest) 고도로 적색이동된 퀘이사 스펙트럼에서 관측되는 서로 인접한 흡수선들. 이들은 주로 라이먼알파선으로 구성되어 있으며, 이들은 시선 상에 놓인 수소구름에서 형성된 것이다.

레이더지도 그리기(rader mapping) 행성 표면에서 반사된 레이더 파로부터 행성의 지형적인 특징을 밝혀 그려 내는 기법.

레일리산란(Rayleigh scattering) 긴 파장의 빛이 원자나 분자들과 상호작용할 때 그 진행 방향만 변하는 현상.

렌즈(lens) 광선을 초점에 모으도록 고안한 곡면의 유리 조각.

렌즈형 은하(lenticulalr galaxies) 나선은하처럼 원반을 가지지만, 나선팔은 없고 기체나 먼지도 없는, 허블의 분류에서 S0 은하.

렙톤(lepton) 약한 핵력에 참여하는 기본입자(예를 들어, 전자).

로버트슨-워커계량(Robertson-Walker metric) 등방균질우주의 계량.

로시잎사귀(Roche lobe) 쌍성계에 있어 두 별의 중력장에 의해 한 별에서 다른 별로 통하는 길이 연결된 영역을 둘러싼 지역.

로시 한계(Roche limit) 위성이 모행성의 조석력에 의해 와해되지 않고 궤도 운동을 할 수 있는 한계 지점으로부터 모행성 중심까지의 거리.

리드베리상수(Rydberg constant) 수소원자의 에너지 준위의 분포와 관련된 상수.

ㅁ

매리너 계곡(Vallles Marineris) 화성의 적도 부근에 있는 매우 깊은 협곡.

마이크로파배경복사(microvave background radiation) 온도가 약 2.7K에 해당하는 흑체복사 스펙트럼을 갖는 에너지가 낮은 광자들의 우주 복사.

마젤란운(Magellanic cloud) 남반구에서 육안으로 볼 수 있는, 이웃한 두 은하들, 대마젤란운(LMS), 소마젤란운(SMC), 우리은하의 동반 은하.

마초[MACHO(Massive compact Halo Object)] 암흑물질의 상당부분을 설명하기 위하여 은하헤일로에 분포되어 있을 것으로 추정되는 백색왜성, 중성자별 혹은 행성과 같은 소형 천체들.

마하수(Mach number) 어떤 매질에서 물체의 속도와 음속의 비.

막대나선은하(barred spiral) 핵을 가로지르는 막대 구조가 있는 나선은하의 부집단.

만유인력(gravitation) 뉴턴의 정의에서 질량 덩어리 사이에 미치는 힘은 서로 접근하는 방향의 가속도로 특징지을 수 있다. 그 힘의 크기는 질량의 곱과 그들 사이 중심 거리의 역제곱에 비례한다. 아인슈타인의 정의에서는 시공간의 곡률이다.

만월(보름)(full moon) 달이 태양 반대편에 있을 때 나타나는 위상, 지구에서 볼 때 꽉 차게 빛난다.

맨틀(mantle) 소성(塑性)의 감람석으로 구성된 지각 아래의 주요 부분.

머리(coma) 혜성에서 밝은 부분.

머리-꼬리은하(head-tail radio galaxy) 전파 엽(葉)으로 관측되며, 움직여 지나갈 때 주변 물질과의 상호 작용으로 꼬리가 형성되는 활동은하.

매개자(mediators) 자연계에 존재하는 4개의 힘에 관한 정보를 지닌 보존들(입자들과의 상호작용 시).

맥동성(pulsating star) 내부구조의 불안정으로 팽창과 수축이 반복되는 별.

메가톤(megaton) TNT 100만 톤에 상당하는 폭발력(약 4×10^{15}J).

메이저(maser) 분자구름의 작은 영역에서 발생된 유도방출로 밝기온도가 대단히 높은 동일 주파수의 전파가 방출되는 현상.

명암경계선(terminator) 행성이나 위성의 낮과 밤이 되는 부분의 경계선.

목성형 행성(Jovian planets) 물리적 특성이 목성과 비슷한 행성들. 큰 질량과 반지름, 낮은 밀도, 내부의 대부분이 액체이다.

목자위성(shepherd satellite) 행성 고리의 좁은 틈 사이에 갇혀 있는 위성들로서 하나는 고리의 바깥쪽 경계에 있고 다른 하나는 안쪽 경계에 있다.

무거운 입자시대(heavy-particle era) 뜨거운 대폭발 모형에서 0.001초까지의 시간. 이때 감마선이 충돌하여 양성자와 같은 질량이 큰 입자를 만들었다.

무게(weight) 중력에 의해 형성된, 어떤 질량체에 작용하는 힘.

무중력(weightlessness) 겉보기 무게가 0이 되는 상태. 중력장에서는 자유낙하하는 경우에 무중력 상태에 놓일 수 있다. 일반상대론에 따르면 무중력 상태의 운동은 시공간상에서 직선으로 나타난다.

물리법칙의 일반성(universality of physical laws) 어떤 지역에서 만족되는 물리법칙은 우주 전체에서도 역시 만족된다는 원리.

물리적 우주(physical universe) 직접 보이는 우주와 물리법칙으로부터 추론되는 우주를 합친 우주의 개념.

물질시대(matter era) 대폭발 모형에서 대폭발 이후 100만 년부터 지금까지 우주에서 물질이 우세했던 시대.

뮤온(muon) 렙톤 중의 하나.

미세운석(micrometeorite) 지면에 도달하기 전에 냉각되어 고화된 매우 작은 운석(지름이 약 1/10μm).

미행성(체)(planetesimal) 태양계가 만들어질 때 여러 개가 모여 원시 행성을 만드는 혜성의 핵 크기의 천체.

밀도(density) 어떠한 천체나 우주 공간의 단위 부피당 질량.

밀도파 모형(density-wave model) 은하 나선 구조에 관한 모형으로 성간구름을 쓸고 지나면서 별 생성을 촉진시키는 밀도파(음파와 비슷한)를 기술한다.

밀리세컨드 펄서(millisecond pulsar) 펄스의 주기가 수 밀리 초인 펄서에 붙인 일반적인 이름.

밀집 전파은하(compact radio galaxies) 중심 부분에 작고 강한 전파원을 갖고 있는 활동은하.

ㅂ

바(bar) 압력의 단위. 10^5P에 해당.

바닥상태(ground state) 원자의 가장 낮은 에너지 준위.

바리온(baryon) 3개의 쿼크(quark)로 이루어진 반(半) 정수 스핀 입자.

반감기(half-life) 방사성 원소가 반으로 줄어드는 데 걸리는 시간.

반사(reflection) 두 매질 사이의 경계에서 빛이 되돌아오는 현상.

반사도(albedo) 물체의 반사 정도를 말한다. 고체 표면에 들어오는 빛과 반사하는 빛의 비율. 완전히 반사될 때에는 그 값이 1이다.

반사망원경(reflecting telescope) 매끄럽게 깎은 거울로 빛을 모으는 망원경.

반사성운(reflecting nebula) 티끌 입자에 의한 산란 효과로 인해 밝게 빛나는 것처럼 보이는, 기체와 티끌로 이루어진 구름.

반성(secondary) 쌍성계의 두 별 중 더 흐릿하게 관측되는 별.

반앨런복사대(Van Allen radiation belts) 태양으로부터 불어 들어온 하전입자들이 지구의 낮은 자기권에 붙잡혀 형성된 지역.

반입자(antiparticles) '정상 입자'와 충돌해서 쌍소멸하는 아(亞)원자 입자. 한 예로, 양전자는 전자의 반입자이다.

발견유성(meteorite finds) 떨어지는 것은 보이지 않았으나 지상에서 발견된 운석. 낙하 유성 참조.

발광성운(bright nebula) '방출성운' 참조.

발광성운[diffuse(bright) nebula] 이온화된 기체구름으로 대부분 수소로 이루어졌으며, 방출선 스펙트럼을 띤다.

발머계열(Balmer series) 수소원자에서 두 번째 에너지 준위나 그보다 높은 에너지 준위 사이의 전자 천이를 말한다. 이 천이 때문에 발생한 휘선이나 흡수선은 가시광선 영역에 있으며, 그 첫 번째 것이 Hα선이다.

발머도약(Balmer jump, Balmer edge) 수소의 두 번째 준위에서 일어나 구속-자유 천이 때문에 365nm에서 생기는 불투명도의 큰 변화로 야기된 연속스펙트럼의 큰 변화.

밝기(brightness) 매우 모호한 의미를 포함하고 있으나 보통 단위 면적당 천체에서 받거나 천체에서 나오는 에너지—복사속(flux)—이나 때때로 천체의 광도처럼 쓰기도 한다.

방사능연대 측정(radiometric dating) 물체에 포함된 방사성 동위원소의 분석을 통해 물체의 나이를 판별하는 것.

방사선 붕괴(radioactive decay) 어떤 원자가 핵분열을 일으키며 가벼운 원소로 바뀌는 것.

방사형 띠(ray) 달과 같은 위성에서 관측되는 충돌 구덩이(impact crater)로부터 퍼져 나온 물질들이 만들어 낸 밝은 띠.

방위각(azimuth) 북점에서 그 천체를 포함하는 수직권의 발까지 지평선을 따라 동쪽 방향으로 측정한 각거리.

방출(휘)선[emission(bright) lines] 원자가 내놓는 특별한 파장의 빛. 연속스펙트럼에서 밝고 예리한 정점이 생기는 것은 불연속적인 한 양자 상태에서 다른 양자 상태로 떨어지는 전자의 천이에 의한 것임.

방출선 스펙트럼(emission-line spectrum) 방출선만 포함하는 스펙트럼.

방출선 은하(emission line galaxy) 방출선을 방출하는 은하.

방출성운(emission nebula) '발광성운' 참조. 가시광선 스펙트럼이 방출선으로 압도되는 수소기체로 된 뜨거운 구름.

방향도함수(directional derivative) 단위 벡터를 따라 미분한 함수의 변화율.

배율(magnifying power) 천체의 겉보기 각크기를 증가시키는 망원경의 능력.

배점(antapex) 태양이 국부 항성들에 대해 상대적으로 멀어지는 방향. 비둘기자리에 있다.

백색왜성(white dwarfs) 태양질량의 1.4배보다 가벼운 별의 진화의 마지막 단계에서 핵반응을 끝내고 남은 열로 빛을 방출하는 별. 내부는 전자의 축퇴로 유지되고 있다.

백조자리 X-1(Cygnus X-1) 백조자리에 있는 쌍 엑스선원. 푸른 초거성 주위를 도는 블랙홀이 있을 가능성이 높다.

백조자리팔(Cygnus arm) 은하중심에서 14kpc 떨어진 우리은하의 바깥 부분에 위치하고 있는 나팔선 중 하나.

밴드폭(bandwidth) 전파 수신기(또는 다른 전자기파 감지기)가 동시에 감지하는 파장 범위.

베타리지오(Beta Regio) 적어도 2개의 순상 화산을 포함하는 금성의 고원 지역.

베타붕괴(beta decay) 방사성 붕괴 중 하나로 중성자가 양성자, 전자, 중성미자로 나뉜다.

베타입자(beta particle) 방사성 붕괴 시 핵에서 나오는 전자 또는 양전자.

베텔지우스별(Betelgeuse) 가시 광도가 대략 태양의 2만 배 정도되는 초거성.

베클린-노이게바우어천체(Becklin-Neugebauer [B-N] object) 오리온성운과 관련된 적외선원. 젊고 무거운 별이 있을 가능성이 높다.

벡터(vector) 크기와 방향을 동시에 나타내는 양. 그 예로는 힘, 가속도를 들 수 있다.

변광성(variable star) 짧은 시간 간격 동안에 광도가 변하는 별.

변환단층(transverse fault) 지괴가 옆으로 밀렸을 때 지표면에 남게 되는 틈.

별빛의 광행차(aberration of starlight) 유한한 광속도와 지구의 궤도속도 때문에 생기는 별 위치의 겉보기 변위.

별 수 헤아리기(star counting) 은하의 크기를 측정하기 위하여 허셜이 사용한 방법. 많은 별들이 관측되는 방향으로 은하면이 뻗어 있다.

별자리(constellation) 눈에 보이는 별들의 배열에 따라 임의로 나눈 하늘의 공인된 구역. 보통 고대 신이나 영웅, 동물 또는 신화에 나오는 생물체의 이름을 붙인다.

별 주위 물질(circumstellar matter) 별을 에워싸고 있는 가스와 티끌.

보어원자 모형(Bohr model of the atom) 원자 구조에 관한 간단한 모형으로 이 모형에서는 전자가 원자핵 둘레의 잘 정의된 궤도를 그리며 회전한다.

보우충격파(bow shock) 태양풍이 편향되는 자기권 경계.

보존(boson) 정수 스핀을 가진 입자.

보존력(conservative force) 중력이나 전기자기력처럼 수행한 일이 오직 최초와 최종 위치의 함수로 정의되는 힘. 퍼텐셜에너지는 이러한 힘들에 의해서만 정의된다.

복사(radiation) 대개의 경우 전자기파(가시광선, 전파, 적외선, 엑스선, 자외선). 때로는 전자, 헬륨핵과 같은 고에너지 원자핵을 뜻하기도 한다.

복사광도(bolometric luminosity) 천체가 모든 파장에서 1초당 내놓는 총 에너지.

복사대(radiation belt) 행성의 자기권(magnetosphere) 안에서 붙잡힌 태양풍 입자가 많이 모여 있는 지역.

복사등급(bolometric magnitude) 전자기 복사의 모든 파장에서 관측된 천체의 등급.

복사보정(bolometric correction) 별의 복사등급에서 안시등급을 뺀 값.

복사시대(radiation era) 대폭발 모형에서 우주의 에너지가 복사에 의해 지배되던 시대.

복사압(radiation pressure) 광자가 지니고 있는 운동량이 물질에 전달되어 그 물질에 작용하는 압력.

복사에너지(radiation energy) 전자기파에 의해 전달된 일할 수 있는 능력.

복사속(flux) 단위 시간 동안 단위 면적을 통과하는 빛 에너지의 양.

복사 전달(radiative transfer) 전자기파가 물질과 상호작용하는 과정.

복사점(radiant) 하늘에서 유성우가 나타나는 것처럼 보이기 시작하는 점.

본영(umbra) 흑점에서 검게 보이는 중앙 부분.

볼츠만 상수(Boltzmann's constant) 기체에서 압력과 온도의 관계를 보여 주거나 운동에너지와 온도 사이의 관계를 보여 주는 상수. 분자당 기체 상수이다.

북극성(Polaris) 현재의 북극성, 작은곰자리의 꼬리 부분에 위치한 별.

분광계열(spectral sequence) 별들의 스펙트럼선의 세기에 따라 뜨거운 별에서 차가운 별의 순으로 나열한 계열(O-B-A-F-G-K-M).

분광경(spectroscope) 빛을 파장(색)에 따라 분산시켜 분산된 스펙트럼을 육안으로 관찰하는 기기.

분광시차(spectroscopic parallax) 별의 스펙트럼으로부터 결정되는 광도와 별의 겉보기 밝기를 비교해서 거리를 결정하는 방법.

분광쌍성(spectroscopic binary) 관측되는 스펙트럼의 도플러 이동의 주기적인 변화 양상으로 구분이 가능한 쌍성. 두 별은 공통의 질량중심을 중심으로 서로 공전하고 있다.

분광학(spectroscopy) 빛을 파장(색)별로 분류해서 분석하는 방법.

분광형[spectral type(or class)] 다양한 스펙트럼선의 상대적인 세기를 근거로 한 별의 분류.

분산측도(dispersion measure) 동시에 출발했던 복사 펄스가 성간물질을 통과한 다음 각 진동수마다 다른 시간에 도착하는 효과.

분열(fission) '핵분열' 참조.

분열 모형(fission model) 달 기원에 관한 초창기의 모형으로 갓 태어난 지구가 빨리 회전하는 용융 상태에서 조각을 잃게 되고, 그 조각이 궤도를 이루며 공전하는 사이에 냉각되어 달이 생겼다는 모형.

분자(molecule) 전기적으로 묶여 있는 2개 또는 그 이상의 원자 조합. 물질의 성질을 가지고 있는 화합물의 가장 작은 부분.

분자메가메이저(molecular megamaser) 은하원반 전역에 걸쳐 발생되는 거대한 분자메이저 현상. 그 출력은 은하분자메이저의 10^4배에 이른다.

분자메이저(molecular maser) 분자에서 나오는 유도 방출 복사에 의한 마이크로파 증폭.

분자운(molecular cloud) 나선은하의 평면에 있는 크기, 밀도, 질량이 큰 성간운. 극히 적은 양의 티끌과 많은 양의 분자로 이루어진 기체구름이다.

분점(分點, equinox) 한 해를 통해서 낮과 밤의 길이가 같은 때. 태양이 하늘의 적도를 가로지르는 때이다. 춘분은 3월 21일이고, 추분은 9월 23일이다.

분지(basins) 지구형 행성의 지각에서 소행성 충돌이나 판 운동에 따라 생기는 넓고 얕은 저지대

분포함수(distribution function) 위상공간에서 주어진 부피 속에 들어 있는 입자수를 기술하는 함수.

분해능(resolving power) 서로 가까이 인접한 두 천체를 분해하거나 천체의 모습을 자세히 볼 수 있는 정도를 가리키는 망원경의 능력.

분화(differentiation) 중력 때문에 행성 내부에서 물질이 밀도에 따라 서로 다른 층을 이루는 현상.

불규칙은하(irregular galaxy) 나선 구조나 회전 대칭성이 없으며, 대부분 종족 I별들과 기체와 먼지가 많이 포함되어 있는

은하.

불안정대(instability strip) H-R도에서 세페이드 변광성이 발견되는 지역. 이 지역의 별들은 핵에서 헬륨연소가 일어나고 있다.

불투명도(opacity) 빛이 물질을 투과하는 것을 (흡수나 산란을 통해) 방해하는 정도. 투명도와 반대.

블랙홀(black hole) 표면의 이탈속도가 빛의 속도를 능가할 정도로 압축된 천체. 빛조차도 강한 중력장에 잡힘.

비트만슈태텐무늬(Widmanstätten figures) 철운석의 표면을 산류나 부식제로 삭각했을 때 나타나는 큰 결정 구조.

비리얼정리(virial theorem) 평형상태에서 중력 퍼텐셜에너지의 두 배와 입자의 운동에너지의 합은 0이다.

비열적 복사(nonthermal radiation) 흑체 스펙트럼에 의해 특징지어지지 않는 복사에너지 방출. 보통 싱크로트론복사가 이에 해당된다.

빈의 법칙(Wien's law) 흑체복사의 스펙트럼에서 복사 강도가 가장 큰 에너지를 방출하는 파장과 온도와의 관계를 나타내는 식. 높은 온도의 흑체일수록 짧은 파장에서 가장 큰 복사를 방출한다.

빛살집속(상대론적)[beaming(relativistic)] 상대론적 입자의 가속으로 방출된 복사가 운동 방향으로 가늘어지는 원추형의 공간에 밀집되는 현상.

빛의 역제곱법칙(inverse-square law for light) 광원으로부터 거리 제곱의 역수로 빛의 복사속이 감소하는 법칙.

ㅅ

사건 지평선(event horizon) '슈바르츠실트 반지름' 참조.

사다리꼴성단(Trapezium cluster) 오리온성운에 위치한 젊고 무거운 별도로 이루어진 성단.

사분의(equant) 행성 운동의 변화를 설명하기 위해 프톨레마이오스가 고안한 고대의 기하학적 측정 기구.

사건(사상)(event) 4차원 시공간 중 한 점.

사이클로트론복사(cyclotron radiation) 자기역장에서 운동하는 비상대론적 하전입자가 방출한 전자기복사.

사이클로트론진동수(cyclotron frequency) 자기역장에서 운동하는 비상대론적 하전입자가 방출하는 복사의 진동수와 나선운동의 진동수.

사이클론(cyclone) 행성의 자전 때문에 행성 대기에 나타나는 유체의 나선 흐름

사장석(anorthosite) 칼슘, 나트륨, 알루미늄 등의 규산염으로 이루어진 현무암질 광물로 달에 많이 있다.

사하식(Saha equation) 주어진 온도에서 열역학적 평형을 이루고 있을 때 원자의 전리 상태를 기술하는 식.

삭(new moon) 달이 하늘에서 태양의 방향과 같은 곳에 위치하여 지구에서 볼 때 거의 완전히 보이지 않는 상태의 위상.

삭망월(synodic month) 만월에서 다음 만월까지 걸리는 시간. 지구에서 바라본 달과 태양의 위치가 다시 비슷해질 때까지 걸리는 시간.

산개성단(open cluster) 은하성단과 동일.

(빛의) 산란[scattering (of light)] 흡수나 파장의 변화 없이 빛의 진행 방향만 바뀌는 변화.

산발유성(sporadic meteor) 유성우와 관계없이 불규칙적으로 떨어지는 유성.

삼각시차(trigonometric parallax) 길이를 알고 있는 기선의 양 끝에서 바라본 주어진 천체의 방향 차이를 각으로 측정함으로써 그 천체까지의 거리를 측정하는 방법.

상(image) 실물과 상대적으로 일직선에 정렬된 렌즈나 거울의 초점에 모인 광선들이 만들어 내는 것.

상대론(relativity) 아인슈타인에 의해 제시된 두 이론으로 특수상대론은 가속되지 않은 물체의 운동을 기술하는 것이고 일반상대론은 중력 이론이다.

상대론적 도플러이동(relativistic Doppler shift) 특수상대론에 의해서 계산된 시선 방향 운동에 의한 도플러이동. 아무리 큰 적색이동이라도 빛의 속도보다 큰 시선 운동 속도를 가리키진 않는다.

상대론적 제트(relativistic jet) 광속에 가까운 속도로 움직이는 입자들의 흐름.

상태방정식(equation of state) 기체의 압력, 온도, 밀도를 기술하는 식.

상현(first quarter) 달이 삭에서 궤도를 1/4만큼 움직인 다음 나타나는 위상, 지구에서 볼 때 절반이 보인다.

상호작용 은하(interacting galaxies) 조석력으로 형태가 변형될 정도로 가까이 인접한 은하들.

색-등급도표(color-magnitude diagram) 가로축에 색(흔히 $B - V$)을 사용한 H-R도표.

색온도(color temperature) 색깔에서 유추한 온도.

색지수(color index) 서로 다른 두 파장에서 관측된 등급 차이.

색초과(color excess) 별의 실색깔과 관측된 색깔 사이의 차이.

보통 시선 방향에 있는 성간물질의 효과로 별빛은 원래 색깔보다 붉게 보인다.

샛별(morning star) 동트기 전 하늘에 보이는 금성이나 수성.

석질운석(stony meteorites) 주로 가벼운 규산염물질로 이루어진 운석.

석철질운석(stony-iron meteorites) 니켈-철과 규산염물질이 혼합된 운석.

선스펙트럼 전자가 서로 다른 에너지 준위로 천이를 할 때 해당하는 파장의 빛이 방출되는 스펙트럼선.

선운동량(linear momentum) 질량에 속도를 곱한 보존물리량.

선폭(line profile) 파장의 함수로 나타낸 스펙트럼선 세기의 변화 폭.

섬광스펙트럼(flash spectrum) 개기일식이 일어나기 바로 직전에 나타나는 스펙트럼으로 정상 흡수스펙트럼이 채층의 방출스펙트럼으로 바뀐다.

섭동(perturbation) 균일 매질 내에서의 국부적 중력 교란.

성간기체(interstellar gas) 성간물질을 구성하고 있는 원자, 분자, 이온.

성간매질(interstellar medium) 별들 사이에서 발견되는 모든 종류의 기체와 티끌, 우주선 입자, 그리고 자기장과 복사장.

성간분자(interstellar molecules) 성간구름 속에 존재하는 분자들.

성간소광곡선(interstellar extinction curve) 성간티끌에 의한 소광량의 변화를 파장의 함수로 나타낸 곡선.

성간티끌(interstellar dust) 성간물질을 구성하고 있는 작은 고체 알갱이. 크기는 $0.1\mu m$ 정도이다.

성운(nebula)(라틴어로 'nebula'는 구름이란 뜻) 성간기체와 티끌의 구름.

성운 모형(nebula model) 기체와 티끌로 된 성간운이 중력적으로 붕괴하여 편평한 원반을 만들고 그 안에서 집적 강착에 의해서 행성들이 형성된다는 태양계 기원에 관한 모형.

성층권(stratosphere) 고도가 높아질수록 온도가 감소하고 구름이 없어지는 특성을 보이는 지구 대기의 층.

세계선(worldline) 시공간에서의 연속적인 사건의 흐름.

세계시(Universal Time, UT) 그리니치 자오선상에 있어서의 평균태양시. 상용 시간법의 기초. 항성시와도 연계되어 있다.

세레스(Ceres) 최초로 발견된 소행성. 1801년에 피아치(Giuseppe Piazzi) 신부가 발견하였다.

세이퍼트은하(Seyfert galaxy) 활동은하핵을 지닌 은하로서 대부분 나선은하이다. II형의 경우 매우 폭이 좁고 강한 방출선이 관측되며, I형의 경우에는 좁거나 넓고 강한 방출선이 함께 관측된다.

세페이드 변광성(cepheid variables, cepheids) 크기와 온도의 규칙적인 변화로 밝기가 변하는 별. 델타 세페이드와 같은 종류의 모든 별들을 통틀어 부른다.

센타우루스 엑스-3(Centaurus X-3) 센타우루스 별자리에 있는 무거운 쌍엑스선원. 청색 초거성 주위를 도는 가벼운 중성자별(엑스선원)이 있다.

소광(extinction) 빛이 지구 대기나 성간물질 등을 통과할 때 그 세기가 감소하는 현상.

소마젤란운(Small Magellanic Cloud, SMC) 우리은하의 2개의 동반 은하 중에서 더 작은 쪽, 태양질량의 2×10^9배를 가진 불규칙 은하이다.

소행성(asteroids, minor planets) 태양을 도는 수천 개의 작은 태양계 구성원. 대체로 화성과 목성 궤도 사이에 있다.

소행성달(asteroidal moons) 크기, 형태, 구성성분이 소행성과 흡사한 태양계의 달들.

소행성대(asteroid belt) 화성과 목성 궤도 사이에 소행성이 많이 몰려 있는 지역.

속도(velocity) 어떤 시간 간격 동안 바뀐 위치의 변화와 그 방향을 나타내는 벡터.

속도분산(velocity dispersion) 은하나 성단과 같은 천체 집단의 구성원들이 가지는 운동 속도가 평균 속도에 대하여 얼마나 이탈되어 있는가를 나타내는 양.

속력(도)(speed) 시간에 따른 위치의 변화율을 나타내는 스칼라.

수성 궤도의 세차 운동(precession of Mercury's, orbit) 주위 별들에 대해 1세기에 43초씩 수성 궤도의 장축이 움직이는 운동.

수소-알파선(H-alpha line) 수소원자의 두 번째 에너지 준위와 그보다 높은 에너지 준위 사이의 천이인 발머 계열의 첫 번째. 스펙트럼의 가시광 영역에서 붉은 쪽에 위치한다.

수소 연소(hydrogen burning) 수소(양성자)를 더 무거운 원소를 바꾸는 핵반응.

수소 코로나(hydrogen corona) 물의 분해에 의해 만들어진 수소가 대기를 벗어나 지구 주위에 형성한 수소 기체 껍질.

수평가지(horizontal branch) 헤르츠스프룽-러셀도에서 적색거성 단계를 지나 질량이 작은 종족 II별이 도달하는 위치. 특히 구상성단에서 발견된다. 같은 광도(태양의 약 100배)를 가지며 노란색에서 붉은색을 가지는 별들이 이에 해당된다.

순상화산(shield volcano) 마그마가 천천히 분출해서 생성된 경사가 완만한 화산.

슈바르츠실트 반지름(Schwarzchild radius) 자체 중력으로 빛을 잡아 가두기에 충분할 정도의 질량을 가지는 별의 임계 반지름.

스테판-볼츠만 법칙(Stefan-Boltzmann's law) 흑체가 단위 면적당 방출하는 에너지와 온도와의 관계를 나타내는 법칙.

스타디움(stadium) 고대 그리스의 길이 단위. 대략 0.2km 정도.

스트룀그렌구(Stromgren) OB형별을 둘러싼 전리 수소가스의 영역.

스펙트럼(spectrum) 프리즘을 통과시키는 등의 방법으로 빛을 분산시켰을 때 얻어지는 파장별 빛의 배열. 어떤 물체에 의해서 각 파장 영역별로 방출되는 에너지량의 총합을 가리킨다.

스피큘(spicules) 태양의 광구에서 채층 쪽으로 뻗어 있는 창살 모양의 뜨거운 기체 기둥.

스핀각운동량(spin angular momentum) 회전하는 물체의 각운동량. 물체의 질량 분포, 회전속도, 반지름과 관련되어 있다.

시간(time) 사건의 흐름을 측정하는 척도.

시간각(hour angle) 천체가 지방자오선을 통과한 후 지나간 시간.

시간지연(time dilution) 운동좌표계에서 본 시계의 시간이 더디 가는 현상.

시공간(spacetime) 3개 공간축과 1개의 시간축으로 이루어져 어떤 사건에 대한 시간과 공간을 하나로 기술하는 계.

시공간격(spacetime interval) 직각삼각형의 빗변에 대한 시공간의 다차원 아날로그. 좌표변환에 불변성.

시공간곡률(spacetime curvature) 질량이나 에너지에 의해 시공간이 굽어지는 현상.

시공도표(spacetime diagram) 하나의 공간축과 하나의 시간축으로 이루어진 다이어그램으로 시간과 세계선 사이의 관계를 나타내는 데 이용됨.

시상(seeing) 망원경의 상을 불규칙하게 만드는 지구 대기의 불안정도.

시선속도(radial velocity) 속도의 성분 중에서 시선 방향의 성분.

시차(parallax) 물체를 서로 다른 두 위치에서 보았을 때 나타나는 위치의 겉보기 변화. 특히 지구 궤도의 반대되는 양 끝에서 차이를 보았을 때, 별의 가시적 위치의 각 차이의 절반을 그 별의 시차라 부른다.

식(eclipse) 한 천체가 다른 천체 앞을 지나가면서 빛을 가로막는 현상.

식쌍성계(eclipsing binary system) 공통 질량중심을 공전하는 두 별의 궤도면이 시선 방향에 놓여 있어 주기적으로 한 별이 다른 별을 가리게 되는 쌍성계.

신성(nova)(라틴어로 '새로운'의 뜻을 갖는 단어에서 유래한 용어) 밝기가 수백 배에서 수천 배로 갑자기 증가하여 급격히 많은 양의 에너지를 방출하는 별. 쌍성계에서 축퇴된 별이 폭발하는 것으로 믿어진다. 현대 천문학자들이 초신성이라고 부르는 별의 폭발에 대해 언급할 때 과거에 사용했던 것.

싱크로트론복사(synchrotron radiation) 전하를 띤 입자(주로 전자)가 강한 자기장 내에서 가속될 때 방출되는 복사. 방출되는 복사의 파장은 자기장의 세기와 전자가 가지고 있는 에너지에 의해서 결정됨.

쌀알조직(granule) 태양 광구에서 개략적인 조직으로 나타나는 수명이 짧은(3~10분) 밝은 점.

쌍곡선(hyperbola) 원추를 자른 면에 의해 만들어지는 곡선. 이탈속도 이상의 속도를 가지는 천체의 궤도 형태.

쌍곡선기하학(hyperbolic geometry) 로바체브스키(N.I. Lobachevski)가 직선 근처의 한 점을 지나는 평행선은 하나 이상이라는 전제하에 만든 유클리드 기하학의 또 다른 형태. 쌍곡면 위에 그린 삼각형의 내각의 합은 항상 180°보다 작다.

쌍극분출(bipolar outflow) 젊은 천체에서 두 반대 방향으로 뿜어 나오는 강한 기체 흐름.

쌍극장(dipole field) 막대자석에서 나오는 것과 같은 자기장 배열로 북극과 남극으로 대별한다.

쌍성(binary stars) 중력으로 묶여 있고 공통 질량중심을 공전하는 별

쌍엑스선원(binary X-ray sources) 엑스선 방출 천체를 구성원으로 갖는 쌍성계. 엑스선원은 대개의 경우 중력붕괴의 결과물로서 그 주위에 고온의 강착원반을 갖고 있다. 이 강착원반에서 엑스선이 방출된다. 반성의 질량에 따라 높은 질량과 낮은 질량의 두 부류로 나뉜다.

쌍은하(binary galaxies) 중력으로 묶여 있고 공통 질량중심을 도는 두 은하계.

쌍성강착 모형(binary-accretion model) 달의 기원에 관한 모형으로 달과 지구가 같은 구름의 기체와 티끌에서 집적 과정을 거쳐 각각 따로 생겼다는 모형.

ㅇ

아르-과정[r-process(rapid process)] 풍부한 중성자 흐름 속에서 이루어지는 핵합성. 이 환경에서는 핵자들이 베타 붕괴보다

더 빠른 속도로 중성자를 포획한다.

아인슈타인 관측 위성(Einsstein Observatory) HEAO-B라고도 하며 천체의 엑스선 영상을 찍는다.

아프로디테고원(Aphrodite Terra) 금성에 있는 넓은 고원 지역.

안드로메다은하(Andromeda galaxy)(M 31) 우리은하에서 가장 가까운 나선은하(거리 : 680kpc), 지름은 50kpc이다.

안시등급(visual magnitude) 안시파장대역 필터로 측정한 천체의 등급.

안시쌍성(visual binary) 공통 질량중심의 둘레를 도는 두 별이 광학 관측으로 구별되는 쌍성계.

알파센타우루스(alpha Centarus) 태양에서 가장 가까운 별로 삼중성이다. 별 A의 광도와 표면온도는 태양과 거의 같다.

알파입자(alpha particle) 무거운 원소들이 방사성 붕괴를 일으키면서 내놓는 헬륨 원자핵.

암흑구름(dark cloud) (지구에서 볼 때) 뒤에 있는 별빛을 거의 완전히 막을 만큼 티끌이 충분히 함유된 성간구름.

암흑물질(dark matter) 우주에 있는 물질들이 많이 가질 것으로 보이는 형태. 바리온이 아닌 입자이며, 별이나 은하를 이루지 않는다. 따라서 '암흑'이라 부른다.

암흑선스펙트럼(dark-line spectrum) '흡수선 스펙트럼' 참조.

압력(pressure) 단위 면적에 작용하는 힘.

압력기울기(pressure gradient) 어떤 방향으로 압력이 변화하는 정도.

약한 핵력(weak nuclear force) 방사능 붕괴에서 작용하는 근거리 힘으로 경입자를 지배함.

양성자(proton) 양으로 대전된 무거운 기본입자로 원자핵을 이루고 있다.

양성자-양성자고리[proton-proton(pp) chain] 4개의 수소가 헬륨으로 바뀌는 열핵 반응. 태양의 경우 대부분의 에너지가 이 반응에 의해서 생성된다고 여겨진다.

양자(quantum) 불연속적인 에너지 묶음.

양자상태(quantum state) 원자 안의 전자 배열을 기술하는 것으로 가장 낮은 에너지 준위를 가장 먼저 채워야 한다.

양자수(quantum number) 양자론에서 원자의 에너지 구조와 양자상태를 결정하는 네 가지 수.

양전자(positron) 양의 전하를 띤 전자의 반입자.

양털모양은하(flocculent galaxies) 잘 나타난 나선팔보다 더 부푼 구조가 원반에 나타나는 나선은하.

에너지(energy) 일을 할 수 있는 능력.

에너지-모멘텀텐서(아카 스트레스-에너지-모멘텀텐서)[energy-momentum tensor(*aka* stress-energy-momentum tensor)] 상대성이론에서 정지에너지를 포함한 에너지를 기술하는 텐서.

에너지보존(conservation of energy) 물리학의 기본 원칙으로 고립계에서는 내부에 어떠한 변화가 있더라고 전체 에너지는 일정하다는 원칙.

에너지 준위(energy level) 원자의 가능한 양자상태 중 하나로, 이 상태에서 대응되는 에너지 값이 있다.

에딩턴광도(Eddington luminosity) 중력을 이기고 물질을 밀어낼 만한 광도.

에딩턴질량(Eddington mass) 주어진 광도에서 복사압을 극복할 만큼의 중력에 해당하는 질량.

에이콘드라이트(achondrite) 입상체(콘드룰)가 없는 석질운석의 한 유형.

에테르(ether) 마이컬슨-몰리의 실험 결과가 발표되기 이전, 빛이 진행하기 위해서 당연히 존재해야 한다고 생각했던 매질.

엑스선(X-ray) 파장이 10^{-10}m보다 짧은 고에너지 복사.

엑스선쌍성(x-ray stars) 엑스선을 종종 폭발적으로 방출하는 쌍성계.

엑스선폭발체(X-ray burster) 짧은 시간에 엄청난 양의 엑스선 복사를 방출하는 엑스선 분출원. 주로 쌍성계에서 중성자별로 강착하는 물질에서 많은 양의 엑스선이 방출됨.

역베타 붕괴(inverse beta decay) 전자와 양성자가 서로 힘을 받아 중성자와 중성미자를 만드는 과정. 중성자 소멸의 역과정.

역서(ephemeris) 다양한 시간 동안 천체의 위치를 보여 주는 표.

역자전(retrograde rotation) 동쪽에서 서쪽으로 자전하는 운동.

역학(mechanics) 힘이 물체에 작용했을 때의 효과에 대해 다루는 물리학의 한 분야.

역행(retrograde motion) 외행성의 경우 충 근처에서, 내행성의 경우 내합 근처에서 행성이 배경별들을 기준으로 볼 때 서쪽으로 운동하는 것처럼 보이는 현상.

연(year) 지구가 태양 둘레를 공전하는 데에 걸리는 시간. 정확한 값은 기준점에 좌우된다.

연속스펙트럼(continuous spectrum) 흡수선이나 방출선이 없이 모든 파장에서 연속적으로 방출함을 보여 주는 스펙트럼.

열곡대(lift valley) 지괴의 분리에 의해서 행성의 표면에 생긴 골짜기.

열권(thermosphere) 지구의 대기권 중에서 엑스선과 자외선에 의해 가열되며, 중간권보다 고도가 높은 층.

열린 기하학(open geometry) '쌍곡선기하학' 참조.

열복사(thermal radiation) 뜨거운 물체가 열역학적 평형상태에서 전자기파를 방출하는 현상. 흑체복사의 스펙트럼으로 나타남.

열속도(thermal speed) 기체를 이루는 입자들이 나타내는 무작위 운동의 평균 속도.

열역학적 평형(thermodynamic equilibrium) 순 열에너지 교환이 없는 계의 물리적 상태.

열펄스(thermal pulses) 적색거성의 껍질부에서 삼중 알파 반응에 의해서 갑자기 많은 양의 에너지가 방출되는 현상.

열평형(thermal equilibrium) 큰 규모에서 온도 변화가 없는 정적인 상태.

영년주계열(zero-age main sequence, ZAMS) 전주계열 단계에서 주계열로 넘어 오게 되는 시점. H-R도에서 원시별이 자신의 대부분의 에너지가 중력 에너지 대신에 수소의 핵융합에 의한 핵 에너지로 대치되는 순간의 위치를 의미한다.

오리온성운(Orion nebula, M42) 고온의 이온화 기체구름으로, 최근에 별이 형성된 영역이다. 오리온 별자리의 칼 부분에 위치하며 메시에 42(M42)라고도 부른다.

오리온팔(Orion arm) 은하의 커다란 나선팔 구조의 일부분. 태양계가 이 안에 있다.

오오트구름(Oort's cloud) 태양계 주위의 궤도를 도는 혜성핵의 구름으로 태양계가 형성되던 당시에 형성되었다. 새로운 혜성의 저장고 역할을 한다.

오오트상수(Oort's constant) 오오트 방정식에서 차등 은하 회전을 정의하는 상수. 태양이 은하의 중심에서 떨어진 거리와 반지름의 함수로 표현된 각속도를 나타내는 상수이다. 현재값은 $15\mathrm{kms^{-1}kpc^{-1}}$.

오존층[ozone layer(ozonosphere)] 표면에서부터 40~60km 상공에 위치한 지구 대기의 하나의 층. 오존으로 특징지어진다.

온도(temprature) 어떤 물질을 이루는 미세 입자들의 평균 불규칙 운동을 나타내는 척도.

온도 기울기(temperature gradient) 단위 거리를 이동하는 동안에 생기는 온도의 변화.

온실효과(greenhouse effect) 적외선열복사가 행성 대기가 갖는 적외선에 대한 불투명성으로 인해 대기 밖으로 방출되지 않기 때문에 행성 표면의 평형온도가 증가되는 현상.

올림퍼스 산(Olympus Mons) 화성의 표면 중 타르시스 산맥 지역의 커다란 순상화산.

올버스 역설(Olber's paradox) 무한한 공간에 무한히 많은 별이 균일하게 분포되어 있다면, 밤하늘은 현재 보이는 바와 같이 어둡지 않고 별의 표면만큼이나 밝을 것이라는 추론.

옹스트롬(Å ngstrom)(Å) 길이의 단위로 10^{-10}m에 해당한다. 가시광선의 파장 단위로 자주 쓰인다.

와트(watt) 일률의 단위, 1초 동안 1J의 일을 할 수 있는 능력.

완전우주원리(perfectcosmological principle) 우주는 관측자에게 모든 위치, 모든 시간에 걸쳐 똑같이 보인다는 원리.

왜성(dwarf star) 상대적으로 광도가 낮고 크기가 작은 별. 광도계급이 V인 주계열성.

왜소은하(dwarf galaxy) 수백만 개에도 못 미치는 별로 구성된 타원구면체 또는 회전타원체 모양의 소형 은하.

외기권(exosphere) 행성 대기의 가장 윗부분으로 이 곳으로부터 대기 입자가 우주 공간으로 탈출하게 된다.

외부은하의(extragalactic) 우리은하 바깥 부분에서의.

외합(superior conjunction) 내행성은 태양과 같은 방향에, 외행성은 태양의 반대편에 위치하게 되는 천체의 배열.

외행성(superior planet) 지구보다 태양에 더 멀리 공전하는 행성들.

우리은하의 핵[core(of the Galaxy)] 우리은하중심부의 수 파섹(pc) 내부 영역으로 작은 비열적 전파원과 빠르게 움직이는 이온 기체구름이 포함되어 있음.

우주배경복사탐사선(Cosmic Background Explorer, COBE) 1989년에 발사되어 마이크로파 배경복사의 스펙트럼과 그 세기를 측정하기 위한 관측 위성.

우주핵합성(cosmic mucleosynthesis) '대폭발'에서 초기 100초 동안 이루어지는 가장 가벼운 원자핵의 생성 과정.

우주빈터[void(cosmic void)] 은하가 관측되지 않는 공간의 커다란 빈 영역.

우주 흑체배경복사(cosmic blackbody background radiation) 우주 전체에 널리 있는 2.7K 흑체복사. 우주가 생길 때 있었던 원시 화구의 자취로 여겨진다.

우주(universe) 과거와 현재, 그리고 미래를 모두 포함한 총체적인 시공간.

(조화)우주(cosmos) 질서 있고 조화로운 체계로 표현되는 우주.

우주론(cosmology) 물리적 우주의 세계와 진화를 다루는 학문.

우주론원리(cosmological principle) 우주는 큰 부피에 걸쳐 평균을 구하면 우주의 어떤 곳에 있어도 모두 동일하게 보인다는 원리.

우주선(cosmic rays) 에너지가 매우 큰(거의 빛 속도로 달림) 우주 공간을 움직이는 대전된 원자 입자. 대부분은 태양계 바깥에서 생기지만, 낮은 에너지를 가진 몇몇은 태양 플레어에서 생긴다.

우주의 동질성(uniformity of universe) 같은 성질을 가진 천체는 우주의 어디에서나 같은 성질로 나타난다는 것.

운동성단법(moving-cluster method) 시선속도와 그들의 고유운동이 수렴하는 지점을 결정함으로써 성단까지의 거리를 구하는 방법.

운동에너지(kinetic energy) 운동에 의해 일을 할 수 있는 능력.

운동량(momentum) 물체의 질량과 속도를 곱한 물리량.

운동량보존(conservation of momentum) 순 힘이 없다면 고립된 계에서 총 운동량은 언제나 일정하다는 물리적 원칙.

운동학적 거리(kinematic distance) 우리은하에서 도플러이동, 방향, 은하의 회전곡선에 의해 추정한 어떤 천체까지의 거리.

운석(meteorite) 지구 대기권을 통과할 때 소멸되지 않고 지면으로 떨어진, 우주 공간에서 온 고체 물질.

운석모체(parent meteorite bodies) 크기가 수백에서 수천 km에 이르는 고체로 된 천체로서, 니켈-철운석의 원천으로 여겨진다. 태양계 역사 중 초창기에 형성되어 그 후 충돌로 부서진 것이다.

울프-레이에별[Wolf-Rayet(WR) star] 방출선이 존재하는 고온(20,000~50,000K)의 희귀성 중의 한 유형. 그중 일부는 행성상성운의 중심별이다.

원뿔곡선(conic section) 원뿔을 평면으로 자를 때 나타나는 기하학적 구성(점, 선, 타원, 포물선, 쌍곡선)의 총칭.

원소(element) 같은 화학적 성질을 갖지만 화학적으로 더 이상 간단한 것으로 나뉘지 않는 원자로 이루어진 물질.

원시별(protoster) 별의 탄생 과정에서 볼 수 있는 천체로, 중력수축에 의해서 붕괴되는 기체와 티끌로 구성된 덩어리.

원시은하(protogalaxy) 중력 수축하여 은하가 될 수 있을 정도의 질량을 가진 원시구름.

원시행성(protoplanet) 미행성체의 집적으로 생성된 큰 질량 덩어리로 마지막 단계에 행성을 형성하게 된다.

원시화구(primeval fireball) 대폭발 모형에서 대부분의 에너지가 고에너지 전자기파의 형태로 존재했던 뜨겁고 밀도가 높았던 초기 우주.

원 운동 속도(circular velocity) 중력을 가진 물체 주위를 돌며 일정한 원 운동을 유지하기 위해 필요한 물체의 속도.

원일점(aphelion) 태양을 도는 천체의 궤도 상 태양에서 가장 멀리 떨어진 점.

원자(atom) 화학적 성질을 보여 주는 가장 작은 단위 입자.

원지점(apogee) 지구를 도는 위성이 궤도상에서 지구에서 가장 멀어지는 점.

월식(lunar eclipse) 달이 지구와 태양을 잇는 직선상에 놓였을 때 달이 지구의 그림자로 들어가는 현상. 월식은 망일 때만 일어나며 만월이 황도면에 아주 가깝게 놓여 있을 때에 일어난다.

위상공간(phase space) 직각좌표와 운동량좌표가 포함된 고차원 공간.

위성(satellite) 모천체의 둘레를 공전하는 작은 천체.

유도방출(stimulated emission) 들뜬 상태에 있는 원자가 어떤 에너지(파장)를 가진 광자에 유도되어 그 광자의 파장과 같은 파장의 광자를 방출하는 현상.

유성(meteor) 고체 입자(유성체)가 지구 대기권으로 들어올 때 생기는 밝은 빛의 줄기.

유성떼(meteor swarm) 태양중심 궤도의 국부적인 지역에 집단을 이룬 유성체들. 유성우의 근원.

유성우(meteor shower) 수많은 유성들이 한 점(복사점)에서 사방으로 나오는 것처럼 보이는 현상.

유성자취(meteor trail) 대기를 통과할 때 공기의 이온화와 유성체의 증발로 만들어진, 눈에 보이는 유성의 궤적.

유성체(meteoroid) 태양 주위의 궤도에서 우주 공간을 움직이는 매우 작은 고체 천체.

유성흐름(meteor stream) 태양 주위의 궤도를 따라 형성된 유성체들의 균일한 분포.

유클리드(평면) 기하학[Euclidian(flat) geometry] 한 점에서 어떤 직선과 평행한 직선은 오직 하나밖에 그을 수 없다는 기하학. 평면에서 삼각형의 내각의 합은 180°이다.

유효온도(effective temperature) 같은 광도와 크기를 가진 흑체가 나타나는 온도.

율리우스일(Julian date, JD) 기원전 4713년 1월 1일 그리니치 평균시 정오를 원점으로 하여 날짜를 통산한 일수.

융합(fusion) '핵융합' 참조.

은경(galactic longitude) 은하중심에 영(零)점을 잡고 은하 적도를 따라 잰 각거리.

은위(galactic latitude) 은하 적도에서 남쪽이나 북쪽으로 떨어진 각거리.

은하(galaxy) 매우 많은 별들(10^6~10^{12})과 기체, 티끌의 모임으

로 이들은 중력으로 묶여 있다. 태양은 우리은하 안에 있다.

은하 간 물질(intergalactic medium) 은하들 사이에서 발견된 기체와 티끌.

은하(산개)성단[galactic (open) cluster] 수십에서 수백개 정도 되는 종족 I별이 중력적으로 묶인 작은 집단. 은하 평면 안이나 그 근처에서 발견된다.

은하수(Milky Way) 우리은하면 근처에 있는 많은 별들의 빛이 섞여져서 만들어진, 하늘을 가로지르는 흐릿한 빛의 띠. 태양이 속해 있는 우리은하를 언급하는 데 주로 사용한다.

은하 원반(disk of a galaxy) 은하핵 바깥에 위치한 별, 기체, 티끌의 평판.

은하의 광도함수(luminosity function of galaxies) 은하의 광도를 변수로 나타낸 단위 부피당 은하들의 수에 대한 함수.

은하의 헤일로(halo of a galaxy) 은하 외각부에 별과 구상성단들이 구형을 이루며 분포하고 있는 영역. 여기에는 몇 개의 미아별을 포함한다.

은하 잡아먹기(galactic cannibalism) 더 무거운 은하가 조석력으로 가벼운 은하의 물질을 잡아채는 은하의 상호작용.

은하적도(galactic equator) 은하수를 따라 만든 대원. 은하중심 평면을 나타낸다.

은하좌표계(galactic coordinates) 우리은하의 은하면(은위를 정의하는 데에 필요)과 은하중심 방향(은경을 정의하는 데에 필요)에 기준을 둔 천구좌표계.

은하핵[galactic center(core)] 은하중심부의 가장 안쪽에 있는 영역.

은하의 핵[nucleus(of a galaxy)] 늙은 종족 I별들과 얼마간의 기체와 먼지를 포함하는 은하의 중심 부분. 많은 은하들의 경우 비열적 복사원이 핵에 집중돼 있음.

은하 회전곡선(galactic rotation curve) 은하중심에서 어느 정도 떨어진 천체가 은하 주위를 얼마나 빨리 도는가를 나타내는 곡선.

은하회피대(zone of avoidance) 은하수 근처의 티끌들에 의해서 다른 은하들이 보이지 않게 되는 지역.

음파(acoustic waves) 유체 내에 존재하는 압력파.

응결(condensation) 원자나 분자들이 결합하여 이루어지는 고체 입자의 생성 현상.

이각(elongation) 하늘에서 볼 때 태양과 천체가 떨어진 각거리.

이쉬타르테라(Ishtar Terra) 금성의 북반구에 있는 넓은 고원 지대. 이 고원은 동쪽에 순상화산인 맥스웰 몬테스와 경계를 이루고 있음.

이심률(eccentricity) 타원의 두 초점 간 거리의 긴 지름에 대한 비.

이심원(deferent) 행성의 겉보기 동진 운동을 설명하기 위해 쓴 고대 기하학적 수단. 지구에 중심을 둔 큰 원이 행성의 주전원을 달고 있다.

이온(ion) 하나 또는 그 이상의 전자를 얻거나 잃어서 전기적으로 전하를 띤 원자.

이온꼬리(ion tail) 혜성꼬리에서 전리된 영역.

이완시간(relaxation time) 통계적 평형상태에 도달하는 데 걸리는 시간.

이중구형 구조의 우주(two-sphere universe) 우주는 지구와 천구라는 같은 중심을 가진 구로 이루어졌다는 가정에서 출발한 우주론.

이중퀘이사(double quasars) 중력 렌즈 효과로 한 퀘이사가 2개의 상(像)으로 나타난 것.

이탈속도(escape speed) 어떤 물체가 다른 물체의 중력을 벗어나는 데 필요한 속도.

이탈온도(escape temperature) 대기 입자가 이탈속도로 탈출하는 데 필요한 온도.

인과성의(causally connected) 주어진 한 사건의 영향을 받을 수 있는 시공간에서 발생된 모든 사건을 언급할 때, 사건의 광추(light cone) 내에서 일어난 모든 사건은 주어진 이 사건과 인과적으로 관련 있게 된다.

일(work) 시험입자를 힘의 방향으로 일정 거리를 이동시키는 데 소요되는 에너지.

일반상대성이론(general theory of relativity) 아인슈타인이 발전시킨 생각으로 질량과 에너지가 시공간 기하학을 결정하기 때문에 시공간의 곡률은 우리가 흔히 중력이라 부르는 것으로 드러난다고 한다. 아인슈타인 중력 법칙.

일식(solar eclipse) 달이 태양의 앞을 지나갈 때 달의 그림자 속으로 태양이 들어가는 현상. 언제나 달의 위성이 삭일 때 관측됨.

일주운동(diurnal motion) 항성일을 주기로 운행하는 천체의 일일운동.

임계밀도(critical density) 우주론에서 말하는 열린 우주에서 닫힌 우주로 넘어가는 밀도의 경계값. 이 밀도는 무한히 팽창하는 것을 막을 만큼 중력이 나타나게 한다.

임계온도(threshold temperature) 광자가 물질과 반물질을 만들어 낼 수 있을 어떤 온도.

ㅈ

자기권(magnetosphere) 태양풍으로부터 온 입자들이 자기장에 의해 갇혀 있게 되는 행성 주위의 지역.

자기단극자(magnetic monopole) 대통일이론에 의하여 예견되는 오직 한 형태의 자극을 가진 입자.

자기력선(magnetic field line) 자기장의 방향을 나타내며 그 밀집 정도로 자기장의 세기를 표시하는 그림에 쓰이는 선.

자기속(magnetic flux) 단위 면적을 지나는 자기력선의 수.

자기장(magnetic field) 물체에 자기력을 작용할 잠재력을 가지고 있는 공간의 성질.

자기재연결(magnetic reconnection) 갑자기 자기력선이 반대 극으로 연결되는 현상.

자기측정기(magnetometer) 자기장의 세기를 측정하는 장치.

자력선속보존(conservation of magnetic flux) 어떠한 환경에서 한 면적을 통과하는 자기력선의 수는 일정하다는 물리적 원칙.

자북극(north magnetic pole) 나침반 자침의 북극으로 별이나 행성에서 자기력선이 나오는 두 지점 중의 하나.

자연방출(spontaneous emission) 들뜬 상태에 있는 원자가 낮은 에너지 준위로 떨어지면서 내놓는 광자에 의해 형성되는 방출선.

자연운동(natural motion) 힘이 작용하지 않는 운동.

자오선(천구의)[meridian(celestial)] 지평선의 남점과 북점을 통과하고 천정을 통과하여 그려지는 가상적인 대원.

자오선 통과(transit) 천체의 천구자오선 통과.

자유-속박 천이(free-bound transition) 전자가 자유 에너지 상태에 있다가 원자에 구속되는 상태로의 천이. 원자에서 볼 때는 광자 방출을 하면서 전자를 얻는 결과를 보인다. 반대 과정은 속박-자유 천이.

자유낙하(free-fall) 입자 사이의 충돌로 생기는 압력 방해가 없는 조건에서 일어나는 중력붕괴.

자유-자유 천이(free-free transition) 다른 두 자유상태에서 일어나는 전자의 천이. 전자가 에너지를 잃으면 자유-자유 방출이 나타나며 에너지를 얻으면 자유-자유 흡수이다.

자전(rotation) 행성과 같은 천체가 자신의 축을 중심으로 도는 현상.

장방정식(field equation) 아인슈타인의 일반상대성원리에서 시공간의 곡률과 질량/에너지 분포 간의 관계를 맺어주는 방정식.

장주기 변광성(long-period variables) 주기가 100~1,000일에 이르는 변광성. 일반적으로 주기가 불규칙하다.

장주기 혜성(long-period comet) 궤도 주기가 200년보다 긴 혜성.

장축(major axis) 타원의 2개의 축 중에서 더 긴 것.

재결합(recombination) 이온화의 역과정으로 이온과 전자가 결합하는 것.

잰스키(Jansky, Jy) 전파천문학에서 사용하는 선속밀도의 단위. $1Jy = 10^{-26}Wm^{-2}Hz^{-1}$.

저속도별(low-velocity stars) 우리은하 평면에서 원 궤도에 가까운 별. 태양에 대해서 $60kms^{-1}$ 이하의 속도로 움직인다.

저전리핵방출 영역(low-ionization nuclear emission region, LINER) 활동은하핵의 활동이 최저 수준인 방출선 은하의 한 유형.

적경(right ascension, RA) 적도좌표계에서 춘분점으로부터 적도를 따라 동쪽으로 대상 천체의 시권이 적도를 만나는 점까지 측정한 각거리.

적도좌표계(equatorial coordinates) 천구적도에 기준을 둔 천구좌표계. 좌표는 천구적도를 따라 측정한 각거리, 적경(경도처럼)과 천구적도 상하로 측정한 각거리, 적위(위도처럼)로 표시된다.

적도팽대부(equatorial bulge) 지구 적도 반지름이 극 반지름보다 초과된 값으로 대략 43km이다.

적색거성(red giant) 높은 광도와 낮은 표면온도(2,500K 정도)를 가지는 크고 차가운 별. 별의 내부에는 여러 층에서 핵융합 반응이 일어나고 있으며, 대류로 이 에너지를 외부로 전달하고 있는 것이 보통임.

적색변광성(red variable) 변광하는 별들 중 비교적 차가운 별.

적색이동(red shift) 멀어지고 있는 천체로부터 나오는 복사가 도플러 효과에 의해서 파장이 긴 적색 쪽으로 이동되는 현상.

적색화(reddening) 작은 입자들이 파장이 짧은 푸른색을 선택적으로 산란, 흡수하기 때문에 실제보다 붉게 보이는 현상.

적외선망원경(infrared telescope) 적외선 검출기를 장착하여 전자기파의 적외선 영역에서 사용하도록 최적화시킨 망원경.

적외선새털구름(권운)(infrared cirrus) 적외선 천문 위성에 의하여 얻어진 적외선 화상에서 권운처럼 보이는 성간티끌의 누더기 구름.

적외선은하(infrared galaxy) 자외선 영역에서 대부분의 광도를 방출하는 은하.

적외선 천문 위성(Infrarde Astronomy Satellite, IRAS) 12, 25, 60, 100μm 파장의 빛으로 하늘을 관측하는 위성.

적외선탐지기(bolometer) 적외선복사를 감지하는 장치. 수 K로 냉각된 반도체에 적외선이 흡수되면 저항이 변하므로 이에 따른 전류의 변화를 측정한다.

적위(declination) 천구 상에서 적도로부터 남북으로 떨어진 각거리.

적응광학(adaptive optics) 피드백 과정을 통해 시상을 보완함으로써 화상을 개선하는 광학 기법.

전도(conduction) 입자들의 충돌로 에너지를 전달하는 방식.

전리(ionization) 원자가 전자를 잃거나 얻는 과정.

전리가스(ionized gas) 전리되어 그 안에 자유전자나 전하를 띤 이온을 포함하는 기체. 전체가 전기적으로 중성이면 플라스마라 부름.

전리층(ionosphere) 산소와 질소가 햇빛에 의해 이온화되어 자유 전자가 만들어지는 지구 대기층으로, 지상으로부터 100~700km 떨어져 있다.

전자(electron) 가볍고 음전하를 띠는 아(亞)원자 입자.

전자기력(electromagnetic force) 자연에 있는 네 가지 힘 중 하나로, 전자기적 전하를 띠는 입자가 전하가 같고 다름에 따라 밀거나 끌어당기는 힘.

전자기복사(electromagnetic radiation) 스스로 퍼져 나가는 전기파나 자기파로 빛이나 전파, 자외선, 적외선 복사 등을 예로 들 수 있다. 모든 형태의 전자기파는 같은 속도를 가지며, 파장이나 주파수로 나눌 수 있다.

전자기스펙트럼(electromagnetic spectrum) 전자기 복사의 모든 파장 영역.

전자기약작용력(electroweak force) 전자기력과 약핵력이 통합된 힘.

전주계열성(pre-main-sequence star) 별의 진화에서 수소핵융합이 일어나고 있는 주계열성이 되기 바로 전 단계에 속하는 별.

전체운동(bulk motion) 은하군, 은하단, 초은하단과 같은 거대 구조의 운동.

전파간섭계(radio interferometer) 2개 이상의 안테나로부터 관측된 신호를 이용하여 높은 각분해능을 갖도록 해 주는 전파 망원경.

전파망원경(radio telescope) 천체로부터의 전파를 관측하기 위한 망원경.

전파은하(radio galaxy) 싱크로트론복사에 의해서 많은 양의 전파 에너지를 방출하는 은하로 대개의 경우 중심핵을 사이에 두고 반대 방향으로 커다란 2개의 전파 엽을 갖고 있다. 크게 밀집된 것과 확장된 것 두 가지 형태로 분류됨.

전파 재결합 방출선(radio recombination line emission) 높은 에너지 준위에서 전자와 이온의 결합에 의해서 낮은 에너지 준위로 천이되면서 방출하는 전파 영역의 방출선.

전하결합소자(charge-coupled device, CCD) 빛을 흡수하면 전자를 내놓는 반도체로 된 작은 칩(chip)으로 되어 있다. 전자는 화소(pixel)라고 하는 작은 부분에 붙잡혀 있다.

전향점(turn-off point) 성단에 대해 작성한 H-R도에서 주계열을 떠나는 위치.

절대등급(absolute magnitude) 별이 태양에서 10pc에 떨어져 있다고 가정했을 때의 밝기 척도.

젊은 종족 I형별(young Population I star) 나선은하의 원반이나 나선팔에서 주로 발견되는 태양 정도의 금속 원소 함량을 가지는 젊은 별.

점곱(dot product) 하나의 스칼라량을 만드는 두 벡터의 곱.

접선속도(transverse velocity) 물체의 이동 속도 성분 중 시선 방향과 직각 방향의 성분.

접안렌즈(eyepiece) 망원경 주(主)렌즈에 의하여 생긴 상을 보기 위한 확대 렌즈.

접촉쌍성(contact binary) 로시잎사귀나 공통 포피로 접속되어 있는 쌍성계.

정규은하단[regular cluster (of galaxy)] 잘 알아볼 수 있는 중심부를 가지고 있으며, 그 내부에 은하들이 규칙적으로 분포하고 있는 은하단.

정상 우주 모형(steady-state model) 우주는 어떤 시각에서 어떤 관측자에 의해 관측되는지 간에 똑같이 보인다는 완전 우주론 원리(perfect cosmological principle)에 기초한 우주론.

정오(noon) 한낮. 태양이 수평선에 대해서 하늘의 최고점에 도달했을 때로서 일몰과 일출의 중간 시간.

정유체평형(hydrostatic equilibrium) 압력 경사력과 중력이 균형을 이루어 질량의 움직임이 없는 상태.

제동복사(bremsstrahlung) 자유전자가 원자핵을 지날 때 감속되면서 방출하는 전자기 복사.

제I형, 제II형 초신성(Type I, Type II, supernova) 초신성을 광도 곡선과 스펙트럼으로 분류한 것. 종족 I은 날카로운 피크를 보이고 천천히 광도가 줄어들며 강한 수소선을 보여 주는 특징을 가진다.

제트류(jet stream) 지구나 행성의 상층 대기에 존재하는 빠른 속도의 흐름으로 그 진행 방향은 위도에 평행.

좁은 꼬리를 가진 전파은하(narrow-tailed radio galaxies) 핵 뒤에 U자형의 꼬리를 가지는 전파은하. 은하단에서 빠르게 움직이는 은하.

좁은 선 영역(narrow-line region, NLR) 비교적 폭이 좁은 방출선을 내는 활동은하핵 둘레의 기체 영역.

좁은 수로(arroyo) 가끔씩 발생하는 물의 흐름 때문에 땅바닥이 패어진 물길.

종족 II형별(Population II stars) 구상성단이나 은하의 헤일로에서 발견되는 별로서 나이는 종족 I형별보다 많고 중원소 함량은 적다.

종족 I형별(Population I stars) 나선은하의 원반에서 특히 나선팔에 발견되는 밝고 뜨거운 젊은 별. 중원소의 함량은 태양(전체의 2%)과 비슷하다. 늙은 종족 I형은 별은 타원은하나 나선은하의 핵에서 주로 발견된다.

종파(longitudinal wave) 속도는 물질의 밀도에 의존하며 고체, 액체, 기체와 같은 매질에서 밀고 잡아당기는 운동으로 진행하는 파.

주계열(main sequence) 헤르츠스프룽–러셀도에서 기본 계열의 별들. 이러한 별들은 핵에서 양성자–양성자 반응이나 탄소–질소–산소 순환 반응으로 수소가 헬륨으로 변한다. 별의 일생 중 주계열에서 가장 긴 기간을 보내게 된다.

주극성(circumpolar stars) 적도 북쪽에 있는 관측자에게 이러한 별들은 계속 북쪽 지평선 위에 나타나며 결코 지지 않는다. 남반구 관측자에게는 이러한 별들은 결코 남쪽 지평선 밑으로 지지 않는다.

주기(period) 어떤 규칙적인 사건이 일어나는 시간 간격. 예를 들어 한 물체가 다른 물체 주위를 완전히 한 바퀴 도는 데 걸리는 시간.

주기–광도 관계(period-luminosity relation) 세페이드 변광성의 평균 광도와 그 광도가 변하는 시간 주기와의 관계. 광도가 크면 클수록 주기는 더 길다.

주기변광성[periodic(regular) variables] 여러 가지 이유로 인해 별 빛이 시간에 따라 규칙적으로 변하는 별.

주기혜성(periodic comets) 태양 주위를 비교적 작은 타원 궤도를 그리면서 공전하는 혜성으로 그 주기는 200년보다 짧다.

주성(primary) 쌍성계에서 더 밝은 별.

주연(limb) 천체의 가시원반의 가장자리.

주연감광(limb darkening) 광학적 깊이의 효과 때문에 태양의 가장자리가 어둡게 보이는 현상.

주전원(epicycle) 행성의 겉보기 운동을 설명하기 위해 프톨레미와 같은 고대 천문학자들이 이용한 이심원(deferent)에 중심을 둔 조그만 원.

줄(joule, J) 일과 에너지의 물리적 단위.

중간권(mesosphere) 온도가 급격히 떨어지는 50～100km 사이의 지구 대기권.

중간자(meson) 정수의 스핀을 가지는 쿼크로 구성된 입자.

중력(gravitational force) 자연에 있는 네 가지 힘 중에서 가장 약한 힘. 0보다 큰 질량을 가진 모든 입자는 서로 끌어당김.

중력양자(graviton) 중력을 중재한다고 생각되는 가상 입자.

중력 퍼텐셜에너지(gravitational potential energy) 중력장 안에서 천체의 위치와 관련된 구속 에너지.

중력렌즈(gravitational lens) 무거운 질량 때문에 빛이 구부려져서 전파원의 상을 만드는 효과.

중력법칙(law of gravitation) 뉴턴의 만유인력 법칙.

중력불안정(gravitational instablility) 기체운에 주어진 섭동 때문에 중력과 압력의 균형이 깨져 기체운이 중력 붕괴를 겪게 되는 현상.

중력붕괴(gravitational instability) 자체 중력으로 아무런 방해도 받지 않는 수축.

중력으로 빛이 구부러짐(gravitational bending of light) 일반적으로 곧게 지나가는 광자의 길에 미치는 중력 효과

중력장(gravitational field) 물체들 사이에 중력을 미칠 수 있는 공간 잠재력. 자유 질점의 가속도로 표현된다.

중력 적색이동(gravitational redshift) 중력 때문에 광자의 파장이 길어지는 변화. 이는 중력장이 강한 곳에서 약한 곳으로 움직이는 광자가 에너지를 잃음을 뜻한다.

중력질량(gravitational mass) 다른 물체의 중력으로 결정되는 어떤 물체의 질량.

중력초점모임(gravitational focusing) 큰 물체 주위를 작은 물체가 지나갈 때 그 지나가는 길의 방향이 변화하여 교차하게 되는 현상.

중력 퍼텐셜(gravitational potential) 기울기가 중력이 되는 스칼라장.

중성미자(neutrino) 광속으로 움직이며 질량이 없고(혹은 매우 작고) 전하를 띠지 않는 단위 입자(렙톤). 핵반응 시 에너지를 갖고 달아난다.

중성자(neutron) 양성자 정도의 질량을 가지며 전하를 띠지 않는 아(亞)원자 입자. 원자핵의 주요 구성원 중의 하나.

중성자별(neutron star) 주로 중성자로 매우 빽빽이 밀집된 별. 밀도가 극히 높고 크기는 작은 별.

중심력(central force) 두 물체의 중심 방향으로 향하는 힘.

중앙해령(midoceanic ridge) 지구 해양저를 통하여 64,000km 정도 확장되어 있는 거의 연속적인 바닷속의 산맥.

중양성자(deuteron) 하나의 양성자와 중성자로 이루어진 중수소 동위원소의 핵.

지각(crust) 행성에서 가장 얇고 바깥쪽에 있는 표면층. 지구에서는 현무암질과 화강암질로 이루어져 있다.

지구형 행성(terrestrial planet) 화성, 수성, 금성, 달처럼 지구와 크기나 조성이 비슷한 행성들.

지방시(local time) 지구상 한 위치서의 겉보기태양시 또는 평균태양시.

지수함수적 붕괴(exponential decay) 방사능 붕괴와 같이 어떤 양의 변화가 시간에 대하여 지수함수적으로 변하는 붕괴 과정.

지심의(geocentric) 지구에 중심을 둔.

지자기축(geomagnetic axis) 지구의 자극을 연결한 축. 지구 자전축과 12° 기울어져 있으며 지구중심을 통과하지 않는다.

(태양의) 지점(solstice, 至點) 낮이나 밤의 길이가 가장 긴 날로 북반구에서 하지점은 6월 21일쯤이며, 동지점은 12월 21일 근처이다(남반구에서 이와 정반대이다.)

지진계(seismometer) 지구나 달의 지진을 측정하기 위한 측기.

지진파(seismic wave) 지진에 의해 형성되어서 지구 내부를 전파해 온 파동.

지평거리(horizon distance) 우주론에서 우주의 어떤 시대에 빛이 갈 수 있는 최대 거리

지평선(horizon) 관측자의 위치에서 지구와 접하는 하늘 평면과의 교선.

지평선문제(horizon problem) 대폭발 모형에서 초기 우주가 급속히 팽창함에 따라 다른 지역이 서로 정보를 주고받을 수 없게 되어 발생하는 문제.

직각자자리 팔(Norma arm) 태양에서 우리은하의 중심인 직각자자리(Norma) 쪽으로 약 4,000pc 떨어진 곳에 있는 우리은하의 나선팔의 한 부분.

직선(straight line) 두 점 사이의 가장 짧은 거리.

직접(강착)(accretion) 작은 입자들의 충돌 후, 이들이 들러붙어 커지는 과정.

진동수(frequency) 일정한 시간 동안(보통 1초) 특정한 지점을 통과하는 파의 수. 단위로는 보통 Hz(1초당 1주기)를 쓴다.

진스길이(Jeans length) 기체에서 중력 수축을 일으키는 교란의 최소 크기. 물질의 압력, 온도, 밀도에 의존한다.

진스질량(Jeans mass) 진스 길이에 포함되어 있는 질량. 기체 내부에서 교란이 더욱 커지기 위한 최소 질량.

진화경로(evolutionary track) 온도-광도 관계도(H-R도)에서 별이 시간에 따라 변하는 모습을 나타낸 경로.

질량(mass) 운동 상태의 변화에 따라 물체가 저항하는 정도(관성 질량). 물체가 만들어 내는 중력의 크기에 대한 정도(중력 질량)

질량-광도 관계(mass-luminosity relation) 주계열성에서 대략적으로 질량의 세제곱 정도에 비례하는 광도와 질량 사이의 경험적인 관계.

질량손실(mass loss) 항성풍에 의하여 1년 동안 별이 질량을 잃는 율.

질량전달(mass transfer) 근접쌍성계의 로시잎사귀를 통하여 물질이 한 별에서 다른 별로 이동하는 현상.

질량중심(barycenter) 만유인력으로 운동하는 질량계의 질량중심.

질량중심(center of mass) 상호작용하는 천체들이 지닌 질량의 평형점.

질량집중(mascons) 달의 바다 아래에 비정상적인 질량의 집중. 달 궤도 및 인공위성의 궤도에 미치는 효과로 발견되었다.

집광력(light gathering power, LGP) 대물렌즈나 대물경의 면적에 관계하는 망원경의 빛을 모으는 능력.

ㅊ

차등회전(differential rotation) 유체로 된 구형의 물체가 극에서보다 적도에서 더 빨리 도는 경향을 말한다.

차폐(occultation) 위성이나 다른 행성에 의해 생기는 별 또는 행성의 식.

찬드라세카 한계(Chandrasekhar limit) 백색왜성의 최대 질량으로 태양질량의 1.4배 정도이다. 이 질량에서는 축퇴전자 가스로 된 별의 밀도가 가장 높아지고 반지름이 가장 작아진다. 이보다 무거워지면 별은 중력적으로 붕괴된다.

채층(chromosphere) 광구 바로 위에 있는 태양 대기의 일부분으로 광구보다 뜨거우나 밀도가 낮다. 일식이 일어나는 동안 방출스펙트럼을 드러낸다.

처녀자리더불유형별(W Virginis stars) 맥동변광성. 항성종족 II 세페이드 변광성.

처녀자리은하단(Virgo cluster of galaxies) 처녀자리 쪽에 있는 가장 가까운 큰 은하.

척도인자(scale factor) 로버트슨-워커계량에서 우주의 팽창을 기술하는 함수.

천구(celestial sphere) 지구에 중심을 두고 반지름이 큰 가상의 구로 천체들이 그 표면에 고정된 듯이 보인다.

천구의 극(celestial pole) 지구 극을 천구에 투영시킨 점. 이 점을 중심으로 별들의 일주 운동이 일어난다.

천구적도(celestial equator) 지구적도를 천구에 가상으로 투영시킨 대원. 이 대원의 적위는 0°이다.

천구좌표(celestial coordinates) 천구 상에서 천체의 위치를 정의하는 좌표계.

천문단위(astronomical unit, AU) 지구 궤도의 긴 반지름이며, 태양과 지구의 평균 거리이다. 1억 4,960만 km 또는 8.3 광분이다.

(원자의) 천이[transition (in atom)] 원자 구조에 있어 전자 위치의 재배치. 에너지 변화를 야기함.

천이영역(transitin region) 태양 대기 중에서 채층과 코로나 사이에서 온도 변화가 심한 지역.

천저(nadir) 천정과 정 반대되는 천구 상의 한 점.

천정(zenith) 관측자의 지평선으로부터 90°만큼 떨어져 있는 점들이 이루는 천구 상의 대원.

천체물리학적 제트(astrophysical jets) 활동은하의 핵과 같은 천체물리학적 천체에서 뿜어져 나온 물질(보통 이온과 전자)의 다발.

철운석(iron meteorite) 약 90%의 철과 9%의 니켈 그리고 미량의 다른 원소들을 포함하는 운석의 주요 종류 중의 하나.

첫 번째 끌어올림(준설)(first dredge-up) 적색거성이 된 다음 처음으로 수소 연소물을 표면까지 끌어올리는 대류현상.

청색밀집왜소은하(blue compact dwarf galaxy) 별 탄생이 일어나리라 보이는 작은 은하. 많은 왜성과 함께 별 탄생에 참여하지 않은 원시 기체들이 있다.

청색이동(blue shift) 도플러 효과로 접근하는 천체의 복사 파장이 줄어든다. 스팩트럼선이 짧은 파장(푸른색)으로 이동하는 현상.

초(second of arc) 1/3,600도, 1/60분.

초강풍(superwind) 매우 강한 항성풍.

초거대 타원은하[supergiant elliptical (cD) galaxy] 주로 은하단의 중심부에서 관측되는 가장 크고 무거운 타원은하. 하나 이상의 핵을 가지는 경우가 많다.

초거성(supergiant) 매우 큰 광도와 크기를 가지는 무거운 별.

초광속 운동(superluminal motion) 빛의 속도보다 빠른 속도로 움직이는 겉보기 운동.

초승/그믐(crescent) 달이나 행성의 위상으로 보이는 면이 절반을 넘지 않을 경우를 말한다.

초신성 잔해(supernova remnant) 초신성 폭발의 결과로 별의 바깥 껍질이 불려나간 성운으로, 매우 빠른 속도로 팽창하는 기체 구름, 주로 전파 영역에서 관측됨.

초신성 폭발(supernova) 무거운 별이 진화의 마지막 단계에서 폭발하면서 며칠 동안 광도가 10억 배 이상 커질 정도의 엄청난 에너지를 방출하는 천문 현상.

초은하단(supercluster) 여러 개의 은하단이 하나로 묶인 커다란 계.

초장기선간섭계(Very Large Baseline Array, VLBA) 뉴멕시코에 본부를 두고 미국 전역에 설치한 안테나들로 하나의 거대한 전파간섭계를 만든 시스템.

초점(focus) 망원경에서 빛이 모이는 점.

초점거리(focal length) 멀리 있는 물체에서 나온 빛이 모인 점이 렌즈(또는 거울)에서 떨어진 거리.

초중력(supergravity) 우주 역사의 첫 10^{-43}초 동안 자연에 존재하는 모든 힘이 통합되어 있음을 기술하기 위하여 중력과 양자론적 사고를 결합시킨 모형.

초질량블랙홀(supermassive black hole) 태양질량의 10^6배 이상의 질량을 가지는 블랙홀

최대이각(maximum elongation) 천체가 태양으로부터 가장 크게 떨어져 보일 때의 천체와 태양의 각거리

최소분해각(minimum resolvable angle) 망원경으로 선명하게 분해하여 볼 수 있는 최소각.

총 에너지(total energy) 운동에너지, 퍼텐셜에너지, 내부에너지의 총합.

축(axis) 좌표계에서 쓰이는 2개 이상의 기준선.

축퇴가스압(degenerate gas pressure) 밀도가 매우 높게 응집된 축퇴가스가 미치는 압력으로, 밀도에만 관련되고 온도와는 별 관련이 없다.

축퇴성(degenerate star) 축퇴물질로 구성된 별.

축퇴전자가스(degenerate electron gas) 원자핵과 전자가 가능

한 한 짝 묶인 이온화된 기체이며, 모든 가능한 낮은 에너지 상태가 모두 채워져 있기 때문에 압력, 온도, 밀도에 관한 완전 기체 법칙이 적용되지 않는다.

축퇴중성자가스(degenerate neutron gas) 가능한 한 짝 묶인 중성자로 이루어진 물질.

춘분점(vernal equinox) 봄철의 분점, '분점(分點, equinox)' 참조.

춘분점의 세차 운동(precession of the equinox) 지구의 자전축이 흔들리기(장동) 때문에 춘분점이 황도대의 별들에 대해 천천히 서진하는 운동.

충(opposite) 지구에서 볼 때 천체가 하늘에서 태양과 반대 방향에 놓여 있을 때. 태양 이각이 180°인 때.

충격파(shock wave) 어떤 물체가 음속보다 빠른 속도로 운동할 때 주위의 매질에 형성되는 불연속 경계.

충돌되가라앉음(collisional deexcitation) 충돌에 의해 원자에 있는 전자가 더 낮은 에너지 준위로 천이하는 과정.

충돌들뜸(collisional excitation) 충돌을 통해 원자에 있는 전자가 더 높은 에너지 준위로 올라가는 과정.

충돌 모형(impact model) 고체 물체가 표면에 충돌하여 구덩이를 형성한다는 모형.

측광(photometry) 빛의 세기를 측정하는 것.

측성쌍성(astrometric binary) 보이지 않는 별에 의해서 보이는 별의 위치가 주기적으로 변하는 쌍성.

측지선(지름길)(geodesic) 물체가 시공간에서 그리는 자연스러운 경로. 질량에 인접한 시공간에서는 곡선모양으로 나타난다.

ㅋ

카날리(canali) 이탈리아 말로 '홈'. 화성 표면에 나타나는 어두운 직선 모양의 줄무늬를 기술하기 위해 스키아파렐리가 쓴 말임.

카론(Charon) 명왕성의 위성으로 지름은 대략 1,200km이다.

카세그레인 반사망원경(Cassegrain reflector) 2차 거울이 1차 거울의 가운데에 뚫린 구멍을 통과하여 초점이 잡히도록 한 반사망원경

카시니간극(Cassini's division) 토성 고리에 있는 너비 2,000km인 틈. 1675년 카시니가 발견했으며, 요즘에는 매우 작은 여러 작은 고리를 포함한다고 알려졌다.

칼데라(caldera) 폭발이나 함몰로 생긴 대규모 화산 구덩이.

커얼(curl) 벡터장에서 와도를 기술하는 벡터연산.

컴프턴 산란(Compton scattering) 전자와 고에너지 광자(이때 광자의 에너지는 전자의 정지질량에너지보다 크거나 동등해야 함) 간의 상호작용에 의해서 광자의 에너지가 재분배되는 현상.

케플러 법칙(Kepler's laws) 중력의 역제곱 법칙에서 비롯된 행성의 타원 궤도의 성질을 기술하는 케플러의 세 가지 경험 법칙.

케플러 운동(Kepler's motion) 케플러 법칙을 따르는 궤도 운동.

코로나(corona) 태양 대기의 가장 바깥 부분으로 희박한 이온화 기체로 되어 있으며 온도가 10^6K이다.

코로나구멍(corcnal hole) 태양 코로나에서 고온 플라스마가 적은 지역. 여기에서 자력선이 행성 간 공간으로 뻗어 나가며 태양풍의 근원이 된다.

코로나 성간기체(coronal interstellar gas) 엑스선 방출을 통해 나타나는 고온의 성간 플라스마.

코리올리 가속(Coriolis acceleration) 기준좌표계의 비관성적 특성 때문에 야기되는 가상적인 가속도.

콘드라이트(chondrites) 작고 둥근 규산염 입자(콘드룰)가 포함된 석질운석.

콘드률(chondrules) 휘발 성분이 부족한 둥근 규산염 입자로서 콘드라이트질 운석이나 콘드라이트에서 발견된다. 이들은 원시 태양계의 구성 물질이라 여겨진다.

쿼크(quark) 양성자와 중성자와 같은 입자를 구성하는 전하가 1/3의 배수인 기본 입자.

퀘이사 또는 준성체(quasar or quasi-stellar-object, QSO) 적색이동의 값이 매우 크고 막대한 에너지(가시 및 전파)를 방출하는 천체. 겉으로 보기에는 별처럼 점광원으로 보인다.

크립(KREEP) 칼륨(K), 희토류 원소(REE), 인(P)으로 구성된 달의 물질.

클라인만-로우성운(Kleinmann-Low nebula) 오리온 성운의 근처에 있으며 원적외선 파장에서 강하게 빛을 내는 온도 약 70K인 부정형의 티끌 성운.

키르히호프법칙(Kirchhoff's rules) 주요 유태의 스펙트럼이 형성되는 물리적 조건에 관한 경험적인 설명.

ㅌ

타르시스 산맥(Tharsis ridge) 화성에서 올림퍼스 산을 포함한 화산들이 집중되어 있는 지역.

타우입자(tau) 경입자 중의 하나.

타원(ellipse) 2개의 고정점에서부터의 거리의 합이 일정하게 되는 점들의 궤적.

타원율(ellipticity) 긴 반지름과 짧은 반지름의 비율로 주어지는 원뿔곡선의 측도.

타원은하(elliptical galaxy) 별들이 중력적으로 묶인 거대한 체계로 회전 등방성을 나타내고 있으나 나선 구조가 없으며, 늙은 별들이 대부분이고 기체나 티끌이 거의 없다.

타이탄(Titan) 토성의 위성 중 가장 큰 위성으로 많은 위성들 중 최초로 대기를 가지고 있는 위성으로 밝혀짐.

탄소-질소-산소 순환[carbon-nitrogen-oxygen(CNO) cycle] 별의 중심부에서 일어나는 핵융합 반응의 한 계열로 탄소, 질소, 산소의 도움으로 수소가 헬륨으로 합성되는 과정. 태양에서는 이차적인 에너지 생성 반응이나 주계열에 속하는 무거운 별에서 주로 일어나는 반응이다.

탄(소)질콘드라이트(carbonaceous chondrites) 탄소가 상당한 비율(대략 4%)을 차지하는 콘드률이 포함된 운석 종류

태양계(Solar System) 태양을 비롯하여 그 둘레를 공전하는 모든 천체들의 집합.

태양우주선(solar cosmic ray) 태양의 플레어에서 생성된 비교적 낮은 에너지를 가진 우주선.

태양중심의(heliocentric) 태양에 중심을 둔.

태양지진학(helioseismology) 태양의 자연진동 모드를 분석함으로써 태양 내부구조를 연구하는 분야.

태양질량(solar mass) 태양의 총 질량으로 2×10^{30}kg으로 추산됨.

태양플레어(solar flare) 태양의 활동 영역에서 자기력선 루프에 의하여 갑자기 입자들이나 전자기 에너지가 방출되는 현상.

태양계성운(solar nebula) 갓 만들어진 태양(별)을 둘러싸고 있는 기체와 티끌 입자들로 이루어진 회전원반. 이 원반에서 행성들이 만들어지는 것으로 여겨지고 있다.

태양의 핵[core (of the sun)] 핵반응이 일어나기에 충분히 높은 온도를 가지고 있는 태양의 중심부. 태양 반지름의 내부 25% 부분으로 그곳의 온도가 핵융합 반응을 일으킬 만큼 높다.

태양일(solar day) 정오에서 다음 정오까지의 시간.

태양중심시차(heliocentric parallax) 지구가 태양 주위를 공전하기 때문에 생기는, (상대적으로 먼 별에 대한) 가까운 별의 겉보기 위치 이동. 시차의 크기는 가까운 별들까지의 거리를 측정하는 데 사용될 수 있다. '삼각시차' 참조.

태양풍(solar wind) 태양의 바깥 대기층으로부터 불어 나와 빠른 속도로 태양계를 향하여 진입하는 대전된 입자(주로 양성자와 전자)들의 흐름.

태양 활동(solar activity) 태양 자기장 때문에 표면에서 생기는 다양한 규모의 격렬한 자기 활동.

테슬라(Tesla) SI 단위계에서 자기 플럭스를 측정하는 단위.

토크(torque) 회전을 만드는 힘. 짝힘.

톰슨산란(Thomson scattering) 광자가 비상대론적 자유전하와 상호작용할 때 광자의 방향(파장이 아님)이 재분배되는 현상.

통계시차(statistical parallax) 선택한 집단에 속하는 별들의 평균 고유운동에 의해서 결정되는 시차.

툴리-피셔 관계(Tully-Fisher relation) 은하의 광도와 21cm파의 선폭과의 관계.

트리톤(Triton) 얇은 대기를 가지고 있다고 생각되는, 해왕성의 가장 큰 위성.

특수상대론(special relativity) 일정한 상대 속도로 운동하고 있는 관측자가 보는 물리량의 측정값과 정지하고 있는 관측자가 보는 물리량의 측정값과의 관계를 나타내는 아인슈타인의 이론.

특이점(singularity) 일반상대론에서 블랙홀 정도의 질량체가 붕괴될 때 부피가 0에 수렴하면서 밀도가 무한대로 되는 특이한 상태에 이르는 점.

티끌꼬리(dust tail) 티끌 입자를 포함하는 혜성꼬리의 일부. 티끌이 태양 복사압으로 밀려나가 생긴다.

티티우스-보데 법칙(Titius-Bode law) 행성들이 태양으로부터 일정한 거리만큼 떨어져서 규칙적으로 분포한다는 경험 법칙.

ㅍ

파섹(parsec, pc) 지구에서 보았을 때, 태양을 중심으로 시차가 1초 되는 물체까지의 거리. 1pc = 3.26광년, 1kpc = 1,000pc, 1Mpc = 10^6pc.

파스칼(pascal) SI 단위계에서 압력의 단위.

파울리 배타 원리(Pauli exclusion principle) 같은 양자 상태에 두 전자가 동시에 있을 수 없다는 양자론의 한 원리.

파장(wavelength) 파에서 가장 가까운 마루와 마루 사이, 골과 골 사이의 거리.

판구조론(plate tectonics) 맨틀 대류로 움직이게 된 지각판들의 작용으로 지구 표면의 진화를 설명하는 모형.

패러데이회전(Faraday rotation) 선형편광된 전자기파가 자유전

자들이 공존하는 자기장 영역을 지날 때 그 편광면이 회전하는 현상.

팽창이론(inflation theory) 우주가 짧은 시간에 빠르게 팽창한다는 대폭발 모형의 수정 이론.

팽창하는 (3kpc)팔[expanding (3kpc) arm] 우리은하 중심에서 3kpc 떨어져서 중심을 둘러싸는 나선팔 구조. 우리 쪽으로 접근하는 운동을 하며 은하중심에서 멀어지고 있다.

퍼진 전파은하(extended radio galaxies) 확장된 전파 방출영역이 넓게 퍼져 있는 활동은하로 보통 은하 중심부의 양쪽으로 전파 엽이 나타남.

퍼텐셜에너지(potential energy) 위치의 변화로 인하여 가지게 되는 일할 수 있는 능력으로 저장이 가능하므로, 나중에 다른 형태의 에너지로 발산되기도 함.

펄서(pulsar) 매우 짧고 규칙적인 신호를 보내는 전파 천체. 강한 자기장을 갖고 빠른 속도로 회전하는 중성자별이라고 여겨진다.

페르미온(fermion) 반(半)정수 스핀을 가지는 입자.

페르세우스팔(Perseus arm) 태양에서부터 페르세우스 별자리 방향으로 3kpc 떨어진 거리에 놓여 있는 나선팔의 한 부분.

페이버-잭슨 관계(Faber-Jackson relation) 은하의 광도가 내부 속도 분산의 네제곱에 비례한다는 관계.

편광(polarization) 전자기파동에서 전기장이 진동하는 평면.

편심원(eccentric) 고르지 못한 행성 운동을 설명하기 위해 도입한 고대 기하학적 수단.

평균수명(mean lifetime) 방사성 물질의 원자 수가 $1/e$배로 감소하는 데 걸리는 시간.

평탄성 문제(flatness problem) 대폭발 모형에서 우주의 기하학적 모형은 편평(또는 이와 거의 비슷한)하고 우주가 진화하면서도 그대로 편평하다는 사실을 말한다.

평형(equilibrium) 물리적인 계에서 전체적으로 변화가 없는 상태.

평형온도(euqilibrium temperature) 단위 시간에 에너지 방출과 흡수가 같을 때 얻어지는 온도.

포물선(parabola) 이탈속도를 가진 물체의 궤도를 나타내는 기하학적 모양.

포보스(Phobos) 화성의 두 위성 중 큰 위성.

포획 모형(capture model) 달 기원에 관한 모형 — 1955년에 발표됨 — 으로 달이 지구 중력에 붙잡힌 뒤 지구 쪽으로 돌아 들어오다가 회전 방향이 바뀌어 돌아 나가게 되었다고 설명하는 모형.

폭발적 항성생성은하(starburst galaxy) 대단히 바른 속도로 별이 생성되고 있는 은하.

폭주 성장(runaway accretion) 주변의 미행성체들보다 큰 이탈속도를 가진 미행성체가 급격하게 성장하는 현상.

표면중력(surface gravity) 천체의 표면 중 한 지점에서의 중력가속도.

표준초(standard candle) 멀리 떨어져 있는 은하까지의 거리를 측정하는 데 이용되는 이미 광도를 알고 있는 천체.

표토(regolith) 달이나 행성의 표면을 덮고 있는 얇은 토질 층.

프라운호퍼선(Fraunhofer lines) 별, 특히 태양의 스펙트럼에 나타나는 흡수선에 붙인 이름.

프톨레마이오스체계(Ptolemaic system) 그리스 천문학자 프톨레마이오스가 알마게스트에 기술한 완전 지구중심적 태양계 모형.

플라스마(plasma) 같은 수의 이온화된 원자와 전자로 이루어진 기체.

플랑크곡선(Planck curve) 흑체의 연속스펙트럼.

플랑크상수(Planck's constant) 빛의 주파수와 에너지를 관련짓는 상수, 6.63×10^{-34}J·s.

플레어(flare) 별의 채층 대기와 코로나에서 에너지가 급격히 분출하는 현상. '태양플레어' 참조.

플레어별(flare star) 플레어를 분출하는 M형 왜성. 이때 분출하는 에너지는 일반적으로 태양보다 더 격렬하다.

피치각(pitch angle) 은하 나선팔 방향과 원 운동의 방향이 이루는 각.

필터(filter) 파장대역을 제한하기 위하여 검출기와 함께 사용하는 장치.

ㅎ

하드론(hadron) 쿼크로 이루어진 입자. 하드론은 바리온(baryon)과 중간자(meson) 집단으로 나뉜다.

하지(summer solstice) '지점' 참조.

하현(last quarter) 삭에서 궤도의 4분의 3을 이동해 갔을 때의 달의 모습. 그때 지구에서는 달의 반쪽만이 빛나는 것을 관측하게 됨.

함량비(abundance) 물체를 이루고 있는 원자나 동위원소의 상대 수.

합(conjunction) 두 천체가 하늘에서 가장 가까이 나타나는 때.

항성 내부 모형(stellalr interior model) 이론적인 계산을 통해 특정 질량, 화학조성, 나이를 가진 별 내부의 물리량(온도, 밀도, 압력 등)을 별의 중심으로부터의 거리를 함수로 나타낸 표.

항성년(sidereal year) 별에 기준을 둔 지구의 공전주기.

항성월(sidereal month) 배경별을 기준으로 달이 지구의 주위를 한 바퀴 도는 데 걸리는 시간, 대략 27.3일.

항성일(sidereal day) 별에 기준을 둔 지구의 자전주기. 1항성일 = 23시간 56분 4초.

항성주기(sidereal period) 배경별을 기준으로 한 천체가 다른 천체의 주위를 한 바퀴 도는 데 걸리는 시간.

항성풍(stellar wind) 입자들이 태양풍과 유사하게 별로부터 유출되는 현상.

항성핵융합 과정(stellar nucleosynthesis) 핵융합 반응에 의해서 중원소가 합성되는 과정. 이 과정을 통해 별이 방출하는 에너지가 공급된다.

해들리세포(Hadley cells) 지구 대기에서 대류가 일어나는 커다란 영역.

(원자의) 핵[nucleus (of an atom)] 원자에서 질량이 큰 중심 부분으로, 여기에는 중성자와 양성자들이 포함되어 있다.

(지구의) 핵[core (of the Earth)] 지구의 중심 부분으로 매우 높은 밀도를 가지고 있으며, 부분적으로 액체상태이고 철이나 철 합금으로 이루어졌을 것이다.

핵분열(nuclear fission) 물질에서 에너지가 방출되는 과정. 그 과정에서 무거운 핵이 고에너지 입자에 부딪쳐 둘 또는 그 이상의 가벼운 핵으로 분리될 때 합성된 질량은 처음보다 작아 그 차이가 에너지로 변하여 방출되는 과정.

핵융합(nuclear fusion) 가벼운 핵이 합쳐져서 더 무거운 핵을 만들면서 질량으로부터 에너지를 방출하는 과정. 합성된 질량은 구성원들의 질량보다 작으며, 그 차이는 에너지로 나타난다.

핵팽대부(nuclear bulge) 늙은 종족 I별을 포함하고 있는, 나선 은하의 중심 부분.

핵-포피티끌(core-mantle grains) 외각은 물, 메탄, 암모니아 등의 얼음 물질로, 중심부는 규산염과 같은 밀도 높은 물질로 구성되어 있는 성간티끌 입자.

핵합성(nucleosynthesis) 수소가 헬륨으로, 헬륨이 탄소로 변하는 식으로 주기율표의 모든 원소들이 변해 나가는 일련의 열융합 과정.

핼리혜성(Halley's Comet) 약 76년의 주기를 가진 이 혜성은 핼리에 의해서 처음 발견되었다. 모양이 불규칙하고 작은 핵(지름 약 10km)을 지니고 있는 이 혜성은 표면으로부터 기체와 티끌 제트를 뿜어내고 있다.

행방불명의 질량(missing mass) 닫힌 우주가 되기 위해서 필요한 아직 발견되지 않은 질량.

행성(planet) 그리스어의 방랑자에서 따온 말로 태양의 주위를 공전하는 8개의 큰 천체를 가리킨다. 전통적으로 배경하늘에 고정된 별들 사이를 운동하는 천체를 가리킨다(이러한 관점에서는 태양과 달도 행성이라고 생각했었다).

행성 간 매질(interplanetary medium) 행성들 사이에 존재하는 가스와 티끌과 자기장.

행성상성운(planetary nebula) 매우 뜨거운 별에서 분출된 두꺼운 기체 껍질로 적색거성의 외각부가 성간으로 방출되고, 그 별의 중심부는 백색왜성이 되어 생성된 성운.

행성학(planetology) 행성들과 이들의 진화 과정을 비교 연구하는 탐구 분야.

향극자기장(poloidal magnetic field) 두 극과 자오선을 따라서 자기력선을 갖는 자기장.

향점(apex) 태양이 국부 별들에 대해 상대적으로 가까워지는 방향. 허큘리스자리에 있다.

허블법칙(Hubble's law) 은하가 우리로부터 멀리 떨어져 있을수록 더욱 빨리 멀어져 간다는 우주의 팽창을 의미하는 관계. 팽창 속도(v)와 은하의 거리(d) 사이에는 $V = Hd$의 관계가 있음.

허블분류(Hubble classification) 허블이 은하를 형태(나선, 타원, 불규칙)에 따라 나눈 분류.

허블상수(Hubble constant) 허블법칙에서 속도와 거리와의 관계를 맺어주는 비례상수, 현재 값은 $75 kms^{-1}Mpc^{-1}$.

허블시간(Hubble time) 수치적으로는 허블상수의 역수. 우주의 나이를 나타낸다.

허블흐름(Hubble flow) 우주팽창으로 인한 은하들의 균일한 운동.

헤르츠(hertz, Hz) 1주기/초에 해당되는 주파수의 물리적 단위.

헤르츠스프룽-러셀(H-R)도[Hertzsprung-Russell(H-R) diagram] 스펙트럼(또는 색이나 표면 온도) 또는 광도(절대등급)에 따른 별들의 분포를 그림으로 나타낸 것. 별의 물리적 성질은 이 그림에서의 위치와 관련되어 있고, 별의 진화는 그림에서 시간에 따라 위치가 변하는 것으로 설명될 수 있다('진화경로' 참조).

헤일로별(halo star) 은하헤일로에 존재하는 별.

헬륨섬광(helium flash) 질량이 작은 적색거성의 축퇴된 핵에서 삼중 알파 반응으로 헬륨연소가 시작되면서 에너지가 폭발적으로 분출되어 나오는 현상.

헬륨연소(helium burning) 삼중 알파 반응으로 헬륨이 융합되어 탄소가 되는 반응.

현망간의(gibbous) 상현에서 망 사이에 일어나는 달의 위상으로 지구에서 볼 때 절반 이상 밝게 빛남.

현무암(basalt) 감람석과 정장석으로 이루어진 화성암으로 지구의 하부 지각을 구성한다.

협대역측광(narrow-band photometry) 30nm 정도의 좁은 선폭을 지닌 필터를 사용하여 별의 선속을 측정하는 관측법.

형광(fluorescence) 높은 에너지를 가진 광자가 흡수된 다음 낮은 에너지를 가진 2개나 그 이상 되는 광자로 재방출되는 과정.

혜성(comets) 태양 주위를 도는 작은 천체로 이심률이 매우 큰 궤도를 그린다. 더러운 눈덩이 모형에 따르면 얼어 붙은 기체 속에 암석물질로 된 고체 입자들이 섞여 있다고 한다.

혜성의 핵(nucleus of a comet) 혜성의 머리로서 작고, 밝고, 별 같은 점. 티끌과 어느 정도의 암석물질을 가진 얼어붙은 기체의 단단하고 밀집된(반지름이 수십 km) 덩어리.

호의 분(minute of arc) 1도의 1/60.

홍염(prominence) 태양 광구 위의 코로나에 있는 온도가 낮은 수소 성분의 기체구름. 활동 영역의 국부 자기장에 의해서 형성됨.

화강암(granite) 지구 지각의 대륙 부분을 이루는 암석의 한 종류.

화산모형(volcanic model) 용암의 분출로 만들어지는 원추형 구덩이 형성 모형.

화상처리(image processing) 컴퓨터를 사용하여 상의 특별한 모습을 강조하기 위한 작업.

화성암(igneous rock) 용융된 용암이 식어서 만들어진 암석.

화소(픽셀)(pixel) 이차원 광검출기의 가장 작은 화상 요소.

화학적 응결순(chemical condensation sequence) 특정한 압력과 온도에서 저밀도인 기계가 냉각되어 일어나는 화학 반응과 고체로의 응결 계열.

화합물(compound) 화학 작용력으로 둘 이상의 입자가 서로 묶인 원자의 복합물.

확률통계적 별탄생(stochastic star formation) 분자운에 초신성 폭발과 같은 영향을 받아 무작위로 만들어진 별들이 나선의 팔을 형성한다는 이론. 이때 생성된 별들은 은하의 차등회전에 의해 나선형으로 배열됨.

환형자기장(toroidal magnetic field) 적도와 나란하게 자기력선이 배열되어 있는 자기장.

활동은하(active galaxy) 비열적 스펙트럼을 보이며 정상은하에 비해 큰 에너지를 방출하는 은하.

활동은하핵(active galactic nuclei, AGN) 활동은하 현상을 일으키는(아마도 거대 블랙홀일 가능성이 높은) 은하중심의 좁은 영역.

활동지역(active region) 태양이나 다른 별에서 자기력선이 집중된 영역. 이곳에서 흑점과 플레어가 생긴다.

황도(ecliptic) 태양이 연중 천구에 그리는 길. 지구 궤도면과 같다.

황도경사각(obliquity of the ecliptic) 지구적도와 황도 사이의 각. 현재 값은 약 23°26′이다.

황도광(zodiacal light) 황도면의 티끌 입자들에 의해서 태양빛이 산란되어 나타나는 현상.

황도대(Zodiac) 지구에서 바라볼 때 1년 동안 태양이 지나가는 천구의 별자리들.

황도12궁(signs of zodiac) 황도를 30°씩 같은 간격으로 나눈 것들 중 하나씩 가리키며 각각은 황도12궁에 해당한다.

황도좌표(ecliptic coordinates) 황도를 기본좌표계의 기준으로 택한 천구좌표.

황소자리T형별(T-Tauri stars) 태양 정도의 질량을 가진 갓 태어난 젊은 별. 이 별은 플레어나 항성 흑점의 증거를 보여 주기도 하며, 흔히 암흑성운과 관련되어 있다.

회귀년(tropical year) 춘분점을 기점으로 한 지구의 공전주기.

회전곡선(rotation curve) 은하 내의 천체가 공전하는 속도와 그 천체가 은하중심에서 떨어져 있는 거리 사이의 관계.

회절(diffraction) 빛살이 물체의 가장자리에 의해서 확산되는 현상.

회절격자(diffraction grating) 빛을 스펙트럼으로 분산시키는 광학 장치.

회합주기(synodic period) 태양과 천체의 위치가 다시 처음과 비슷해질 때까지 걸리는 시간.

횡단시간(crossing time) 한 은하가 소속 은하들의 평균 무작위 운동속도에 버금가는 속력으로 은하단을 횡단하는 데 걸리는 시간척도.

횡파(transeverse wave) 파의 진행 방향과 매질의 진동 방향이 수직인 파. 액체로 된 매질을 통과하지 못한다.

휘발성 원소(volatiles) 헬륨, 메탄과 같이 낮은 온도에서도 증발되는 원소.

휘선스펙트럼(bright-line spectrum) '방출선 스펙트럼' 참조.

흑색왜성(black dwarf) 열에너지가 다 떨어져 차가워진 백색왜성.

흑점(sunspot) 태양의 광구에 일시적으로 존재하는 상대적으로 온도가 낮은 지역. 자기장의 세기는 0.1*T*보다 조금 강하며 활동적인 영역임.

흑점주기(sunspot cycle) 태양 자기장의 극이 22년을 주기로 바뀌기 때문에 나타나는 흑점의 생성 주기. 흑점수의 변동은 11년 주기를 보이게 된다.

흑체(blackbody) 모든 복사를 흡수했다가 재방출하는(가상적인) 완전 복사체. 여기서 나오는 플럭스는 오직 온도에만 관련이 있으며, 플랑크 법칙을 따른다.

흑체스펙트럼(blackbody spectrum) 흑체가 복사하는 연속스펙트럼. 각 파장별 플럭스는 플랑크 법칙으로 기술된다.

흡수(absorption) 빛의 강도가 매질을 지나면서 감소되는 현상.

흡수선(absorption line) 원자로 인한 흡수 때문에 연속스펙트럼 상에서 잃어버린 색깔.

흡수선 스펙트럼(absorption line spectrum) 연속스팩트럼 위에 겹쳐진 검은 선.

히그스보존(Higgs boson) 예측되었지만 아직 실험적으로 증명되지 않은 입자. 다른 입자들에게 질량을 주며 우주의 팽창이 시작되도록 했을 것이다.

기타

1Mpc(megaparsec) 100만 파섹.

1톤(ton) 1,000kg.

21cm 파(21cm line) 중성수소의 양성자와 전자의 스핀이 평행에서 역전되면서 만들어 내는 21.11cm의 방출선.

3중알파반응(triple-alpha reaction) 3개의 알파 입자가 핵융합을 일으켜 탄소로 변화하는 반응.

3K우주배경복사(three-degree cosmic blackboby microwave radiation) 대폭발의 잔해로서 3K 정도의 흑체복사 스펙트럼을 나타내는 복사.

60진법체계(sexagesimal system) 60을 기준으로 사용하는 계수 방법, 예를 들어 60초는 1분, 60분은 1도.

AU 천문단위(astronomical unit)를 준말.

BL Lac 천체(BL Lac objects) 활동은하의 한 종류로 비열적 방출이 급격하게 변하며(하루 단위로) 편광이 심하다.

cD은하(cD galaxy) '초거대 타원은하' 참조.

CNO 순환(CNO cycle) '탄소-질소-산소 순환' 참조.

C형소행성(C-type asteroids) 낮은 반사도를 보이는 소행성으로 상당량의 탄소가 있을 가능성이 높다.

GUTs '대통일이론' 참조.

H I 영역(H Iregion) 성간 공간에서 중성수소로 이루어진 영역.

H II 영역(H II region) 성간 공간에서 이온화된 수소로 이루어진 영역. 보통 뜨겁고 젊은 하나의 별이나 성단 주위에 밝은 성운의 형태를 이룬다.

H와 K선(H and K lines) Ca II로부터 방출되는 파장이 각각 393.4nm와 396.8nm인 2개의 강한 스펙트럼선.

H-R도(H-R diagram) 헤르츠스프룽-러셀도.

K 보정(K correction) 은하의 적색이동에 대한 은하 겉보기등급의 보정.

kpc(kiloparsec) 1,000파섹.

M형소행성(M-type asteroids) 반사도가 약 10%이고 금속과 비슷한 반사 성질을 지닌 소행성.

OB부성협(OB subgroup) 성협 내에 지름이 수십 파섹 되는 공간에 산재한 10여 개의 O형별과 B형별들로 구성된 작은 집단.

OB성협(OB association) 작은 OB부성협의 느슨한 집단. 이들은 중력에 의해 구속되어 있지 않으므로 10^7년의 시간이 지나면 와해된다.

P-Cygni윤곽(P-Cygni profile) 팽창하는 구각의 특징을 나타내는 스펙트럼선의 윤곽. 방출선 윤곽의 파란 쪽에 흡수 성분이 존재한다.

pp고리(pp chain) 양성자-양성자 반응.

S0 은하(S0 galaxy) 허블의 은하 분류에서 타원은하와 나선은하 사이에 속하는 은하로 원반은 있지만 나선팔이 없다.

S형소행성(S-type asteroids) 반사도로부터 성분이 규산염이라고 판단되는 소행성.

INDEX

찾아보기

ㄱ

ㄴ

ㄷ

ㄹ

ㅁ

ㅂ

ㅅ

ㅇ

ㅈ

ㅊ

ㅋ

ㅌ

ㅍ

ㅎ

기타

옮긴이 소개

강혜성은 1988년 미국 텍사스주립대학교(오스틴)에서 천문학 박사학위를 받았고, 현재 부산대학교 지구과학교육과 교수로 재직 중이다.

윤홍식은 1968년 미국 인디애나대학교에서 천체물리학 박사학위를 받았고, 서울대학교 천문학과 교수를 거쳐 현재 서울대학교 명예교수이다.

이상각은 1978년 미국 케이스웨스턴리저브대학교에서 천문학 박사학위를 받았고, 현재 서울대학교 물리·천문학부 교수로 재직 중이다.

최승언은 1984년 미국 미네소타대학교에서 천체물리학 박사학위를 받았고, 현재 서울대학교 지구과학교육과 교수로 재직 중이다.

현정준은 1950년 서울대학교에서 이학석사 학위를 받았고, 서울대학교 천문학과 교수를 거쳐 현재 서울대학교 명예교수이다.

홍승수는 1975년 미국 뉴욕주립대학교(올버니)에서 천체물리학 박사학위를 받았고, 서울대학교 천문학과 교수를 거쳐 현재 서울대학교 명예교수이다.